DK宇宙大百科

修订版

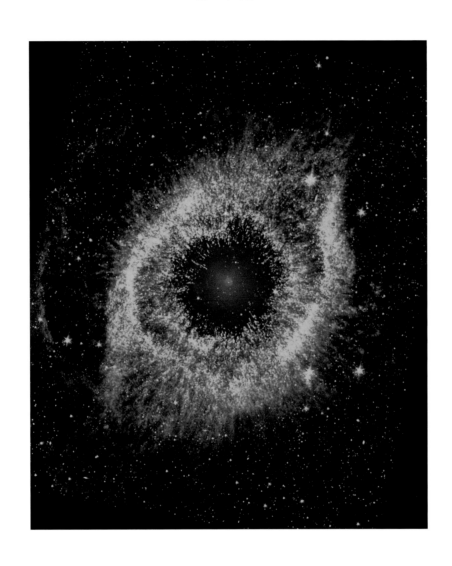

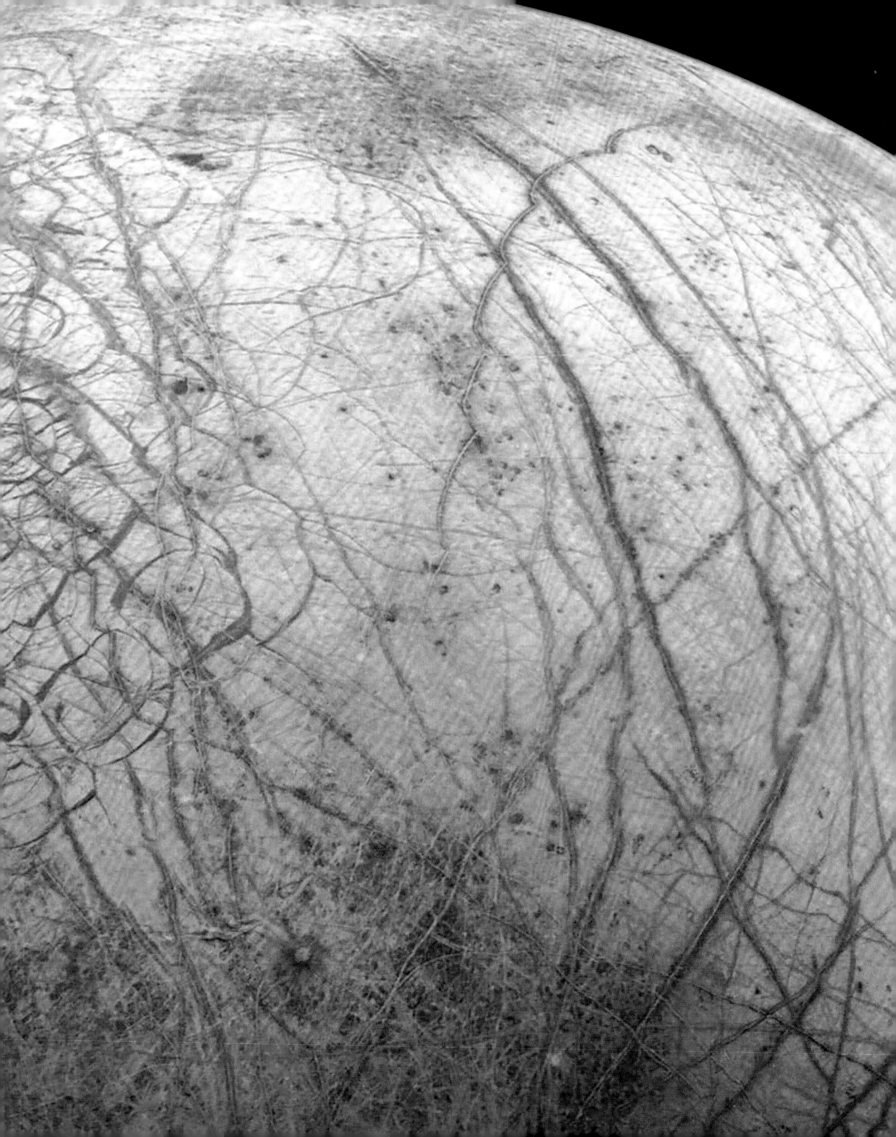

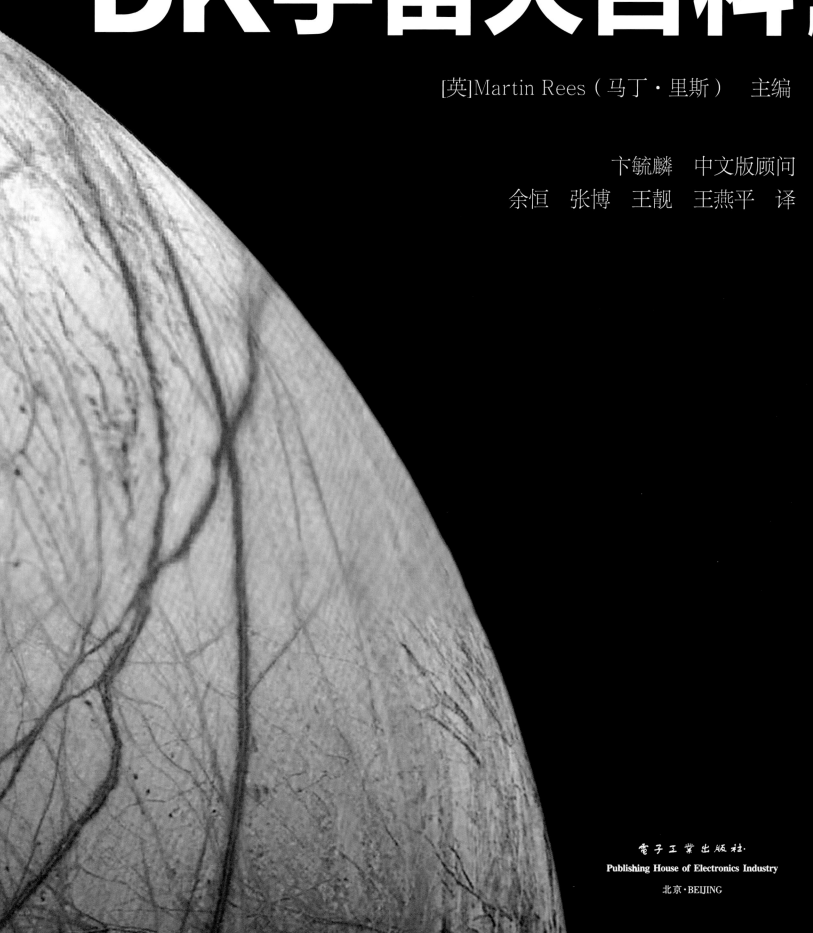

DK宇宙大百科 修订版

[英]Martin Rees（马丁·里斯） 主编

卞毓麟 中文版顾问

余恒 张博 王靓 王燕平 译

电子工业出版社
Publishing House of Electronics Industry
北京·BEIJING

版权贸易合同登记号 图字：01-2013-1350

修订版顾问

Andrew K. Johnston

美国地球和行星研究中心（Center for Earth and Planetary Studies）

美国国家航空航天博物馆（National Air and Space Museum）

美国史密森学会（Smithsonian Institution, USA）

译者名录

余恒：博士，北京师范大学天文系副教授。曾在意大利的里雅斯特天文台学习。担任第1、2章和前言、术语表、致谢的翻译，以及统稿和审校。

张博：博士，国家天文台副研究员，中科院紫金山天文台博士后。毕业于南京大学天文与空间科学学院，曾在美国内华达大学访问。翻译第3、4章。

王靓：天体物理学博士，中国科学院南京天文光学技术研究所项目研究员。翻译第5、6章。

王燕平：北京天文馆研究员。翻译第7、8章。

警告！

以裸眼、双筒望远镜或者天文望远镜直视太阳会对眼睛造成伤害。

建议使用本书85页介绍的安全的太阳观测方法（见"太阳望远镜"）。

作者和出版商对于读者不遵守此建议所造成的后果不承担任何责任。

图书在版编目（CIP）数据

DK宇宙大百科：修订版 /（英）马丁·里斯（Martin Rees）主编；余恒等译. --北京：电子工业出版社，2024.3

ISBN 978-7-121-46816-2

Ⅰ.①D… Ⅱ.①马… ②余… Ⅲ.①宇宙－少儿读物 Ⅳ.①P159-49

中国国家版本馆CIP数据核字（2023）第230820号

审图号：GS京（2023）1823号

此书中第25、41、64~67、78、111、126、130、134~138、151、179、200、205、222~223、338页地图系原文插图。

责任编辑：苏 琪 文字编辑：杨 鸰
装帧设计：许建华
印刷：北京华联印刷有限公司
装订：北京华联印刷有限公司
出版发行：电子工业出版社
北京市海淀区万寿路173信箱 邮编：100036
开本：889×1194 1/12 印张：43 字数：1555.5千字
版次：2014年11月第1版 2024年3月第2版
印次：2024年10月第2次印刷
定价：348.00元

凡所购买电子工业出版社图书有缺损问题，请向购买书店调换。

若书店售缺，请与本社发行部联系，联系及邮购电话：（010）88254888，88258888。

质量投诉请发邮件至zlts@phei.com.cn，盗版侵权举报请发邮件至dbqq@phei.com.cn。

本书咨询联系方式：（010）88254161转1814，suq@phei.com.cn。

封面：土星；环衬：猎户座大星云；副书名页：螺旋星云；
扉页：木卫二（Europa）；目录页：船底座星云

www.dk.com

目录

宇宙指南

夜晚的天空

作者名录

Martin Rees   总主编

Robert Dinwiddie
   宇宙是什么？
   宇宙的始与终
   地面所见的景观
   太阳系
   银河系

Philip Eales   银河系

David Hughes   太阳系

Iain Nicolson   术语表

Ian Ridpath
   地面所见的景观
   夜晚的天空

Robin Scagell
   地面所见的景观

Giles Sparrow
   太阳系
   银河系以外的世界

Pam Spence   银河系

Carole Stott   太阳系

Kevin Tildsley   银河系

David Rothery   太阳系

序

As General Editor, I am delighted that Universe is now available to Chinese readers. This book offers a comprehensive, up to date, and finely illustrated survey of what astronomers have learned about the cosmos and our place in it.

The latest discoveries can be appreciated by everyone, young and old. Everyone can be inspired by the beautiful images of stars and nebulae; we are all excited by the fast-growing evidence that there are many planets like Earth orbiting other stars. We all wonder whether there is life on some of them—and how the detection of alien life would affect humanity's destiny.

Astronomy is the most international of all the sciences. Wherever we live in the world, we look up at the same sky—as did earlier generations of people, right back to the dawn of history. Our knowledge has hugely expanded in recent times—and cutting-edge technology allows amateurs as well as professionals to share the excitement of the latest discoveries.

Astronomers in China have been watching the sky for thousands of years. (Indeed one of the most fascinating objects in the sky, which I have studied in detail, is the Crab Nebula—the debris from an exploding star discovered by Chinese astronomers in 1054 CE.)

To make optimum progress, astronomers around the world need to share ideas. Indeed some of the telescopes and space-probes that we shall need are such large projects that many nations need to work together to achieve them. It is therefore excellent that China is joining international projects to build a new generation of huge and powerful telescopes. And it may well be Chinese cosmonauts who become the first voyagers to Mars—I certainly hope this happens..

In future decades China could more than any other nation to push forward the understanding and exploration of the cosmos—because of its traditions, its resources, its burgeoning growth, and the brainpower of its vast population. I hope especially that many of the young people who will spearhead future breakthroughs will be inspired by this book.

Martin Rees

马丁·里斯

生于1942年，英国著名天体物理学家和宇宙学家。历任皇家天文学家（格林尼治天文台台长）、剑桥大学三一学院院长、剑桥大学天文研究所所长、英国皇家学会会长。他共发表了500多篇研究论文，对宇宙微波背景辐射的起源、宇宙大尺度结构的形成、类星体的产能机制、喷流视超光速现象等诸多重要的天体物理问题都有重要贡献，因此赢得了众多的科学奖项。1992年英国女王伊丽莎白二世册封他为爵士，又在2005年将他封为男爵。此外他还拥有19所大学的荣誉博士头衔、众多科学学会的院士和荣誉院士头衔。

作为本书的主编，我很高兴本书能与中国的读者见面。

这本书用最新的精美图解为天文学家目前所了解的宇宙和我们在宇宙中的位置提供了通俗易懂的说明。

最新的发现是所有人都能理解并欣赏的，无论老幼。每个人都会被恒星和星云的美丽照片触动。越来越多的外星类地行星被发现也让人欢欣鼓舞。我们都想知道那里是否存在生命，以及对外星生命的探索将如何影响人类的命运。

天文学家是所有学科中最国际化的。无论我们住在哪里，仰望的都是同一片星空，就像人类的先祖在混沌初开时所看到的那样。如今，我们的知识在急剧地增长，而尖端科技让爱好者能够和专业人士一起分享发现时的激动。

为了优化资源，全世界的天文学家都要分享想法。而我们所需的一些望远镜和空间探测器项目都非常浩大，需要许多国家协力来完成。值得高兴的是，中国已经加入到建造下一代大型望远镜的国际项目之中。中国的航天员也有望率先到达火星，而且我也确实希望如此。

中国的天文学家们已经守望天空数千年（天空中最有趣的天体之一——蟹状星云，就是中国天文学家在1054年所看到的一颗恒星爆发的遗迹）。在今后的几十年里，中国将比任何其他国家都更能推动我们对宇宙的理解和对空间的探索。因为她有传统，有资源，有飞速的发展，以及巨大人口带来的智力资源。我真心希望那里的年轻人能够从这本书中得到启发，而成为未来突破的先锋。

马丁·里斯

洞察宇宙的身世，是人类智慧的骄傲。现代英国作家罗伯特·麦克拉姆（Robert McCrum）曾说，"决定一本书的开头，犹如确定宇宙的起源一样复杂"。但是，弄清宇宙的起源其实要复杂得多。

欲知宇宙的来龙去脉，务须详察宇宙今天之面貌。人类对宇宙的认识在不断深入，对于一个人——从地道的门外汉到训练有素的天文爱好者——来说，要准确地读懂宇宙这本大书却并非易事。公众需要能将宇宙奥秘娓娓道来的"说书人"，而理想的说书人自然是既业有专精又善于将其通俗化的优秀科学家。

史上确有一些长于此道的科学大家。远者例如伽利略（Galileo），近者例如爱丁顿（Arthur Stanley Eddington）、乔治·伽莫夫（George Gamow），更近者例如卡尔·萨根（Carl Sagen），乃至"轮椅天才"霍金（Stephen Hawking）等。这部《DK宇宙大百科》的主编马丁·里斯，恰是霍金的同门师兄弟。他们俩同生于1942年，同在剑桥大学三一学院获得博士学位，导师同是丹尼斯·席阿玛（Dennis Sciama）——一位非常善于指导学生的教授。2006年，英国皇家学会向霍金颁发科普利奖章，以表彰他对理论物理学和宇宙学的卓越贡献。身为皇家学会会长的马丁·里斯手持奖章告诉人们："继阿尔伯特·爱因斯坦之后，斯蒂芬·霍金对我们认识引力所作的贡献可与任何人媲美。"

马丁·里斯作为一名天体物理学家和宇宙学家，在20世纪70年代已经崭露头角。80年代，我在中国科学院北京天文台（今国家天文台）从事星系和宇宙学研究时，也时常阅读里斯的专业论文。80年代末，我在英国爱丁堡皇家天文台做访问学者，曾在伦敦召开的一次英国皇家天文学会的会议上见到里斯。他的形象很鲜明：个子不高，体态偏瘦，眼神明亮，思维敏锐，很受同行尊敬。除皇家学会会长外，他还曾任皇家天文学家、皇家天文学会会长、剑桥大学教授等职。

2005年，里斯主编的这部《DK宇宙大百科》英文初版付梓。未久，当初与我同在爱丁堡做访问学者的老友、厦门大学的张向苏教授正好赴英国开会，遂帮我买到这部厚重的书，并亲自"扛"了回来。再后来，致力于天文普及60余年的李元先生告诉我，他本人曾先后向一些出版社建议推出此书的中文版。虽然各家出版社均对它赞不绝口，却终因中译本出版工程之浩大而一一止步。

山重水复，柳暗花明。孰料2013年秋余恒博士忽然告诉我，他与几位同道翻译的《DK宇宙大百科》（修订版）已近竣工，将由电子工业出版社出版。这真令我喜出望外，后来译者和出版社希望我写一个中译本前言，我立即欣然从命。2014年春，我有一次拜访年届九旬的李元先生，将这一好消息告诉他。李老不胜唏嘘，叹曰：毕竟好书有人识啊！

当代天文学的进展日新月异。里斯主编的这部《宇宙大百科》从初版到修订版历时不过7年，内容却有了不少更新。例如，更多柯伊伯带天体的发现、冥王星"降格"为矮行星等。如今中文版《DK宇宙大百科》行将面世，特撰斯篇，兼志祝贺。既贺作者、译者、出版者取得的成功，也祝此书的知音——钟爱它的读者——怀有崇高的志趣：

敞开胸怀，拥抱群星；净化心灵，寄情宇宙！

卞毓麟　于2014年6月23日
（马丁·里斯的72岁生日）

卞毓麟　1943年生，1965年南京大学天文学系毕业。现为中国科学院国家天文台客座研究员、中国科普作家协会副理事长、上海科技教育出版社编审、顾问。著译图书30种，发表科普文章约600篇。曾多次荣获全国性和省部级表彰和奖励，包括"全国先进科普工作者""全国优秀科技工作者""上海科普教育创新奖科普贡献奖一等奖""中国天文学会九十周年天文学突出贡献奖"等，所著《追星——关于天文、历史、艺术和宗教的传奇》一书获2010年度国家科技进步奖二等奖。

太平洋

这幅地球照片是在航天飞机上拍摄的,画面的主体是太平洋。海面上不仅有水汽形成的云层,还有火山灰的羽流。后者提醒我们地球内部有着持续不断的地质活动。

宇宙掠影

夜空总能激发出奇幻的联想与惊奇的感叹。自古以来，天文学家们就试图理解月球与行星的运动以及"常星"图案的意义。这些努力部分源自实用性的动机，但也一直有一个更诗意的目的，那就是理解我们在自然界中的地位。现代科学揭示出一个宏大多样的宇宙，远远超出我们祖先的想象。

地球上已经没有无人涉足的大陆，探索的挑战便延伸到宇宙中。人类已经登上了月球，无人飞船传回了太阳系所有行星的图像，登陆火星的计划也许可以在我们的有生之年实现。

那些曾被认为是固定在天堂穹顶的恒星是古人不解的谜团。今天它们仍然遥不可及，但是我们已经知道它们中的许多都比太阳更加明亮。在过去的十年里，我们得到了一个曾经长期悬而未决的重要结论：许多恒星和我们的太阳一样，有自己的行星系统。目前已经有数以百计的行星系统被发现。在我们的整个星系中，这个数字可能会超过十亿。在这众多的行星中，是否会有一颗与地球类似，那里也居住着生命，甚至是智慧生命？

肯尼迪航天中心

人类历史上许多开创性的太空冒险都是在肯尼迪航天中心的发射台上启程的。这里曾是航天飞机的主要基地，如今仍然是美国空间计划最繁忙的发射和着陆场所。

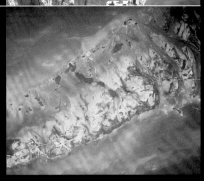

佛罗里达海湾

从地球轨道上俯瞰佛罗里达岛链的岛屿和珊瑚礁。珊瑚礁是由珊瑚等生物形成的。迄今为止，我们还没有在地球之外的任何地方发现生命，但是寻找外星生命也许是21世纪最迷人的探索。

所有肉眼可见的恒星都是我们家园星系的一部分。银河系是个庞然大物，光子要用十万年才能从一头跑到另一头。但是它又只是大望远镜所发现的数十亿星系中的一个。这些星系呼啸着四散而去，似乎都起源于130亿年前或者140亿年前的一场"大爆炸"。而我们并不知道是什么炸开了，又为什么炸开。

夜空的美是全人类的共同体验。它超越了不同的文化，并由史前时代以来的人类所有世代共同分享。"宇宙环境"的现代概念则更为宏大，天文学家们极大地丰富了地球所处的宇宙环境的内容。他们试图弄清楚宇宙如何演化出它纷繁的复杂性，比如最早的星系、恒星和行星如何形成，行星上的原子又如何聚集，构成了能够反思自身存在的生物。这本书将宇宙的人文观念融入历史背景之中，展示了最新的发现和理论，对我们在宇宙中的这片栖息地做了精彩的诠释。希望本书能够为那些因仰望星空而充满惊叹之情，从而想进一步了解它的人们，带来启发和乐趣。

马丁·里斯

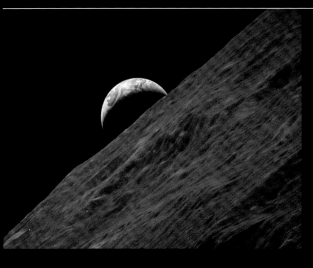

月球

距地球1.3光秒

地球正从它的卫星——月球的地平线上冉冉升起。我们星球上精致的生物圈同荒凉的月球景观形成鲜明的对比。阿波罗号的航天员就是在那里留下了脚印。

太阳

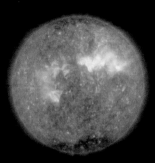

我们身边的恒星
太阳是太阳系的主宰，是我们光与热的主要来源，也是它让地球和其他行星运行在各自的轨道上。这幅紫外图像揭示出极高温日冕的动力学活动。它们远在太阳的可见表面之上。

太阳耀斑
在肉眼看来，太阳通常是个明亮但没什么特征的圆盘。不过在日全食的时候，来自日面的光线完全被月球遮挡，太阳外层大气的剧烈耀斑就清晰地显现出来。

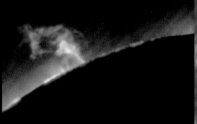

极高温日冕
太阳冕区的气体被加热到几百万度的高温，发出强烈的X射线辐射，正如日本"阳光"（YOHKOH）卫星拍摄的这张照片所示。图像中的深色区域是气体的低密度区。被称作"太阳风"的粒子流就是从这里出发进入空间的。

日珥
在日冕中，被称作等离子体的电离气体沿着太阳的磁场流动，形成巨大的日珥云。图中的日珥正在喷发，它将等离子体喷出太阳大气，散播到空间中。

日面黑子
距地球8光分
这些由强磁场维系的区域比太阳表面的其他地方更暗、更冷。有些黑子大到能容纳整个地球。黑子数目以11年为周期有规律地变化。当黑子数目达到峰值的时候，地球大气中的扰动现象（例如极光）也会增多。

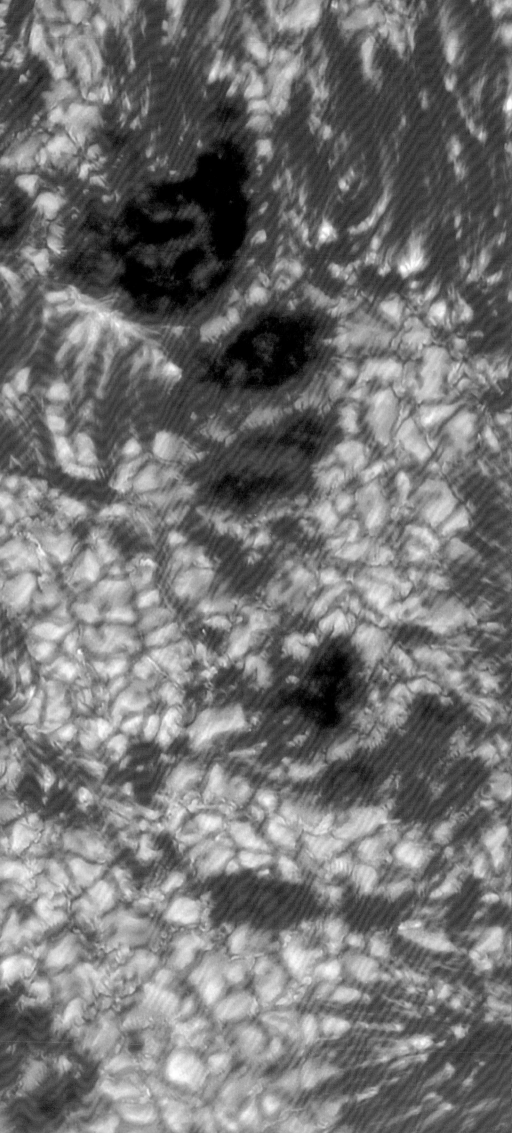

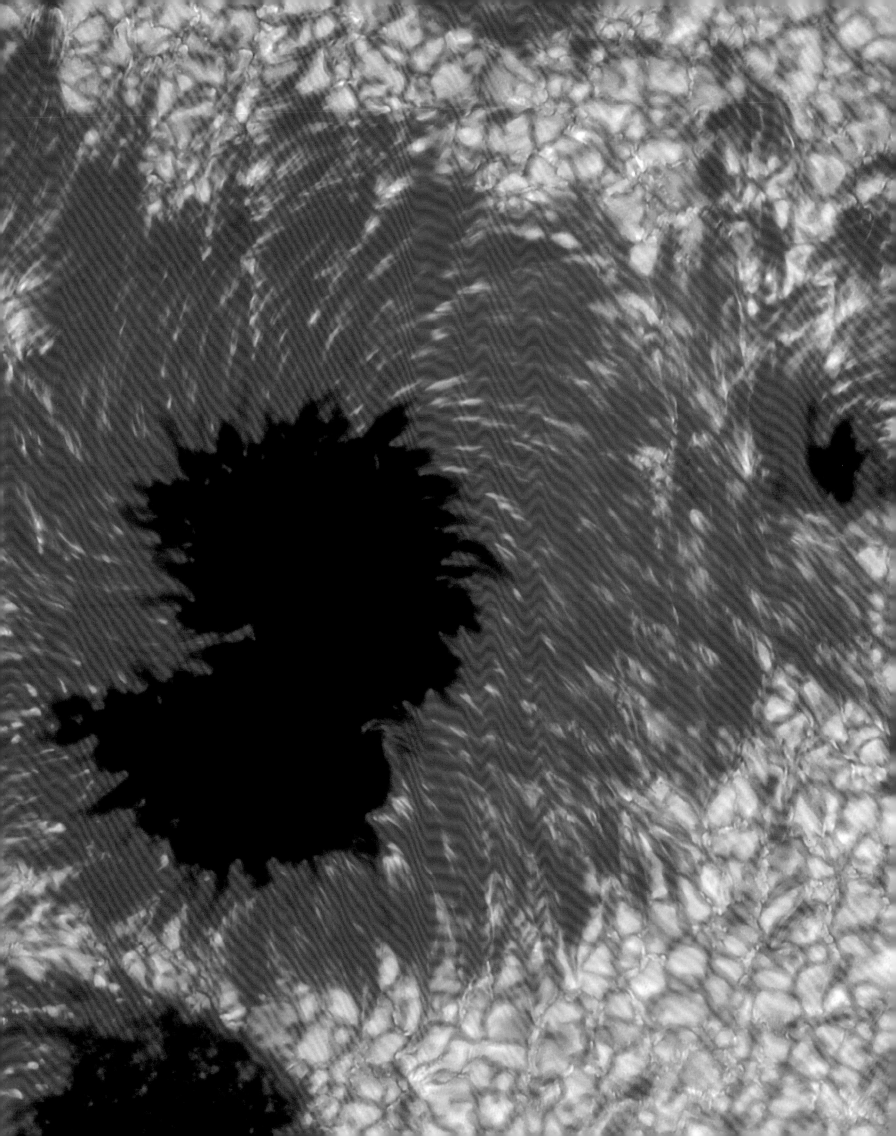

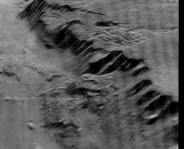

火星峡谷
距地球4光分

火星是太阳系中4颗岩质内行星之一。这幅图像（竖直距离有所夸大）显示的是巨大的水手号峡谷群的一部分。

土星及其光环
距地球71光分

在4颗巨大的气态行星周围都有由尘埃和冰晶在近圆形轨道上组成的光环。其中又以土星周围的光环最为动人。这张特写是由卡西尼号（Cassini）探测器所拍摄的。

木卫一
距地球34光分

木星目前已知的卫星有79颗，而且肯定有其他尚未被发现的成员。木卫一是距木星最近的卫星。在这张照片中它正从气流湍动的木星大气上方经过。

爱神星（小行星433号）
距地球3.8光分

有大量的小行星沿着独立的轨道围绕太阳运行。爱神星的显著特征是其表面众多的小天体撞击坑。这幅照片是"NEAR-舒梅克"（NEAR-Shoemaker）号近地小行星探测器在其表面上方100千米处拍摄的。

行星

木星大红斑
距地球34光分

气态大行星木星的质量比太阳系中其他所有行星加到一起还要大。它表面谜一样的涡流气旋——大红斑早在17世纪就为人所知。但我们对这颗行星的认识直到20世纪70年代无人探测器造访之后才有显著进展。这幅大红斑的图像是旅行者1号（Voyager 1）在1979年拍摄的，使用了不同的图像滤镜来增强颜色。

恒星和星系

我们星系的中心
距地球25 000光年

我们的银河系中心据信有一个重达300万太阳质量的黑洞。这张照片呈现的是事件视界附近的X射线耀闪。接近黑洞的任何天体在越过事件视界后都无法逃逸，甚至光子也是如此。

半人马座A
距地球1 500万光年

并不是所有的星系都是孤立存在的，它们偶尔也会有相互作用。半人马座A比我们的银河系活跃得多。它的中心有一个更大的黑洞，这个星系的引力也足以捕获并吞噬较小的临近天体。

涡状星系
距地球3 100万光年

涡状星系是另一个星系相互作用的例子。它是一个正面向我们转动的盘星系。它的旋涡结构可能是在较小的卫星星系（位于图像上方）的引力拖曳下形成的。

 猎户星云
距地球1 500光年

猎户星云是银河系内的一个灼热的尘埃气体云。星云中镶嵌着明亮的蓝色恒星，它们比太阳年轻许多。还有些原恒星的核燃料尚未点燃。

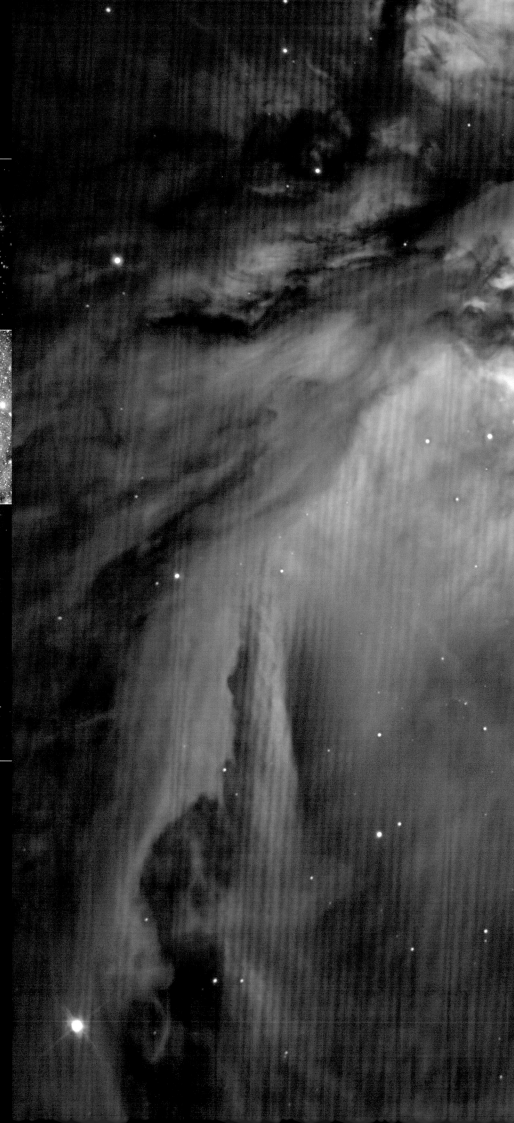

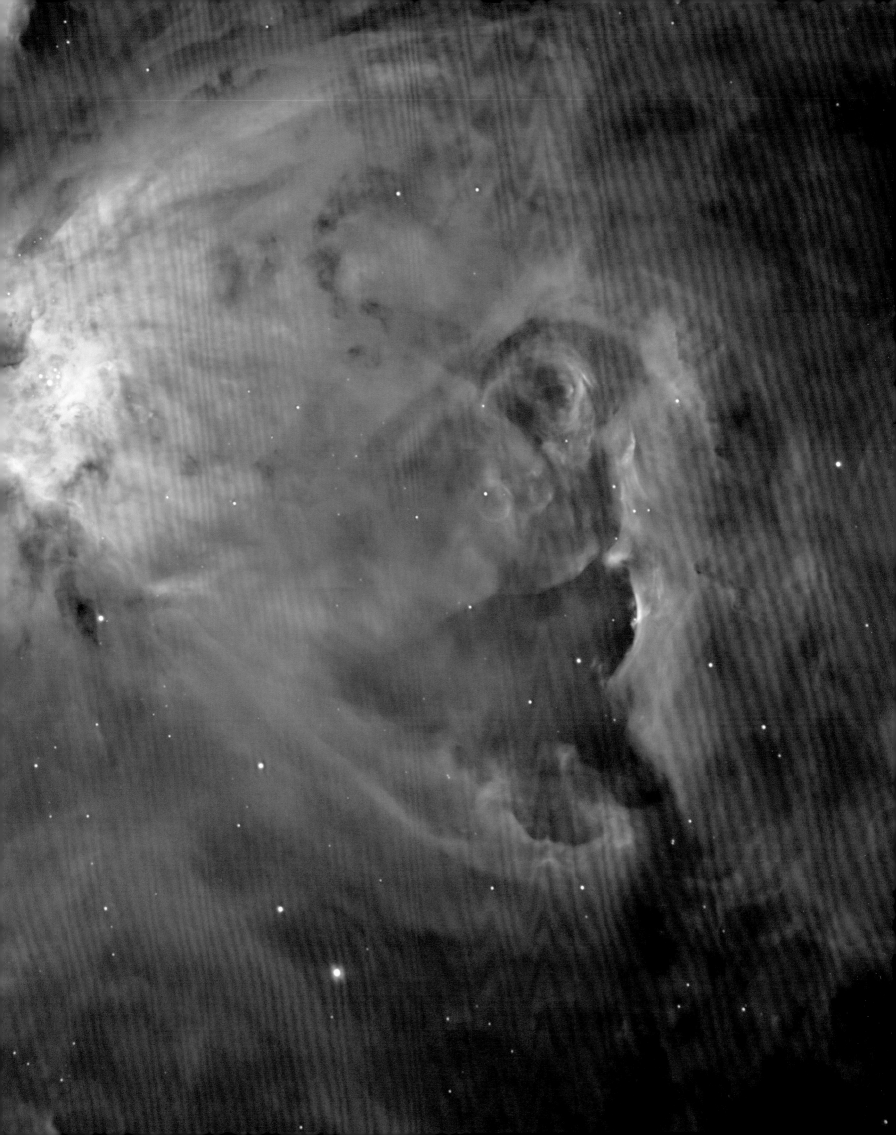

时空的极限

超星系团

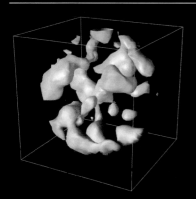

这幅图片是根据15 000个星系的位置生成的，描绘了地球周围7亿光年内宇宙环境的拓扑结构。黄色团块显示的是散布在黑色空洞之间的超星系团。

大尺度结构

这幅天空的红外图像，显示出银河之外的星系在星系团和纤维状结构中的分布。星系根据亮度的不同被赋予不同的颜色，亮星系显示为蓝色，暗淡的星系则用红色表示。

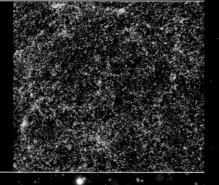

遥远星系团

这个大质量星系团距地球85亿光年。它是天文学家们已知最远的星系团之一。叠加在可见光图像上的紫色部分是X射线图像，显示出充斥于星系团中的热气体。

 ### 生机勃勃的矮星系
距地球90亿光年

这幅近红外图像由哈勃空间望远镜拍摄，记录了位于90亿光年之外的众多年轻的小星系，其中遍布着正在形成的恒星。它们之所以能够显现在这幅图像上，是因为新星释放出的能量激发了它们周围气体中的氧原子，发出霓虹灯一样的辉光。天文学家们认为这样一个恒星快速诞生的时期是矮星系形成的重要阶段。而矮星系是宇宙中最主要的一种星系类型。

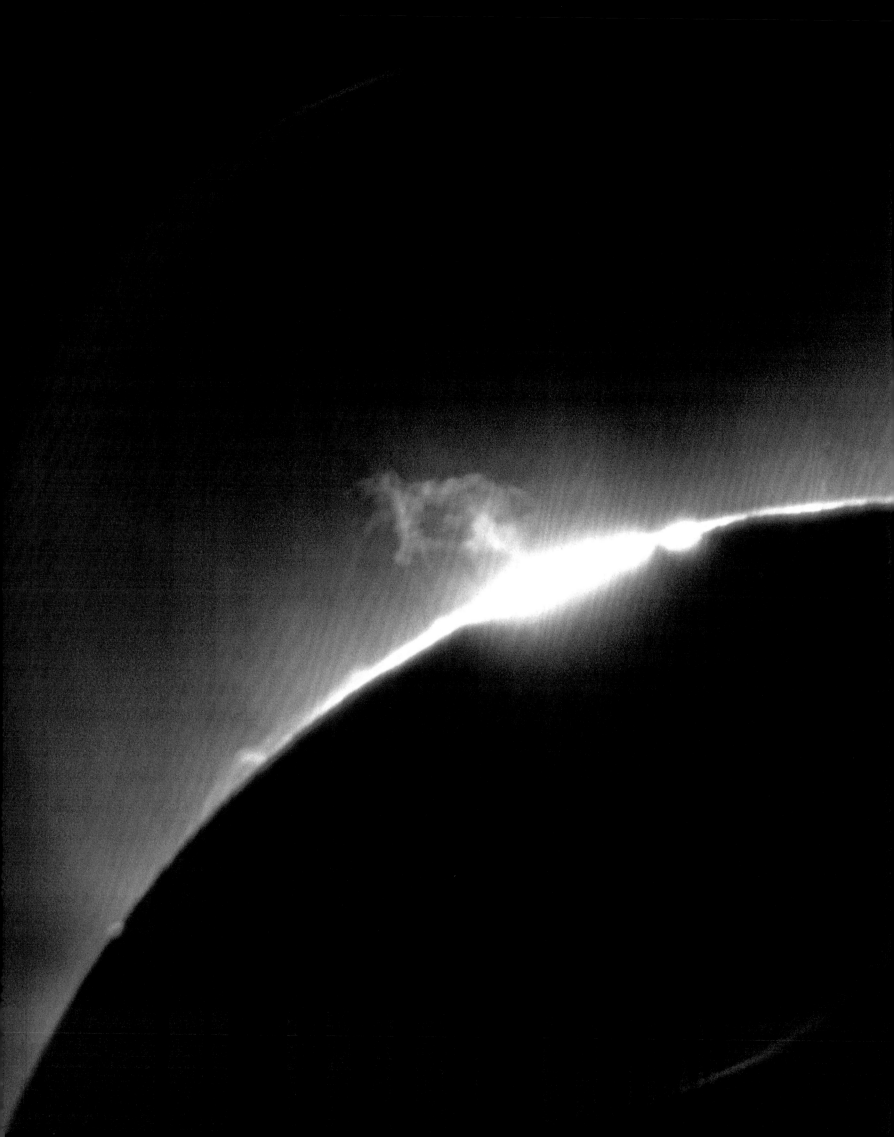

基础知识

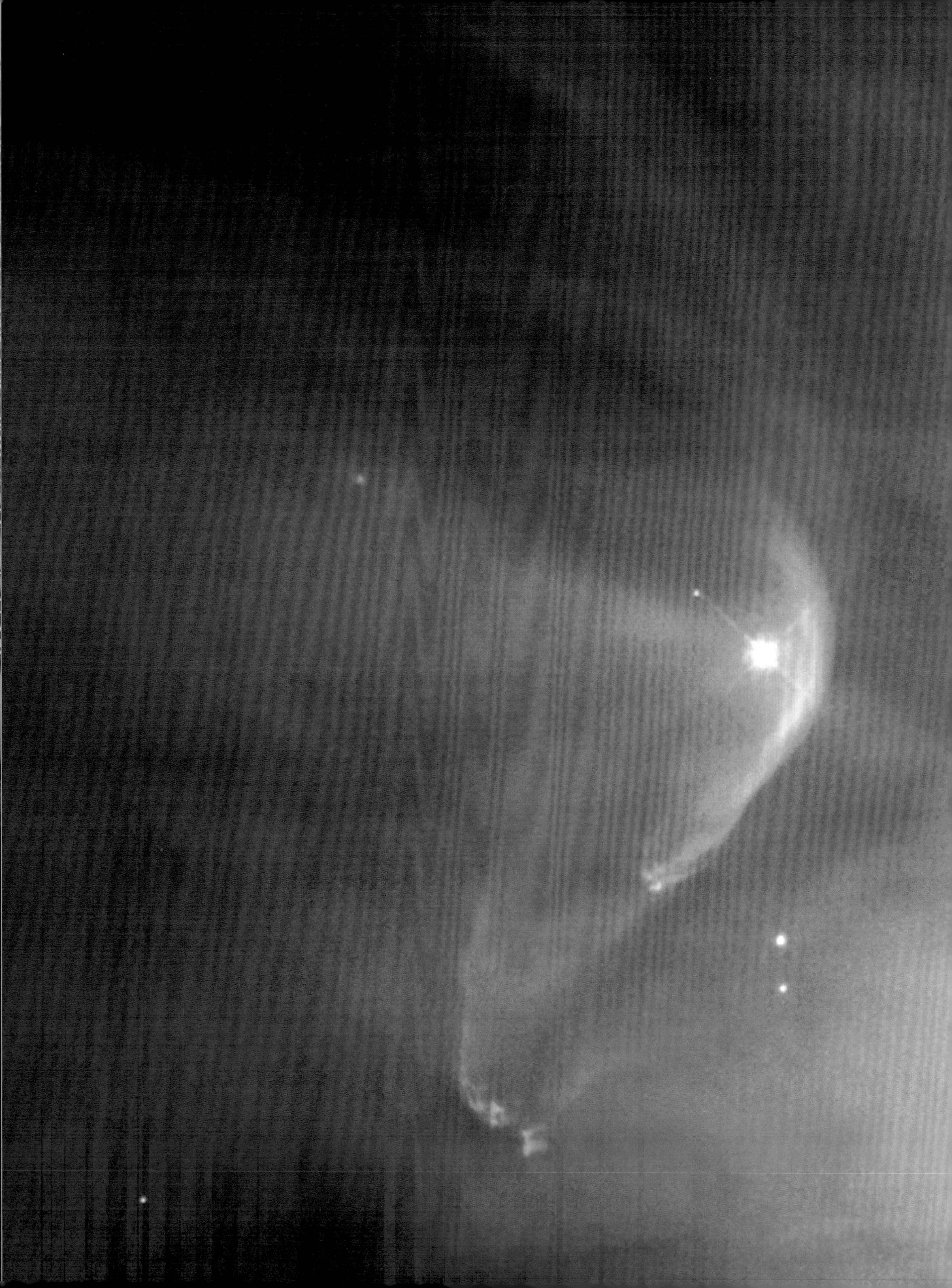

“我们可能已经接近自然界的终极定律，有理由对此持谨慎乐观的态度。”

——史蒂芬·霍金

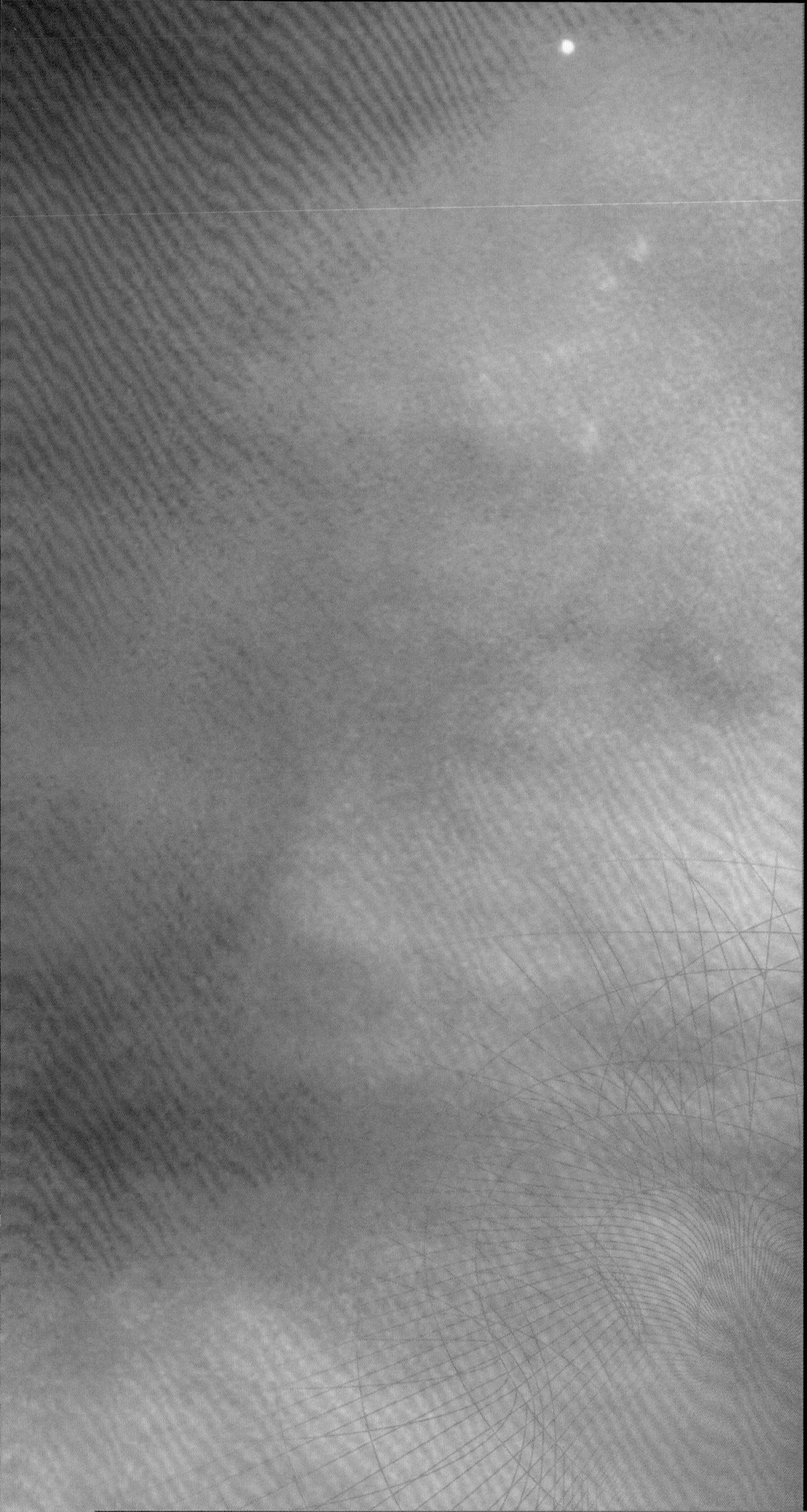

宇宙就是存在的一切——所有的空间和时间、所有的物质和能量都蕴于其中。整个宇宙大得超乎想象，而且它自诞生以来就在不停地膨胀。遥远的区域正高速远离我们，有的甚至超过光速。宇宙涵盖一切，从最小的亚原子粒子到最大的超星系团，而且它们似乎都遵循完全相同的基本定律。所有可见的物质（它们只占总质量的一小部分）都由相同的亚原子结构组成，而这些粒子之间的相互作用又由相同的基本作用力主导。有关宇宙运行原理的知识（从广义相对论到量子物理学）构成了研究宇宙整体的宇宙学。宇宙学家们关心的问题包括：“宇宙有多大？”，“宇宙的年龄是多少？”，以及“宇宙宏观上如何运行？”。

一颗恒星周围的弓形激波

这幅猎户座星云的奇异图像展示了物质与辐射在恒星尺度上的相互作用。一颗由气体和尘埃所包裹的恒星正在经受来自画面外另一颗年轻恒星的强烈粒子流的冲击。粒子流在恒星周围形成了一个新月形的弓形激波，就像流经船首的水流一样。

宇宙是什么？

宇宙的尺度

宇宙中的一切都是更大结构的一部分。地球和月球的尺度也许还比较容易理解，但是离太阳最近的恒星就已经远得无法想象了，而最远的星系还要远上数十亿倍。研究宇宙大小和结构的宇宙学家们运用数学模型构建了宇宙的大尺度图像。

宇宙的大小

宇宙学家们也许永远都无法得知宇宙的准确大小。宇宙可能无限大，不过体积也许是有限的。而一个有限的宇宙也可以没有中心和边界。由此可以得出一些神奇的结论，比如朝一个方向运动的物体会突然在相反的方向上出现。可以肯定的是，宇宙自138亿年前从"大爆炸"中诞生以来一直在膨胀（见第48页）。通过研究大爆炸遗留的辐射图案，宇宙学家们可以估计出宇宙的最小尺寸，并判断它是否有限。宇宙的一些成员之间至少相距数百亿光年。要知道，光年是光子运动一年所通过的距离，约合9.46万亿千米，可见宇宙之大。

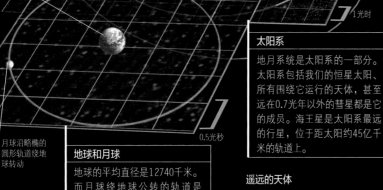

位于银河系猎户臂上的恒星，距银河系中心2.6万光年

星系核

星系NGC147
星系NGC185
仙女星系，距银河系265万光年
仙女座 I
仙女座 II
仙女座 III
三角座星系

5000光年

5光年

1光时

0.5光秒

半人马座α

太阳

天狼星

冥王星轨道
小行星带
太阳
地球
海王星轨道
地球

月球沿略椭的圆形轨道绕地球转动

银河系

太阳和它邻近的恒星都是银河系的一小部分。这个圆盘容纳了1千亿到4千亿颗恒星及许多巨型气体和尘埃云。银河系的直径超过15万光年。星系核中央有一个超大质量黑洞。

邻近的恒星

离太阳最近的恒星系统是位于4.37光年（41万亿千米）之外的半人马座α。在太阳周围16光年的范围内一共包括59颗恒星，分别属于13个恒星系统。每个系统都包含2颗到3颗恒星。夜空中最明亮的恒星——天狼星就是其中之一。它的2颗成员星尺寸迥异。

太阳系

地月系统是太阳系的一部分。太阳系包括我们的恒星太阳、所有围绕它运行的天体，甚至远在0.7光年以外的彗星都是它的成员。海王星是太阳系最远的行星，位于距太阳约45亿千米的轨道上。

地球和月球

地球的平均直径是12740千米。而月球绕地球公转的轨道是770 000千米。空间探测器一般需要好几天才能飞抵月球。

遥远的天体

这个叫作SPT0615-JD的星系尚未成形。它是目前已知的最遥远的天体。由哈勃空间望远镜和斯皮策空间望远镜所探测到的微光早在133亿年前就踏上了飞向我们的旅程。

从地球仰望

银河系有着复杂的三维结构。不过由于我们身在其中，所以它看起来就是一个横跨天空的二维长带。

本星系群

银河系是一个称作本星系群的星系团的一部分。这个星系群占据着1千万光年的区域。本星系群包含50多个星系，其中只有仙女座星系与银河系大小相当。其他都是小星系或者矮星系。

本超星系团

本星系群、室女座星系团和其他邻近的星系团一起构成了一个巨大的结构，称作室女座超星系团。这个超星系团的跨度达1.1亿光年。如果算上矮星系的话，成员数超过数万个。

遥远的星系团

巨大的星系团阿贝尔 2218（左图）尽管远在20亿光年之外，仍然能够在地球上看到。

大尺度结构

超星系团聚集成节点，或者延展成长达数十亿光年的纤维状结构，并被巨型空洞分隔开来。不过，从最大的尺度上来看，星系的数量密度乃至所有可见物质在宇宙中的分布都是非常均匀的。

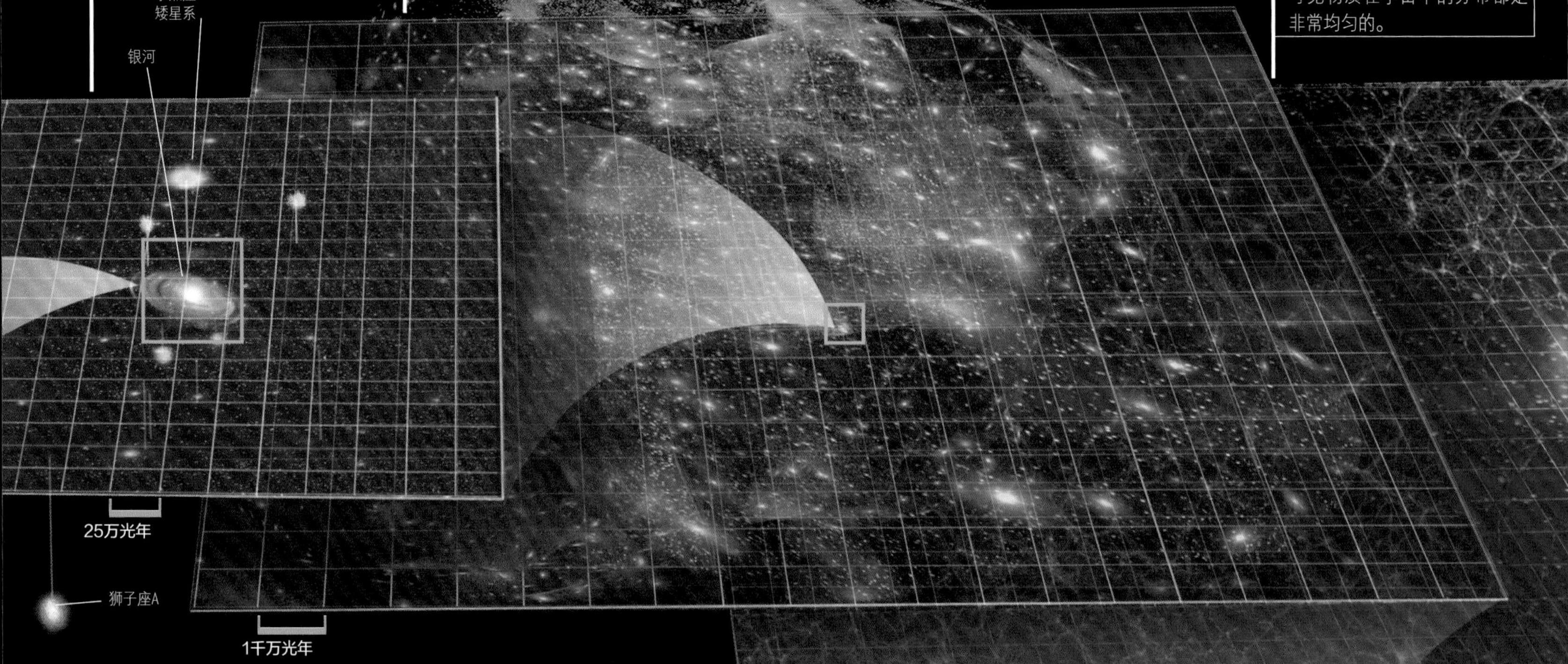

小熊座
矮星系

银河

25万光年

狮子座A

1千万光年

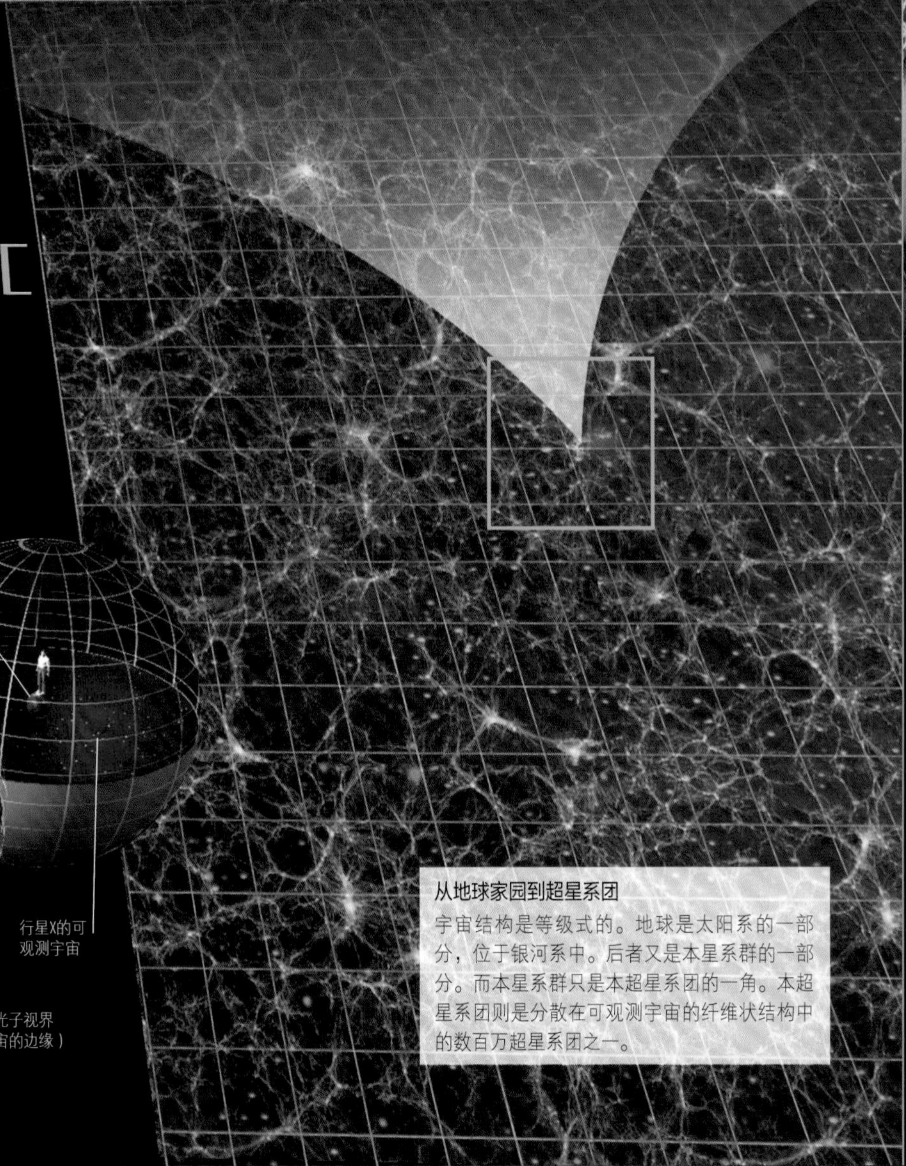

可观测宇宙

尽管宇宙没有边界而且可能是无限的，科学家们研究的部分仍然有限并有确定的范围。可观测宇宙是以地球为中心的一个球形区域，其中的光线能够在宇宙诞生后的有限时间内到达我们。将这个区域同宇宙的其他部分区分开来的边界称作宇宙光子视界。来自视界附近天体的光线到达地球时已经花费了同宇宙年龄一样长的时间，也就是138亿年。这些光子经过了138亿光年的距离才到达地球。这个距离被定义为地球与遥远天体间的"回顾距离"或者"光行时距离"。不过，真实距离要大得多，因为在光子离开天体之后，宇宙膨胀就把天体带到了更远的地方。

1亿光年

两个行星共同的可观测区域

行星X

地球

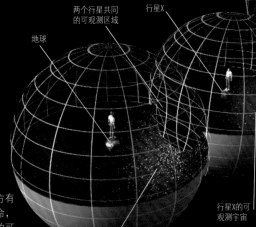

重叠的可观测宇宙

如果在距地球数百亿光年的地方有另一个行星X，上面也有智慧生命，那么他们会有一个与地球不同的可观测宇宙。这两个可观测宇宙可能会像图中显示的这样部分重合，也可能完全没有交集。

地球的可
观测宇宙

地球的宇宙光子视界
（可观测宇宙的边缘）

行星X的可
观测宇宙

从地球家园到超星系团

宇宙结构是等级式的。地球是太阳系的一部分，位于银河系中。后者又是本星系群的一部分。而本星系群只是本超星系团的一角。本超星系团则是分散在可观测宇宙的纤维状结构中的数百万超星系团之一。

基础知识

天体

宇宙由能量、空间和物质构成。一些物质以原子或者简单气体分子的形式在空间中游荡。另一些物质则聚集在小到尘埃颗粒、大到恒星星系的物质岛屿中，甚或坍缩成黑洞。引力则把所有这些物体束缚在巨型云团和物质盘组成的星系中。而星系又聚合为星系团，然后星系团又构成宇宙中最大的天体——超星系团。

气体、尘埃和粒子

宇宙中的许多普通物质以稀薄气体的形式存在于星系内部或者星系附近的区域中。星系之间的气体则更加稀薄。这类气体主要由氢原子和氦原子组成。星系中的云团则含有更重的化学元素和简单的分子。同星系气体云混合在一起的还有尘埃。它们是碳和硅酸盐（硅氧化合物）等其他物质形成的微小固体颗粒。在星系中，气体和尘埃一起构成了星际介质。可见的介质团块被称作星云，其中许多都是恒星形成的地方。有一类介质被称为发射星云，在它们的原子吸收恒星的辐射之后会再次辐射出光子，形成明亮的辉光。与之相反的是暗星云，它们只有在挡住星光形成暗斑时才能被发现。物质粒子也以宇宙线的形式存在于宇宙空间中。宇宙线是在宇宙中高速度运动的高能亚原子粒子。

暗星云
被称为恶灵星云的LDN 1622是一团巨大的尘埃气体云。它位于500光年之外。

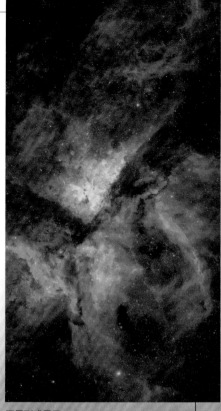

恒星形成星云
船底星云是一个肉眼可见的巨型气体云。它在南半球的夜空中非常明显。这幅图像上不同的颜色代表不同温度的气体。

炽热气体
发射星云欧米伽星云中的炽热气体是一个活跃的恒星形成区。气体和尘埃构成的云团能够孕育恒星和行星，也会被死亡的恒星吹散，随后进入下一代恒星的循环之中。

恒星和褐矮星

　　宇宙中的光主要来自恒星。它们都是通过中心核聚变产生能量的气体球。恒星由星云中的气体和尘埃团块凝聚而来。这类团块有时也会形成双星或者星团。恒星由于初始质量不同，它们的颜色、表面温度、亮度和寿命都会有所差别。最大的恒星是巨星和超巨星。它们是最热、最亮的星体，但只能存在几百万年。又小又暗的红色低质量恒星（数目众多）却能燃烧数十亿年，被称作红矮星。更小的一类是褐矮星。它们是失败的恒星，不够大也不够热，不足以维持恒星中发生的那种核聚变，只有暗淡的辉光。也许宇宙中的大部分正常物质都是以这种形式存在的。

褐矮星

图像中央右侧的亮点是一个叫作格利泽229b的褐矮星。它绕着边上那颗巨大明亮的红巨星格利泽229旋转。

超巨星
超巨星参宿四非常巨大，尽管它远在650光年之外，在现代大型望远镜中仍呈现为一个团块。

双星
天鹅座的辇道增七是一个双星系统。它包括一颗明亮的黄橙色主星和一颗较暗的蓝色伴星。

球状星团
类似上图M3这样的球状星团是围绕银河系旋转的古老天体。M3中包含了50万颗恒星。

恒星遗迹

　　恒星不会永远存在。即使最小、最长寿的红矮星也会老去。类似太阳的中等质量恒星会膨胀为巨大疏松的红巨星，随后它们吹开大部分外部包层，坍缩成为白矮星，然后逐渐冷却，步入死亡。被吹开的物质以恒星为中心向外膨胀，成为行星状星云，尽管它们和行星没有什么关系。更多的大质量恒星有着更为壮丽的终结。它们在爆炸中解体，成为超新星。被称为超新星遗迹的抛出物质壳层不断地膨胀，在数千年之后仍能看到。但并不是所有的恒星物质都会被吹散。一部分核心区域会坍缩成极为致密的中子星。最大质量的恒星则会坍缩成黑洞（见第26页）。

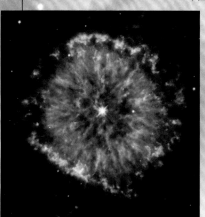

行星状星云
这个发光气体云叫作NGC 6751，是几千年前由中央的那颗高温的白矮星所抛射出的物质。

超新星遗迹
船底座星云来自一颗约5 000到15 000年前爆炸的恒星的冲击波。这个星云位于2 600光年之外。也许有一天它的物质会形成新的恒星。

行星和小天体

　　太阳系包括我们的恒星——太阳，以及围绕它转动的一切天体。它通常被认为是从一个由尘埃和气体聚集而成的旋转盘面（称作原行星盘）演化而来的。中央的物质形成太阳，外部的物质形成行星及其他较小的低温天体。行星是围绕恒星转动的球体，不像褐矮星那样有核聚变。鉴于我们已经在银河系中发现了上千颗围绕其他恒星转动的行星（见第296~299页），所以几乎可以肯定：行星在宇宙中非常普遍。在太阳系中，有木星这样的气态巨行星，也有像地球和火星这样的较小的岩质行星。更小的天体被分成5类：围绕行星或小行星转动的天体是卫星；跨度在50米到1 000千米之间的岩质小天体称作小行星；彗星是大冰块和岩石的混合体，直径为几千米，大部分轨道可达遥远的太阳系外围；冰矮星和彗星相似，不过直径可达几百千米；流星体则来自解体的小行星或者彗星的碎片。

木卫一　　木卫二

　　木卫三　　木卫四

伽利略卫星
地球只有一个月亮，而这里展示的4个大"月亮"是围绕着木星转动的卫星。它们由伽利略在1610年首次发现。

行星地球
我们的家园行星因为有地表水并且孕育着生命而显得与众不同。我们不知道这在宇宙中是不是非常罕见。

彗发

气体彗尾

尘埃彗尾

池谷－张彗星
一些彗星的轨道很靠近太阳。彗星上的冰冻物质便会蒸发形成发光的彗头以及长长的尘埃和气体彗尾。在2002年这颗明亮的彗星清晰可辨。

星系

类星体
类星体是极其明亮的星系。至少有一部分星系早年曾是类星体。它们的能量来自落入中心大质量黑洞的物质。

在由恒星、气体和尘埃组成的银河系中，太阳系只是沧海一粟。直到100年前人们还以为我们的星系就是整个宇宙。没人想到银河系外还有物质存在。现在我们知道，仅宇宙的可观测部分就含有超过一万亿个独立的星系。这些星系大小不一，有直径几百光年、包含数亿恒星的矮星系，也有横跨数十万光年、拥有多达一百万亿颗恒星的巨星系。星系中除了恒星，还有气体云、尘埃和暗物质。它们都被引力束缚在一起。星系呈现出5种类型：旋涡星系、棒旋星系、椭圆星系、透镜星系和不规则星系。天文学家们根据几个天体数据库中的编号来标记它们。比如，NGC 1530表示星表数据库"星云星团新总表"（NGC）中的第1530号星系。

旋涡星系
这幅图像由斯皮策（Spitzer）空间望远镜拍摄，显示的是一个叫作M81的邻近旋涡星系。探测器记录的是红外辐射，而非可见光，因此星系核心和旋臂中的尘埃在图像中十分明显。

星系核

旋臂

棒旋星系
在类似NGC 1530（见上图）的棒旋星系中，旋臂从棒状结构的两端伸展而出，而不是像旋涡星系那样自核心区。

黑洞

黑洞是空间中的一个区域，它中心处的物质被挤压成密度无限大的一点，称作奇（qí）点。在奇点周围的一个球形区域内，引力强大到包括光在内的所有物质都无法逃脱，因此黑洞只能够通过其周围物质的行为被探测到。目前已发现的黑洞都有一个气体尘埃盘围绕在周围，产生高温高速的物质喷流，或者在物质落入黑洞时发出辐射（比如X射线）。黑洞的类型主要有两种：超大质量黑洞和恒星质量黑洞。超大质量黑洞的质量可以大到相当于数十亿个太阳，存在于大部分星系（包括我们的银河系）的中心。它们的确切起源仍不清楚，不过可能是星系形成过程的副产品。恒星质量黑洞是由爆炸的超巨星的核心坍缩而成的，它们可能在所有的星系中都十分常见。

恒星级黑洞
黑洞SS433位于这幅假彩色X射线图像的中央。它吸取附近恒星中的组分，同时喷出物质并发出X射线辐射（图中两个明亮的黄色瓣状结构），因此才被探测到。

黑洞的阴影——那些被困住的光和物质投下了这个暗区，并藏身其间。

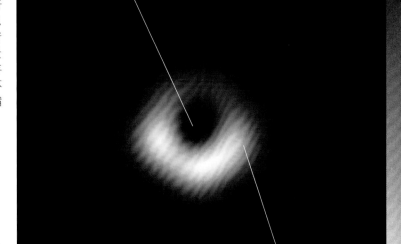

旋转的气体尘埃盘

星系黑洞
这幅由事件视界望远镜于2019年拍摄的照片第一次呈现了黑洞的面貌。这是位于星系M87中心的一个超大质量黑洞。

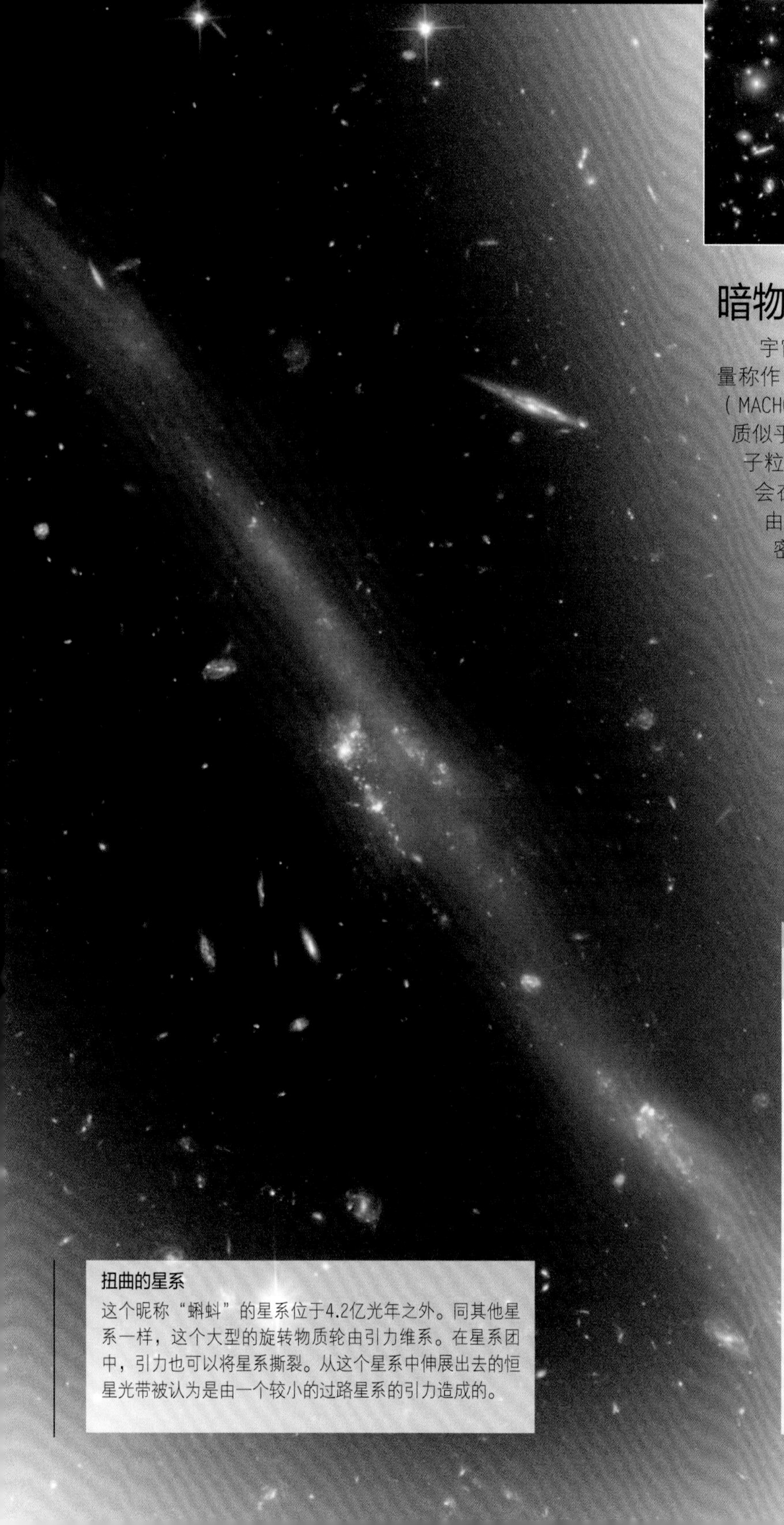

星系团

一百到数千个星系被引力束缚在一起就构成了星系团。星系团的跨度在300万光年到3 500万光年之间。有些有明显的中央核心和规则的球形结构，有些则形状结构都不规则。我们银河系所在的星系团称作本星系群。与之相邻的室女座星系团是一个巨大的不规则星系团。它由位于5 000万光年之外的约1 300个星系组成。

十来个星系团在引力的作用下会结成松散的超星系团，跨度可超过5亿光年。本星系群所属的拉尼亚凯亚超星系团就有5.2亿光年之巨。超星系团自身又嵌在宽广的片状和纤维状结构中，被直径达数亿光年的空洞分隔开。这些片状结构和空洞组成了遍布整个可观测宇宙的网状结构。

希克森致密星系群87
这个星系团包括图像中央的一个正向旋涡星系、靠近它的两个倾斜的旋涡星系，以及右下角的椭圆星系。

富星系团
A1689是已知质量最大的星系团之一，它包含上百个星系（图中金色的部分）。

暗物质与暗能量

宇宙中的物质要比恒星和可见天体中所包含的多得多。这部分不可见的质量称作"暗物质"。它的成分仍不清楚。一部分也许是以晕族大质量致密天体（MACHO）的形式存在，其中包括褐矮星和部分类型的黑洞。不过，大部分暗物质似乎更可能是弱相互作用大质量粒子（WIMP）或者是某种尚未被发现的亚原子粒子。暗物质存在的一个证据是许多星系若非含有大量不可见的暗物质，会在转动的过程中分崩离析。就算将所有由观测得出的暗物质都考虑在内，宇宙的密度仍无法满足演化理论的需要。为了解决这个问题，宇宙学家们提出"暗能量"的存在。它能产生一种与引力相对的斥力，导致宇宙更快地膨胀（见第58页）。但是暗能量的真正面目仍在研究之中。

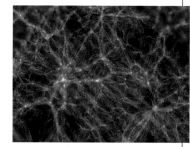

暗物质分布
这幅计算机模拟的图像展示了在我们局域宇宙的超星系团中，暗物质（红色团块和纤维状结构）应当如何分布。

空间探索

寻找暗物质

为了寻找暗物质，科学家们研究了几种可能的存在形式。地下探测器被用来寻找难以捕捉的粒子，比如WIMP或者中微子。中微子非常小，它们一度被认为没有质量，不过后来被发现确实有一点质量。宇宙中有大量的中微子，它们的总质量可占到暗物质的约1%。如果WIMP被探测到，所占的比重会大得多。

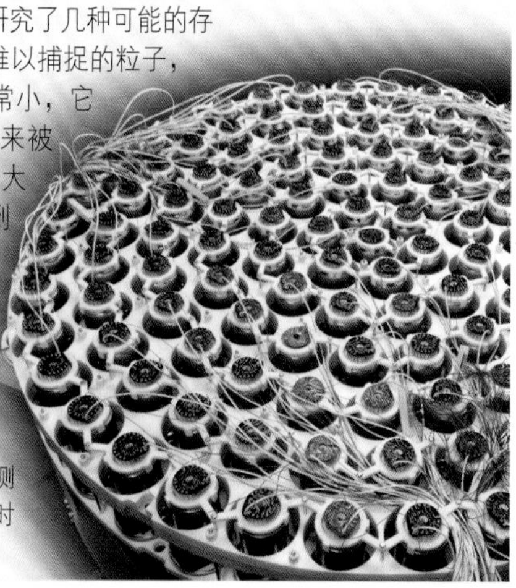

WIMP探测器
这些光点倍增管属于意大利大萨索山的XENON1T探测器。它们的功能是探测WIMP撞击液氙（xenon）池中的原子时所发出的闪光。

扭曲的星系
这个昵称"蝌蚪"的星系位于4.2亿光年之外。同其他星系一样，这个大型的旋转物轮由引力维系。在星系团中，引力也可以将星系撕裂。从这个星系中伸展出去的恒星光带被认为是由一个较小的过路星系的引力造成的。

物质

从最小的尺度上看,宇宙中的物质都由基本粒子组成,其中一些基本粒子在各种作用力的影响下聚集起来形成原子和离子。不过在这些常见的物质形式之外,还有其他类型的物质存在。宇宙的大部分质量由"暗物质"提供。而暗物质的真实属性仍未可知。

什么是物质?

物质指的是任何有质量的东西,换句话说,是任何受引力影响的东西。地球上的大部分物质由原子和离子组成。不过在宇宙的其他地方,物质的存在形式就多种多样了。既有稀薄的星际物质(见第228页),也有致密的中子星和黑洞(见第267页)。并不是所有这些物质都由原子组成,但它们都由粒子组成。某些类型的粒子是基本粒子,也就是说,它们不是由更小的亚单位组成的。普通物质中最常见的基本粒子是夸克和电子。它们构成了原子和离子。但是,宇宙物质中的大部分并不是普通物质,而是暗物质(见第27页)。这种物质可能是中微子,或者是理论上预言的弱相互作用大质量粒子(WIMP),或者兼而有之。

明亮物质
这些星际空间中的发光气体云是由原子、离子这类普通物质组成的。

原子和离子

构成原子的夸克和电子分布在原子中的特定区域。夸克3个一组,由无质量的胶子连接在一起。质子和中子都由夸克组成。它们在原子中央的致密区域中密结成团构成原子核。原子中的大部分剩余区域都是空空荡荡的,只有电子在其中运行。电子带负电荷,而且质量很小。原子几乎全部的质量都由质子和中子提供。原子中带正电的质子总是和带负电的电子一样多,因此原子呈电中性。当原子失去或者得到电子时,就成为带电的离子。

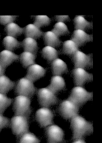

原子成像
这是硅芯片表面原子的图像,由扫描隧道显微镜拍摄。

碳原子的结构
原子中央是由质子和中子组成的原子核。它的电子在两个被称作壳层的空间内围绕原子核运动。由于电子没有确定的运动轨道,因此壳层是模糊的。

外部电子壳层
这个区域包含4个电子轨道。

内部电子壳层
这个区域包含两个电子轨道。

空旷的空间
原子中的大部分空间都是空荡荡的。这里显示的质子、中子和电子比它们相对于原子的实际尺寸要大得多。

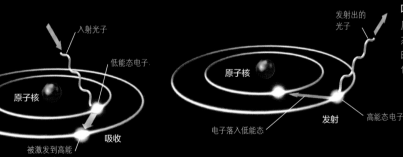

吸收和发射
原子中的电子可以位于不同的能态。它们在不同的能态之间跳跃时会吸收或者发射出定量的能量包。这些能量包就是光子。

入射光子
低能态电子
原子核
被激发到高能态的电子
吸收

发射出的光子
原子核
电子落入低能态
高能态电子
发射

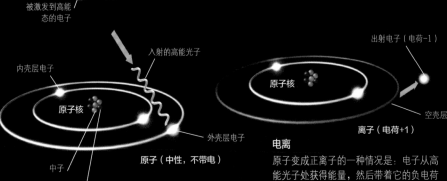

内壳层电子
原子核
入射的高能光子
外壳层电子
原子(中性,不带电)
中子
质子

出射电子(电荷-1)
原子核
空壳层
离子(电荷+1)

电离
原子变成正离子的一种情况是:电子从高能光子处获得能量,然后带着它的负电荷逃出原子。

红夸克
胶子
绿夸克
蓝夸克
中子
质子

原子核
碳原子核是一个由6个质子（紫色）和6个中子（金色）组成的致密球体。

化学元素

原子也不尽相同。它们包含不同数目的质子、中子和电子。只由同一种原子构成的物质称作一种化学元素。原子中所包含的质子数（或者说电子数）叫作原子序数。比如元素氢的原子序数为1（所有的氢原子都由一个质子和一个电子组成），氦的原子序数为2，碳的原子序数为6。天然元素一共有94种。同类元素的原子都有同样的大小和相同的电子配置。电子配置尤其重要，因为它决定着元素的化学性质。宇宙一度几乎完全由最轻的两种元素——氢和氦组成。而大部分其他元素，包括常见的氧、碳和铁在内，都是在恒星内部或是恒星爆炸时形成的。

尼尔斯·玻尔（Niels Bohr）

丹麦物理学家尼尔斯·玻尔（1885—1962）首次提出原子中的电子是运行在离散的轨道上的。他假定这些轨道有确定的能级，当电子在不同轨道间运动时，会发射或吸收定量的能量（量子）。玻尔的轨道今天被称作轨函数(orbital)，是电子壳层的亚结构。

氢
常温下（21摄氏度）为无色气体。它的原子只有一个质子和位于一个壳层上的一个电子。

元素特性
正如这里所列举的4个例子一样，元素的性质千差万别。它们的特性来自不同的原子结构。

铝
常温下（21摄氏度）为固体金属。它的原子有13个质子和14个中子，以及位于3个壳层上的13个电子。

硫
常温下（21摄氏度）为黄色易碎的固体。它的原子有16个质子，16到18个中子；16个电子分布在3个壳层中。

溴
常温下（21摄氏度）为棕色发烟的液体。它的原子有35个质子，44到46个中子；35个电子分布在4个壳层中。

电子
电子带一个单位负电荷，质量是质子或中子的千分之一。

中子
质子和中子都是由胶子连接的3个夸克组成。夸克可在"红""绿""蓝"3种形式之间转换，不过每种颜色总是有且只有一个。

化学成分

宇宙中的大部分物质是由少数几种化学元素的自由原子或离子组成的。不过也有相当一部分存在于化合物中。化合物由被化学键连接在一起的多种元素的原子组成。化合物不仅存在于行星、小行星这样的天体中，也存在于生命体和星际介质中。在食盐这样的离子化合物中，有的原子获得电子，有的原子失去电子。带电离子借由静电力结合在一起（食盐晶体便是如此），排布在稳固的周期性结构中。对于水这样的共价化合物来说，原子之间共用电子形成分子结构。

钠离子

氯离子

离子化合物
这类化合物由多种化学元素的离子组成，通常排布在周期性重复的固体结构中。这里的例子是食盐——氯化钠。

物态

　　普通物质有4种状态，分别是固态、液态、气态和等离子态。它们之间的差别在于物质粒子（分子、原子或者离子）的能量以及相对其他粒子运动的自由度不同。物质可以通过释放或者获得热量等方式在这些状态之间转换。物质组分在固态时被强键锁住很难移动；而在液态时就只有弱键的束缚，能够轻松地运动；在气态时，束缚力更加微弱，物质粒子有更大的运动自由度，甚至会发生碰撞。当气体的温度足够高时，粒子之间的相互碰撞会打掉原子中的电子，这时它们就变成了等离子体。因此，等离子体是由离子和高速运动的电子组成的。恒星就是由等离子体组成的，这是宇宙中最常见的物态，其次是气态。

固体、液体和气体

在地球上，水的液态、固态（冰或者雪）和气态（水蒸气）都时常能看到，在一个地方同时出现也不足为奇。

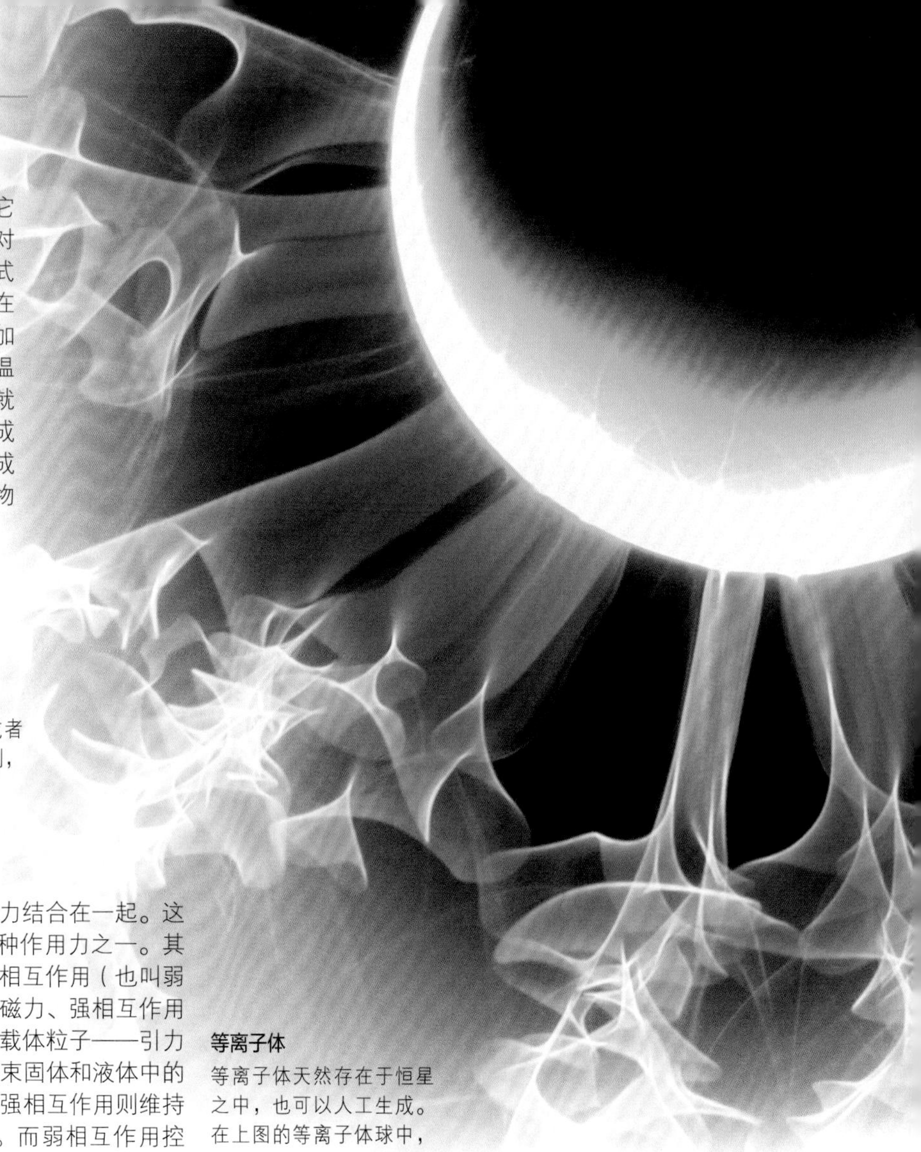

物质间的力

　　无论是固体、液体、气体还是等离子体，它们的组分都由电磁力结合在一起。这种力吸引异性电荷，排斥同性电荷。它是控制物质小尺度结构的3种作用力之一。其他两种分别是组成其他基本结构的强相互作用（也叫强核力）及弱相互作用（也叫弱核力）。这3种力与万有引力一起并称自然界的4种基本作用力。电磁力、强相互作用和弱相互作用都是以一类叫作玻色子的载体粒子作为媒介（引力的载体粒子——引力子也是假想的）。电磁力除了约束固体和液体中的原子，还将电子保留在原子中。强相互作用则维持了质子、中子和原子核的存在。而弱相互作用控制着包括放射性衰变在内的一系列核相互作用。

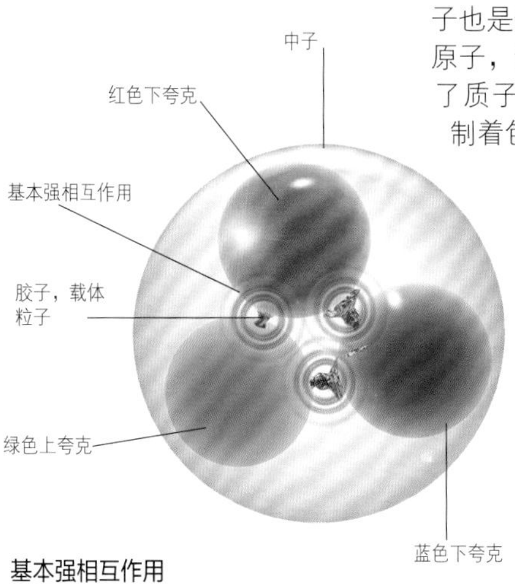

等离子体

等离子体天然存在于恒星之中，也可以人工生成。在上图的等离子球体中，电流从带电的金属球表面通过气体传播到玻璃球的表面，形成等离子光流。

中子

红色下夸克

基本强相互作用

胶子，载体粒子

绿色上夸克

蓝色下夸克

基本强相互作用

基本强相互作用也称"色力"。正是这种力将夸克束缚在质子和中子内。它控制着夸克的"色"属性。这种力产生作用时，夸克间通过交换虚胶子（载体粒子）改变各自的颜色。

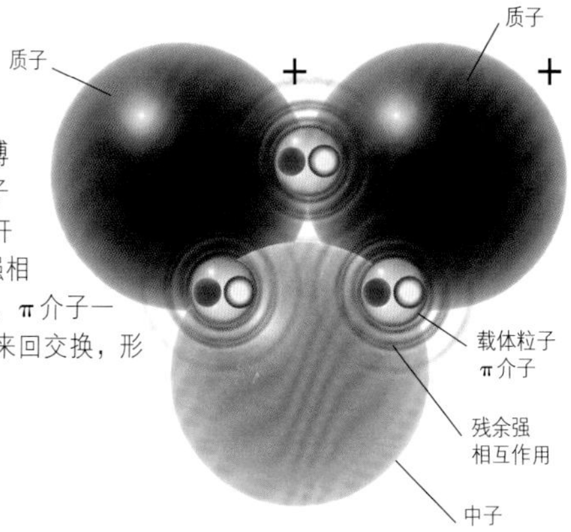

质子

质子

残余强相互作用

这种力将质子和中子束缚在原子核内。它以 π 介子为载体。当核子试图分开时，π 介子就作为基本强相互作用的副产品而出现。π 介子一旦生成，就在核子之间来回交换，形成束缚力。

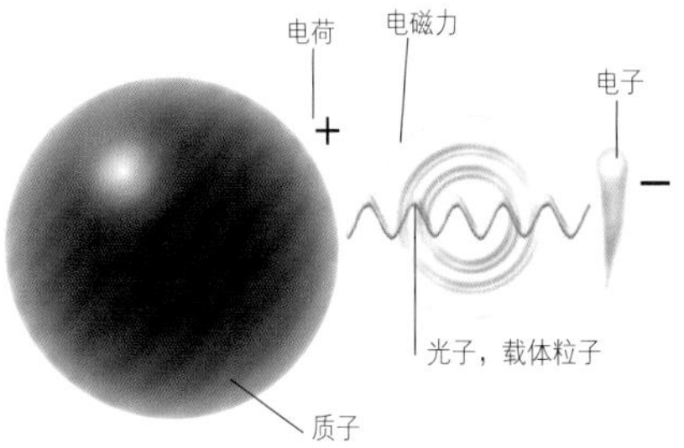

载体粒子 π 介子

残余强相互作用

中子

史蒂文·温伯格 (Steven Weinberg)

　　美国物理学家史蒂文·温伯格（1933—）最著名的理论是证明两种基本作用力——弱相互作用和电磁力在能量极高（比如说大爆炸早期，见第48页时）是统一的，或者说是以等价的方式存在的。温伯格的弱电统一理论在1973年被粒子加速器实验所证实。他和他的同事因此获得了1979年的诺贝尔物理学奖。

电荷

电磁力

电子

光子，载体粒子

质子

电磁力

在原子中，电磁力将电子限制在原子核周围的壳层中。它将带负电的电子吸引到带正电的原子核周围，并保持着电子间的距离。电磁力的载体是光子。

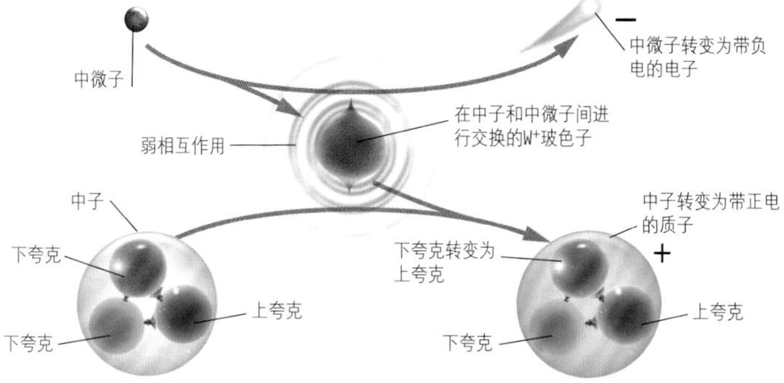

中微子

弱相互作用

中微子转变为带负电的电子

在中子和中微子间进行交换的W⁺玻色子

中子

下夸克

下夸克

上夸克

下夸克转变为上夸克

中子转变为带正电的质子

下夸克

上夸克

上夸克

弱相互作用（或称弱核力）

这种力主宰着许多种的核相互作用。它的载体粒子是W⁺、W⁻，以及Z⁰玻色子。上面图示的相互作用是中微子-中子散射。通过交换W⁺玻色子，中子将中微子转变为电子，而它自身则变成质子。

粒子物理

几十年来，物理学家们一直在试图更好地理解物质和基本作用力。研究围绕粒子加速器中的碰撞粒子展开。这类实验已经发现了数百种不同的粒子（大部分并不稳定）。它们的质量、所带电荷、"自旋"，以及所遵循的基本作用力等属性都各不相同。已知的粒子和它们的相互作用如今都可以用粒子物理的标准模型加以解释。这个模型的粒子分类如右表所示。一项对这个模型的最近补充是希格斯玻色子。这是一类特殊能量场的载体粒子。这个能量场充斥于整个空间，通过与其他粒子的相互作用赋予它们质量。不过假想的携带引力的粒子——引力子与这个模型吻合得并不好。这是由于最好的引力理论（广义相对论，见第42～43页）在许多方面与标准模型不兼容。有一些新的理论，比如弦论（见下方的主题栏），正试图将引力和粒子物理统一起来。

粒子分类

物理学家们将有内部结构的粒子称作复合粒子，以便同没有内部结构的基本粒子相区别。他们同时又将粒子分为费米子和玻色子。费米子（轻子、夸克和重子）是物质的基本组成部分。玻色子（规范玻色子和介子）则主要是作用力的载体粒子。

基本粒子

轻子和夸克组成物质，而规范玻色子传递力的作用。夸克受强核力作用，轻子则不受影响。

轻子

 —— 电子，电荷 -1

—— 中微子，电荷0

夸克

 —— 上夸克，电荷+2/3

—— 下夸克，电荷 -1/3

有6种不同的轻子，不过只有上面这两种是稳定的，能存在于普通物质当中。

夸克有6种"味道"，不过只有两种出现在普通物质中："上"和"下"。夸克还有3种"颜色"。

规范玻色子

它们是作用力的载体粒子。这里列出的部分粒子并未被证实。

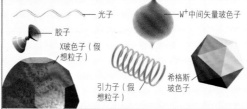

—— 光子

—— W⁺中间矢量玻色子

—— 胶子

—— X玻色子（假想粒子）

—— 引力子（假想粒子）

—— 希格斯玻色子

复合粒子

复合粒子也称作强子，它们由夸克和反夸克组成，并由胶子连接。

重子

由3个夸克组成的质量相对较大的粒子。

质子，由1个下夸克和2个上夸克组成，电荷+1

中子，由1个上夸克和2个下夸克组成，电荷0

介子

包含一个夸克和一个反夸克的粒子。

正π介子，由1个上夸克和1个反下夸克组成，电荷+1

还有数百种其他类型的重子和介子。

反粒子

大部分粒子都有对应的反物质粒子。它们质量相同，不过电荷和其他属性相反。

—— 正电子（反电子）电荷+1

—— 反上夸克，电荷 -2/3

—— 反中微子

反质子，包含1个反下夸克和2个反上夸克，电荷 -1

反中子，包含1个反上夸克和2个反下夸克，电荷0

奇异粒子

还有许多假想的粒子没有出现在这个粒子分类中。其中包括磁单极子和弱相互作用大质量粒子（WIMP）。

碰撞事件

这幅计算机图像显示的是大型强子对撞机中氚离子相互碰撞的结果。蓝色轨迹代表重子相互作用。

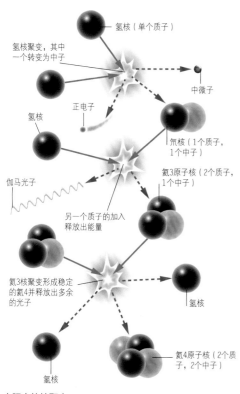

太阳中的核聚变

在太阳或者质量较小的恒星中，主要的聚变产能过程叫作质子－质子链。这个高能撞击链式反应将氢核（自由质子）经由几个中间阶段转化为氦4原子核。能量以伽马光子和氦核动能的形式释放出来。这个过程还会产生正电子和中微子。

图中标注：

氢核（单个质子）

氢核聚变，其中一个转变为中子

中微子

正电子

氢核

氘核（1个质子，1个中子）

伽马光子

氦3原子核（2个质子，1个中子）

另一个质子的加入释放出能量

氦3核聚变形成稳定的氦4并释放出多余的光子

氢核

氦4原子核（2个质子，2个中子）

氢核

核裂变与核聚变

20世纪的物理学家们已经知道原子核并不是无法改变的。它们可以被击碎或合成。在自然界中，不稳定的原子核有放射性，会自发地解体，释放出粒子和能量。人造核裂变的过程与此类似，大原子核被人为分解为小的部分，同时释放出巨大的能量。在宇宙尺度上，更重要的现象是核聚变。在这个过程中，原子核融合在一起，形成更大的核，并释放出能量。核聚变是恒星的能量来源，也创造了绝大部分自然出现的化学元素。恒星中最常见的聚变反应将氢核（质子）合成为氦核。在聚变过程中，聚变产物的质量总会比反应物的总质量要小一点。损失的质量按照爱因斯坦著名的质能方程 $E=mc^2$ 转化为巨大的能量。这个方程将能量 E、质量 m，以及光速 c 联系在一起（见第41页）。

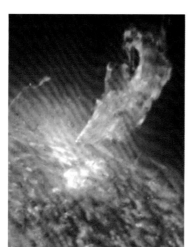

聚变热能

太阳全部的能量都来自太阳核心的核聚变。能量逐级转移到太阳的表面，并通过对流、传导和辐射等热传播方式进入空间。

空间探索

弦论（String Theory）

几十年来，物理学家们一直在寻找一个"万有理论"（见量子引力，第41页），希望能够统一自然界的4种基本作用力，并提供粒子形成的基本原则。其中一个有力的候选者便是弦论。它提出每个基本粒子都包含一个能做微小振动的细丝（称作"弦"）。这些弦的振动模式或者频率赋予粒子不同的属性。尽管这听上去很奇怪，但有许多知名的物理学家都是它的支持者。

低频弦

振动的弦

一根弦可以是闭合的环形，也可以像头发一样是不闭合的。这里图示的两个闭合的弦正以不同的频率振动，就像吉他弦一样，有它们固有的振动频率。

高频弦

中微子天文台

宇宙中的高能过程会产生中微子。这是一类高速运动的粒子，几乎不与物质相互作用。为了探测到它们，科学家们在南极建造了冰立方中微子天文台。五千多个光学探测器被放置在冰面下的86个孔洞中。在2017年，冰立方中微子天文台探测到超高能量的中微子，并追踪到57亿光年之外的一个星系。

辐射

28～31物质
光和引力 42
可见光之外 91
空间观测 94～95
恒星 232～233

辐射是辐射源以波动或者粒子的形式发射出的能量。它可以穿越空间和某些物质。电磁辐射包括可见光、X射线和红外辐射。粒子辐射是指快速运动的带电粒子，比如宇宙线和放射性衰变中发射的粒子。对于天文学来说，电磁辐射要有意义得多。

振幅
电场强度
磁场强度
波长

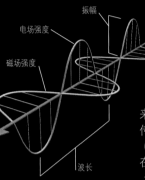

波如何传播
所有的电磁波都由相互垂直的振荡电场和磁场组成，向前传递着能量。

电磁辐射

宇宙中除物质（见第28页）外的另一种主要成分是能量，以电磁辐射的形式存在。这类辐射由带电粒子（比如电子）的运动产生。运动的电荷会产生磁场。如果是持续运动，磁场就会变化并反过来产生电场。正是通过这样的相互作用，这两种场才得以在空间中运动，传递能量。除可见光外，电磁辐射还包括射电波、微波、红外辐射（热辐射）、紫外辐射、X射线和伽马射线。所有这些辐射都以同样的速度在空间运动，这个速度便是光速。光速接近30万千米/秒，也就是10亿千米/时。

波动性

在大多数情况下，电磁辐射的行为与波类似，都是将能量从一个地方带到另一个地方的扰动。它有波长（两个相邻波峰之间的距离）和频率（每秒中通过固定点的波数）等属性。波动性可以用双缝实验（见下图）来演示。在这个实验中，光波在通过单个狭缝后发生了衍射（扩散开），同时又在它们波峰和波谷重叠的地方发生了干涉。虽然电磁波的各种形式之间只有波长的差别，但这影响到了许多其他属性，比如贯穿本领和电离原子的能力（见第28页）。

波的干涉
狭缝实验与液体表面的两点扰动类似。干涉的涟漪弄皱了液面。

粒子性

尽管电磁辐射的行为主要体现出波动性，不过也可认为电磁辐射由众多称为光子的波包（或者说能量子）组成。光子没有质量，但具有一定的能量。光子中的能量依赖于它们的波长——波长越短，光子能量越高。例如，蓝光（波长较短）光子的能量就比红光（波长较长）光子的高。光波粒子性的经典证明是一种叫作光电效应的现象。如果蓝光照射在金属表面，它会使金属发射电子，而用明亮的红光照射则不会有任何反应。

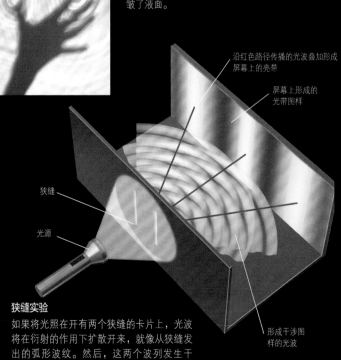

沿红色路径传播的光波叠加形成屏幕上的亮带
屏幕上形成的光带图样
狭缝
光源
形成干涉图样的光波

狭缝实验
如果将光照在开有两个狭缝的卡片上，光波将在衍射的作用下扩散开来，就像从狭缝发出的弧形波纹。然后，这两个波列发生干涉，在屏幕上形成明暗相间的条纹。

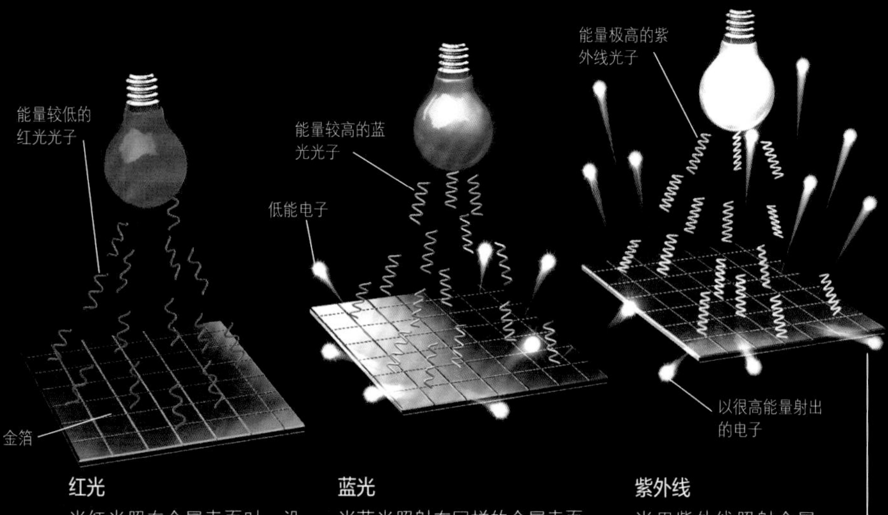

能量较低的红光光子
能量较高的蓝光光子
能量极高的紫外线光子
低能电子
金箔
以很高能量射出的电子

红光
当红光照在金属表面时，没有电子产生。即使用很亮的红光照射也是如此。

蓝光
当蓝光照射在同样的金属表面时，就会有电子被放出。这是因为蓝光的光子能量较高。

紫外线
当用紫外线照射金属表面时，电子会以很高的能量射出。

分析光波

来自天体的辐射由各种波长的光波混合而成。这种光线通过三棱镜之后会被分解成不同的波长成分，这种记录称为光谱。恒星光谱通常包含被称为吸收线的暗线。这是由于特定波长的光子被恒星大气中的原子吸收造成的。这类暗线可以用来推测恒星大气中存在的化学元素。星云的光谱也能够反映它的组成。当星云受到近邻恒星的辐射加热时，它的原子会受激发光。这样产生的光谱由一系列不同元素的特征亮线构成，称作发射光谱。

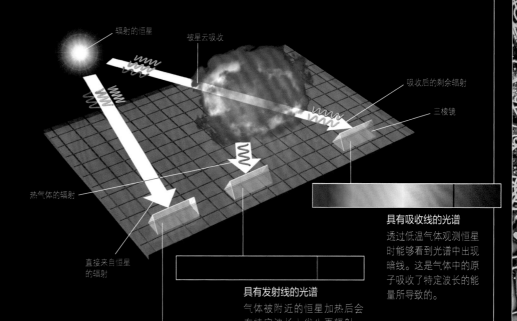

具有吸收线的光谱
透过低温气体观测恒星时能够看到光谱中出现暗线。这是气体中的原子吸收了特定波长的能量所导致的。

发射星云
这个星云由于气体被附近的恒星加热而发光。它的光线中包含特定波长的光子。这些光子是由气体原子在其中的电子下降到低能级轨道时所发出的。

连续谱
像恒星这样炽热致密的气体能够从表面产生涵盖所有波长（这里用不同的颜色表示）的连续光谱。

具有发射线的光谱
气体被附近的恒星加热后会在特定波长上发生再辐射。从侧面观测就会看到光谱中的发射线。

热天体的辐射
较热的天体不仅辐射总量更大，而且峰值波长更短（偏向光谱蓝端）。天文学家们能够通过测量恒星光谱的峰值波长计算出恒星的温度。

红移和蓝移

路易·维克多·德布罗意
（Louis Victor de Broglie）

法国物理学家路易·维克多·德布罗意（1892—1987）于1929年荣获诺贝尔奖。他发现物质粒子（比如电子）具有波动性。光和物质的这种双重属性（同时具有波动性和粒子性）被称作波粒二象性。

如果辐射源与观测者间存在相对运动，观测者所接受到的辐射谱就会出现位移。而天体总是在运动的。天文学家们可以通过测量在特定位置出现的谱线来探测这种位移。远离观测者的天体谱线会向长波端移动（称作红移）。而趋近观测者的天体谱线会向短波端移动（称作蓝移）。辐射源与观测者之间的相对速度越大，位移就越明显。遥远星系的红移非常大，表明它们在以相当高的速度退行。这种红移称作宇宙学红移。

频率移动
一种被称为多普勒效应的现象会使频率发生移动。来自退行天体的光波波前会被拉伸，从而波长增加，而趋近天体的波前则会被压缩。

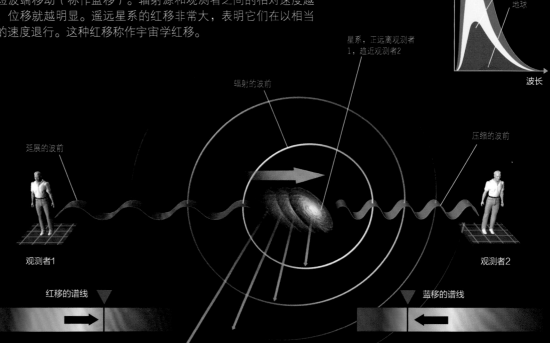

延展的波前

辐射的波前

压缩的波前

观测者1

星系，正远离观测者1，趋近观测者2

观测者2

红移的谱线

蓝移的谱线

非常热的蓝色恒星

炙热的黄色恒星，比如太阳

较冷的红色恒星

地球

光强

波长

波段概览

　　在从射电、可见光直到伽马射线的电磁波各个波段，都有天体可以发出辐射。像星系、超新星遗迹这类复杂天体，几乎在所有的波段都能看到。温度较低的天体倾向于辐射低能光子，因此只能在波长较长的波段看到。靠近光谱的伽马射线端时，光子的能量迅速增高。高能X射线和伽马射线只能在星系团气体（见第327页）这种极热天体或者黑洞吞噬物质（见第267页）这类剧烈事件中产生。为了探测到所有这些辐射并合成图像，天文学家们需要多种不同的望远镜。每种辐射的性质都不同，都有特定的收集和聚焦方式。还有许多波长的辐射无法到达地球表面，只能通过大气层外的轨道天文台观测。

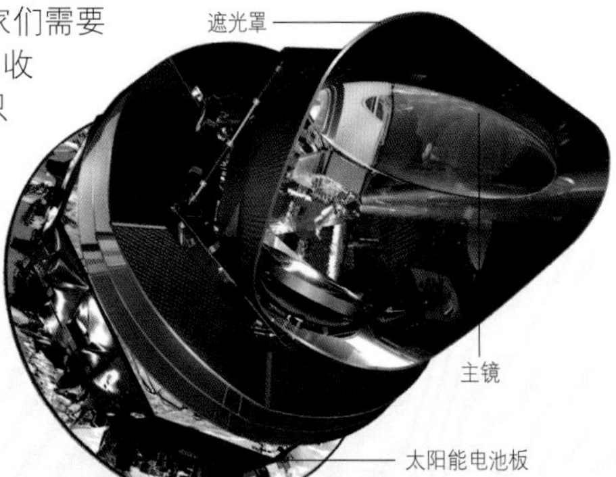

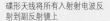

遮光罩

主镜

太阳能电池板

射电波　望远镜阵列

　　无线电波的波长可长达几米。为了从如此长的电磁波中得到锐利的图像，天文学家们使用巨大的碟形天线来收集和聚焦信号。天线可以是单碟的，也可以是一整个阵列。智利北部的阿塔卡马大型毫米波阵（缩写为ALMA，见右图）是世界上最大的射电望远镜阵列。它由66面高精度天线组成。这些天线可以在荒漠高原上组成不同的阵形，它们的汇总数据能得到单一的高精度图像。

碟形天线将所有入射射电波反射到副反射镜上

接收机位于碟面中心的凹陷处

副反射镜将射电波聚焦到接收器上

微波　空间天文台

　　由于地球大气会强烈地吸收微波，微波望远镜只能被放置在太空中。2009—2013年间，欧洲空间局（ESA）的普朗克卫星（见上图）绘制了全天的宇宙微波背景辐射（见第54页）。这是宇宙中最古老的电磁辐射，在大爆炸后不久就出现了。普朗克卫星运行在一个环绕太阳的稳定轨道上，距地球150万千米。

红外　山顶天文台

　　太空中的红外线很难到达地球的海平面，不过有一部分能够穿过大气到达山顶。有些红外望远镜（比如NASA的斯皮策空间望远镜，见第247页）被发射到太空中，但是红外天文学的大部分工作还是由位于山顶的天文台承担。这架望远镜名为天文可见光及红外巡天望远镜（VISTA）。它位于智利北部海拔2 635米的帕拉纳尔天文台。它是目前世界上最大的近红外（红外波段中靠近可见光的部分）巡天望远镜。VISTA凭借其4.1米口径的主镜可以获得极高的分辨率。它能够探测各类天体并成像，无论这些天体是暗淡的星系、星系团，还是褐矮星或富含尘埃的星云。

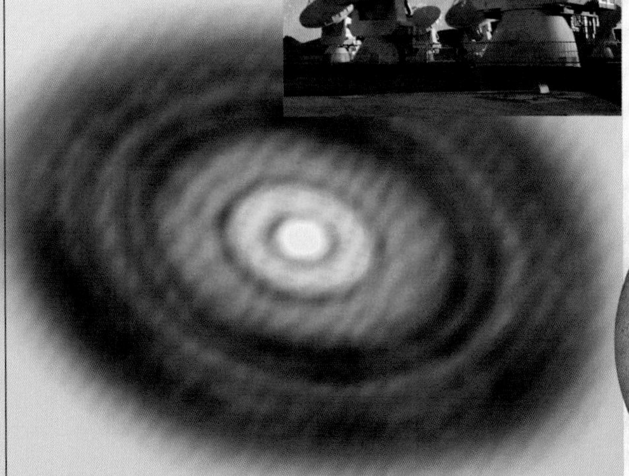

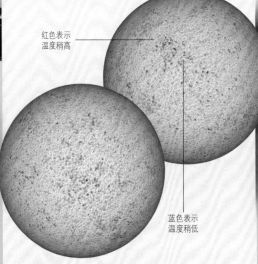

红色表示温度稍高

蓝色表示温度稍低

射电波　原行星盘

　　这张ALMA望远镜得到的图像显示的是围绕着一颗遥远的年轻恒星金牛座HL的原行星盘（行星形成前的气体尘埃盘）。其中的暗环显示的可能是正在形成中的行星。要生成这样一张图像，射电天线或阵列必须对相应天区进行扫描。望远镜依次指向天空中的每一个点，通过记录每个点上的射电强度逐步生成这样一张照片。星系中的氢云或者活动星系（见第320页）和脉冲星（见第267页）都能够产生射电辐射。

微波　宇宙

　　在我们附近的宇宙中没有微波源，这无疑是幸运的，因为这降低了我们探测宇宙背景辐射的难度。背景辐射到达地球时已经红移到了微波波段。普朗克卫星所测量的全天微波图在这里被投影到了两个半球上。

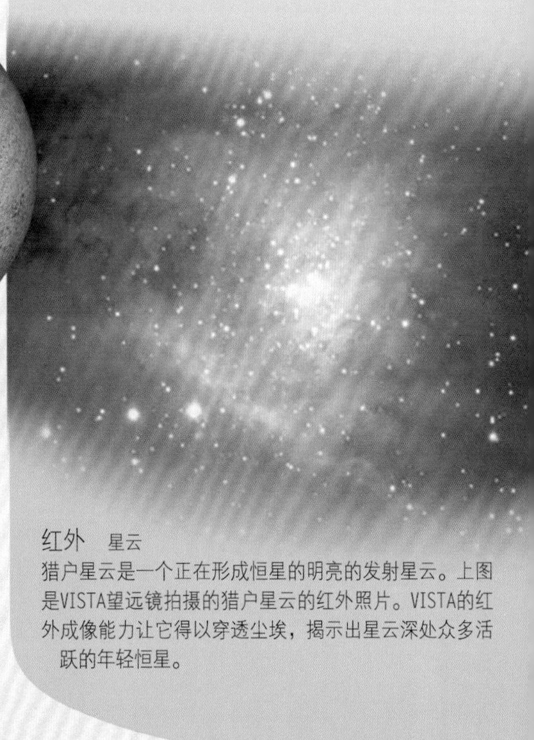

红外　星云

　　猎户星云是一个正在形成恒星的明亮的发射星云。上图是VISTA望远镜拍摄的猎户星云的红外照片。VISTA的红外成像能力让它得以穿透尘埃，揭示出星云深处众多活跃的年轻恒星。

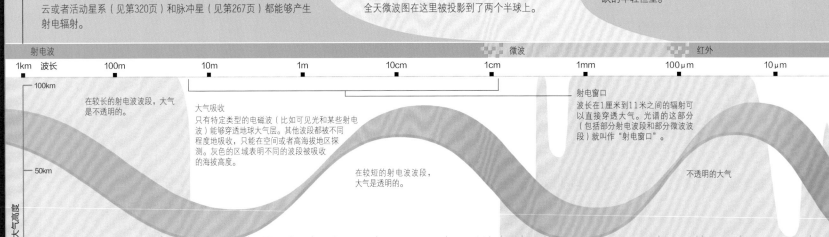

射电波　　　　　　　　　　　　　　　　　　　　　　　　　微波　　　　　　　红外

| 1km | 波长 | 100m | | 10m | | 1m | | 10cm | | 1cm | | 1mm | | 100μm | | 10μm |

100km

在较长的射电波波段，大气是不透明的。

大气吸收
只有特定类型的电磁波（比如可见光和某些射电波）能够穿透地球大气层。其他波段都被不同程度地吸收，只能在空间或者高海拔地区探测。灰色的区域表明不同的波段被吸收的海拔高度。

射电窗口
波长在1厘米到11米之间的辐射可以直接穿透大气。光谱的这部分（包括部分射电波段和部分微波波段）就叫作"射电窗口"。

50km

在较短的射电波波段，大气是透明的。

不透明的大气

0

空间探索

结合可见光与不可见辐射

天文学家们已经制造出许多能够从可见光之外的电磁辐射波段收集信息的望远镜，但是如何显示这些不可见的信息仍然是个问题。流行的做法是用计算机生成"假彩色"图像。单一波段的图像虽然有时也会被处理成彩色，但更多的时候是用单一颜色的不同强度来标记的。这些超新星遗迹E0102的图像给出了可见光与X射线波段的辐射，揭示出具有不同温度的区域。合成图像显示了整体结构。

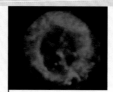

❶ 哈勃空间望远镜和智利甚大望远镜拍摄的可见光图像。

❷ 钱德拉X射线天文台拍摄的E0102的假彩色X射线图像。

合成图像
这张图中，可见光图像与假彩色X射线图像叠加在一起。

可见光 光学望远镜
光学望远镜的口径越大，聚光能力（见第82页）就越强，能够获得更加明亮锐利的图像。光学望远镜有各种口径，可以是业余天文爱好者使用的小望远镜（照片中的望远镜口径为21.5厘米），也可以为大型天文台站所用，拥有口径达到10.4米的主镜。位于智利的特大望远镜（ELT）口径高达39.3米，一旦建成（预计2024年）将成为世界上最大的光学望远镜。

望远镜镜体
太阳能电池板
太阳能电池阵

紫外线 轨道天文台
NASA的星系演化探测器（GALEX，见上图）在2003—2012年间开展了紫外巡天。紫外线起源于宇宙中的炽热天体，包括年轻恒星、日冕、中子星、超新星遗迹和某些星系。

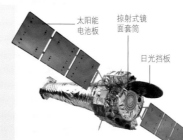

太阳能电池板
掠射式镜面套筒
日光挡板

X射线 轨道天文台
X射线能量很高，能够穿透常规镜面。为了聚焦X射线，望远镜（比如钱德拉X射线天文台，见上图）需要采用弯曲的掠射式镜面套筒。这种镜面由抛光的金属制成。X射线打在上面会像跳飞的子弹一样弹开，飞向焦点。

伽马射线 轨道天文台
伽马射线是能量最高的电磁波，由最剧烈的宇宙活动产生。发射于2008年的费米γ射线空间望远镜（见上图）旨在研究超新星、脉冲星、黑洞和伽马射线暴。

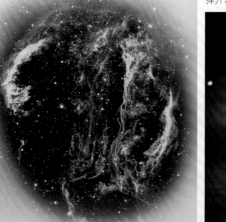

可见光 星系
这张照片显示了人眼通过大望远镜所能直接看到的旋涡星系M90的样子。这个星系位于3 000万光年之外，大小与银河系相近。这张照片是在美国亚利桑那州的基特峰天文台拍摄的。

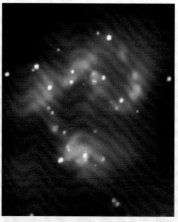

紫外线 超新星遗迹
在这张由GALEX卫星拍摄的天鹅圈超新星残骸的紫外图像中，丝丝缕缕的气体和炽热的尘埃发出耀眼的光芒。一颗大质量恒星在5000年至8000年前爆炸后只留下这些余烬。

X射线 星系
这是钱德拉X射线天文台拍摄的两个碰撞星系（称作触须星系，见第317页）的照片。图中的橘红色区域是辐射X射线的超级热气体泡。X射线点源（图中的亮点）则是黑洞和中子星。

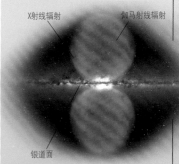

X射线辐射
伽马射线辐射
银道面

伽马射线 银河系结构
2010年，科学家们利用费米望远镜发现了两个伽马射线发射瓣（显示为紫色），延伸至银河系平面上下2.5万光年处。这些结构可能与银河系中心附近的大规模高能恒星形成有关。

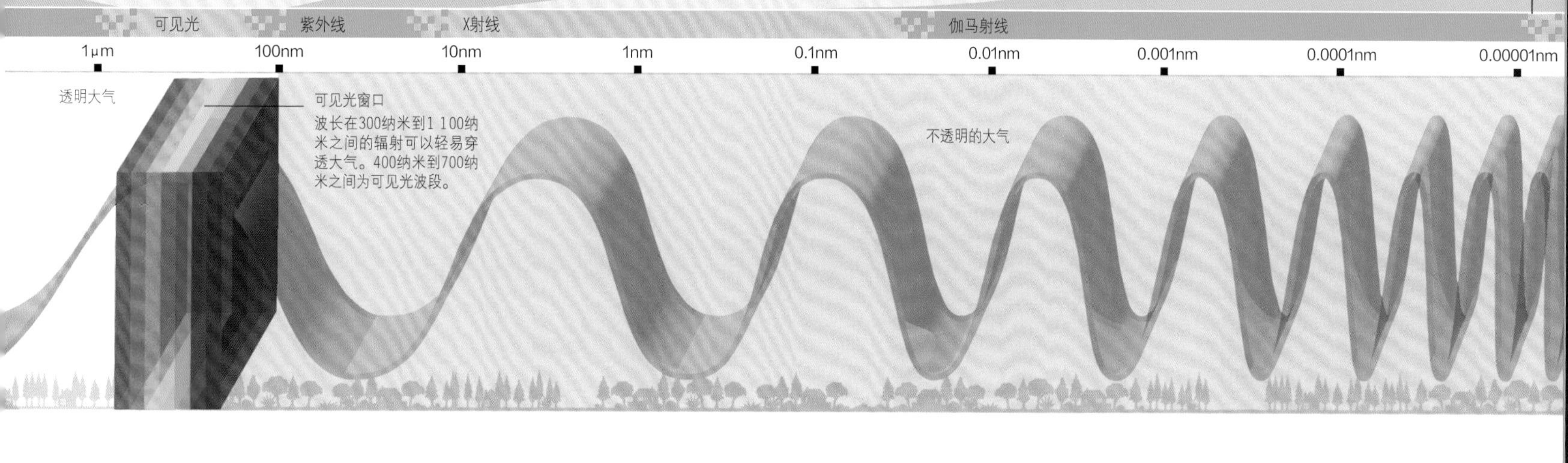

可见光	紫外线	X射线				伽马射线				
1μm	100nm	10nm	1nm	0.1nm	0.01nm	0.001nm	0.0001nm	0.00001nm

透明大气

可见光窗口
波长在300纳米到1 100纳米之间的辐射可以轻易穿透大气。400纳米到700纳米之间为可见光波段。

不透明的大气

引力、运动和轨道

引力是存在于宇宙中所有物质之间的吸引力。这种力将恒星和星系聚集在一起，也让苹果坠地。引力比自然界的其他基本作用力都要弱，不过因为它的作用距离很长，而且影响所有具有质量的物体，因此在宇宙形成过程中扮演着重要的角色。在决定运行轨道与形成行星环和黑洞这样的事件上，引力也起着至关重要的作用。

盘面和光环

天体中常见的盘状和环状结构都是由引力维系的。例如土星光环（如图所示）、旋涡星系、黑洞周围的吸积盘等。土星光环中的每一个粒子都受到土星和其他数十亿粒子的引力束缚而在轨道上运行。

牛顿引力

对引力的科学研究开始于1590年伽利略·伽利雷（Galileo Galilei）的演示实验。他证明具有不同质量的物体以相同的速度落地。在1665年至1666年间，艾萨克·牛顿（Isaac Newton）意识到引起物体下落的力也许可以延伸到太空中使月球停留在它的轨道上。在分析了几个天体的运动之后，牛顿得出了万有引力定律。这个定律说明宇宙中的所有物体都会对其他物体产生吸引（引力），同时也给出了这种力的大小随物体质量和间隔距离的变化关系。直到今天，牛顿定律仍然可以用来理解和预测大多数天体的运动。

牛顿运动定律

牛顿根据自己对引力和天体运动的研究总结出3个运动定律，再一次发展了由伽利略首创的概念。在伽利略和牛顿之前，人们认为一个运动的物体会一直保持运动，除非有力改变它。牛顿在第一运动定律中驳斥了这个想法。他的表述是一个物体将保持不变的运动或静止，除非受到合力（合力是作用在一个物体上所有力的总和）的作用。牛顿第二运动定律是说作用在一个物体上的合力会使它加速（改变速度），加速的程度与力的大小成正比。这条定律同时还表明，物体质量越小，受到定力作用时的加速度越大。牛顿第三定律说明，每个作用力都有一个大小相等、方向相反的反作用力。例如，地球对月球的引力牵引就和月球对地球的牵引成对。

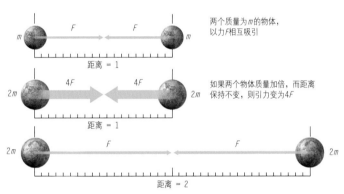

两个质量为 m 的物体，以 F 相互吸引

距离 = 1

如果两个物体质量加倍，而距离保持不变，则引力变为 $4F$

距离 = 1

距离 = 2

如果再将距离加倍，则物体间的引力变为1/4，重回 F

质量和距离

任意两个物体之间的吸引力与两者质量的乘积成正比，同时和它们之间距离的平方成反比。

第一运动定律

物体将一直保持匀速直线运动状态，除非受到合力的作用。

匀速直线运动　　受影响的运动

力

第二运动定律

当一个小质量物体和一个大质量物体受到同样大的外力作用时，较小质量的物体将有更高的加速度。

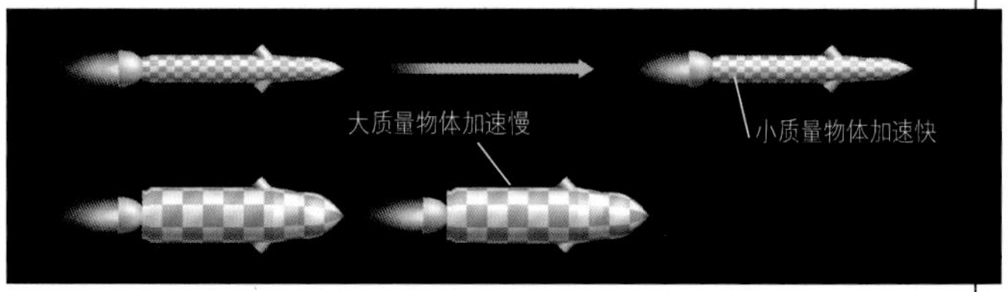

大质量物体加速慢　　　小质量物体加速快

第三运动定律

任何作用力都有一个等大、反向的反作用力。火箭前冲的动力就是燃料燃烧向后喷射时的反作用力。

作用：燃料反冲　　　反作用

艾萨克·牛顿（Isaac Newton）

英国数学家和物理学家艾萨克·牛顿是有史以来最伟大的科学天才之一。他除了在引力和运动领域的贡献之外，还是数学微积分的发现者之一。1705年，牛顿因为他的成就被封为爵士，成为第一个获此殊荣的科学家。

重量和自由下落

作用在物体上的引力大小称作它的重量。物体的静止质量（以千克为单位）是常数，它的重量（以牛顿为单位）则随当地引力强度的不同而变化。质量为1千克的物体在地球上称为9.8牛顿，但在月球上只有1.65牛顿。重量可以被测量，但是只有在产生它的引力被一个相反的作用力抵抗时才能被感受到。站在地球上的人不大能够感觉到地球对他的引力，但可以从脚底感觉到地面的反推力。与此相反，一个绕地球飞行的航天员其实是在引力的作用下下坠，但会感觉到明显的失重。这不是因为没有引力，而正是由于缺少对抗引力的作用力。

失重

训练中的航天员必须频繁地经历完全失重状态。在这张图中，飞机从很高的海拔处陡降，使内部的受训航天员进入自由下落状态。

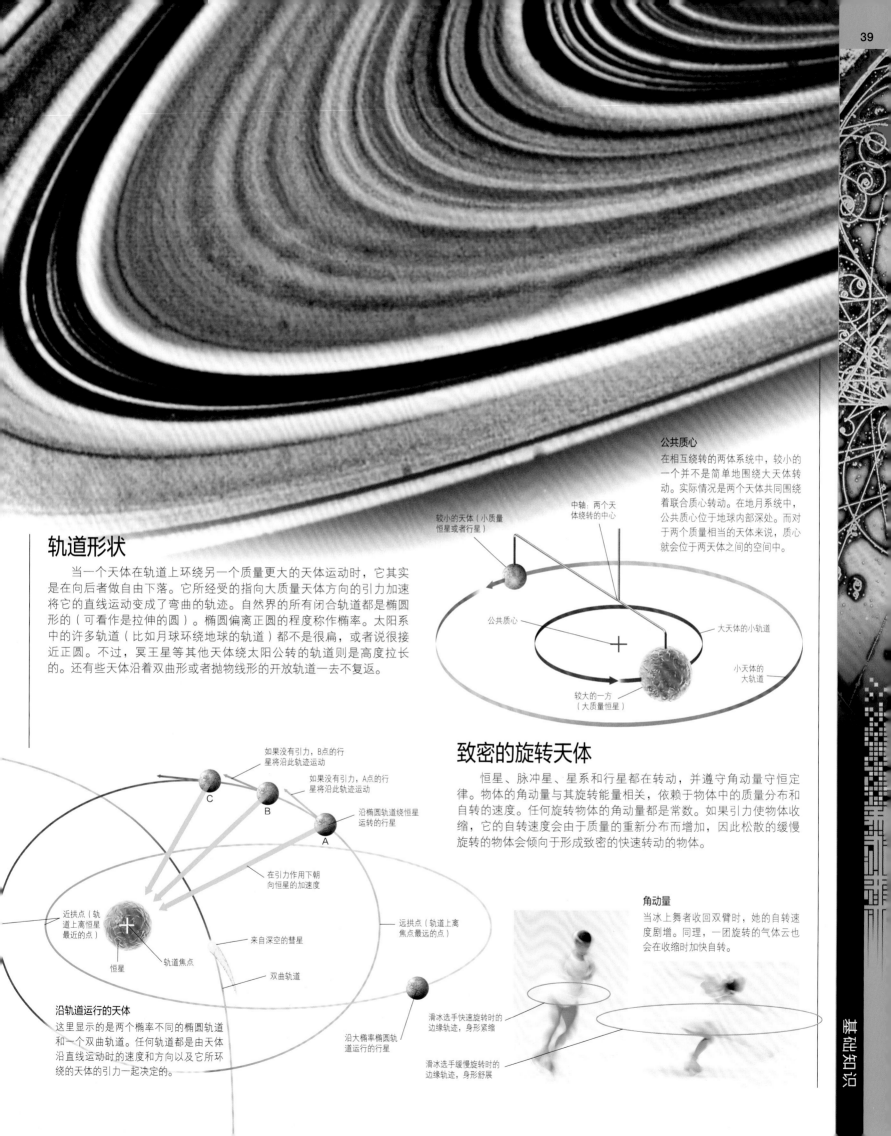

轨道形状

　　当一个天体在轨道上环绕另一个质量更大的天体运动时，它其实是在向后者做自由下落。它所经受的指向大质量天体方向的引力加速将它的直线运动变成了弯曲的轨迹。自然界的所有闭合轨道都是椭圆形的（可看作是拉伸的圆）。椭圆偏离正圆的程度称作椭率。太阳系中的许多轨道（比如月球环绕地球的轨道）都不是很扁，或者说很接近正圆。不过，冥王星等其他天体绕太阳公转的轨道则是高度拉长的。还有些天体沿着双曲形或者抛物线形的开放轨道一去不复返。

公共质心

在相互绕转的两体系统中，较小的一个并不是简单地围绕大天体转动。实际情况是两个天体共同围绕着联合质心转动。在地月系统中，公共质心位于地球内部深处。而对于两个质量相当的天体来说，质心就会位于两天体之间的空间中。

较小的天体（小质量恒星或者行星）

中轴：两个天体绕转的中心

公共质心

大天体的小轨道

小天体的大轨道

较大的一方（大质量恒星）

致密的旋转天体

　　恒星、脉冲星、星系和行星都在转动，并遵守角动量守恒定律。物体的角动量与其旋转能量相关，依赖于物体中的质量分布和自转的速度。任何旋转物体的角动量都是常数。如果引力使物体收缩，它的自转速度会由于质量的重新分布而增加，因此松散的缓慢旋转的物体会倾向于形成致密的快速转动的物体。

如果没有引力，B点的行星将沿此轨迹运动

如果没有引力，A点的行星将沿此轨迹运动

沿椭圆轨道绕恒星运转的行星

在引力作用下朝向恒星的加速度

近拱点（轨道上离恒星最近的点）

恒星

轨道焦点

来自深空的彗星

双曲轨道

远拱点（轨道上离焦点最远的点）

沿轨道运行的天体

这里显示的是两个椭率不同的椭圆轨道和一个双曲轨道。任何轨道都是由天体沿直线运动时的速度和方向以及它所环绕的天体的引力一起决定的。

沿大椭率椭圆轨道运行的行星

角动量

当冰上舞者收回双臂时，她的自转速度剧增。同理，一团旋转的气体云也会在收缩时加快自转。

滑冰选手快速旋转时的边缘轨迹，身形紧缩

滑冰选手缓慢旋转时的边缘轨迹，身形舒展

空间和时间

大多数人对这个世界都有一些常识性的认识。 比如说时间对于所有人来说都以同样的速度流逝，还有固体的长度不会变化。但事实上，这些一度成为物理定律基石的想法不过是错觉。它们只适用于人们熟悉的有限场景中。实际上，时间和空间并不是绝对的，而会随着观察者的不同而伸长变形。更进一步来说，物质的存在本身就会扭曲时空从而产生引力。

牛顿宇宙中的问题

牛顿时空观（见第38页）最初遇到问题是在19世纪末。直到那时，科学家们都假定空间中物体的位置和运动都应该根据某个不动的绝对参考系进行测量。这个参考系被认为是由一种称作"以太"的不可见介质组成的。不过在1887年，有科学家设计了一个实验，试图通过找出光从不同方向穿过以太时速度的变化，来测量地球在以太中的运动，但却得到了意外的结果：首先，这个实验没能确认以太的存在；其次，实验结果表明光始终以同一速度传播，无论观测者的运动状态如何。这说明光并不遵守适用于大多数物体（比如汽车和子弹）的相对运动定律。如果一个人以子弹一半的速度去追子弹，子弹远离他的速度或者说他感觉到的子弹速度也就只有一半。但如果他以光速的一半去追一束光，光束仍会以光速远离他。

光速恒定
从顶篷上发出的灯光和运动着的汽车大灯中射出的光都以同样的速度离开光源。矛盾的是，这两束光会以同样的速度进入隧道内的观测者眼中。

阿尔伯特·爱因斯坦
（Albert Einstein）

德裔数学家和物理学家阿尔伯特·爱因斯坦（1879—1955）的工作使他成为20世纪世界上最著名的科学家。虽然他以光波粒子性方面的工作获得诺贝尔奖，但却因狭义相对论（1905）和广义相对论（1915）闻名于世。这些理论为我们理解时间、空间、质量、能量和引力提供了革命性的新方式。

狭义相对论

1905年，阿尔伯特·爱因斯坦拒绝了宇宙中存在一个绝对参考系或者说从优参考系的想法。换句话说，一切都是相对的。他也放弃了绝对时间的概念，认为时间在各处流逝的速率不必相同。为了取代旧的体系，他建立了"狭义相对论"，称作"狭义"是因为这个理论仍局限于匀速直线运动（不被外力加速，见第38页）的参考系内。第一个原理叫相对性原理。这个原理指出物理定律在所有定常运动的参考系中都适用。第二个原理指出光速为一常数，且与观测者或者光源的运动无关。爱因斯坦认识到第二条原理与速度叠加的常识相冲突，因此加上了第一条来导出一个令人困惑的、反直觉的结果。他意识到人们关于时间和空间的直觉可能是错误的。

观察者2的运动路径

观察者2所见的绿球的运动路径

视角一
在1号观察者看来，她所在参考系内的绿球是上下运动的，而对面有相对运动的参考系内的红球是沿弧线运动的。

观察者1

观察者1所见的绿球的运动路径

观察者1的运动路径

运动参考系
图中有两个旅行者彼此经过，实际上代表两个运动参考系。他们每人都向上抛出一个球。根据相对论，物理定律在两个参考系中都成立。因此，旅行者们看到的两个球的行为都与定律的预言相符。尽管两个旅行者看到的球的运动有所不同，但没有哪一个的视角更好，他们的观察都是有效的，这里不存在从优参考系。

狭义相对论的效果

狭义相对论得出的结论十分引人注目。爱因斯坦根据思想实验得出结论，要使光速在所有的参考系中都是常数，一个参考系中的时间和空间测量必须被转换为另一个参考系中的观测量。这类变换表明，当物体相对于观测者做高速运动时，观测者所看到的长度会变短。这个效应称作洛伦兹收缩。同时，这个物体所感受到的时间会变慢，这称作时间延缓。所以，对时间和空间的测量在不同的运动参考系中是不一样的。爱因斯坦也证明了物体能量增加时质量增大，能量减少时质量下降。这让他认识到质量和能量是等价的，从而给出了著名的公式 E（能量）$= m$（质量）$\times c^2$（光速）。

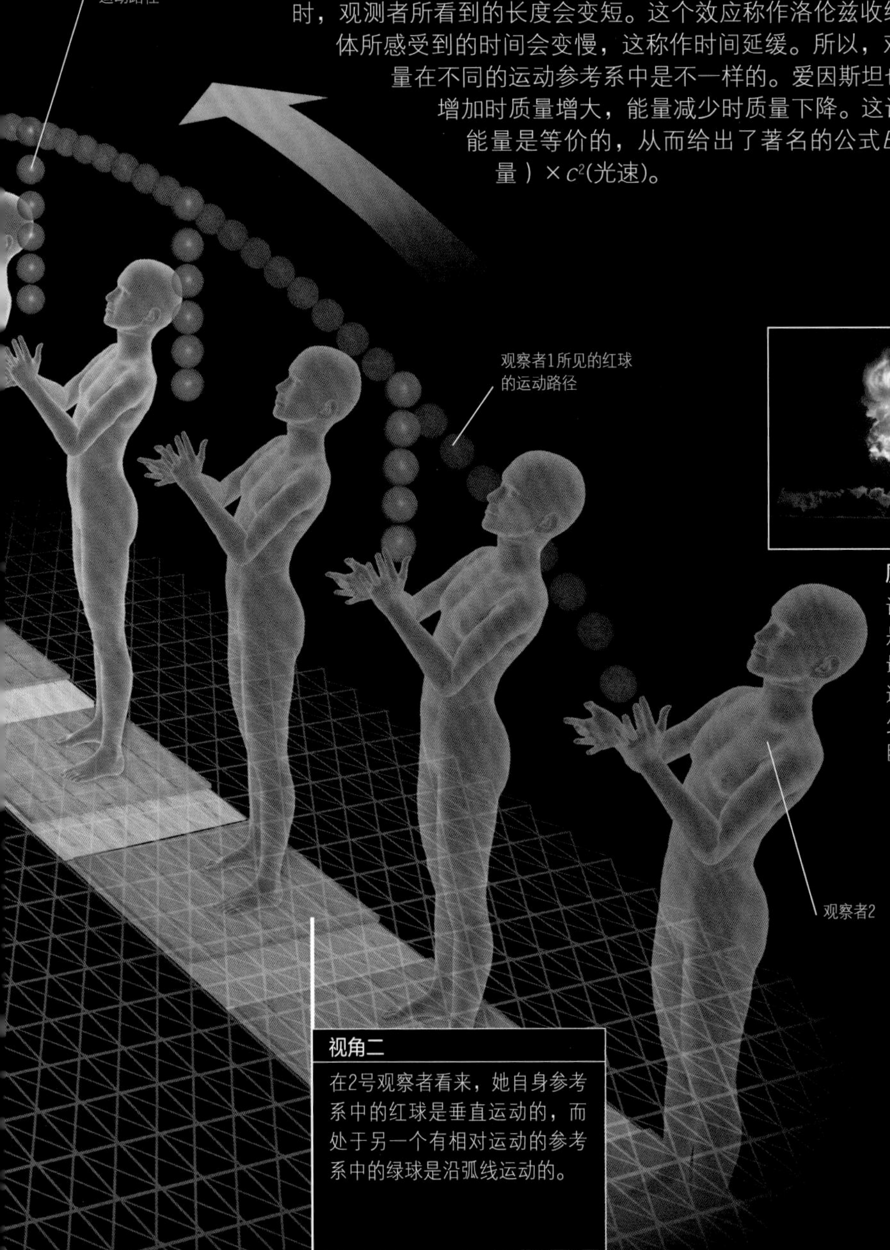

观察者2所见的红球的运动路径

观察者1所见的红球的运动路径

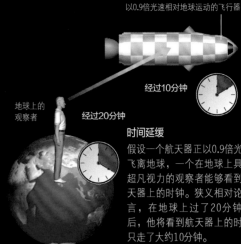

以0.9倍光速相对地球运动的飞行器

地球上的观察者

经过10分钟

经过20分钟

时间延缓

假设一个航天器正以0.9倍光速飞离地球，一个在地球上具有超凡视力的观察者能够看到航天器上的时钟。狭义相对论预言，在地球上过了20分钟之后，他将看到航天器上的时钟只走了大约10分钟。

质量和能量

让爱因斯坦极为震惊的是，他的公式 $E = mc^2$ 的最初应用是原子弹。在这种炸弹中，核反应中少量的质量损失会产生巨大的能量。

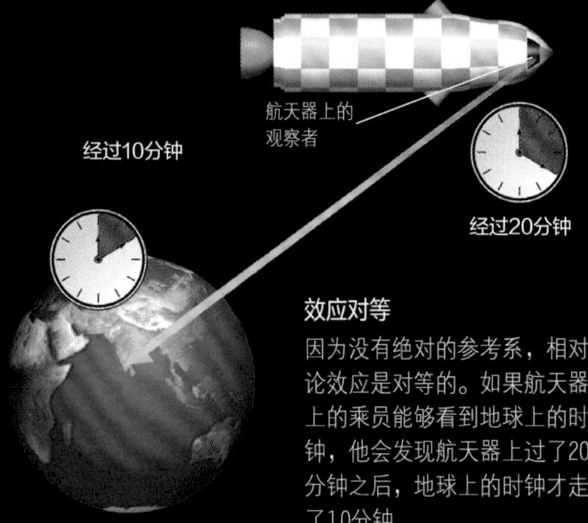

航天器上的观察者

经过10分钟

经过20分钟

效应对等

因为没有绝对的参考系，相对论效应是对等的。如果航天器上的乘员能够看到地球上的时钟，他会发现航天器上过了20分钟之后，地球上的时钟才走了10分钟。

观察者2

视角二

在2号观察者看来，她自身参考系中的红球是垂直运动的，而处于另一个有相对运动的参考系中的绿球是沿弧线运动的。

空间探索

实际效应

狭义相对论所预言的时间延缓效应可以通过在喷气式客机上安装原子钟，并将其与地球上时钟的计时情况相对比来证明。这个效应意味着全球定位系统（GPS）卫星（见下图）上的原子钟会比地面的时钟每天慢几微秒。广义相对论（见第43页）预言了额外的（虽然是反向的）效应。所以这些卫星轨道上的时钟数据必须不断调整以保持准确性。

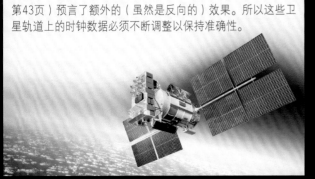

时空

狭义相对论的一个重要内涵是时空是紧密联系在一起的。当两个事件发生在不同的地方时，它们之间的空间是不确定的，因为以不同速度运动的旅行者测量到的距离是不同的。事件之间经过的时间同样依赖于观察者的运动。不过，我们可以设计一种测量事件间隔的数学方法，同时包含空间和时间，给出所有观察者都同意的值。于是宇宙中的事件就不能仅仅用3个空间维度来描述，而要放在包括时间的四维世界中。在这个称为时空的系统中，任何两个事件之间的距离都由一个叫作时空间隔的量来描述。

未来时空光锥

物体从一处移动到另一处时的时空轨迹

物体停留在原位时的时空轨迹

光沿着光锥的边缘运动

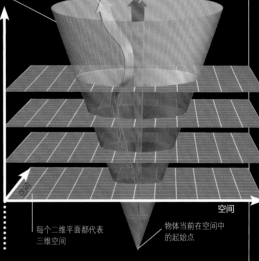

每个二维平面都代表三维空间

物体当前在空间中的起始点

四维

在这幅时空的示意图中，向上的时间轴表示未来，而3个空间维度被简化为二维平面。锥体代表所有物体的时空局限，它的边界由光速定义。

加速运动

在完成了适用于匀速运动参考系（惯性参考系）中的相对论之后，爱因斯坦的注意力转向了变化的加速运动。他特别考察了引力和加速之间的联系，并给出了等效原理。这个原理表明引力和加速只是同一情况的不同视角而已。具体来说，爱因斯坦认为任何实验都无法区分均匀的引力场和加速状态。他设计了一个思想实验来解释这个想法，让封闭在一个箱子中的科学家经历加速和引力的不同状态。基于等效原理，爱因斯坦在1915年发展出他最复杂的杰作——广义相对论，为引力提供了全新的描述。

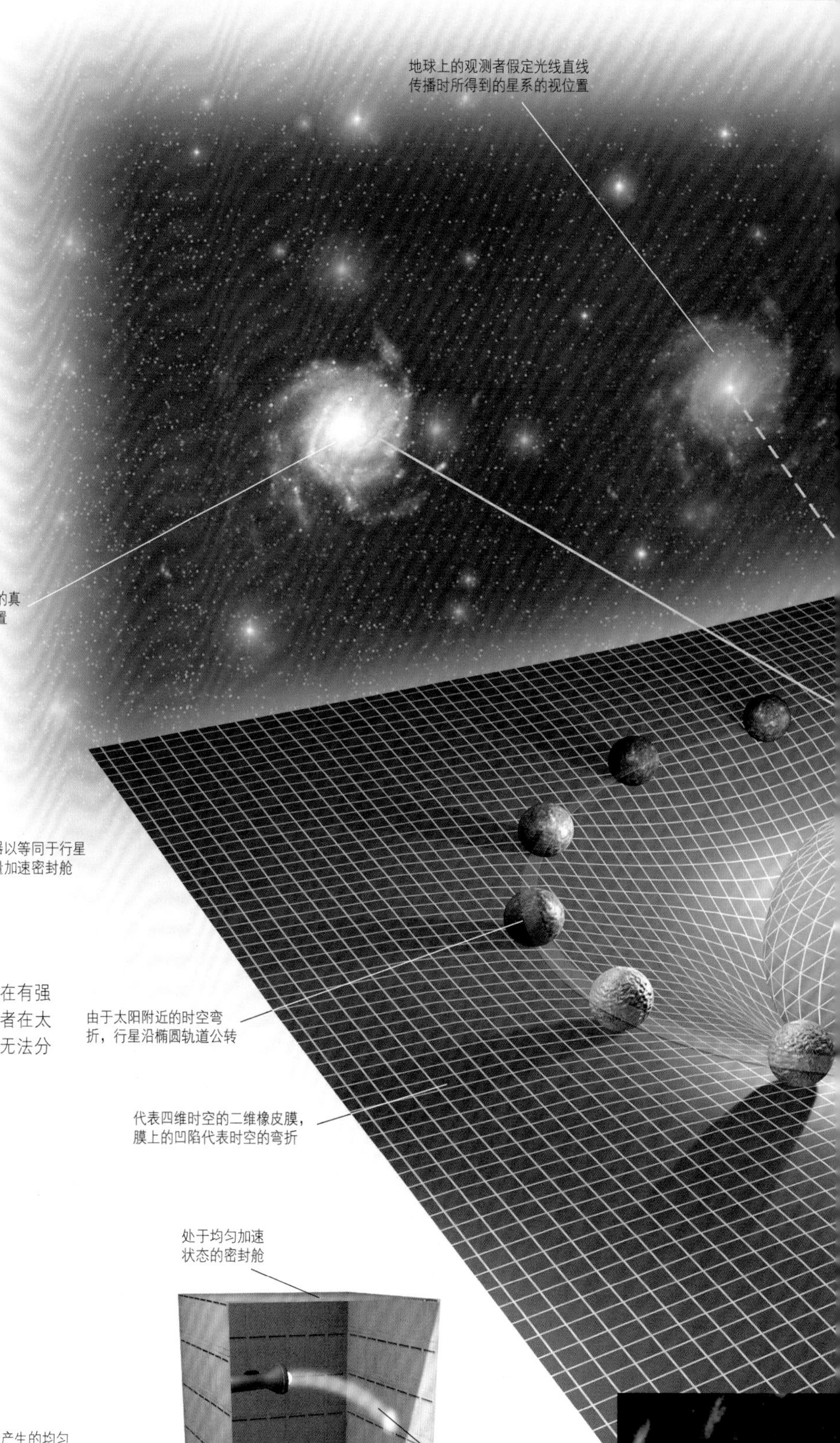

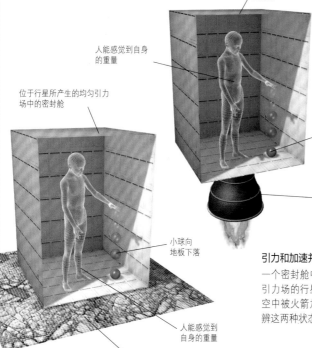

处于均匀加速状态的密封舱

人能感觉到自身的重量

位于行星所产生的均匀引力场中的密封舱

星系的真实位置

小球向地板下落

火箭推进器以等同于行星引力的力量加速密封舱

小球向地板下落

人能感觉到自身的重量

行星质量产生引力场

地球上的观测者假定光线直线传播时所得到的星系的视位置

引力和加速并无二致

一个密封舱中的人被放在有强引力场的行星表面，或者在太空中被火箭加速，他将无法分辨这两种状态。

由于太阳附近的时空弯折，行星沿椭圆轨道公转

代表四维时空的二维橡皮膜，膜上的凹陷代表时空的弯折

光和引力

通过想象加速参考系中的实验，并用等效原理转换到引力场中，爱因斯坦推导出光线尽管没有质量，仍会沿着引力场中的弯曲路径行进。尽管他没有直接的证据来证明这一点，但他坚信自己是对的。1919年，这个结论被天文观测所证实。爱因斯坦进一步发展了这个想法并形成了理论：大质量或者能量的聚集能够造成四维时空形状的局域扭曲从而产生引力效应。也就是说，引力可能是时空中质量效应的纯几何影响。如果真是这样，大质量物体周围的光线会由于质量造成的时空扭曲而偏折。与此类似，围绕恒星转动的行星，比如围绕太阳公转的地球，并不是因为恒星施加在行星上的拉力，而是由于恒星附近的时空变形才有了弯曲的轨迹。对于行星来说，跨越扭曲时空的最短路径就是曲线。

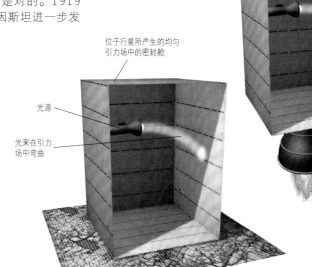

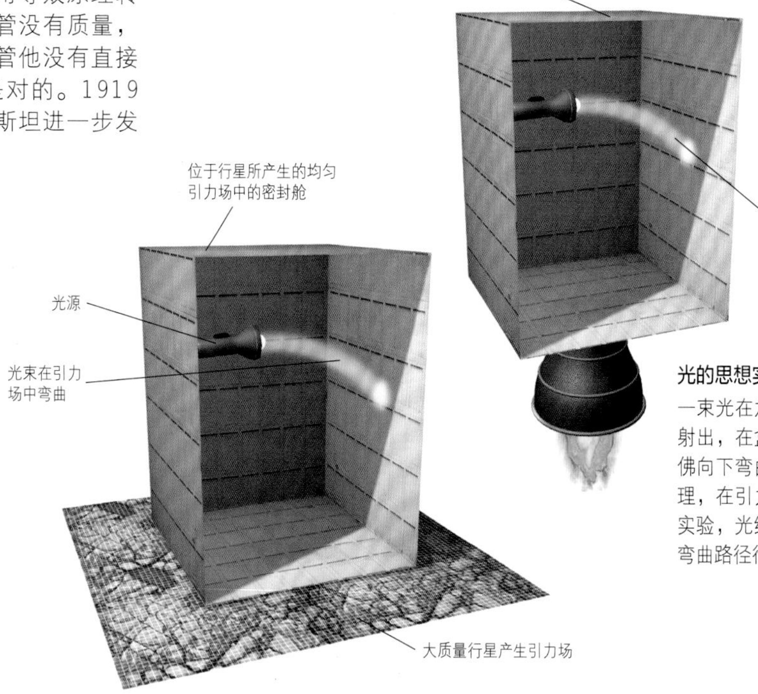

处于均匀加速状态的密封舱

位于行星所产生的均匀引力场中的密封舱

光源

光束在引力场中弯曲

向下弯折的光束

大质量行星产生引力场

光的思想实验

一束光在加速运动的盒子中射出，在盒子中看，光线仿佛向下弯曲了。根据等效原理，在引力场中重复相同的实验，光线应该沿着同样的弯曲路径行进。

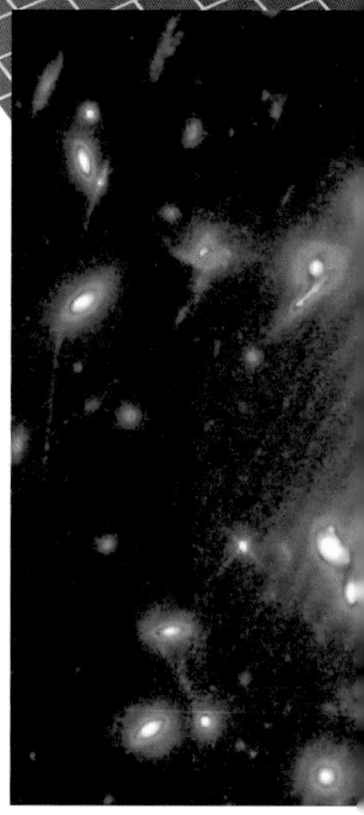

凹陷的时空

时空可以被想象成一张橡皮膜，大质量物体会产生凹陷。在这种情况下，行星围绕太阳的运动就变成了沿着太阳造成的凹陷滚动。同理，光线在经过大质量天体时，它的最短路径也被该处的时空曲率弯折。请记住，发生弯折的不仅仅是空间，而是四维时空。

广义相对论的效果

爱因斯坦用场方程来描述质量如何扭曲时空。根据这些方程，物理学家们发现在最强的引力场中（被大质量的致密天体所扭曲的时空），情况同牛顿理论的预言差别很大。比如，水星由于靠近太阳而经常在强引力场（或者说是严重弯曲的时空）中运行，它的轨道运动方式用牛顿理论无法说明，但在广义相对论中可以得到完美的解释（见第110页）。广义相对论也为宇宙的结构、发展甚至命运提供了模型框架。在广义相对论出现之前，时间和空间都被认为只是事件发生的区域。而有了广义相对论之后，物理学家们意识到空间和时间都是动态存在的，可以被质量、外力和能量影响。虽然广义相对论在大尺度上准确地描述了宇宙，但对于宇宙在最微小的亚原子尺度上是如何运作的，它却没有什么说法。

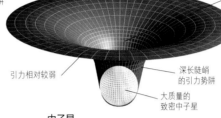

大质量物体
扭曲的时空

箍缩空间

除了二维膜，四维时空也可以用三维结构来演示。大质量周围的区域会变窄，或者说被"箍缩"。

白矮星
引力相对较弱 ———— 中等深度的引力势阱

白矮星

白矮星是行星大小的致密恒星。它们与太阳类似，会在时空中产生较小但是更深的凹陷。

靠近恒星处引力很强

引力相对较弱
深长陡峭的引力势阱
大质量的致密中子星

中子星

中子星是非常致密的恒星遗骸，能够在时空中产生非常深的凹陷。中子星能够显著地偏折光线，但无法捕获光线。

引力强
引力相对较弱

事件视界，在这个范围内，没有任何物质（包括光在内）能够摆脱引力场

引力极强

无限深的引力势阱，引力场的梯度趋近无限大

黑洞中央的奇点

黑洞

在黑洞内，所有的质量都集中到中央无限致密的一点，称作奇(qí)点。奇点能够在时空中产生一个无限深的势阱。任何越过势阱进入边界（称作"事件视界"）的光子都无法离开。

太阳质量所弯折的时空使遥远星系的光线发生偏折

太阳附近的时空被太阳的质量所弯折，形成所谓的"引力势阱"

地球上的望远镜

太阳

引力波

爱因斯坦基于广义相对论的主要预言之一就是引力波的存在。这些波可以被视为时空曲率中的扰动，以光速从其源头——加速的质量——向外传播。100多年来，引力波一直没有被探测到，只存在于假想中。但在2016年初，人们首次直接探测到了这种波，来源是一对距离地球约13亿光年的并合黑洞。这些波是由美国激光干涉引力波观测台（LIGO）的科学家和使用Virgo干涉仪的科学家合作发现的。Virgo干涉仪位于意大利北部，也是为了探测引力波而建造的。自2016年以来，已有多个引力波事件被探测到。这些引力波来自并合的黑洞，以及（1例）并合的中子星（见第267页）。

恒星并合

在这个艺术家的演绎作品中，两颗中子星高速相互绕转，这是并合的前奏。据预测，这样的事件会产生引力波和伽马射线暴。2017年8月，这两种现象都被LIGO-Virgo项目探测到。

引力偏折光线

引力对光路的影响并不明显，除非观测者关注宇宙中最遥远的天体——星系团。在这幅图像中，星系呈现为白色的斑点。它们的总引力场能够强烈地偏折光线，将遥远星系的图像变成拉长变形的蓝色条带。

膨胀的空间

22～23 宇宙的尺度
34～37 辐射
大爆炸 48～51
宇宙的命运 58～59
星系团 326～327

宇宙的一个关键特征是它在膨胀。因为遥远的星系在快速地远离我们，而更远的目标退行得更快，因此宇宙一定在增长。如果宇宙一直在膨胀，那么必然一度是小而致密的。这个事实强烈支持着宇宙起源的大爆炸理论。

膨胀的测量

对于近邻宇宙，宇宙膨胀的速度可以通过比较遥远星系的距离和它们退行的速度得出。星系的速度可以由光谱的红移测量得到（见第35页）。它们的距离可以由星系中一类叫作造父变星的恒星的光变周期计算得出（见第282、313页）。

对于更遥远的宇宙，膨胀速率可通过分析宇宙微波背景辐射（见第51、54页）的微小涨落得出。所得的结果称作哈勃常数，代表宇宙的膨胀速率。这个常数的值在近邻宇宙约为8.1万千米/时/百万光年，在早期宇宙要稍小一点儿。这意味着，如果两个星系相距十亿光年，它们会以8100万千米/时的速度相互远离。用我们熟悉的时间尺度来衡量的话，这其实是非常和缓的膨胀。数千万年之后星系距离才增加百分之一。

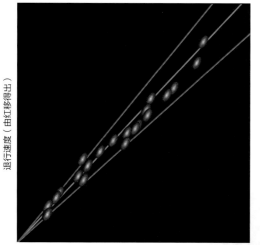

退行速度（由红移得出）
到地球的距离（根据变星得出）

哈勃常数
遥远星系的退行速度随距离而增加。这个关系在图中呈现为一条直线。这条线的斜率就是哈勃常数值。

膨胀的本质

宇宙膨胀有几个特征尤其值得注意。首先，尽管所有的遥远星系都在远离我们，但无论是地球或者空间中的其他点都不是宇宙的中心。换句话说，所有天体都在远离其他天体。宇宙没有中心。第二点，在局域范围内，引力作用超过了宇宙膨胀的效果，将物质维系在一起。引力的影响范围相当大，甚至整个星系团都可以无视宇宙膨胀而保持在一起。第三，不要认为星系和星系团是在空间中运动而彼此远离。精确的描述是，空间自身在膨胀，其间的天体都只是随波逐流。最后一个是，膨胀速率几乎一定是变的。宇宙学家们对膨胀速率未来将如何改变很感兴趣。事实上，未来的膨胀速率将决定宇宙的命运（见第58～59页）。

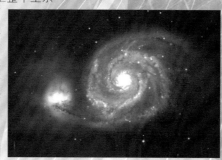

局部引力
上图中的星系不会分离。尽管宇宙在膨胀，它们仍会继续相互碰撞。星系团也会被引力束缚在一起。

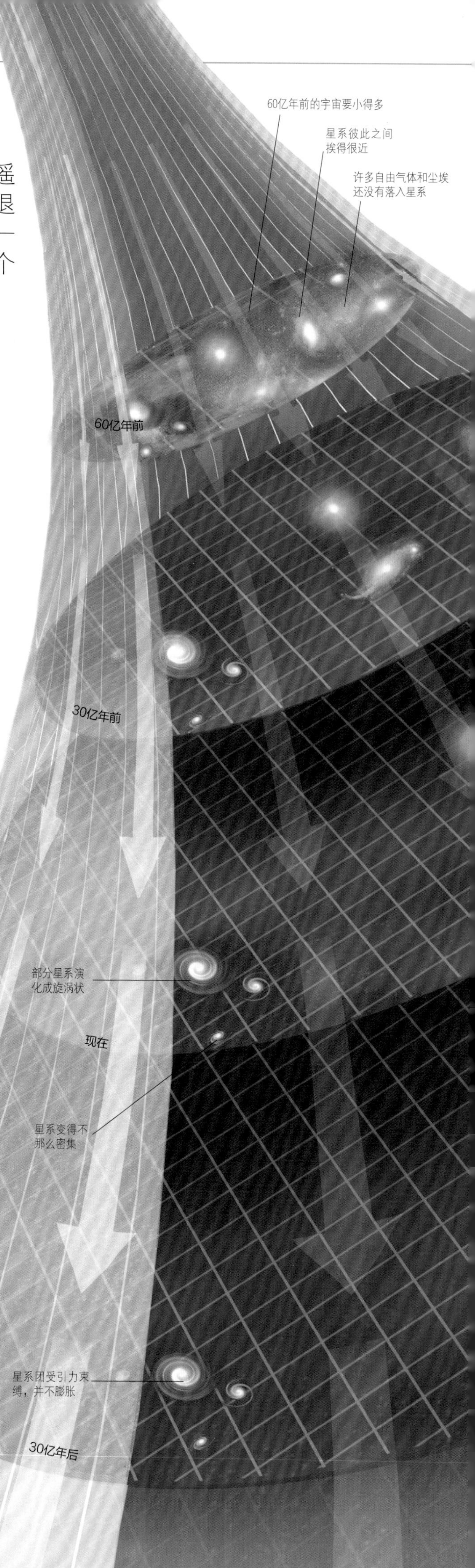

60亿年前的宇宙要小得多
星系彼此之间挨得很近
许多自由气体和尘埃还没有落入星系
60亿年前
30亿年前
部分星系演化成旋涡状
现在
星系变得不那么密集
星系团受引力束缚，并不膨胀
30亿年后

时间和膨胀的空间

深空一瞥
这幅哈勃空间望远镜拍摄的深空照片含有众多不同距离处的星系，都存在于数十亿年前。

年轻的蓝色星系，距离为40亿光年，也就是说，这是它40亿年前的样子

弥散的年轻星系中还没有形成紧致的旋臂

椭圆星系，距离60亿光年

旋涡星系，距离30亿光年

空间的连续膨胀，同恒定光速一起，将宇宙变成了一个巨大的时间机器。来自遥远星系的光线经过亿万年的时间到达地球，于是天文学家们能够看到星系亿万年前的样子。事实上，天文学家们朝宇宙中看得越深，在探索宇宙方面就走得越远。在最遥远的区域，他们能够看到在大爆炸之后不久，尚未完全形成的星系。其中最黯淡、最遥远的星系正以超过光速的速度远离我们，而我们仍然可以看到它们在遥远的过去所发出的光线。不过它们最终会消逝在我们的视野中。在更遥远的地方，可观测宇宙之外（见第23页），也许存在着其他天体以更快的速度远离我们而去，而它们的光线永远无法到达地球。

埃德温·哈勃（Edwin Hubble）

美国天文学家埃德温·哈勃（1889—1953）因为最先证明了宇宙膨胀而举世闻名。尽管有其他天文学家（如比利时的勒梅特）也对这个发现做出了重要贡献。他给出了遥远星系的退行速度和它们到地球距离的直接关系，这个关系今天被称作哈勃定律。哈勃为人称道的工作还包括在早些时候证明星系在银河系之外，以及他的星系分类系统。哈勃空间望远镜和哈勃常数都是以他的名字命名的。

回溯距离

空间膨胀使得对遥远天体距离的表述非常复杂，特别是那些我们今天看到的已经存在了50亿年以上的天体。当天文学家们描述这样遥远的天体时，他们约定使用"回溯距离"或者"光行时距离"。这是光子穿过空间到达我们所经过的全部距离。这个距离告诉我们光子在多久前离开源天体。但是由于空间在这个过程中一直在膨胀，当光子开始它的旅程时，所在星系到地球的距离比回溯距离要短。反过来说，遥远天体的真实距离（称作"共动距离"）比回溯距离要长。当我们说一个天体位于100亿光年之外时，要始终记得这个差别。

分离的世界
由于宇宙膨胀造成的效应，一个被描述为110亿光年（回溯距离）之外的天体的实际距离（共动距离）要远得多。

光子离开星系X

（1）110亿光年前，光子离开遥远的星系X飞向银河系。两个星系之间相距40亿光年。

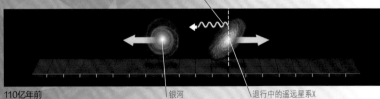

110亿年前　　银河　　退行中的遥远星系X

（2）60亿光年后，光子还没有到达目的地，因为膨胀的空间已经将星系带到更远的地方。

50亿年前　　光子向银河系运动　　星系X仍在退行

（3）光子到达银河系后，该处的观测者看到了星系X在110亿年前的样子，认为距离是110亿光年（回溯距离）。与此同时，X的真实距离（共动距离）已经增加到了180亿光年。

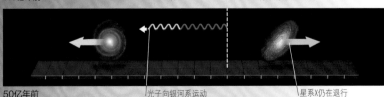

现在　　光子到达　　回溯距离　　真实的共动距离

星系团之间的空洞逐渐增大，几乎不再含有气体和尘埃

加速膨胀
这是对空间区域在过去90亿年间如何变化的一个概念性解释。随着空间的膨胀，其中的星系彼此疏离，各自演化。这个解释表明膨胀正在加速，大部分宇宙学家都接受这个说法。

基础知识

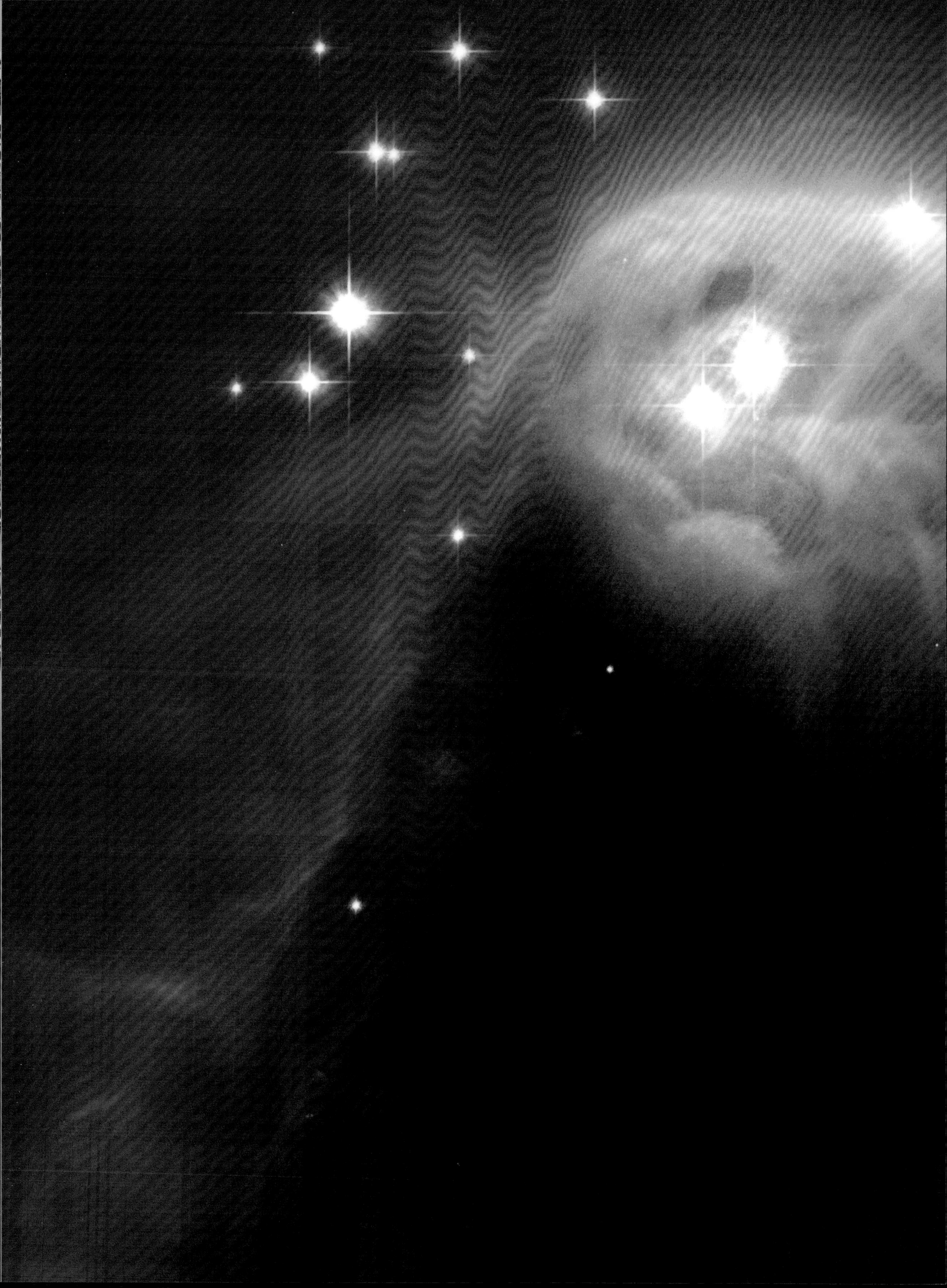

根据宇宙起源的大爆炸理论，宇宙的故事可以追溯到它诞生的那一刻。在大爆炸理论中，宇宙曾经无限微小，高温而且致密。是大爆炸拉开了膨胀冷却的序幕并一直持续至今。这并不是一场物质飞入空间的爆炸，而是空间自身的膨胀。时间和空间都于此时诞生。大爆炸理论还不能解释宇宙的全部特征，不过它仍在完善之中。它所包括的阶段，比如物质和辐射解耦（当最初的原子形成时宇宙才开始变得透明）、第一批恒星和星系凝聚成形等过程，能够帮助科学家们建立宇宙连续演化图景的框架。研究大爆炸以及宇宙重力和暗能量之间的相互平衡将有助于预言宇宙的命运。

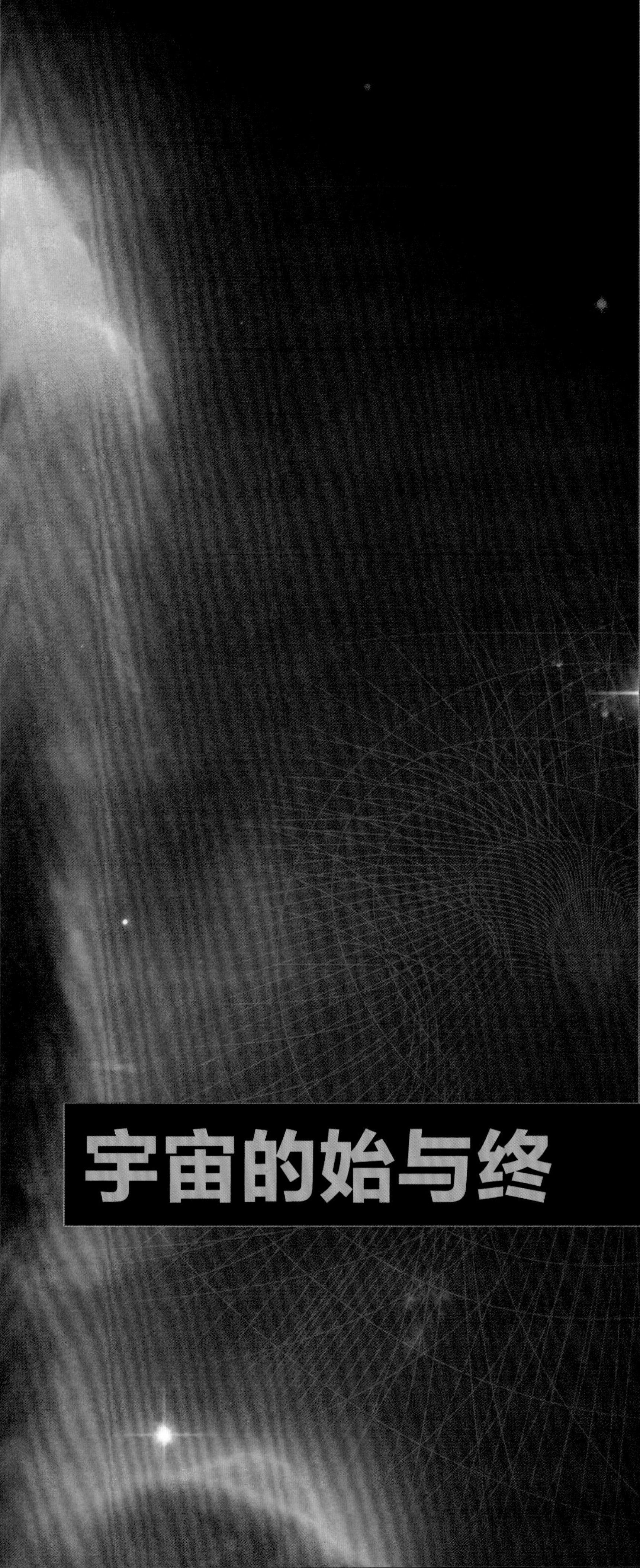

恒星诞生的摇篮

位于锥状星云中的这个气体尘埃柱是银河系中最活跃的恒星形成区之一。孕育恒星的物质云团也曾是恒星的一部分。恒星生命周期中的物质循环是宇宙演化和元素富集的关键。

宇宙的始与终

大爆炸

28～31 物质
34～37 辐射
44～45 膨胀的空间
宇宙的命运 58～59
测绘深空 339

我们相信时间、空间、能量和物质都诞生于138亿年前的大爆炸中。最初的宇宙无限高温致密，而且只包含纯能量。在不到1秒之内，大量基本粒子随着宇宙的冷却从能量中涌现出来。在随后的几十万年里，这些粒子结合形成最早的原子。

第一微秒

这两页的时间轴显示的是大爆炸后1微秒内所发生的事情。在这个时期，宇宙的温度从大约10^{34}摄氏度降到仅有10^{11}（1千亿）摄氏度。这个时间轴中也包括了可观测宇宙的直径，即我们今天观测到的宇宙的历史大小。

鸿蒙之初

大爆炸并不是发生在空间中的一次爆炸，而是空间的整体膨胀。在大爆炸刚刚发生之后，有一个被称作“普朗克时期”的阶段。物理学家们并不清楚这段时间内发生的事情，不过他们相信在这个时期结束之后，引力率先从其他作用力中分离出来，随后是强核力（见第30页）。许多人认为强核力的分离引发了一次被称作“暴胀”的短暂而迅速的膨胀。如果暴胀真的发生过，那它就有助于解释为什么宇宙看起来如此光滑而平坦。在暴胀期间，有相当可观的质能出现，同时伴随有等量的负引力势能。当暴胀结束时，物质已经开始出现了。

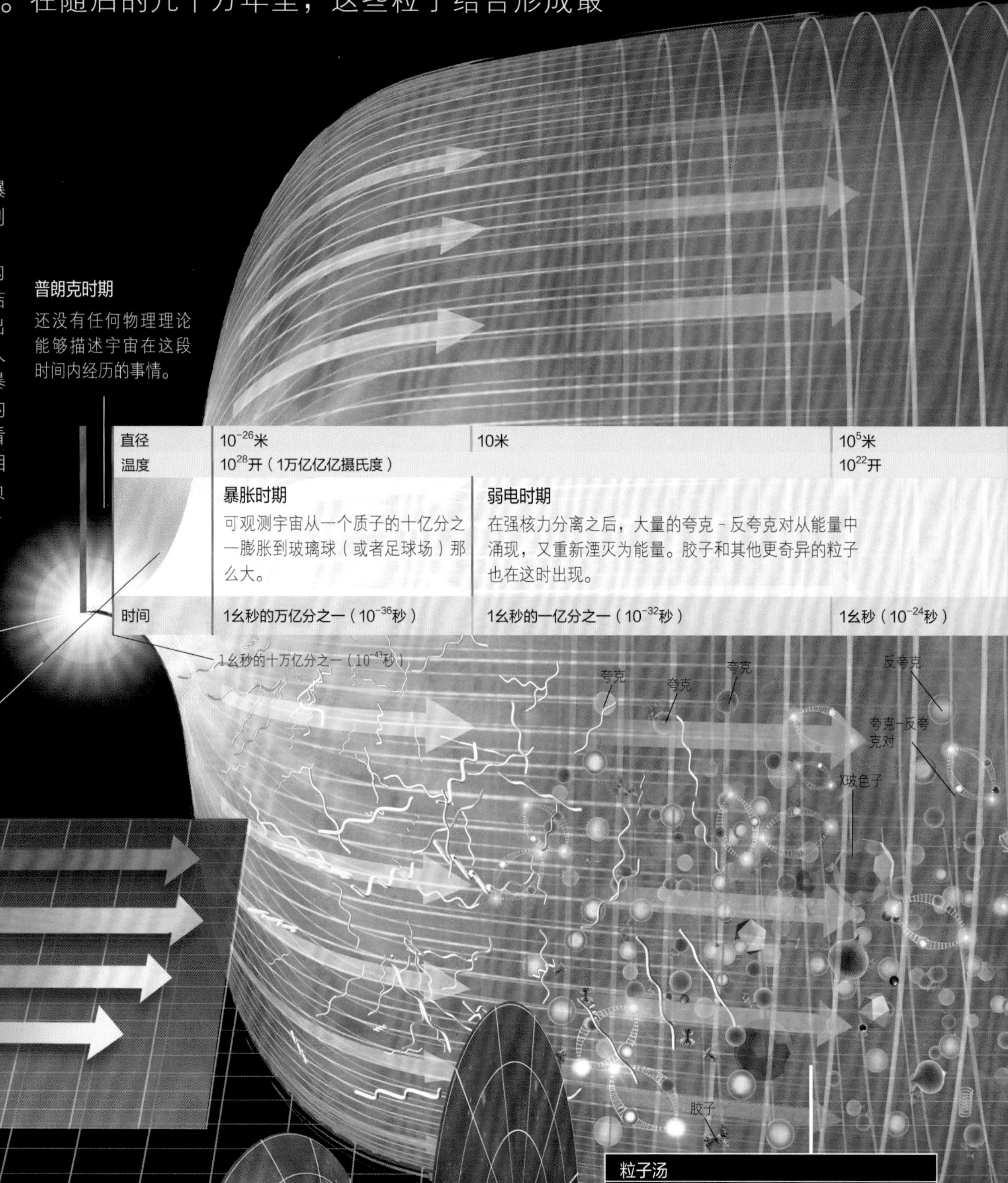
时间源头的奇点
1幺秒的十万亿分之一（10^{-43}秒）
夸克
夸克
夸克
反夸克
夸克-反夸克对
玻色子
胶子

普朗克时期

还没有任何物理理论能够描述宇宙在这段时间内经历的事情。

直径	10^{-26}米	10米	10^{5}米
温度	10^{28}开（1万亿亿亿摄氏度）		10^{22}开
	暴胀时期 可观测宇宙从一个质子的十亿分之一膨胀到玻璃球（或者足球场）那么大。	**弱电时期** 在强核力分离之后，大量的夸克－反夸克对从能量中涌现，又重新湮灭为能量。胶子和其他更奇异的粒子也在这时出现。	
时间	1幺秒的万亿分之一（10^{-36}秒）	1幺秒的一亿分之一（10^{-32}秒）	1幺秒（10^{-24}秒）

大统一理论时期

在这个时期，物质和能量可以自由地相互转换，自然界基本作用力中的3个仍是统一的。

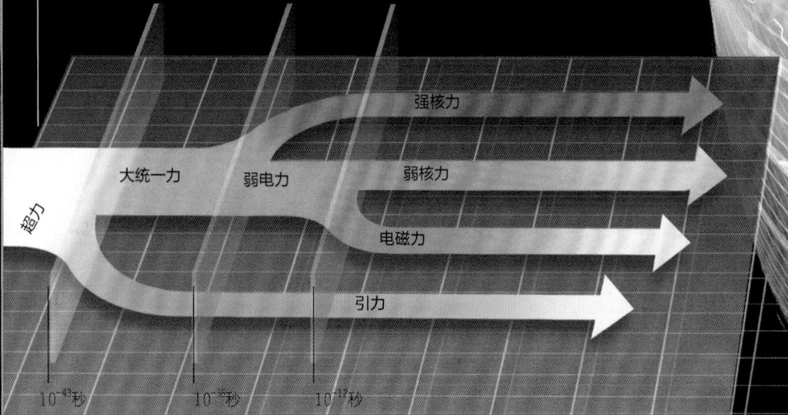
超力
大统一力
弱电力
强核力
弱核力
电磁力
引力
10^{-43}秒
10^{-36}秒
10^{-12}秒

力的分离

物理学家们相信在大爆炸之后的极高温时期，4种基本作用力都是统一的。随着宇宙逐渐冷却，几种作用力才在上图显示的时间节点处相互分离。

暴胀

没有经历暴胀的大爆炸宇宙不可能在今天这样浩瀚的空间中拥有如此接近的温度和密度。暴胀理论提出我们的可观测宇宙来自原初宇宙中一个均匀的部分。暴胀的效果就像吹起一个皱缩的气球——它的表面在膨胀之后变得光滑而平坦了。

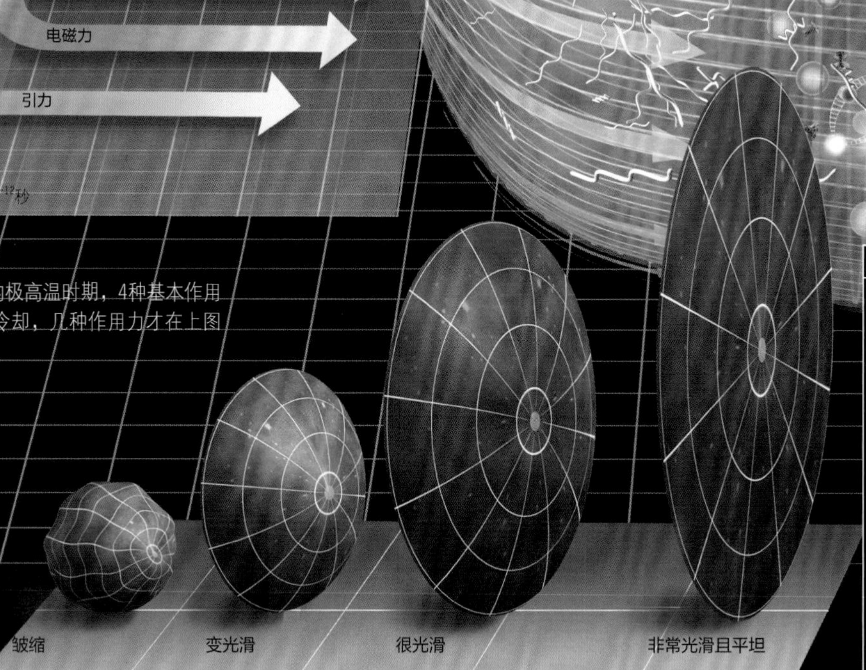
皱缩
变光滑
很光滑
非常光滑且平坦

粒子汤

在大爆炸发生约10^{-32}秒之后，宇宙成了一个由基本粒子和反粒子组成的“汤”。不断有粒子－反粒子对从能量中产生又相遇湮灭而复归于能量。在这些粒子中有的直到今天仍然幸存。有些是物质的组分，比如夸克和反夸克。还有些是作用力的载体，比如玻色子中的胶子（参见第30～31页）。其他一些今天很难探测到的粒子也已经出现。其中就包括赋予其他粒子质量的希格斯玻色子，也许还有引力子（假想的传递引力的粒子）。

基础知识

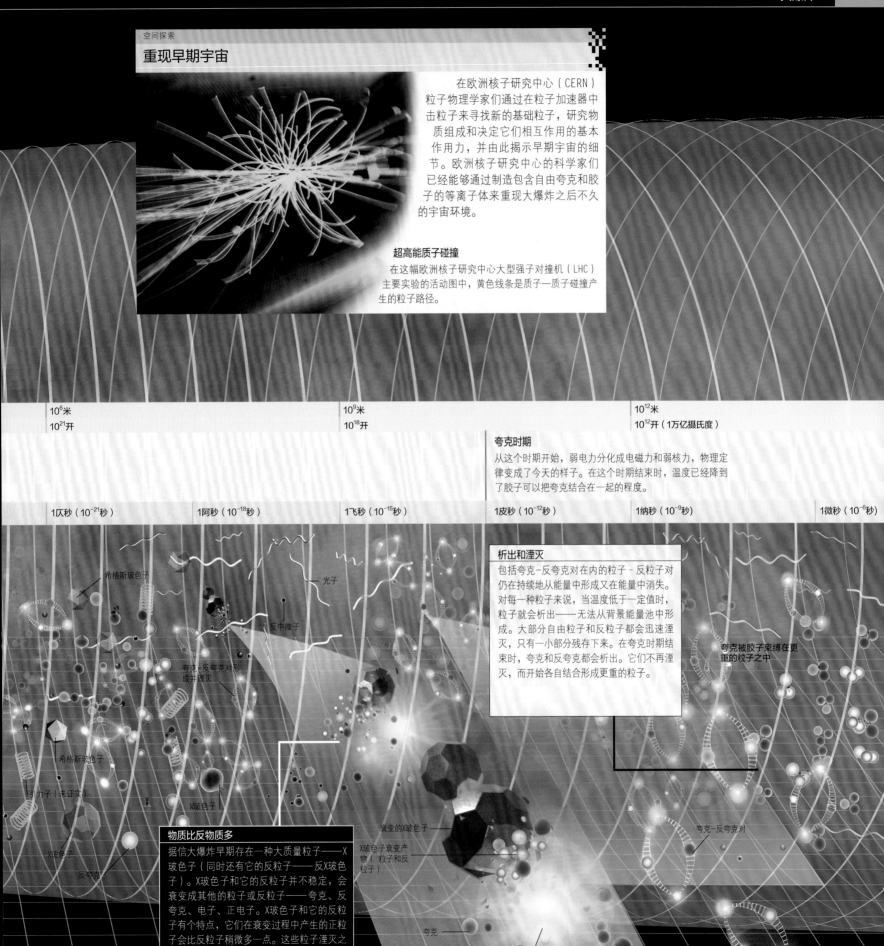

重现早期宇宙

在欧洲核子研究中心（CERN）粒子物理学家们通过在粒子加速器中击粒子来寻找新的基础粒子，研究物质组成和决定它们相互作用的基本作用力，并由此揭示早期宇宙的细节。欧洲核子研究中心的科学家们已经能够通过制造包含自由夸克和胶子的等离子体来重现大爆炸之后不久的宇宙环境。

超高能质子碰撞
在这幅欧洲核子研究中心大型强子对撞机（LHC）主要实验的活动图中，黄色线条是质子—质子碰撞产生的粒子路径。

10^6米		10^9米		10^{12}米
10^{21}开		10^{18}开		10^{12}开（1万亿摄氏度）

夸克时期
从这个时期开始，弱电力分化成电磁力和弱核力，物理定律变成了今天的样子。在这个时期结束时，温度已经降到了胶子可以把夸克结合在一起的程度。

1仄秒（10^{-21}秒）	1阿秒（10^{-18}秒）	1飞秒（10^{-15}秒）	1皮秒（10^{-12}秒）	1纳秒（10^{-9}秒）	1微秒（10^{-6}秒）

析出和湮灭
包括夸克-反夸克对在内的粒子-反粒子对仍在持续地从能量中形成又在能量中消失。对每一种粒子来说，当温度低于一定值时，粒子就会析出——无法从背景能量池中形成。大部分自由粒子和反粒子都会迅速湮灭，只有一小部分残存下来。在夸克时期结束时，夸克和反夸克都会析出。它们不再湮灭，而开始各自结合形成更重的粒子。

希格斯玻色子

光子

反中微子

夸克-反夸克对形成并湮灭

夸克被胶子束缚在更重的粒子之中

希格斯玻色子

引力子（未证实）

W玻色子

衰变的X玻色子

X玻色子衰变产物（粒子和反粒子）

夸克-反夸克对

X玻色子

反夸克

夸克

反夸克

物质比反物质多
据信大爆炸早期存在一种大质量粒子——X玻色子（同时还有它的反粒子——反X玻色子）。X玻色子和它的反粒子并不稳定，会衰变成其他的粒子或反粒子——夸克、反夸克、电子、正电子。X玻色子和它的反粒子有个特点，它们在衰变过程中产生的正粒子会比反粒子稍微多一点。这些粒子湮灭之后就会剩下一些正粒子。这被认为是现代宇宙中所有物质的起源。

粒子和反粒子相遇，它们的全部物质转换为纯能量（光子）

多出的粒子残存下来

夸克和反夸克从能量中出现，又在相遇时重新化作能量

物质出现

在大爆炸发生1微秒（10^{-6}秒）之后，年轻的宇宙中不仅包含了大量的辐射能（光子），还有无数夸克、反夸克和胶子在其中剧烈翻腾。同时存在的还有一类称作轻子（主要是电子、中微子和它们的反粒子）的基本粒子。它们不断从能量场中产生又湮灭。这个阶段为随后的物质形成奠定了基础。首先，夸克和胶子相遇形成更重的粒子——主要是质子和少量中子。然后，中子和部分质子结合形成几类原子核，主要是氦核。其余的自由质子形成了氢原子。最终，在40万年后，宇宙终于冷却到电子可以和自由质子或氦核结合的温度，最初的原子才得以形成。

接下来的50万年

这两页的时间轴显示了大爆炸后1微秒到50万年左右的过程。温度从10^{11}K（1千亿摄氏度）降到2 500摄氏度。今天的可观测宇宙在当时不过1千亿千米（约50光时），而现在已经膨胀到数百万光年。

乔治·伽莫夫（George Gamow）

乌克兰裔美籍物理学家乔治·伽莫夫（1904—1968）受到乔治·勒梅特（Georges Lemaître）提出的大爆炸概念的影响，在发展热大爆炸理论中起到了重要作用。这个学说经过暴胀概念的补充成为今天的主流理论。伽莫夫与学生阿尔菲和赫尔曼一起研究了理论的细节，给出当前宇宙温度的估计值为5开尔文。

直径	10^{11}千米	10光年（1光年=9.46万亿千米）	10^9开（10亿摄氏度）	100光年
温度	10^{11}开（1千亿摄氏度）	10^{10}开（100亿摄氏度）		
	强子时期 在这个时期，夸克和反夸克各自结合，形成称作强子的粒子，包括重子（质子和中子）、反重子和介子。	**轻子时期** 在这个时期，轻子（电子、中微子和它们的反粒子）数目非常多。在这个阶段结束时电子会和正电子（反电子）湮灭。	**大爆炸核合成** 随着宇宙冷却，中子逐渐转变为质子。当中子和质子的数量比达到1∶7的时候，剩余的中子会和质子结合形成氦核（包含2个质子和2个中子）。	
时间	1微秒（10^{-6}秒）	1秒	10秒	

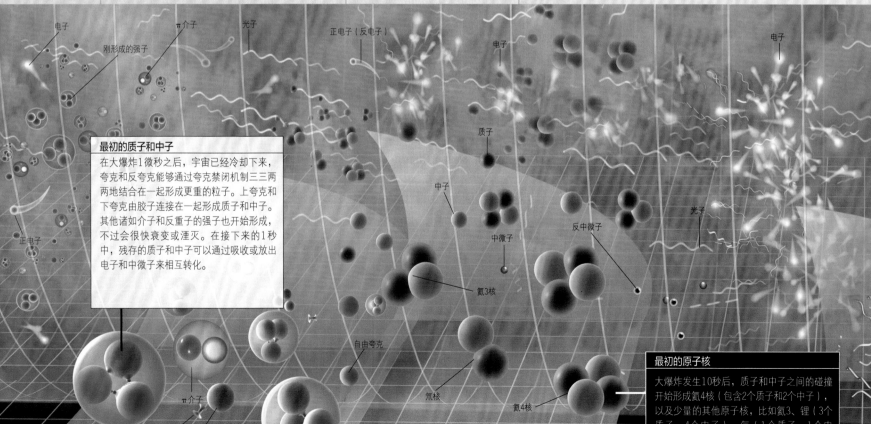

最初的质子和中子

在大爆炸1微秒之后，宇宙已经冷却下来，夸克和反夸克能够通过夸克禁闭机制三三两两地结合在一起形成更重的粒子。上夸克和下夸克由胶子连接在一起形成质子和中子。其他诸如介子和反重子的强子也开始形成，不过会很快衰变或湮灭。在接下来的1秒中，残存的质子和中子可以通过吸收或放出电子和中微子来相互转化。

最初的原子核

大爆炸发生10秒后，质子和中子之间的碰撞开始形成氦4核（包含2个质子和2个中子），以及少量的其他原子核，比如氦3、锂（3个质子、4个中子）、氘（1个质子、1个中子）。这段被称作大爆炸核合成的反应过程在20分钟后即告终止。现有氦原子中的98%都是在那时形成的。这个过程同时也耗尽了所有的自由质子。

电子　π介子　光子　正电子（反电子）　电子　电子

刚形成的强子　质子　光子

中子　反中微子

中微子

正电子　氦3核

自由夸克

氘核

氦4核

π介子　胶子　自由夸克

由夸克和胶子构成的质子　由夸克和胶子构成的中子

大爆炸的证据

大爆炸最有力的证据是它遗留的辐射，称作宇宙微波背景辐射（CMBR）。乔治·伽莫夫（见对页）早在1948年就预言这种辐射存在。对于大部分宇宙学家来说，这个辐射在20世纪60年代被探测到时就已经证实了大爆炸理论。其他方面的观测也支持这个观点。

背景辐射

由彭齐亚斯和威尔逊（见下图）所发现的宇宙微波背景辐射谱表明，宇宙早期是高温而均匀的。

膨胀　如果宇宙正在膨胀和冷却，它过去一定体积更小、温度更高。

元素平衡　大爆炸理论精确预言了当前宇宙中所观测到的轻元素（氢、氦、锂）比例。

广义相对论　爱因斯坦的理论预言：宇宙要么在膨胀，要么在坍缩，总之无法始终保持同样大小。

黑暗的夜晚

如果宇宙无限大、无限老，那么夜空中的任何一点都应该有光线到达我们。因此，夜晚应该明亮得多，至少比任何一个密集的星场都要亮。而夜晚是黑的也是事实。这个问题叫作"奥伯斯佯谬"。大爆炸理论用有限的宇宙年龄解决了这个问题。

1万光年	1亿光年
10^8开	4 000开（3 727摄氏度）
光子时期	**复合时期**
在这个相对长的时期里，主要由电子、质子和氦核构成的物质粒子海洋同光子进行持续的相互作用。宇宙因而变得晦暗不清。	在这个时代，原子核与电子结合形成了原子。每个氦原子都随着约9个氢原子一起产生。一些锂和氘（重氢）也形成了。现在，光子可以在宇宙中自由地穿行。
1 000秒	38万年

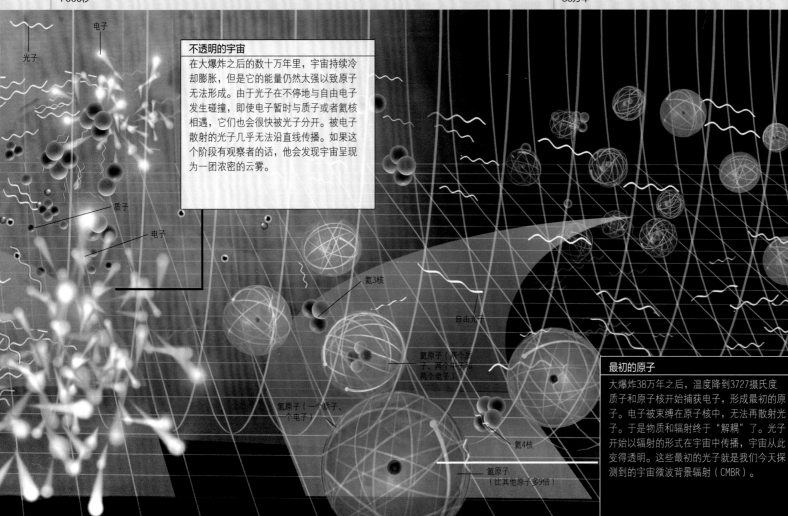

电子
光子

不透明的宇宙

在大爆炸之后的数十万年里，宇宙持续冷却膨胀，但是它的能量仍然太强以致原子无法形成。由于光子在不停地与自由电子发生碰撞，即使电子暂时与质子或者氦核相遇，它们也会很快被光子分开。被电子散射的光子几乎无法沿直线传播。如果这个阶段有观察者的话，他会发现宇宙呈现为一团浓密的云雾。

质子

电子

氦3核

自由光子

氦原子（两个质子、两个中子、两个电子）

氢原子（一个质子、一个电子）

氦4核

氢原子（比其他原子多9倍）

最初的原子

大爆炸38万年之后，温度降到3727摄氏度，质子和原子核开始捕获电子，形成最初的原子。电子被束缚在原子核中，无法再散射光子。于是物质和辐射终于"解耦"了。光子开始以辐射的形式在宇宙中传播，宇宙从此变得透明。这些最初的光子就是我们今天探测到的宇宙微波背景辐射（CMBR）。

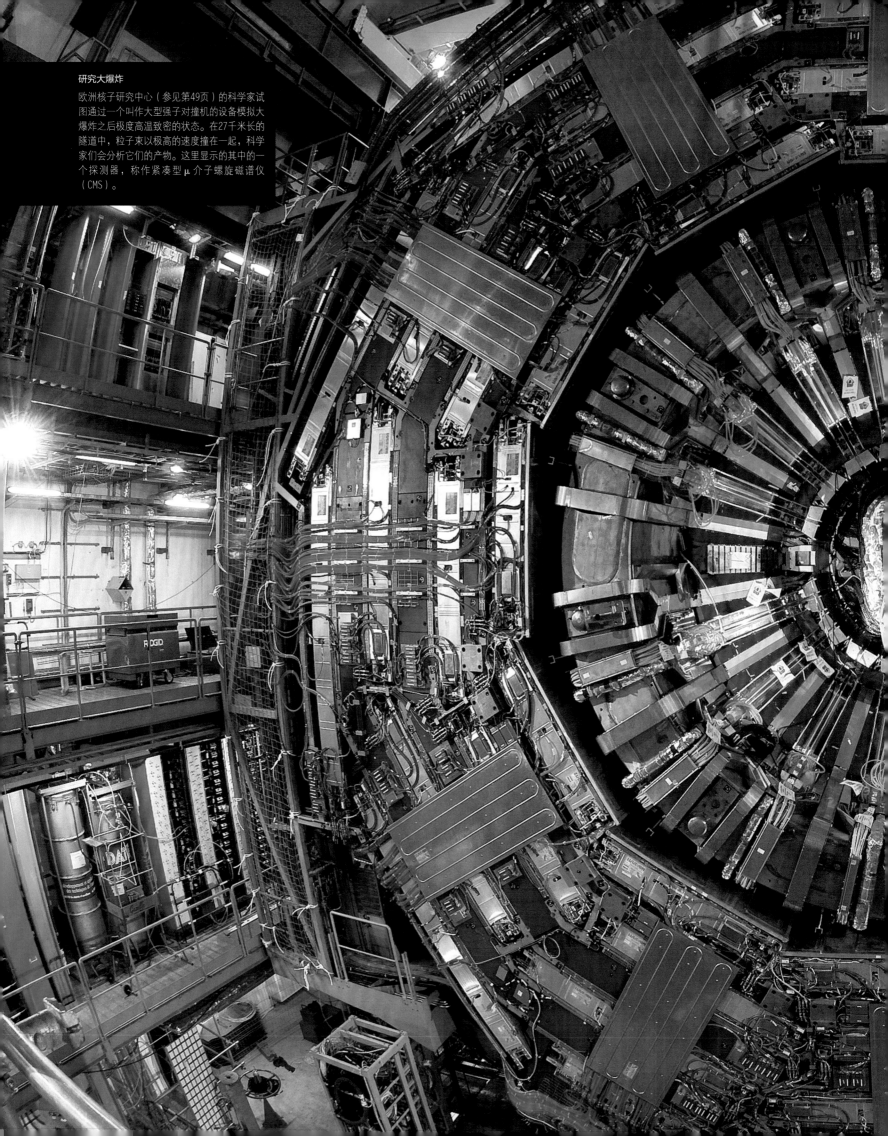

研究大爆炸
欧洲核子研究中心（参见第49页）的科学家试
图通过一个叫作大型强子对撞机的设备模拟大
爆炸之后极度高温致密的状态。在27千米长的
隧道中，粒子束以极高的速度撞在一起，科学
家们会分析它们的产物。这里显示的其中的一
个探测器，称作紧凑型 μ 介子螺旋磁谱仪
（CMS）。

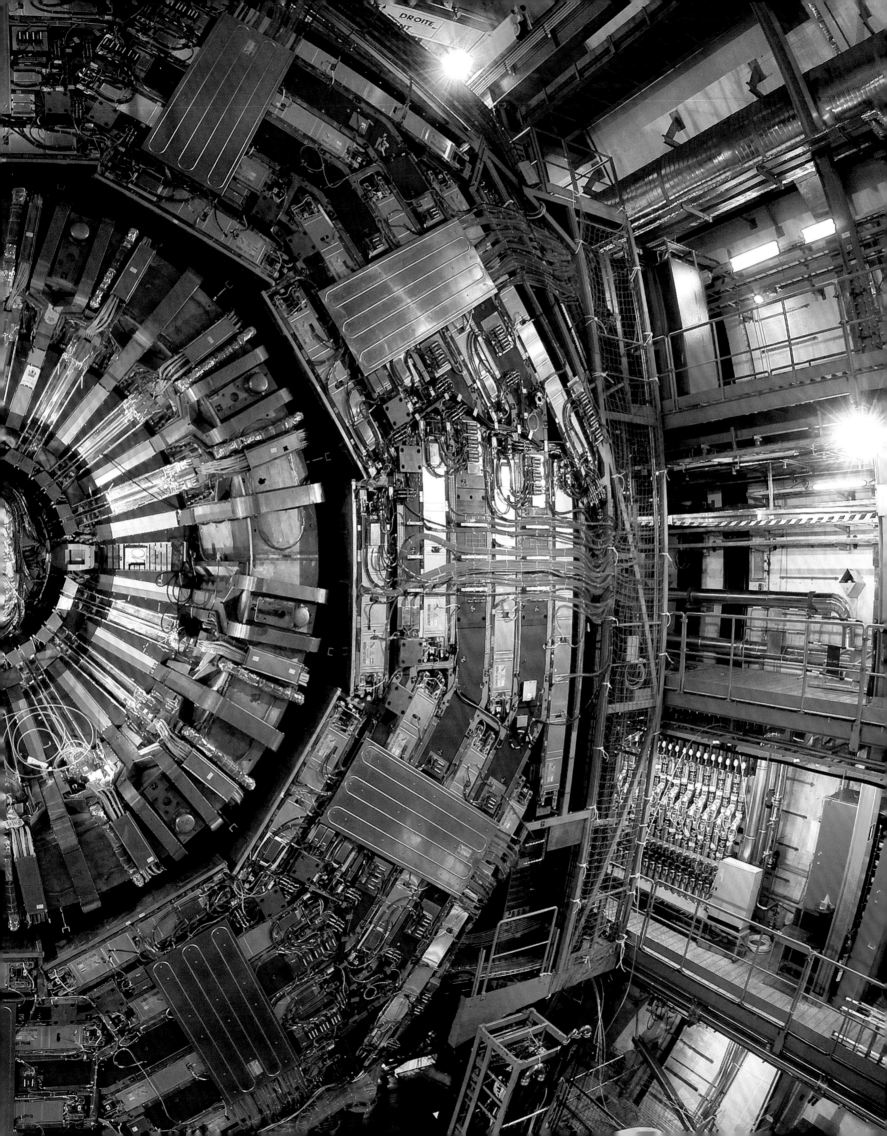

走出黑暗

28～31 物质
34～37 辐射
恒星 232～233
恒星的归宿 266～267
星系演化 306～309
超星系团 336～339

原子诞生于大爆炸38万年之后，而最初的恒星要到数亿年后才出现。这段时间称作宇宙的“黑暗时期”。这期间发生的事情，以及随后星光充满宇宙的“宇宙复兴”（cosmic renaissance）都是很复杂的问题。天文学家们正使用最强大的望远镜观测宇宙的边缘，希望通过分析大爆炸的残余辐射解决这个问题。

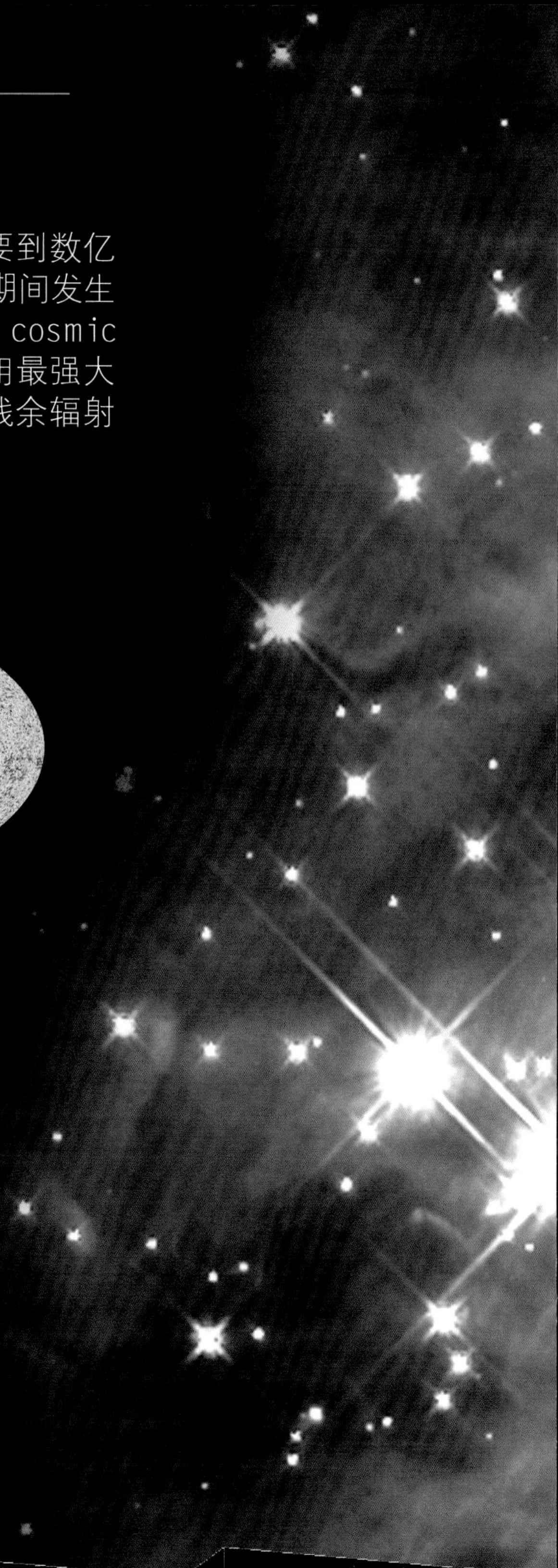

大爆炸余波

在大爆炸40万年后，宇宙中充满了流向四面八方的光子辐射，此外还有氢原子、氦原子、中微子、暗物质等。虽然宇宙还是很热，有3 000摄氏度，而且充满了辐射，但天文学家们找不到属于这一阶段的任何光子。因为宇宙膨胀将辐射波长拉长了上千倍。到达地球的光子不再是可见光，而是低能的宇宙微波背景辐射（CMBR）。它们的波长一度代表宇宙火球的特征，如今只相当于一个温度为零下270摄氏度（仅比绝对零度高3度）的冰冷物体的辐射。

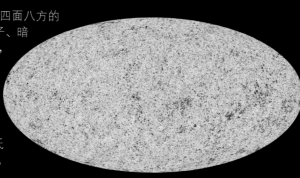

婴儿宇宙

这幅普朗克卫星绘制的图像显示了宇宙微波背景辐射在整个天空中的微小温度涨落。这代表了早期物质密度的不均匀性。实际上，这就是婴儿宇宙的样子。

黑暗时期

地球永远无法接收到来自大爆炸之后数亿年、第一代恒星诞生之前的可见光。不过宇宙学家们可以通过其他数据（比如CMBR）重建这段时间的历史。CMBR揭示出第一代原子形成时物质密度的微小涨落。宇宙学家们认为正是这些起伏上的引力作用使物质开始凝聚成团块和纤维状结构。这些原初物质云的不规则性提供了今天大尺度天体（比如超星系团，参见第336～337页）的种子。这些结构数十亿年来的演化过程已经由计算机模拟出来。这样的模拟基于许多假定，比如婴儿宇宙时期物质（包括暗物质）的属性和密度，以及暗能量的影响（一种和引力对抗的力，参见第58页）。有些模拟同今天宇宙中的物质分布吻合得很好。

微弱的不规则性
物质纤维
更密的物质纤维，包含星系团
物质结点形成超星系团

大爆炸后50万年的宇宙

这组计算机模拟图显示了初始物质均匀分布的条件下宇宙中的结构形成过程，立方体边长为1.4亿光年。初始物质分布均匀。

大爆炸后13亿年

大爆炸10亿年之后，已经有相当数量的团块和纤维状结构形成。为了抵消上一阶段以来宇宙膨胀的影响，立方体被缩放为同样的大小。

大爆炸后50亿年

又过了40亿年（立方体同样经过缩放），物质已然凝聚为复杂的纤维丛，夹杂着巨大的泡状结构或者叫空间巨洞。

大爆炸后138亿年

这时，模拟中的物质分布就类似于本地宇宙（数十亿光年之内）中所看到的星系和超星系团结构。

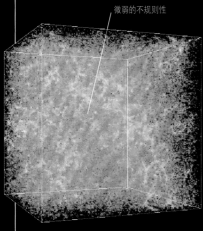

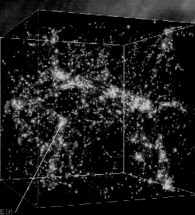

早期星系

天文学家们仍然在试图弄清第一代恒星何时开始发光，又是在哪一种早型星系中出现。他们最近借助斯皮策空间望远镜和甚大望远镜的红外研究找到了一些非常暗淡的星系。这些星系红移极高，对应大爆炸之后4亿年。它们的存在表明发育良好的凝聚物质结点和团块前身早在大爆炸之后1亿到3亿年间就出现了。第一代恒星可能就是在这些结构中产生的。

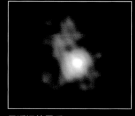

最遥远的星系
这张来自哈勃空间望远镜的图像显示了已知最遥远的星系GN-Z11。它在宇宙大爆炸后4亿年就已现身。

最初的恒星

形成于大爆炸之后1.8亿年的第一代恒星几乎完全由氢和氦组成，因为那时其他元素还不存在。物理学家们认为那时凝聚的产星星云团块要比今天的大。在这些云团中形成的恒星也会非常庞大而炽热，也许有100倍到1000倍太阳质量。其中许多在数百万年之后就会发生超新星爆炸而死亡。这些恒星发出的紫外线也许开启了宇宙演化过程中的另一个重要阶段——氢再电离。宇宙空间中的中性气体就是这样被再次转化为我们今天看到的电离态。此外，类星体的辐射（参见第320页）也是宇宙电离的一种可能解释。

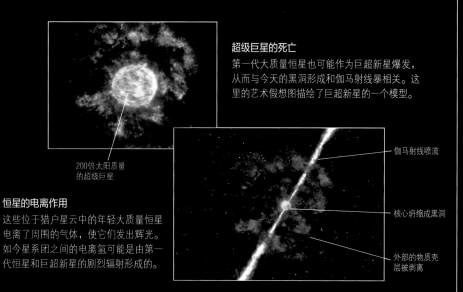

超级巨星的死亡
第一代大质量恒星也可能作为巨超新星爆发，从而与今天的黑洞形成和伽马射线暴相关。这里的艺术假想图描绘了巨超新星的一个模型。

200倍太阳质量的超级巨星

伽马射线喷流

核心坍缩成黑洞

外部的物质壳层被剥离

恒星的电离作用
这些位于猎户星云中的年轻大质量恒星电离了周围的气体，使它们发出辉光。如今星系团之间的电离氢可能是由第一代恒星和巨超新星的剧烈辐射形成的。

宇宙元素增丰

随着第一代大质量恒星的生死轮回，新的化学元素被创造出来并被散播到空间中，也进入到坍缩中的原星系团块里。一系列的新元素都是由恒星炽热核心的核合成产生的，比如碳、氧、硅、铁。而像钡和铅这样比铁更重的元素，则是在恒星剧烈的死亡过程中形成的。第二代、第三代的恒星就从这些增丰后的星际介质中形成，不过要比原初的超级巨星小一些。这些恒星创造了大部分的重元素，并通过星风和超新星爆发将它们送回到星际介质中。星系并合和星系气体剥离（见第327页）则进一步完成了星系际的混合与扩散。这些循环与增丰过程直到今天仍在继续。对于银河系来说，这些新的重元素对于岩质行星和有机生命的形成都非常重要。

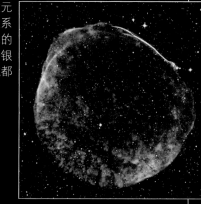

星尘
超新星遗迹SN 1006是一团含有丰富元素的物质球，正向空间膨胀。比铁重的元素大都是由超新星形成并扩散的。

元素丰度
宇宙中基于原子的普通物质最初仅由氢、氦以及痕量的锂组成。今天，它们的主要成分仍然是氢和氦，但恒星演化过程大幅度增加了其他元素的贡献。

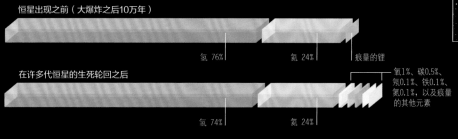

恒星出现之前（大爆炸之后10万年）

氢 76%　　氦 24%　　痕量的锂

在许多代恒星的生死轮回之后

氢 74%　　氦 24%　　氧1%、碳0.5%、氖0.1%、铁0.1%、氮0.1%以及痕量的其他元素

宇宙中的生命

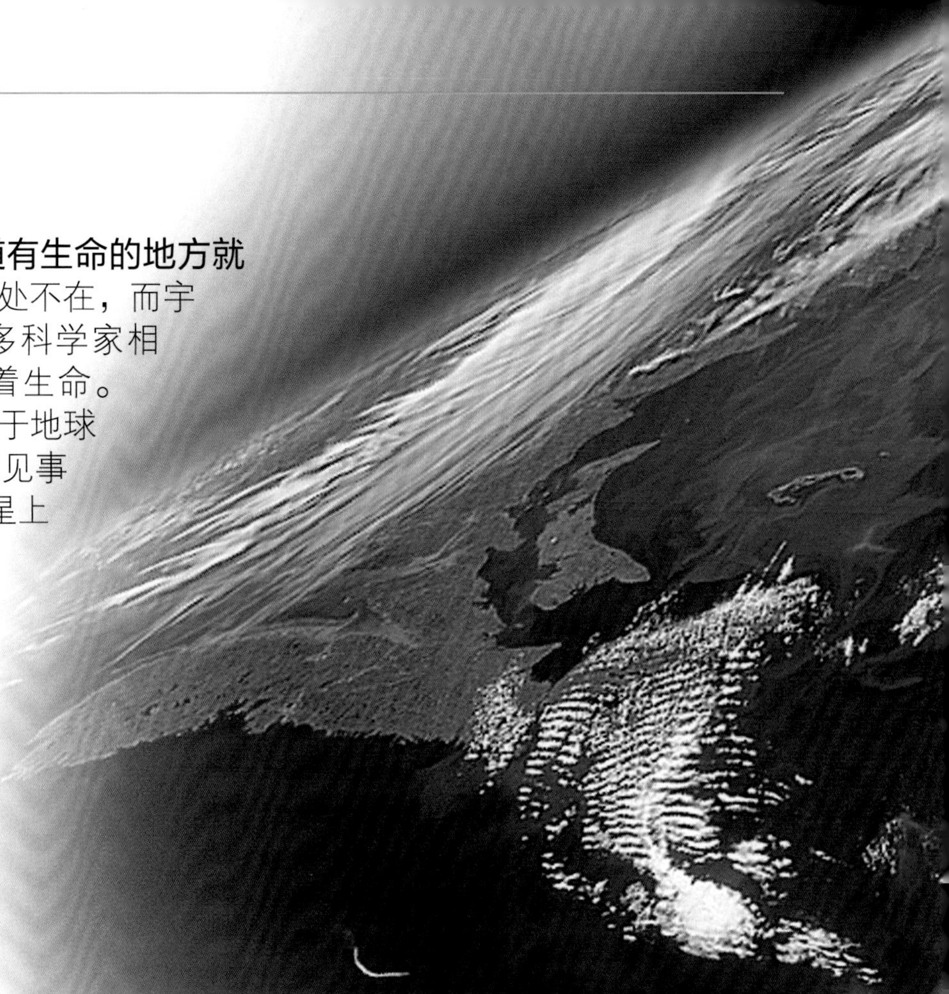

宇宙中我们唯一知道有生命的地方就是地球。地球上的生命无处不在，而宇宙又如此广袤，因此许多科学家相信其他地方应该也存在着生命。这个结论很大程度上依赖于地球上的生命演化是否纯属偶然——是一系列罕见事件的组合，还是像有些人相信的那样，是行星上的初始条件决定的必然结果。

生命体

究竟是什么构成了生命体？人类对这个问题的认识严重依赖于地球上的生命研究。显然科学家们对外星的潜在生命形式没什么经验。不过，生物学家们就如何区分宇宙中的生命和非生命还是有一些共识的。其中最基本的是，一个活体应该能够复制自身并进化。但除此之外，生命的定义就不尽相同了。比如，对病毒是否算生命就有争议。尽管它们也能够自我复制，但是并不以细胞形式存在，也没有自己的生化系统。而这几点都是大部分生物学家认可的基本生命特征。而且我们也不知道地球生命的一些公共特征是否适用于外星生命，比如碳基化学，对液态水的依赖，等等。这些观念上的分歧使得关于地外生命存在可能的讨论变得更加复杂。

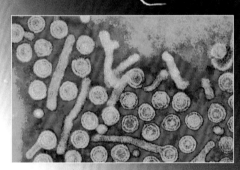

病毒颗粒

病毒（比如肝炎病毒）位于生命体和非生命体的边缘地带。它们能够自我复制，但这种复制只有在侵入动植物或者细菌的代谢系统中时才能完成。

低温生命

这种目前尚未被分类的生命形式是在南极洲的冰盖深处发现的。生命存在的范围比我们想象的更大。

生命起源

大部分科学家都相信地球上的生命起源于海洋"原初汤"中简单有机分子的积聚。这些分子来自地球的大气中由能量（可能是闪电）激发的化学反应。在这个环境里，有机化合物花了上百万年反应形成更大、更复杂的分子，直到一种分子拥有了自我复制的能力。这个属性让该分子变得普遍起来，成为基因的雏形。经过突变和自然选择，这种基因的各类变种发展出更成熟的生存适应性，甚至演化出类似细菌的细胞，成为地球上所有生命的祖先。许多演化生物学家都认为自我复制体的出现是决定性的，生命体会紧随其后自然而然地形成。

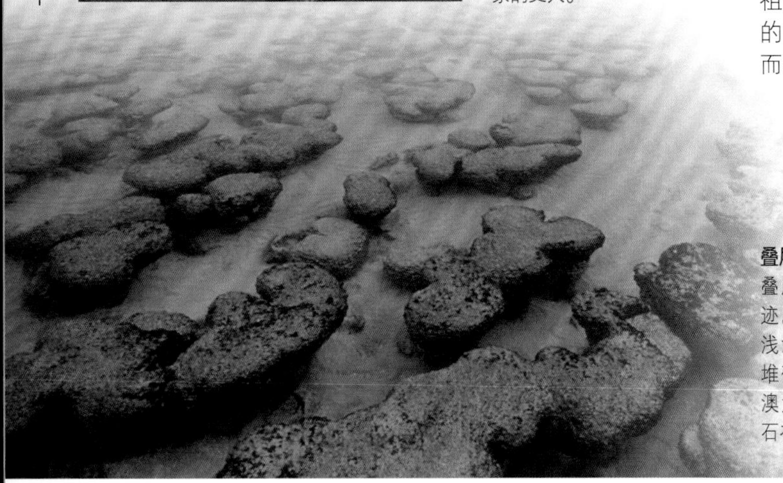

叠层石

叠层石是最早的生命遗迹。它是数十亿年前由浅海的蓝菌（蓝绿藻）堆砌的矿物丘。今天的澳大利亚海边仍有层叠石在生长（见左图）。

空间探索

重现原初地球

1953年，美国化学家斯坦利·米勒（Stanley Miller, 1930—2007）在烧瓶中重现了他设想的地球原始大气。他把电火花送入缺乏氧气的混合气体中来模拟闪电，最后得到了许多不同种类的氨基酸。这些是构建生命的基本材料。

斯坦利·米勒

这幅图中，斯坦利·米勒正在重复他研究生时代的实验。实验证实氨基酸能够在地球早期缺氧的大气中形成。

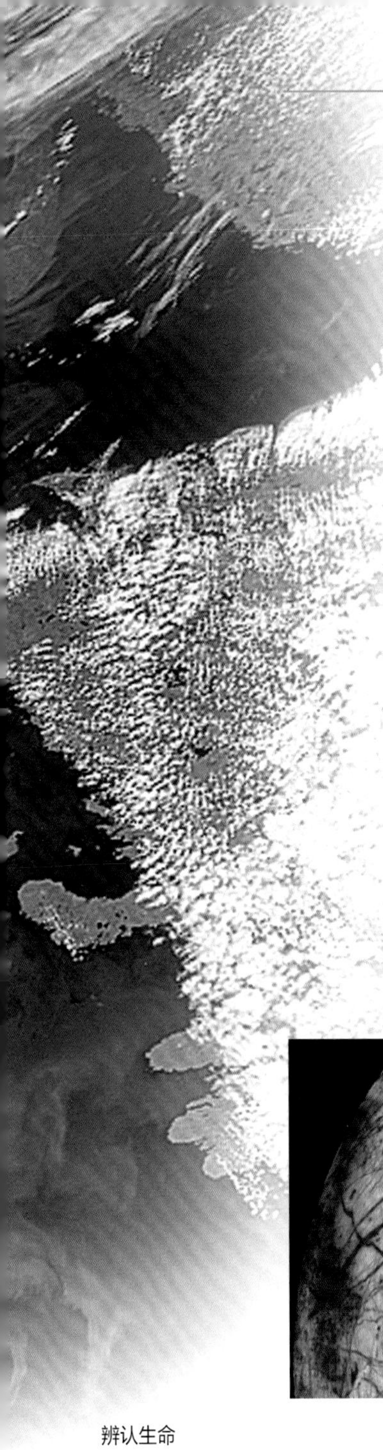

生命有多罕见

直到30年前，人们都还认为生命只能存在于温度和湿度等条件的狭窄范围内。不过后来，科学家们在截然不同的环境中都发现了极端微生物。生命可以生活在冰层的深处，也可以存在于海底火山口附近的沸水中。它们可以在长年不见阳光的地方依赖化学能过活，甚至也可以在地壳3千米深的地方将氢转化为水。极端微生物的存在让人们相信生命可以在相当宽松的范围内存在。一些科学家仍然相信能够在太阳系内发现地外生命，尽管迄今为止对最有可能的地区—火星的探索给出的结果是负面的。不过许多科学家相信在太阳系之外生命应当是相当普遍的。在这么广阔的范围内，科学家们很想知道是否有可接触的智慧生命存在。在20世纪60年代，美国射电天文学家弗兰克·德雷克（Frank Drake）给出了一个公式来预测银河系内能够进行星际通信的文明数量。不过因为这个等式中没有几个参数能准确估计，应用这个公式得到的结果可以小于1也可能上百万，完全取决于估计值。不管怎么说，假定银河系中存在几个这样的文明并不为过。

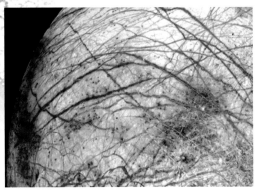

木卫二上有生命？
木卫二（Europa）表面被冰层覆盖。它的冰壳下面可能存在液态水的海洋，甚至孕育着生命。

辨认生命
就算人类遭遇了外星生命，我们也不一定能够立刻认出来。不是每个人都能从上图变色的区域里看到生命的存在。那其实是北大西洋中发光的藻华。

外星文明？

应用德雷克公式需要估计参数，比如有行星系统的恒星比例，然后乘上所有的因子。下面的例子采用较为乐观的估计（有些只是猜测）。

恒星形成率 一个合理的估计是银河系中每年诞生2颗新恒星。

大约99%的恒星有行星系统。

有行星的恒星 大约99%的恒星有行星系统。

0.4个行星适合居住。

宜居行星 平均每个行星系统中只有0.4个行星适合居住。

90%的宜居行星有生命。

有生命的行星 可能在90%的宜居行星上都有生命出现。

存在生命的星球中的90%都只有简单生命体。 10%

智慧生命 也许有10%的生命能产生智慧。

90%的智慧生命从不对外通信。 10%

可通信的生命 也许只有10%的生命具备星际通信能力。

一些文明在与我们接触之前就灭亡了。

文明的时间跨度 这样的文明也许平均可以维持约10 000年。

有900个文明满足所有条件。

结论
根据上述的估计，我们可以得出，理论上银河系中有2×0.99×0.4×0.9×0.1×0.1×10 000≈70个外星文明可以与我们通信。不过，其中的某些估计值可能有严重偏差。

寻找生命

有许多种办法来确定外星生命的形式。在太阳系内，科学家们分析行星和卫星的数据来寻找生命迹象，并且向潜在的区域发射探测器，比如火星和木星的卫星木卫六（Titan）。在太阳系外，主要是地外生命搜寻计划（SETI）。这是一个监测天空寻找外星人发出的射电信号的项目。一个在临近恒星周围寻找地球般大小行星的项目也已经启动。地外文明通信（CETI）则是向目标恒星发送信号来昭示人类的存在。1974年一条二进制编码的CETI信息被发送给2.1万光年之外的M13星团。1999年，更精巧的"相遇2001"信息经由乌克兰的射电望远镜发送给临近的几颗类太阳恒星。不过就算有外星人接收到这个信息，我们也不可能在一个世纪内得到回复。

阿雷西沃碟形天线
位于波多黎各的阿雷西沃望远镜是世界上第二大的单碟射电望远镜。它曾被用于地外生命探索（SETI），也做过一次地外文明通信（CETI）。

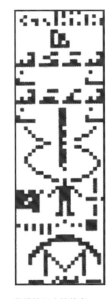

发给外星人的信息
阿雷西沃望远镜发出的信息包括代表人体、DNA、太阳系和天线自身的符号。

基础知识

宇宙的命运

也许宇宙可以永远存在，但现有的这些结构，比如行星、恒星和星系却肯定不会。在遥远未来的某个时刻，我们的银河系和其他星系都会解体，经历一段漫长而冰冷的死亡，或者，在最不可能的情况下，在大爆炸的反过程中粉身碎骨。最终降临何种命运取决于暗能量的属性。这是最近发现的一种能和引力对抗的神秘力量，在宇宙的大尺度行为上起主导作用。

大挤压和冷寂

　　直到不久前，宇宙学家们仍假定宇宙的膨胀速率（参见第44~45页）由于引力的减速作用一直在减小。他们也一度认为宇宙的质能密度决定了它的命运。爱因斯坦证明了质量和能量之间是等效的，而且可以相互转化（参见第41页），宇宙学家们可以同时测量质量和能量的密度。他们计算出如果这个密度高于一个临界值，引力会让宇宙停止膨胀并坍缩湮灭（大挤压）。如果这个密度低于或者等于这个临界密度，宇宙将永远膨胀，尽管引力会使这个膨胀减速。这种情况下，宇宙会有一个漫长而冰冷的死亡（冷寂）。对这个问题的研究发现宇宙十分平坦，物质密度也非常接近临界密度。尽管使宇宙平直的部分质能仍未被确认，它的密度应该是接近临界密度的，因此宇宙最终的命运可能是永远膨胀。但是，在20世纪90年代末，表明宇宙膨胀并未减速的发现将宇宙的未来变得不那么明朗。

暗能量

　　新发现来自遥远的星系中的超新星。这些爆发恒星的视亮度可以用来计算它们的距离，通过比较它们的距离和宿主星系的红移，科学家们可以计算出宇宙在不同历史阶段的膨胀速度。计算结果表明宇宙的膨胀正在加速，有某种不明的力量在对抗引力，让物质相互远离。这个力被称作暗能量。它的属性还不确定，不过似乎同爱因斯坦在广义相对论（参见第42~43页）中提出的宇宙学常数有些类似。暗能量的存在也提供了宇宙保持平坦所缺失的那部分质能，影响到宇宙可能的命运。

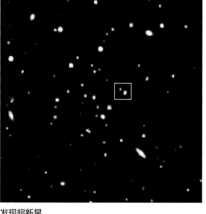

发现超新星

超新星线索

Ia型超新星有着同样的本征亮度。因此，它们的视亮度对应着距离。

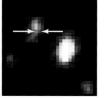

3周前

超新星爆发后

亮度差别

4种可能的命运

宇宙的平均密度和暗能量的未来行为决定了宇宙不同的命运。这里图示了4种不同概率的选择。

冷寂

如果宇宙的质能密度接近或者略小于临界密度，而暗能量的影响又逐渐消失，宇宙会以递减的速度持续膨胀，永不停止。在漫长的岁月之后进入冰冷的死亡，或者说"冷寂"。

另一种冷寂

如果暗能量的效果始终同今天一样，无论密度如何，宇宙都将加速膨胀。没有引力束缚的结构都将以超光速的运动（尽管物质和辐射都不能超光速运动，但空间可以）解体。这种情况也会以冷寂结束。

大撕裂

如果暗能量的强度增加，它会超越所有的基本作用力而在"大撕裂"之中将宇宙瓦解。这会在200亿年到300亿年之后发生。先是星系被撕碎，然后是太阳系，几个月后，恒星和行星都会爆炸，很快连原子也不复存在。时间就此终结。

暗能量主导

暗能量占宇宙质能密度的70%。而原子构成的物质（恒星和星际介质）和中微子加起来也只有4.9%。

暗能量

中微子0.1%，重元素0.1%，光子0.000 5%

暗能量68%　　　　暗物质27%　　　氢和氦4.7%

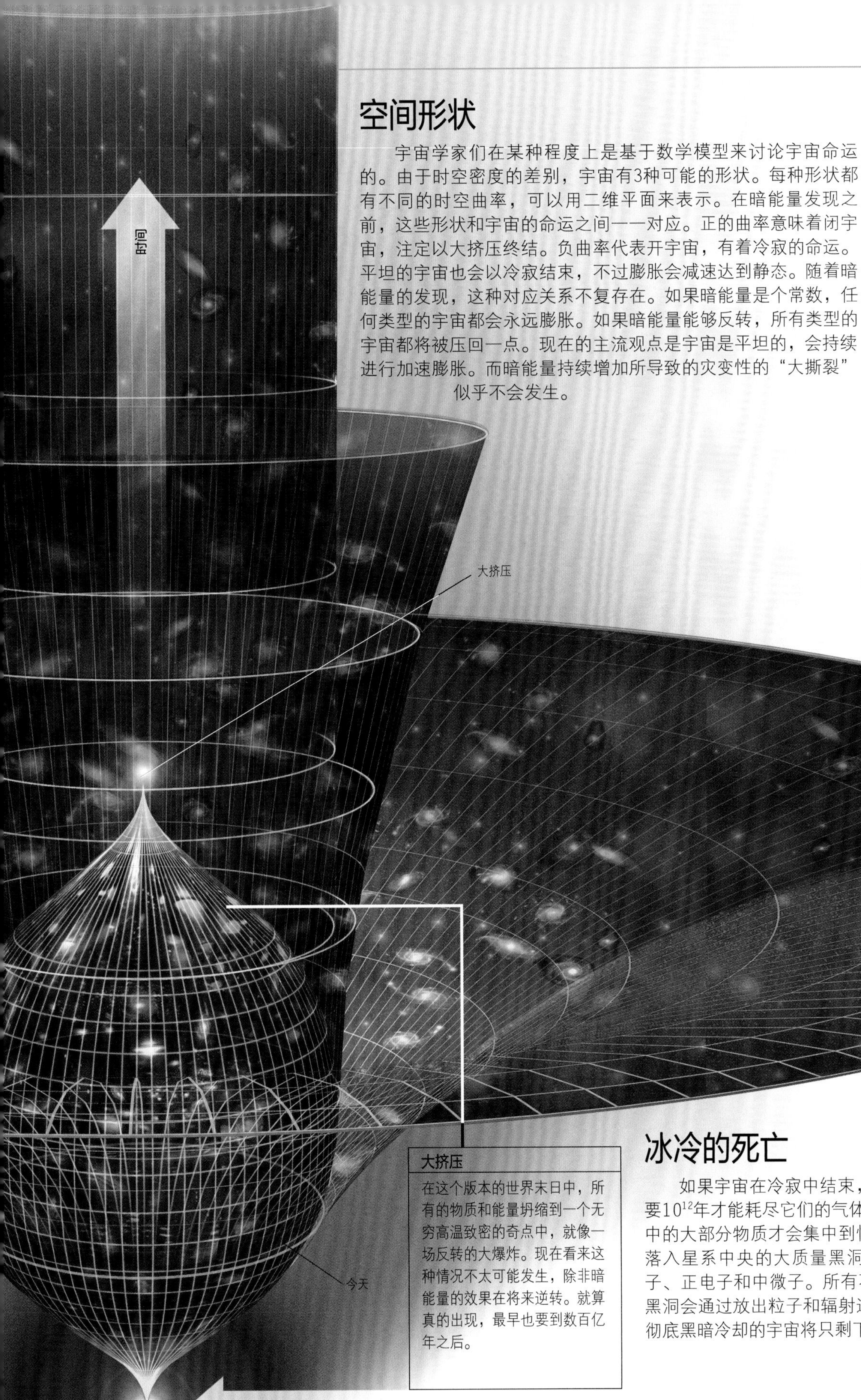

空间形状

　　宇宙学家们在某种程度上是基于数学模型来讨论宇宙命运的。由于时空密度的差别，宇宙有3种可能的形状。每种形状都有不同的时空曲率，可以用二维平面来表示。在暗能量发现之前，这些形状和宇宙的命运之间一一对应。正的曲率意味着闭宇宙，注定以大挤压终结。负曲率代表开宇宙，有着冷寂的命运。平坦的宇宙也会以冷寂结束，不过膨胀会减速达到静态。随着暗能量的发现，这种对应关系不复存在。如果暗能量是个常数，任何类型的宇宙都会永远膨胀。如果暗能量能够反转，所有类型的宇宙都将被压回一点。现在的主流观点是宇宙是平坦的，会持续进行加速膨胀。而暗能量持续增加所导致的灾变性的"大撕裂"似乎不会发生。

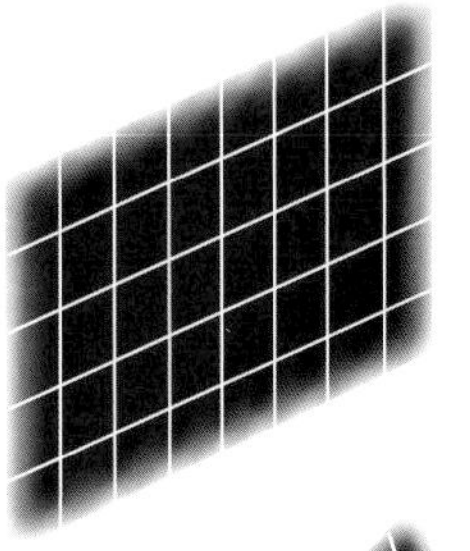

平坦宇宙

如果宇宙的密度正好是临界密度，它就是平坦的。在一个平坦宇宙中，平行线永不相交。它在二维中对应平面。我们现在认为宇宙是平坦或者接近平坦的。

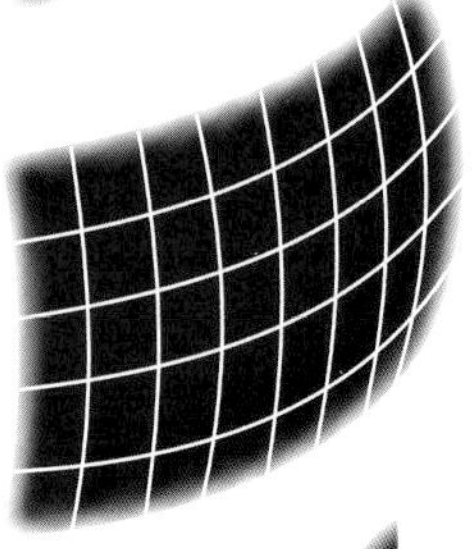

闭宇宙

如果宇宙比临界密度更加致密，它会有正曲率或者说是闭合的，质量和范围也都有限。在这样一个宇宙中，平行线相交。它在二维中对应球面。

开宇宙

如果宇宙密度小于临界密度，它就有负曲率，是开放的，也因此是无限的。它在二维中等价于鞍面，其中的平行线是发散的。

时间

大挤压

今天

大爆炸

大挤压

在这个版本的世界末日中，所有的物质和能量坍缩到一个无穷高温致密的奇点中，就像一场反转的大爆炸。现在看来这种情况不太可能发生，除非暗能量的效果在将来逆转。就算真的出现，最早也要到数百亿年之后。

冰冷的死亡

　　如果宇宙在冷寂中结束，它的死亡会持续相当长一段时间。星系需要10^{12}年才能耗尽它们的气体，不再有新的恒星形成。还要10^{25}年，宇宙中的大部分物质才会集中到恒星的遗骸中，黑洞或者燃尽的白矮星盘旋落入星系中央的大质量黑洞中。再过10^{32}年，质子会衰变，辐射出电子、正电子和中微子。所有不在黑洞中的物质都会解体。再过10^{67}年，黑洞会通过放出粒子和辐射逐渐蒸发，大质量黑洞的蒸发需要10^{100}年。彻底黑暗冷却的宇宙将只剩下弥散的光子和基本粒子。

最后的幸存者

在冷寂的最后阶段，宇宙中包括黑洞在内的所有物质都会衰变蒸发为辐射。除了波长很长的光子，只剩下中微子、电子和正电子。

光子

中微子

星系的命运

再过10^{12}年，宇宙将只剩下年老的暗淡星系。它们所有的气体和尘埃都已经耗尽，大部分恒星都已经死亡。

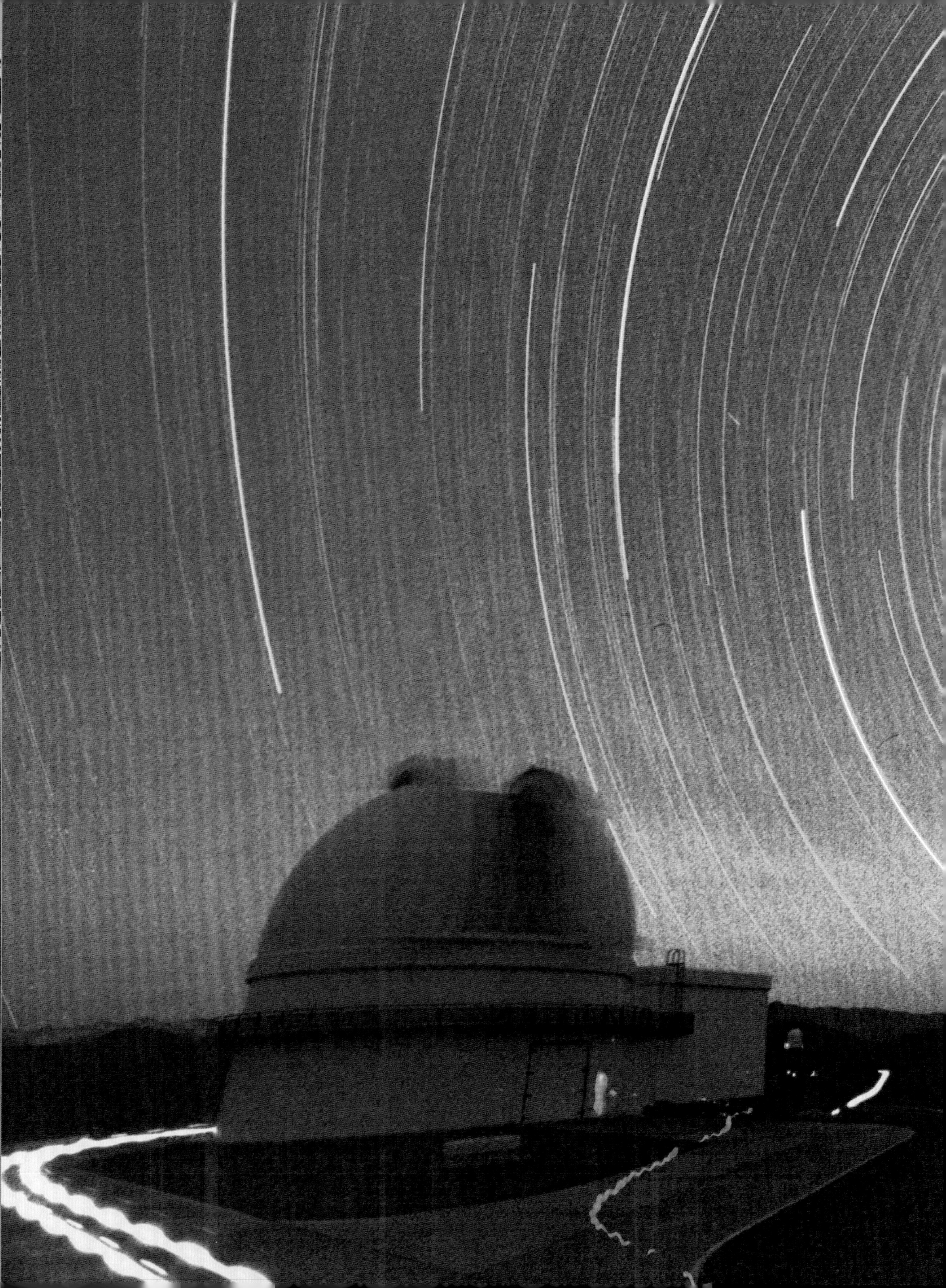

宇宙中的天体，包括星系、恒星、行星和星云，都散布在三维空间和一维时间之中。宇宙中相距很远的地方看到的天体相对位置完全不同。为了找到宇宙中的某个天体，研究其运动并绘制星图，天文学家需要一个通用的参考系。而对于大多数用途来说，人们使用的参考系就是地球本身。描述地面所见景观的首要因素是天球。天球是一个围绕着地球的假想球壳，天文学家假设星辰附着其上。天体在球壳上的视运动与地球、行星（环绕太阳运动）、月球（环绕地球运动）以及恒星（在银河系内运动）的实际运动有关。理解天球的概念，了解在天球上命名和寻找天体的规则，是天文学最基础的内容。

天空中的运动
这张摄于智利拉斯坎帕纳斯（Las Campanas）天文台的照片正对南天极，曝光时间为4小时。天空中顺时针行进的环形星轨是从地面观看宇宙的一大特征，它们完全是地球自转的结果。

地面所见的景观

天球

早在几个世纪以前，人类就知道恒星到地球的距离各不相同。不过在记录恒星位置的时候，假设它们都附着在包围着地球的天球内部会很方便。这层球壳的概念还能帮助天文学家理解地球上的不同时间、不同地点以及不同季节所见的夜空景象是如何变化的。

作为球壳的天空

在地球上的观测者看来，恒星缓慢地从夜空移过，看起来好像是天空在围绕地球旋转，其实星辰的运动是由地球自转导致的。对观测者来说，可以将天空想象成一层名为天球的球壳，恒星固定在它的内表面上，地球也相对于这个球壳旋转。天球的特征与地球类似。它也有南北极，就位于地球南北极的正上方；天赤道则位于地球赤道的正上方。天球就好像是地球仪的天空版，可以在上面记录恒星和星系的位置，就像地球上的城市在地球仪上有着以经纬度表示的坐标一样。

太阳与行星并非固定在天球上。太阳在名为黄道的环形路径上运行，行星则总是位于黄道附近

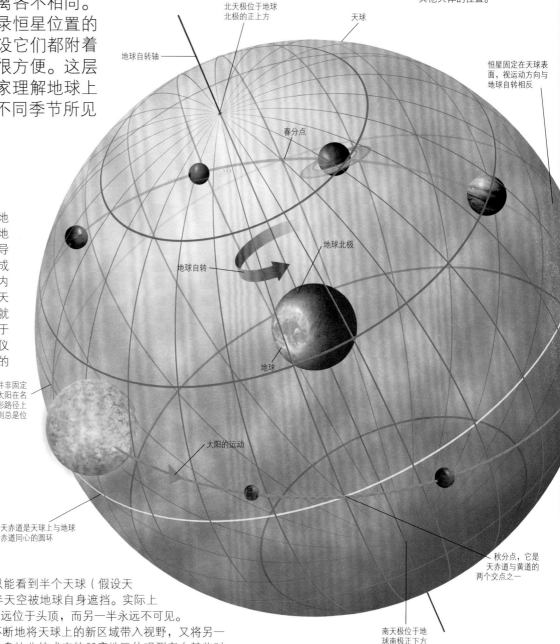

假想的球体
天球完全是假想出来的。它有着特定的形状，却没有确定的大小。天文学家使用在天球表面精确定义的点与曲线作为参考系，来描述或确定恒星以及其他天体的位置。

北天极位于地球北极的正上方

地球自转轴

天球

恒星固定在天球表面，视运动方向与地球自转相反

春分点

地球北极

地球自转

地球

太阳的运动

天赤道是天球上与地球赤道同心的圆环

秋分点，它是天赤道与黄道的两个交点之一

南天极位于地球南极正下方

纬度的影响

在任何时刻，地球上的观测者最多只能看到半个天球（假设天空无云，且地平线上无障碍物），另一半天空被地球自身遮挡。实际上对于地球两极的观测者来说，一半天球永远位于头顶，而另一半永远不可见。对于其他纬度的观测者而言，地球自转不断地将天球上的新区域带入视野，又将另一些区域移出视野。这意味着在一夜之间，身处北纬或南纬60度地区的观测者在某些时候最多可以看到全天的四分之三，而赤道上的观测者有时可以在一晚上看遍天球的每个角落。

北极点的恒星运动

在南北极点，所有天体看起来都环绕着头顶正上方的天极运动。在北极点恒星逆时针旋转，而在南极点恒星则是顺时针旋转的。

中纬度地区的恒星运动

在中纬度地区，大多数恒星从东方升起，倾斜着经过天空，并从西方落下。部分（拱极）天体永远不会升起和落下，不过它们都要环绕天极运动。

拱极天区

赤道地区的恒星运动

在赤道上，恒星及其他天体看起来都从东方垂直升起，越过头顶，然后在西方垂直落下。

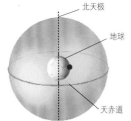

赤道上的观测者
对于赤道上的观测者来说，地球的自转每天都会使整个天球的各部分在一定时间内进入视野。天极位于地平线处。

北天极
地球
天赤道

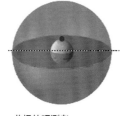

北极的观测者
这里的观测者永远可以看到天球的北半部分，而永远看不到南半球。天赤道位于观测者的地平线上。

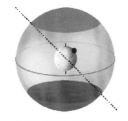

中纬度地区的观测者
这里的观测者永远可以看到天球的某一部分，永远看不到另一些区域，而地球自转会让其他部分在一天之中的特定时刻可见。

图例
■ 永远可见的恒星
■ 永远不可见的恒星
■ 有时可见的恒星
● 观测者的位置
⋯⋯ 观测者的地平线

天空的周日运动

随着地球的自转，所有天体都会划过天空，不过恒星和行星的运动只有在夜晚才能看到。对于中纬度地区的观测者来说，天极附近的恒星会围绕天极描画出周日圆环。太阳、月亮、行星以及其他的恒星从东方地平线升起，沿弧线扫过天空，然后在西侧落下。这样的运动对于北半球的观测者来说向南倾斜，对于南半球的观测者来说向北倾斜，且观测者的纬度越低，倾斜得就越厉害。恒星在天球上的位置是固定的，因此它们的运动形态每恒星日（参见第66页）精确重复一次。行星、太阳和月亮在天球上一直运动着，因此这些天体运动重复的周期与恒星不同。

拱极星
如这张长时间曝光的照片所示，天球上天极附近的恒星在一夜之间围绕天极划下完美的圆弧。

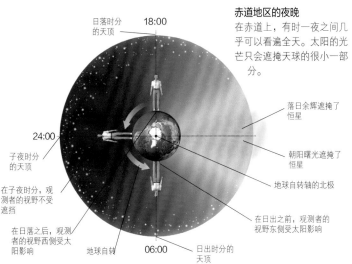

赤道地区的夜晚
在赤道上，有时一夜之间几乎可以看遍全天。太阳的光芒只会遮掩天球的很小一部分。

- 日落时分的天顶 18:00
- 24:00
- 子夜时分的天顶
- 在子夜时分，观测者的视野不受遮挡
- 在日落之后，观测者的视野西侧受太阳影响
- 地球自转 06:00 日出时分的天顶
- 落日余辉遮掩了恒星
- 朝阳曙光遮掩了恒星
- 地球自转轴的北极
- 在日出之前，观测者的视野东侧受太阳影响

天空的周年运动

在地球环绕太阳运动的时候，太阳看起来相对背景恒星发生了运动。在太阳运动到天空中某一区域的时候，它的光芒会让该区域的星光黯然失色，因此从地球上的任何地方看去，它附近的恒星或其他天体暂时都难以观测。地球的公转还意味着，相对地球而言处在太阳对侧的那部分天球（也就是子夜时分可见的那部分）会发生变化。举例来说，至少对于地球赤道以及中纬度区域的观测者而言，6月、9月、12月和3月的子夜天空中可见的部分有着显著的不同。

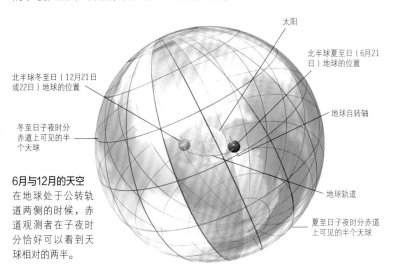

- 太阳
- 北半球夏至日（6月21日）地球的位置
- 北半球冬至日（12月21日或22日）地球的位置
- 冬至日子夜时分赤道上可见的半个天球
- 地球自转轴
- 地球轨道
- 夏至日子夜时分赤道上可见的半个天球

6月与12月的天空
在地球处于公转轨道两侧的时候，赤道观测者在子夜时分恰好可以看到天球相对的两半。

空间探索

亚里士多德的天球

公元17世纪之前，环绕地球的天球不仅仅是个便于使用的虚构概念，许多人认为它是物理实体。这样的信仰要追溯到由希腊哲学家亚里士多德（Aristotle，公元前384—前322）提出、并由天文学家托勒玫（公元85—165）详细描述的宇宙模型。亚里士多德认为，地球一动不动地处在宇宙的中心，其周围环绕着几层透明的同心球壳，恒星、行星、太阳和月亮附着其上。托勒玫认为，这些球壳以不同的速度环绕地球运转，因此产生了观测到的天体运动。

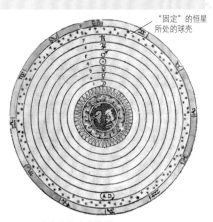

- "固定"的恒星所处的球壳

亚里士多德的宇宙模型
恒星附着在最外层的球壳上。向内看去，其他环绕地球的球壳携带着土星、木星、火星、太阳、金星、水星和月球。

天球坐标

有了天球坐标的概念，天文学家就可以记录并寻找恒星以及其他天体的方位了。为了定义天体的位置，天文学家采用了一套坐标系统，这与地球上的经纬度相类似。天球坐标叫作赤纬和赤经。赤纬衡量的是天赤道以北或以南多少度多少角分（60角分=1度），因此它相当于纬度。赤经相当于经度，它衡量的是天体位于天子午线以东多少度。天子午线是穿过南北天极以及天赤道上白羊宫起点（又称春分点，参见第65页）的弧线。天体的赤经可以用度和角分或者小时和分来描述。由于整个圆周是24小时，所以1小时相当于15度。

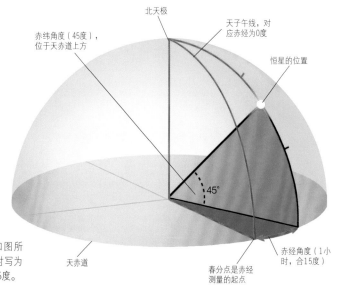

- 北天极
- 天子午线，对应赤经为0度
- 恒星的位置
- 赤纬角度（45度），位于天赤道上方
- 45°
- 天赤道
- 春分点是赤经测量的起点
- 赤经角度（1小时，合15度）

记录恒星的位置
在天球上测量恒星位置的方法如图所示。恒星的赤纬大约是45度（有时写为+45度），赤经大约是1小时，合15度。

天文周期

对于地球上的观测者而言，天象发生的背景就是由地球、太阳和月球运动所确定的周期。这样的周期为我们提供了一些测量时间的基本单位，比如日和年。它们包括所有天体每日跨越天空的视运动、太阳相对天球的周年视运动、季节周期，还有月亮每月一次的相位变化周期。其他相关的周期产生了月食和日食这些引人注目但可以预测的天象。

日行迹
为了获取这张照片，摄影师在一年之中37天的同一时刻拍摄了日晷之上的太阳。太阳垂直方位的变化是地轴的倾角导致的，水平方向上的漂移则由地球在环绕太阳的椭圆轨道上运动速度发生变化所致。这样形成的8字形图样叫作日行迹。

占星术与黄道

占星术研究的是太阳、月亮以及行星的位置和运动，认为这些会影响人类的事务。天文学曾经主要被用于制定历法。当时的天文学和占星术还混为一谈，不过现在二者的目标与手段已经截然分开。举例来说，占星师不太关心星座，他们只是测量太阳和行星在他们称为"白羊宫"与"金牛宫"的黄道带区间中的位置。而这些区段不再与白羊座和金牛座对应。其他星座也是如此。

观星者
这张17世纪的插图摘自印度一篇关于黄道带的文章，其中描绘了使用早期望远镜的观星者形象。

太阳在天空中的轨迹

在地球环绕太阳运行的时候，在地球上的观测者看来，太阳是沿名为黄道的轨迹穿过天球的。由于太阳明亮的光芒，这种运动并非显而易见，不过每天太阳都会相对背景星空移动一点点。天空中在太阳轨迹两侧各延伸9度的条带名叫黄道带（参见对页），其中包括24个星座（参见第72页）的部分或整体。太阳要从其中的13个星座穿过，这其中的12个称为"黄道12宫"，它们是占星术的信奉者所熟知的（参见左侧边栏）。太阳在这13个星座中停留的时间不尽相同。然而当前太阳通过各个星座的时间与传统的占星时间有着很大的差别。举例来说，生日在3月21日到4月19日之间的人属于白羊宫，不过太阳当前从白羊座经过的时间是4月19日到5月14日。这一差异部分程度上是由名为"岁差"的现象导致的。

伊斯兰黄道星座
这张伊斯兰星图描绘了天球的一部分，其中包含了若干作为黄道"星宫"而为人熟知的星座，如天蝎座与狮子座。这张插图是19世纪一册印度手抄本中的装饰画，该书汇集了伊斯兰、印度以及欧洲的天文学知识。

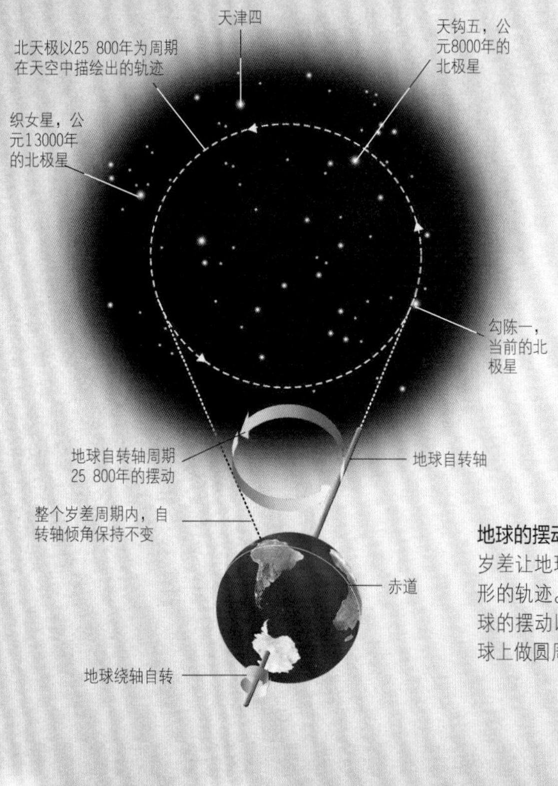

岁差

地球的自转轴向黄道面倾斜了23.5度。这一倾角对于季节（参见对页）的形成至关重要。当前自转轴指向了北半天球北极星附近的某点（北天极），不过情况并非永远如此。与旋转的陀螺类似，地球正在缓慢地"摆动"着，它的自转轴取向每25 800年变换一周。这样的摆动名为"岁差"，它是由太阳与月球的引力导致的。岁差还会导致南天极、天赤道及春秋分点这两个天球参考点的位置缓慢发生变化。恒星及其他"固定"天体（如星系）的坐标（参见第63页）因此也会发生变化，所以天文学家在提及它们的时候必须以有效时间在50年左右的标准"历元"为依据。确切地说，当前的标准历元在2000年1月1日才正确。

北天极以25 800年为周期在天空中描绘出的轨迹

天津四

天钩五，公元8000年的北极星

织女星，公元13000年的北极星

勾陈一，当前的北极星

地球自转轴周期25 800年的摆动

整个岁差周期内，自转轴倾角保持不变

地球自转轴

地球的摆动
岁差让地球的自转轴转出一个锥形的轨迹。南、北天极都随着地球的摆动以25 800年为周期在天球上做圆周运动。

赤道

地球绕轴自转

子夜的太阳
这张多次曝光照片（见下图）展示了冰岛在夏至前后子夜时的太阳轨迹。由于照片是在极区拍摄的，地轴的倾角使得那里的太阳整日不落。

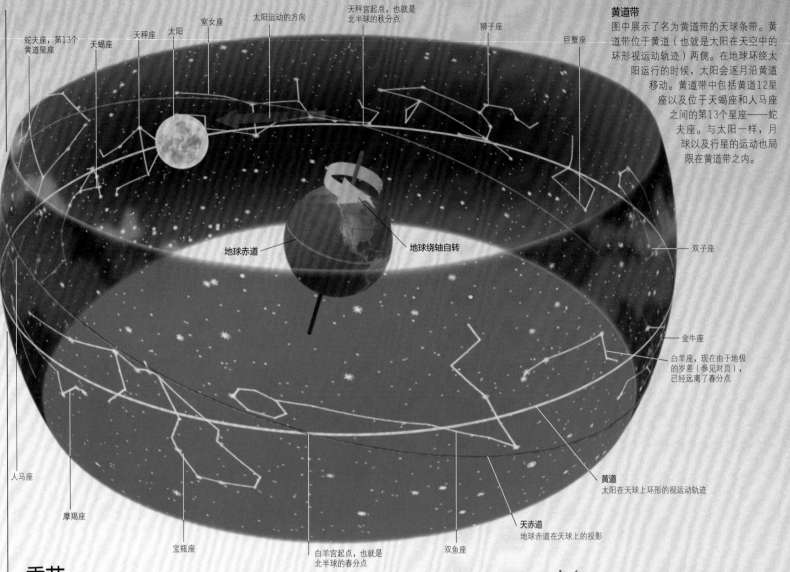

蛇夫座，第13个黄道星座
天蝎座
天秤座
太阳
室女座
太阳运动的方向
天秤宫起点，也就是北半球的秋分点
狮子座
巨蟹座

地球赤道
地球绕轴自转

双子座

金牛座

白羊座，现在由于地极的岁差（参见对页），已经远离了春分点

人马座
摩羯座
宝瓶座
白羊宫起点，也就是北半球的春分点
双鱼座

黄道
太阳在天球上环形的视运动轨迹

天赤道
地球赤道在天球上的投影

黄道带
图中展示了名为黄道带的天球条带。黄道带位于黄道（也就是太阳在天空中的环形视运动轨迹）两侧。在地球环绕太阳运行的时候，太阳会逐月沿黄道移动。黄道带中包括黄道12星座以及位于天蝎座和人马座之间的第13个星座——蛇夫座。与太阳一样，月球以及行星的运动也局限在黄道带之内。

季节

地球环绕太阳运动一周需要365.25天，这一周期定义了时间的重要单位——年。地球上季节的成因是自转轴相对轨道面的倾斜。由于地轴的倾斜，地球的某一个或者另一个半球会自然地朝向太阳。向太阳倾斜的半球会接收更多的阳光，因此也就更加温暖。每年北半球在6月21日前后向太阳倾斜得最厉害，此时是北半球的夏至，也是南半球的"冬至"。在这天前后的一段时间里，北极地区终日沐浴着阳光，而南极地区是终日黑暗。相反，在12月21日前后，情况发生了倒转。在冬至日和夏至日之间存在分点，这时地球的自转轴侧向太阳，地球上的每个角落昼夜长度都完全相等。地轴的倾斜还定义出了回归线。6月21日前后的正午时分，太阳处在北回归线（北纬23.5度）的天顶；而在12月21日前后的正午，太阳则处在南回归线（南纬23.5度）的天顶。在春秋分日的正午，太阳处在赤道地区的天顶。

冬夏至与春秋分
在6月与12月的夏至日与冬至日，一个半球迎来了白昼最长的一天，而另一个半球是白昼最短的一天。在3月与9月的春分日和秋分日，地球上各处的昼夜长度都相同。

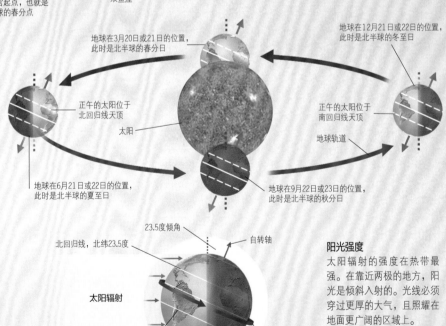

地球在3月20日或21日的位置，此时是北半球的春分日
地球在12月21日或22日的位置，此时是北半球的冬至日

正午的太阳位于北回归线天顶
太阳
正午的太阳位于南回归线天顶
地球轨道

地球在6月21日或22日的位置，此时是北半球的夏至日
地球在9月22日或23日的位置，此时是北半球的秋分日

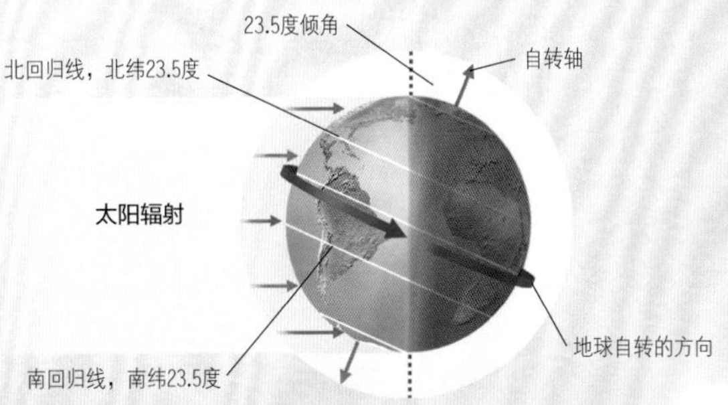

23.5度倾角
北回归线，北纬23.5度
自转轴

太阳辐射

南回归线，南纬23.5度
地球自转的方向

阳光强度
太阳辐射的强度在热带最强。在靠近两极的地方，阳光是倾斜入射的。光线必须穿过更厚的大气，且照耀在地面更广阔的区域上。

测量日长

太阳时

太阳时是根据太阳在天空中的视运动位置来判断时间的,可以用日晷来测量。一个太阳日被划分为24小时。

　　每天地球都会自转一周,地球表面的大多数地区都会从阳光与昏影中经过,然后往复,这就产生了昼夜交替。定义日长有两种方法,其中只有太阳日的长度恰好是24小时。太阳日是根据地球自转导致太阳在天空中的视运动来定义的,它是太阳在前一日到达天空最高点(称为"上中天")后又再次上中天所花费的时间。另一种日长是恒星日,它是根据地球相对恒星的自转而定义的,是一颗恒星两次上中天的时间间隔。一个恒星日比太阳日短4分钟。

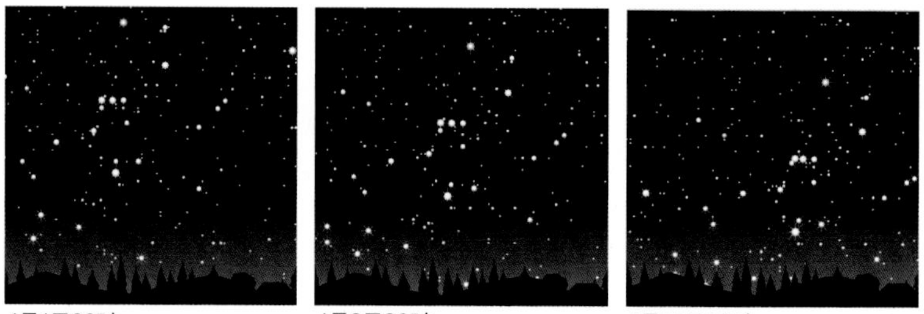

4月1日20时

4月8日20时

4月15日20时

恒星时

图中展示了太阳时和恒星时之间每日4分钟的差异累积后的效果:北纬50度地区所见的明亮星座猎户座(参见第390~391页)在同一太阳时的高度逐日降低。

太阳日与恒星日

太阳日与恒星日之间的差异源自地球的公转与自转。在相对恒星自转一周之后,地球必须再自转一点点,才能让太阳在天空中返回相同的位置。

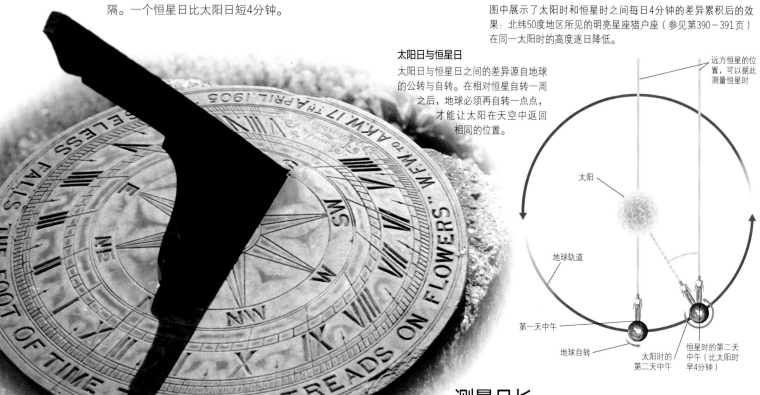

远方恒星的位置,可以据此测量恒星时

太阳

地球轨道

第一天中午

地球自转

太阳时的第二天中午

恒星时的第二天中午(比太阳时早4分钟)

测量月长

　　月的概念是以月球环绕地球的运动为基础的。在月球的每个轨道周期里,地球、月球和太阳之间的相对角度不断地变化着,由此产生了月相。月相变化依次是新月(月球位于日地之间)、蛾眉月、半月、凸月到满月(地球位于日月之间)。一个完整的月相周期长度为29.5太阳日,它定义了一个阴历月。然而地球环绕太阳的运动不仅让日长的定义变得含混,还让月的定义更加复杂。实际上相对背景恒星,月球只需要27.3天就已经环绕地球一周,天文学家将这一长度称为恒星月。月长不一致的原因是地球环绕太阳的运动改变了地球、太阳和月球之间的夹角。在环绕地球运行一个完整的周期(恒星月)之后,月球必须再向前运动一点点,才能重现它与日地的初始相对位置(太阴月)。

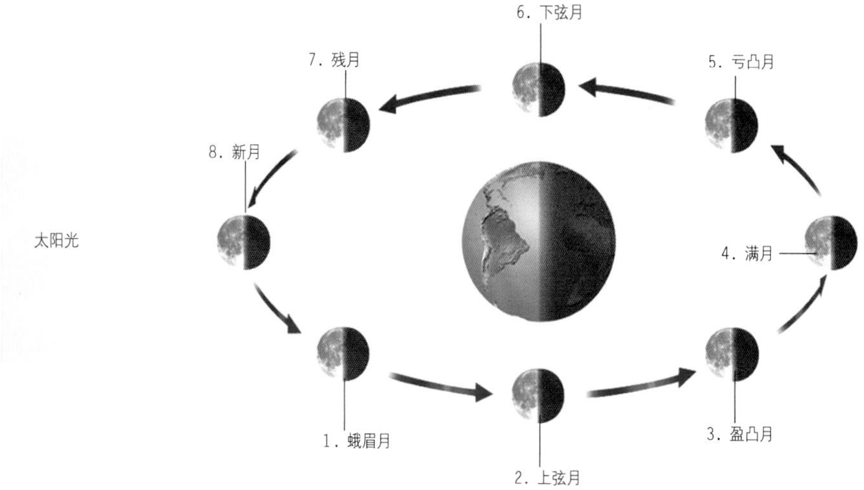

6. 下弦月

7. 残月

5. 亏凸月

8. 新月

太阳光

4. 满月

1. 蛾眉月

3. 盈凸月

2. 上弦月

角度变化

在每个月球轨道周期中,地球、月球和太阳之间的角度发生着变化。在地球上的观测者看来,月球表面被阳光照亮的区域存在周期性的变化。

1. 蛾眉月

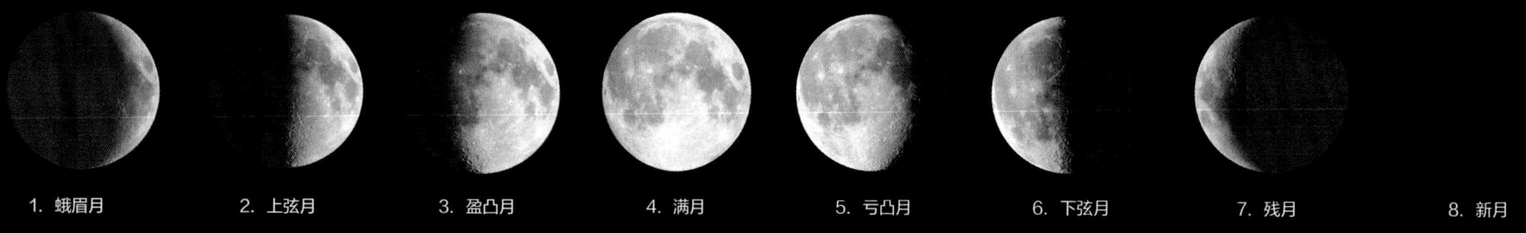

2. 上弦月

3. 盈凸月

4. 满月

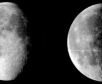
5. 亏凸月

6. 下弦月

7. 残月

8. 新月

神话故事

凶兆

大约从公元前700年开始，天文学家就能够可靠地预报日月食了。但是灾难预言家以及占星师们仍旧从这些常规的天象中读取凶兆。他们经常预言与日月食相关的灾难，虽然结果不过是碰巧应验而已，但还是有人相信他们。举例来说，下图来自1827年欧洲出版的一份地图，图中描绘了被交食震惊的印加人。日月食对于预言未来可能并没有什么用处，不过以前的交食对于当代历史学家有重要的价值。如果历史记载中包括了日月食的信息，他们可以极其精确地确定历史事件所发生的日期。

月食成因
地影由半影（部分阳光被遮挡）和本影组成。在月全食期间，月球依次通过半影、本影，然后又是半影。

月食

月球在环绕地球运动的时候，有时会进入地影之中，这样的天象叫作月食；有时月球也会挡住阳光，让阳光无法照射到地球上的某些区域，这就是日食。由于月球环绕地球的轨道面与地球环绕太阳的轨道面并不重合，日月食并非每月都会发生，不过各种交食现象每年都可以发生几次。每年会发生2至3次月食，而且都是发生在满月期间。天文学家将月食分为3类：在半影月食期间，月球会穿过地球的半影，月亮看起来只是略微变暗；在月偏食期间，月球的一部分会穿过地球本影；而在月全食期间，整个月亮都会从本影中通过。

月全食
这张合成照片展示了月全食的过程。在食甚的时候，月亮看起来是红色的（图中左下角），原因是有少量红光由于地球大气的折射到达月球。

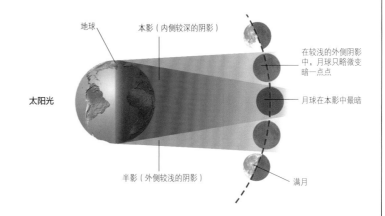

地球　　本影（内侧较深的阴影）

在较浅的外侧阴影中，月球只略微变暗一点点

月球在本影中最暗

太阳光

半影（外侧较浅的阴影）　　满月

日食

当月球阻挡了射向地球某一部分的阳光时，就会发生日食。在日全食期间，处在地球表面一个窄带（全食带）内的观测者可以看到太阳在短时间内被月球完全遮挡。在全食带以外存在一个更大的区域，其中的观测者可以看到被部分遮挡的太阳。更加常见的是日偏食，这种情况下不存在全食带。第三类日食叫日环食，当月球与地球的距离较远，视圆面不足以完全遮挡日面的时候就会发生。在日环食食甚的时候，月亮看起来就好像是狭窄的日光圆环内镶嵌的暗色圆盘。日食每年会发生2至3次，不过日全食每18个月才会发生一次。在日全食期间，可以看到太阳的日冕（它外层的高温大气）。

全食带
日全食期间完整月影在地球表面扫过的路径名为全食带，它可以被精确预测出来。下图给出了2030年之前的全食带。

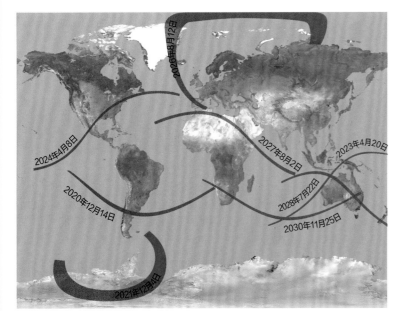

2026年8月12日
2027年8月2日
2023年4月20日
2024年4月8日
2020年12月14日
2028年7月22日
2030年11月25日
2021年12月4日

日食过程
这张多次曝光照片摄于1991年的墨西哥日全食期间，展示了日全食的20多个阶段。照片中央可以看到全食太阳周围的日冕。

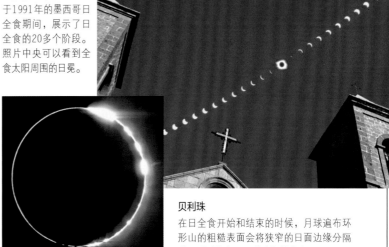

贝利珠
在日全食开始和结束的时候，月球遍布环形山的粗糙表面会将狭窄的日面边缘分隔成一系列名为"贝利珠"的光斑。

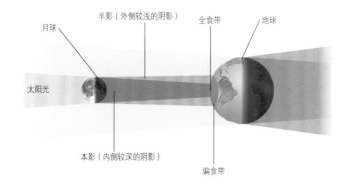

半影（外侧较浅的阴影）　　全食带　　地球

月球

太阳光

本影（内侧较深的阴影）　　偏食带

月影
月球在日全食期间投下的阴影由中央本影（与全食带相关）以及半影（偏食带）组成。

行星运动

64~67 天文周期
目视观测 76~77
双筒望远镜观测 80~81
星图说明 428~429

与恒星相比，太阳系中的行星距离地球要近得多，因此在环绕太阳运行的时候，它们看起来就是在恒星背景中游荡。行星在天空中的运动也受地球公转的影响，因为地球观测者的视角会因地球公转而变化。距离地球最近的行星在天球上移动的速度比较远的行星更快，其原因部分是由于视角问题，部分是由于行星与太阳距离越近，其轨道速度也越快。

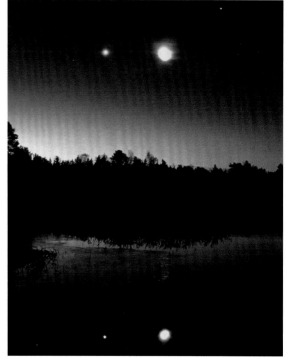

永远在太阳附近
图中月亮与金星比邻出现在破晓的天空中。金星只会在日出前的几小时里出现在东方的天空中，或者是在日落后出现在西方的天空中，午夜时分永远也看不到它。这是由于它的轨道比地球更加靠近太阳，因此在天空中不会距离太阳太远。

内行星与外行星

根据从地球所见行星在天空中的运动，可以将行星分为两类。内行星包括水星和金星，它们的轨道比地球更加靠近太阳。在天球上，它们与太阳的距离从来不会太远——水星与太阳的最大角距离（大距）是28度，金星是45度。由于它们靠近地球而且轨道速度很快，这两颗行星相对背景恒星运动迅速。由于地球、行星以及太阳之间的角度有所变化，它们还表现出了类似月球的相位特征（参见第66页）。从火星向外的所有行星都是外行星。在天球上，它们并不会“束缚”在太阳附近，因此在子夜时分仍旧可见。火星之外的所有外行星距离地球都很远，无法展现清晰的相位，而且它们在天球上的运动都很缓慢，距离太阳越远，速度越慢。

约翰尼斯·开普勒
（Johannes Kepler）

德国天文学家约翰尼斯·开普勒（1571—1630）发现了行星运动的定律。他的第一条定律阐明了行星沿椭圆轨道绕太阳运行。接下来的一条定律是说，行星与太阳的距离越近，它的运动速度就越快。第三定律描述了行星与太阳的距离以及它的轨道周期之间的关联。牛顿根据开普勒定律提出了引力理论。

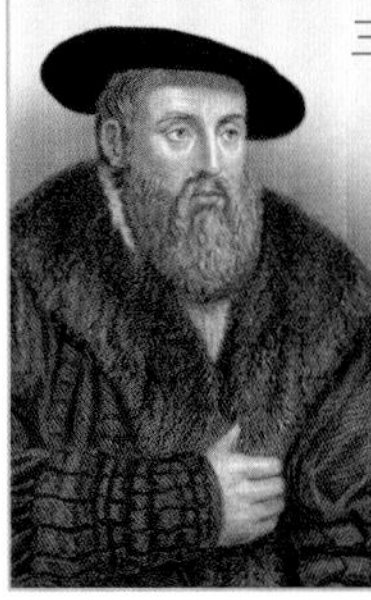

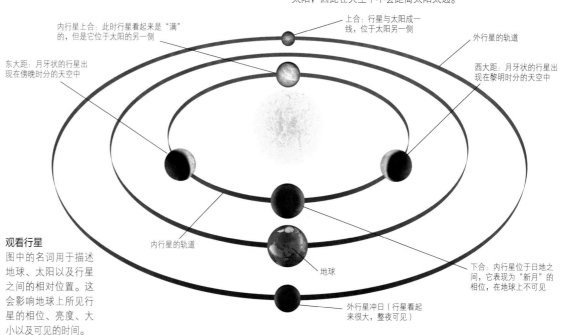

内行星上合：此时行星看起来是“满”的，但是它位于太阳的另一侧
上合：行星与太阳成一线，位于太阳另一侧
外行星的轨道
东大距：月牙状的行星出现在傍晚时分的天空中
西大距：月牙状的行星出现在黎明时分的天空中
内行星的轨道
地球
下合：内行星位于日地之间，它表现为“新月”的相位，在地球上不可见
外行星冲日（行星看起来很大，整夜可见）

观看行星
图中的名词用于描述地球、太阳以及行星之间的相对位置。这会影响地球上所见行星的相位、亮度、大小以及可见的时间。

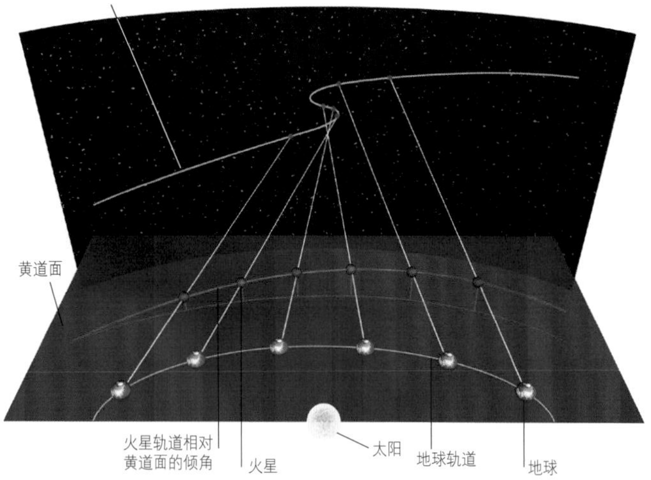

火星在天空中的轨迹
黄道面
火星轨道相对黄道面的倾角
火星
太阳
地球轨道
地球

天空中的“之”字形
在逆行运动期间，依照其轨道相对地球的角度，行星可能会在天空中描绘出圈环或者“之”字形轨迹。

逆行

行星通常在天空中相对背景恒星逐夜自西向东运行。然而行星会周期性地暂时自东向西运行，这一现象称为逆行。逆行是视角发生变化的结果。在行星冲日（地球运行到外行星与太阳之间）期间，当地球“超过”该行星时，火星这样的外行星就会表现出逆行。水星和金星这两颗内行星在下合的前后会出现逆行运动。在它们从日地之间穿过的时候，它们会超过地球。

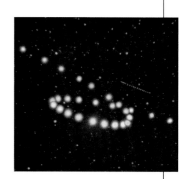

盘桓的火星
这张在几个月的时间里拍摄的照片展示了火星相对背景恒星的逆行圈。另一条较短的点线是天王星的轨迹。

天上的汇聚

　　由于所有的行星都大致在同一个平面上环绕太阳公转（参见第102~103页），它们始终在天空中的黄道带（参见第65页）内运行。几颗行星同时位于同一天区，且往往大致连成一线的现象并不罕见。这样的现象称为行星连珠（或者行星汇聚），它并没有特别的意义，不过看上去很壮观。另一类汇聚事件称为凌日，当内行星恰巧处在日地之间并从日面通过的时候就会发生。每对金星凌日事件彼此间隔8年，每一个世纪左右会出现一对；而水星凌日每世纪会发生大约13次。早年这样的凌日事件可以让天文学家获得更加精确的太阳系距离数据。最后一类汇聚天象名为掩星，也就是一个天体从另一个前方绎过，并将后者遮掩。两个行星之间的彼此遮掩事件（如金星掩木星）每世纪只会发生几次，不过月球掩明亮行星的现象每年都有10次或11次。

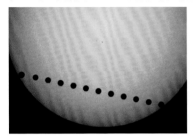

穿过日面的金星轨迹
这张合成照片摄于2004年金星凌日期间，拍摄时间是5小时多一点。在此期间，天文学家搜集了日光变化的数据，目的是将其作为在其他恒星周围搜索地球级行星的模板。

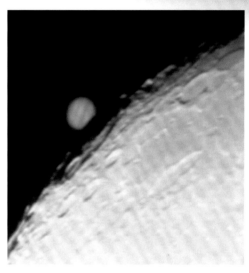

金星凌日
这张2004年金星凌日的照片展示了我们最近的行星邻居（黑色圆点）处于日面边缘附近的情况。这是1882年以来的第一次金星凌日，随后在2012年也发生了一次，不过下一次要等到2117年才会发生。

月掩木星
这次掩星事件发生在2002年1月26日，在北纬55度以北可见。此时行星落在了贝利环形山远端暗色的环形山壁后方。从地球上看去，当月球和行星在一段时间内连成一线的时候，月球掩星会成系列地发生。在此期间，每个恒星月都会出现一次掩星事件，直到行星和月球最终脱离连珠状态。

2002年4月行星连聚
图中所示的这次连珠发生在2002年4月太阳落山之后的几个傍晚，所有5颗肉眼可见的行星都参与其中。虽然行星看起来距离很近，实际上彼此间隔数千万或数亿千米。

土星　火星　金星　水星　木星

尼古拉·哥白尼（Nicolaus Copernicus）

　　哥白尼（1472—1543）生于波兰的土伦（Torun），他在大学中学习了神学、法律与医学。1503年，他成为弗劳恩堡（Frauenberg）教堂的教士。这一职位让他有了可靠的收入，并给他提供了大量的时间来满足他对天文学的热情。他在《天体运行论》一书中描述了日心宇宙体系的观点，该书在他逝世那年出版。起先，哥白尼革命性的新学说并没有带来太大的影响。在伽利略·伽利雷使用望远镜进行观测、约翰尼斯·开普勒发现行星运动定律（参见对页边栏）之后，它才最终被人接受。

哥白尼的天空图
这张由安德烈亚斯·塞拉里乌斯（Andreas Cellarius）绘制的天空图描绘了哥白尼的理论——地球与其他行星环绕太阳运转，外围是黄道带上的恒星。

恒星的运动与排列

乍看起来，恒星在天球上是固定不动的，不过实际上它们的位置始终在变化，尽管变化速度很慢。恒星的位置变化有两个因素：一是恒星在天空中位置的周年性的微小摆动，也就是视差；另外还有朝固定方向的持续运动，也就是自行。为了记录恒星的运动以及颜色和亮度等性质，每颗恒星都需要一个名称。所有的命名体系以及星表都是以星座为基础的。星座就是为了描述恒星在天空中排布的形状而被发明出来的。

恒星的色彩

虽然乍看上去恒星都是白色的，它们的颜色（也就是不同波段光辐射的混合）其实有所不同。这是一张猎户座亮星的长时间曝光照片，拍摄的同时逐渐改变相机焦点。恒星在对焦清晰的时候呈现白色，不过当光线被分散之后，它们的真实色彩就显现出来了。

空间探索

依巴谷卫星（Hipparcos）

依巴谷是欧洲空间局的卫星，在1989年到1993年间进行了恒星巡天。依巴谷是高精度视差采集卫星（High Precision Parallax Collecting Satellite）的缩写，选择这个名字的原因是为了纪念希腊天文学家喜帕恰斯（Hipparchus，又译依巴谷）。天文学家们根据卫星的观测结果汇编了两部星表。依巴谷星表以很高的精度记录了超过118 000颗恒星的位置、视差、自行、亮度和颜色数据；第谷星表则以较低的测量精度记录了超过100万颗恒星。

依巴谷卫星

卫星在太空中缓慢旋转着，边自转边扫描条带状的天区。它对每颗恒星的位置进行了大约100到150次测量。

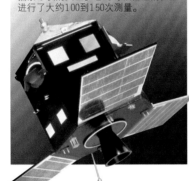

视差

视差是由于观测者位置的改变导致距离较近的天体视位置相对更为遥远的背景发生的变化。若一名观测者在地球环绕太阳的公转轨道两端为一颗近距恒星拍摄两张照片，恒星相对背景星的位置就会略微有所改变。如果地球的轨道直径是已知的，当观测者测量了变化的大小之后，就可以使用三角测量方法来计算恒星的距离了。长期以来，这一技术只适用于距离地球数百光年以内的恒星，因为远方恒星的视差过小，难以精确测量。现在我们可以通过卫星搭载的精密仪器达到更高的精度。依巴谷卫星（参见左侧边栏）携带的仪器让人们可以计算在地球周围数千光年之内的恒星距离。最近，一颗名叫盖亚（Gaia）的卫星在测量着远至银河系中心以及更远处的恒星的距离。

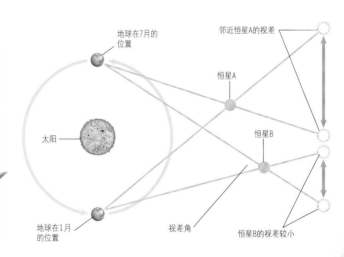

通过视差测量距离

当人们在地球公转轨道两端观测恒星A的时候，它的视差要比距离更远的恒星B更大。通过视差，观测者可以计算出恒星与地球的两个位置之间的视差角。这一角度可以确定出恒星的距离。

地球在7月的位置

邻近恒星A的视差

恒星A

太阳

恒星B

地球在1月的位置

视差角

恒星B的视差较小

恒星的自行

我们银河系中的所有恒星相对太阳系、相对银河系中心以及相对彼此都在以不同的速度运动着。这种让恒星在天球上产生视角位移的运动叫作自行，其度量是每年运行多少度。大多数恒星距离太过遥远，它们的自行可以忽略不计。大约有200颗恒星的自行超过每年1角秒，相当于每3600年有1度的角位移。巴纳德星（参见第381页）自行最快，达到每年10.3角秒。它在天空中移过相当于满月直径的距离需要180年。如果天文学家知道了恒星的自行以及距离，他们就可以计算出其相对地球的横向速度，即与地球视线方向垂直的速度。恒星另一个相对地球的速度分量叫作视向速度（朝向或者背离地球的速度），可以通过恒星光谱的位移来确定（参见第35页）

改变形态

由于恒星的自行，北斗七星的形态在逐渐发生着变化。其中5颗恒星是一起运动的，不过两端的两颗恒星独立运动。

公元前100000年的北斗星

公元2000年的北斗星

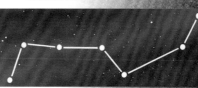

公元100000年的北斗星

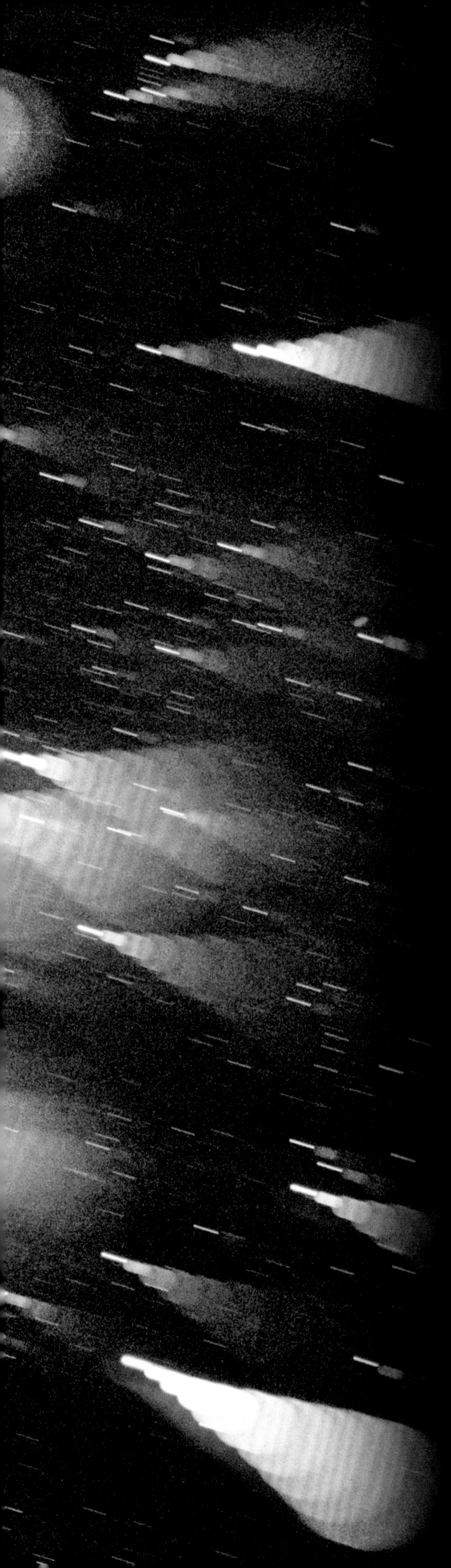

恒星的亮度

　　恒星在天空中的亮度取决于它与地球的距离及其本征亮度,后者与恒星的光度(每秒向宇宙辐射的总能量,参见第233页)有关。为了比较恒星在同一距离上的亮度,天文学家使用绝对星等来衡量本征亮度。这一方法使用大的正数来表示暗淡的恒星,负数表示最明亮的恒星。另一方面,恒星在地球上所见的视亮度用视星等来表示,同样是数值越小,恒星就越明亮。肉眼可以勉强看到视星等为正6等的恒星,而最明亮的50颗恒星视星等在正2到0等之间。最明亮的4颗恒星(其中包括最为明亮的天狼星)的视星等是负数。

本征亮星

参宿四与参宿五位于猎户座的肩部。虽然参宿四的距离是参宿五的两倍,前者(视星等为0.45)却明显比后者(视星等为1.64)更加明亮。参宿四是一颗光度很高的红超巨星,而参宿五是一颗光度低得多的巨星。

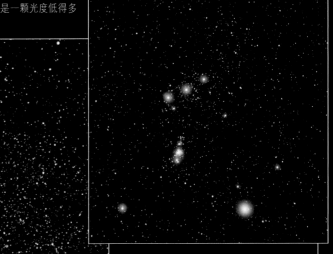

参宿四　　　　　参宿五

邻近亮星

在半人马座,三重星系统半人马座α(视星等为-0.01)要比双星系统马腹一(半人马座β,视星等为0.61)略微亮一些。半人马座α明亮的原因是它距离我们很近,它是地球最近的恒星邻居。组成马腹一的蓝巨星要比半人马座α的光度高得多,但是它们到地球的距离几乎是半人马座α到地球距离的100倍。

半人马座α　　　　马腹一(半人马座β)

平方反比定律

恒星的视亮度随着它与观测者的距离的平方成比例下降,这一定律称为平方反比定律。这一定律的解释是:距离恒星越远,光辐射能量所扩散到的面积就越大。

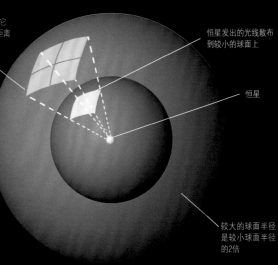

当光线抵达更大的球面时,它扩散的面积是之前的4倍(距离的平方,也就是2×2)

恒星发出的光线散布到较小的球面上

恒星

较大的球面半径是较小球面半径的2倍

星座

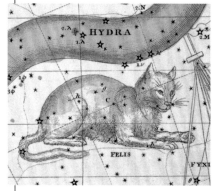

人们自远古时代起就将夜空中的群星假想成了图案。他们用线条将恒星连接在一起，组成了各种形象，称为星座。星座以其表现的形态命名，在大多数情况下其含义要么是动物（如狮子座），要么是器物（如巨爵座，代表酒杯），要么是神话人物（如武仙座，代表赫拉克勒斯）。有些星座（如猎户座）很容易辨认，另一些星座（如双鱼座）就不是那么明显。1922年，国际天文学联合会颁布了一套国际公认的系统，将天球划分为88个不规则的区域，每个区域包含一个星座形象。实际上从天文学的角度来看，"星座"一词现在指的是包含星座形象的天区，而非形象本身。所有位于星座边界之内的恒星都属于这个星座，哪怕它们与组成星座形象的恒星无关。在某些星座之内，还存在一些小而明显的恒星组合，称作"星组"（asterism）。这样的星组包括猎户的腰带（猎户座3颗排成一线的

失落的星座

有些星座存在的时间很短。19世纪，家猫座（Felis）被并入了现在的长蛇座。有几部星图描绘过这个星座，不过它没有被正式采纳。

亮星），还有北斗七星（大熊座的7颗恒星）。有些星组跨越了星座的边界，如"飞马大四边形"的大多数成员星位于飞马座内，不过一角的恒星属于仙女座。

星图

这张大熊座的星图展示了星座的形象（连接亮星的线条组成图案），并标出了星座边界之内的很多恒星以及星系等天体。

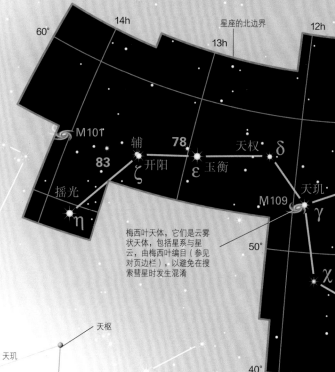

星座的边界通常沿赤经和赤纬走向

星座的北边界

梅西叶天体，它们是云雾状天体，包括星系与星云，由梅西叶编目（参见对页边栏），以避免在搜索彗星时发生混淆

赤纬线（用于计算天体坐标）

视向效应

大熊座北斗七星这样的恒星排列是实际分散排布的恒星的二维投影。这些恒星看起来可能是处在同一平面的，但是它们与地球的距离其实不同。如果我们在宇宙中的其他地方观看这些恒星，它们会组成完全不同的形象。

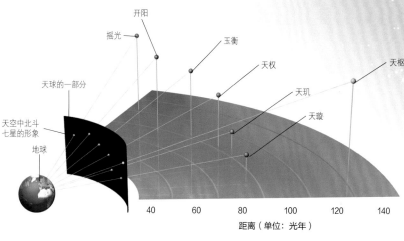

天球的一部分

天空中北斗七星的形象

地球

开阳

摇光

玉衡

天权

天璇

天玑

天枢

距离（单位：光年）

空间探索

拜尔系统

约翰·拜尔使用希腊字母为星座中的恒星命名，星名大致按亮度降序排列。狮子座最明亮的恒星轩辕十四以α命名，第二亮星五帝座一以β命名，依此类推。在某些情况下拜尔使用了其他的排序方法，如大熊座的北斗七星成员星是从西向东用字母命名的。

拜尔的大熊座星图

这张星图引自拜尔的《天体测量》一书，图中左上角可见北斗七星。

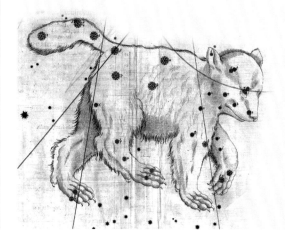

恒星命名

天空中大多数亮星的古典名称起源于巴比伦、希腊或阿拉伯。比如，天狼星的英文名称（Sirius）来自希腊文"灼热的"一词。第一套系统的恒星命名规则是约翰·拜尔（Johann Bayer）在1603年引入的（参见左侧边栏以及第347页）。拜尔使用希腊字母标注星名，这样在一个星座内最多可以标出24颗恒星，更暗的恒星使用从a到z的小写罗马字母标注。1712年，英国天文学家约翰·弗兰斯蒂德（John Flam-steed，1646—1719）引入了另一套系统，将星座中的恒星按赤经（参见第63页）位置自西向东编号。恒星的名称通常是由其拜尔名或者弗兰斯蒂德星号连同星座名称的所有格组成，因此天鹅座56表示距离天鹅座西边缘第56近的恒星。从18世纪起，无数新编的星表辨认了更多暗淡的恒星并为其编目，人们还设计了专门的命名系统来为变星、双星以及多重星系统编号。

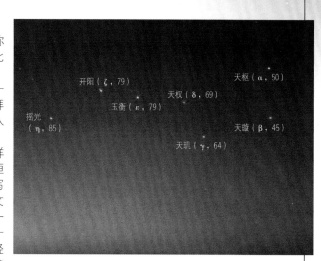

开阳（ζ，79）

天枢（α，50）

天权（δ，69）

玉衡（ε，79）

摇光（η，85）

天璇（β，45）

天玑（γ，64）

拜尔系统与弗兰斯蒂德系统

这张大熊座北斗七星的照片标出了每颗恒星的古典名称、拜尔星名以及弗兰斯蒂德星号。举例来说，摇光在拜尔系统中称为大熊座η，在弗兰斯蒂德系统中称为大熊座85。

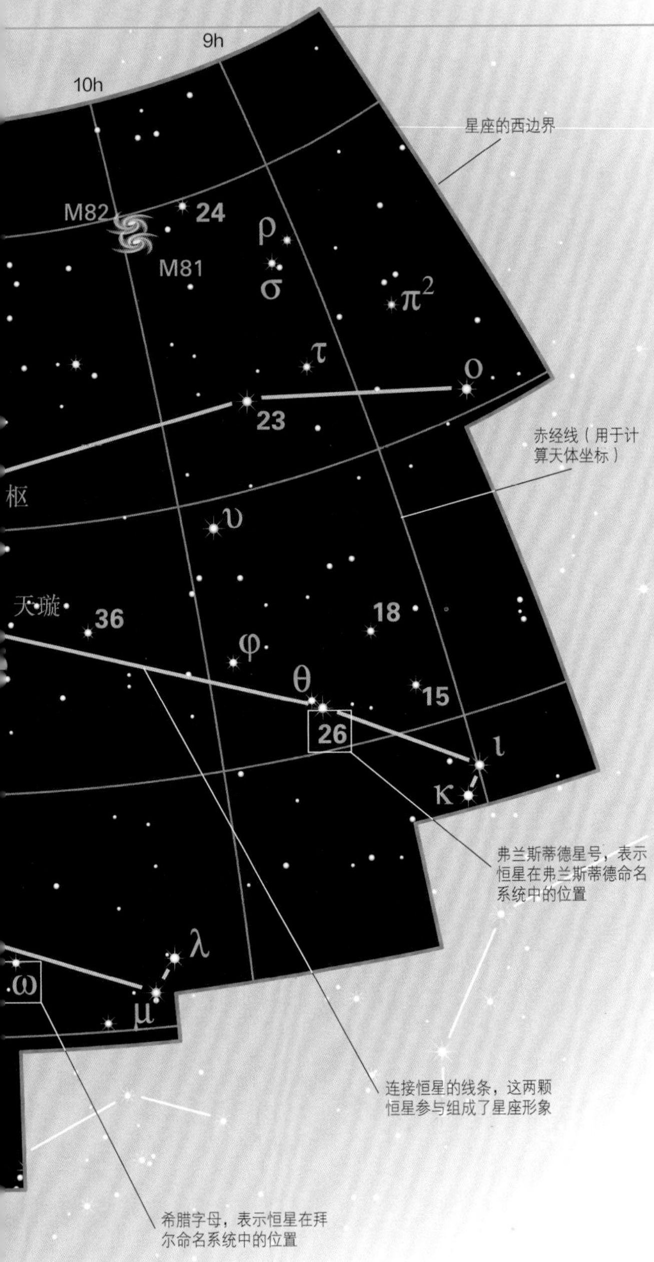

9h
10h
星座的西边界
M82
24
M81
ρ
σ
π2
τ
ο
23
赤经线（用于计算天体坐标）
枢
υ
天璇
36
18
φ
θ
15
26
ι
κ
弗兰斯蒂德星号，表示恒星在弗兰斯蒂德命名系统中的位置
λ
ω
μ
连接恒星的线条，这两颗恒星参与组成了星座形象
希腊字母，表示恒星在拜尔命名系统中的位置

絮状天体星表

除了恒星，还有许多其他类型的天体在天球上也具有固定的位置，如星团、星云和星系等。就算使用望远镜观测，大多数这样的天体看上去也只是天空中模糊的斑块。第一个为这类天体编目的人是18世纪的法国天文学家查尔斯·梅西叶（参见下方边栏）。他编纂了一部包含110个模糊天体的星表，不过这110个天体都远离南天极。因为梅西叶的观测是在巴黎进行的，无法看到任何赤纬在南纬40度以南的天体。1888年，一部更为庞大的星表—星云星团新总表（NGC）出版了，随后的索引星表（IC）对其进行了扩充。NGC与IC至今都是星云、星团和星系的重要星表，它们当前的版本覆盖了全天，提供了超过13 000个天体的数据，所有这些天体都以NGC或IC编号命名。此外还有数百部专门的天文星表，它们涵盖不同类型的天体，覆盖不同的天区以及不同的电磁波段。现在大多数星表都有计算机数据库版本，可以在线使用。

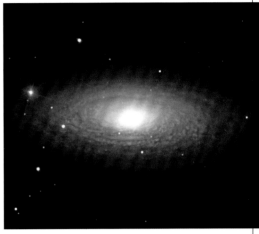

旋涡星系NGC 2841

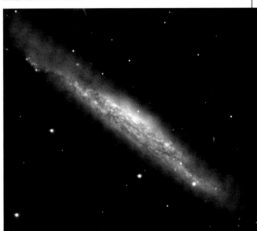

侧向旋涡星系NGC 3079

星云星团新总表

大熊座中的星云星团新总表（NGC）成员天体数量超过150个，右图展示了其中的两个，它们都是旋涡星系，位于大熊的前肢区域，距离大熊座θ不远。NGC 2841有着缠绕紧密的精细旋臂，天文学家在其中发现了不少超新星爆发。NGC 3079拥有活跃的中央区域，一个宽3 500光年的团块状热气体泡正在产星活动的驱动下从中涌出。

查尔斯·梅西叶
（Charles Messier）

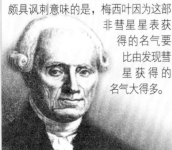

法国的彗星搜索者查尔斯·梅西叶（1730—1817）编纂了一部包含110个絮状天体的星表，这些天体可能被误认成彗星。表中的天体并非都是他本人发现的，许多是由另一个法国人皮埃尔·梅尚（Pierre Méchain）观测到的，还有一些是很多年之前被埃德蒙·哈雷等天文学家发现的。真正由梅西叶发现的第一个天体是猎犬座的球状星团M3。颇具讽刺意味的是，梅西叶因为这部非彗星星表获得的名气要比由发现彗星获得的名气大得多。

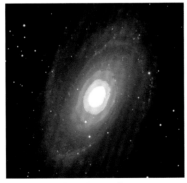

旋涡星系M81（参见第302页）

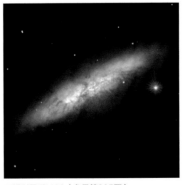

不规则星系M82（参见第305页）

梅西叶星表

梅西叶星表包含57个星团、40个星系、1个超新星遗迹（蟹状星云）、4个行星状星云、7个弥漫星云以及1对双星。在这些天体中，有8个位于大熊座，图中展示了其中5个。每个天体都以M字母加数字命名。行星状星云M97又名夜枭星云。星系M81与M82在天空中相距不远，使用一副优质双筒望远镜可以同时看到它们。M109靠近北斗的天玑星（大熊座γ）。

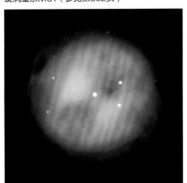

行星状星云M97

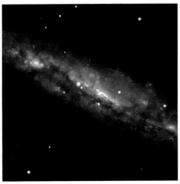

旋涡星系M108

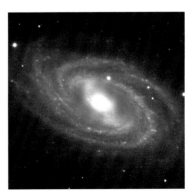

棒旋星系M109

基础知识

空中的亮光

34~37 辐射
64~67 天文周期
目视观测 76~77
大气层与天气 128
彗星 214~215
流星与陨石 220~221

除了恒星、星系、星云以及太阳系天体以外，其他现象也会在夜空中产生亮光。大体上说，它们是通过不同的渠道间接从太阳抵达地球的光辐射或者物质粒子。不过另一些是由地球上的过程产生的。天文爱好者需要留意这些夜间的光源，以免与天象混淆。

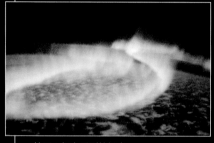

航天飞机上看到的极光

这张南极光的照片是发现号航天飞机在1991年的一次任务期间拍摄的。研究极光的特征是这次任务的目标之一。

极光

当来自太阳的带电粒子随太阳风（参见第106~107页）到达地球，并被地球磁场俘获时，就会产生极光。粒子随后被加速注入南北磁极上空的区域，并在那里将距离地面100千米到400千米的高层大气中的气体粒子激发。极光的外观与出现的区域随太阳风而变化。它们往往在高纬度区域地球磁极附近可见，不过在太阳风发生扰动的时候也可能出现在低纬度地区，比如在太阳抛射物质之后（参见第106~107页）。

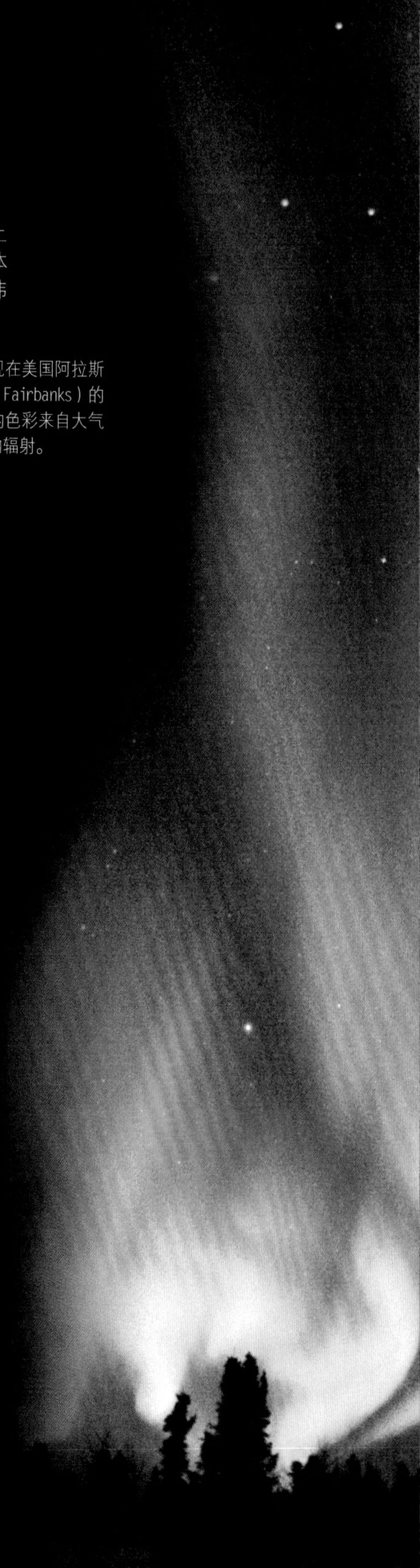

北极光

多彩的北极光出现在美国阿拉斯加州费尔班克斯（Fairbanks）的树影上空。极光的色彩来自大气中不同气体发出的辐射。

光晕

大气光晕是由地球高层大气中折射光线的冰晶形成的。太阳或者月亮（反射日光）的光线都可以产生光晕。最常见的光晕呈环状，环绕着月亮或者太阳，直径22度，另外还可能伴有光斑（称作幻月或者幻日）、光弧以及看上去横贯日月的光环。这些现象都源自大气冰晶各表面之间大小一致的夹角。即使冰晶排列得不那么整齐，它们也会让更多的光线朝某一方向偏折。

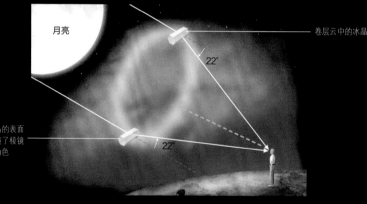

月亮
卷层云中的冰晶
22°
冰晶的表面扮演了棱镜的角色
22°

观测22度光晕

当大气中的冰晶将月光以22度的角度折射给地面观测者时，就会出现这样的光晕。在通过冰晶的两个表面之后，光线会以这样的角度偏折。

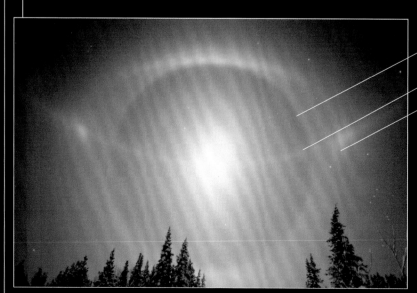

光晕
幻月环
幻月

光晕与幻月

这张照片摄于加拿大的北极地区，展示了多种折射现象。月球两侧的光斑叫作幻月，它是由大气中水平方向的冰晶折射光线导致的。穿过幻月的光带叫作幻月环。图中还可以看到环形的22度光晕。

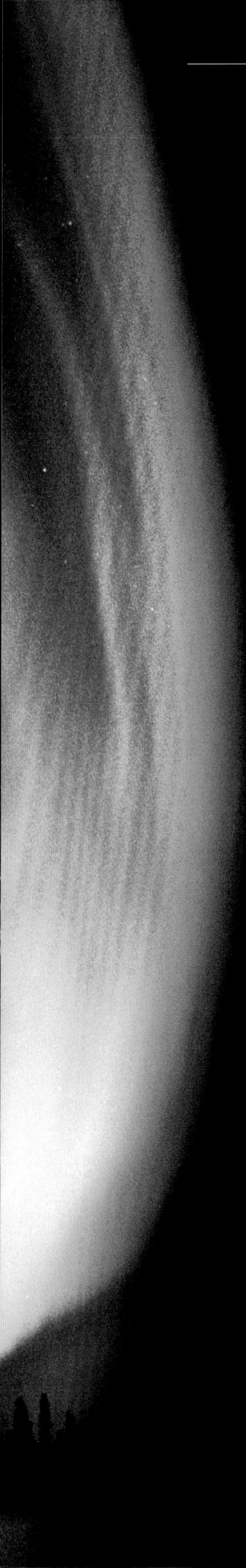

黄道光

有时在日出前东方的天空中（偶尔在日落后西侧天空中）会出现暗淡的辉光。这种现象叫作黄道光，它是被太阳系平面（也就是黄道面，参见第64页）上的行星际尘埃颗粒所散射的太阳光。黄道光的波长成分与太阳光谱相同。另一种相关的现象叫作对日照（英文名gegenschein来自德语"反向光"一词）。在远离光污染的地方，有时可以在暗夜中看到它。对日照的形态是天球上的光斑，位置恰好在太阳的对侧。产生黄道光与对日照的太空尘埃据信是由小行星碰撞以及彗星形成的，直径大约是1毫米。

观看黄道光
黄道光在秋季黎明前远离光污染的地区最为明显。它出现在地平线附近，大致呈三角形。

对日照
这种暗淡的圆形辉光直径为10度，通常在子夜可见，对于北半球的观测者而言，它出现在南方地平线上方。

夜光云

在太阳落山很久之后，地球大气中高度极高（大约在80千米左右）的云层可以因为反射阳光而发亮。这样的"夜光"云在日落之后或日出之前都可以看到。据信云团的组分是覆盖着冰霜的小颗粒，可以反射日光。在南、北纬50度到65度之间、北半球的5月至8月或南半球的11月至次年2月期间，夜光云最为常见。在其他地区以及一年之中的其他时节，同样可能出现夜光云。

发光的云团
夜光云呈泛光的蓝色，形态通常是交织的条纹。它们只会出现在局部被照亮的背景天空之上，云团处在地球大气中被阳光照耀的区域。

运动光源与闪光

许多现象都会产生穿过天空的运动光源或闪光。快速变化的光迹可能是流星，也就是进入大气并燃尽的尘埃颗粒。一种较为庞大但非常罕见的流星是火流星，它只不过是体积更大的陨星燃尽的产物。运动缓慢、稳定或者闪烁的光源更可能是飞机、卫星以及轨道航天器。大规模的闪光通常是与雷暴相关的放电现象。近年来，气象学家命名了两类新的闪电——"红色精灵"与"蓝色喷流"。这两种现象都是发生在积雨云顶和上方的电离层之间的放电事件。

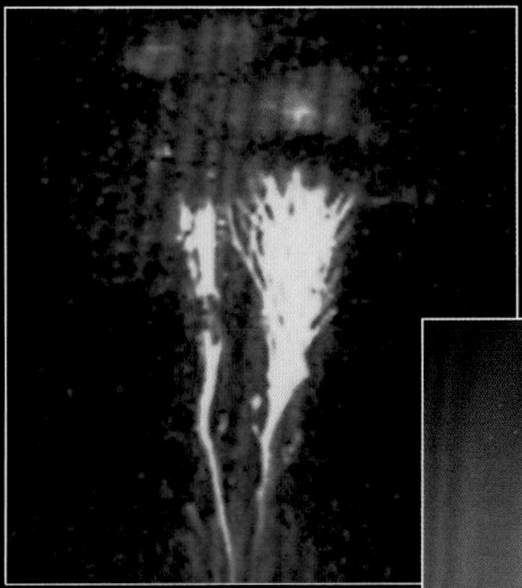

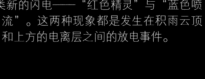

蓝色喷流
这种锥状放电现象高50千米到60千米，在顶部的宽度是10千米，它们的成因是大气中的闪电将氮原子电离并导致其再发射放出蓝光。过去"蓝色喷流"曾被人当成UFO报告。

国际空间站的轨迹
在国际空间站（ISS）环绕地球运行的时候，它会反射太阳光，从而可以在地面上看到。这张国际空间站的照片曝光时间是60秒，可以看出航天器穿过夜空的速度非常之快。

目击UFO

每年都会出现不明飞行物（UFO）的报告。这其中的大多数都可以用自然现象（如亮星、行星与流星）或是人造物体（如气球、卫星和飞机）来解释。在排除这些可能性之后，仍旧存在一些无法解释的事件。不经进一步研究就否认UFO可能是地外访客的踪迹是不科学的，而在排除一切不太离奇的解释之前就认为它与外星人有关同样不科学。

飞碟？
图中的这个物体让人联想到飞碟，不过它实际上是荚状云。这样的云团通常是由环绕着山坡或山顶的垂直气流塑造的。

基础知识

目视观测

在天文领域立足并不一定需要光学仪器。数千年来，我们的祖先都没有使用过它们。今天的目视观测者只需要一点预备知识以及一些基本设备，就可以欣赏星座，领略最明亮的深空天体，并追踪月球和行星在夜空中的轨迹。

准备观星

为了从观星活动中获得最大的收获，我们需要进行一些准备工作。人眼需要大约20分钟来适应黑暗的环境，当瞳孔变大之后，就可以看到更多的细节和更暗的天体了。查阅活动星图或者每月天象（参见第426～501页），看一看当前天空中都有些什么。一个好的观测地点应当避开街道灯光，并且最好远离间接辉光的影响。尽量避开一切人造光源，必要的话，可以使用蒙上红色滤光片的手电筒。带上笔记本或者现成的表格来记录观测，在寻找流星这样的特定天象时更应如此。为了看到暗淡的恒星以及深空天体，不要选择明亮的月光朗照天空的夜晚。而即使在晴朗无云的晚上，空气湍动也可能会影响观测质量或称"视宁度"。日落之后气温没有明显下降的夜晚通常条件最好。

视宁度与闪烁
变化的"视宁度"是由夜间地面升起的热气流导致的。这两张使用望远镜拍摄的木星照片显示了视宁度从坏到好的区别，不过视宁度同样限制了恒星的肉眼可见度，并决定了恒星"闪烁"的程度。

光污染
这张合成的卫星图像展示了地球上人造光源的分布。在工业化地区，寻找真正的暗夜几乎已经不可能了。

好的街灯
在某些国家，不重要的街灯在深夜会被关闭。其他地方的街灯安装了遮光罩，让所有的光线全部照向下方，而不会射到空中。这样的措施可以增加街道的亮度、节约能源，并将夜空留给观测者。

活动星图
活动星图对于所有天文爱好者来说都是实用的工具。使用者旋转星图盘面，让边缘处的时间和日期正确吻合，窗口部分展示的就是当前时刻的天空。单独一张活动星图只适用于有限的纬度范围，因此要保证自己的星图参数合适。

月球与金星
月球与金星这样的太阳系天体哪怕只用肉眼观看，都会显得很壮观。这张黄昏时分金星伴月的漂亮照片拍摄于2004年1月。

测量天空

　　天空中天体之间的距离一般用角度来表示。绕地平线一周是360度，从地平线到天顶（头顶正上方的那一点）是90度。太阳和月亮的角直径都是0.5度，而伸出的手臂可以用于测量其他距离。在浏览星图的时候，请记住天赤道上赤经（RA）的1小时与赤纬的15度等距（参见第63页），不过赤经圈越靠近天极就越小，因此在北赤纬60度处赤经1小时只相当于赤纬的7.5度。

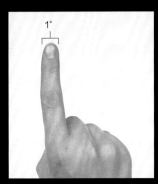

手指的宽度
当手臂伸直时，成年人的食指一般可以遮住大约1度的天空，足以盖住两个月亮。

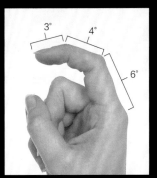

指关节
指关节可以测量几度的距离。指尖的侧面大约有3度宽，第二指关节是4度宽，第三指关节有6度。

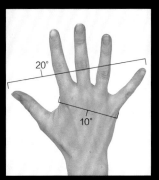

手掌宽度
当手臂伸直时，手掌（不包括拇指）宽度大约有10度，而展开的手掌可以覆盖20度的天区。

漫步星空

　　了解夜空布局最好的方法是先找到几个明亮的恒星和星座，然后向外扩展到更为暗淡的天区。两个关键的天区是北天极附近的北斗七星（大熊座7颗最为明亮的恒星）以及明亮的猎户座周边的区域，其中包括天赤道上的冬季大三角（参见第436页）。沿着星座中特定恒星之间的连线，你就可以找到其他恒星，并开始了解星空整体的布局了。北斗七星是实用的指针，它的两颗成员星与北极星（指示北天极的恒星）连成一线。由于天空看起来是环绕天极旋转的，因此此北极星是北天的一个固定点（没有明亮的南极星）。其他实用的重要恒星包括北天由织女星、天津四和牛郎星组成的夏季大三角（参见第466页）、南十字（参见第437页）以及更南的赝十字（参见第443页）。

从北斗七星开始漫游星空
连接北斗中天枢与天璇的连线在一端直指北极星，另一端（考虑了天球的曲率之后）指向狮子座的亮星轩辕十四。同时沿北斗勺柄弧线向外，可以找到牧夫座的红色亮星大角，最终可以连接室女座的角宿一。

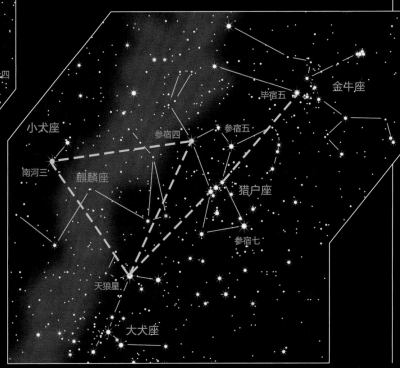

猎户的腰带与冬季大三角
组成猎户腰带的3颗明亮恒星的清晰连线一端指向金牛座的红巨星毕宿五，另一端指向天空中最明亮的恒星——大犬座的天狼星。天狼星、猎户座肩部的参宿四以及小犬座的南河三组成了等边的冬季三角形。

基础知识

银河

这幅壮观的超广角照片展示了横亘在瑞士诺沙泰尔（Neuchâtel）附近风之洞（Creux du Van）积雪山崖上方繁星遍布的带状银河。银河是我们所在星系的平面从内部看到的样子，大量的遥远恒星之间点缀着富含尘埃的遮光星云以及粉红色的发光气体斑块。新生恒星就在斑块中产生，并加入现有的数十亿恒星中来。

双筒望远镜观测

64~67 天文周期
76~77 目视观测
天文望远镜观测 82~83
星空巡礼 348~353
每月天象 426~501

对于大多数天文新手来说，最为实用的设备就是一副双筒望远镜了。双筒镜用起来方便容易，而且它可以让观测者看到正向的影像（而非单筒望远镜那样是上下颠倒的）。通过双筒望远镜我们可以观测到一系列迷人的天体。

双筒镜的特性

双筒望远镜是两架低倍率望远镜的联合体，其两种主要的类型分别称为波罗棱镜与屋脊棱镜，它们的光路各不相同，不过对于天文观测来说都很实用。选择双筒望远镜时，更重要的是两个描述光学性能的主要参数，例如7×50或者12×70。其中第一个数字表示放大率。对于新手来说，7倍或10倍的放大率通常就足够了，放大率更高的话，在天空中寻找天体会比较困难。第二个数字表示口径，也就是物镜的直径，单位是毫米。这个数字表明双筒镜的集光能力，这对于暗弱天体的观测来说很重要。进行夜间观测最好选择50毫米以上的口径。

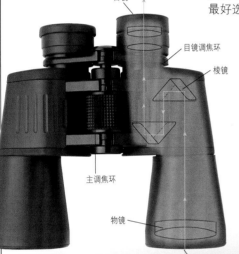

目镜
目镜调焦环
棱镜
主调焦环
物镜
入射光

标准双筒镜

通常这类设备拥有50毫米口径的物镜以及7倍或10倍的放大率。这副双筒望远镜采用了波罗棱镜结构。

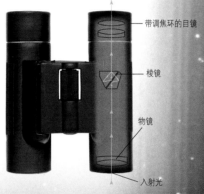

带调焦环的目镜
棱镜
物镜
入射光

紧凑型双筒镜

这类双筒望远镜很轻便，但是它们的物镜对于天文观测来说太小了。这副双筒镜采用了屋脊棱镜结构。

空间探索

用双筒镜做出的发现

一些重要的天文发现是由双筒望远镜做出的。美国亚利桑那州的天文学家彼得·柯林斯（Peter Collins）使用双筒望远镜搜索一类名为新星的恒星爆发（参见第282页）。他记下了数千颗恒星的位置来提高效率。彗星也常常由热心的双筒镜爱好者发现。日本天文爱好者百武裕司在1996年使用一副大型双筒望远镜（25×100毫米）发现了百武彗星（参见第215页）。

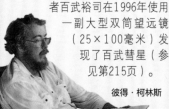

彼得·柯林斯

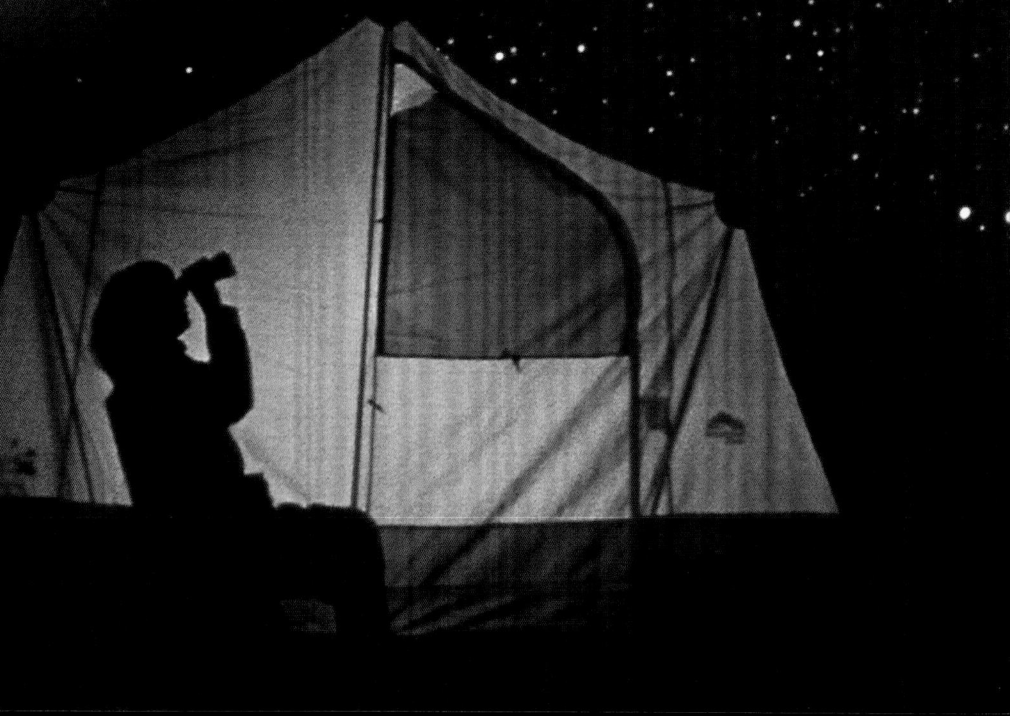

宜人的观星活动

双筒望远镜中等的放大倍率足以揭示出天空中最有趣的一些天体。野外露营是远离光污染的好方法。

目镜

用于调节双筒
镜方位的手柄

物镜

三脚架

双筒镜的使用

无论观测者选择哪种规格的双筒镜，保持镜筒稳定都不是件容易的事。用肘部顶住墙壁等结实的地方，或者在躺椅上坐下来，都有助于消除双筒镜的晃动。大型双筒望远镜过于沉重，无法稳定手持，因此需要使用三脚架来支撑。另一个常见的问题是在视场中寻找目标天体，哪怕目标天体肉眼可见，这种问题依然存在。一个解决方法是寻找目标与另一个更容易定位的天体之间的关系，然后定位容易找到的那个天体，最后转向目标天体。还有一种方法是从地平线上的某个易辨认的特征开始向上寻找。

大型双筒镜
热忱的天文观测者通常会选择物镜口径在70毫米、放大率在15倍到20倍之间的双筒望远镜。

保持双筒镜的稳定
坐下来并用肘关节顶住膝部，可以支撑住双筒镜的质量，并保持其稳定。

双筒镜的视场

通过双筒镜可见的圆形天区称为视场，通常以度来衡量。视场与放大率密切相关——放大率越高，视场越小。中等放大率（10倍）双筒镜的典型视场是6度至8度。这在足够大的放大率以及观测大多数大型天体（如仙女座大星云，参见第312～313页）所需的足够宽的视场之间取得了良好的平衡。在观测更大的天区时，视场至少有9度的较低倍率双筒镜（5倍至7倍）更为合适。相反，在观测更小的天体（如木星及其卫星）的时候，最好使用放大率更高、视场在3度或者更小的双筒镜。

双筒镜中的M31
这是通过中低放大倍率双筒望远镜所见的仙女座大星云（M31，参见上图），视场大约是8度。

望远镜中的M31
图中是仙女座大星云的中央区域，这是通过小型望远镜或者超高倍率的双筒望远镜看到的情景，视场大约是1.5度。

如何为双筒镜调焦
由于用户的视力各不相同，不是每个观测者拿到双筒镜都是完全合焦的。为解决这一问题，请遵循下面的指示说明。

1 找到调焦环
找到可以独立旋转调焦的那只目镜（通常是右眼）。闭上相应一侧的眼睛，用另一只眼看双筒镜。

2 为左侧目镜调焦
旋转双筒镜中央的主调焦环，它会带动两侧的目镜旋转，直到左眼可以看到清晰的图像为止。

3 闭上左眼，睁开右眼
现在只睁开另一只眼睛（在这个例子中是右眼），使用目镜调焦环对焦影像。

4 合焦并睁开双眼
现在两侧的目镜应该都已合焦，因此可以睁开双眼进行观测了。

双筒镜的观测目标

对于双筒镜使用新手来说，第一个引人注目的观测目标是猎户座大星云（参见第241页）。其他选择可以是仙女座大星云（参见上图）以及银河系的人马座和天蝎座区域美妙的星团和星云，如礁湖星云（参见第243页）。对于纬度在北纬50度以南的观测者来说，半人马欧米伽星团（参见第294页）是双筒镜绝佳的目标。要找到这些天体，需要借助星图（参见第426～501页）或者手机上的天文学小程序。同样还可以尝试观测月球、木星及其卫星，以及金星的相位。

银河系
图中是人马座的银河系致密区域，这是通过视场12度的低倍率双筒镜观测到的效果。

猎户座大星云
猎户座大星云看起来是猎户座中蓝绿色的斑块。图中是8度视场的中等倍率双筒镜的观测效果。

昴星团
这个壮观的星团位于金牛座。图中是3度视场的高倍率双筒镜的观测效果。

基础知识

天文望远镜观测

天文望远镜是天文学的终极光学设备。数个世纪以来，最简单的小望远镜的结构没有发生过太大的改变，不过如今最精密的业余天文望远镜也可以具备一度只属于专业人士的光学质量以及程控系统。

空间探索

在天文望远镜发明之前

在天文望远镜发明之前，天文学家使用一系列不同的仪器来测量天体的位置。丹麦贵族第谷·布拉赫（1546—1601）建造了自己的天文台，并为其装备了最精密的仪器，其中包括固定在墙壁上的巨型象限仪。德国数学家约翰尼斯·开普勒在计算他的行星运动定律时（参见第68页），就使用了第谷测量的行星位置数据。

早期的天文望远镜

一般认为天文望远镜是荷兰眼镜商汉斯·林普谢（Hans Lippershey，1570—1619）发明的。1608年，林普谢发现，安装在管子两端的某种眼镜片组合可以将图像放大，这就是折射望远镜的基本原理。这一设备发明的消息传遍了欧洲，一年之后，意大利科学家伽利略·伽利雷（1564—1642）制造了放大率最高可达30倍的望远镜。他接下来对月球、太阳与恒星的观测推动了哥白尼的日心说宇宙理论（参见第69页）的确立。1668年，艾萨克·牛顿发明了反射望远镜，这种结构使用的是反射镜而非透镜。这样做有很多好处：它可以避免折射望远镜存在的光学缺陷，镜筒更短，口径也可以做得更大。然而早期的反射镜是由金属制成的，镜面会变暗，所以一开始并没有流行起来。

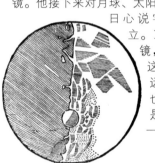

伽利略的月球素描

这位意大利天文学家使用他的望远镜观测了月球上的环形山、山峦以及暗色的低地区域。

将图像放大35倍的目镜

牛顿的望远镜

艾萨克·牛顿设计了第一架反射望远镜，他设计的结构至今仍在使用。镜筒一端的反射镜将光线"弹射"到了另一端的目镜处。

覆盖着牛皮纸的镜筒前段

由纸片和纸板制成的镜筒后段

保持主反射镜位置固定的螺丝

旋转球形支架，可以让望远镜镜筒指向不同方位

天文望远镜的结构

天文望远镜的功能是收集远方天体发出的光线，将其聚集到焦点并放大。有两种基本方法可以实现这一功能，它们分别要使用透镜或者凹面镜。透镜会让穿过其中的光线发生折射，并将其导向透镜后方的焦点。凹面镜会让光线折回并汇聚到镜面前方的焦点上。折反射望远镜将二者结合了起来，它本质上是一架反射镜，在镜筒前方设有一片薄透镜。天体射入望远镜的光线几乎是平行的。当望远镜捕获的光线经过焦点之后，它们会再次发散，然后在某处被目镜捕获。目镜将光线再次改为平行，在此过程中将图像放大。由于进入目镜的光线在通过焦点之后发生了交叉，通常图像是倒像。在观测天体时，这一点并非缺陷。

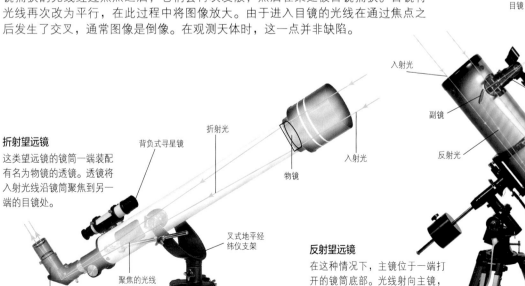

入射光

改正镜

寻星镜

凸面副镜

凹面主镜

光线从主镜中央的孔洞穿过

目镜

楔形赤道式支架

折反射望远镜

这种结构紧凑的反射望远镜使用一面凸面副镜让光线通过主镜中间的小孔射向目镜。由于光线在望远镜内往复折返，镜筒的长度得以缩短。

折射望远镜

这类望远镜的镜筒一端装配有名为物镜的透镜。透镜将入射光线沿镜筒聚焦到另一端的目镜处。

背负式寻星镜

折射光

入射光

物镜

叉式地平经纬仪支架

聚焦的光线

天顶镜，一个可滑动的镜座让它可以前后移动对焦

入射光

目镜

聚焦的光线

副镜

反射光

凹面主镜

反射望远镜

在这种情况下，主镜位于一端打开的镜筒底部。光线射向主镜，并在这里沿镜筒向上反射回来，抵达一面小型平面镜，平面镜让光线折向侧面的目镜。

望远镜支架

望远镜的支撑方式会在很大程度上影响望远镜的性能。两种最为常见的支架是地平式和赤道式。地平式支架让望远镜在高度（俯仰）和水平（平行于地平线）两个方向上转动。赤道式支架让望远镜平行于地球自转轴旋转，因此望远镜可以沿循天空中的赤经和赤纬线（参见第63页）运动。地平式支架很容易架设，不过由于天体在天空中的高度和方位角一直发生着变化，跟踪天体就需要在两个方向上持续进行调整。赤道式支架较为沉重，架设花费的时间也更长，不过只要能对准天极，观测者只需要调整一个转轴就可以跟踪天体在天空中的运动了。

地平式支架
这类支架通常轻便且结构紧凑，但是追踪天体需要同时调节两个转轴。而且望远镜的放大率越大，天体移出视场的速度也就越快。

改变高度 / 改变赤经 / 改变赤纬 / 改变方位角

赤道式支架
这类支架的架设更加困难，不过一旦架设完毕，观测者只需要旋转转轴就可以追踪天体了。许多赤道式支架装备电动跟踪马达，由电源或电池驱动，毋需手动操作。

不同类型的地平式支架
地平式支架有两类。多布森式支架适用于低放大率、宽视场的大型反射镜，而叉式支架经常搭配折反射望远镜使用。

叉式支架 　　 多布森式支架

口径与放大率

影响望远镜在目镜中成像的两个主要因素是口径和放大率口径是望远镜主镜或物镜的直径，它会影响到望远镜采集光线的多少，也就是集光能力。口径翻倍，集光能力则增加3倍。放大率则是望远镜的目镜特性决定的。目镜的放大率取决于它的焦距，也就是它汇聚平行光所需要的距离。焦距越短，放大率也就越高。物镜和主镜同样具有自己的焦距，将它们的焦距与目镜焦距相除，则得到综合的放大率。可以通过更换目镜来改变放大率，以适应观测目标的需要。

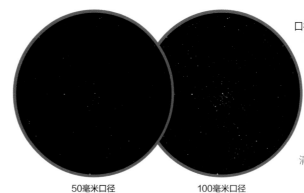

50毫米口径 　　 100毫米口径

口径
这里给出了疏散星团M35的两张照片。左图是使用物镜口径50毫米的望远镜拍摄，右图是使用物镜口径100毫米的望远镜拍摄的。较大口径的透镜集光面积是小口径的4倍，因此可以更清晰地看到更暗的恒星。

物镜的口径
望远镜最重要的参数是物镜的口径，这一指标决定了进入镜筒的光线多少。

口径120毫米 　　 口径66毫米

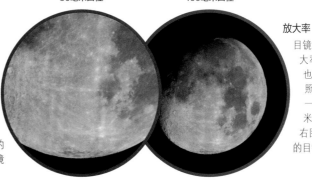

使用9毫米焦距的目镜 　　 使用25毫米焦距的目镜

放大率
目镜的焦距越短，它的放大率就越大，同时视场也就越小。这两张月球照片清楚地说明了这一点。左图是使用9毫米焦距的目镜拍摄的，右图是使用25毫米焦距的目镜拍摄的。

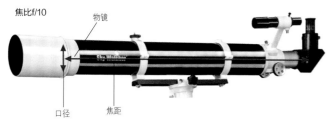

焦比f/10 / 物镜 / 口径 / 焦距

焦比f/5

不同的焦比
焦比较大（如f/10，参见上图）的望远镜比焦比较小的望远镜所成的像更大，不过视场更小。

焦距与焦比

重要性仅次于口径的望远镜参数是焦距。它指的是从主透镜或反射镜到汇集光线的焦点的距离。望远镜的焦距越长，焦点处所成的影像就越大但越暗；而焦距较短的望远镜可以得到较小但更加明亮的图像。短焦距的反射镜比透镜更容易加工，因此反射望远镜的镜筒可以比同口径的折射镜更短。用主镜或物镜的焦距（单位通常是毫米）除以望远镜的口径（单位同样是毫米）就得到了望远镜的焦比，也就是"f"数，这一比率对观测天体的种类有影响。焦比较小（f/5左右）的望远镜最适合拍摄星云和星系等弥漫天体，而焦比大于f/9的望远镜适合研究月球与其他行星等明亮的天体。

初学者的天文望远镜

选择适合自己需要以及经验的天文望远镜会给观测活动带来很大的不同。许多人选择使用基础型望远镜入门，它的支架可能是地平式的（参见第83页），如多布森望远镜，然后学习如何寻找天体。另一些人会选择更加先进的自动寻星（Go-to）望远镜，只需按一个按钮就可以找到天体了。对于定位难以寻找的天体来说，这种望远镜非常实用，而且大多数这样的设备都自带天空导览功能，可以告诉观测者在任意给定的时刻可见的热点天体，并可提供背景资料。一旦找到天体，望远镜将自动对其进行跟踪，跟踪多长的时间全凭需要。自动寻星望远镜的支架可以是地平式的，也可以是赤道式的，前者适合目视观测，后者是长时间曝光摄影所必需的。同样需要考虑的是，你的天文望远镜是否需要便于携带。总的来说，天文望远镜的口径越大越好，不过购买一台由于太过庞大且架设困难而很少使用的仪器就不妙了。大多数望远镜适用于所有场合。折射望远镜更适宜在光污染成问题的市区使用，而郊外的观测点适合使用反射镜。

寻星镜

哪怕使用放大率最低的目镜，天文望远镜的视场还是很小，一般只有1度，这只是满月视直径的2倍。因此，只使用望远镜来寻找目标无疑是碰运气。寻星镜是架在主镜筒一侧的小型折射镜，它可以帮助观测者更准确地将望远镜对准目标。几乎所有的天文望远镜都需要寻星镜来帮助定位天体，自动寻星望远镜则需要在观测开始前用它来完成架设工作。寻星镜主要有两类，分别是十字丝寻星镜（finder-scope）与红点寻星镜（red dot finder）。光学十字丝寻星镜在有光污染的时候很实用，它可以找到其他类型的寻星镜看不到的恒星。不过红点寻星镜用起来更容易上手。两种寻星镜都固定在望远镜镜筒上，可以进行调节以对准主镜指向的目标（参见右下图）。最好是在白天通过观测远方的固定物体来调校寻星镜的准直，但是不要将其对准太阳，否则会让眼睛失明。在使用完毕后要关闭寻星镜，以免电池电量耗尽。

十字丝寻星镜

十字丝寻星镜可以将夜空放大，并提供5至8度的视场。十字丝帮助观测者将目标天体置于寻星镜视场中央。寻星镜所成的像是上下颠倒的，这一点在开始的时候可能会阻碍天体的搜寻。大多数入门级的望远镜都装配有基本的寻星镜，不过随着观测者水平的提高，可能会需要对其进行升级。

十字丝寻星镜的视场

目镜　　　　抱箍支架

红点寻星镜

红点寻星镜借助投射在透明玻璃或者塑料板上的红色小圆点来指示望远镜的指向。天空中的其他部分仍旧可见，这让它使用起来很直观。有时可以通过内置式的调光开关来调节圆点的亮度。

红点寻星镜的视场

瞄准器
支架
准直调节轮

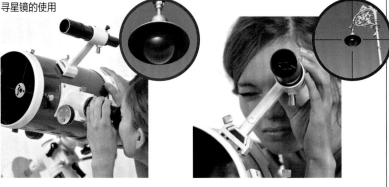

寻星镜
对角目镜，可将图像旋转90度，让观测更加舒适

德国式赤道仪，装备有用于跟踪移动天体的驱动马达

支架的调节装置，让望远镜可以在任何纬度区域使用

自动寻星望远镜
这架赤道式的施密特-卡塞格林望远镜是典型的程控望远镜，配有可输入目标天体详细信息的手持设备以及用于调节赤经和赤纬的手持控制器。它还可以连接计算机使用。

用于选择观测目标以及调节望远镜赤经、赤纬位置的手持设备

寻星镜的使用

1 找到一个物体
想校准寻星镜，首先要用主镜筒配合放大率最低的目镜找到远方的一个固定物体，然后将它置于视场中央。将望远镜的位置固定好。

2 校准寻星镜
利用寻星镜的调节装置将同一个物体置于寻星镜的十字丝或红点（参见最左侧）中央。当拆下并更换寻星镜之后，你可能需要重复这一过程。

目镜

　　大多数天文望远镜都会自带一两个目镜，其中的一个是基本的低放大率目镜，另一个放大率更高。为了进一步增加放大率，你需要额外的目镜。不过望远镜可以达到的最大放大率也是有限的，通常这一数值是以毫米表示的口径的2倍。举例来说，口径130毫米的望远镜最大放大率是260倍。随着放大率的增加，视场通常会缩小，图像会变暗，大气湍动（"视宁度"）的影响也会增加，将天体保持在视野之内也变得愈发困难。在望远镜和目镜之间安装巴罗透镜可以增加放大率，这种透镜一般会让每只目镜的放大率翻番，让观测者使用很少的几只目镜就能够获得更大的放大率范围。

焦距40毫米　焦距25毫米　焦距9毫米　2倍巴罗透镜

目镜
望远镜的目镜有着不同的焦距，图中块头最大的那只放大率最低。目镜的光学结构也不尽相同，有些同时具备非常大的视场以及高放大率。

肉眼所见

望远镜所见

对角目镜
折射镜或折反射望远镜通常会使用这类目镜，以使观测姿态更加舒适，但是这样的目镜也会让图像发生翻转。

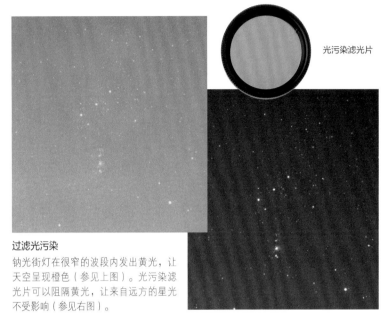

光污染滤光片

过滤光污染
钠光街灯在很窄的波段内发出黄光，让天空呈现橙色（参见上图）。光污染滤光片可以阻隔黄光，让来自远方的星光不受影响（参见右图）。

太阳望远镜

　　太阳有着持续变化的外观，是个迷人的观测目标。但同时它也是最危险的，因为它过于明亮，哪怕只通过望远镜观看太阳很短的时间，观测者都会致盲。为了减弱入射光，需要使用专门的滤光片，滤光片必须安装在镜筒的入射端而非光线聚焦的目镜端。而且必须使用专为观测太阳设计的滤光片，因为其他致密材料仍可能让有害的红外线透过。太阳上许多最为迷人的特征只能在深红色的Hα波段观测到，这一波段对应氢原子的辐射。只允许Hα光通过的滤光片非常昂贵，因此哪怕只是购买基本型号的太阳望远镜也要花费与数码单反相机相当的价钱。同样可以买到的专门的观测仪器，也就是太阳望远镜，可以揭示出太阳表面迷人的细节以及日面边缘处的日珥。

太阳表面
这张使用太阳望远镜拍摄的太阳照片展示了米粒组织、太阳黑子、名为光斑的亮区，还有太阳边缘的日珥以及太阳明亮表面之上的纤维状结构。

太阳望远镜

星空聚会
天文爱好者相聚在暗夜下的活动通常被称为星空聚会。这种场合只允许使用红光照明，因为同其他颜色的光线相比，红光对夜间视力的影响最小。

架设天文望远镜

天空晴朗无云，气象预报情况良好，你即将迎来第一个观测夜。不过在开始欣赏夜空美景之前，你还需要了解很多东西。哪怕相对简单的天文望远镜都可以将天体放大数十倍，因此为那些明显很亮的天体定位也会困难到让人吃惊。成功观测的秘密是在开始之前把握好自己的方位。虽然这看起来是显而易见的，不过还是要搞清楚东西南北，哪怕是自动寻星望远镜也可能需要观测者在一开始就将其对准正确的方位。

安装天文望远镜

在购买天文望远镜之后，一件重要的事情是花时间正确架设好它的光学系统、三脚架和支架。精心的架设会让你的天文望远镜具备良好的准直性以及平衡性，使用它是一种快乐，同时也才能尽量不占用宝贵的观测时间进行微调。每架望远镜都不尽相同，因此在开始之前要阅读望远镜的说明书，或者最好能让有经验的观测者带领你了解基本的东西。下面以带电机的赤道式反射镜为例，简要说明典型的业余望远镜的基本架设步骤。即使在不观测的时候，你可能也不会把望远镜全部拆散，因此某些步骤只是在第一次使用的时候才需要。

1 调整三脚架水平
在坚固的水平地面上架起三脚架。使用水平仪检查三脚架顶端云台的水平度，并根据需要调节三脚架各支脚的长度。

2 调节支脚长度
不要将三脚架的支脚伸展到最长，这样会让云台不太稳定，也不能给后面的精细调节高度留出余地。再次确认三脚架的锁定装置就位。

3 安装支架
将望远镜支架轻轻固定在三脚架上，要保证支架的凸出部插入三脚架的孔洞中。

4 固定支架
从三脚架云台下方拧好支架螺丝，确保螺丝完全拧紧。

5 安装电动跟踪马达
将电动跟踪马达安装到望远镜支架上，要确保电机的齿轮正确咬合到支架的齿轮上。

6 对准北方
在使用赤道式望远镜的时候，要依照观测者所在的半球，将赤经轴（支架中央T形部分的长轴）大致对准北或南天极。

7 安装配重
将配重插入配重轴，使用螺母将其固定。通常在配重轴底部设有安全螺丝，在主螺母损坏的时候可以保证配重不会滑落。在安置好配重之后要把这个螺丝装回原位。

8 安装镜筒
将望远镜支架安装到三脚架上之后，就可以安装望远镜镜筒了。将镜筒放置在一对环形支架（抱箍）上，并使用螺丝让抱箍夹紧镜筒。

9 安装微调杆
将微调杆拧好，它们可以让观测者在观测时对赤经和赤纬进行微调。

10 安装电机控制器
将控制手柄接在电机上，不过不要连接电源。

11　安装寻星镜与目镜
安装放大倍率最低（焦距最长）的目镜，并安装寻星镜。调节寻星镜相对主镜筒的准直，最好在白天进行这一步骤（参见第84页）。

12　赤经（RA）方向的配平
用一只手支撑望远镜，松开赤经轴锁，必要的话可以卸下电机。在配重轴上调节配重的位置，直到它可以平衡望远镜，并且赤经轴能顺畅转动为止。

13　赤纬（DEC）方向的配平
调节支架，让望远镜位于一侧，并松开赤纬锁。撑起望远镜，松开抱箍螺丝，让镜筒可以前后滑动，直到平衡为止，然后锁紧螺丝。

14　加电开机
将电机连接到电源上，然后仔细调节极轴的准直（参见下文）。

对准天极

在架设赤道式望远镜时，观测者需要将赤经轴（极轴）对准天极。这一步骤的操作方法取决于望远镜的型号。如果是较简单的望远镜，可以使用通常标在架台上的纬度标度（参见下图）。对于高级仪器来说，需要对准天极在天空中的已知位置（参见右图）。根据观测者所处的半球，天极位于北方或者南方，地平高度则相当于地理纬度。对于大多数观测来说，用肉眼大致校准已经足够，足以跟踪天体很多分钟了。

调节简易支架的准直
依照所处的半球，将极轴指向北方或南方，转动调节盘，让刻度与地理纬度吻合。

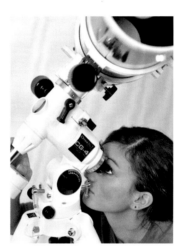

调节高级支架的准直
通过北半球版的极轴望远镜观看，可以看到刻有几个星座的标线板，还有一个偏离十字丝的圆圈（参见下图）。旋转标线板，直到其上的星座与天空中的位置吻合为止，然后调节整个支架，让北极星落在小圆圈内。

架设自动寻星望远镜

每架自动寻星望远镜的存储器中都存有一份虚拟星图，因此望远镜只要确定了精确的地理坐标、时间以及指向，就可以寻找任何天体了。在从一个天体"驱动"到另一个天体时，两个转轴上的电机码盘都可以记录仪器电机的转数。有些简易的自动寻星望远镜（参见下图）在架设成起始姿态（镜筒放平，指向北方或南方）之前必须输入时间和地理位置，随后要将望远镜对准3颗明亮的校准星。依照望远镜型号的不同，这3颗恒星可以从望远镜本身的星表中选择，也可以是任意3颗亮星或者行星。高级型号装备有GPS（全球定位系统）接收机，可以自动获取时间和地点，还配备有自动定位已知亮星的照相机。不论你手边的自动寻星望远镜属于哪一类，重要的是在观测开始前都要调节好寻星镜相对主镜的准直（参见第84页）。

1　安装望远镜
使用水平仪检查三脚架的水平。将望远镜和支架轻轻放在三脚架云台上，并将其固定。

2　设置起始位置
如果需要，将望远镜移到起始位置。对于叉式支架的望远镜（如上图所示）来说，这可能只要对齐两个箭头就可以了，但是赤道式支架需要对准极轴（参见上方放大图）。

3　做好望远镜的准备工作
将支架与电源连接并开机，取下望远镜的盖子。

4　输入起始数据
根据提示，在手持控制器中输入日期、时间和地点。某些自动寻星望远镜可以从菜单中选择地点。

5　校准望远镜
不同型号的望远镜校准的方法不同，不过一般来说，望远镜需要选择一颗亮星并自动转到它认为恒星所处的位置。或者你可以从菜单中选择第一颗待测恒星。

6　调整准直
第一颗待测恒星应该是可以使用寻星镜观测到的。使用手持控制器上的方位按钮将该恒星置于视场中央，然后在目镜中进一步调节它的位置。根据需要再对2至3颗恒星重复第5、第6步，直到准直调整完毕。

7　选择目标天体
自动寻星望远镜现在已经准备就绪。为了探索天空，在手持控制器的菜单中找到想要观测的天体（如木星）的名称，然后按下"自动寻星"或者"回车"键，望远镜就会自动转向所选的天体，将其置于目镜正中。

基础知识

天文摄影

得益于当代科技，现在业余天文爱好者也可以拍摄一度只能由专业天文台拍摄的照片了。哪怕小型数码相机都可以用来拍摄清晨或黄昏时的风景以及星座等天空景象，或者通过望远镜拍摄月球等明亮的天体。

基础天文摄影

几乎任何照相机都可以用于拍摄夜空的照片，不过不使用望远镜的话，拍摄对象仅限于肉眼所见的恒星、月球、明亮的行星、流星余迹、星座和极光。基础天文摄影主要的要求是：照相机快门可以长时间打开，至少需要几秒。在长时间曝光时，必须将照相机固定在三脚架上，以保持其稳定。使用快门线、遥控器或自拍定时器来打开快门同样有助于避免摇晃和图像模糊。

固定相机摄影

通常拍摄天空需要将照相机的灵敏度调到最高，焦点设为无穷远，并曝光很多秒。将照相机固定在三脚架上，以使其在曝光期间保持稳定。

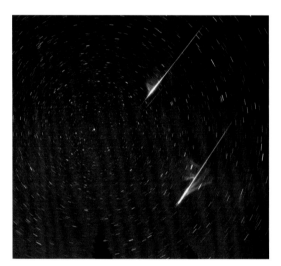

流星

单颗流星的出现是无法预测的，因此拍摄流星的唯一方法是进行长时间曝光，并期待能碰巧拍下某一颗。普通照相机的视野就很理想，曝光时间是在保证图像不因背景光饱和的前提下尽量长。明亮的流星会在星轨背景上留下条带。

星轨

只要使用固定的照相机进行长于数秒的曝光，由于地球自转导致的恒星视运动（在这个例子中是绕天极旋转），照片上的恒星就会拖出星轨。在存在光污染的地区，为避免天空背景过曝，可以拍摄许多短时间曝光照片，然后使用图像处理软件将它们叠加在一起。

目镜后投影摄影与背负式摄影

小型照相机或者手机可以直接通过望远镜拍摄，这一方法叫作目镜后投影摄影（digiscoping）。最简单的方法是将相机安装在三脚架上，直接对准望远镜的目镜。另一种方法是用转接器将照相机固定在目镜上。将照相机固定在马达驱动的赤道式望远镜上（也就是背负式摄影，piggybacking）可以拍摄天空的长时间曝光影像，甚至深空天体，而不会在照片上拖出星轨线。这样拍下的照片是相机捕获的影像，而不是通过望远镜看到的情况。

目镜后投影法拍摄的月球

哪怕使用简易照相机，都可以连接望远镜拍摄绝佳的月球照片。由于月球很明亮，月球照片的曝光时间跟常规的日间摄影差不多。

背负在望远镜上、安装有长焦镜头的照相机

折反射望远镜

快门线

目镜后投影摄影的方法

转接器可以让照相机保持与望远镜目镜的准直。将相机曝光设为手动，并使用自拍定时器来避免相机的晃动。为取得最佳效果，要尝试不同的曝光时间。

背负式摄影的方法

许多马达驱动的望远镜都设有背负照相机的螺栓。如果照相机装配了长焦镜头并进行长时间曝光，甚至可以拍下深空天体的清晰照片。

折反射望远镜

快门线

相机接环

单反相机

马达驱动的赤道仪

直焦摄影法

这一方法使用接环将照相机固定在目镜的位置，可以安装目镜，也可以不安装。为了将天体保持在视场中，需要使用马达驱动的赤道仪。

直焦摄影

　　望远镜实际上是焦距很长的长焦镜头，而将任何单反相机（SLR）连接到望远镜上的转接器都可以买到，因此就可以将望远镜所成的影像记录下来。然而曝光时间的上限往往受到望远镜跟踪马达精度的限制。如果马达不够精确，就无法避免恒星星轨线的产生。克服这一问题的方法是进行很多次"子曝光"，并使用图像处理软件将影像叠加，得到的照片相当于进行了一次长时间曝光。望远镜同样需要保持稳定，因此要使用快门线，如果可能的话，使用计算机来远程控制照相机。

哑铃星云的直焦照片

直焦摄影是拍摄星系以及小型天体（如行星状星云，以图中的哑铃星云为例）的理想方法。为了拍摄这样的照片，需要进行很多分钟的曝光。为了克服马达的误差，可以采用"子曝光"的技术（参见上文），或者可以在望远镜上安装自动导星装置，后者能够监控驱动速率，并自动进行微小的修正。

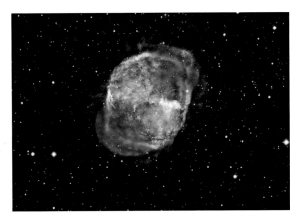

网络摄像头与CCD照相机

　　数码单反相机可以拍摄优良的天体照片，不过许多进阶的天文摄影师都使用网络摄像头来拍摄行星，或者使用CCD照相机拍摄需要长时间曝光的暗弱天体。行星摄影通常受大气湍动的影响很大，大气往往会让视场变得模糊，因此清晰的图像只能保持几分之一秒。摄像头可以获取视频，每分钟拍下数千张图像。这些图像可以由专用软件来处理，软件能够选择并叠加最佳影像。对于拍摄曝光时间需要数小时的暗淡天体来说，带制冷功能的CCD照相机有着比数码单反更小的电子噪声，因此可以得到更好的照片。

网络摄像头的使用

小型望远镜甚至都可以用来配合网络摄像头拍摄行星。摄像头插在望远镜目镜的位置上，并用线缆与计算机相连，这样就可以在计算机上控制摄像头了。

CCD照相机

CCD照相机的使用

与摄像头一样，CCD照相机代替了望远镜的目镜，并与计算机相连。为了在使用CCD照相机时快速确定焦点，可以首先使用与照相机焦点位置相同的望远镜目镜对焦。

图像处理

　　许多照片需要的处理时间远比望远镜的原始观测时间为长，不过有许多图像处理软件可以助人一臂之力。举例来说，有的软件能够自动在寄存器中叠合并累加同一天体多次曝光的照片。一些照相机（尤其是CCD照相机）拍摄的是单色照片，不过可以使用彩色滤光片拍下一组影像，再用叠图软件将其拼合起来，最终得到全彩色照片。软件还可以锐化细节、修正色彩平衡、改变亮度、增加对比度，从而改善图像。此外图像处理软件还可以用来改变某种色彩，专业天文学家经常使用这一功能来突出某些特征。

数字叠图

左图是猎户座鬼魂星云NGC 1977的照片，它是使用300毫米口径的业余望远镜拍摄的，由4张分别曝光90分钟的照片通过专用的叠图软件处理而成。

色彩控制

这张屏幕截图展示了Photoshop软件界面中的土星照片。Photoshop可以用来增强或者改变照片的颜色等特征。在这张照片中，最明亮的光环是由水冰组成的，需要将其颜色调成白色，来显示行星的真实色彩。

天文台站

　　自20世纪初以来，各国建造了许多新的天文台，它们配备的望远镜越来越大。其中的许多设备都是可见光望远镜，不过随着技术的不断进步，研究电磁波谱其他波段的望远镜也落成了，如射电望远镜和伽马射线望远镜等。

帕洛玛天文台
与所有现代大型天文台一样，美国加州的帕洛玛天文台座落在高海拔地区（1712米），以保证最佳的观测条件。

天文台的望远镜

　　大多数天文台的台址都选择在远离城市空气和灯光污染的高海拔地区，以最大程度地减少大气畸变。望远镜的尺寸也很重要，口径越大，集光能力也越强。折射望远镜的物镜口径无法超过1米左右，这是叶凯士折射镜（参见左下图）的尺寸；不过单面反射镜口径最大可以做到8米左右，这是南双子望远镜（参见右图）的尺寸。反射镜可以通过拼接做得更大，如加那利大型望远镜的拼接镜面口径为10.4米。

南双子望远镜
月光在南双子望远镜的圆顶内投下了阴影。这架望远镜坐落在智利安第斯（Andes）山脉海拔2 737米的帕琼山（Cerro Pachón）之上。另一架一模一样的望远镜——北双子望远镜则坐落在夏威夷岛的冒纳凯阿（Mauna Kea）山顶附近。

叶凯士折射镜
美国威斯康星州叶凯士天文台的1米折射镜（见左图）是折射望远镜的顶峰。这架望远镜落成于1897年，是迄今为止最大的折射望远镜。

帕拉纳尔（Paranal）观测站
甚大望远镜（VLT）坐落在智利北部海拔2 635米的帕拉纳尔山上，它是当代最大的望远镜阵列之一，由4架口径8.2米的反射镜组成。这些望远镜的工作波段是可见光和红外线，可以单独使用，也可以协同工作以获得更高的分辨率。

新的光学技术

为了追求更强的集光能力以及更加锐利的影像，光学天文学家使用了全新的技术，例如由许多独立镜面组成的拼接镜。拼接镜面比单一大型反射镜更薄，因此也更轻。拼接镜面的子镜通常呈六边形，每块都可以单独控制，在望远镜移动的时候保证焦点的锐利。目前口径大于8米的反射镜都是以这种方式建造的，最大口径达39米的拼接镜面也在计划之中。另一项进展来自自适应光学，这一技术可以克服大气的模糊效应，获得几乎与空间望远镜同样锐利的影像。这种方法是使用激光束沿望远镜视线方向打出人工引导星，用它来测量大气引起的畸变。然后根据测量结果，改变一块可变形副镜（用于收集来自主镜的光线）的形状来抵消畸变。

拼接镜面望远镜

落成于2009年的加那利大型望远镜（又名GranTeCan或GTC）反射镜口径是10.4米，是世界上最大的望远镜。它位于加那利群岛的拉帕尔玛（La Palma）岛的穆查丘斯岩（Roque de los Muchachos）上。它的反射镜（参见左图）由36块六边形的子镜组成，每块子镜直径1.9米。

激光引导星

智利甚大望远镜（VLT）的一架子镜将一束强烈的橙色激光射向天空，激光产生了一颗高度为90千米的人工引导星。引导星是VLT自适应光学系统的一部分，该系统可以帮助修正大气湍动导致的成像畸变。

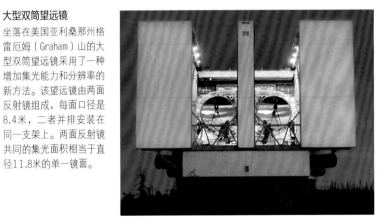

大型双筒望远镜

坐落在美国亚利桑那州格雷厄姆（Graham）山的大型双筒望远镜采用了一种增加集光能力和分辨率的新方法。该望远镜由两面反射镜组成，每面口径是8.4米，二者并排安装在同一支架上。两面反射镜共同的集光面积相当于直径11.8米的单一镜面。

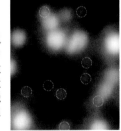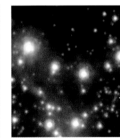

自适应光学的效果

这两张照片是使用夏威夷的凯克II号望远镜拍摄的银河系中心，展示了自适应光学的效果。左图拍摄时没有使用自适应光学系统拍摄，右图更加锐利的照片是使用自适应光学系统拍摄的。

在可见光之外

许多天体在可见光之外的其他波段上（参见第36~37页）发出辐射，因此单纯使用可见光望远镜并不能给出完整的图景。第一架非可见光的望远镜是射电望远镜，建造于1937年。射电波的波长要比可见光长得多，因此为了达到相同的分辨率，射电望远镜必须得更大。为了克服这一限制，人们建造了射电天线阵，可以将单个碟形天线的观测结合到一起。一个例子是美国新墨西哥州索科洛（Socorro）附近的卡尔·G.央斯基大天线阵，它由27面碟形天线组成，每面直径是25米，沿长度各为21千米的3条臂排列。最大的单面射电碟形天线是波多黎各的阿雷西沃305米天线（译者注：中国于2016年9月在贵州建成的500米口径球面射电望远镜FAST打破了这个纪录）。射电波以外的大多数非可见光辐射都被大气遮挡了。不过部分红外波段可以在山顶接收到，并使用夏威夷的英国红外望远镜等特定的望远镜来探测。地球表面还能够探测来自宇宙的伽马射线辐射，加那利群岛拉帕尔玛的MAGIC望远镜可以通过观测伽马射线产生的簇射粒子所发出的暗淡光线来做到这一点。

绿堤射电望远镜

世界上最大的全动式射电望远镜坐落在美国西弗吉尼亚州绿堤的国家射电天文台内，它拥有110米×100米的椭圆形碟形天线。碟形天线由2 000块面板组成，每块面板都能够单独调整，可以在望远镜移动时保持天线碟的形状。副反射镜安装在臂状结构上，以防遮挡碟形主天线，它的作用是将射电波从碟形主天线。反射给射电接收机。

毫米波阵列
月光照亮了智利查南托（Chajnantor）高原上的阿塔卡玛大型毫米波天线阵列（ALMA）。阵列中的每架天线直径是12米，在介于电磁波谱红外和射电波段之间的毫米波和亚毫米波段观测着天空，从邻近的产星区一直到遥远宇宙中的星系都是它的探测对象。

空间观测

34 电磁辐射
36~37 波段概览
90~91 天文台站
在太空研究太阳 105

许多最伟大的发现以及最壮观的宇宙影像都是由空间天文台获取的。在地球大气之外，望远镜所能看到的宇宙要比在地面清晰得多，它们还可以在大气遮挡的波段进行观测。

可见光与紫外线

最早一批成功的空间望远镜包括一些紫外设备，尤其是NASA在1966年至1972年之间发射的轨道天文台系列，以及1978年发射的、携带0.45米口径望远镜的国际紫外探测器。也许最著名的空间望远镜就是哈勃空间望远镜（HST）了，它于1990年发射，至今还在工作。HST的望远镜口径是2.4米，主要设计用于探测可见光和紫外线。HST帮助确定了宇宙的年龄，并发现了暗能量存在的迹象，还在其他许多方面取得了成功。探测可见光和紫外线的空间望远镜也推进了更为传统的天文学分支。比如欧洲在2013年发射的盖亚卫星的目的就是测量银河系中恒星的位置、运动和距离，以描绘银河系的三维图像。（译者注：2021年12月25日，口径6.5米的詹姆斯·韦布空间望远镜发射成功，它正接替哈勃空间望远镜望向宇宙深处。）

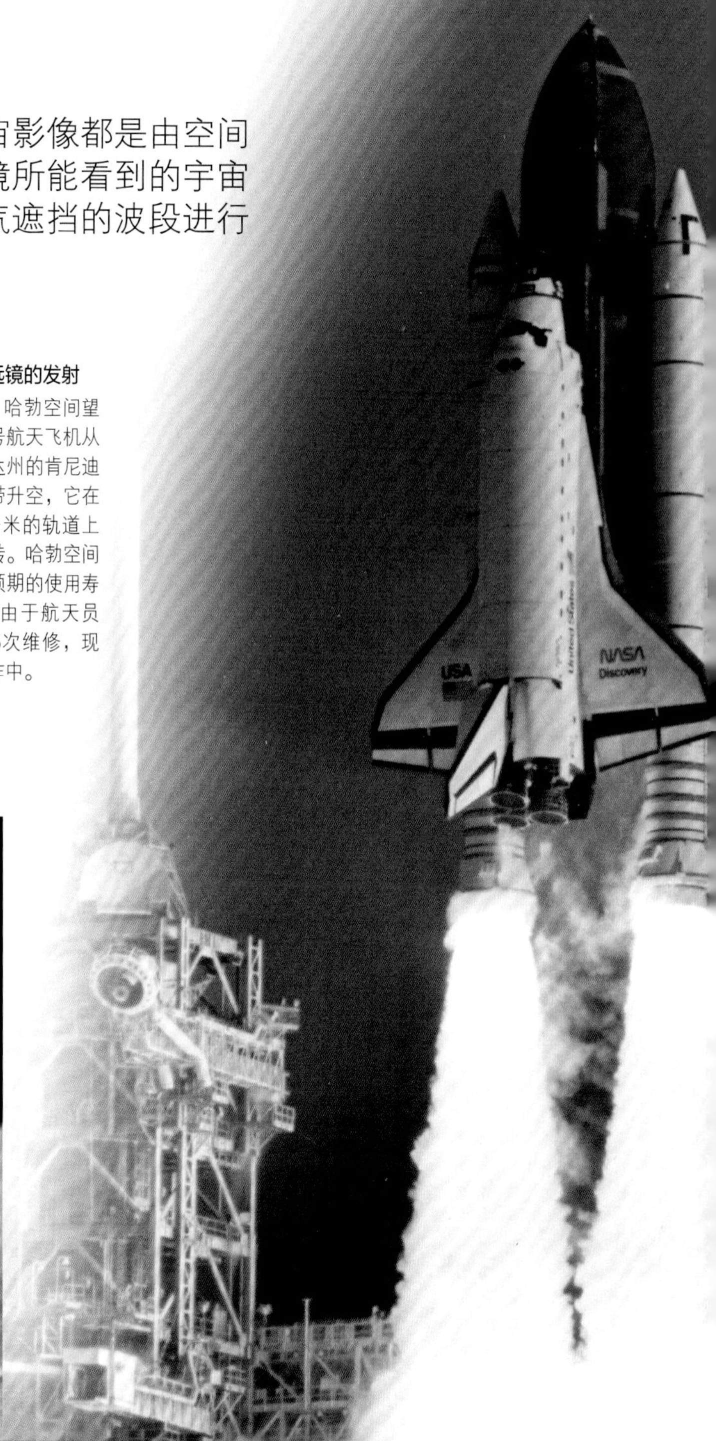

哈勃空间望远镜的发射

1990年4月，哈勃空间望远镜由发现号航天飞机从美国佛罗里达州的肯尼迪空间中心携带升空，它在高度约600千米的轨道上环绕地球运转。哈勃空间望远镜本来预期的使用寿命是10年，由于航天员对其进行了5次维修，现在它仍在工作中。

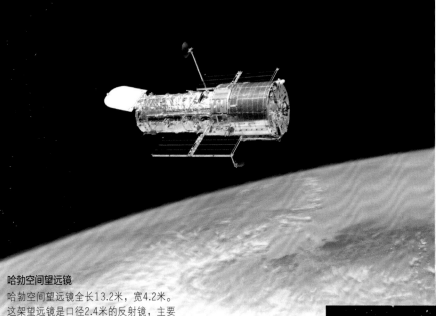

哈勃空间望远镜

哈勃空间望远镜全长13.2米，宽4.2米。这架望远镜是口径2.4米的反射镜，主要在可见光和紫外波段工作，不过也可以覆盖近红外波段。

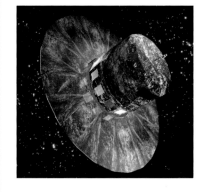

盖亚天体测量卫星

欧洲空间局在2013年年底发射的盖亚卫星正在精确测量银河系中超过10亿颗恒星的位置和运动数据，这一任务将持续到2024年。

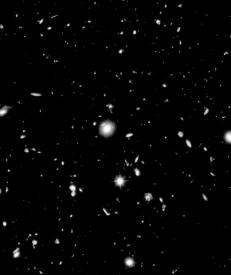

哈勃深空图

在这张哈勃空间望远镜拍摄的照片中，可见数以千计的恒星向宇宙深处延伸。这张名为极深空区的照片是超过3个多星期的曝光累加起来的产物，它所覆盖的天区还不到满月宽度的1/10。图中最遥远的星系呈现的是它们在130多亿年前的模样，当时宇宙的年龄还不及如今的5%。这些星系中的许多最终会演化为银河系这样的结构。

基础知识

红外线与微波

　　部分红外线与微波辐射可以穿过地球的大气层，不过全波段探测就需要进行空间观测了。此波段重要的观测目标包括冷星与活动星系，它们的大部分能量是在红外波段辐射出去的。红外望远镜还可以穿过星际尘埃云，看到在可见光波段被遮挡的区域（如星云的内部以及银河系中心）。迄今最庞大的红外空间望远镜是2009年至2013年在轨运行的赫歇尔空间天文台，它的反射镜口径是3.5米。微波空间望远镜主要的设计目标是探测并测绘宇宙微波背景辐射，以研究宇宙的结构和起源。最早的专用微波空间望远镜是1989年发射的宇宙背景探测器（COBE）以及2001年发射的威尔金森微波各向异性探测器（WMAP），最新的则是2009年发射的普朗克空间望远镜。

普朗克拍摄的英仙座产星区

这张低活跃度产星区的假彩色照片是使用普朗克卫星在3个不同的微波波段获取的数据叠加而成的。

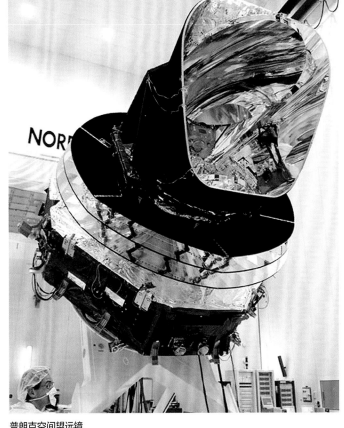

普朗克空间望远镜

上图是2009年发射之前正在接受测试的普朗克空间卫星。这颗卫星搭载了一架口径1.5米的主镜，用于研究宇宙微波背景辐射。在2013年结束任务之前，普朗克空间望远镜测量出了宇宙138亿年的年龄。

X射线与伽马射线

　　波长最短的电磁波是X射线和伽马射线，它们由宇宙中最为猛烈的现象产生，如超新星爆发。然而与红外线和微波一样，X射线与伽马射线最适合在太空中研究。主要的X射线空间天文台包括钱德拉X射线天文台（参见第37页）与XMM牛顿望远镜，二者都于1999年发射；另外还有2012年发射的核分光望远镜阵（NuSTAR）。知名的伽马射线天文台包括1991年发射的康普顿伽马射线天文台（参见第37页）以及2008年发射的、携带有伽马射线暴研究仪器的费米伽马射线空间望远镜。伽马射线暴确信是由黑洞和中子星并合或者质量恒星坍缩形成黑洞的过程产生的。

发射X射线的云团

这张XMM牛顿X射线望远镜拍摄的照片展示了巨椭圆星系周围发出X射线的超热气体云，云团温度高达5 000万摄氏度。

XMM牛顿X射线望远镜

1999年发射的XMM牛顿X射线望远镜由3台望远镜组成，可以对X射线辐射源成像并分光。整个卫星长度为10米，在高度偏心的椭圆轨道上运行，远地点距离地球超过10万千米。

空间探索

拉格朗日点（Lagrangian Point）

　　卫星围绕地球或其他天体运行的轨道有很多种。一些卫星被放置在名为拉格朗日点的特殊位置上。这些点是小天体（如卫星）的轨道运动与大型天体（如附近的恒星和行星）的引力作用相互平衡的地方。因此，在这些地方，小天体相对于大型天体的位置可以保持不变。在日地月系统中存在5个拉格朗日点。

固定轨道

这张示意图展示了日地月系统5个拉格朗日点的位置。这些地方的卫星环绕太阳而非地球运动，其中包括L1处的SOHO（参见第105页），以及L2处的赫歇尔空间天文台、普朗克空间望远镜和盖亚卫星。

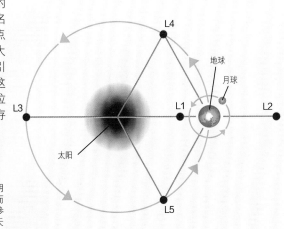

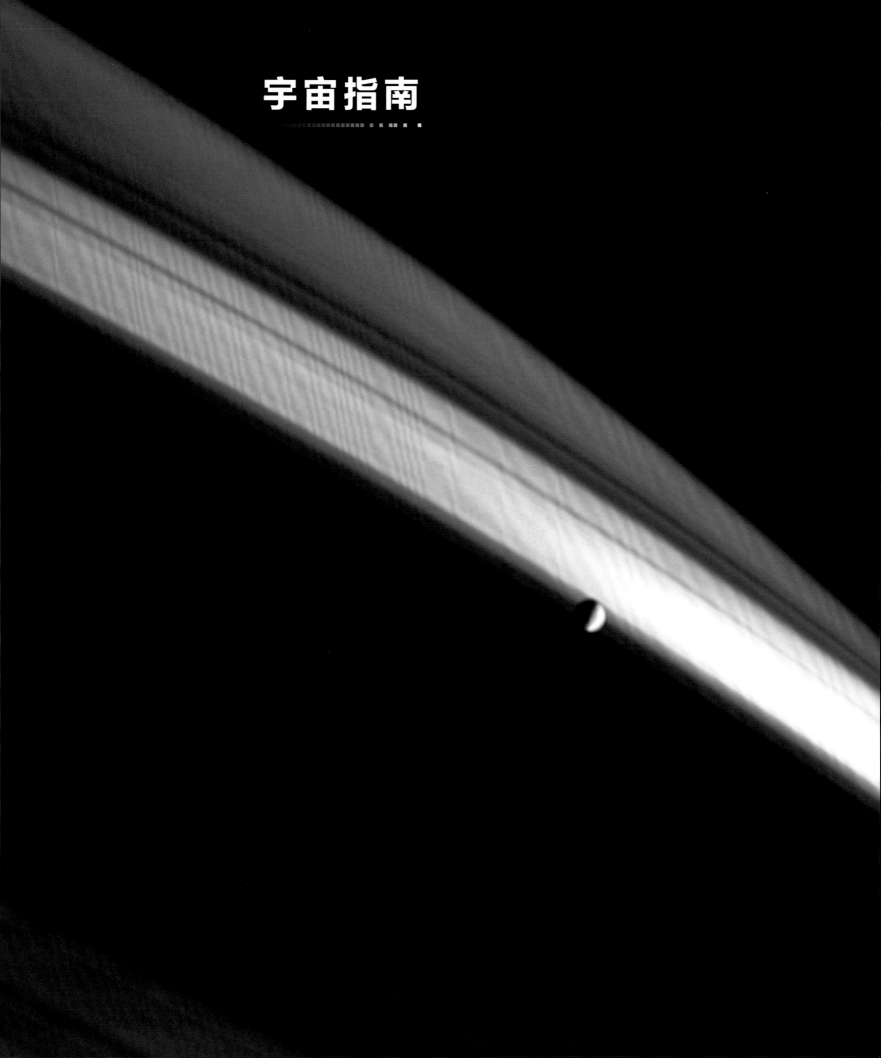

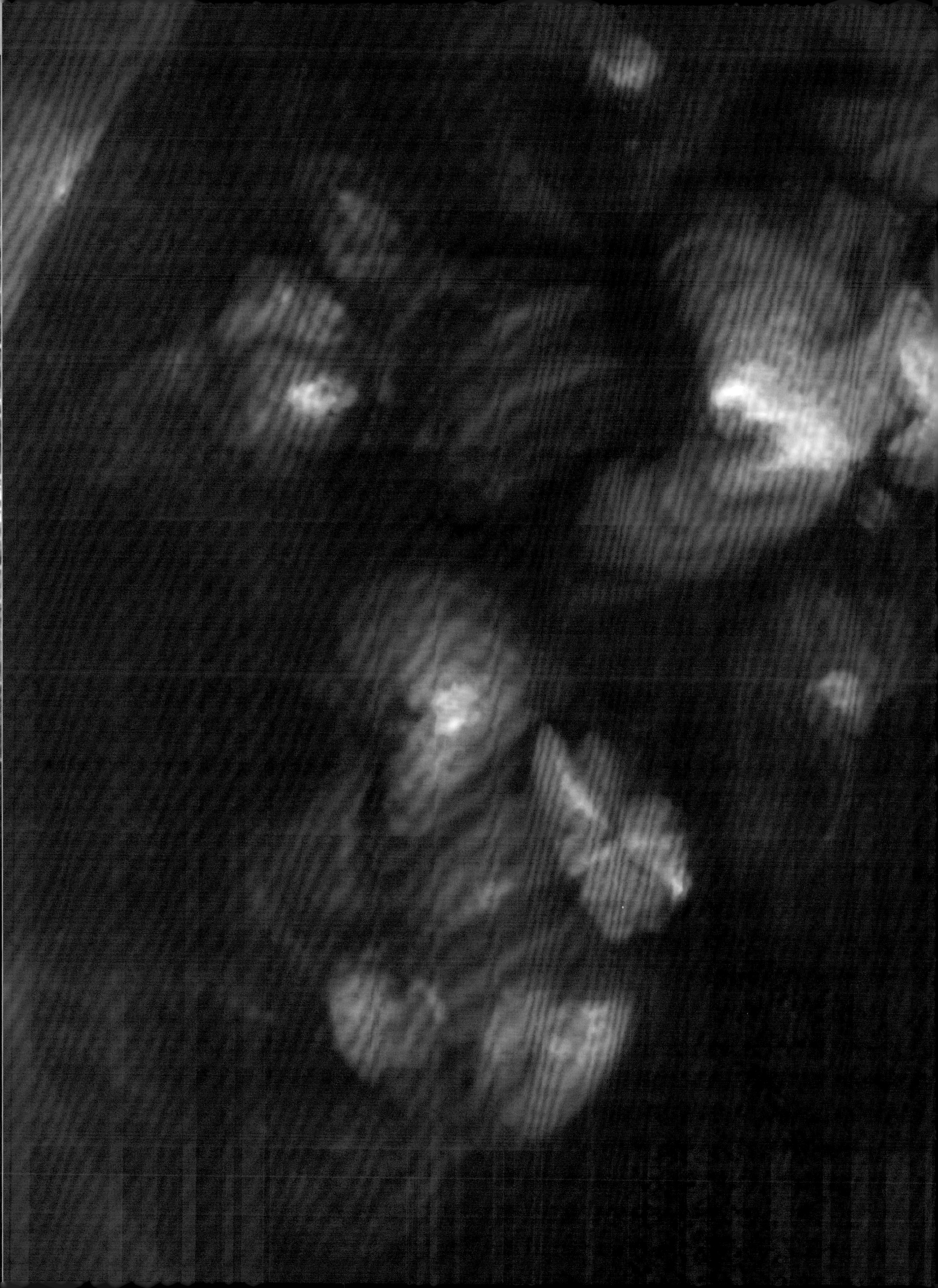

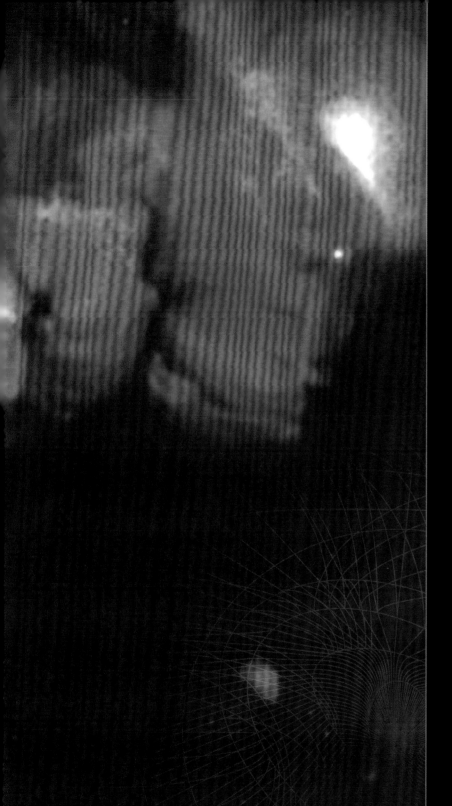

太阳系是受太阳引力影响的空间区域。
太阳是一颗普通的黄色恒星，几乎已经稳定燃烧了50亿年。除太阳以外，行星是太阳系中最重要的天体。这是一群多样的岩质、气态或冰态的星球，各自沿着环绕中央恒星的近圆独立轨道运行。大多数行星有卫星环绕，而大量的小型岩石与冰块同样也在自己的轨道上环绕太阳运转（虽然它们大都被限制在相对拥挤的几个区域内）。所有这些较大的天体周围都环绕着无数的小型颗粒，其中既有太阳吹出的原子碎片，也有彗星尾迹留下的尘埃与冰晶。我们所在的这个宇宙角落曾被远古的观星者热切地仰望，也被当代空间探测器细致地研究，而直到今天这里仍然是奇迹与惊讶的源头。

太阳耀斑
在太阳灼热的表面上，磁场能量的灾变性释放会触发太阳耀斑。它是太阳辐射与高能粒子的猛烈爆发，可在数小时内到达地球。

太阳系

太阳系的历史

太阳系据信起源于大约46亿年前一片庞大的气体尘埃云（太阳星云）中，这片星云的质量是当前太阳的好几倍。在数百万年的时间里，星云坍缩成了旋转的扁平盘面，盘面中心浓密而炽热。盘面的中央区域最终演变成太阳，部分剩余物质形成了太阳系的行星和其他部分。

太阳系的形成

　　没人确切地知道究竟是什么原因让产生太阳系的庞大气体尘埃云——太阳星云开始坍缩。可以肯定的是，引力通过某种方式克服了让星云保持膨胀的气体压力。星云在坍缩过程中变扁，形成薄饼状的盘面和中央的核球。与滑冰者收回手臂时转动变快的原理相同，随着盘面的凝聚，它的自转速度随之加快，中央区域也变得更加炽热致密。在盘面最靠近炽热中心的地方，只有岩石颗粒和金属还可以保持固体状态，其他物质都会挥发掉。在此过程中，这些岩石和金属颗粒逐渐凝聚到一起，形成了星子（岩质小型天体，直径最大可达几千米），最终成为岩质内行星（包括水星、金星、地球和火星）。在温度较低的盘面外围也发生着类似的过程，不过凝聚成星子的固体颗粒含有大量不同种类的冰态物质（包括水冰、氨冰、甲烷冰等）以及岩石。这些物质最终组成气态巨行星（木星、土星、天王星和海王星）的核心。

1 太阳星云的形成
太阳星云起初是庞大的低温气体尘埃云，比当前的太阳大许多倍。它的初始温度大约是零下230摄氏度。太阳星云最初可能转得很慢。

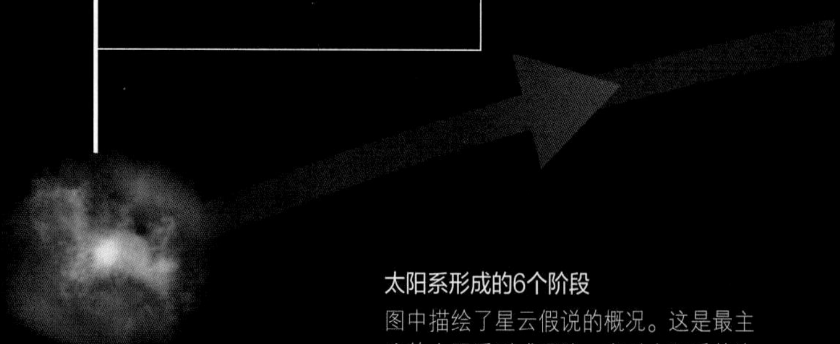

太阳系形成的6个阶段
图中描绘了星云假说的概况。这是最主流的太阳系形成理论，它对太阳系的许多基本特性都给出了合理解释。举例来说，它说明了大多数行星的轨道近似共面的原因，也能解释行星的公转方向为何一致。

皮埃尔－西蒙·拉普拉斯 (Pierre-Simon Marquis de Laplace)

皮埃尔-西蒙·拉普拉斯（1749—1827）是法国数学家，他发展了星云假说。这一假说最早由德国哲学家伊曼纽尔·康德（Immanuel Kant）提出，认为太阳系起源于巨型气体星云的收缩。这一假说是现在最广为接受的太阳系起源学说。拉普拉斯对科学的另一贡献是他分析了行星之间复杂的引力作用。他研究了这些作用力对太阳系稳定性的可能影响，并得出了太阳系天生稳定的结论。

6 遗留的残骸
太阳的辐射吹走了太阳系中大多数残余的气体以及其他未被吸积的物质。盘面外围部分残余的星子形成了广袤遥远的奥尔特彗星云。

内太阳系

艾达
可能是由于木星引力的影响，火星与木星之间的星子环带没能形成行星，而是形成了一道小行星带，其中就包括图中的小行星艾达。

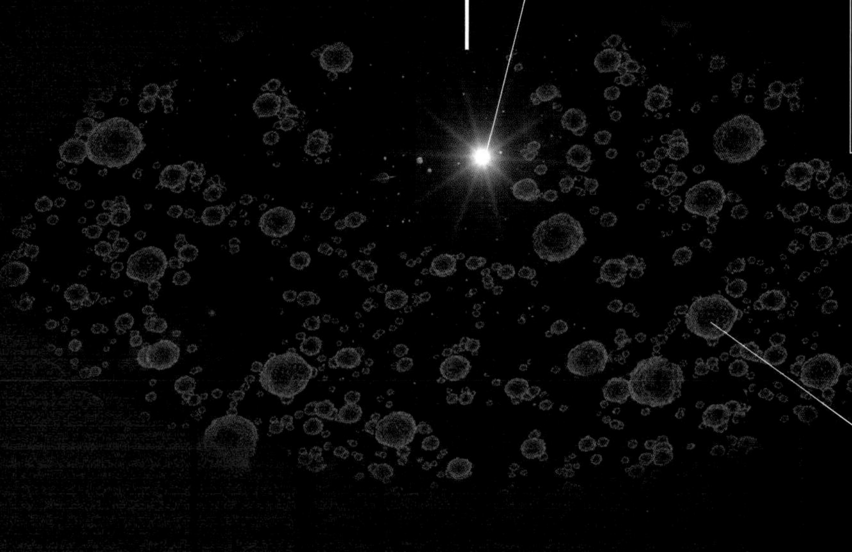

冰冻的彗核

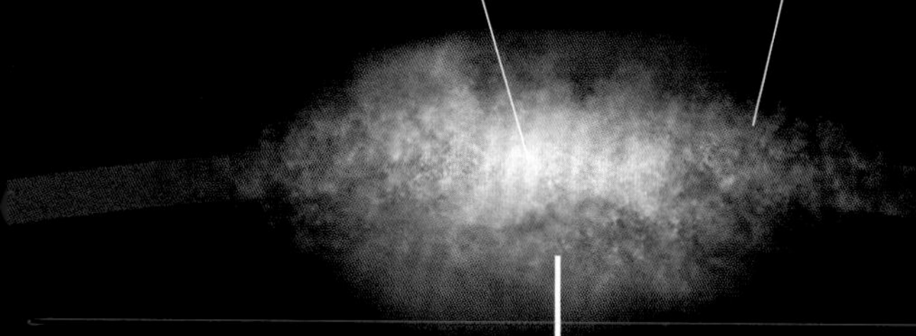

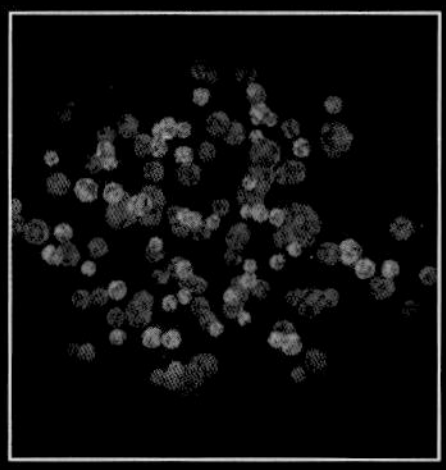

岩石与冰态颗粒

尘埃与冰态颗粒在环绕原太阳运行的时候彼此发生低速碰撞，粘连到一起。经过数千万年之后，这些颗粒成长为星子。

3 环带与星子

旋转盘的不稳定性导致其中的区域在引力的作用下凝聚形成环带。星子（由岩石和冰态物质组成的小型天体）通过吸积更小的颗粒而在环带内缓慢成形。

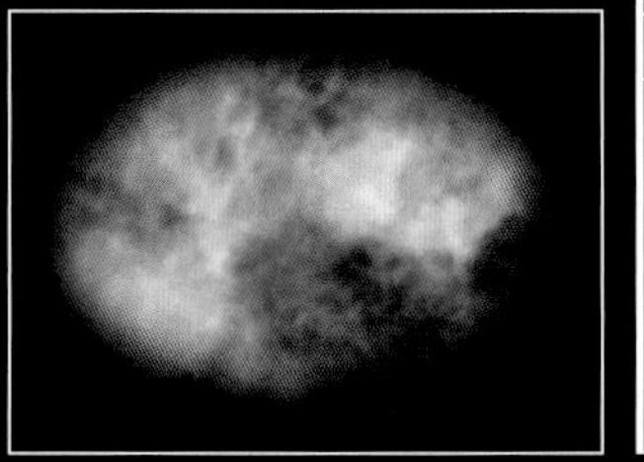

浓密而炽热的中央区域（原太阳）

原行星盘

2 原太阳的形成

在引力的作用下，太阳星云凝聚形成了致密的中央区域（原太阳）和弥散的外部区域（原行星盘）。随着星云的收缩，它开始加速自转并变得扁平，中央区域被加热。

气体和尘埃

星云的主要成分是氢气与氦气，此外还包括尘埃颗粒，其中含有一些金属以及水、甲烷、氨等物质。

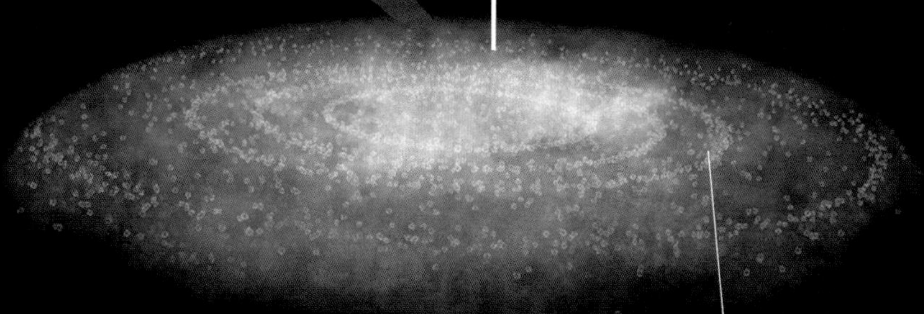

在环带内形成的星子

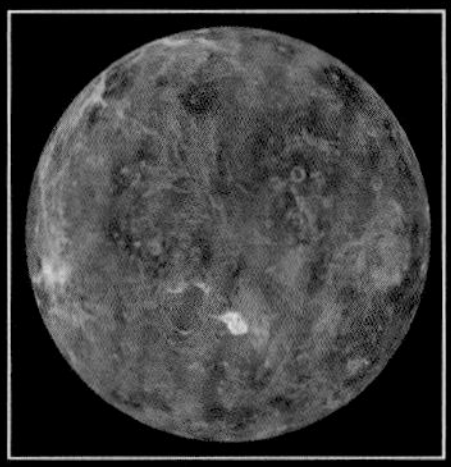

金星

金星与其他岩质内行星形成过程中的碰撞会产生大量热量，因此它们都是在熔融状态下诞生的。随后它们部分凝固了。

4 岩质行星

星子通过引力作用彼此吸引碰撞，构成行星。在靠近原太阳的地方温度极高，只有岩石与金属可以承受这里的热量，因此在该区域形成的行星主要由这些物质组成。

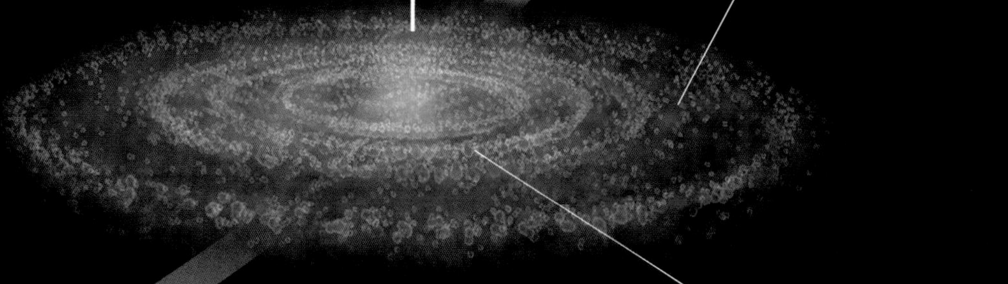

炽热的盘面内区

5 气态巨行星

在盘面的外围，星子形成的天体由岩石和冰态物质组成，它们变得足够大，可以在周围吸引大量的气体。在这些气态巨行星形成后不久，原太阳成为羽翼丰满的恒星。

吸积中的星子

行星的诞生

　　大约45.6亿年前，在星子花费了数千万年成形之后，构筑行星的最后一步就进行得比较快了。一旦星子的直径达到了几千米，它们就拥有足够强的引力，能够吸引越来越多的物质。许多星子凑到了一起，一同形成了尺度与月球相当的天体，也就是行星胎。最后原行星经历了一系列剧烈的碰撞，形成了气态巨行星的核心以及岩质内行星。前者含有岩石与冰态物质，它们的质量足够大，还可以吸引大量的氢、氦以及其他气体。气体被吸积到了行星核心上，形成浓密的大气。许多剩余的星子则成了彗星和小行星。冥王星可能是由气态巨行星没有耗尽的物质形成的，也可能是后来被太阳系俘获的。

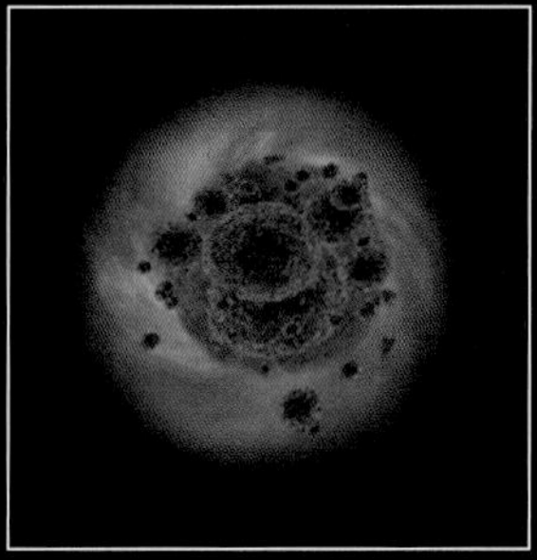

温度较低的盘面外缘

太阳开始通过核聚变产能

形成中的气态巨行星

重力

由于木星、土星这样的气态巨行星质量更大，所以它们可以改变其他行星的轨道，从而影响后者的形成过程。

太阳家族

22~23 宇宙的尺度
24~27 天体
34~37 辐射
38~39 引力、运动和轨道
68~69 行星运动
银河系 226~229

太阳系由太阳、8颗公认的行星、超过140颗卫星以及无数的彗星和小行星等小天体组成。太阳系的内区包括太阳以及岩质行星，也就是水星、金星、地球和火星。在内区之外存在着一道名为主带的小行星环带，然后是木星、土星、天王星和海王星这几颗气态巨行星。随后是一处包含冰态星球的区域——柯伊伯带，最后是庞大的彗星云。太阳系的总直径大约是15万亿千米，行星只占据从太阳起延伸至60亿千米的区域。

于尔班·勒威耶（Urbain Le Verrier）

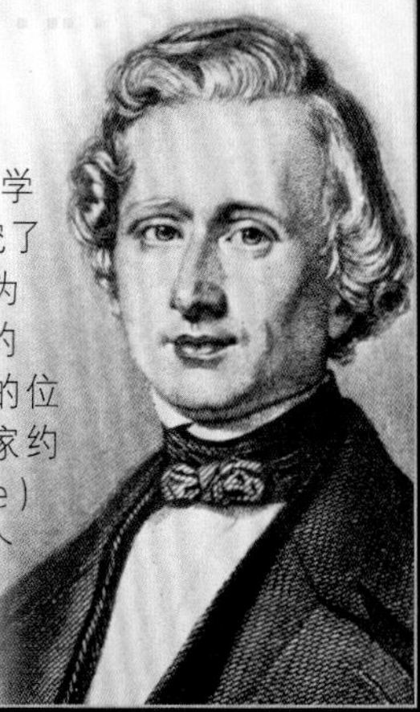

于尔班·勒威耶（1811—1877）是法国数学家兼天文学家。1846年，他在研究了天王星轨道的不规则行为之后，预言了海王星的存在，并计算出了它的位置。他让德国天文学家约翰·伽勒（Johann Galle）去寻找海王星，不到1个小时海王星就被发现了。

太阳系中的轨道

太阳系中大多数天体的轨道都呈椭圆形。不过对于大多数行星来说，它们的椭圆轨道接近正圆，只有水星的轨道明显偏离正圆。所有的行星以及几乎所有的小行星都沿同一方向环绕太阳运转，运行方向与太阳的自转方向相同。轨道周期（行星环绕太阳一周所需要的时间）随着天体与太阳距离的增加而变长，从水星的88地球日到海王星的将近165地球年。它们都遵守最早由德国天文学家约翰尼斯·开普勒在17世纪初发现的数学关系（参见第68页）。距离太阳较远的行星除了轨道周期较长以外，其运动速度也慢得多。

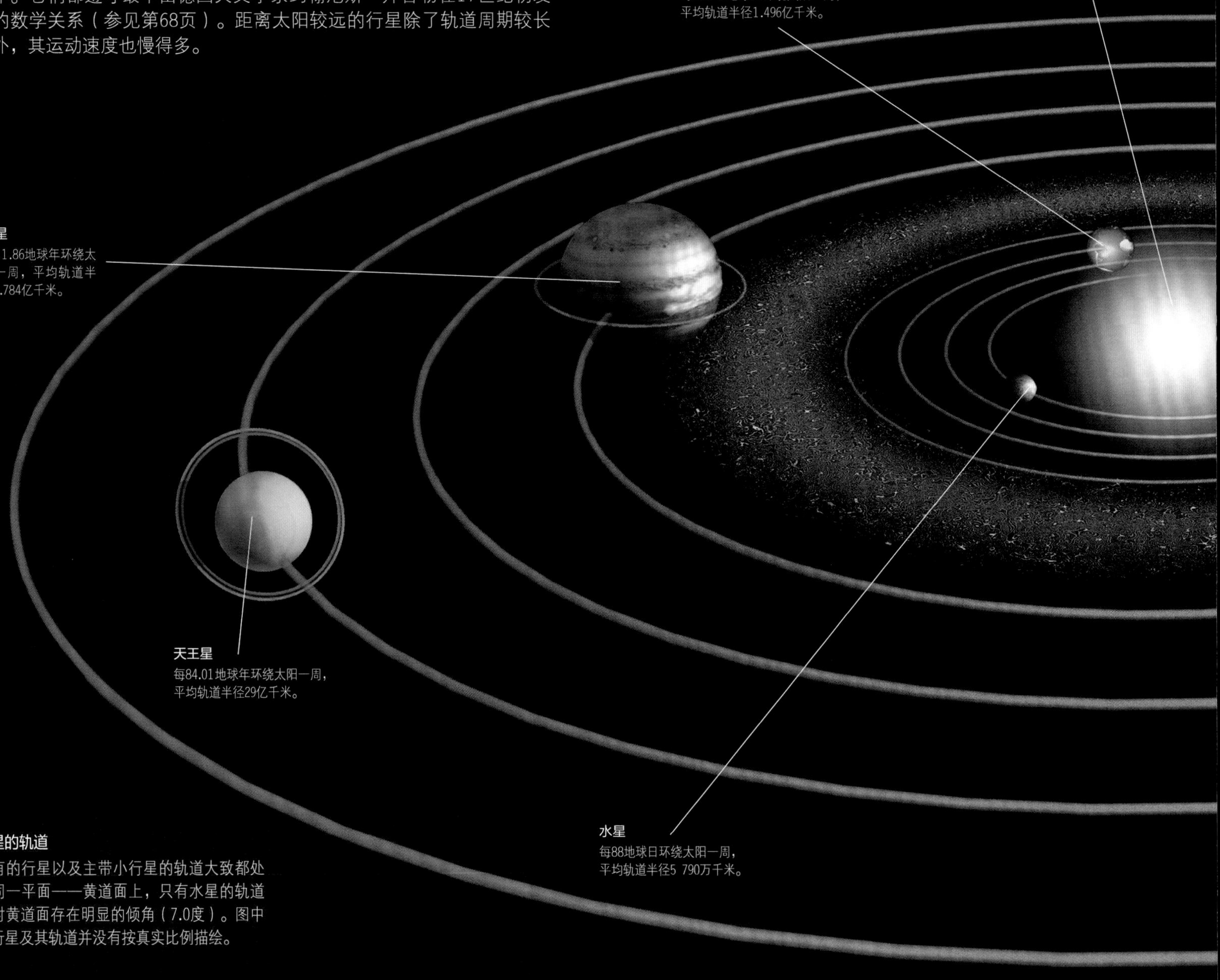

太阳
太阳在赤道处的直径是140万千米，其赤道区域的自转周期约合25地球日。
地球
每365.26地球日环绕太阳一周，平均轨道半径1.496亿千米。
木星
每11.86地球年环绕太阳一周，平均轨道半径7.784亿千米。
天王星
每84.01地球年环绕太阳一周，平均轨道半径29亿千米。
水星
每88地球日环绕太阳一周，平均轨道半径5 790万千米。

行星的轨道
所有的行星以及主带小行星的轨道大致都处在同一平面——黄道面上，只有水星的轨道相对黄道面存在明显的倾角（7.0度）。图中的行星及其轨道并没有按真实比例描绘。

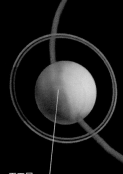

气态巨行星

　　位于小行星带之外的4颗大型行星叫作气态巨行星。这些行星存在许多共性，它们都有着岩石和冰态物质组成的核心，核心之外环绕着液体或者半固体幔，其中包含氢和氦。天王星和海王星幔则是甲烷冰、氨冰以及水冰的混合物。每颗行星都有着厚厚的大气层，主要由氢和氦组成，经常风暴云集。所有这4颗行星都拥有明显的磁场，不过木星的磁场格外强，其强度是地球的2万倍。气态巨行星周围都环绕着大量的卫星，木星拥有几十颗卫星。而且所有这4颗行星都拥有由岩石或冰态颗粒组成的光环。光环可能在行星形成之后就存在了，或者它们可能是在气态巨行星强引力场中瓦解的卫星的残余。

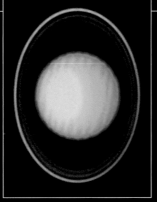

天王星及其光环

天王星拥有11道主要的光环以及大气中的甲烷导致的蓝色外观（上图是哈勃空间望远镜拍摄的红外照片）。它的自转轴倾向一侧。

岩质行星

　　太阳系的4颗内行星也叫作岩质行星。它们要比气态巨行星小得多，卫星的数量很少甚至没有，而且也不具备光环。受行星诞生时的撞击过程产生的热量影响，所有这4颗行星都是在熔融状态下形成的。在熔融状态下，组成行星的物质分化成了金属核心、岩石地幔与地壳。4颗行星在其历史后期都遭受过猛烈的陨石轰击，这在它们的表面上留下了陨击坑（环形山），不过地球上的陨击坑很大程度上被各种地质过程所掩盖了。在另一些方面，岩质星球差异很大。举例来说，金星有着主要由二氧化碳组成的浓密大气，而火星拥有成分类似的稀薄大气。地球大气富含氮和氧，而水星实际上没有大气。

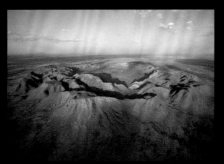

戈斯断崖（Gosses Buff）陨击坑

这座陨击坑位于澳大利亚中部的沙漠区域，它是一颗直径1千米的小行星在1.42亿年前撞击地球表面的结果。

火星
每687地球日环绕太阳一周，平均轨道半径2.279亿千米。

金星
每224.7地球日环绕太阳一周，平均轨道半径1.082亿千米。

小行星主带
位于火星和木星的轨道之间，是陨星的来源。一些小行星在主带之外环绕太阳运行。

土星
每29.46地球年环绕太阳一周，平均轨道半径14亿千米。

海王星
每164.8地球年环绕太阳一周，平均轨道半径45亿千米。

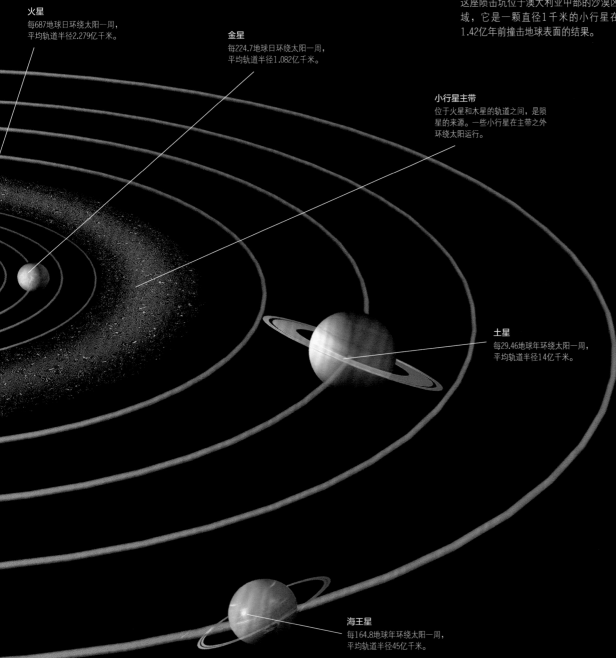

10千米宽的陨击天体

陨击物来袭

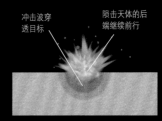

冲击波穿透目标　　陨击天体的后端继续前行

撞击时发生爆炸

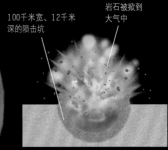

100千米宽、12千米深的陨击坑　　岩石被掀到大气中

陨击坑的形成

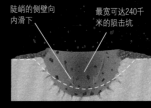

陡峭的侧壁向内滑下　　最宽可达240千米的陨击坑

陨击坑的塌陷

深度撞击

这组示意图说明了当一颗10千米宽的入射物撞击岩质行星或卫星时发生的典型事件。由此产生的陨击坑要比陨击天体大得多。陨击天体通常在撞击期间会汽化，不过一些熔融或破碎的残片可能会残留在撞击点上。

太阳

31 核裂变与核聚变
34~37 辐射
67 日食
恒星 232~233
恒星的一生 234~237
恒星形成 238~239
主序星 250~251

太阳是一颗有着46亿年历史的主序星。它是超热等离子体（被电离的气体）组成的庞大圆球，其质量是太阳系所有行星总和的750倍。在太阳的核心，核反应把氢变成氦，并产生大量的能量。这些能量逐渐向外转移，最后从太阳表面逃逸出去。

内部结构

太阳的内部分为3层，不过各层之间并不存在清晰的界限。中心区域是太阳核心，那里的温度和压力极高。核聚变在核心区域以每秒约6亿吨的速率将氢原子核（质子）转化为氦原子核，该过程释放的副产品是中微子（不带电荷、质量几乎为0的粒子）和电磁辐射的光子所携带的能量。核心发出的电磁辐射要向外穿过温度略低的辐射区。由于光子在这里被等离子体中的离子不断吸收并再发射，电磁辐射要花费大约100万年的时间才能离开这一区域。能量再向外流过对流区（上涌的庞大热等离子体流与下落的冷等离子体流比邻出现的区域），被传送到名为光球层的表面，并在光球层以热、光及其他形式的辐射逃逸出去。

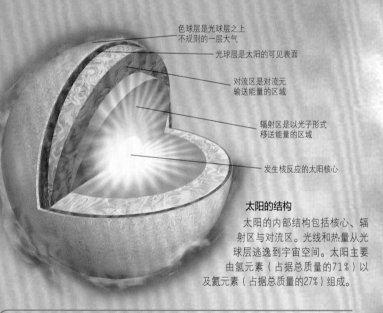

色球层是光球层之上不规则的一层大气
光球层是太阳的可见表面
对流区是对流元输送能量的区域
辐射区是以光子形式移送能量的区域
发生核反应的太阳核心

太阳的结构

太阳的内部结构包括核心、辐射区与对流区。光线和热量从光球层逃逸到宇宙空间。太阳主要由氢元素（占据总质量的71%）以及氦元素（占据总质量的27%）组成。

太阳档案

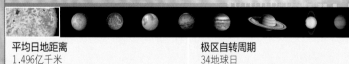

平均日地距离
1.496亿千米

表面温度
5 500摄氏度

核心温度
1 500万摄氏度

赤道直径
140万千米

观测方法
太阳的视星等是-26.7等，不能使用肉眼或者任何光学仪器直接观测，只能通过特殊的太阳滤光片来安全观测太阳。

极区自转周期
34地球日

赤道自转周期
25地球日

质量（地球=1） 333 000

大小比较

地球
太阳

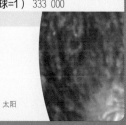

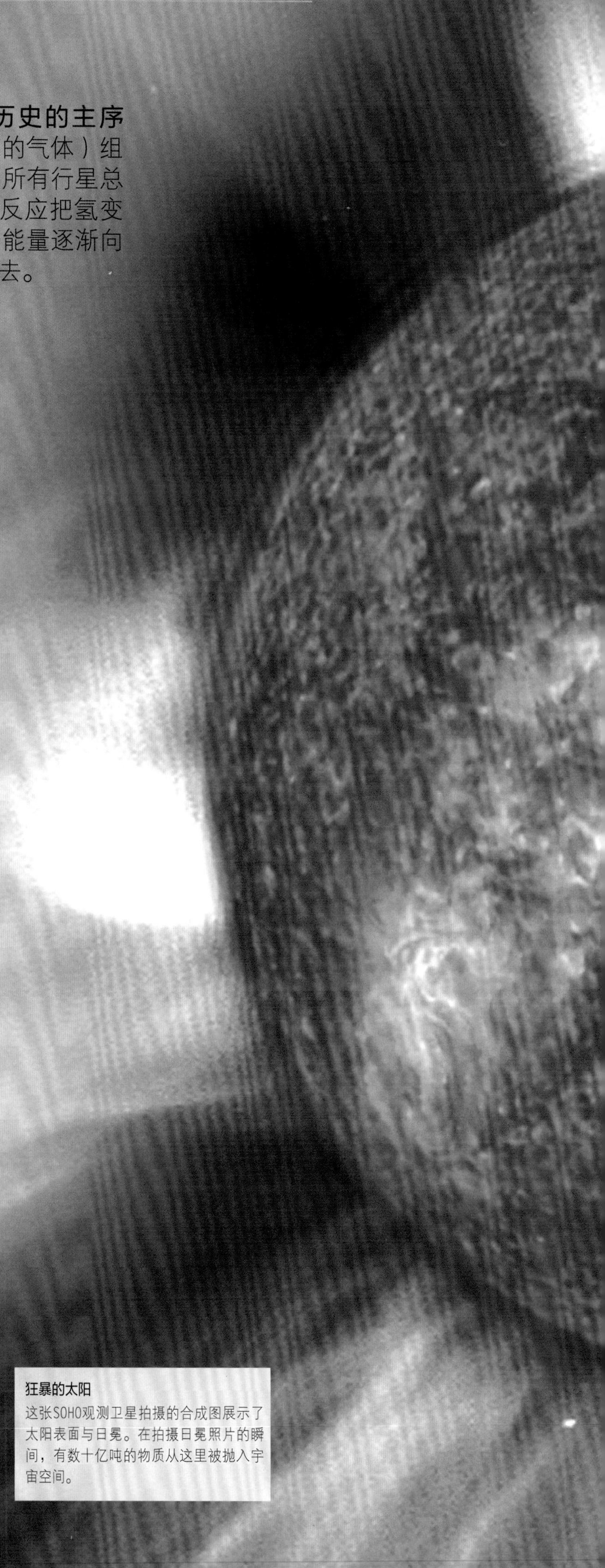

狂暴的太阳

这张SOHO观测卫星拍摄的合成图展示了太阳表面与日冕。在拍摄日冕照片的瞬间，有数十亿吨的物质从这里被抛入宇宙空间。

在太空研究太阳

自1960年起，NASA以及其他机构发射了一系列空间探测器和卫星，以采集有关太阳的数据。下面列出了一些最重要的任务。

1960年至1968年 先驱者5号至9号（美国）

这是一系列探测器，它们成功地环绕太阳运行，并研究了太阳风、太阳耀斑以及行星际磁场。

1974年与1976年 太阳神1号与2号（美国与德国）

两架太阳神探测器被送入了可以近距离高速掠过太阳表面的轨道。它们测量了太阳风和太阳磁场。

1980年 太阳极大使者（美国）

这颗卫星在太阳最活跃的时候研究了太阳，收集了耀斑、太阳黑子和日珥发出的X射线、伽马射线以及紫外辐射的数据。

1990年 尤利西斯（美国与欧洲）

尤利西斯是第一架进入太阳极轨的太空探测器，它在太阳极区上方研究了太阳风以及太阳磁场。

SOHO

1995年 SOHO（美国与欧洲）

这架太阳天文台处在环绕日地之间拉格朗日点的特殊"晕"轨道上，距离地球150万千米。SOHO（太阳和日球层探测器）研究的是太阳的内部结构以及表面发生的事件。

2006年 STEREO（美国）

日地关系观测台由两架相同的航天器组成，它们从不同的方向观测太阳，全方位提供太阳爆发和太阳风的信息。

2010年 SDO（美国）

NASA的太阳动力学观测台对太阳进行实时监测，以增进人们对其活动的了解，并更好地预测太阳活动对地球的影响。

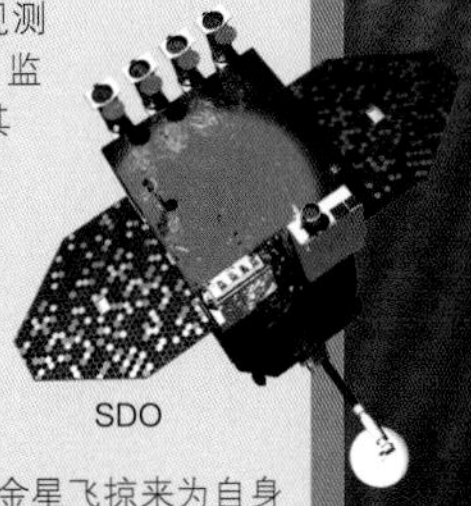

SDO

2018年 帕克太阳探测器（美国）

帕克太阳探测器借助金星飞掠来为自身减速，最终将在近至610万千米的距离上环绕太阳运行，并研究太阳大气。

2020年 SolO（欧洲与美国）

环日轨道器将从位于地球内侧不远处的轨道飞行到将位于水星内侧的轨道上，沿途研究太阳风和太阳两极。

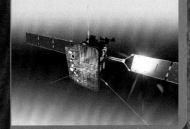

太阳系

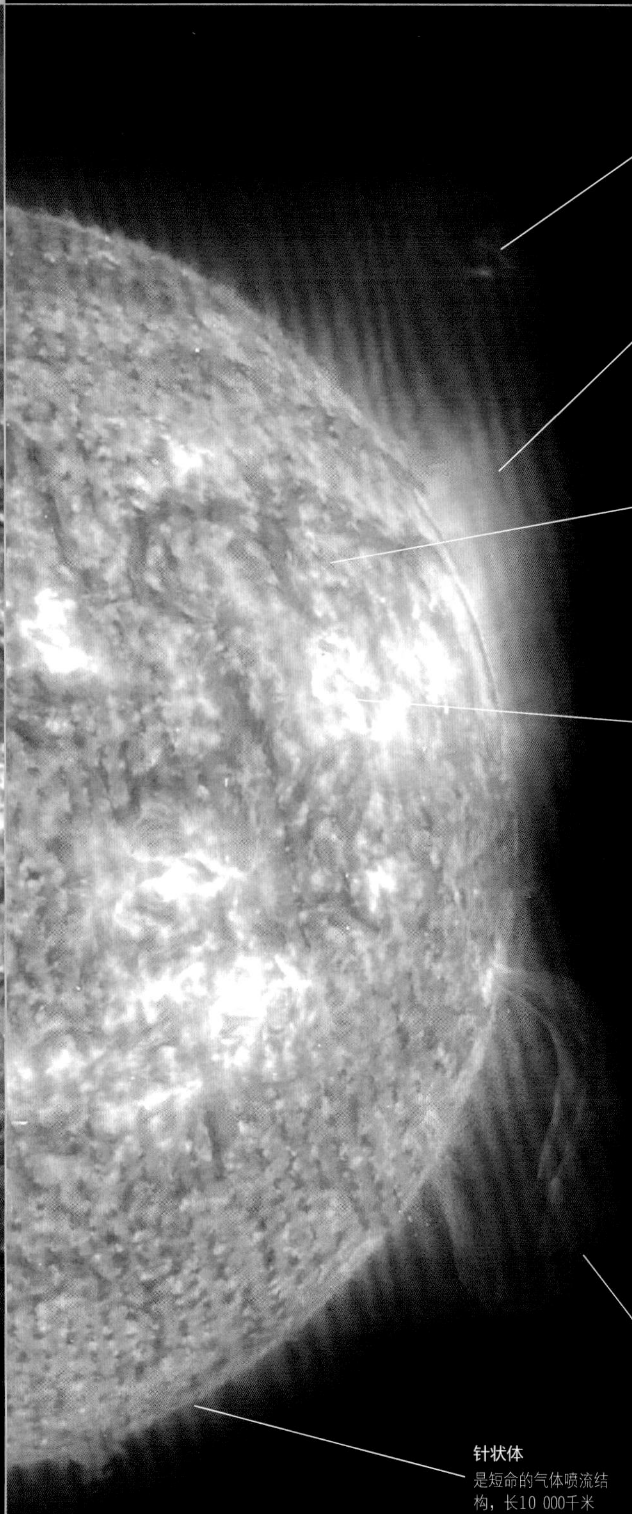

太阳表面

太阳的可见表面叫作光球层。这是一层等离子体（电离气体），大约有100千米厚，看上去是颗粒状的，或者说是泡沫状的。其上的凸起结构大约有1 000千米宽，它们是将热等离子体从太阳内部带上表面的对流元的顶部。光球层另一个显著的特征是黑子，这里是温度较低的区域，在更为明亮炽热的周边环境背景下呈暗色。太阳黑子与耀斑（太阳表面的巨型爆发）、等离子体环状物等相关现象据信有着共同的内部机制——它们与磁场或强磁场中的扰动相伴。之所以存在这样的磁场结构，是因为自转的太阳主要由带电粒子（等离子体中的离子）组成，太阳对流区中的不同部分以不同的速率旋转（在赤道区域比极地更快），这导致磁力线随着时间的推移逐渐扭曲缠绕在一起。聚集的磁力线在与光球层交会的地方会抑制从内部流出的热流，由此产生了黑子。其他扰动的成因是涌出太阳表面并释放出大量能量的扭曲磁力线，或沿磁力线喷发的等离子体环。太阳黑子以及相关活动的数量以11年为周期由少到多变化。

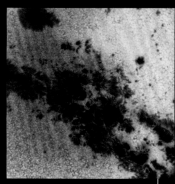

太阳黑子
每个太阳黑子都拥有暗色的中央区域（本影）以及颜色较浅的外围（半影）。在远离黑子的地方，太阳表面看起来呈颗粒状。每个颗粒（也就是米粒组织）都是太阳内部一个对流元的顶部。

日冕物质抛射
是太阳向宇宙空间抛射的等离子泡

日冕
其温度是光球层的数百倍

米粒组织
是对流元形成的斑驳表面

光斑
是极其明亮的活动区，与黑子相伴

日珥
是借助磁力线环悬浮在太阳表面上的致密气体云，可能会存在数天甚至数周之久

针状体
是短命的气体喷流结构，长10 000千米

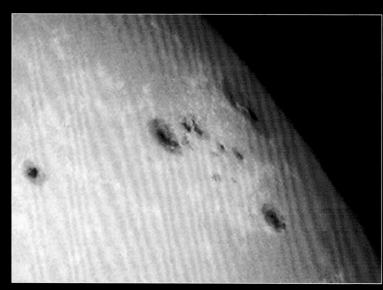

光球层
光球层的底部温度为5 700摄氏度，不过上部温度较低，发出的光辐射也较少。太阳圆面的边缘看起来比较暗，因为这里的光线来自这些温度较低的区域。

太阳活动
这张太阳的紫外照片是SOHO太阳探测器上搭载的一台仪器拍摄的。它展示了太阳的色球层（光球层之上的一层）和各种隆起结构，包括一个巨型日珥，以及日面的一系列活动区。这张照片还记录了一次中心区域存在明亮紫外辐射的日冕物质抛射。

第一次日震观测

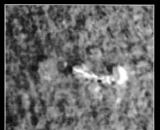

1 1996年7月，通过分析SOHO探测器一台仪器得到的数据，科学家第一次记录下了日震。

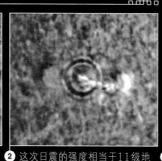

2 这次日震的强度相当于11级地震，是由一次太阳耀斑引起的，这次耀斑就是图中在其左侧拖出"尾迹"的白色光斑。

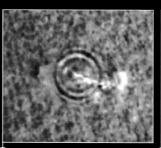

3 日震波看起来就像是池塘中的涟漪，不过涟漪的高度是3千米，最大速度可达每小时400 000千米。

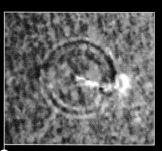

4 在1个小时内，日震波越过了相当于地球直径10倍的距离，然后消失在灼热的背景中。

太阳大气

约瑟夫·冯·夫琅和费
（Joseph von Fraunhofer）

约瑟夫·冯·夫琅和费（1787—1826）是德国的物理学家以及光学仪器制造师，他最广为人知的贡献是研究了太阳光谱中的暗线。现在这些暗线被称为夫琅和费线，对应太阳外层大气中化学元素的吸收波长。夫琅和费的观测方法后来被用于确定太阳以及其他恒星的组分。

作为太阳可见光表面的光球层其实是太阳大气的底层。在光球层之上还有3层大气。橙红色的色球层位于光球层之上，厚度大约是2 000千米。从光球层底部到顶部，温度从4 500摄氏度上升到了大约2万摄氏度。色球层中存在大量火焰状的等离子体柱，叫作针状体。针状体可以沿所在区域的磁力线升至10 000千米，并持续好几分钟。色球层和日冕之间是名为过渡区的不规则薄层，温度在这里从2万摄氏度升高到100万摄氏度左右，科学家正在研究这一区域，希望能了解温度增高的原因。太阳大气的最外一层是日冕，由稀薄的等离子体组成。在距离太阳很远的地方，日冕会与太阳风混在一起。太阳风是主要由质子和电子组成的带电粒子流，从太阳流出，并穿越太阳系。日冕温度极高，有200万摄氏度，其高温的成因人们至今也没有完全搞清，不过磁场现象据信是加热的主要原因。日冕物质抛射（CME）是庞大的等离子体泡，其中包含数十亿吨的物质，有时会从太阳表面通过日冕抛射到宇宙空间中。CME可以扰乱太阳风，导致了地球大气中的极光变化（参见第74页）。

色球层
图中紧邻明亮的光球层的不规则红色窄弧就是太阳的色球层。图中还可以看到从色球层延伸到日冕的火焰状日珥。

日冕
日冕是太阳大气的最外层，从色球层向宇宙空间延伸数百万千米。它在日全食期间最容易观测到，如图所示。

日冕物质抛射
这张日冕物质抛射（图中左上）的照片是SOHO太阳探测器使用日冕仪拍摄的。这种仪器使用掩日板（照片中央光滑的红色区域）来阻挡直射的阳光。白色圆圈表示被遮掩的太阳圆面所在位置。

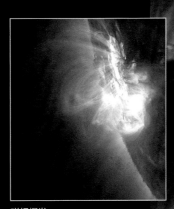

磁场爆发
炽热的等离子体沿磁力线喷发到大气中。在TRACE卫星拍摄的这张照片中，不同颜色表示不同的温度，蓝色对应的温度最低，红色对应最高。

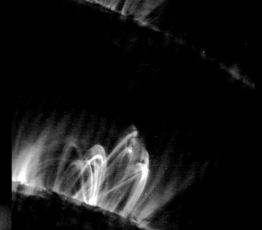

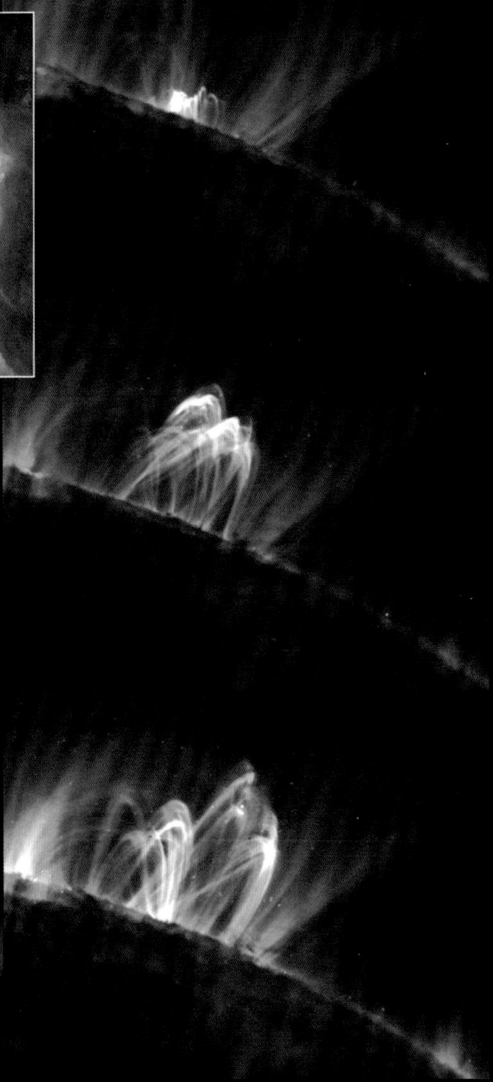

耀斑发生后的环状结构
这3张太阳磁活动区的照片是由TRACE卫星拍摄的，覆盖的时间段是2.5小时。太阳日冕中的环状结构可能跟随太阳耀斑而来，由沿磁力线被加热到极高温度的等离子体组成。

北极光
太阳风中的带电粒子抵达地球之后会产生极光。这张北极光的照片是在加拿大的曼尼托巴（Manitoba）拍摄的。

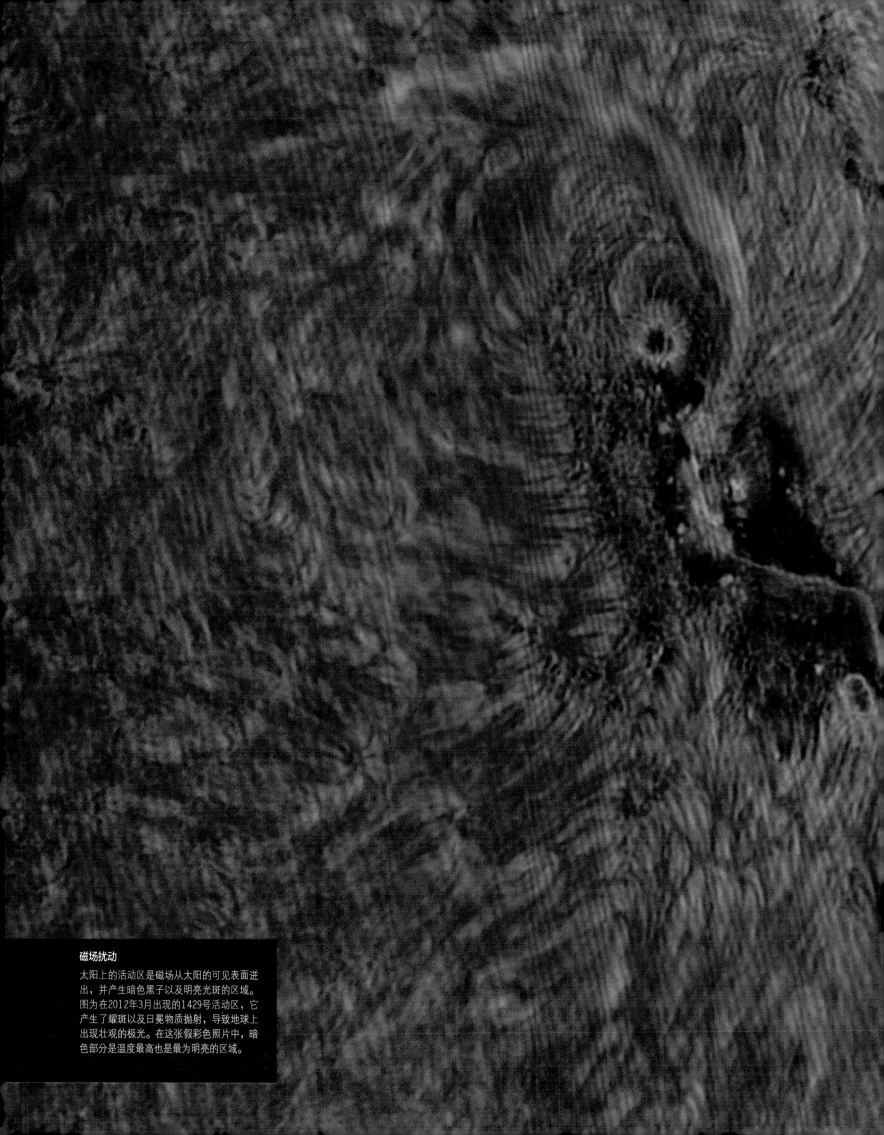

磁场扰动

太阳上的活动区是磁场从太阳的可见表面迸
出，并产生暗色黑子以及明亮光斑的区域。
图为在2012年3月出现的1429号活动区，它
产生了耀斑以及日冕物质抛射，导致地球上
出现壮观的极光。在这张假彩色照片中，暗
色部分是温度最高也是最为明亮的区域。

水星

水星是太阳系八大行星中最小的一颗，距离太阳最近，而且铁元素含量也最高。水星的表面环境极其恶劣，那里几乎没有屏蔽性的大气，白天的温度会升高到酷热的430摄氏度，夜间陡降到可以冻结空气的零下180摄氏度。其他行星都不具备如此剧烈的温度变化。它的表面被陨星的轰击翻腾过，颜色暗淡且遍布尘埃。

轨道

　　水星有着八大行星中偏心率最大的轨道。在近日点处，它与太阳的距离只有4 600万千米，但远日点的距离则是6 980万千米。水星的赤道面与轨道面重合（换句话说，它的自转轴几乎是垂直的），这意味着该行星上不存在季节，某些极地附近的环形山永远也不会被太阳照射到，一直是冰冷的。水星的轨道相对地球轨道存在7度的倾角。由于水星轨道位于地球轨道之内，它与月球类似，存在相位变化（参见第66页）。

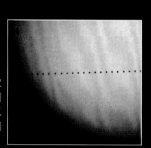

水星凌日
水星每个世纪会有13次正好从地球和太阳之间经过。图中的一列圆点是2006年水星凌日期间拍摄的多次曝光影像。

自转与轨道
水星每公转两周的同时，自转3周（换句话说，每2个水星年由3个水星日组成）。这种不寻常的自旋轨道耦合意味着，水星上两次日出之间的间隔是176个地球日。

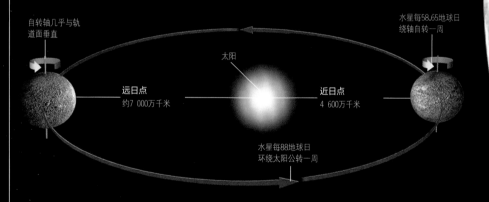

自转轴几乎与轨道面垂直

水星每58.65地球日绕轴自转一周

远日点
约7 000万千米

太阳

近日点
4 600万千米

水星每88地球日环绕太阳公转一周

爱因斯坦与水星

　　水星近日点位置运动的幅度比艾萨克·牛顿运动理论的预言稍大。在19世纪，人们认为有一颗轨道位于水星之内的行星（祝融星）引起了这一效应。德国物理学家阿尔伯特·爱因斯坦在1915年提出的广义相对论指出，太阳附近的空间是弯曲的，该理论还正确预言了近日点进动的精确幅度。

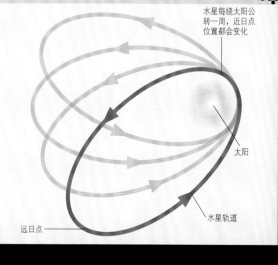

水星每绕太阳公转一周，近日点位置都会变化

太阳

水星轨道

远日点

摆动的水星轨道
水星的近日点每世纪前进大约1.55度，这比附近的行星引力影响所能导致的角度还要大0.012度。

坑坑洼洼的星球
在这张信使号探测器2009年拍摄的照片中，可见水星密布环形山的表面。这与月球上的高原区域类似。水星上还存在较年轻的广袤平原，表面平滑，其上环形山较少，与月海很相像。

由固态铁、镍元素组成的内核

结构

水星极高的密度说明它富含铁元素。铁在大约40亿年之前沉入星球中心，形成了一个巨大的铁核，直径3 600千米。核心外区可能还有一薄层仍旧处于熔融状态。水星外部的四分之一主要是大约厚550千米的固体岩石幔。地幔的外区已经缓慢冷却了下来，在最近10亿年中，火山喷发和熔岩流都停止了，这使得水星在地质构造方面不再活跃。与古老的月球高原区域类似，水星幔与薄薄的地壳主要由硅酸盐矿物斜长岩组成，不存在氧化铁。与其他行星不同的是，看起来水星上所有的铁元素都沉入了核心，这里产生了相当于地磁场强度1%左右的水星磁场。

水星的内部结构

与其他岩质星球相比，水星的金属含量极高，不过缺乏可以产生热量的放射性元素。它庞大的铁核可能已经固化。

大气

由于水星质量太小，无法维系大气的存在，它只拥有极其稀薄的临时性大气。水星距离太阳非常近，因此日间的温度很高，能达到430摄氏度。这里的逃逸速度还不到地球的一半，因此大气中的氦等高温的轻元素很快就会逃逸到宇宙空间中，所有的大气组分都需要持续不断的补充。1974年，水手10号探测器搭载的紫外线光谱仪分析了水星大气，并探测到了氧、氦以及氢元素，随后地面望远镜还找到了大气中的钠、钾以及钙元素。氢与氦是从持续逃逸自太阳的太阳风气体中俘获的；其他元素则来自行星表面，并且断断续续地被水星磁层中的离子以及太阳系尘埃云中的微陨星颗粒轰击到稀薄的大气中。由于分子在寒冷的夜半球没有足够的能量逃逸，那里的大气要比炽热的昼半球浓密得多。

钾与其他气体（1%）

氧（52%）　　　　钠（39%）　　氦（8%）

大气组分

氧是含量最高的气体，钠与氦紧随其后。然而气体在不断损失又补充着，大气成分随着时间推移可能会出现剧烈的变化。

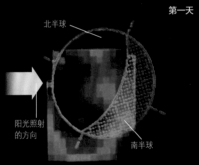

第一天

北半球

阳光照射的方向

南半球

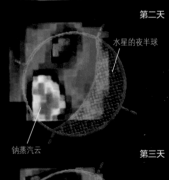

第二天

水星的夜半球

钠蒸汽云

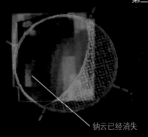

第三天

钠云已经消失

水星的钠尾

太阳光的光压将钠原子吹离水星，形成了长约4万千米的"尾迹"。水星和太阳位于这张水星钠尾假彩色图像的左侧边缘之外。尾迹发出的辐射之前被地面望远镜观测过，不过这张来自信使号探测器上的光谱仪的照片是迄今最为精细的。

水星档案

平均轨道半径		自转周期	
5 790万千米		59地球日	
表面温度		公转周期	
零下180摄氏度至零上430摄氏度		88地球日	
直径	4 875千米	质量（地球=1）	0.055
体积（地球=1）	0.056	赤道重力（地球=1）	0.38
卫星数量	0	大小比较	

观测方法

水星在天空中与太阳的距离不超过28度，只能在黎明或者黄昏时分观测。它是最难于寻找的近距行星，每个月只有几天可见。

地球　　　　水星

临时性的大气

在美国基特峰太阳天文台拍摄的这些假彩色照片中，稀薄的钠云突然出现在水星某些区域的上空，然后很快又消失了。云团可能是由陨星撞击产生的，刚刚形成环形山的地表随后被阳光加热，释放出了钠元素蒸汽。另一种可能性是电离粒子撞击到了水星表面，并从浮土层中释放出了钠元素。

地表特征

　　水星的可见表面覆盖着陨击坑。由于水星的表面重力大约是月球的2倍，抛射覆盖物更加靠近母环形山，比月球上的也更厚。大型陨石的撞击造就了多重环结构的盆地。尤其引人注目的例子是卡路里（Caloris）盆地。在行星相对盆地的另一侧存在一片奇特的地貌，它是由撞击导致的地震塑造的（参见右图）。与月海类似，水星环形山之间散布着固化玄武熔岩构成的平坦平原，平原至少分为两代。流动的熔岩从水星地壳的火山口处缓慢渗出，并在低地汇聚，最终大多数火山口都被熔岩所覆盖。信使号空间探测器在卡路里盆地的周围拍下了火山口，它们显然是熔岩的源头。水星表面上还存在数道峭壁（山脊），高度可达1至3千米，最长可达500千米。

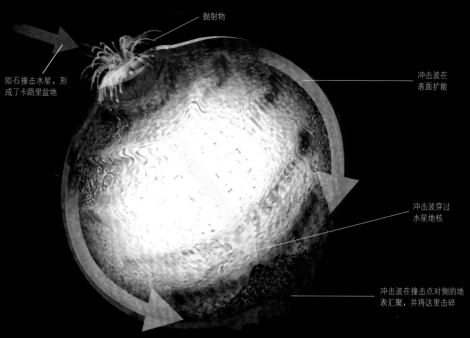

抛射物

陨石撞击水星，形成了卡路里盆地

冲击波在表面扩散

冲击波穿过水星地核

冲击波在撞击点对侧的地表汇聚，并将这里击碎

地表组分

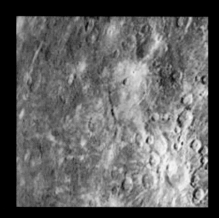

这张假彩色图像中，黄色表示硅酸盐地壳因环形山形成而暴露在外的区域，蓝色区域表示较为年轻的火山岩。

撞击的冲击波

在卡路里盆地形成几分钟之后，撞击产生的冲击波就聚焦在了行星的对侧。这导致250 000平方千米的区域发生了剧变，涌起了最高达1.8千米、宽5千米至10千米的山脉。环形山的边缘破裂，形成了小型山峰和低谷。

卡路里盆地对侧混沌的地貌

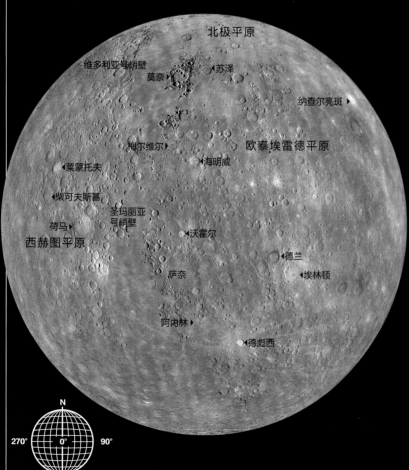

北极平原
维多利亚号峭壁
莫奈
苏泽
纳查尔亮斑
梅尔维尔
欧泰埃雷德平原
莱蒙托夫
海明威
柴可夫斯基
圣玛丽亚号峭壁
荷马
沃霍尔
西赫图平原
德兰
萨奈
埃林顿
阿内林
德彪西

270° 0° 90°
N
S

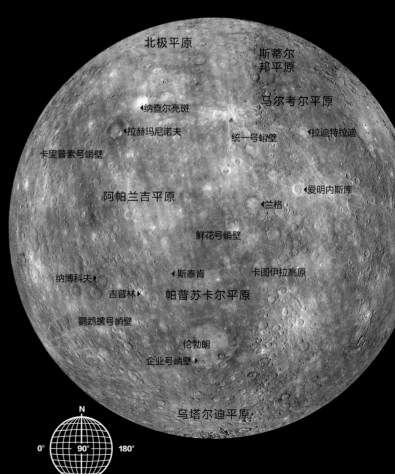

北极平原
斯蒂尔邦平原
马尔考尔平原
纳查尔亮斑
拉赫玛尼诺夫
统一号峭壁
拉迪特拉迪
卡里普素号峭壁
爱明内斯库
阿帕兰吉平原
兰格
鲜花号峭壁
纳博科夫
斯泰肯
卡图伊拉高原
吉普林
帕普苏卡尔平原
鹦鹉螺号峭壁
伦勃朗
企业号峭壁
乌塔尔迪平原

0° 90° 180°
N
S

全球性的收缩

在水星表面贯穿数百千米的断崖是星体发生过全球性收缩的证明。这样的收缩过程导致了各片地壳的边缘在彼此接壤处向上凸起。这里规模最为庞大的峭壁高2千米至3千米，长约1500千米，它们的形成要追溯到数十亿年前。除了南北极点附近的峭壁，大多数崖体都是南北走向的。这说明行星自转速率在潮汐力作用下的减缓可能对峭壁的形成产生过影响。

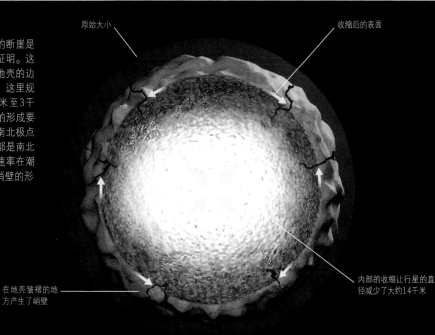

原始大小

收缩后的表面

在地壳皱褶的地方产生了峭壁

内部的收缩让行星的直径减少了大约14千米

地理

　　水星是一颗没有大气层且密布环形山的星球。它的大部分地表都覆盖着辽阔的熔岩层。熔岩年龄越老，其上由陨击环形山带来的伤痕就越多。大约3亿年前，提供熔岩的火山喷发退化成了涓涓细流，而此时陨击坑的形成速率也已减缓。因此最为年轻的熔岩地表有着相对较少的环形山，它们被描述为"平滑的平原"。大多数水星上的平原（拉丁语"Planitia"）以不同语言中的水星（英文原意是罗马神话中的信使）命名。而环形山则以著名艺术家、作家和音乐家命名，如拉斐尔、莎士比亚、莫扎特在水星上皆有所属。峭壁（拉丁语"Rupes"）以参与过发现远征的舰船命名。

水星地图

NASA的信使号探测器第一次绘制了完整的水星全球图像。以下以90度的经度间隔展示了水星的黑白地图。

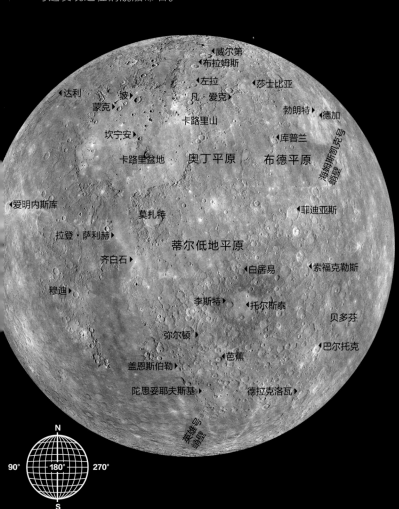

威尔第
布拉姆斯
左拉
莎士比亚
达利
坡
凡·爱克
蒙克
勃朗特
德加
卡路里山
库普兰
坎宁安
海姆斯凯克号峭壁
卡路里盆地
奥丁平原
布德平原
爱明内斯库
莫扎特
菲迪亚斯
拉登·萨利赫
蒂尔低地平原
齐白石
白居易
索福克勒斯
穆迪
李斯特
托尔斯泰
贝多芬
弥尔顿
巴尔托克
盖恩斯伯勒
芭蕉
陀思妥耶夫斯基
德拉克洛瓦
发现号峭壁

N
90° 180° 270°
S

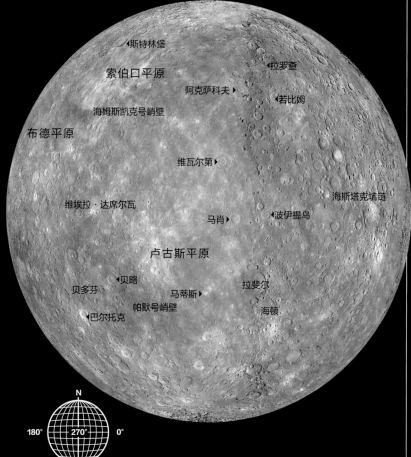

斯特林堡
索伯口平原
拉罗登
阿克萨科夫
若比姆
海姆斯凯克号峭壁
布德平原
维瓦尔第
海斯塔克坑链
维埃拉·达席尔瓦
马肖
波伊提乌
卢古斯平原
贝多芬
贝略
马蒂斯
拉斐尔
帕默号峭壁
海顿
巴尔托克

N
180° 270° 0°
S

陨击坑

　　水星表面遍布陨击坑，大小各异，从小型的碗状环形山到直径相当于行星四分之一的盆地都有。由于较古老区域上叠加的环形山密度更高，而且较早形成的环形山会因为随后的撞击事件抛撒的物质碎片（浮土）而风化，我们可以由此推测出地表各区域的相对年龄。

南极
由于缺乏阳光照射，水星的南极永远保持冰冻状态。

卡路里盆地

类型	陨击坑
年龄	40亿年
直径	1 550千米

信使号的地图

　　卡路里盆地是水星上保存良好的盆地中规模最大的一个，其面积比美国的得克萨斯州略大。大约39亿年前的一起大型陨击事件形成了这处盆地，随后它的底部被熔岩涌

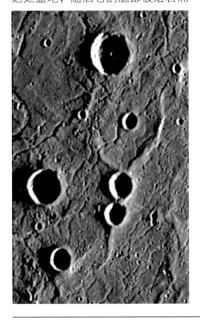

过（在右侧增强色图像中以橙色表示，作为对比，盆地外侧区域颜色更暗、更偏蓝）。随后盆地遭受的小型撞击穿透了熔岩层，让盆地原有底部极暗的蓝色物质暴露了出来。

　　在卡路里盆地的底部并不存在"幽灵环形山"（参见对页的阿格沃亮斑）。这意味着要么熔岩的厚度极大，将幽灵环形山完全遮掩了；要么在熔岩喷出之前的时间极短，还来不及在新盆地的底部形成环形山。

　　在盆地南边缘内侧的橙色明亮斑点据信是由爆发性的火山喷发所抛出的物质，就像阿格沃亮斑那样。

　　盆地的名称"卡路里"源于拉丁语的"热量"一词。由于在每隔一次的水星过近日点期间，太阳都会高悬在此盆地所处经度的天顶，让正午时分的温度尤其高，故有此名。

盆地底部
盆地底部的熔岩遍布起伏的山脊与裂隙，这反映了熔岩冷却与塌陷的历史。盆地还因大大小小的陨击环形山而显得伤痕累累。

陨击盆地
这张增强色照片揭示出，覆盖着卡路里盆地底部的熔岩（以橙色表示）组分与周边区域不同。

巴赫环形山

类型	陨击坑
年龄	40亿年
直径	214千米

信使号的地图

　　这座双环盆地是中间类型环形山的代表，它介于拥有大型中央峰的稍小陨击坑与拥有多重环状结构的大型陨击坑之间。其突出的内环宽度是外环的一半，整体的环状结构引人注目。巴赫环形山是在重轰击期的末期形成的，随后熔岩涌入环形山，造就了平滑的底部。

双环盆地

德加环形山

类型	陨击坑
年龄	5亿年
直径	60千米

信使号的地图

　　这座相对年轻的环形山平坦的底部看上去覆盖了一层陨击熔融物，熔融物在冷却的时候发生了破裂。中央峰看起来很明亮，这是因为易挥发的物质迁移到了这里，形成了空穴（参见对页）。环绕着环形山边缘的相当一部分抛出物颜色暗淡，因此被称为"低反照率物质"。它们是由形成环形山的撞击过程挖掘而出的，可能源自富含石墨的地下层。

低反照率物质

布拉姆斯环形山

类型	陨击坑
年龄	35亿年
直径	97千米

信使号的地图

　　布拉姆斯环形山是一座成熟的大型复杂陨击坑，位于卡路里盆地北侧，它拥有突出的中央山峰，宽度约20千米。环形山壁向内侧倾斜，形成了一系列精细的同心阶梯地台以及高度不规则的边缘。这样的结构是此等尺度的环形山的典型特征，直径小于10千米的环形山呈碗状，而直径超过130千米的环形山拥有中心的圆环（参见上方的巴赫环形山）。布拉姆斯环形山周围环绕着放射状的山丘。

中央峰
这座山峰高3千米，是地表之下的岩石遭受小行星撞击之后反弹的产物。

地质特征

　　30多亿年前，水星的大部分地表都喷出了类似月海的辽阔熔岩带，不过水星熔岩的铁含量比月球更少，但镁、硅和多种挥发性元素含量更高。较小的区域（尤其是位于某些环形山内部的那些）涌过熔岩的年代要更晚近一些。不到10亿年前水星上也发生过剧烈的熔岩喷发。

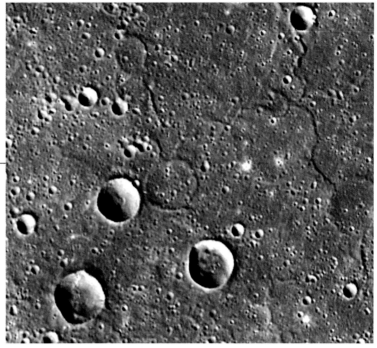

火山平原
这张照片展示了"幽灵环形山"隐约的环形痕迹，它们已经完全被熔岩淹没，形成了平原。更明显的环形山都是由冲向熔岩的晚近撞击事件形成的。

雷诺阿区

发现号峭壁

类型	山脊
年龄	20亿年
长度	500千米

信使号的地图

　　这座峭壁高2千米，比它所穿过的环形山和火山平原都要年轻。发现号峭壁呈东北—西南走向，长500千米，是水星上最长的峭壁。人们在水星上测绘到了众多类似的地貌，它们被称作叶状峭壁。行星在过去40亿年间的缓慢冷却导致其半径收缩了大约7千米，由此让彼此相邻的岩石地壳块在接壤处向上凸起。

卡路里盆地底部

阿格沃亮斑

类型	火山喷发
年龄	20亿年
直径	100千米

信使号的地图

　　这处橙色的明亮斑块（拉丁语"Facula"）是水星上将近200个同类地貌中的一个，据信它们都是爆发性火山喷发留下的沉积物。这样的喷发事件会摧毁不规则的熔岩坑，通常这些坑穴出现在火山的中部附近。每处沉积物外围的颜色都会变暗，并与背景融为一体。火山爆发（或一系列爆发）越是猛烈，沉积物面积就越大，颜色也越明亮。水星上最年轻的爆发性喷发沉积物年龄可能还不到10亿年。水星的大多数喷发事件都会产生熔岩流，不过爆发性的喷发虽然不那么常见，但非常重要。它们只有在足够多的气体可以发生剧烈膨胀而导致爆发性事件的时候才会发生，此时熔融的岩石会向地表喷涌而出。

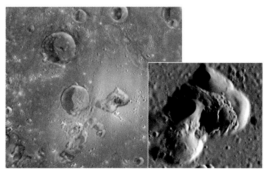

复合喷口
这处阿格沃亮斑中部长27千米的凹坑由数个彼此重叠的火山喷口组成。最深的喷口深度达到1千米。

穿过陨击坑的发现号峭壁

拉迪特拉迪区

空穴

类型	地表退化
年龄	不到1亿年
直径	0.1千米

信使号的地图

　　信使号探测器在水星表面揭示出了前所未见的精细结构。其中的一个发现是一类叫作空穴（Hollows）的地貌，它们可以单独出现，不过更常见的是数十或数百个空穴聚集成群。空穴是宽数百米的地表斑块，已经被挖空了10米到20米深，留下了侧壁陡峭、底部平坦的凹陷。

　　空穴的年龄不可能太古老，原因是它们的内部并不存在任何水星陨击坑；而某些空穴可能直到今天还在形成的过程中。它们的形态说明其生长是缓慢的过程，与伴有亮斑的火山喷口相比，后者规模更大，形成过程也非常激烈。但人们并不知道空穴的形成过程和原因。水星上不存在空气，因此它们不可能是风力侵蚀的产物。也许这是水星地表的挥发性物质向太空逃逸的结果，逃逸的原因可能是水星正午时分超过400摄氏度的灼热温度。

　　贝比科隆博计划的一大科学目标就是通过比较空穴内外地表组分的差异，来探明它们的形成过程。

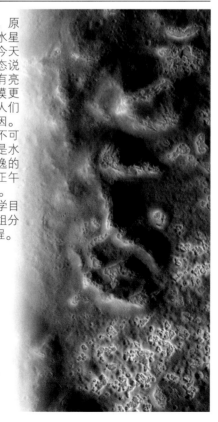

空穴的细节
这张增强色详图覆盖的区域宽度只有16千米，图中展示了侧壁陡峭、底部平坦的蓝色空穴，它们分布在拉迪特拉迪环形山红色的坑底和环状峰峦之上。

太阳系

金星

金星是距离太阳第二近的行星，也是地球的内侧邻居。地球与金星的大小和组成相近，但是它们是截然不同的星球。一层连续的浓密云团长年笼罩着金星，云团之下是阴沉而了无生机的干旱世界，有着温度高于任何其他行星的炎热地表。雷达波可以穿过云团，揭示出由火山活动主导的地貌。

轨道

金星的轨道是所有行星中偏心率最小的。它的轨道几乎是完美的圆形，因此行星的近日点与远日点距离相差不大。金星的轨道周期是224.7地球日。在环绕太阳运转时，金星以极慢的速度绕自转轴旋转，转速低于任何其他的行星。金星自转一次就需要花费243地球日，这意味着金星上一天的长度比一年还要长。不过金星上两次日出的间隔是117地球日，这是由于金星一边自转一边在轨道上前行，因此星球表面上任何一点每117地球日就会面向太阳一次的缘故。金星缓慢自转的方向还与其他大多数行星相反。由于轨道近圆且自转轴倾角很小，金星在做轨道运动时并不会出现季节。金星的轨道位于地球轨道之内，大约每19个月，金星就会在内侧的轨道上超过地球，从日地之间通过。在两行星彼此靠近时，金星与地球的距离还不到地月间距的100倍。

自转与轨道

金星自转轴倾斜了177.4度。这意味着其自转轴与垂直方向的夹角只有2.6度。因此在一个轨道周期之内，行星两个半球受到的太阳照射都是等量的，南北两极亦然。

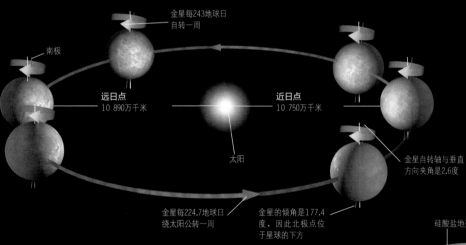

金星每243地球日自转一周

南极

远日点 10 890万千米

近日点 10 750万千米

太阳

金星自转轴与垂直方向夹角是2.6度

金星每224.7地球日绕太阳公转一周

金星的倾角是177.4度，因此北极点位于星球的下方

结构

金星是4颗类地行星之一，也是此类行星中最像地球的一颗。它是一颗致密的岩质星球，只比地球略小，质量也略低。金星与地球相近的尺寸和密度让科学家确信，它的内部结构、核心大小以及地幔厚度也与地球类似。因此，金星的金属核心应该也和地核一样，有着固态的内区以及熔融的外区。与地球形成鲜明对比的是，金星没有可探测的磁场。金星的自转与地球相比是极其缓慢的，远不足以让熔融核区循环流动，而这是磁场的形成所必需的。金星的内部热量起源于行星历史早期发生在地幔中的放射性元素衰变，它经由传导以及火山活动从地壳中损失掉。热量让地表之下的地幔物质熔融，并将岩浆带到星球表面。

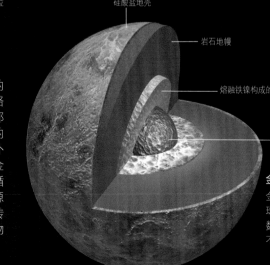

硅酸盐地壳

岩石地幔

熔融铁镍构成的地核外区

固态铁镍构成的地核内区

金星的内部结构

金星大约在45亿年前形成，造就它的物质与地球相同。类似于地球，金星内部分成了明显的数层结构。核心区域的相当一部分已经固化，不过人们还不知道熔融部分的具体比例。

可怖之美

金星浓厚的高反照率云层让行星明亮地闪耀着，因此从远处看去，它显得令人陶醉而美丽，这也是它以罗马神话中爱与美的女神命名的原因。不过近看就是另一回事了，人类无法在金星上存活下来。

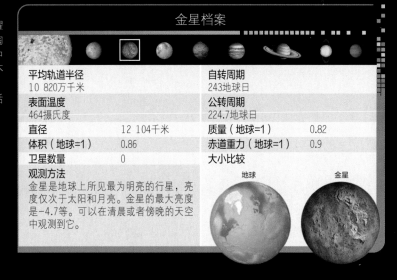

金星档案

平均轨道半径		自转周期	
10 820万千米		243地球日	
表面温度		公转周期	
464摄氏度		224.7地球日	
直径	12 104千米	质量（地球=1）	0.82
体积（地球=1）	0.86	赤道重力（地球=1）	0.9
卫星数量	0	大小比较	

观测方法
金星是地球上所见最为明亮的行星，亮度仅次于太阳和月亮。金星的最大亮度是 -4.7等。可以在清晨或者傍晚的天空中观测到它。

地球　金星

二氧化碳（96.5%）　　　　　　　　　氮与痕量气体（3.5%）

大气

金星富含二氧化碳的大气从地面延伸到了大约80千米高。大气中的云层分为截然不同的3层。底层是最为致密的，其中含有大滴的硫酸。中间层所含的硫酸滴较少，而顶层含有小滴硫酸。在靠近行星表面的地方，大气运动非常缓慢，与行星一起转动。在更高层密布云团的区域，大气中存在着强烈的西风，云团每4个地球日就会环绕金星快速漂移一圈。云层将射到金星上的大半日光反射回太空，因此金星是一颗阴云密布的橙色星球。金星的赤道区域接收到的太阳热量比两极更多，不过赤道和极地的表面温度都只是在464摄氏度上下波动几度，昼夜温度也相差不大。初始的温度差异在云层顶端产生了风，风力在一个大型环流元中将热量传递到了极区，因此金星上没有天气变化。

大气组分

除了二氧化碳与氮气，金星的大气中还含有痕量的其他气体，如水蒸气、二氧化硫以及氢气。

大约80%的阳光被反射

云层分布在距离地面大约45千米到70千米的区域

大气中的二氧化碳束缚住了热量

反射的光线意味着云层表面明亮且易于观测

浓厚的硫酸云层让大多数阳光无法抵达表面

红外辐射被二氧化碳吸收，无法逃逸到宇宙空间中

20%的阳光抵达了岩石表面

温室效应

金星浓厚的云层可以束缚热量，这导致了行星表面的高温，就好像玻璃将热量束缚在温室中一样。只有20%的阳光可以到达金星表面。阳光一旦射到了地表就会加热岩石。随后热量以红外线的形式释放出来，不过它无法逃逸，只会继续使星球加温。

南极涡旋

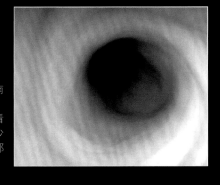

这张由金星快车获取的红外图像展示了金星南极上空的一个旋转涡旋，其尺度与欧洲相当。在这一巨型风暴系统的中心附近，我们可以看到金星多云大气的更深处。这一涡旋已知至少存在了数十年，不过它有时会分裂成两个相邻的涡卷。

地质特征

可以想象，金星的整体特征类似于地球，不过有一个关键点与地球不同：它没有运动的板块。这意味着金星的表面更倾向于上下运动而非侧移。不过金星还是拥有很多类似于地球的熟悉地貌，它们由一系列的构造过程形成，另外也有一些陌生的特征，如蛛网状地貌（arachnoids，参见下图）。金星上存在数以百计的火山，形态从大型缓坡盾形火山（如玛阿特山）到小型的无名山丘不等。行星上大约85%的表面都是低矮的火山平原，由广阔的熔岩流构成。直到大约5亿年前，金星上仍然存在火山活动，而且某些火山可能活跃至今。其他地貌则是地壳撕裂或者挤压的产物，包括沟槽（trough）、裂谷（rift）以及深谷（chasma），也有山脉带（如麦克斯韦山）、山脊以及崎岖的高原区域。金星上最高的山峰以及规模最大的火山与地球上最高、最大的相当，不过总的来说，金星上高度的变化较小。

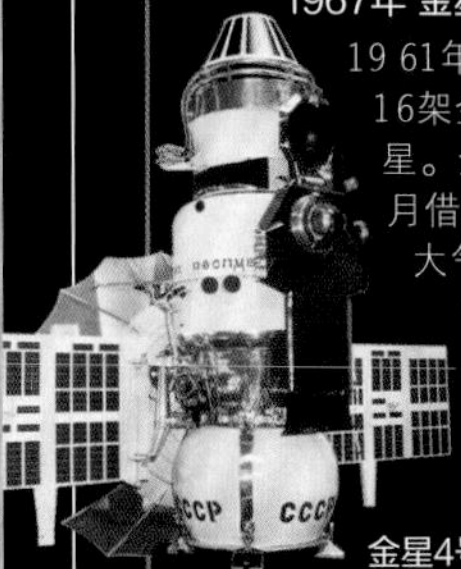

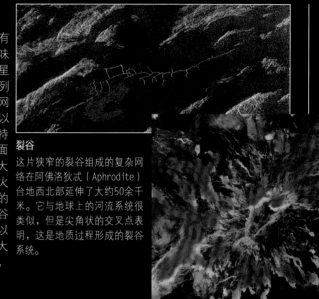

裂谷
这片狭窄的裂谷组成的复杂网络在阿佛洛狄忒（Aphrodite）台地西北部延伸了大约50余千米。它与地球上的河流系统很类似，但是尖角状的交叉点表明，这是地质过程形成的裂谷系统。

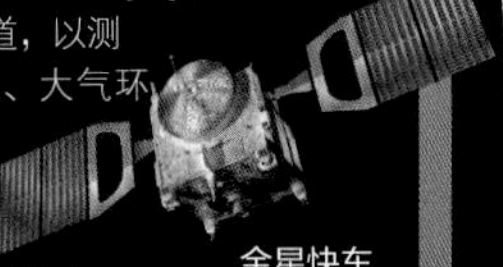

熔岩流
固化的熔岩流从金星众多火山中的一座四向流出，延伸数百千米。图中的色彩表示热辐射的强度。

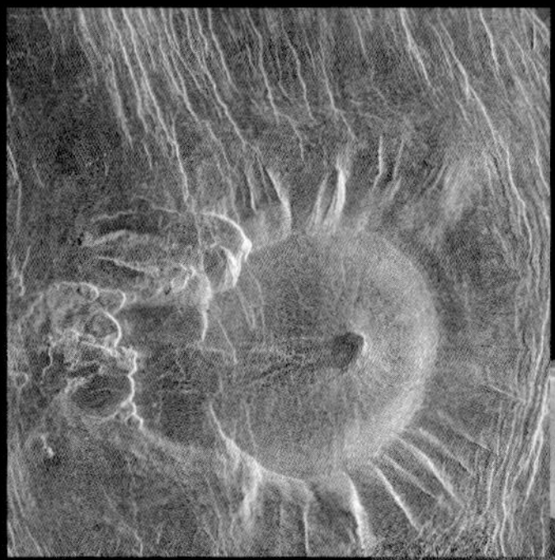

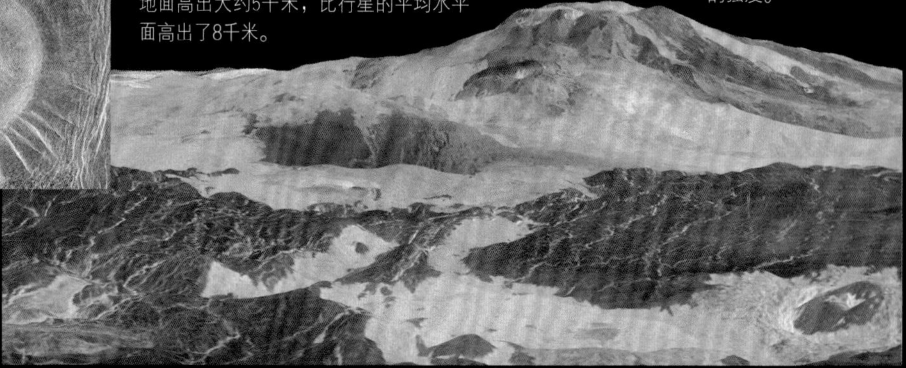

盾形火山
金星上最高的火山—玛阿特山比周围的地面高出大约5千米，比行星的平均水平面高出了8千米。

蛛网状地貌
这一状如蜘蛛网的火山地貌拥有中央区域的环形凹陷（或者是山丘），周围环绕着具有放射状山脉和山谷的隆起边缘。

金星地图
这4张图展示了完整的金星表面。图注标明了山脉、环形山、高原、高地以及平坦的低地等地貌。

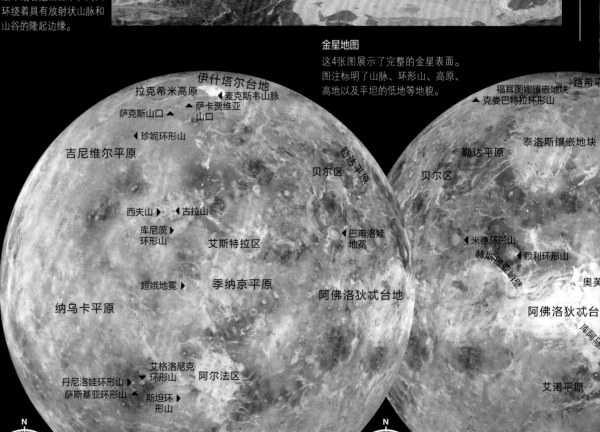

伊什塔尔台地

拉克希米高原
麦克斯韦山脉
萨克斯山口
萨卡贾维亚山口
珍妮环形山
吉尼维尔平原
西夫山
古拉山
库尼茨环形山
艾斯特拉区
娅娥地冕
季纳京平原
纳乌卡平原
艾格洛尼克环形山
阿尔法区
丹尼洛娃环形山
斯坦环形山
萨斯基亚环形山

福耳图娜镶嵌地块
路希平
克娄巴特拉环形山
泰洛斯镶嵌地块
勒达平原
贝尔区
贝尔区
巴甫洛娃地冕
米德环形山
赫斯提亚山脊
赖利环形山
奥芙
阿佛洛狄忒台地
阿佛洛狄忒台地
库姆乌
艾诺平原

拉达台地
奥尔科特环形山
拉达台地

270° 0° 90°
N S
0° 90° 180°
N S

陨击坑

虽然人们在金星上辨认出了数百座陨击坑，但是其总数与月球和水星相比要少得多。过去金星上的环形山更多，但是在大约5亿年前，它们被火山活动导致的地表重构抹平了。由于浓密的大气和高温会影响入射撞击天体以及陨击坑的喷出物，金星上的环形山有着一些在太阳系其他任何地方都找不到的特征。举例来说，抛射物可以被风吹走，形成类似流体的喷出物流。一些潜在的撞击天体过小，无法完整抵达行星表面。它们会在大气中瓦解，由此导致的冲击波会粉碎地面，或者破碎过程产生的一层细小颗粒会在环形山形成之前塑造出一圈暗晕。风力也会改变地表，产生风成痕以及疑似沙丘的结构。

不寻常的环形山
这座小型环形山直径大约是6千米，其台状侧壁以及从边缘辐射而出的抛射物赋予了它不同寻常的海星状外观。

暗晕
图中的明亮结构为暗晕所环绕，该结构看起来应该由一群小型撞击事件、抛射物以及残骸组成，它们是一个在大气中瓦解的撞击天体的产物。

风成痕
在这座小型火山的东北方向，主导风向塑造出了一道35千米长的物质尾迹。

风力侵蚀
抛到米德（Mead）环形山东北500千米之外的碰撞残骸被地表风力改变了外观。图中风成痕清晰可见，不过人们不知道它是在暗色地面上的明亮条带，还是明亮地面上的暗色条带。

地理

当前的金星地图是基于麦哲伦号探测器（参见对页边栏）采集的数据绘制的，其他一些额外的信息来自更早的探测任务。下面这份地图以及麦哲伦探测器获取的图片的色彩是基于金星13号和14号探测器记录的结果选择的，橙色是大气过滤蓝光所导致的。表面地貌以下列术语命名：低海拔平地名为平原（planitia）；高海拔平地名为高原（planum）；辽阔的地块名为台地（terra）；山岭名为山脉（montes）；火山或山峰名为山（mons）；深谷（chasma）是侧壁陡峭、深而长的凹陷。这些地貌都以历史上或者神话中的女性命名，只有麦克斯韦山脉（见第120页）是个例外。

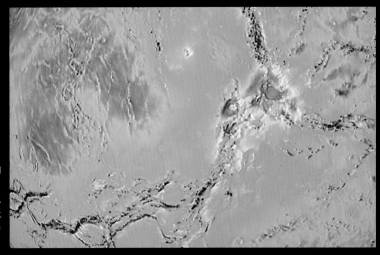

地形图
这张基于麦哲伦号探测器的数据绘制的地形图覆盖了金星上东经152度至217度，南、北纬16度之间的区域。图中以红色描绘海拔最高的区域，蓝色代表最低处。一个复杂的沟槽系统蜿蜒穿过名为阿佛洛狄忒（Aphrodite）台地的高地。

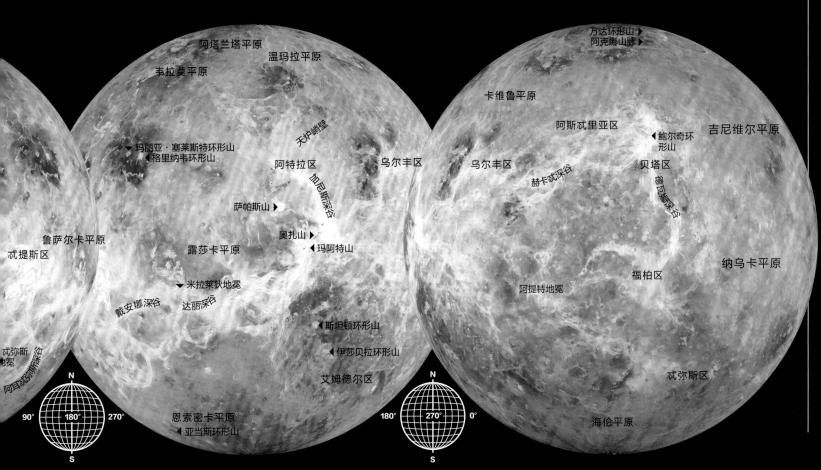

地质特征

在空间探测器的帮助下，天文学家对多变的金星地貌有了全面详细的了解。这颗星球拥有3片主要的高原区域（即台地），它们分别是阿佛洛狄忒台地（占据赤道区域）、拉达（Lada）台地和伊什塔尔（Ishtar）台地。行星表面还分布着超过20片较小的高地，称作区（regio）。其他区域则被辽阔平坦的低地（平原）填充。整个星球表面都表现出明显的火山活动迹象，不过火山并不是随机分布的。与高原和平原相比，火山更多分布在高地区域，尤其以阿特拉（Atlar）区和贝塔（Beta）区为多。

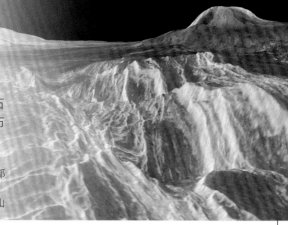

火山地貌

这张贯穿艾斯特拉（Eistla）区西部的图片描绘了典型的金星表面地貌。天际线处的火山是西芙（Sif）山（左）以及古拉（Gula）山（右）。

伊什塔尔台地

伊什塔尔台地

类型	高原
年龄	不到5亿年
长度	5 610千米

伊什塔尔台地是面积很大的高原，与澳大利亚大小相当，比周围的低地地区高出3.3千米。它是金星上最为接近地球大陆的结构了。它

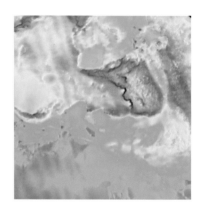

的西部是抬高的拉克希米（Laks-hmi）高原。拉克希米高原的西北缘以阿克娜（Akna）山脉和弗蕾娅（Freyja）山脉为界，南部以达努（Danu）山脉为界。侧壁陡峭的麦克斯韦山脉连同山脉北部和东部变形的福耳图娜（Fortuna）镶嵌地块一道组成了伊什塔尔台地的东部。这片台地可能是因为行星外壳各区域被挤压到一起而形成的。伊什塔尔台地的下方可能存在由上升区的地幔维系住的冷却增厚地壳。

辽阔的高原

这张由麦哲伦探测器测绘的高度编码彩色图包含了金星的最高点——麦克斯韦山脉。图中蓝色代表海拔最低处，白色代表最高处。

熔岩通道

这条长度超过2 000千米的熔岩通道长得超乎寻常。

伊什塔尔台地

阿克娜山脉

类型	山脉
年龄	不到5亿年
长度	830千米

阿克娜山脉是拉克希米高原的西边缘。它是一道山脊带，可能是西北到东南方向挤压形成的褶皱。山脉据信是在平原形成之后产生的，原因是该区域的平地看起来发生过变形。

挤压形成的褶皱

伊什塔尔台地

福耳图娜镶嵌地块

类型	山地
年龄	不到5亿年
长度	2 801千米

福耳图娜（Fortuna）镶嵌地块是大约宽1 000千米的南北向山脊。该区域交错的山脊和沟槽组成的独特结构让这类地貌起先被人叫作板条地貌（par-quet terrain），原因是它们类似于木头地板，不过现在描述它的术语是镶嵌地块（tessera）。右图展示了从福耳图娜镶嵌地块向西延伸250千米到麦克斯韦山脉（蓝色区域）山坡的景象。

山脊

伊什塔尔台地

拉克希米高原

类型	火山平原
年龄	不到5亿年
长度	2 345千米

伊什塔尔台地的西部是拉克希米高原。这是一片平坦的高原，高度为4千米，源自大范围的火山喷发。达努山脉、阿克娜山脉、弗蕾

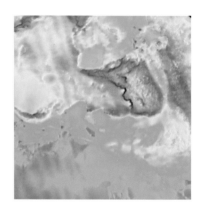

熔岩流

拉克希米高原的东部被熔岩流覆盖着。暗色的熔岩流很平坦，颜色明亮的熔岩流纹理粗糙。图中右侧可见一座明亮的陨击坑。

娅山脉以及麦克斯韦山脉等弯曲的山带，外加西南部的威斯塔（Vesta）峭壁等陡峭的悬崖，将高原包围了起来。这片大型高原覆盖的面积约合地球上青藏高原（参见第132～133页）的2倍。利用金星15号和16号的数据，人们在相对平坦的高原上辨认出了两处显著的大型火山地貌——科莱特（Colette）山口与萨卡贾维亚（Sacajawea）山口（参见对页），它们的底部位于高原水平面之下超过2.5千米的地方。金星上的高原不多，它们都以女神的名字命名。拉克希米是印度的爱与战争女神。

伊什塔尔台地

麦克斯韦山脉

类型	山脉
年龄	不到5亿年
长度	797千米

麦克斯韦（Maxwell）山脉是拉克希米高原的东边缘。它是金星上海拔最高的地方，比周围的低地高出10千米以上。在最高的区域，

彼此相隔10千米到20千米的山脊有着锯齿状的外观。山脉在东侧高度降低，与福耳图娜镶嵌地块衔接，西侧则是复杂的沟槽与山脊，尤为陡峭，麦哲伦号探测器的数据表明，其西南翼的坡度是35度。山脉的成因是挤压以及地壳缩短，这塑造了褶皱地形以及裂谷。金星上的山脉通常以女神命名，不过麦克斯韦山脉是以研究电磁辐射的先驱—英国物理学家詹姆斯·克拉克·麦克斯韦（James Clerk Maxwell）命名的。

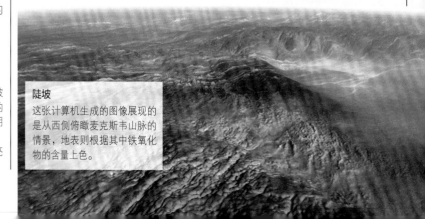

陡坡

这张计算机生成的图像展现的是从西侧俯瞰麦克斯韦山脉的情景，地表则根据其中铁氧化物的含量上色。

伊什塔尔台地
萨卡贾维亚山口

类型	火山喷口
年龄	不到5亿年
直径	233千米

　　萨卡贾维亚山口是拉克希米高原上的一座椭圆形火山喷口。据信它曾是一个地下巨洞，在流干岩浆之后发生了坍塌，由此塑造的火山口随后发生了下沉。凹陷处大约有1.2千米深，被一个由同心沟槽和陡坡组成的区域包围着。这些沟槽和陡坡彼此间隔0.5千米到4千米，向外延伸至100千米处。它们据信是在火山口下沉时形成的。萨卡贾维亚是印第安肖肖尼（Shoshoni）部落的妇女，生于1786年（译者注：萨卡贾维亚曾担任美国著名西部考察活动"刘易斯与克拉克远征"的翻译和向导）。

下沉的火山口
明亮的线状陡坡从萨卡贾维亚山口东缘延伸而出。

吉尼维尔（Guinevere）平原
萨克斯山口

类型	火山喷口
年龄	不到5亿年
长度	65千米

　　萨克斯（Sachs）山口深约130米，周围环绕着间距2至5千米的陡坡。另一组单独形成的弧形陡坡位于主火山喷口的北部（参见下图上部）。固化的熔岩流延伸到了陡坡北部和西北部10千米到25千米之外。

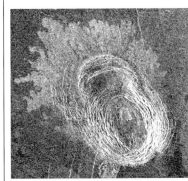

萨克斯山口周围的陡坡

贝塔区
贝塔区

类型	火山高原
年龄	不到5亿年
长度	2 869千米

　　贝塔区是大型高原，主导地貌是瑞亚（Rhea）山与忒伊亚（Theia）山。瑞亚山位于忒伊亚山北部800千米，起初被认为是火山，不过麦哲伦号的数据表明，它是被一道裂谷——德瓦娜（Devana）深谷（参见右侧）所穿过的隆起山丘。忒伊亚山是重叠在裂谷之上的火山。

瑞亚山与忒伊亚山

贝塔区
德瓦娜深谷

类型	断层
年龄	不到5亿年
长度	4 600千米

　　德瓦娜深谷是穿过贝塔区的大型断层。这座大型裂谷呈南北走向。当金星地壳裂开、地表下沉时就产生了这样带有陡峭侧壁的谷底。它与地球上的东非大裂谷（见第130页）类

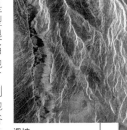

滑坡

似。德瓦娜深谷穿过了瑞亚山与忒伊亚山，裂谷的深度超过2千米，在瑞亚山附近的宽度是大约80千米，在其他区域更宽，最宽可达240千米。裂谷延伸到了忒伊亚山以南，抵达福柏（Phoebe）区的高原，在那里深度达到6千米。断层与地堑从裂谷的部分区域穿过，并向外呈扇形散开。

艾斯特拉区西部
图中的前景充斥着延伸数百千米的熔岩流。远方，古拉山（左侧）与西芙山（右侧）从平地上耸起，彼此相距大约730千米。

艾斯特拉区
艾斯特拉区

类型	火山高原
年龄	不到5亿年
长度	8 015千米

　　艾斯特拉区是金星上较小的高地区域之一，处在分隔几座主要高原的较低盆地中。艾斯特拉区位于赤道上，坐落在大型高原阿佛洛狄忒台地以西。它由一系列宽阔的地壳隆起组成，每片隆起区域都有数千千米宽。在20世纪80年代先驱者‑金星号轨道器绘制第一份精确的金星地形图时，该地貌第一次被人发现。西芙山与古拉山及其熔岩

流等突出地貌在该区域的西部清晰可见。同时艾斯特拉区还是20世纪90年代麦哲伦号探测器拍摄的第一批赤道高原之一。麦哲伦号揭示出了宽阔的火山隆起以及裂谷区域的更多细节。人们在艾斯特拉区发现了金星上一类独特的火山穹丘（dome）。这些穹丘呈圆形，是顶部平坦的熔岩丘，因此经常被人称为饼状穹丘。这类地貌可能是由于喷出地表的熔岩黏度太高，无法自由流动而形成的。穹丘上的断裂与凹陷则来自熔岩的冷却和退缩过程。

艾斯特拉区
古拉山

类型	盾形火山
年龄	不到5亿年
高度	3千米

　　两座火山主导着艾斯特拉区（参见左侧）西部的隆起高原，古拉山是其中较大的一座。它最宽的地方宽度是大约400千米。这座盾形火山被数百千米宽的熔岩流包围着。它的顶端并不具备火山口结构，不过存在一道长150千米的裂痕。这座火山同时还是一系列地壳断裂的中心。一道尤为明显的裂谷是古奥线状结构（Guor Linear），它是从火山东南坡向外至少延伸1 000千米的裂谷系统。

饼状穹丘
图中两座平坦的大型饼状穹丘直径各有60千米，高度不到1千米。

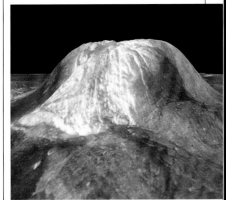

山顶的西南坡

阿特拉区

萨帕斯山

类型	盾形火山
年龄	不到5亿年
高度	1.5千米

萨帕斯（Sapas）山比周围地面高出1.5千米，直径大约是217千米，它是金星上的盾形火山之一。这类火山的外观就像盾牌或者倒扣的盘子，有着宽阔的山基以及侧边的缓坡，类似于地球上夏威夷群岛的火山。萨帕斯山坐落在阿特拉地区，该区域是辽阔的火山隆起，位于金星赤道以北，平均高度3千米。该区域据信是大量熔融岩石从行星内部涌出而形成的。这里存在一些尤为庞大的盾形火山，它们之间由复杂的断层系统联结。这些火山包括6千米高的奥扎（Ozza）

双峰结构
在这张麦哲伦探测器从正上方获取的萨帕斯山图像中，可见两座平顶山，它们在明亮的熔岩背景下呈深色，让火山呈现出双峰外观。图中纵向对应的宽度大约是650千米。

东侧的环形山
萨帕斯山流出的明亮熔岩流被火山东侧的一座陨击坑突然截住。延伸数十千米的熔岩流覆盖了一些陨击坑的溅射物，所以其年龄比陨击坑更为年轻。

山，还有金星上最为庞大的火山——8千米高的玛阿特（Maat）山。萨帕斯山被熔岩流覆盖着，随着熔岩层的积累，山体日渐增长。山顶附近的熔岩流在麦哲伦号的雷达图像中显得很明亮，这说明与沿火山侧壁流下的暗色熔岩流相比，它们更为粗糙。熔岩流通常彼此重叠，许多源自山侧而非山顶。山顶拥有两座平顶山，有着平坦或略略凸起的顶部。附近是一片最宽可达1千米的凹坑，据信是地下岩浆穴在岩浆流干之后地表塌陷的产物。盾形火山大多以女神命名，萨帕斯是腓尼基女神，奥扎是波斯女神，玛阿特是埃及女神。

萨帕斯山顶
前景中的明亮地貌是萨帕斯山的山顶，后方耸起的火山是玛阿特山。图中为了强调地表特征，垂直方向的距离被夸大了。

线状山脊

30千米到60千米长的山脊沿奥芙达区的北坡分布。暗色的熔岩（或者可能是风吹过来的尘土）填充了这些山脊之间的区域。

米拉莱狄地冕

类型	地冕
年龄	不到5亿年
直径	300千米

米拉莱狄（Miralaidji）地冕这一大型火山地貌是金星地表之下升起的岩浆热柱形成的。岩浆将地壳岩石部分熔化，熔融岩石升到了周围地面之上，产生了地冕，也就是具有径向断层的泡状结构。金星上的地冕大小从直径50千米到2 600千米不等，外观从圆形到长椭圆皆有，它们以生育女神命名。米拉莱狄是澳大利亚土著的生育女神。

奥芙达区

类型	高原
年龄	不到5亿年
直径	5 280千米

　　奥芙达（Ovda）区是金星赤道区域的一片高原。它构成了金星上最辽阔的高原系统——阿佛洛狄忒台地的西部，该台地比平均表面高出了3千米。奥芙达区是金星上少数几个拥有复杂山脊地形（镶嵌地块）的高原地区之一。镶嵌地块这种地貌最初是在金星15号和16号探测器拍摄的照片中辨认出来的。它们是隆起的高原状地区，有着混乱而复杂的交错线状结构。在某些地方，金星的地壳破碎成千米级的碎块；其他地方则存在数百千米长的褶皱、断层，以及山脊和沟槽带。这些特征在奥芙达区的边缘最为明显，那里发育出了弯曲的山脊以及沟槽。另外有证据表明，火山在这些地貌的形成过程中发挥了作用。

高原与低地

镶嵌地块的山脊从奥芙达区的高原（右侧）与低地熔岩流（左侧）之间穿过。高原上的一些凹陷已经部分被平滑物质填充了。

可能自行星内部涌出的岩浆流过该区域的部分地带，让挤压产生的山脊中填满了熔岩。奥芙达区是以俄罗斯马里人（Mari）的森林女神命名的。

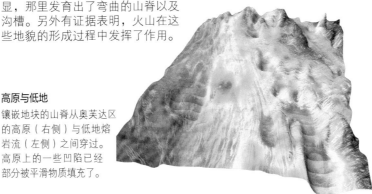

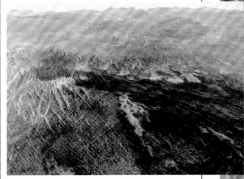

径向断层

达丽深谷

类型	断层
年龄	不到5亿年
长度	2 077千米

　　达丽（Dali）深谷位于阿佛洛狄忒台地的西部。它是由峡谷与深沟槽结合高山组成的系统，在星球表面切出了宽阔的弧形凹陷，长度超过2 000千米。它与戴安娜（Diana）深谷一同将奥芙达和忒提斯（Thetis）高原区域与阿特拉斯的大型火山连接在了一起。与峡谷相伴的山脉比周围地区高出了3千米至4千米。峡谷的深度是2千米至3千米。

阿耳忒弥斯地冕

类型	地冕
年龄	不到5亿年
直径	2 600千米

　　阿耳忒弥斯地冕要比金星上的第二大地冕——姮娥（Heng-o）大上2倍还多。一道近乎环形、有着高耸边缘的沟槽——阿耳忒弥斯沟槽勾勒出了地冕的边界。地冕之内是裂谷、火山岩浆流以及小型火山组成的复杂系统。与其他地冕一样，阿耳忒弥斯地冕也是由地冕之下涌起的炽热物质塑造的。不过它的大尺度以及周围的沟槽意味着其他作用力（如地壳和地表的分离）也参与其中。

拉达台地

类型	高原
年龄	不到5亿年
长度	8 615千米

　　拉达台地是金星上三大高原区域中第二大的。它位于星球的南极地区，坐落在南纬50度以南很远处，人们对其了解相对较少。拉达台地拥有一些由交织的沟槽和山脊组成的典型镶嵌地块区域。火山活动也影响了这一区域。拉达台地上存在3座大型地冕，分别叫作奎特扎皮特拉特（Quetzalpetlatl）、艾辛俄娜（Eithinoha）以及奥提金（Oty-gen）。熔岩流过该区域的北部，并在其中切出了通道。金星上的3片台地都以爱情女神命名：阿佛洛狄忒是希腊女神，伊什塔尔（参见第120页）是巴比伦女神，拉达是斯拉夫女神。

熔岩通道

流动性极佳的高温熔岩流穿过拉达台地，塑造出了长达1 200千米的熔岩通道，它的一部分在右图中部自西向东分布。

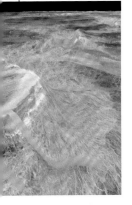

沟槽

在这张沿达丽深谷而下的图片中，直径1000千米的拉托娜（Latona）地冕高起的部分边缘位于左侧。

阿耳忒弥斯地冕与阿耳忒弥斯沟槽

山脊带

从阿玛瓦鲁（Ammavaru）火山（位于图片左侧300千米之外）流出的明暗熔岩穿过了山脊带，塑造出了一座大型熔岩湖。

陨击坑

金星上由陨石撞击产生的环形山直径从7千米到270千米不等。规模最大的环形山有着多重环状结构，中等大小的具有中央峰，较小的则拥有平滑的环形山底。最小的简单碗形陨击坑在月球和火星上很常见，而在金星上很少。这是因为浓厚的大气挡住了制造它们的小型小行星。金星上的环形山很年轻，往往还保持原始状态。金星上最近的一次重塑地表的火山活动发生在5亿年前，因此其上的环形山大多数是在那以后形成的，影响到它们的地质活动和风化作用也很少。金星上的单个环形山以著名女性或者女性用名命名。

库尼茨（Cunitz）环形山
这座典型的陨击坑有着直径48千米的暗色盆地、庞大的中央峰以及周围明亮的抛射覆盖物。

万达环形山

类型	具有中央峰的环形山
年龄	不到5亿年
直径	21.6千米

万达（Wanda）环形山位于阿克娜山脉的北部。它是在1984年由金星15号和16号探测器首次测绘到的，几年后麦哲伦号再次对它进行了研究。这座环形山在流满熔岩的平滑底部中央拥有庞大而崎岖的山峰。大约三分之一的金星环形山拥有这样的山峰。来自山脊的物质似乎塌陷到了环形山的西边缘处。

中央峰

克娄巴特拉环形山

类型	双环环形山
年龄	不到5亿年
直径	105千米

克娄巴特拉（Cleopatra）环形山以埃及的传奇女王命名。它位于金星上最高的山脉——麦克斯韦山脉上，看上去是粗糙山地背景下平滑的眼状结构。克娄巴特拉环形山在20世纪80年代中期被金星15号和16号探测器以及阿雷西沃射电望远镜拍摄过。它是为数不多的既像陨击坑又类似火山地貌的几个环状结构之一。当年的数据揭示出克娄巴特拉环形山具有相当的深度，却没有陨击坑典型的边缘沉积物，因此它被归类为火山口。然而麦哲伦号获取的高分辨率图像揭示出了其

神秘的环形山
麦哲伦号在1990年获取的这张图像揭示出了暗色的内部盆地、边缘以及周围的抛射物，这让天文学家确认，克娄巴特拉环形山是陨击坑。

内部的盆地以及粗糙的抛射物沉积层，为克娄巴特拉环形山属于陨击坑一说提供了确凿的证据。

珍妮环形山

类型	具有中央峰的环形山
年龄	不到5亿年
直径	19.4千米

自西南方飞来的一颗小行星斜着冲入了吉尼维尔平原，造就了珍妮（Jeanne）环形山。溅出陨击盆地的抛射物塑造出了一处明显的三角形地貌。碰撞产生的熔融物质流到了山下，在环形山西北方形成了瓣状结构。

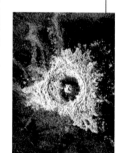

三角形的抛射物

鲍尔奇环形山

类型	具有中央峰的环形山
年龄	不到5亿年
直径	40千米

金星上的大多数陨击坑在形成后没有发生过改变，具有清晰的边缘。然而数量相对较少的一些环形山由于火山喷发以及其他地质构造活动发生了变化，鲍尔奇（Balch）环形山就是其中之一。在一道深裂谷的形成过程中，地表断裂，鲍尔奇环形山的环状结构也一分为二。这条最宽可达20千米的裂谷穿过环形山中央，划出了一道由北向南的分界线。环形山的西侧仍旧保持完整，不过东部的一大半都被破坏了。西侧可见中央峰以及抛射覆盖物。这座环形山起先被命名为萨默维尔（译者注：Somerville，苏格兰女数学家），现在以诺贝尔奖得主、美国经济学家艾米莉·鲍尔奇（Emily Balch）命名。

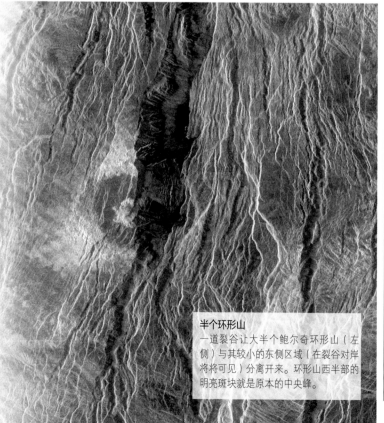

半个环形山
一道裂谷让大半个鲍尔奇环形山（左侧）与其较小的东侧区域（在裂谷对岸将将可见）分离开来。环形山西北部的明亮斑块就是原本的中央峰。

赖利环形山

类型	具有中央峰的环形山
年龄	不到5亿年
直径	25千米

赖利（Riley）环形山以19世纪的植物学家玛格丽塔·赖利（Margaretta Riley）命名，是金星上为数不多的几个得到精确测量的环形山之一。通过比较在不同角度上拍摄的照片，人们推算出这一直径25千米的环形山底部比周边低580米，边缘比周边高620米，中央峰的高度是536米。

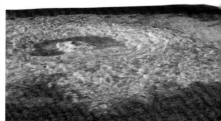

赖利环形山的斜视图

米德环形山

类型	多环环形山
年龄	不到5亿年
直径	270千米

　　米德环形山是金星上最大的陨击坑，虽然与月球和水星环形山相比它还不算很大。米德环形山是一座多环环形山，它的内环就是环形山盆地的边缘，环内有着平坦光滑的底部，其中还隐藏着一座可能的中央山峰。环形山的底部在撞击发生时由碰撞熔融过程或者是地下释出的火山熔岩冲刷过。这样就可以解释为什么米德这么大的环形山如此之浅，环形山边缘和中心之间的落差只有1千米左右。

最大的环形山
米德环形山有两道清晰的环状结构，抛射物位于双环之间以及外环以外。贯穿全图的竖直条纹是图像处理的产物。

萨斯基亚环形山

类型	具有中央峰的环形山
年龄	不到5亿年
直径	37.1千米

　　萨斯基亚（Saskia）环形山是一座中等大小的环形山，有着这个尺寸环形山的典型抛射物特征。抛射覆盖物沿环形山盆地向四周伸展开去，这说明碰撞天体以大角度射入地表。环形山拥有中央峰，它是行星地表受碰撞所释放的能量作用下沉之后又反弹形成的。环形山原本的边缘已经塌陷了，形成了阶梯状的侧壁。产生这样大小环形山的入射天体直径应该在2.5千米左右。人们使用麦哲伦号的雷达数据绘制了萨斯基亚环形山以及几百千米开外的其他环形山

3座环形山
这张拉维尼亚（Lavinia）平原的图像覆盖了宽500千米的区域，图中萨斯基亚环形山位于左下方，其上是丹尼洛娃环形山以及艾格洛尼克环形山。

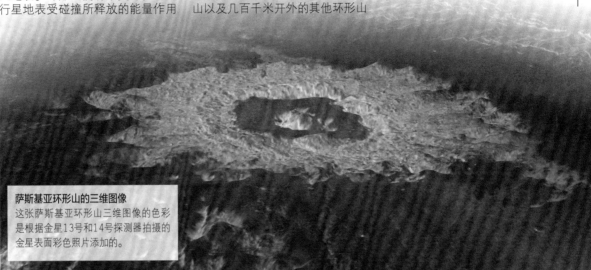

萨斯基亚环形山的三维图像
这张萨斯基亚环形山三维图像的色彩是根据金星13号和14号探测器拍摄的金星表面彩色照片添加的。

的图像，包括尺度与萨斯基亚接近、直径48.8千米的丹尼洛娃（Danilova）环形山以及直径63.7千米的艾格洛尼克（Aglaonice）环形山。原始雷达图像（见左图）并没有给出肉眼能够看到的特征，而是用不同的亮度表示地面不同的光滑程度，粗糙地表看上去是浅色的，而光滑表面以深色表示。

斯坦环形山群

类型	环形山群
年龄	不到5亿年
直径	14千米、11千米以及9千米

　　冲向金星表面的小型小行星可能会在行星浓密的大气中瓦解，由此产生的碎片继续前行，在相对较小的区域内同时撞击地表，产生环形山群。斯坦（Stein）环形山群由3座小型环形山组成，最小的两座彼此重叠。所有这3座环形山抛出的物质主要向东北方向飞去，这说明碎片从西南方冲来。撞击熔融的物质造就了流动的沉积物，它们也位于东北方向。

斯坦三重环形山

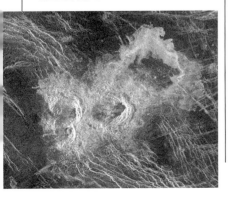

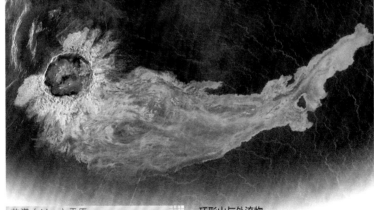

亚当斯环形山

类型	具有中央峰的环形山
年龄	不到5亿年
直径	87千米

　　亚当斯（Addams）环形山是大型的圆形环形山，直径接近90千米，它长长的尾迹让它显得不同寻常。一颗小行星从西北方向撞击了地面，并产生了一座环形山盆地，其抛射覆盖物自盆地边缘约四分之三处向外延伸。另外，碰撞时熔融的抛射物以及熔岩从边缘的大约三分之一处向外伸展，在东侧形成了

环形山与外流物
一度熔融的残骸流向亚当斯环形山的东部延伸开去，它长600千米，在雷达图像上显得十分明亮。

美人鱼似的尾迹。熔融的物质从撞击点向山下流出大约600千米。麦哲伦号探测器发现，这一区域在雷达图像上显得很明亮，这意味着它反射回了相当一部分探测器发送的雷达波，表明这里有着粗糙的表面。金星大约464摄氏度的地表高温让抛射物可以在相对地球更长的时间内保持熔融状态。不过当物质冷却到1000摄氏度以下时，它就会变得非常黏稠，无法流动。该环形山以美国社会改革家简·亚当斯（Jane Addams）的名字命名。

奥尔科特环形山

类型	退化的环形山
年龄	不到5亿年
直径	66千米

　　奥尔科特（Alcott）环形山是少数几座被与环形山形成过程无关的火山活动变更过的金星环形山之一。许多环形山有着由环形山盆地形成时涌上地表的熔岩所填充的底部。在奥尔科特环形山这个例子中，熔岩从其他地方喷出，然后流入了环形山。现在环形山大约一半的边缘仍然可见，原始撞击的抛射物位于南部和东部。熔岩曾经流过的通道与环形山的西南边缘相交。

被熔岩所变更的地貌

地球

38～39 引力、运动和轨道
56～57 宇宙中的生命
64～67 天文周期
68～69 行星运动
74～75 空中的亮光
103 岩质行星

地球是距离太阳第三近的行星，也是4颗岩质行星中最大的一颗。它大约诞生于45.6亿年前。地球的内部结构与其行星邻居很接近，不过它在表面上有大量液态水，具备富氧大气，可以维持生命存在，这些在太阳系中都是独一无二的。由于地球内部、海洋及大气中发生的过程，地球的表面处在持续的动态变化之中。

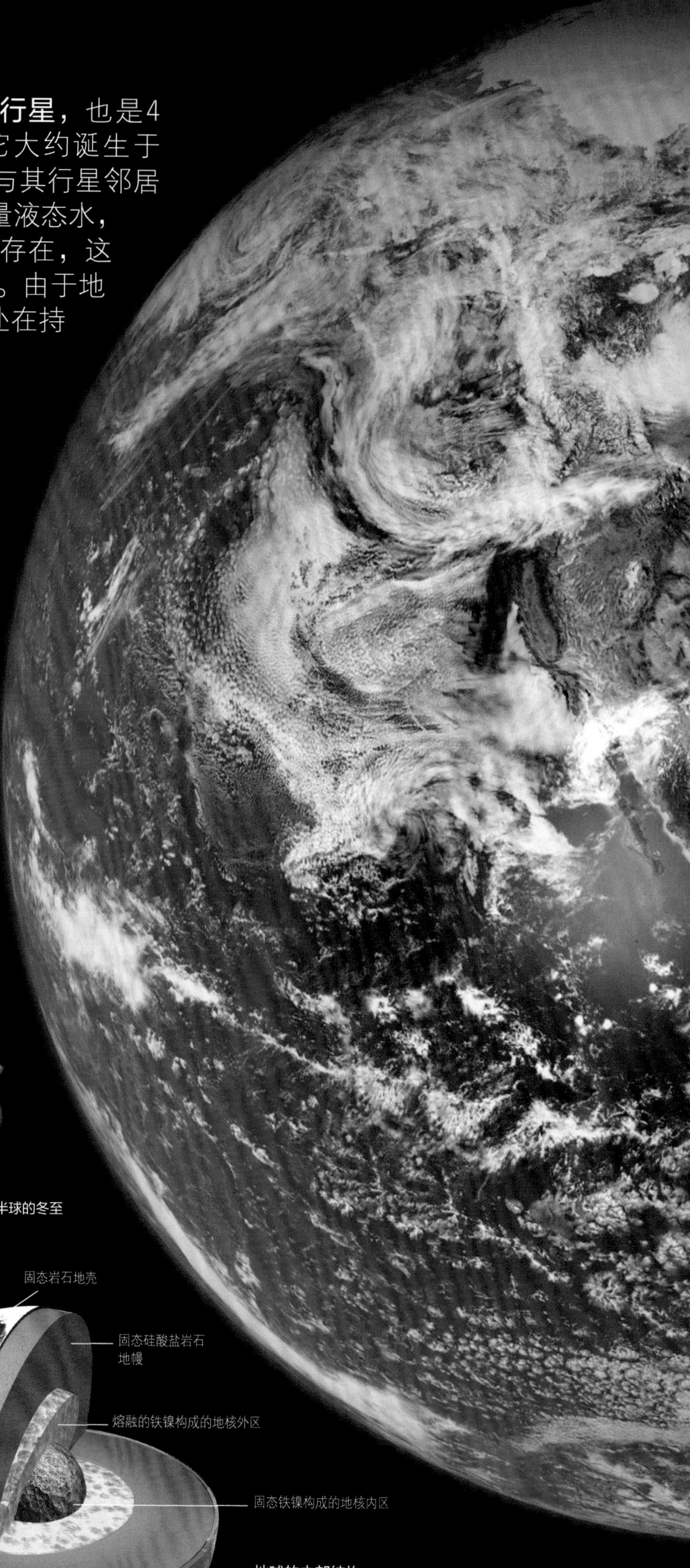

轨道

地球以每小时10.8万千米的平均速度环绕太阳运转，从北极上方看去，地球的公转方向是逆时针的。与其他行星一样，地球在椭圆轨道上环绕太阳运转，因此每年1月地球接收的太阳辐射比7月要多7%左右。地球环绕太阳公转的轨道面名叫黄道面。地球的自转轴并不垂直于该平面，而是存在23.5度的倾角。地球环绕太阳运转的椭圆轨道偏心率（与完美正圆偏离的程度）存在周期约为10万年的变化，而其自转轴倾角变化的周期是4.2万年。这两者的变化再结合第三个周期（也就是自转轴在宇宙中指向的摆动，即岁差，参见第64页），据信可以部分导致地球气候的长期周期性变化，如冰期等。

自转与轨道
地球在近日点（1月）与太阳的距离要比远日点（7月）近上大约3%。它的自转轴倾角与椭圆轨道共同导致了季节的形成（参见65页）。

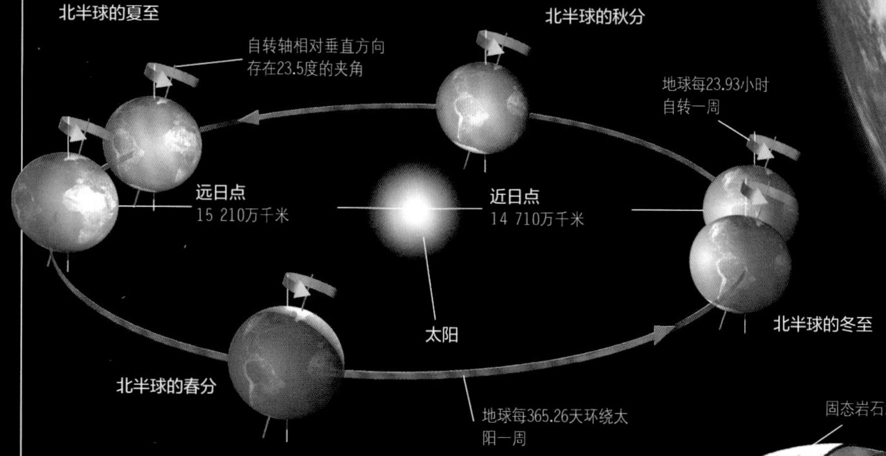

北半球的夏至
自转轴相对垂直方向
存在23.5度的夹角
北半球的秋分
地球每23.93小时
自转一周
远日点
15 210万千米
近日点
14 710万千米
太阳
北半球的冬至
北半球的春分
地球每365.26天环绕太
阳一周

结构

地球的自转导致其赤道区域略微隆起，比极地大上21千米。地球的内部主要分为3层。中央的地核区域直径大约是7 000千米，主要由铁和少量的镍构成。地核中心是温度约为4 700摄氏度的固体部分，外围是液态区域。包围着地核的是地幔，由富含镁和铁元素的岩石组成，深度约为2 800千米。地壳由各种岩石和矿物组成，主要是硅酸盐，又分为大陆地壳和较薄的海洋地壳两种。

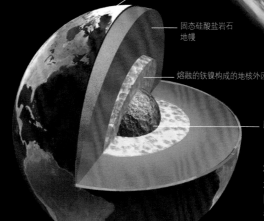

固态岩石地壳
固态硅酸盐岩石
地幔
熔融的铁镍构成的地核外区
固态铁镍构成的地核内区

地球的内部结构
地球的中央是炽热而致密的地核。地核周围是地幔以及薄薄的岩石地壳，后者支撑着地球的生物圈，其上存在海洋、大气、植物和动物。

水世界

从太空看，地球独一无二的一点是表面存在大量水分。水分布在海洋、湖泊、大气以及极地冰冠中。地表水的存在是地球上生命发展的一个关键因素。

地球档案

平均轨道半径	自转周期
14 960万千米	23.93小时
平均表面温度	公转周期
15摄氏度	365.26日
直径　12 756千米	质量（地球=1）　1
体积（地球=1）　1	赤道重力（地球=1）　1
卫星数量　1	

磁场

地球拥有显著的磁场，它是由金属地核液态外区的旋涡运动产生的。这种运动由地球自转外加地核外区的内部对流一同来驱动。磁场的表现就好像是地球内部存在一枚巨型条状磁铁，磁铁与自转轴存在一个夹角。磁力线在地球表面上汇聚的两点叫作磁北极和磁南极，这两点的位置随时间缓慢改变。当前磁北极位于加拿大北部的北冰洋中，而磁南极位于南极洲东海岸北侧的南大洋中。磁力线延伸到了宇宙空间中，可以让太阳风（参见第107页）中流向地球的高速带电粒子流转向，在地球周围形成保护性的屏障。少数免遭转向的粒子被束缚到地球周围名为范艾伦辐射带（参见右侧边栏）的两个区域中。对地壳中富铁矿物的研究表明，地球的南北磁极会发生倒转，倒转间隔从不到10万年到数百万年不等。

詹姆斯·范艾伦
（James Van Allen）

詹姆斯·范艾伦（1914—2006）是美国物理学家。他在20世纪50年代为美国的人造卫星设计并制造仪器设备。1958年，美国第一颗人造卫星探险者1号上搭载的由范艾伦设计的仪器在地球周围发现了两道面包圈形的大型辐射带，其中包含被束缚的带电粒子。这两道辐射带以范艾伦的名字命名。

地球磁层

地球磁场让太阳风开始偏转的假想表面名叫弓形激波。在弓形激波之后是由地磁场占主导的宇宙空间，在这里磁场阻拦了进入其中的太阳风粒子。磁层呈拉长的形态。

磁轴　磁赤道面　磁力线的方向
太阳风
弓形激波
范艾伦带
磁尾

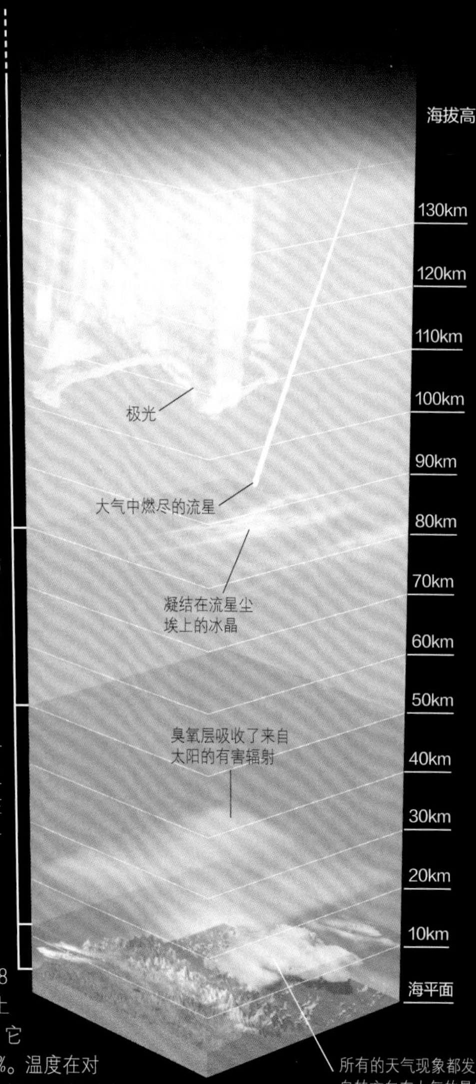

热层

热层延伸到地球表面600千米以上。在热层底部，由于吸收太阳辐射能，温度迅速上升，随后温度随高度缓慢上升，最高可达1 700摄氏度。

中间层

这一层延伸到大约80千米的高度。中间层的温度一路降低，最低可达零下93摄氏度。

同温层

同温层是平静的一层，延伸到海平面之上大约50千米高。在同温层顶部温度上升到了零下3摄氏度。

对流层

这一层在极地延伸到8千米高空，在赤道上空延伸到16千米高，它含有大气总质量的75%。温度在对流层顶最低可以下降到零下52摄氏度。

海拔高度

130km
120km
110km
100km
90km
80km
70km
60km
50km
40km
30km
20km
10km

海平面

极光

大气中燃尽的流星

凝结在流星尘埃上的冰晶

臭氧层吸收了来自太阳的有害辐射

所有的天气现象都发生地球自转方向在大气的最低层

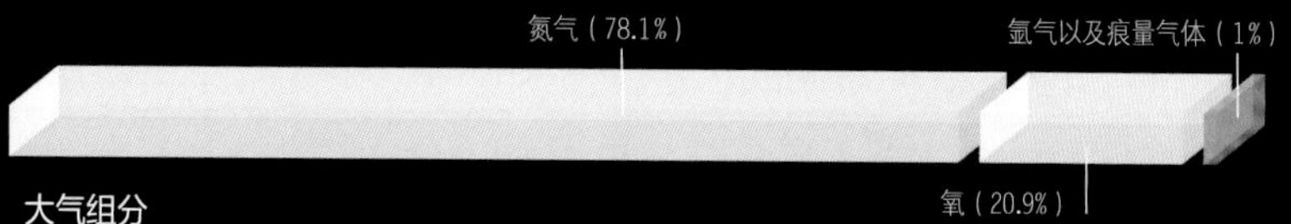

大气组分

氮气和氧气占据干燥空气体积的99%。氩气含量大约是0.9%，另外还有极少量的其他气体。大气还含有一些水蒸气，其具体比例不定，最高可达4%。

氮气（78.1%）

氩气以及痕量气体（1%）

氧（20.9%）

大气层与天气

地球周围包裹着由数百千米厚的气体组成的大气层。大气层部分源自远古火山喷发出的气体，不过其中的氧气（对于大多数生物来说至关重要）主要是由植物产生的。由于重力作用，大气在地球表面最为浓密，随高度的增加迅速变得稀薄。随着高度的增加，温度发生了变化，大气压也逐渐减低。举例来说，在高度为30千米的地方，气压只及海平面处的1%。在地球大气的最低层也就是对流层中，温度、气流（风）、湿度以及降水（也就是天气）时刻在发生变化。天气的基本成因是地球在赤道处接收到的太阳热量比两极更多。这引起了气压的变化，因而产生了风力系统。风力驱动了海洋洋流，并让温度和湿度各不相同的大量气体在星球表面循环流动。由于科里奥利力的效应（参见下图），地球的自转在引发大气环流的过程中也发挥了一定作用。

大气层的结构

地球的4层大气主要通过不同的温度特性区分。在大气层顶部并不存在界线。大气的上部逐渐变得稀薄，与宇宙空间相连。

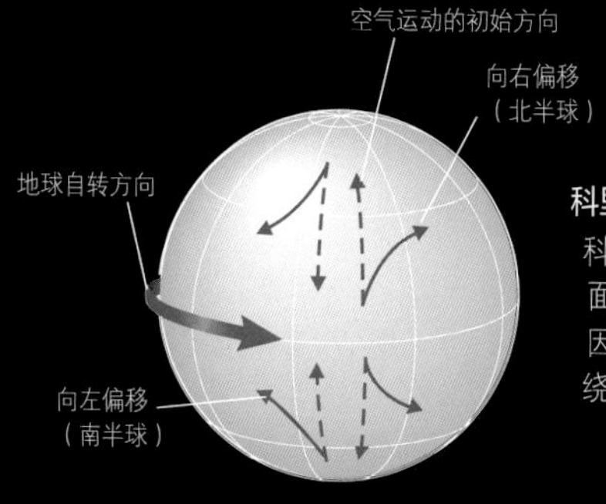

空气运动的初始方向

向右偏移（北半球）

地球自转方向

向左偏移（南半球）

科里奥利效应

科里奥利效应让越过地球表面的气流发生偏移。它的成因是地球上不同纬度的物体绕地轴运动的速度不同。

构造板块交汇的聚合板块边缘

对流拖曳着板块运动

板块彼此分离并产生新地壳的分离板块边缘

地幔对流的环形运动

碰撞中的板块沉入地幔中

从下地幔腾起的地幔热柱

上地幔

下地幔

岩石圈构造板块

地核外区

板块构造

地球的地壳以及上层地幔共同组成了名为岩石圈的结构。岩石圈破裂为数块固体结构，也就是板块，它们漂浮在下方的地幔半熔融区上，彼此之间存在相对运动。大多数板块上拥有海洋地壳以及一些更厚的大陆地壳，不过个别板块只有海洋地壳。有关板块运动的科学理论叫作板块构造论，与板块运动相关的现象叫作构造地貌。包括洋中脊、深海沟、高山山脉以及火山在内的大多数构造地貌都是由板块边界发生的过程所形成的。它们的本质取决于边界两侧地壳的种类以及两块板块是相向而行还是背离而去。远离板块边界的构造地貌包括夏威夷群岛这样的火山岛链，它们的成因是岩浆（熔融岩石）从地幔的"热点"上涌，在上方的板块上形成了一系列的火山。

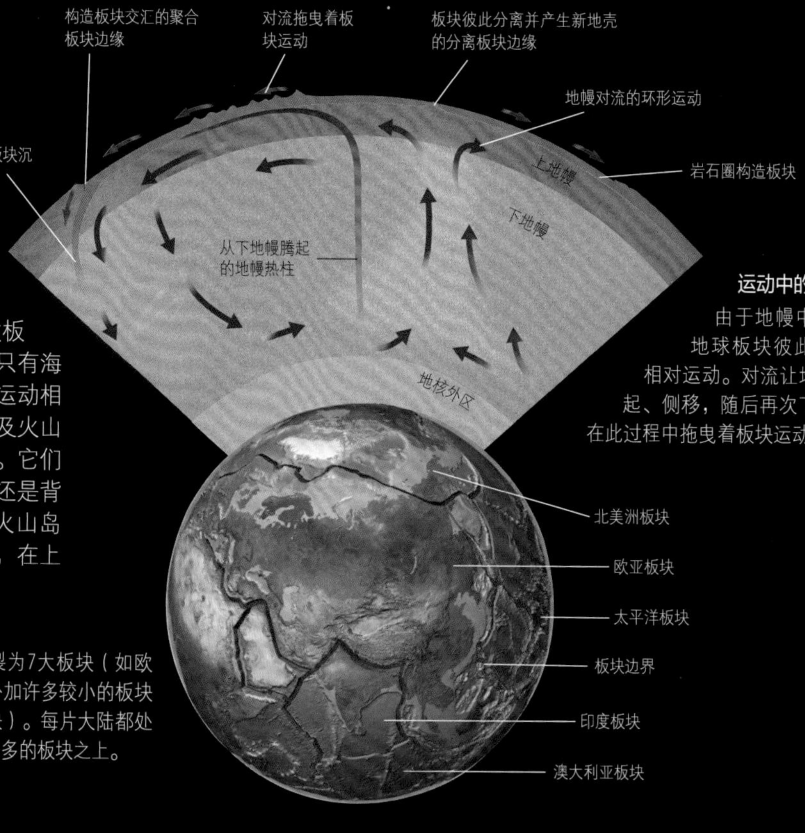

运动中的板块

由于地幔中的对流，地球板块彼此之间存在相对运动。对流让地幔局部升起、侧移，随后再次下降，地幔在此过程中拖曳着板块运动。

北美洲板块

欧亚板块

太平洋板块

板块边界

印度板块

澳大利亚板块

构造板块

地球表面分裂为7大板块（如欧亚板块），外加许多较小的板块（如印度板块）。每片大陆都处在一个或者更多的板块之上。

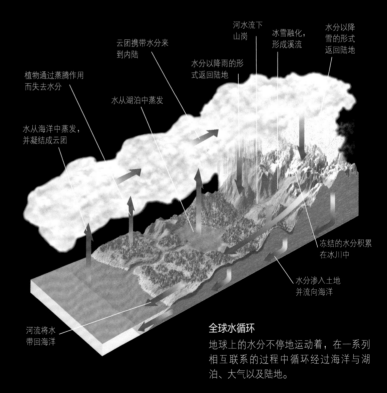

地表特征

从太空来看，地球上较平坦的陆地表面要么是深绿色的，要么是不同浓度的黄棕色（冰雪主导的区域除外）。绿色区域是森林和草原，它们构成了地球生物圈（行星上支持生命存在的区域）的主要部分。黄棕色部分主要是沙漠，它们是在漫长的时间里由不同的风化和侵蚀过程所塑造的。与其他岩质行星一样，地球在历史上遭受过数以千计的陨石撞击（参见第103页）。不过由于地球表面是不断变化的，大多数撞击事件的痕迹都已经消失了，它们要么被侵蚀作用抹平，要么被沉积过程覆盖。

沙漠
沙漠覆盖了地球表面陆地的20%，不过沙丘（如图中位于撒哈拉沙漠的这些）只占据了沙漠的一小部分。

水分

水是地球表面的主导特征。大约97%的水分都储存在海洋中（海洋覆盖了地球表面的75%），2%储存在冰原以及冰川中，地表水的比例不到1%（包括地下水以及岩石中的水分），其他水分分布在河流、湖泊以及大气中。液态水的存在是生命在地球上发展的关键，而海洋的热容量对于保持星球温度相对稳定来说也很重要。液态水还引起了地球大陆上的大多数侵蚀和风化事件，这样的过程在太阳系中是独一无二的，虽然人们相信火星上也曾经发生过。

雨林
森林覆盖了地球表面陆地的30%，既有北方寒冷阴暗的极地森林，也有潮湿热带的浓密雨林。

生物界

生物学家用不同的体系来为生物分类，不过最常用的就是五界系统。这一系统主要根据细胞结构以及获取营养和能量的方式为生物体分类。然而并非所有的科学家都满足于此，一些人提出要使用八界系统或是三大超界30界系统。

动物
动物是多细胞生物，拥有肌肉或者其他可收缩的结构，可以通过某种方式运动。它们通过摄食来吸收营养，进而获得能量。包括哺乳动物在内的许多动物都是脊椎动物（拥有脊柱），不过无脊椎动物（没有脊柱）的种类要多得多。

脊椎动物

植物
植物是多细胞生物，通过光合作用从阳光中摄取能量。植物细胞拥有特殊的色素，可以吸收光能，细胞外还包裹着由纤维素构成的细胞壁。

有花植物

真菌
真菌通过吸收其他活体生物或者死亡腐烂的有机物来获取养分。它们没有运动能力。酵母这样的微观单细胞生物和蘑菇这样具有大型子实体的多细胞生物都是真菌。

毒蕈

原生生物
原生生物是微观生物，多为单细胞结构，其细胞中拥有细胞核。一些原生生物从阳光中获取能量，另一些像动物一样摄食。

草履虫

原核生物
原核生物是地球上最简单、体积最小、最原始也是数量最多的生物。主要的两类原核生物分别是细菌和蓝绿藻。原核生物是单细胞生物，不过其细胞内不存在明显的细胞核。大多数原核生物的繁殖方式都是一分为二。

分支杆菌

云团携带水分来到内陆
河水流下山岗
冰雪融化，形成溪流
水分以降雪的形式返回陆地
植物通过蒸腾作用而失去水分
水分以降雨的形式返回陆地
水从湖泊中蒸发
水从海洋中蒸发，并凝结成云团
冻结的水分积累在冰川中
水分渗入土地并流向海洋
河流将水带回海洋

全球水循环
地球上的水分不停地运动着，在一系列相互联系的过程中循环经过海洋与湖泊、大气以及陆地。

地球上的生命

远古岩石中的线索表明，在大约38亿年前地球上就已经存在简单的类细菌有机体了。然而主流科学观点认为，地球上的生命在此之前很久就已经存在，它们是海洋或大气中复杂化学反应的结果。这些化学反应最终产生了可以自我复制和自我修复的分子，它们是DNA（脱氧核糖核酸）的前身。这种生命形式尽管并不成熟，然而它一旦出现，在悠长的地质学时间尺度上，变异以及自然选择等过程就不可避免地塑造出了一系列生命形态，其多样性和复杂性日益增加。生命从海洋扩展到了陆地，遍及地球上的每一个角落。如今，地球上充满了蔚为壮观的丰富而多样的生命。

地质特征

地球上的大多数地质特征都与板块的边界相关。在分离板块边缘，板块彼此互相远离，新的地壳补充进来。这类地貌的例子是大洋中脊以及东非大裂谷。在聚合板块边缘，两个板块相互挤压在一起，产生一系列的地貌，具体情况取决于两个板块的性质。许多板块边缘都与频繁的火山活动、地震抑或是二者相关。

圣安德烈亚斯（San Andreas）断层
圣安德烈亚斯断层位于美国加利福尼亚州，以产生地震而著名。这里是两个板块彼此挤压的转换边界。

东非大裂谷

位置	从莫桑比克向北延伸，穿过非洲东部、红海并抵达黎巴嫩
类型	一系列断层裂谷
长度	8 500千米

东非大裂谷是裂谷形成过程的范例，在此过程中，炽热的上涌岩浆热柱将上方大陆地壳的一部分拉伸并扯裂。裂谷与分离板块边缘的发育相关，当上升的岩浆形成新的地壳并将裂谷两侧的板块推开的时候，就会形成这样的边缘。东非大裂谷的主要区域（分成两支）穿过非洲东部。在数千万年的时间里，在此区域的断裂过程造就了长长的断层、大块地壳的塌陷，还有下陷区域的火山以及一系列湖泊等关联地貌。随着断裂过程的继续，预计非洲东部的很大一块区域最终将分裂成为单独的岛屿。裂谷的一个北部分支延伸到了红海，最终抵达黎巴嫩。这与将阿拉伯半岛从非洲推开的分离板块边缘相吻合。

伦盖火山（Ol Doinyo Lengai）
这座位于坦桑尼亚北部的活火山坐落在大裂谷东非段的中部。

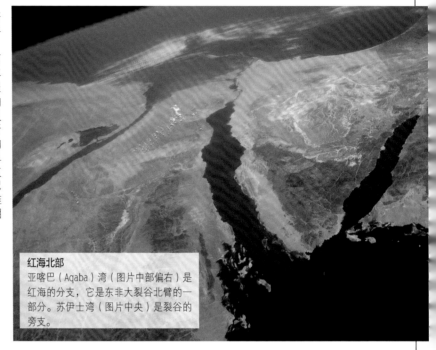

红海北部
亚喀巴（Aqaba）湾（图片中部偏右）是红海的分支，它是东非大裂谷北臂的一部分。苏伊士湾（图片中央）是裂谷的旁支。

大西洋洋中脊

位置	从北冰洋延伸到南大洋
类型	缓慢扩展的洋中脊
长度	16 000千米

黑烟柱
热液孔是洋中脊附近的水下间歇泉。其喷出的热水被称为"黑烟柱"，因为其中含有暗色的矿物质硫化铁。

大西洋洋中脊是地球上最长的山脉链，也是最活跃的火山带之一，不过它主要位于水下。洋中脊坐落在纵贯大西洋洋底的大西洋洋中隆起之上。大西洋洋中隆起以及洋中脊都在西侧与南、北美洲板块的边界重合，在东侧与欧亚板块和非洲板块的边界重合。这些都是分离板块边缘，地幔中上涌的岩浆在此塑造着新的海洋地壳。在新地壳形成时，两侧的板块从洋中脊以每年1到10厘米的速度被推开，让大西洋底的宽度增加。20世纪60年代人们发现，洋中脊附近的地壳物质要比更远处的年轻，这说明大西洋底部在加宽，从此板块漂移学说被广泛接受。洋中脊是大范围地震和火山活动的发生地，这里还存在大量的海中山脉（位于水下的孤立山脉）。火山在探出洋面的地方形成了冰岛以及亚速尔群岛等岛屿。

叙尔特塞（Surtsey）
1963年到1967年间，大西洋洋中脊在冰岛以南区域的一次大型剧烈水下喷发塑造了名为叙尔特塞的新岛屿。

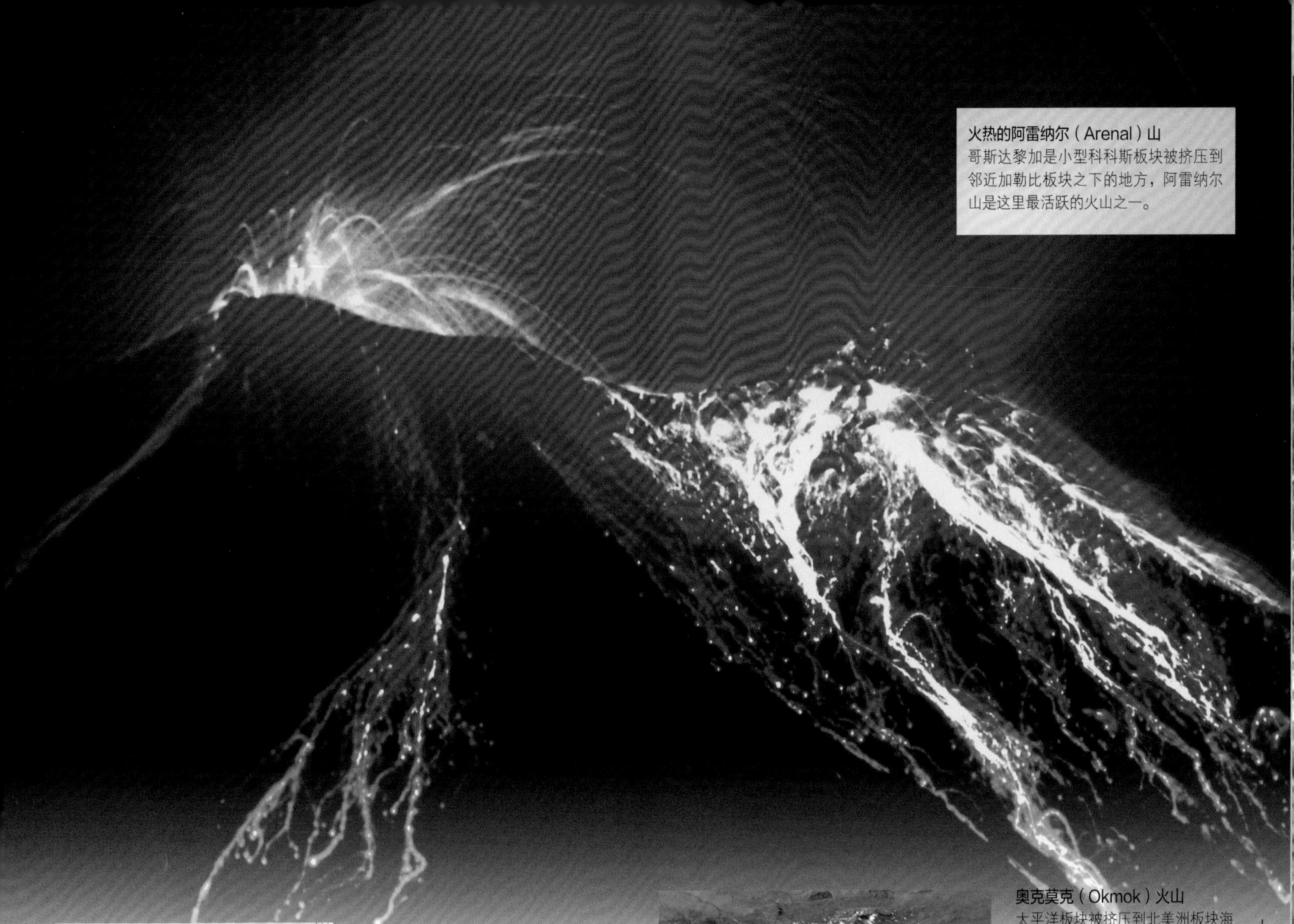

火热的阿雷纳尔（Arenal）山
哥斯达黎加是小型科科斯板块被挤压到邻近加勒比板块之下的地方，阿雷纳尔山是这里最活跃的火山之一。

环太平洋火山带

太平洋

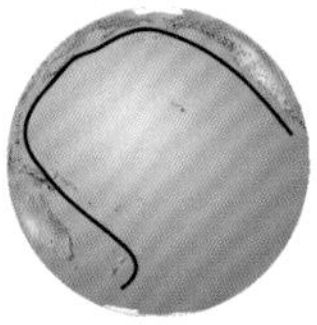

位置	太平洋边缘，从智利到新西兰
类型	一系列的聚合板块边缘
长度	32 000千米

环太平洋火山带是沿太平洋边缘分布的一道庞大的火山和地震活动带。它起于南、北美洲的西海岸，经过阿拉斯加的阿留申（Aleutian）群岛，沿亚洲的东部边缘下行，来到巴布亚新几内亚的东北部，最终抵达新西兰。全世界海平面之上超过一半的活火山都是这个火山带的一部分。它是太平洋板块以及太平洋中其他一些较小板块沿一系列聚合板块边缘与邻近板块相

互碰撞的结果。这一活动的主要驱动力是太平洋东部一座大型洋中脊（东太平洋隆起）产生的新地壳。新的物质在这里持续不断地添加到了太平洋板块、纳斯卡（Nazca）板块以及较小的科科斯（Cocos）板块上，将它们向太平洋的边缘推去。

在北部以及西部边缘的大半区域，太平洋板块的海洋地壳被其他板块的海洋地壳挤到了下方，形成了深海沟。因此这些区域地震多发，而下沉的地壳还在地下深处熔融形成了炽热的岩浆，岩浆又通过火山抵达地表。由此产生的结果就是这些区域形成了许多火山高度活跃的岛弧，如阿留申群岛、千岛群岛、日本列岛以及马里亚纳（Mariana）群岛。

在太平洋东部，情况又有所不同。这里太平洋板块、纳斯卡板块以及科科斯板块的一部分被挤压到了大陆板块以下。这里也有深海沟形成，不过并没有岛弧，相反板块碰撞造就了沿美洲西海岸分布、散

布着火山的大型山脉。这些山脉包括美国华盛顿州的喀斯喀特（Cascade）山脉（这里有活火山圣海伦山），以及地球上最长、最活跃的陆地山脉——南美洲的安第斯山。

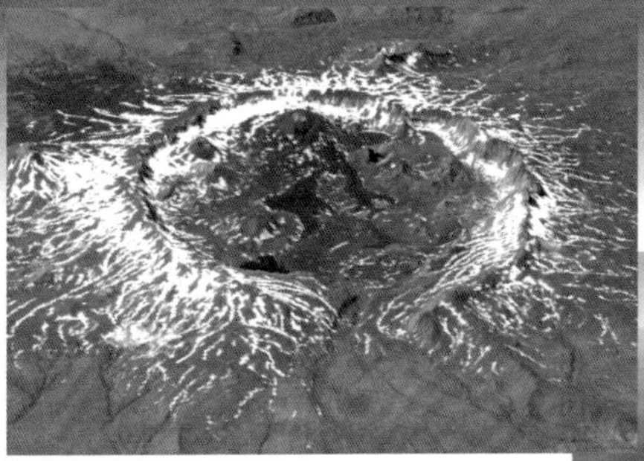

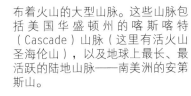

奥克莫克（Okmok）火山
太平洋板块被挤压到北美洲板块海洋地壳下方的过程塑造了阿留申火山群岛。奥克莫克火山位于乌姆纳克（Umnak）岛。

富士山
在太平洋西北部，太平洋板块被埋在了欧亚板块下方，由此产生了日本列岛，富士山（上一次喷发是在1707年）等火山就坐落在这里。

鲁阿佩胡（Ruapehu）山
新西兰位于火环带的西南角。图中可见在1995年和1996年两次喷发的间隙期，蒸汽从全新西兰最高的火山——鲁阿佩胡山涌出。

安第斯山
在南美洲的西边缘，纳斯卡板块掩埋在了南美洲板块之下，由此产生了另一个高度活跃的区域——安第斯山。

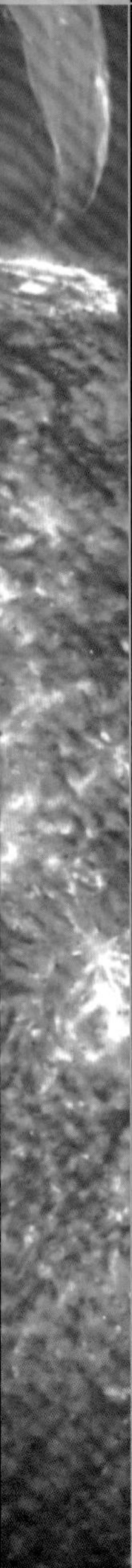

亚洲南部

喜马拉雅山

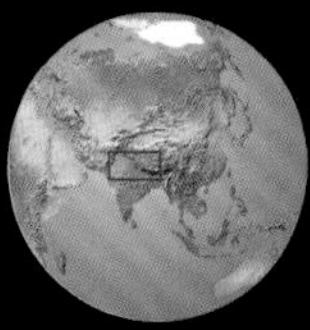

位置 从巴基斯坦和印度北部向东南方穿过尼泊尔和不丹

类型 大陆板块碰撞

长度 3 800千米)

　　喜马拉雅山是地球上最高同时也是最年轻的山脉。如果将附近的喀喇昆仑山脉包括在内的话，喜马拉雅山区拥有地球上最高的14座山峰，每座海拔都超过8千米，这其中包括海拔最高的珠穆朗玛峰。由于塑造山脉的大陆板块彼此碰撞，这些山峰仍旧以大约每百年50厘米的速度增长着。不过山脉也以差不多同样的速度遭受着风化侵蚀，侵蚀残骸被恒河与印度河等大型河流带到南方。

　　塑造了喜马拉雅山以及山脉北侧青藏高原的碰撞发生在3千万到5千万年前，那时构造板块的运动让当时还是岛屿大陆的印度撞到了东南亚一带。在碰撞之前的数百万年里，印度与亚洲之间的特提斯（Tethys）洋底因为压到了欧亚板块之下而逐渐缩小。不过当海洋封闭起来之后，首先是印度和亚洲之间的大陆边缘发生了碰撞，随后大陆本身也撞在了一起。两边的地壳都加厚、变形并且变质了，两片大陆的一部分以及特提斯洋的洋底被向上推起，形成了喜马拉雅山。今天由于喜马拉雅山仍在增高，地震以及伴随而来的滑坡是这里的常态。

　　山峦组成了数道不同的山脉。从恒河高原向北延伸，首先可见西瓦利克（Siwalik）山，它是高山滚下来的一系列碎石沉积物。这里有着亚热带竹林和其他植被。更北部是小喜马拉雅，这里的海拔高度上升到了5 000米左右，急流塑造的大量深谷横贯而过。最北部是大喜马拉雅，海拔在6 000米到8 800米之间，这里拥有海拔最高的山峰。这一区域被厚重的冰川覆盖着，存在充斥着冰川融水的湖泊。

喜马拉雅山东段
在这张喜马拉雅山东段（延伸到了中国境内）的卫星照片中，积雪覆盖的高海拔区域被清晰勾勒了出来。

西藏的山脉
冈底斯山是喜马拉雅山的中段，靠近中国和印度的边界。图中是从青藏高原上所见的山脉景观，高原本身的海拔大约是5千米。

珠穆朗玛峰
海拔约8 848.86米的珠穆朗玛峰是地球上最高的山峰。卫星研究表明，它仍旧以每年几毫米的速度增长着。

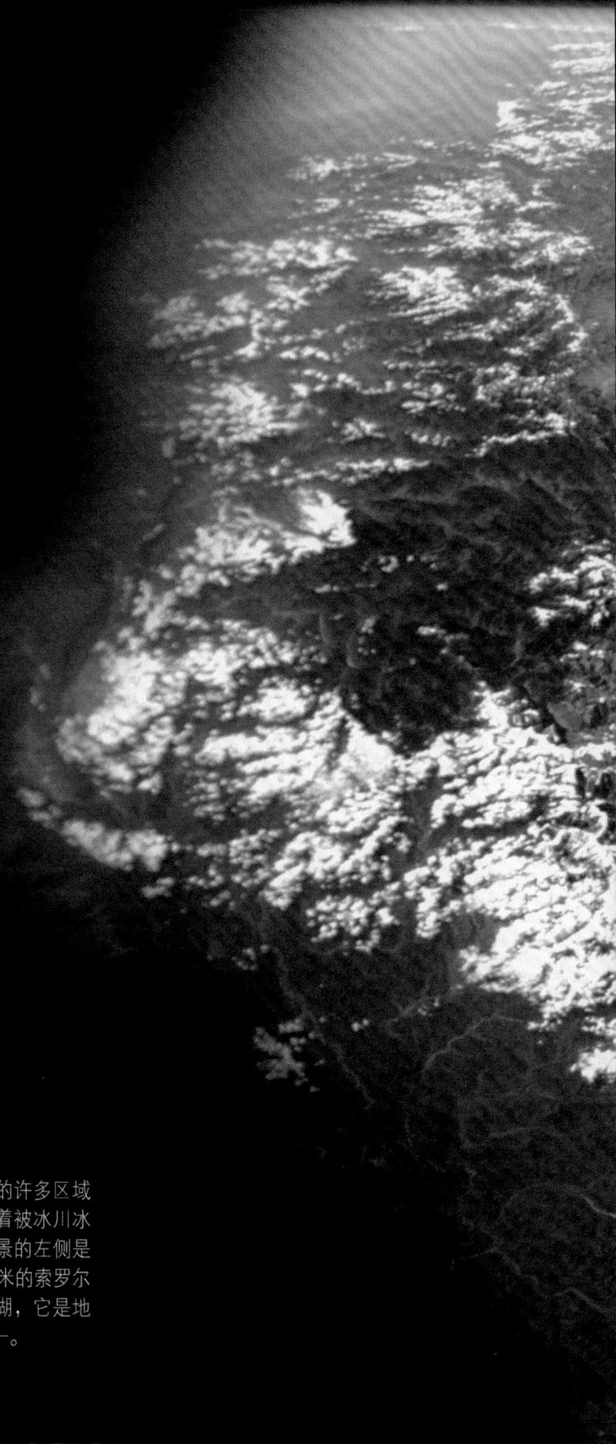

冰川湖泊
在喜马拉雅山海拔较高的许多区域都覆盖着冰川，并点缀着被冰川冰碛阻塞的湖泊。图中前景的左侧是尼泊尔东北部海拔4 600米的索罗尔帕（Tsho Rolpa）冰川湖，它是地球上海拔最高的湖泊之一。

世界屋脊
这张照片是在NASA的航天飞机上拍摄
的，图中左侧积雪覆盖的喜马拉雅山
与世界上最大的高地——湖泊星罗棋
布的、辽阔的青藏高原相邻。

水成地貌

地球表面最明显也最引人注目的一些地貌是大面积的液态水域以及水流，包括海洋、湖泊和河流。此外还存在由液态水的侵蚀以及沉积作用塑造的地貌，其中有峡谷、河谷以及包括从海滩到侵蚀地岬在内的海岸地貌。冰雪同样也对地球的外观产生了重要影响。冰成地貌包括冰川和冰原在内的冰体，还有往昔的冰河运动塑造的U形峡谷。

大峡谷
大峡谷是地球上最庞大的峡谷，由科罗拉多河花费数百万年的时间塑造而成。

五大湖

位置	地跨美国和加拿大边境
类型	淡水湖系统
面积	244 767平方千米

北美洲的五大湖是5个相互连接的湖泊组成的系统，它们组成了地球上最大的淡水水体。5个湖泊自西向东分别叫作苏必利尔（Superior）湖、密歇根（Michigan）湖、休伦（Huron）湖、伊利（Erie）湖与安大略（Ontario）湖，其中含有世界上20%的地表淡水，流域面积约为751 100平方千米。它们由短小的河流、一条海峡以及运河彼此相连，经由圣劳伦斯（St.Lawrence）河注入大西洋。五大湖在上个冰期的末尾开始形成，那时冰川雕琢出的盆地被退化冰原的融水所填充。今天的几个大湖最

尼亚加拉瀑布
五大湖区最大的水位差就位于伊利湖与安大略湖之间的尼亚加拉瀑布处，这里的水帘有着壮观的51米落差。

初是合为一个巨型湖泊的，不过在该区域经历了冰期之后的抬升过程后，五大湖在大约1万年前有了今天的模样。湖面的海拔高度各不相同，从苏必利尔湖的183米到安大略湖的75米不等。数以千计的岛屿点缀在湖面上，其中包括苏必利尔湖中的罗亚尔（Royale）岛。苏必利尔湖本身就很庞大，可以容纳好几个湖泊。

亚马孙河

位置	从秘鲁的安第斯山流出，穿过巴西，进入大西洋
类型	河流
长度	6 430千米

无论是从流经的地表面积还是从年度水流流量来看，亚马孙河都是地球上最大的河流。每年流向地球海洋的河水中，将近20%是从亚马孙河流出的。人们已经确定，亚马孙河的源头是秘鲁南部安第斯高山上乌卡亚利（Ucayali）河的支流阿普里马克（Apurímac）河。乌卡亚利河从这一区域向北流去，并折向东部，与另一条主要支流，也就是马拉尼翁（Ma-

汇入大西洋
亚马孙河的河口占据了图中整个上部区域，覆盖的面积是数万平方千米。图中下部可见另一条主河道托坎廷斯（Tocantins）的河口帕拉河（Rio Pará）。

交织的河道
亚马孙河沿途频繁地交织形成河道，塑造出许多临时性的岛屿。

rañón）河汇合，在这里成为亚马孙河的流域。随后亚马孙河蜿蜒穿越辽阔的亚马孙平原（这里生长着世界上面积最大的雨林）数千千米，沿途与无数的支流汇合。就在马瑙斯（Manaus）以北与内格罗（Negro）河汇合的地方，亚马孙河已经达到了16千米宽，在这里它距离海洋还有1 600千米。在河口处，亚马孙河以惊人的每小时7 770亿升的巨大流量注入大西洋。

休伦湖与苏必利尔湖
在这张NASA的航天飞机拍摄的照片中，面积最大的苏必利尔湖位于右侧，湖上已经部分结冰。休伦湖位于左侧。

蜿蜒的支流
蒂格雷（Tigre）河是亚马孙河在秘鲁境内的支流。它在这里蜿蜒穿过秘鲁的雨林，距离亚马孙河口还有超过3 000千米。

里海

位置	位于阿塞拜疆、伊朗、哈萨克斯坦、俄罗斯和土库曼斯坦的边境
类型	咸水内陆海
面积	371 000平方千米

里海是地球上最大的内陆水体，其中的水分是盐水而非淡水，因此可以恰当地描述为咸水湖或者内陆海。里海一度曾经通过另一片内陆海——黑海连接到地中海。不过在几百万年之前，水位在冰河时期下降，里海与其他海洋分离开来。里海除了蒸发之外没有外流的渠道，不过伏尔加河（占据所有流入里海水量的四分之三）、乌拉尔河、捷列克（Terek）河以及其他几条河流为它注入了可观的水量。在整个历史过程中，里海海平面的

石油开采
里海之下分布着地球上最丰饶的石油矿藏。已知储量最大的油田以及开采设施位于其东北部。

高度随伏尔加河的注水量变化而改变，后者又取决于俄罗斯境内伏尔加河辽阔流域内的降雨量。今天，里海的总水量是78 200立方千米，这相当于地球上内陆地表水量的大约三分之一。它的盐度在北部的伏尔加河注入处是1%，在东岸相对封闭的卡拉博加兹戈尔（Kara-Bogaz-Gol）湾是20%。

伏尔加河三角洲
伏尔加河庞大的三角洲位于图片下方，里海在其南方延伸开去。

南极洲冰原

位置	覆盖了南极洲的大部分区域
类型	大陆冰原
面积	1 370万平方千米

地球上面积最大的冰川是南极洲冰原。这个几乎覆盖了整个南极洲的大冰壳包含了地球70%以上的淡水。冰原被横贯南极山脉分成两个不同的部分。西部冰原的冰层最大厚度是3.5千

米，其底部主要位于海平面之下。较大的东部冰原厚度超过4.5千米，底部高于海平面。冰原的两部分都呈拱形，中央区域略高，边缘处缓慢降低。冰原边缘的一些地区（如横贯南极山脉内的一些区域）是著名的陨石富集地（参见第220~221页）。一直有陨石坠入冰原并被冰雪掩埋。而在少数几个地方，

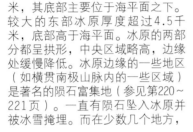

卫星图像
这张雷达图像展示了整个南极洲的情况，较大的东部冰原位于左侧。海岸线周围的灰色区域是冰架与海洋的混合体。

比尔德莫尔（Beardmore）冰川
这片庞大的冰川从东南极洲冰原流向罗斯（Ross）冰架。它的长度是415千米，是地球上最长的冰川之一。

由于存在上升的冰流和蒸发作用，陨石会在地表再度积聚起来。近些年来，由于全球变暖，人们担心南极洲西部冰原正在缩小。科学家一致认为，西部冰原已经持续收缩了超过一万年，不过它在接下来的几个世纪中崩塌的可能性不大。

拉森（Larsen）冰架
在南极洲的海岸线上，冰川以及冰流合并形成了名为冰架的浮冰平台，它们是众多企鹅的故乡。

月球

虽然月球的质量只有地球的1.2%，它却是太阳系中第五大的行星卫星。在满月时，月球是天空中亮度仅次于太阳的天体，它的引力对地球产生着强烈的影响。然而月球太小，它无法维系住实质性的大气，其上的地质活动也已经在很久之前就停止了，因此它是一个了无生机、尘埃遍布的死寂世界。现在已经有12人在月球表面上行走过，超过380千克的月球岩石也被采集了回来，不过科学家仍旧不清楚月球究竟是如何产生的。

轨道

月球在椭圆轨道上环绕地球运行，因此两个天体之间的距离时刻在变化。在近地点月球与地球的距离要比远地点近上10%。月球每27.32地球日绕自转轴旋转一周，它环绕地球运动的轨道周期也是27.32天。这一现象称为同步绕转（参见右图），它使得月球的一面永远朝向地球，不过轨道的偏心率让月球背面少数一些地方也可以显露出来（即天平动）。由于地球在环绕太阳运行，从地球上看去，月球要花费29.53地球日才能返回天空中相对太阳同样的位置并完成一个相位周期（参见第66页）。这一周期也是一个月球日（月球上两次日出的间隔）的长度。

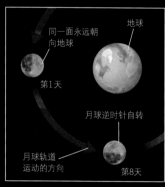

同步绕转

月球每环绕地球公转一周，自己也绕轴自转一周。结果就是月球永远以一面朝向地球。

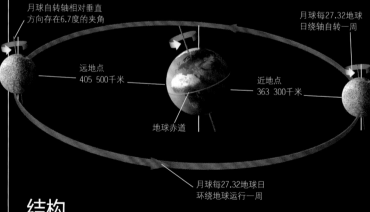

月球自转轴相对垂直方向存在6.7度的夹角

月球每27.32地球日绕轴自转一周

远地点 405 500千米

近地点 363 300千米

地球赤道

月球每27.32地球日环绕地球运行一周

自转与轨道

月球的轨道面相对地球赤道存在一个倾角，这使得其在天空中的轨迹存在周期为18年的变化。潮汐力意味着月球让地球的自转变慢，而月球以每年大约3厘米的速度远离地球而去。

结构

月球的外壳是由类似花岗岩的富钙岩石组成的。月壳在月球正面的厚度大约是48千米，在月球背面的厚度是74千米。由于月球在历史上遭受的陨星轰击，月壳有严重的破损，裂痕一直延伸到25千米深的地方，以下的月壳完全固化。月球的岩石月幔富含硅酸盐矿物，不过缺乏铁等金属。上月幔是固态刚性的稳定结构。月岩中微量放射性元素的衰变意味着温度是随深度增加而上升的。下月幔位于月壳之下约1 000千米深处，岩石在这里逐渐被部分熔化。月球的平均密度表明它可能拥有一个小型铁核。阿波罗月任务测量了穿过月球的冲击波速度，不过测量结果并不是决定性的。为了确认金属月核的存在，还需要进一步的月震证据。

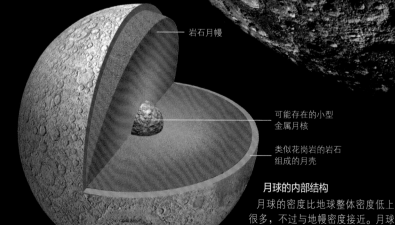

岩石月幔

可能存在的小型金属月核

类似花岗岩的岩石组成的月壳

月球的内部结构

月球的密度比地球整体密度低很多，不过与地幔密度接近。月球可能全部都由固态岩石组成，压根没有金属核心。

月球表面

这张阿波罗16号拍摄的照片中央是月球正面和背面的分界线，在太空时代之前，人们从来没有看到过这样的景象。至少持续了40亿年的小行星轰击让月球表面遍布着环形山。

月球档案

与地球的平均距离	自转周期
384 400千米	27.32地球日
表面温度	月球日长
零下150摄氏度到零上120摄氏度	29.53地球日
直径 3 476千米	质量（地球=1） 0.012
体积（地球=1）0.02	赤道重力（地球=1） 0.165
卫星数量 0	大小比较

观测方法
地球上可见月球被阳光照亮的部分在一月之中时时发生着变化，月初是在日落后西方天空中的纤细月牙，月末则是日出之前东方天空中的纤细月牙。

大气

月球的大气十分稀薄，总质量大约是10 000千克，这与一艘阿波罗飞船着陆期间释放的气体总量相当。月球的表面温度在一个月球日之内变化幅度大约是270度。在月球上寒冷的夜晚，月表附近气体的总量要比炽热的白天多上20倍。月球的重力只有地球的六分之一，月球大气时刻在逃逸，不过也同样被太阳风持续补充着。

大气组分

氖气、氢气以及氦气是从太阳风中俘获而来的。氢气是月岩中钾元素放射性衰变的产物。

氖（29%）　　氦（25.8%）　　氢（22.6%）　　氩（20.6%）　　痕量气体

月球的历史

没有人知道月球究竟是如何形成的，不过大多数天文学家都认同大碰撞假说，该理论假设大约45亿年前一颗大质量小行星撞击了年轻的地球（参见下图）。在月球最初的7.5亿年里，它遭受了强烈的陨星轰击，这使得月壳破裂，并在月表各处造就了环形山。大约35亿年前，轰击率下降了，跟随其后的是大量火山活动的时代。来自月表之下100千米处的熔岩从月壳的裂隙中涌出，填满了低海拔的大型环形山。熔岩固化后形成了颜色暗淡的平坦玄武岩区域，也就是月海。火山活动大约在32亿年前停止了，自那以后月球变得相对死寂。许多在月球历史早期形成的地貌被后来的陨石撞击所破坏。最年轻的一座大型环形山是大约在9亿年之前形成的哥白尼环形山。

月球的形成

❶ 在地球与一颗火星大小的小行星斜撞的过程中，海量硅酸盐矿物从地球地幔中抛射了出来。

❷ 抛射物形成了由气体、尘埃和岩石块组成的巨大云团。热量被辐射出去，云团很快开始冷却。

❸ 大多数抛射物进入了环绕地球的圆形轨道，形成一个面包圈状的多团块致密环。

❹ 岩石因相互碰撞而增大，最后，一个天体在环中占据了主导，清扫了残存的物质，月球就此诞生。

神话故事

狼人

许多神话以及古老的民间故事为月亮赋予了神奇的力量。有些故事说，满月会让人变疯（这也是英语中"精神失常"即lunacy一词的由来），而从欧亚大陆到美洲的许多文化都认为，满月时某些人可以变成邪恶的狼人。这种迷信流传甚广且历史悠久，甚至巴比伦国王尼布甲尼撒（Nebuchadnezzar，约公元前630—前562）还想象过他变成了狼人。

月球的影响

虽然月球比地球小得多，它的引力仍旧会施加影响。地球朝向月球的一面受到的月球引力作用最强，引力将海水吸引向月球。惯性（有质量的物体抵抗施加其上的作用力的趋势）试图让海水保持原位，但是由于引力更强，海水被拉向月球，形成一个隆起。在另一侧，海水的惯性要比月球引力来得更强，因此就产生了第二个海水隆起。随着地球的自转，隆起的海水扫过地球表面，导致了海平面每日的变化，也就是潮汐。涨潮的时间根据月球在天空中的位置而发生变化。潮汐的高度随着月相周期发生变化，不过实际的高度也取决于当地的地理环境。浅海湾中的潮差可以非常巨大。

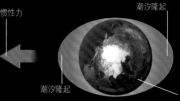

惯性力　潮汐隆起　月球的引力　月球轨道

潮汐隆起　地球的自转让潮汐隆起扫过地表

潮汐隆起

地球和月球之间的引力相互作用让地球的海洋形成了两个潮汐隆起（图中的描绘有所夸张）。由于地球在绕轴自转，隆起的海水扫过地球表面，形成了潮汐。

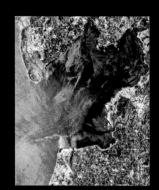

潮差

在这张英格兰西北海岸莫克姆（Morecambe）湾的卫星图像中，洋红色标示出了退潮后露出的水湾和滩涂。

月表地貌

月球的表面被陨石撞击粉碎过，上面覆盖着一层粗糙多孔的砾石，厚度为几米。这些碎石从尘粒到几十米直径的巨石皆有。土壤（浮土）由细密的破碎基岩组成，深度越深，颗粒也就越大。由于月球上没有风也没有雨，表层物质不会移动到很远处，不同地点的月表组分变化很大。表层物质厚度也各不相同，在年轻的月海区域有大约5米厚，不过在古老的高原上增加到了10米厚。微陨星的碰撞持续侵蚀着暴露在外的岩石，另外这些岩石也会被宇宙线以及太阳耀斑中的粒子破坏。土壤的最上一层饱含从太阳风中吸收的氢离子。

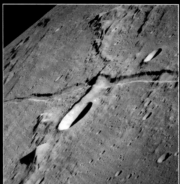

熔岩管

这条月溪有几百千米长，宽度超过5千米，它是塌陷的管状结构，熔岩曾经在其中流动。附近撞击事件引发的月震可能是导致顶部塌陷的原因。

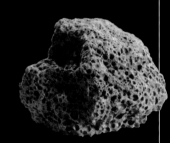

月岩

这块15厘米宽的岩石是月球内部的熔岩上升到月表并固化而形成的。气泡逃逸后塑造了岩石表面的小孔。

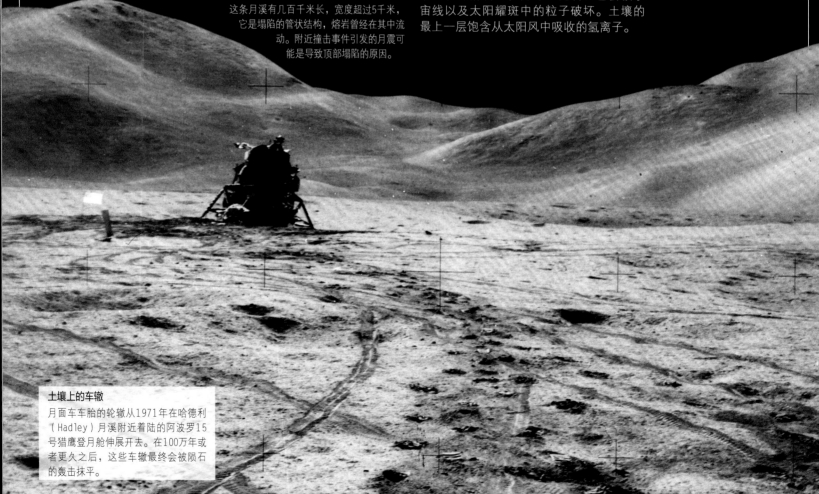

土壤上的车辙

月面车车胎的轮辙从1971年在哈德利（Hadley）月溪附近着陆的阿波罗15号猎鹰登月舱伸展开去。在100万年或者更久之后，这些车辙最终会被陨石的轰击抹平。

环形山

　　绝大多数月球环形山都是由陨击事件产生的。通常小行星碰撞月球的速度大约是每小时72 000千米，由此产生的环形山要比碰撞天体大上15倍左右。除非小行星是几乎擦过月球表面的，否则碰撞产生的环形山都呈圆形。月球上有3类环形山。直径不到10千米的那些呈碗状，深度相当于直径的20%左右。直径在10千米到150千米之间的环形山拥有沉入原始陨击坑的外壁，而环形山下方受到压力作用的岩石往往会反弹形成中央峰。这些环形山的深度是几千米，在碰撞过后大多数扬起的物质都落回了环形山中。直径超过150千米的环形山拥有同心的环状山脉，它们是固化之前从中央泛起的反弹物质涟漪。这些环形山很深，因此炽热的岩浆涌向表面，让环形山底填满了熔岩。

哥白尼环形山的日出

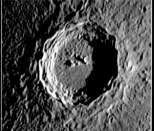
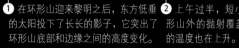
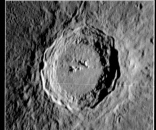

1 在环形山迎来黎明之后，东方低垂的太阳投下了长长的影子，它突出了环形山底部和边缘之间的高度变化。

2 上午过半，短小的阴影突出了环形山外的抛射覆盖物。环形山内部的温度也在上升。

3 正午时分，太阳就在头顶，这一地貌看起来像是被冲刷过，平整了许多。现在这里的温度超过100摄氏度。

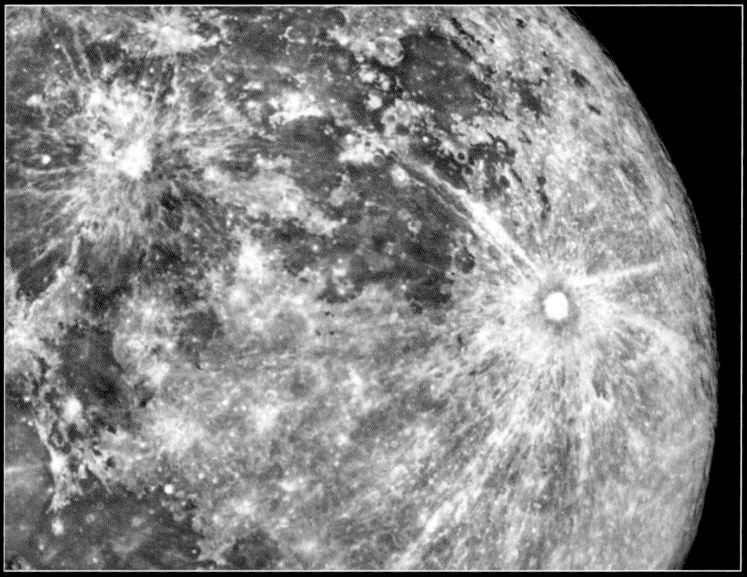

辐射纹环形山

在陨星撞击时，从环形山溅射出的物质往往呈狭窄的喷流状。当这些抛射物落向月球表面时，它们会犁开月球土壤，这些被扰乱的区域会比周边反射更多的太阳光。从地球上看去，它们呈辐射纹状。第谷环形山（位于图中右侧边缘）周围的辐射纹向外延伸数千千米。

尤金·舒梅克
（Eugene Shoemaker）

　　尤金·舒梅克（1928—1997）是美国的天体地质学家，他研究过地球以及月球上的陨击坑，还梦想着能登上月球，但他由于身患艾迪生氏病［译者注：由于部分或全部丧失肾上腺皮质功能而导致的一种疾病，以皮肤及黏膜呈青铜色、贫血、虚弱及低血压为特征。（《美国传统字典》）］而无法如愿。于是他将阿波罗航天员培训成野外地质学家。1969年，他加入了美国帕洛玛天文台的一个近地小行星搜索小组。舒梅克死后，他的一部分骨灰在1999年被月球勘探者带到了月球上。

测绘月球

　　一些古希腊人认为，月球与地球相似，暗色区域是水域。这一观点一直持续到17世纪，当时在第一份正式的月图上，人们以海和洋等与水有关的名字为这些暗斑命名。凋沼（凋零的沼泽）以及虹湾（彩虹海湾）就是一些令人回味的例子。意大利天文学家伽利略·伽利雷最早通过观察一个月球日之内影子长度的变化认识到，可以在月图中增加地貌的高度信息。第一份摄影月图是在1897年发表的，不过太空时代的来临带来了真正的巨大飞跃。1959年，苏联向月球背面发射了月球3号空间探测器，拍摄了那里的景象。NASA的5架月球轨道飞行器在1966年到1967年间拍摄了月表的99%，并特别关注了阿波罗计划可能的登月地点。20世纪90年代，克莱探测器与月球勘探者测量了月球的矿物组分。自2009年起，月球勘测轨道器（LRO）开始进行一项详细的测绘计划。

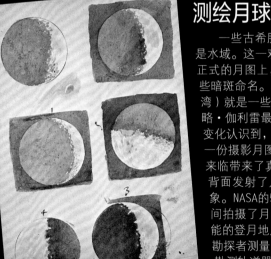

伽利略的素描

伽利略在1609年11月30日第一次使用望远镜观测了月球。这些月球素描图收录在1610年出版的《恒星信使》（Sidereus Nuncius）一书中，图中突出了月表的粗糙程度。

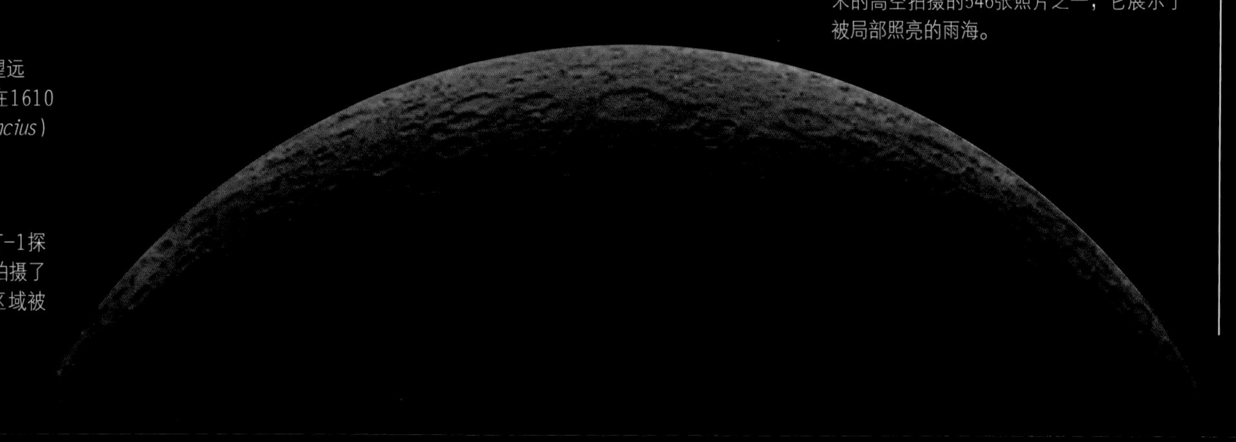

SMART-1

2004年11月12日，欧洲空间局的SMART-1探测器在接近月球时从大约6万千米之外拍摄了这张照片。图中月球背面北极附近的区域被阳光照亮。

月球3号

1959年10月7日，苏联的月球3号探测器拍摄了月球背面的景观。之前人们从来没有看到过这里的面貌。

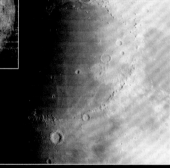

月球轨道飞行器4号

这张绝佳的宽视场图像是NASA的月球轨道飞行器在1967年5月11日到26日从大约4 000千米的高空拍摄的546张照片之一，它展示了被局部照亮的雨海。

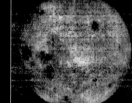

月球的正面与背面

　　月球的自转和公转周期在它形成后不久就被锁定到了一起，当时它与地球的距离比现在要近得多，表面由于早期的大规模撞击导致的加热效应仍旧处于熔融状态。因此地球的影响让月球的两面出现了显著的差异。月球背面相对月球质心的平均高度要比正面高5千米左右，而且背面低密度的月壳比正面厚26千米。由于月球正面海拔较低，火山岩浆更容易涌上地表，并从火山裂隙倾泻流入最庞大环形山内的低海拔区域，固化形成月海。相较之下，月球背面（永远背向地球）缺乏大面积的月海，看起来比正面遭受过更多的轰击，环形山也更多。

地形图

这张月球表面的地形图根据高度着色，它是由NASA月球勘测轨道器的高度计绘制的。红色区域表示海拔最高，蓝色表示最低。该图的中央是明亮的第谷辐射纹环形山，东海盆地位于左侧。图中下部大片的深蓝色地貌是南极-艾肯（Aitken）盆地（参见第149页）。

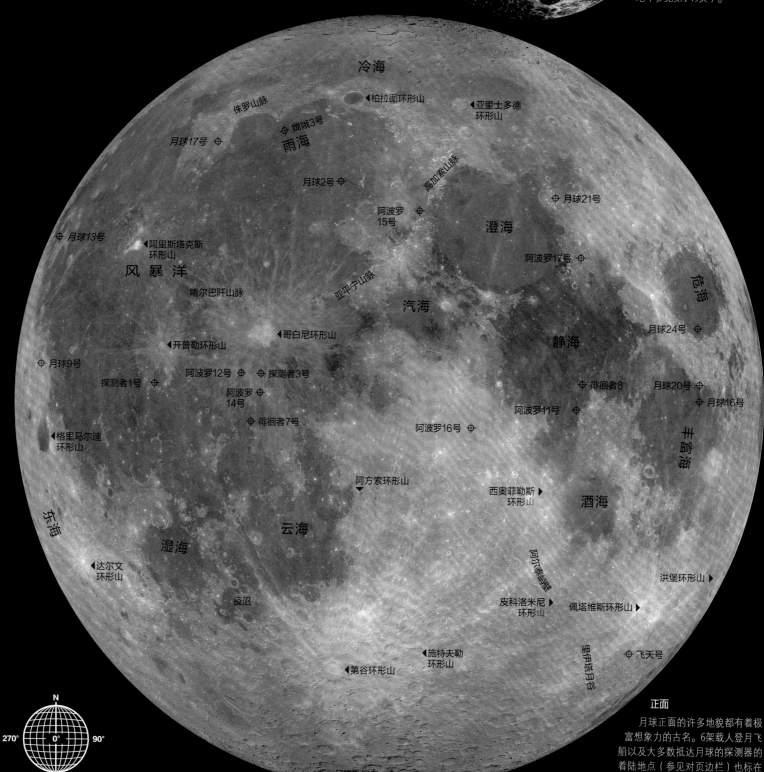

正面

月球正面的许多地貌都有着极富想象力的古名。6架载人登月飞船以及大多数抵达月球的探测器的着陆地点（参见对页边栏）也标在了图上。

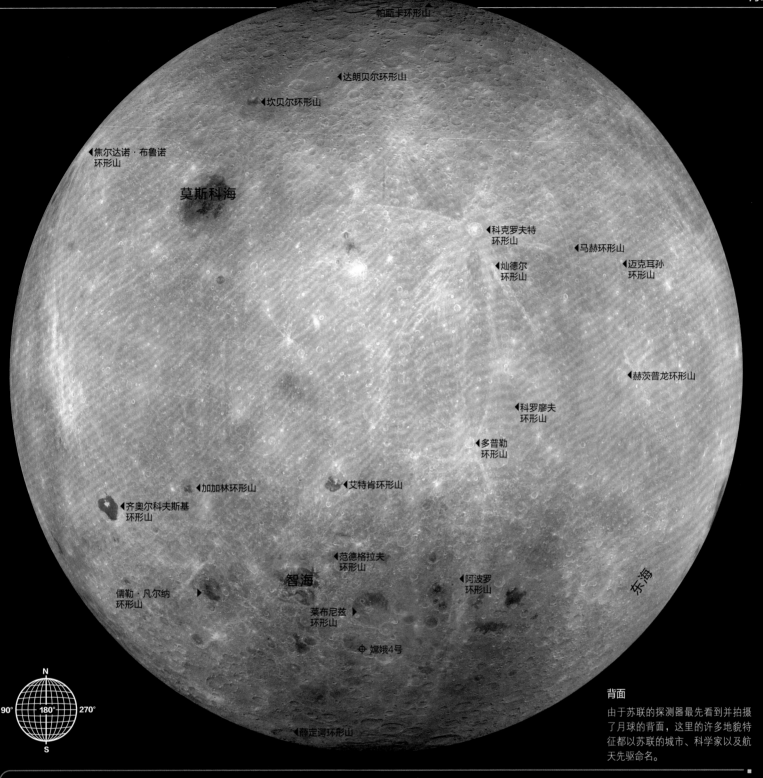

帕斯卡环形山

达朗贝尔环形山

坎贝尔环形山

焦尔达诺·布鲁诺
环形山

莫斯科海

科克罗夫特
环形山

马赫环形山

灿德尔
环形山

迈克耳孙
环形山

赫茨普龙环形山

科罗廖夫
环形山

多普勒
环形山

加加林环形山

艾特肯环形山

齐奥尔科夫斯基
环形山

东海

范德格拉夫
环形山

智海

儒勒·凡尔纳
环形山

阿波罗
环形山

莱布尼兹
环形山

嫦娥4号

薛定谔环形山

N
90° 180° 270°
S

背面

由于苏联的探测器最先看到并拍摄了月球的背面，这里的许多地貌特征都以苏联的城市、科学家以及航天先驱命名。

重要的登月活动

在这些任务中，无人空间探测器和人类探索者研究了月球正面大量不同类别的地形。最初，能让探测器撞击月球表面就已经是很重要的成就了，不过到了阿波罗计划时，登月是瞄准某些特定区域的，以期回答有关月球地质和历史的特定问题。

任务	抵达时间	类别	成就
月球2号（苏联）	1959年9月13日	撞击	第一次撞击到月球表面
徘徊者7号（美国）	1964年7月31日	撞击	第一次拍摄了月球表面的特写照片
徘徊者8号（美国）	1965年2月20日	撞击	拍摄了7 137张质量优良的照片
月球9号（苏联）	1966年2月3日	着陆器	第一次在月球表面软着陆
探测者1号（美国）	1966年6月2日	着陆器	测量了月表的雷达反射率
月球13号（苏联）	1966年12月24日	着陆器	成功使用了机械化土壤探测器
探测者3号（美国）	1967年4月20日	着陆器	拍摄了阿波罗12号未来的着陆点
阿波罗11号（美国）	1969年7月20日	载人	航天员第一次登月
阿波罗12号（美国）	1969年11月19日	载人	第一次精确定点着陆
月球16号（苏联）	1970年9月20日	着陆器	第一次自动返回月球样本
月球17号（苏联）	1970年11月17日	月面车	携带了第一辆无人月面车
阿波罗14号（美国）	1971年2月5日	载人	携带了用于采样的"月球人力车"
阿波罗15号（美国）	1971年7月30日	载人	携带了第一辆载人月面车
月球20号（苏联）	1972年2月21日	着陆器	自动返回月球样本
阿波罗16号（美国）	1972年4月21日	载人	探索了中部高原
阿波罗17号（美国）	1972年12月11日	载人	在月球上停留的时间最长（75小时）
月球21号（苏联）	1973年1月15日	月面车	探索了波希多尼（Posidonius）环形山
月球24号（苏联）	1976年8月14日	着陆器	从危海带回月球样本
飞天号（日本）	1993年4月10日	撞击	在弗纳（Furnerius）地区撞月
月球勘探者（美国）	1999年7月31日	撞击	在南极附近受控撞月以搜寻水分存在的证据
SMART-1（欧洲空间局）	2006年11月14日	撞击	撞月时模拟了一次陨石撞击
月船1号（印度）	2008年11月14日	撞击	找到了水分存在的证据
月球环形山观测与遥感卫星（美国）	2009年10月9日	撞击	找到了水分存在的证据
嫦娥3号（中国）	2013年12月14日	月面车	着陆器释放了玉兔号月球车
嫦娥4号（中国）	2019年1月3日	月面车	第一次在月球背面着陆，释放了玉兔2号月球车

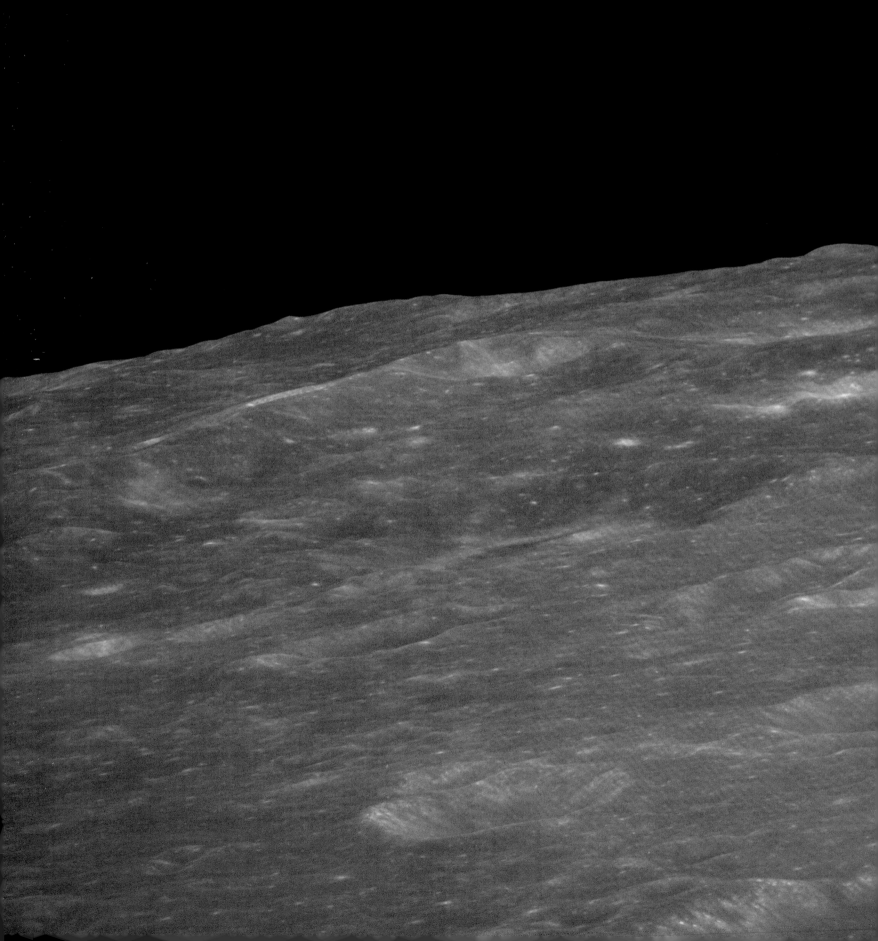

升起的地球（从阿波罗8号上拍摄）

1968年12月，搭乘阿波罗8号的3人机组成
为最早环绕月球飞行的人类。他们同时还
是第一批目睹过地球从月球环形山遍布的
表面上升起的人。这张照片就是透过飞船
舱窗拍摄的。阿波罗8号拍摄的地球照片突
出显示了我们地球家园的渺小和脆弱，强
烈地影响了环境保护运动。

月球地貌

从远处看去，月表地形明显分为两类。大型的暗色平原叫作月海，明亮起伏且密布环形山的是高原。整个月表最初都覆盖着环形山，其中的大多数都是在重轰击期产生的。在过去的40亿年里，小行星撞击月球的频率减少了。大约40亿年前，月球上的火山还很活跃。熔岩通过断裂与裂隙流上表面，填满了大型环形山的底部，产生了暗色的平原。平原区域只能反射4%左右的入射阳光，而山区可以反射大约11%。

月球北极的拼接照片
从地球上看，月球北极有一部分从不露面，因此最好还是使用轨道航天器来拍摄。1992年12月7日，伽利略号探测器在前往木星的途中拍摄了该区域的一系列照片。

阿里斯塔克斯环形山

类型	陨击坑
年龄	约3亿年
直径	37千米

这座年轻的环形山由一系列相互嵌套的台地组成，这一结构是侧壁上的同心岩层下滑而形成的。由于来自边缘的物质填充了起先较深的中央区域，这一过程不仅让环形山变宽，还让它明显变浅。阿波罗飞船的红外扫描辐射计曾对阿里斯塔克斯环形山进行过测绘。在夜间，环形山的温度比周围地区高上大约30摄氏度。这是因为年轻的环形山拥有许多大型砾石，这些石头在白天升温所需的时间很长，夜间降温的时间也不短。随着时间的推移，砾石因为微陨星的碰撞而破裂，因此这样的温度差异最终会消失。

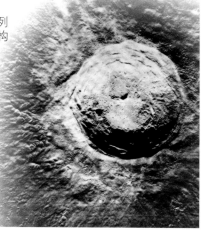

月球轨道飞行器5号拍摄的照片
这张从正上方拍摄的照片勾勒出了阿里斯塔克斯环形山的圆形外观，并揭示出周围辽阔崎岖的抛射覆盖物。

危海

类型	熔岩充斥的陨击坑（月海）
年龄	39亿年
直径	563千米

危海的表面极其平坦，高度差不超过90米。流入危海的熔岩黏度很低，在固化之前就好像是宁静的池塘一般。苏联的月球24号探测器是最后一架前往月球并采样返回的航天器。1976年，它带着采自危海底部的170克岩芯返回了地球。

卵形的环形山
在地球上肉眼可见的危海外观几乎呈圆形。超过95%的月球环形山是正圆的。

亚平宁山脉

类型	山脉
年龄	39亿年
长度	401千米

月球上的亚平宁山脉环绕着雨海陨击盆地的东南边缘勾勒出了一个圆环。山脉是平坦的熔岩平原上耸起的月壳块体，高度超过3千米，它是由雨海撞击事件产生的冲击波塑造而成的。山脉链延伸了大约600千米，不过它的南端被熔岩流部分掩埋了。

月球山脉
在这张阿波罗15号拍摄的照片中，亚平宁山脉位于右下方。其左侧的暗色区域是洞沼。

静海

类型	月海
年龄	36亿年
直径	873千米

月海的表面要比高原上的岩石暗得多，同时也更年轻。这意味着它们相对光滑，其上的陨击坑很少。它们的低反照率是由于涌入其中的高流动性熔岩的化学特性所导致的。静海（英文名来自拉丁语"宁静的海洋"）就位于月球赤道以北，与澄海（清澈的海洋）的东南部相连。这两个月海一起组成了月球上最突出的一处特征。形成静海的盆地很古老，早于39亿年前形成的雨海盆地。它在数个地方与其他盆地重叠，不过直到36亿年前才被岩浆充斥。美国阿波罗11号的航天员尼尔·阿姆斯特朗（Neil Armstrong）和巴兹·奥尔德林（Buzz Aldrin）在1969年的著名着陆点就是静海。

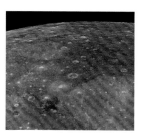

富含钛元素
这张伽利略号探测器拍摄的照片根据岩石中钛元素的含量着了色。蓝色的静海区域富含钛，而右下方橙色的澄海区域缺乏钛。

着陆之前
在这张阿波罗11号登月舱着陆前拍摄的照片中，平坦而荒凉的静海平原向北方延伸开去。

月球正面 北半球

哥白尼环形山

类型	陨击坑
年龄	9亿年
直径	91千米

这座年轻的辐射纹环形山有着庞大的阶梯状侧壁。环形山底低于周围的平原，距离四周侧壁的顶部有3.7千米。哥白尼环形山是一

月球轨道飞行器2号拍摄的照片
NASA的月球轨道飞行器2号在1966年拍摄的照片清晰展示了哥白尼环形山阶梯状的侧壁以及中央峰。

环形山串

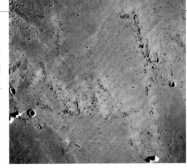

碰撞事件扬起的物质像阵雨一般落向周围的月表，产生了次级陨击坑长串。

座中等大小的环形山，拥有高耸的中央峰。入射小行星引发的爆炸挤压了环形山正下方的岩石，之后岩石反弹，形成了山峰。哥白尼环形山的周围点缀着

次级陨击坑，它们是碰撞期间甩出的砾石形成的。阿波罗12号的航天员在着陆点附近采集到了环形山形成期间抛出的浅灰色细密岩石颗粒，这样的颗粒塑造了

环形山周围的辐射纹。辐射纹的高反照率是抛射物掀翻月球浮土的结果（粗糙的物质反射的光线比平滑物质更多）。

月球正面 南半球

阿方索环形山

类型	陨击坑
年龄	40亿年
直径	117千米

1965年3月24日，NASA的徘徊者9号探测器选择撞向阿方索环形山，并在接近过程中拍摄了电视图像。这座环形山是碰撞形成的，不过徘徊者9号在其底部发现的暗色斑块以及断裂结构据信是火山活动的产物，也许它们是由爆发性喷射产生的。由于这些特征，阿方索环形山成了后来阿波罗登月的候选着陆点。

撞月之前3分钟的情景

月球正面 南半球

阿尔泰峭壁

类型	峭壁
年龄	42亿年
直径	507千米

阿尔泰峭壁显然是月球上最长的峭壁，高约1.8千米。一次撞击事件释放的能量不仅砸出了一座环形山，还使物质外扬，形成环形山侧壁以及抛射覆盖物。猛烈的月震冲击波从撞击点向外辐射出去。山脉这样的障碍物能够阻止冲击波的传播，随后月壳可能会发生变形，形成一道长长的峭壁。阿尔泰峭壁是酒海撞击事件所塑造的。

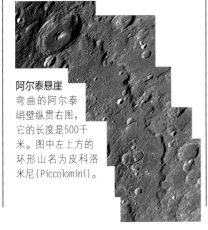

阿尔泰悬崖
弯曲的阿尔泰峭壁纵贯右图，它的长度是500千米。图中左上方的环形山名为皮科洛米尼（Piccolomini）。

月球正面 南半球

洪堡环形山

类型	陨击坑
年龄	约38亿年
直径	189千米

洪堡环形山之所以引人注目，是因为它填充着熔岩的底部交织着一系列径向和同心的裂隙（或称月溪）。近观的话，一些月溪貌似塌陷的管道，熔岩曾经从其中流过，而其他则像是裂谷。月球上的火山活动持续了超过5亿年。熔岩可能会渗入环形山，然后冷却、收缩、破碎并下沉，随后被更多的熔岩覆盖。最终的玄武岩填充物可能会由很多层组成。

洪堡环形山底部的裂缝

月球正面 南半球

第谷环形山

类型	陨击坑
年龄	1亿年
直径	85千米

第谷环形山位于南方的高原上，它是月球上侧壁最为完美的环形山之一，中央峰比被填充的粗糙内区高3千米。1968年1月，探测者7号在第谷环形山抛射覆盖物层的北缘着陆，拍摄了大约21 000张照片，也对土壤进行了化学分析。人们发现，高原地区土壤的主要成分是钙铝硅酸盐化合物，而月海区域的物质则是铁和锰元素的硅酸盐化合物。

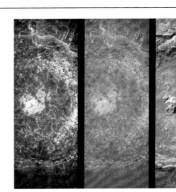

第谷环形山的3张滤光照片
克莱芒蒂娜探测器携带的紫外/可见光照相机装配了一系列的滤光片。不同的颜色组合揭示出了环形山岩石中物理结构和化学成分的变化。

最年轻的大型月球环形山？
虽然第谷环形山是最年轻的月球环形山之一（焦尔达诺·布鲁诺环形山可能更为年轻），但它仍旧是在恐龙时代形成的。

月球正面北半球

金牛-利特洛峡谷

类型	月谷
年龄	约38.5亿年
长度	30千米

1972年，最后一架载人登月舱在底部颜色暗淡的金牛-利特洛峡谷（Taurus Littrow Valley）着陆，这里位于填充着玄武岩的澄海边缘。地貌特征的覆盖类型让人印象深刻，阿波罗17号的航天员在该区域发现了3类截然不同的岩石。一块粉碎的含镁橄榄石有46亿年的历史，系刚刚形成的月球熔融外壳直接结晶而来。邻近的澄海环形山形成于大约39亿年前，熔岩涌入了环形山，大多数玄武岩都是在那时产生的。第三种岩石是在附近的山上找到的，是富含钡元素的花岗岩，它们是从附近一个大型环形山抛出的。着陆点附近的大多数物质颜色都非常暗淡，由数十亿年前邻近火山口和裂隙喷出的渣滓和灰烬组成。金牛-利特洛峡谷周围包围着侧壁陡峭的山脉（也就是山丘，Massif）。月球山脉与地球上的不同。在地球上，地壳板块相互碰撞，造就了阿尔卑斯山和喜马拉雅山这样的庞大山脉。新生的山脉随后会被降雨以及冰层剥蚀。月壳并没有破裂成板块，没有运动的部分。月球上的所有山脉都是撞击的产物，金牛-利特洛峡谷周围的山脉是古老环形山外壁的残存。南丘北部峡谷的一部分谷底覆盖着浅色的表土层，厚度为几米。表土的成因是附近第谷环形山形成时抛射的砾石轰击诱发的岩石崩裂。由于月球持续不断地遭受着小行星撞击，单位面积上环形山的数量是随时间增加的。金牛-利

高原山丘

照片中央可见底部平坦的金牛-利特洛峡谷，它位于被乏味地命名为北丘、南丘和东丘的崎岖块状山脉中央。

哈里森·施米特
（Harrison Schmitt）

哈里森·施米特（1935—）生于美国新墨西哥州。他在加州理工学院以及哈佛大学学习了地质学。在美国地质调查局工作期间，他参加了向航天员传授野外地质学技术的小组。1965年6月，施米特被NASA选为科学家航天员，随后被选为阿波罗17号登月舱的驾驶员。1972年12月，他成为了登陆月球的第一名也是唯一一名地质学家。阿波罗17号的任务亮点之一是他在月岩内发现了橙色的玻璃。

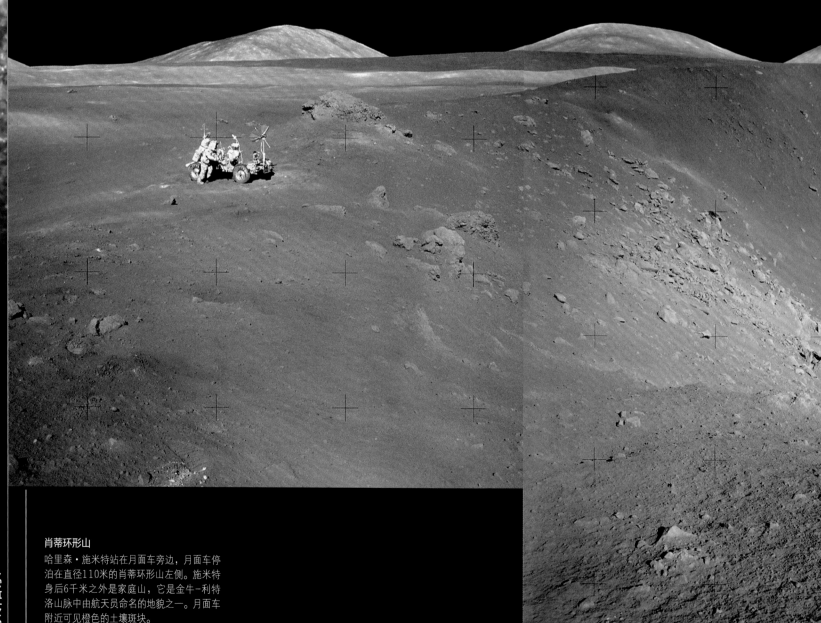

肖蒂环形山

哈里森·施米特站在月面车旁边，月面车停泊在直径110米的肖蒂环形山左侧。施米特身后6千米之外是家庭山，它是金牛-利特洛山脉中由航天员命名的地貌之一。月面车附近可见橙色的土壤斑块。

特洛峡谷底部的环形山数量相对较少，这说明此处的月表年龄甚至比阿波罗12号的着陆点还年轻。峡谷中的肖蒂（Shorty）环形山一度被认作火山口，不过对其高起边缘和中央丘堆更详细的分析表明，与月球上数百万其他的环形山一样，它也是由小行星撞击产生的。

月球上的玻璃

月球表土层中含有大量的火山玻璃。玻璃的形态可能是岩石碎片中的闪光点，也可能是微小的泪滴状和哑铃状小滴，颜色从绿色、酒红色到橙色和不透明的都有。在肖蒂环形山附近发现的橙色玻璃是富含钛的典型月球玻璃，另外它还富含锌。

肖蒂环形山中的橙色土壤
大约2000万年前的一次陨石撞击将这些玻璃质的橙色表层土壤挖掘出来，土壤实际上形成于大约36亿年前。

裂开的岩石
这块大小与房屋相当的砾石是从澄海内的一座陨击坑抛出的，随后它向下滚动到了峡谷中。在岩石表面被采样的地方，铲子的痕迹清晰可见。

太阳系

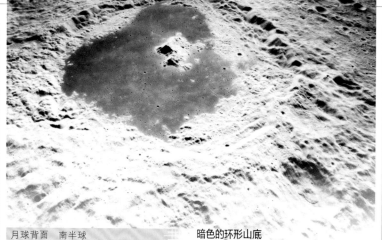

月球背面　北半球

帕斯卡环形山

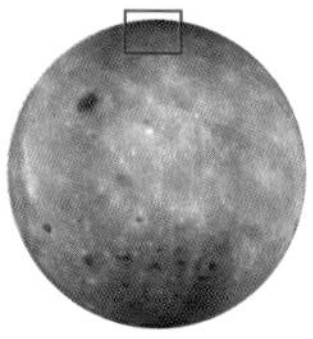

类型	陨击坑
年龄	约41亿年
直径	115千米

　　帕斯卡环形山以法国数学家布莱兹·帕斯卡命名，它是月球上300座以数学家命名的环形山之一。下图摄于2004年，照相机直视下方的环形山。拍摄时太阳在天空中的高度很低，位于图中下边缘以下。帕斯卡环形山周围的微型环形山是年轻的碗状环形山，它们环状的外边缘比帕斯卡环形山较古老的边缘要尖锐得多。较大环形山的边缘起先已经被崩塌和滑落的岩石侵蚀过了，更晚近的撞击正在进一步破坏这里。

帕斯卡环形山与更加年轻的邻居们

月球背面　南半球

齐奥尔科夫斯基环形山

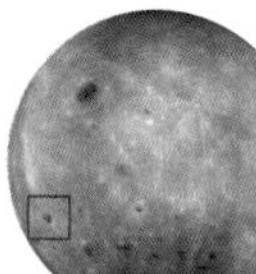

类型	陨击坑
年龄	约42亿年
直径	198千米

　　这座位于月球背面的环形山大小只有危海的一半，它的特别之处是：内部盆地只被熔岩填充了一半，中央峰也不同寻常地偏离了中心点。环形山的南缘发生过大面积的岩石滑坡。月球背面的第一批图像是苏联的月

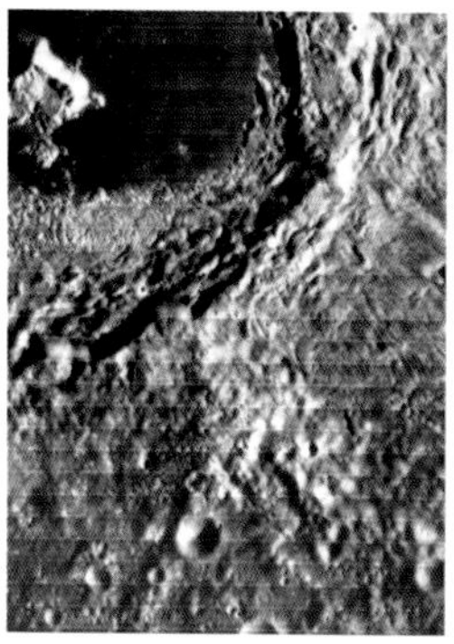

月球轨道飞行器3号拍摄的照片

图中右上方可见齐奥尔科夫斯基环形山边缘的尖顶。其右侧的斜带可能是沿边缘斜坡滚下的大规模滑坡的产物。

暗色的环形山底

如果齐奥尔科夫斯基环形山形成于月球历史的更早期，它会遭遇更为猛烈的火山活动，环形山底部会有更多的部分被熔岩所填充。

球3号探测器在1959年10月拍摄的，它们的分辨率很低，不过人们还是为能够辨认出来的地貌起了名字，如莫斯科海与航天员湾。人们只在图中辨认出了少数几座环形山，齐奥尔科夫斯基环形山就位列其中。康斯坦丁·齐奥尔科夫斯基（Konstantin Tsiolkovsky）是俄国的火箭先驱，他不仅设计了一枚液氢/液氧火箭，还提出要分几步实施航天活动。这座环形山被定为阿波罗17号之后登月任务的可能着陆点，这些任务后来被取消了。

月球背面　南半球

范德格拉夫环形山

类型	双重陨击坑
年龄	约36亿年
长度	250千米

　　月球上只有不到1%的环形山不是圆形的。范德格拉夫环形山就是不规则环形山的典型代表，造就此类地貌的事件很罕见，来袭的小行星要以不超过4度的角度碰撞月面。范德格拉夫环形山的特别之处还在于这里具有磁性，而且是天然辐射最为集中的地方。月球的大多数远古磁场在30多亿年前就已经衰减掉了，然而仍然存在一些磁力异常区（磁场瘤，magcon），范德格拉夫环形山以及附近的艾特肯环形山是其中磁力最强的。阿波罗15号和16号释放的小型磁强计子卫星发现了磁力异常区的存在。

形状不规则的环形山

月球背面　南半球

科罗廖夫环形山

类型	多环陨击坑
年龄	约37亿年
直径	405千米

　　20世纪50年代到60年代，谢尔盖·科罗廖夫（Sergei Korolev）领导着苏联的航天项目，他负责了早期的人造卫星以及东方飞船计划。有两座环形山以他命名，其一在月球上，另一座在火星上。科罗廖夫环形山是月球背面仅有的10座直径超过200千米的环形山之一。它具有双环结构，其中散布着较小的环形山。其外环直径405千米，内环远不如外环明显，高度只有外环之半，直径也是外环的一半。科罗廖夫环形山与赫茨普龙环形山连带阿波罗环形山一起组成了月球背面的巨型环状地貌三重组。月壳各处的厚度不尽相同，在科罗廖夫环形山周围最厚，达107千米。

坚不可摧？

这张月球轨道飞行器1号拍摄的照片表明，后来的撞击事件基本无法抹平庞大的科罗廖夫环形山。

空间探索

核爆弹坑

　　环形山的大小与产生它的小行星的大小之间的关系是很难估计的。通常环形山要大上20倍。只有通过受控的核爆炸，人们才能推算出能量释放以及环形山大小之间的关系。美国内华达州沙漠中的色当（Sedan）弹坑（参见下图）呈碗状，直径368米。它是1962年7月一次10万吨TNT当量的地下核爆的产物，外观与月球上的小型陨击坑（如科罗廖夫环形山内部的那些）非常类似。

月球背面　南半球

东海

类型	多环盆地
年龄	38亿年
直径	900千米

　　东海这座多环盆地的大小相当于月球正面的雨海的一半。它坐落在月球背面的东缘，从地球上可以清晰地看到3层清晰环状结构最内一层的东段——鲁克（Rook）山脉。这个月球上的巨型牛眼结构是一颗巨型小行星碰撞造就的，人们提出了两种理论来解释多重环状结构。一种理论是说，撞击事件形成了一座深深的短命环形山。这座环形山破裂的内壁无法支撑周围月壳的重量，因此岩石经由一系列同心分布的断层系统冲向了洞穴之中，断层形成了今天残存的环系。不仅大半个环形山都被填充了，地下岩石的破裂也让月表之下的熔岩向上渗入，将中央区域填满。不过高原区域的月壳厚度大约是60千米，在此深度之下的岩石应该已经被挖掘

鲁克与科迪勒拉山

东海四周包围着两道巨大的环状山脉，外层名叫科迪勒拉（Cordillera）山（图中右上），内层叫作鲁克山（图中左下）。

而出，但是人们并没有发现此类深层岩石。另一种理论认为，大型撞击事件引发的月震很快将周围的岩石粉碎成了流动的粉末。月啸一般的波浪向外冲过粉碎的岩石，不过很快就被冻结，形成了3道清晰可见的山脉环。

月球上的牛眼

在这张月球勘测轨道器拍摄的合成图中，可以看到东海的同心圆环结构。

月球背面　南半球

南极-艾特肯盆地

类型	陨击坑
年龄	39亿年
直径	2 500千米

　　南极-艾特肯盆地是一座巨大的陨击坑，差不多完全位于月球背面。它从月球南极点之上不远处开始延伸，一直越过背面中部附近的艾特肯环形山。南极-艾特肯盆地的直径是令人瞠目的2500千米，深度超过12千米。它是太阳系中最为庞大的环形山之一，与火星上克律塞（Chryse）盆地的尺度相当，直径是月球直径的70%左右。塑造它的小行星直径应该超过100千米。

　　虽然盆地最早是在1962年被发现的，直到1992年伽利略号探测器前往木星途中拍摄月球的时候，人们才开始对它进行仔细的研究。南极-艾特肯盆地看上去要比月球背面其余部分的高原岩石颜色更深，这说明这座深深的环形山底部的下层月壳岩石要比普通的月表物质含铁量更高，拥有大量的铁和钛元素氧化物。撞击地质物理学家们确

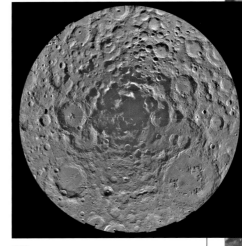

南极

在地球上只能间接瞥见月球遍布环形山的冰冷南极。NASA的克莱芒蒂娜探测器在1994年第一次绘制了这一区域的详图。

信，如果不从月壳以下的月幔中翻出大量岩石的话，一次常规的撞击事件是无法产生如此庞大的环形山的。这座环形山可能是低速碰撞的产物，撞击天体也要以低角度撞向月表。大量物质会从月球表面被掀起，在环绕月球的轨道上运行。在接下来的1000万年中，这些碎片撞向月球，产生了许多新的环形山。

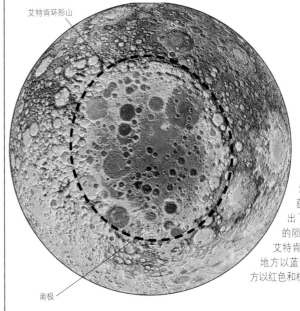

艾特肯环形山

南极

已知最大的陨击坑

这张NASA的月球勘测轨道器的高度计获取的地形图勾勒出了月球上已知最大的陨击遗迹——南极-艾特肯盆地。高度最低的地方以蓝色表示，最高的地方以红色和棕色表示。

空间探索

找寻水分

伽马射线光谱仪　通信天线

太阳能电池板

中子谱仪

可伸展的桁架

月球勘探者探测器

　　南极-艾特肯地区是月球上海拔最低的地方之一，这里的某些部分永远也不会被太阳照射到。从月幔裂隙中渗出的或者由陨击事件所释放的水分无法从这些"低温陷阱"中逃逸出去。1998年，月球勘探者找到了氢元素，人们认为它来自陷阱内瓦解的水冰分子。2008年的月船1号以及2009年的LCROSS探测器都说明此区域是存在水分的。

火星

38~39 引力、运动和轨道
64~65 天文周期
68~69 行星运动
100~101 太阳系的历史
102~103 太阳家族

火星是4颗岩质行星中最靠外的一颗。由于它那锈红的色彩，它又被称作红色行星。火星的英语名称Mars来自罗马神话中的战神。它多变的地表特征包括深深的峡谷以及太阳系中最高的火山。虽然火星现在是一颗干旱的星球，但是大量证据表明，它表面上曾有液态水流过。

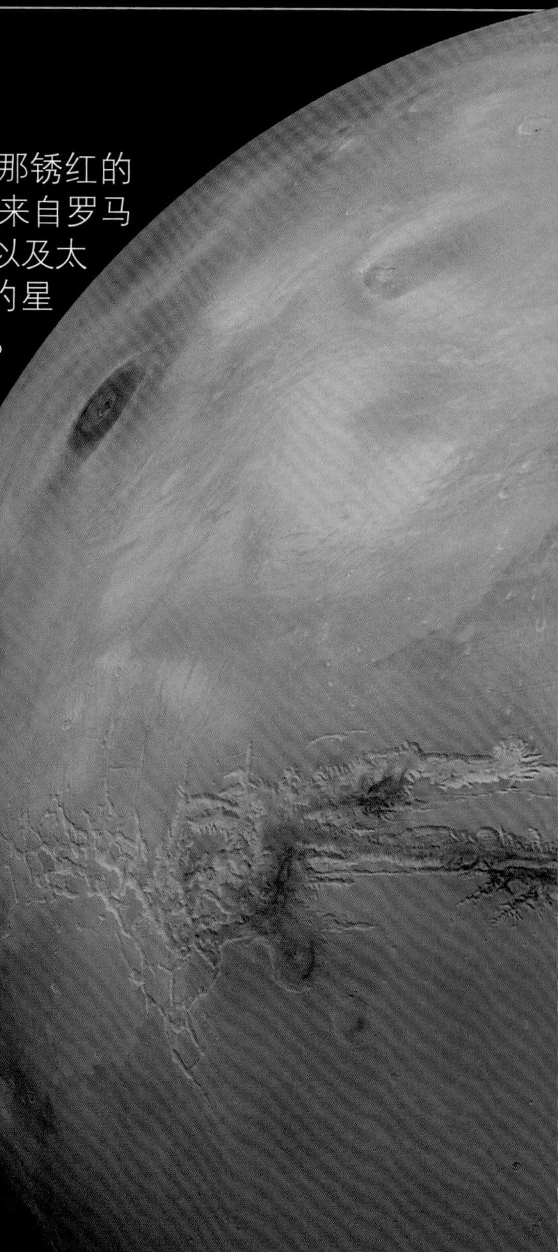

轨道

火星有着椭圆形的轨道，因此它在最靠近太阳的时候（近日点）接收到的太阳辐射比最远处（远日点）多上45%，这导致火星的表面温度在冬季极地的零下125摄氏度到夏季的25摄氏度之间变化。火星当前自转轴的倾角是25.2度，与地球接近，因此火星与地球类似，也随着北极和南极在一个轨道周期内依次指向太阳而产生季节变化。在火星历史中，其自转轴指向受到包括木星引力在内的多个因素的影响，波动很大。这样的波动导致火星气候存在明显的变化。当火星自转轴倾角较大时，它的极地更多地暴露在阳光下，导致水冰蒸发并积累在温度较低的低纬度区域。在倾角较小时，水冰开始在温度较低的极区积聚。

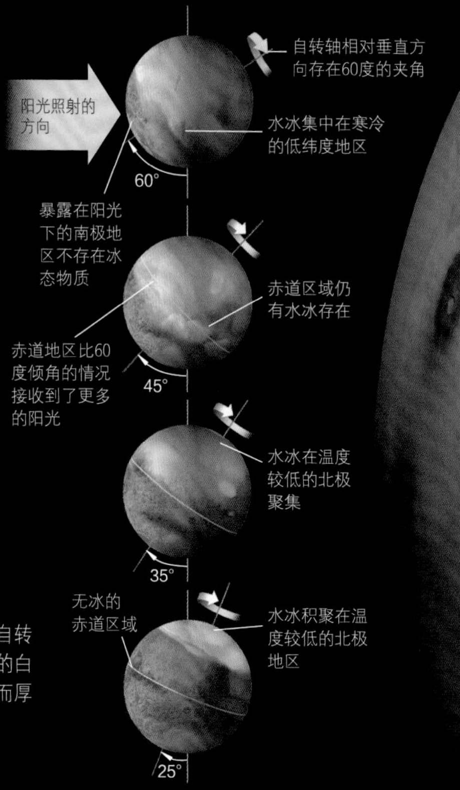

阳光照射的方向
自转轴相对垂直方向存在60度的夹角
水冰集中在寒冷的低纬度地区
60°
暴露在阳光下的南极地区不存在冰态物质
赤道区域仍有水冰存在
赤道地区比60度倾角的情况接收到了更多的阳光
45°
水冰在温度较低的北极聚集
35°
无冰的赤道区域
水冰积聚在温度较低的北极地区
25°

自转轴倾角的变化

火星北半球冬季水冰的分布随自转轴倾角发生着变化。图中透亮的白色部分表示夏季融化的薄冰，而厚实的白色冰层不会消失。

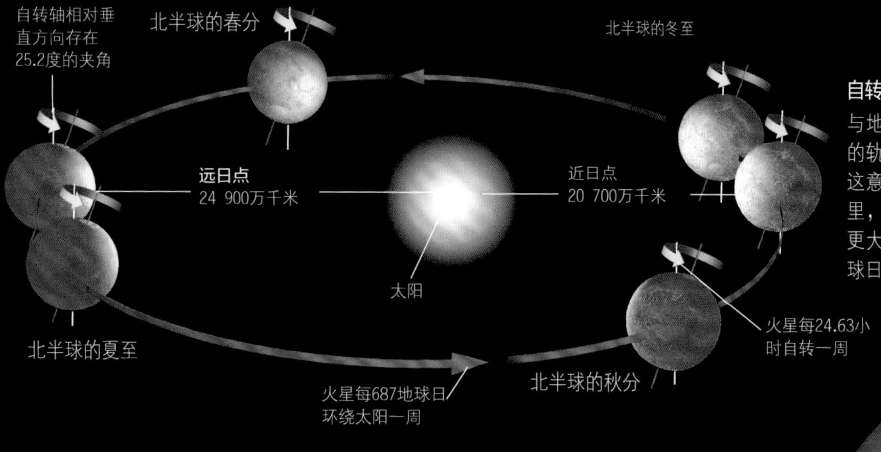

自转轴相对垂直方向存在25.2度的夹角
北半球的春分
北半球的冬至
远日点
24 900万千米
近日点
20 700万千米
太阳
北半球的夏至
火星每24.63小时自转一周
火星每687地球日环绕太阳一周
北半球的秋分

自转与轨道

与地球相比，火星的轨道偏心率很大，这意味着在一个火星年里，它与太阳的距离变化更大。一个火星日比一个地球日长42分钟。

结构

火星是一颗小型行星，尺度约为地球的一半，且距离太阳较远。它的大小和距离意味着它比地球的冷却速度更快，其一度熔融的铁核现在可能已经固化。它与其他类地行星相比密度较低，这说明其核心可能还以硫化铁的形式含有硫等较轻的元素。火星小型核心的周围包裹着固态硅酸盐岩石组成的厚地幔。地幔在过去是火山活动的源头，不过现在已经不再活跃。火星环球勘测者号探测器揭示出，火星岩石地壳厚度在南半球大约是80千米，但在北半球只有35千米。由于火星表面不存在液态水，其陆地面积与地球相当。

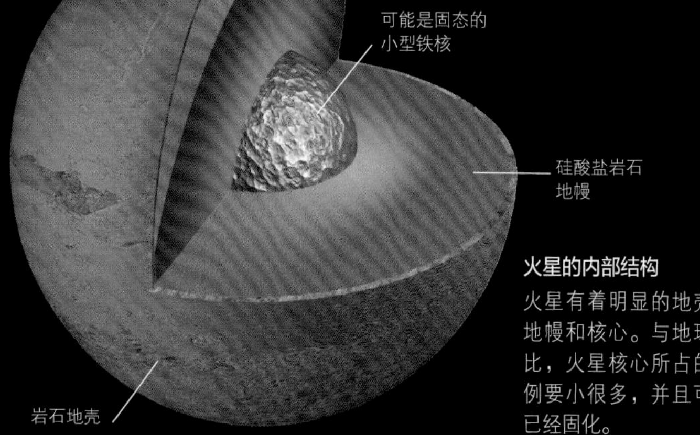

可能是固态的小型铁核
硅酸盐岩石地幔
岩石地壳

火星的内部结构

火星有着明显的地壳、地幔和核心。与地球相比，火星核心所占的比例要小很多，并且可能已经固化。

火星档案

平均轨道半径 22 790万千米	**自转周期** 24.63小时	
表面温度 零下125摄氏度到零上25摄氏度	**公转周期** 687地球日	
直径 6 780千米	**质量（地球=1）** 0.11	
体积（地球=1） 0.15	**赤道重力（地球=1）** 0.38	
卫星数量 2	**大小比较**	

观测方法
火星肉眼可见。它在最接近地球的时候（大约每2年一次）最为明亮，那时它的平均亮度是-2.0等。

地球　火星

大气与天气

　　火星大气非常稀薄，地表平均大气压约为600帕斯卡（地球大气压的0.6%）。火星大气的主要成分是二氧化碳，由于其中悬浮有氧化铁细粒，因而呈粉红色。高空存在稀薄的冻结二氧化碳和水冰云，夏季高山上也会形成云团。火星是一颗寒冷而干燥的行星，平均地表温度是零下63摄氏度。这里从来不会下雨，不过冬季极地一带的云团会导致地表结霜。火星上的天气系统高度活跃。在南半球的春季和夏季，南方较暖的风吹向北半球，并将当地的尘云卷起1 000米高，形成维持数周的云团。高空风力还会产生强有力的沙尘暴，覆盖星球上的辽阔区域（参见下图）。火星上同样存在低空的盛行风，数百年来它们将沙尘吹过火星表面，塑造出了与众不同的地表（参见上图）。

沙丘
NASA的火星勘测轨道器从南方高地——挪亚（Noachis）台地的一座小型环形山正上方拍下了这些泛起涟漪的沙丘。沙丘由火星上的风力塑造而成，在图中以增强色呈现。照片对应的区域宽度大约是1千米。

大气组分
火星稀薄的大气主要由二氧化碳组成，另有少量的氮气、氩气和其他气体，以及痕量的水蒸气。

氧气、一氧化碳与痕量气体（0.4%）

氩气（1.6%）

二氧化碳（95.3%）

氮气（2.7%）

伤痕累累的表面
这张海盗号轨道器拍摄的拼接照片展现了火星不同寻常的红色，以及长度超过4 000千米的巨大峡谷系统——水手号峡谷群。

风暴系统的演化

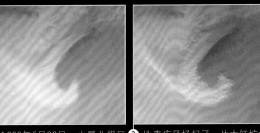
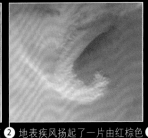
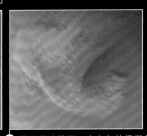
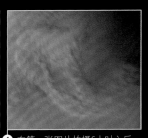

1 1999年6月30日，火星北极区域上空发展出了一个风暴系统。

2 地表疾风扬起了一片由红棕色尘埃组成的庞大湍动云。

3 风暴迅速扩张，在白色的极冠（照片中央偏上）上方打转。

4 在第一张图片拍摄6小时之后，风暴仍然在增强。

火星探测器

自从美国和苏联在20世纪60年代开了先河之后，人们向火星发射了无数的探测器，由于技术上的难度，它们获取的成就不尽相同。下文罗列了部分成功的任务。

1976年 海盗1号和2号（美国）

这两架探测器各由轨道器和着陆器组成。轨道器发回了图像，着陆器在两个不同地点降落，传回了图像以及对土壤和大气的分析结果。

1997年 火星探路者（美国）

该任务向火星表面发射了静态着陆器以及可以自由运动的索杰纳（Sojourner）号火星车。它们在一片古老的漫滩上降落，并发回了图像以及对土壤样本的分析结果。

索杰纳号火星车

2003年 火星快车（欧洲）

这架轨道器正在拍摄火星的整个表面，同时还在测绘火星上的矿物组分，并对火星大气进行着研究。

2004年 火星探测车（美国）

勇气号和机遇号双子火星车分别在行星两侧着陆，研究了岩石和土壤，以搜寻液态水在过去如何影响火星的证据。

火星车

2006年 火星勘测轨道飞行器（美国）

火星勘测轨道飞行器每个火星日绕过火星极区12次，它持续关注着红色星球的天气变化，并寻找着过去和现在地表水分存在的迹象。

火星勘测轨 2012年 好奇号（美国）
道飞行器 这辆大小与轿车相当的火星车正在探索盖尔（Gale）环形山。

2016年 火星生命探测计划痕量气体探测器（欧洲与俄罗斯）

这架轨道器在搜索甲烷以及火星大气中的其他次要成分。

2018年 洞察号（美国）

洞察号静态着陆器研究火星地震和热流情况。

火星地图

这4张图片展示了完整的火星表面。图中标明了大尺度地貌以及部分火星表面探测器的着陆点。

火星地貌

　　火星的地表地貌是由陨星碰撞、风力（参见第151页）、火山活动以及断层（参见下文的"构造特征"部分）形成和塑造的。科学家还确信，水一度在火星的表面以及地下流动过（参见对页），塑造出了峡谷以及外流河槽等地貌。环形山是在大约39亿年前遭受强烈陨星轰击的时代形成的，它们主要分布在南半球，那里的地质年龄要比北半球更加古老，庞大的希腊（Hellas）盆地（参见第165页）坐落在南半球，不过整个火星上都分布着小型环形山。火星上的环形山比月球上的更加平坦，显示出了风蚀和水蚀的迹象，实际上一些环形山几乎已经被抹平了。

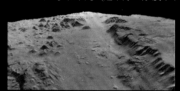

陨击坑

位于南半球高原上的赫歇尔陨击坑直径大约为300千米。这张假彩色图片中的颜色表示高度，最低的地区是以深蓝色表示的小型环形山底部。赫歇尔环形山的底部高度多半在1 000米左右，边缘最高处（以浅粉色表示）大约有3 000米高。

勇气号火星车在赫斯本德（Husband）山

勇气号火星车在赫斯本德山的峰顶附近伸出了机械臂，去调查一块名为希拉里（Hillary）的岩石露头，它以登山家埃德蒙·希拉里爵士（Sir Edmund Hillary）的名字命名。

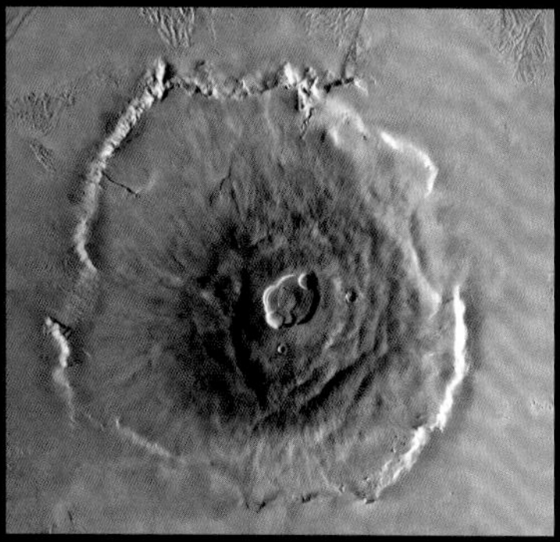

构造特征

　　数十亿年前，火星还是一颗年轻的星球，它的内部运动塑造出了今天在火星表面上所见的大尺度地貌。内部作用力在地表造就了塔尔西斯（Tharsis）突出部这样的隆起区域，还将地表拉扯撕裂，产生了庞大的水手号峡谷群（参见第158～159页）等裂谷。随后，滑坡、风力以及水流持续改变着裂谷。火山活动最早发生在数十亿年前，在火星历史的相当一部分时间内都持续着。如今虽然那里不再有预期的火山活动，但现在火星可能仍旧处于火山活跃的状态。过去的熔岩喷发塑造了今天庞大的火山，其中就包括奥林波斯山（参见第157页）。

奥林波斯山

在这张海盗1号探测器在1978年拍摄的拼接照片中，奥林波斯山给人一种平缓的错觉，实际上这座火山比周边平原高出了24千米。

水手号峡谷群

水手号峡谷群是横贯火星的复杂峡谷系统，平均深度为8千米。如果把它放到地球上，它的长度能够横穿北美洲。

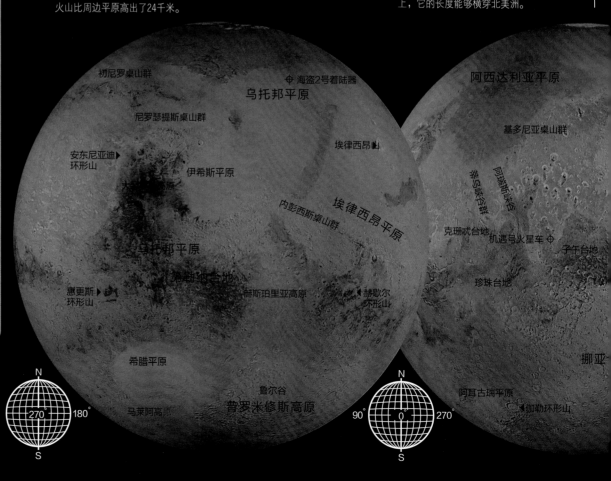

乌托邦平原　　海盗2号着陆器　　　　阿西达利亚平原

初尼罗桌山群

尼罗瑟提斯桌山群　　　　基多尼亚桌山群

埃律西昂山

安东尼亚迪　　　　　　伊希斯平原　　　　蒂乌峡谷群
环形山

内彭西斯桌山群　埃律西昂平原　克珊忒台地　机遇号火星车

乌托邦平原　　　　　　　　　　　　　　子午台地

第勒波合地

惠更斯　　　　　赫斯珀里亚高原　　赫歇尔
环形山　　　　　　　　　　　　　　环形山　珍珠台地

希腊平原　　　　　　　　　　　　　　　挪亚

鲁尔谷　　　　　　　　　　　　阿耳古瑞平原

马莱阿高原　第罗米修斯高原　　　阿耳古瑞　伽勒环形山

N 270 180 0　　　　N 90 0 270

火星上的水分

因为水是生命发展的重要因素，科学家一直希望能够确定火星上是否存在水分。由于火星是一颗寒冷的星球，上面并没有液态水，水分只能以冰或者水蒸气的形态存在。后者可以形成低空中的雾霾，并在气温下降时冻结到岩石和土壤表面，形成一薄层白色的水冰。然而干涸的河床、峡谷以及古老的漫滩见证了30亿年到40亿年前火星表面大量快速流动的水体，当时的火星是个更加温暖潮湿的世界，有着更为浓厚的大气。部分水分以水冰的形式留存到了今天，它们分布在地表以下以及极地冰冠中。冰冠随火星季节变化而消长着，由比例不定的水冰以及冻流水的例子结的二氧化碳组成。

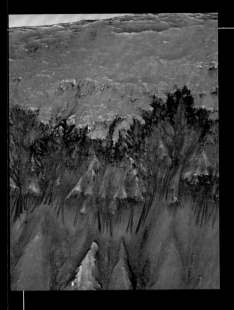

流水的例子

火星环球勘测者号拍摄的照片经过处理，得到了这张三维图像。这是牛顿环形山内坡存在季节性变化的地貌，可能是水流的产物。

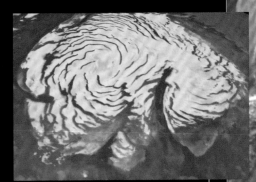

北极冰冠

火星环球勘测者号拍摄到的火星北极冰冠直径大约是1 000千米，其上切出了螺旋形的沟槽。照片中央偏右处是北极深谷，它的长度与地球上美国的大峡谷相当。

卫星

火星拥有两颗小而暗淡的卫星，分别叫作火卫一（福波斯，Phobos）与火卫二（德莫斯，Deimos），它们是由美国天文学家阿萨夫·霍尔（Asaph Hall）在1877年8月发现的。火卫二是其中较小的一颗，长15千米，火卫一长26.8千米。两颗卫星都是不规则的"马铃薯状"岩质天体，可能是火星早期俘获的小行星。它们的表面上都存在陨星轰击留下的疤痕。火卫二在23 500千米之外环绕火星运转；火卫一与火星的距离只有9 380千米，而且这一距离还在缩短着，最终它会距离火星过近，要么被火星引力场撕碎，要么会撞到火星上去。

卫星轨道

火卫一与火卫二都在环绕火星的近圆轨道上运转，都存在同步绕转现象（译者注：即自转周期与公转周期一致，总是同一面朝向中心天体）。对于火星来说，每个火星日火卫一要升落3次。

火卫二　　　　火卫一

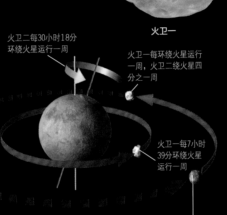

火卫二每30小时18分环绕火星运行一周

火卫一每环绕火星运行一周，火卫二绕火星四分之一周

火卫一每7小时39分环绕火星运行一周

火星每24小时37分钟自转一周

地理

第一份可信的火星地图是在19世纪后期绘制的，当时的天文学家画下了通过望远镜所见的景象。今天的火星图是以空间探测器采集的数据为基础制成的，这些探测器包括对火星进行过测绘、拍摄了10万张照片的火星环球勘测者号，还有正在拍摄星球整个表面的火星快车号。地貌特征使用如下术语描述：低海拔平原名为平原，高海拔平原名为高原，辽阔的地块名为台地，山峰或火山名为山。深谷是侧壁陡峭、深而长的凹陷，迷径沟网（labyrinthus）是由交织的谷地或峡谷组成的系统。不同类型的地貌以不同的规则命名。大型峡谷以不同语言中的"火星"一词命名，小型峡谷以河流命名。大型环形山以过去研究过火星的科学家、作家或其他人士命名，小型环形山以村庄命名。其他地貌以早期火星图上距离最近的反照率特征命名。

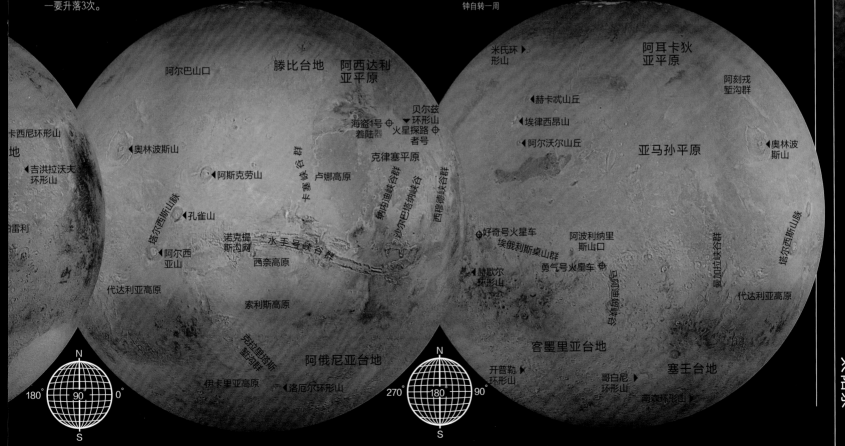

阿尔巴山口　　　滕比台地　阿西达利亚平原　　　　米氏环形山　　阿耳卡狄亚平原

阿刻戎堑沟群

卡西尼环形山地　　　　　海盗1号着陆器　贝尔兹环形山　火星探路者号　　赫卡忒山丘

吉洪拉沃夫环形山　　奥林波斯山　　克律塞平原　　埃律西昂山　　奥林波斯山

阿斯克劳山　　卡塞峡谷群　卢娜高原　　阿尔沃尔山丘　　亚马孙平原

雷利　　塔尔西斯山脉　孔雀山　　沙尔巴塔纳峡谷群　西塞德峡谷群　好奇号火星车　阿波利纳里斯山口

诺克提斯沟网　水手号峡谷群　赫歇尔环形山　勇气号火星车

阿尔西亚山　西奈高原　　　　　加加拉峡谷群　塔尔西斯山脉

代达利亚高原　　　　　　　代达利亚高原

索利斯高原

克拉电摆斯堑沟群　　阿俄尼亚台地　　　　客墨里亚台地　塞壬台地

伊卡里亚高原　　洛尼尔环形山　　开普勒环形山　哥白尼环形山

南森环形山

N　180° 90° 0° S　　N　270° 180° 90° S

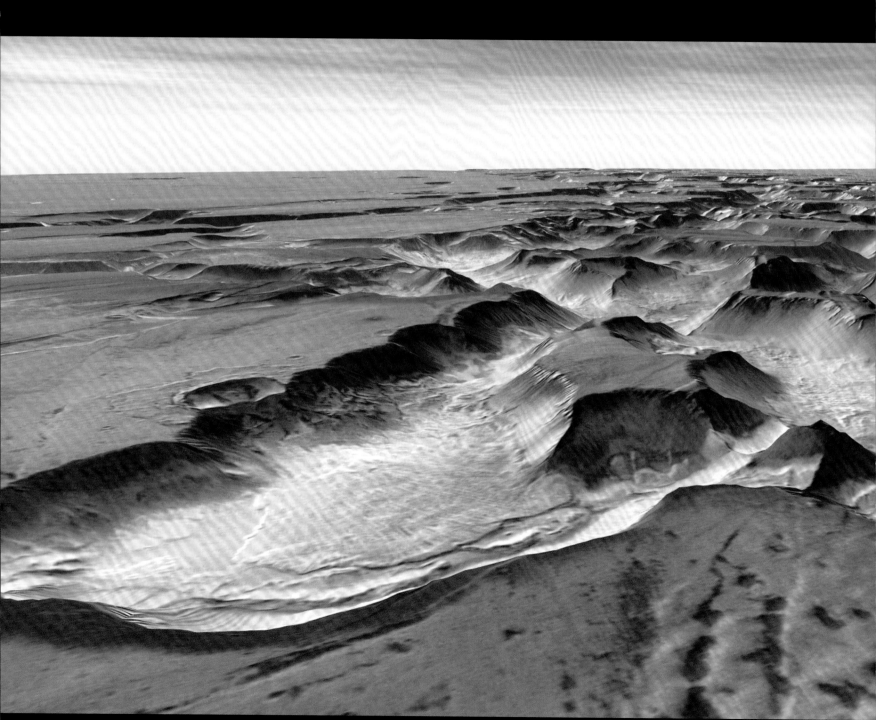

诺克提斯（Noctis）沟网（它的名字来自拉丁语，含义是"夜迷宫"）位于火星上庞大的裂谷——水手号峡谷群（参见第158页）西端，它是侧壁陡峭的峡谷组成的复杂系统。塔尔西斯山脉上的巨型火山导致该区域地壳隆起，断裂时便产生了这座峡谷。峡谷底部可以看到滑坡的迹象。

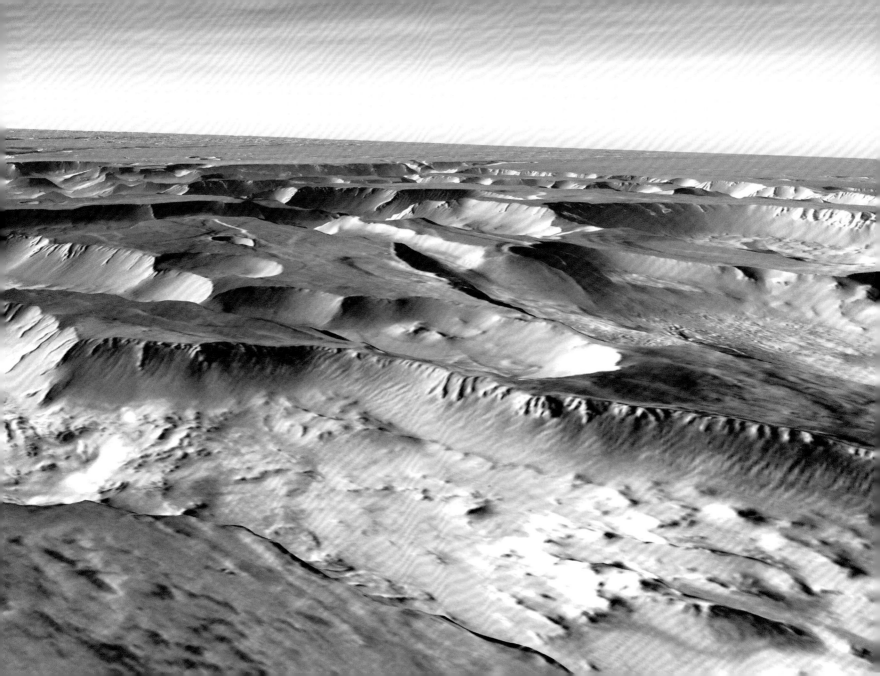

地质特征

火星上存在两大区域，其地貌截然不同。北半球大部分是相对平滑的低海拔火山平原。较古老的南半球地貌通常是分布着环形山的高原。两者的边界是与赤道存在30度夹角的假想圆环。火星上的主要地质特征都位于赤道两侧大约30度之内的区域，火星上主要的火山活动中心——塔尔西斯地区以及横亘行星中部的庞大峡谷系统——水手号峡谷群都坐落在这里。

奥林波斯山西翼
火星上的地质特征形态与地球类似，不过比地球上的尺度要大很多。这座位于奥林波斯山侧翼的绝壁高7千米。

塔尔西斯山脉

孔雀山

类型	盾形火山
年龄	3亿年
直径	375千米

火星西半球有一处庞大的突出部，一般人们称其为塔尔西斯（Tharsis）突出部。这里拥有不同大小和类型的火山，从大型盾形火山到较小的穹状山丘都可以找到。奥林波斯山是该区域最突出的地貌，不过这里还有其他3座在别处都可以称得上巨型的火山。这3座火山连成一线，一起组成了塔尔西斯山脉。

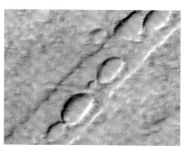

凹坑串
图中一串凹坑座落在火山东翼下方的一道浅沟槽中。这些凹坑和沟槽可能源自让地表彼此分离的构造作用力，或者是来自熔融岩石的抬升。

位于赤道上的孔雀山是3座火山中间的那一座。它是一座盾形火山，有着宽阔的山基以及倾斜的山坡，与地球上的夏威夷火山很相似。这座火山的山顶比周边平原高出7千米，有着单一的喷口，位于浅而庞大的凹陷之内。数百道狭窄的熔岩流从喷口边缘流出，另外一些熔岩流则来自附近凹坑。

沟渠
这些位于火山南坡的深沟起初可能是地表之下的熔岩管，随着凹坑在其上出现，它们的顶部塌陷了。

塔尔西斯山脉

阿斯克劳山

类型	盾形火山
年龄	1亿年
直径	460千米

阿斯克劳山是塔尔西斯山脉3座火山中最靠北的一座。这3座火山坐落在塔尔西斯突出部的最高处，组成了一道西南—东北方向的连线。这条连线对应一道很久之前就深埋在熔岩之下的主要裂谷带的位置。相继从裂谷涌上地表的数以千计的熔岩流逐渐积累，形成了这3座火山。阿斯克劳山是3座火山中最高的，比周围的平地高出18千米。沿它的喷口边缘存在大量的线状结构和沟渠，它们是流动的熔岩所走过的道路。

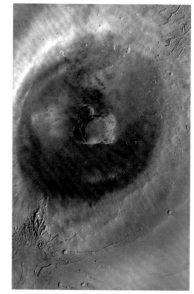

火山喷口
山顶的喷口由8处主要的下陷组成，它们形成了彼此嵌套的外观（图片中央）。它的最深处距离边缘超过3千米。

塔尔西斯山脉

阿尔西亚山

类型	盾形火山
年龄	7亿年
直径	475千米

阿尔西亚山的体积仅次于雄伟的奥林波斯山。它是塔尔西斯三山中最靠南的一座，峰顶比周边平原高出了9千米以上。与其他两座火山一样，它的顶部也拥有大于地球上任何已知火山的喷口。阿尔西亚山宽120千米，周围环绕着弧形的断层。熔岩流从火山的缓坡向下呈扇形伸展开去。熔岩成分类似于玄武岩，黏滞性很低，峰顶附近的熔岩流比山坡下部的短一些。

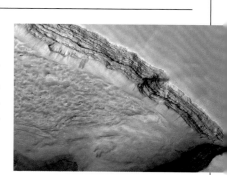

成层的外露岩石
这些成层的外露岩石分布在火山西坡下部的一座凹坑中。岩石层据信主要由连续不断的熔岩流形成的火山岩组成。

多云的山顶
水冰云团徘徊在火山顶峰之上，这是火星塔尔西斯区域每天下午的常见风景。

山顶凹陷
山顶的火山喷口位于一处浅浅的凹陷内，凹陷的大小几乎是喷口的2倍，其侧边存在断层。

塔尔西斯地区

奥林波斯山

类型	盾形火山
年龄	3千万年
直径	648千米

毫无疑问，奥林波斯山是太阳系中最为庞大的火山。它的高度大约是24千米，是最高大的火山，而它的体积比地球上的任何盾形火山都至少大上50倍。奥林波斯山是塔尔西斯地区的巨型盾形火山之一，该区域是火星上火山数量最多的地方，还拥有全火星最为年轻的火山。这些火山演化的时间很长，可能已经沉寂了数亿年。奥林波斯山被认为是最为年轻的盾形火山。它的山顶存在一个复杂的喷口，喷口底部不同的区域对应不同的活跃期。最为庞大的中央区域被环状断层勾勒了出来，它是较年轻的一个，形成于1.4亿年前。

火山喷口四周包围着宽阔的阶梯状结构，它们是由熔岩流形成的，其上交织着较稀薄的熔岩流。阶梯结构周边环绕着最高可达6千米的巨型陡坡。辽阔的平原（晕环）像花朵的花瓣一样从山顶的北部和西部伸展开去。这些起源至今不为人知的巨型山脊和地块向外延伸，最远可达1 000千米。

熔岩流
这些位于山体西南坡的熔岩流以及塌陷的熔岩管（照片左上方）上遍布着微小的陨击坑。

空间探索

火星陨石

塔尔西斯地区覆盖着固化的玄武熔岩。在1.8亿年甚或更久之前从火星表面流过的熔岩的碎片现在能在地球上找到。天体撞击火星时会扬起熔岩碎片，这些碎片在经过数百万年的旅程之后作为陨石落向地球。这其中就包括了1865年8月25日坠落在印度谢尔卡蒂（Sher-gahti）的谢尔戈蒂（Sher-gotty）陨石（参见右图）。

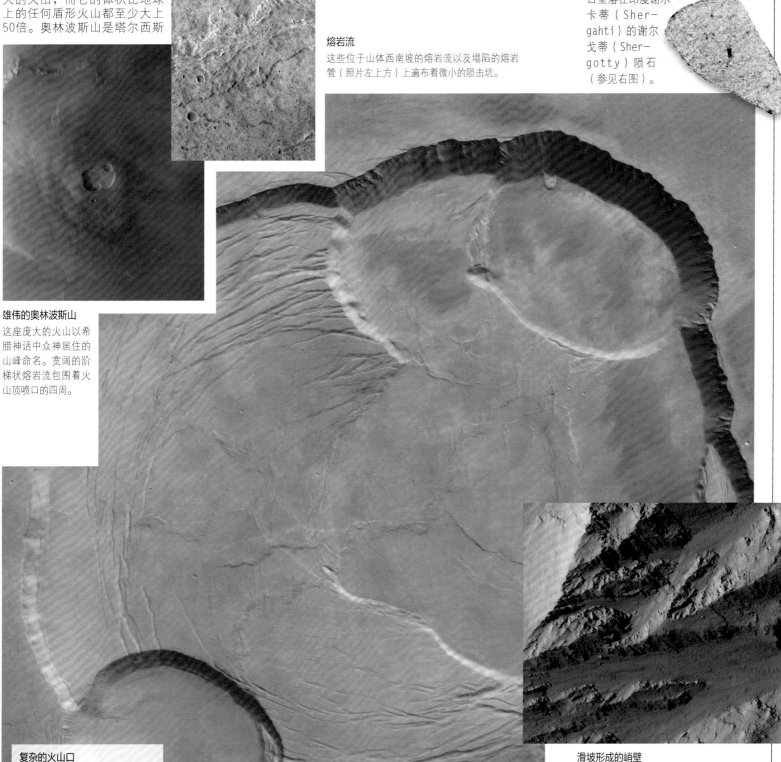

雄伟的奥林波斯山
这座庞大的火山以希腊神话中众神居住的山峰命名。宽阔的阶梯状熔岩流包围着火山顶喷口的四周。

复杂的火山口
这张鸟瞰图展示了奥林波斯山顶宽52千米的嵌套火山口，在图中可以看到5个大致呈圆形的火山口底。

滑坡形成的峭壁
奥林波斯山四周环绕着陡峭的崖壁，据信它们是由滑坡形成的。这张火星勘测轨道飞行器拍摄的特写照片展示了火山北侧宽约1千米的峭壁区域。

水手号峡谷群

类型	峡谷系统
年龄	约35亿年
长度	超过4 000千米

水手号峡谷群是火星上由构造活动塑造的最为庞大的地貌特征。它是一道长度超过4 000千米、宽达700千米、平均深度8千米的峡谷系统。相比之下，美国亚利桑那州的大峡谷就相形见绌了。大峡谷的长度只有水手号峡谷群的十分之一，深度只是后者的五分之一。水手号峡谷群位于火星赤道以南不远处，大致呈东西走向。水手号峡谷群的走向与峡谷西端自塔尔西斯突出部延伸出来的一系列断裂相吻合。

这一系统的起源要追溯到几十亿年之前，当时断层的产生过程塑造了峡谷，这与主要由水蚀而成的

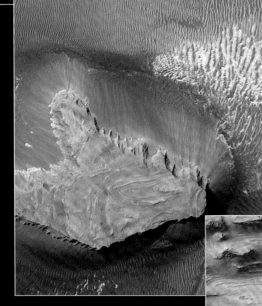

桌山

这座小型桌山（顶部平坦的山丘）位于水手号峡谷群中部坎多尔深谷的西北部。浅色的外露沉积岩层暴露在顶部。这些岩层可能是由深谷湖泊内沉积的物质形成的。颜色较深的风成涟漪纹覆盖着周围的平原。

亚利桑那州大峡谷不同。不过水和风力在水手号峡谷群的形成过程中也发挥了作用。抖振风、流水以及塌陷的不稳定侧壁都使峡谷加深、加宽了。

诺克提斯沟网地区是水手号峡

谷群的西侧端点。这里是一片大致呈三角形的区域，交错的裂谷在此组成了迷宫一般的地貌。水手号峡谷群的东端是形态不规则的混沌地表。小型峡谷和凹陷在这里被外流峡谷所取代。古代的河流沿着这里流出水手号峡谷群，向北侧的低地区域——克律塞平原流去。整个区域都普遍存在水蚀特征，水流带走了数百万立方千米的物质。

水手号峡谷群系统中的峡谷称为深谷，各自有不同的名字。西部的主要深谷是尤斯（Ius）深谷。中部的构造由3道平行的峡谷组成，分别是俄斐（Ophir）深谷、坎多尔（Candor）深谷以及最南侧的梅拉斯（Melas）深谷。长长的

成层的沉积物

坎多尔深谷西部谷底的细节图揭露了成层的沉积岩，其上可以数出多达100级岩层，每层的厚度大约为10米。这些岩层可能是在深谷形成之前由沉积在一座陨击坑中的物质形成的。

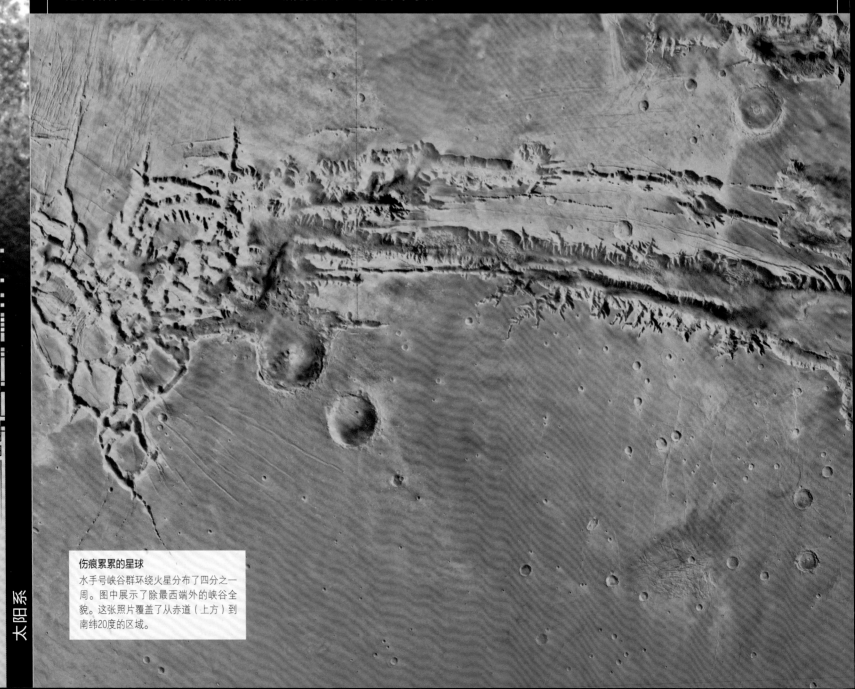

伤痕累累的星球

水手号峡谷群环绕火星分布了四分之一周。图中展示了除最西端外的峡谷全貌。这张照片覆盖了从赤道（上方）到南纬20度的区域。

科普莱特斯（Coprates）深谷向东部延伸开去，并在那里连接更加宽阔的厄俄斯（Eos）深谷。整个系统的名称是水手号峡谷群，这里水手号指的是水手9号探测器，它测绘了整个火星表面，并第一次拍下了这一区域的特写照片。后来的探

从俄斐深谷西望

在数十亿年的时间里，俄斐深谷的侧壁塌陷并下滑，让谷底覆满岩屑，深谷由此变宽。

厄俄斯深谷东段

水经由这段宽阔的深谷流出水手号峡谷群，并进入一系列的峡谷和河槽中。

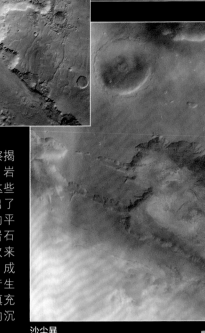

测器（如火星环球勘测者号以及火星快车号）提供了更为详细的信息。举例来说，它们的勘察揭示出了峡谷侧壁中的成层岩石，岩层可能是不同熔岩流的剖面，这些熔岩流堆砌出了峡谷所穿越的平原。谷底的岩石可能是风力吹来的尘埃层形成的，或者是产生于远古时期填充峡谷的湖泊的沉积物。

沙尘暴

吹过峡谷的风携带着沙尘。图片下方的粉红色尘云正穿过尤斯深谷与梅拉斯深谷的交界处向北行进。高度更高的蓝白色云团由水冰组成。

火星快车号的立体照相机

火星快车号搭载的高分辨率立体照相机自2004年1月开始对整个火星表面进行为期两年的测绘工作。它的9台电荷耦合器件传感器都是逐行记录数据的。人们用正下方、后向以及前向3个角度拍摄的照片构造出三维图像。超高分辨率通道提供了更为详细的信息。

照相机前端

包括照相机控制处理器在内的数字化组件

保证机械稳定性的仪器机架

超高分辨率通道

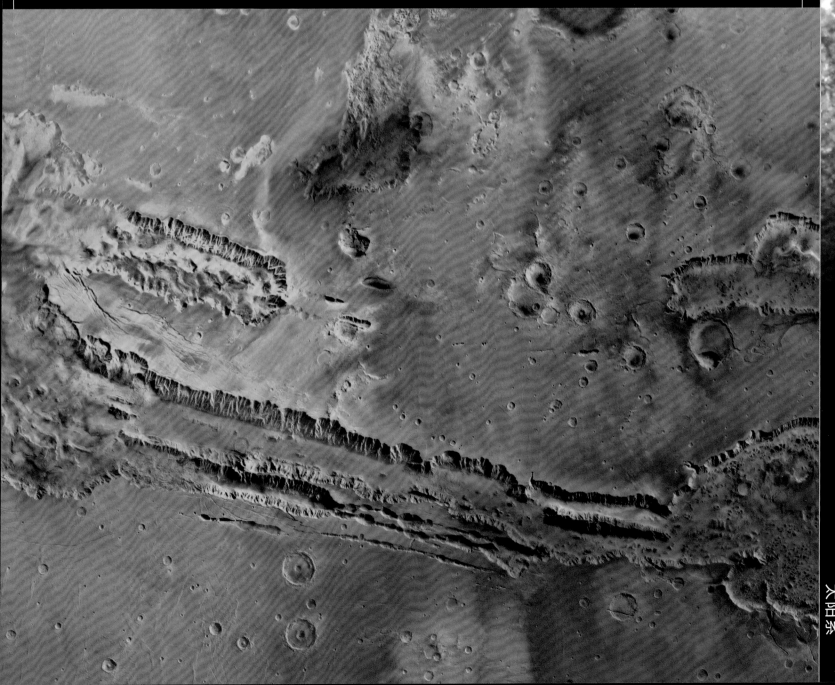

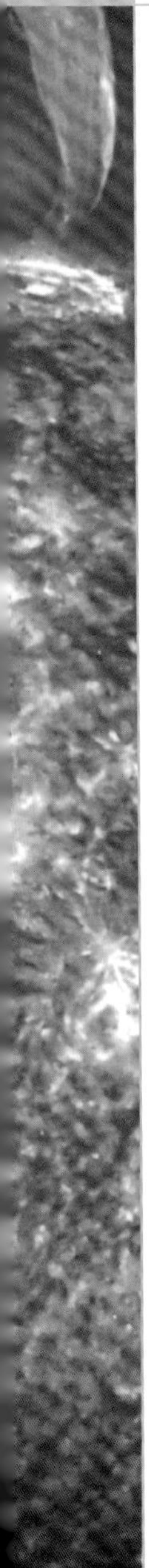

塔尔西斯地区

阿刻戎堑沟群

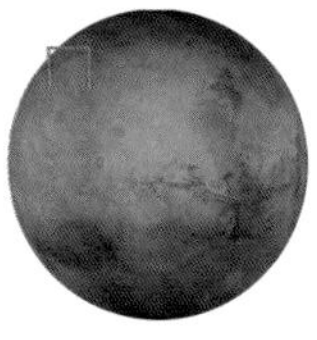

类型	断层系统
年龄	超过35亿年
长度	1 120千米

阿刻戎堑沟群的海拔相对较高，过去经历过剧烈的构造活动。它是塔尔西斯突出部的北边缘，位于奥林波斯山以北大约1 000千米

崖面

这是一座陡坡或悬崖明亮而陡峭的侧壁的特写图。崖面上暗色的条纹可能是覆盖该区域的土层流失并发生土崩时出现的。

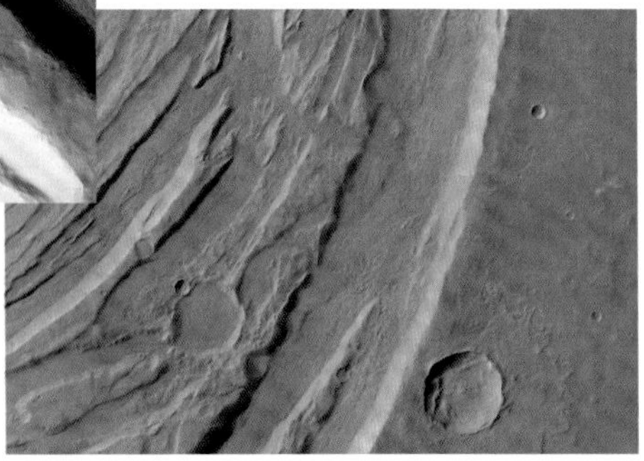

破裂的地壳

这张透视图穿过了高度变形的阿刻戎堑沟群的区域，图中最为突出的是向西北方延伸的弯曲断层。

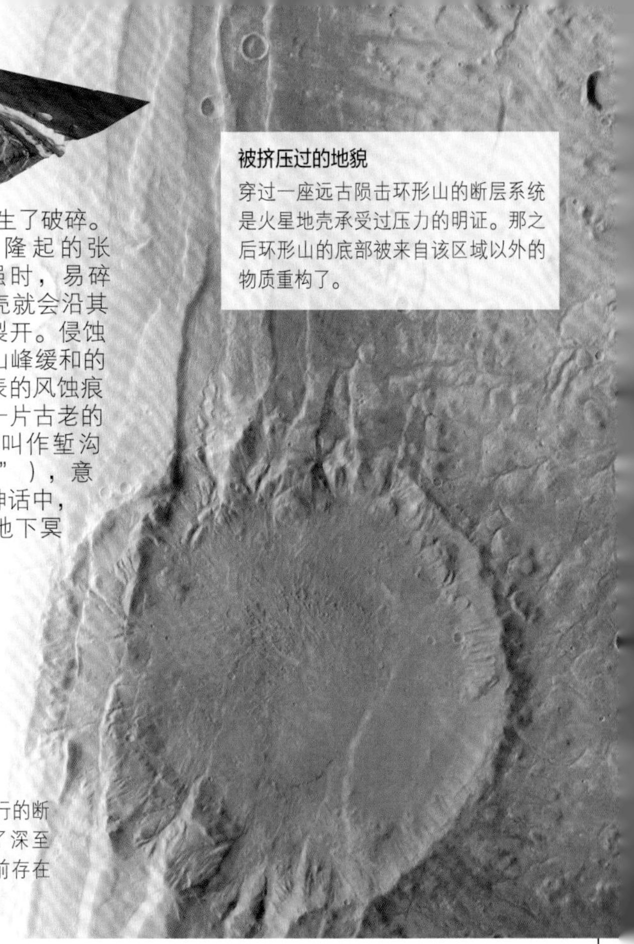

处。阿刻戎堑沟群是从塔尔西斯突出部延展开去的断层网络的一部分，塔尔西斯突出部是存在隆起和火山活动的庞大地区。这里与地球上的东非大裂谷（对应大陆板块彼此分离的地方，参见第130页）类似。塔尔西斯突出部庞大的弧形断层是在塔尔西斯区域隆起时形成的，热岩浆涌上地表岩层时地壳发生了破碎。

在隆起的张力过强时，易碎的火星地壳就会沿其上的薄弱区域裂开。侵蚀的侧壁、高耸的山峰缓和的特征以及平坦地表的风蚀痕迹都说明，这是一片古老的地区。这类地貌叫作堑沟（拉丁语"fossa"），意为沟槽。在希腊神话中，阿刻戎河是流向地下冥府的河流。

地堑与地垒

行星的地壳在相互平行的断层之间下陷，形成了深至1.7千米的地堑。先前存在的高地残余名叫地垒。

被挤压过的地貌

穿过一座远古陨击环形山的断层系统是火星地壳承受过压力的明证。那之后环形山的底部被来自该区域以外的物质重构了。

客墨里亚台地

阿波利纳里斯山口

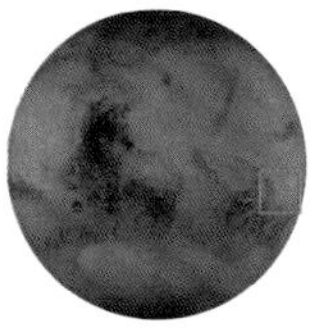

类型	托边火山口
年龄	9亿年
直径	296千米

有一类火山最早是在火星上辨认出来的，它们叫作托边火山口，有着非常平缓的斜坡（坡度最小可达0.25度）。阿波利纳里斯山口就是这类火山中较大的一座，它位于客墨里亚（Cimmeria）台地的北边缘，赤道以南几度。它是唯一不处于东北部的塔尔西斯以及西北部的

平顶山与沟槽

这群平顶山是由阿波利纳里斯山口北部区域的地表凹陷以及侵蚀过程造就的。风吹来的沙尘填充在了平顶山周围的沟槽里。

埃律西昂（Elysium）两大火山活动区的大型火山。阿波利纳里斯山口是一座大致呈盾状的宽阔火山，外观好像一个倒扣的盘子。它的高度只有5千米，火山口直径大约是80千米。它似乎是由岩浆流溢与爆发活动二者共同塑造的。熔岩流在山顶之外清晰可见。火山北侧可见环绕着火山口的峭壁，不过其对侧并没有类似结构。那里的峭壁被掩埋在扇形的物质中，物质表层分布着宽阔的沟渠。扇形物质可能是由流动的熔岩或者火山岩碎屑形成的。

错层火山口

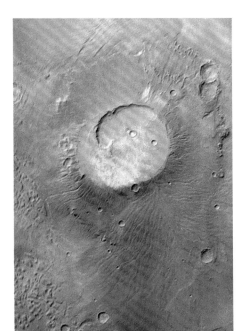

这座火山口底部有着两个截然不同的高度。蓝白色的云团将火山口局部遮掩，山顶区域散布着陨击坑。

阿俄尼亚台地

克拉里塔斯堑沟

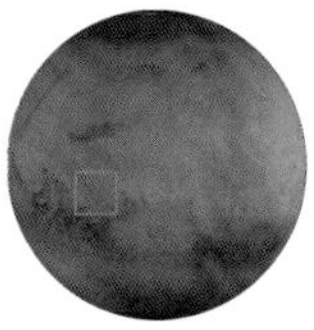

类型	断层系统
年龄	超过35亿年
长度	2 050千米

克拉里塔斯堑沟是一系列大致呈西北—东南走向的线状断裂区，它们组成了塔尔西斯突出部的南边缘。它位于赤道以南，水手号峡谷群的西端。该区域的北端宽约150千米，南端宽550千米，单个断裂的长度从几千米到几十千米不等。它们是由塔尔西斯突出部形成时产生的强烈压力所塑造的。在地壳被拉开的时候，地壳碎块落入两道断

克拉里塔斯堑沟中的断层

在这张克拉里塔斯堑沟的照片中，线状地貌从火山活跃的塔尔西斯突出部延伸开去，它们的位置与拉伸力在火星地壳上形成的断裂相吻合。

熔岩覆盖层

克拉里塔斯堑沟的东段（图中底部）与索利斯高原的西部（图中上部）相连。来自索利斯高原的熔岩流过了克拉里塔斯堑沟中部分较古老的破裂地面，并绕过一些更高的地区。

层之间，形成名叫地堑的结构。保持原位或者隆起的地壳碎块叫作地垒。克拉里塔斯堑沟是东部的索利斯（Solis）高原与西部的代达利亚（Daedalia）高原这两片火山平原之间的分界线。

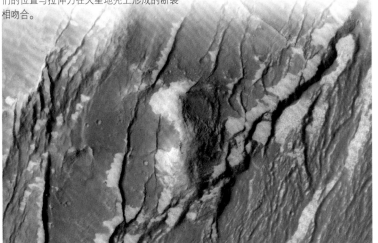

水成地貌

液态与固态水都产生并塑造过火星上的地表特征。巨型河槽一般的峡谷完整显现在地面上。一些峡谷是在洪灾期间被切出的，另一些是由河谷网络中逐渐流过的水流形成的，还有一些是由冰川塑造的。一些地貌特征说明火星上一度存在海洋，不过这些证据仍然不是确定性的。然而任何可能存在的河流或者海洋很久之前就已经全部消失了，如今只留下了水冰，它们主要集中在覆盖行星两极的冰雪高原中。

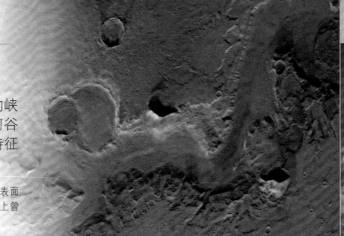

鲁尔（Reull）峡谷

长而宽的河槽被镌刻在行星表面上，这说明数十亿年前火星上曾有大量的水体流过。

北极地区

类型	极地冰冠
年龄	不到25亿年
直径	1 100千米

在火星灰暗的表面上，两个明亮的白色极冠十分显眼。大致以北极为中心的那一片正式名称是北极高原，不过人们经常称其为北极冠。从地球上可以很容易地看到火星北极和南极的极冠，不过现在有了飞越极区的空间探测器，可以让人们监测这里每日、每季以及更长期的变化。北极冠是以冰为主的山丘，比周围地区高出数千米。它实际上是由永久性的水冰冠组成的，有的地方覆盖着二氧化碳干冰沉积层，有的暴露在外，具体形态取决于火星上的季节。极冠大致呈圆形，不过从上方看去的话，其明亮的冰层组成了显著的旋转松散螺旋结构，南极冠也与之类似（参见第163页）。

整个北极区域在火星的冬季有6个月左右处在黑暗之中，此时大气中的二氧化碳凝结成了雪和霜，不仅将水冰极冠覆盖，还盖住了周围南至北纬65度的区域。春去夏来，当太阳一直照耀在北极天空

极地多边形

与地球极区类似的多边形结构是火星极地景观的一部分。在地球上，这样的形态是压力作用的结果，压力来自水分不断地冻结又解冻的过程。

时，热量让二氧化碳挥发，并将部分水冰直接转化成了水蒸气。极地冰冠会收缩，最后只剩下水冰。冰冠并非完全由水冰组成，而是含有许多层的冰态物质以及许多层的沉积尘埃。与地球上雹块的形成类似，在冬季沙尘暴期间，小型尘埃颗粒四周会凝结成为霜粒。霜粒覆盖了地面，直到霜在较温暖的月份蒸发，只剩下了尘土层。数米厚的土层是在数百万年的时间里形成的，每年可以积累1毫米厚的物质。对这些沉积层的研究可以揭示出火星气候变化的历史。

成层的沉积物

火星北极成层的冰态物质揭露了行星往昔的气候变化。冰层在冰原的边缘暴露了出来，在图中从下到上沿坡而下。冰层的厚度大约是1千米。

北极附近的峭壁

这张火星北极极冠的特写照展示了高约2千米的峭壁附近的水冰。火山口状结构以及沙丘地中的暗色物质可能是火山灰。

乌托邦平原

类型	平原
年龄	20亿年至35亿年
直径	3 200千米

　　乌托邦平原是火星北半球被熔岩覆盖的辽阔平原之一，庞大的埃律西昂火山是其东部的边界。从空中看，复杂的反照率结构、多边形断裂以及环形山是这片起伏平原的特征。而在平原地表上看则是地势平坦，岩石遍布。至少乌托邦平原的东北部，1976年9月3日海盗2号探测器着陆的地方是这样的。带棱角的玄武岩砾石覆盖着米氏（Mie）环形山附近的着陆点。岩石上的小孔是火山气体气泡爆发形成的。探测器还在1977年中期第一次看到了薄薄的冰层，冰层在大约100地球日的时间里覆盖着地表，然后在一个火星年（23个地球月）之后的1979年5月再度出现。

　　这些巨大的多边形结构并非乌托邦平原所独有，人们在北半球的其他平原如阿西达利亚（Acidalia）平原和埃律西昂平原（参见下文）上面也看到过类似的结构。它们是多边形的平坦地块，中间被庞大的裂隙（沟槽）分开，与地球上干涸池塘中的泥裂很相似。地球上的多边形结构只有书本或者桌面大小，而火星上的要大得多，尺度相当于城镇

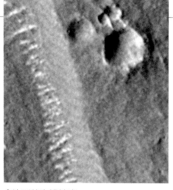

多边形的沟槽地底
这张特写照片拍摄的是巨型地表裂隙，它们将多边形区域分隔开来。图中还可以看到等距分布的明亮风成沉积物波纹。

或者小型城市。地块宽度从5千米到20千米不等，之间的裂隙宽度是数百米。地球上的泥潭裂纹是水分蒸发导致土地干旱的结果，火星上的裂缝起源也与之类似。火星上必然经历过产生此类结构所需要的大面积洪水。海盗2号发现了尘埃覆盖的胶结岩石，它们看起来是由海水蒸发后留下的盐分黏结起来的。然而也有人认为，多边形结构是通过其他途径（如熔岩的冷却）形成的。

卡塞峡谷群

类型	外流河槽
年龄	30亿年至35亿年
长度	1 780千米

　　卡塞峡谷群得名于日语中的火星一词，它是火星上最为庞大的外流河槽。它不仅很长，而且上方宽度超过200千米，某些区域的深度超过3千米。塑造了卡塞峡谷群的灾变洪水比任何已知的火星或地球洪水事件规模都要大。卡塞峡谷群起源于卢娜（Lunae）高原，这座高原位于水手号峡谷群（参见第158页）正北，随后峡谷穿过山脊遍布的高原，流向克里斯平原。卡塞峡谷群沿途分布着流线型的岛屿，水流在这里分开，绕过岛屿之后又汇成一束。

岩石上的冰层
水冰层覆盖了海盗2号登陆器降落地点附近的火山岩石和土壤。冰层非常薄，厚度不超过几分之一毫米。

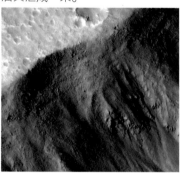

高原的边界层
这张照片展示了卡塞峡谷群北部一座峡谷的陡峭边缘。左侧的高原比谷底高上1.3千米，这里的深度与地球上的大峡谷相当。

埃律西昂平原

类型	平原
年龄	不到25亿年
直径	3 000千米

　　埃律西昂平原是火星赤道以北覆盖着熔岩的辽阔平原。有人认为差不多在庞大的埃律西昂火山的正南方，存在一片尘埃覆盖的冻结海洋。这里的主导地貌是不规则的块状物，它们看起来就好像是地球南极洲海岸上破碎的海冰排。这些"冰原"四周被裸岩包围着。当水流涌过火星地表的一系列断裂处，形成面积接近于地球北海的洋面时，就会产生这样的结构。在水分冻结后，漂浮的冰丛断裂成了冰排。随后冰排被附近火山喷出的尘埃覆盖，这样的覆盖层保护了冰体。冰排之间无保护的冰挥发到了大气中，只剩下了冰原之间的裸岩。

冰原与陨击坑
颜色较暗的冰原直径有数十千米。该区域陨击坑的数量相对较少，说明这里的地表比较年轻。

遍布岩石的冰川

类型	峡谷冰川
年龄	不到1亿年
长度	8千米

　　人们在火星的中纬度地区测绘了众多火星冰川。图中的区域叫作初尼罗桌山群，位于火星北纬40度左右的地区，此处存在一些最佳的冰川范例。由于明亮的白色冰体是掩藏在岩石碎片和尘埃之下的，这类地貌可能并没有预期的那样明显。然而其地表的线状特征以及前方被掘出的残片（冰碛）是颇具说服力的特征，说明火星上曾有一个时期，积累的降雪形成了冰川，并雕琢出了峡谷。

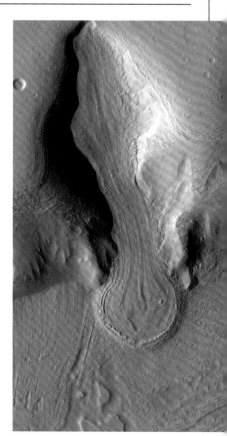

冰川侵蚀
这处从高地区域流出的冰川让原先可能更窄的一座峡谷变宽、变深了。

子午台地
子午高原

类型	高原
年龄	超过35亿年
直径	1 100千米

子午高原位于子午台地最西侧，赤道南边一点点。在火星全球图中，它并不突出，不过它因为被选为机遇号火星车的着陆点和探测场地而声名远扬。这座高原位于斯基亚帕雷利（Schiaparelli）环形山（参见第164页）以西大约15度。该区域散布着小型陨击坑，从直径仅41千米的艾里（Airy）环形山到更小的碗状环形山（如位于机遇号着陆点、直径22千米的伊格尔环形山）皆有。人们在该区域内找到了火山形成的玄武岩，不过这里最重要的是成层的远古沉积岩，其中含有赤铁矿。一些赤铁矿暴露在外，很容易在地面上找到。在地球上，这类矿物几乎都是在液态水中形成的。

独特的陨石
这块大小与篮球相当的石头由铁和镍组成。它并非火星上的岩石，而是一块陨石。它是第一块在地球以外的其他行星上找到的陨石。

这里的赤铁矿可能是由富含铁元素的熔岩形成的，不过人们认为水分参与了其形成过程。该区域如今非常干旱，不过曾经浸泡在水中，甚至可能在大约37亿年之前就是远古的湖泊或者海洋。着陆点之外被侵蚀的成层外露岩层支持这种理论，并指出这里曾经有过既深且长期存在的水体，其水量与地球上的波罗的海相当。那时火星的气候必然比现在温暖得多也湿润得多。

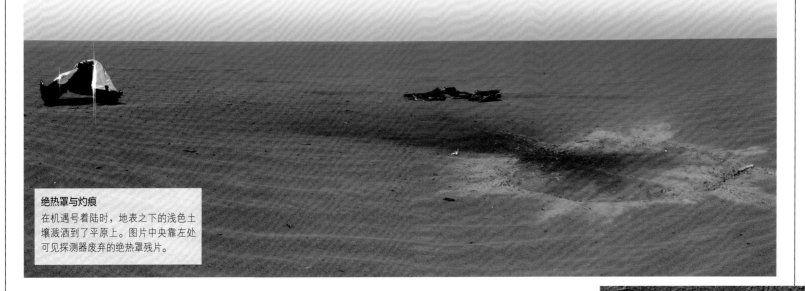

绝热罩与灼痕
在机遇号着陆时，地表之下的浅色土壤溅洒到了平原上。图片中央靠左处可见探测器废弃的绝热罩残片。

普罗米修斯台地
鲁尔峡谷

类型	外流河槽
年龄	20亿年至35亿年
长度	945千米

鲁尔峡谷是火星南半球的大型河槽之一。它穿过普罗米修斯（Promethei）台地北部，一直延伸到希腊盆地（参见第165页）东部。鲁尔峡谷据信有着复杂的演化史，其内存在火星上所见所有3类河槽的特征。举例来说，位于亚得里亚（Hadriana）山口南侧山基处的塌陷区域是发育完全的外流河槽。而同样还存在汇入主河槽的小型支流，它们就好像径流。主河槽具备被侵蚀的河槽特征，有着宽阔平坦的底部以及陡峭的侧壁。鲁尔峡谷得名于盖尔语中的火星一词。

并合的河道
鲁尔峡谷（图片左上方）与支流蒂维厄特（Teviot）峡谷（图片右侧）汇合。峡谷被侵蚀的底部存在平行结构，它们可能是混合有冰块的松散残骸碎片冰川流塑造的。

南极高原
南极地区

类型	极地冰冠
年龄	不到25亿年
直径	1 450千米

南极冰冠的正式名称是南极高原，这里是一片以冰态物质为主的丘堆，高度为几千米。它由3个不同的区域组成。首先是大致以南极为中心的明亮极冠，这是一片永久性的水冰冠，上面覆盖着二氧化碳干冰。其次是主要由水冰组成的陡坡，从极冠滑向周围的平原。最后，该区域周围环绕着面积数百平方千米的永久冻土。永久冻土是混合着水冰的土壤，被冻结后硬度与实心岩石相当。与北极冠（参见第161页）类似，南极冠也随着季节变化而消长着。不过让人惊奇的是，南极冠在夏季并不能变得足够温暖，所以仍旧能保持住二氧化碳干冰覆盖层。阻挡了太阳的沙尘暴可能是让极冠温度低于预期的因素。

火星上的"蜘蛛"
火星南极地区的这些蜘蛛状结构是干冰（冻结的二氧化碳）在春季升华为气体之后留下的。这些沟渠的深度是1米至2米。

二氧化碳霜层
不含二氧化碳的水冰

南极冠
二氧化碳霜（以粉红色表示）覆盖着水冰极冠（以蓝绿色表示）。极冠边缘的水冰陡坡向周围的平原倾斜。

太阳系

陨击坑

火星表面因为存在数以万计的环形山而显得伤痕累累,其中既有直径不到5千米的简单碗状环形山,也有直径数百千米的盆地。人们已经为其中的大约1100座起了名字。最古老的环形山位于南半球,饱受侵蚀。它们的底部被填充,边缘也发生了退化,通常会变得很浅,较小的年轻环形山在其上形成。抛射物的分布表明,它们是在地表四溢,而没有被扬到空中。

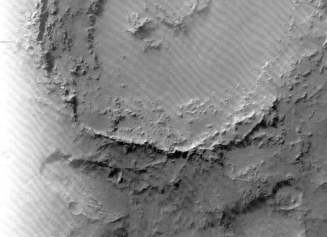

古老的地质特征
海耳(右图)这样的大型陨击环形山的中央峰以及阶梯状侧壁持续不断地遭受着最长可达40亿年的侵蚀。

子午高原

维多利亚环形山

类型	环形山
年龄	不到1亿年
直径	800米

维多利亚环形山是一座小型陨击坑,尺度相当于美国亚利桑那州的巴林格陨石坑(参见第221页)的三分之二。维多利亚环形山漂亮的扇形边缘已被风力侵蚀了,它的直径在逐渐增加,而且与火星上许多的环形山一样,它的底部也覆盖着风力吹来的尘埃堆积形成的沙

圣文森特(ST. VINCENT)角
圣文森特角是维多利亚环形山北缘的一块外露岩石,这里成层的基岩上覆盖着松散的物质,它们是由造就环形山的陨击事件堆积上去的。

丘。机遇号花费了超过一个火星年(2个地球年,从2006年到2008年)的时间来探索这座环形山。火星车用一半的时间沿着环形山的部分边缘行驶,然后小心地沿缺口达克湾(DuckBay)处的斜坡进入内部。在接下来的一个地球年里,火星车沿着环形山的侧壁利用其机械臂上的仪器检查了外露岩石,最后又驶出了这里,继续在火星表面上跋涉。

充斥着沙丘的环形山
在这张火星勘测轨道飞行器拍摄的增强色照片中,泛起波纹的沙丘覆盖着维多利亚环形山的底部。

阿拉伯台地

斯基亚帕雷利环形山

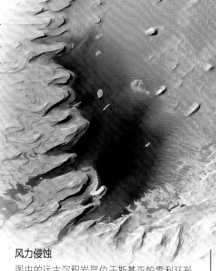

风力侵蚀
图中的远古沉积岩层位于斯基亚帕雷利环形山西北边缘之内另一座陨击坑的底部,由于风力作用被侵蚀并暴露了出来。

类型	大型环形山
年龄	约40亿年
直径	471千米

斯基亚帕雷利环形山以天文学家乔瓦尼·斯基亚帕雷利(Giovanni Schiaparelli,参见第220页)命名,他将一生的大多数工作时间都用于研究火星。与大多数火星环形山一样,这是一座非常圆的环形山(虽然也有大量的火星环形山是月球和水星上罕见的椭圆形)。斯基亚帕雷利环形山跨坐在火星的赤道上,是阿拉伯(Arabia)台地上最大的环形山。这是一座古老的环形山,是火星年轻时一次天体撞击造就的,显示出退化迹象。它的边缘已经变得平滑,部分区域完全不见了,环形山中央曾经可能存在的山峰也被抹平了。物质在环形山内部沉积,整个区域内都有小型环形山形成。风力在侵蚀着这里,并移动着地表的物质,持续不断地塑造着这里的地貌。

浅浅的环形山
图中的色彩表示高度。环形山底的高度与周围地区差不多,较高的沉积层以绿色表示,退化的边缘(黄色)比底部只高出了1.2千米左右。

第勒纳(Tyrrhena)台地

惠更斯环形山

类型	多环形山
年龄	约40亿年
直径	470千米

在火星密布陨击坑的南半球高原上,惠更斯环形山是最为庞大的环形山之一。它是在行星最初5亿年遭受强烈轰击时形成的。惠更斯这样的环形山的年龄是通过边缘上重叠的其他环形山的数目推测出来的。惠更斯环形山在多山的边缘之内拥有第二道环形结构,被带入圆环的物质已经将这里填满。环形山边缘遭受了严重的侵蚀,其上的痕迹说明地表水在某一时期内流过了这里。痕迹的分布与地球上的枝状水系很类似,从上方看去就好像是

平顶山
先前平滑的物质层被侵蚀,露出了更为崎岖的地表,在环形山底留下了顶部平滑的山丘(平顶山)。

树木的主干和枝条。环形山排水河槽内的暗色物质有可能是流水带来的,也可能是由风力搬运而来的。

东部边缘
在这张穿过惠更斯环形山东缘(前景)朝周围地区看去的透视图中,枝状的排水河槽网络从边缘流出,图中还可以看到新近形成的较小环形山。

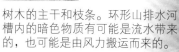

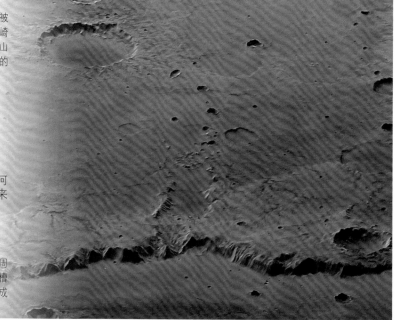

希腊平原

类型	盆地
年龄	约40亿年
直径	2 200千米

希腊盆地是火星上最大的陨击坑。它是火星南半球的主导地貌。希腊盆地并没有直接表现为陨击坑。实际上，它的正式名称——希腊平原表明，这是一片辽阔的低海拔平原。这一名称要追溯到一个多世纪之前，当时人们只能通过地面望远镜来观测火星表面，这片广袤的浅地貌的真实特性是不为人知的。它的英文名称Hellas源于希腊语中的希腊一词。后来发生过变更的巨型环形山被叫作盆地，它们与月球上的月海类似。火星上的第二大环形山伊希斯（Isidis）平原以及第三大环形山阿耳古瑞（Argyre）平原（参见下文）也是盆地。在过去的35亿年至40亿年中，希腊盆地的底部被熔岩所充斥，它的面貌被风力、水流以及新近的环形山形成过程所改变。虽然如此，一些原始特征仍旧可见。现在还能看到它的整体形态以及残存的边缘，边缘之外远至数百千米处还存在朝内的弧状峭壁。它们可能是多重环结构的残余。

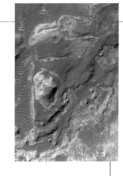

外露的岩石
这些成层的沉积岩比希腊盆地年轻得多，它们位于环形山盆地东北方被侵蚀的区域。地表之上分布着暗色的风成波纹。

古老的盆地
原始的环形山底已经被火山和风力沉积物覆盖了，这里还显示出了被水与冰川变更过的迹象。沙尘暴则在继续塑造着地表。

被侵蚀的边缘
这张透视图展示了希腊盆地的北缘，这里属于碰撞时隆起的行星地壳在环形山周围形成的山脉。盆地的整个东北和西南边缘都已经不见了。

南森环形山

类型	大型环形山
年龄	约40亿年
直径	81千米

人们在1966年水手4号传回的22张照片上第一次辨认出了火星上的环形山，南森环形山就是最早的那一批环形山之一，它以挪威探险家弗里乔夫·南森（Fridtjof Nansen）命名。随着航天器继续进行观测，新的环形山持续增加着。海盗号轨道器在1976年拍摄了下面这张南森环形山的照片。这座环形山表现出了被侵蚀的迹象，它的侧壁已经被风力蚕食。较小且边缘清晰的环形山散布在周围的地面上。一座更年轻的环形山在南森环形山之内形成。它中央的暗色底部可能是火山玄武岩。

环形山中嵌套的环形山

阿耳古瑞平原

类型	盆地
年龄	约40亿年
直径	800千米

阿耳古瑞是火星上第三大的环形山。风力和水流严重侵蚀了它，火山熔岩也充满了它的底部。人们猜测在遥远的过去，水流曾经从南极冰冠排入盆地。在盆地东南侧边缘进入以及从北缘流出的河道揭示了水流的方向。南侧的查瑞腾（Charitum）山脉以及北侧的涅瑞伊德（Nereidum）山脉勾勒出了盆地的范围，水道从这些山脉之中穿过。

南侧山地的霜华
2003年6月初，主要由二氧化碳组成的霜华覆盖了查瑞腾山脉内一片分布着环形山的区域，那时南极霜冠已经向后退去了一个月左右。

环形山中的沙丘地
阿耳古瑞平原的底部以及崎岖的高原边缘上分布着较小的环形山，其中的一部分已经显示出了被侵蚀的迹象。这座位于阿耳古瑞盆地西北部的环形山中存在一片颜色暗淡的沙丘地。

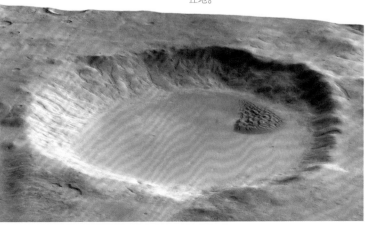

洛厄尔环形山

类型	多环环形山
年龄	约40亿年
直径	203千米

自洛厄尔（Lowell）环形山在火星早期形成以来，它的外貌就一直因为遭受侵蚀而发生着改变。它的外边缘以及内环都已经变得平滑了，其颗粒细腻的抛射物土壤也已经被吹走。环形山的外观还在经历着长期的变化，不过也会随短期因素而改变。冬季当霜线从南极地区向北延伸的时候，环形山底部会被霜华覆盖。

冬季的洛厄尔环形山

子午高原

忍耐号环形山

类型	碗状环形山
年龄	不到40亿年
直径	130米

人们对这座不引人注目的小环形山所进行过的研究探索比火星上几乎任何其他的环形山都更加深入。2004年年初，它甚至还没有自己的名字。不过在那年年底，自动化的机遇号火星车将它的边缘、山坡以

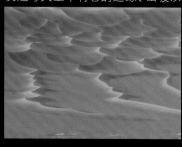

沙丘地

环形山底部的中央区域被小型沙丘所覆盖。颜色发红的尘粒形成了流动的卷须条纹，其深度从数厘米到1米左右不等。

及底部拍摄并检查了个遍。当这架小型探测器在火星北半球子午高原按计划着陆的时候，这座足球场大小的环形山恰好坐落在它可以驶及的范围之内。

忍耐号（Endurance）环形山以出生在爱尔兰的英国探险家欧内斯特·沙克尔顿（Ernest Shackleton）

前往南极时搭乘的船只命名。它是一座近圆形的环形山，周围环绕着崎岖峭壁组成的环形山边缘。它的内壁向20米至30米之下的环形山底部倾斜。已经部分暴露的成层基岩将环形山勾勒了出来；环形山底部的其余部分覆盖着松散物质和沙丘。

机遇号差不多花费了6个月的时间来探索忍耐号环形山。这辆火星车一开始环绕着环形山南侧的三分之一边缘行驶，在这里穿过了卡拉泰佩（Karatepe）地区，然后沿着伯恩斯（Burns）峭壁的边缘行进。之后

伯恩斯峭壁

环形山南缘内壁的这一段叫作伯恩斯峭壁。这张180度影像是使用机遇号在2004年11月拍摄的46张照片拼合而成的。宽视场照相机让岩石峭壁失真地朝观看者拱起。

它折回进入环形山的西南边缘。机遇号驶下了内坡，沿途研究了岩石和土壤。它朝环形山中心驶去，不过在走了不到一半之后就掉头返回了，再往前走的话，它就可能陷入沙地中了。然后它驶出了环形山，穿过一旁

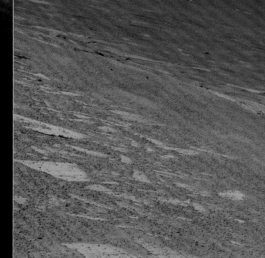

引人注目的全景

在机遇号火星车逗留在忍耐号环形山西边缘期间，它的全景照相机拍摄了这张接近真实色彩的照片。环形山中央存在一片沙丘地。

伍梅岩石

1米宽的伍梅（下图）是散布在环形山底部的岩石之一。这张图片的着色突出了岩石上的蓝点，它们是富含铁元素的球体。在驶离伍梅岩石的时候，火星车在土壤上留下了车辙（左侧）。

空间探索

火星上的"蓝莓珠"

绰号"蓝莓珠"的暗色砾石在忍耐号环形山的内外都有发现，不过这个名字很有误导性。这些石块看起来比周围更蓝，不过实际上它们是深灰色的。这些厘米级的"蓝莓珠"富含赤铁矿，这种矿物在地球上也存在。在地球上，赤铁矿通常是在湖泊以及温泉中形成的，这支持火星过去富含水分的观点。另一类砾石颜色较浅，纹理较粗糙，人们给它们取了"爆米花"这个绰号。

水分的证据

"蓝莓珠"和"爆米花"混合分布在忍耐号环形山内一块叫作拜洛特（Bylot）的岩石上。

平坦的子午高原。

　　伯恩斯峭壁等暴露在侧壁中的岩层揭示出了火星地表之下的情况，也揭示出这里过往所发生过的地质过程。火星车分析了环形山底部的岩石的成分，其中有几块被取名为艾舍尔（Escher）、弗吉尼亚（Virginia）以及伍梅（Wopmay）。它还仔细检查了环形山底部颗粒更细的物质。这些发现一致说明，在忍耐号环形山形成前后，水分对岩石都产生了影响。

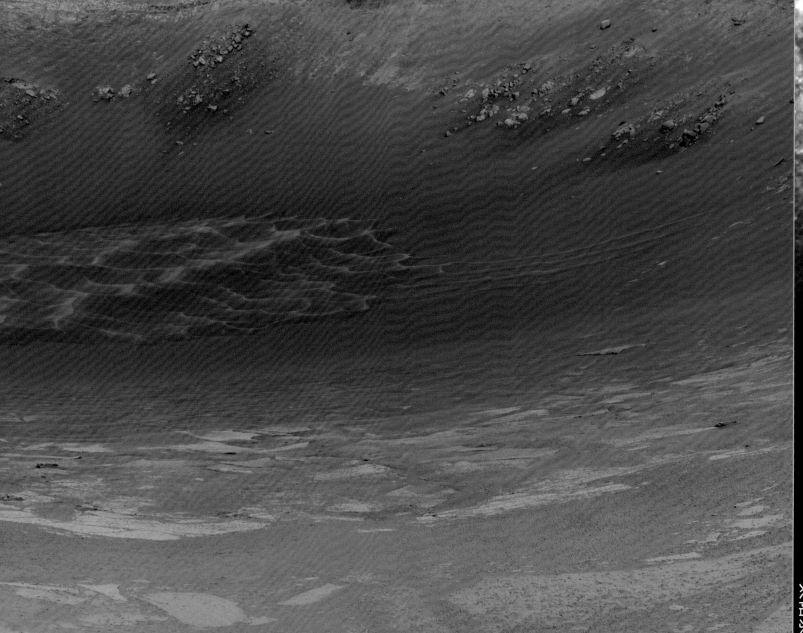

夏普山

行进在火星地表的火星车能看到更引人入胜的景观。这张由NASA的好奇号火星车在2015年拍摄的照片视角朝着夏普（Sharp）山的高地，这是盖尔环形山内一处分层沉积岩受侵蚀后留下的残余。图中作为前景的砂岩位于大约3千米之外。它们的红色源于铁的氧化物，可能一度浸没于水下。更远处颜色较白的外露岩石在图中位于红色砂岩上方，它们是随后更为干燥的环境留下的痕迹。

小行星

小行星是未能成形的岩质行星的残余，这颗行星的质量应该是地球的4倍左右。小行星是干燥多尘的天体，体积过小，无法维系大气。人们已经发现了超过20万颗小行星，不过根据估计，这样的天体应该超过10亿颗。发现小行星的天文学家有权为其命名。

轨道

大多数小行星都集中在火星和木星之间的小行星主带内，这里与太阳的间距大约是日地距离的2.8倍。通常小行星要花费4年至5年环绕太阳运行一周。它们的轨道略椭，倾角较小。虽然小行星都沿同一方向环绕太阳运行，速度在每秒几千米的碰撞还是经常发生的。因此随着时间的推移，小行星会破碎瓦解。一些小行星被俘获进入了相当古怪的轨道。特洛伊型小行星与木星的轨道周期相同，位于木星前后60度的地方。阿莫尔群和阿波罗群小行星（均以单颗小行星命名）分别要穿过火星和地球的轨道。阿登小行星群的轨道很小，大部分时间都待在地球轨道以内。这3类小行星都是近地小行星，它们也许会很危险，有可能与地球相撞，并造成极大的损失。幸好这样的事件极少发生。

小行星的轨迹

在拍摄恒星时，哈勃空间望远镜需要不断调整姿态，让恒星在视场中保持静止不动。小行星的距离比恒星要近得多，而且在环绕太阳运行着，因此它们会在曝光期间形成条带状的星迹（图中的蓝色条纹）。

结构

在太阳系刚形成的时候，存在少数几乎大如火星的小行星。小行星岩石内放射性元素的衰变让这些大型天体熔融，在它们保持流体状态尚未冷却的时候，引力将其塑造成了球体。这其中的许多因随后与其他小行星的碰撞而破裂瓦解或者改变了形态。较小的小行星比较大的那些更容易冷却，它们没有达到过熔点，保持着均匀的岩石-金属组分以及原始的不规则外观。从成分上看，小行星主要可以分为3类，大多数都是碳质（C型）或者硅质（S型），数量紧随其后的是金属质（M型）。这3类分别对应球粒（石）陨星、石铁陨星和陨铁。

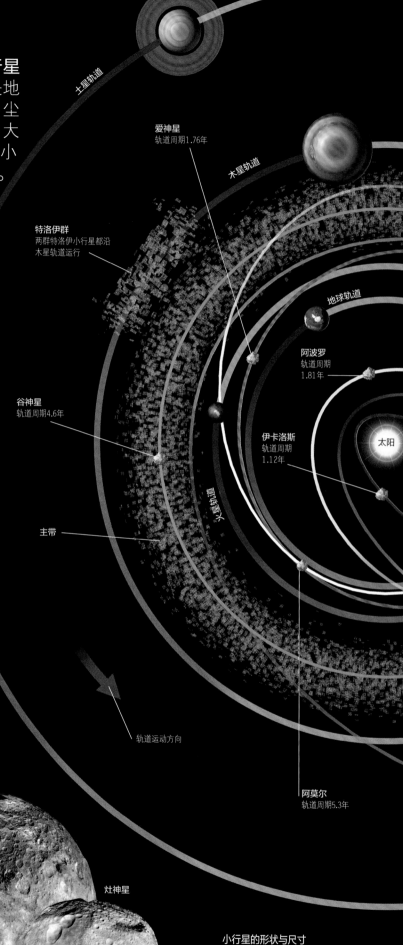

爱神星
轨道周期1.76年

特洛伊群
两群特洛伊小行星都沿木星轨道运行

土星轨道

木星轨道

地球轨道

阿波罗
轨道周期
1.81年

谷神星
轨道周期4.6年

伊卡洛斯
轨道周期
1.12年

太阳

主带

火星轨道

轨道运动方向

阿莫尔
轨道周期5.3年

谷神星

灶神星

艾达

小行星的形状与尺寸

体积较大的小行星（如谷神星与灶神星）大致呈球形，而较小的小行星（如艾达）形状是不规则的。所有小行星的表面都分布着环形山。不过一些区域也会因为小型多重撞击事件抛洒的沙尘而变得平滑。

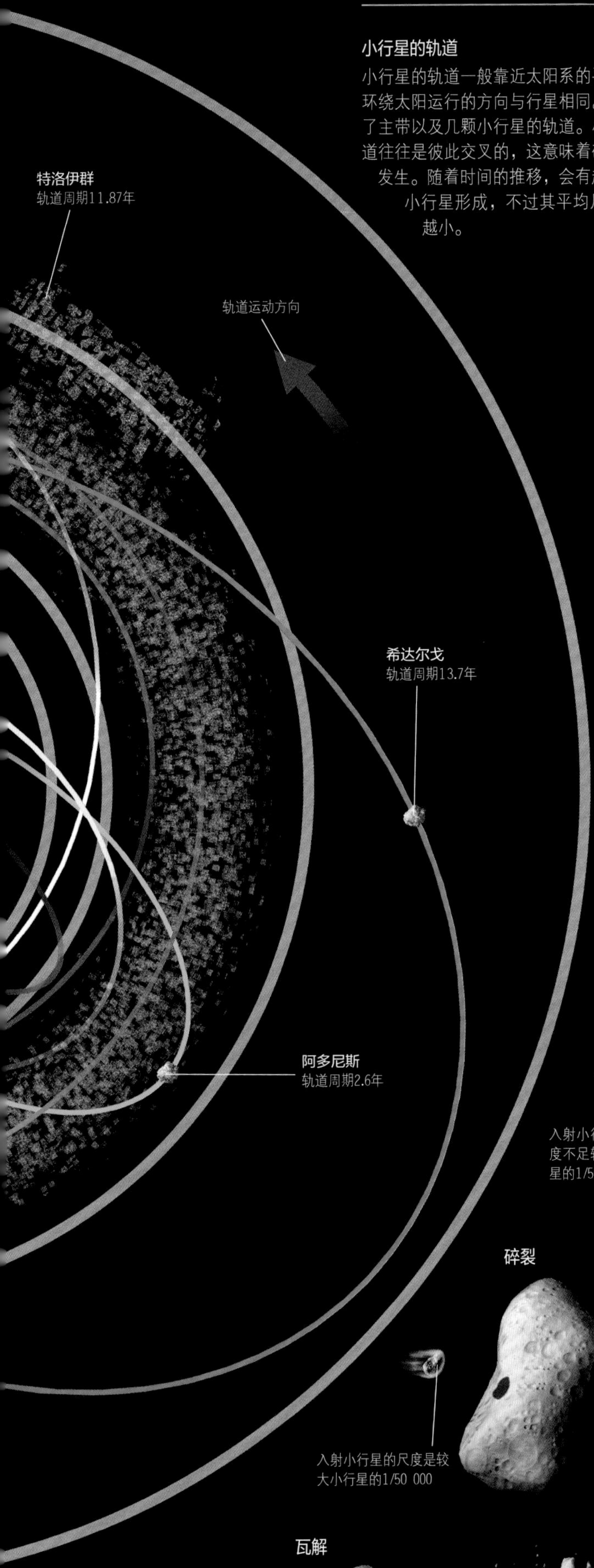

小行星的轨道

小行星的轨道一般靠近太阳系的平面，它们环绕太阳运行的方向与行星相同。图中标出了主带以及几颗小行星的轨道。小行星的轨道往往是彼此交叉的，这意味着碰撞经常会发生。随着时间的推移，会有越来越多的小行星形成，不过其平均尺度也越来越小。

特洛伊群
轨道周期11.87年

轨道运动方向

希达尔戈
轨道周期13.7年

阿多尼斯
轨道周期2.6年

弗朗茨·克萨韦尔·冯·扎克 (Franz Xaver van Zach)

弗朗茨·克萨韦尔·冯·扎克（1754—1832）是匈牙利男爵，也是德国塞贝格（Seeberg）天文台的台长。他确信火星和木星之间存在失落的行星。1800年9月，他组织了24名天文学家帮助他进行搜索。这群被称为"天空巡警"的天文学家们将黄道分成24段进行搜索。不过当1801年朱塞佩·皮亚齐（Giuseppe Piazzi）偶然发现灶神星时，他们多少有些受挫。"天空巡警"们对灶神星如此之小感到十分吃惊，随后又惊讶地发现更多的小行星也在类似的轨道上运行。

小行星的碰撞

小行星之间碰撞的结果取决于参与天体的尺寸。如果一颗非常小的小行星撞到一颗较大的小行星上面，后者表面会形成一座环形山，环形山的大小大约是撞击天体的10倍。由于小行星比行星小得多，被掀出环形山的物质会逃逸出去，并进入环绕太阳的独立轨道。不过这样的轨道与被撞小行星非常相似，抛射物很可能会再度碰上被撞天体。较大的撞击天体会击碎被撞的小行星。不过这样消耗的能量很大，产生的碎片无法从重力场中逃逸出去，它们会回落形成不规则的砾石球。随后发生的小型撞击会让砾石球表面瓦解，这样小行星就覆盖了一层富含岩石和尘埃的物质，不留心的观测者是不会意识到覆盖物下面的小行星实际上已经四分五裂了。大型撞击天体不仅会让小行星瓦解，碰撞碎片也能逃逸掉。这些碎片会组成一个小行星族，最终散布在原始天体的轨道周围。

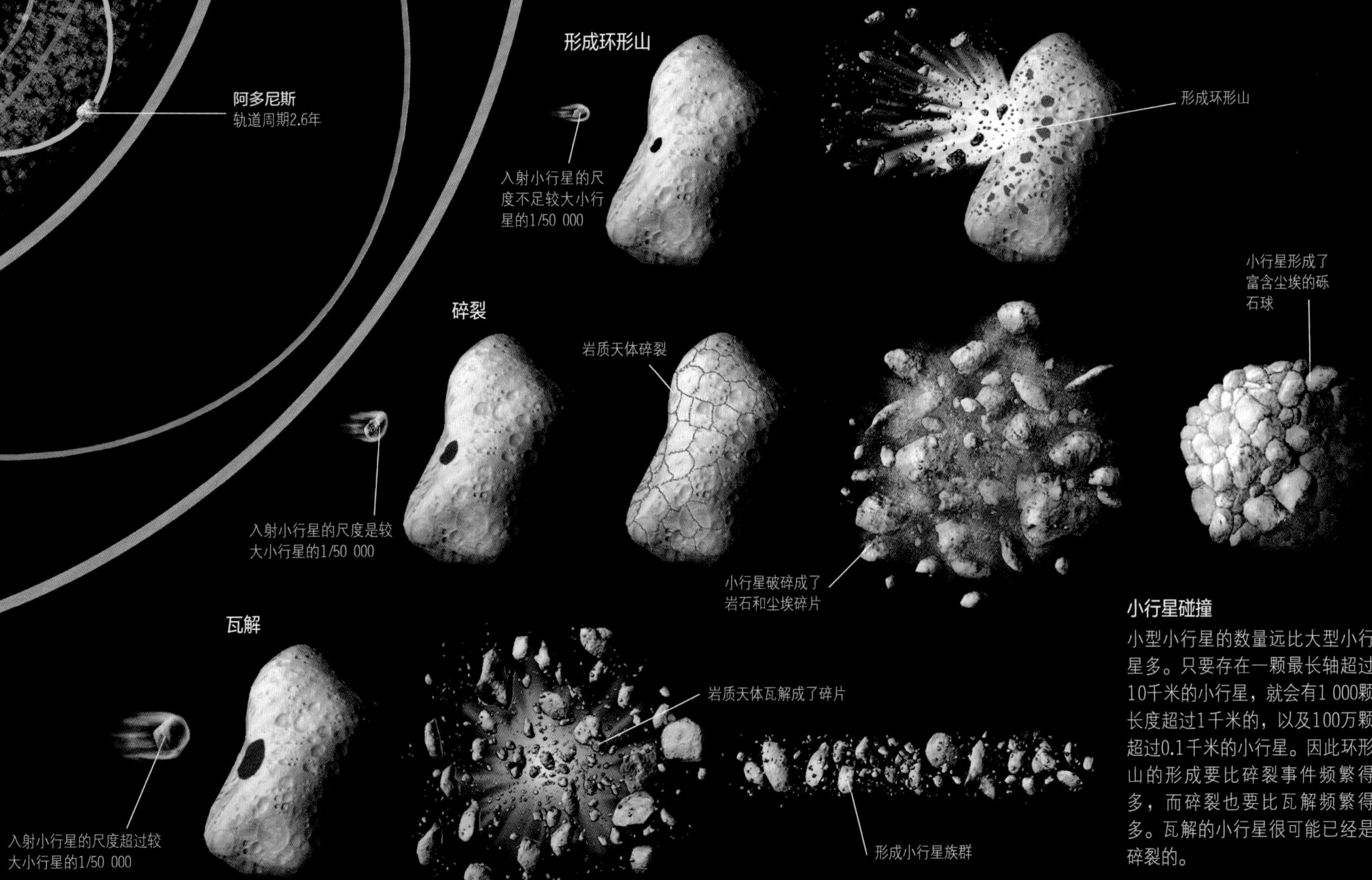

形成环形山

形成环形山

入射小行星的尺度不足较大小行星的1/50 000

碎裂

岩质天体碎裂

入射小行星的尺度是较大小行星的1/50 000

小行星破碎成了岩石和尘埃碎片

小行星形成了富含尘埃的砾石球

瓦解

岩质天体瓦解成了碎片

入射小行星的尺度超过较大小行星的1/50 000

形成小行星族群

小行星碰撞

小型小行星的数量远比大型小行星多。只要存在一颗最长轴超过10千米的小行星，就会有1 000颗长度超过1千米的，以及100万颗超过0.1千米的小行星。因此环形山的形成要比碎裂事件频繁得多，而碎裂也要比瓦解频繁得多。瓦解的小行星很可能已经是碎裂的。

小行星

小行星主要在火星和木星之间运行，它们是一次失败的行星形成过程的残留物。今天的小行星主带中直径大于200千米的小行星只有大约100颗，不过宽度超过20千米的小行星数量在10万颗以上，长轴长度超过2千米的小行星数量则是令人瞠目的10亿颗。谷神星（Ceres）于1801年被发现，它是人们找到的第一颗小行星，现在又被归类为矮行星（参见第175页）。谷神星的质量相当于所有小行星质量总和的25%。

爱神星（Eros）
只有直径超过大约350千米的小行星外观才会呈球形。爱神星是一颗比自身大得多的天体的不规则碎片。

951号 加斯普拉

平均轨道半径	3.31亿千米
轨道周期	3.29年
自转周期	7.04小时
长度	18千米
发现时间	1916年7月30日

1991年之前，人们只能从远处观测小行星。那年10月，伽利略号探测器从距离加斯普拉（Gaspra）小行星不到1 600千米的地方拍下了57张彩色照片，获得了它更近处的影像。加斯普拉是一颗富含硅的小行星，表面呈灰色，一些新近暴露出来的环形山边缘呈蓝色，一些更古老的低地区域看起来略微偏红。

不规则的形态

主带小行星

5535号 安妮

平均轨道半径	3.31亿千米
轨道周期	3.29年
自转周期	未知
长度	6千米
发现时间	1942年3月23日

安妮（Annefrank）小行星位于主带内区，属于奥古斯塔（Augusta）族的一员。2002年11月2日，NASA的星尘号在前往怀尔德（Wild）2号彗星途中，在不到3300千米的地方与安妮小行星擦肩而过，并为其拍摄了照片。有趣的是，安妮小行星的大小是地面观测给出结果的2倍。地球上观测到的亮度与小行星反照率和表面面积之积成正比，不过天文学家使用的反照率数值过高。这颗小行星以死于纳粹屠杀的著名日记作者安妮·弗兰克（Anne Frank）命名。

表面亮度

这张安妮小行星的图像是星尘号探测器在2002年拍摄的，展示了该小行星表面的亮度变化。不同的亮度主要归因于富尘土壤层在不同方向反射了不同数量的阳光。

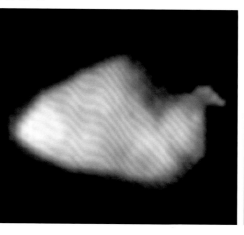

4179号 托塔蒂斯

平均轨道半径	3.76亿千米
轨道周期	4.03年
自转周期	5.4与7.3
长度	4.26千米
发现时间	1989年1月4日

托塔蒂斯（Toutatis）小行星以一个凯尔特神命名。顺便一提，这个人物也出现在阿斯泰利克斯（Asterix）系列漫画中。这是一颗典型的近地小行星，它差不多每过4年就要近距离从地球旁边掠过一次。2004年9月，它与地球的距离只有地月间距的4倍。托塔蒂斯小行星是硅质，成分类似石铁陨石。它像经历了拙劣传球的橄榄球一样在宇宙中翻滚着，绕着两个自转轴旋转，周期分别是5.4天与7.3天。

雷达图像

主带小行星

2867号 施泰因斯

平均轨道半径	3.54亿千米
轨道周期	3.63年
自转周期	6.05小时
直径	6.67千米
发现时间	1969年11月4日

有些小行星并非实心，而是由岩石碎片组成的，碎片之间存在着空隙。施泰因斯（Steins）小行星就是此类"砾石堆"的一个例子。罗塞塔号探测器的观测发现，它的形状就好像切割过的钻石。据信造就其上最大的环形山的撞击事件让小行星解体了。

天空中的钻石

主带小行星

21号 司琴星

平均轨道半径	3.65亿千米
轨道周期	3.80年
自转周期	8.17小时
直径	121千米
发现时间	1852年11月15日

欧洲空间局的罗塞塔号探测器造访过两颗小行星，较晚抵达的那颗就是司琴星（第一颗是2867号施泰因斯，参见左侧）。司琴星直径超过100千米，是一颗较大的小行星，也是密度最高的一颗，这说明其含有大量的铁元素，一度可能拥有过熔融的核心。罗塞塔号在2010年7月拍摄的照片揭示出很多直径达55千米的环形山以及宽至300米的砾石，它们遍布司琴星遭受重创的表面。司琴星在局部被敲掉之前可能是近乎球形的。在后来的撞击事件期间，震动引发的滑坡将早先形成的一些环形山完全或者部分埋藏了起来。司琴星似乎是"砾石堆"型小行星与地球这样的类地行星之间的过渡天体。

罗塞塔号拍摄的照片
罗塞塔号在最接近司琴星（距离3170千米）时拍下了上图。放大图（左图）中可见小行星表面的环形山与沟槽。

主带小行星

253号 玛蒂尔德

平均轨道半径	3.96亿千米
轨道周期	4.31年
自转周期	约418小时
长度	66千米
发现时间	1885年11月12日

NEAR-舒梅克号探测器在1997年造访过玛蒂尔德（Mathilde）小行星，不过由于这颗小行星的自转非常缓慢，探测器只拍摄了它的半个表面。玛蒂尔德小行星是一颗原始的碳质小行星，密度比大多数岩石低得多，这说明其中充满了孔穴。玛蒂尔德小行星可能是一团被压实的砾石。

楔状环形山

243号 艾达

平均轨道半径	4.28亿千米
轨道周期	4.84年
自转周期	4.63小时
长度	60千米
发现时间	1884年9月29日

艾达（Ida）是奥地利天文学家约翰·帕利扎（Johann Palisa）发现的119颗小行星之一，帕利扎与德国海德堡的马克斯·沃尔夫（Max Wolf）都是使用摄影术拍摄星空图像以搜索小行星的先驱。艾达小行星是科朗尼斯（Koronis）族的小行星。小行星的族群是日本天文学家平山清次在1918年发现的。他发现存在轨道参数非常接近的小行星群体，其中的成员沿同一轨道分布，在内太阳系组成了一道小天体流（参见第170页）。科朗尼斯小行星是艾达所属族群最著名的成员。

艾达小行星的成名是在1993年8月，伽利略号探测器在前往木星途中从不到11 000千米的地方拍摄了它的细节照片。由于艾达小行星每4小时36分钟自转一周，探测器可以在飞掠期间拍摄它的大半个表面。起先人们认为艾达是加斯普拉（参见对页）这样的S型小行星，

艾卫

艾卫很小，长度只有1.6千米。它在近圆的轨道上环绕艾达运行，轨道半径大约是90千米，轨道周期约为27小时。

但是观测表明，它的密度过低，更可能是碳质的。其上单位面积的环形山数量是加斯普拉的5倍，这说明它的表面要古老得多。伽利略号探测器飞掠期间最为激动人心的结果是发现艾达拥有自己的卫星——艾卫（Dactyl，达克图）。这对双小行星系统据信是在科朗尼斯族群的前身遭遇小行星碰撞并瓦解时形成的。

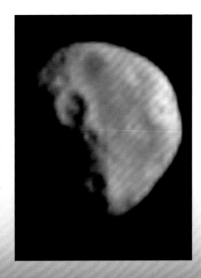

艾达与艾卫
艾达是人们发现的第一颗小行星卫星。伽利略号任务小组的成员安·哈奇（Ann Harch）在检查探测器上存储的照片时发现了它。这些照片是6个月前伽利略号飞掠艾达时存下的。

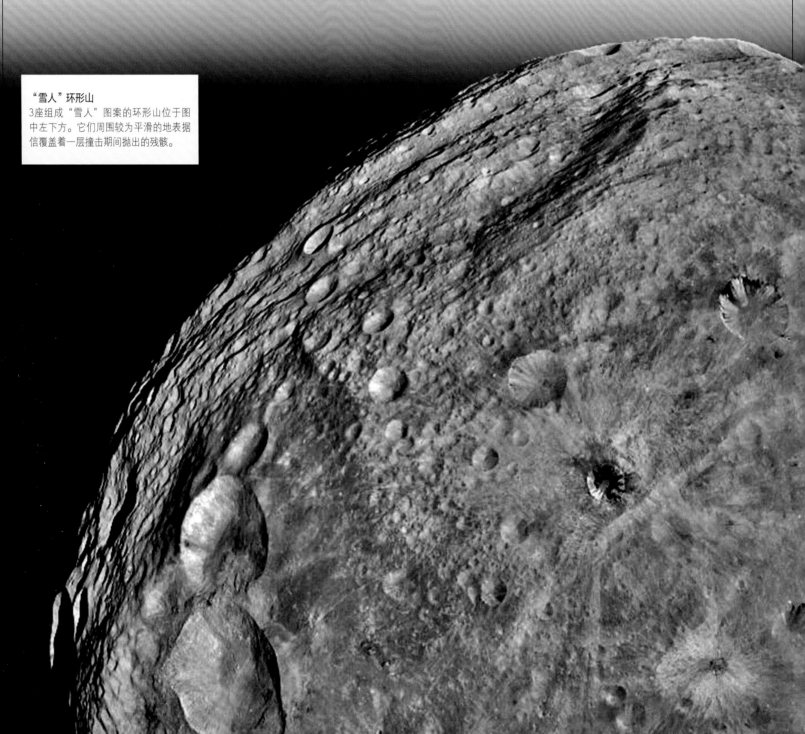

主带小行星

4号 灶神星

平均轨道半径	3.53亿千米
轨道周期	3.63年
自转周期	5.34小时
直径	530千米
发现时间	1807年3月29日

灶神星（Vesta）是最庞大的小行星之一，它的表面平均可以反射42%的入射光。这让它成为了夜空中最为明亮的小行星，也是唯一可以用肉眼观测到的小行星。大多数尺度与灶神星相当的小行星都应该有着近似球形的外观，不过灶神星的形状因为南极遭受的一次大规模撞击而发生了扭曲，这次事件产生了名为瑞亚西尔维亚（Rheasilvia）的庞大盆地，直径大约有500千米，几乎与灶神星本身相当。与

月球上的许多大型环形山类似，瑞亚西尔维亚盆地拥有巨大的中央峰。它与一座略小一些、直径375千米的较古老环形山相重叠。这次陨击事件掀起的一些灶神星地壳碎片仍在相似的轨道上追随灶神星而行，另外一些则撞到了地球上，它们是成分类似于火成玄武岩的奇特陨石。最近落向地球的陨石中，有6%在矿石组分上接近灶神星。它们的成分类似于夏威夷火山喷出的熔

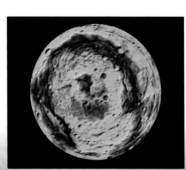

岩。在灶神星生命的早期，它曾经经历过熔融和再固化过程，密度较高的物质沉入了星球中央。现在它的成层结构类似于岩质行星，外侧是低密度的地壳，其下是辉石与橄榄石层，核心由铁组成。据信灶神星是主带中残存的唯一成层小行星。它是已知密度最高的小行星之一，密度与火星接近。2011年7月，NASA的曙光号探测器进入了环绕灶神星运行的轨道，开始对该小行星进行为期一年的研究。灶神星的表面很古老，密布着环形山，拥有沿赤道分布的沟

南极地区的陨击盆地

在这张NASA的曙光号探测器拍摄的假彩色照片中，灶神星南极的巨型陨击盆地瑞亚西尔维亚清晰可见。该盆地直径500千米，有着中央峰（以红色表示）以及高15千米的边缘。

陨石

这块1960年10月落在澳大利亚西部的陨石来自灶神星。

槽，它们可能是南极撞击事件形成的裂缝。这颗小行星上最有特色的一处地貌是俗称"雪人"的三联环形山链（参见下图）。图中从上到下3座环形山分别是直径21.5千米的米努西亚（Minucia）、直径50千米的凯尔普尼亚（Calpurnia）以及直径58千米的马西亚（Marcia）。曙光号的仪器正在研究着灶神星的地表成分，以期确定陨石在小行星上的具体源头。一个可能的来源是南极地区的山峦，它位于瑞亚西尔维亚陨击盆地之内，高度为22千米。

"雪人"环形山

3座组成"雪人"图案的环形山位于图中左下方。它们周围较为平滑的地表据信覆盖着一层撞击期间抛出的残骸。

主带小行星

1号 谷神星

平均轨道半径	4.14亿千米
轨道周期	4.60年
自转周期	9.08小时
直径	950千米
发现时间	1801年1月1日

　　1801年，意大利巴勒莫（Palermo）天文台的台长朱塞佩·皮亚齐在编纂固定恒星星表的时候偶然发现了谷神星（参见右侧边栏）。一颗"恒星"的位置在夜间发生了移动，它就是人们发现的第一颗小行星——谷神星。在此大约100年之前，约翰内斯·开普勒（参见第68页）就猜测过，在火星和木星的轨道之间存在一颗"失落"的行星（参见第170～171页）。1800年，欧洲一些最优秀的天文学家开始在火星和木星的间隙中搜索天体，皮亚齐做出了第一个发现。大约1年之后，德国医生兼天文学家海因里希·奥伯斯（Heinrich Olbers）在观测谷神星轨道以图更精确地确定其轨道参数时发现了第二颗小行星，它被编为2号，取名为智神星（Pallas）。人们发现谷神星和智神星的轨道相交，奥伯斯认为它们是一颗解体行星的残部。在接下来的一个世纪里，人们发现了越来越多的小行星，它们比前两颗更小、更暗。天文学家通过使用光谱仪分析小行星表面反射的光线，发现小行星有着不同成分造就的不同色彩，这带来了分类系统的建立（参见第170页）。谷神星被归入碳质（C型）小行星之列。

　　2006年，人们引进了矮行星这一新的类别，用于描述外观呈圆形但是并未扫清轨道上其他天体的星球（参见第209页），谷神星被归为此类。然而它仍旧是主带小行星中最大的一个，因此它拥有矮行星与小行星的双重身份。NASA的曙光号探测器在完成对灶神星的研究（参见对页）之后，于2015年4月到2018年11月间采集了有关谷神星的数据。

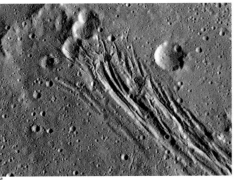

谷神星的景观
谷神星表面的地貌千变万化。在左图中占主导地位的是一座直径92千米的环形山。环形山底部的亮斑可能是地下涌出的盐水留下的盐分。右图对应的区域宽35千米，其上拥有一系列延展的断口。

空间探索

皮亚齐的望远镜

　　这架望远镜名为巴勒莫圆环，是18世纪欧洲最伟大的仪器工匠——英国伦敦的杰西·拉姆斯登（Jesse Ramsden）在1787年到1789年之间建造的。它的透镜口径是75毫米。圆形的地平高度计以及水平方向的方位计都是通过显微镜读数的。在当时，它是欧洲地理位置最靠南的望远镜，坐落在意大利西西里巴勒莫王宫的顶部。皮亚齐在使用这架望远镜测量恒星位置时发现了第一颗小行星——谷神星。

近地小行星

25143号 糸川

平均轨道半径	1.98亿千米
轨道周期	1.52年
自转周期	12.1小时
长度	0.54千米
发现时间	1998年9月26日

　　糸川（Itokawa）是一颗不规则的小型小行星，属于"碎石堆"之列，也就是说它并非一个聚合的固态天体。日本的宇宙航空开发机构选择它作为2003年5月该机构发射的隼鸟号探测器（参见下方边栏）的目标。在发射时，该小行星只有临时编号1998SF36；在探测器飞行途中，它被人以日本火箭之父糸川英夫（1912—1999）的名字命名。

　　隼鸟号探测器在2005年9月抵达糸川，在尝试着陆之前先对小行星进行了为期2个月的勘测工作。这颗小行星外观类似小黄瓜，长540米，最窄处宽210米，看起来好像是粘到一起的两团物质。天文学家认为，糸川曾经的体积更大，也许宽度最大达到了20千米。大型撞击事件让小行星破碎成了小块，然后它们轻轻地组成了今天所见的低密度碎石堆结构。

　　糸川的表面上散布着最宽可达50米的岩石，而小行星中部的窄颈部分更为平滑，表面覆盖着尘土。

拉长的小行星
这张糸川小行星的照片是隼鸟号探测器拍摄的。探测器在中部附近的平滑区域着陆，以采集尘埃样本。与空间探测器造访过的大多数其他小行星不同的是，糸川上缺乏明显的环形山。

　　2005年11月，隼鸟号探测器在平滑区域轻轻着陆。它采集了无数的小行星灰尘微观颗粒样本，并将其带回了地球。2010年6月，采样返回舱燃烧着穿过地球大气，在澳大利亚的伍默拉（Woomera）降落。返回舱被取出，并在日本的一间实验室中的无菌环境下被打开。人们发现该小行星的表层岩石类似于普通的球粒陨石，其中富含橄榄石。

空间探索

隼鸟号探测器

　　隼鸟号是日本发射的探测器，它的任务是与近地小行星糸川会合，并为其采样后返回。隼鸟（Hayabusa）是日语中游隼的意思，探测器的目标是像鹰一样俯冲到小行星表面采集样本，然后返回地球。它在携带着尘埃样本起飞前，在小行星表面上停留了30分钟。

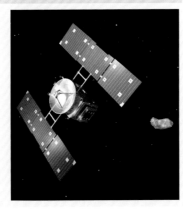

接近小行星
这张艺术概念图展示了2005年11月日本的隼鸟号探测器接近糸川小行星时的场面。

粗糙的表面
在这张特写照片上，可见糸川的表面遍布大型岩石。这些岩石可能是早年小行星一次破裂过程留下的残片，随后它们又再次聚集了起来。

近地小行星

433号 爱神星

平均轨道半径	2.18亿千米
轨道周期	1.76年
自转周期	5.27小时
长度	31千米
发现时间	1898年8月13日

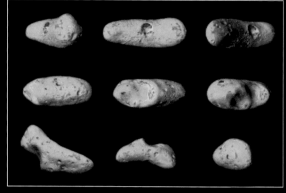

愛神星位于主带之外的近地轨道上，它与太阳的间距通常比火星更近（参见第170页）。它的轨道还会把它带到靠近地球的地方，上一次靠得最近是在1975年，当时爱神星与地球相距不到2 200万千米。它的轨道不甚稳定，在接下来的100万年里有十分之一的可能性与地球或者火星相撞。1960年，人们使用雷达探测了爱神星。而20世纪70年代进行的红外观测说明，它的表面并不仅仅是裸岩，而是覆盖着绝热的尘埃和岩石碎片层。爱神星是最早一颗有航天器绕转并着陆的小行星。由于它体积较大且距离较近，人们选择它作为近距离研究目标。

2000年2月14日，近地小行星探测器（NEAR，2000年3月被更名为NEAR-舒梅克）进入了环绕爱神星的轨道，并在363天之后在其上着陆。探测器记录下了大约16万张照片，这些照片表明，爱神星是一个形状不规则的天体，形成于20亿年前的区域上环形山遍布，邻接着相对平滑的区域。虽然它的引力场很弱，还是有上千块宽度大于15米的砾石在被撞击事件抛出之后又落回到表面上。而一些地表尘埃沿斜坡滑

计算机模型

爱神星的重力场强度大约是地球的1/2 000，不过各处存在将近2倍的变化。图中的颜色表示岩石向下滚动的速率，在红色区域最快，在蓝色区域压根不会滚动。

下，形成了几米高的沙丘。探测器在环绕爱神星飞行时，使用激光测量出了探测器与小行星的间距数据，这不仅给出了小行星精确的形态图，还发现小行星内部几乎是均匀的，密度与地球的地壳相当。爱神星与玛蒂尔德小行星不同，并非一堆碎石，相反它是一个单一的坚实岩石团块。探测器的伽马射线光谱仪在着陆后工作了2周。人们发现爱神星富含硅，而且反照率很高。

接近
NEAR-舒梅克探测器在爱神星上着陆之前不久，从高度1 150米的地方拍摄了这张照片。

岩石与浮土层
爱神星上的一些岩石和浮土层颜色发红。它们遭遇微型碰撞以及太阳风的时间越长，颜色也就越红。

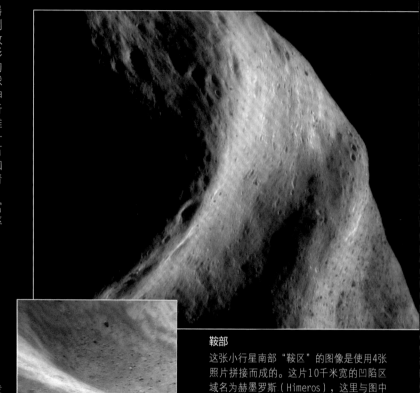

鞍部
这张小行星南部"鞍区"的图像是使用4张照片拼接而成的。这片10千米宽的凹陷区域名为赫墨罗斯（Himeros），这里与图中右下方的区域不同，砾石相对较少。

贝努的拼接图
这张贝努的全景图是使用从24千米外拍摄的12张照片拼接而成的。图中小行星"旋转陀螺"一般的外观清晰可见。位于右下角的巨型砾石宽约55米。

近地小行星

101955号 贝努

平均轨道半径	1.69亿千米
轨道周期	1.20年
自转周期	4.30小时
直径	0.49千米
发现时间	1999年9月11日

小行星贝努（Bennu）是NASA奥西里斯王号探测器（OSIRIS-REx）的目标。该探测器于2018年12月进入环绕贝努的轨道，预计于2023年携带小行星样本返回地球。贝努原本的临时编号是1999 RQ36，在其被选作奥西里斯王号的目标之后，"贝努"这个名字从"命名小行星"学生活动征集的8 000余条建议中脱颖而出。这颗小行星的形状

类似一个旋转的陀螺，这是由其快速自转再加上疏松的内部结构塑造的。虽然贝努是一个岩质天体，但它的平均密度只比水稍大一些，因此几乎可以肯定的是，这是一个"砾石堆"，其内部构造之间存在空隙。这样的砾石堆结构类似于糸川小行星（参见第175页），但贝努的自转速度差不多是糸川的2倍，而且每100年大约会加快1秒。这颗小行星在自转期间暴露在阳光带来的热量之中，由此导致的不均匀地表热辐射会让星体自转加速。这一现象叫作YORP（雅尔可夫斯基-奥基夫-拉济耶夫斯基-帕达克，Yarkovsky-O'Keefe-Radzievskii-Paddack）效应。贝努反射阳光的方式说明，其上的组分类似于碳粒小行星。不过我们要等到其上的样本返回地球并得到分析之后才能敲定这一点。贝努的轨道与地球相交，根据估算，在2175年至2199年间，地球与其碰撞的概率是1/2700。

抛出的粒子
探测器在贝努表面看到了多起粒子抛射事件。人们并不知道这类现象的起源是限星撞击、热压压裂，还是水蒸气的释放。

密集的石块
这张图片展示了5千米范围内各种大小的锯齿状巨石，有些石块比其他的颜色深。这里最大的石块有7米宽。

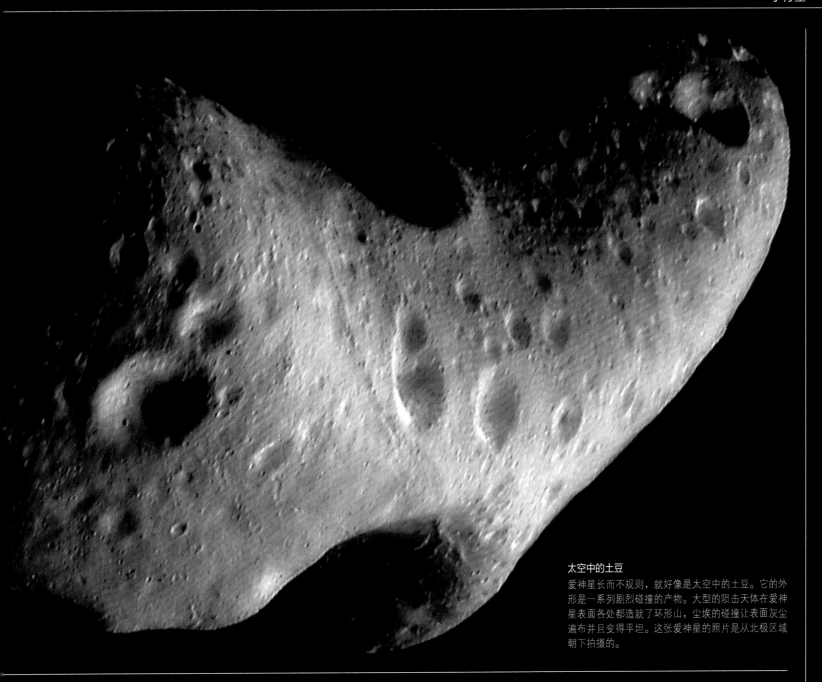

太空中的土豆

爱神星长而不规则，就好像是太空中的土豆。它的外形是一系列剧烈碰撞的产物。大型的陨击天体在爱神星表面各处都造就了环形山，尘埃的碰撞让表面灰尘遍布并且变得平坦。这张爱神星的照片是从北极区域朝下拍摄的。

162173号 龙宫

平均轨道半径	1.78亿千米
轨道周期	1.30年
自转周期	7.63小时
直径	0.87千米
发现时间	1999年5月10日

　　龙宫（Ryugu）小行星是日本的隼鸟2号探测器的目标，后者于2018年6月进入环绕该小行星的轨道。在完成样本采集之后，隼鸟2号于2019年11月离开龙宫折返地球，并于2020年12月携带样本着陆。

　　龙宫的直径差不多是贝努的2倍（参见对页），可能也是一颗碳质小行星。它的密度很低，外观呈快速自转导致的"旋转陀螺"形。有趣的是，龙宫与贝努小行星都是逆向自转的，也就是说它们绕轴顺时针旋转，而沿逆时针方向环绕太阳运行。

　　龙宫小行星的地表遍布大型砾石，砾石之间存在着较为平滑的地带。砾石的形态并没有乍看之下那样遍布尘埃；近距离详查的话，可见它们主要是角状岩石碎块。隼鸟2号释放了3架小型跳跃式巡视器和1架着陆器来对龙宫的表面进行实地考察。部分样本是一座直径10米的环形山地表下方新鲜暴露出来的物质。隼鸟2号飞行器搭载了一架"小型便携式撞击器"（SCI），其炮筒从大约500米外向小行星地表发射了铜质弹丸，从而产生了上述这座环形山。

　　龙宫的轨道与地球相交，不过它对地球的威胁要比贝努小。这是因为根据推测，它与地球的距离不会超过地月间距的1/4左右。

龙宫小行星

图中，表面遍布大大小小的角状砾石、形似"旋转陀螺"的龙宫小行星清晰可见。沿赤道分布的山脊上存在至少一处陨击环形山，其模糊的轮廓可能是小行星内部砾石状构造的反映。

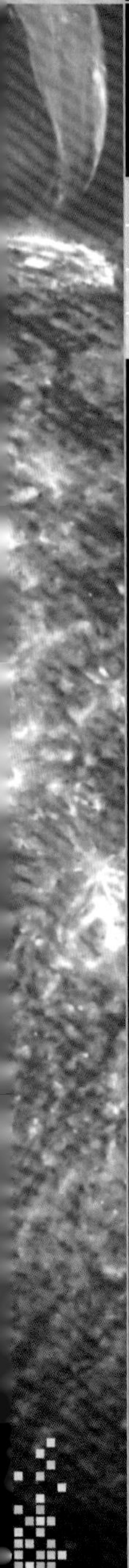

木星

38~39 引力、运动和轨道
68~69 行星运动
100~101 太阳系的历史
103 气态巨行星

木星是所有行星中体积最为庞大同时也是质量最大的一个。它的质量几乎相当于其他7颗行星总和的2.5倍，其中可以塞入超过1 300个地球。木星的英语名称来自罗马神话中的主神朱庇特（即希腊神话中的宙斯）。这颗行星也拥有整个太阳系中最为庞大的卫星族群，卫星的名称以朱庇特的情人、后裔以及侍从命名。

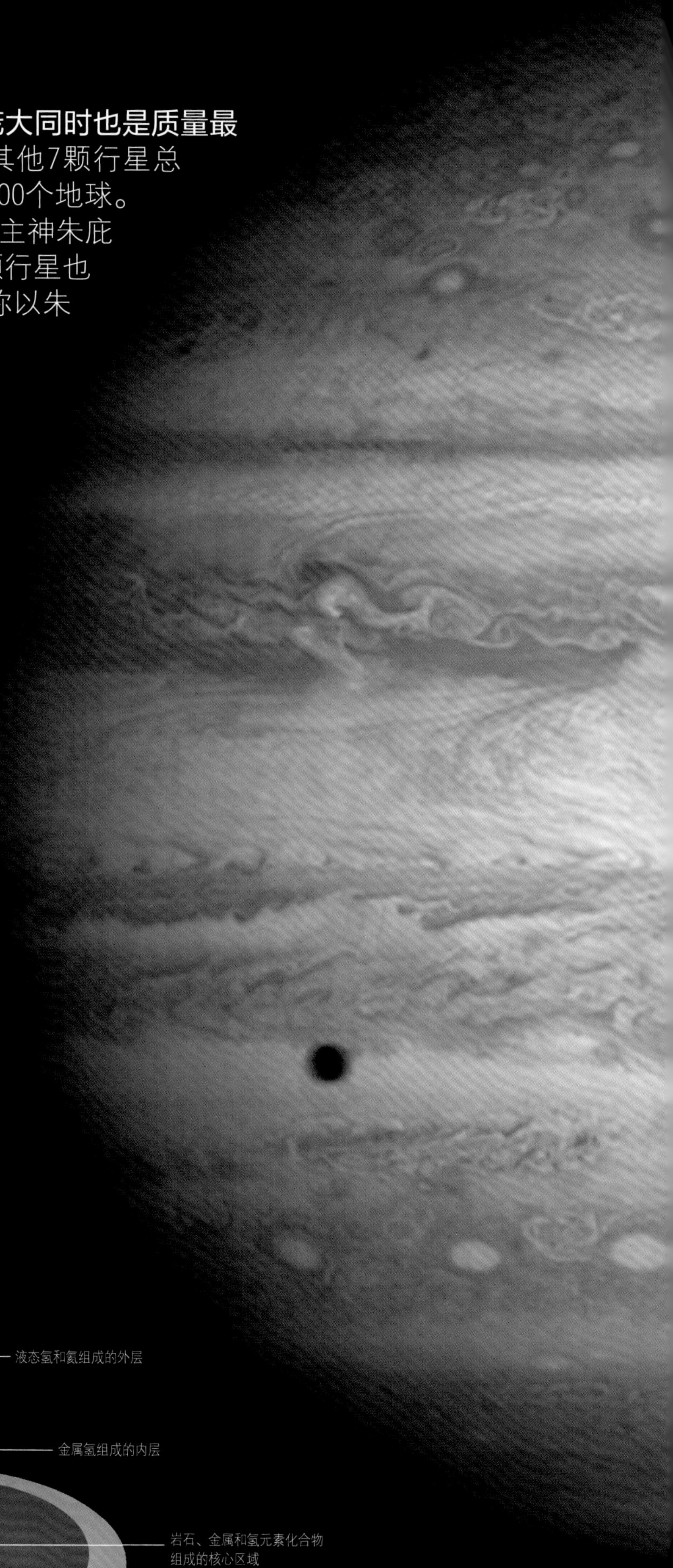

轨道

木星是距离太阳第五近的行星，它与太阳的距离差不多是日地间距的5倍，不过这一距离并非恒定不变。它的轨道呈椭圆形，近日点和远日点距离差异为7 610万千米。木星的自转轴存在3.1度的倾角，这意味着它在沿轨道运动期间，任何一个半球都不会特别地朝向或者背离太阳，因此木星上不存在明显的季节。这颗行星绕着自转轴迅速旋转，转速比任何其他行星都要快。它的高速自转将赤道地区的物质朝外抛去，结果造就了它隆起的赤道以及略微被挤扁的外观。

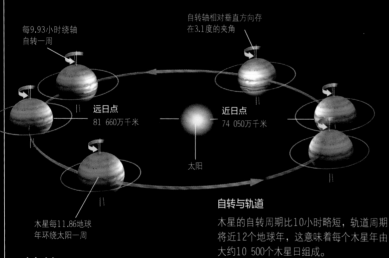

每9.93小时绕轴
自转一周
自转轴相对垂直方向存
在3.1度的夹角
远日点
81 660万千米
近日点
74 050万千米
太阳
木星每11.86地球
年环绕太阳一周

自转与轨道

木星的自转周期比10小时略短，轨道周期将近12个地球年，这意味着每个木星年由大约10 500个木星日组成。

结构

虽然木星是质量最大的行星（相当于地球质量的318倍），但它庞大的体积意味着它的密度很低。它的主要组分比太阳系中的任何其他行星都更接近太阳。木星上外部的氢与氦呈气态，那里的温度大约是零下110摄氏度。压力、密度以及温度在更靠近中心的地方有所上升，氢和氦的物态也随之发生着变化。在大约7 000千米深的地方，温度约为2 000摄氏度，那里氢元素的行为更接近液体而非气体。在14 000千米深处，温度约为5 000摄氏度，氢被压缩成了金属氢，行为接近熔融的金属。在更深的内部，深度大约60 000千米处，存在一个由岩石、金属和氢元素化合物组成的固态内核。与木星庞大的尺寸相比，核心区域很小，不过它的质量大约是地球的10倍。

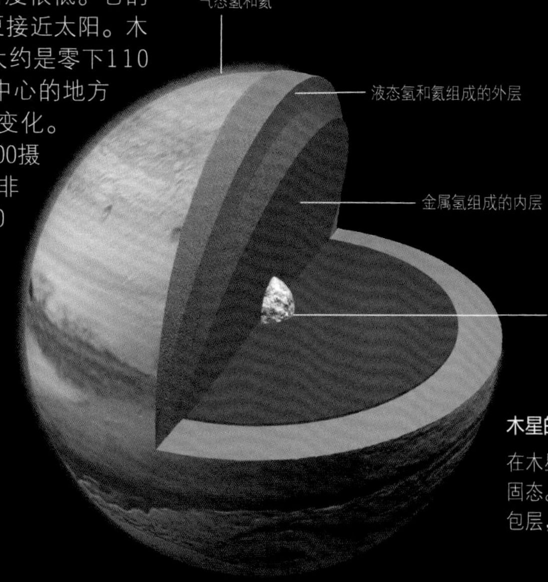

气态氢和氦
液态氢和氦组成的外层
金属氢组成的内层
岩石、金属和氢元素化合物
组成的核心区域

木星的内部结构

在木星的中央存在一个相对较小的致密核心，可能呈固态。核心周围环绕着金属态、液态以及气态的物质包层，其主要成分是氢。

气态巨行星

木星的表面并非固态。每道明暗条纹以及每个大小旋涡或斑块都是行星多云大气的一部分。

平均轨道半径		自转周期	
77 830万千米		9.93小时	
云层顶部的温度		公转周期	
零下110摄氏度		11.86地球年	
直径　142 984千米		质量（地球=1）	318
体积（地球=1）　1 321		云端重力（地球=1）	2.53
卫星数量　79		大小比较	

观测方法

木星明亮且易于观测。它的最大亮度是-2.9等。哪怕在最暗淡的时候，它都比天空中最明亮的恒星——天狼星更加明亮。每13个月一次的冲日期间最适宜观测木星。

地球　　　木星

磁场

　　木星拥有磁场，其内部就好像深埋着一个巨型的条形磁铁。磁场是由厚厚的金属氢（译者注：高压下的液态氢会表现出类似金属的特性)层内的电流形成的，连接磁极的磁轴与自转轴之间存在大约11度的夹角。木星磁场比其他任何行星都要强，大约是地球磁场强度的2万倍，它强烈影响着木星周边的大范围空间环境。从太阳涌出的太阳风粒子（见第107页）冲入磁场，它们会被减速并改变方向，沿磁场的磁力线螺旋运动。一些粒子会进入木星磁极周围的高层大气中，与大气中的气体碰撞，并发出辐射，产生极光。其他带电粒子（等离子体）被束缚住，并在木星的磁赤道周围形成盘状的薄片，薄片中有电流通过。高能粒子被束缚住，并形成了辐射带，这里的辐射带与地球周围的范艾伦带（见第127页）类似，不过要强烈得多。太阳风塑造了木星磁场的形态，形成了称为磁层的庞大区域。磁层的尺度随太阳风风压的变化而发生着改变，不过人们认为磁尾长度大约是6亿千米。

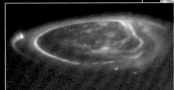

极光

哈勃空间望远镜在1998年拍下了以木星磁北极为中心的引人注目的电光蓝色极光。

木星磁层

木星磁层是木星周围的泡状区域，其内由行星磁场主导，它的范围很庞大。木星磁层的体积相当于太阳的1 000倍，磁尾从木星最远延伸到了土星轨道。这张磁层截面图描绘了它的结构。

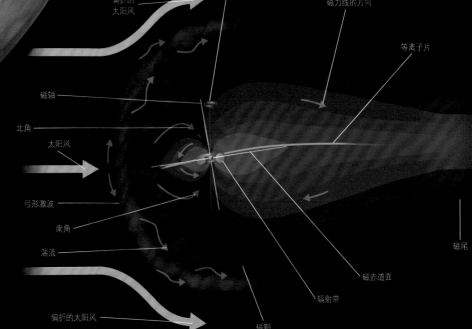

偏折的太阳风
自转轴
磁力线的方向
等离子片
磁轴
北角
太阳风
弓形激波
南角
湍流
辐射带
磁赤道面
偏折的太阳风
磁尾
磁鞘

北极
北温带
风暴系统
北半球热区（包括上下两侧颜色较浅的带状结构）
北赤道带
赤道区
南赤道带
大红斑
南半球热区（包括上下方颜色较浅的带状结构）
南温带
南极

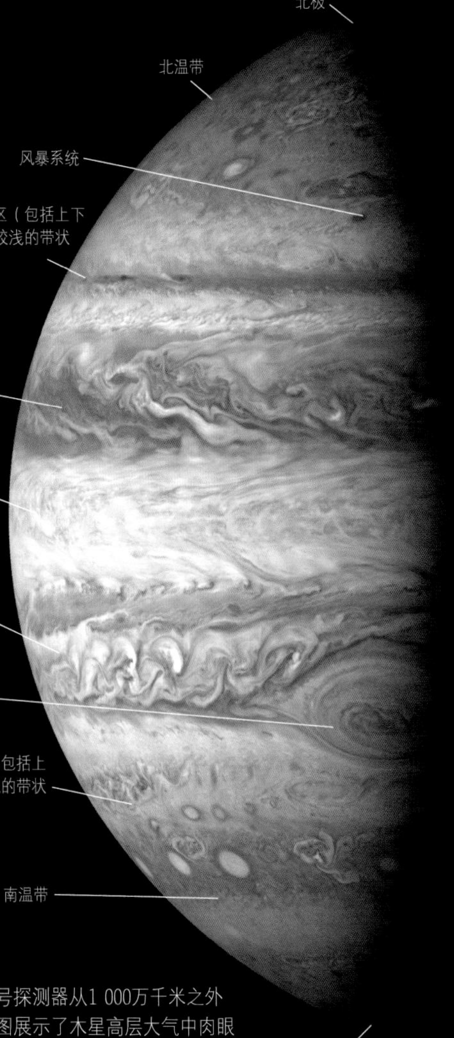

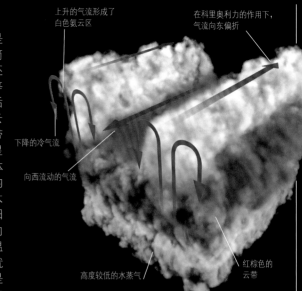

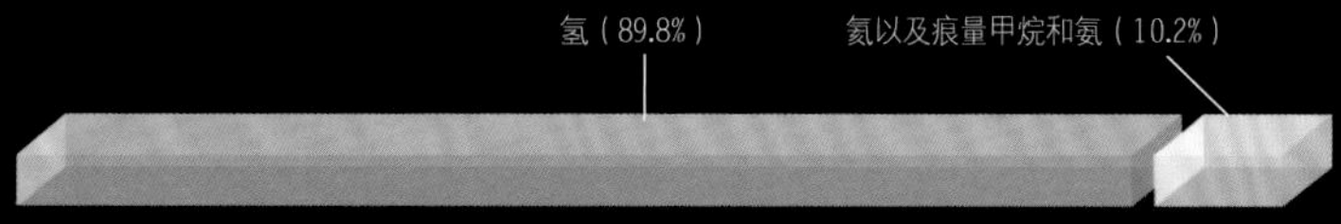

带与区

这张卡西尼号探测器从1 000万千米之外拍摄的拼接图展示了木星高层大气中肉眼可见的多彩条纹。

大气

木星大气最主要的成分是氢，其次是氦。剩下的成分是简单的含氢化合物，如甲烷、氨还有水，也有乙烷、乙炔、丙烷等更复杂的成分。这些成分凝结后形成了高层大气中色彩不同的云团，赋予了木星与众不同的条带状外观。大气的温度在靠近行星中心的地方更高。由于不同气体在不同温度下凝结，不同类型的云团是在特定的高度形成的。木星赤道区域的气体一直受到太阳辐射而被加热，它们会上升并向极地移动。极区高度较低的低温气流取代了它们，实际上这样就形成了大型环流元。如果木星是静止的，在行星半球尺度上的这种空气流通传导是沿直线进行的。但是木星并非静止，它在自转着而且转速很快，因此科里奥利力（参见第128页）会让从北向南的气流偏折成东西向的。结果就是大型的环流元分裂成了许多小型升降气流元，在木星表面上就表现为不同颜色交替排列的条带。木星上白色的低温上升气体条叫作区，红棕色的暖热下降气体条叫作带。

上升的气流形成了白色氨云区
在科里奥利力的作用下，气流向东偏折
下降的冷气流
向西流动的气流
高度较低的水蒸气
红棕色的云带

云团的形成

大气中不同成分的云团在不同的高度形成。对流让混合气体上升：水首先到达了温度足够低、可以凝结成云的高度；更高的地方温度更低，形成了红棕色的硫氢化铵云；最冷的最高处出现了白色的氨云。

氢（89.8%）
氦以及痕量甲烷和氨（10.2%）

大气组分

木星大气成分以氢为主，不过高层大气中的色彩来自痕量化合物成分。

卫星

已知的木星卫星数量至少为79颗，其中超过三分之二都是2000年1月之后发现的。其中有50颗卫星被赋予了名称，有几颗卫星的轨道仍待确认。最近发现的木卫通常是几千米宽的不规则岩石天体，据信是俘获而来的小行星。相比之下，木星最大的4颗卫星都是球体，它们与木星一起形成。这4颗卫星合称伽利略卫星，是除月球之外人们发现的第一批卫星（参见第182页）。在它们环绕木星运行并从木星和太阳之间通过时，它们的影子会扫过行星表面，从阴影区域之内看去，太阳被遮掩了。每10年只会发生一到两次三重日食。

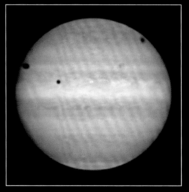

三重日食

2004年3月28日，木星最大的3颗卫星从木星和太阳之间通过并在木星表面投下了阴影。木卫一是照片中央的白点，其阴影位于左侧。木卫三是右上方的蓝点，其投影位于木星的左边缘。木卫四的投影位于右上方，不过该卫星位于行星右侧，在图中看不到。

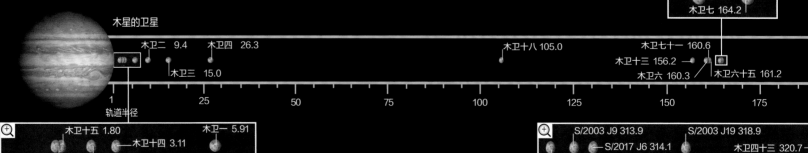

木星的卫星
木卫二 9.4
木卫四 26.3
木卫三 15.0
木卫十八 105.0
木卫七十一 160.6
木卫十三 156.2
木卫六 160.3
木卫六十五 161.2
木卫十 163.9
木卫七 164.2
1
25
50
75
100
125
150
175
轨道半径
木卫十五 1.80
木卫一 5.91
木卫十四 3.11
木卫十六 1.79
木卫五 2.54
S/2003 J9 313.9
S/2003 J19 318.9
S/2017 J6 314.1
木卫四十三 320.7
木卫四十四 313.3
1
以木星半径为单位，1倍木星半径=71 492千米。
卫星并非按比例表示，较大的圆点只是出于放大的目的绘制的。

天气

木星上不存在明显的季节，它的温度几乎是均匀的。由于内部的加热效应，它的极区与赤道温度相近。木星辐射的热量大约是它所吸收太阳能量的1.7倍，多余的热量是行星形成后剩余的红外热能。木星上的大多数天气现象都发生在大气中明显的白色和红棕色云层所存在的区域，由云、风力与暴风主导。大气中上升的热气流以及下沉的冷气流会产生风，风经由木星快速自转的引导，从东西两侧绕过行星。风速随着纬度而变化，赤道区域的风力尤其强劲，速度超过每小时400千米。太阳与红外热源的加热、风力以及木星的自转一起塑造出了湍流运动区，这其中就包括圆形和卵形的云层结构（巨型风暴）。其规模最小的风暴与地球上规模最大的飓风相近，它们的寿命相对较短，一次只能持续数天，不过其他风暴可以延续数年之久。木星上最明显的特征是大红斑，这里是一片庞大的高压风暴，最早可能在340多年之前就被人从地球上观测到了。

大红斑

这片庞大的风暴区比地球还要大，它的尺度、形状和颜色持续不断地发生着变化。它每过6到7天就会逆时针旋转一周。

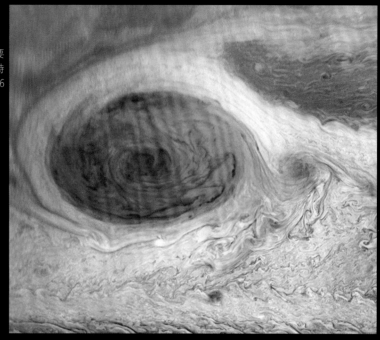

空间探索

木星两极

在NASA的朱诺号探测器2016年抵达木星之前，人们只能斜视木星的南北极地区。这里熟悉的条带结构被旋涡状风暴——气旋所替代。2016年，南极气旋周围环绕着由5个拱极气旋组成的多边形结构（下图可见其中被阳光照亮的3个），而北极则存在一处由8个拱极气旋组成的图样。到了2019年下半年，南极周围的六边形拱极气旋出现了。

木星南极

下图是朱诺号探测器在2017年12月16日从104 000千米外拍摄的木星南极云顶。

光环

旅行者1号在1979年拍摄的一张照片第一次揭示出了木星的光环系统。它是一道薄而暗淡的环系，由木星的4颗内层卫星掉落的颗粒组成，颗粒尺度与尘埃相当。环系分为3部分。主环很平坦，大约有7 000千米宽，不到30千米厚。在此之外是平坦的蛛丝环，宽850 000千米，从木卫五的轨道之外一直延伸到木卫十四的轨道处。在主环内边缘之内是厚度为2万千米的面包圈状晕环，其中的尘埃颗粒一直向内延伸到了木星的云层顶部。

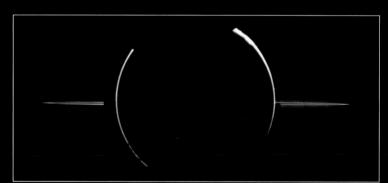

木星主环

伽利略号探测器拍下了这张木星主环的照片，当时太阳位于木星之后。从这个角度看去，光环以及木星高层大气中的小颗粒凸显了出来。如果想拍摄晕环以及蛛丝环，主环就要过度曝光了。

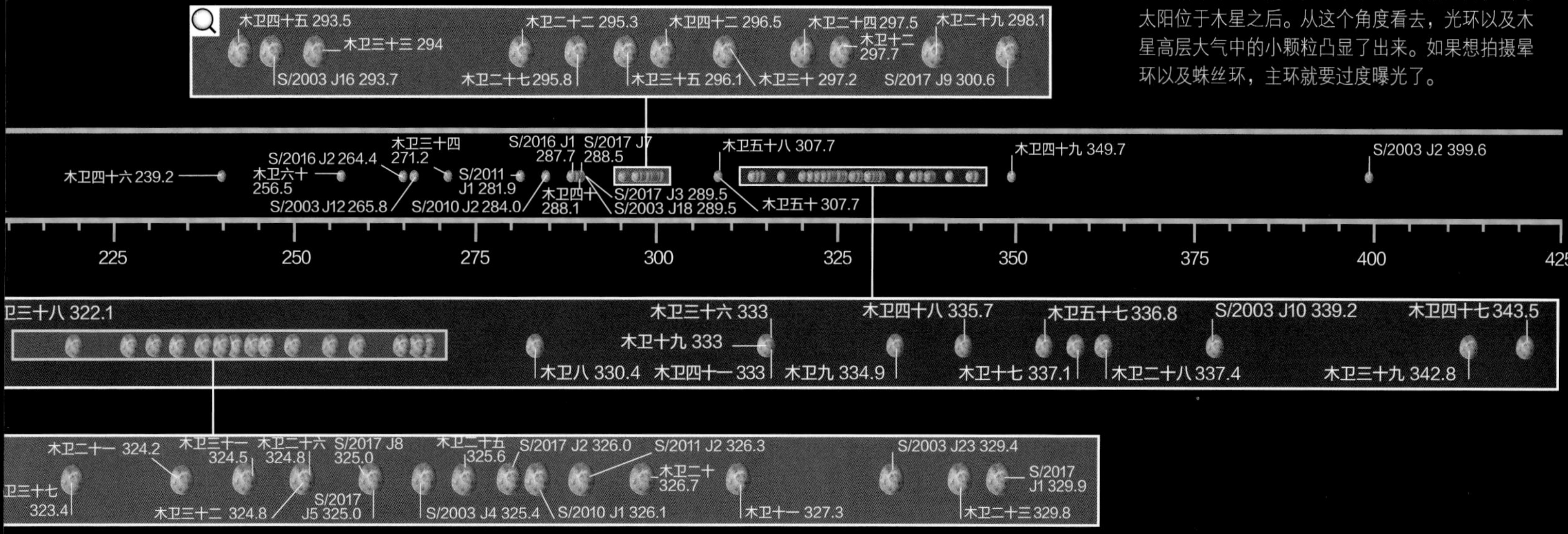

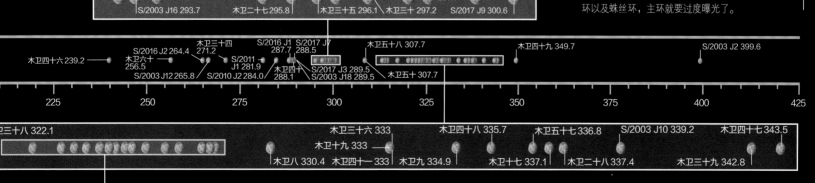

木星的卫星

木星的卫星分为3类：4颗内层卫星，4颗大型伽利略卫星，还有其余的小型外层卫星。内层卫星以及伽利略卫星按常规方向环绕木星运行，也就是说它们的公转方向与木星自转相同，从木星北极上方看去呈逆时针。大多数外层卫星在相反的方向上运行，这说明它们起源于一颗被木星引力场俘获后瓦解的小行星。

如此之近又如此之远

木卫一是木星79颗卫星中较大的之一，看起来距离木星很近，不过它与木星的间距几乎相当于木星直径的3倍。

伽利略卫星

木卫二

轨道半径	670 900千米
轨道周期	3.55地球日
直径	3 122千米

木卫二是覆盖着冰态物质的岩石球体，人们已经对其进行了大约400年的研究，不过直到伽利略号空间探测器在1996年开始开展研究之后，它迷人的特性才被完全揭示出来。这架探测器以意大利科学家伽利略·伽利雷命名，正是他于1610年1月在意大利的帕多瓦（Padua）观测到了木卫二以及其他3颗伽利略卫星，这些卫星后来以他的名字命名

昼间温度

红外观测揭示出了木卫二表面在正午时分的热辐射。赤道区域的温度（图中以黄色表示）大约是零下140摄氏度。距离赤道远的地方表面温度更低。

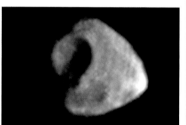

内层卫星

木卫十六

轨道半径	127 960千米
轨道周期	6小时58分
直径	40千米

木卫十六是距离木星最近的卫星，它的外观呈不规则状，位于行星的主环之内。它是旅行者1号在1979年3月4日发现的。这颗卫星以宙斯的第一任妻子墨提斯（Metis）命名，在她怀孕之后，宙斯吞下了她。

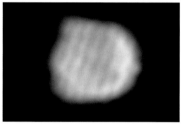

距离木星最近的卫星

内层卫星

木卫十五

轨道半径	128 980千米
轨道周期	7小时9分
长度	26千米

外形不规则的小卫星木卫十五是距离木星第二近的卫星，位于木星主环之内。

木卫十五

木卫十五每绕木星公转一周，它就会自转一周，因此卫星的同一面永远朝向木星。木卫十五最近的3个邻居（木卫十六、木卫五与木卫十四）都存在这种同步绕转现象。木卫十五是旅行者2号在1979年7月发现的，以希腊神话中被委托照料婴儿期宙斯的克里特自然女神阿德剌斯忒亚（Adrastea）命名。

内层卫星

木卫十四

轨道半径	221 900千米
轨道周期	16小时5分
长度	110千米

木卫十四是距离木星最远的内层卫星。它以埃及国王的公主、伊奥（Io）的孙女忒柏（Thebe）命名，是旅行者1号在1979年3月5日发现的。它位于蛛丝环（参见第181页）的外区。

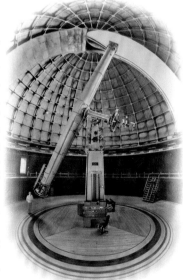

木卫十四上的陨击坑

内层卫星

木卫五

轨道半径	181 300千米
轨道周期	11小时46分
长度	262千米

木卫五是木星内层卫星中距离木星第三近的，也是最为庞大的一颗，它以宙斯在婴儿期的乳母阿玛尔忒亚（Amalthea）命名。这颗卫星形状不规则，位于蛛丝环内，据信是光环物质的一个来源。来自木星系统之外的陨星与木卫五还有其他内层卫星碰撞，敲下了尘埃颗粒，这些颗粒后来就成为了光环的一部分。木卫五是在1892年9月9日被意外发现的，此时距离体积大得多的4颗伽利略卫星的发现已经过去了280余年。当时这一消息成了头条新闻。

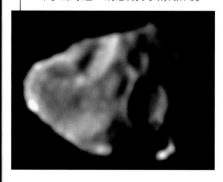

巴纳德的望远镜

木卫五是最后一颗直接通过肉眼观测（相对摄影而言）发现的木星卫星。它是美国人爱德华·巴纳德（Edward Barnard）使用一架91厘米口径折射镜发现的，这架望远镜现在保存在美国加州的利克天文台。

遭受轰击的表面

图中的环形地貌叫作潘（Pan），它的直径约为90千米，是木卫五上最大的陨击坑。潘下方的亮点与另一座较小的环形山该亚（Gaea）有关（参见图片下方）。

外层卫星

木卫十八

轨道半径	750万千米
轨道周期	130地球日
直径	8千米

2000年11月，在夏威夷莫纳克亚（Mauna Kea）天文台工作的天文学家进行了一次针对新卫星的系统搜寻，并辨认出了11颗小型卫星。随后几夜的观测记录表明，美国天文学家查尔斯·科瓦尔（Charles Kowal）曾经在1975年9月30日发现过这11颗卫星中的一颗（之后被命名为忒弥斯托，Themisto），但后来它又失踪了，直到这次重新被发现。

再度发现木卫十八

这张数码图像是一系列记录下木卫十八（以方框标出）及其位置相对背景恒星发生变化的照片之一，这些照片让人们在2000年11月重新发现了它。

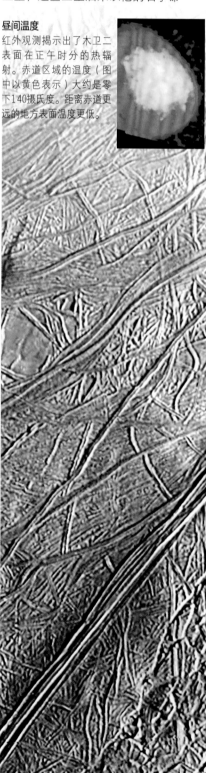

太阳系

名。人们认为德国天文学家西蒙·马里乌斯（Simon Marius，1573—1624）是第一个观测到这些卫星的人，不过伽利略公布了他的发现，并让科学界以及更多的人群关注它们。

木卫二是木星第四大的卫星。它是一颗迷人的星球，比地球的月亮略小一些，不过由于它的冰质表面反射的光线是后者的5倍，所以木卫二要明亮得多。木卫二只有几十千米厚的水冰地壳之下可能存在着液态海洋。人们估计这一层海水的深度在80千米到170千米之间，其中的液态水含量比地球海洋中的全

地形模型

浦伊尔环形山
这张浦伊尔（Pwyll）环形山（直径26千米）的三维模型图是结合从不同角度拍摄的照片（例如左图）绘制的，随后又添加上了色彩。不同寻常的是，这座环形山的底部（蓝色）与卫星的表面等高，而中央峰（红色）则要比环形山边缘高得多。

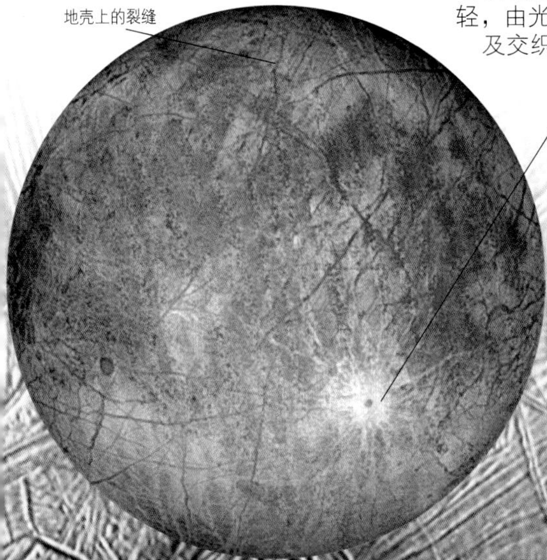

俯视图

部水分之和还要多，这里可能是生命的庇护所。在海洋之下是由岩石地幔包裹着的金属核心。木卫二的地表看起来在地质学意义上很年轻，由光滑的冰原、破裂的地貌以及交织着数千千米长的暗线的区

地壳上的裂缝

浦伊尔环形山

背面图
这张图是人眼能看到的木卫二背面的情况。极地明亮的平原（图片上方与下方）中间分布着地壳上的混乱地带，这里颜色较暗。

域组成。漂浮到新地点的破碎外壳为破裂地貌赋予了斑驳的外观。木卫二表面点缀着圆形或者椭圆形、大小与城市相当的暗斑，叫作"豆核斑"（lenticula），当大块温热泥泞的冰球从地表之下涌出并让表层冰质暂时融化时就会产生这样的结构。人们并不清楚暗线具体是如何形成的，不过其中应该有被火山加热的水分和冰层以及其他构造活动的参与。潮汐力让冰壳瓦解，液态或者冰冻的水分从裂缝喷出，在表面上几乎立即被冻结。

木卫二的英文名称欧罗巴（Europa）来自希腊神话中一个女孩的名字。她被变成白牛的宙斯所吸引，并被拐到克里特岛。

避免污染木卫二

在飞离地球6年之后，伽利略号空间探测器花费了8年时间来研究木星系统，并近距离飞掠过木卫二11次。由于伽利略号撞击木卫二也许会污染卫星表面以下可能有生命存在的海洋，NASA希望能够避免这样的事件发生，因此决定将探测器摧毁。伽利略号利用剩余的少量燃料向木星撞去。2003年9月21日，探测器在行星大气中解体。

伽利略号

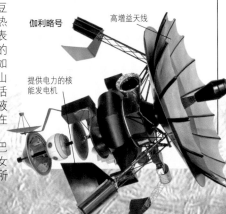

高增益天线

提供电力的核能发电机

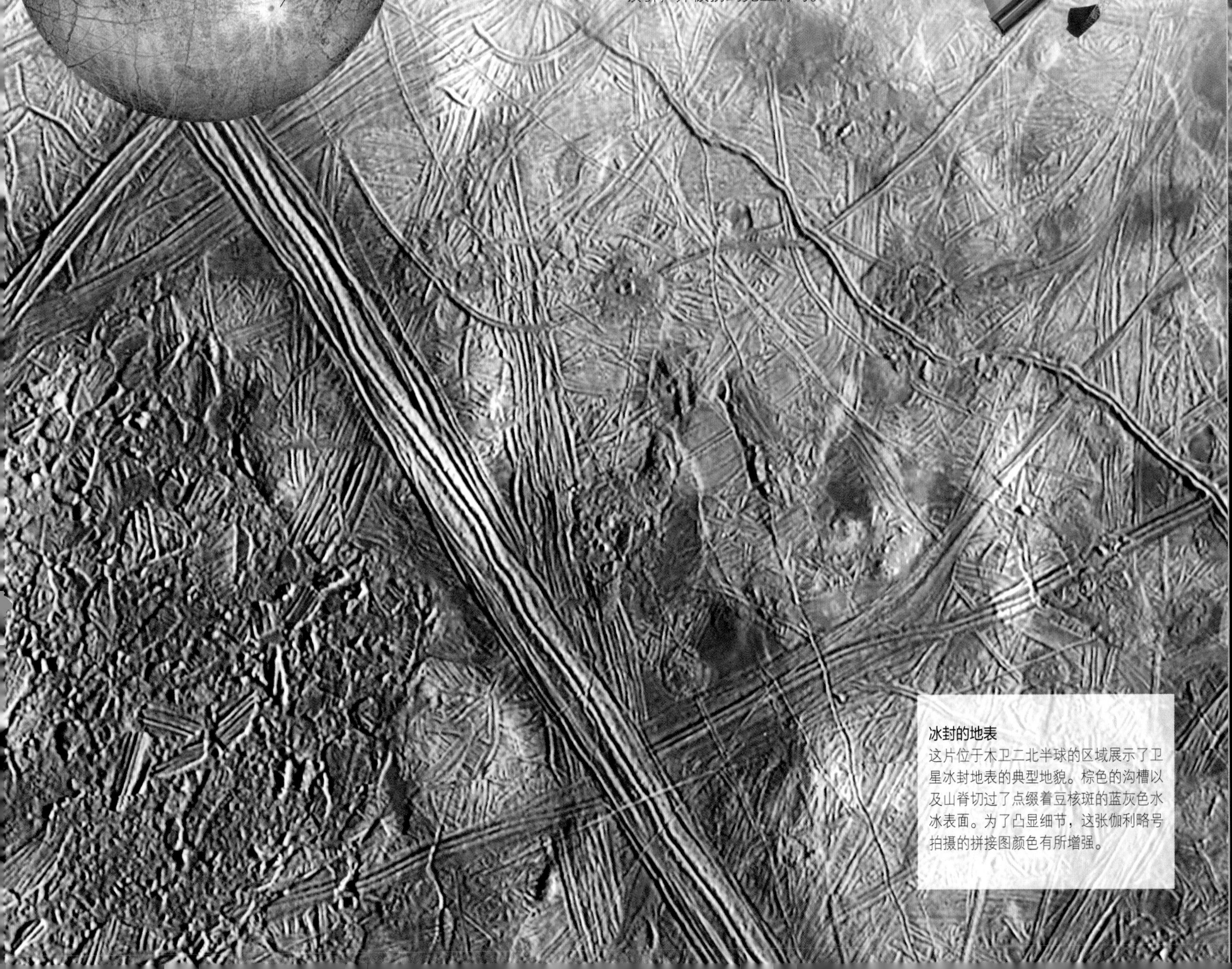

冰封的地表
这片位于木卫二北半球的区域展示了卫星冰封地表的典型地貌。棕色的沟槽以及山脊切过了点缀着豆核斑的蓝灰色水冰表面。为了凸显细节，这张伽利略号拍摄的拼接图颜色有所增强。

伽利略卫星

木卫一

轨道半径	421 600千米
轨道周期	1.77地球日
直径	3 643千米

　　木卫一的体积和密度比地球的卫星月球略大，它与木星的距离也只比地月间距远上一点点，不过它与月球的相似性仅此而已。木卫一是一个极其多彩多姿的星球，由火山凹坑、火山口、喷口、熔岩流以及高耸的羽流组成。两架旅行者号探测器最先揭示出了木卫一的本性，随后伽利略号又全面探索了它。在旅行者1号1979年3月抵达之前，科学家认为这是一颗寒冷而遍布陨击坑的卫星。然而实际上他们发现，这是太阳系中火山活动最为剧烈的天体。

　　木卫一有着薄薄的硅壳，其内包裹着熔融的硅酸盐层。在此之下是相对较大的富铁核心，延伸到地表之下大约一半的深度。木卫一每42.5小时左右就快速环绕木星一周。在木卫一环绕木星运行时，它的一侧会遭受木星强烈的引力影响，另一侧受到木卫二较弱的引力作用。由于所承受的引力强度和方向的变化，木卫一的表面会发生弯曲。伴随弯曲而来的是摩擦，摩擦产生的热量让木卫一内部保持部分熔融。正是这样的熔融物质从地表喷涌而出，并持续更新着表面形态。

　　木卫一上随处可见这样的火山活动迹象。人们辨认出了超过80座主要的活火山以及超过300处喷口。其表面还存在名为羽流的结构，它们是快速运动且持久的低温气体和霜粒柱，更接近间歇泉而非火山喷发。从木卫一地壳裂隙射出的超热二氧化硫束塑造了它们。羽流中的物质像雪花和树叶一样缓慢落回地表，留下圆形或者卵形的沉积霜华。羽流还会扩散到木卫一周围的宇宙空间中，沿木卫一的轨道形成一道面包圈状的物质环。火山热区的温度可能会超过1 230摄氏度，这是太阳系中除太阳外表面温度最高的地方。

木星照

木星反射的阳光照亮了木卫一的西半球。卫星的东半球位于阴影中，不过边缘之外有一道亮光迸发出来，那里是普罗米修斯火山的羽流被照亮的地方。天空中的黄色是木卫一周围的钠原子散射阳光导致的。

二氧化硫冰霜圈

库兰山口

托希尔山

火山活动

在这张伽利略号拍摄的增强彩色照片中，木卫一表面的暗斑是活跃的火山中心。照片中央偏左侧是颜色暗淡的普罗米修斯爆发区域，其周围包围着火山羽流沉积下来的浅黄色二氧化硫霜华。

木卫一表面其他区域的温度很低，只有零下153摄氏度。

　　西蒙·马里乌斯（参见第183页）为伽利略卫星取了名字。木卫一以宙斯的一个情人伊奥（Io）命名，宙斯将她变成了一头牛，企图躲过他那嫉妒心重的妻子赫拉。赫拉没有受骗，她派了一只牛虻去永久性地折磨伊奥。木卫一上其他的地表特征以伊奥的神话故事和但丁《神曲》地狱篇部分中出现的人物和地点命名，或者以与火、太阳、火山和雷电有关的神明或英雄人物命名。

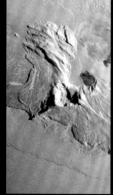

托希尔山

木卫一上也存在非火山山脉。图中宽300千米的托希尔（To-hil）山被阳光照亮的山顶从木卫一地表拔地而起，高5.4千米。

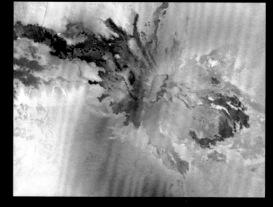

库兰山口

多彩的熔岩从库兰（Cu-lann）山口（图中央偏右）形状不规则的、底部呈绿色的火山口流出。人们尚不清楚不同色彩的成因。弥散的红色物质据信是羽流沉积下来的含硫化合物。绿色的沉积物可能是富硫物质覆盖温热的硅酸盐熔岩形成的。

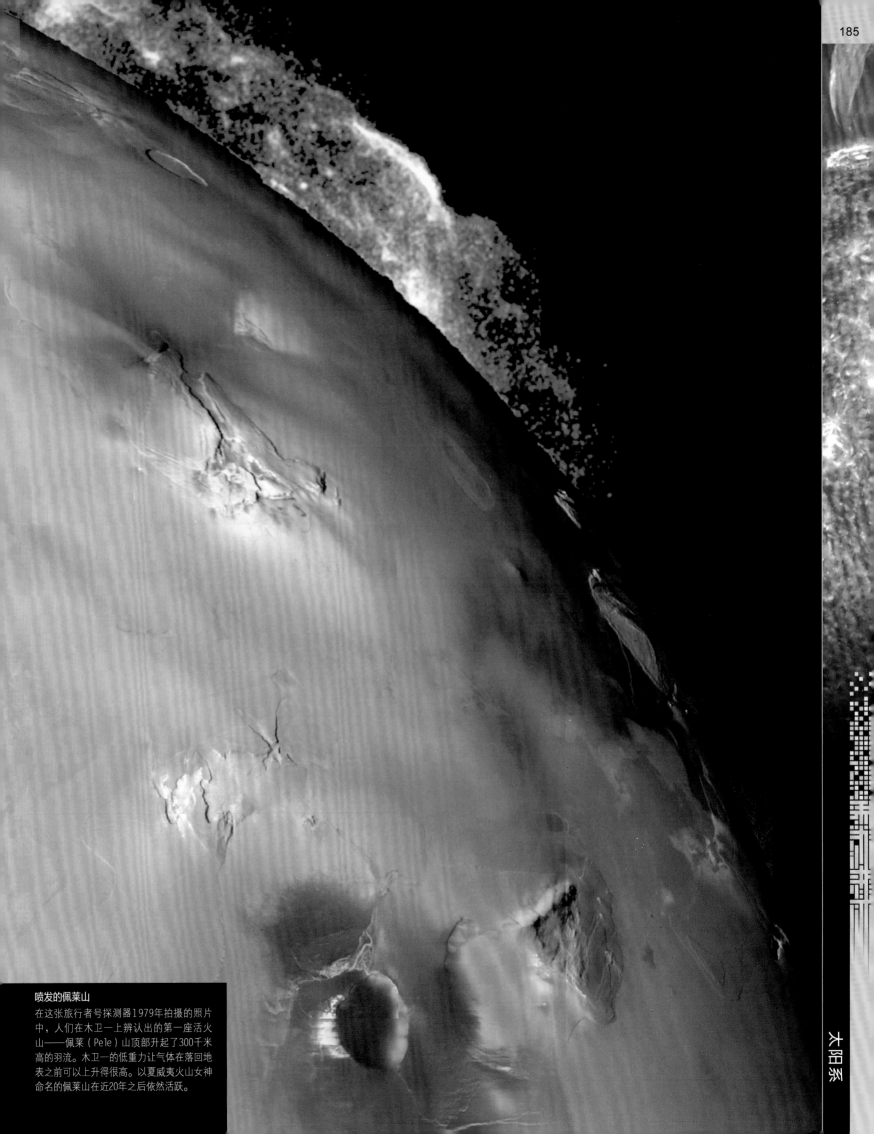

喷发的佩莱山

在这张旅行者号探测器1979年拍摄的照片中，人们在木卫一上辨认出的第一座活火山——佩莱（Pele）山顶部升起了300千米高的羽流。木卫一的低重力让气体在落回地表之前可以上升得很高。以夏威夷火山女神命名的佩莱山在近20年之后依然活跃。

太阳系

木卫三

在这张增强色照片中，极区的冰霜看起来呈淡紫色。明显的暗色区域称作区。图中左下方可见尼科尔森（Nicholson）区，它是木卫三上的第三大区，宽3 900千米。

伽利略卫星

木卫三

轨道半径	107万千米
轨道周期	7.15地球日
直径	5 262千米

木卫三是太阳系中最为庞大的卫星，比冥王星和水星都要大，相当于火星大小的四分之三。它以希腊神话中被宙斯带到奥林波斯山为众神斟酒的年轻俊美男孩该尼墨得斯（Ganymede）命名。形成木卫三

的物质是
6:4的岩石与水冰
混合物，这些成分已经分层。今天的木卫三有着富含铁的核心，周围环绕着岩石下地幔以及冰质上地幔，最外围是明暗区域对比强烈的冰封地壳。暗地貌区坑坑洼洼地布满了陨击环形山，说明这里的地表年龄较为古老。圆形的亮区名叫变余结构（palimpsest），它们是远古时期冰面上形成的环形山的残余，这些环形山已经被平滑并填充

红外测绘

左图是伽利略号拍摄的红外图像，其中标明了地表水冰的位置，颜色越明亮，冰的数量越多。右图的颜色表示矿物分布的区域（红色）以及冰粒的大小（蓝色）。

过了。暗地貌区的另一个特征是存在长长的深陷区，宽约7千米，它们叫作槽沟。当地下的冰质流入新近形成的环形山，拖过地表的物质塑造出碗状沟槽的时候可能会形成槽沟。

乌鲁克皱沟

这张计算机生成的透视图展示了以一座巴比伦城市命名的乌鲁克（Uruk）皱沟区域。平行山脊的顶部可见含冰物质。皱沟（Sulcus）用于形容明亮区域遍布沟槽和山脊的地区。

明亮的区域富含散布着二氧化碳干冰斑块的水冰，这里通常较平滑，上面的环形山也较少。由卫星地表的构造拉伸过程塑造的山脊与沟槽交织其上。

西帕皱沟

这个位于西帕（Sippar）皱沟内的凹陷看起来像是古老的火山口（火山塌陷的地下岩浆池），其中存在冻结的熔岩。

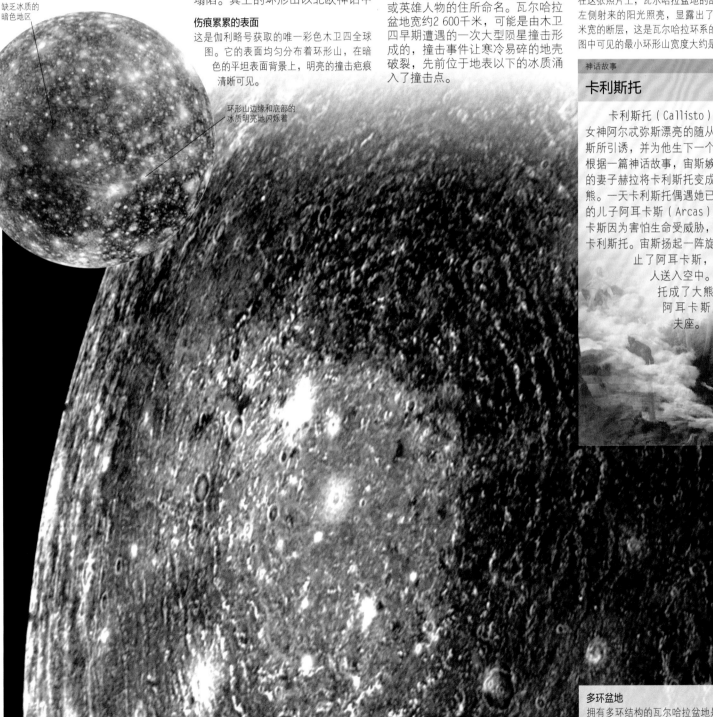

伽利略卫星

木卫四

轨道半径	188万千米
轨道周期	16.69地球日
直径	4 821千米

　　木卫四是伽利略卫星中第二大的，它距离木星最远，也是最暗淡的一颗。不过由于其表面包含反射阳光的冰质，它还是比月球更为明亮。自形成以来，木卫四的内部变化不大。它原本的岩石和冰质混合物只是略微分了层，因此这颗卫星

缺乏冰质的暗色地区

伤痕累累的表面

这是伽利略号获取的唯一彩色木卫四全球图。它的表面均匀分布着环形山，在暗色的平坦表面背景上，明亮的撞击疤痕清晰可见。

环形山边缘和底部的冰质明亮地闪烁着

廷德环形山

宽约76千米的廷德（Tindr）环形山边缘部分塌陷。它坑坑洼洼的底部可能是冰雪侵蚀的结果。

内部岩石更多，而外壳中冰质更多。木卫四的表面因为陨星撞击产生的环形山以及多环地貌而显得伤痕累累，其上地质活动的痕迹很少。看上去木卫四并没有经受过板块构造或者低温火山（此种情况下冰的行为类似火山熔岩）的塑造，不过某些地方冰质侵蚀了岩石，让环形山侧壁磨损，有时甚至发生了塌陷。其上的环形山以北欧神话中

的男女英雄命名，瓦尔哈拉（Valhalla）盆地等大型环状地貌以神明或英雄人物的住所命名。瓦尔哈拉盆地宽约2 600千米，可能是由木卫四早期遭遇的一次大型陨星撞击形成的，撞击事件让寒冷易碎的地壳破裂，先前位于地表以下的冰质涌入了撞击点。

瓦尔哈拉地区

在这张照片上，瓦尔哈拉盆地的部分区域被左侧射来的阳光照亮，显露出了一道10千米宽的断层，这是瓦尔哈拉环系的一部分。图中可见的最小环形山宽度大约是155米。

神话故事

卡利斯托

　　卡利斯托（Callisto）是狩猎女神阿尔忒弥斯漂亮的随从，为宙斯所引诱，并为他生下一个儿子。根据一篇神话故事，宙斯嫉妒心重的妻子赫拉将卡利斯托变成了一只熊。一天卡利斯托偶遇她已经成年的儿子阿耳卡斯（Arcas）。阿耳卡斯因为害怕生命受威胁，要杀了卡利斯托。宙斯扬起一阵旋风，阻止了阿耳卡斯，并将二人送入空中。卡利斯托成了大熊座，而阿耳卡斯成了牧夫座。

多环盆地

拥有多环结构的瓦尔哈拉盆地是木卫四表面的主导地貌。其冰质覆盖的中央亮区直径大约是600千米，周围环绕着圆环，它们是彼此间隔50千米左右的沟槽。

土星

38~39 引力、运动和轨道
68~69 行星运动
100~101 太阳系的历史
102~103 太阳家族

土星是太阳系中第二大的行星，距离太阳第六近。通常情况下，它是人肉眼能看到的最远的行星。土星是一个由气体和液体组成的巨大球体，有着隆起的赤道区域以及内部的能量源。它的成分以氢为主，密度是所有行星中最低的。一道壮观的环系围绕着行星本身，另外土星还拥有庞大的卫星家族。

轨道

土星每29.46地球年环绕太阳一周。它相对公转轨道面存在26.7度的倾角，倾角比地球略大。这意味着土星在沿轨道运动的时候，它的南北两极轮流指向太阳。从地球上看去，土星与太阳之间相对取向的变化表现为行星环系的开合。举例来说，在一个轨道周期开始的时候，地球上看到的光环是侧向的。然后随着土星北极偏向太阳，可以从上方看到光环上越来越大的区域。然后北极开始偏离太阳，光环逐渐闭合，并从视野中消失，直到14.73地球年（半个轨道周期）之后，它又开始侧向地球。现在南极朝向了太阳，地球上的观测者开始从下方看到逐渐增大的光环，直到光环再次侧向地球，土星也走完了一个轨道周期。土星上的阳光强度只及地球上的百分之一左右，不过足以产生季节性的云雾了。在土星南极朝向太阳的时候，行星处在近日点。

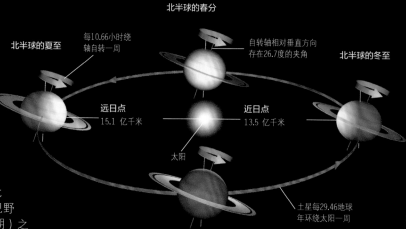

北半球的春分
北半球的夏至
每10.66小时绕轴自转一周
自转轴相对垂直方向存在26.7度的夹角
北半球的冬至
远日点
15.1 亿千米
近日点
13.5 亿千米
太阳
土星每29.46地球年环绕太阳一周
北半球的秋分

自转与轨道

土星在进行轨道运动的同时绕轴自转。快速自转将物质外抛，结果是土星赤道直径比极地直径大上10%。土星赤道区域的隆起比其他任何行星都要大。

结构

虽然土星内部可以塞进764个地球，但是它的质量只有地球的95倍。这是由于土星的主要成分是氢与氦这两种最轻的元素，它们以气液两态存在。土星是所有行星中密度最低的。如果能够将土星放到水中，它会漂浮起来。这颗行星没有固定的表面，它的最外层是气态大气。在行星内部，压力与温度随着深度而增加，氢与氦分子被挤压得越来越靠近，最后成为了液体。在更深处，电子从原子上剥离开来，原子表现为液态金属。这一区域的电流产生了相当于地球强度71%的磁场（参见第127页）。

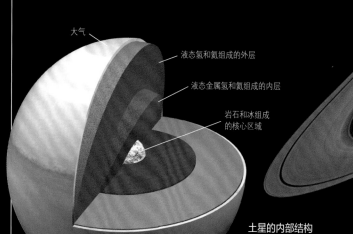

大气
液态氢和氦组成的外层
液态金属氢和氦组成的内层
岩石和冰组成的核心区域

土星的内部结构

薄薄的气态大气环绕在庞大的液态氢氦壳层周围。中央的核心质量大约是地球的10倍到20倍。

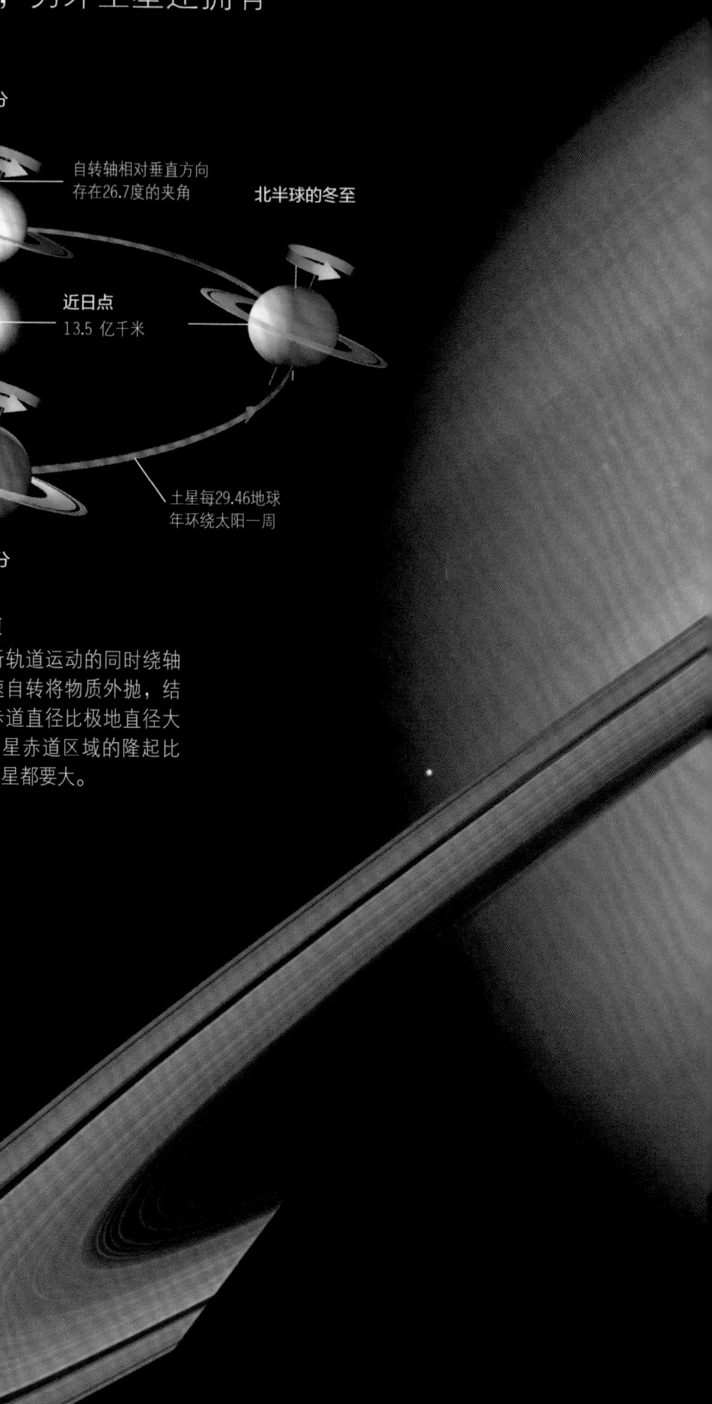

光环之王

在这张卡西尼号探测器拍摄的真彩色照片中，被明亮光环包围的土星有着朦胧柔和的外表。图中还可以看到若干土卫。

大气

　　土星的大气组成了该行星的可见表面，看上去它是浅黄色的云层，有着深浅不一、与星球赤道平行的柔和条纹。上方云层的温度大约是零下140摄氏度。大气的温度随高度减低，由于不同的化合物在不同的温度下凝结成液态小滴，不同成分的云层形成高度是不同的。土星据信拥有3层云层，最高的可见云层由氨冰晶体组成，其下是一层硫氢化铵云，迄今没有被人看到的水冰云位于最低层。上层大气吸收了紫外线，这里的温度会上升，由此产生了一薄层烟雾弥漫的雾霾，正是雾霾赋予了星球独特的柔和外观。雾霾积累在行星朝向太阳的那个半球。土星辐射的能量几乎是其接收的太阳能量的两倍，额外的热量是星球金属壳层内氦元素组成的小雨滴产生的。它们在落向星球中心的时候将动能转化为热能，热能经由低层大气传输出去，并与土星自转一起产生了土星上的风。

大气组分

痕量气体包括甲烷、氨以及乙烷。人们并不清楚大气中云团和斑块的色彩究竟是哪种元素或化合物赋予的。

氢 96.3%　　　　　　　　　氦以及痕量气体 3.7%

2004年1月28日
2004年1月26日
2004年1月24日

变化的南极光

高层大气中的太阳风粒子产生了极光。2004年1月28日的极光增亮对应于抵达土星的太阳风扰动。

土星档案

平均轨道半径		自转周期	
14.3亿千米		10.66小时	
云层顶部的温度		**公转周期**	
零下140摄氏度		29.46地球年	
直径 120 536千米		**质量（地球=1）** 95	
体积（地球=1） 763.59		**云端重力（地球=1）** 1.07	
卫星数量 82		**大小比较**	
观测方法		地球　　　　　土星	

每年土星肉眼可见的时间是大约10个月。它看上去很像是恒星，穿过一个黄道星座需要花费大约2.5年的时间。需要使用望远镜才能辨认出土星的光环系统。

天气

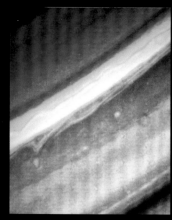

条带与斑块

云带、斑点以及条状结构在土星的可见表面上移动着。这些斑块看上去很小，实际上宽度可以达到几千千米。

当土星高层大气中的巨型风暴穿过雾霾升到表面时，就可以从地球上看到它们，它们由白色氨冰组成。这样的现象每隔大约30年在土星北半球的仲夏发生一次，不过现在还没有公认的理论能解释这些风暴。上一次这样的"大白斑"出现在1990年9月25日。它环绕着行星扩散，几乎包围了整个赤道区域，持续了大约一个月。土星上还可以更频繁地观测到颜色不同的较小卵形斑块以及条带状的结构。2004年，卡西尼号探测器揭示出一个当时被风暴活动支配的区域，那里被称为"风暴走廊"。土星上的风速和风向是根据追踪风暴和云团活动来确定的。土星上面以东风为主，与行星自转方向相同，赤道附近的风速达到了每小时1 800千米。

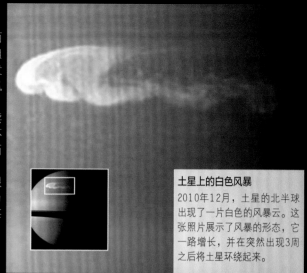

土星上的白色风暴

2010年12月，土星的北半球出现了一片白色的风暴云。这张照片展示了风暴的形态，它一路增长，并在突然出现3周之后将土星环绕起来。

------ C环 ------

------ B环 ------

卫星

已知的土星卫星的数量超过80颗，其中的大多数是1980年之后使用旅行者号和卡西尼号探测器以及改进后的地面观测技术发现的。预计未来的观测可以证实更多卫星的存在。土卫六是最早发现且最为庞大的土卫，发现时间是1655年。它是一颗独特的星球，是太阳系中唯一拥有实质性大气的卫星。土星的卫星是岩石与水冰的混合体，有些有着密布环形山的古老地表，其他卫星的表面则显示出了被构造活动或者冰火山变更过的迹象。这些卫星主要以神话中的巨人命名，最早发现的一批卫星的名字来自希腊神话中克洛诺斯（Cronus，即罗马神话中的萨图耳努斯）的兄弟姐妹，即提坦众神；更晚近发现的卫星则以高卢、因纽特以及挪威的名字命名。

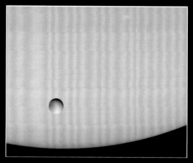

土卫四

卡西尼号探测器在2005年12月拍摄了这张以土星云层为背景的土卫四照片。这张真彩色图像展示了卫星冰封表面的亮度变化。土卫四是土星第四大卫星。

土星的卫星

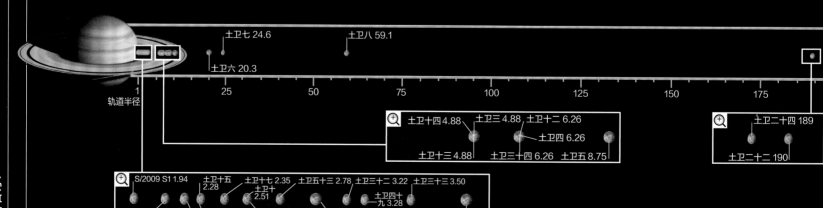

光环

　　土星的可见光环是太阳系中最宽阔、质量最大，同时也是最壮观的。从地球上看去，它就好像是一道物质带，外观随土星位置而发生改变。实际上土星光环是大量在各自轨道上环绕土星运行的污浊的水冰团块，每块的形态从尘埃颗粒到数米宽的砾石不等。它们的反照率很高，因此光环明亮且容易观测。单条光环根据发现的顺序用字母表示。较为明显的光环是C环、B环和A环。它们彼此相邻，由几乎透明的微小颗粒组成。薄薄的F环、较宽阔的G环以及弥漫的E环位于主环之外。整个系统还要再加上C环内部的D环。光环随着时间推移缓慢变化着，在环系内运行的卫星将物质颗粒驱赶到光环中，并维系着恩克环缝等环缝。在可见的光环以外是庞大的面包圈状圆环，几乎不可见，它是在2009年通过其中稀疏的低温尘埃发出的红外辉光发现的。

主光环系统

这幅由6张照片拼接而成的图片展示了真彩色的主环，并揭示出了卡西尼环缝内部的小环。从C环内边缘到F环的距离大约是65 000千米。

不同的组分

在这张C环外侧（左）以及B环内侧（右）的紫外照片中，红色表示存在富含尘埃的颗粒，蓝绿色表示更为纯净的冰粒。

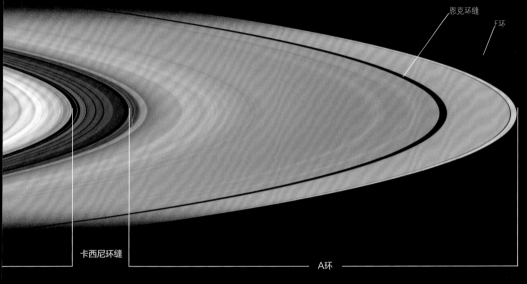

恩克环缝
F环
卡西尼环缝
A环

土卫十六与F环

土星最内层的卫星在环系之内运行，并与光环发生着相互作用。有些发挥着牧羊犬卫星的作用，将颗粒限制在特定的光环以内。土卫十六（位于图中光环下方一点点）以及土卫十七在F环两侧从事着这样的工作。

土卫十七

土卫十七是小型牧羊犬卫星，它的轨道就在F环之外。在这张卡西尼号探测器2005年2月18日拍摄的照片中，它是一个白色的小点。

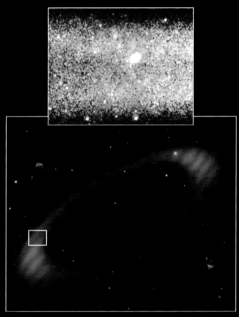

看不到的光环

土星最为庞大的光环是肉眼看不到的。它由尘埃组成，是斯皮策空间望远镜在红外波段发现的。上图是这道光环的艺术概念图，它与土星的距离在600万千米到1 800万千米之间。顶部的插图是斯皮策望远镜拍摄的光环片段。这道光环相对土星主环的平面存在大约27度的倾角。

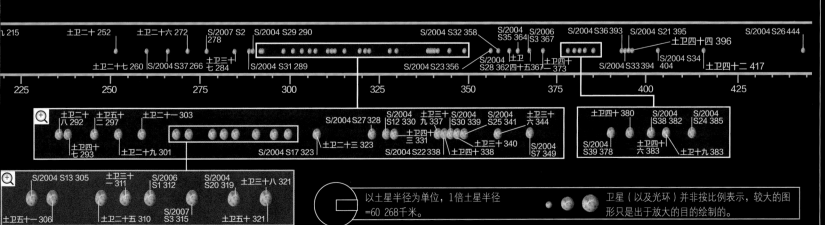

以土星半径为单位，1倍土星半径=60 268千米。

卫星（以及光环）并非按比例表示，较大的图形只是出于放大的目的绘制的。

土星的卫星

土星的卫星分为3类。第一类是较大的球形卫星，也就是大型卫星。第二类是内层卫星，它们体积较小，形状不规则。这两类卫星的轨道位于环系之内或者外部。第三类卫星远离前两类，它们的轨道距离土星最远超过2 500万千米。这些不规则的卫星很小，宽度只有几千米到几十千米。它们有着大倾角的轨道，这意味着它们是俘获而来的天体。从地球上看去，土星的卫星只是光斑，不过旅行者号和卡西尼号探测器揭示出了许多卫星各自的特点。

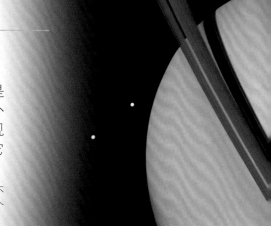

与土星相比相形见绌

土星卫星如土卫三（上）与土卫四（下），不仅与土星相比显得很小，而且除了土卫六这个例外，它们都比地球的卫星月球还要小。

内层卫星

土卫十六

轨道半径	139 353千米
轨道周期	0.61地球日
长度	136千米

土卫十六是一颗小而长的卫星，轨道就位于多束状的F环之内。它与土卫十七都是F环的"牧羊犬卫星"。卡西尼号探测器的图像表明，土卫十六与F环之间通过一条纤细的物质带连接到了一起，条带是土卫十六将光环物质拉走而产生的。这颗卫星的长轴指向土星。

牧羊犬卫星

内层卫星

土卫十

轨道半径	151 472千米
轨道周期	0.69地球日
长度	203千米

形状不规则的土卫十上面密布环形山，它在F环以外不远处环绕土星运行，距离其共轨卫星土卫十一只有50千米。它最早是在1966年被发现的，并以罗马神话中可以同时看到前后方的神明雅努斯（Janus）命名。不过直到1980年2月人们研究了旅行者1号的数据之后，人们才证实它是一颗卫星。

在F环以外

内层卫星

土卫十一

轨道半径	151 422千米
轨道周期	0.69地球日
长度	130千米

有时几颗卫星会彼此相距不到50千米，一起环绕一颗行星运行。这类天体叫作共轨卫星，它们实际上是合用一条轨道的。位于F环之

共轨卫星

土卫十一在土星光环背景下进行着轨道运动，在这张卡西尼号探测器搭载的窄角照相机于2005年2月18日拍摄的照片中，光环几乎是侧向观测者的。

外不远处的土卫十一与土卫十（参见左下）就是这样的一对例子。每过4年它们就会交换一次轨道，轮流更加靠近土星一些。土卫十一是一颗块状的卫星，长度只比宽度或高度大上28千米。它是身处环系之内的16颗土卫之一。土卫十一存在同步绕转现象，也就是说由于其自转和公转轨道周期相同，它的一面永远朝向土星。在环绕土星运行期间，它发挥着牧羊犬卫星的作用，将光环粒子束缚在F环之内。土卫十六（参见左侧）在光环内侧发挥着同样的作

内层卫星

土卫三十三

轨道半径	194 000千米
轨道周期	1地球日
直径	3千米

2004年，人们在卡西尼号探测器采集的数据中发现了位于两颗大型卫星土卫一与土卫二之间的另两颗小型卫星。与所有类似的发现一样，这两颗卫星最初是以数字代号称呼的（S/2004 S1与S/2004 S2）。现在这两颗卫星被称为土卫三十二与土卫三十三。它们的发现并非偶

然，辨认这两颗卫星所用的照片是作为在土星附近这一区域搜索新卫星工作的一部分而拍摄的。为了增加可视度，这些照片的对比度被增强了。卡西尼号探测器于2012年造访了土卫三十三，这让科学家得以更好地观察这颗卵形的卫星。

光滑的卫星

2012年，卡西尼号探测器两度接近土卫三十二，与卫星的最近距离达到了1 900千米。卡西尼号获取的影像说明，土卫三十二的表面相对光滑，不存在任何可见的环形山。

被轰击过的表面

土卫十一（参见左图）及其共轨卫星土卫十据信是一个较大的天体在遭受碰撞后瓦解留下的残余。

用。人们在1967年就已经猜测到了土卫十一的存在，不过这一点直到1980年2月26日才得以证实。它是那年在旅行者号探测器的数据中发现的8颗卫星之一。这颗卫星以提坦神之一厄皮墨透斯（Epimetheus）命名，提坦是希腊神话中一度统治地球的巨人家族。普罗米修斯是厄皮墨透斯的5个兄弟之一。

大型卫星

土卫一

轨道半径	185 520千米
轨道周期	0.94地球日
直径	396千米

　　土卫一是距离土星
最近的大型卫星，轨道
位于环系的外区。它存
在同步绕转现象，因此
卫星的一面永远朝向土
星，就像月球一面永远
朝向地球一样。土卫一
是圆形的卫星，但并非
完美的球体—这个冰封
天体的长度比宽度和高
度多上大约30千米。它
的表面覆盖着深深的碗
状陨击坑，其中许多宽
度超过20千米的环形山
拥有中央峰。这其中的
赫歇尔环形山让卫星上
其他任何环形山都相形
见绌，它是土卫一上最
显著的特征。这是一座
宽约130千米、几乎有10千米深的
环形山，有着明显的中央峰。如果
造就该环形山的撞击天体再大一
些，土卫一可能就被摧毁了。这座
环形山以1789年7月18日发现土卫
一的天文学家威廉·赫歇尔命名。
它是第六颗被发现的土星卫星，也
是赫歇尔所发现的两颗土卫的第一
颗。土卫一以提坦神之一弥马斯
（Mimas）命名（参见第190页）。

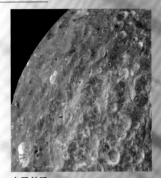

突显差异
这张假彩色图像突显了土卫一地表
成分细微的差异。举例来说，赫歇
尔环形山附近偏蓝的地面可能是撞
击抛射物导致的，其他地方则颜色
偏绿。

巨型环形山
赫歇尔环形山位于卫星的前导半球（指向
卫星前进方向的那一面），直径相当于土
卫一本身的三分之一左右。造就赫歇尔环
形山的撞击事件想必让卫星距离粉碎只差
一步之遥。

真实的蓝色
在这张真彩色图像中，土卫一在土星北半球
的背景之上漂浮着。相对无云的区域散射的
阳光为行星赋予了蓝色色调。从大气中切过
的暗色线条是土星光环投下的阴影。

土卫二

轨道半径	238 020千米
轨道周期	1.37地球日
直径	504千米

　　土卫二在宽阔的E环内环绕土星运行。它的轨道位于光环最致密的区域，这意味着土卫二可能为光环提供了物质来源。这颗卫星与土星存在同步绕转。土卫二覆霜的表面反照率很高，这使得该卫星尤其明亮，实际上它是太阳系中最为明亮的卫星。它表面的地貌说明，这颗寒冷的卫星经历过长期的构造活动以及地表的变更。在如此小的星球上发生的地质变化程度让人惊讶。土卫一（参见第193页）的大小与土卫二

水喷流

在卡西尼号探测器拍摄的这张照片中，冰与水蒸气从土卫二南极附近的所谓"虎纹"区域喷出。

接近，但它并不活跃。土卫二上的环形山集中在一些区域，其他地方则分布着沟槽、裂缝和山脊。经过处理强调了颜色差异的照片揭示出了先前不曾见到的细节。一些裂缝侧壁的蓝色可能是暴露的固体冰，也可能是埋藏的冰层中颗粒的成分或尺度与地表颗粒不同导致的。土卫二是威廉·赫歇尔在1789年8月28日发现的。

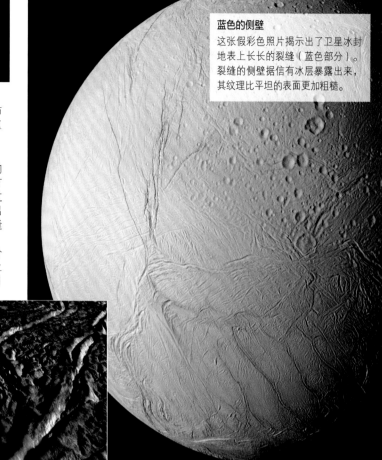

蓝色的侧壁

这张假彩色照片揭示出了卫星冰封地表上长长的裂缝（蓝色部分）。裂缝的侧壁据信有冰层暴露出来，其纹理比平坦的表面更加粗糙。

平坦的平原

在这块平坦的平原中央，贯穿着一道人字形地貌，裂缝系统从人字形地貌的顶部切过。

巴格达皱沟

这是巴格达（Baghdad）皱沟的特写照片，它是土卫二南极地区俗名虎纹的数道线状结构中最长的一条。

土卫十三

轨道半径	294 660千米
轨道周期	1.89地球日
长度	32.5千米

　　土卫十三在E环中与其他两颗卫星（尺度大约与土卫十三相当的土卫十四，以及大得多的土卫三，参见右侧）合用一条轨道。土卫十三在土卫三前方60度的地方沿轨道运行，而土卫十四位于土卫三之后60度。这两颗较小的卫星占据的位置叫作拉格朗日点。两颗小卫星可以在此维持稳定的轨道，土星以及土卫三的引力作用在这样的轨道上取得了平衡。土卫十三与土卫十四是在1980年发现的，土卫十四是地面观测的结果，而土卫十三则是在旅行者号探测器的图像中找到的。这架探测器揭示出了两颗形状不规则的卫星。

冰封的卫星

卡西尼号探测器在2005年1月18日绕转到土星南极之下时拍下了土卫三苍白的冰封圆面，当时猛烈的风暴正在土星南极肆虐着。

光滑的卫星

拍摄这张照片时，卡西尼号探测器距离目标只有14 500千米。与土星的大多数其他卫星相比，图中土卫十三的表面看起来环形山较少。

土卫三

轨道半径	294 660千米
轨道周期	1.89地球日
直径	1 062千米

　　意大利裔法国天文学家乔瓦尼·卡西尼在1684年3月21日发现了土卫三。将近300年后，人们发现土卫三与两颗小得多的卫星——土卫十三（参见左侧）以及土卫十四共用一条轨道。土卫三的地表说明，它经历过构造变化以及表面重构。其上有两处突出的地貌。一座宽度400千米、名为奥德赛（Odysseus）的陨击坑主导着前导半球。这座大而浅的环形山原本呈碗状，它已经在冰流的作用下变平了。第二处大型地貌是伊塔卡（Ithaca）深谷，位于土卫三朝向土星的那一面上。这座庞大的峡谷系统在卫星的半个表面上延伸着。它可能是造就奥德赛环形山的撞击事件引起的张力撕裂导致的，也可能是土卫三内部被冻结时卫星体积膨胀并拉扯地表的结果。

伊塔卡深谷

这座峡谷系统最深可达4千米，它从突出的忒勒马科斯（Telemachus）环形山（图中右上）的左下方延伸开去。

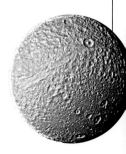

土卫四

轨道半径 377 400千米

轨道周期 2.74地球日

直径 1 123千米

　　土卫四是土星光环系统中距离土星最为遥远的卫星，不过它在E环的外区并不孤独。其他两颗卫星——土卫十二与土卫三十四在同样的轨道上运行着。土卫十二位于土卫四之前60度，土卫三十四位于其后60度。土卫十二是在1980年3月发现的，土卫三十四是卡西尼号探测器抵达土星之后不久人们在其数据中发现的，此时距离土卫十二的发现差不多已有24年。1684年，乔瓦尼·卡西尼在发现土卫三（参见对页）的同一天发现了土卫四。土卫四的岩石与冰质混合物中，岩石比例比其他大多数土卫更高（只

陨击坑

在这张旅行者号探测器拍摄的照片中，可见土卫四最大的环形山清晰的中央峰。狄多（Dido）环形山就位于照片中央偏左处，而罗穆卢斯（Romulus）与瑞穆斯（Remus）环形山位于其上方，埃涅阿斯（Aeneas）环形山靠近图中卫星的上边缘。

有土卫六比土卫四还要高），因此它的密度是土星卫星中第二大的。它的表面显示出了构造活动以及地表重构的迹象，其上存在山脊、断层、峡谷和下陷。这里同样具有环形山，它们在某些区域比其他地方分布密度更高，例如土卫四的前导半球环形山数量比后随半球多。规模最大的环形山宽度超过200千米。土卫四的表面还拥有明亮的条纹，这些束状的地貌由狭窄明亮的冰质条带组成。

土卫四的背面

土卫四因同步绕转而永久背向土星的一面因为陨击坑的存在而显得伤痕累累。图中左侧可见束状地貌（wispy terrrain）。

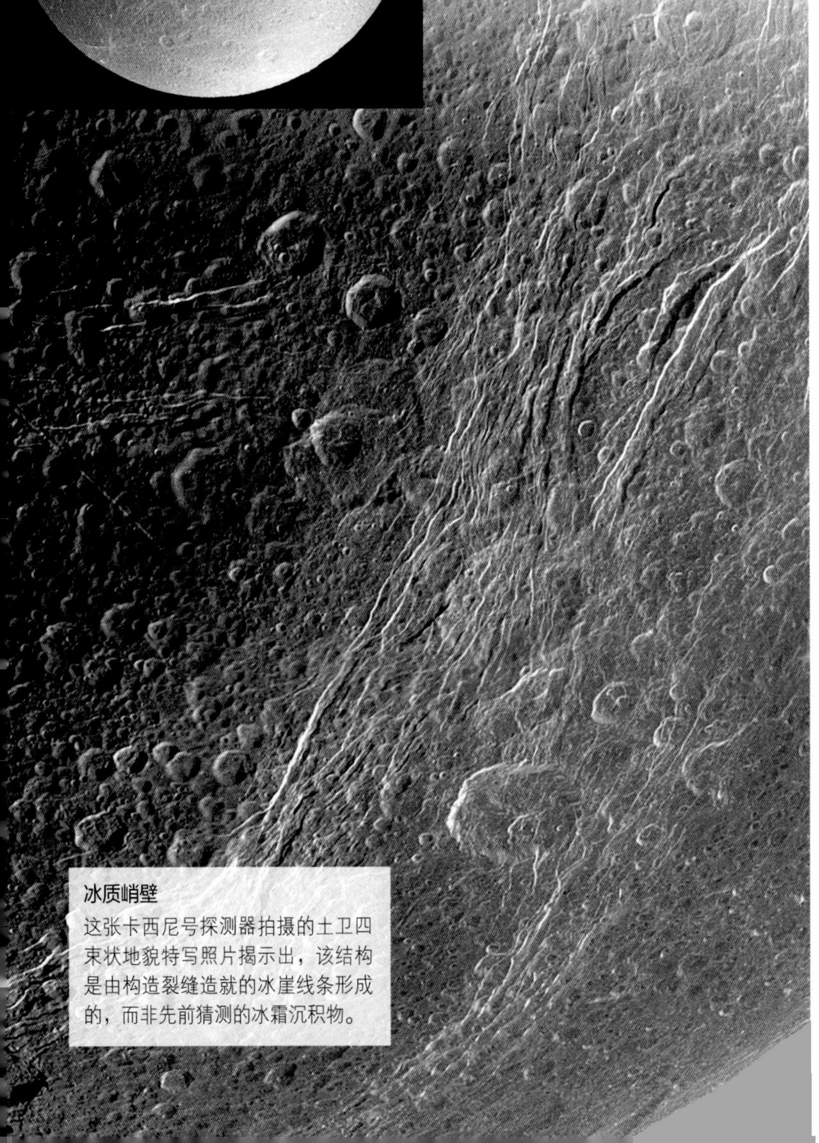

冰质峭壁

这张卡西尼号探测器拍摄的土卫四束状地貌特写照片揭示出，该结构是由构造裂缝造就的冰崖线条形成的，而非先前猜测的冰霜沉积物。

土卫五

轨道半径 527 040千米

轨道周期 4.52地球日

直径 1 527千米

　　密布环形山的古老辽阔的地表覆盖了大半个土卫五。乍看起来，这里的景观与地球的卫星月球相近，不过土卫五的表面成分是明亮的冰质。这里存在一些地表重构的证据，不过并没有人们对这类大型卫星的预期那么多。土卫五是土星卫星中第二大的，不过一些较小的卫星（如其内侧的邻居土卫四与土卫三等）都表现出了更多的表面重

构迹象。人们认为土卫五在历史早期就冻结住了，成为了一个寒冷的星球，随后其上冰块的行为就如同坚硬的岩石一般。举例来说，土卫五的环形山在冰壳中保持了新鲜状态。其他冰质卫星（如木星的木卫四，参见第187页）上的环形山则塌陷到了松软的冰壳中。土卫五是位于土星光环以外的第一颗卫星，它以希腊神话中宙斯的母亲、提坦神瑞亚（Rhea）命名。

古老的地面

这张增强色照片展示了土卫五密布环形山的表面，图中可见两座大型的陨击盆地（中上方）。其上大量的小型环形山说明了这两座盆地古老的年龄。

环形山密布

土卫五的冰封表面环形山密布，这说明它起源于行星形成不久之后。图中展示了卫星北极周边的区域。规模最大的环形山深度有几千米。

新鲜的冰层

这张土卫五表面的增强色照片展示了新近暴露出来的冰层（蓝色的斑块）。当环绕土卫五运行的残骸碎片轰击赤道一带的地表时，据信会让冰层暴露出来。

大型卫星

土卫六

轨道半径	122万千米
轨道周期	15.95地球日
直径	5 150千米

土卫六是荷兰科学家克里斯蒂安·惠更斯在1655年发现的。它是太阳系中第二大的卫星，仅次于木卫三（参见第186页），显然也是土星最大的卫星。这颗体积与水星相当的卫星同时也是最为迷人的天体之一。卫星表面被一层烟雾包裹着，下面的世界被永久地遮掩了。土卫六很有趣，尤其是其大气的化学成分与生命起源之前的年轻地球很接近。人们在2005年第一次得到了目睹土卫六表面并检验其大气的机会，当时卡西尼号探测器开始关注土卫六，惠更斯号探测器则穿过卫星大气，抵达了表面（参见右侧边栏）。

富含氮元素的大气在土卫六的地表之上延伸数百千米。紫外线诱发的反应产生了高悬其中的一层层橙黄色烟尘状雾霾。甲烷云在更靠近地表的地方形成，它们会向土卫六表面降下甲烷雨，并在地表形成河流和湖泊。随后甲烷蒸发，并形成了云团，这种类似于地球上水循环的循环过程持续进行着。土卫六是密度最高的土星卫星，它是50:50的岩石和水冰混合物，表面温度是零下180摄氏度。由于雾霾遮挡了90%的入射阳光，土卫六上很阴暗。卡西尼号探测器揭示出，土卫六的地表是由类似于地球的过程塑造的，包括构造活动、侵蚀和风力，冰火山作用也许同样对其产生了影响。卡西尼号探测器

土卫六的大气

红外和紫外数据一起揭示出了大气的外观。甲烷吸收光线的区域呈橙色和绿色，高层大气呈蓝色。

橙色与紫色的雾霾

高层大气由不同层次的雾霾组成。在这张土卫六夜半球边缘的自然着色紫外照片中，人们发现了多达12层大气。

冰封的地表

这张惠更斯号探测器在2005年拍摄的照片展示了土卫六地表的情况。前景中的碎石最宽达到了15厘米左右，据信它们由冻结的水冰组成。

揭开土卫六的面纱

红外观测能够穿透土卫六的云层，并揭示出明亮的高原、充斥着深色沙丘的区域，以及图片中央偏左处一座大型陨击环形山。

惠更斯号探测器

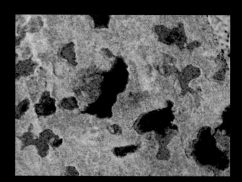

欧洲的惠更斯号探测器搭载在NASA的卡西尼号探测器上前往土卫六。抵达后，它与较大的卡西尼号分离，并乘降落伞钻入土卫六的雾霾。在耗时2.5小时的降落过程中，惠更斯号检测了大气，测量了抖振风的速度，并拍摄了卫星表面的图像。一架仪器记录下了2005年1月14日的初次着陆，它传回的证据表明卫星硬质薄地壳的下方存在较软的物质。

惠更斯号与卡西尼号

盾状的惠更斯号探测器（右侧）被连接到了卡西尼号探测器的支架上，为1997年10月从美国佛罗里达州的卡纳维拉尔角发射做准备。

在最初的几次飞掠期间并没有探测到液态甲烷，不过排水河槽以及暗色椭圆形区域（据信是挥发掉的湖泊）暗示了液体曾经在那些地方存在过。人们还辨认出了俗称"猫爪痕"的线状地貌。

极地湖泊

土卫六的北极有液态甲烷和乙烷湖泊形成。图中湖泊以蓝色表示。最大的湖泊比北美洲的五大湖面积还要大，不过要浅得多。

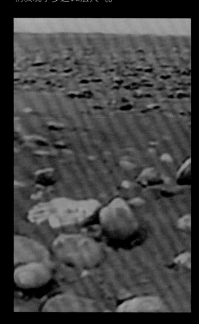

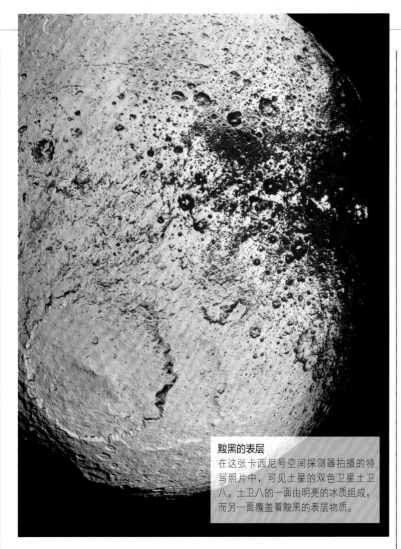

黢黑的表层
在这张卡西尼号空间探测器拍摄的特写照片中，可见土星的双色卫星土卫八。土卫八的一面由明亮的冰质组成，而另一面覆盖着黢黑的表层物质。

土卫七

轨道半径	148万千米
轨道周期	21.28地球日
长度	360千米

　　土卫七的任何特性都不同寻常。首先它具有不规则的外形，平均宽度大约为280千米，这意味着它是太阳系中最庞大的非球形天体之一。其次它在土星最大的卫星——土卫六（参见对页）之外不远处沿椭圆轨道运行。它在环绕土星运行期间混沌地旋转着，自转轴在摆动，卫星看起来是一边翻滚一边前进。它的表面分布着环形山，

奇异的环形山
土卫七的外观是奇特的海绵状，这是由于土卫七的密度很低，重力也很弱。

还存在崖面的片断。土卫七的外形以及伤痕累累的地表说明，它可能是一个曾经更为庞大的天体的残片，这个天体被一场大型撞击事件击碎了。甚至连土卫七的发现过程也是不同寻常的。1848年9月，美国和英国的天文学家各自独立发现了它，发现时间相差不到2天。

土卫九

轨道半径	1 295万千米
轨道周期	550地球日
直径	213千米

　　土卫九是在1898年发现的，直到2000年，它还被当作土星唯一的外围卫星。而现在人们知道这类卫星还有许多。土卫九的轨道周期很长，倾角很大，这是外围卫星的特征。土卫九的轨道倾角是175.3度，因此它逆向环绕土星运行（与

环形山底部
这座环形山的底部覆盖着残骸碎片。环形山内部的条纹显示了松散的抛射物滑向中心区域所走过的路径。

大多数卫星相反）。半数的外围卫星轨道都是这样的。土卫九显然是最大的外围卫星，其他最多只有20千米长。在卡西尼号探测器的照片上，它看起来是一个富含冰质的天体，表面覆盖着一薄层深色物质。

被破坏的土卫九
2004年6月，卡西尼号探测器揭示出了土卫九的陨击环形山。它们以希腊神话中的阿尔戈英雄命名。其中最大的伊阿宋（Jason）环形山直径大约为100千米。

厄耳癸诺斯

伊阿宋

伊菲托斯

欧斐摩斯

部忒斯

欧律达玛斯

坎托斯

俄琉斯

土卫八

轨道半径	356万千米
轨道周期	79.33地球日
直径	1 469千米

　　土星大多数的内层卫星以及大型卫星都在土星赤道面（同时也是光环环面）上运转着，不过土卫八是一个例外。土卫八的轨道相对赤道面存在14.72度的倾角。其他卫星也有倾角更大的，不过那些都是小得多的外围卫星。土卫八是距离土星最为遥远的大型卫星。它也存在同步绕转现象。

　　土卫八是意大利天文学家乔瓦尼·卡西尼于1671年10月25日在巴黎工作期间发现的。他注意到土卫八拥有天然黢黑的前导半球以及明亮的后随半球。深色区域叫作卡西尼区，其表面覆盖着黑如煤炭的物质，与明亮一侧的冰质地表形成了鲜明的对比。虽然卡西尼号探测

卡西尼区的滑坡
地面从一座15千米高的陡坡（它是一座巨型环形山的边缘）向下塌陷进了一座较小的环形山中。这些物质沿环形山底部移动了很长的距离，从距离推断，它们可能已经被碾成了细末。

器揭示出了更多关于这颗卫星密布环形山的表面的信息，暗色物质的起源依然是个谜。有人提出这些物质是土星内部喷发出来的，或者它是更遥远的卫星（如土卫九，参见右侧）遭受撞击抛出的抛射物。卡西尼号揭示出的一个独特特征提出了另一道谜题。人们并不知道那道长1 300千米、几乎正好与卫星赤道重合的山脉究竟是褶皱山脉带，还是由地表裂缝喷出的物质组成的。

表面组分
假彩色表示土卫八上相差甚大的表面组分。明亮的蓝色表示富含水冰的区域，深棕色表示富含有机物的成分，黄色区域是水冰与有机化学物质的混合物。

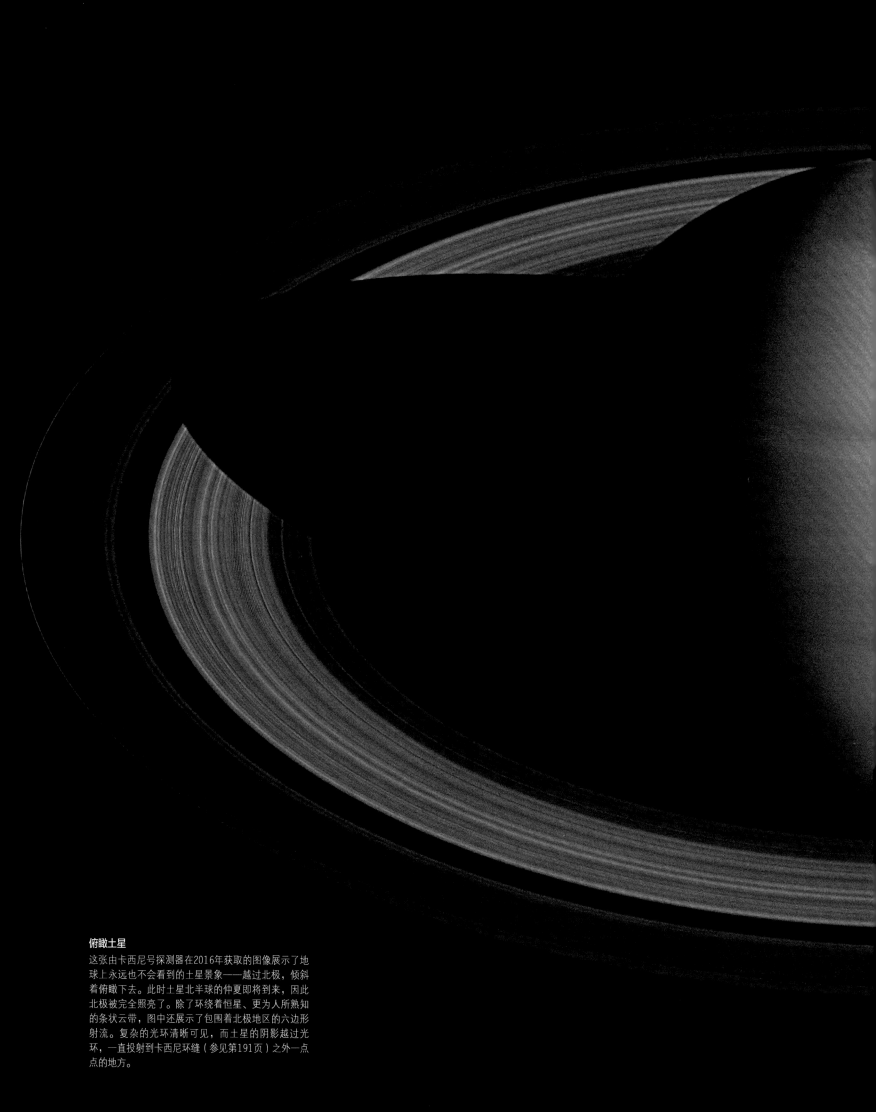

俯瞰土星

这张由卡西尼号探测器在2016年获取的图像展示了地球上永远也不会看到的土星景象——越过北极，倾斜着俯瞰下去。此时土星北半球的仲夏即将到来，因此北极被完全照亮了。除了环绕着恒星、更为人所熟知的条状云带，图中还展示了包围着北极地区的六边形射流。复杂的光环清晰可见，而土星的阴影越过光环，一直投射到卡西尼环缝（参见第191页）之外一点点的地方。

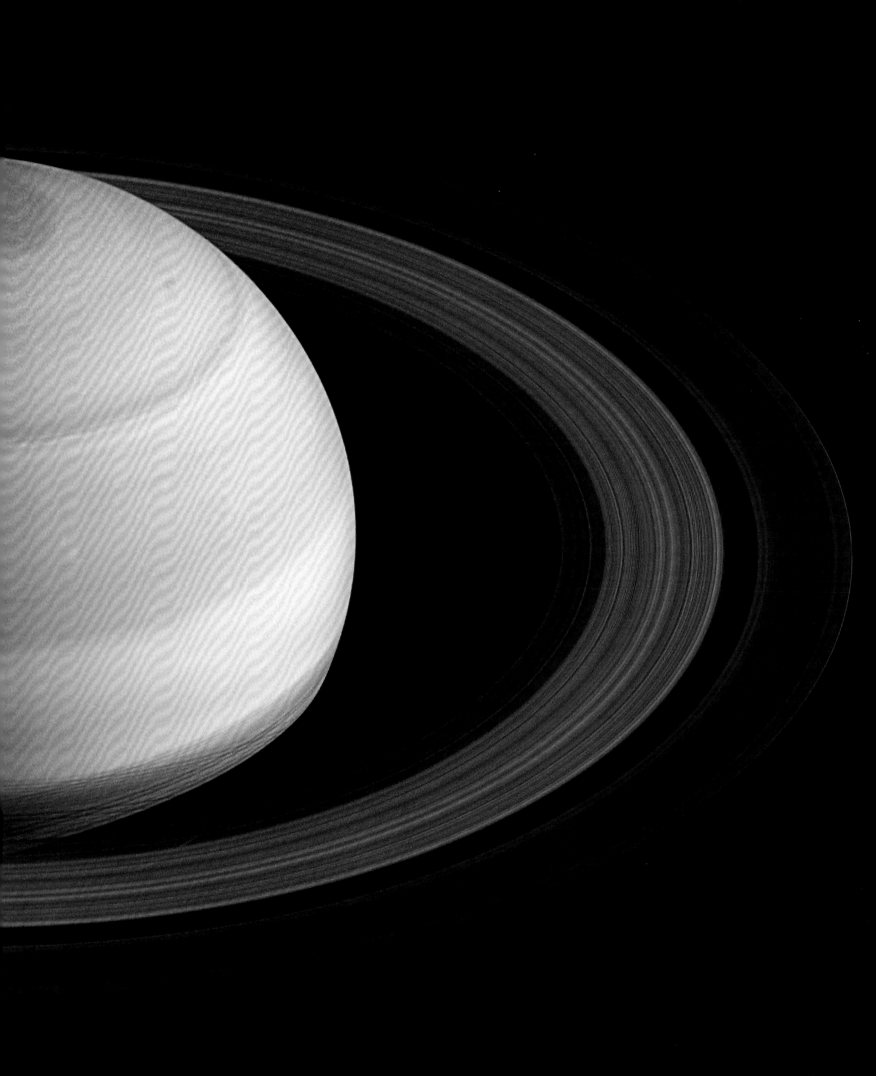

天王星

天王星是太阳系中第三大的行星，到太阳的距离是相邻的土星的2倍。它呈浅蓝色，毫无特征，拥有稀疏的光环系统以及庞大的卫星家族。这颗行星倒向了一侧，因此从地球上看去，它的卫星和光环绕着天王星上下运动。天王星是使用望远镜发现的第一颗行星，不过在1986年1月旅行者2号飞掠它之前，人们对其知之甚少。

浅蓝色的圆面

将旅行者2号的照片结合起来，得到了这张天王星南半球的图像。探测器上若有人类搭乘，他们所能看到的天王星景象就是这样的。

轨道

天王星环绕太阳一周需要84地球年。它的自转轴倾角是98度，行星侧躺着沿轨道运行。天王星与大多数行星的自转方向相反，为逆向自转。该行星并非一向如此，其侧躺的姿态可能是年轻时与行星级天体相撞的结果。天王星的两极交替指向太阳，每次长达21年，这21年以冬至、夏至点为中心。这意味着当一极长时间接受持续日照时，另一极经历着持续时间相同的完全黑暗。天王星接收到的阳光强度只是地球的0.25%。当旅行者号在1986年与天王星交会时，这颗行星的南极几乎径直指向太阳。随后天王星的赤道日渐侧向太阳。2007年之后，它会逐渐掉转过来，直到北极在2030年朝向太阳。

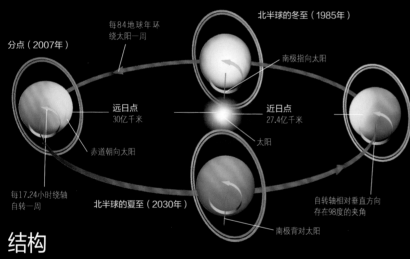

分点（2007年）

每84地球年环绕太阳一周

北半球的冬至（1985年）

南极指向太阳

远日点 30亿千米

近日点 27.4亿千米

分点（1965年）

太阳

赤道朝向太阳

每17.24小时绕轴自转一周

北半球的夏至（2030年）

自转轴相对垂直方向存在98度的夹角

南极背对太阳

自转与轨道

天王星的长周期轨道以及极端的倾角让其上出现了长时间的季节差异。每一极在指向太阳的时候都会经历夏季，而在背对太阳的时候则是冬季。在这些时候，从地球上看去，极点位于天王星的视圆面中央。在春分、秋分点处，天王星的赤道和光环侧向太阳。

结构

天王星很庞大，它的直径是地球的4倍，内部可以塞下63个地球。不过它的质量只是地球的14.5倍，因此其组分的密度必然小于地球。更大的两颗行星——土星和木星主要成分是氢，但天王星的质量又太大，不可能主要由氢组成。它的主要成分是水冰、甲烷冰以及氨冰，其周围环绕着气态大气层。冰层内的电流据信造就了行星的磁场，磁场偏离天王星自转轴58.6度。

由氢、氦和其他气体组成的大气

水冰、甲烷冰和氨冰层

岩石（可能还有冰）组成的核心

天王星的内部结构

天王星并不具有固态表面。可见的表面是它的大气，其下一层由水和冰组成，水与冰层环绕着一个小型的岩石核心，核心中可能还存在冰。

天王星档案

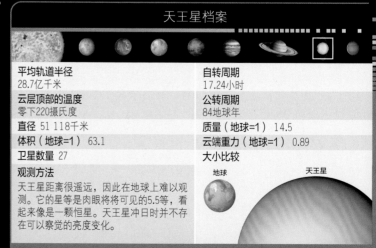

平均轨道半径 28.7亿千米	**自转周期** 17.24小时
云层顶部的温度 零下220摄氏度	**公转周期** 84地球年
直径 51 118千米	**质量（地球=1）** 14.5
体积（地球=1） 63.1	**云端重力（地球=1）** 0.89
卫星数量 27	**大小比较**

观测方法

天王星距离很遥远，因此在地球上难以观测。它的星等是肉眼将将可见的5.5等，看起来像一颗恒星。天王星冲日时并不存在可以察觉的亮度变化。

地球   天王星

大气与天气

天王星的蓝色是行星低温大气中的甲烷冰云团吸收入射阳光中的红光所致。云层顶部的温度是零下220摄氏度，这一温度似乎在星球表面很均一。阳光中的紫外线与甲烷反应产生了雾霾颗粒，这些颗粒遮掩了低层大气，使得天王星看起来很宁静。然而这颗行星实际上存在活跃的变化。旅行者2号的数据揭示出了风力以及行星自转携带氨与水云环绕天王星的运动。它同样还揭示出，天王星辐射出的能量与接收的太阳能量相当，其内没有驱动复杂天气系统的热源。近年来，使用地面望远镜进行的观测使得天文学家可以跟踪天王星大气中的变化。

云层

这张凯克 II 号望远镜拍摄的红外照片经处理展示了垂直结构。最高的云层呈白色，中等高度的呈亮蓝色，最低的呈深蓝色。图像处理的副产品是以红色表示的光环。

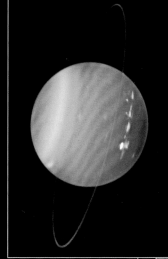

大气组分

大气主要由氢组成，氢延展到了可见的云层顶部之上，在天王星周围形成了行星冕。

氢 82.5%　　　氦 15.2%　甲烷 2.3%

光环与卫星

天王星拥有11道光环，它们与行星的距离在12 400千米到25 600千米之间。光环彼此相距甚远，每道光环又很窄，因此环缝比光环还要宽。除了内环与外环，其他光环的宽度都在1千米到13千米之间，所有光环的厚度都不到15千米。它们由炭黑色的富碳物质组成，物质块的大小从几厘米到可能的几米宽不等，另外还有尘埃颗粒。第一批5道光环是在1977年发现的（参见右侧边栏）。光环不大与赤道面重合，而且也并非环形，宽度也不甚均匀。这可能是附近小型卫星引力影响所致，其中的天卫六就位于环系之内。天王星拥有27颗卫星，其中5颗大型卫星是使用地面望远镜发现的，较小的卫星是20世纪80年代中期之后通过分析旅行者2号的数据或是利用当代改进过的观测技术找到的。预期日后还会发现更多的天王星卫星。

光环的假彩色图像

在这张旅行者2号拍摄的照片中，可见天王星的9条光环。暗淡的柔和线条是图像增强的产物。最明亮的白色光环（最右侧）是最外侧的 ε 环，其左侧有5道蓝绿色的光环，然后是3道灰白色的。

空间探索

光环的发现

1977年3月，搭乘柯伊伯机载天文台（一架飞行在高空的改装飞机）的天文学家正准备观测一次罕见的天王星掩星事件，希望由此测量该行星的直径。在恒星被行星圆面遮掩之前，它明暗闪烁了5次。在恒星从行星后方出现后，天文学家又记录下了5次闪烁。天王星周围的光环遮掩了星光。

柯伊伯机载天文台

天文学家以及技术人员正在操作一架红外望远镜，它从飞机侧面敞开的舱口观测宇宙。

天王星的卫星

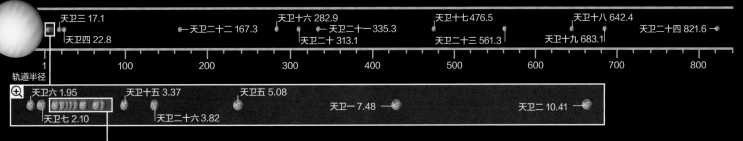

天卫三 17.1　　天卫十六 282.9　　天卫十七 476.5　　天卫十八 642.4
天卫二十二 167.3　天卫二十一 335.3　　　　天卫二十四 821.6
天卫四 22.8　　　天卫二十 313.1　　天卫二十三 561.3　天卫十九 683.1

轨道半径

1　　100　　200　　300　　400　　500　　600　　700　　800

天卫六 1.95　　天卫十五 3.37　　天卫五 5.08
天卫七 2.10　　天卫二十六 3.82　　　天卫一 7.48　　　天卫二 10.41

天卫十 2.45　天卫十一 2.52　天卫十四 2.94　天卫二十五 2.99
天卫八 2.32　　　　　　　　　　　　天卫十三 2.74　天卫二十七 2.93
天卫九 2.42　天卫十二 2.59

以天王星半径为单位，1倍天王星半径=25 559千米。

卫星并非按比例表示，较大的图形只是出于放大的目的绘制的。

天王星的卫星

天王星的卫星可以分为3类，从天王星向外分别是小型内层卫星、在常规轨道上运行的5颗大型卫星，还有很多都在逆向轨道上运行的小型外围卫星。人们对这些卫星所知道的大多数情况以及仅有的特写照片都是旅行者2号在1985年到1986年的飞掠期间获取的。它们揭示出，天王星的大型卫星都是致密的暗色岩石星球，有着冰封的地表，其上存在陨击坑、裂缝以及火山水冰流。这些卫星以英国剧作家威廉·莎士比亚戏剧作品中的角色或者英国诗人亚历山大·蒲柏（Alexander Pope）诗歌中的人物命名。

地球上所见的景观
在这张哈勃空间望远镜1998年拍摄的红外照片中，可见天王星27颗卫星中的一部分。

内层卫星
天卫六

轨道半径	49 770千米
轨道周期	0.34地球日
直径	40千米

天卫六是最靠近天王星的卫星，同时也是最小的天卫之一。旅行者2号的天文学家小组在1986年1月20日发现了它。1985年12月30日至1986年1月23日，旅行者2号飞掠天王星并将照片传回地球，天卫六是在此期间发现的10颗卫星之一。天文

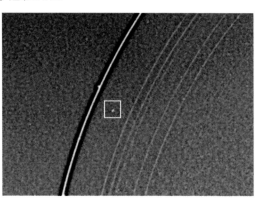

牧羊犬卫星
在天王星较明亮的外环两侧存在一对牧羊犬卫星，天卫六是其中靠里的那一颗。

学家曾期待着在天王星周围发现更多的卫星，尤其是数对牧羊犬卫星，也就是分别位于光环两侧、保持组成光环的颗粒就位的卫星。让人惊讶的是，这样的卫星人们只发现了一对，它们是天卫六与天卫七。天卫六是以莎士比亚的《李尔王》一剧中李尔王的女儿科迪莉亚（Cordelia）命名的。

内层卫星
天卫七

轨道半径	53 790千米
轨道周期	0.38地球日
直径	42千米

天卫七是位于天王星外环——ε环两侧的那对牧羊犬卫星之一。它与同伴天卫六在1986年1月20日同时被发现。这两颗卫星很小，比组成狭窄薄环的颗粒大不了多少。这颗卫星以莎士比亚的《哈姆雷特》一剧的女主角奥费利娅（Ophelia）命名。

天卫七位于ε环的外侧

内层卫星
天卫十五

轨道半径	86 010千米
轨道周期	0.76地球日
直径	162千米

天卫十五于1985年12月30日被发现，是人们在旅行者2号的数据中发现的第一颗小型卫星（共发现了10颗）。它是天王星内层卫星中距离行星第二远的。它被发现时，探测器仍在接近行星。于是人们有足够的时间计算出，它与探测器的距离将在1986年1月24日达到最近，可以在那天拍摄一张照片。从照片（见上图）中可以看出这是一颗近乎球形的卫星，其上分布着环形山。最大的环形山名叫洛布（Lob，图中右上），以英国一个顽童般的精灵命名。

分布着环形山的卫星

大型卫星
天卫五

轨道半径	129 390千米
轨道周期	1.41地球日
直径	480千米

天卫五是天王星5颗大型卫星中最小、最靠内的一颗，它是荷兰裔美国天文学赫拉德·柯伊伯在1948年2月16日发现的。1986年1月24日，人们第一次得以近观所有这5颗大型天卫，而天卫五给了天文学家最大的一个惊喜。在旅行者2号从距离天卫五表面不到32 000千米的地方飞过时，探测器揭示出这是一颗外观奇特的星球，其上不同的地貌特征彼此以看似不自然的

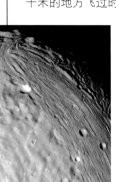

混合的地貌
图中左侧的地貌是一片古老的起伏山丘和退化的环形山，右侧是峡谷和山脊组成的较年轻地貌。

全球图
在这张从南极看天卫五的全景图中，明亮的人字形因弗内斯（Inverness）地冕的复杂表面十分明显。

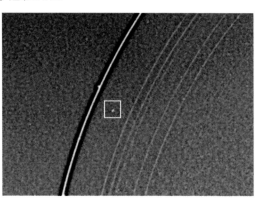

方式衔接在了一起。这一古怪外表的一种解释是，天卫五在过往经历过灾难性的碰撞。这颗卫星破裂成了碎片，然后又以如今所见的不连贯方式重新组合到了一起。另一种理论假设，天卫五的演化在完成之前就终止了。在其形成后不久，致密的岩石物质开始下沉，而较轻的物质如水冰上升到了地表。由于必需的内部热量散失殆尽，这一过程随后停了下来。地表显然存在不同时期形成的不同地貌。

环形山与断层
这张高海拔崎岖地面的照片对应一片宽200千米的区域，其上可见许多不同大小的环形山，这表明这里比较低的区域更为古老。断层从右下方切过了这片区域。

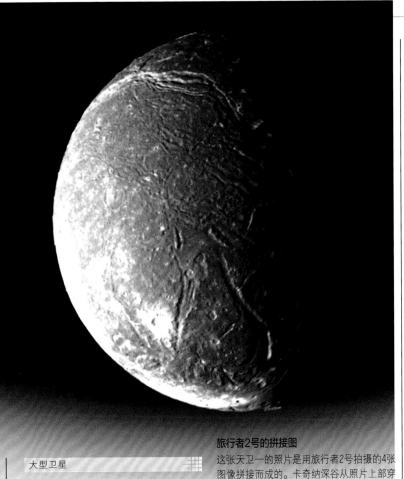

大型卫星

天卫三

轨道半径	435 910千米
轨道周期	8.7地球日
直径	1 578千米

尺度比月球之半略小的天卫三是天王星最大的卫星。这颗岩石星球有着灰色的冰封表面，其上覆盖着陨击坑。环形山形成时抛出的冰质物质反射着光线，凸显在天卫三的表面上。卫星上还可以看到大型裂隙，这是内部活跃的表征。其中的一些裂隙穿过了环形山，看起来应该是卫星上最新的地质特征。它们可能是地壳之下的水分冻结膨胀的结果。这里还存在环形山较少的光滑区域，可能是由喷出的冰质和岩石形成的。天卫三是德国出生的天文学家威廉·赫歇尔在1787年1月11日使用自制的6米望远镜在英国斯劳（Slough）的自家花园中发现的。

全球图

图中右上方是天卫三最大的环形山——格特鲁德（Gertrude）环形山，其直径是326千米。梅西纳（Messina）深谷在环形山的下方穿过卫星表面。

仙后

泰坦尼亚（Titania）与奥伯龙（Oberon）是莎士比亚的戏剧《仲夏夜之梦》中的仙王与仙后。因为二人意见不合，奥伯龙在泰坦尼亚入睡时将花朵汁液挤入了她的眼中，在她醒后，她会爱上看到的第一个人。泰坦尼亚醒来之后爱上了织工博顿（Bottom，左图是1999年的电影剧照），而博顿已经被顽皮的精灵帕克（Puck）安上了驴头。

旅行者2号的拼接图

这张天卫一的照片是用旅行者2号拍摄的4张图像拼接而成的。卡奇纳深谷从照片上部穿过，而多莫伏伊环形山位于图中央下方的左侧。多莫伏伊环形山的右下方是宽50千米的梅柳辛（Melusine）环形山，其周围环绕着明亮的抛射物。

大型卫星

天卫一

轨道半径	191 020千米
轨道周期	2.52地球日
直径	1 162千米

天卫一以及天卫二（参见下方）都是英国酿酒师兼天文学家威廉·拉塞尔（William Lassell，见第207页）在1851年10月24日发现的。天卫一以莎士比亚的《暴风雨》一剧中的精灵阿里尔（Ariel）命名，它是4颗最为庞大的天卫中最明亮的一

复杂的地表

这条长而宽的峡谷断层位于天卫一南半球，其内充斥着沉积物，其中的环形山比周围的地区更加稀疏。

个，地表也是最年轻的。卫星上存在陨击坑，不过它们相对较小，其中的许多直径只有5到10千米。直径71千米的多莫伏伊（Domovoy）是最大的环形山之一。天卫一上许多更大、更古老的环形山都经历了地表重构。天卫一的地壳膨胀时形成的长长断层将天卫一表面切出了10千米深的裂口。一条名为卡奇纳（Kachina）深谷的断层长622千米，这样的峡谷底部覆盖着渗自地下的沉积冰层。

大型卫星

天卫二

轨道半径	226 300千米
轨道周期	4.14地球日
直径	1 169千米

天卫二是天王星大型卫星中颜色最暗的一颗，只能反射16%的入射光线。旅行者2号的数据证实，它比天卫一略大一点。而先前的观测让天文学家确信天卫二要小得多，这是由于观测如此遥远且反照率又很低的小卫星是非常困难

的。旅行者2号展现出了一个覆盖着环形山的星球，多数环形山直径几十千米。与天卫一不同，天卫二看起来并没有明亮的年轻辐射纹环形山，这意味着它的地表更加古老。没有迹象表明天卫二被内部的活动变更过。天卫二上有个明亮的地貌——文达（Wunda）被归为环形山，不过它的本质仍然不为人知。

南半球

天卫二的表面几近均匀地覆盖着环形山。其上唯一的明亮地貌——直径131千米的文达地区位于图中顶部，令人遗憾的是，它差不多躲到了视野之外。

大型卫星

天卫四

轨道半径	583 520千米
轨道周期	13.46地球日
直径	1 523千米

天卫四是第一颗被人发现的天王星卫星，威廉·赫歇尔在发现天卫三之前就观测过它。它有着坑注注地缀满远古陨击坑的冰封地表，还有若干座环绕着明亮的辐射纹抛射物的大型环形山。在下面这张旅行者2号拍摄的照片中，哈姆雷特环形山就位于中央偏下处，其直径是296千米。这座环形山的部分底部覆盖着深色物质，有着明亮的中央峰。一座6千米高的山峰从卫星左下方边缘处耸起。

冰封的地表

外围卫星

天卫十六

轨道半径	720万千米
轨道周期	579.5地球日
直径	96千米

天卫六与另一颗小型卫星天卫十七都是在1997年9月发现的。这两颗卫星都在大倾角的逆向轨道上运行。天卫十七的轨道更远些，距离天王星有1 220万千米。它们是人们发现的第一批不规则天卫，据信是天王星在形成不久之后俘获的冰封小行星。

发现天卫十六

天卫十六位于图中的方框内，这张照片是使用美国加州帕洛玛山的海尔望远镜拍摄的。图中右侧的辉光来自天王星，而明亮的光点是背景恒星。

海王星

海王星是4颗气态巨行星中最小、温度最低也是距离太阳最为遥远的一颗。它是1846年被人发现的，迄今只有一架探测器——旅行者2号研究过这颗遥远的星球。当探测器在1989年飞掠海王星时，它拍摄了第一批特写照片，并揭示出海王星是太阳系中风力最强的星球。旅行者2号还发现了一系列环绕着海王星的光环以及6颗新卫星。

轨道

　　海王星每164.8地球年环绕太阳运行一周，这意味着自从1846年被发现以来，它只完成了一个轨道周期。这颗行星相对轨道面存在28.3度的倾角，在沿轨道公转期间，它的南北两极轮流指向太阳。海王星与太阳的距离大约是日地间距的30倍，地球附近的太阳亮度是这里的900倍。然而这颗遥远寒冷的星球仍旧受到太阳热量和光线的影响，显然存在季节的变化。地面望远镜与哈勃空间望远镜的观测表明，1980年之后，海王星的南半球变得更加明亮，而这一点连带观测到的带状云层数量、宽度和亮度的增加都是季节变化的表征。然而为了确认这一季节模型的正确性，需要进行更长期的观测。海王星的每一季度都很长，季节变化很缓慢。南半球当前正处在仲夏。夏季结束后，预计这里会进入秋季，再迎来更为寒冷的冬季。然后在经历完了40年的春季之后，这里的温度和亮度逐渐增加，会再次进入夏季。

自转与轨道

海王星的轨道虽然是椭圆形的，但是与大多数其他行星相比椭率较小，只有金星的轨道比海王星还要圆。这意味着海王星的远日点和近日点距离差异不明显。

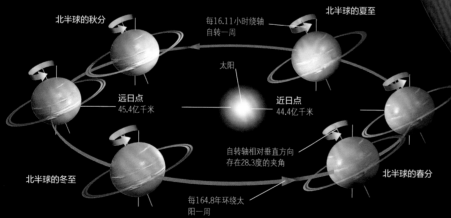

北半球的秋分

每16.11小时绕轴自转一周

北半球的夏至

太阳

远日点
45.4亿千米

近日点
44.4亿千米

自转轴相对垂直方向存在28.3度的夹角

北半球的冬至

北半球的春分

每164.8年环绕太阳一周

结构

　　海王星的大小和结构都与天王星类似，这两颗行星都没有可辨别的固态表面。与它内侧的邻居一样，海王星相对其尺度过重，不可能主要由氢组成。氢只占行星总质量的15%，海王的主要成分是水冰、氨冰以及甲烷冰的混合物，它们组成了行星最厚的一层。海王星相对自转轴倾斜46.8度的磁场就是起源于这一层的。冰层之上是大气，这是一层薄薄的富氢层，其中还含有氦和甲烷气体。在水与冰层之下存在一个小型岩石核心，核心区域可能还拥有冰。各层之间并不存在清晰的边界。这颗行星绕自转轴快速旋转，每转一周需要16.11小时，因此海王星赤道区域存在隆起，它的极地直径要比赤道直径小848千米。

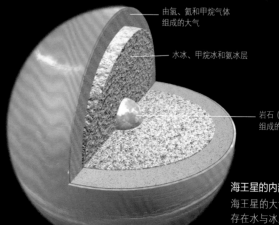

由氢、氦和甲烷气体组成的大气

水冰、甲烷冰和氨冰层

岩石（可能还有冰）组成的核心

海王星的内部结构

海王星的大气是其可见的表面，其下存在水与冰层，这一层包裹着由岩石（可能还有冰）组成的核心。

蓝色行星

这张旅行者2号探测器在1989年8月19日拍摄的海王星照片揭示出了星球动态的大气。大小几乎与地球相当的大暗斑位于行星圆面中央。西侧边缘处可见另一片较小的暗斑以及其上不远处名为"滑行船"（Scooter）的快速运动云层。一道云带跨过了北极地区。

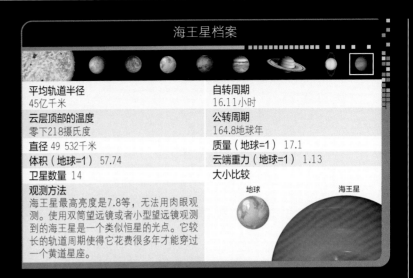

海王星档案	
平均轨道半径 45亿千米	**自转周期** 16.11小时
云层顶部的温度 零下218摄氏度	**公转周期** 164.8地球年
直径 49 532千米	**质量（地球=1）** 17.1
体积（地球=1） 57.74	**云端重力（地球=1）** 1.13
卫星数量 14	**大小比较**

观测方法
海王星最高亮度是7.8等，无法用肉眼观测。使用双筒望远镜或者小型望远镜观测到的海王星是一个类似恒星的光点。它较长的轨道周期使得它花费很多年才能穿过一个黄道星座。

地球　　海王星

大气与天气

海王星是一颗令人费解的星球。这颗行星距离太阳如此遥远，而其上有着惊人活跃的大气，存在庞大的风暴以及超高速的风。海王星接收到的太阳辐射热量不足以驱动其上的天气。大气可能是被下方的海王星内部热源加热的，正是它触发了大尺度的大气变化。环绕着星球的白色条带是覆盖其上的云层，当被加热的大气涌起并凝结成云的时候就会出现。风力在海王星的赤道区域最为猛烈，在那里的西风时速达到了令人瞠目的2 160千米。庞大的风暴状暗斑伴随着明亮的高空云团长而又消。旅行者2号在1989年看到过其中的大暗斑。当哈勃空间望远镜在1996年搜索这片风暴的时候，它已经消失了。

海王星的云层
海王星的大气平行于赤道，呈带状分布。明亮的斑块是高空云层，它们飘浮在蓝色的甲烷层之上。

甲烷与痕量气体 3%

氢 79%　　氦 18%

大气组分
海王星大气主要由氢组成，不过行星的深蓝色是由吸收红光而反射蓝光的甲烷赋予的。

光环与卫星

20世纪80年代，恒星在行星视圆面附近的闪烁第一次暗示了海王星光环的存在。有趣的是，海王星似乎拥有光环弧。直到旅行者2号解决了这一谜题。该探测器发现，海王星拥有光环系统，其中的外环极其稀薄，除内部的3片致密区域外，其余地方都不会让星光变暗。

海王星拥有5道稀疏但完整的光环，从外向内依次是亚当斯（Adams）环、阿拉戈（Arago）环、拉塞尔环、勒威耶环以及伽勒（Galle）环。亚当斯环内部存在一道无名的不完整光环。光环由成分未知的小块物质组成，它们加起来可以形成一个直径只有几千米的天体。环中的物质据信是由附近的卫星提供的。海王星14颗卫星中的4颗位于光环之内。其中的一颗卫星——海卫六，让弧中的物质无法沿亚当斯环均匀分布。14颗卫星中只有海卫一比较大，它与海卫二都是在空间探测器出现之前被人发现的。2002年以后，人们又发现了6颗小型卫星，未来可能会发现更多。

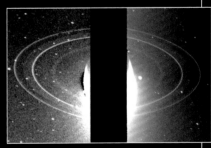

海王星的光环
这两张旅行者2号拍摄的照片被放在一起，用于展示海王星的光环系统。两道明亮的光环分别名为亚当斯环与勒威耶环。暗淡的伽勒环位于最里侧，而拉塞尔环是弥漫的条带，它位于两道明亮的光环之间。

海王星的卫星

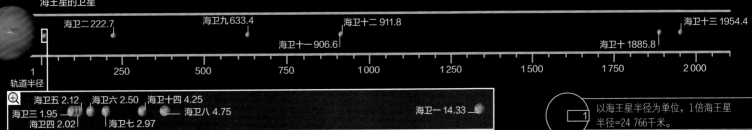

海卫二 222.7　　海卫九 633.4　　海卫十二 911.8　　海卫十三 1954.4

海卫十一 906.6　　海卫十 1885.8

轨道半径

1　　250　　500　　750　　1 000　　1 250　　1 500　　1 750　　2 000

海卫五 2.12　海卫六 2.50　海卫十四 4.25

海卫三 1.95　　海卫八 4.75　　海卫一 14.33

海卫四 2.02　　海卫七 2.97

以海王星半径为单位，1倍海王星半径=24 766千米。

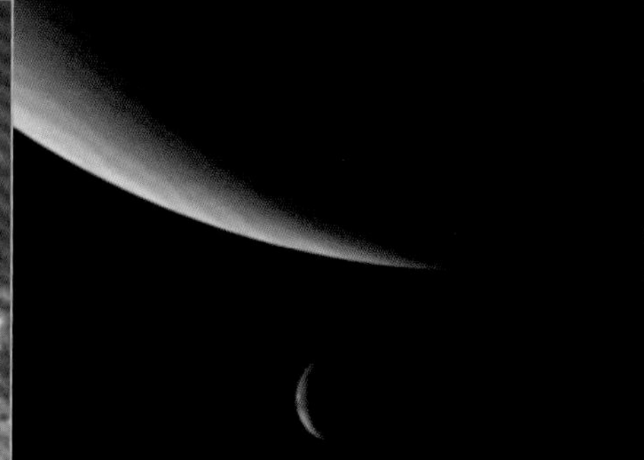

海王星的卫星

海王星只拥有一颗大型卫星——海卫一。所有其他的卫星都很小，依照其与海王星的距离比海卫一近或者远，可以被归为内层或外围卫星。6颗内层卫星是1989年通过分析旅行者2号的数据发现的。这些卫星是以与罗马海神尼普顿（Neptune）或希腊海神波塞冬（Poseidon）有关的人物命名的。

海王星与海卫一
图中在新月形的海王星之下，海卫一就像一个月牙。这张照片是旅行者2号在飞离海王星时拍摄的。

内层卫星

海卫七

轨道半径	73 458千米
轨道周期	0.55地球日
长度	216千米

海卫七是距离海王星第五近的卫星，位于光环之外。这颗卫星是1981年在地球上首次观测到的，不过天文学家最后认为它是环绕着海王星的光环弧。1989年7月底，旅行者2号的天文学家小组证实，它实际上是表面存在环形山的不规则卫星。它以波塞冬的情人拉里萨（Larissa）命名。

形状不规则的卫星

内层卫星

海卫八

轨道半径	117 647千米
轨道周期	1.12地球日
长度	440千米

海卫八是距离海王星最远的内层卫星，也是6颗内层卫星中最大的一颗（它们的尺度随距离增加而增大）。它的轨道几乎就位于行星的赤道面上，环绕海王星运行一周需要不到27小时。它的可见表面存在大量的环形山，不过只有一处地貌很突出，这是一片庞大的近圆凹陷，直径255千米，底部崎岖。海卫八是旅行者2号的科学家发现

两种视角
第一张海卫八的照片（右侧）展示了卫星一半被照亮时的情景。第二张是从更近处拍摄的（图中的黑点是人为的处理标记）。

分布着环形山的表面

的6颗内层卫星中的第一颗。它是在1989年6月中旬被探测到的，此时距离探测器最靠近海王星还有不到两个月，这样就可以让人们对观测次序进行调整。随后旅行者2号记录下的照片揭示出，这是一颗灰色的不规则卫星，不过它大致呈球形，可以反射入射阳光的6%。这颗卫星随后以希腊海神普罗透斯（Proteus）命名。

圆形凹陷的边缘

大型卫星

海卫一

轨道半径	354 760千米
轨道周期	5.88地球日
直径	2 707千米

海卫一是人们发现的第一颗海卫，发现它的时候距离海王星的发现只过去了17天。威廉·拉塞尔（参见右侧边栏）在1846年10月初利用《泰晤士报》上公布的坐标找到了海王星。10月10日，他使用自己设在英国利物浦的天文台中装备的61厘米反射镜发现了海王星最大的卫星。这颗卫星是以波塞冬之子——海神特里同（Triton）命名的。现在人们对这颗冰封卫星了解到的大多数情况，都是将近143年后旅行者2号在飞掠期间揭晓的。

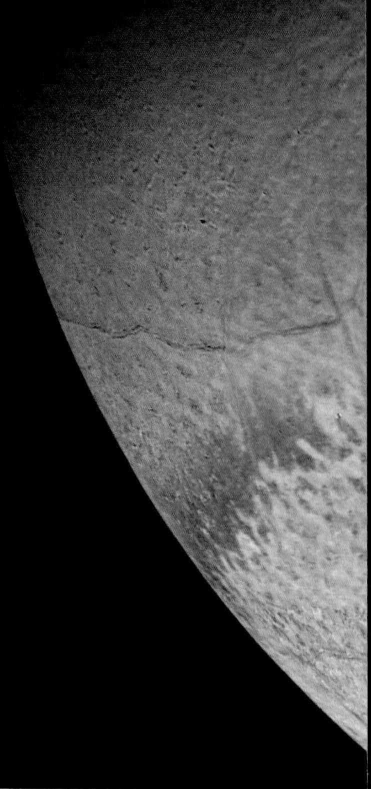

光滑的平原
300千米宽的鲁阿克（Ruach）平原位于"哈密瓜"地貌区。这里可能是被填充过的古老陨击坑。

外层卫星

海卫二

轨道半径	550万千米
轨道周期	360.1地球日
直径	340千米

海卫二是荷兰出生的天文学家赫拉德·柯伊伯在1949年5月1日发现的，当时他在美国得克萨斯州的麦克唐纳天文台工作。现在人们对该卫星仍然所知甚少。1989年，旅行者2号从470万千米之外飞掠海卫二，只拍摄了一张低分辨率照片。海卫二的特点是拥有高度偏心的大倾角轨道，该卫星距离海王星最远可达大约950万千米，最近只有817 200千米。

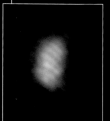

最佳图像
旅行者2号的观测表明，海卫二是一颗暗色的卫星，只能反射所接收阳光的14%。

外层卫星

海卫九

轨道半径	1 570万千米
轨道周期	1 874.8地球日
直径	48千米

海卫九是由一个系统搜索新海卫的国际天文小组发现的。由于海

卫九这样又小又遥远的卫星非常难以探测，小组的任务并不轻松。海卫九在大倾角的椭圆轨道上运行。这些不规则的外围卫星现在已经发现了5颗，人们并不知道它们的起源。由于这些卫星可能是一颗前海卫与柯伊伯带成员之类的路过天体在远古时期发生碰撞的结果，未来可能发现更多的外围卫星。

空间探索

搜索新的卫星

2003年1月13日，一个天文小组宣布发现了包括海卫九在内的3颗新卫星。他们在夏威夷和智利两处观测地点拍摄了海王星周围天区的多张照片。这些照片被叠加到一起，以增强暗弱天体的信号。新发现的卫星是亮条状的星空背景之上的光点。

夏威夷莫纳克亚天文台
搜索工作使用的加拿大-法国-夏威夷望远镜坐落在莫纳克亚山。另一处观测地是智利的托洛洛山（Cerro Tololo）美洲天文台。

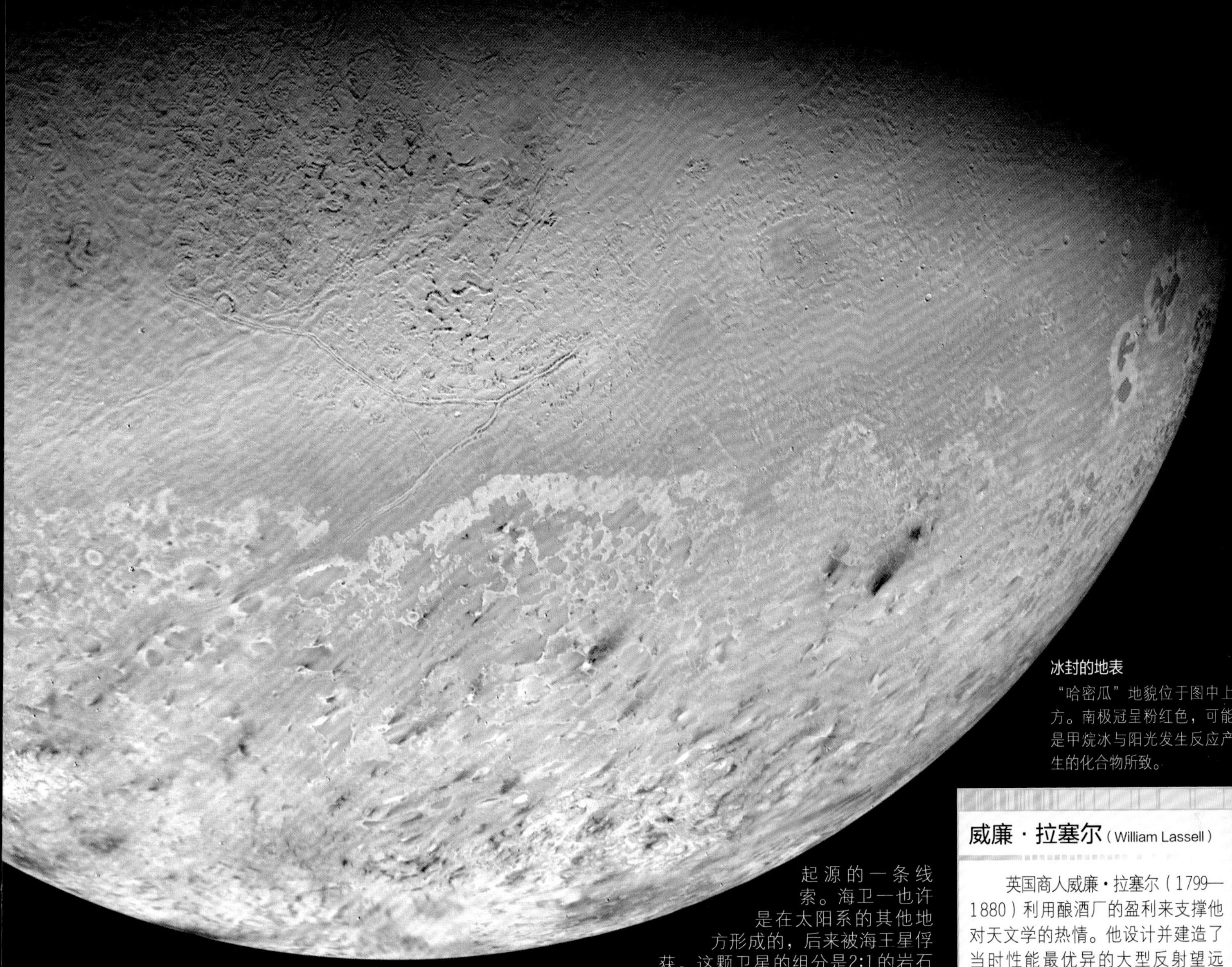

冰封的地表
"哈密瓜"地貌位于图中上方。南极冠呈粉红色,可能是甲烷冰与阳光发生反应产生的化合物所致。

威廉·拉塞尔(William Lassell)

英国商人威廉·拉塞尔(1799—1880)利用酿酒厂的盈利来支撑他对天文学的热情。他设计并建造了当时性能最优异的大型反射望远镜。起初他在英国利物浦的家中进行观测,之后观测地搬到了马耳他岛。除海卫一外,拉塞尔还发现了天王星的卫星天卫一和天卫二,还有土星的卫星土卫七。

起源的一条线索。海卫一也许是在太阳系的其他地方形成的,后来被海王星俘获。这颗卫星的组分是2:1的岩石与冰质,它们分层形成了一个岩石核心、一层可能的液态地幔以及冰质外壳。它的冰封地表在地质学意义上很年轻,其上只存在着很少几座环形山,并拥有一系列的地貌。由于与瓜皮相似,一片由线状沟槽、山脊以及圆形凹陷组成的区域俗称"哈密瓜"。南极区域的特征是深色斑块。当地表之下的氮冰因为阳光的加热而转化为气体时,就会产生这样的地貌。气体作为间歇泉一般的羽流从地表缝隙喷出,将可能含碳的深色尘埃带入大气,随后尘埃再沉积到海卫一的表面上。

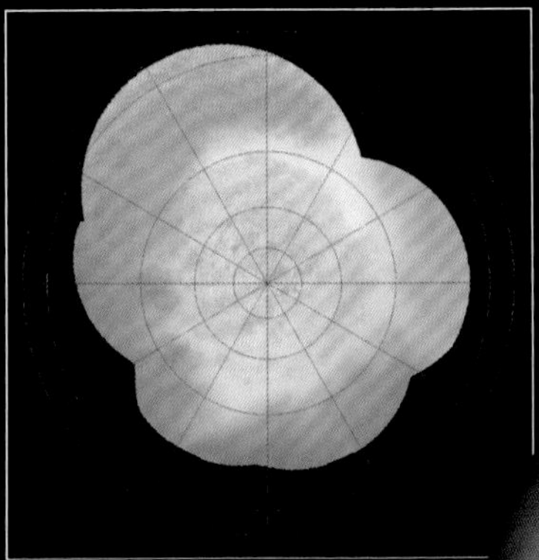

海卫一显然是最大的海卫,它比冥王星还要庞大。它在圆形轨道上运行,存在同步绕转现象,因此同一面永远朝向海王星。对于这样一颗大型卫星来说很特别的是:海卫一是逆向运行的,公转方向与海王星的自转相反。这可能提供了它

极地投影

这张照片是海卫一南极地区的俯视图。一道颜色偏蓝的物质条带从中央的极冠延伸到了赤道地区,它可能是在风力作用下重新分布的新鲜氮霜或氮雪。

斑驳的地壳

南半球

这张海卫一的准全图是使用旅行者2号拍摄的3张照片拼接而来的。从远处看去,南半球地区看起来色彩斑驳。

冥王星与冥卫

26~27 天体
38~39 引力、运动和轨道
102~103 太阳家族
柯伊伯带与奥尔特云 210~213

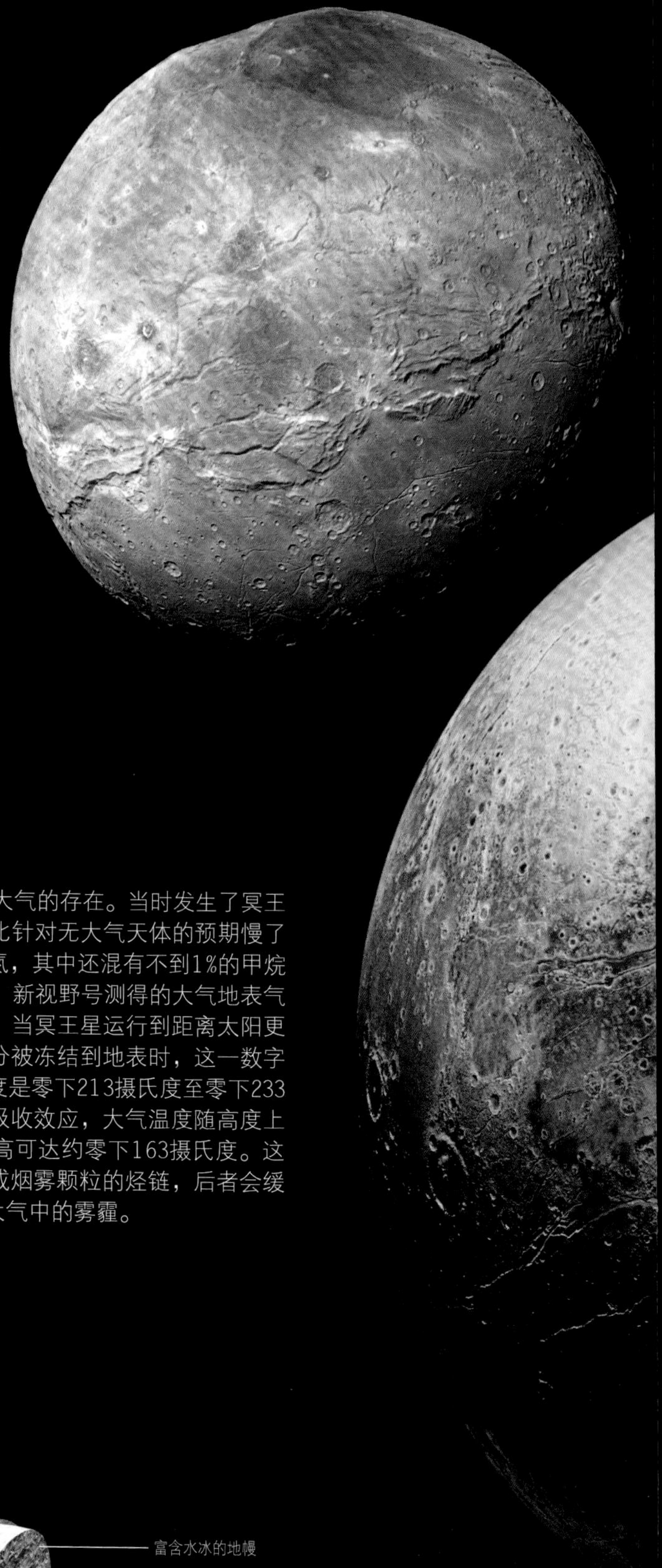

美国天文学家克莱德·汤博（Clyde Tombaugh）在1930年发现的冥王星（参见第209页）一度被归为行星之列。2006年，这个太阳系的先遣者被重新归类为矮行星，并被视作第一个被发现的柯伊伯带天体（KBO）。冥王星与太阳的距离比其他大型KBO更近，不过除了在2015年被新视野号探测器近距离造访（参见第211页），它可能也并不特殊。

轨道

冥王星具有倾角较大的偏心轨道。它那周期248年的轨道让其与太阳的距离在44亿千米到74亿千米之间波动，这意味着冥王星有时可能位于海王星内侧（最近的一次是在1979年至1999年间）。不过冥王星具有显著轨道倾角（相对黄道夹角是17.1度），而且它每环绕太阳运行2周，海王星就恰好环绕太阳运行3周，因此这两个天体永远不会发生近距离交会。

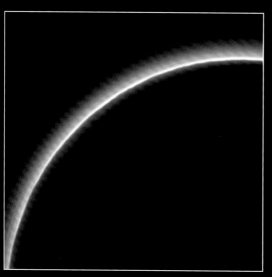

大气

1988年，人们证实了冥王星大气的存在。当时发生了冥王星掩星现象，星光减弱的速度要比针对无大气天体的预期慢了很多。冥王星大气的主要成分是氮，其中还混有不到1%的甲烷以及更少量的一氧化碳。2015年，新视野号测得的大气地表气压约为地球大气压的十万分之一，当冥王星运行到距离太阳更远的位置，从而让更多的大气成分被冻结到地表时，这一数字可能还会减小。冥王星的地表温度是零下213摄氏度至零下233摄氏度，不过由于甲烷对阳光的吸收效应，大气温度随高度上升，在高度约30千米处的气温最高可达约零下163摄氏度。这一过程会让甲烷分子结合成为组成烟雾颗粒的烃链，后者会缓慢沉降到地表，并造就了冥王星大气中的雾霾。

蓝色天空

新视野号探测器在飞掠冥王星3.5小时后，从20万千米之外回望太阳，目睹了因冥王星大气中的光化学雾霾散射而变成蓝色的阳光。

结构

冥王星很像略微缩小且质量更低的海卫一（海王星最大的卫星，参见第207页）。冥王星的地壳主要由水冰组成，在冥王星地表的低温条件下，这是一种非常坚硬且牢固的物质。冥王星的密度说明，该星球必然拥有一个体积相当大的岩石核心。核心区域的放射性元素产生的热量可能足以让其外的冰层融化，从而在冥王星内部维持由水体组成的液态海洋。冥王星的地表主要覆盖着氮冰，还存在着痕量的冻结甲烷和一氧化碳冰。地表部分区域暗红色的变色现象可能是落向地表的烃质雾霾颗粒导致的。

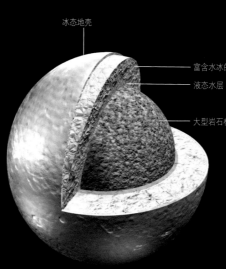

冰态地壳
富含水冰的地幔
液态水层
大型岩石核心

冥王星的内部结构

冥王星据信由占据了整个星球直径约7成的岩石核心、外围的水冰地幔和薄薄的冰质地壳组成。来自核区的热量可能在核心和地幔之间帮助维系了一薄层液态水的存在。

冥王星特写

这张宽300千米的图像展示了眺望冥王星的登津（Tenzing）山脉的情景。这道山脉高3~6千米，由冰体构成，位于平坦得多的氮冰冰原——斯普特尼克号平原的边缘附近。

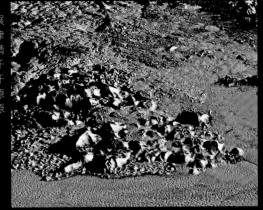

卫星

　　冥王星最大的卫星——冥卫一是在1978年被发现的。自那以后，人们在冥王星周围又发现了4颗小型卫星。冥卫一显然是最大的一颗冥卫，直径约1 200米，质量约合冥王星的15%。冥卫一的体积和质量使得它成为太阳系中相对母天体而言最大的一颗已知卫星。冥卫一与冥王星在同步轨道上运行，这意味着它们永远保持面对面的状态。两个天体都是每6.38地球日绕轴自转一周。由于它们的质量如此接近，其公转轨道所环绕的共同质量中心（质心）并没有位于冥王星内部，而是处于两个天体之间的宇宙空间里。

冥王星与冥卫一

这张由新视野号探测器拍摄的拼接图按比例呈现了冥王星（下）与冥卫一（上）。冥卫一不具备大气，其明显破碎的地表由水冰支配，只是北极附近染上红色的区域可能含有来自冥王星的污染物。冥王星本身有着引人入胜的多样化地表。星球圆面中央附近的明亮斑块名叫斯普特尼克号（Sputnik）平原，这是一处低海拔区域，由氮冰所占据。哪怕在冥王星的极低温度下，氮冰的质地仍旧很柔软，足以流动并发生对流。氮冰可能是从冥王星的内部逃逸而出的，它们占据了一处由大型陨击事件形成的伤痕。在其他区域，更为古老的冰质地壳上散布着小型陨击坑。

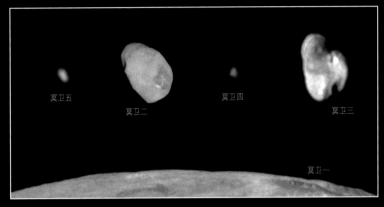

冥王星及其卫星

冥王星已知的卫星有5颗，分别是冥卫一（Charon）、冥卫二（Nix）、冥卫三（Hydra）、冥卫四（Kerberos）和冥卫五（Styx），图中按比例描绘了这些冥卫。冥卫一显然是其中最大的一颗，直径约为1 200千米。冥卫三宽约114千米。冥卫二宽约90千米。冥卫四和冥卫五分别于2011年和2012年被发现，它们比其他3颗冥卫要小很多。

地面拍摄的照片

这张冥王星-冥卫一系统的照片是使用智利帕拉纳尔（Paranal）天文台的一架8.2米望远镜拍摄的。冥卫一是在亚利桑那州美国海军天文台工作的詹姆斯·克里斯蒂（James Christy）于1978年发现的。他注意到冥王星的影像会周期性地伸长，意识到这可能是冥王星的卫星导致的。冥卫一在距离冥王星17 530千米的地方运行着。

空间探索

搜索行星

　　冥王星是在人们刻意搜索"X行星"时被发现的。在20世纪初，人们认为这样的一颗行星会影响天王星和海王星的轨道。1929年，美国天文学家克莱德·汤博开始在亚利桑那州的洛厄尔天文台尝试进行搜索。他的方法是每隔几天拍摄同一片天区，并比较两张图像，以寻找其中发生过移动的天体。1930年1月23日，汤博对双子δ附近的天区进行了长时间曝光。1月29日，他对同一天区再次曝光，底片上的一颗"恒星"（图中以红色箭头表示）发生了移动。他发现了冥王星。后来人们才弄清，冥王星太小了，不可能是X行星。而如今的天文学家也意识到，我们太阳系的模型也并不需要X行星的参与。

太阳系

柯伊伯带与奥尔特云

散盘　　　柯伊伯峭壁　　　经典柯伊伯带

在巨行星轨道之外，数十亿颗主要由不同冰态物质构成的小天体环绕在太阳系四周。最内侧的小天体在经典柯伊伯带内运行，被称为柯伊伯带天体（KBO）。其中一些冰质天体的尺度与小型行星相当，其中的一颗，也就是冥王星,原先被归为行星之列。在此之外存在着庞大的晕环，由更小的冰质天体组成，这里叫作奥尔特云。据信奥尔特云中包含数万亿个天体，是造访内太阳系的许多彗星的来源。

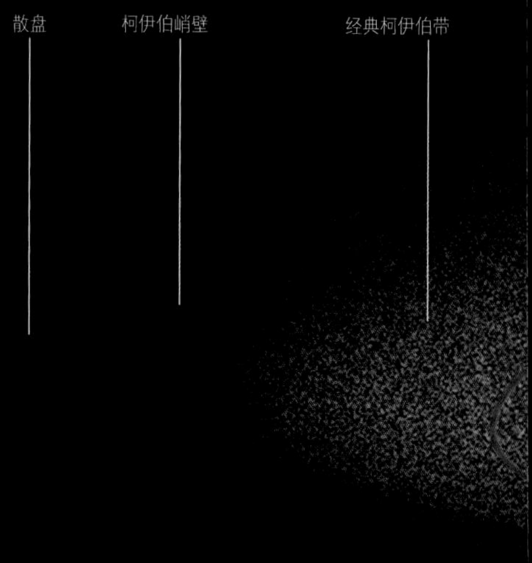

柯伊伯带的位置
柯伊伯带从海王星轨道向外延伸到距离太阳大约150亿千米的地方。它可以分成两个区域，分别是延伸到大约75亿千米之外的经典柯伊伯带，还有从经典柯伊伯带向外延伸到整个柯伊伯带边缘的离散盘。

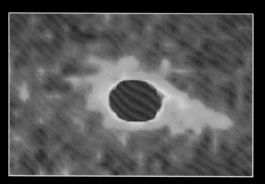

喀戎
1977年发现的小行星喀戎是一类冰质天体的原型，它们的轨道位于土星和天王星的轨道附近。这类天体合称半人马族，据信起源于离散盘中，由于与海王星的引力相互作用而被拖向太阳方向。它们可能会继续演化成短周期彗星。

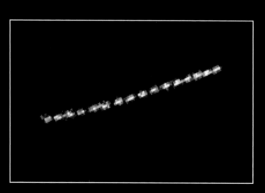

创神星
这张多次曝光照片展示了创神星（Quaoar）在天空中的运动。该天体于2002年被发现，据估计它的直径大约是1 170千米，约合冥王星的一半。不过创神星的密度比冥王星高很多，这说明它包含更多的岩石成分而非冰质。

矮行星

在1930年被发现之后，冥王星被视作距离太阳第九远的行星，不过当时并不存在针对"行星"的正式定义。若干尺度与冥王星相当的柯伊伯带天体的发现说明，冥王星只是人们发现的第一个柯伊伯带天体而已。柯伊伯带存在海量这种天体，它们的体积从与冥王星相当到更小都有。人们意识到这一点后，对行星的定义就不能仅仅考虑其大小了，这是因为在星球尺度方面并不存在明显的断档。2006年，国际天文学联合会（IAU）正式给出了"行星"一词的定义，规定此类天体必须满足3个重要条件：它需要环绕太阳（或其他恒星）运行；质量要足够大，从而自身的引力可以将其外形塑造为球形；它还要清空轨道周边的区域。由于冥王星与若干尺度相当的天体共用同一轨道空间，还与质量更大的海王星轨道相交，并不能满足第三个条件。因此，冥王星不再是一颗正式的行星。虽然这一决议争议重重，但很明确的一点是，如果冥王星是在2010年而不是1930年被发现的，那么它从一开始就不会被称作行星。不过IAU提出了一个新的名词——矮行星，用来描述可以满足行星前两条定义，但不符合第三条定义的天体。因此冥王星、阋神星、妊神星、鸟神星，还有其他一些可能的大型KBO都是矮行星。同理，最大的小行星——谷神星也是矮行星（参见第175页）。

太阳系之外的碎屑盘
人们在其他恒星周围发现了若干类似柯伊伯带的结构，据信它们是行星形成过程剩余的碎片。年龄在10亿年的恒星HD 53143是一颗距离地球约60光年的冷星，它周围的盘状结构（参见右图）从中央的恒星向外延伸了大约165亿千米，它的直径大致与太阳系的柯伊伯带以及散盘相当。

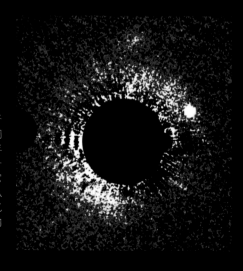

赫拉德·柯伊伯（Gerald Kuiper）

赫拉德·柯伊伯（1905—1973）是20世纪最富影响力的行星科学家之一。在荷兰莱顿（Leiden）大学读完天文学之后，他在1933年来到了美国。1960年，他在亚利桑那州的图森（Tucson）市创立了月球和行星研究所，随后致力于早期的行星探测器研究。他发现了天卫五与海卫二，还是第一个在火星大气中辨认出二氧化碳的人。1951年，他提出存在现在被称为柯伊伯带的区域，不过他认为该区域只在太阳系早期存在了很短的时间。

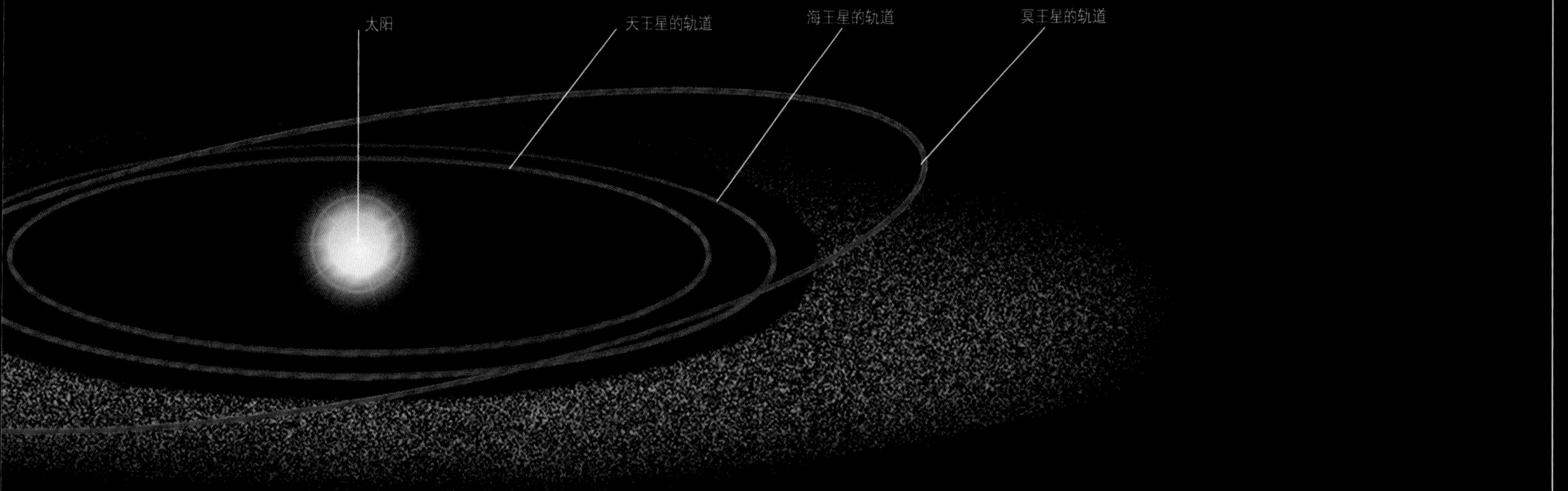

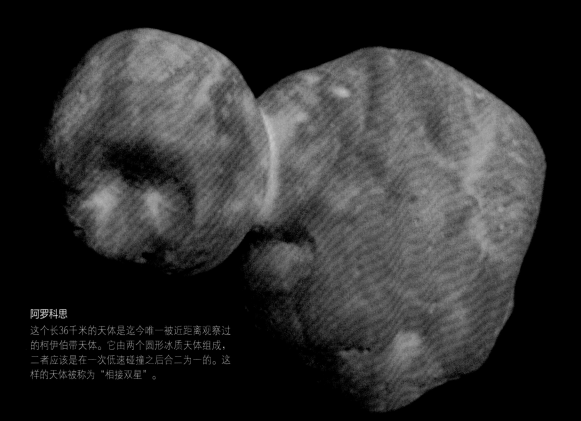

太阳　天王星的轨道　海王星的轨道　冥王星的轨道

柯伊伯带及其成分

　　柯伊伯带是一道由天体组成的宽阔环带，始于海王星的轨道，向外延伸到距离太阳大约150亿千米的地方。早在1930年冥王星（参见第208～209页）被发现后不久，就有人提出可能存在这样一道环带。英国天文学家肯尼思·埃奇沃思（Kenneth Edgeworth）在1943年、赫拉德·柯伊伯（参见对页）在1951年各自提出了最早的理论模型，来解释此类环带的形成方式。出于这种原因，环带有时被称为埃奇沃思-柯伊伯带，简称EKB。然而在1992年之前，这道环带的存在还只是理论猜测。那年天文学家辨认出了一个直径约160千米的天体，现在它被称为1992 QB1。这是人们第一次证实在海王星轨道外侧还存在冥王星以外的其他天体。从那以后，又有大约1 000个此类天体被发现。整个柯伊伯带可以分为内区（经典柯伊伯带）以及外区（散盘）两部分。经典柯伊伯带大约延伸到距离太阳75亿千米的地方，其中天体密度相对较高，成员轨道大致为圆形。在经典柯伊伯带外边缘处天体密度的下降称为柯伊伯峭壁，在柯伊伯峭壁之外是散盘，这里的天体分布相对稀疏，轨道偏心率和倾角也更大。

阿罗科思
这个长36千米的天体是迄今唯一被近距离观察过的柯伊伯带天体。它由两个圆形冰质天体组成，二者应该是在一次低速碰撞之后合二为一的。这样的天体被称为"相接双星"。

新视野号

　　这架NASA的探测器是第一架，也是迄今为止唯一一造访过比海王星更远的天体的航天器。新视野号于2006年1月发射，2015年飞掠冥王星及其卫星。随后它的飞行轨迹略作调整，以近距离飞掠一个刚刚被发现的、临时编号为2014 MU69的小型柯伊伯带天体，随后这一小天体被永久命名为486958号小行星阿罗科思（Arrokoth）。新视野号于2019年1月1日从3 500千米之外以51 500千米的时速掠过了阿罗科思。探测器目前状态良好，其上的放射性同位素电机（含有钚-238）可以持续工作到21世纪30年代。现在人们在继续开展搜索，以图发现一个距离新视野号的路径足够近且更加遥远的KBO，让探测器可以凭借剩余的燃料调整航线，完成新的近距离飞掠任务。

太阳系

经典柯伊伯带天体

　　经典柯伊伯带天体一般又称KBO，它们可以分成明显不同的几类，有着不同的组分，可能起源于太阳系的不同区域。一种区分方法是"冷"与"热"的KBO。虽然名称如此，不过这两类并非通过表面温度差异区分，而是由轨道外形和倾角来判断。冷KBO的轨道相对较圆，倾角较小。它们的表面偏红，这说明其中存在甲烷冰。鸟神星（Makemake）这样的热KBO轨道偏心率和倾角更大，表面呈蓝白色。冷KBO据信大致就起源于当前的轨道附近，而热KBO可能起源于比现在更加靠近太阳的地方。第三类叫作冥族小天体，它们位于海王星的2∶3共振稳定轨道上（也就是说，它们每绕太阳公转2周，海王星就公转3周）。这样的轨道构型让它们可以免遭海王星的引力影响，并保证自身轨道的稳定。然而一些天文学家并不认为包括妊神星（Haumea）和冥王星自身在内的冥族小天体属于经典KBO。

鸟神星

2005年发现的鸟神星估计直径在1 360千米到1 480千米之间，大约相当于冥王星尺度的三分之二。鸟神星的温度只有零下243摄氏度，表面覆盖着甲烷冰、乙烷冰，可能还有氮冰。

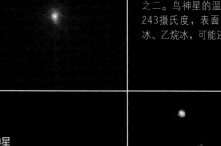

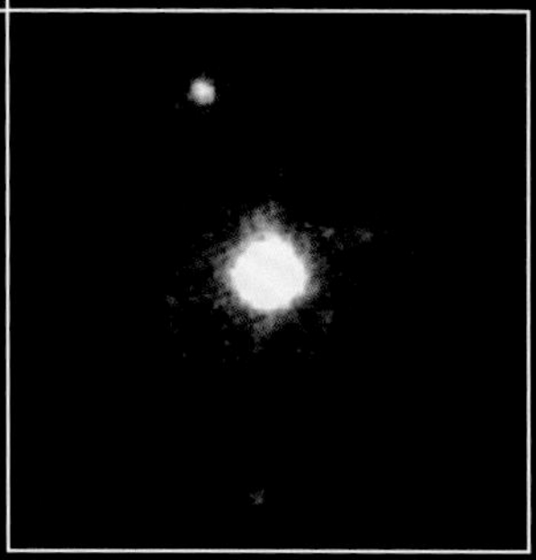

妊神星

妊神星长轴长度约为1 960千米，短轴长度只及长轴之半。对于KBO来说，它的外形显得格外长。它还有着非常短的自转周期，每4小时绕轴自转一次。妊神星是在2004年发现的。

散盘天体

　　在经典柯伊伯带之外存在一类明显不同的天体，它们叫作散盘天体（SDO）。这些SDO在偏心轨道上环绕太阳运转，轨道倾角往往很大，有时它们会穿过经典柯伊伯带，不过也会运行到更远的地方，与太阳的距离可达150亿千米或者更远。它们据信起源于更加接近太阳的区域，因为受到外层行星的引力作用而向外抛去。SDO现在仍然会受到海王星引力的影响，人们认为散盘是半人马族天体（如喀戎）以及一些彗星的来源。已知最为庞大的SDO是2005年发现的阅神星（Eris）。阅神星本身拥有一颗卫星——阅卫，它的轨道运动说明，阅神星的质量比冥王星大28%左右，虽然其尺度可能比后者更小。天文学家面临一个选择，要么将阅神星正式列为太阳系的第十大行星，要么将冥王星从行星中除名——不管是从质量还是体积来看，冥王星在KBO中都不算突出。他们选择了后一选项，并引进了矮行星这一新类别，用以描述特征类似于行星，但是引力不足以清除附近区域其他天体的星球（参见第210页）。

奥尔特云

奥尔特云据信由两个不同的区域组成：稀疏分布的球形外奥尔特云，以及面包圈状的内云。更加拥挤的内云中的彗星经常会被弹射到外云里，帮助补充那里的成员。

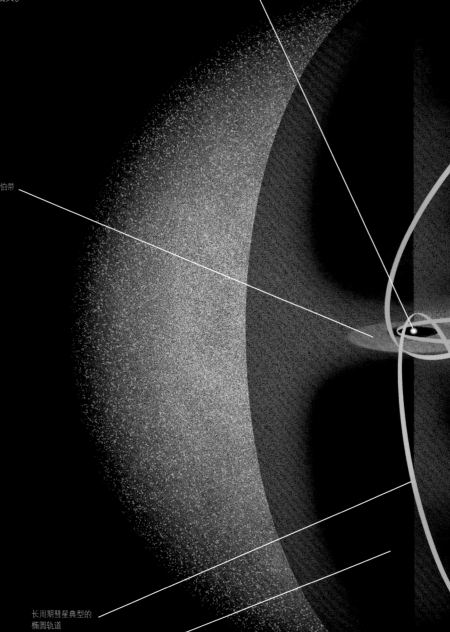

太阳

柯伊伯带

长周期彗星典型的椭圆轨道

内层与外层奥尔特云之间的彗星很少

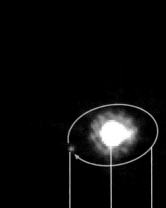

阅神星与阅卫

2005年9月10日，天文学家使用夏威夷的10米凯克望远镜发现，阅神星拥有一颗卫星（图中位于阅神星左侧），现在它被命名为阅卫（Dysnomia，狄斯诺弥亚）。这颗卫星大约每16天环绕阅神星一周。阅神星与阅卫在偏心轨道上每557年环绕太阳运行一周。

阅卫　阅神星

阅卫的轨道

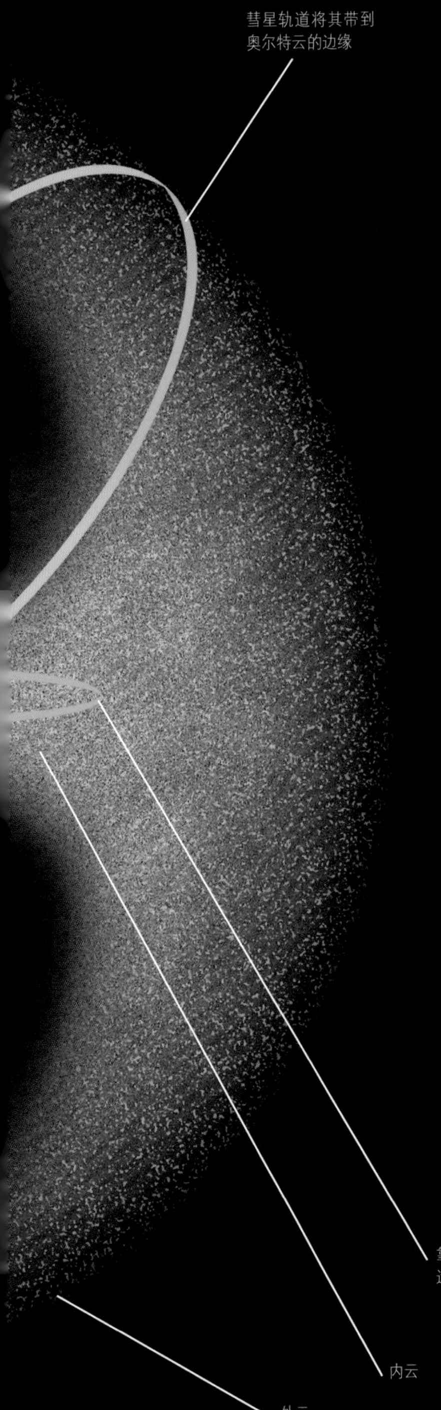

奥尔特云

　　在柯伊伯带以外环绕着太阳系的是庞大的长周期彗星云——奥尔特云。它的外围延伸到距离太阳几乎有1光年的地方，据信其中含有数万亿个天体，总质量相当于地球的5倍。奥尔特云无法被直接观测，不过从内太阳系穿过的彗星轨道强烈表明了它的存在。爱沙尼亚天文学家恩斯特·厄皮克（Ernst Öpik）在1932年最早提出了它的存在，不过1950年扬·奥尔特（参见右侧边栏）又独立提出了这一观点。奥尔特云中的彗星据信起源于距离太阳近得多的地方，也就是如今巨行星轨道所处的区域。然而在太阳系历史的早期，气态巨行星迁移到了当前的位置上，与这些行星的近距离交会将大量彗星推到了高度椭圆的轨道上。在太阳系外围，这些彗星只受到太阳引力的微弱束缚，因此其他恒星以及银河系本身的潮汐力可以施加影响，逐渐让其轨道"圆化"。如今，类似的潮汐效应偶尔会将彗星推出奥尔特云，并让它们朝太阳冲来。不过根据其他某些理论，奥尔特云中的一些彗星可能起先是环绕其他恒星运行的，后来它们又被太阳的引力所俘获。

彗星轨道将其带到奥尔特云的边缘

靠近太阳系平面运行的彗星

内云

外云

扬·亨德里克·奥尔特
（Jan Hendrik Oort）

　　扬·亨德里克·奥尔特（1900—1992）出生于荷兰的弗拉讷克（Franeker），他的大半职业生涯都是在荷兰莱顿大学度过的。奥尔特被人铭记的最重要原因是：他提出太阳系被辽阔的对称彗星云包围着，这片彗星云现在以他的姓氏命名。他出名的其他理由还包括：射电天文先驱，发现银河系的自转，估计出银心的方向和距离，发现宇宙存在"缺失质量"的迹象（现在人们知道这是暗物质）。

长周期彗星
像百武彗星（参见左图）这样的长周期彗星从四面八方高速冲向内太阳系，这表明它们来自太阳周围一个遥远的球形区域，也就是奥尔特云。

遥远的天体
赛德娜在2003年11月14日被人发现的时候，其与太阳的距离几乎是日地间距的90倍，这样它就成了当时观测到的最为遥远的太阳系天体。

赛德娜

　　2003年，在海王星以外的区域搜索天体的天文学家发现了一个距离太阳大约135亿千米的星球，不过它在偏心轨道上运行，距离太阳最远可达1 402亿千米。这是迄今在太阳系内发现的最为遥远的天体。它的表面温度据估计是零下260摄氏度，因此也是太阳系中最为寒冷的天体，故而它以因纽特人的北冰洋女神赛德娜（Sedna）命名。一些天文学家认为，赛德娜给了我们第一个窥视内奥尔特云天体的机会。然而，哪怕对于奥尔特云最内侧的天体来说，赛德娜的轨道都很不寻常，这说明在过往它应该受过扰动。赛德娜的轨道过于遥远，不太可能受海王星影响，不过其他一些可能的解释包括其他恒星引力的扰动，甚或是海王星轨道以外很远处一颗尚未发现的大型行星的影响。

红色星球
根据估计，赛德娜的直径在1 200千米到1 600千米之间。如这张艺术图所示，它的表面呈暗红色。

赛德娜大约每11 400地球年环绕太阳一周

赛德娜的轨道
赛德娜环绕太阳一周需要花费大约11 400年。它在2076年将抵达近日点，距离太阳大约114亿千米，不过它的大多数轨道时间都是在散盘与内奥尔特云之间度过的。

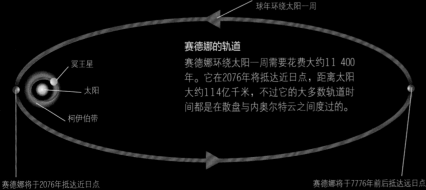

冥王星
太阳
柯伊伯带

赛德娜将于2076年抵达近日点

赛德娜将于7776年前后抵达远日点

彗星

38～39 引力、运动和轨道
210～213 柯伊伯带与奥尔特云
流星与陨石 220～221

彗星在进入内太阳系的时候会带来引人注目的天象。它们的小型彗核被直径大约10万千米的明亮气体尘埃云——彗发包围着。靠近太阳的大型彗星还会产生长长的明亮彗尾，彗尾会在太空中延伸数千万千米，亮得足以在地球上看到。

壮观的天象

大多数彗星只有在亮得足以闪耀在地球上空的时候才能被人发现。海尔-波普彗星是在1997年7月底被发现的，此后数周内都保持可见。在公元5400年前后，它会再次出现在地球上的天空中。

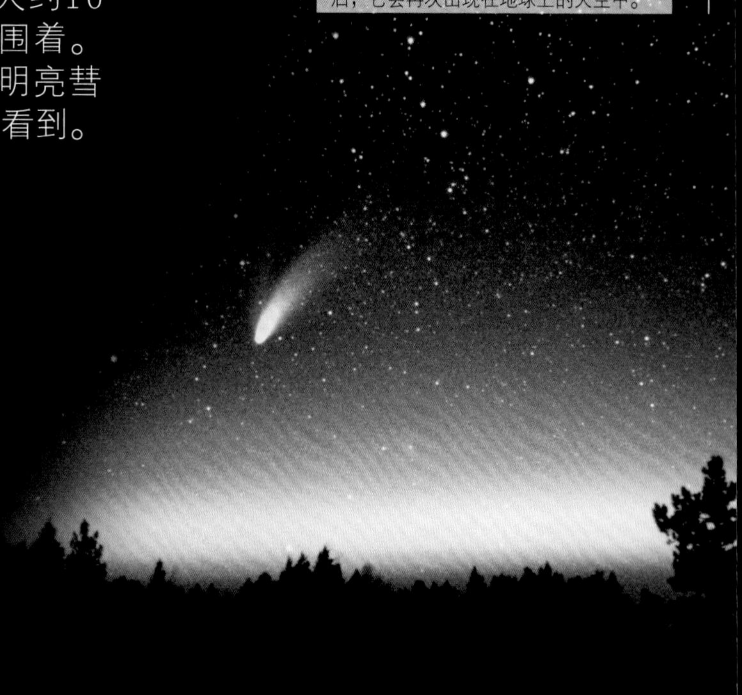

轨道

彗星轨道分为两类。短周期彗星环绕太阳运行的方向与行星一样，大多数此类彗星的轨道周期都在7年左右，与太阳的距离不会远于木星。在木星的引力影响下，短周期彗星被俘获进了内太阳系。如果继续待在小小的轨道上，它们很快就会损耗掉。不过其中的一些彗星会被木星抛进大得多的轨道，随后还可能被重复俘获。中等周期和长周期彗星的轨道周期长于20年（参见第216~217页），它们的轨道相对太阳系平面存在大小随机的倾角。许多这样的彗星要运行很远的距离进入星际空间。大多数有记录的彗星都靠近过太阳，这时它们会发育出彗发和彗尾，很容易被发现。还有大量的彗星位于更加遥远的轨道上，它们太过暗淡，无法被发现。

天王星
斯威夫特-塔特尔彗星
轨道周期约为135年
土星
哈雷彗星
轨道周期约为76年
地球
火星
太阳
恩克彗星
轨道周期3.3年
木星
坦普尔-塔特尔彗星
轨道周期32.9年
百武彗星
轨道周期约为3万年
海尔-波普彗星
轨道周期4 200年
以及2 530年

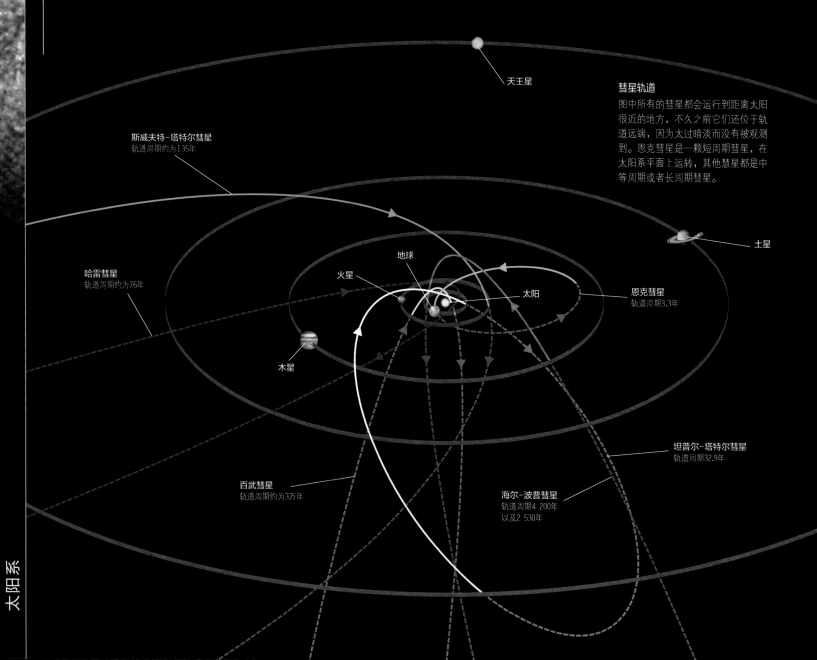

彗星轨道

图中所有的彗星都会运行到距离太阳很近的地方，不久之前它们还位于轨道远端，因为太过暗淡而没有被观测到。恩克彗星是一颗短周期彗星，在太阳系平面上运转，其他彗星都是中等周期或者长周期彗星。

结构

所有彗星活动的根源都是一个脆弱的低密度不规则小型彗核，它类似于“脏雪球”。其上的尘垢是以小型尘埃颗粒形态存在的硅酸盐岩石，冰质部分主要由水组成，不过大约二十分之一的分子是比较特殊的，其中包括二氧化碳、一氧化碳、甲烷、氨以至更加复杂的有机物。彗核被一层很薄的尘埃层覆盖，这个尘埃层也由彗星物质组成，不过其中的冰质物质已经从裂缝和缺口中跑光了。在彗星靠近太阳时，冰质在高强度太阳辐射下会直接从固态转化为气态。

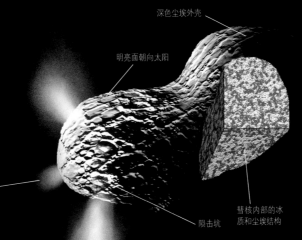

深色尘埃外壳
明亮面朝向太阳
被太阳加热后，彗核表面释放出了气体和尘埃喷流
陨击坑
彗核内部的冰质和尘埃结构

彗核截面

彗核结构很均匀，由许多较小的“脏雪球”组成。表层的尘埃厚度只有几厘米，由于反射的光线很少，它们看起来颜色暗淡。整个彗核结构的强度是可以忽略不计的。不仅潮汐力会将彗星扯碎，而且很多彗星会随机破裂。

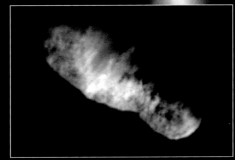

彗核

博雷利彗星长形彗核的中段存在一片光滑地带，不过更加“斑驳”的地区由侧壁陡峭的山峰组成，山峰彼此被凹陷区域以及沟槽分隔。

弗雷德·惠普尔
(Fred Whipple)

弗雷德·惠普尔（1906—2004）是美国哈佛大学的天文学教授，在1955年至1973年间担任史密松天体物理天文台的台长。1951年，他提出了彗核的“脏雪球”模型，认为雪球是存在自转的。在太阳加热其一侧的时候，热量被缓慢传到下方的冰质中，最终冰质直接升华为气体。这会沿彗星轨道方向产生一个喷发作用力。取决于自转方向，它会让彗核加速或减速。

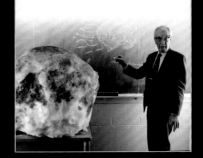

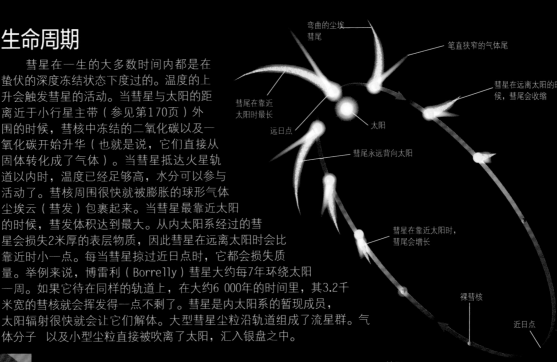

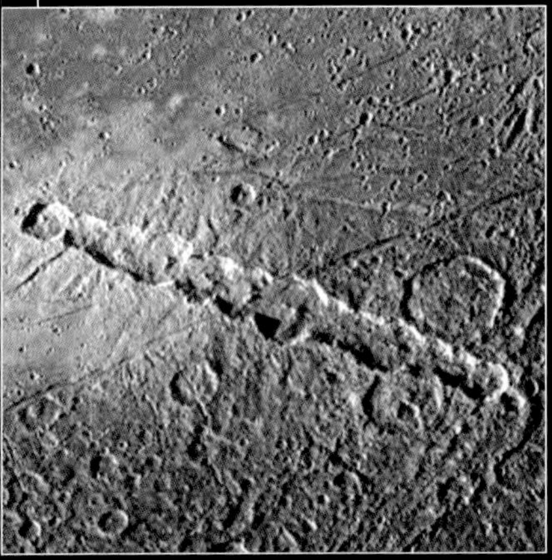

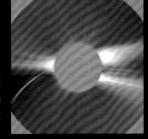

坑链

这道200千米长的恩奇（Enki）坑链位于木星最大的卫星——木卫三之上。木卫三可能遭受了约12块彗星碎片的撞击。该彗星也许是在撞击发生之前不久因为与木星靠得过近而被潮汐力撕碎的。

生命周期

彗星在一生的大多数时间内都是在蛰伏的深度冻结状态下度过的。温度的上升会触发彗星的活动。当彗星与太阳的距离近于小行星主带（参见第170页）外围的时候，彗核中冻结的二氧化碳以及一氧化碳开始升华（也就是说，它们直接从固体转化成了气体）。当彗星抵达火星轨道以内时，温度已经足够高，水分可以参与活动了。彗核周围很快就被膨胀的球形气体尘埃云（彗发）包裹起来。当彗星最靠近太阳的时候，彗发体积达到最大。从内太阳系经过的彗星会损失2米厚的表层物质，因此彗星在远离太阳时会比靠近时小一点。每当彗星掠过近日点时，它都会损失质量。举例来说，博雷利（Borrelly）彗星大约每7年环绕太阳一周。如果它待在同样的轨道上，在大约6 000年的时间里，其3.2千米宽的彗核就会挥发得一点不剩了。彗星是内太阳系的暂现成员，太阳辐射很快就会让它们解体。大型彗星尘粒沿轨道组成了流星群。气体分子 以及小型尘粒直接被吹离了太阳，汇入银盘之中。

弯曲的尘埃彗尾
笔直狭窄的气体尾
彗星在远离太阳的时候，彗尾会收缩
彗尾在靠近太阳时最长
远日点
太阳
彗尾永远背向太阳
彗星在靠近太阳时，彗尾会增长
裸彗核
近日点

彗尾

在彗星靠近太阳的时候，它会发育出两道彗尾。弯曲的彗尾由太阳辐射推开的尘埃组成，直尾由太阳风从彗发中吹走的电离气体组成。

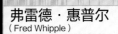

SOHO-6彗星

SOHO卫星发现了大量的掠日彗星。图中SOHO-6是左侧的橙色亮条，它正在接近被遮掩的太阳。

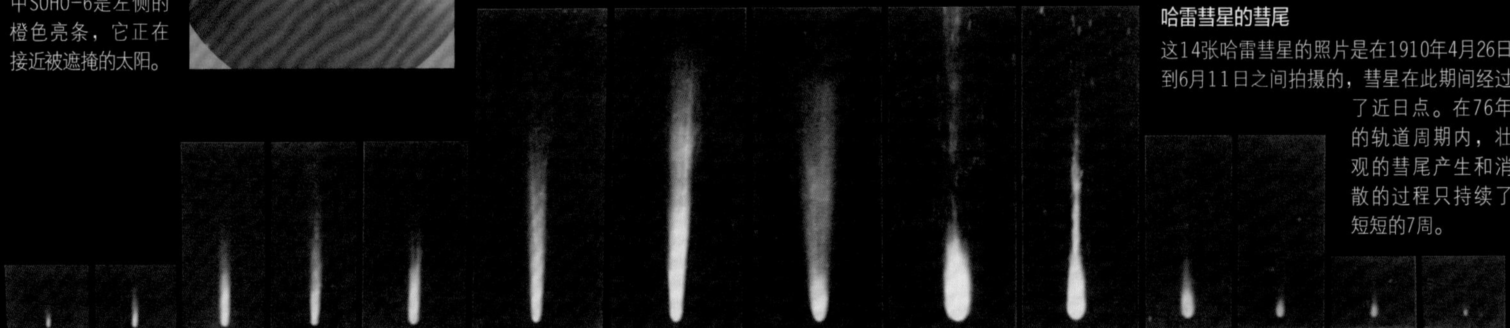

哈雷彗星的彗尾

这14张哈雷彗星的照片是在1910年4月26日到6月11日之间拍摄的，彗星在此期间经过了近日点。在76年的轨道周期内，壮观的彗尾产生和消散的过程只持续了短短的7周。

彗星

　　太阳系边缘存在数十亿颗彗星，不过由于它们只有在进入内太阳系并靠近太阳时才能变得足够亮，从而可以在地球上看到，因此人们只观测过其中极少的一部分。迄今人们已经记录下了将近900颗彗星，并计算出了它们的轨道。大约200颗有记录的彗星是周期彗星，其中轨道周期不足20年的是短周期彗星，周期在20年到200年之间的是中等周期彗星。大多数彗星（并非全部）是以发现者的名字命名的。

海尔-波普彗星

这张照片是1997年的一个傍晚在德国拍摄的，图中可见20世纪最为明亮的彗星之一——海尔-波普彗星明显拥有2条彗尾。

中等周期彗星

池谷-关彗星

近日点距离	470 000千米
轨道周期	184年
发现时间	1965年9月8日

　　池谷-关彗星以日本的两名业余寻彗者池谷薰与关勉命名，他们在1965年各自发现了这颗彗星，彼此相隔不到5分钟。1965年10月21日，这颗彗星在通过近日点的时候相当明亮，可以在正午的天空中被看到，距离太阳只有2度。随后潮汐力让彗核破裂成了3块。池谷-关彗星在远离太阳的时候迅速变暗，不过彗尾还在继续增长，最后在天空中跨越了60度，此时它与太阳的距离是1.95亿千米。

掠日彗星

池谷-关彗星是一颗掠日彗星，在1965年距离太阳表面只有470 000千米。它是1 000余颗克罗伊策（Kreutz）掠日彗星之一。

长周期彗星

1680年的大彗星

近日点距离	940 000千米
轨道周期	9 400年
发现时间	1680年11月14日

　　这颗彗星因为两点出名——它是第一颗使用望远镜发现的彗星，也是第一颗轨道被确定的彗星。大约在望远镜发明70年之后，1680年，德国天文学家戈特弗里德·基尔希（Gottfried Kirch）在观测月球的时候偶然发现了它。英国数学家艾萨克·牛顿使用新的万有引力理论计算出了它的轨道，并将结果发表在他1687年出版的杰作《自然哲学的数学原理》中。这颗彗星是掠日彗星，人们看到过它两次，首先是在它接近太阳的时候在早晨看到了它，随后它远离太阳的时候是在傍晚。牛顿率先认识到这个奇异景象是一颗彗星造成的。英国物理学家罗伯特·胡克（Robert Hooke）注意到了从彗核发出的一道光芒。这是第一条对活跃区物质喷流的描述。

大彗星

像1680年的彗星这样的大彗星极其明亮，在出现时让人很是吃惊。

空间探索

彗星的轨道

　　艾萨克·牛顿对1680年的大彗星进行了观测。在当时，传统观点认为彗星是直线行进的，只会穿过太阳系一次。牛顿基于他的观测，认识到他看到了一颗在抛物线轨道上绕太阳运行的彗星。1687年，他在《自然哲学的数学原理》一书中使用他对彗星以及其他现象的研究证明了他的万有引力理论。他还给出了利用3次对位置的精确测量计算彗星轨道的方法。埃德蒙·哈雷使用牛顿的理论成功预言了以他的名字命名的彗星回归的时间。

牛顿绘制的轨道草图

中等周期彗星

斯威夫特-塔特尔彗星

近日点距离	1.43亿千米
轨道周期	约135年
发现时间	1862年7月16日

　　在斯威夫特-塔特尔彗星1862年被发现之后，对其轨道的计算确定了彗星与流星群之间的关系。每年8月，地球都会穿过尘埃颗粒流，并产生英仙座流星雨，流星雨是以看上去涌出流星的星座命名的。1866年，意大利米兰天文台的台长乔瓦尼·斯基亚帕雷利（参见第220页）计算出了英仙座流星体的平均轨道。他马上意识到，这条轨道非常接近于斯威夫特-塔特尔彗星与地球相交的轨道。他推断出流星群起源于彗星的损耗，流星体只是质量几分之一克、以大约216 000千米的时速撞击地球大气的彗星尘埃颗粒而已。每年所见的英仙座流星雨流量相近，

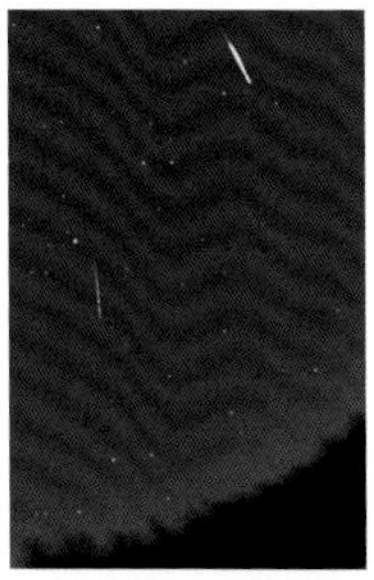

英仙座流星雨

地球需要花费大约2周的时间穿过这片流星群。8月12日的高峰流量大约是每小时出现50颗肉眼可见的流星。

周期彗星

斯威夫特-塔特尔彗星是美国天文学家刘易斯·斯威夫特（Lewis Swift）与霍勒斯·塔特尔（Horace Tuttle）在1862年各自发现的。这张可见光照片是在1992年彗星再度接近太阳时拍摄的。

因此尘埃应该是均匀散布在彗星轨道上的。均匀的分布是长期形成的，斯威夫特-塔特尔彗星需要在同样的轨道上环绕太阳运行数百次才能产生这样的现象。彗星虽然在损耗着，不过在归于虚无之前，它们要经过内太阳系1 000次左右。

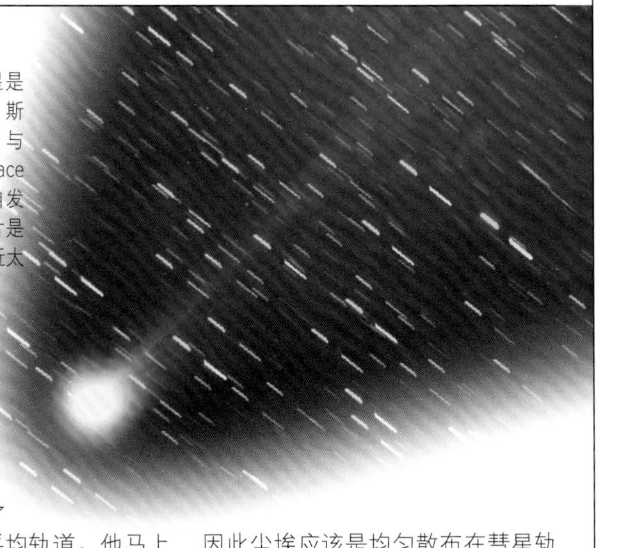

掠地彗星
在从地球轨道之内穿过时，百武彗星成了20世纪最明亮的彗星之一。

长周期彗星

百武彗星

近日点距离	3 440万千米
轨道周期	约3万年
发现时间	1996年1月30日

　　百武彗星之所以能成为大彗星，并非因为像海尔－波普彗星那样拥有大型彗核，而是由于在1996年3月24日它运行到了距离地球不到1 500万千米的地方。日本天文爱好者百武裕司只使用一副高倍率双筒望远镜就发现了它。这颗彗星变得相当明亮，大型射电望远镜的频谱仪甚至可以探测到彗发中的微量组分，如水与氘的复合物（HDO）以及甲醇

望远镜中所见的景观
1996年3月到4月间，只使用大型远摄镜头或者小型望远镜就可以拍下百武彗星绝佳的短时间曝光照片。

（CH3OH）。百武彗星是第一颗探测到X射线辐射的彗星。随后人们发现其他彗星也是X射线辐射源，X射线是彗发中的电子被太阳风离子俘获时发出的。1996年5月1日，尤利西斯号探测器在距离彗核5.7亿千米的地方探测到了百武彗星的气体彗尾，这也是迄今探测到的最长的彗尾。由于太阳风的磁场与彗尾的相互作用，百武彗星的气体彗尾被分成了几段。

短周期彗星

恩克彗星

近日点距离	5 100万千米
轨道周期	3.3年
发现时间	1786年1月17日

　　法国天文学家皮埃尔·梅尚在1786年，德国出生的天文学家卡罗琳·赫歇尔在1795年，以及法国天文学家让·路易·庞斯（Jean Louis Pons）在1805年和1818年到1819年间，分别"发现"了恩克彗星。德国天文学家约翰·恩克（Johann Encke）在1819年进行了轨道计算之后发现，这些彗星实际

上是同一颗。恩克随后预言该彗星会在1822年回归。恩克彗星与哈雷彗星一样，并非以发现者的名字命名，这种情况是很少见的。它是已知所有彗星中周期最短的一颗，自那之后每3.3年回归太阳一次。恩克彗星的轨道大小还在收缩着，它返回近日点比预期提早了大约2.5小时。一些天文学家曾经认为，这是由于彗星在太阳系存在阻力的介质内奋力运行的结果。不过其他彗星回归的时间比预期要迟，而且时间差次次不同。天文学家已经认识到，轨道变化的成因是从彗核逃逸的气体导致的"喷流效应"。膨胀的气体会向彗星施加一个推力，取决于彗星自转相对轨道的方向，彗星会被加速或者减速。

彗发
并非所有的彗星都拥有彗尾。恩克这样的彗星往往只有环绕着彗核的致密球状气体尘埃层，也就是彗发。气体从彗核向外流出，气体密度随之下降。彗发没有明显边界，只是逐渐消散而已。

星空背景下的哈雷彗星
这张照片是1986年3月11日在澳大利亚拍摄的，3天之后，乔托号探测器造访了这颗彗星。

中等周期彗星

哈雷彗星

近日点距离	8 800万千米
轨道周期	约76年
发现时间	公元前240年

　　1696年，英国第二任皇家天文学家埃德蒙·哈雷向伦敦的皇家学会报告称，1531年、1607年以及1682年记载的彗星轨道非常接近。他总结说，这些都是同一颗彗星，大约每76年返回内太阳系一次，它的运动受到新近发现的太阳引力的影响。而且哈雷还预言，这颗彗星会在1758年再度回归。哈雷彗星是人们发现的第一颗周期性彗星，这表明至少有一部分彗星是太阳系的永久性成员。

　　轨道分析表明，哈雷彗星已经被记录了30次，已知最早的一次目击报告出自公元前240年中国的历史记载〔译者注：《史记·秦始皇本纪》记载："秦始皇七年，彗星先出东方，见北方，五月见西方……彗星复见西方十六日"。不过，《春秋》中的（文公十四年，前613年）"秋，七月，有星孛入于北斗。"一句，被认为是更早的记录〕。该彗星的上次回归是在1986年，此时太空时代已经开始了30年，有5架探测器造访了这颗彗星。最多产的是欧洲空间局的乔托

号，它飞到了距离彗核不到600千米的地方，拍摄了第一批图像。乔托号证明，彗核是土豆状的大型脏雪球，大多数冰质成分都是水冰。哈雷彗星在乔托号与其会合的时候距离太阳大约1.5亿千米，当时只有10%左右的表面区域正在活跃地喷发出气体和尘埃。平均而言，彗星每进入一次内太阳系，就会损失大约2米厚的表层物质。以这种速率损失下去的话，哈雷彗星还可以再存在大约20万年。

彗核
乔托号探测器揭示出，哈雷彗星的彗核长15.3千米。图中最明亮的区域是涌向太阳的尘埃喷流。

神话故事

天空中的预兆

　　一些迷信的人认为彗星是死亡和灾难的征兆。在埃德蒙·哈雷的工作之前，所有彗星的出现都是意外之事，经常被人比作燃烧的刀剑。英格兰国王哈罗德二世（Harold II）在1066年因为哈雷彗星的出现而焦虑。不过他的恶兆却是诺曼底公爵威廉（William）的吉兆，后者在黑斯廷斯（Hastings）征服了哈罗德。

巴约（Bayeux）挂毯
这幅绒线刺绣作品出色地描绘了1066年出现的哈雷彗星彗发和彗尾（图中左上）。看上去它就像一枚喷出火焰的原始火箭。

太阳系

长周期彗星
海尔-波普彗星

近日点距离	1.37亿千米
轨道周期	2 530年与4 200年
发现时间	1995年7月23日

海尔-波普彗星是美国天文爱好者艾伦·海尔（Alan Hale）以及托马斯·波普（Thomas Bopp）偶然间各自发现的，当时他们正在美国西部的晴空之下寻找梅西叶天体（彗星此时位于M70附近）。随后在轨道计算完成之后，人们发现海尔-波普彗星位于10亿千米以外，这里处于木星和土星的轨道之间，对于非周期彗星的发现来说，这么远的距离几乎是空前的。它的轨道表明，该彗星在大约4 200年之前曾经进入过内太阳系，不过由于它在被发现数月之后从木星附近飞过，其再次回归是在大约2 510年后。1997年4月1日，海尔-波普彗星越过了近日点。它是20世纪最明亮的彗星之一。与百武彗星不同，海尔-波普彗星的明亮不是因为它距离地球很近，而只是因为它的彗核很庞大，宽度达到了35千米左右。

双彗尾
这张照片在1997年某日日落后不久摄于美国亚利桑那州小阿霍（Little Ajo）山，图中海尔-波普彗星的双彗尾发出了明亮的光芒。

短周期彗星
博雷利彗星

近日点距离	2.03亿千米
轨道周期	6.86年
发现时间	1904年12月28日

NASA的深空1号探测器在2001年9月22日飞掠博雷利彗星，并揭示出这颗周期性彗星的彗核形状类似保龄球瓶，长度大约是8千米。博雷利彗星平均只能反射3%的入射阳光，它的表面是已知的内太阳系天体中最为暗淡的。彗核中的冰质都掩藏在了热而干旱的斑驳漆黑的表面之下。

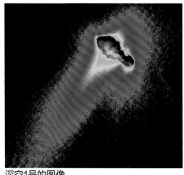

深空1号的图像
博雷利彗星彗核产生的气体尘埃喷流正在侵蚀着彗星表面。未来彗核有可能一分为二。

短周期彗星
67P/丘留莫夫-格拉西缅科彗星

近日点距离	5.18亿千米
轨道周期	6.44年
发现时间	1969年9月11日

该彗星是ESA的罗塞塔号探测器的目标。这架探测器在2014年9月至2016年9月间环绕该彗星运行，并于2014年11月向彗星表面释放了取得部分成功的菲莱号着陆器。其彗核双瓣状的外观说明，它是通过两个天体发生轻柔碰撞而形成的。彗星上的崎岖地带是冰质的"基岩"，而较为平坦的区域遍布尘埃，还存在一些冰质砾石。

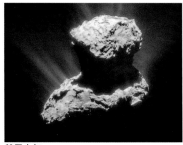

彗星大气
这张由罗塞塔号探测器获取的图像摄于彗星通过近日点前的5个月。图中可见，当彗星被太阳加热后，由气体和尘埃组成的喷流从彗星表面逃逸而出。

短周期彗星
怀尔德2号彗星

近日点距离	2.36亿千米
轨道周期	6.39年
发现时间	1978年1月6日

相对来说怀尔德2号彗星是个新面孔，它是近至1974年9月近距离飞掠木星之后才被带入内太阳系的轨道上的。由于它的彗核长度只有5.5千米，过于暗淡，无法用肉眼看到。怀尔德2号彗星当前环绕太阳运行的轨道让它可以抵达距离火星和木星很近的地方。它可能会在当前轨道以及另一条周期约30年、近日点距离与木星相当的轨道上振荡。NASA的星尘号（参见下方边

海明威（Hemenway）
梅奥（Mayo）
舒梅克盆地
拉厄（Rahe）
左足
沃尔克（Walker）
右足

彗核特写
彗核表面被数百米深、侧壁陡峭的凹陷覆盖着，凹陷多以著名彗星科学家命名。

栏）选择怀尔德2号彗星作为目标，原因是探测器可以用每小时21 900千米的相对低速从它的一旁飞过，并沿途捕获彗星尘埃。

空间探索
星尘号探测器

星尘号探测器在2004年1月2日飞掠怀尔德2号彗星。它捕获了星际尘埃以及彗核吹出的尘粒。捕获这些颗粒的工具是气凝胶，它们被放置在伸展出去的网球拍状采集器上，采集过程并不需要将尘埃加热或者改变尘埃的物理特性。探测器在2006年返回地球，其封装在金属罐中的采集器借助降落伞安全降落在美国犹他州的沙漠中。

气凝胶
气凝胶看起来很飘渺，其实却是固体。它是硅基海绵状泡沫，密度是玻璃的千分之一。

短周期彗星
舒梅克-列维9号彗星

环绕木星的轨道半径	9万千米
环绕木星的轨道周期	2.03年
发现时间	1993年3月25日

舒梅克-列维9号彗星与一般的彗星不同，它是在环绕木星的时候被美国天文学家尤金·舒梅克与卡罗琳·舒梅克（Carolyn Shoemaker）以及戴维·列维（David Levy）发现的。更为引人注目的是，它在1992年7月7日距离木星过近的时候分裂成了22块。这些碎片后来在1994年7月撞入了木星南半球的大气中（参见第181页）。在全球各地以及使用哈勃空间望远镜进行的观测目睹了这一系列事件。彗核最初的直径只有1千米多，可能在20世纪20年代就已经被木星俘获了。

破碎的彗核
这张由哈勃空间望远镜拍摄的假彩色图像展示了成串的彗核碎片，每个碎片周围都包裹着各自的彗发。图像拍摄时距离彗木相撞有2个月的时间。

卡罗琳·舒梅克
（Carolyn Shoemaker）

卡罗琳·舒梅克（1929—）在她3个孩子都已长大、自己已经51岁的时候开始从事天文学研究，现在她已经发现了超过800颗小行星外加32颗彗星。她使用的是美国加州帕洛玛天文台的46厘米宽视场施密特望远镜。在检查相隔大约1小时拍摄的照相底片并进行立体比对研究时，她的耐心和细致发挥了巨大的作用。通常发现一颗彗星需要100小时的搜索时间。卡罗琳是尤金·舒梅克（参见第139页）的遗孀。

坦普尔1号彗星

近日点距离	2.26亿千米
轨道周期	5.52年
发现时间	1867年4月3日

坦普尔1号彗星最初是由德国天文学家威廉·坦普尔（Wilhelm Tempel）在1867年发现的，不过在回归2次之后它就不见了，原因是它与木星发生了近距离交会，轨道发生了变化。在英国天文学家布赖恩·马斯登（Brian Marsden）于1963年对其进行计算之后，彗星又

研究彗星

对彗星的空间探测始于1986年哈雷彗星的上一次回归。自那以后，探测器带回了尘埃的样本（星尘号NExT，参见左图），并撞击了彗核（深度撞击号）。下一步是环绕彗星运行并在彗星上着陆，这正是欧洲空间局的罗塞塔号探测器的任务。彗星探测器装备了防护罩，以保护自身免遭来自彗星的高速尘粒的伤害。

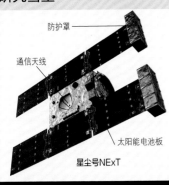

防护罩
通信天线
太阳能电池板

星尘号NExT

坦普尔1号彗星的彗核

这张深度撞击号探测器在2005年7月拍摄的照片展示了坦普尔1号彗星土豆状的彗核。撞击器撞到了图片中央偏右的两座环形山之间。

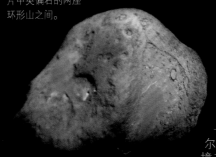

被重新发现。那之后它在火星和木星之间运行，行踪一直被人掌握着。

为了查明彗星尘埃壳之下的情况，NASA在2005年发射了一架雄心勃勃的探测器前往坦普尔1号彗星。这架探测器叫作深度撞击号，它的目标是在彗核外壳上撞出一座环形山，让表层之下的冰质暴露出来，人们认为这些冰质物质自从太阳系形成之后再也没有变更过。2005年7月，在探测器接近坦普尔1号彗星彗核的时候，它向彗星轨道上释放了一架重370千克的铜制撞击器。撞击器以超过每小时36 000千米的速度与彗核相撞，并让彗核喷涌出了尘埃和气体。由于尘埃颗粒很小（和爽身粉差不多），它们看起来非常明亮，彗星因此暂时增亮了10倍，不过仍然不能为肉眼所见。深度撞击号观测了喷出物，以确定其组分。大多数气体都是初始温度高于720摄氏度的水蒸气以及二氧化碳，它们产生于

深度撞击

坦普尔1号彗星的彗核喷出了尘埃喷泉（图中以假彩色表示）。这张照片是在2005年7月4日拍摄的，大约50分钟前深度撞击号释放的撞击器撞到了彗核上。

撞击过程带来的热量。由于尘埃过多，撞击体造就的环形山被遮掩住了。在深度撞击号飞掠彗星的时候，它拍摄了彗核的详图。这个彗核呈土豆状，长约7.5千米，宽5千米，每41小时自转一周。它与其他被近距离观测过的彗核（如怀尔德2号彗星以及博雷利彗星）存在很大的差异。地表特征清晰可见，其中包括一片高原，边缘处是高约20米的峭壁（可能是滑坡的结果），还有两座明显的陨击坑，宽度都是300米左右。撞击器撞到了这两座环形山之间。

为怀尔德2号彗星（参见第218页）采过样的星尘号探测器随后被派去拍摄深度撞击号产生的环形山的照片。这架被更名为星尘号NExT（New Exploration of Tempel 1，坦普尔1号新探测计划的缩写）的探测器在2011年抵达坦普尔1号彗星，不过并没有看到什么东西。看起来这片伤疤被回落的尘埃覆盖了。

哈特利2号彗星

近日点距离	1.58亿千米
轨道周期	6.47年
发现时间	1986年3月15日

哈特利2号彗星是英国天文学家马尔科姆·哈特利（Malcolm Hartley）在1986年使用澳大利亚赛丁泉（Siding Spring）天文台的施密特望远镜进行工作时发现的。深度撞击号探测器在飞掠哈特利2号彗星的时候近距离观测了它的彗核。

在与坦普尔1号彗星（参见上方）会合后，深度撞击号被派去近距离观测哈特利2号。在经历了5年的旅途之后，它于2010年11月来到了这颗彗星附近，并从不到700千米之外掠过了彗星。这架探测器没有携带第二枚撞击器，因此无法撞击彗星。于是这项研究将注意力集中在了彗星的外观和组分上。

深度撞击号的观测揭示出，哈特利2号彗星的彗核长度只有2千米左右，它是迄今空间探测器造访过的最小彗核。彗核呈花生状，由两个被平滑颈部连接的侧瓣组成，颈部的宽度只有大约0.4千米。二氧化碳喷流从彗核两端的两瓣射出，而水蒸气是从中部释放出来的。彗核的自转周期大约是18小时，气体生成量在此期间也发生着变化。另外探测器看到彗核正在抛出冰块，冰块大小从高尔夫球到篮球不等，

壮观的喷流

在这张深度撞击号探测器拍摄的照片中，哈特利2号彗星拉长的彗核喷出了庞大的气体和尘埃喷流。这张照片是在2010年11月4日探测器最靠近彗星时拍摄的。

这是人们第一次在彗星上发现此类现象。深度撞击号的观测结果还揭示出，在彗核两瓣上还存在大至80米高的较大冰块。

探测器在与哈特利2号彗星会合期间的名字仍旧是深度撞击号，不过它的扩展空间探测任务被更名为EPOXI。这个名字来自两个缩写——EPOCh（Extrasolar Planet Observation and Characterization，系外行星观测与定性，探测器搭载的仪器观测了一些恒星，以寻找环绕其运行的行星凌星的迹象），还有DIXI（Deep Impact Extended Investigation，深度撞击号扩展研究）。

洛夫乔伊彗星

近日点距离	829 000千米
轨道周期	565年
发现时间	2011年11月27日

这颗掠日彗星是澳大利亚天文爱好者特里·洛夫乔伊（Terry Lovejoy）在它抵达近日点之前不到3周时发现的。掠日彗星会运行到非常靠近太阳的地方，要么会在高热环境下蒸发掉，要么会向太阳表面撞去。通常只能使用监测太阳附近区域的卫星（如太阳和日球层探测器——SOHO，参见第105页）所搭载的望远镜来观测它们。

2011年12月，洛夫乔伊彗星不仅违背了预测，从距离太阳如此之近的地方擦过后幸存了下来，还变成了一个明亮的天体，可以从地球上看到。2011年12月16日，包括太阳动力学观测台（SDO）在内

在太阳中幸存

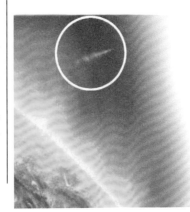

在这张NASA的太阳动力学观测台拍摄的照片中，洛夫乔伊彗星（圆圈中的天体）在穿过太阳内层日冕之后再次出现。

的空间卫星关注着这颗从区区130 000千米多一些的距离之外飞过太阳的彗星。在接下来的几天时间里，南半球的观测者惊讶地看到，彗星远离了太阳，出现在清晨的天空中，并形成了长长的羽状彗尾。国际空间站上的航天员看到了尤其壮观的景象。

掠日彗星据信是很久之前（可能是在12世纪）一颗大得多的彗星瓦解后留下的残片。这些碎片继续环绕太阳运行，并进一步瓦解。由于19世纪的德国天文学家海因里希·克罗伊策（Heinrich Kreutz）最早对其进行了研究，它们又叫作克罗伊策掠日彗星。人们计算出，洛夫乔伊彗星的轨道周期是565年。

空间站所见的景观

这张从国际空间站拍摄的照片展示了从地平线向上延伸的洛夫乔伊彗星的彗尾。下方的条带是地球大气的一部分。

流星与陨石

流星是通常较小的富尘彗星或小行星碎片（也就是流星体）撞击地球高层大气时产生的发光物质的线状尾迹。每天大约会出现100万颗肉眼可见的流星。如果流星没有在大气层中燃尽，它会撞击地面成为陨石。如果陨石非常大的话，撞击过程会形成陨击坑。

流星体

大多数产生肉眼可见的流星的富尘流星体都来自彗核损耗的表面。当彗星靠近太阳的时候，它的表面温度升高，其下的冰质会转化为气体。这些气体冲出了多尘易碎的彗核表面，并将微小的尘埃颗粒吹离彗星。这些富尘流星体的速度与母体彗星略有不同，这样它们的轨道也略微不同，随着时间的推移，它们会在原始彗星轨道周围形成一连串的颗粒流。每当母体彗星掠过太阳，颗粒流中都会有新的流星体补充进来。内太阳系充满了这样的流星群。致密的颗粒流是大型彗星靠近太阳的时候产生的，流星体数量相对较少的颗粒流则是由较小、较遥远的彗星形成的。在环绕太阳公转时，地球会接连穿过流星群并与其中的一些流星体相碰撞。在每年固定时间发生的流星雨拥有自己的名字，比如狮子座流星雨（参见右图）。

车里雅宾斯克火流星

2013年2月15日，当一块房屋大小的岩质小行星从俄罗斯南部乌拉尔地区破晓前的天空划过时，留下了上图所见的蒸汽尾迹。这颗陨石在抵达地面之前发生了破裂，不过人们还是捡回了大量的碎块。

狮子座流星雨

每年11月17日前后可见狮子座流星雨，由于它们看起来是从狮子座涌出的，故有此名。每隔33年，流星雨都会增强形成名副其实的流星暴。右侧的木版画是瑞士艺术家卡尔·卓斯林（Karl Jauslin）在1888年刻制的，表现了1833年狮子座流星雨达到活动高峰时的情景。

陨石

乔瓦尼·斯基亚帕雷利
（Giovanni Schiaparelli）

乔瓦尼·斯基亚帕雷利（1835—1910）是就职于米兰贝雷拉（Brera）天文台的意大利天文学家，因两大见解而闻名。1866年，他计算出了狮子座和英仙座流星体的轨道，并意识到它们分别类似于坦普尔-塔特尔彗星以及斯威夫特-塔特尔彗星的轨道。他得出的结论是，彗星的损耗会产生流星群。19世纪70年代后期，他转而从事测绘火星表面的工作。

小型地外天体进入地球大气后会形成流星，并被完全摧毁。然而如果撞击天体质量在30千克到10 000吨之间，它在进入大气的时候只会损失表面一层，而大气会让落入的天体减速，直到它减慢到每小时150千米多一点的"自由落体"速度。之后中央的残余物会撞击地面。入射天体残存的比例取决于它的初始速度以及成分。如果有人看到陨石进入大气，并随即将其采集起来，这样的陨石叫作"见落陨石"。后来才发现的陨石叫作"发现陨石"。陨石可以按照组分分为3类。

石陨石

这显然是最为常见的一类陨石，占所有下落陨石的93.3%。它们可以分为球粒陨石和无球粒陨石两类。

陨铁

陨铁占所有下落陨石的5.4%。它们主要由铁镍合金组成（镍占总质量的5%到10%），还含有少量其他矿物。

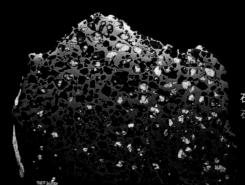

石铁陨石

石铁陨石是最为罕见的一类，只占全部下落陨石的1.3%。它们是岩石与铁镍合金的混合物，与岩质行星的组分类似。

流星余迹

流星是随机出现的狭窄光迹，在短短几秒钟内划过几十度的天区。一般流星与观测者的距离是150千米左右。

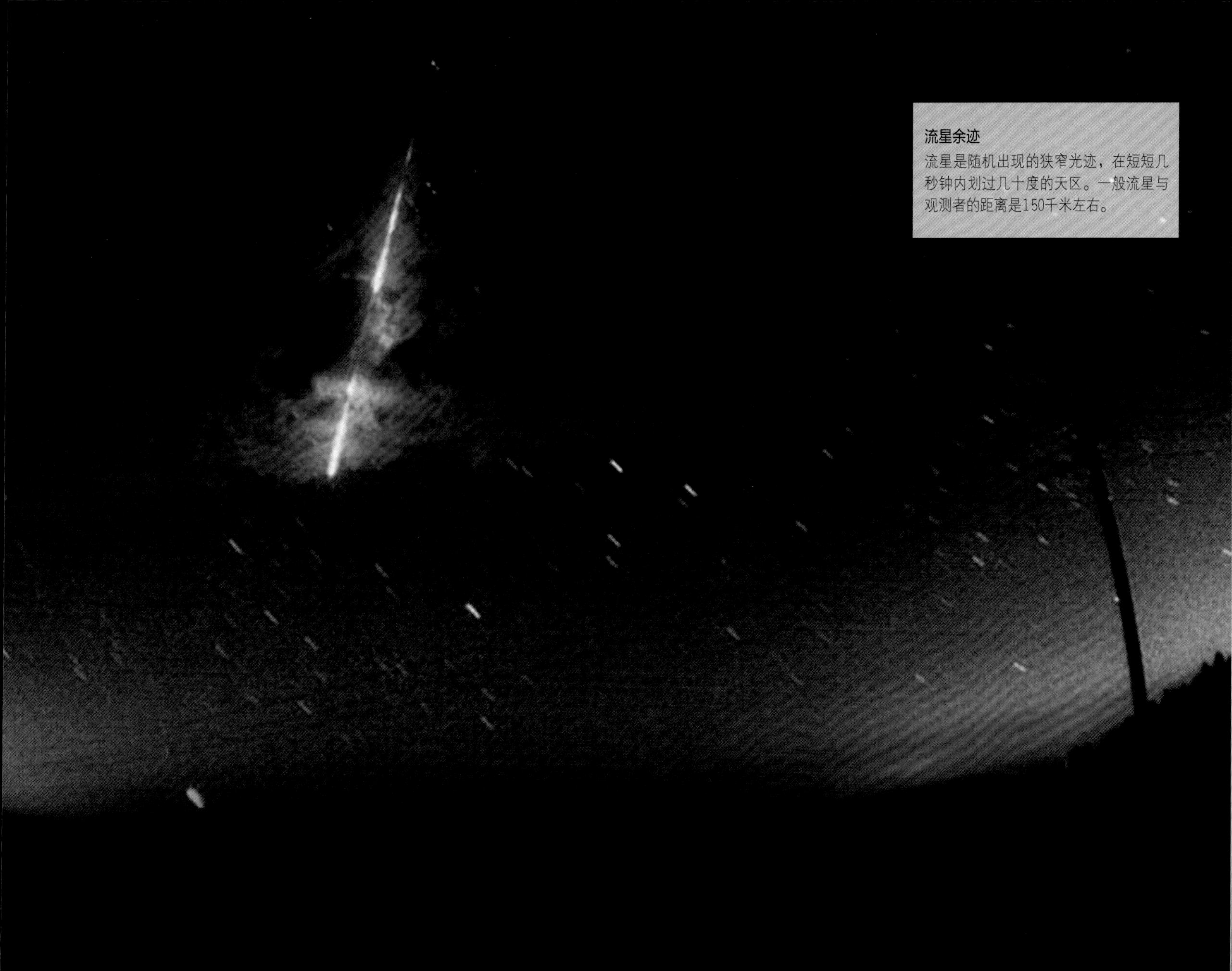

陨石撞击

地球大气让绝大多数入射的地外天体无法撞击地表。在大气层顶部的典型碰撞速度大约是每小时72 000千米，由于以如此高的速度撞击空气分子，流星体的前端很快就会被加热并开始汽化。通常入射天体非常小，会汽化殆尽。部分中等大小的天体会残留下来并作为陨石坠落。但是非常大的天体（质量大于10万吨左右）几乎不受大气的影响。它们会像子弹穿过面巾纸一样穿过大气，有力地撞入地球表面，并砸出一个通常直径相当于自身20倍的圆形陨击坑（参见103页）。由此产生的巨大能量让大半个撞击天体在撞击过程中蒸发掉，同时还会产生地震以及冲击波。撞击引发的大规模地震会将方圆数千米之内的树木推倒。周围的大气会达到熔炉一般的温度，导致大范围的火灾。如果撞击事件发生在海洋上，就会引发海啸。地球上大约每50万年会形成一个直径超过20千米的陨击坑。

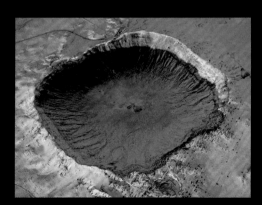

陨击坑

大约50 000年前，一块陨铁撞击了美国亚利桑那州的沙漠地带。由此形成的陨击坑就是亚利桑那陨石坑。它宽1.2千米，深170米。在陨石坑边缘以外可见圆丘状沉积物，它们是撞击过程产生的抛射物。

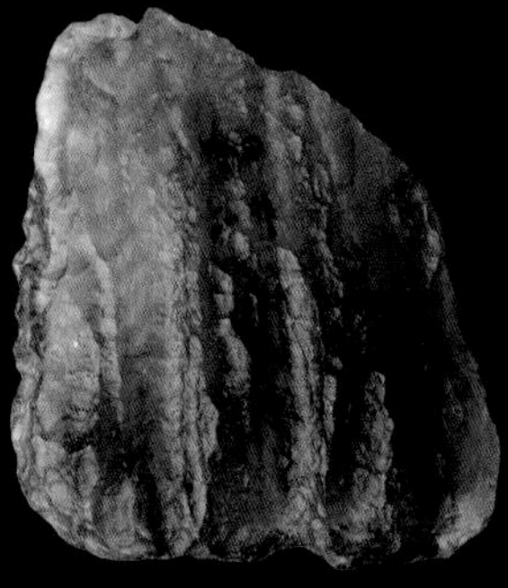

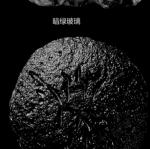

暗绿玻璃

盘状玻璃陨体

冲击岩石

这些宽几厘米的玻璃体是地球上的岩石在撞击的热量和压力作用下熔融或破裂的结果。

空间探索

寻找陨石

寻找陨石的最佳方式是搜索不存在其他大型岩石的暴露冰川冰原或者沙漠。理想的搜索地点是南极洲风化的蓝冰区域以及澳大利亚的纳拉伯（Nullarbor）平原。1976年以来，美国、欧洲和日本的科考队开始在南极洲搜寻陨石，他们采集了数千块单独的样本。由于入射天体在穿过地球大气的时候会碎裂开，许多陨石都是同一次陨石撞击的产物。

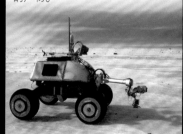

南极洲的游牧号巡视器

2000年1月，美国的游牧号（Nomad）巡视器只使用传感器以及人工智能系统就在南极洲东部的冰质中找到并辨认出了5块陨石，由此创下了一个第一。

陨石

主要是从太空落向地球的小行星碎片，不过少数非常罕见的陨石来自火星或者月球的表面。某些陨石由最初形成岩质行星的原始物质组成，这使得研究人员有机会一窥太阳系形成初期的情况。另一些陨石是业已分层形成金属核心以及岩石表面的天体碎裂的残片，它们可以让人们间接研究岩质行星内部深处的情况。陨石是以着陆地命名的。

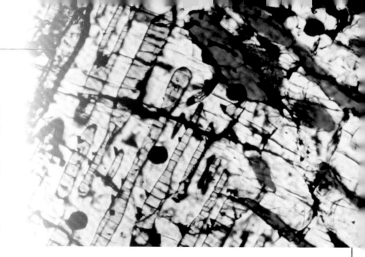

陨石截面
科学家向球粒陨石（石陨石的一类）的薄片照射偏振光，以研究它们的晶质结构。

北美洲北部
塔吉什湖陨石

地点	加拿大不列颠哥伦比亚省
类型	石陨石
质量	约1千克
发现时间	2000年

2000年1月18日，这颗陨星超过500块的碎片落到了塔吉什（Tagish）湖冰封的湖面上。陨石呈暗红色，富含碳元素。分析表明它非常原始，含有许多没有变更过的星尘颗粒，这些颗粒曾经是形成太阳及其行星的星云物质的一部分。

冰封的陨石碎片

北美洲西南部
代阿布洛峡谷陨石

地点	美国亚利桑那州
类型	陨铁
质量	30吨
发现时间	1891年

人们在美国亚利桑那陨石坑附近发现了这块陨石的许多碎片，从小残片到重约500千克的大块头一应俱全。据信还有更多的碎片埋在陨石坑的一道边缘之下。把代阿布洛（Diablo）峡谷的陨石对半锯开，并将表面抛光酸蚀，就可以看到典型的表层结构。

硫化铁瘤

酸蚀过的抛光截面

北美洲南部
阿连德陨石

地点	墨西哥奇瓦瓦（Chihuahua）州
类型	石陨石
质量	2吨
发现时间	1969年

1969年2月8日，一颗火流星从墨西哥上空划过。它发生了爆炸，一场陨石雨降落在方圆约150平方千米的区域上。人们迅速采集了2吨陨石，并将其分

发给科学界。人们发现，阿连德（Allende）陨石是一类极其罕见的原始陨石，而先前此类陨石只有几克重的样本。由于阿连德陨石样本如此之多，人们可以对其进行破坏性的分析。白色的富钙与富铝晶体从周围的岩石中被分离出来，人们发现它们含有放射性铝26衰变的产物，这说明这些晶体是在作为超新星爆发的恒星外部壳层中形成的，随后被混入了行星物质之中。

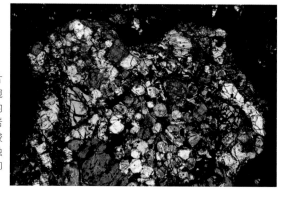

球粒
这张阿连德陨石薄切片的放大图展示了大量豌豆大小的球形颗粒中的一颗。球粒被紧锁在岩石基质里，它们是硅酸盐岩石小颗粒，从熔融状态下极其迅速地冷却了下来。

欧洲西部
格拉顿（Glatton）陨石

地点	英国剑桥郡（Cambridgeshire）
类型	石陨石
质量	767克
发现时间	1991年

1991年5月5日星期天，英国的退休公务员阿瑟·佩蒂弗（Arthur Pettifor）午餐前正在洋葱地中耕种，此时他听到了一阵响亮的呜呜声。他看到树篱中的一棵针叶树正在摇晃着，于是起身检查树篱底部的情况。他找到了一块摸上去温热的小石头。如果佩蒂弗当时没有在种地，这块石陨石永远都不会被发现。

幸运的发现

欧洲西部
昂西塞姆陨石

地点	法国阿尔萨斯（Alsace）省
类型	石陨石
质量	127千克
发现时间	1492年

这块大型陨石是最早一块有确凿时间记载的见落陨石。阿尔萨斯的昂西塞姆（Ensisheim）教区教堂将它悬挂在屋顶上，仔细保存了它。由于神圣罗马帝国的皇帝马克西米利安（Maximilian）将这块见落陨石视为他战胜法国并击退土耳其人入侵的好兆头，它才得到了如此的尊崇。起先昂西塞姆陨石被人当

陨石碎片
这块昂西塞姆陨石8千克重的样本极其珍贵，它保存在法国的巴黎博物馆中。

中世纪的木版画
这份中世纪手稿上方的木版画展现了1492年11月16日一颗明亮的火流星划过天空之后，陨石落在昂西塞姆附近的场面。

作邻近火山抛出随后又被雷电劈打过的"雷石"。19世纪初，人们对其进行了化学分析，发现其中含有2.3%的镍元素。这对于地球上的岩石来说是非常少见的，其起源于地外的说法开始传播开来。

非洲北部
纳赫利赫陨石

地点	埃及亚历山大（Alexandria）
类型	石陨石
质量	40千克
发现时间	1911年

1911年6月28日，大约40块陨石坠落在埃及的亚历山大附近，其中最大的一块重1.8千克。纳赫利赫（Nakhla）陨石是一种火山形成的熔岩状岩石，诞生于12亿年前。至少有16块陨石从火星被抛出，并在经历了数百万年的旅程之后落到了地球上，纳赫利赫陨石是其中之一。

陨石坠落时形成的黑色玻璃质熔融壳层

火星陨石

非洲西南部

西霍巴陨铁

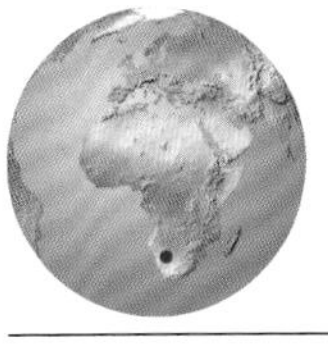

地点	纳米比亚赫鲁特方丹（Grootfontein）
类型	陨铁
质量	66吨
发现时间	1920年

西霍巴（Hoba West）陨铁是在地球上找到的最大一块陨石，长2.7米，宽2.7米，高0.9米。它由84%的铁以及16%的镍组成。西霍巴陨铁从来没有被搬离过发现地。过去曾有一些大胆的人试图回收这块珍贵的金属"废料"。为了避免它被破坏或者采样，纳米比亚政府已经宣布这里为国家纪念地。西霍巴陨铁的质量相当于能够被地球大气减速到自由落体速度的最大质量。如果这块陨铁的母体陨石更大一些，

锈蚀

西霍巴陨铁在发现时重约66吨，不过它已经开始生锈了，现在的质量还不到60吨。

或者其下落轨迹更陡一点，它就会以快得多的速度撞向地面。由此陨石的主体会被摧毁，且地球表面上又会多出一座陨石坑。西霍巴陨铁这样的大型地表铁块很难被人忽视。

已知最大的陨石

20世纪20年代，一支来自英国伦敦国王学院的科学考察队在西霍巴陨铁之上合影留念。图中左起第二人是L. J. 斯潘塞（L. J. Spencer）博士，他在20世纪30年代担任了伦敦大英博物馆矿物藏品的管理员。

非洲南部

冷伯克费尔德陨石

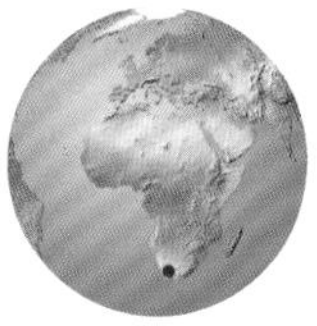

地点	南非西开普（Western Cape）省
类型	石陨石
质量	约4千克
发现时间	1838年

这块陨石是球粒陨石的绝佳范本，这种原始的陨石几乎占据了迄今发现所有陨石的90%。它们由硅酸盐、金属以及硫化矿物组成，据信代表了造就地球的物质。它们的内部含有微小的球形颗粒，球粒被黏结在了岩石基质中。这些岩石小粒从至少1400摄氏度的初始温度极其迅速地固化了下来。球粒中含有不完美的晶体和玻璃质的混合物。冷伯克费尔德（Cold Bokkeveld）陨石是碳质陨石，这意味着其中含有碳、氢、氧和氮元素的化合物。这些都是活细胞的主要成分，因此含碳的球粒陨石中含有构筑生命的基石。

岩石中的水分

这颗微小的球粒被富含水分的基岩（图中以黑色表示）环绕着。冷伯克费尔德陨石中的水分占据总质量的10%左右，如果陨石被加热，水分就会释放出来。

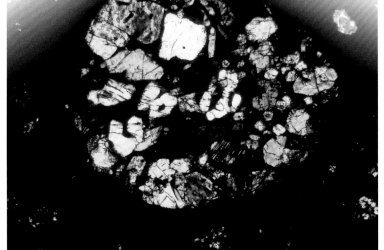

澳大利亚西部

曼德拉比拉陨石

地点	西澳大利亚州努拉伯尔（Nullarbor）平原
类型	陨铁
质量	约18吨
发现时间	1911年

曼德拉比拉（Mundrabilla）位于毫无特征的沙漠中，处在横贯澳大利亚的铁路沿线上。1911年和1918年，人们在此发现了3块小型陨铁。1966年，相关兴趣再度激起，在此又发现了两块分别重5吨和11吨的陨石。曼德拉比拉陨石固化的时间需要数百万年，它给人们提供了研究低重力条件下合金形成过程的罕见机会。其中一块陨石的45千克芯料样本（参见下图）正由NASA进行计算机X射线分析。

研究进行中

南极洲

ALH 81005

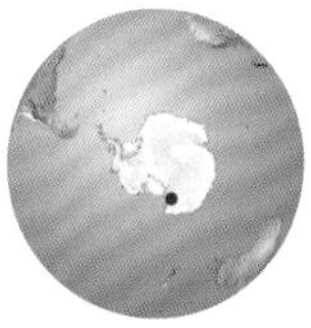

地点	南极洲阿伦（Allan）山
类型	石陨石
质量	31.4克
发现时间	1982年

ALH 81005是一块月球陨石。这类陨石大约发现了36块，只是所有陨石总数的0.08%。它们遭受的宇宙线损伤表明，它们在2千万年前被一次陨星撞击事件掀离了月球。月球陨石的主要矿石成分是钙长石（钙铝硅酸盐），这种成分在小行星中非常罕见。这些石陨石的成分与阿波罗号的航天员带回地球的月球高原岩石样本很类似。

钙长石

月球岩石

这块大小与高尔夫球相当的岩石是1982年由美国的南极洲陨石搜索计划发现的。它是第一块被确认起源于月球的陨石。

　　银河系是由恒星、气体和尘埃组成的浩大系统，太阳系就位于其中。星系有多种不同的存在形式，银河系属于其中的旋涡星系。在银河系中，太阳及其行星系统位于从中心到边缘大约一半的位置上，在其中一条旋臂的旁边。数千年前，人类就开始思考这条横贯夜空的苍白色光带是什么。这条所谓的"银河"其实是星系盘中数百万颗恒星所发出的光的总和。银河系中存在处于各种不同演化阶段的恒星，从包含恒星原材料的巨大星际云，到恒星生命的终点——奇异的恒星级黑洞、中子星和白矮星。银河系绝大部分可见成分是恒星，但银河系总质量的90%是由不可见的"暗物质"组成的，关于它们的性质仍然存在诸多谜团。

闪耀之路

从地球上看，银河系是一条由恒星和气体组成的横跨夜空的光芒之路。组成银河系的数十亿颗恒星构成了一个巨大的旋涡盘。从我们所在的距离银河系中心一半的位置看去，只能看见旋涡盘的一端。

银河系

银河系

组成银河系的恒星约有2 000亿颗，太阳只是其中的一颗。银河系是一个相对较大的旋涡星系（见第302页），从大约135亿年前就开始形成了。从我们在银河系中所在的位置看去，银河系呈现为一条由恒星组成的穿越天空的光带。

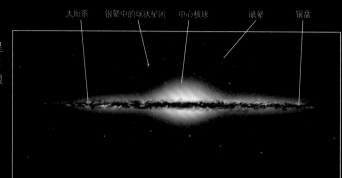

恒星光带

从我们在银河系中所在的位置沿盘面看过去，能够看到由成千上万颗恒星组成的光带。这条光带在历史长河中一直激发着人类的想象。

银河系的结构

银河系的中心存在一个质量大约为太阳400万倍的黑洞。这个核心被一个由恒星组成的核球所包围，恒星越靠近中心越密集。它们共同构成了一个尺寸为15 000光年×6 000光年的椭球，其长轴位于银河系的平面上。银河星系盘就位于这个平面上，银盘上包含了绝大部分恒星物质。年轻的恒星在银盘上蚀刻出旋涡状的图案，旋臂被认为是从一个棒状结构中辐射出来的。核球和银盘被一个球形的银晕所包围，其中存在大约200个球状星团。而银晕又被一个更为暗淡的晕所包围，称为银冕。

太阳系　银晕中的球状星团　中心核球　暗星　银盘

银河系

银河系直径大约18万光年，厚约2 000光年。太阳距离中心大约26 000光年。

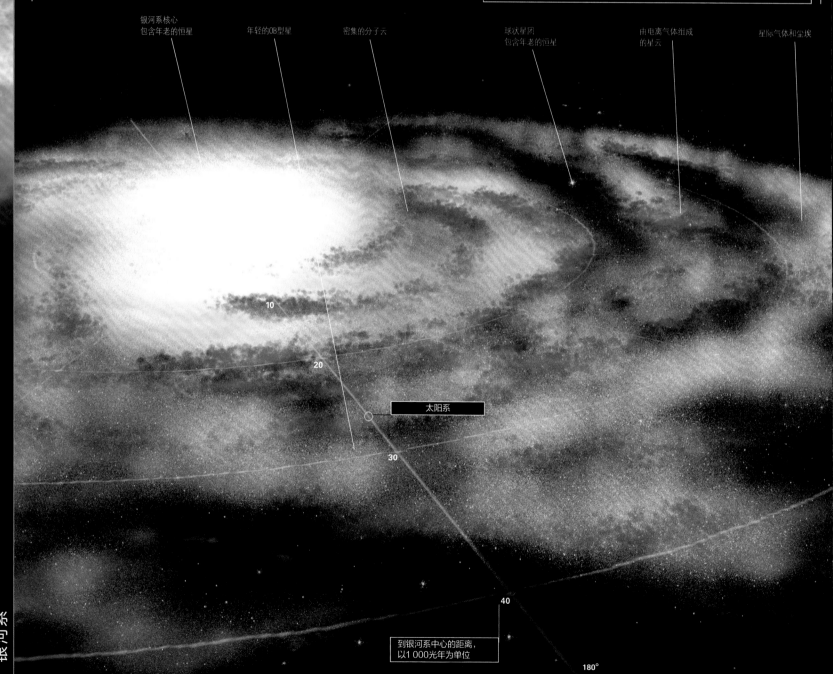

银河系核心
包含年老的恒星

年轻的OB型星

密集的分子云

球状星团
包含年老的恒星

由电离气体组成
的星云

星际气体和尘埃

10

20

太阳系

30

40

到银河系中心的距离，
以1 000光年为单位

180°

银河系中心方向

人马臂

盾座－半人马臂

远端3 000秒差距臂

英仙臂

近端3 000秒差距臂

外臂

太阳系

猎户臂

短尺臂

旋臂

从正面看，银河系就像一个巨大的车轮，大部分的光来自从中心棒状结构的末端向外螺旋伸展的几条旋臂。实际上，旋臂中的物质含量只比其他地方稍微密集一些，仅仅由于旋臂上的恒星更年轻、更明亮，因而显现出了旋涡星系的图案。银河系的旋臂结构源于两种机制。银盘上起伏的密度波导致旋臂上的物质较为密集，触发了恒星形成（见第238～239页）。这种密度波可能是由其他星系的引力引起的。就在明亮的恒星在银盘上勾勒出旋涡图案时，密度波在银盘上持续移动，触发了更多的恒星形成、衰老和熄灭。大质量的恒星会爆炸形成超新星，发出的爆炸波扫过原恒星物质，促使更多的恒星形成。

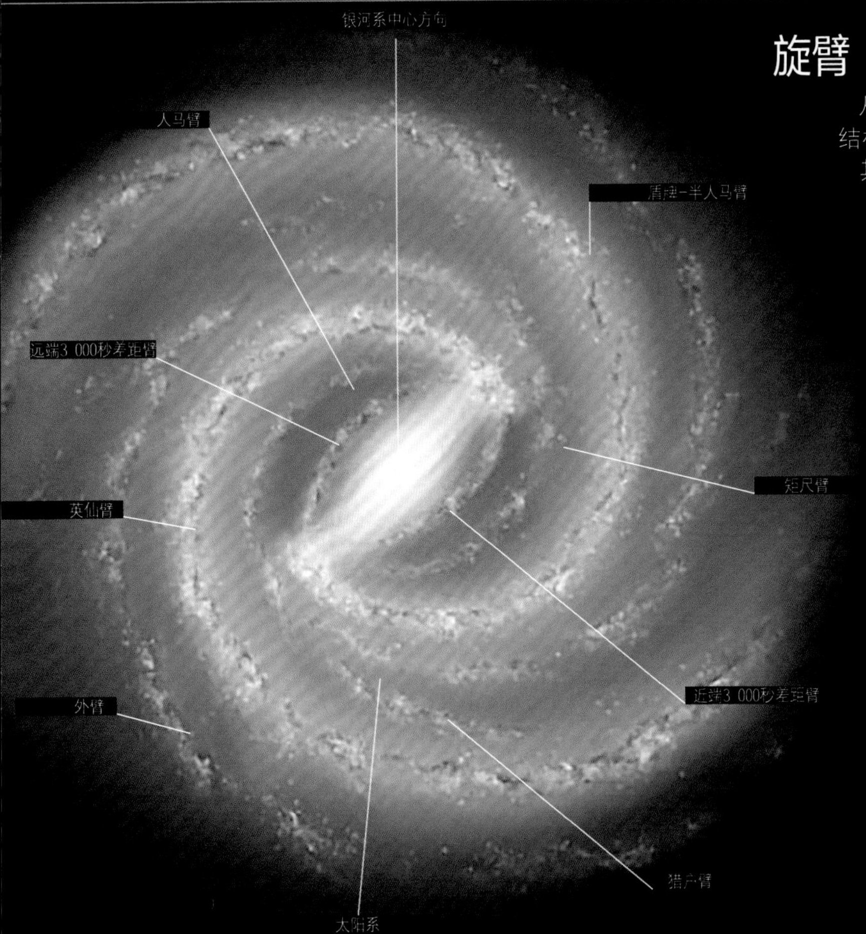

银河系的旋转

银河系是以较差(cna)的方式自转的，即越靠近中心，旋转一周需要的时间越短。太阳围绕银河系中心旋转的速度大约是每小时80万千米，旋转一圈需要约2.25亿年。

神话故事

天上的奶路

很多神话故事都提到了银河的形成。在希腊神话中，赫拉克勒斯(Hercules)是宙斯与凡间女子阿尔克墨涅的私生子。传说宙斯的妻子在给赫拉克勒斯喂奶时听说孩子并非自己亲生，便将他推开，乳汁溅到天上形成了银河。

美术作品
右图名为《银河的起源》（作于1575年），是作者丁托列托（Jacopo Tintoretto）受希腊神话启发而创作的。

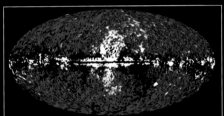

伽马射线泡
银河系盘的上下两侧存在两个向外发出伽马射线的巨大泡状结构，它们可能是银河系中心的黑洞曾经活跃时留下的痕迹。

星族

恒星根据年龄和化学成分大体上可以分为两大类，称为星族。星族I由年轻的恒星组成，含有较多的重元素。这些元素主要是在恒星中产生的。星族I的恒星都是从已有恒星抛撒出的物质中形成的。银河系中，大部分星族I的恒星位于银盘中，那里含有丰富的物质可供恒星形成。星族II恒星是一些年老、贫金属的恒星，主要存在于银晕中，也有一些位于核球。而且大部分的星族II恒星都是在球状星团中被发现的。球状星团中用于形成恒星的物质已经被耗尽，不再有新的恒星形成。

恒星的运动

核球中的恒星轨道速度最快，它们能在银河系平面上下几百光年的范围内穿梭运动。银盘中的恒星主要位于银河系平面上，绕星系中心运行。银晕中的恒星能够穿越银盘，到达银盘上下几千光年的位置。

绘制银河系的地图
银河系的结构是由几条主要的旋臂所界定的。每条旋臂都由它的主要部分所在的星座命名。最明亮的旋臂位于人马座，它的后面是银河系核心所在的位置。太阳系位于猎户臂的内侧。所有的旋臂都位于银盘所在的平面上。银河系的核心中央是一个核球，球状星团在银晕中围绕核心上下运动。

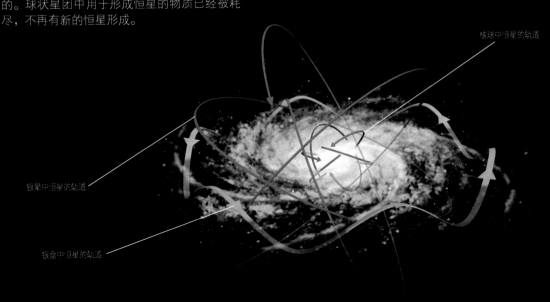

核球中恒星的轨道

银晕中恒星的轨道

银盘中恒星的轨道

星际介质

　　弥漫在恒星之间的星际介质主要是由处于不同原子态的氢原子和尘埃颗粒构成的。星际介质占了银河系总质量的大约十分之一，并且主要集中在银盘上。它们并不是均匀分布的，有些地方存在着密集的物质云，恒星能够在其中形成；有些地方物质已经被恒星驱散；此外还散布着一些密度非常低的区域。星际介质内部的温度差异非常大，最冷的地方达到零下260摄氏度，氢原子以分子云的形式存在。这些低温分子云也包含氢分子以外的分子，当它发生坍缩时就形成了恒星。有些地方存在着中性氢原子组成的气体云（中性氢区），温度从零下170摄氏度到730摄氏度不等。有些区域的气体云被恒星所加热，形成了由电离的氢原子组成的气体云（电离氢区），温度大约在10 000摄氏度。尘埃颗粒占到了银河系总质量的大约1%，在星际介质中随处可见。它们主要是一些小型的固体颗粒，直径从0.01微米到0.1微米不等，由碳、硅酸盐（硅和氧组成的化合物）、铁组成，表面覆盖着固态的冰和氨气。在温度更低的气体云里，颗粒表面可能还覆盖着固态的二氧化碳（干冰）。

不均匀的介质

这张超新星遗迹——天鹅圈（见第269页）的照片表明，星际介质中的物质是非常不均匀的。超新星爆发产生的激波仍然在星际介质中扩张。当激波遇到高密度的区域速度减慢时，星际介质中的原子就会受到激发，发出可见光和紫外线。

不可见的宇宙线

每时每刻都有宇宙线在穿越银河系。这些高能粒子沿着磁力线做螺旋运动。宇宙线主要是由离子和电子组成的，是星际介质的重要组成部分，能够产生与星际气体相当的压力。

恒星

恒星将较重的金属元素注入到介质中，因此是决定星际介质成分的重要因素。大质量恒星死亡时的超新星爆发（见第266页）是唯一可以产生比铁重的元素的机制。

暗星云

暗星云是由尘埃和氢分子组成的低温气体云。在可见光波段，它们只有在明亮的背景上才能显出轮廓。暗星云吸收可见光，并将能量以红外线的形式辐射出来。暗星云坍缩时就形成了恒星。

磁场

银河系的磁场比较弱，位于银河系的平面上，并且越靠近中心强度越大。磁场的方向大体是沿着旋臂的，但在某些地方，如分子云坍缩、超新星爆发处，磁力线会发生扭曲。

恒星之间的空间

恒星之间的空间并非空无一物，这与过去普遍流行的观点相悖。星际介质是恒星形成和星系演化的基础。星际介质的温度决定了星际物质的外观，以及其内部发生的过程。

尘埃云

年轻恒星通常被大质量的尘埃盘所包围。这些尘埃盘正是形成太阳系的物质。后期的恒星往往会向星际介质中释放一部分物质，因此它们通常被大量的尘埃所包围。

反射星云

环绕在年轻恒星周围的物质含有能够散射星光的尘埃颗粒。在这个星云中，尘埃的密度足够高，能够产生显著的光学效应。星云呈现蓝色是因为波长较短的蓝光更容易被散射。

发射星云

星际介质在恒星的加热作用下，氢原子被电离，形成了所谓的电离氢区。电离过程中释放的电子不断被吸收并重新辐射出来，形成了反射星云中的红色。

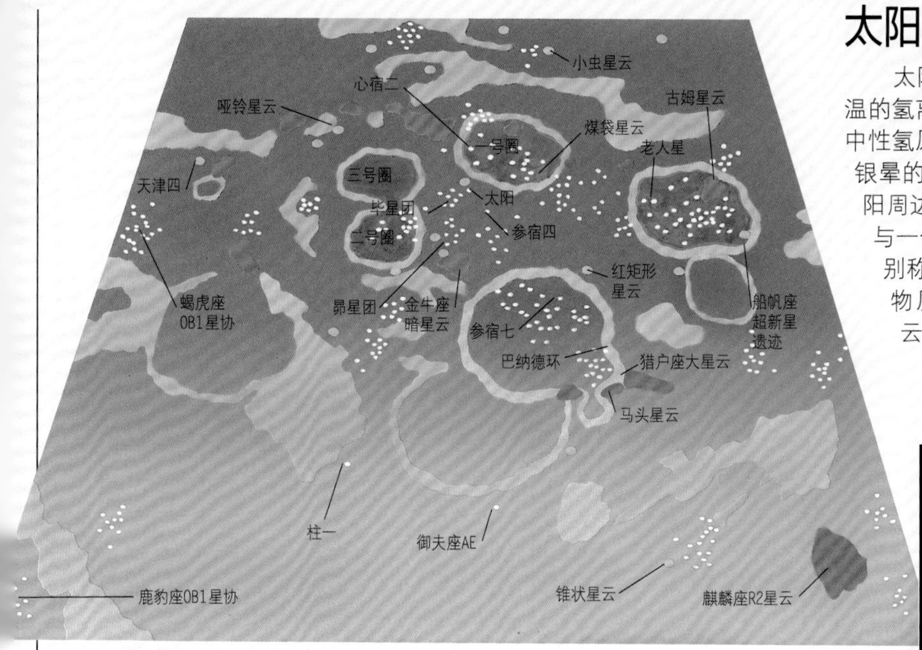

太阳邻域图中的标注：小虫星云、心宿二、哑铃星云、古姆星云、煤袋星云、老人星、天津四、三号圈、太阳、比邻星、参宿四、二号圈、参宿七、红矩形星云、蝎虎座OB1星协、昴星团、金牛座暗星云、船帆座超新星遗迹、巴纳德环、猎户座大星云、马头星云、柱一、御夫座AE、锥状星云、麒麟座R2星云、鹿豹座OB1星协

太阳的近邻

太阳位于银河系猎户臂的一个密度不太高的区域。它处于一个由高温的氢离子形成的"泡"中，泡的周围是一堵由温度较低而密度较高的中性氢原子组成的"墙"。这个所谓的"本地泡"是一个从银盘延伸到银晕的管状"烟囱"形结构的一部分。利用射电方法和X射线探测，太阳周边已知的最清晰的结构是"一号圈"，是本地泡的一部分，正在与一个名为"天鹰座暗"的分子云相撞。附近还有两个泡状结构，分别称为"二号圈"和"三号圈"。太阳正在穿越由年轻恒星吹出的物质形成的"天蝎-半人马星协"，朝着一个密集的星际气体云——"本地星际云"的方向运动。

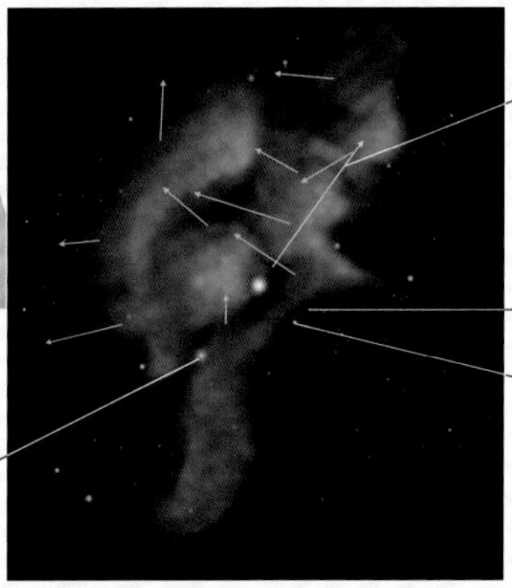

太阳邻域图

这张太阳邻域的缩略图显示了银河系猎户臂附近一片5 000光年见方的区域。太阳位于这张图的中心。氢原子云用棕色表示；分子云用红色表示；星际泡用绿色表示；星云用粉色表示；星团和一些巨星用白色表示。

本地泡图中标注：太阳运动的方向、G云、半人马座阿尔法星、天狼星

本地泡

NASA的星际边界探测器（IBEX）绘制的太阳附近的地图显示，太阳正在一团稀薄的气体云中运动，而这团气体云本身也在运动，它们的运动方向在图中用蓝色箭头表示。整体上看，这团气体云是从天蝎-半人马星协中的年轻恒星上吹出来的。

银河系中心

在可见光波段，多层密集的气体和尘埃挡住了我们观察银河系中心的视线。然而我们却能在人马座的银河系中心方向定位一个明亮的射电源，名为人马座A。它由两部分组成。射电源的东侧是一个电离气体泡，可能是一个超新星遗迹。而射电源的西侧是一个高温气体云，内部有一个非常强的致密射电源，称为人马座A*（Sgr A*）。人马座A*没有表现出轨道运动，因此很可能位于银河系的正中央。它的半径略小于22亿千米，比土星的轨道还小。其周围气体云的运动表明它的中心是一个质量约为太阳300万倍的超大质量黑洞。人马座A*的中心是一个具有三叉结构的微型旋臂，由高温气体组成，直径约为10光年。它的周围是一个由低温气体和尘埃组成的盘，称为核周盘。

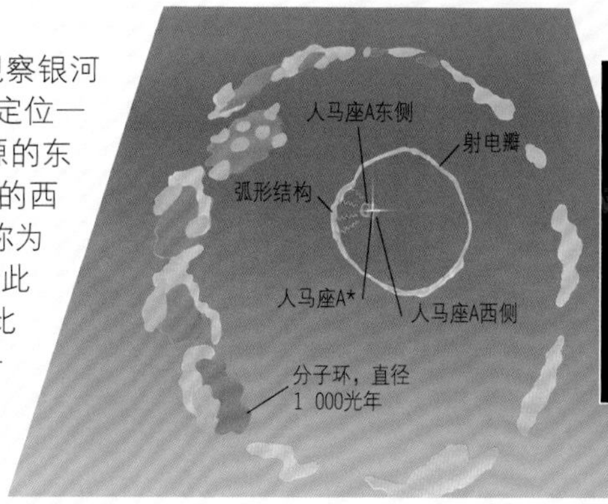

银河系中心图中标注：人马座A东侧、射电瓣、弧形结构、人马座A*、人马座A西侧、分子环，直径1 000光年

银河系中心

射电源人马座A周围的射电瓣是一个充满磁化气体的区域，其中包含一个扭曲的弧形气体丝。更远一些有一个延伸的分子环，由一系列巨大的分子云组成（红色所示）。此外还有一个由氢气云（棕色所示）和星云（粉色所示）组成的联合体。人马座A周围的两个小一些的气体盘在这个尺度下是看不见的。

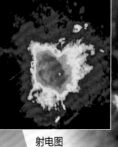

射电图

人马座A的射电图上显示出由电离的炽热气体组成的旋臂结构，这些气体正在朝着银河系的正中心下落。图中央的点状射电源就是人马座A*，被认为是位于银河系最中心的超大质量黑洞。

雅各布·科内留斯·卡普坦
（ Jacobus Cornelius Kapteyn ）

荷兰天文学家雅各布·科内留斯·卡普坦（1851—1922）以研究银河系的结构而成名。他在格罗宁根大学使用照相法研究恒星分布的密度，认为银河系的形状类似于透镜，太阳则靠近银河系的中心。虽然他得到的太阳的位置是不正确的，但开创了关于银河系结构研究的先河。

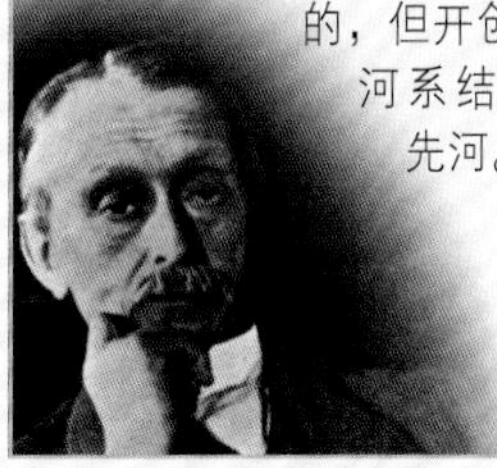

球状星团

球状星团中狭窄的球形空间内聚集着大量恒星，如同蜂巢内拥挤的蜜蜂。球状星团中的恒星数目可达百万以上，绝大部分属于星族Ⅱ。大多数球状星团位于银河系的晕中。

银河系的边界

银河系的盘和中心核球周围是球形的银晕，直径大于10万光年。银晕的密度与银盘和核球相比非常低，并且随着与银盘的距离增加而下降。银晕中散布着大约200个球状星团（见第288～289页），其中以球形的方式聚集着年老的星族Ⅱ恒星（见第227页）。银晕中也存在着孤立的星族Ⅱ恒星。晕中的恒星环绕银河系的轨道能够将它们带到远离银盘的地方。由于它们和银盘中绝大多数恒星的运动方式不同，因此相对于太阳的运动速度很高，有时也称为高速星。计算表明，银河系总质量90%的成分是神秘的暗物质（见第27页），其中有些可能是亮度较低的天体，如褐矮星、黑洞等，而人们相信绝大部分暗物质是由奇异粒子组成的，它们的性质至今尚不清楚。银晕延伸至银冕的区域，而银冕则可以将银河系在宇宙中的近邻——麦哲伦星系（见第310～311页）包围进来。

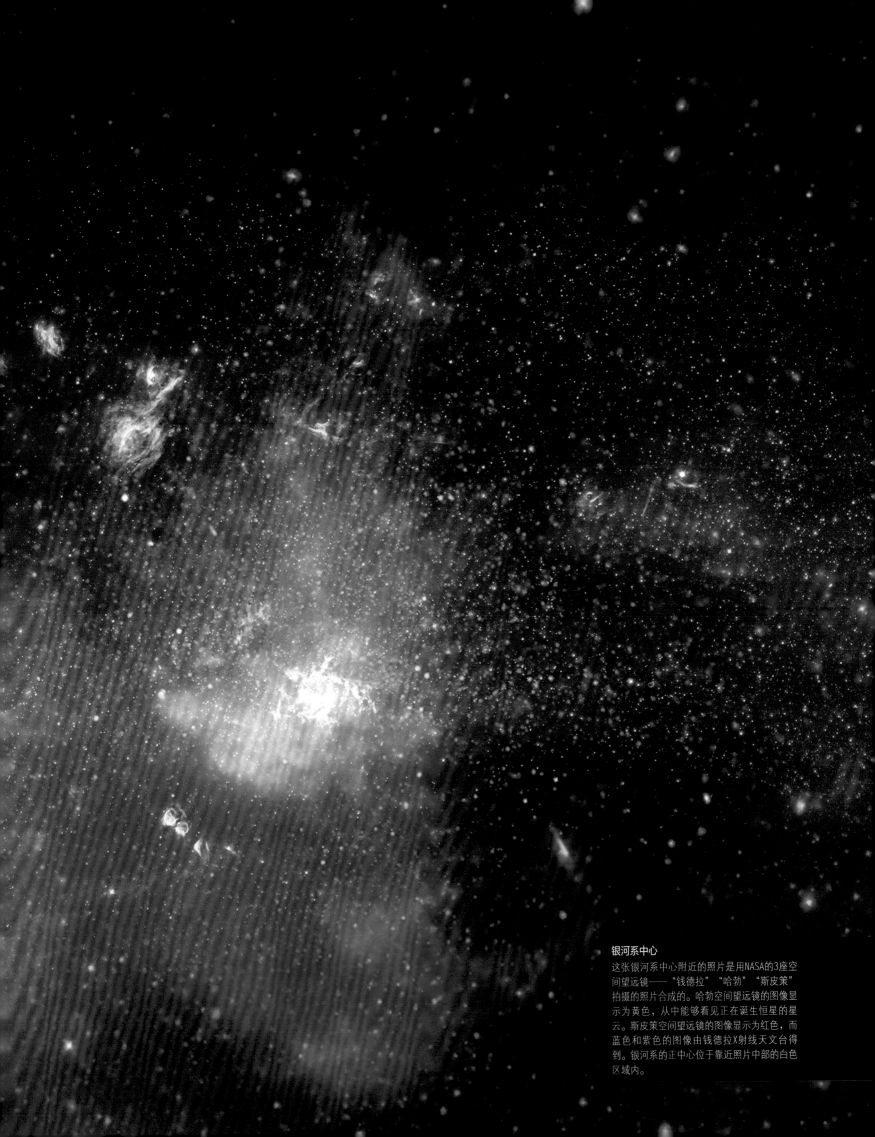

银河系中心

这张银河系中心附近的照片是用NASA的3座空间望远镜——"钱德拉""哈勃""斯皮策"拍摄的照片合成的。哈勃空间望远镜的图像显示为黄色，从中能够看见正在诞生恒星的星云。斯皮策空间望远镜的图像显示为红色，而蓝色和紫色的图像由钱德拉X射线天文台得到。银河系的正中心位于靠近照片中部的白色区域内。

恒星

恒星是质量庞大的气态天体，通过核反应产生能量并发光发热。恒星的质量决定了它们的性质，例如光度、温度、大小，以及如何随时间演化。恒星在一生中依靠内部压力与自身重力之间的平衡来保持稳定。

什么是恒星

星际物质在坍缩过程中，当中心的温度和压力高到一定的程度时，触发了核反应，就形成了恒星（见第238~239页）。氢元素在恒星中心转化为氦元素，释放的能量透过星体辐射到宇宙空间中。若不是重力的方向与辐射方向相反，这种能量释放所产生的压力足以将恒星瓦解。当这两种力平衡时，恒星是稳定的，如果偏离平衡就会导致恒星的状态发生改变。恒星的质量范围相对比较小，因为小于0.08倍太阳质量的天体无法维持核反应，而恒星的质量如果超过太阳的100倍就会变得不稳定。恒星的年龄和形态与它们的质量直接相关。大质量的恒星消耗燃料的速率比较快，寿命比低质量恒星短得多。

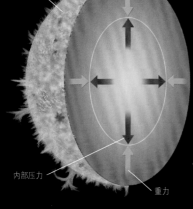

压力平衡

任何恒星，无论其处于何种演化阶段，其状态和行为都取决于内部压力和自身重力的平衡。

赫罗图

赫罗图（HRD）是以丹麦天文学家埃希纳·赫茨普龙（Ejnar Hertzsprung）和美国天文学家亨利·罗素（Henry Russell）的名字命名的，反映了恒星的光度、表面温度和半径之间的关系。两位天文学家各自独立地发现了恒星的颜色和光谱型能够反映它们的温度。如果以温度作为横轴，光度作为纵轴，把恒星画在一张图上，它们的位置并不是随机的，而是聚集在一起的。绝大多数恒星位于沿着对角线的带状曲线上，称为主序。恒星的半径从图的左下到右上沿着对角线方向增加。原恒星半径减小，温度上升，就演化到了主序阶段。主序上的恒星是稳定的，而后演化到红巨星或超巨星，并且随着半径增加、温度降低而向赫罗图的右侧移动。赫罗图左下方是半径较小、温度较高的白矮星。

重要的赫罗图

赫罗图是天文学中最重要的一张图，表明了恒星在其一生中所处的状态。图上不同的团块代表恒星不同的阶段，而落在这些团块之外的恒星很少，这是因为恒星在它们之间迁移所需的时间很短。

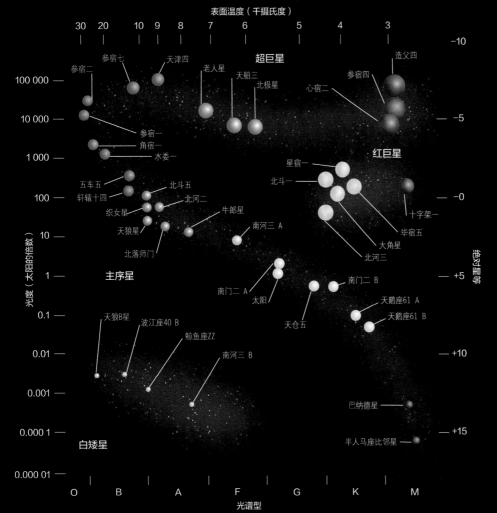

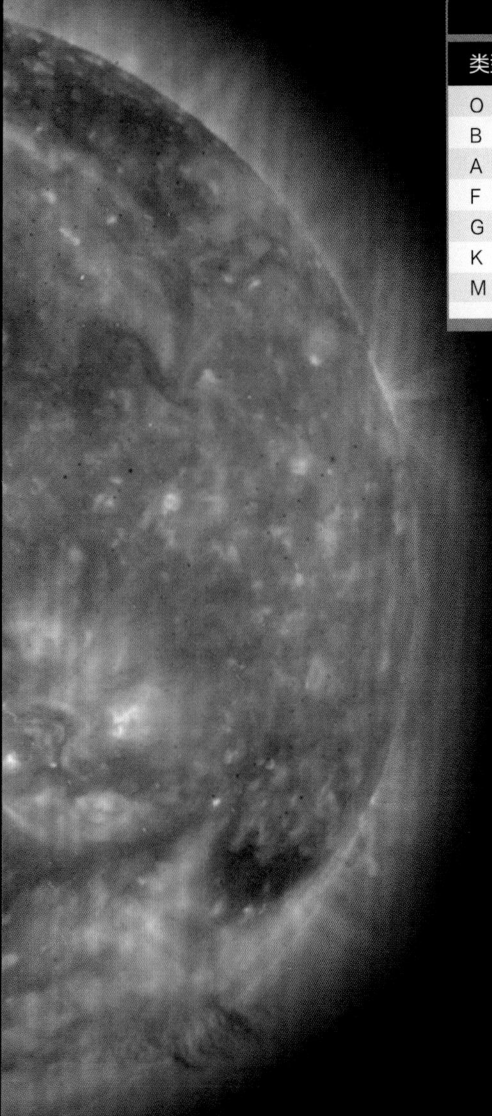

恒星光谱型

类型	主要的谱线	颜色		平均温度	举例
O	He⁺、He、H、O²⁺、N²⁺、C²⁺、Si³⁺	蓝色		45 000 ℃	天社一（见第253页）
B	He、H、C⁺、O⁺、N⁺、Fe²⁺、Mg²⁺	蓝白色		30 000 ℃	参宿七（见第281页）
A	H、金属离子	白色		12 000 ℃	天狼星（见第252页）
F	H、Ca⁺、Ti⁺、Fe⁺	黄白色		8 000 ℃	南河三（见第284页）
G	Ca⁺、Fe、Ti、Mg、H、一些分子带	黄色		6 500 ℃	太阳（见第104~107页）
K	Ca⁺、H、分子带	橘黄色		5 000 ℃	毕宿五（见第256页）
M	TiO、Ca、分子带	红色		3 500 ℃	参宿四（见第256页）

恒星分类

　　恒星根据光谱的性质可以分为若干类。如果把恒星的光分解为光谱，就能看见暗淡的吸收线和明亮的发射线（见第35页）。这些谱线的位置能够反映出恒星光球中存在的元素，而谱线的强度可以反映恒星的温度。恒星有7种主要的光谱型，从最热的O型到最冷的M型。每一个光谱型又进一步分为10个子类，用数字0到9表示。恒星还可以根据光度分类，用罗马数字表示，能够反映恒星的类型以及在赫罗图中所处的位置。例如，V代表主序星，II代表明亮的巨星，而暗淡的矮星用VI表示。除了常用的光谱型，还有一些不常见的恒星类别，如碳星（C类）。光谱分类后面用小写字母表示一些特殊的性质，例如v代表变星。

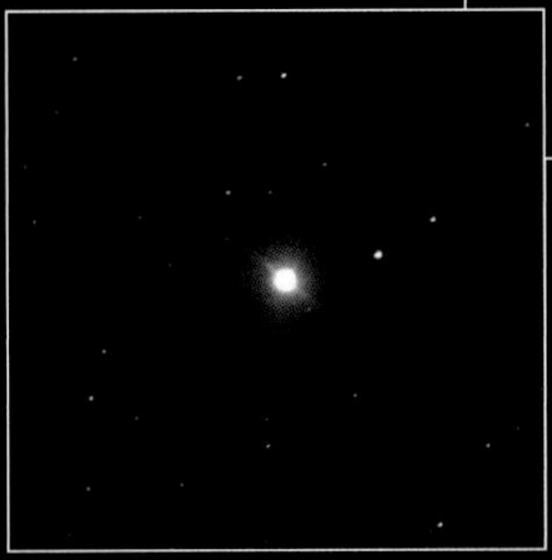

超巨星的对比
参宿四（见上图）和参宿七（见左图）都是超巨星，但在光谱上处于截然相反的两个极端。参宿四（见第256页）是一颗低温的红色星，已经演化到了晚期，而参宿七是一颗高温的、相对年轻的蓝色恒星（见第281页）。

主序星
这是一张太阳的假彩色图。太阳是一颗黄色的主序星，表面温度大约是5 500摄氏度，光谱型为G2，属于V类星。

恒星的光度

　　恒星的光度也就是它的亮度，定义为每秒辐射出的总能量。恒星光度可以从整个波段上的亮度（热光度）计算得到，也可以由某个波段计算得到。恒星在夜空中的表观亮度是它的视星等，没有考虑距离的因素。恒星到地球的距离有天壤之别，如果距离远的恒星足够亮，也可以和近处的恒星具有相同的视星等（见第71页）。一旦知道了恒星的距离，就可以得到它的绝对星等。绝对星等是恒星自身亮度的反映，由绝对星等就可以知道光度。恒星的光度通常用太阳光度的倍数表示。不同恒星的光度差异非常大，从太阳光度的千分之一到一百万倍不等。如果恒星的化学组成相同，则光度取决于质量的差异。只要不是高度演化的恒星，它的质量和光度就基本遵循一致的关系，也就是说一旦知道了一颗恒星的光度，也就知道了它的质量。

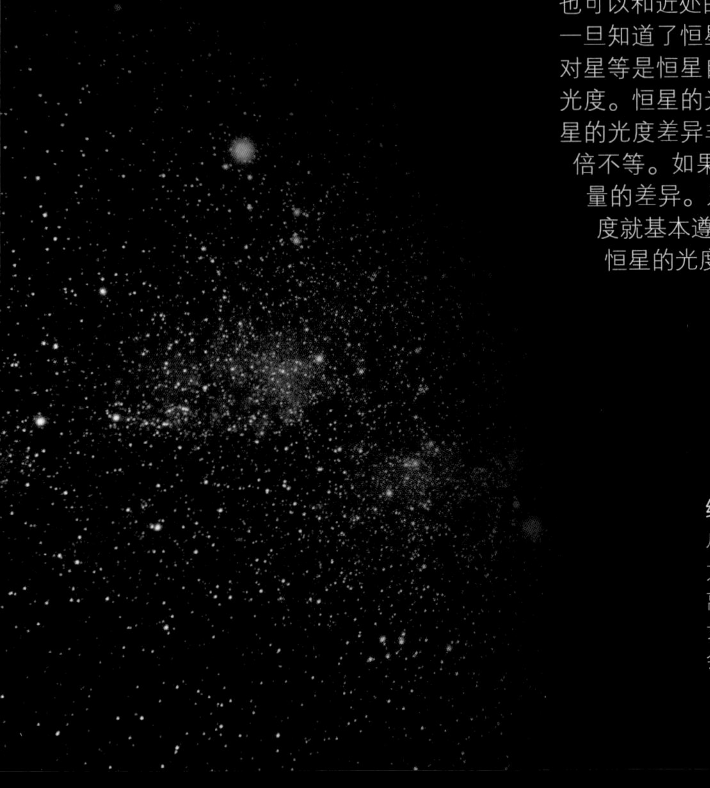

织女星和天津四
尽管天津四（左图左下方）和织女星（左图上方）看上去亮度差不多，然而天津四到地球的距离大约是织女星的300倍。如果把天津四移动到织女星的位置上，即距离地球25光年，它看上去将会变得和新月一样亮。

塞西莉亚·佩恩-加波施金
（Cecilia Payne-Gaposchkin）

　　塞西莉亚·佩恩-加波施金（1900—1979）原名塞西莉亚·海伦娜·佩恩，是出生于英格兰的女天文学家。她的丈夫谢尔盖·加波施金（Sergei Gaposchkin）也是一名天文学家。佩恩-加波施金曾就读于剑桥大学，毕业后成为首批进入美国哈佛大学天文台的天文学家之一。她研究了恒星光谱，并在博士论文中提出恒星光谱中吸收线的强度不同的起因是温度的差异，而不是化学成分不同。她还提出氢是恒星中含量最丰富的元素，这个观点起初未得到重视，后来终于在1929年被接受。

哈佛大学教授
塞西莉亚·佩恩-加波施金是第一位得到哈佛大学全职教授职位的女性。

银河系

恒星的一生

恒星是星际气体云在引力作用下坍缩形成的（见第238~239页）。恒星的一生要经历各种不同的演化阶段，其顺序和时间长短主要取决于恒星的质量。当恒星经历这些演化阶段时能够产生不同的元素，同样取决于恒星的质量。当生命结束时，恒星会把自身的物质抛回星际介质中，下一代恒星就从这些被增丰的星际介质中形成。

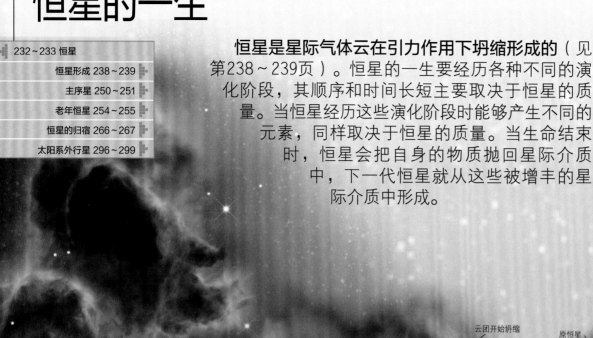

恒星的生命阶段
这张星云NGC 3603的照片显示了处于不同生命阶段的恒星，包括从孕育婴儿恒星的暗星云、氢气体柱，到由年轻恒星组成的星团，以及一颗接近生命终点的红色恒星。

气体和尘埃包层

云团开始坍缩

原恒星

致密的气体云开始坍缩
恒星诞生于低温的星际气体云中。气体云的温度越低，就越容易在引力的作用下坍缩。气体云主要是由氢构成的。在低温下，氢原子会结合成氢分子。

原恒星开始形成
当气体云超过一定质量，一旦受到引力扰动就会开始坍缩。在坍缩过程中会分裂成大小和质量不同的碎块，这些碎块形成了原恒星。

压力和温度上升
随着原恒星继续坍缩，中心的温度和压力就会上升，大小取决于气体云碎块的初始质量。初始质量越大，温度和压力也就越高。

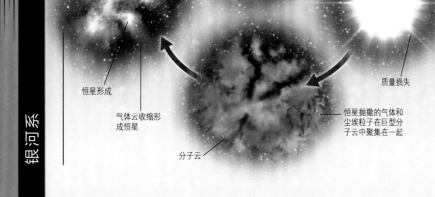

恒星

恒星内部的核反应产生重元素

恒星在其一生中向空间抛撒物质

质量损失

恒星形成

气体云收缩形成恒星

恒星抛撒的气体和尘埃粒子在巨型分子云中聚集在一起

分子云

生生不息
恒星从前一代恒星抛撒的物质中形成。大质量的恒星死亡能够触发更多恒星的形成。

恒星的诞生

低温气体云中形成恒星的基本原料主要是氢分子。恒星形成过程的早期阶段是由引力触发的，而引力的来源可以是一颗从近处经过的天体、超新星的激波或者银河系密度波的压缩。如果气体云的密度足够大，就会坍缩成原恒星，继而进一步收缩，直到中心核反应开始。这时，一颗新恒星就诞生了。恒星在其一生中，会将氢元素转换为氦以及一系列更重的元素。能生成多重的元素完全取决于它的质量。这些物质会逐渐注入到星际介质中，直到恒星耗尽了绝大多数燃料并开始坍缩。一颗大质量的恒星最终会演化成超新星，将剩余的绝大多数物质抛撒到宇宙空间中。

褐矮星
在质量小于0.08倍太阳的原恒星内部，核心力和温度达不到核反应需的条件，这些原恒星成了褐矮星。

恒星演化

如果新生恒星的质量足够大，就会演化到主序上，并在此度过生命中绝大部分时光。当核心的氢燃料耗尽后，恒星离开主序，成为巨星或者超巨星。质量决定了恒星在赫罗图上的演化路径。当恒星由于燃烧大气中的燃料而膨胀，或者耗尽燃料之后发生收缩，就会穿越赫罗图（见第232页）上位于主序右侧的一片区域，这里称为不稳定带。恒星的质量越大，膨胀和收缩所需的时间越长。大质量的恒星在赫罗图上超巨星所在的区域发生超新星爆发，而小质量的恒星再次越过主序，收缩为白矮星。白矮星比较小，温度很高，位于赫罗图的左下方。随着温度降低，白矮星在赫罗图上向右移动，成为黑矮星。赫罗图上没有中子星和黑洞，因为它们不符合赫罗图所代表的质量-光度关系。

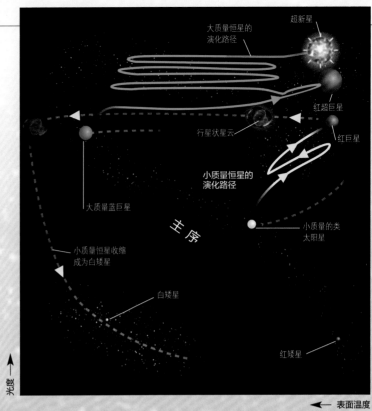

恒星的成年

成年后的恒星迈向生命尽头的旅途可以在赫罗图上表示。恒星发生膨胀，温度降低，向赫罗图的右侧移动，成为红巨星或超巨星。当大气中的燃料耗尽后，恒星开始收缩，在赫罗图上掉转方向朝左移动。

强烈的星风

青壮年的恒星

气体收缩，使原恒星缓慢旋转起来，并随着气体的内落不断加速，组成恒星的物质形成了一个盘。原恒星在进入主序之前表现得很不稳定，旋转得比较快，星风比较强烈。

恒星进入主序

对于质量大于0.08倍太阳质量的原恒星，压力和温度足够高，使得核反应开始进行。压力与重力保持平衡，原恒星成为一颗真正的恒星。

星周盘

行星的形成

一旦恒星进入主序并稳定下来，残留的盘就开始冷却。随着盘的冷却，元素凝结在一起并相互粘连。大的团块会吸住小的团块，一直生长成行星大小的凝聚体。

行星系统的形成

除了位于近距离双星系统中的恒星，绝大多数年轻恒星都被形成时的遗留物所包围。由于自转及星风的影响，这些物质形成扁平的盘状，围绕在赤道上。起初，星周盘的温度很高，随着恒星演化到主序阶段，盘开始冷却。随着温度降低，不同的元素聚集在一起，具体取决于星周盘的温度。盘中的元素能够以多种不同的状态存在。例如水在距离恒星较远、温度较低的外围以冰的形式存在，而在温度较高的内侧以水蒸气的形式存在。小的颗粒粘连在一起，逐渐长大，生长速度比较快的颗粒能够凭借引力吸附较小的颗粒，变得更大。而在早期大的颗粒也可能与其他颗粒发生碰撞，破裂成碎片。渐渐地，星周盘的温度降下来，内部也变得平静，一些颗粒已经成长为较大的星子——行星胚胎。星周盘中没能形成行星的残留物就成了小行星或者彗星，具体取决于距离恒星的远近。行星的大气则是由吸附的气体形成的，这些气体可能来自星周盘、行星的喷发物或者彗星的轰击。

星周盘

在御夫座AB星的星周盘内部，物质团块可能正处于行星形成的早期阶段。旋转的星周盘大小约为太阳系的30倍。

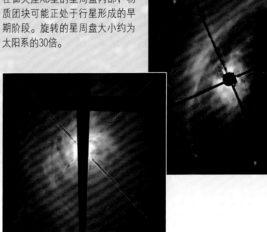

从成年走向衰老的恒星

当恒星耗尽了核心的氢燃料，其外部一系列同心壳层就开始燃烧。随着热源向外移动，恒星会膨胀，其外壳层温度降低。如果恒星的质量比较小，就会冷却直至熄灭；质量和太阳类似的恒星会演化成红巨星；而大质量恒星会变成超巨星。一旦恒星耗尽了所有可用的核燃料就会收缩，因为此时已经没有能量来源可以弥补其表面的能量损失。在收缩过程中，如果质量足够大，由氦元素组成的核心就会开始燃烧，并转化为碳元素。当核心的氦燃料消耗完毕，恒星大气中由氦元素组成的壳层就会开始燃烧，此时恒星又会膨胀。在质量非常大的恒星中，这个过程会不断重复，直到合成铁元素。如果一颗质量和太阳相当的恒星耗尽了所有燃料，就会丢掉外层的大气，形成绚丽的行星状星云，恒星本身则继续收缩，成为白矮星。大质量的恒星会爆炸形成超新星，留下一颗中子星或黑洞。

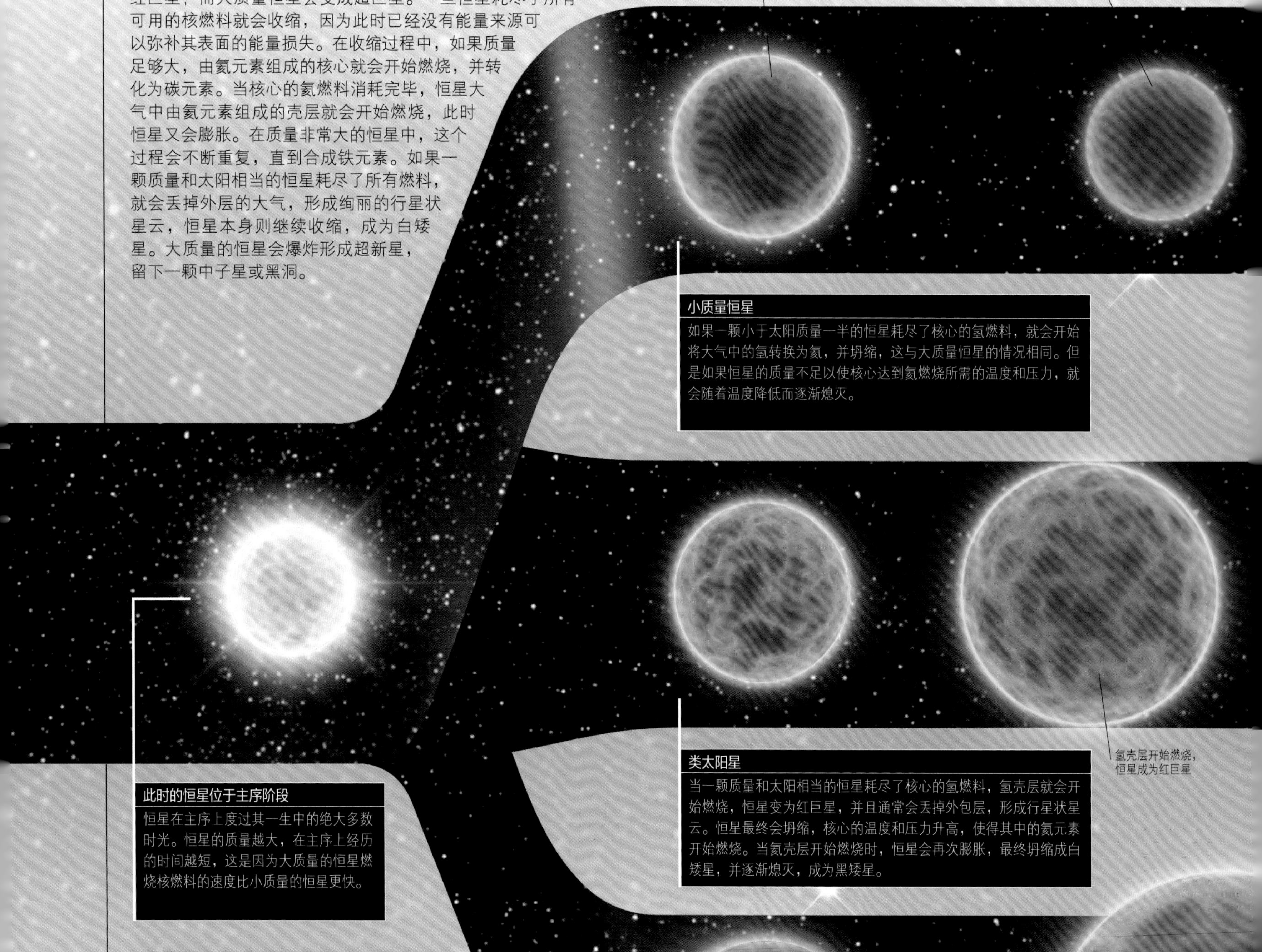

氢壳层燃烧，恒星膨胀

氢燃料耗尽，恒星开始坍缩

小质量恒星
如果一颗小于太阳质量一半的恒星耗尽了核心的氢燃料，就会开始将大气中的氢转换为氦，并坍缩，这与大质量恒星的情况相同。但是如果恒星的质量不足以使核心达到氦燃烧所需的温度和压力，就会随着温度降低而逐渐熄灭。

此时的恒星位于主序阶段
恒星在主序上度过其一生中的绝大多数时光。恒星的质量越大，在主序上经历的时间越短，这是因为大质量的恒星燃烧核燃料的速度比小质量的恒星更快。

氢壳层开始燃烧，恒星成为红巨星

类太阳星
当一颗质量和太阳相当的恒星耗尽了核心的氢燃料，氢壳层就会开始燃烧，恒星变为红巨星，并且通常会丢掉外包层，形成行星状星云。恒星最终会坍缩，核心的温度和压力升高，使得其中的氦元素开始燃烧。当氦壳层开始燃烧时，恒星会再次膨胀，最终坍缩成白矮星，并逐渐熄灭，成为黑矮星。

大多数的恒星是主序星
在夜空中，人眼可见的大约90%的恒星是主序星。这也就是说，大多数恒星一生中90%的时间是在主序上度过的。

大质量恒星
恒星的质量越大，膨胀和收缩的次数也就越多，每次收缩时核心温度都取决于恒星的质量。不同的阶段中能够合成不同的元素。如果恒星的质量足够大，就会形成铁核，但是比铁重的元素不能在恒星中心形成，它们是在超新星爆发中形成的。爆发后只留下了中子星或黑洞。

超巨星通过核反应合成重元素

高龄红巨星
红巨星和超巨星呈红色，在夜空中非常显眼。由于它们体积巨大，因此也非常明亮，很容易探测到。

红巨星

由于不发生氦燃烧，恒星继续坍缩

只有气体压力对抗重力

小而暗弱的恒星逐渐熄灭

恒星最终成为一颗小而暗淡的黑矮星

恒星氦壳层燃烧后坍缩，成为白矮星

随着时间流逝，白矮星熄灭成为黑矮星

红巨星的外层开始形成行星状星云

行星状星云

中子星是极端致密的天体，主要由中子组成

恒星爆炸成为超新星，合成比铁重的元素

黑洞是密度非常大的天体，即使光也无法逃脱

恒星坍缩
经过红巨星或超巨星阶段后，遗留下的恒星就会开始坍缩。如果它的质量超过太阳的1.4倍，就会坍缩成为中子星。而如果质量超过太阳的3倍，则会坍缩成为黑洞。

恒星形成

恒星是由低温、致密的星际气体云在引力作用下坍缩形成的。 这些云主要由氢分子组成（见第228页）。由于气体云是由内部的压力维持的，因此质量必须大到能够发生引力坍缩，并且需要触发才能坍缩形成恒星。大块的气体云在坍缩时会碎裂，可以同时形成许多紧密靠在一起的原恒星，其中有一些距离近到被相互之间的引力束缚在一起。随着气体云的坍缩，温度逐渐升高，直到中心的温度和压力高到使核聚变开始发生，这时，恒星就形成了。

恒星形成区
这是位于南半球银河中的星云RCW120。在它的内部，一个膨胀的电离气体泡正在将周围的物质压缩成致密的团块，新恒星得以在其中形成。

恒星温床

恒星形成时的星云不仅是宇宙中最美丽的天体之一，而且还包含了形成恒星的各种原材料。这些星云包含氢分子、氦原子以及尘埃，有些质量非常大，直径可达到数百光年，也有一些小的孤立云团，称为"博克球状体"。它们可以在数百万年的时间里保持不受扰动的状态，而一旦受到扰动，这些星云就开始收缩，并破裂成小的气体云，恒星就在其中形成。星云形成恒星后的残留物会包裹在新生恒星周围，而从新恒星吹出的星风可以进一步这些残留物发生收缩。如果这团气体云属于一个大型的复合星云的一部分，就会形成一个巨大的恒星育婴室。大质量的恒星寿命相对短暂，当别的恒星还在形成当中时，它们就会演化到生命终点，形成超新星爆发。超新星的激波会扫过邻近的星际物质，触发更多的恒星形成。

博克球状体
博克球状体是一些低温的气体和尘埃的小型云团，银河系中的一些小质量恒星就在其中形成。

博克球状体

星蛋

星蛋
在鹰状星云的蒸发气态球状体（星蛋）中，星际物质正在收缩形成恒星。

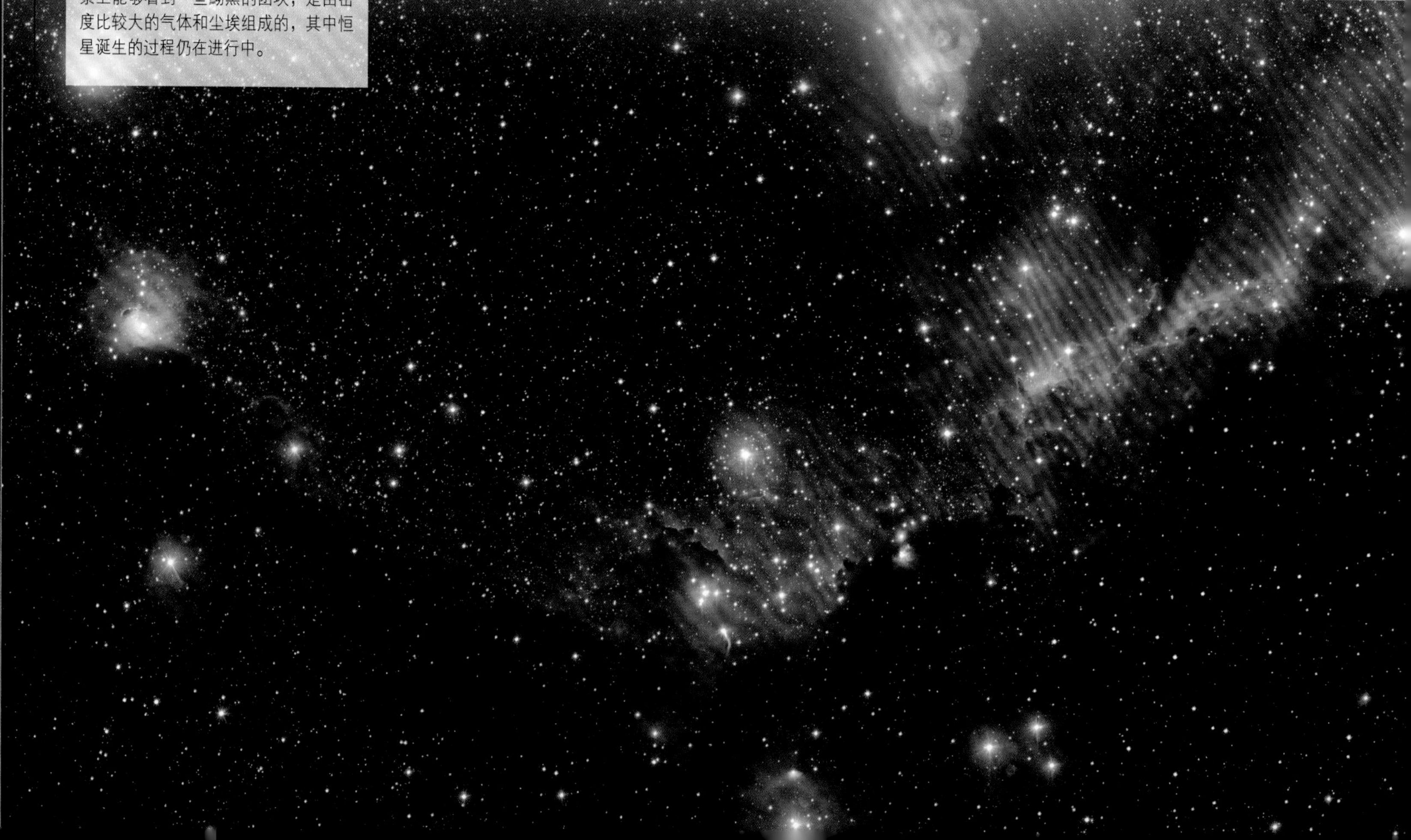

恒星在形成
这张壮观的全景照片上是海鸥星云张开的翅膀。这个星云位于麒麟座的一个恒星形成区。其中，明亮的年轻恒星仍然被发光的云状物质所环绕，而明亮的背景上能够看到一些黝黑的团块，是由密度比较大的气体和尘埃组成的，其中恒星诞生的过程仍在进行中。

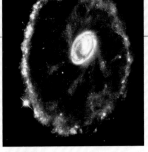

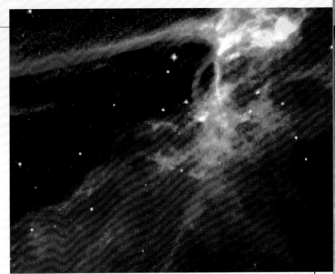

触发恒星形成

星际物质组成的气体云是由自身的压力和内部磁场维持的，因此需要触发才能开始收缩。这个触发因素可能是恒星路过时一次简单的引力拉动，或者是超新星爆炸的激波，抑或是两个或多个星系的碰撞。在像银河系这样的旋涡星系里，密度波在银盘的尘埃和气体中扫过（见第227页）。密度波经过时，局部星际物质的密度增大，从而开始收缩。因此从明亮的年轻恒星的分布可以勾勒出密度波的形状。

星系碰撞
上图中这两个星系碰撞时形成了一个恒星环。激波从这里扫过，触发了星际物质中的恒星形成。

浴火重生
超新星爆发喷出的激波和物质扫过星际介质，触发了新恒星的形成。

恒星形成区

刚形成的星团

剧烈的恒星形成
星系NGC 1427A的周围可以找到刚形成不久的星团（蓝色所示）和恒星形成区（粉色所示）。星系中的气体与星系正在穿越的星际介质发生碰撞，导致压力上升，从而引发了剧烈而迷人的星团形成过程。

星团

当一团分子云破裂并坍缩时，通常会形成一团聚在一起的年轻恒星。许多恒星在刚形成时距离非常近，因此是被它们之间的引力相互束缚住的，其中有一些恒星距离近到可以交换物质。其实，没有处于双星或者聚星系统中的恒星是非常少的（见第274~275页）。从这个角度来说，太阳并不是一颗普通的恒星。同一个星团中的恒星常常具有相似的化学成分，不过由于一团气体云可以连续形成恒星，因此其中可能包含着处于不同演化阶段的恒星（见第288~289页）。星云中仍然保留着初始的气体和尘埃残留物，尘埃颗粒通常会反射星光，主要是波长较短的蓝光。因此，年轻的星团通常被醒目的蓝色反射星云所包围。刚形成的恒星温度比较高，相对明亮，而附近的星际介质被新生恒星的热量所加热，成为红色的发射星云。恒星各自的运动最终会导致形成不久的星团发生解体，而聚星系统会继续保持着引力束缚的状态在星系中共同运动。

迈向主序的演化

随着星云的碎片继续收缩，其中的物质合并、压缩形成了原恒星。这些羽翼未丰的恒星在自身的引力下继续收缩，释放出巨大的能量。然而它们并不容易被观测到，因为通常都被恒星形成的残留物所包裹着。原恒星内部产生的热量和压力对抗着自身质量产生的引力。最终，原恒星中心的物质达到启动核聚变所需的温度和密度，一颗新恒星就诞生了。在这个阶段恒星是非常不稳定的，它所吹出的强烈星风会导致质量损失。星风会沿着两条相反的方向吹出，其路径是环绕在赤道周围的气体和尘埃盘所开辟的。恒星内部的压力逐渐和重力相当并保持平衡，这时恒星就进入了主序阶段（见第234~237页）。

约翰·路易斯·埃米尔·德雷耶
（John Louis Emil Dreyer）

爱尔兰籍丹麦裔天文学家约翰·路易斯·埃米尔·德雷耶（1852—1926）是《星云星团新总表》的编纂者，其中天体以NGC为编号。在编纂这份星表时，人们还不知道所有的星云状天体是否都位于银河系以内。德雷耶研究了很多天体的自行，认为"旋涡星云"，也就是现在所熟知的旋涡星系，可能是距离非常遥远的天体。

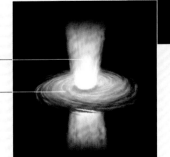

极区的气体喷流

吸积盘

青春期的恒星
随着年轻的恒星在赤道附近聚集越来越多的物质，就会将这些多余的东西从两极地区喷出（如左图所示），这样就会产生两束几乎一样的气体喷流，这样的天体称为赫比格-哈罗天体。上图中的HH24就是一个壮观的赫比格-哈罗天体。

银河系

恒星形成区

恒星形成在银河系中随处可见，但是在旋臂上和朝着银河系中心的方向更明显，因为那里拥有丰富的恒星形成的原材料——尘埃和气体。在这些地方，星际介质的密度比较高，分子云能够大量存在。这些分子云的温度比较低，以暗星云的形式存在，只在背景较亮时才能看见。当新恒星在其中形成时，气体云就从内部被照亮了，形成发射星云。银河系中最美的天体就有一些属于这种发射星云。

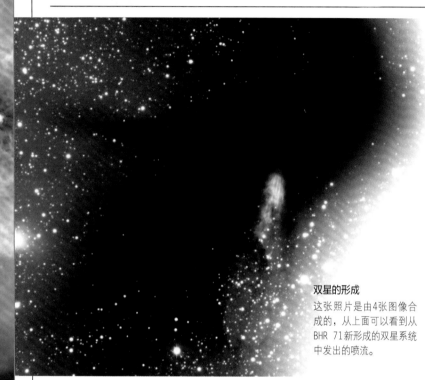

恒星育婴室
在欧米茄星云（M17）的内部，明亮的年轻恒星照亮了形成它的星云。

双星的形成
这张照片是由4张图像合成的，从上面可以看到从BHR 71新形成的双星系统中发出的喷流。

暗星云

BHR 71

星表编号
BHR 71

到太阳的距离
600光年

苍蝇座

　　这个小型的暗星云BHR 71是一个博克球状体（见第238页），直径大约为1光年。在这个暗分子云的内部有两个红外和射电源，据信是两个距离非常近的恒星胚胎——HH320和HH321，它们都在坍缩时损失了大量的物质。其中HH320拥有最剧烈的外向流，并且它很可能被先前抛射出的物质形成的大质量的吸积盘所包围。虽然在可见光波段是不可见的，但是它的光度是太阳的10倍。BHR 71及其内部的原恒星为研究恒星形成过程提供了难得的样本。

暗星云

马头星云

星表编号
巴纳德33

到太阳的距离
1 500光年

猎户座

　　马头星云位于夜空中猎户座腰带三星中左边的那颗星（猎户座ζ）的南部（见第390~391页），是最美、最著名的天体之一。它是一个由气体和尘埃组成的密度极高的冷暗星云，在明亮的星云IC 434的前方显出了轮廓。马头星云的直径大约为16光年，总质量达到太阳的300倍。马头的形状是致密的星际物质受到高温而年轻的猎户座σ的辐射形成的。在马头星云的母星云内部有一群恒星正在形成。马头星云上方的明亮区域有一些延伸的条纹，很可能是由星云内部的磁场形成的。

黑暗骑士
马头星云是夜空中被拍摄最多的天体之一。它的形状类似海马的头，或是国际象棋中的马。这个形状奇特的暗星云是1888年在照相底片上被发现的。

发射星云

猎户座星云

	星表编号
	M42，NGC 1976
	到太阳的距离
	1 500光年
	星等　4

猎户座

猎户座星云是夜空中最明亮、最知名的星云，肉眼很容易看见，像是猎户座腰带下方一块弥漫的浅红色补丁（见第390～391页）。同时它还是距离地球最近的发射星云，人们对它已经进行了细致的研究。猎户座星云的跨度大约有30光年，视直径是满月的4倍，然而它只是一个更大的分子云系统OMC-1的一小部分，OMC-1的直径则有数百光年。猎户座星云位于OMC-1的边缘，OMC-1的另一侧一直延伸到马头星云的位置。猎户座星云闪耀着内部新生恒星的紫外辐射，观测发现，这些恒星中有许多都包围着原行星盘。将气体和尘埃云电离的辐射主要来自猎户座四边形星团中的几颗星（见第391页）。四边形星团位于猎户座星云的中心，年龄只有3万年左右，是已知的最年轻的星团之一。它是一个由高温的OB型星组成的四合星系统（见第232～233页）。1967年，在猎户座星云正后方发现了一个巨大的尘埃云，名为"克莱曼－洛星云"，它的内部有一些强烈的红外辐射源。人们认为这些红外源是原恒星以及新形成的恒星。

新生恒星
在这张图上方是猎户座四边形星团中的新生恒星。在图的左下方可以看到从胚胎恒星中流出的物质所形成的激波，速度达到每小时72万千米。

空间探索

第一张星云照片

摄影先驱、美国科学家亨利·德雷珀（Henry Draper，1837—1882）在1870年9月将照相机指向夜空中最亮的星云——猎户座星云，拍下了人类第一张星云照片，虽然这张照片还很粗糙。12年后，他又用一台口径28厘米的折射望远镜拍了一张质量更好的照片。从那以后，猎户座星云恐怕就成了上镜次数最多的星云。

猎户座大星云
这张红外照片是由位于智利的可见光和近红外巡天望远镜（VISTA）拍摄的，展现了富含尘埃的星云内部新形成的恒星。

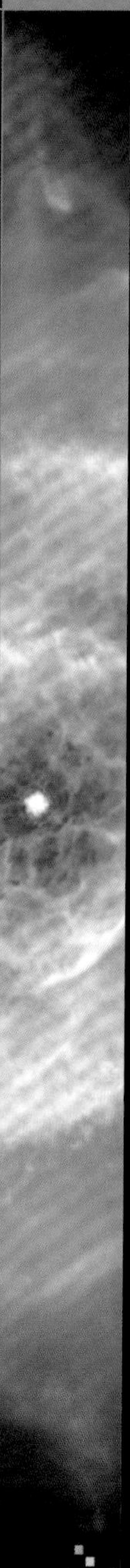

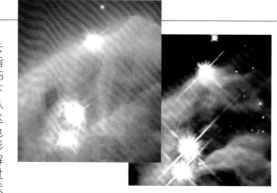

暗星云

锥状星云

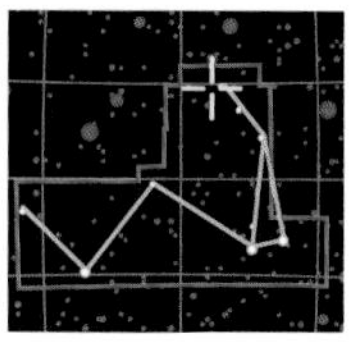

	星表编号
	NGC 2264
	到太阳的距离
	2 500光年
	星等　3.9

麒麟座

　　锥状星云是英国天文学家威廉·赫歇尔在1785年发现的，它位于一团巨大而混沌的恒星形成区边缘。这个锥状的气体和尘埃云长度超过7光年，它的顶端直径为2.5光年。锥状星云与著名的圣诞树星团（NGC 2264）有着密切的联系。圣诞树星团跨度达到50光年，由至少250颗恒星组成，正是它内部的新

生恒星照亮了锥状星云。锥状星云位于这棵"圣诞树"的顶端，并指向圣诞树的底部。在它的对侧，5等星麒麟座S位于圣诞树的左下方。圣诞树星团内已经探测到了从新生恒星中发出的物质喷流。而这些所谓的"赫比格-哈罗天体"也对周边星云中的物质形态产生了影响。对锥状星云形态成因的一种解释是：它是由强劲的星风粒子吹过锥顶的博克球状体形成的。在锥状星云顶部的气体和尘埃附近有一颗大质量的恒星NGC 2264 IRS，它的周围有6颗小一些的类太阳星。人们认为正是这颗大质量恒星形成初期所吹出的物质触发形成了周围这6颗星，并且对锥状星云的形状产

生了影响。这几颗恒星在可见光波段都是不可见的，而红外观测表明在这个星云内部还存在更多的胚胎恒星。因此锥状星云是银河系这个区域内最活跃的恒星形成区之一。

红外图像

从右边锥状星云顶部的红外图像上可以看到，右侧有一小团新生的恒星，而它们在左边的可见光图像上是看不到的。

圣诞树星团

疏散星团NGC 2264中的恒星组成了一个倒立的圣诞树形状，而锥状星云（图中方框）位于圣诞树的顶端。

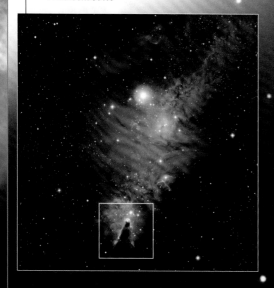

坚固的塔

锥状星云巨大的塔形构造诞生于广阔的气体和尘埃云中，是一块密度比较高的区域，经受住了来自邻近恒星辐射的侵蚀。

发射星云

IC 1396

星表编号
IC 1396
到太阳的距离
3 000光年

仙王座

　　IC 1396复合体位于直径数百光年的一片区域内，拥有地球附近最大的发射星云之一，因此研究得比较详细。它在夜空中的视直径是满月的10倍，质量估计是太阳的12 000倍，主要由处于多种状态的氢元素和氦元素组成。星云的中心是一颗蓝色的大质量年轻恒星HD 206267，照亮星云的绝大部分辐射都是它发出的。观测表明，在距离80～130光年的地方，电离的气体云围绕着这颗恒星形成了一个环。这些气体云是形成HD 206267及其周边一些恒星的分子云残留下来的，这些恒星共同组成了一个名为Tr37的星团。距离HD 206267更远的地方有一大片低温、暗淡的物质，其中有一个叫作"象鼻星云"的结构。研究人员认为这些物质中有一部分已经被恒星发出的强烈星风吹散了，因此形成了类似大象鼻子的

巨大的恒星育婴室

这张合成照片上可以看到巨大的IC 1396复合体包含了发射星云、暗星云以及一个年轻的星团。仙王座μ位于图片中央，方框处是象鼻星云。

象鼻星云

象鼻星云是从一团巨大的星际气体云中形成的，这个气体云中将来有可能有新的恒星形成。

形状。有些结构从HD 206267沿着径向向外延伸，长度可达20光年。仙王座μ位于IC 1396的内部，它被赫歇尔称为"石榴石星"，是一颗红超巨星，辐射出的能量是太阳的35万倍。

发射星云

DR 6

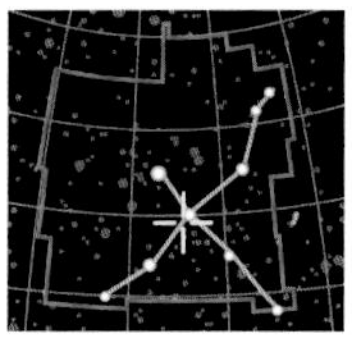

星表编号
DR 6
到太阳的距离
4 000光年

天鹅座

　　在这个与众不同的星云中心，大约10颗年轻恒星吹出的强烈星风在星际物质内部产生了一些空腔，使得它看上去像骷髅。这个星云直径大约是15光年，它的"鼻子"直径大约是3.5光年，产生骷髅形状的罪魁恒星就位于其中。这团恒星的年龄非常小，不到10万年。下图是由4张红外照片合成的。

银河系"骷髅"

扭曲缠绕的气体

这张照片展现了巨大的礁湖星云内部的混沌景象，这是由于刚刚诞生的恒星吹出的强烈星风与周围的星际气体和尘埃云发生相互作用形成的。

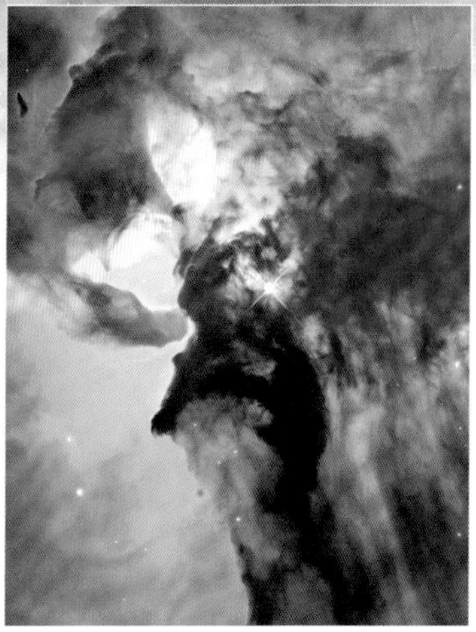

黑色球状体

这张哈勃空间望远镜拍摄的照片上存在一些致密的气体和尘埃团块，其形状受到了从星云中新生恒星上吹出的星风的影响。百叶窗帘一样的明暗相间的条纹是由于星云物质受到辐射压的侵蚀而形成的。

发射星云

礁湖星云

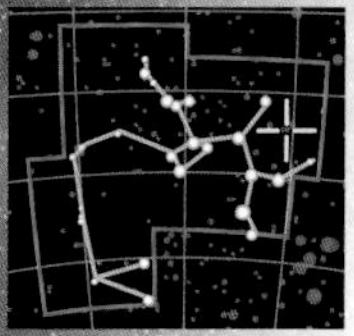

星表编号
M8，NGC 6523
到太阳的距离
5 200光年
星等　6

人马座

　　礁湖星云是一个高产的恒星形成区，其中布满了星际物质含量极其丰富的区域。礁湖星云在天空中覆盖的区域比3个满月的面积还大，肉眼可见。这个星云中包含年轻的星团、很特别的博克球状体，以及能量很高的恒星形成区，此外还有很多蜷曲的气体结构，人们认为它们是由于高温的星风与低温的气体云发生碰撞而形成的。礁湖星云的中心区域非常明亮，是被几颗温度非常高的年轻恒星所照亮的，包括6等星人马座9，以及9等星赫歇尔36。著名的沙漏星云也位于礁湖星云的中心（见第263页）。大图中部的左侧是疏散星团NGC 6530，包含50到100颗年龄只有数百万年的恒星。博克球状体在礁湖星云各处都可以见到。

鹰状星云

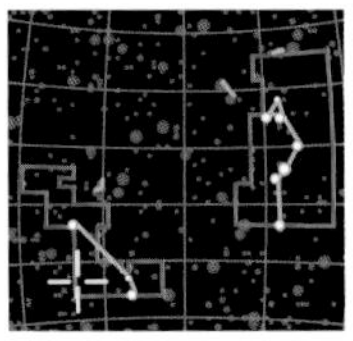

星表编号	IC 4703
到太阳的距离	7 000光年
星等	6

巨蛇座

对鹰状星云的观测使人们对行星形成理论提出了新的见解。鹰状星云位于银河系中密度最高的旋臂之一，是一个巨大的恒星育婴室，其中新形成的恒星闪耀着光芒，新的恒星在源源不断地诞生，同时物质被不断地触发，促进了更多的恒星在不久的将来形成。在可见光波段，这片区域的光主要来自明亮的年轻星团M16，这个星团是由瑞士天文学家菲利普·洛茨·德·舍索（Philippe Loys de Chéseaux）在1745年前后发现的，但是直到差不多20年后，形成它的鹰状星云才被查尔斯·梅西叶发现。M16星团本身年龄只有500万年，直径大约为15光年。而鹰状星云比这个星团要大得多，直径大约为70光年。

1995年，哈勃空间望远镜对准了鹰状星云，拍下了著名的"创生之柱"（见下图）。这些柱状物是饱受年轻恒星辐射侵蚀的致密星际物质，这些恒星的紫外辐射正通过所谓的光致蒸发过程，逐渐使自身的表面沸腾。由于柱子的密度是不均匀的，持续不断的光致蒸发形成了几个从主体上分离下来的小型瘤状物，称为蒸发气态球状体（"星卵"）。在这些地方，物质停止了聚集，其中的胚胎行星质量上限已经确定。人们认为这种恒星形成方式抑制了恒星周围吸积盘的形成，而行星正是从吸积盘中形成的。创生之柱的照片首次揭示了这种恒星形成方式。鹰状星云中也有很多博克球状体，那里很可能将要形成新恒星。

巨大的恒星育婴室

这是一张鹰状星云的广角照片，3根创生之柱位于图片的中部。这个巨大的气体云位于银河系中心方向上的人马-船底座旋臂。

创生之柱

这张由哈勃空间望远镜在1995年拍摄的照片已经是最著名、最有代表性的天文照片之一。这张照片以前所未有的精度首次揭示了以前未知的恒星形成过程，牢牢抓住了人们的想象力和好奇心。因其出色的美学号召力和给人们带来的奇妙感觉，这张照片经常出现在各种海报、杂志甚至邮票上。

恒星特写

这些壮丽的气体和尘埃柱长度可达好几光年，是鹰状星云的一小部分。

蜷曲的气体柱
这张红外图像显示了位于密集星场中的3根"创生之柱"。图中并非所有的恒星都位于鹰状星云之中,有的位于星云前方,有的位于后方。

发射星云

IC 2944

星表编号
IC 2944
到太阳的距离
5 900光年
星等 4.5

半人马座

在南十字座和半人马座中间有一个明亮的、密集的恒星形成区IC 2944，星云中的气体和尘埃被一个松散的星团所照亮，星团中富含大质量的年轻恒星。IC 2944最有名的恐怕要属其中数量众多的位于明亮背景上的黑色博克球状体，它们是由低温的、不透明的分子物质组成的，最终将会坍缩形成恒星。研究发现，IC 2944中的博克球状体在做匀速运动，可能是由于IC 2944中星团发出的辐射引起的。这个星团中大质量年轻恒星发出的紫外辐射不仅在缓慢地侵蚀博克球状体，还可能抑制了它们进一步收缩形成恒星。除了辐射以外，这些恒星还发出强烈的星风，其中的物质运动速度很快，对星际物质起到了加热和侵蚀的作用。IC 2944中最大的博克球状体（下图）直径大约为1.4光年，质量约为太阳的15倍。

撒克里球状体

IC 2944中的博克球状体最初是南非天文学家撒克里（A. D. Thackeray）在1950年发现的。最近研究表明图中的这个博克球状体是两个重叠在一起的气体云。

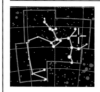

发射星云

沙普利斯29

星表编号
SH 2-29
到太阳的距离
4 100光年

人马座

沙普利斯29位于人马座一个更加明亮而且知名的星云——礁湖星云的附近。它是一个致密的恒星形成区，其中可以清晰地看到由于新生恒星的辐射所导致的乱流。这个星云中的恒星年龄大约为200万年，它们发出的强烈紫外线激发了附近的氢气云，产生了一些耀眼的光晕。同时恒星的辐射和星风又联合起来在星云中吹出了一个个泡泡，并且在明亮背景前的尘埃细条上产生了一串串涟漪。

双星产生的泡泡

在这张照片的中心附近有一对新形成的双星系统，在星云中心吹出了一个巨大的空腔，并在上边缘产生了一个明亮的激波波前。

发射星云

三叶星云

星表编号
M20
到太阳的距离
7 600光年
星等 6.3

人马座

这个发射星云是已经发现的最年轻的星云之一。最初，18世纪英国天文学家约翰·赫歇尔用自己的望远镜看到了它的三瓣形状，称它为三叶星云。它是一团由星际气体和尘埃组成的星云，被内部新形成的恒星所照亮。三叶星云的跨度大约为50光年，其中心有一个年轻的星团NGC 6514，仅仅形成了大约10万年。三叶星云的瓣状结构中最亮的一片实际上是一个聚星系统，是由星云中心及周边的暗淡气体云碎裂后形成的。整个三叶星云被一个蓝色的反射星云所包围，这个蓝色星云的上半部分尤为醒目。蓝色是由散射星光的尘埃颗粒产生的。

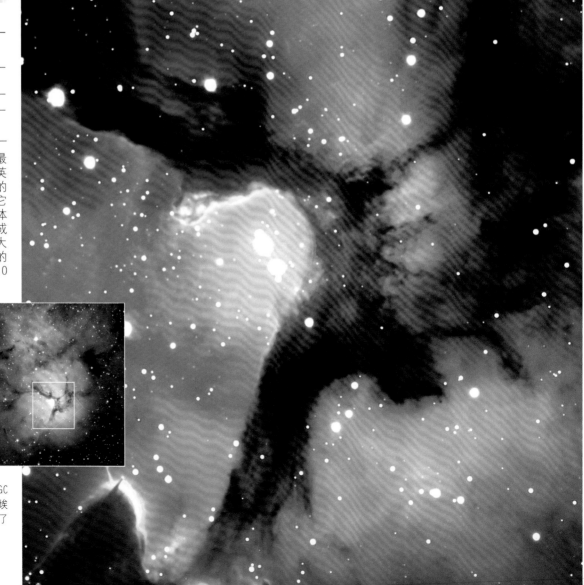

三叶星云的中心

右边大图跨度为20光年，显示了星团NGC 6514的细节，以及遍布三叶星云的由尘埃组成的丝状物。上面这张广角照片则展现了三叶星云的全貌。

船底座星云

星表编号
NGC 3372
到太阳的距离
8 000光年
星等 1

船底座

探索星云内部

这张红外照片显示了星云中被气体和尘埃重重包裹的恒星。照片的左侧和上方分别是疏散星团特朗普勒14和特朗普勒16。

船底座星云又称为船底座 η 星云，是已知的最大、最明亮的星云之一。它的直径超过了200光年，如果把外围暗淡的丝状物也包括在内，直径可达到300光年。它的中心是一团形态各异的年轻恒星，它们加热了星云中的气体和尘埃。这团恒星中包括已知的质量最大的恒星，其光谱型为03（见第232～233页）。这种光谱型的恒星是首先在船底座星云中发现的，并且该星云拥有距离地球最近的03型星。船底座星云的内部还有3颗光谱型为WN的沃尔夫-拉叶星（见第254～255页），人们认为它们是抛掉了大量物质的03型星经过演化后形成的。而船底座星云内部最有名的是一颗超巨星——船底座 η（见第262页），位于船底座星云的一部分——锁眼星云的内部。最近的观测表明，船底座星云的一部分正在以非常高的速度运动——大约为每小时82.8千米，并且运动的方向各不相同。星际气体云以如此高的速度相互碰撞，将内部的物质加热到很高的温度，发出高能量的X射线，而整个船底座星云就是一个延展的X射线源。星云的高速运动是由于内部大质量年轻恒星吹出的星风驱使的，这股强烈的星风轰击了周围的物质，并把它们加速到很高的速度。

受到侵蚀的柱状结构

在这张哈勃空间望远镜拍摄的假彩色照片上，可以看到一个长度为3光年的柱状结构从船底座星云中伸出来。这个柱状结构由低温的氢分子云和尘埃组成，并且受到周围高温年轻恒星辐射的持续侵蚀。

宇宙中的建筑物

这张假彩色照片是由4张不同波段的红外照片合成的，显示了星云RCW 49中散布的300多颗新生恒星。星云中最年老的恒星位于照片中央，显示为蓝色；气体丝显示为绿色；尘埃构成的卷状物显示为粉色。

RCW 49

星表编号
RCW 49，GUM 29
到太阳的距离
14 000光年

船底座

RCW 49跨越350光年，是银河系中已知的最高产的恒星形成区之一。据估计在RCW 49的内部有2 200多颗星，但是由于星云中的气体和尘埃密度很高，其中的恒星在可见光波段是看不到的。然而，斯皮策空间望远镜不久前在星云中发现了300多颗新形成的恒星。在这片区域发现了处于不同的早期演化阶段的恒星，为恒星形成和演化的研究提供了极好的样本。一个出人意料的发现是其中绝大部分恒星周围都存在吸积盘，这个比例比预想的要高很多。对其中两个吸积盘的详细观测表明，它们的组成成分正好满足形成行星系统所需的条件。它们是人们观测过的最遥远、最暗淡的暗星盘。这项发现表明行星盘是恒星演化阶段中很常见的一步，同时意味着像我们太阳系一样的行星系统在银河系中很可能并不稀少（见第296～299页）。

斯皮策空间望远镜

斯皮策空间望远镜于2003年8月发射，是太空中最大的红外望远镜之一。它在探索星际介质中的高密度气体和尘埃云方面完成了非常成功的观测，揭示了先前从未见到过的恒星形成区内部的细致景象。由于斯皮策空间望远镜工作在红外波段，它的仪器被冷却到接近绝对零度，以确保自身发出的热量不会对观测造成干扰。而太阳遮光板则保护望远镜本体不受太阳辐射的影响。

斯皮策空间望远镜的内部

斯皮策空间望远镜的主镜口径为85厘米，并配有3台冷却到极低温度的仪器。

船底座星云

这张照片是用甚大望远镜（见第90页）拍摄的船底座星云的红外全景图。照片中有无数新诞生的恒星，以及由辐射所雕琢而成的复杂结构，镶嵌在气体和尘埃组成的巨大旋涡中。这个星云中至少存在十几颗质量为太阳50到100倍的恒星，其中包括一颗超巨星——船底座η（见第254页）。它已经演化到了生命的最末期，非常不稳定。

主序星

主序星在它们的中心通过核反应的方式将氢元素转换为氦元素。 恒星一生中大部分的时间都位于主序阶段，在这段时间内它们非常稳定。恒星的质量越大，核反应发生的速率也就越快，在主序上停留的时间也越短。

恒星耀斑
太阳光球的耀斑辐射出大量的能量并注入到太阳风中。

恒星能量

主序星的核心最初主要是由氢构成的。当温度和压力变得足够高时，氢元素就会通过核反应转换为氦元素。对于质量小于太阳1.5倍的恒星，这种核反应是通过质子-质子链式反应进行的，称为"pp链"。对于质量大于太阳1.5倍的恒星，核心的温度会达到大约2 000万摄氏度以上，恒星内部会发生名为"碳循环"或者"碳氮氧循环"的反应，其中碳、氮、氧3种元素起到了催化剂的作用。当氢元素转化为氦元素时，会以伽马射线的方式释放出一小份能量，伽马射线会缓慢地穿透恒星的光球层（即太阳表面可见的部分）。由于主序星包含大量的氢元素，因此会辐射出的巨大能量。在太阳核心，每秒钟会有6亿吨的氢转化为氦。

大质量恒星
水委一（波江座α）是夜空中第九亮的恒星，是一颗蓝色的主序星，质量是太阳的6倍到8倍。这种大小的主序星主要通过碳循环的方式将氢元素转换为氦元素。

剧烈的恒星表面
像太阳这样的主序星在可见光波段的图像比较平滑，但实际上光球层表面极端狂暴，拥有巨大的日珥。

恒星结构

恒星内部的核反应以伽马射线的方式释放出能量。能量向外传导有两种方式：对流和辐射。在对流过程中，高温的物质上升到温度比较低的区域，同时膨胀，温度降低，继而又重新沉入到高温层中，就像锅里面煮沸的开水。而在辐射过程中，光子被不断地吸收，而后重新辐射出来。辐射的方向是任意的，所以有时会重新回到恒星中心，其路径属于一种"随机行走"的方式，与此同时会逐渐向外扩散而损失能量。传递的能量与周围物质的温度保持一致，因此起初能量存在的方式是高能的伽马射线，但到了太阳表面，即光球层，就会变成可见光。

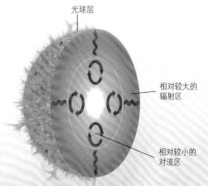

光球层

相对较大的辐射区

相对较小的对流区

大质量恒星
质量大于太阳1.5倍的恒星通过碳氮氧循环的方式产生能量。这一类恒星的核心处于对流状态，而辐射区则一直达到光球层。

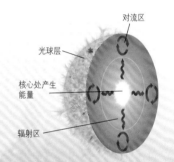

对流区

光球层

核心处产生能量

辐射区

小质量恒星
在质量小于太阳1.5倍的恒星内部，主要通过pp链的方式产生能量。其内部的辐射区范围比较深，而在靠近光球层的地方对流区相对比较小。

自转和磁场

恒星内部的压力和温度表明它们是由等离子体构成的（见第30页）。在这些等离子体物质的内部，带负电荷的电子脱离了带正电荷的粒子而自由运动。由于带电粒子很难穿越磁力线，因此对磁场产生了重要影响。磁力线能够支配恒星内部物质的运动，而等离子体的运动又可以对磁力线产生影响。每颗恒星都是自转的，有些恒星的自转速度非常快，在赤道处隆起而在两极呈扁平的形状。在恒星自转过程中，磁力线会被等离子体所带动，在磁力线比较密集的地方形成局部的强磁场区域。在这些区域内，恒星物质的运动以及热量的传导都被大大抑制了，因此比周围区域温度低，也就显得比光球层其他地方亮度暗，形成了恒星表面的黑子。黑子是恒星表面活动比较强的区域，其周围的能量会以耀斑的形式突然释放出来。

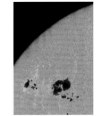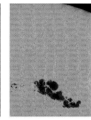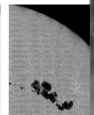

太阳黑子群从上一幅图的位置旋转到了这里

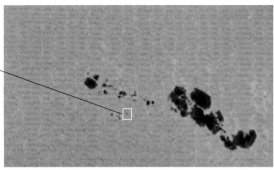

此区域面积和地球相当

太阳自转

随着太阳的自转，黑子群会从太阳圆面一侧移动到另一侧。主序星是以差动的形式自转的，赤道上自转比较快，而两极比较慢，因此太阳上位于赤道附近的黑子会比靠近极区的黑子更快地通过太阳圆面。

亚瑟·斯坦利·爱丁顿（Arthur Stanley Eddington）

英国天文学家亚瑟·斯坦利·爱丁顿（1882—1944）研究了恒星的内部结构，得到了主序星的质量-光度关系。1926年，他出版了《恒星的内部组成》一书，书中提出了恒星的能量来源是核反应。在皇家格林尼治天文台工作期间，爱丁顿领导了两支日全食观测队，其观测结果于1919年为广义相对论提供了证据。此外，爱丁顿还计算了恒星中氢元素的丰度，发展了一套造父变星脉动模型（见第282页）。他于1913年起担任剑桥大学普鲁密安天文学教授，1914年起担任剑桥大学天文台台长，并于1930年被封为爵士。

主序阶段

当恒星核心处的氢元素开始燃烧，恒星就进入了主序阶段。当这个阶段的核反应刚刚开始时，称为零龄主序阶段。位于主序阶段的恒星是非常稳定的，其中心核反应的压力与恒星自身的重力保持平衡，使得物质不会朝着中心掉落。恒星生命中的大部分时间都在主序上度过，因此天空中看到的90%的恒星都是主序星。恒星位于主序阶段的时间取决于质量。质量越大，中心的温度和密度越高，氢元素转化为氦元素的速率也就越快。太阳是一颗相对较小的主序星，会在主序上停留100亿年的时间。质量为太阳10倍的恒星在主序上停留的时间大约只有1千万年。主序星满足质量-光度关系，即光度或者绝对星等与质量呈正相关。随着氢元素转化为氦元素，恒星的化学组成和内部结构随之改变，会从赫罗图上（见下图）零龄主序的位置稍稍向右移动。一旦中心的氢元素消耗完毕，恒星大气中的氢元素就会开始燃烧，此时恒星就会离开主序（见第236页）。

赫罗图上的对角线

主序带是位于赫罗图对角线上的一个弯曲的带状区域，右图是一个简化版本（见第232页）。主序带从右下方的低温小质量恒星处一直延伸到左上方高温大质量恒星处。每颗恒星都有属于自己的"零龄"位置，对应各自的质量和温度。恒星在整个主序演化阶段几乎不会偏离各自所在的位置。

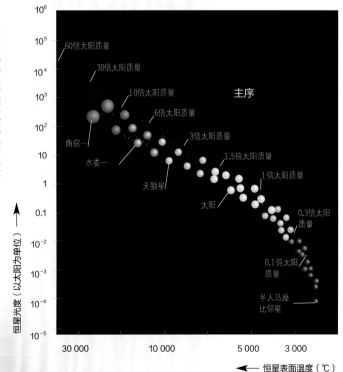

主序星

　　恒星的一生会经历各种不同的演化阶段，而绝大部分时间停留在主序阶段。这也就是说，当我们看到一颗星时，它停留在主序阶段的可能性最大。实际上，在所有可见的恒星中，大约90%都是主序星。主序星在银河系到处都有分布，但在银盘和中心核球中居于主导地位。

引人注目的恒星
半人马座α（南门二）和β（马腹一）的连线指向南十字星座，是南半球的指示星。

橘红色恒星

半人马座比邻星

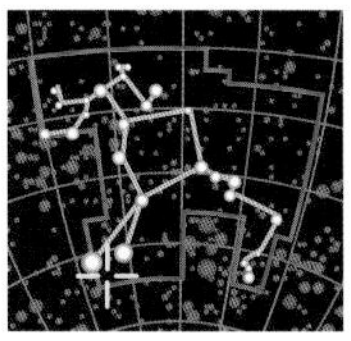

到太阳的距离
4.2光年
星等　11.05
光谱型　M

半人马座

　　半人马座比邻星是距离太阳最近的恒星，但是它太黯淡，无法用肉眼看到，因此直到1915年才终于被人发现。它是一颗红矮星，质量只有太阳的1/10，通常被看作半人马座α（见右侧）系统中最外侧的一颗成员星，距离中间的双星约1万天文单位，轨道周期至少为100万年。比邻星也是一颗耀星，虽然它很暗，但是会周期性地爆发巨大的辐射，亮度有时会增加整整一个星等（见第282～283页）。在爆发期间，它是一个明亮的低能X射线和高能紫外线源，但即便在爆发时，它的亮度也只有太阳的1/18 000。2016年，天文学家通过观测比邻星光谱的微小移动发现，它周围的宜居带里存在一颗大小和地球差不多的行星，其表面可能存在液态水。

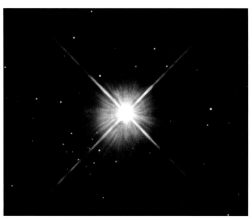

耀变矮星
虽然比邻星的总亮度很低，但是由于强烈的辐射，在它的行星上生命存活的可能性极低。

橘黄色恒星

半人马座α（南门二）

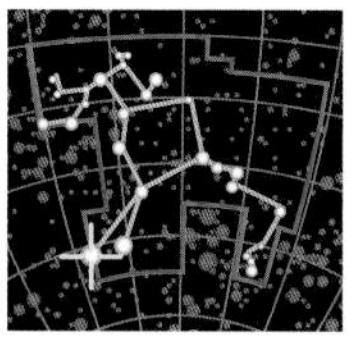

到太阳的距离
4.3光年
星等　0.0、1.3
光谱型　G、K

半人马座

　　半人马座α的两颗星组成了一个双星系统，又称为南门二，相互环绕一圈需要79.9年。两颗星彼此之间的距离非常近，近到在某些照片上（见下图）只能靠两颗星衍射造成的十字芒才能把它们区分开来。南门二A星的亮度和质量都比较大，分别为太阳的1.57倍和1.1倍。而B星的亮度和质量都比太阳略低。

南门二A星和B星

白色恒星

天狼A星

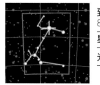

到太阳的距离
8.6光年
星等　-1.46
光谱型　A

大犬座

　　天狼星是夜空中最明亮的恒星，是距离地球第九近的恒星。它是一个双星系统，其中A星是主序星，而伴星是一颗白矮星。天狼A星的质量是太阳的两倍，光度则是太阳的23倍。最近的观测表明A星似乎吹出了星风，它是第一颗被发现存在星风的A型星。

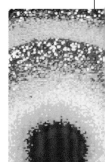

烧焦的恒星
这张图是夜空中最亮的恒星——天狼星衍射斑的假彩色图像。它的拉丁文名称取自希腊语的"烧焦"一词。

橘黄色恒星

天鹅座61

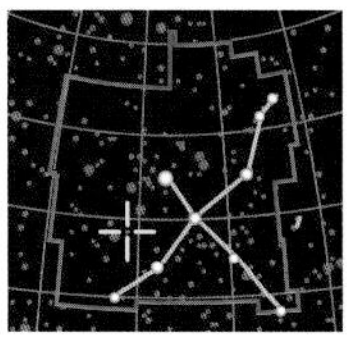

到太阳的距离
11.4光年
星等　5.2、6.1
光谱型　K

天鹅座

　　天鹅座61是由两颗主序星组成的双星系统，两颗子星相互环绕一圈需要653年。观测表明天鹅座61周围至少存在一颗大质量行星，最多可能拥有3颗。1838年，德国天文学家弗里德里希·贝塞尔（Friedrich Bessel）计算出了天鹅座61的三角视差（见第70页），成为第一位精确计算出恒星距离的天文学家。他之所以选择天鹅座61作为目标，是因为这颗星是当时人们已知的自行最大的恒星。

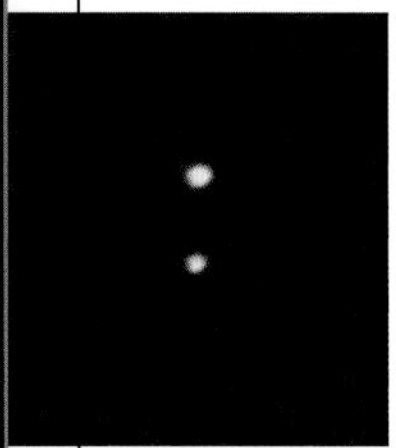

快速运动的恒星

白色恒星

牛郎星

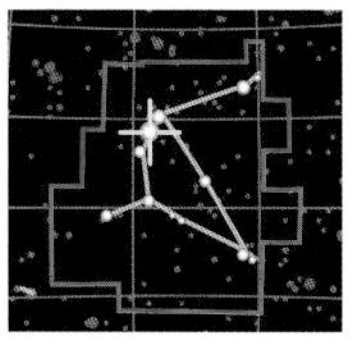

到太阳的距离
16.8光年
星等　0.77
光谱型　A

天鹰座

　　牛郎星是"夏季大三角"之一，是天空中第12亮的恒星。它的直径大约是太阳的1.6倍，自转速度非常快，大约每6.5小时自转一圈，它的赤道上的旋转速度达到每小时90万千米。如此高的自转导致牛郎星的整体形状发生了改变，赤道高高隆起，而两极则被压扁了。据估计，牛郎星在赤道方向上的直径足足达到了两极方向上的直径的两倍。它的表面温度大约为9 500摄氏度，是一颗在银河系中快速自行的恒星。

充满尘埃的背景
在这张可见光照片上，白色方框中的牛郎星与它近旁的充满尘埃的银河系背景形成了鲜明的对比。

白色恒星

北落师门

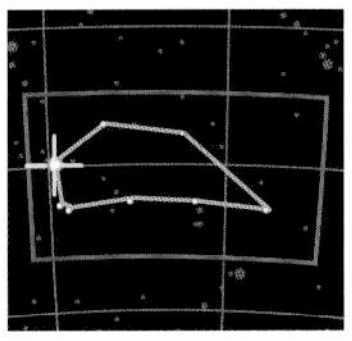

到太阳的距离	25.1光年
星等	1.16
光谱型	A

南鱼座

北落师门是南鱼座中最亮也是天空中第18亮的恒星。它的表面温度大约为8 500摄氏度，光度是太阳的16倍。1983年，红外天文卫星IRAS发现它在红外波段的辐射比先前估计的要强。近一步观测表明，这部分红外辐射是由环绕北落师门

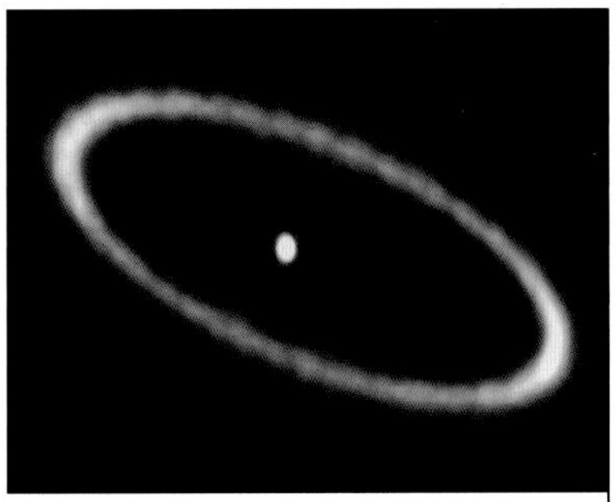

明亮的指环

这张ALMA射电望远镜拍摄的照片显示，北落师门周围的尘埃环非常清晰。通常认为如此整齐的结构是由一颗看不见的行星维持的。

的一个尘埃环发出的，环的直径达到了太阳系的两倍。2008年，天文学家公布了利用哈勃空间望远镜拍摄的照片，在尘埃环的外边缘附近找到了一颗大小和气态巨行星差不多的天体，距离中心恒星大约172亿千米。但是后来的观测显示，这颗所谓的"北落师门b"究竟是一颗真实的行星，还是尘埃环中的碎片短暂聚集起来的团块，仍然存在疑问。

与众不同的星

北落师门，拉丁文含义为"鱼嘴"，是南鱼座中最亮的恒星。

白色恒星

织女星

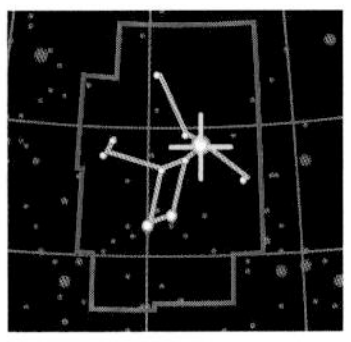

到太阳的距离	25.3光年
星等	0.03
光谱型	A

天琴座

织女星又称为天琴座α，是天空中第五亮的恒星。它与牛郎星和天津四组成了夜空中的"夏季大三角"。织女星的质量大约是太阳的2.5倍，光度是太阳的54倍，表面温度大约是9 300摄氏度。大约12 000年前，织女星是北极星，而它将在14 000年后重新成为北极星。1983年，红外天文卫星IRAS发现织女星的周围环绕着一个由尘埃物质组成的盘，在未来其中很可能将形成行星。织女星是天文学中的"标准星"，能够用于校正其他恒星的光谱和视星等。

明亮的灯塔

织女星是夏季夜晚北天最明亮的恒星，它的拉丁文名称来自阿拉伯语"俯冲的鹰"。

黄白色恒星

东上相

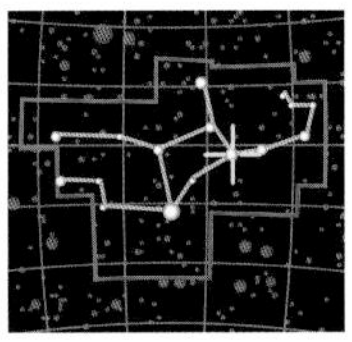

到太阳的距离	38光年
星等	0.36

室女座

东上相双星系统

光谱型F东上相，又称为室女座γ，是由两颗几乎一模一样的恒星组成的双星系统，两颗子星质量都是太阳的1.5倍。它们的表面温度是7 000摄氏度左右，在业余望远镜里呈现奶油般的白色。两颗星的光度都是太阳的4倍。它们相互绕转的轨道非常扁，轨道周期大约是169年。

蓝白色恒星

轩辕十四

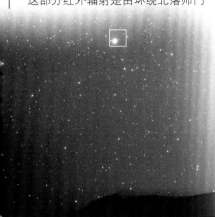

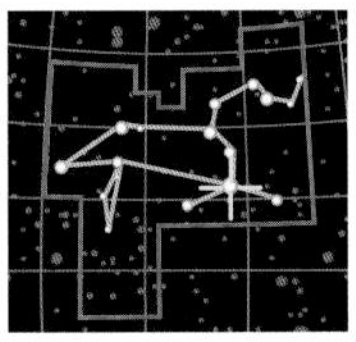

到太阳的距离	78光年
星等	1.35
光谱型	B

狮子座

轩辕十四是狮子座中最亮的恒星，在天空中亮度刚刚排进前25。轩辕十四的拉丁文名称"Regulus"的含义是"小国王"，它位于狮子座中镰刀形状（或者反写的问号）的底部。轩辕十四在天空中的位置非常靠近天赤道（见第62~65页），经常被月亮所遮掩（见右图）。轩辕十四是一个三星系统，其中最亮的子星是一颗蓝白色的主序星，质量大约是太阳的3.5倍，直径也是太阳的3.5倍。它的表面温度大约是12 000摄氏度，亮度是太阳的140倍，同时还是个明亮的紫外辐射源。轩辕十四的另两颗子星组成了一个双星系统，其中包含一颗橘黄色的矮星和一颗红矮星，相互距离大约是140亿千米。两颗子星相互环绕的周期大约是1 000年，而这个双星系统环绕轩辕十四主星的周期是13万年。

月掩轩辕十四

下图中位于月亮左上边缘的亮星就是轩辕十四，它即将被运行到前方的月亮所遮挡。月掩恒星能够帮助天文学家测定较大的恒星的半径，并判断是否为双星系统，同时还能揭示月球表面的一些细节。

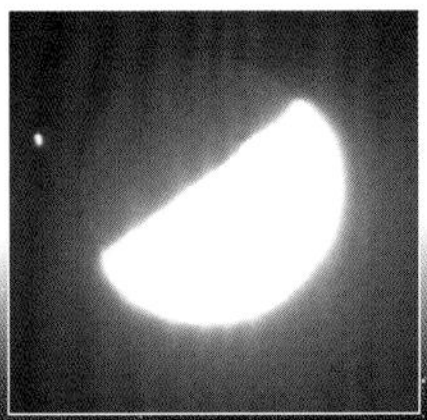

蓝色恒星

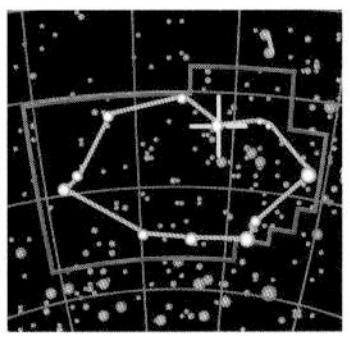

船帆座γ

到太阳的距离	840光年
星等	1.8
光谱型	O, WR

船帆座

船帆座γ，又称为天社一，它的英文名字叫作"罗杰"，常常让人想起1967年死于阿波罗1号舱内大火的航天员罗杰·查菲（Roger Chaffee）。船帆座γ是一个复杂的恒星系统，主星是一颗蓝色的亚巨星，演化到刚刚脱离主序的阶段。它的演化过程受到了一颗近距离的伴星的影响，这颗伴星现在已经是一颗沃尔夫－拉叶星。它们的距离和地球到太阳的距离差不多，相互环绕一圈需要78.5天。这颗沃尔夫－拉叶星的质量比主星稍小，起初却很可能是质量比较大的一颗，也因此演化得更快。双星中亚巨星的质量大约是太阳的30倍，表面温度是35 000摄氏度，光度是太阳的20万倍。除此之外，这个系统中还有两颗恒星，距离比较远，其中一颗是温度比较高的B型星（见第232~233页），距离为0.16光年。

老年恒星

老年恒星不仅包括已经存在了数十亿年之久的小质量主序星，还包括那些存活了不到一百万年就发生超新星爆发的大质量恒星。银河系中一些最美丽的景象就是老年恒星死亡时所发生的。

红巨星

当恒星耗尽了中心的氢燃料后，就开始燃烧周围壳层中的氢元素。随着这部分燃料被不断消耗，由氢组成的壳层会逐渐向外移动，而它所发出的辐射会加热恒星的外层大气。外层大气受热膨胀，而后温度降低，最终导致恒星半径变大，表面温度却比较低。而由于恒星的半径比较大，所以光度非常高，尽管有些红巨星也会隐藏在巨大的尘埃云后面，无法被观测到。红巨星的表面温度大约为2 000摄氏度到4 000摄氏度，半径为太阳的10倍到100倍。由于红巨星的半径非常大，恒星自身的重力对最外层影响很小，因此大量的物质会通过星风或行星状星云的方式丢弃到星际介质中。红巨星有很多属于变星，它们的最外层会发生脉动，导致光度发生变化（见第282页）。

经历演化的恒星
在这张年老的星团NGC 2266的照片上，可以很容易找到经过演化之后的红巨星。

红巨星内部
红巨星的核心主要是由氦元素组成的，周围包括着一层不活跃的氢壳层。在它们外部的壳层里，氢元素通过核反应转化为氦。最外一层是由氢组成的外包层。

对流元将热量从中心带到表面

氦核

暗淡的尘埃粒子

逃逸气体组成的热斑

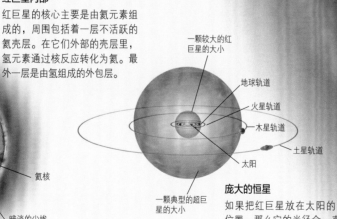

一颗较大的红巨星的大小

地球轨道

火星轨道

木星轨道

土星轨道

太阳

一颗典型的超巨星的大小

庞大的恒星
如果把红巨星放在太阳的位置，那么它的半径会一直延伸到地球轨道以外的地方；而如果是一颗超巨星，则半径会到达木星轨道。

超巨星

质量非常大的恒星会膨胀到比红巨星的大小还要大。红超巨星的半径可达到太阳的几百倍。和红巨星一样，这些超巨星也会经历氢壳层燃烧的过程（见第236页）并离开主序（见第232页）。当氢壳层燃烧结束后，恒星收缩，氦核的温度会上升到将氦元素转化为碳和氧的程度。氦核的燃烧比氢燃烧要短暂，当氦核耗尽后就开始了氦壳层的燃烧。如果恒星的质量足够大，还会引发进一步的核燃烧，不断产生更重的元素，一直到铁。在超巨星演化末期，大质量恒星会产生很多壳层，每一壳层的元素都比外面一层更重。超巨星最终会演化成超新星。

石榴石星
夜空中可见的最大的恒星之一是仙王座μ，又称造父四或者石榴石星。它是一颗红超巨星，半径超过了木星的轨道。

氦闪

当恒星内部的氢燃烧产生了由氦组成的核心之后，如果温度能够达到1亿摄氏度以上，氦元素就会聚变形成碳。在质量大于3倍太阳质量的恒星内部，氦燃烧是以爆炸的形式开始的，称为氦闪。当氢元素耗尽以后，恒星核心发生坍缩，恒星中心暂时处于"简并"状态，此时氦元素中电子间的压力对抗着自身重力，使内核不会进一步发生收缩。核心温度继续升高，但是处于简并态的核心压力不会变化，也不会膨胀发生冷却。温度不断升高会导致氦燃烧的速率越来越快，最终发生"闪耀"式的爆发，将核心的电子简并态状态解除。在质量更大的恒星内部，温度会非常高，以至于在核心成为简并状态之前氦元素就开始发生聚变。

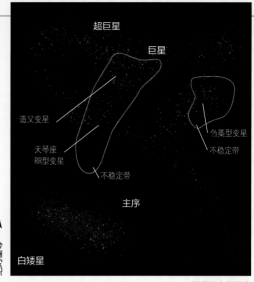

恒星的表面温度

不稳定带

很多红巨星和超巨星都属于脉动变星，它们位于赫罗图（右图，并见第232页）中一块称为不稳定带的区域中。右图中标注了3种不同类型的变星。

沃尔夫 - 拉叶星

这是一类质量大约为10倍太阳质量的大质量星，它们的光谱中存在相对强而宽的发射线（见第35页），而几乎没有吸收线，这些星被称为沃尔夫 - 拉叶星，是由法国天文学家查尔斯·沃尔夫（Charles Wolf）和乔治·拉叶（Georges Rayet）在1867年发现的，因此以他们的名字命名。它们的温度和光度都比较高，强烈的星风已经把外层的大气吹走，将恒星的内层裸露出来。沃尔夫 - 拉叶星根据光谱大体上可以分为WN型星、WC型星和WO型星：WN型星的发射线主要来自氢和氮元素，WC型星的发射线主要来自碳和氦元素，WO型星的发射线主要来自碳、氦和氧元素。超过一半的沃尔夫 - 拉叶星都属于双星系统中的成员（见第274～275页），它们的伴星多为O型星或B型星。研究认为，这些沃尔夫 - 拉叶星起初都是双星系统中质量比较大的那一颗，但是后来丢掉了它们的外包层，并把一部分质量转移到了它们的伴星身上。

巨大的亮度

右图是大麦哲伦星系中的星云N44C，可见高温的氢气云包裹着的年轻恒星。这个星云是被中心的一颗沃尔夫 - 拉叶星照亮的。

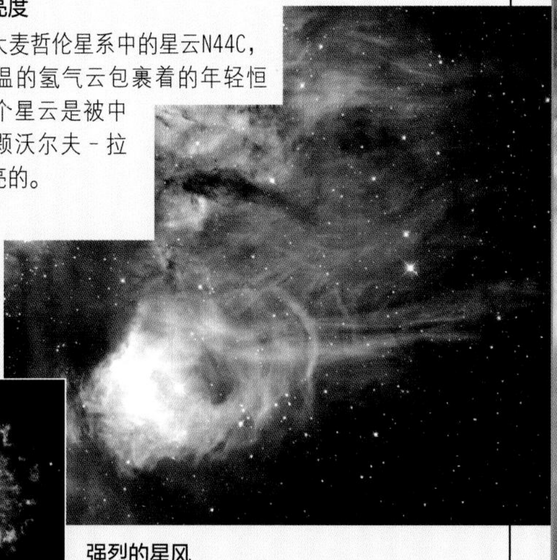

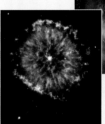

强烈的星风

行星状星云NGC 6751的中心可能有一颗沃尔夫 - 拉叶星。它吹出的强烈星风使星云中充满了复杂的丝状物。

蝴蝶状星云

这个名为"哈勃-5"的星云是一个典型的蝴蝶状星云，或者叫双极星云。这类星云的膨胀气体形成漏斗形。

行星状星云

行星状星云是恒星死亡时吹出的物质形成的高温晕，这个名字是威廉·赫歇尔在1785年起的，因为它们在18世纪的望远镜中看起来很像是行星的盘面。有些行星状星云是宇宙中最美的景象之一，它们的形状各式各样，是由于磁场以及双星的轨道运动造成的（见第274～275页）。这些星云由小质量恒星演化到红巨星阶段抛出的低密度气体组成，这些气体又被恒星的高温内核发出的紫外辐射所加热。恒星处于这一阶段的时间比较短暂。最终，行星状星云在星际介质中消散，并将恒星产生的化学元素注入到星际介质中。这些元素有氢、氮和氧。行星状星云中氧元素的发射线曾经一度被认为是一种新元素，但是后来被证明是氧元素的禁线。之所以称为禁线是因为在地球环境中产生的可能性很小。行星状星云的中心恒星是已知的温度最高的恒星之一，是红巨星的核心收缩而成的白矮星。观测证明有些行星状星云包裹着它们的母星残留的白矮星。目前的研究正在逐步揭示出红巨星在演化末期的一些细节，以及它们损失质量的方式。

环状星云

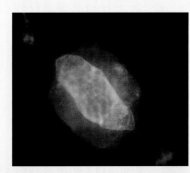

这个环状的星云是由于照片中心那颗暗淡的恒星形成的。它名为NGC 3132，中部有几条尘埃组成的条状结构穿过，外围则环绕着一个低温的气体壳。

与众不同的星云

土星云与众不同的外形是由于恒星在死亡早期喷发的物质形成的。在它们的作用下，后续的星风变成了喷流。

银河系

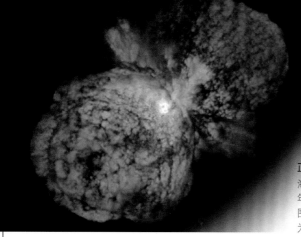

老年恒星

在天空中有一些引人注目的常见天体，它们是演化到生命晚期、正在经历死亡挣扎的恒星。在沃尔夫－拉叶星和行星状星云中，这些老年的恒星展现着宇宙中最为震撼而美丽的景象。虽然不同类型的老年恒星在银河系中到处都有，但最为年长的一类恒星位于银河系晕（见第226～229页）的外围，以及球状星团的内部（见第288～295页）。其中有些恒星的年龄几乎和宇宙一样大。

正在死去的恒星

海山二（船底座 η）是一颗质量极大、年龄很老而且不稳定的恒星，正在向周围的星际介质喷发物质。它随时可能成为一颗超新星。

红巨星

毕宿五

到太阳的距离
67光年

星等	0.85

光谱型	K5

金牛座

毕宿五又称为金牛座 α，是金牛座中最亮的恒星，也是天空中亮度排名第13的恒星。它的表面温度只有3 727摄氏度，发出幽幽的红光，很容易被肉眼看到。毕宿五的直径大约是太阳的45倍，如果把它放到太阳的位置上，它将延伸到水星轨道半径一半的地方。毕宿五看上去位于毕星团中（见第290页），但实际上只是视线方向重叠，毕宿五到太阳的距离要比毕星团近大约40光年。这颗恒星年龄比较大，自转比较慢，旋转一圈需要两年。毕宿五是一颗变星，由于不规则的脉动而发生无规律的变化。它拥有至少两颗伴星。它的名字来自阿拉伯语中的"追随者"，因为在天空中它总是在昴宿星之后升起，并且追

公牛的眼睛

毕宿五淡淡的红色使它在充满白色恒星的毕星团中显得异常醒目。它经常被描述成金牛座中公牛的眼睛。

随它跨越整个天空。毕宿五被古代的波斯天文学家视为一颗"王星"，即"天空的守护星"，象征春天即将到来。

红超巨星

参宿四

到太阳的距离
500光年

星等	0.5

光谱型	M2

猎户座

猎户座的右肩是一颗醒目的明亮红色恒星，名为参宿四或猎户座 α。它是一颗大质量的超巨星，并且是人们继太阳后第二颗准确测得直径的恒星。它的直径比火星轨道的两倍还要大，是太阳直径的500多倍，而光度则达到了太阳的14 000倍。参宿四是天空中第10亮的恒星，它的亮度呈现周期性变化，周期大约是6年。参宿四是一个强烈的红外辐射源，红外辐射是从它周围的3个气体壳中发出

恒星表面的亮斑

上图是参宿四的红外照片，表面的亮斑可能是恒星表面的对流元。左图的红外照片展现了参宿四抛撒出的气体和尘埃，而恒星本身的光被图中央的黑色蒙板遮住了，这样它周围的气体和尘埃就能显现出来。

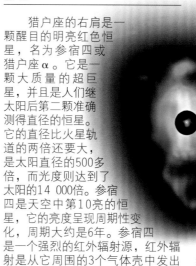

的，这3个气体壳是参宿四在生命不同阶段中抛出的物质形成的。参宿四正在缓慢地消耗它的核燃料，很可能最终有一天会爆发，变成超新星。

红超巨星

心宿二

到太阳的距离
520光年

星等	0.96

光谱型	M1.5

天蝎座

心宿二，又称为天蝎座 α，是天空中亮度排行第15的恒星。它的直径估计在太阳的280倍到700倍之间，质量大约是太阳的15倍，光度则是太阳的1 000倍。这颗老年恒星具有不规则的脉动，并且拥有一个轨道周期大约为1 000年的伴星。这颗伴星距离心宿二的距离比较近，因此受到了心宿二发出的星风的影响，并且是高温的射电源。用光学望远镜看，这颗蓝色的伴星是绿色的，它与心宿二的红色形成了鲜明的对比。

媲美火星

下面这张照片右下方的心宿二看起来像红色的行星——火星。它的名字就来自希腊语"火星的对手"。

红巨星

天鹅座TT

到太阳的距离
1 500光年

星等	7.55

光谱型	G

天鹅座

天鹅座TT是一颗"碳星"，表面层富含碳元素和氧元素。碳元素是在氦燃烧中合成的，并且已经被从恒星内部挖掘到了表面。天鹅座TT的外围有一圈直径约为0.5光年的外壳层，是在大约6 000年前释放出来的。

碳环

这张假彩色照片展现了环绕在碳星天鹅座TT周围的一氧化碳壳层。

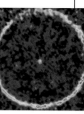

行星状星云

螺旋星云

星表编号
NGC 7293
到太阳的距离
650光年
星等　　6.5

宝瓶座

螺旋星云是距离太阳最近的行星状星云，虽然它的准确距离还不清楚，据估计在85光年到650光年左右。它之所以得名"螺旋星云"，是因为恒星吹出的外层气体从地球上看就像俯视的一个螺旋体。螺旋星云是已知最大的行星状星云之一，它的最明亮的环直径约为1.5光年，在天空中的视直径比满月的一半还大。而它的外层气体晕膨胀到了这个距离的两倍。星云中心正在死去的恒星无法逃脱变成一颗白矮星的宿命，随着燃料的消耗，它会持续不断地将物质抛撒到星际介质中。螺旋星云为类太阳星最后阶段的演化提供了极佳的范例。它最初是由德国天文学家卡尔·路德维希·哈丁（Karl Ludwig Harding）在1824年前后发现的。由于它的直径比较大，距离比较近，已经被人们所广泛研究。中心恒星周围的物质环内边缘的高分辨率照片显示，那里存在一些由低温气体组成的"液滴"，直径是我们的太阳系的两倍，向外延伸出数十亿千米的距离。这些"液滴"很可能是由于死亡恒星抛出的高速气体壳撞上了几千年前抛出的速度比较慢的物质形成的。

光晕
在恒星抛出的物质所形成的环中，氮原子和氢原子受到紫外辐射的激发而发出红色的辉光。

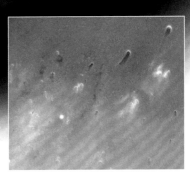

彗星结
这些蝌蚪状的气体块直径达到了数十亿光年，形状很像彗星。它们位于中心恒星周围的气体环的内边缘上，就像车轮上的辐条。

行星状星云

环状星云

星表编号
M57
到太阳的距离
2 000光年
星等　　8.8

天琴座

环状星云是于1779年由法国天文学家安托万·达尔基埃·德·佩雷博瓦（Antoine Darquier de Pellepoix）发现的，是最知名的行星状星云之一。在小望远镜中观察，它的个头比木星略大。它的中心恒星是一颗行星大小的白矮星，亮度只有15等，直到1800年才被德国天文学家弗里德里希·冯·哈恩（Friedrich von Hahn）发现。关于环状星云的真实形状已经有很多详细的讨论。虽然它的形状像是扁平状的圆环，而一些天文学家相信恒星抛出的物质形成了球状的壳层，只是由于我们是从一端望过去的，所以显得边缘比较"厚重"一些。还有一些天文学家认为它是环状的，形状像一个炸面包圈；如果从边缘望过去，形状就像哑铃星云。

还有人认为它是柱状或者管状的。环状星云的直径大约为1光年，而它的外层物质晕延伸到2光年远的地方，这些物质可能是星云的中心恒星在形成星云之前发出的星风形成的残留物。环状星云的光主要是中心恒星发出的大量紫外线激发的荧光。由星云的膨胀速率可以从现在观察到的样子推测出它在大约2万年前开始形成。

复杂而多彩的环状星云
这张独一无二的合成照片展示了环状星云的细节，包括周围带有很多个瓣状结构的氢气云。蓝色的光是由于中心白矮星的辐射激发了氦原子而产生的。

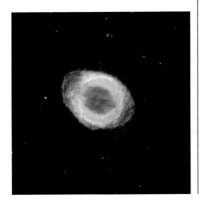

行星状星云

双喷流星云

星表编号
M2-9
到太阳的距离
2 100光年
星等　　14.7

蛇夫座

双喷流星云是最具代表性的双极行星状星云之一。研究人员相信这个星云的中心恒星实际上是一对周期大约为100年的双星系统，它们之间发生的复杂的相互作用影响了整个星云的外形。在两颗恒星的引力作用下，恒星抛出的物质在双星周围形成了一个致密的气体盘，直径约为冥王星轨道的10倍。而在约1 200年前，双星中的一颗发生了爆发，伴随着猛烈的星风抛出了大量的物质。这些物质与气体盘发生撞击，气体盘如同喷嘴一样使物质的方向发生偏离，沿着垂直方向喷出，形成了两只延伸出去的瓣状结构。这个过程非常类似于喷气发动机的工作原理。研究表明，这个星云的尺寸随着时间在稳定增加，物质向外喷发的速度达到每小时72万千米。

蝴蝶的翅膀
这张假彩色照片展示出星云的两瓣中存在一些化学元素，红色的是硫，蓝色的是氧。

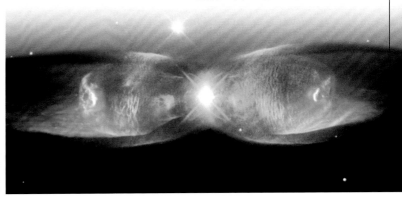

行星状星云

红矩形星云

星表编号	HD 44179
到太阳的距离	2 300光年
星等	9.02

麒麟座

矩形一般无法在自然界中自发形成，所以天文学家一度对这个行星状星云的形状感到非常震惊。红矩形星云的形状起因于一对距离非常接近的相互环绕的恒星。这个近距离双星系统在它周围产生了一个致密的物质盘，从而限制了后续喷流喷出的方向。其后喷出的物质只能沿着与盘垂直的锥形方向喷出。我们观察的是红矩形星云的边缘，在这个方向上锥形恰好变成了矩形。

复杂的结构
红矩形星云是银河系中最特别的天体之一，它独特的外形反映出极端复杂的内部结构。

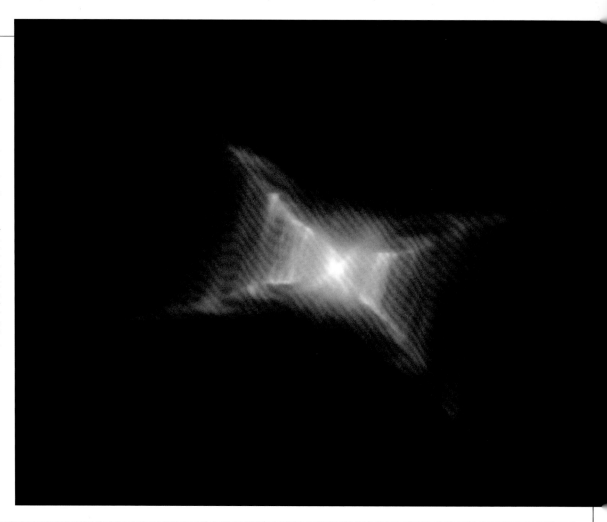

行星状星云

猫眼星云

星表编号	NGC 6543
到太阳的距离	3 000光年
星等	9.8

天龙座

猫眼星云是所有已知的行星状星云中最复杂的星云之一。它错综复杂的结构可能是由于近距离双星系统的相互作用引起的，也有可能是一颗单星的再发磁活动产生的。它处于3 000光年以外，这么远的距离即便用哈勃空间望远镜也很难分辨出它的中心恒星。据估计这个星云的"眼睛"直径大于半光年，而它外面还有一个更大的晕，延伸到星际介质中。传统的行星状星云假设恒星物质是连续喷出的，但是在这个星云中，恒星物质泡的内边缘构成了几个同心环，表明恒星物质的喷发是有间隙的。研究人员已经在猫眼星云中标记出了11个这样的泡状结构，彼此之间喷发的间隔是1 500年。猫眼星云中还找到了高速的气体喷流，以及气体撞击到先前喷出的低速运动的物质上时产生的舷波。

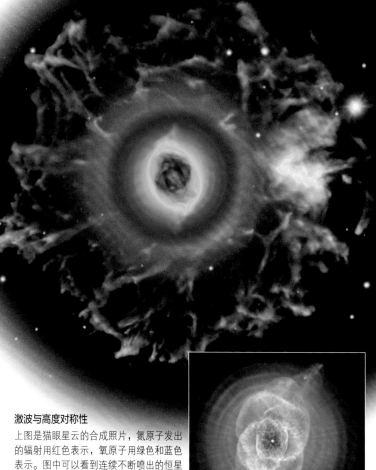

激波与高度对称性
上图是猫眼星云的合成照片，氮原子发出的辐射用红色表示，氧原子用绿色和蓝色表示。图中可以看到连续不断喷出的恒星物质产生的激波。右边的假彩色照片凸显出星云的环状结构，进一步显示出猫眼星云的高度对称性。

行星状星云

蛋形星云

星表编号	CRL 2688
到太阳的距离	3 000光年
星等	14

天鹅座

蛋形星云的中心恒星刚刚成为红巨星不过几百年的时间。它隐藏在一团密集的气体云背后（下图中横贯星云中部的暗条）。这颗正在死亡的恒星喷出的物质速度高达每小时7.2万千米。清晰可见的弧状物表明星云中的密度并不是均匀的。中心恒星发出的光如同探照灯一样穿过气体云较薄的部分，并反射出星云最外层中的尘埃颗粒。

明亮的探照灯

银河系

行星状星云

蚂蚁星云

星表编号
门泽尔 3
到太阳的距离
4 500光年
星等　13.8

矩尺座

关于这个行星状星云奇特的外形，人们提出了两种理论。一种理论认为，它的中心恒星是一个近距离的双星系统，在它们的引力相互作用下，向外喷发的气体流形成了这个形状。另一种理论认为，中心恒星是一颗旋转的单一恒星，是它的磁场影响了喷发物的方向。喷出的恒星物质以每小时360万千米的速度与周围速度较慢的星际介质发生碰撞，而星云的瓣状结构延伸的距离可以达到1.5光年以上。蚂蚁星云的中心恒星与我们的太阳非常类似，因此它的现在或许就是太阳的未来。

巨大的蚂蚁
即便通过小型望远镜观察，这个行星状星云也像极了草地中常见的蚂蚁。

行星状星云

新月星云

星表编号
NGC 6888
到太阳的距离
4 700光年
星等　7.44

天鹅座

新月星云的中心恒星是一颗大质量的沃尔夫－拉叶星，在它形成后仅过了450万年（大约相当于太阳年龄的千分之一）就膨胀成了一颗红巨星，并以每小时3.5万千米的速度抛出了它的外层物质。又过了20万年后，恒星裸露的高温内层发出的强烈辐射开始将气体以超过每小时450万千米的速度向外推出。它发出的强烈星风带走了大量的恒星物质，每1万年就损失1个太阳的质量，形成了一系列致密的同心壳层，也就是现在所见到的样子。高温的中心恒星发出的辐射激发了周围主要由氢构成的恒星物质，发出红光，形成了典型的发射星云。研究人员认为这个星云的中心恒星很可能在大约10万年后爆发成为一颗超新星。

气态茧
这张新月星云的合成照片展现了致密物质在中心恒星周围形成的一个半圆。新月星云的跨度大约为3光年。

沃尔夫－拉叶星

WR 104

到太阳的距离
4 800光年
星等　13.54
光谱型　WCvar+

人马座

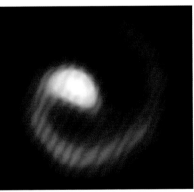

恒星旋臂
这颗高速自转的恒星系统发出的尘埃流形成了一个车轮的形状，类似于草坪上自动洒水机喷出的水。由于沃尔夫－拉叶星的温度非常高，它发出的尘埃通常会被蒸发掉，因此研究人员对WR 104周围尘埃形成的如此明显的旋涡图案感到诧异。一种理论认为这颗恒星是一个双星系统，每颗子星都发出强烈的星风，在两股星风相遇的地方形成了一个激波波前，在这里外流的物质受到压缩，产生了一个高密度的低温区域，尘埃可以在这里幸存。而两颗子星的轨道运动最终形成了旋涡形状。

行星状星云

爱斯基摩星云

星表编号
NGC 2392
到太阳的距离
5 000光年
星等　10.11

双子座

爱斯基摩星云是由德裔天文学家威廉·赫歇尔于1787年发现的，从那以后就一直深受业余天文爱好者的喜爱。即便通过小望远镜观察，这个星云的外观也很像一个头戴羽毛饰品的爱斯基摩人脸。从哈勃空间望远镜拍摄的照片可以看出，这个星云的结构很复杂，由一个内层的星云和一个外晕组成。内部的星云由中心恒星大约在1万年前所喷发出的物质组成，形成了两个椭圆形的瓣。每个瓣的长度大约为1光年，宽度大约为半光年，其中有一些致密物质形成的丝状物。天文学家认为它是一个环绕在恒星赤道周围的致密物质形成的环，这些物质是恒星处于红巨星阶段时发出的，正是它们形成了爱斯基摩星云的"脸"。周围的"头饰"中包含着一些不同寻常的橘黄色丝状物，每一条长度都大约为1光年，以每小时12万千米的速度从中心恒星处发射出来。关于它们的一种解释是，这些丝状物是从中心恒星发出的高速运动的物质流撞击到先前喷出的速度较慢的物质上时形成的。

戴着头饰的星云
在这张照片的中央可以看到，爱斯基摩星云的"脸"是由喷发出的一个叠一个的物质泡组成的。照片中央可以看到星云的中心恒星。

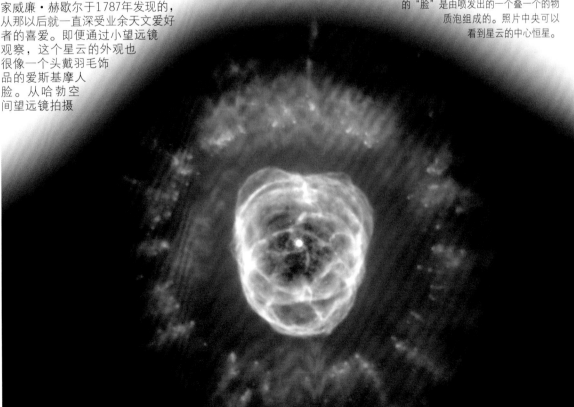

小虫星云

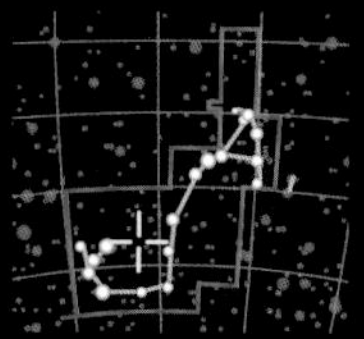

星表编号
NGC 6302

到太阳的距离
4 000光年

星等　7.1

天蝎座

　　小虫星云（又称"蝴蝶星云"）最初是在1826年由苏格兰天文学家詹姆斯·邓洛普（James Dunlop）发现的，而后又在19世纪晚期由著名的美国天文学家巴纳德（E. E. Barnard）观测到。小虫星云是天空中最明亮的行星状星云之一，中心恒星拥有极高的温度，它发出的强烈紫外辐射照亮了周围的恒星物质。这颗恒星被一团尘埃所覆盖，因此在可见光波段是看不到的。研究认为这颗恒星在大约1万年前抛出了一个暗淡的物质环，但是天文学家无法解释为什么这么长时间以来这个环都没有被恒星的紫外辐射破坏。周围物质的成分也出乎人们的意料。其中含有碳酸盐，而碳酸盐通常是二氧化碳在液态水中溶解所形成的。虽然星云中存在冰、碳氢化合物和铁，但是没有找到液态水存在的证据。

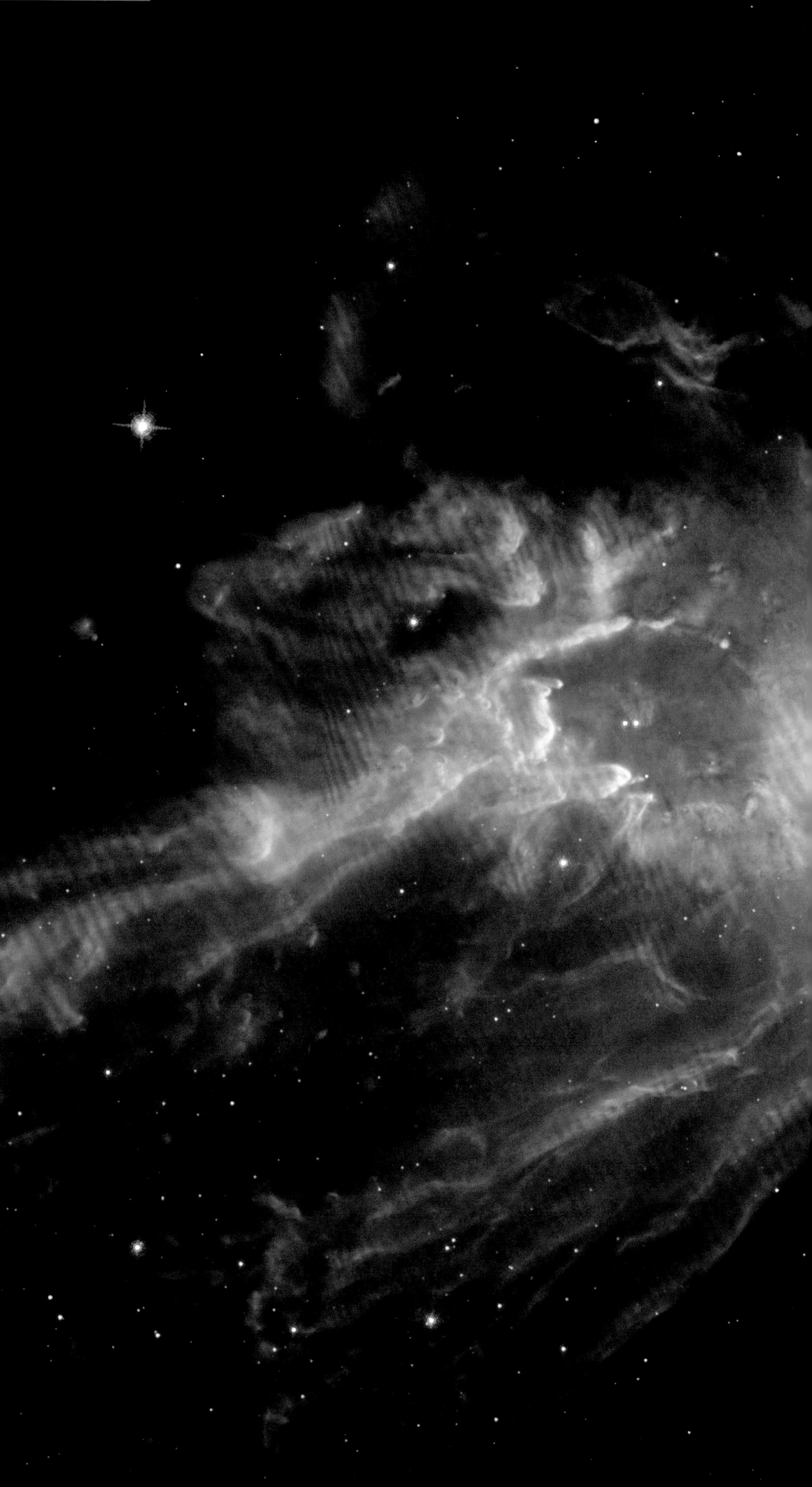

多彩的小虫

小虫星云是一颗恒星死亡时抛出的外层物质，这颗恒星在生前的质量大约是太阳的5倍。高温的中心恒星发出强烈的紫外辐射，星云物质发出的光芒是在受到这些辐射照射时产生的。

行星状星云

葫芦星云

星表编号
OH231.8+4.2
到太阳的距离
5 000光年
星等　9.47

船尾座

　　葫芦星云是最具动感的行星状星云之一。它的中心恒星正在以每小时70万千米的速度喷发出气体物质。这些高速运动的物质在星云的一端被压缩成一个长条，而在另一端形成了一个喷流。这个喷流看上去正在撞击密度较高、速度较慢的物质，产生了激波。射电观测发现恒星周围的气体里含有大量的硫元素，可能是在激波中产生的。这个行星状星云正处于形成阶段的早期，为天文学家观察并理解银河系中其他已形成的行星状星云提供了极好的样本。

臭蛋星云

由于含有大量臭鸡蛋味的硫元素，因此葫芦星云通常又被称为臭蛋星云。在这张图片中部，喷发出的气体流表现为明亮的橘黄色。

行星状星云

南蟹状星云

星表编号
HEN 2-104
到太阳的距离
10 000光年
星等　14.20

半人马座

　　这个漂亮的星云中心有一对"共生"的双星系统，其中一颗是米拉型脉动红巨星，另一颗是白矮星。它们之间的距离非常近，因此白矮星的引力会把红巨星高层大气中的一部分气体拉出来，最终形成的星云在外观上很像双瓣行星状星云，但它是由另一种机制形成的。高温的物质形成了一个螺旋延伸到白矮星的盘，这个盘牢牢束缚住了星云中心附近的物质。从红巨星表面逃逸出的物质组成的星风速度较慢，它与白矮星吹出的速度较快的星风发生相互作用，共同形成了上下两个膨胀的气体瓣。虽然这两个气体瓣仍然在膨胀，但是目前可见的内外两个结构的年龄是相似的。

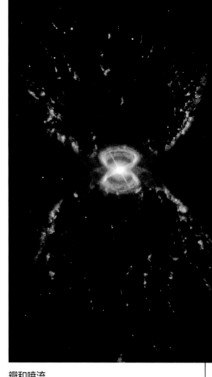

瓣和喷流

南蟹状星云的外瓣注入到周围的星际物质中，形成了像彗星一样的发光的条状结构。与之类似的是，从白矮星两极逃逸而出的狭窄喷流只有当遇到这些星际物质时，才能被我们所看见。

蓝超巨星

船底座 η

到太阳的距离
8 000光年
星等　6
光谱型　B0

船底座

　　人们长期以来都以为船底座η是单独的一颗大质量恒星，而其实它是由一对巨大的双星组成的，其中一颗的质量是太阳的120倍，亮度是太阳的500多万倍。这对双星被一个哑铃状的喷发物挡住了，哑铃膨胀的速度大约是每小时200万千米。船底座η有两种不规则爆发：一种是逐渐增亮一到两个星等（见第232~233页），持续几年的时间；另一种是短暂而巨大的爆发，通常伴随着多于一个太阳质量的物质喷射。因此自1677年船底座η被英国天文学家埃德蒙·哈雷首次编入星表以来，船底座η的亮度就一直在7等到﹣1等之间不停变化。这颗星上一次大爆发发生在1841年，其亮度一度与天狼星相当，喷发出的物质形成了两个瓣状结构，直到现在还在包裹着整个系统。船底座η从这次爆发中存活了下来，目前的亮度在6等左右徘徊。但是最终它很可能在某次超新星爆发中结束自己的生命。

侏儒星云

这张由钱德拉X射线天文台拍摄的照片显示，船底座η发出的高能星风激发了周围膨胀的气体云，形成了超高温气体，这个星云名为侏儒星云。

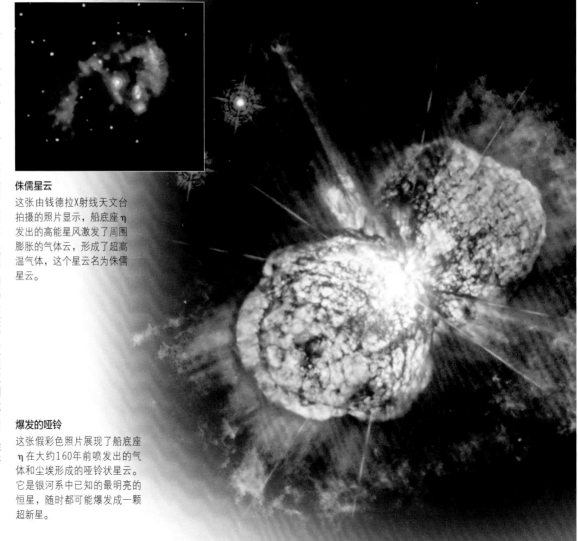

爆发的哑铃

这张假彩色照片展现了船底座η在大约160年前喷发出的气体和尘埃形成的哑铃状星云。它是银河系中已知的最明亮的恒星，随时都可能爆成一颗超新星。

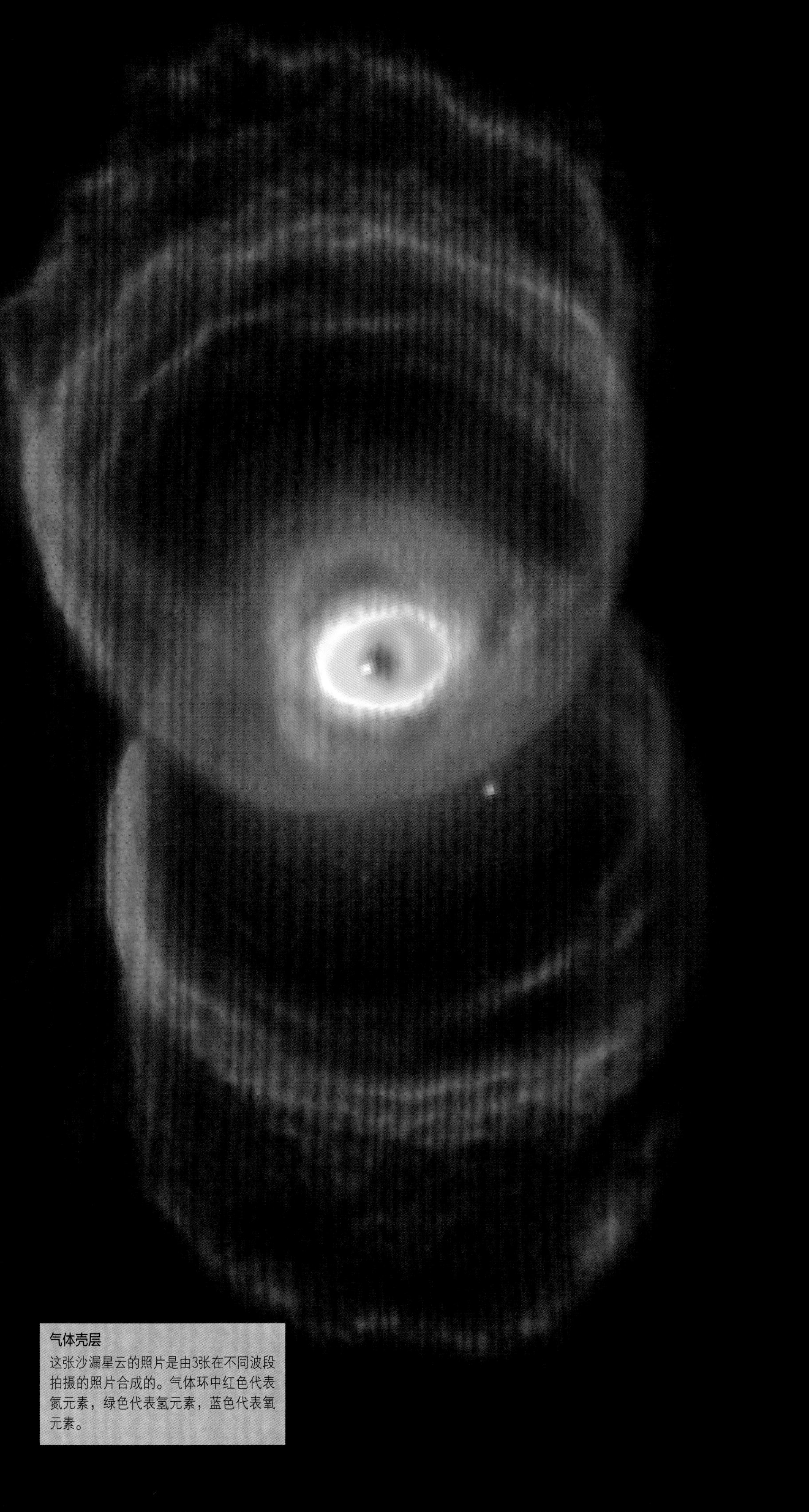

沙漏星云

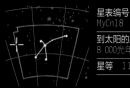

星表编号
MyCn18

到太阳的距离
8 000光年

星等　　11.8

苍蝇座

　　沙漏星云的独特外形在天文学家中引起了巨大的争论。一种观点认为，当中等质量的恒星在衰老膨胀为红巨星时，逃逸出的气体和尘埃在恒星的赤道周围聚集，形成了带状结构。随着逃逸的气体体积逐渐增大，恒星的中部受到带状物的挤压，导致更多快速运动的气体形成了沙漏的形状。而还有一些天文学家认为，中心恒星的核心质量比较大，重元素含量比较高，具有强大的磁场，而沙漏星云的外形就是喷射出的物质受到了磁场约束的结果。而还有一种观点则认为，中心恒星实际上是一对双星，其中有一颗是白矮星。在两颗子星的引力相互作用下，它们周围形成了一个致密的物质盘，正是它"掐"住了膨胀中的星云的腰部。沙漏星云的其他一些特征至今无法用理论来解释。天文学家们在这个沙漏星云内部又找到了另一个小一些的沙漏形状的星云，但不同寻常的是，这两个星云关于中心恒星都是不对称的。在沙漏的"眼睛"中还有两个互相垂直的物质环，仍然有待进一步研究。

星云在行动

　　这张由哈勃空间望远镜拍摄的沙漏星云照片显示了行星状星云内部的细节，对这些难以捉摸却美丽的天体的研究产生了革命性的影响，特别是在非球状行星状星云的形成领域。这些迷人的星云形状各不相同，而关于它们形成的假设几乎和它们的数目一样多。行星状星云的寿命和恒星的一生比起来不过是一眨眼的工夫，但确是非常重要的演化阶段。恒星演化脱离主序时会丢掉大量自身物质，因此会将比氦重的化学元素注入到星际介质中去，这些元素又会被重新利用，形成新的天体。

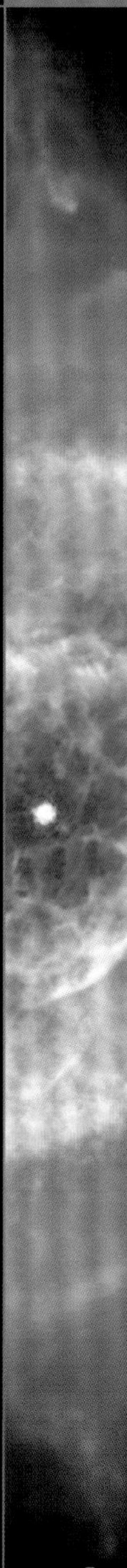

气体壳层

这张沙漏星云的照片是由3张在不同波段拍摄的照片合成的。气体环中红色代表氮元素，绿色代表氢元素，蓝色代表氧元素。

沃尔夫 - 拉叶星

WR 7

到太阳的距离	15 000光年
星等	11.4
光谱型	WN5

大犬座

雷神头盔

　　发射星云NGC 2359直径大约是30光年，是由中心一颗温度极高的沃尔夫 - 拉叶星所产生的。这颗编号为WR 7的恒星表面温度大约在30 000摄氏度到50 000摄氏度，是太阳的6倍到10倍。它极度不稳定，以每小时720万千米的速度向星际介质抛射恒星物质。虽然它的质量大约是太阳的10倍，但是它每一千年就丢掉相当于一个太阳质量的物质。在如此高的物质损失率下，像WR 7这样的沃尔夫 - 拉叶星在这一阶段维持不了太长时间，因此很难被观测到，而银河系中已知的类似恒星只有550颗左右。恒星喷射出的物质形成了一个均匀的球状物质泡，其形状会进一步受到周围星际介质的影响。WR 7之所以不

WR 7周围的星云有一个通俗的名字——"雷神头盔"，因为它看起来像一顶带翅膀的头盔（见上图）。沃尔夫 - 拉叶星周围的星云有时被称为泡状星云，而WR 7位于由高温气体组成的最大的泡状结构的中心（右图中央偏右的位置）。

同寻常，是因为它位于一团温暖致密的分子云边缘，由于高速的恒星风与致密而静止的物质发生碰撞，形成了"弓形激波"，因此它周围的星云外层部分形状是不对称的。

恒星火球

WR 124好比一团巨大而混沌的火球中央的一个发光天体。它周围的星云中包含了巨量的炽热气体弧，正在向外快速膨胀。

沃尔夫 - 拉叶星

WR 124

到太阳的距离	15 000光年
星等	11.04
光谱型	WN

人马座

　　WR 124的表面温度大约为50 000摄氏度，是已知的温度最高的沃尔夫 - 拉叶星之一。这颗庞大而不稳定的恒星正在以每小时15万千米的速度将自身的物质吹出来，并逐渐瓦解。这颗恒星周围的星云M1-67比较年轻，年龄只有1万年。其中含有一些物质团块，质量约为地球的30倍，直径达到1 500亿千米。

行星状星云

刺虹星云

星表编号	Hen-1357
到太阳的距离	18 000光年
星等	10.75

天坛座

　　刺虹星云是已知的最年轻的行星状星云。20世纪70年代的观测表明，这个星云中心死去的恒星温度太低，不足以使周围的气体发光。到了90年代，观测发现中心恒星在进入生命最后阶段时温度迅速升高，使得周围的星云开始发光。它为天文学家观测恒星演化过程中这一极其短暂的时期提供了难得的机会。由于刺虹星云还很年轻，它的大小只有大多数行星状星云的十分之一，直径只有太阳系的130倍。中心恒星周围环绕着一个由电离氧组成的环，而在环的上下两端升腾起了由气体组成的泡状结构。中心恒星喷出的物质速度达到了声速，在泡状结构的两端打开了两个洞，使得气体流能够从洞中朝着两个相反的方向逃逸而出。在星云的外边缘处，中心恒星

优美的对称图案

这个年轻的行星状星云外观呈现了优美的对称性，因此得到了"刺虹星云"这个名称。在这张经过增强处理的真彩色照片上，可以看到刺虹星云的中心恒星拥有一颗伴星，位于它的左上方。

发出的星风与气体泡的泡壁发生撞击，产生了激波，并且使得气体受热，发出明亮的光芒。

查尔斯·沃尔夫和乔治·拉叶（Charles Wolf & Georges Rayet）

法国天文学家查尔斯·沃尔夫（1827—1918）和乔治·拉叶（1839—1906）共同发现了这种不同寻常的高温恒星，因此这种恒星以他们两人的名字命名。1867年，他们使用巴黎天文台40厘米口径的傅科望远镜发现了3颗奇特的恒星，它们的光谱中主要是宽阔的发射线，而不是通常恒星中见到的比较窄的吸收线（见第254~255页）。目前已经在银河系中发现了500多颗沃尔夫 - 拉叶星。拉叶后来成为了法国波尔多天文台的台长。

乔治·拉叶

麒麟座V838

到太阳的距离	20 000光年
星等	10
光谱型	K

麒麟座

麒麟座V838是2002年1月6日被一位业余天文爱好者发现的，是非常有趣的一颗星。关于它的内部机制还不完全清楚，天文学家认为它刚刚脱离了主序阶段，成为一颗红超巨星。通常情况下，这种转变过程要耗时数万年，而这颗星只在几个月时间内就完成了。在2002年1月第一次观测到这颗星的爆发后仅仅一个月，就观测到了第二次爆发，并使它的亮度在一天之内从15.6等上升到6.7等，比正常速度快了好几千倍。最终，在2002年3月，它的亮度在短短几天内从9等上升到7.5等。爆发释放出的能量激发了先前喷出的物质壳，使它们的亮度上升并被我们观测到。

光回声

麒麟座V838的巨大爆发照亮了先前喷出的物质外壳（图中红色），这种现象称为"光回声"。

夏尔 25

到太阳的距离	20 000光年
星等	12.2
光谱型	B1.5

船底座

这颗蓝超巨星有可能在未来几千年里就爆发成为一颗超新星。观测表明，夏尔 25与1987年大麦哲伦星系里爆发的超新星（SN 1987A，见第310页）的前身星SK-69202惊人地相似，因此天文学家预计它已经走到了生命的尽头。夏尔 25位于一团抛射出的物质组成的环状结构的中间，并且物质还在不断地从这颗恒星上沿着与环垂直的方向逃逸出来。因此导致逃逸出的恒星物质形成了一个沙漏形状的星云，夏尔 25正位于这个星云的正中。恒星周围的环状结构以及星云都十分类似于另一颗蓝超巨星SK-69202爆发前的情形。光谱观测发现夏尔 25周围的星云富含氮元素，意味着它已经经过了红超巨星的阶段，再次证明它的演化路径与SK-69202十分相似。

即将爆发的超新星

图中方框中的这颗蓝超巨星可能将要发生超新星爆发。由明亮的白色恒星组成的疏散星团以及周围的星云名为NGC 3603。

手枪星

到太阳的距离	25 000光年
光谱型	LBV

人马座

这颗位于手枪星云中心的明亮的变星是人们发现的亮度最高的恒星之一，称为"手枪星"。手枪星的亮度是太阳的1 000万倍，在6秒钟内释放的能量就相当于太阳一年释放的能量。它在形成之初包含的物质总量至少是太阳的100倍，但是星风的强度是太阳的数十亿倍，并且伴随着巨大的爆发，抛出的物质至少是太阳质量的10倍。最大的爆发大约发生在4 000年到6 000年前。如果把这颗星放到太阳的位置上，那么整个地球公转轨道内侧都会被它填满。虽然它的个头和光度都很大，但在可见光波段，它被自身抛射出的物质，也就是构成手枪星云的物质挡住了。

巨大的星云

在红外波段，手枪星云的亮度很高。它的直径为4光年，相当于太阳到离它最近的恒星——比邻星的距离。

恒星的归宿

232~233 恒星
234~237 恒星的一生
250~251 主序星
254~255 老年恒星
变星 282~283

恒星一生中最后的演化阶段就是生命的终点，其中包括一些银河系中最奇异的天体。恒星的衰亡是由其质量决定的，低质量的恒星成为白矮星，质量最大的恒星则变成连光也无法逃脱的黑洞。质量介于二者之间的成为中子星，其中也包括旋转的脉冲星。

NGC 6791中的白矮星

图中方框里的暗淡的恒星是位于球状星团NGC 6791中的白矮星。它们的亮度太暗了，地面的望远镜无法看到，这张照片是由哈勃空间望远镜拍摄的。

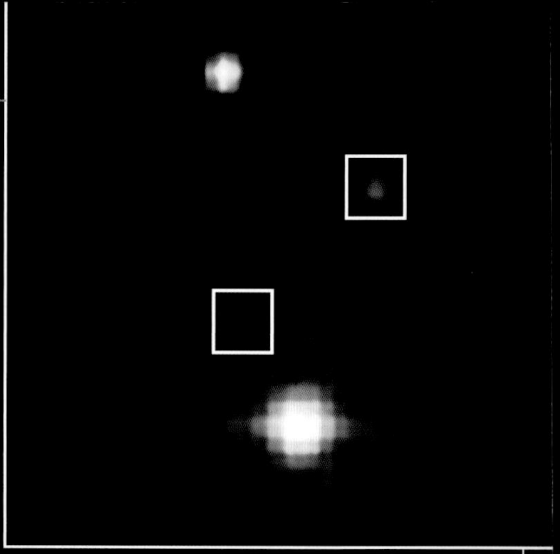

白矮星

当恒星耗尽了所有的核聚变燃料时，剩余的部分就开始坍缩，因为它内部的压力不足以支撑自身的重力。质量小于8倍太阳质量的恒星会通过星风制造行星状星云（见第255页）的方式损失掉高达90%的物质。如果恒星剩余的部分小于1.4倍太阳质量（称为钱德拉塞卡极限），就会变成白矮星。白矮星是靠所谓的电子简并压支撑的，这种压力是由于核心的物质中电子之间存在的排斥力而产生的。恒星残骸的质量越大，坍缩成的白矮星直径越小、密度越高。人们发现的第一颗白矮星—天狼B星（见第268页）质量与太阳相近，而直径却只有地球的两倍。白矮星的表面温度在刚形成时可达到10万摄氏度左右，但此后的数亿年时间里会逐渐冷却，成为黑矮星。

恒星的墓地

这是一张在X射线波段拍摄的银河系中心的照片，跨度为900光年。照片中包含数以百计的白矮星、中子星和黑洞。它们都被包裹在一团炽热的星际气体组成的迷雾中。银河系中心的超大质量黑洞就位于中部那块明亮的白色区域内。

超新星

大质量恒星会在Ⅱ型超新星爆发中将外壳层炸到宇宙空间中去，其死亡过程非常壮观。而I型超新星属于变星的一种（见第283页）。当质量大于10倍太阳质量的恒星演化到氢燃烧终点时，会产生一个由铁构成的核心。起初这个核心是由内部的压力支撑的，但当它的质量达到太阳的1.4倍时（钱德拉塞卡极限），就开始坍缩，形成了一个几乎全部由中子构成的极端致密的核。当恒星的外层持续下落，与坚硬的核心发生碰撞时，会以高达每小时7 000万千米的速度向外反弹，此时就发生了超新星爆发。这一过程会释放大量的能量，导致恒星的亮度上升，并持续数个月的时间才变暗。而包含超新星爆发碎片的残骸则会形成一个星云。

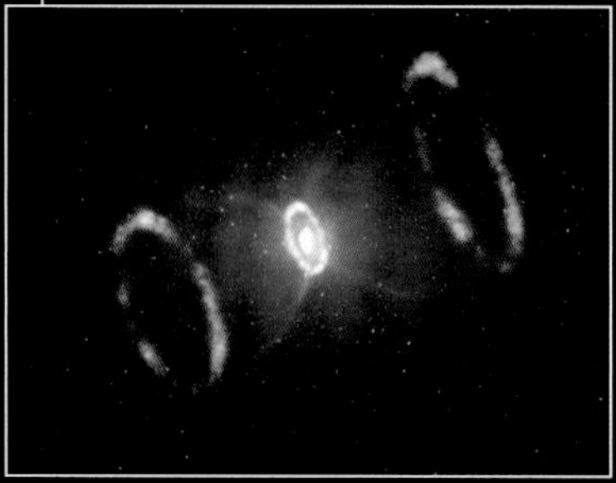

不对称的爆发

从超新星1987A上膨胀出来的高温气体云的形状并不是对称的，表明在初始爆发时存在极其混乱的湍流。

恒星巨大的包层中发生壳层燃烧
中心的铁核
其他重元素
铁核中发出中微子
超巨星
致密的核心
一系列同心包层
外层向内坍缩
核达到1.4倍
质量并开始坍

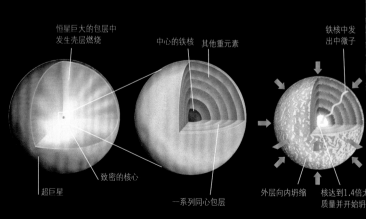

恒星的坍缩

在大质量恒星坍缩的过程中，一些比氦重的元素也在一系列的壳层燃烧过程中产生出来了。比铁重的元素是无法通过这种方式产生的。铁核可以继续坍缩，形成一颗中子星。

中子星

　　中子星是 II 型超新星爆发的产物之一。在爆发中，恒星的外层被炸飞，剩下一颗极端致密的恒星，主要由中子以及少量的电子和质子组成。中子星的质量在太阳的0.1倍到3倍之间，超出这一范围，恒星会进一步坍缩成为黑洞（见下节）。恒星形成中子星时，内部的磁场受到压缩，强度增加。同理，恒星的自转速度也会随着坍缩而逐渐加快。中子星的特点就是磁场极强、自转极快。随着时间流逝，中子星的自转会由于能量损失而变慢。然而有些中子星的自转会突然加快，这是由于它们薄薄的结晶表层发生了脉动引起的。以均匀的时间间隔辐射脉冲的中子星称为脉冲星（见下图）。

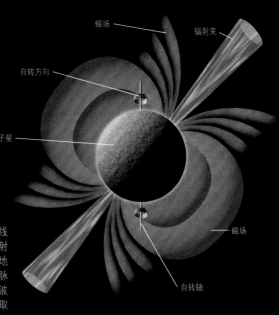

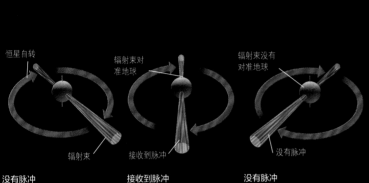

脉冲星的机理

带电粒子沿着脉冲星的磁力线螺旋运动，产生了一束辐射束。如果辐射束恰好扫过地球，我们就观测到了脉冲。脉冲既可以在电磁波谱的射电波段，又可以在X射线波段，取决于辐射束的能量。

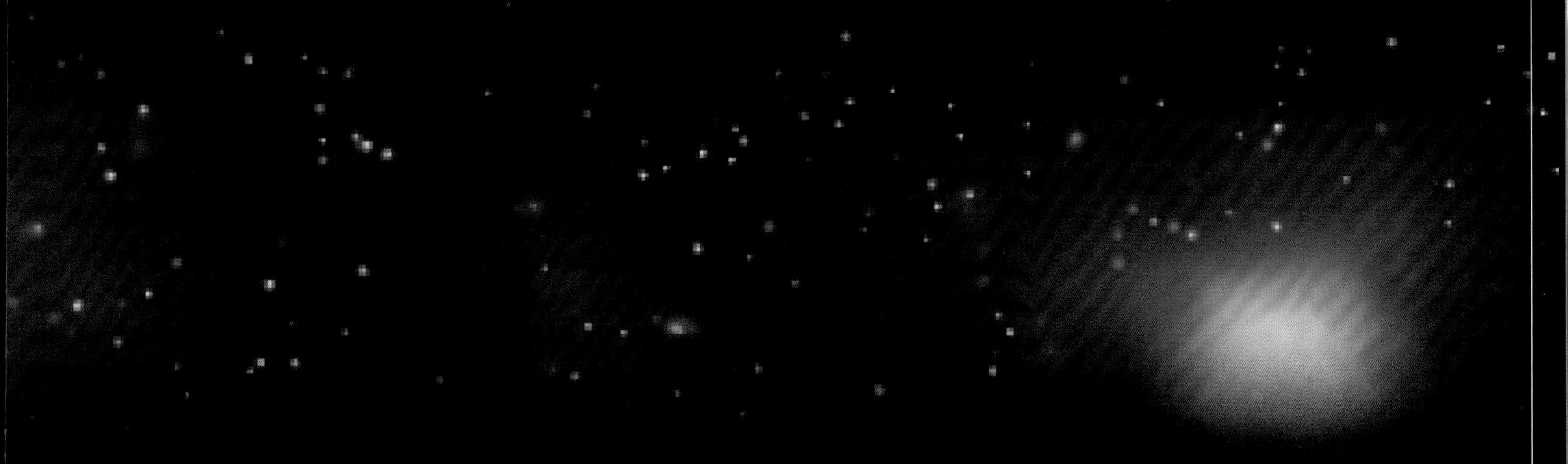

黑洞

　　如果超新星爆发之后的残留物质量大于太阳的3倍，就没有什么机制可以阻止其坍缩。这样它就会变得很小、很致密，没有任何辐射可以逃脱它的引力，包括光在内。已知的和太阳质量相当的黑洞只能通过它周围的天体的引力效应才能探测到。远方天体发出的光线在黑洞附近会被弯曲，黑洞扮演了引力透镜的角色。而黑洞附近的天体的运动也会受到黑洞的强引力场的作用（见第42~43页）。如果相距很近的一个双星系统中有一颗是太阳质量的黑洞，另一颗伴星的物质就会被强大的引力场吸引过去（见第274~275页）。由于双星在旋转，这些物质不会直接掉入黑洞中，而是会首先进入黑洞周围的吸积盘中。在物质掉入吸积盘的时候与盘上的物质发生撞击，会产生"热斑"，热斑发出的辐射可以被我们观测到。随着盘上的物质逐渐沿着螺旋状轨迹掉入黑洞中，物质的摩擦会将气体加热，发出辐射。这种辐射主要位于电磁波谱的X射线波段。

黑洞

这张图中，伴星发出的气体通过吸积盘掉入黑洞中。当物质穿过所谓的"事件视界"之后，那里的引力场就强到连光都无法逃脱，于是黑洞就从视野中消失了。

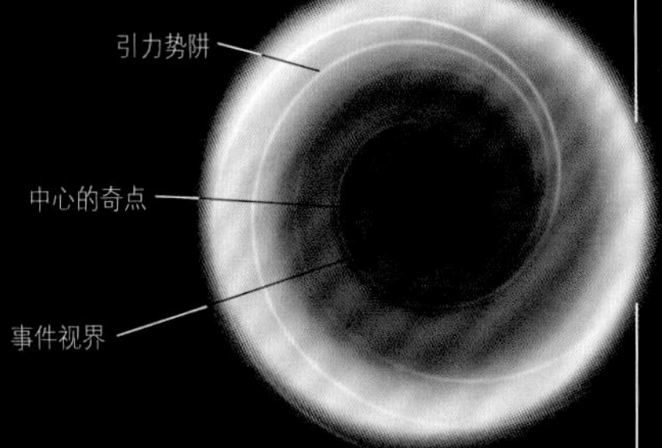

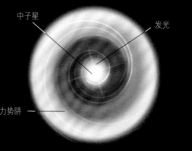

中子星

在这张图中，伴星发出的气体通过类似的过程聚集到中子星的周围。而当气体轰击到中子星坚硬的表面上时发出了耀眼的光芒，整颗星都变亮了。

恒星的归宿

恒星结束生命的方式有很多种，但是绝大多数恒星在死亡时是很难或者不可能被观测到的。天文学家认为这些不可见的死亡恒星在银河系缺失的质量中占了很大一部分（见第226~229页）。通常情况下，黑洞和白矮星只能通过它们对附近天体施加的引力效应观测到，而中子星只能在伽马射线波段观测到。而有一些恒星死亡的过程及死亡后的残骸却是银河系中最壮丽的景象之一。

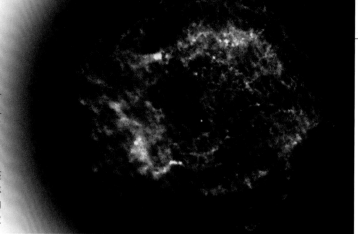

恒星遗迹

右图是在X射线波段拍摄的仙后座A，它是一个快速膨胀的高温气体壳，是一颗大质量恒星死亡后的遗迹。它是在1680年前后爆发的，历史上没有留下记载。

白矮星

天狼B星

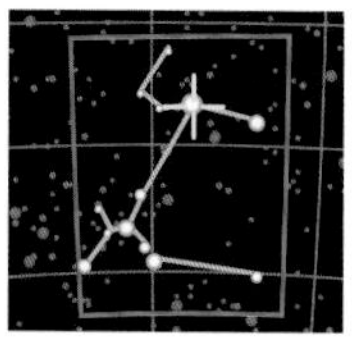

星表编号	
HD 48915 B	
到太阳的距离	
8.6光年	
星等	8.5

大犬座

天狼B星是在1862年被发现的，是人们观测到的第一颗白矮星。1915年天文学家分析了它的光谱，发现它是一个恒星的遗迹。尽管它的主星——天狼星是夜空中最亮的恒星，但在X射线波段天狼B星的亮度超过了主星（见下图）。天狼B星的直径只有地球的90%，但是由于质量和太阳相当，表面重力是地球的40万倍。

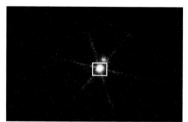

近距离的伴星

中子星

RX J1856.5-3754

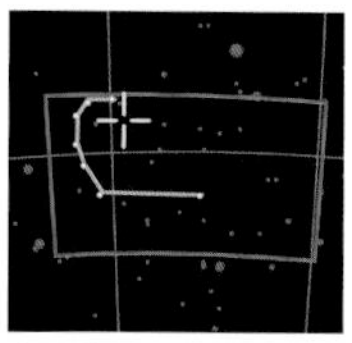

星表编号	
1ES 1853-37.9	
到太阳的距离	
200~400光年	
星等	26

南冕座

这颗孤单的恒星是已知的距离地球最近的中子星之一。关于它的真实距离还有争论，据估计是在200光年到400光年之间。它的年龄仍然不确定，有些天文学家认为它是一颗老年的中子星，理由是它正在从周围的星际介质中将物质吸积到表面，并发出X射线。还有人认为它是一颗年轻的中子星，而X射线是在冷却过程中发出的。它有可能形成于大约一百万年前一对密近双星系统中的大质量恒星发生的爆炸。这颗恒星正在以每小时39万千米的速度在星际介质中飞奔，它是从天蝎座中一个年轻恒星组成的星群中运动出来的。同样从这个星群中运动出来的还有蛇夫座 ζ ——一颗温度极高的蓝巨星。RX J1856.-53754 有可能曾经和它组成了一对双星系统。作为距离最近的中子星，这颗星被天文学家详细研究，但是它的个头太小，使得天文学家很难对它的性质做出定论。RX J1856.5-3754的直径据估计大约在10千米到30千米之间，非常接近理论估计的中子星的直径下限，这对中子星的内部结构模型提出了挑战。它发出的X射线辐射表明其表面温度大约为60万摄氏度，而视星等只有26等，亮度只有肉眼能看到的最暗天体的一亿分之一。

罕见的景象

1997年，哈勃空间望远镜在可见光波段为天文学家观测中子星提供了一个不同寻常的视角。中子星在星际介质中运动，产生了一个锥状的星云，在下图中清晰可见。

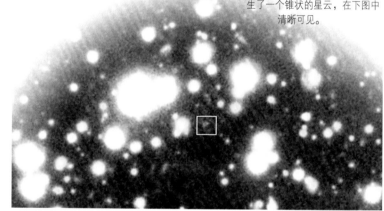

中子星

脉冲星"杰敏卡"

星表编号	
SN 437	
到太阳的距离	
500光年	
星等	25.5

双子座

"杰敏卡"是一颗脉冲星，即有着周期性脉冲的中子星，它是在1972年被发现的。它是银河系中已知的第二亮的高能伽马射线源。它的英文名字Geminga来自"双子座伽马射线源"的缩写。在米兰方言中这个词的意思是"不在那里"，因为很长一段时间以来都无法观测到它在别的波段的辐射，直到最近才有所进展。这颗脉冲星的光度变化（见第280~281页）表明，它周围可能存在一颗行星，但是这种变

伽马射线源

在伽马射线望远镜中，杰敏卡是一个明亮的辐射源。在地面上，伽马射线光子被地球的大气屏蔽了。

化也可能仅仅是由于恒星的不规则自转引起的。杰敏卡被认为是大约30万年前一颗超新星爆发留下的残骸。它的运动速度大约为每小时2.5万千米，其头部的激波长度达到了32亿千米。

白矮星

NGC 2440的核心

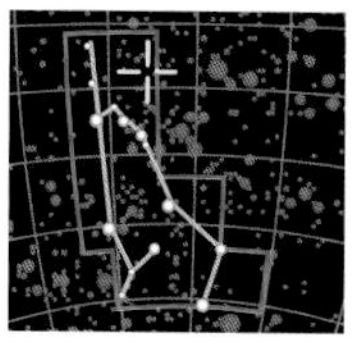

星表编号	
HD 62166	
到太阳的距离	
3 600光年	
星等	11

船尾座

行星状星云NGC 2440的核心是已知的表面温度最高的白矮星之一。它的表面温度大约为20万摄氏度，是太阳的40倍。正因如此它的亮度非常高，是太阳的250倍。这颗恒星周围的星云结构非常复杂，因此有些天文学家认为这颗中心恒星具有周期性的物质喷发。星云的结构表明在每一次喷发中物质的抛射方向都不尽相同。

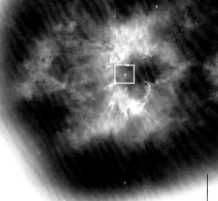

来自星云内部的光

NGC 2440的中心恒星表面温度极高，它的能量使整个星云发出华丽的荧光。

天鹅圈

星表编号
NGC 6960/95
到太阳的距离
2 600光年
星等　11

天鹅座

由于天鹅圈在天空中极其巨大，在星表中往往被分成好几个编号。整个超新星遗迹长约80光年，在天空中的张角达到3.5度，大约是7个满月的宽度。天鹅圈的光是超新星爆发喷出的物质与星际介质发生碰撞产生的激波发出的。这里相当于一个"恒星实验室"，天文学家对它的观测发现，超新星遗迹与其周围的星际介质无论在成分还是结构上都有所不同。

天鹅圈是一颗恒星死亡时在超新星爆发中将自身物质吹散留下的超新星遗迹。根据估计，这次超新星爆发大约发生在5 000年到15 000年前。这个星云在可见光波段最引人注目的部分称为"面纱星云"。

发光的丝线
超新星激出的星际气体流呈现丝带状，发出的光来自受激发的氢原子。这张侧视图是天鹅圈的一小部分，正在以每小时61.2万千米的速度运动。

五颜六色的气体
这张多波段的合成照片是天鹅圈的一部分，不同的原子被超新星产生的激波所激发，产生了不同的颜色。氧原子：蓝色；硫原子：红色；氢原子：绿色。

船帆座超新星遗迹

星表编号
NGC 2736
到太阳的距离
6 000光年
星等　12

船帆座

在伽马射线波段，船帆座超新星遗迹是天空中最亮的天体。据估计产生这个星云的超新星爆发大约发生在5 000年到11 000年前，最亮时可以与月亮媲美，是夜空中最亮的天体。它的前身星变成了一颗脉冲星，即快速旋转的中子星，名为船帆座脉冲星，每秒钟旋转大约11圈。船帆座脉冲星直径大约为19千米，人们于1977年观测到了它的闪光，使其成为第二颗在可见光波段发现的脉冲星。与其他脉冲星相同的是，船帆座脉冲星的自转速度在逐渐减慢。但在1967年，天文学家发现它的自转速度也会偶尔暂时变快，随后继续变慢。

膨胀的气体壳
这张船帆座超新星遗迹的光学照片显示，气体形成的泡状结构宽度达到100光年，并且还在向距离较远的星云物质中不断膨胀。

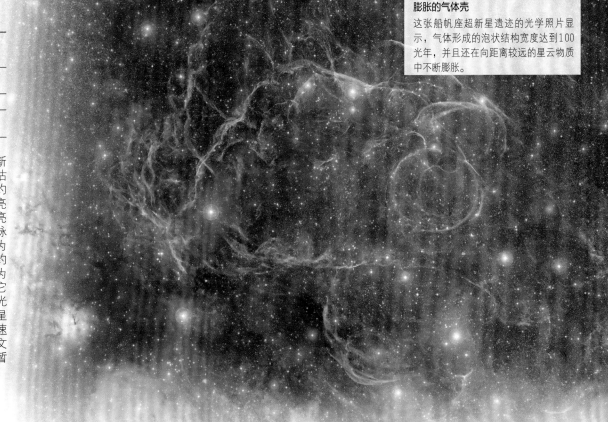

动态喷流
这几张由钱德拉X射线天文台拍摄的X射线波段的系列图片显示，船帆座脉冲星发出的高能粒子喷流不断发生变化。喷流在最初的半光年多一点的距离内保持着紧密的结构，再远处就因为与星际介质接触而失去了连贯的形状。

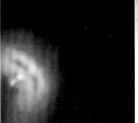

2010年6月

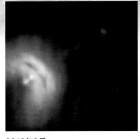

2010年7月

2010年8月

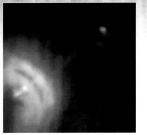

2010年9月

明亮的超新星遗迹
这张照片是著名的蟹状星云在5个波段的合成照片。这5个波段是：射电（红色），红外线（黄色），可见光（绿色），紫外线（蓝色），X射线（紫色）。

银河系

蟹状星云

星表编号
M1, NGC 1952

到太阳的距离
6 500光年

星等 8.4

金牛座

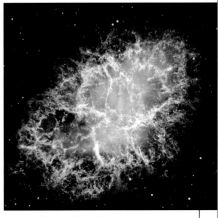

哈勃空间望远镜眼中的蟹状星云
这张可见光拼接照片显示了超新星爆发中喷出的化学元素。蓝色表示中性氧原子，绿色表示硫离子，红色表示超高温的二次电离的氧原子。

公元1054年的夏天，中国宋朝的天文学家记录下了一颗突然变亮的星，它位于今天的金牛座，最亮时亮度和满月相当。他们将这颗星描述为一颗红白色的"客星"，它持续出现了两年时间，直到最终消失不见。根据记载，在3个多星期的时间里都可以在白天看到这颗星（译者注：《宋会要》："嘉佑元年三月，司天监言：'客星没，客去之兆也'。初，至和元年五月，晨出东方，守天关。昼如太白，芒角四出，色赤白，凡见二十三日。"）。他们目睹了一场超新星爆发，这场爆发中喷出来的物质形成了今天蟹状星云中的丝状结构。这个星云是第一个，也是唯一被法国天文学家查尔斯·梅西叶（见第73页）收录在他的著名星表中的超新星遗迹。蟹状星云用双筒望远镜或小望远镜很容易就可以看到，它的跨度约为10光年，星等在8等到9等之间。

星云核心
这张哈勃空间望远镜拍摄的照片显示了蟹状星云脉冲星（位于中间两颗恒星的右上方）被一团发出蓝光的雾所包围。蓝色是由于电子在强大的磁场中以接近光的速度运动而产生的。

恒星经过超新星爆发变成了一颗快速自转的中子星（或脉冲星），每秒自转大约30圈。这颗脉冲星名为PSR 0531+21，因为它的射电束恰好扫过地球的方向，因此我们能在可见光、射电、X射线和伽马射线等波段观测到它。蟹状星云脉冲星是在1967年被发现的，但是在那之前就已经探测到了它那强大的射电和X射线辐射。它是第一颗在可见光波段得到证认的脉冲星，在此波段的亮度是16等。据估计它的直径只有大约10千米，但是质量比太阳还大，辐射出的能量是太阳的75万倍。这颗脉冲星的自转周期每天减少大约36.4纳秒，也就是说从它现在被我们所观测到的状态开始，再过2 500年，自转周期就会变为现在的两倍（见第282~283页）。自转损失的动能会转化为周围蟹状星云的热量。

作为最容易观测的超新星遗迹，天文学家已经对蟹状星云进行了深入的研究。细致的观测表明，星云中部的物质在短短几周内就会发生显著的变化。中心脉冲星喷出了一些丝状的结构，速度达到光速的一半，每一条的长度都可达到1光年。它们是由脉冲星沿着赤道附近发出的星风产生的（见左图）。起初它们的亮度很高，在远离脉冲星的过程中，亮度逐渐减弱，最终扩散到星云主体中去。脉冲星两极的两束喷流之一注入到脉冲星周围先前已经抛出的物质中，形成了一个激波波前，是蟹状星云中心活动最剧烈的场所。这一地带的形状和位置在很短时间内就会发生剧烈变化。

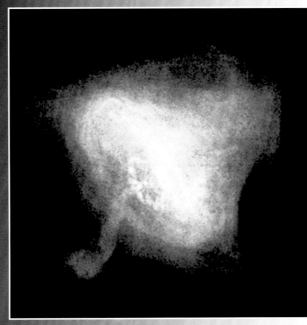

近看脉冲星
在这张X射线波段的照片中，蟹状星云的脉冲星是中心附近的一个小白点。物质流从脉冲星的两极方向喷出，高能粒子则从赤道附近喷出，注入到周围的星云中。

中子星

PSR B1620-26

星表编号
PSR B1620-26
到太阳的距离
7 000光年
星等　21.3

天蝎座

中子星PSR B1620-26位于球状星团M4中，每秒钟旋转90多圈，质量约为太阳的1.3倍。它有一颗伴星，是白矮星（如下图方框所示）。此外还有一颗质量为木星两倍的行星（见第296～299页），名为"玛土撒拉"（Methuselah）（译者注：《圣经》中最长寿的人），它的年龄可能高达130亿年。

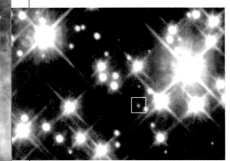

这颗中子星的伴星——白矮星

黑洞

GRO J1655-40

星表编号
V* V1033 Sco
到太阳的距离
6 000～9 000光年
星等　17

天蝎座

这个名为GRO J1655-40的黑洞是在1994年发现的，是一个特殊的X射线源，它喷出的物质速度接近于光速。此外，GRO J1655-40周围的气体存在每秒高达450次的闪烁，这种现象可以用快速自转的黑洞来解释。它是银河系中发现的第二个这种类型的天体，天文学家认为它是由一个质量为太阳6到7倍的亚巨星和一个黑洞相互环绕组成的系统，轨道倾角大约是70度，存在类似"偏食"的现象。亚巨星上的物质在黑洞的引力作用下被拉出，在双星系统周围形成了一个盘。因为这种现象类似于活动星系核（AGN，见第306～309页），因此又被称为"微类星体"。

黑洞

天鹅座X-1

星表编号
HDE 226868
到太阳的距离
8 200光年
星等　8.95

天鹅座

天鹅座X-1是人类发现的第一个X射线源，也是天空中最强的X射线源之一。天鹅座X-1的X射线辐射每秒钟闪烁大约1 000次。1971年，天文学家在相同的位置发现了一个射电源，并且在可见光波

段证认出了一个天体，即蓝超巨星HDE 226868。这颗星的质量是太阳的20到30倍，用双筒望远镜就可以看到。它围绕天鹅座X-1旋转的轨道周期是5.6天，而天鹅座X-1的质量大约是太阳的6倍。进一步的观测表明，天鹅座X-1这个黑洞正在缓慢地将蓝巨星的物质转移到自己身上，因此它的质量在不断增加。天鹅座X-1是第一个得到证认的恒星质量的黑洞。

扑朔迷离的黑洞

位于红色的发射星云Sh2-101附近的天鹅座X-1，身处密集的天鹅恒星云内（见下图）。左图是在可见光波段拍摄的负片，可从中清楚地看出伴星HDE 226868所在的位置。

超新星

第谷超新星

星表编号
SN 1572
到太阳的距离
7 500光年
星等　-3.5

仙后座

1572年，丹麦天文学家第谷（见下栏）在仙后座发现了一颗超新星，并非常精确地记录下了它的亮度变化。它在最亮时亮度达到了-3.5

第谷·布拉赫（Tycho Brahe）

第谷·布拉赫（1546—1601）是他那个时代首屈一指的天文学家。他在丹麦的汶岛建立了一所大型天文台，名为"观天堡"，并在那里度过了很多年，精确记录下了行星的运动和恒星的位置。德国天文学家约翰尼斯·开普勒曾担任过他的助手。第谷的工作为开普勒提出行星运动定律（见第68页）奠定了基础。

射电辐射

在这张第谷超新星的射电波段照片上，辐射强度由强到弱分别用红色、绿色、蓝色表示。超新星遗迹的外圈是物质膨胀产生的弧形激波，用白色表示。

等，几乎和金星差不多。而后在接下来的6个月里，它逐渐变暗直至消失。这颗明亮的超新星使天文学家相信，天空不是永恒不变的。这次超新星爆发的遗迹至今仍然在膨胀，目前直径达到了大约20光年。其中的物质的运动速度据估计大约为每小时2 150万千米到2 700万千米，是所有已知的超新星遗迹中膨胀速度最快的。在这个遗迹中找不到中心源，表明第谷超新星是一颗Ia型超新星。这种类型的超新星是由于双星中白矮星从它的伴星处吸积了物质，质量超过了钱德拉塞卡极限而爆发的（见第266～267页）。前不久天文学家发现了一颗可能是超新星前身星的恒星，因为它的运动速度是这片区域其他天体的3倍。超新星遗迹的边缘是超新星爆发产生的激波，它们将恒星物质加热到了2 000万摄氏度的高温，而内部的气体温度则要低得多，大约为1千万摄氏度。

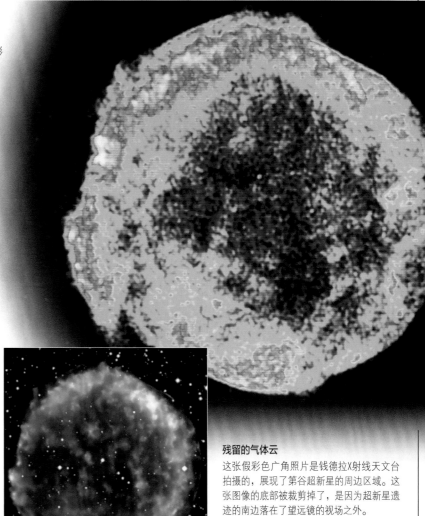

残留的气体云

这张假彩色广角照片是钱德拉X射线天文台拍摄的，展现了第谷超新星的周边区域。这张图像的底部被裁剪掉了，是因为超新星遗迹的南边落在了望远镜的视场之外。

超新星

开普勒超新星

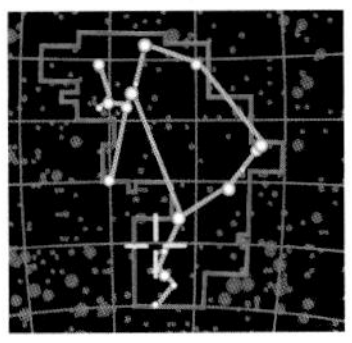

星表编号
SN 1604
到太阳的距离
13 000光年
星等　-2.5

蛇夫座

　　迄今为止人们观察到的银河系内最后一颗超新星是1604年10月爆发的，开普勒发现了它，因此它被命名为开普勒超新星。这颗先前不起眼的恒星最亮时达到了-2.5等，并且肉眼可见持续达一年以上。它现在的位置上是一个强大的射电源，在可见光波段则可以看到一个超新星遗迹。观测表明，这个超新星遗迹的直径约为14光年，其内部物质膨胀的速度达到了每小时720万千米。NASA的3台大型空间望远镜——哈勃空间望远镜、斯皮策空间望远镜、钱德拉X射线天文台都观测过。在右图的多波段合成照片上，可以清楚地看出这个超新星遗迹与众不同的特征。它是一团快速膨胀的物质，其中富含铁元

丝状结构

在这张可见光波段的照片上，开普勒超新星遗迹表现为一圈暗淡的丝状气体环。其中的恒星物质受到了超新星爆发的推动，在与星际介质发生相互作用时被加热并发光。

素，周围则被激波所环绕，激波是由于超新星爆发喷出的物质与星际介质剧烈碰撞形成的。激波在可见光波段仍然清晰可见（见上图），呈黄色。右图中红色是微小的尘埃颗粒被激波加热所产生的。蓝色和绿色的区域则代表高温气体的位置：蓝色代表高能X射线辐射，温度较高；而绿色代表能量稍低的X射线辐射。

多波段合成照片

这张由3台空间望远镜拍摄合成的照片为我们展现了超新星遗迹从X射线到红外波段的模样。

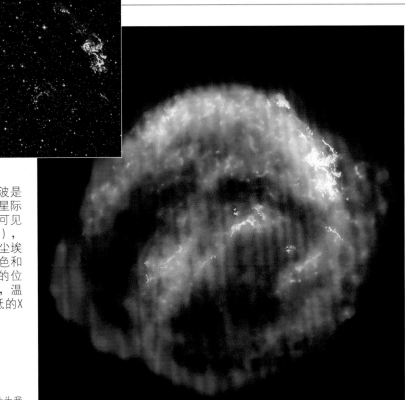

超新星

仙后座A

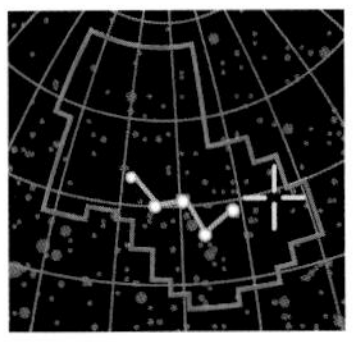

星表编号
SN 1680
到太阳的距离
10 000光年
星等　6

仙后座

　　仙后座A是一颗爆炸于17世纪中期的超新星留下的遗迹，是一个强大的射电源。历史上没有找到这次爆发有关的记载，表明它在可见光波段的光度非常弱。今天，仙后座A是天空中仅次于太阳的第二亮的低频射电源，射电辐射是由于电子在强磁场中做螺旋状运动产生的。仙后座A的直径大约为10光年，膨胀速度大约为每小时800万千米。

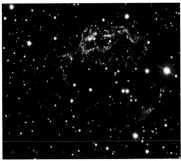
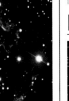

色彩信息

这张哈勃空间望远镜拍摄的仙后座A的照片展现了其中低温的丝状和团块结构。不同的颜色能够帮助天文学家了解恒星物质循环中的有关化学过程。

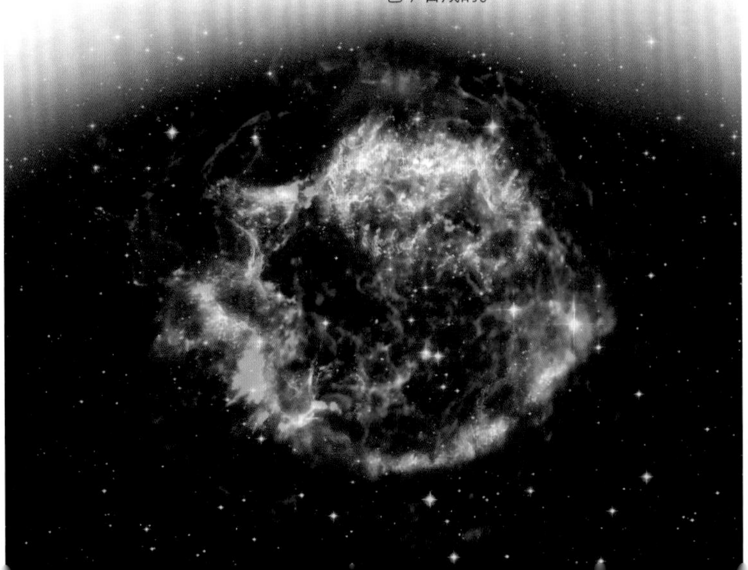

激波

这张假彩色照片是用钱德拉X射线天文台拍摄的X射线照片（绿色和蓝色）、哈勃空间望远镜拍摄的近红外照片（黄色），以及斯皮策空间望远镜拍摄的远红外照片（红色）合成的。

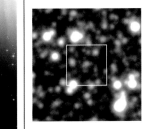

黑洞

MACHO 96

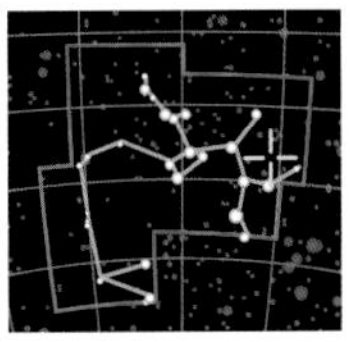

星表编号
MACHO 96
到太阳的距离
高达100 000光年

人马座

　　虽然我们不能看见黑洞，但是可以通过测量黑洞对其周围的天体施加的影响探测到黑洞。这个名为MACHO 96的黑洞就是通过所谓的"引力透镜"（见第317页）探测到的，即黑洞背后的星光被黑洞强大的引力所弯曲，如同经过一面透镜一样，星光被放大，我们观测到恒星的亮度会在短时间内有所加强。根据这种现象计算得到，充当透镜角色的天体MACHO 96的质量大约为太阳的6倍，并独立地在群星之间运动。观测到这种引力透镜现

象的概率非常小，而天文学家每天晚上都能监测数以百万计的恒星的亮度变化，借助计算机分析强大的相机拍摄到的图像。目前为止，在银河系的邻近星系——大麦哲伦星系中（见第310~311页），已经发现了不到20个引力透镜现象。MACHO 96起初是由MACHO预警系统在1996年发现的，而后又被全球微引力透镜预警网络监测到。只有通过哈勃空间望远镜拍摄的照片，天文学家才能最终证认出被引力透镜放大了的恒星，测定它的真实亮度（见下图）。观测表明，这颗遥远的恒星可能是一个距离很近的双星系统。而天文学家关于充当引力透镜的天体究竟位于银河系晕中还是大麦哲伦星系中仍然有争论。

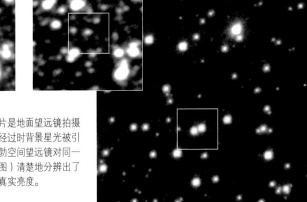

黑洞路过

上面两张密布恒星的照片是地面望远镜拍摄的，展现了在MACHO 96经过时背景星光被引力透镜放大的景象。哈勃空间望远镜对同一位置拍摄的照片（见右图）清楚地分辨出了这颗星，并测定了它的真实亮度。

聚星

232～233 恒星
238～239 恒星形成
266～267 恒星的归宿
变星 282～283
星团 288～289
太阳系外行星 296～299

聚星是两颗或两颗以上的恒星因引力而束缚在一起组成的恒星系统。由两颗星组成的系统称为双星。虽然直观感觉聚星系统不太常见，但是据估计银河系中超过60%的恒星都属于聚星。双星系统中两颗恒星相互之间的距离差异可以非常大，轨道周期也从几小时到数百万年不等。聚星能够帮助天文学家测定恒星的质量和直径，并且理解恒星的演化过程。

双星及多星

虽然银河系中有不计其数的聚星，但并非所有这些聚星都是由两颗轨道重合的恒星互相环绕形成的。一些表面上是双星系统，但实际上是由3颗或3颗以上恒星组成的复杂的聚星系统。两颗恒星互相环绕组成的是最简单的双星系统。如果两颗子星的质量相近，它们就会围绕共同的质心运动，质心的位置位于两颗星中间。如果其中一颗星的质量比另一颗大很多，质心就会位于质量比较大的子星内部。而质量比较大的子星摆动幅度比较小，质量小的子星摆动幅度则比较大。由3颗或3颗以上的恒星组成的聚星系统的轨道运动会复杂得多，并且具有多个质心。例如由4颗星组成的系统可能具有两对互相环绕的恒星对，而其中每一对恒星中两颗子星的轨道都相互重合。

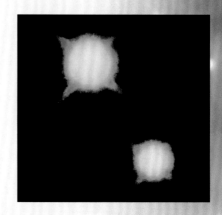

明亮的双星

天空中最亮的星——半人马座α实际上是一对双星，由两颗类太阳星相互环绕组成，轨道周期大约是80年。

质心
质心
质心

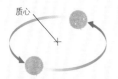

质量相同

如果双星中两颗子星质量相同，则质心位于两颗星的正中。

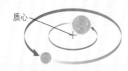

质量不同

如果双星中两颗子星质量不同，则质心靠近质量较大的恒星。

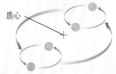

双重双星

每一对双星中，两颗子星都互相环绕，两对双星系统之间又互相绕转。

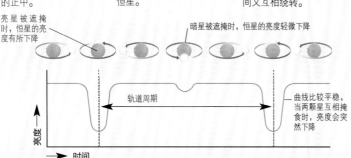

亮星被遮掩时，恒星的亮度有所下降
暗星被遮掩时，恒星的亮度轻微下降
轨道周期
曲线比较平稳，当两颗星互相掩食时，亮度会突然下降
亮度
时间

探测双星

天文学家探测双星的方法有好几种。有一种双星只是在视线方向上比较接近，但它们之间没有物理联系，这称为光学双星。这种双星可以用分别测定两颗星距离的方法加以判别。另一种是目视双星，用肉眼或者望远镜放大即可将两颗子星区分开来。天文学家只需测定两颗星的位置随时间的变化就可计算出它们的轨道周期。还有一种称为天体测量双星。这种双星中的两颗子星不能用望远镜分辨出来，但是可以通过其中一颗星受到的引力摆动探测到看不见的伴星。此外，光谱方法也能证认出双星。这种双星的光谱包含了两颗星的光谱，称为光谱双星。有些双星的亮度呈现周期性的变化，这是由于两颗星在绕转过程中相互遮掩形成的。这种星称为食双星。

食双星

食双星是用探测恒星亮度变化的方法发现的。当两颗子星绕转过程中相互遮掩时，亮度就会发生周期性变化。

共同演化

聚星中的恒星也会像其他恒星一样发生演化。起初，双星系统可能是由两颗主序星以正常的方式相互环绕组成的，但是经过了数百万年的时间，两颗子星的演化就会变得完全不同。例如天狼星系统（见第252页）。聚星系统中一颗星的演化会对整个系统产生影响。例如，当其中一颗星演化成红巨星时，由于体积膨胀，就会与另一颗星发生相互作用，使得质量在不同的恒星之间发生转移。如果子星演化成一颗白矮星，就有可能发生灾难性的爆炸（见第283页）。因此，恒星的演化会使得一对原本非常稳定的双星系统发生剧烈的变化。

物质发生持续性的转移
从伴星处获得的气体流
恒星由于膨胀而损失质量

相互作用双星

某些双星系统中的恒星距离很近，之间会发生物质交换。在这幅图中，一颗膨胀的恒星的气体正注入伴星。

极端双星系统

很多双星系统的行为是非常正常的，子星相互环绕数百万年而不会发生剧烈的变化。但是有一类双星系统，特别是那些已经经历了大部分演化阶段的恒星，会出现比较极端的行为。例如相接双星，其中两颗子星是互相接触的。这种情况下，主星到伴星的质量转移比伴星所能吸收的速率还要快，就会在两颗星周围形成一个共同的物质包层。在物质包层的阻尼作用下，两星的轨道周期会发生变化。通过这种方式，一对间隔较大、轨道周期为10年左右的双星系统会演化成一个轨道周期仅有几个小时的快速旋转的双星系统。此外有一些双星系统中存在最为极端的物理过程。1974年，人们发现了一个脉冲双星系统，开创了观测引力波天文学的新领域。这种由两颗脉冲星组成的双星系统轨道周期非常精准，并且是强大的引力波辐射源。

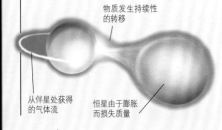

猎户座四边形星团

猎户座 θ，又称为猎户座四边形星团（图中左上方），是猎户座配剑3颗星（见第390～391页）中间的那颗，也是最著名的聚星之一。它最亮的4颗子星很容易用望远镜分辨出来，其实这颗聚星至少包含了10颗星。

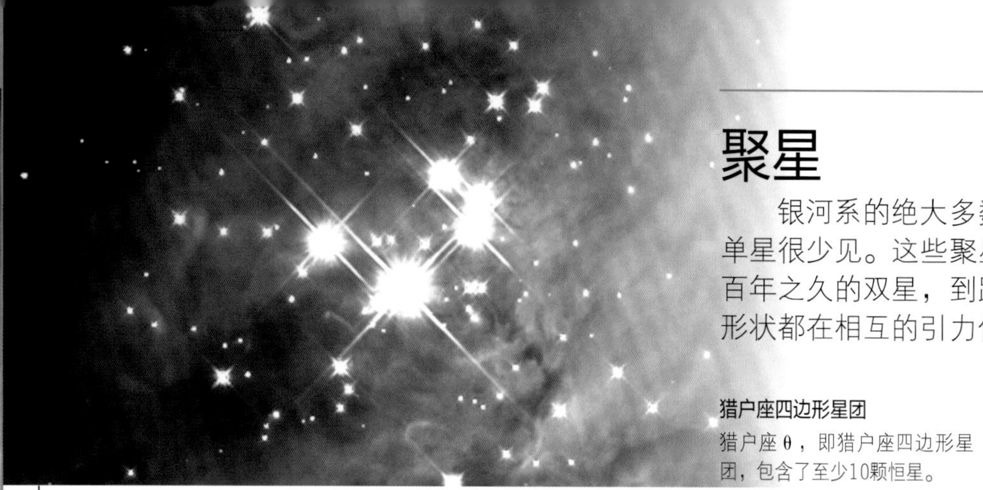

猎户座四边形星团

猎户座 θ，即猎户座四边形星团，包含了至少10颗恒星。

聚星

银河系的绝大多数恒星都位于双星或聚星系统中，像太阳这样的单星很少见。这些聚星系统各不相同，从相距遥远、轨道周期长达数百年之久的双星，到距离很近、相互环绕一圈只有几天，甚至各自的形状都在相互的引力作用下发生扭曲的双星系统都有。大多数聚星中的恒星之间的距离都比较近，只能从光谱上分析它们。它们的大小和颜色也差别很大，无论恒星的年龄多大、光谱型如何，都可能是聚星系统的成员。

聚星

波江座 o

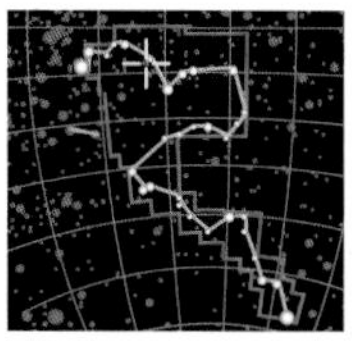

波江座

到太阳的距离	
16光年	
星等	9.5
光谱型	DA

波江座 o（奥密克戎）起初被当作一颗双星系统，两颗子星就是波江座 o¹ 和波江座 o²。19世纪的观测发现，这个系统中实际有3颗星，现在称为波江座40 A、波江座40 B和波江座C。A星是一颗橘红色的主序矮星，C星是一颗暗淡的红矮星。波江座40 B尤为值得一提，它是用小望远镜所能看到的最亮的白矮星。

三星系统

聚星

北河二

双子座

到太阳的距离	
51光年	
星等	1.6
光谱型	A2

北河二很容易用肉眼看到，看上去是一颗普通的A型星。但是用望远镜就可以发现，它是由两颗明亮的A型星组成的，分别称为北河二A和北河二B，另外这个系统中还有第三颗更暗弱的星——北河二C。光谱分析发现，北河二的A和B两颗子星本身各自是一对双星。北河二A的两颗子星距离非常近，轨道周期只有9.2天。而北河二B的两颗子星互相旋转一周只需要2.9天。暗淡的北河二C也是一对双星，是一对红矮星，互相环绕一圈只需要20小时。因此北河二是一个由3对双星组成的六星系统。

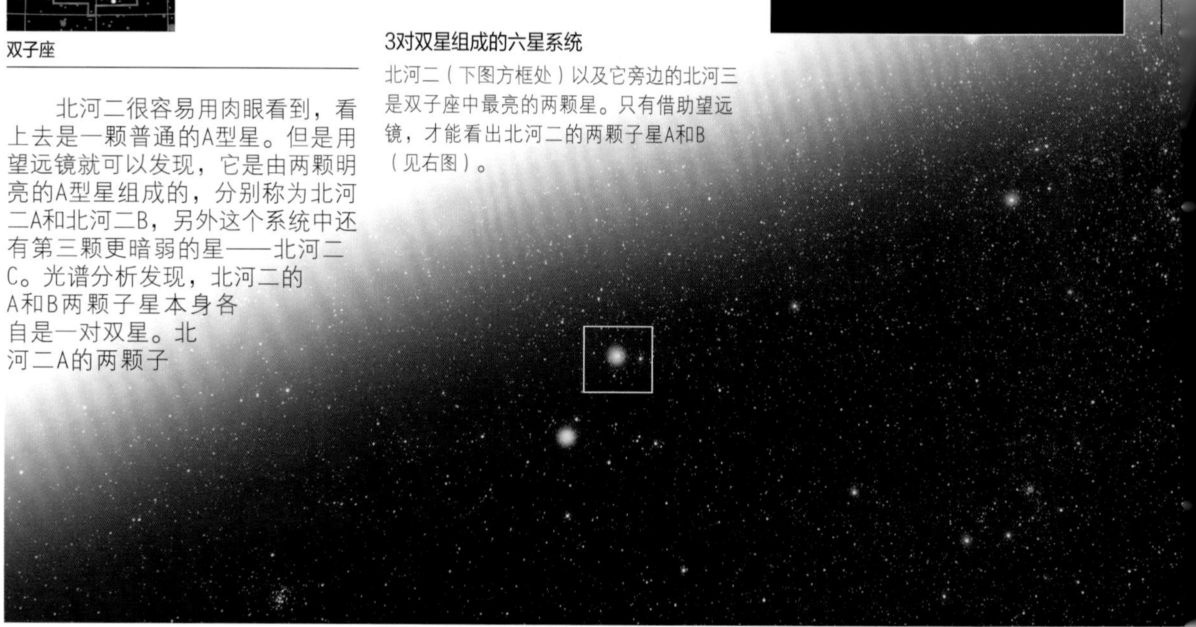

3对双星组成的六星系统

北河二（下图方框处）以及它旁边的北河三是双子座中最亮的两颗星。只有借助望远镜，才能看出北河二的两颗子星A和B（见右图）。

四合星

开阳及辅

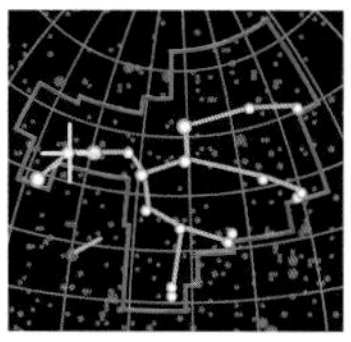

大熊座

到太阳的距离	
81光年	
星等	2
光谱型	A2

著名的开阳星及其伴星"辅"位于北斗七星的"勺柄"上，很容易用肉眼看见。它们在古代被想象为骑士和他所骑的马。目前还不能确定这两颗星是真正的双星，还只是视线上重合。开阳本身是一个双星系统，并且是第一颗被证认出的双星。光谱观测进一步表明，开阳实际上是两对双星互相环绕组成的四合星系统。

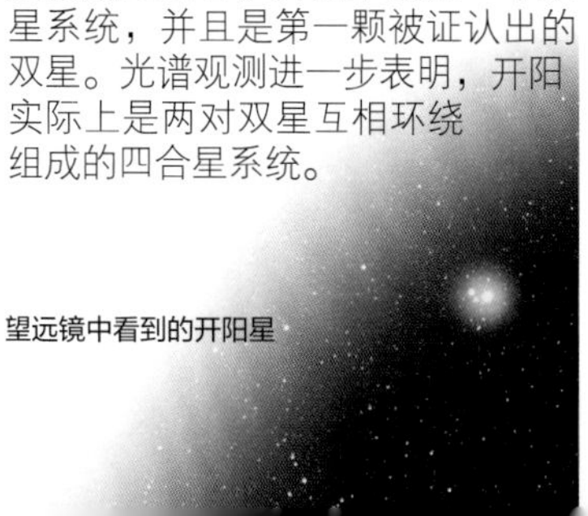

望远镜中看到的开阳星

四合星

大陵五

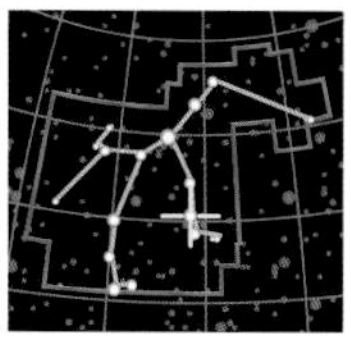

英仙座

到太阳的距离	
93光年	
星等	2.1
光谱型	B8

大陵五又被称为英仙座 β，用肉眼看起来是一颗单星。但是每2.867天，它的亮度就会下降70%，持续几个小时。这一变化早在1667年就被人们发现了。这种现象是由大陵五被它的伴星——大陵五B周期性地遮掩造成的。这颗伴星是一颗巨星，直径比主星大，但是光度较弱。

食双星

四合星

织女二

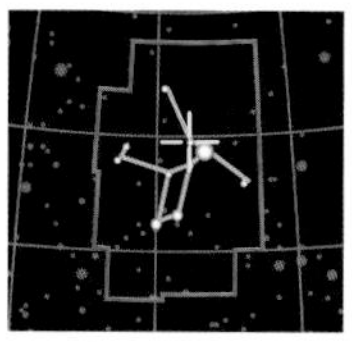

天琴座

到太阳的距离	
160光年	
星等	3.9
光谱型	A4

在晴朗黑暗的夜晚，用肉眼可以看出织女二（天琴座 ε）是一颗双星。而进一步观测发现，这两颗星各自是一个双星系统。但是与其他双星-双星组成的系统不同的是，织女二的4颗子星用天文爱好者的小型望远镜就可以全部看到，不需要用光谱学观测就能证认（见第274页）。肉眼所见的两颗星天琴座 ε¹ 和 ε² 距离非常远，轨道周期达到数百万年，而每一对双星中两颗子星之间的距离则要近得多，周期大约为1 000年。天琴座 ε¹ 和

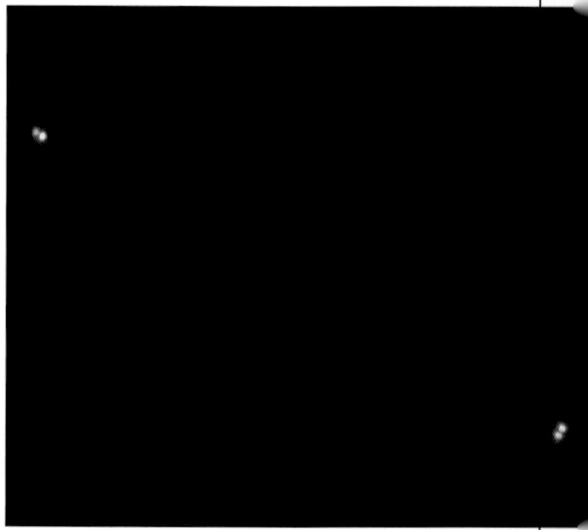

一对孤立的双星

这个双星-双星组成的聚星系统中的4颗子星很容易就可以用望远镜区分开来。虽然每对恒星之内两颗星是牢牢束缚在一起的，但是两个恒星对之间的引力束缚比较弱。

ε² 之间的距离大到很难凭借相互之间的引力保持束缚，织女二最终将变成两个互相独立的双星系统。

左摄提三

到太阳的距离	180光年
星等	3.8
光谱型	A3

牧夫座

双星

　　左摄提三（牧夫座ζ）由两颗A型星互相环绕组成，轨道周期大约为123年。它本该是一对"模范"双星，然而当天文学家计算它们的质量时却发现了奇怪的现象。它们的轨道非常扁长，使得两星相互之间的距离在2.1亿千米到95亿千米之间变化。当它们彼此最接近时，相互之间的距离和地球到太阳的距离差不多，望远镜无法将它们区分开来。这个双星系统的光度大约是太阳的40倍，总质量是太阳的4倍，表面温度大约是8 700摄氏度。

增强的图像
当左摄提三两颗子星相互之间距离最远时，图像处理软件能够将它们区分开来，甚至能够分离它们的光谱。

梗河一

到太阳的距离	210光年
星等	2.4
光谱型	A0

牧夫座

双星

　　梗河一又称为牧夫座ε，是天空中最美丽的双星之一。它的两颗星的颜色形成了鲜明的对比，一颗是橘黄色的巨星，一颗是白色的矮星。因此它的发现者德国天文学家弗里德里希·斯特鲁维（Friedrich Struve）给它起名为"Pulcherrima"，即拉丁文"最美丽的"。其中的矮星直径大约是太阳的两倍，而橘黄色的巨星直径则大约是太阳的34倍。两颗星相互环绕的周期是1 000多年。虽然这样的双星系统在天文学上并不罕见，但它因其美丽的色彩而备受天文爱好者喜爱。

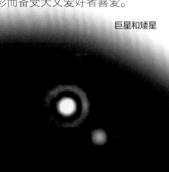

巨星和矮星

天大将军一

到太阳的距离	355光年
星等	2.3
光谱型	K3

仙女座

四合星

　　天大将军一又称为仙女座γ，因其两颗子星鲜明的颜色对比而被天文爱好者所熟知。其中稍亮一些的星是橘黄色的，暗一些的星是蓝色的，通过小型望远镜来看，两颗星的颜色对比非常显著。稍亮一些的星是一颗K型巨星，而较暗的星

天大将军一

本身就是一个双星系统，由两颗高温的白色主序星组成，轨道重合，周期大约为60年。光谱观测表明，其中一颗主序星本身也是一个双星系统，因此天大将军一是一个四合星系统。

M40

到太阳的距离	1 900光年、550光年
星等	8.4
光谱型	G0

大熊座

双星

　　有些聚星由于美丽的外表而出名，有一些则以其中有趣的物理过程而出名。但M40两种情况都不属于。法国天文学家查尔斯·梅西叶在编纂著名的星团星云表时，发现这两颗星在天空中靠得非常近，并

 光学双星

将其错误地编入了他的星表中。事实上这两颗星只不过是一对光学双星，也就是恰好所在的视线方向接近。现代天文学技术已经测量出了它们的距离，表明它们之间并没有实际联系，因此M40因一个误会而出名。

昂宿六

到太阳的距离	368光年
星等	2.9
光谱型	B7

金牛座

四合星

　　昂宿六是俗称"七姐妹"的昴星团成员之一，是一颗明亮的巨星，光谱型为B型，光度大约是太阳的1 500倍。昂宿六的周围环绕着3颗星，共同组成了一个距离非常近的系统。它们分别是：亮度6.3等的金牛座24、8.3等的金牛座V647，它们都是A型星；此外还有亮度8.7等的HD 23608，是一颗F型星。其中金牛座V647是一颗矮造父变星。3颗星距离昂宿六几十亿千米。昂宿六的自转速度出奇地高，使得它表面的气体向赤道附近聚集，形成了一个发光的盘。昂宿六属于Be型星（见第285页），和仙后座γ星类似。

指示季节
昂宿六是昴星团中最亮的星（见第291页）。当昴星团夜晚出现在东方的地平线上时，标志着北半球的秋天就要开始了。

银河系

北极星
北极星看上去是不动的，但是从长时间曝光的照片上可以看出，它的位置与北天极还有一点偏移。图中央那段明亮的弧线就是北极星的运动轨迹。

北极星

到太阳的距离	430光年
星等	2
光谱型	F7

小熊座

　　大名鼎鼎的北极星因位于北天极附近而得名，北天的观星者无人不知、无人不晓（见下图）。同时它还是一个有趣的双星系统，由超巨星——北极星A，以及一颗主序星——北极星B组成。天文爱好者用中等口径的望远镜就可以将它们分辨出来。北极星B最初是由英国天文学家威廉·赫歇尔在1780年发现的，两颗子星之间的距离估计在3 000亿千米以上。北极星A的光度是太阳的1 800多倍，同时还是一颗造父变星，周期只有不到4天（见第282页）。人们已经精确测定了北极星A的视向速度（即沿着视线方向的运动速度），发现它具有周期为30.5年的周期性变化，因此北极星A是一颗天体测量双星。也就是说，它的周围存在一颗看不见的伴星，只能通过它对主星的运动施加的影响而探测出来（见第274页）。2005年，哈勃空间望远镜首次拍摄到了这颗伴星的照片，测出它环绕主星的周期为30.5年。可惜它过于暗弱，对北极星的光谱几乎没有贡献。

与众不同的恒星
北极星是北天最与众不同的恒星之一，位于北天极附近，在小熊星座的尾巴上。这张照片上可以看到一颗伴星——北极星B，另外还有一颗伴星看不到。

星空枢纽

　　长期以来，北极星都被视作北天最重要的一颗恒星。由于它几乎正好位于北天极上，人们常用它来指示正北方（见第83页）。陆地和海洋上的旅行者们可以通过计算北极星相对地平线的高度角来估算自己所处的纬度。世界各国神话中都有关于北极星的形象。在北欧神话中，北极星是上帝用来牵住宇宙的长钉上的一颗宝石，而古代蒙古人认为北极星是将世界铆合在一起的金钉。在中国道教中，北极星被奉为"斗姆"，是北斗众星之母。

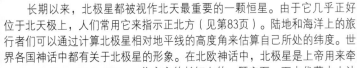

小熊的尾巴尖
在阿拉伯传说中，北极星是一颗邪恶的星，它杀死了天空中的伟大勇士。传说死去的勇士就躺在小熊尾巴的位置，而小熊星座的形象就是葬礼上的棺材。

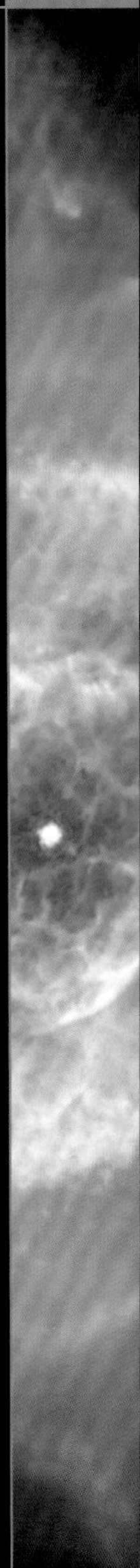

双星

麒麟座15

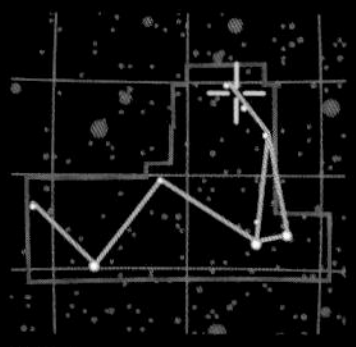

到太阳的距离
1 020光年

星等 4.7

光谱型 O7

麒麟座

麒麟座15，又称为麒麟座S星，是一个位于疏散星团NGC 2264中的O型双星系统。它的主星是一颗蓝色的超巨星，年轻并且质量很大，光度大约是太阳的8 500倍。同时它还是一颗变星，具有0.4星等的小幅度光变。就是这颗星照亮了锥状星云（见第242页），因此对天文爱好者来说是一个易于观测的目标。麒麟座15是一颗天体测量双星，也是一颗光谱双星，也就是说，用观测麒麟座15位置变化的方法和光谱方法（见第274页）都能探测到它的伴星。这颗伴星环绕麒麟座15的周期是24年。哈勃空间望远镜发现上次两星最接近发生在1996年。有人认为麒麟座15是一个聚星系统中的成员，它的伴星还包括附近的3颗非常明亮的巨星，但是还没有找到其他巨星与麒麟座15在物理上有关联的证据。

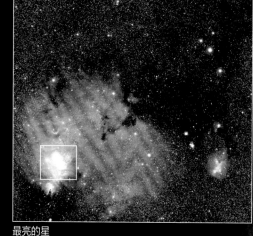

最亮的星
麒麟座15是疏散星团NGC 2264中最亮的恒星，它距离锥状星云非常近（见第242页）。

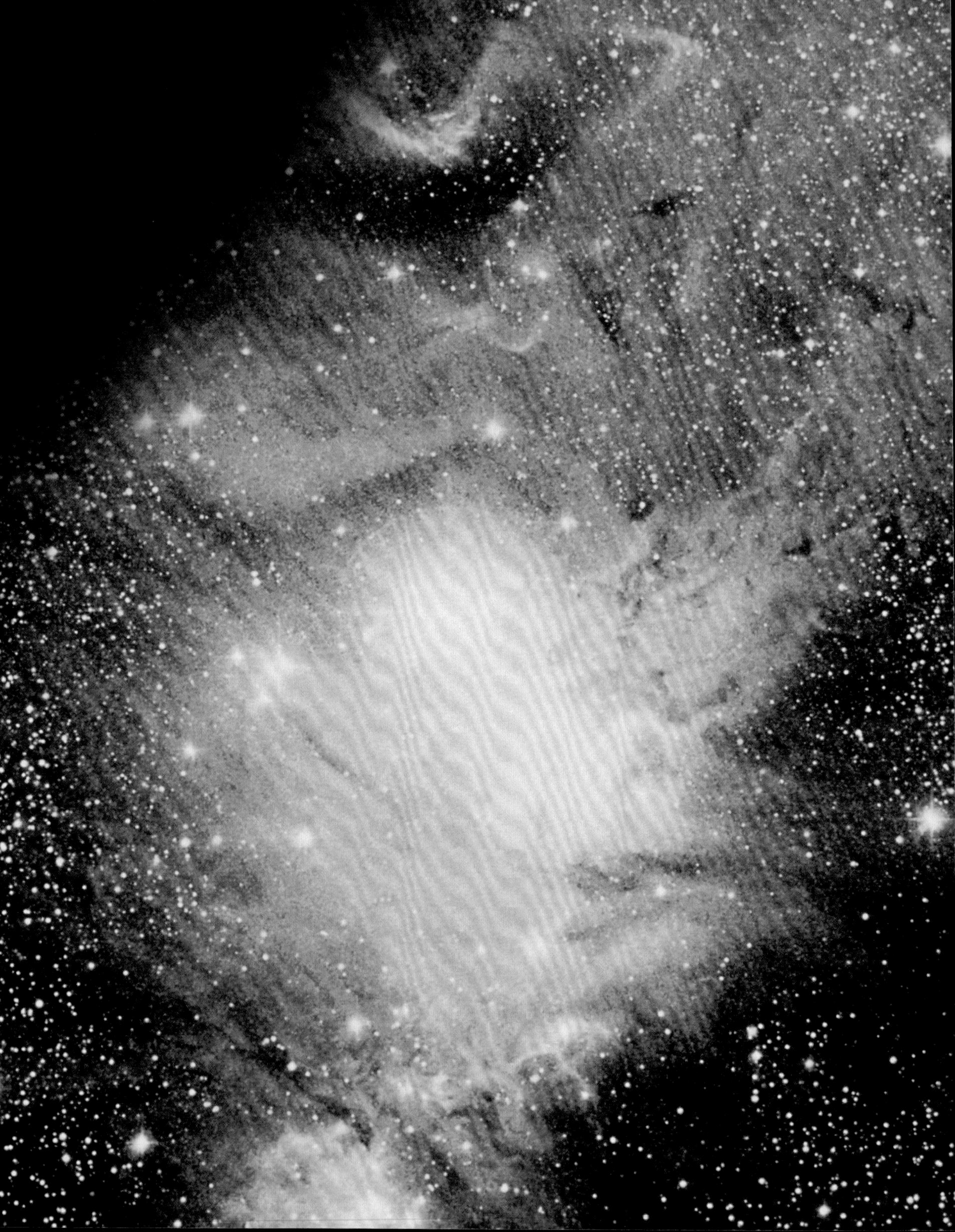

光芒四射
即便使用最大的望远镜也无法在可见光波段分辨麒麟座15的两颗子星。这颗星发出的明亮的蓝色光芒照亮了周围的发射星云。

银河系

三合星

麒麟座 β

到太阳的距离	700光年
星等	5.4
光谱型	B2

麒麟座

麒麟座 β 是一个三合星系统，由3颗子星A、B、C组成。其中B星和C星相互环绕，周期大约为4 000年，而它们组成的系统与A星相互环绕，周期大约为14 000年。这个系统中的3颗星彼此之间非常相似，这在聚星中是非常罕见的。3颗星都是温度极高的蓝白色B型星，光度都是太阳的1 000多倍，质量大约是太阳的6倍。3颗星的自转都差不多，并且周围都带有星周盘。

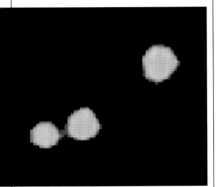

用计算机进行过增强处理的可见光照

三合星

参宿七

到太阳的距离	860光年
星等	0.1
光谱型	B8

猎户座

参宿七是一颗蓝超巨星，光度是太阳的4万多倍，带有一颗距离很近、很暗弱的伴星——参宿七B。由于参宿七的亮度太高，因此观测它的伴星十分困难。参宿七B本身也是一颗双星，由两颗暗淡的B型主序星组成，分别称为参宿七B和参宿七C，彼此之间距离大约为40亿千米，相互环绕的轨道几乎呈圆形。而主星参宿七距离这两颗星的距离超过了3 000亿千米。

明亮的巨星

参宿七是猎户座中最明亮的星，并且是夜空中第七亮的星。它的两颗伴星参宿七B和参宿七C都被它的巨大光芒掩盖了。

双星

渐台二

到太阳的距离	880光年
星等	3.5
光谱型	B7

天琴座

渐台二又称天琴座 β，有一类食双星——天琴座 β 型变星（或称为EB型变星）就是以这颗星命名的。这颗星的亮度每12天又22个小时就会降低1个星等，因此用肉眼很容易看到它的亮度变化。渐台二是一对距离很近的双星，它们的距离近到连自身的形状都被它们之间的引力所拉伸。从两颗星中拉出来的物质形成了一个厚实的吸积盘。

近距离双星系统

五星系统

猎户座 σ

到太阳的距离	1 150光年
星等	3.8
光谱型	O9

猎户座

猎户座 σ 是一个五星系统，由4颗容易见到的明亮恒星，以及一颗比较暗的伴星组成，它与另外4颗星组成了一个近距离的双星系统。其中的两颗主星——A星和B星，光度是太阳的3万多倍，质量加起来超过了太阳的30倍。A、B星组成的系统是迄今为止在银河系中发现的质量最大的双星系统之一。它们处于稳定的轨道上，但是C、D、E星的轨道是不稳定的，在引力作用下，将来它们可能被踢出这个系统。

猎户座 σ 的4颗明亮子星

四星系统

猎户座 θ

到太阳的距离	1 800光年
星等	4.7
光谱型	B

猎户座

猎户座 θ 的另一个名字更广为人知，即四边形星团。用肉眼看去它是一颗星，但是用随便一架望远镜就可以发现它其实是一个四合星系统。照亮猎户座星云（见第241页）的绝大部分紫外辐射都是由猎户座 θ 发出的。这4颗星都是高温的O型星或B型星，最大的称为猎户座 θ-1C，质量是太阳的40倍，光度是太阳的20万倍，温度为4万摄氏度。并且猎户座 θ-1C是肉眼所能看到的温度最高的恒星。猎户座 θ-1A是一颗食双星，它还有一颗伴星。猎户座 θ-1D是一颗普通的双星，而猎户座 θ-1B也是一颗食双星，它的子星还拥有一对双星作为伴星，因此猎户座 θ-1B本身就是一个四合系统。这个多星系统位于一个疏散星团的核心位置，而整个疏散星团包含了数百颗年轻恒星。

四边形星团

四边形星团中的恒星照亮了猎户座星云的中心区域。从下面这张假彩色照片能够清楚地看出4颗星所在的位置。

双星

御夫座 ε

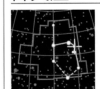

到太阳的距离	2 040光年
星等	3
光谱型	A8

御夫座

御夫座 ε 又称为柱一，是一颗高温的巨星，同时也是一颗食双星。然而不同寻常的是，它的掩食过程长达两年，表明这个系统异常庞大。这个系统中的一颗巨星被尺寸远远比它大的一个天体所遮掩，至于这个天体究竟是什么还没有定论。一种理论认为它的伴星是一对看不见的双星，周围包裹着巨大的尘埃环，巨星的光穿过尘埃环时就形成了掩食。

遥远的双星

柱一位于明亮的五车二附近，每27年就发生一次奇怪的掩食。

变星

虽然肉眼看上去夜空中的恒星是不变的，但是它们中成千上万颗恒星亮度会变化，周期从几天到几十年不等。有一些是由于恒星本身的物理过程而发生亮度变化；还有一些，例如食双星（见第274页），只是由于周围环绕的变星的周期性遮掩而发生亮度变化。

刍藁型变星
刍藁（chú gǎo）增二是银河系中最著名的变星之一（见第285页）。它是一颗长周期的脉动变星，有一大类变星都以它的名字命名。

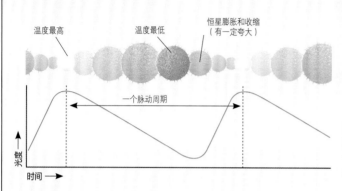

温度最高　　温度最低　　恒星膨胀和收缩（有一定夸大）

一个脉动周期

光度 →

时间 →

脉动变星

脉动变星是一种外层不断发生着重复的膨胀和收缩过程的变星。脉动变星总是试图使向内的引力与向外的辐射压和气体压力达到平衡，因而导致了恒星的亮度变化。有许多种变星（包括造父变星，见第286页），光变周期与它们的光度有关。因此天文学家只要知道了光度，结合它们的视星等，就可以计算出它们的距离。因此脉动变星对于测量其他星系的距离是一种有用的工具。

光变曲线
造父变星的光变曲线在一个脉动周期内呈现规律性的变化。

新星

新星是由一颗巨星与一颗小一些的白矮星组成的双星系统。随着巨星直径不断增大，它的最外层物质已经无法被自己的引力束缚住，转而落到白矮星的表面上，最终引起白矮星表面发生热核爆炸，使得亮度迅速增加好几个星等，释放的能量增加数百万倍。白矮星表面的气体处于一种"简并"状态，不遵循通常的气体定律。在通常所见的情况下，气体爆炸会导致其自身发生膨胀，使得爆炸不至于太剧烈，爆炸也会因此而终止。但是对于处于简并状态的白矮星来说，气体爆炸时并不会膨胀，爆炸会处于一种失控状态，除非燃料消耗完毕，否则爆炸不会自动终止。在这之前，双星系统用肉眼可能是无法看见的，然而发生新星爆发后，这颗双星就会变得用肉眼可见，如同新出现的一颗星，因此称为"新星"。

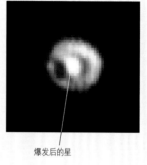

爆发后的星

高温气体形成的泡状结构

灾变双星
1992年天鹅座新星是研究得最为详细的新星。它爆发于1992年（见第287页）。最亮时它的星等增加好几等，达到了肉眼可见的程度。

回光
2002年，恒星麒麟座V838（见第265页）发生了强烈的爆发，照亮了周围的尘埃。从那以后，天文学家对它进行了好几次观测。起初人们以为它是一颗新星，现在认为它可能是一种新的爆发型恒星。

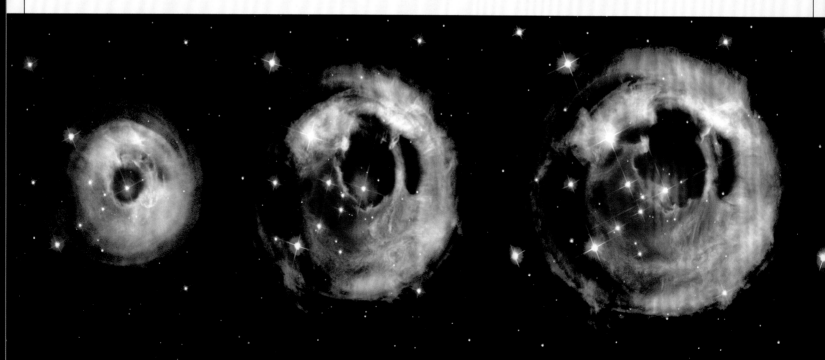

2002年5月20日　　　　　　2002年9月2日　　　　　　2002年10月28日

I型超新星爆发

I型超新星的前身与新星类似，也是由一颗巨星和一颗白矮星组成的双星系统，但是物质会源源不断地转移到白矮星表面，使其质量增加，直到发生坍缩并最终爆炸，将其自身炸毁。I型超新星又可以根据光谱中出现了哪些化学元素而进一步细分成几个子类。其中对于Ia型超新星，白矮星的核心密度达到了触发碳元素和氧元素发生聚变的程度。由于聚变得不到约束，会发生一场剧烈的爆炸，光度陡然升高，同时向星际介质中释放大量的物质。理论预言，所有的Ia型超新星的光度都一致，也就是说，比较一下这种超新星的视亮度与理论预言的光度，就可以测定距离。

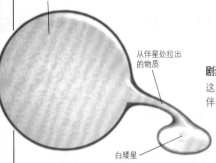

体积巨大的伴星

从伴星处拉出的物质

白矮星

剧烈的超新星爆发

这颗白矮星从它体积巨大的伴星处拉出了气体，质量转移到白矮星表面。当白矮星无法支撑其自身的质量时就会发生坍缩，发生巨大的爆炸。

遥远的超新星

超新星1994D位于遥远的星系NGC 4526的外围，是一颗Ia型超新星。它本身的光度已知，因此可以用来测定这个星系离我们有多远。

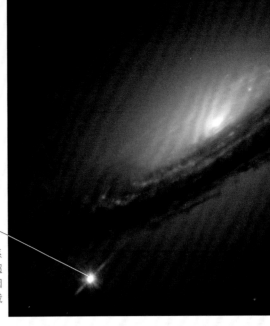

超新星1994D

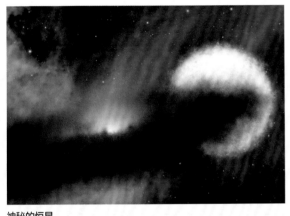

神秘的恒星

柱一是天文学家所知的最奇怪的天体之一，它是一颗巨星，并且正在被另一个比它还大的天体遮挡。一种理论认为，这个天体其实是旁边的一对双星周围环绕的一团巨大的尘埃盘。

奇异变星

很多变星的光度变化都比较规则，用双星的掩食或恒星外层的脉动机制很容易就能解释。然而还有一些变星，它们的亮度变化无法用上述原因解释，例如御夫座ε，又称为柱一，它是一颗掩食长达两年的巨星，比通常的食双星亮度变化时间远远要长。由于柱一本身的直径非常大，因此将它遮掩的天体必定更大，但是观测并没有发现这个天体，因此天文学家只能凭借理论解释。其中有一种理论认为，伴星是环绕着巨大的尘埃环的一颗或多颗恒星，正是尘埃环挡住了柱一。此外北冕座R星也是一颗奇异变星，它的亮度可以突然降低8个星等。这种变化幅度过大，恒星结构上的物理变化无法对其进行解释（见第291页）。这种变化也不会是由伴星的遮掩引起的，因为它的光变是不规律的，也不存在周期。有些天文学家认为，它可能是环绕在恒星周围的一团尘埃云引起的，另一种更流行的理论是北冕座R星正在从表面喷射出物质，正是这些物质遮挡了恒星的光。虽然大多数的变星已经得到很好的解释，有些甚至用来测定距离，但是仍然存在很多独特的恒星，它们的变化之谜仍然有待进一步研究。

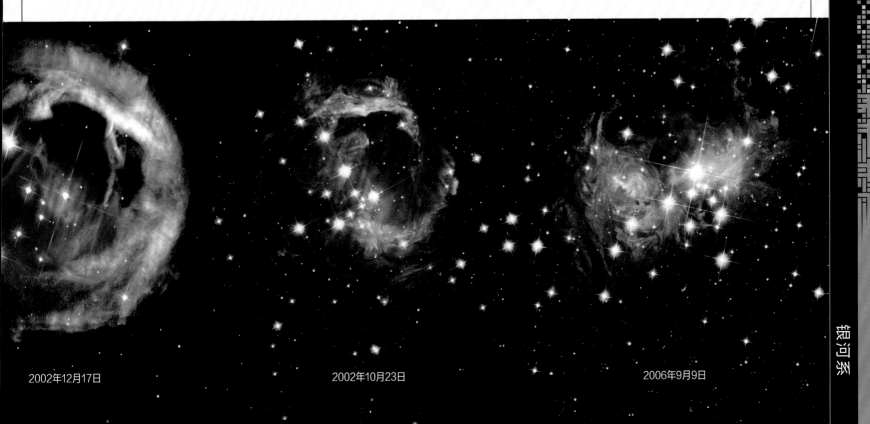

2002年12月17日

2002年10月23日

2006年9月9日

变星

银河系中已知的变星有3万多颗，而且还有数以千万计的变星有待发现。变星研究是天文学一个基础且重要的分支，因为它能够提供关于恒星质量、温度、结构和演化等方面的信息。很多变星的周期在几年到几十年不等，专业天文学家并没有足够的资源来持续观测这些变星，因此业余天文爱好者在这一领域中扮演了关键的角色，每年都向关于变星的国际数据库中提交数以千计的观测报告。

不规则变星
仙后座γ的亮度变化是不规则的，无法预测，光变幅度可达两个星等。

旋转双星

南河三

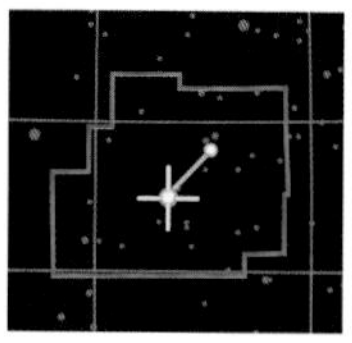

	到太阳的距离
	11.4光年
	星等　0.34
	光谱型　F5

小犬座

南河三的光度只有太阳的7倍，由于距离地球比较近，在夜空中看起来非常亮。南河三有一颗伴星南河三B，它是一颗白矮星，大小和地球相当。南河三的星等变化很小，是由于恒星表面活动引起的，例如随着恒星自转会在前方出现而后消失的黑子。由于这种变化，南河三被归类为天龙座BY型变星。除了表面活动引起的光度变化，当它的伴星白矮星运动到前方时，也会引起恒星的亮度略微上升。

明亮的变星
南河三的光度是太阳的7倍，是夜空中第八亮的恒星。

爆发变星

双子座U

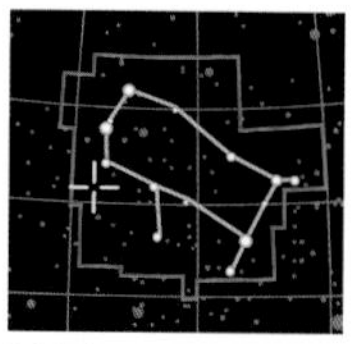

	到太阳的距离
	250光年
	星等　8.8
	光谱型　B

双子座

双子座U是灾变变星的原型。它是一个子星彼此之间相距很近的双星系统，由一颗红色主序星和一颗白矮星组成。红色主序星会周期性地遮掩白矮星连同它的吸积盘。主序星的物质会掉落到白矮星的盘上，导致局部温度升高，使得亮度快速增加3个星等到5个星等。

原型
双子座U型变星是指一类亮度会突然增加的不规则变星。

未定变星

塔比星

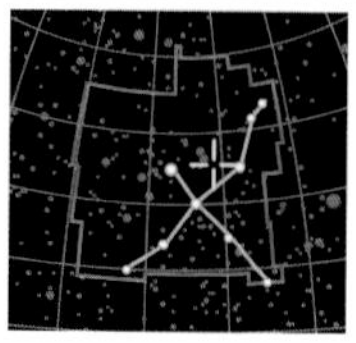

	到太阳的距离
	1 470光年
	星等　11.7
	光谱型　F3V

天鹅座

"系外行星猎手"开普勒望远镜发现，这颗暗淡的行星（以共同发现者塔比·博雅江的名字命名）是天空中最有趣的变星之一。塔比星有时会发生意料之外的亮度下降，变暗最高可达22%。这些亮度下降太大，无法用行星凌星或者伴星掩食来解释，但是光谱研究也没有发现恒星周围轨道上的尘埃或者行星形成物质的信号。并且掩食的周期也难以准确测定。一种解释认为塔比星的周围环绕着一大群小型的致密天体，而其他的解释则认为这颗星本身存在新型的脉动机制。

食双星

双子座 η

	到太阳的距离
	349光年
	星等　3.3
	光谱型　M3

双子座

双子座η，又称"钺"，是一颗红巨星，它的红色用双筒望远镜看起来非常显眼。它是一颗半规则变星，光变幅度从3.3等到3.9等，大约变化0.6个星等，周期为234天。双子座η还是一颗光谱食双星，伴星是一颗低温的B型星，轨道周期为8.2年，距离大约是10亿千米，因此双子座η每8.2年会发生一次掩食，也是喜爱变星的天文爱好者热衷的目标。除此之外，它还有另一颗伴星，周期大约是700年，不发生掩食。虽然双子座η是一颗低温的恒星，温度只有大约3 600摄氏度，然而它的光度是太阳的2 000倍，也就是说半径是太阳的

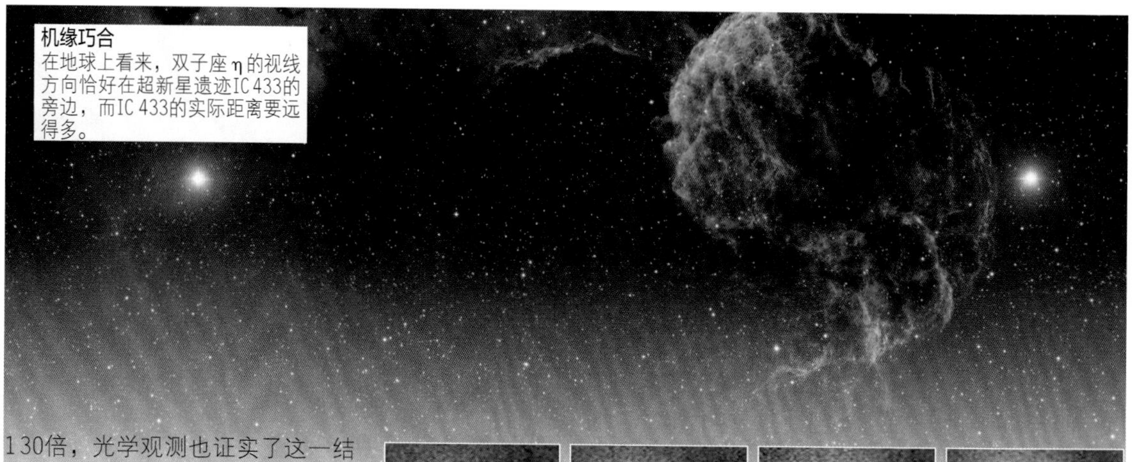

机缘巧合
在地球上看来，双子座η的视线方向恰好在超新星遗迹IC 433的旁边，而IC 433的实际距离要远得多。

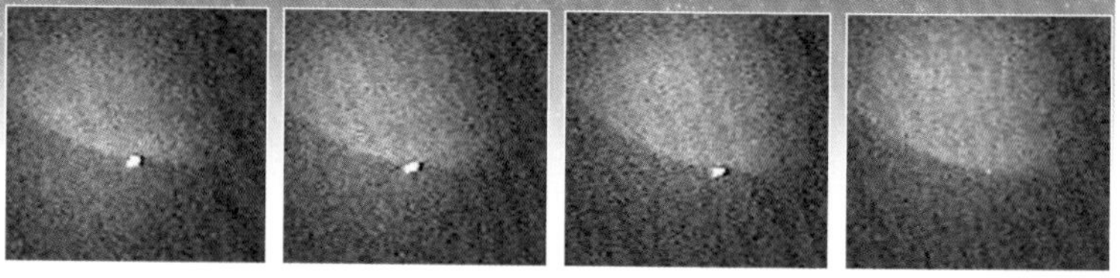

130倍，光学观测也证实了这一结果。这颗星如果用不同波长的光观测，得到的半径是不同的，这种现象是由于光谱中的二氧化钛分子吸收带造成的，它会使得这颗星的半径显得稍大，温度稍低。双子座η正处于不断演化的过程中，天文爱好者的观测发现，它的平均星等在过去10年中已经增加了大约0.1等。它的内部形成了一个稳定的氦核，会缓慢进入称为刍藁型变星（见第285页）的新阶段。

月掩双子座 η
上图是月亮（见第71页）遮掩双子座η的连续照片，拍摄时间段不到1/30秒。上面的大图是在可见光波段拍摄的双子座η，旁边是一颗距离远得多的超新星遗迹IC 433。

食双星

武仙座 α

武仙座

到太阳的距离	382光年
星等	3
光谱型	M5

　　武仙座 α，又称帝座，是一颗低温的红色超巨星，亮度变化周期大约为128天，变化幅度接近一个星等。它是一个复杂的多星系统，有一颗小得多的伴星，而伴星本身又是一个双星，由一颗巨星和一颗类太阳星组成。武仙座 α 表面吹出了强烈的星风，巨大的星风使伴星也沉浸其中。武仙座 α 的直径比火星轨道还大，这颗超巨星的外层大气正在逐渐消散，最终将变成一颗白矮星。

鲜明的对比
虽然武仙座 α 的伴星并不是很亮，但是它们的尺寸和颜色形成了巨大的反差，使得用小望远镜就可以把它们很容易地区分开来。

脉动变星

刍藁增二 α

鲸鱼座

到太阳的距离	418光年
星等	3
光谱型	M7

　　鲸鱼座o，又称为刍藁增二，是人们研究最多的变星之一。它最亮时星等可以达到2等，最暗时只有10等，比肉眼所能看见的最暗的天体还要暗很多。刍藁增二的光变周期大约为330天，因此最亮时人们可以用肉眼找到它，但过了一段时间它又好像完全消失了。刍藁增二是人们在天空中所能看到的温度最低的恒星之一，温度只有2 000摄氏度。它的光度至少是太阳的15 000倍，内部的变化非常大，以至于哈勃空间望远镜发现它不是一个完美的球形（见右图）。刍藁增二的光度变化是由于脉动引起的温度变化导致的。这颗星的最外层正在以星风的方式抛撒出大量的物质。将来刍藁增二会完全丢掉它的外层，只留下一颗较小的白矮星，这也是太阳未来的命运。

发光的尾巴
刍藁增二在空间中运动时还在不断地抛撒出气体，在其身后留下了一条长达13光年的尾巴。这张照片是由NASA的星系演化探测器在紫外波段拍摄的。

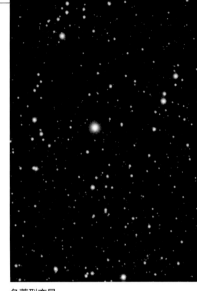

美丽的刍藁增二

　　刍藁增二最初是由德国天文学家大卫·法布里奇乌斯（David Fabricius）在1596年发现的，是证认出的第一颗长周期变星。1642年，约翰·赫维留（Johannes Hevelius）将这颗星命名为"米拉(Mira)"，意为美丽的、精彩的。它是天空中最著名的长周期脉动变星，也是最受天文爱好者喜爱的恒星之一。美国变星观测者协会(AAVSO)已经收到了来自1 600多位观测者的5万多份刍藁增二的观测报告。

刍藁型变星
刍藁增二在夜空中很容易辨认，人们用它的名字命名了一种长周期的变星，即刍藁型变星。已知的这种变星数量已达数千颗。

曲的形状
这张由哈勃空间望远镜在可见光波段（见上左图）和紫外波段（见上右图）拍摄的照片显示，刍藁增二的大气形状是不对称的。

不规则变星

仙后座 γ

仙后座

到太阳的距离	613光年
星等	2.4
光谱型	B0

　　仙后座 γ 是一颗高温的蓝色恒星，表面温度达到25 000摄氏度，光度大约是太阳的7万倍。它是一颗不规则的变星，星等的变化无法预测。天文学家观测到它的星等最亮时可以达到1等，最暗时大约为3等。这颗星在过去可能比现在更暗，这就是它没有通用名称的原因。仙后座 γ 是一颗Be星（见右侧边栏），赤道上的旋转速度高达每小时100万千米，从表面甩出了一些物质。这些物质在周围形成了一个环绕的吸积盘，这颗星光谱中不同的发射线就是吸积盘发出的。仙后座 γ 也有可能正在向一颗看不见的致密伴星转移物质。

无名的恒星
下图中红色的是发射星云IC 63，它旁边是仙后座 γ。仙后座 γ 是天空中没有常用名称的亮星之一。

第一颗"Be星"

　　1866年梵蒂冈天文台的台长，同时也担任教皇庇护九世的科学顾问的安吉洛·西奇(Angelo Secchi)神父研究了仙后座 γ 的光谱。他发现在氢元素对应的波长位置上（见第35页）有发射线。西奇神父被认为是发现第一颗Be星的人。B代表光谱型为B型，e代表"发射（emission）"。Be星的特点是旋转速度快，表面温度高，并且强烈的星风在赤道处汇集成了物质盘。

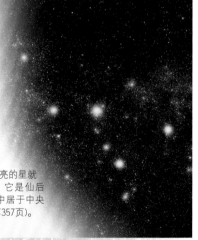

仙后座的中心
这张照片中最亮的星就是仙后座 γ，它是仙后座"W"形状中居于中央的那颗星(见第357页)。

脉动变星

室女座W

到太阳的距离
10 000光年

星等	9.6

光谱型	F0

室女座

　　天文学家以室女座W的名字命名了一类和造父变星（见第282页）相似的变星，即室女座W型变星，有时也称为星族Ⅱ造父变星。室女座W是一颗具有脉动的黄色巨星，它的大气外层以17.27天的周期发生膨胀和收缩。观测发现在过去的100年里，它的脉动周期有变长的迹象。由于脉动造成的星等变化幅度为1.2等，恒星的大小在一个周期中会变化两倍。室女座W属于星族Ⅱ（见第227页），是银河系中最古老的恒星之一。

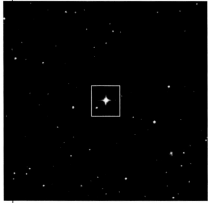

室女座W

室女座W的位置距离银盘很远，位于银河系周围由年老恒星组成的弥散晕中（见第226~229页）。这颗星，连同以它为代表的室女座W型变星都属于年老的星族Ⅱ恒星，平均质量和光度都比造父变星小。

脉动变星

天琴座RR

到太阳的距离
744光年

星等	7.1

光谱型	F5

天琴座

　　天琴座RR型变星因为天琴座RR而得名，而天琴座RR是这类变星中最亮的一颗。天琴座RR型变星与造父变星（见第282页）类似，只是光度略低、周期略短，周期大约从5小时到一天多不等。天琴座RR的周期是0.567天，星等在7.06等到8.12等之间变化。通过比较天琴座RR型变星自身的光度与它的视星等，天文学家可以精确地测定距离，因此这种变星是天文学中的重要工具。

明亮的变星

天琴座RR的平均光度是太阳的40倍，表面温度达到6 700摄氏度。天琴座RR型变星通常位于球状星团中，因此它们有时也被称为星团变星。

脉动变星

仙王座δ

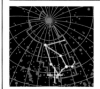

到太阳的距离
982光年

星等	4

光谱型	F5

仙王座

　　仙王座δ（造父一）是造父变星（见第282页）的原型，对于天文学家来说，它是天空中最著名的恒星之一。这颗星的星等在3.48等到4.37等之间变化，可以用肉眼看见。它的周期比较短，为5天8小时37.5分钟，是天文爱好者经常观测的目标。它在天空中的位置很容易辨认，旁边就有两颗亮度分别与它最亮和最暗时的亮度接近的对比星。仙王座δ是一颗超巨星，光谱型在F5到G2之间变化。

弓形激波

在这张红外照片上，从仙王座δ上吹出的强烈星风激发了星际气体和尘埃。

空间探索

造父变星的原型

　　1921年，哈佛大学的女天文学家亨丽爱塔·勒维特（Henrietta Leavitt，1868—1921）发现了一类周期和光度之间具有很强相关性的变星，其中最具代表性的就是仙王座δ。这种变星后来被称为造父变星（见第282页）。这种相关性为天文学家测量距离提供了新的方法。1923年，埃德温·哈勃利用造父变星证明了仙女座星系远在银河系以外。从那时起，造父变星就成为提供宇宙信息最多的一类恒星。

亨丽爱塔·勒维特

脉动变星

双子座ζ

到太阳的距离
1 168光年

星等	4

光谱型	G0

双子座

　　双子座ζ又称井宿七，是一颗黄色的超巨星，光度大约是太阳的3 000倍。它是夜空中最容易看见的造父变星（见第282页）之一。双子座ζ和所有的造父变星一样，是不稳定的，处于不断脉动的状态中，温度、大小和光谱型都在发生变化。它的周期为10.2天，星等在3.6等到4.2等之间变化，并且其光变周期正在以每年大约3秒的速率减小。双子座ζ也是一颗双星，它的伴星比较暗，大约为10.5等。

脉动变星

天鹰座η

到太阳的距离
1 400光年

星等	3.9

光谱型	F6

天鹰座

　　天鹰座η是一颗黄色的超巨星，光度为太阳的3 000倍。它是夜空中最亮，也是最早发现的造父变星（见第282页）之一。天鹰座η的星等在3.5等到4.4等之间变化，光变周期为7.2天，这种光变幅度很容易用肉眼看到。它的星等变化范围恰巧和造父变星的原型——仙王座δ的变化相同。在一个光变周期内，天鹰座η的光谱型也在G2到F6之间变化。

新星

北冕座T

到太阳的距离
2 025光年

星等	11

光谱型	M3

北冕座

　　北冕座T（T CrB），又称博雷兹星，是一颗再发新星（见第282页）。在1866年和1946年观察到了它的两次爆发。在正常情况下，北冕座T的视星等是10.8等，但是在爆发时星等可以上升到2到3等。北冕座T是一颗光谱双星，由一颗光谱型为M3的红巨星和一颗直径小得多的蓝白色矮星组成。正常情况下北冕座T的光度约为太阳的50倍，但是在爆发时光度可大于太阳的20万倍。在两次爆发的间隔期内，红巨星最外层的气体和尘埃下落到白矮星表面，使得白矮星的质量逐渐增长到临界值，导致白矮星的最外层发生剧烈的爆炸。爆炸之后两颗恒星又重新回到正常状态，直到很多年后再次重复这一过程。

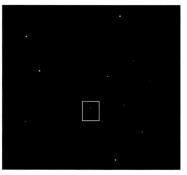

博雷兹星

虽然北冕座T星平时只有用望远镜才能看到，但是在爆发时其亮度可以增加到肉眼可见。

仙王座 μ

到太阳的距离	
5 258光年	
星等	4
光谱型	M2

仙王座

仙王座 μ，又称为赫歇尔的石榴石星。出生于德国的天文学家威廉·赫歇尔首先描述了它如同珍贵的石榴石般醒目的红色。仙王座 μ 是已知的银河系中光度最大的恒星之一，其光度是太阳的20万倍。同时这颗红超巨星也是肉眼能够看见的最大的恒星之一。如果将它放在太阳的位置上，它的最外层会位于木星和土星轨道之间。与绝大多数大型超巨星一样，仙王座 μ 是一颗不稳定的恒星，正在不停地收缩和膨胀，亮度也会相应发生变化。它是一颗不规则的变星，光谱型为M2，视星等在3.43等到5.1等之间变化。它同时存在两个光变周期，分别为730天和4 400天。仙王座 μ 的脉动是由于内部不停地吸收和释放能量引起的，这种脉动将恒星大气中大量的物质抛到外层空间中，在恒星周围形成了一个致密的气体和尘埃壳层。观测显示，仙王座 μ 被一团球形的水蒸气所包围。在刚形成时，这颗恒星的质量大约为太阳的20倍。由于质量较大，它的演化过程极快，现在已经接近生命

终点了。不久的将来（天文学时间尺度上的"将来"），仙王座 μ 将会爆发成为一颗超新星，在此之后只剩下一个核心，成为一颗中子星或黑洞。

变化多端的宝石

仙王座 μ，又称为石榴石星，即位于照片左上角的亮星，有着非常醒目的橘红色。位于它下方的是发射星云IC 1396（见第243页）。

蛇夫座RS

到太阳的距离	
2 000~5 000光年	
星等	12.5
光谱型	M2

蛇夫座

蛇夫座RS是一颗再发新星（见第282页），分别在1898年、1933年、1958年、1967年、1985年和2006年发生过爆发。在正常情况下，它的星等是12.5等，但在爆发时可以达到4等。虽然蛇夫座RS通常是无法用肉眼看到的，但在爆发时，肉眼不需要借助望远镜就可以在夜空中找到它。蛇夫座RS是一颗灾变变星，是由一颗巨星和一颗矮星组成的双星系统，巨星的物质正在源源不断地向矮星发生转移，最终矮星的表面发生热核爆炸，抛出了气体壳，亮度迅速升高。长期以来，天文爱好者一直在对这颗星进行持续监测，美国变星观测者协会的数据库中存有这颗星的3万多份观测记录。

北冕座R

到太阳的距离	
6 037光年	
星等	5.9
光谱型	G0

北冕座

北冕座R（R CrB）是一类变星（北冕座R型变星）的原型。它的星等在5.9等到14.4等之间发生不规则变化。关于这种变化有两种理论：一种理论认为，光变是由于环绕在恒星周围的尘埃云从恒星前方经过，遮挡了恒星的光；另一种理论认为，是北冕座R抛射出的物质在被吹散之前遮挡了恒星发出的光。

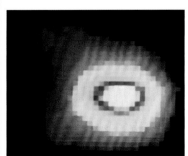

红外假彩色照片

天鹅座1992年新星

到太阳的距离	
10 430光年	
星等	4.3
光谱型	Q

天鹅座

天鹅座1992年新星是一颗灾变新星，它是在1992年2月18日到19日晚被发现的，亮度达到了7.2等。发现者彼得·柯林斯（见第80页）将它报告给了天文机构，随后从地面望远镜到空间望远镜（包括旅行者号探测器）都对准了它，在各个波段对它进行了观测。在接下来的几天里，这颗新星的亮度持续增加到4.3等，使得它不仅成为第一颗被深入研究的新星，也成为第一颗在达到最大亮度之间就开始观测的新星。这颗新星的爆发是由于物质从主星下落到白矮星表面造成的，爆炸抛出了一个物质壳。哈勃空间望远镜在1993年观测了这个系统，观察到了双星喷出的环状物质，在环的中

明亮的新星

天鹅座1992年新星是近年人们观测到的最亮的新星之一。世界上许多最先进的望远镜都对它进行了观测。它在最亮时可以用肉眼直接看到。

高温物质泡

哈勃空间望远镜拍摄的照片展现了天鹅座1992年新星喷发出的形状不规则的泡状结构，它们是由高温的恒星物质构成的。

心有一个不同寻常的、横跨整个物质环的棒状结构。关于这个棒状结构的起源仍然是未解之谜。

星团

24~25 天体
227 星族
229 银河系的边界
234~237 恒星的一生
238~239 恒星形成
274~275 聚星

虽然夜空中的恒星看上去是一个个孤立的，但是有数以百万计的恒星都位于所谓的疏散星团和球状星团中。疏散星团比较年轻，通常包含新形成的恒星；而球状星团比较古老，也比较致密，有些球状星团包含的恒星数目几乎和小型星系一样多。

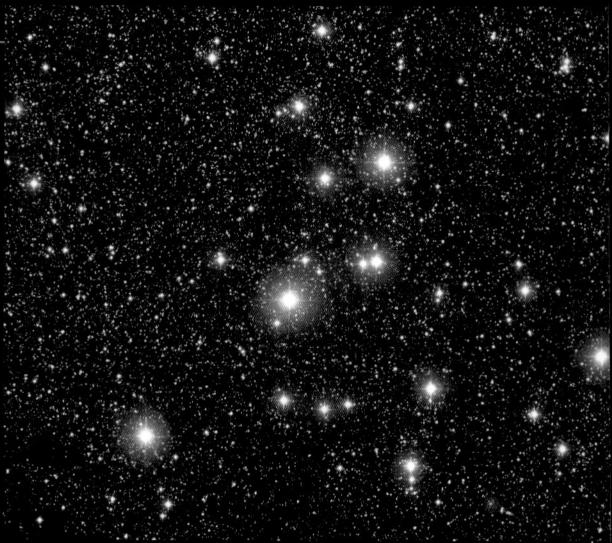

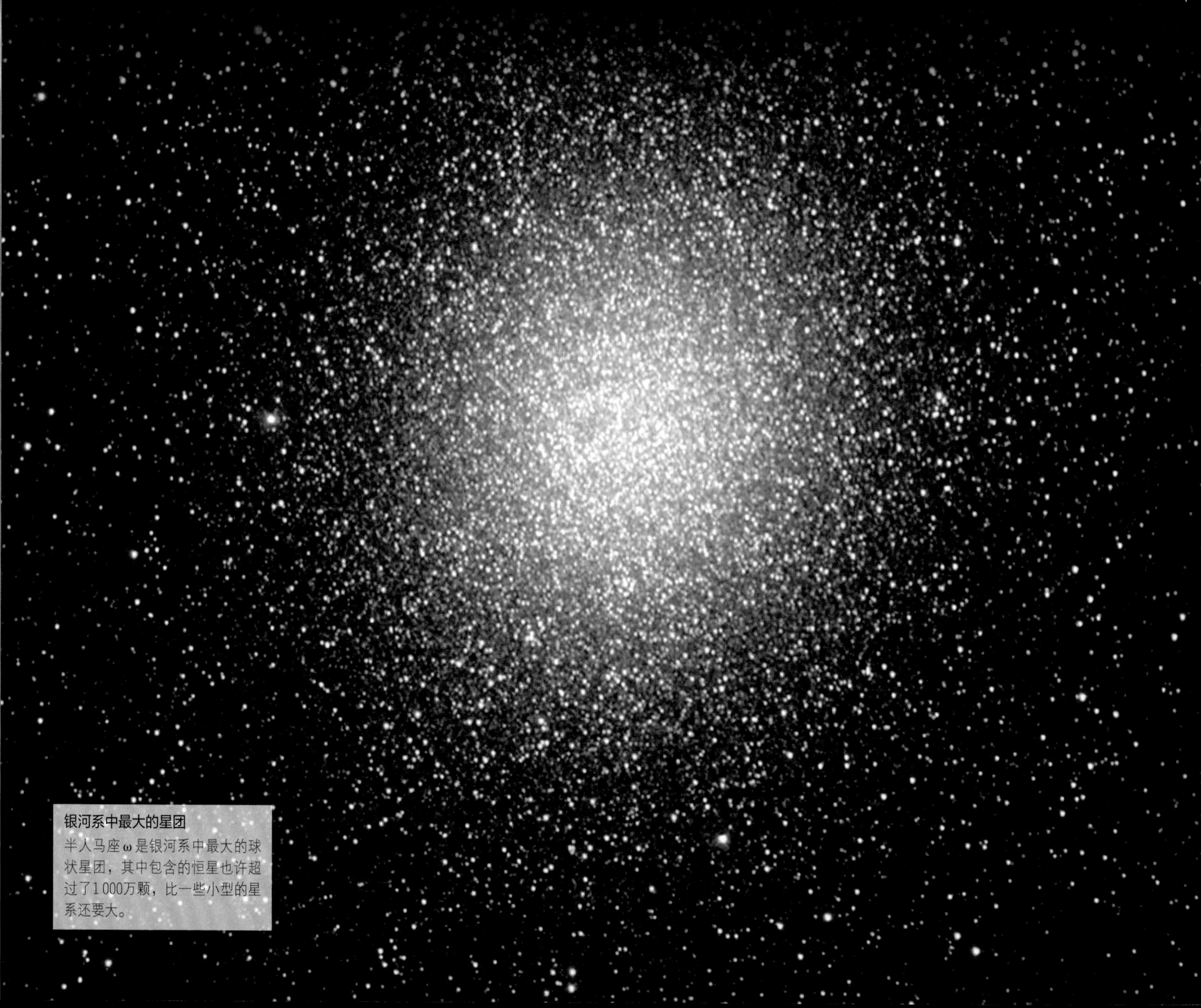

年轻的疏散星团
M39是一个在天空中散布面积超过满月的大而稀疏的疏散星团。它包含了大约30个松散的恒星，年龄约为3亿年左右，比太阳年轻得多。

疏散星团

疏散星团是由形成于同一片星际气体和尘埃云中的“姊妹”恒星组成的，它们的年龄大致相仿，因此同一个疏散星团中的恒星往往具有相似的化学组成。但是由于原初星云中各处的差异，以及恒星形成过程中的扰动，同一个疏散星团中恒星的质量差异很大。疏散星团位于银河系盘的内部，通常与原初形成时的星云仍然保有联系。疏散星团中的恒星不会在星团中停留太久。在围绕银河系中心旋转的过程中，疏散星团在数千万年之后就会逐渐丢掉自己的成员星。目前已经在银河系中发现了超过2 000个疏散星团，但这也许只是疏散星团总数的百分之一。

银河系中最大的星团
半人马座ω是银河系中最大的球状星团，其中包含的恒星也许超过了1 000万颗，比一些小型的星系还要大。

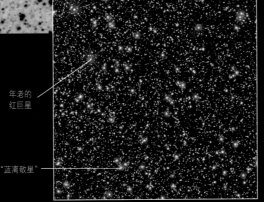

球状星团

　　球状星团是通过引力紧密束缚成球形的一大团恒星。球状星团包含的恒星数量从1万到数百万不等，直径通常不超过200光年。和疏散星团类似的是，同一个球状星团中的恒星起源往往也类似，因此年龄和化学组成都彼此相近。光谱研究表明，球状星团中的恒星年龄非常老，甚至比银河系盘中绝大多数的恒星都要老。进一步的研究显示，这些恒星的年龄也相同，因为它们是在短时间内共同形成的。不同方法计算得到的球状星团年龄不尽相同，但都在100亿年以上。银河系中已经发现了150多个球状星团，少数位于银河系中心核球内部，绝大多数都位于银河系晕里。对球状星团的化学研究表明，它们代表了银河系形成早期残留下来的成分，甚至有些球状星团在形成时银河系的盘还没有形成。有4个球状星团最初可能属于被银河系吸进来的矮星系的一部分。球状星团是由星族Ⅱ恒星组成的（见第227页），彼此的运动轨道都不相关。这些恒星的轨道椭率非常高，因此球状星团能够达到距离银河系中心数十万光年远的地方。球状星团不是银河系所特有的，有的星系中球状星团的数量比银河系中的还要多。

密集的球状星团
这张照片是在红光波段拍摄的半人马座 ω 球状星团的一部分，其中包含了密密麻麻的恒星，彼此牢牢束缚在一起。无论是在银河系内还是其他星系中，半人马座 ω 都是最密集、包含恒星数量最多的球状星团之一。

年老的
红巨星

"蓝离散星"

蓝离散星
在球状星团半人马欧米茄中心区域的红色恒星中，可以看到少数的蓝色年轻恒星。这些恒星称为"蓝离散星"，它们是由于高度密集的恒星发生碰撞而产生的。

星团的演化

　　无论是疏散星团还是球状星团都不是一成不变的，星团在数百万年的时间里会在物理形态上发生变化，其中的恒星会变老、死去。球状星团和疏散星团的演化有很大的不同。疏散星团刚形成时，是由一些年龄和化学组成相似的恒星组成的。数千万年后，疏散星团会由于其中的恒星发生死亡，或者银河系中其他恒星的引力吸引而损失一部分成员星。但是疏散星团可以继续从原初诞生的那片星云中合成新的恒星，因此疏散星团中经常包含处于不同年龄、不同演化阶段的恒星。而球状星团的引力束缚比较紧密，几乎不太会丢掉成员星。球状星团一生中大部分时间都在远离银河系盘的地方度过，因此几乎不会与其他恒星发生引力相互作用。正因如此，球状星团的结构可以保持数十亿年而不发生改变，比疏散星团远远长得多。球状星团形成后会将原初从中诞生的气体和尘埃物质抛出去，因此就不会再形成新的恒星。随着球状星团中的恒星衰老、死去，整个星团也会衰老、死去。

星团的分布
银河系中疏散星团和球状星团分布的差异反映了它们年龄和轨道的差异。疏散星团是由相对年轻的星族I恒星组成的，位于银河系的盘上；而球状星团是由星族Ⅱ恒星组成的，它们的轨道大部分位于远离银河系中心的晕中。

发生演化的疏散星团
NGC 2266是一个相对年老并且已经充分演化的疏散星团，年龄大约为10亿年。照片中所见的这些恒星大部分已经演化到了红巨星阶段，而与此同时也存在年轻的蓝色恒星。

晕

球状星团

中心核球

旋臂

疏散星团

星团

人们已经在银河中发现了2 000多个疏散星团，其中一半成员星数目在100颗以下，而最大的包含1 000多颗成员星。疏散星团的外形是不对称的，直径从5光年到75光年不等。与之相比，球状星团包含10万颗以上的恒星，外形呈球形，直径可以达到几百光年。银河系中已发现的球状星团大约为150个，大部分散布在银河系外围，而疏散星团则主要位于银河系旋臂上。

巨大的星团
半人马座ω是一个典型的球状星团，包含1千多万颗年老的恒星，质量大约为太阳质量的500万倍。

疏散星团

毕星团

星表编号
MEL 25
到太阳的距离
150光年
星等　0.5

金牛座

毕星团是距离地球最近的疏散星团之一，在古代就被人们注意到了。这个星团包含大约200颗恒星，其中最亮的几颗星在天空中组成了一个V字形，用肉眼就能够清楚地看到。毕星团的中心部分直径大约为10光年，外围的成员星延伸到了80光年之外。毕星团中心的大部分恒星光谱型为G型和K型（见第232~233页），平均半径和温度都与太阳相当。毕星团所在的区域内最亮的恒星是一颗红巨星——毕宿五（见第256页），但它不属于毕星团，到地球的距离比毕星团近得多。毕星团中的恒星运动方向都一致，朝着猎户座参宿四（见第256页）东边的某一点运动。通过研究毕星团中恒星的运动发现，它们与蜂巢星团具有共同的起源（见下）。毕星团的年龄大约为7.9亿年，与蜂巢星团的年龄一致。毕星团中恒星的横向运动使得天文学家可以用移动星团的方法测得它们的距离（见第232~233页）。

著名的星团
早在公元前750年，诗人荷马就记载了毕星团。毕星团是为数不多的几个肉眼可见的星团之一。这张照片中最亮的恒星毕宿五并不是毕星团的一员，它到地球的距离比毕星团近90光年。

疏散星团

蝴蝶星团

星表编号
M6, NGC 6405
到太阳的距离
2 000光年
星等　5.3

天蝎座

位于银河系中心方向的蝴蝶星团直径大约为12光年，年龄据估计达到1亿年。在夜空中，蝴蝶星团的视面积与满月相当，在有些人看来形状像一只蝴蝶。蝴蝶星团大约由80颗星组成，它们当中绝大多数温度都比较高，是光谱型为B4和B5（见第232~233页）的蓝色主序星。这个星团中最亮的恒星天蝎座BM是一颗橘黄色的超巨星，也是一颗半规则变星（见第282~283页），最亮时可用肉眼看见，最暗时则需要用双筒望远镜才能看见。蝴蝶星团的颜色与其中的蓝色主序星和橘黄色超巨星形成了鲜明的反差。

夜空奇观
蝴蝶星团是银河系中最大、最亮的疏散星团之一，在黑暗的夜空下用一架双筒望远镜在天蝎座方向就能看到。

疏散星团

蜂巢星团

星表编号
M44
到太阳的距离
577光年
星等　3.7

巨蟹座

蜂巢星团又称为鬼星团，用肉眼很容易看见。这个星团直径大约为10光年，包含350多颗恒星，但是其中绝大多数成员星需要用大型望远镜才能看见。蜂巢星团的年龄大约在7.3亿年左右。从年龄、距离、运动等方面分析，蜂巢星团可能与毕星团（见上）形成于同一片气体星云中。

天空中的蜂巢星团

疏散星团

M93

星表编号
M93, NGC 2447
到太阳的距离
3 600光年
星等　6

船尾座

M93是一个明亮的疏散星团，直径大约为25光年，相对比较小。它位于南天接近银盘的地方。这个星团由大约80颗恒星组成，但是星团的大部分光是由为数不多的几颗光谱型为B9（见第232~233页）的蓝色巨星发出的。M93的年龄大约为1亿年，在天文学尺度上是一个比较年轻的星团。

南天星团

疏散星团

M52

星表编号
M52, NGC 7654
到太阳的距离
3 000~7 000光年
星等　7.5

仙后座

疏散星团M52位于银河系明亮的背景前方，由大约200颗恒星组成。M52最早是在1774年由法国天文学家查尔斯·梅西叶（见第73页）编入星表的。这个星团到地球的距离还不是很确定，据估计大约是在3 000光年到7 000光年之间，误差主要是由星团的光到达地球的过程中被星际物质大量吸收导致的。由于距离无法确定，星团的直径也就无法确定，如果取中间值大约为20光年。这个星团的年龄约为3 500万光年，星团中最亮的星亮度只有7.7等和8.2等，星团的总体亮度只有7.5等，太暗从而无法用肉眼

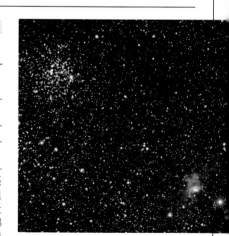

星团和星云
这张照片的跨度是满月直径的两倍，左上方是疏散星团M52，右下方是明亮的泡状星云。

看见。通过双筒望远镜看去，星团像一团暗淡的星云状物体，而用小型望远镜就可以看见星团中密布的恒星。

昴星团

星表编号
NGC 1435

到太阳的距离
380光年

星等　4.17

金牛座

　　昴星团，又称七姐妹星团，是天空中最著名的疏散星团，在古代就被人们注意到了（见右侧边栏）。这个星团很容易用肉眼看到，大多数人能看到7颗星，第七颗星经常若隐若现。在非常黑暗而晴朗的晚

金牛座中的星团
两个著名的星团—昴星团（右上方框所示）和毕星团（左下）都位于金牛座，昴星团的距离比毕星团远200光年。

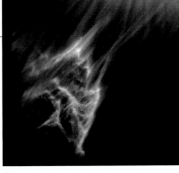

鬼魅星云
这张照片展现的是正在被昴星团中的恒星墨洛珀的强大辐射所瓦解的星际气体云，它的名字是IC 349，又称为巴纳德墨洛珀星云。

上可以看到9颗星。昴星团中第九亮星在西方神话中是父亲阿特拉斯（Atlas），母亲是普勒俄涅（Pleione），七姐妹分别是阿尔库俄涅（Alcyone）、迈亚（Maia）、阿斯忒洛珀（Asterope）、塔宇革忒（Taygeta）、克莱诺（Celaeno）、墨洛珀（Merope）和厄勒克特拉（Electra）。小型望远镜和双筒望远镜能够看到更多的成员星，而用大型望远镜能够看到这个星团实际上是由数百颗恒星组成的。昴星团

的年龄大约是1亿年，并且只能再维持星团的形态约2.5亿年，在此之后成员星就会相互分离而解体。昴星团中的恒星是B型（见第232～233页）的蓝巨星，温度和光度都比太阳高。长时间曝光可以看到，昴星团的恒星沉浸在一团星际尘埃中，这团云雾状尘埃就是被昴星团中的恒星照亮的，是一个反射星云（见第228页）。虽然绝大多数星团周围的气体和尘埃就是星团成员星从中诞生的气体云，但昴星团周围的星云是个例外，它只是恰好从星团中穿过而已。这团星云相对于昴星团的速度是每小时4万千米，最终它将完全穿过昴星团，向着宇宙更深处飞奔而去。那时这个星云又将再次变暗，无法用肉眼见到。

光彩夺目的星云
昴星团中的恒星被一团尘埃云所环绕，它反射着恒星发出的蓝光。昴星团中的恒星并不是从这团星云中诞生的，它只是碰巧经过而已。

来自青铜时代的星团

　　内布拉星盘恐怕是迄今发现的最古老的半写实星盘。它是1999年在德国的小镇内布拉（Nebra）附近发现的。根据周围发掘出的物品可以推算出它的年代大约为公元前1600年。这个星盘上画了一个新月、一个满月，还有一些随意安置的行星，以及一个很像昴星团的天体。虽然它的真实性仍然有待确认，但是内布拉星盘可能表明，欧洲青铜时代的人们对天空的洞察远比预想的复杂得多。

古代的昴星团
右上方的7颗金点被认为是3 600年前的昴星团。

球状星团M9

球状星团中聚集着非常古老的恒星，它们早在太阳形成之前就诞生了。大部分球状星团的分布都有着朝着银河系中心方向聚集的趋势。M9也是如此，距离银河系中心的距离是2.5万光年。据估计，M9中包含25万颗恒星。在这张哈勃空间望远镜拍摄的照片上，高温的蓝色恒星和低温的红巨星很容易通过颜色辨认出来。

M4

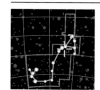

星表编号
M4, NGC 6121

到太阳的距离
7 000光年

星等 7.1

天蝎座

　　M4是距离地球最近的球状星团之一，在黑暗晴朗的夜晚能够用肉眼看到。它的直径大约是70光年，包含10万多颗成员星。这个星团的大约一半质量集中在中心8光年的范围内。哈勃空间望远镜在M4中找到了一颗质量为木星两倍的行星，它环绕一颗白矮星运行。这颗行星据估计年龄在130亿年左右。

密集的球状星团中心

珠宝盒星团

星表编号
NGC 4755

到太阳的距离
8 150光年

星等 4.2

南十字座

闪耀的珠宝盒星团

　　珠宝盒星团又称为南十字座κ星团，是一个由大约100颗恒星组成的疏散星团，直径大约为20光年。它是已知的最年轻的疏散星团之一，年龄只有不到1 000万年。这个星团中最亮的3颗星是蓝巨星，而第四亮的星是一颗红超巨星，它们强烈的颜色反差使得整个星团在照片中看起来非常显眼，因此得名珠宝盒星团。这个星团位于南十字座，在南半球比较容易看到。

杜鹃座47

星表编号
NGC 104

到太阳的距离
13 400光年

星等 4.9

杜鹃座

　　杜鹃座47起初被当作一颗恒星，因此有了恒星的编号，表明按照赤经顺序，它是杜鹃座第47颗星。实际上它是天空中第二大也是第二亮的球状星团，包含了数百万颗恒星，跟一个小型星系差不多。星团的直径超过了120光年，其中心区域的恒星分布得非常密集，恒星彼此之间的碰撞十分普遍。当球状星团衰老时，其中的恒星随之衰

南天的美景

　　上图是在可见光波段拍摄的杜鹃座47以及银河系的卫星系——小麦哲伦云（见第311页）的照片。放大照片显示，杜鹃座47（方框所示）是天空中最美丽的球状星团之一。

　　老，然而杜鹃座47却包含为数众多的蓝离散星，如果这些蓝色的、大质量的蓝离散星原本就是球状星团的成员，那么它们应该已经演化到了生命末期，在球状星团中早已不存在了。天文学家已经证实这些蓝离散星是由于星团内部的恒星碰撞过程形成的。

半人马座ω

星表编号
NGC 5139

到太阳的距离
17 000光年

星等 5.33

半人马座

　　半人马座ω是银河系中最大的球状星团，它的总质量是其他球状星团的10倍以上，包含了1 000多万颗恒星，直径为150光年。半人马座ω的总质量跟一些小型的星系差不多。用肉眼看去，它像是一颗模糊的恒星，但是用小型望远镜就可以看清它的成员星。星族研究表明，半人马座ω是银河系中最古老的天体之一，年龄几乎和宇宙一样大，其中经历了好几代的恒星形成，这对一个球状星团来说极为不同寻常。一种解释是半人马座ω曾经是一个一头栽进银河系内的矮星系，它的质量曾经是现在的1000倍，银河系逐渐将它瓦解，只留下了矮星系的核心，也就是现在的半人马座ω。

巨大的球状星团

　　半人马座ω的质量为太阳的500万倍，使得它轻易成为银河系中已知的、最大的球状星团。这个星团中的恒星普遍比较老，颜色比较红，质量比太阳略小。

NGC 3201

星表编号
NGC 3201

到太阳的距离
15 000光年

星等 8.2

船帆座

　　球状星团NGC 3201包含了很多明亮的红巨星，使得星团的整体颜色显得发红。它距离银盘比较近，因此受到星际介质吸收的影响，颜色愈发显得红。这个星团的视星等只有8.2等，肉眼无法见到。NGC 3201中的恒星不像很多球状星团那样比较密集，一些观测显示，NGC 3201中的某些恒星排列成较短的曲线形，形状类似喷泉中的水流。

淡红色的星团

球状星团

M12

星表编号
M12, NGC 6128

到太阳的距离
16 000～18 000光年

星等 7.7

蛇夫座

M12最早是由法国天文学家查尔斯·梅西叶（见第73页）于1764年发现的，是第一批证认出的球状星团之一。M12的亮度接近肉眼所能看到的极限，因此最好是用望远镜观察。这个球状星团包含很多明亮的恒星，并且越朝中心越密集。M12的直径为70光年，不如大多数球状星团致密，也正因如此，M12起初被认为是介于球状星团和疏散星团之间的一种过渡形式的星团，后来人们才发现两种星团是截然不同的。

早期发现的球状星团

球状星团

NGC 4833

星表编号
NGC 4833

到太阳的距离
17 000光年

星等 7.8

苍蝇座

NGC 4833是位于南天苍蝇座的一个小型球状星团，因此北半球的大多数观测者都无法看到它。它最早是由法国天文学家尼古拉·路易·德·拉卡伊（Nicolas Louis de Lacaille，见第422页）于1751年至1752年在南非发现的。虽然NGC 4833太暗，无法用肉眼看见，用小望远镜却可以轻易找到它。由于这个星团比较致密，恒星数量较多，即便是天文爱好者的中型望远镜都无法完全分辨出它的成员星。NGC 4833的中心仅仅比周围稍稍密集一些，因此整个球状星团的引力不够将所有恒星牢牢聚集在一起，有许多恒星已经逃逸到了星团的外面。NGC 4833位于银河系平面的下方，在一个富含尘埃的区域后面，星团发出的光有一部分被尘埃所吸收，因此显得发红。由于这种红化效应，天文学家在研究这个球状星团时不得不校正不同恒星的视星等。研究所有靠近银盘的球状星团时都需要采用这种方法。NGC 4833中至少包含13颗已经得到证认的天琴座RR型变星（见第282～283页），天文学家借助它们估计出星团的年龄大约为130亿年。

致密的星团

NGC 4833最早是由尼古拉·路易·德·拉卡伊在1752年记录下来的，形状像一颗彗星。用现代的强力望远镜可以看到它是一个致密的星团，在它的外围还散落着一些恒星。

遥远的球状星团

球状星团

M14

星表编号
M14, NGC 6402

到太阳的距离
23 000～30 000光年

星等 8.3

蛇夫座

球状星团M14的直径大约为100光年，包含数十万颗恒星。由于它距离比较远、比较暗，无法用肉眼看到。虽然用双筒望远镜或者小型望远镜可以看到这个星团，但是要分解它的单颗恒星则必须依赖大型望远镜。许多业余天文爱好者把它误认为一个椭圆星系。1938年，在M14中首次发现了球状星团中爆发的新星，然而后来，即便是用世界上最强大的望远镜都没能再找到这颗新星或是它留下的残骸。

球状星团

M107

星表编号
M107, NGC 6171

到太阳的距离
27 000光年

星等 8.9

蛇夫座

M107是一个靠近银河系平面的相对"疏散"的球状星团，它的亮度太暗，肉眼不借助设备无法看到它。通过大型望远镜发现，这个星团中包含一些由星际尘埃构成的"黑暗"区域，遮住了一部分成员星。这种现象在球状星团中是极为罕见的。M107的跨度大约是50光年。

松散的球状星团

球状星团

M68

星表编号
M68, NGC 4590

到太阳的距离
33 000～44 000光年

星等 9.7

长蛇座

M68是一个只有用望远镜才能看见的球状星团。用双筒望远镜看去，它如同一小片光斑。用小型望远镜能够看清它的成员星，以及它那密集的星团中心。M68的直径大约是105光年，根据它环绕银河系中心的轨道可以计算出，它正在以大约每小时40万千米的速度接近太阳系。虽然在这个星团中已经找到了40多颗变星（见第282～283页），包括天琴座RR型变星，人们仍然无法准确测出M68的距离。

密集的球状星团

球状星团

M15

星表编号
M15, NGC 7078

到太阳的距离
35 000～45 000光年

星等 6.4

飞马座

M15的亮度接近人眼所能看到的极限，是银河系中最致密的球状星团之一。它的直径大约是175光年，但是由于星团中心已经发生了坍缩，它的一半质量都集中在直径只有1光年的核中。M15中有9颗脉冲星，它们是很久以前超新星爆发的产物（见第266～267页），那时M15还非常年轻。更为不同寻常的

密集的核心

在M15的核心区域，恒星密集程度是银河系中除了银心以外最高的。

是，其中的两颗脉冲星组成了一个相接双星系统（见第274页）。

真彩色照片

M15中最亮的一批恒星是红巨星，它们的表面温度比太阳低。绝大多数稍暗一些的星温度更高，因此是蓝白色的。

银河系

太阳系外行星

25 恒星和褐矮星
90～91 天文台站
94～95 空间观测
235 行星系统的形成
238～239 恒星形成
274～275 聚星

太阳不是宇宙中唯一带有行星系统的恒星。目前（截至2020年12月）已经在其他恒星周围发现了4 000多颗行星，而这个数字每年都在快速增长。各种类型、各个年龄阶段的恒星周围都探测到了行星，表明行星形成是非常常见的过程，带有行星系统的恒星相当普遍。

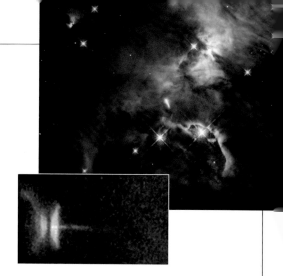

影子揭秘

年轻恒星周围的正在形成行星的盘，可以通过影子的轮廓（见右图）或者在附近的星云上投下的灯塔一样的影子（见右上图）而被我们看见。

行星盘

在发现太阳系外行星之前，人们就已经发现了一些年轻恒星周围环绕着扁平状的物质盘，这与标准的行星形成理论一致。这种理论认为，行星是从恒星周围的气体和尘埃盘中形成的，最初这种观点用来解释太阳系行星系统的起源问题。这种所谓的“星周盘”（也称为“碎片盘”）中有些是对称的，表明它们还处于刚形成不久的早期阶段，还没有形成行星。还有一些星周盘或形状发生了扭曲，或带有缝隙等结构，表明行星已经在其中形成，并且对盘中的物质产生了扰动。例如，明亮的年轻恒星北落师门周围的尘埃盘的外环非常明亮，其中聚集的物质可能是在附近一颗行星的作用下聚集起来的。已经“发育”成熟的恒星周围也发现了尘埃盘，例如织女星（见第253页）周围存在着一个巨大的尘埃盘，这一发现已经由红外观测所证实。这个尘埃盘中的颗粒比较精细，是由距离主星130亿千米的类似冥王星大小的天体彼此碰撞形成的，而碰撞就发生在不久以前。织女星周围尘埃盘的形状不规则，表明至少存在一颗行星。

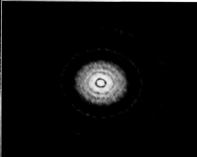

年轻的行星盘

围绕在恒星AS 209周围的原行星盘看起来非常完美。这颗恒星非常年轻，还没有足够的时间形成行星。

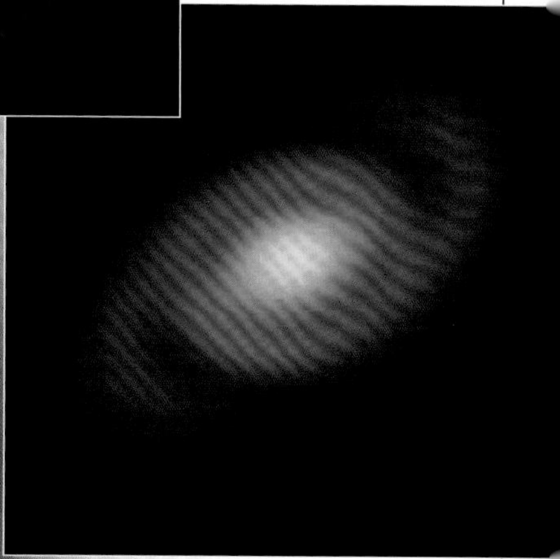

正在发育的旋臂

年轻恒星埃利亚斯2-27周围的碎片盘形成了带有旋臂的图案，其中聚集的物质可能不久就会形成行星。这种旋臂结构是由类似于旋涡星系中的密度波（见第303页）形成的。

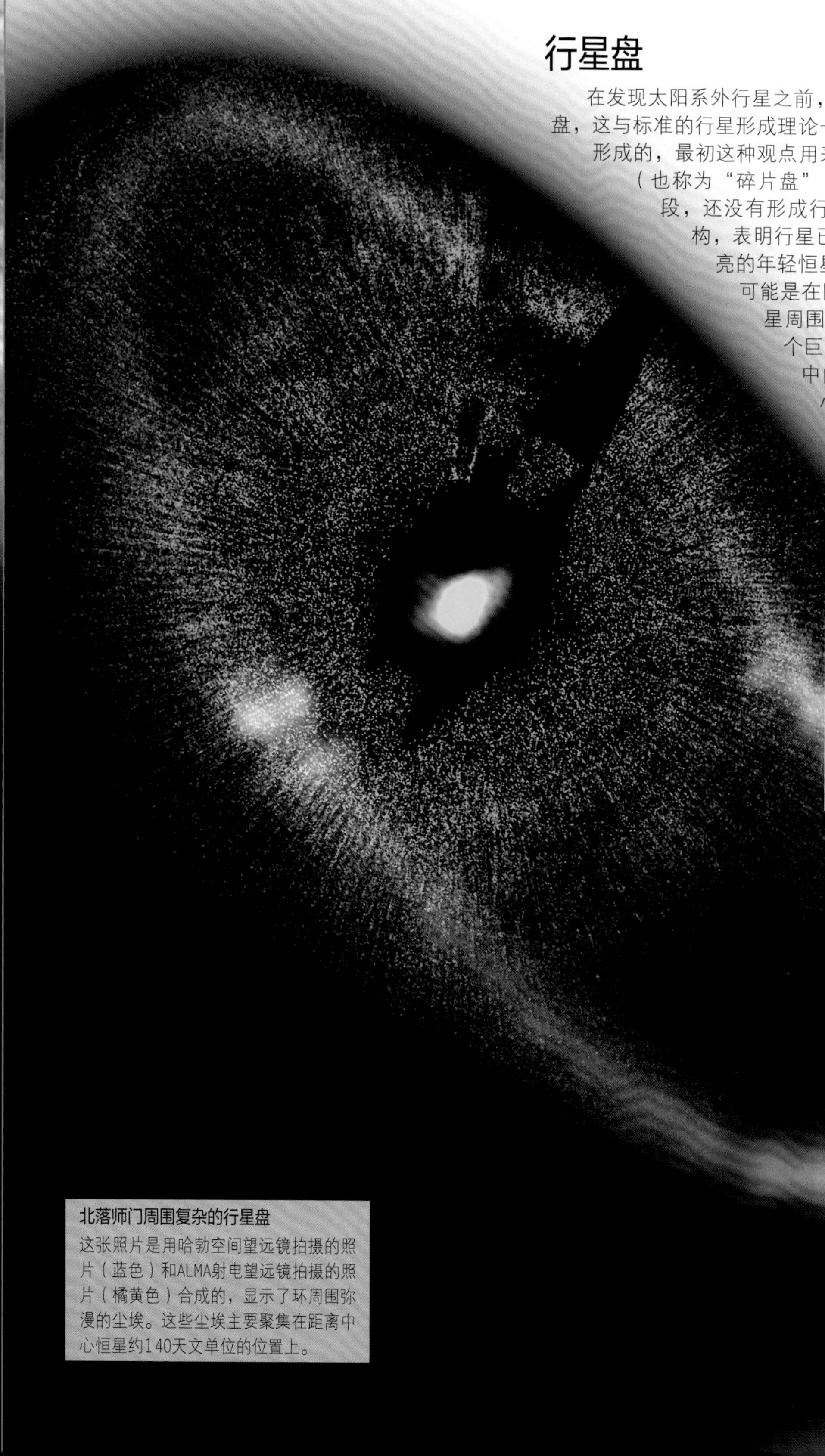

北落师门周围复杂的行星盘

这张照片是用哈勃空间望远镜拍摄的照片（蓝色）和ALMA射电望远镜拍摄的照片（橘黄色）合成的，显示了环周围弥漫的尘埃。这些尘埃主要聚集在距离中心恒星约140天文单位的位置上。

探测太阳系外行星

太阳系外行星总是比它们的主星小得多、暗得多，因此对它们的探测充满了困难的挑战。截至2012年，大约只有30颗左右的太阳系外行星是用直接成像法发现的，即挡住行星的主星发出来的光来寻找暗淡的行星。其他行星都是用间接方法发现的。目前为止发现行星最多的方法是多普勒光谱法，又称为视向速度方法，这种方法需要借助一种高灵敏度的仪器，称为光谱仪。当一颗太阳系外行星围绕它的主星运动时，在引力的作用下，恒星相对于地球的运动会出现周期性的变化，视向速度方法就是基于这种原理搜寻太阳系外行星。另一种间接探测方法是所谓的凌星方法，这种方法发现的行星数量也在稳步增长。它的原理是当行星通过恒星前方时会挡住一部分恒星的光，因此恒星的亮度会出现略微的下降。这种方法的优点是能够得到行星的直径。除此之外，还有几种间接探测的方法，取得了不同程度的成功，包括微引力透镜方法（通过行星对恒星的引力透镜效应的影响寻找行星），以及脉冲计时法（通过探测脉冲星的信号达到时间的微小变化寻找周围的行星）。

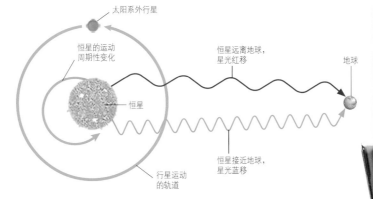

凌星方法

这种方法的原理是当行星从它的主星前方反复经过时，恒星的亮度会出现周期性的下降。对于地球大小的行星，亮度下降大约0.01%的量级。

多普勒光谱方法

太阳系外行星的引力会对主星的运动造成周期性的变化，因此恒星发出的光的波长就会反复地变长（红移）、变短（蓝移）。这种现象可以用灵敏度极高的光谱仪探测出来（见第33页）。

微引力透镜方法

恒星的引力如同透镜一样，可以使远方恒星发出的光线弯曲，从地球上看来就像光被放大了一样。如果在充当透镜的恒星周围存在行星，光线被放大的程度会随时间发生改变，这种改变可以被探测到。

直接成像方法

这张多波段合成照片是2004年由位于智利帕拉纳尔的一架望远镜拍摄的。照片中明亮的白色光点是一颗褐矮星2M1207，它旁边的红色光点是一颗高温的气态行星。它是用直接成像法拍摄到的第一颗太阳系外行星。

神秘的脉冲星行星

1992年发现的第一颗系外行星并非环绕着类似太阳的恒星，而是环绕着一颗快速自转的脉冲星PSR B1257+12。这颗脉冲星是曾经的一颗大质量恒星爆发后的遗迹（见第267页）。这种"脉冲星行星"之所以能被发现，是因为脉冲星的自转速率在很长一段时间内是恒定的，能够用很高的精度测量出来。如果有一颗或者多颗行星的引力在牵拉这颗脉冲星，那么恒星的脉冲速率就会发生缓慢的、规则的变化。PSR B1257+12周围发现了3颗行星（第四颗行星被否定了），其中最内侧的行星质量仅为月球的两倍，是已知的质量最小的行星。在脉冲星周围发现行星是先前从未预料到的，因为脉冲星是超新星爆发形成的，这样的爆发会摧毁恒星周围轨道上的一切天体。因此天文学家认为脉冲星行星是所谓的第二代行星，是爆发后留下的碎屑聚集而成的。后来又在另外3颗脉冲星周围发现了行星，还有另外几颗行星尚未完全确认。2006年，斯皮策空间望远镜甚至在一个10万年前爆发的超新星周围发现了一个刚刚形成不久的原行星盘。

太阳系外行星搜寻简史

系统性的、有组织的太阳系外行星搜寻可以追溯到1987年。下面列出了这些搜寻项目或者仪器，并给出了起始年份。

1992年 首次在脉冲星周围发现行星

亚历山大·沃尔兹森和戴尔·弗莱尔用阿雷西沃射电望远镜，在毫秒脉冲星PSR B1257+12周围的轨道上发现了两颗行星。1994年又在这个系统中发现了第三颗更小的行星。

1993年 ELODIE、SOPHIE光谱仪

ELODIE是安装在法国东南部一所天文台的光谱仪，它已经发现了超过20颗系外行星，包括1995年在类太阳星周围发现的第一颗系外行星。2006年，ELODIE已经被另一架经过改进的光谱仪SOPHIE所取代。

2002年 麦哲伦望远镜

该项目利用安装在智利拉斯坎帕纳斯天文台的两台望远镜上的光谱仪搜寻太阳系外行星。截至2010年已经发现了9颗行星。

2003年 MOST

MOST是加拿大的首个空间望远镜，可以用于监测气态行星的凌星，研究行星在凌星期间的大气变化。

2003年 斯皮策空间望远镜

斯皮策空间望远镜可用于研究系外行星在凌星期间的辐射。2005年，斯皮策空间望远镜首次直接捕获系外行星发出的红外辐射，但是并没有直接获得图像。

2003年 HARPS

HARPS是欧洲南方天文台位于智利拉希拉的一台灵敏度极高的光谱仪。它已经发现了150颗左右围绕类太阳星公转的系外行星。

2006年 COROT

这台由法国主导的空间望远镜的目的是用凌星方法搜寻系外行星。截至2011年底，它已经发现了20颗左右的系外行星。

2009年 开普勒望远镜

NASA的开普勒望远镜利用凌星方法研究了银河系一片天区中的约15万颗恒星，目的是寻找地球大小的行星。从2013年开始到2018年退役，它还进行了一项名为K2的低灵敏度后续观测项目。开普勒望远镜总共发现了2652颗系外行星。

2018年 TESS卫星

NASA的TESS卫星扫描几乎整个天空，目的是在太阳附近的亮星周围寻找发生凌星的行星。在2020年年初，TESS发现了一颗名为TOI 700d的地球大小的行星，位于一颗红矮星的宜居带，距离地球大约100光年。

银河系

气态巨行星

在类太阳星周围发现的最早一批系外行星都是气态巨行星，它们的质量从相当于海王星的质量到数倍于木星的质量不等，轨道周期都很短。这是因为这种类型的行星很容易被视向速度方法所发现（此外还发现了很多距离主星很远的巨行星）。数量如此众多的所谓"热木星"令人感到惊讶，因为根据现有的理论，这种气态行星应该是在距离主星很远的地方形成的，而后向内旋进到了现在所处的轨道上。热木星大气中的温度通常超过1100摄氏度，因此它们自身的物质在不断地蒸发到宇宙空间中。前不久还发现了几颗可能的"僵尸行星"，它们是曾经的热木星在剥离了外层的物质后留下的裸露的固体核。

仙女座 κ b

这张照片显示了距离地球170光年的仙女座 κ 周围的一颗大质量"超级木星"。仙女座 κ 是一颗高温的年轻恒星，它的光线在这张照片上被屏蔽掉了。仙女座 κ b行星的质量是木星的12.8倍，恰好位于巨行星和"失败的恒星"——褐矮星的中间。

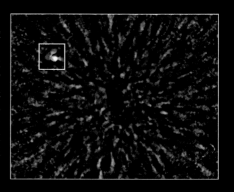

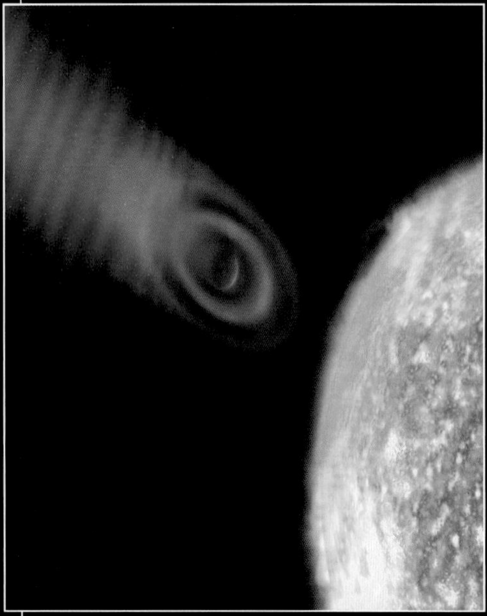

大气逃逸

系外行星HD 209458b是一颗"热木星"，公转轨道距离主星很近（见左侧想象图）。2003年到2004年，天文学家在其表面发现了一个巨大的椭球形包层，由氢气以及从行星表面逃逸出的气体组成。据信这种大气损失在"热木星"中相当普遍。当它所有的轻物质蒸发掉之后，暴露出来的岩石或者金属核心就会成为一颗"僵尸行星"。

飞马座51 B

这张想象图描绘了第一颗在类太阳星周围发现的行星——飞马座51B，它有一个昵称——柏勒洛丰，后来又被正式命名为Dimidium（意为"一半"）。它到地球的距离约为50光年，质量大约是木星的一半，到主星的平均距离大约是日地距离的1/20，因此它是一颗典型的"热木星"，也是巨行星的一种。

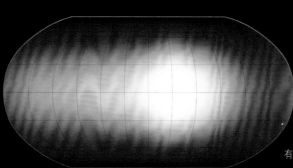

行星温度图

这张图是由斯皮策空间望远镜绘制的，展现了"热木星"HD 189733b表面的温度差异。这颗行星的一面永远朝着主星。温度最高的区域距离行星表面正对主星的那个点有轻微的偏离，表明它的大气中很可能存在速度极高的风。

行星系统

在很多相对较近的恒星周围都已经发现了多颗行星组成的行星系统。第一个发现的行星系统是1999年在恒星仙女座 υ 周围发现的，这颗恒星是一颗类太阳星，距离大约44光年。这个行星系统拥有至少4颗行星，大小都和木星差不多。距离地球129光年的年轻主序星HR 8799周围也有至少4颗大质量的行星。这4颗行星已经用直接成像法观测到，它们位于恒星周围的一个巨大的碎片盘中，碎片盘的半径是太阳系4颗气态行星轨道半径的2到3倍。这还不是行星数量最多的。巨蟹座55A是双星系统中的一颗，它至少拥有5颗行星，大小从海王星级别到木星级别不等。此外还发现了环绕双星运行的行星，例如开普勒16 b，它是一颗质量和大小与土星相当的行星，轨道近乎圆形，周期为229天。它围绕196光年外的一对双星运行。

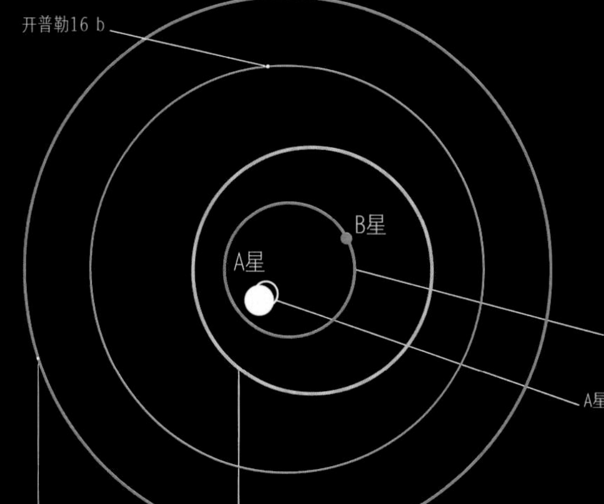

开普勒16 b

B星

A星

B星的轨道

A星的轨道

地球轨道大小

水星轨道大小

仙女座 υ c

高度倾斜，偏心率极高的轨道

仙女座 υ d

围绕双星运行的行星

2011年发现的系外行星开普勒16 b，是一颗围绕双星开普勒16运行的行星。这张图里画出了开普勒16两颗子星（分别用A星和B星表示）的轨道，以及开普勒16 b的轨道。为了便于比较，地球和水星围绕太阳公转的轨道也画在了图上。开普勒16 b被认为是由岩石和气体各占一半构成的。

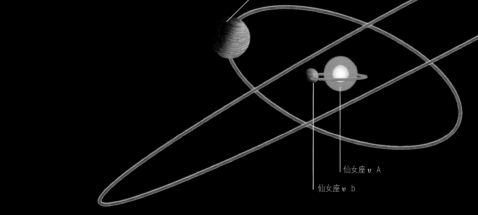

仙女座 υ A

仙女座 υ b

高度倾斜的轨道

仙女座 υ A是双星系统中的主星，图中画出了仙女座 υ A周围已知的4颗行星中的3颗，分别名为仙女座 υ b、c和d（第四颗行星位于d星的外侧）。行星的轨道之间倾角很大，c星和d星的轨道偏心率很高。d星位于宜居带内（见对页）。最内侧的行星b围绕主星每4天公转一圈，到主星的距离为750万千米，比水星到太阳的距离近得多。

开普勒望远镜

NASA的开普勒望远镜的任务是开展首次对凌星行星的大规模搜寻,它不仅引领了对单个行星的搜寻,同时还在行星的统计研究方面走在了前列,给出了银河系中究竟存在多少行星的统计证据。开普勒望远镜的主要任务是凝视天鹅座中的一小片天空,用口径0.95米的望远镜将光线导入一个先进的光度计中,持续记录15万颗主序星的亮度。2013年,开普勒望远镜的指向系统发生了故障,无法对目标星精确跟踪。研究人员对整个任务进行了重新规划,每过几个月就重新对准一个新的天区。

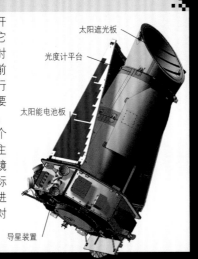

太阳遮光板
光度计平台
太阳能电池板
导星装置

岩质系外行星

自2005年以来,凌星方法的不断进步(特别是有了开普勒望远镜这样专门用于凌星搜寻的空间望远镜)使得被发现的尺寸比较小的行星的数目快速增长,赶上并最终超过了气态巨行星的数量。这些个头比较小的岩质行星通常质量不大,不足以引起主星明显的视向速度变化,但是其质量可以通过直径(凌星的深度)、密度和化学组成来估算。已知的岩质行星个头不等,大小从与月球相当到数倍于地球质量的"超级地球"都有,甚至可达到"特级地球"——质量接近海王星。还有一些空间任务,例如NASA的凌星系外行星巡天卫星(TESS)和欧洲空间局的系外行星特性探测卫星(CHEOPS),将会继续帮助我们深入了解这些激动人心的天体。

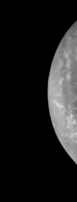
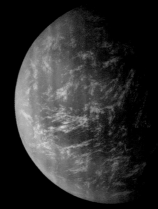

从系外行星的角度看地球

在这张图上,地球按照大小等比例地缩放到了几个著名的岩质系外行星之中。比邻星b是距离地球最近的系外行星,而开普勒37 b是目前发现的最小的系外行星之一。开普勒10 b是一颗炽热的岩质行星,这类行星是开普勒望远镜首先发现的,而开普勒22 b是第一颗在宜居带里发现的凌星行星,它的表面可能支持液态水存在。

比邻星b　　开普勒37 b　　地球　　开普勒10 b　　开普勒22 b

比邻星b

2016年,天文学家宣布在距离我们的太阳最近的恒星——比邻星周围,发现了一颗大小和地球差不多的行星。它虽然位于这颗红矮星的宜居带里,但是到主星的距离只有750万千米,位于容易被恒星的剧烈耀变所点燃的"火线"以内,因此大大降低了我们的家门口存在类地行星的概率。

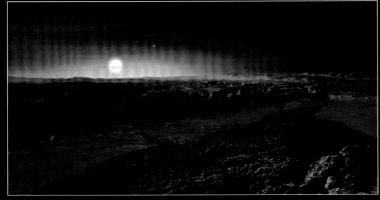

搜寻另一个地球

如果宇宙的其他地方也存在生命,那么比较合理的假设是它们也生活在一个类似地球的行星上,即围绕主星的岩质行星。开普勒望远镜等项目发现,大约20%的类太阳星拥有至少一颗气态行星。目前的技术水平能够估计出气态行星的轨道参数,因而能够证认出那些轨道稳定、近圆形、距离主星合适的行星。在这样的系统中有相当一部分可能存在一个内区,其中有可能存在岩质的类地行星。虽然到目前为止还没有发现完美的类地行星,但令人鼓舞的是,在不久的将来很有可能发现一颗甚至更多系外行星。一旦找到这样的行星,分析它反射的星光就可以研究行星的大气中是否存在生命的信号,例如氧气和甲烷分子。事实上天文学家已经使用现有的望远镜对系外行星进行这方面的分析了。

宜居带

生命想要在行星上繁衍,行星必须位于主星的"宜居带"内,其中液态水能够在行星表面永久存在。宜居带的宽度取决于恒星的质量和光度。

TRAPPIST-1系统

2015年,天文学家在一颗距离地球39.6光年的名为TRAPPIST-1的红矮星周围发现了3颗地球大小的行星。后来又在这颗恒星周围发现了4颗行星,这个系统立刻成了研究类地系外行星的主要目标之一。在这些行星中,有3颗位于恒星的宜居带里,而其中的d行星和e行星被认为其气候环境最有可能和地球类似。

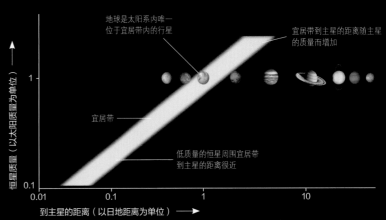

地球是太阳系内唯一位于宜居带内的行星

宜居带到主星的距离随主星的质量而增加

宜居带

低质量的恒星周围宜居带到主星的距离很近

恒星质量(以太阳质量为单位)

到主星的距离(以日地距离为单位)

银河系以外的世界

银河系以外的世界

“天文学的历史就是一部地平线逐渐远去的历史。”

——埃德温·哈勃

银河系边界以外就是广袤的宇宙空间，那里是星系的世界。最近的星系就在我们家门口——现在正有一个小星系在与银河系发生碰撞。而最远的星系则位于数十亿光年以外，接近可观测宇宙的边缘，它们的光线用尽宇宙诞生以来的所有时间才到达我们。星系的姿态变化万千，有巨大的旋转物质盘，也有由数十亿恒星组成的弥散球团；有恒星数目稀少的气体云，也有被恒星形成点燃的明亮熔炉。种类之多令人目不暇接。星系活动也是十分剧烈的，有频繁而壮观的碰撞。它们的宏伟运动要花上数百万甚至数十亿年。星系在碰撞中瓦解，同时将大量的物质沿着螺线形的轨道送进星系中心的超大质量黑洞中，发射出比正常星系明亮许多的耀眼光芒。与此同时，星系还影响着它周边的环境，形成不断演化的星系团或者超星系团。正是这些超星系团在最大的尺度上决定了宇宙的结构。

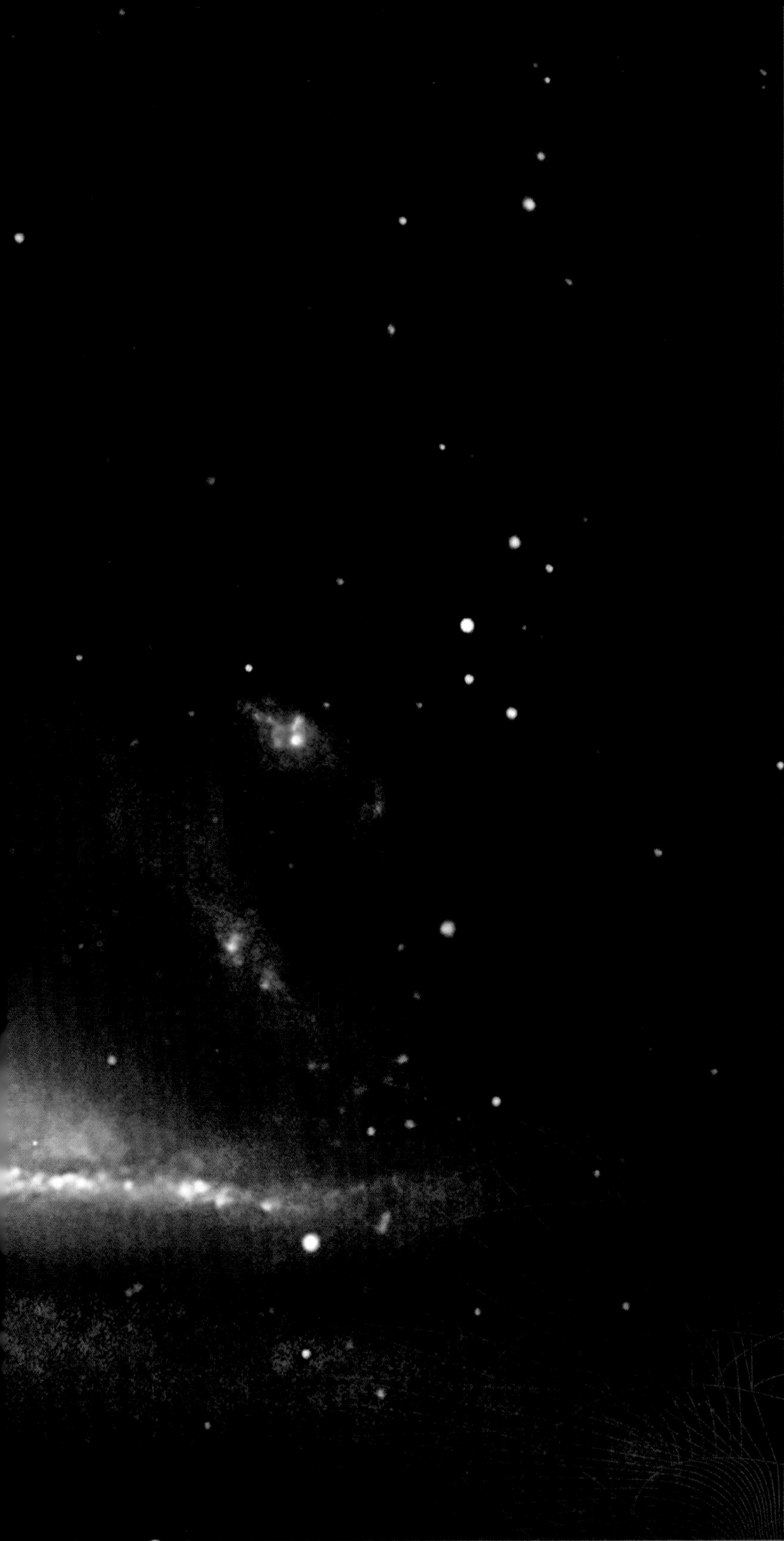

近距离交会

距离地球7 000万光年的旋涡星系NGC 1531与一个小型星系NGC 1532发生了近距离交会，被后者的引力所扰动。小星系的引力影响了大星系的旋臂，并且让它的形状发生了扭曲，同时还触发了NGC 1531中的一大拨恒星形成，如图中一些明亮的紫色星团所示。

星系的类型

遍布宇宙的星系种类众多，形态多样。这些环状的、球状的巨大物质云团的大小和质量相差很悬殊。最小的星系只包含几百万颗恒星，而最大的星系却包含上万亿颗恒星。有的星系大小只有几千光年，而有的星系却可以达到它们的上百倍。一些星系只包含年老的红色和黄色恒星，另一些则包含众多蓝白色的年轻恒星以及大量的气体和尘埃，是明亮的"恒星工厂"。星系的特征是研究它们历史和演化的重要线索，然而天文学家们直到最近才开始把这些线索串联起来，并仍在很多问题上存在分歧。

侧向的旋涡星系

NGC 1055是一个恰好侧面朝着地球的旋涡星系。这张照片显示出明亮背景上的黑色尘埃带，勾勒出了这个星系的形状。这种弯曲可能是由于这个星系与别的星系发生了近距离交会形成的。

千姿百态的星系

我们可以根据星系的形状、大小和颜色对星系进行分类。星系可以根据形状大致划分为旋涡星系、椭圆星系和不规则星系3种。埃德温·哈勃（见第45页）在此基础上进行了更为细致的划分，建立了经典的哈勃分类法，并沿用至今。哈勃将旋涡星系分为4类，分别用Sa到Sd表示。Sa型星系的旋臂缠绕得最紧，而Sd型星系的旋臂最松散。棒旋星系的中间有一个棒状结构，也分为类似的SBa到SBd类。哈勃还根据形状将椭圆星系分为E0到E7共8种。椭圆星系看起来是平面上的椭圆，而实际上是三维椭球体在天球上投影的结果，所以椭圆星系的实际形状既可以是球体，也可以是雪茄形。哈勃分类只能代表这个星系在天空中投影的形状，与真实的形状无关，比如最圆的E0型星系可能是"烟头"正对地球的雪茄形星系。哈勃还划分出一种中间类型的星系——透镜星系，也就是S0。这种星系外观上具有旋涡星系的盘状结构，中心多为年老的黄色恒星，但是没有旋臂结构。最后一类称为不规则星系(Irr)，这类星系通常较小，富含气体、尘埃和年轻恒星，但是很少能看到其内在结构。

计算椭圆星系的类型

椭圆星系分为E0到E7共8种类型，E后面的数字是将长短轴之差除以长轴，然后乘以10得到的。例如图中的星系M110，属于E6型。

长轴8.7角分

短轴3.4角分

不规则星系

不规则星系是指那些既无旋涡结构，也非椭圆形的星云状星系。著名的小麦哲伦星系就是一个不规则星系。

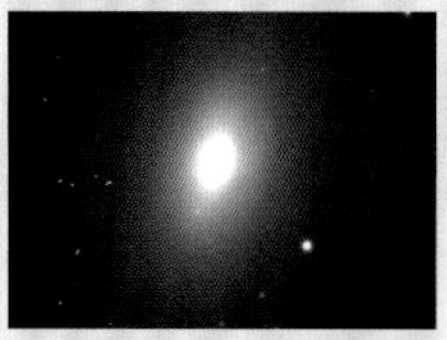

椭圆星系

椭圆星系是那些外观呈球形的星系。它们当中有的呈现完美的球形，有的形状像鸡蛋（例如左图中的M59），甚至还有烟卷形的，它们都属于椭圆星系。

旋涡星系

旋涡星系的盘上集中了大量的恒星、尘埃和气体。旋涡星系的核心呈球状，盘上有旋臂结构。M33就是一个邻近的旋涡星系。

E0型椭圆星系 MB9

E6型椭圆星系 M11

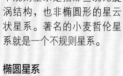

E2型椭圆星系 M32

S0型透镜状星系 NGC 2755

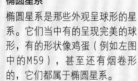

Sb型旋涡星系 NGC 4622

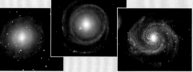

Sa型旋涡星系 MGC 7217

Sc型旋涡星系 旋涡星系M51

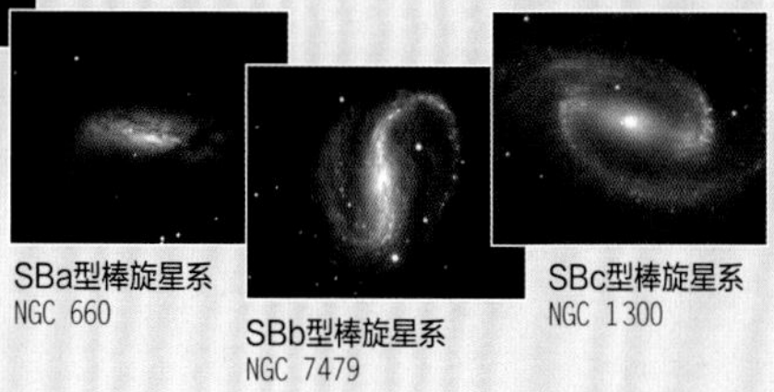

哈勃分类法

哈勃用著名的音叉图表示星系分类。如图所示，椭圆星系位于音叉的叉柄处，旋涡星系和棒旋星系位于两根叉臂上，而不规则星系没有包含在其中。哈勃认为这个设想反映了星系的演化过程，但是现在天文学家知道真实情况远非如此简单。

SBa型棒旋星系 NGC 660

SBb型棒旋星系 NGC 7479

SBc型棒旋星系 NGC 1300

旋涡星系

银河系邻近的宇宙空间中大约25%到30%的星系都是旋涡星系。每一个旋涡星系中都有一个富含气体和尘埃的扁平盘状结构，围绕着一个球形的核心或者棒状的轴心转动。旋涡星系的中心通常是年老的红色或黄色恒星，且常常扭曲成棒状结构。旋涡星系的盘上均匀散布着恒星，但是年轻明亮的蓝白色恒星只位于旋臂上。在盘的周围是球形的"晕"，球状星团（见第289页）以及杂散恒星的轨道主要位于晕中。旋涡星系的自转速度非常慢，通常上亿年才转一圈，而且在转动时内部结构并非固定不变，距离核球越远的恒星旋转得越慢，转一圈所需的时间也就越长。这种所谓的"较差(chā)自转"是了解旋臂的关键所在。

棒旋星系

右图中的M83是一个典型的棒旋星系。它与我们的银河系类似，中心两侧都延伸出一对棒状结构。

旋转轨道

旋涡星系盘上的恒星轨道是近乎圆形的椭圆，而核球中的恒星轨道往往不规则，彼此之间角度各不相同。

椭圆形轨道　　杂乱无章的轨道

云雾状旋涡结构

旋涡星系NGC 2841呈现出云雾状的旋涡结构，星系中的明亮恒星组成一个个小团块，遍布在星系盘上。这个星系中的恒星形成过程似乎是局部的物质坍缩引起的，而不是由大尺度密度波所触发的。

旋臂

　　旋臂结构如何能在大部分盘状星系中持续存在曾经一度是个谜。如果旋臂中越靠近星系中心的天体环绕速度越快，那么星系存在的数十亿年时间里，旋臂就会将核球缠绕得越来越紧，但事实并非如此。旋臂似乎只是围绕中心旋转的恒星形成区，而不是恒星数量密集的区域。事实上，旋臂结构来自"密度波"，密度波的旋转速度远比星系本身的旋转速度慢。它就像是发生交通堵塞的地方，恒星以及其他物质一旦进入这一区域，运动速度就会变慢，离开后又变快。而这类拥堵区域本身的移动速度非常慢。这种局部的密度增加触发了气体云坍缩以及恒星形成。不同旋涡星系的密度波强度不同。如果密度波很强，那么从宏观上看，该星系就呈现出两条明显的旋臂。如果密度波很弱或不存在，星系盘上的恒星就倾向于在局部的小区域内形成，从而表现为一个遍布云雾状结构的星系。

理想情况下的旋涡星系

右图为理想情况下的旋涡星系，星系中的天体均按照整齐排列的椭圆轨道绕中心运行，越接近中心的天体运行速度越快，反之越慢。

真实情况下的旋涡星系

在真实的旋涡星系中，天体的轨道不是整齐排列的。这种不规则的排列方式，加上离中心越远速度越慢，就形成了旋臂。在旋臂中，天体的运动比较慢，因此聚集在一起。

从旋臂中分离出来的老年星组成的疏散星团

年轻的OB型星组成的星团直到死亡时都不会离开旋臂太远

新的恒星在电离氢区中形成（恒星形成星云）

分子云被压缩

密度波使物质聚集在一起

少量运动速度比旋臂快的恒星从后方进入旋臂

详解旋臂

在绕星系中心旋转的过程中，物质接近高密度的旋臂区时就会聚集在一起，形成暗分子云。这些分子云有一部分变成产星星云（见第238～239页），形成了各种各样的恒星。其中最亮的恒星很快就死亡了，所以亮星总能标记旋臂所在的位置。

椭圆星系

椭圆星系除了一个简单的球形结构，并没有什么其他特征。它们在尺度上涵盖范围很广，从最大的星系到最小的星系中都有椭圆星系存在。矮椭圆星系是其中一个极端，它们是非常小的恒星集团，仅由数百万颗恒星组成，分布通常十分松散，显得暗淡而弥散。这些星系零散分布在大型星系之间，其中必定包含了数量可观的不可见物质，才能将自身聚集在一起。这些看不见的物质有一部分可能是黑洞，除此之外似乎是散布在整个星系中的神秘"暗物质"（见第27页）。另一个极端是所谓的巨椭圆星系，这种星系仅仅存在于大型星系团的中心，并且往往包含数千亿颗恒星。有一些巨椭圆星系称为cD星系，它们往往具有巨大的外包层，甚至具有多个星系核，表明它们很可能由多个小型椭圆星系并合而成。椭圆星系中几乎所有的恒星都是黄色或红色的，并且其中几乎

椭圆星系中恒星的轨道
椭圆星系中恒星的轨道非常杂乱，从正圆形到非常扁的椭圆都有，并且公转平面不存在特定的取向。

不存在形成恒星的气体或者尘埃，星系中老年恒星占主体，表明这些星系中的恒星形成过程在很久以前就已经全部结束了。恒星们按照各自的轨道围绕致密的星系核转动，恒星之间的距离和它们的半径比起来非常大，因此很少发生碰撞。由于没有能够与恒星发生相互作用的气体和尘埃云，所以没有什么机制能够使星系中的恒星逐渐聚集到扁平的盘面上。人们通常用扁度，即偏离标准球形的程度来描述椭圆星系（见第302页）。值得一提的是，最大的椭圆星系往往非常接近完美的球体。

巨椭圆星系
ESO 325-G004是位于星系团阿贝尔S740中心的一个巨椭圆星系。这个星系团位于半人马座，距离地球大约4.5亿光年。在这个中心星系的附近存在几千个球状星团，它们发出针尖一样的光芒，星罗棋布地分布在星系周围。

中等椭圆星系
室女座星系团中的M49是一个E4型的大椭圆星系，它的直径大约为16万光年。有些天文学家将其归为巨椭圆星系，但是它的质量比那些真正的巨椭圆星系小得多。

矮椭圆星系
狮子座 I 是一个距离银河系较近的矮椭圆星系，是人们能够详细研究的、为数不多的近距离矮椭圆星系之一。它的恒星数目非常少，因此必然存在暗物质，才能产生足够的引力将整个星系聚集在一起。

透镜状星系

透镜状星系看上去和椭圆星系很像，因为它们都是由年老的红色和黄色恒星组成的核球主导的。但是透镜状星系在核球周围还有一个由恒星和气体组成的盘，这一点又使得人们将它与旋涡星系联系起来，而且透镜状星系与旋涡星系在大小和总体外观上很相似，只是核球比同等大小的旋涡星系的核球大很多。它们的形状很像透镜，因此被称为"透镜状星系"。透镜星系和旋涡星系的主要区别在于前者没有旋臂，并且盘上几乎不存在恒星形成活动。由于没有明亮的蓝色星团勾勒出旋臂的形状，有时候很难将透镜星系与椭圆星系区分开来。比如那些面朝我们的透镜状星系很容易被错分成椭圆星系，而那些侧面对着我们、核球比较大的旋涡星系也很容易被错分成透镜状星系，因为旋臂结构在这种角度上是看不到的。天文学家还不确定透镜状星系是如何形成的，有一种可能是它们是丢失了大部分气体和尘埃的旋涡星系。

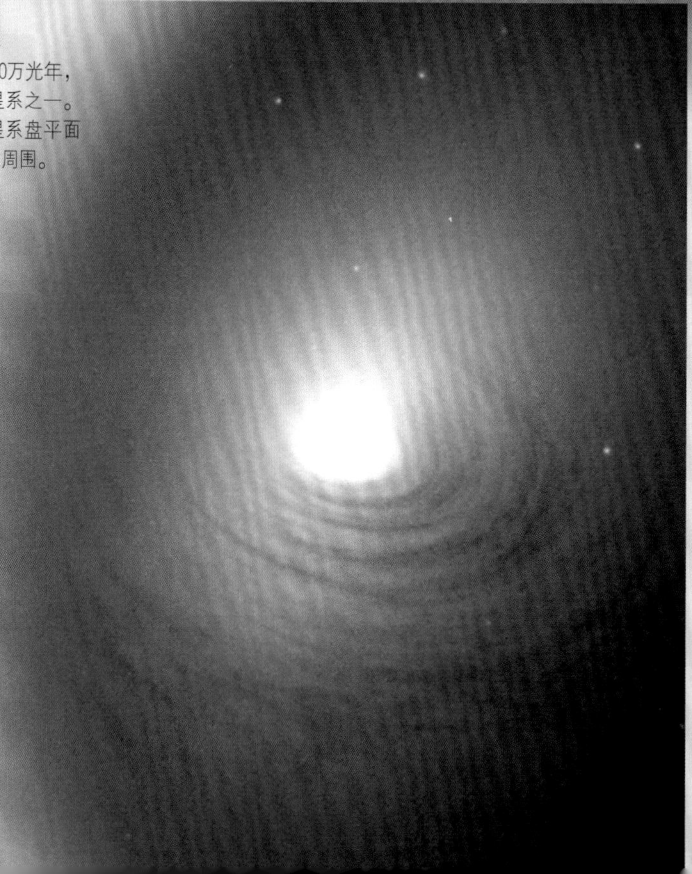

富含尘埃的透镜状星系
NGC 2787距离我们2 500万光年，是距离最近的透镜状星系之一。从图中可以看到位于星系盘平面上的尘埃带围绕在核球周围。

盘中的椭圆轨道

中心处的杂乱轨道

透镜状星系中恒星的轨道
透镜状星系核球中的恒星轨道没有特定的平面，这与椭圆星系和旋涡星系核球中的恒星相似。而透镜状星系盘中的气体和尘埃的轨道则规则得多。

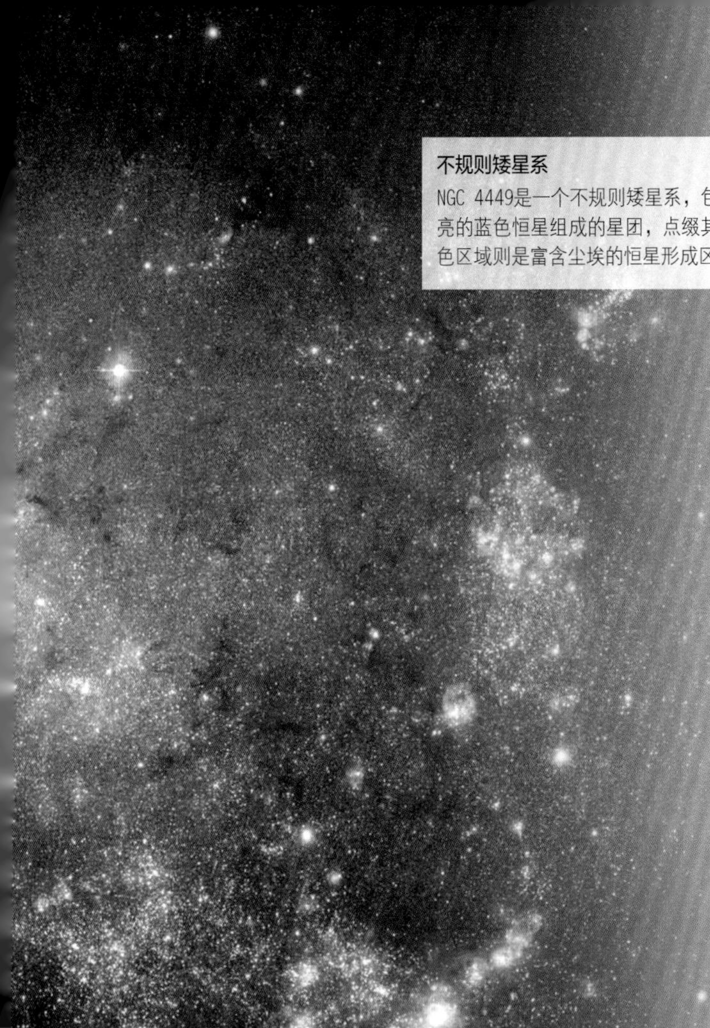

不规则矮星系

NGC 4449是一个不规则矮星系，包含由明亮的蓝色恒星组成的星团，点缀其间的红色区域则是富含尘埃的恒星形成区。

不同波段的星系

不同波段的辐射能够揭示出星系中隐藏的结构。在紫外波段最明亮的是高温的恒星，而白色的低温恒星以及弥漫的气体只有在红外波段才能看到。天文学家将不同波段范围的照片重叠在一起，就能合成出星系的全景图。

从紫外到红外

下图是星系NGC 1512在不同波段的照片，从左到右波长依次增加。每个波段都是假彩色照片。

NGC 1512的合成照片

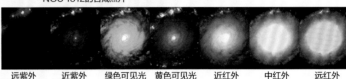

远紫外　近紫外　绿色可见光　黄色可见光　近红外　中红外　远红外

不规则星系

并非所有的星系都可以被归入旋涡星系、椭圆星系或是透镜状星系。有些星系因为与伴星系发生碰撞或者受到邻近星系的引力作用而发生变形，这些星系通常都被归为"特殊星系"，用"Pec"表示。其中许多是真正的不规则星系（Irr型），它们通常包含了大量的气体、尘埃和高温的蓝色恒星。实际上许多不规则星系属于"星暴星系"，整个星系都在经历剧烈的恒星形成过程。不规则星系中含有大量粉色的氢发射星云，这里是恒星的摇篮。有些不规则星系表现出内在结构，比如中心的棒状结构或者旋臂的早期形态。银河系的两个明亮的伴星系——大、小麦哲伦星系（见第310～311页）就是典型的不规则星系。

不规则星暴星系

M82是一个不规则星暴星系，有黑色尘埃带贯穿其中。它正在经历着剧烈的恒星形成过程。

奇异星系

NGC 4650A是一个罕见的极环星系，可能是在星系碰撞中形成的。蓝白色的产星光环从星系核延伸出来并绕过两极。

南极天文学

位于南极的自动化观测站AASTO对星系进行了高质量的观测。该项目利用了南极高原干燥的优势。事实上，这里是地球上最干燥的地方。由于这里大气中几乎不含水蒸气，因此近红外辐射几乎不会被吸收，可以无阻碍地到达地球表面。

中心黑洞

很多星系在核心都有一个黑暗的区域，与周围的反差很明显。星系中心附近的恒星轨道速度很高，说明大多数旋涡星系和椭圆星系的中心都集中了超大的质量，通常是在比太阳系稍微大一点的空间内集中了10亿倍太阳质量的物质，而唯一能达到这种密度的天体就是黑洞（见第26页）。尽管这种"超大质量黑洞"的引力极大，但在银河系附近的绝大多数星系中，黑洞周围的物质都能长时间位于稳定的轨道上绕其旋转，而没有被吸进去。由于没有吸收物质，这些黑洞保持着沉睡的状态。但是一旦有气体云或其他天体接近黑洞，黑洞就会觉醒，将它们统统拉进其中，并加热产生辐射。黑洞可以产生各个波段的辐射，从低能量的射电波段到高能量的X射线波段都有。这种星系的极端情况称为活动星系（见第320～321页），它们的主要特点是核心发出大量的辐射。

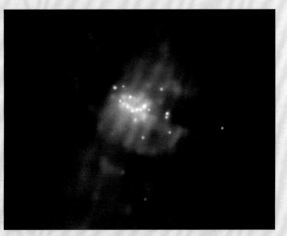

隐匿的超大质量黑洞

这张M82的X射线图展现了其中高温的发光气体和强烈的X射线辐射。它很有可能是一些恒星质量级别的黑洞围绕中心的超大质量黑洞运动时形成的。

星系演化

22~23 宇宙的尺度
54~55 走出黑暗
302~305 星系的类型
活动星系 320~321
星系团 326~327
超星系团 336~339

不同星系的形成过程已经困扰了天文学家将近一个世纪。如今，新一代望远镜的出现，使我们可以研究数十亿光年以外的星系，解决了一些关键问题。遥远星系发出的光经过了漫长的旅程才到达地球，由于这些光发出时宇宙还处于形成初期，所以其中隐含着星系早期演化的秘密。

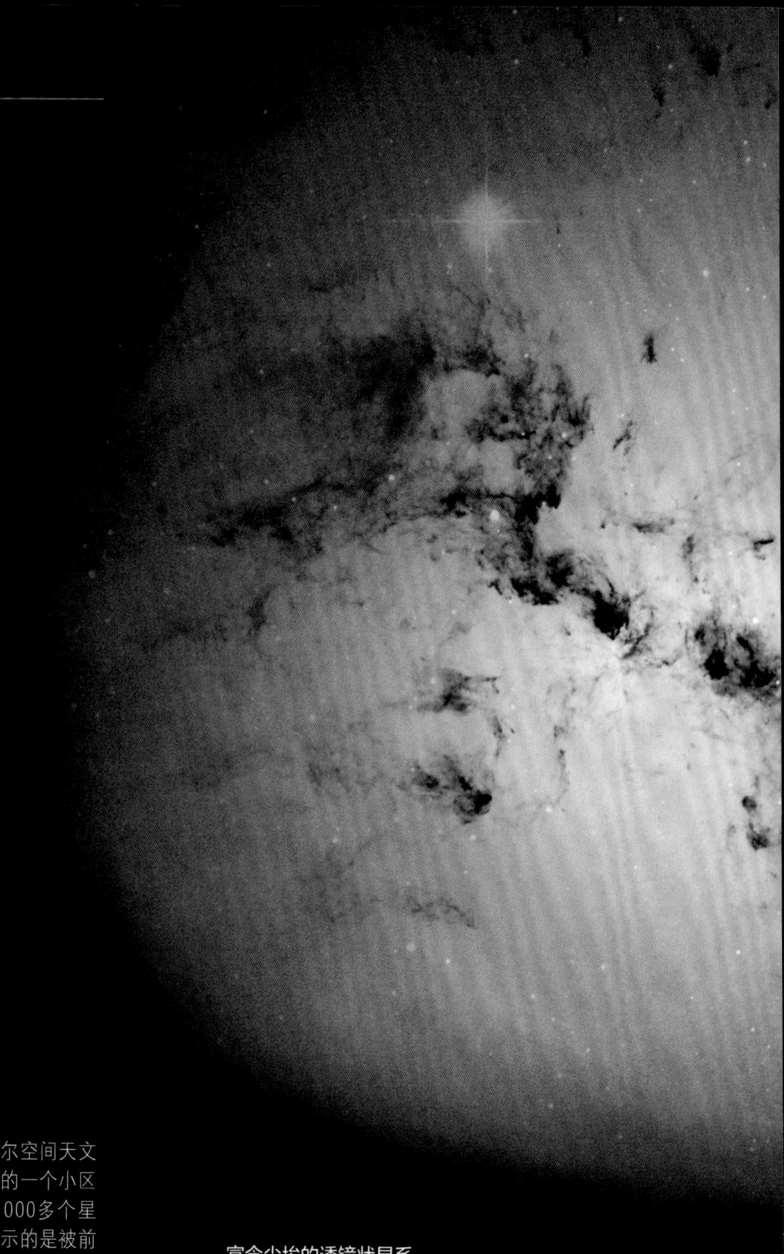

星系的分布

天文学家看到的仅仅是星系漫长生命过程中的一幅“快照”，因此需要建立整套星系演化的图景来研究各个星系。研究表明，星系的演化存在某些特定的模式，比如大型的椭圆星系仅仅存在于真正的星系团里。另外，在不同的距离上看到的星系种类的变化——也就是宇宙不同时期的变化——同样呈现出星系演化过程中的特定模式。但是，获取最遥远的早期星系发出的光极其困难，需要借助长时间深场曝光技术和引力透镜效应。

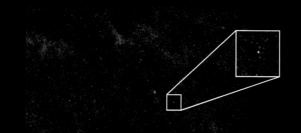

引力透镜星系

这张照片是赫歇尔空间天文台拍摄的长蛇座的一个小区域，照片上有6 000多个星系。白色方框表示的是被前景星系的引力透镜效应放大的遥远星系。这些星系在亚毫米波段的辐射强于可见光波段的辐射。

富含尘埃的透镜状星系

这是哈勃空间望远镜拍摄的天炉座透镜状星系NGC 1316。该星系中存在一系列复杂的尘埃带和尘埃斑点，表明它是由两个富含气体和尘埃的星系并合而成的。

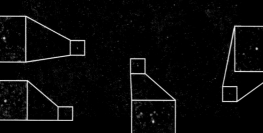

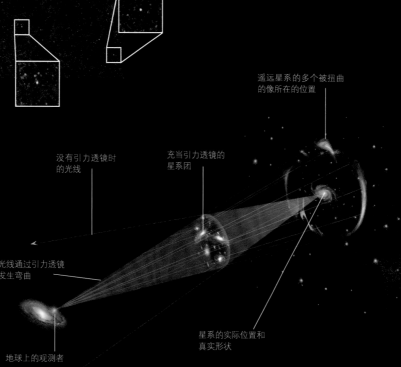

遥远星系的多个被扭曲的像所在的位置
没有引力透镜时的光线
充当引力透镜的星系团
光线通过引力透镜发生弯曲
地球上的观测者
星系的实际位置和真实形状

引力透镜

引力透镜方法的原理是：当光经过大质量天体附近时，会被它的引力所弯曲。大质量天体的效果如同一块透镜。因此，当一个大质量天体，例如星系团，恰好位于地球和遥远的星系或者其他天体之间的时候，遥远天体发出的光线就会被中间的大质量天体所聚焦。这样往往会产生遥远天体的多个像，但同时也对它发出的光线起到了增强的作用。

空间探索

赫歇尔空间天文台

欧洲空间局的赫歇尔空间天文台在2009年到2013年期间在轨工作。它的目标是观测红外光谱中波长最长的部分（远红外和亚毫米波段，与射电波段相邻）。它的主镜口径是3.5米，自身仪器冷却到了零下271摄氏度，因此它能够探测宇宙中最遥远、最低温的天体。

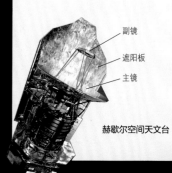

副镜
遮阳板
主镜

赫歇尔空间天文台

星系形成

到目前为止，天文学家建立了两种主要的星系形成理论。一种是"自上而下"的理论，认为星系是由大块的物质云不断并合形成的，最终物质的密度足够大，使得恒星得以在其中形成。另一种是"自下而上"的理论，即物质首先形成小尺度结构，而后逐渐并合，最终形成了大尺度结构——星系。这两种理论起因于对暗物质（见第27页）的性质理解不同，尤其在关于暗物质究竟是"热"的（即快速运动的）还是"冷"的（即缓慢运动的）问题上存在分歧。目前看来，"自下而上"理论似乎是正确的，也就是说星系的形成是由运动速度较低的冷暗物质（CDM）驱动的。计算机模拟（见下图）显示，在宇宙的早期，冷暗物质在局部开始聚集成团；这些团块如同种子一样吸引了更多的物质聚集，最终发育成原星系，而后成为成熟的星系。这一过程在宇宙各处都有发生，最终形成了今天宇宙中星系的分布。

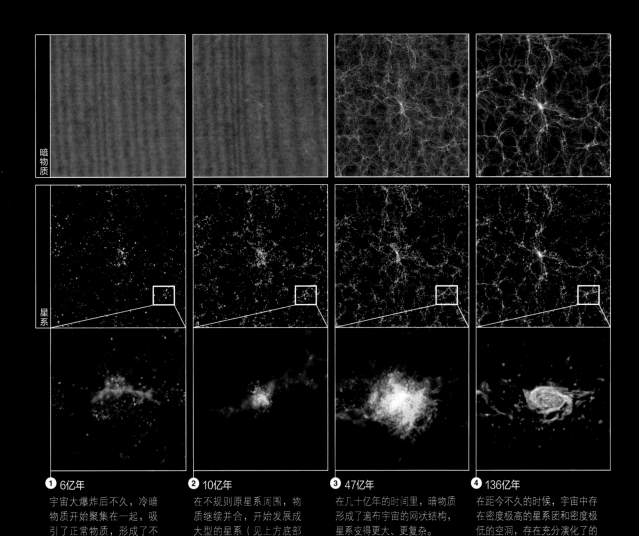

暗物质

星系

❶ 6亿年
宇宙大爆炸后不久，冷暗物质开始聚集在一起，吸引了正常物质，形成了不规则的原星系（见上方底部图片）。

❷ 10亿年
在不规则原星系周围，物质继续并合，开始发展成大型的星系（见上方底部图片）。

❸ 47亿年
在几十亿年的时间里，暗物质形成了遍布宇宙的网状结构，星系变得更大、更复杂。

❹ 136亿年
在距今不久的时候，宇宙中存在密度极高的星系团和密度极低的空洞，存在充分演化了的星系，如椭圆星系和旋涡星系（见上方底部图片）。

巨椭圆星系中的黑洞

这是巨椭圆星系NGC 4621（右上图）与NGC 4472（右下图）的比较。与NGC 4621明亮的核心相比，NGC 4472核心恒星较少。这种"恒星缺失"现象是由于NGC 4472与另一个星系发生了剧烈的碰撞，中心超大质量黑洞发生了并合。星系核中的恒星在这个过程中被抛射出去了。

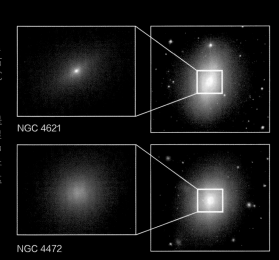

NGC 4621

NGC 4472

黑洞的作用

从20世纪90年代开始，天文学家发现的众多证据表明，大多数的星系的中心都有一个超大质量黑洞，类似于银河系核心的超大质量黑洞（见第229页）。这些黑洞的质量似乎和它们所在的星系的大小有关系，个别星系的核心甚至存在两个黑洞。这表明黑洞在星系形成过程中起到了关键作用，并且进一步支持了"自下而上"的星系形成理论，表明小星系并合成大星系的过程中，中心黑洞也并合到了一起。尽管如此，这些超大质量黑洞的起源至今还不清楚。有些理论认为，第一代黑洞是在大爆炸中形成的，或者是在暗物质核周围的气体云缓慢坍缩过程中形成的。更有可能的是，这些黑洞是在早期大质量恒星死亡后留下的。

银河系以外的世界

星系碰撞

　　尽管星系之间的距离长达几十万光年，但由于星系本身的尺度大约为几万光年，所以相对于自身的尺度而言，星系可以说是拥挤在一起的了。此外，星系的强大引力以及形成大尺度星系团的趋势也使得它们之间互相吸引、互相影响。因此，星系间的碰撞和近距离交会是比较常见的。1966年，美国天文学家奥尔顿·阿普（Halton Arp）编纂了第一份不属于椭圆星系、旋涡星系和不规则星系的星系表。近年来的观测表明，阿普星系表中的大多数星系都是星系之间发生碰撞和相互作用的结果。即便是一些看上去很正常的星系过去也经历过与其他星系的相互作用。并且我们清楚地知道，许多巨大的星系都是"捕食者"，会将靠近它们的小星系肢解、吞噬掉。然而在星系碰撞的过程中，星系中的恒星却极少发生碰撞，并且通常需要经过数十亿年的时间后，两个星系才会被彼此之间的引力聚合到一起，形成一个单一的星系。

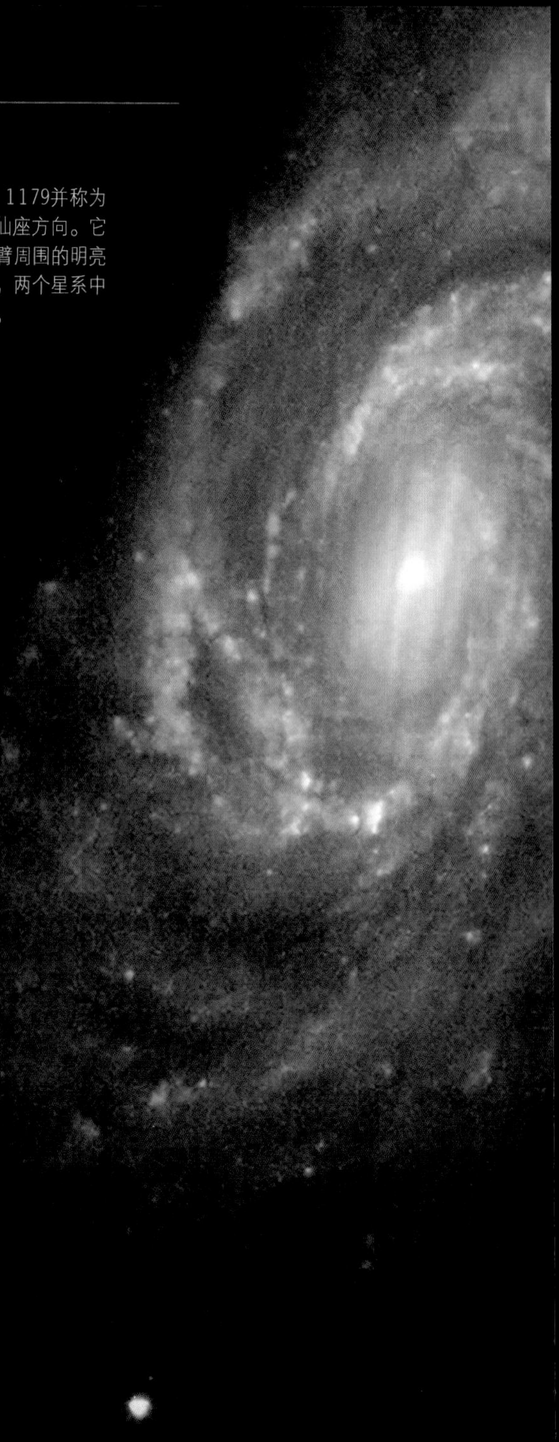

碰撞中的星系
这两个旋涡星系NGC 6050和IC 1179并称为ARP 272，位于4.5亿光年的武仙座方向。它们彼此之间正在发生碰撞。旋臂周围的明亮星团表明，在巨大的潮汐力下，两个星系中都触发了巨大的恒星形成浪潮。

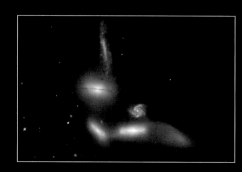

赛弗特六重星系
虽然名为六重星系，但其中只有5个星系，图中右下角的亮斑是一个张开了的旋臂。其中有4个星系到地球的距离相同，均为1.9亿光年，而那个正面朝着我们的旋涡星系到地球的距离是前者的5倍。4个星系的形状由于它们彼此之间的引力而发生了扭曲。

木刺星系
木刺星系也叫"刀锋星系"或NGC 5907。这个侧向旋涡星系位于天龙座，距地球4 000万光年。它被一条称作"鬼流"的异常光带环绕。这条由暗弱恒星组成的光带可能是一个被它吞并的小星系的遗迹。

星系的碰撞和演化

　　目前天文学家认为，星系之间的相互碰撞在星系类型的转变中起到了重要作用。在碰撞的早期，星系中的那些本来处于规则轨道上的恒星被拉到了狭长而倾斜的轨道上，并且巨大的激波扫过星际气体和尘埃，触发了大规模的恒星形成。经过了更长时间，星系中剩余的气体被加热到能够逃逸星系引力的温度，丢失了气体的星系无法再继续形成新恒星。这样，旋涡星系和不规则星系就变成由高温气体包围的椭圆星系了，这正是位于很多星系团中心的星系。但是，还是有理论认为，这种转变至少在短时间里是可逆的。这种理论认为，星系之间的低温气体会被引力持续不断地拉进星系内，并最终形成一个平整的盘状结构，于是恒星又开始形成，旋臂再次形成。如果这种理论是正确的，那么罕见的透镜星系就是椭圆星系到旋涡星系转化过程中的形态。但是，随着时间的流逝，旋涡星系将会并合形成越来越大的椭圆星系，而再次形成旋涡星系的速率会随着星系间低温的气体的减少而越来越慢。

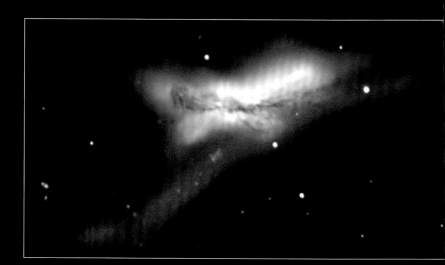

碰撞过程中的旋臂
位于双鱼座方向的星系NGC 520（又称为ARP 157）是两个正在碰撞中的侧对着我们的旋涡星系。碰撞是在大约3亿年前开始的，如今正处于并合的中期阶段，也就是说，它们的盘已经聚在一起了，但星系核还没有合二为一。

潮汐力

　　当两个星系彼此接近时，形状就会受到相互之间引力的影响。例如，由于星系距离碰撞较近的一端受到的引力远大于较远的一端，因此两个星系相互靠近的一侧就开始相互延伸。这种引力造成的形变在质量较小的星系上表现得更为明显，因为另一个星系质量较大，引力也就更大。尽管如此，大的旋涡星系的盘状结构还是会被小星系的引力所扭曲。当旋涡星系与其他星系发生碰撞时，它的一条或多条旋臂会展开，变成一条朝着碰撞反方向延伸的长尾巴。蝌蚪星系和触须星系的尾巴是其中最著名的例子。

蝌蚪星系

蝌蚪星系位于天龙座内，有一条延伸长达28万光年的尾巴。天文学家认为这个尾巴是星系的一条旋臂，在与一个小星系的近距离交会中散开了。

星暴星系

　　星系之间的碰撞会产生巨大的激波扫过整个星系，这些激波会压缩大面积的星际气体，触发大规模的恒星形成，如同一次爆发。这种现象称为星暴。处于星暴中的星系恒星形成速率远高于通常状态，因此会形成一些巨大的"超星团"，并有可能最终演化成球状星团。星暴在星系的直接碰撞过程中很常见，例如触须星系。在两个星系的近距离交会中也能观测到星暴，例如雪茄星系（见第314页），因为它与波德星系发生了近距离交会。为数众多的大质量恒星产生的辐射，加上它们快速演化、爆炸产生的超新星发出的激波，会将星系中的气体和尘埃吹走，使得星暴最终停止。

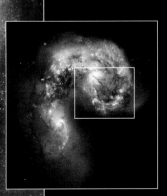

触须星系中的恒星形成

这张照片是距离我们4 500万光年的触须星系（NGC 4038和NGC 4039）。其中有大片区域正在发生星暴。新形成的恒星呈明亮的蓝白色，周围环绕着炙热的粉红色发射星云。

星系

　　天文学家很容易被那些明亮、耀眼、美丽或者有趣的星系吸引住。但是，在目前可观测宇宙中的一千亿个星系中，只有极少数是壮观的旋涡星系或巨椭圆星系。天文学家们开始意识到大多数的星系是小而暗淡的，它们呈现为疏散的球状或者不规则的形状。最暗也是最常见的星系是矮椭圆星系，这种星系看起来像是特大号的球状星团，内部仅有几百万颗恒星。只有在银河系附近才能观测到这种暗弱的星系。而最明亮、最耀眼的星系当属巨型椭圆星系，它的光度可以达到银河系的20倍。

巨大而明亮

波德星系（M81）这样的旋涡星系恐怕是最吸引人的星系。然而它和大多数的普通星系差距非常大。这种旋涡星系的数量不到星系总数的30%，比那些小而暗淡的星系要少得多。

　　人马座矮椭圆星系通常也被称为SagDEG，直到1994年才被发现。

不久前它还是已知的距离银河系最近的星系，2003年才发现比它更近的大犬座矮星系。人马座矮椭圆星系藏身这么久的一个主要原因是恒星暗淡而疏散，属于典型的矮椭圆星系的特征。另一个原因是它位于明亮的人马座星云的后方。人马座矮椭圆星系本身很小且暗淡，但它还是拥有至少4个环绕它运动的球状星团，这些球状星团比较明亮，比星系更显眼。M54就是其中之一。它早在人马座矮椭圆星系被发现的两百多年前就被查尔斯·梅西叶发现了。人马座矮椭圆星系为什么能在距离银河系如此近的地方存在仍然是个谜。它环绕银河系运动的周期不到10亿年，必定与银河系发生过好几次近距离的交会，这种交会本应将它扯成碎片，或者将它的成员星散射

恒星密度

人马座矮椭圆星系之所以能够被发现，是因为在在人马座巡天时，发现这块区域（也就是图上明亮的区域）的恒星密度明显增加。

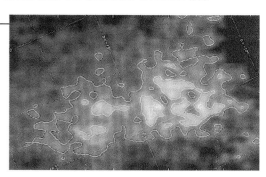

出去。而它至今还存在只能是由于大量的暗物质，它们产生的引力要比人马座矮椭圆星系里观测到的恒星产生的引力大得多。

　　大麦哲伦云（LMC）得名于16世纪葡萄牙探险家费尔南多·德·麦哲伦（见对页右侧边栏）。但实际上南半球的文明早在公元前就已经记载了大麦哲伦云。从地球上看，大麦哲伦云就像它的兄弟小麦哲伦云一样，是一个与众不同的、孤立于银河系之外的区域，跨越大约10度的天区，拥有自己的星云和星团。

　　大麦哲伦云实际上是一个不规则星系，围绕银河系转动的周期大约为15亿年。在2.5亿年前，它到达过距离我们最近的位置——大约12万光年。尽管大麦哲伦云是一个不规则星系，并且一直在银河系引力影响下产生形变，但它内部还是存在一些基本结构。其中的许多恒星都位于一个类似棒状的中央核里面，这个核的一端发生了弯曲，因此有些天文学家也将大麦哲伦云看成一个只有一条旋臂的棒旋星系。

　　与所有不规则星系一样，大麦哲伦云中也包含丰富的气体、尘埃和年轻恒星，它的内部还包含了一些已知最大的恒星形成区，其中之一就是壮丽的蜘蛛星云，也称为剑鱼座30。它极其明亮，如果将它放在猎户座星云（见第241页）的位置上，也就是银河系中距离地球只有1 500光年处，那么在夜晚它甚至可以在地面上照出影子。

　　近年来，大麦哲伦云中爆发了望远镜发明以来距离最近的超新星爆发——1987A（见第266页）。自爆发开始，1987A就一直被全世界的天文学家监测着，它告诉我们许多关于恒星生命中最后阶段的信息。

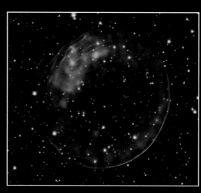

超新星泡

这幅照片是400年前在大麦哲伦星系中爆发的超新星周围环绕的泡状结构，由气体组成。这张照片是由哈勃空间望远镜和钱德拉X射线天文台拍摄的图片合成的。图中绿色和蓝色是高温的X射线辐射，粉色是超新星的爆炸波产生的壳层。这个泡状结构直径大约为23光年，并且正在以每小时1 800万千米的速度向外膨胀。

蜘蛛星云

蜘蛛星云里有两个巨大的星团。图片中心的星团名为R136，其中有一些目前已知的质量最大的恒星。而右上角的星团比较致密，也更年老，名为霍奇301，其中最年老的恒星已经发生了超新星爆发。

射电照片

这是大麦哲伦云的假彩色射电照片，中心是蜘蛛星云。红色和黑色表示辐射最强的地方，也就是电离氢区和恒星形成区。

小麦哲伦云

星表编号
NGC 292
距离
200 000光年
直径
10 000光年
星等 2.3

杜鹃座

　　小麦哲伦云（缩写为LMC）和大麦哲伦云一样，也是一个绕银河系转动的不规则星系。亨丽爱塔·勒维特正是在小麦哲伦云中发现了造父变星（见第282、第356页），由此揭开了星系距离的秘密。也正是由于她的发现，天文学家们才能知道小麦哲伦云不但比大麦哲伦云远，也比大麦哲伦云小，质量约为大麦哲伦云的十分之一。与大麦哲伦云类似的是，小麦哲伦云也正在经历剧烈的恒星形成过程。一些天文学家认为小麦哲伦云的中心也有棒状结构，但没有找到有力证据。小麦哲伦云内部有一个球状星团，

而它本身在天空中的位置很接近银河系中最大的球状星团之一——杜鹃座47。

　　大、小麦哲伦云最终都会被我们的银河系撕成碎片并吸收进来。过去它们曾经有几次通过距离银河系最近的点，并存活了下来。但在银河系的强大引力作用下，在上一次近距离交会中，它们当中的一些气体、尘埃和恒星被拖拽出来，形成了"麦哲伦星流"。天文学家能

小麦哲伦云中的恒星
在南半球的天空中，可以看到小麦哲伦云是一个特别的楔形云。这张可见光照片中的粉色区域是它主要的恒星形成区。

够用它追踪大、小麦哲伦云的运动，改进它们的轨道运动模型。

麦哲伦的发现

　　在欧洲人到达南半球之前，他们无法看到南部的天空。葡萄牙探险家费尔南多·德·麦哲伦（Fernando de Magallanes）在1519年到1521年的环球航行中首次观测到了南半球的天空。他是首次记录这两个河外星系的欧洲人，因此大、小麦哲伦云以他的名字命名。

费尔南多·德·麦哲伦

三角座星系

星表编号
M33, NGC 598
距离
300万光年
直径
50 000光年
星等 5.7

三角座

　　三角座星系（M33）是本星系群中第三大的星系，仅次于仙女座星系和银河系。它比仙女座星系（M31）的距离稍微远一些，从天

旋涡星系的云雾状结构
M33是一个典型的拥有云雾状结构的旋涡星系。云雾状结构是指旋涡星系的旋臂末端出现的一些分支和云雾状团块，是由于局部的密度发生改变造成的。

空中看，它们离得很近。M33受到邻近的仙女座星系巨大引力的影响，甚至可能以很长的周期绕着巨大的仙女座星系缓慢运动。从地球上看，M33比M31暗淡、疏散，其中有一部分原因是M33几乎是面向我们的，而M31是侧向我们的，也有M33本身确实比较小的缘故。与它明亮得不寻常的伴星系比起来，三角座星系是一个更为典型的旋涡星系。M33与本星系群的其他几个成员一道，在天空中算是明亮而巨大的，其内部的一些结构还被收录进星表，其中有几个还有NGC编号。其中最明显的要数恒星形成区NGC 604，它是目前已知的最大的发射星云，直径达到1 500光年，相比之下我们银河系中的星云全部黯然失色。

星云NGC 604
三角座星系中有一个名为NGC 604的星云，其中质量最大的恒星温度很高，它们吹出的强烈的星风塑造了整个星云的形状。可见光照片（紫色）显示出NGC 604中细若游丝般的气体和尘埃，而X射线照片（蓝色）显示出细丝之间不断膨胀的超高温气体泡。

大麦哲伦云的细节
这张由欧洲南方天文台的VISTA望远镜拍摄的大麦哲伦云近红外照片显示出了一些先前被掩盖的恒星。这些恒星组成了一些微弱的图案，可能是多条旋臂的痕迹。

SSb型旋涡星系

仙女座星系

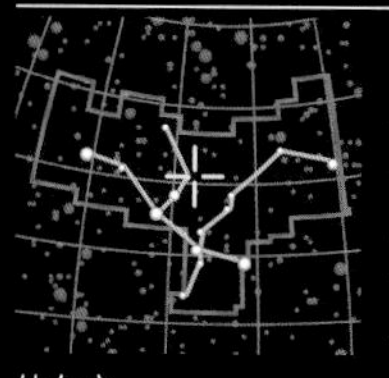

星表编号	
	M31, NGC 224
距离	
	250万光年
直径	
	220 000光年
星等 3.4	

仙女座

　　仙女座星系（M31）是距离我们银河系最近的大星系，也是本星系群中最大的成员，它的盘有银河系的两倍大。M31既明亮又巨大，因此人们研究它的时间要远比其他星系长。仙女座星系最早的观测记录可能出自公元964年的波斯天文学家苏菲（Al-Sufi，见第421页）之手——他把这块模糊的亮斑称为"小云"。在几个世纪的时间里，人们普遍认为M31的距离与天空中其他星云差不多。随着望远镜的进步，人们发现这个星云如同许多其他的星云一样具有旋涡结构，

于是有些天文学家认为M31以及其他"旋涡星云"可能是正在形成中的类似太阳系的行星系统。而有些天文学家则准确猜测出它们是由众多恒星组成的独立系统。直到20世纪初期，美国天文学家埃德温·哈勃（见第45页）才揭开了M31的面纱，并大大增加了人们认识的宇宙尺度（见对页边栏）。现在天文学家知道M31是一个像银河系一样的大型星系，它的周围围绕着许多小星系，这些小星系偶尔会被M31的巨大引力拉入其中并被撕成碎片。仙女座星系虽然已被研究得很仔细，但仍旧有许多谜团未能解开，而且，它可能不是一个典型的旋涡星系。例如，尽管它的尺寸极大，但质量似乎只有银河系的一

半，而且暗物质晕也相对比较稀疏。不过，天文学家计算出M31中心黑洞的质量大约为太阳的3千万倍，差不多是银河系中心黑洞的10倍。由于星系中心黑洞的质量大致反映了母星系的质量，因此M31中心的黑洞质量如此之大的确令人震惊。此外，不同波段的研究显示，M31的星系盘上存在瓦解的痕迹，可能是过去几百万年里与一个小星系发生了近距离交会形成的。M31正在和我们的银河系相互接近，大约50亿年后两个星系将会相撞，而后并合到一起。

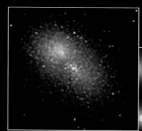

双核星系

哈勃空间望远镜拍摄的这张照片显示，仙女座星系正中心位置的恒星明显聚集成两团，中心黑洞位于那个比较暗的区域里。

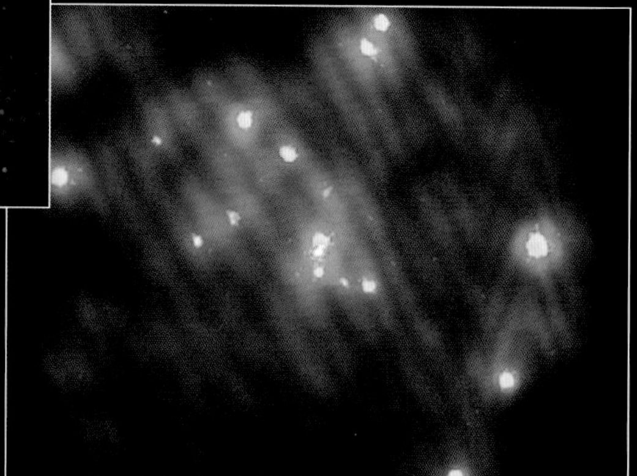

中心黑洞

这张是M31中心更小区域内的照片，中心黑洞是图中的蓝点。它与M31中心的其他X射线源比起来温度较低，并且活动性不强。

银河系的近邻

在这张仙女座星系的照片上，可以看见星系中黑色的尘埃带映衬着炽热的气体和恒星。照片中包括了仙女座星系以及它的两个近邻星系——矮椭圆星系M32（图片左上）和M110（图片下方）。

空间探索

星系间的距离

对M31的研究使我们认识到许多星系位于银河系之外。虽然星系的光谱显示出其内部有无数发光的恒星，但其中没有能够用来测定距离的星。直到1923年，埃德温·哈勃（见第45页）才证明了M31是位于我们银河系之外的。他测定了M31内的一些造父变星的光度，再用它们的周光关系计算出了实际亮度，最后用实际亮度与视星等的关系测得了M31的距离。

同一颗造父变星亮度最亮时

造父变星V1亮度最暗时

X射线源
钱德拉X射线天文台拍摄的照片揭示出星系核心存在强大X射线源，周围有一些小的X射线源，可能是X射线双星。

星系核心

完美的旋涡星系
M81是一个极具美感和对称性的旋涡星系，它与我们的视线方向有一定的夹角。在这张哈勃空间望远镜拍摄的照片上可以看到位于其旋臂上的星团、尘埃和气体云。

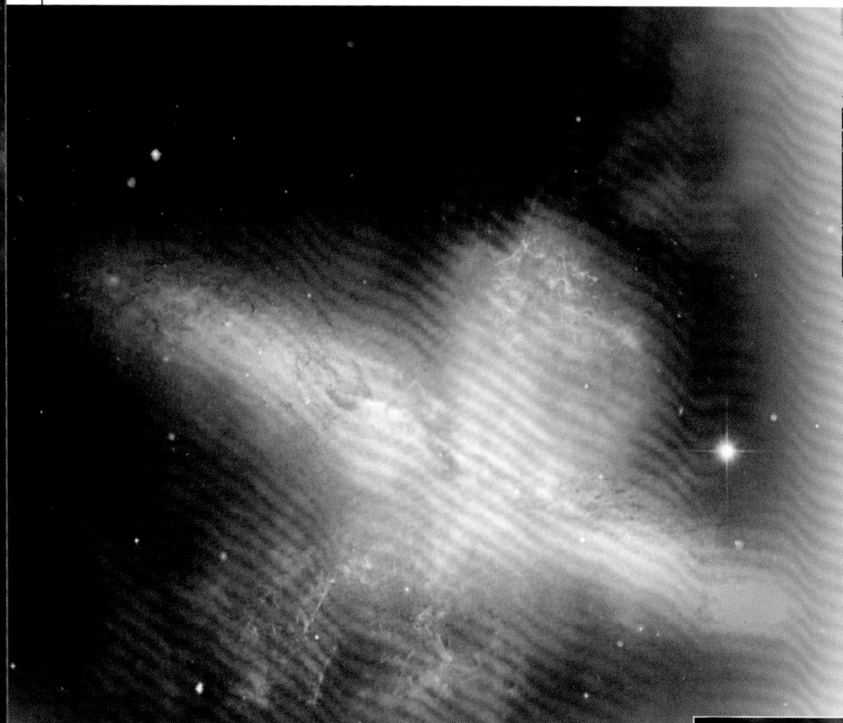

Sb型旋涡星系

波德星系

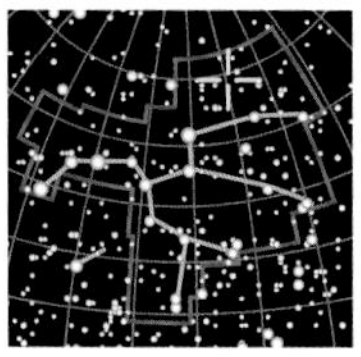

星表编号
M81，NGC 3031
距离
1 050万光年
直径
95 000光年
星等　6.9

大熊座

　　波德星系也称为M81，是北半球肉眼可见的最亮的旋涡星系。它所在的星系群距离本星系群不远。它是其中的主要成员之一。它是由德国天文学家约翰·波德（Johann Elert Bode）于1774年发现的，因此以他的名字命名。

　　在过去数千万年里，波德星系与"雪茄星系"M82（见下图）发生过近距离的交会。这次交会产生

星系中的星团
在这张可见光与紫外线的合成照片上，可以清楚地看出，最热和最明亮的星团（蓝色和白色的团块）分布在星系核和旋臂上。

了巨大的潮汐力，使得M81内部的密度波（见第303页）大大加强了。密度波周围恒星形成率的提高使M81的旋臂变得更加明亮。而位于核心一侧的长而直的尘埃带也是这次近距离交会时产生的。通过计算星系核两侧光线的多普勒位移，天文学家发现它的星系核外的物质旋转速率比大多数星系慢得多。这说明M81的暗物质含量比其他星系少。因为暗物质越多，旋转速率就越快。

不规则盘状星系

雪茄星系

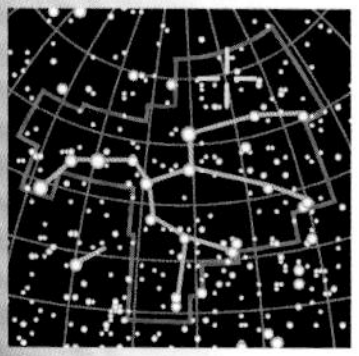

星表编号
M82，NGC 3034
距离
1 200万光年
直径
40 000光年
星等　8.9

大熊座

　　雪茄星系（M82）是天空中最明亮、最壮观的星暴星系之一。它的形状不规则，从地球上看像一支雪茄。这个星系内部正处于大规模形成恒星的时期，这是因为与M81发生了近距离交会造成的。这次交会瓦解星系的核心，使黑暗的尘埃带遮盖住了大部分核区，并在一个直径几千光年的区域内形成了许多大质量的明亮星团。在红外波段，M82是天空中最明亮的星系。2014年，天文学家在其中观测到了一颗超新星，是距离地球最近的超新星之一。

X射线照片

活跃黑洞群

Sb型旋涡星系

黑眼睛星系

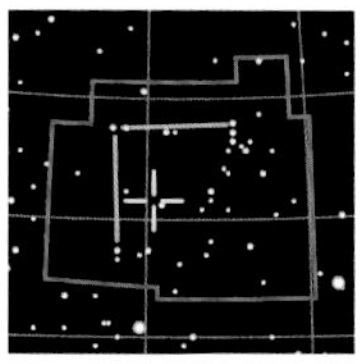

星表编号
M64，NGC 4826
距离
1 900万光年
直径
51 000万光年
星等　8.5

后发座

　　这个星系有一条壮观的黑色尘埃带，横亘在明亮的星系核前方，因此被称为"黑眼睛星系"。这条特殊的尘埃带沿着它的轨道运动，正好经过星系核前方。由于它还没有进入旋转的星系盘里，因此必定是在不久前刚刚形成的，并且很有可能是吸收了一个距离较近的小星系形成的。黑眼睛星系的另一个奇特之处在于它外围的物质旋转方向与内侧相反，这也可能是星系碰撞造成的。

气体彩带
M82星系最为叹为观止的特征并不在可见光波段。这张合成照片用绿色表示可见光，蓝色表示高温的X射线源，红色表示红外线，橘黄色表示氢的辐射。照片中从中心星暴区域吹出的高温气体流清晰可见。

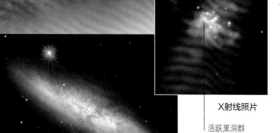

可见光波段照片

星暴星系
M82核心极为活跃，辐射主要在可见光波段和X射线波段。年轻恒星发出的可见光将整个星系照亮，随后它们迅速经历完整的演化过程形成活跃的黑洞，并开始发出X射线辐射。

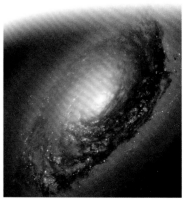

M64的中心区域和尘埃带

Sc型旋涡星系和不规则星系

涡状星系

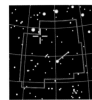

星表编号
M51，NGC 5194，NGC 5195
距离
3 100万光年
直径
100 000光年
星等 8.4

猎犬座

涡状星系是由查尔斯·梅西叶（见第73页）在1773年发现的。现在人们已经知道，它其实是一对相互作用星系，也是在地球上肉眼可见的最明亮、最清晰的双星系。它由一个面向我们的旋涡星系（NGC 5194）和一个较小的不规则星系（NGC 5195）组成。在可见光波段，两个星系之间的联系是看不到的，但在其他波段的图片上就能看到它们之间连着一条由气体组成的带子。两个星系之间相互作用的结果之一是大星系中的密度波加强了，触发了更多的恒星形成，使得它的旋臂更加明显。实际上涡状星系是第一个被辨认出旋涡结构的"星云"，旋涡结构的发现者是威廉·帕森斯（William Parsons，见右侧边栏）。

对比鲜明的双星系
这是由斯皮策空间望远镜在红外波段拍摄的涡状星系及其伴星系的照片。涡状星系富含尘埃，因此是红色的；而它的伴星系却几乎没有尘埃，因而是蓝色的。

这种相互作用同时也增强了两个星系核心的活动性，比如NGC 5195正处于恒星形成的爆发期，这也正好可以解释它为什么比较亮。而NGC 5194的核心也远比预想的亮得多。正因如此，有些天文学家将它们归为活跃的赛弗特星系（见第320页）。

星系的亮度分布图
从这张图上可以看出M51不同区域的亮度分布，图中两个尖峰的位置分别对应两个星系的核心。

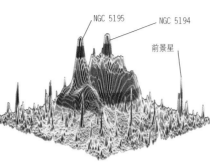

NGC 5195　NGC 5194　前景星

涡状星系尽管距离非常远，但是非常明亮，也就是说它的尺度和光度都很大。它的大小与银河系类似，但是因为旋臂上有许多巨大的年轻星团，所以总体上比银河系要亮。它是一个小星系群的主要成员，M63也是这个星系群的成员。

威廉·帕森斯（William Parsons）

威廉·帕森斯（1800—1867）是一位爱尔兰贵族，他用自己强大的财力建造了当时最大的望远镜，最早开始研究星云的细节。1845年，他注意到一些"星云"具有旋涡状结构，并进行了详细绘制。当然那个时代的人们还没有星系的概念，认为这些都是星云。帕森斯的发现对于认识到星系不是星云而是独立的恒星系统迈出了重要的一步。

帕森斯绘制的M51素描

明亮的涡状星系
这张照片是用哈勃空间望远镜在不同滤光片下拍摄的照片合成的，照片上显示出M51的一些细节，比如每个旋臂后的黑暗尘埃带，以及明亮的粉红色恒星形成区。

Sc型旋涡星系

风车星系

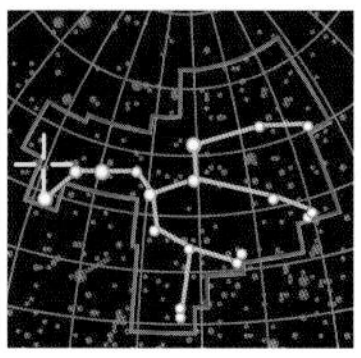

大熊座

星表编号	M101, NGC 5457
距离	2 700万光年
直径	170 000光年
星等	7.9

风车星系是一个旋涡星系，在查尔斯·梅西叶（见第73页）编纂的星表中编号为M101。尽管它很明亮并且离我们较近，然而要想看到它的真实模样还需要借助威力强大的望远镜或长时间曝光。因为它是正面对着我们的，它发出的大部分光都分散在整个星系盘上，所以乍看上去只能看到一个明亮的中心核，而非星系的全貌。通过高清晰

相对红移

这张计算机绘制的图片展示了M101中各天体的相对红移和蓝移情况，实际上反映了这个星系的自转。图中黄色和红色的区域在远离我们，绿色和蓝色的区域则在向我们靠近。

出，M101的旋臂高度延伸但不对称，感觉好像核心并不在整个星系的中心。M101是目前已知最大的旋涡星系之一，它的可见部分半径是银河系的两倍多。它在天空中的尺度极大，甚至超过了满月，因此它是为数不多的可以详细研究内部区域的星系之一。

不对称的星系盘

M101的形状不对称，是由于盘的质量分布不均匀，进而影响了星系内恒星的运动轨道。

尘埃带

从这张哈勃空间望远镜拍摄的照片上我们可以看出，草帽星系被一条厚重的尘埃带所环绕，与明亮的星系盘交相辉映。

Sa型旋涡星系

草帽星系

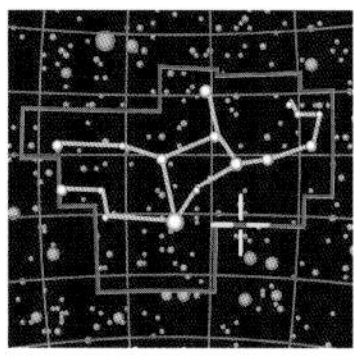

室女座

星表编号	M104, NGC 4594
距离	5 000万光年
直径	50 000光年
星等	8.0

昏暗的尘埃带以及球状的核心使得草帽星系（M104）看起来很像一顶传统墨西哥草帽，这个星系因此而得名。从地球上，我们是从草帽星系赤道面以上6度的方向观察它，这是一个理想的角度，既可以看清星系核，又可以看到旋臂。尽管这个星系的核非同寻常地巨大和

明亮，可通常它还是被归为Sa型或Sb型旋涡星系。它的另一个奇特之处在于环绕在其周围的密集的球状星团。这些星团已知的有两千多个，数量是银河系球状星团的10倍。

在草帽星系的核心处有一个明亮的物质盘，与星系平面呈一定的夹角。它很可能是星系中心超大质量黑洞的吸积盘。从这一区域的X射线辐射可以看出黑洞仍在吞噬物质。

M104是增补进梅西叶星表的天体。梅西叶在1781年发现它后亲自将它增补进第二版的星表中。还有一些天文学家也独立发现了草帽星系，例如威廉·赫歇尔。他首先注意到了M104最明显的特征——

草帽星系合成照片

这是一张草帽星系的多波段合成照片，其中X射线、可见光、红外辐射分别用蓝色、绿色、橘黄色表示。

黑暗的尘埃带。草帽星系也是最早被证明在银河系之外的星系之一（见下方边栏）。

维斯托·斯里弗（Vesto Slipher）

美国天文学家维斯托·斯里弗（1875—1969）是最先提出宇宙的尺度远大于银河系范围的天文学家之一。1912年，他在美国亚利桑那州旗杆市的洛厄尔天文台发现了M104光谱中的红移谱线。他据此计算出M104正在以每小时360万千米的速度远离我们。这个速度太快，所以M104不可能位于银河系内。

So型透镜状星系

纺锤星系

星表编号	M102（未证实），NGC 5866
距离	4 000万光年
直径	60 000光年
天龙座	
星等	9.9

纺锤星系（NGC 5866）是一个侧面朝着地球的迷人星系。它通常被归成透镜状星系，拥有由恒星、气体和尘埃组成的星系盘，以及一个典型的核球，但是没有旋臂。而实际上，侧向星系是很难看出是否有旋臂的。

纺锤星系所在的星系群是一个较小的星系群，纺锤星系是其中的主要成员。天文学家测定了这个小星系群中星系的运动，惊讶地发现纺锤星系一定包含总量高达10亿倍太阳质量的物质，大约比银河系多出30%到50%。

从纺锤星系的特征来看，它很可能就是查尔斯·梅西叶星表中编号为102的天体。梅西叶首先记录下了M102这个天体，但是没有给出具体位置，随后又给出了一个没有任何天体的坐标。有些人认为梅西叶可能把风车星系，也就是M101记录了两次，但更有可能的是M102就是纺锤星系，只是梅西叶犯了个错误，将它的坐标加大了5度。

质量巨大的纺锤星系

从地球上可以清楚地看到纺锤星系的侧面呈雪茄状，并且带有明显的尘埃带。

E2型椭圆星系

M60

星表编号	M60，NGC 4649
距离	5 800万光年
直径	120 000光年
室女座	
星等	8.8

M60是室女座星系团（见第329页）中的数个巨型椭圆星系之一。室女座星系团是我们所在的本超星系团的核心星系团。M60与邻近的M59是1779年由德国天文学家约翰·科勒（Johann Köhler）在观测附近一颗彗星时发现的，几天后，查尔斯·梅西叶也发现了它们，并编入自己的星表，以免天文学家把它们和彗星混淆。

M60的直径与很多旋涡星系类似，然而它作为一个E2型椭圆星系，形状非常接近球形，也就是说它的体积比直径相同的旋涡星系大得多。M60

的质量可能达到太阳的数万亿倍，周围环绕着数以千计的球状星团。天文学家通过哈勃空间望远镜测量了M60内恒星的运动，发现它的中心存在一个质量高达太阳45亿倍的"怪兽"黑洞。

M60的近邻

M60与旋涡星系M59（图中右侧星系）离得很近，天文学家认为这两个星系正在发生相互作用。在10亿年的时间里，M60甚至可能完全吞没M59。

瓦解的旋涡星系

触须星系

星表编号	NGC 4038，NGC 4039
距离	6 300万光年
直径	360 000光年
乌鸦座	
星等	10.5

触须星系NGC 4038和NGC 4039是天空中最令人惊叹的相互作用星系。从地球上看，它们就像一个双核结构中向两侧各自伸出一条由恒星组成的飘带，像是一只昆虫的触须。但是，大型望远镜发现这两条飘带实际上都是星系的旋臂，它们都是被强大的引力从所在的星系中拉扯开的。而这股强大的引力则源于开始于7亿年前并持续至今的一次星系碰撞。研究触须星系能够告诉我们关于星系碰撞的奥秘。从高清照片上，我们可以看到它的中心区域被数百个明亮炽热的星团所照亮。这些星团是由于星系碰撞导致气体云压缩，进而触发"星暴"而形成的（见雪茄星系，第314页）。天文学家可以利用星团的红化程度估计它们的年龄，因为明亮的蓝色恒星都是质量最大的恒星，生命最短，因而星团越老，光线越红。

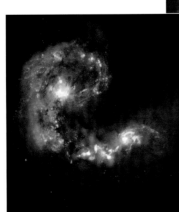

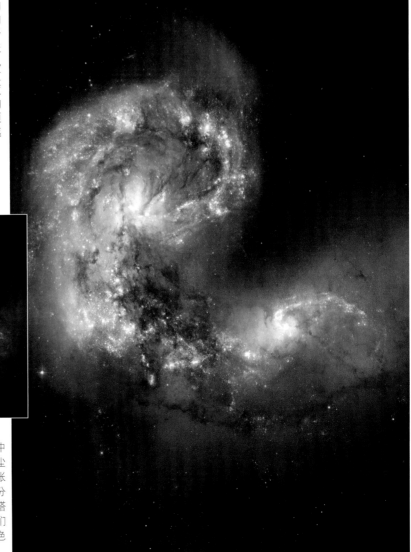

星团和气体云

右图是哈勃空间望远镜拍摄的碰撞中的触须星系，其中可以看到湍动的尘埃云和一些明亮的星团。上图是一张可见光波段与红外波段的合成照片，分别由哈勃空间望远镜和位于智利的阿塔卡玛大型毫米波阵列拍摄。照片中我们可以看到恒星形成的地方（粉色、红色和黄色区域）有致密的低温气体云。

更大的视图

这张触须星系的广角照片是在地面上拍摄的，显示出两个明亮而扭曲的核，以及两条由瓦解的旋臂形成的长长的飘带。

瓦解的旋涡星系

ESO 510-G13

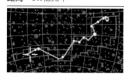

星表编号	ESO 510-G13

距离	1.5亿光年

直径	105 000万光年
星等	13.3

长蛇座

ESO 510-G13是一个只有编号而没有通用名称的星系，它这个冗长的编号来自欧南台编制的星表。但它无疑仍旧是夜空中最迷人的星系之一。它是一个侧对我们的旋涡星系，中心盘面的尘埃带清晰可见，并且带有明显的扭曲。

对这种扭曲最简单的解释就是ESO 510-G13不久前与另一个星系近距离交会甚至发生了碰撞。有些天文学家认为这次碰撞还未结束，尘埃带正是被ESO 510-G13吞下的

这个星系的"冤魂"，如同活动星系人马座A一样（见第322页）。另一种解释是ESO 510-G13的星系盘是被它附近的另一个星系的引力所扭曲的。这个星系可能是距离较近的一个小星系，也有可能是一个距离较远但是较大的星系，与ESO 510-G13同属一个星系群。随着技术和仪器的进步，天文学家发现这种扭曲在旋涡星系中很普遍。但是因为这种扭曲对于气体比恒星更明显，所以通常在射电波段更容

易看到。我们的近邻星系M31（见第312~313页）也存在类似的扭曲，而我们的银河系可能也有，可能是因为与我们的伴星系发生了相互作用造成的。

扭曲的星系盘

在ESO 510-G13明亮的中心核映衬下，它那扭曲的尘埃带轮廓十分明显。右侧的蓝色区域是一大片明亮的年轻恒星，很可能就是该星系近期与其他星系发生过碰撞的证据。

SB0型棒旋星系

NGC 6782

星表编号	NGC 6782

距离	1.83亿光年

直径	82 000光年
星等	12.7

孔雀座

哈勃空间望远镜2001年拍摄了表面上完全正常的棒旋星系NGC 6782。天文学家使用紫外探测器研究了星系中高温物质的模式。下图是两个由恒星组成的圆环，它们温度很高并且很明亮，因而辐射主要集中在紫外波段。内环位于星系棒所在的位置，是由棒和星系其余部分之间的潮汐力形成的。而外环则位于星系的边缘。

紫外波段的恒星环

瓦解的旋涡星系

双鼠星系

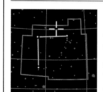

星表编号	NGC 4676

距离	3亿光年

直径	300 000光年
星等	14.7等

后发座

虽然这个天体名为NGC 4676，但实际上是一对正在碰撞中的星系。它们看起来像是一对有着白色的身体和细长尾巴的老鼠，因而得名"双鼠星系"。它的长尾巴和触须星系（见第317页）一样，是一条在碰撞中松开的旋臂。双鼠星系的一条旋臂是侧向我们的，因此它看起来显得又长又直。位于星系主体和尾巴上的明亮蓝色结点正在快速形成恒星。通过计算机模拟（见右侧边栏）可以看出，虽然两个星系现在是分开的，但它们在1.6亿年前曾经发生过近距离的交会。

隐藏的细节

图像处理技术的运用使得天文学家可以将双鼠星系边缘发出的暗弱光线增强，这样就可以看到它们的真实形状和延伸范围。

空间探索

模拟星系碰撞

天文学家研究星系碰撞时所面临的最大挑战之一就是：只能观测到星系碰撞发生数百万年后的某一个阶段。幸运的是，当今的超级计算机可以使星系碰撞过程加速进行。天文学家建立了包含简化恒星、气体、尘埃以及暗物质的星系模型，让它们在计算机上相撞，然后就可以测量引力对星系命运的影响了。

旋涡星系碰撞模拟

计算机模拟展现了两个旋涡星系并合为一个大的不规则星系的过程。这里时间是以百万年（My）计的。

初始时刻　　4亿年　　6.5亿年

10亿年

合二为一的命运

尽管目前双鼠星系的两部分在发生近距离交会后暂时分开了，但它们仍然被引力牢牢地拴在一起。最终它们会融为一体，可能会形成一个新的巨椭圆星系。

车轮星系

星表编号	ESO 350-G40
距离	5亿光年
直径	150 000光年
星等	19.3

玉夫座

如果说车轮星系看起来不同寻常，那是因为它是星系间一起"肇事逃逸"事故的受害者。车轮星系曾经是一个正常的旋涡星系，在数百万年前与一个较小的星系发生了迎面对撞，随后小星系逃逸了。而我们现在看到的车轮星系是它正在逐渐恢复元气中的样子。这种事件在宇宙中很罕见，因为大多数星系碰撞都是擦肩而过的近距离交会或者共舞一段时间后最终并合。而车轮星系的样子表明这是两个星系以很高的相对速度交错而过，并且运动方向互相垂直。构成车轮星系旋臂的密度波在碰撞中瓦解，导致旋臂结构消失。同时激波蔓延到了星系边缘，产生了一个环状的恒星形成区。而向内的激波则导致车轮星系的核心呈现不同寻常的"牛眼"形状。

多年来，大多数天文学家都怀疑这次碰撞的肇事者是车轮星系的两个邻近星系之一。这两个邻近星系都表现出了肇事者的特点，例如那个较小的星系颜色偏蓝，外观受到过破坏，恒星形成比较活跃；而另一个星系颜色偏黄，很可能是在碰撞中丢失了形成恒星所必需的气体。但是，近年来射电观测表明，车轮星系中伸出了一条气体流，指向另一个小星系，它距离车轮星系已经有25万光年之遥。

星系核中的云团
在车轮星系核处发现了一些所谓的"彗状云"，每个长度大约为1 000光年。它们被认为是快速运动的高温气体，在碰撞作用下插入低速运动的稠密物质中，从而呈现这种形态。

旋臂重生
车轮星系（图中右侧）的"链条"是旋臂重生的前兆。

霍格天体

星表编号	PGC 54559
距离	5亿光年
直径	120 000光年
星等	15.0

巨蛇座

霍格天体是天空中最奇特的星系之一。尽管它的环状结构与车轮星系（被正面撞击过的星系，见上）有几分类似，但是它周围没有与之发生碰撞的星系。目前有两种理论解释霍格天体等环状星系的成因。其中一种认为这些天体可能是一类特殊的旋涡星系，它们的两条旋臂逐渐演化形成了一个环。另一种认为它们可能从前是椭圆星系，由于吞噬了另外的星系触发了恒星形成，从而产生了周围的恒星环。

透视星系
霍格天体的核心与环之间的空隙是完全透明的，我们可以透过它清楚地看到一个背景星系，就在这张照片的上部。其实这块空隙中仍然包含了数量巨大的暗弱恒星。

麦林1

星表编号	无
距离	10亿光年
直径	520 000光年
星等	25.7

后发座

尽管麦林1看起来十分暗淡，但它是极为重要的天体。它是在1987年被偶然发现的，是一个巨大但却昏暗的旋涡星系，而且由于某种原因它内部极少有恒星形成。这种低表面亮度星系大约占全宇宙星系总数的一半，麦林1是其中最大的星系之一。

负片上的麦林1

活动星系

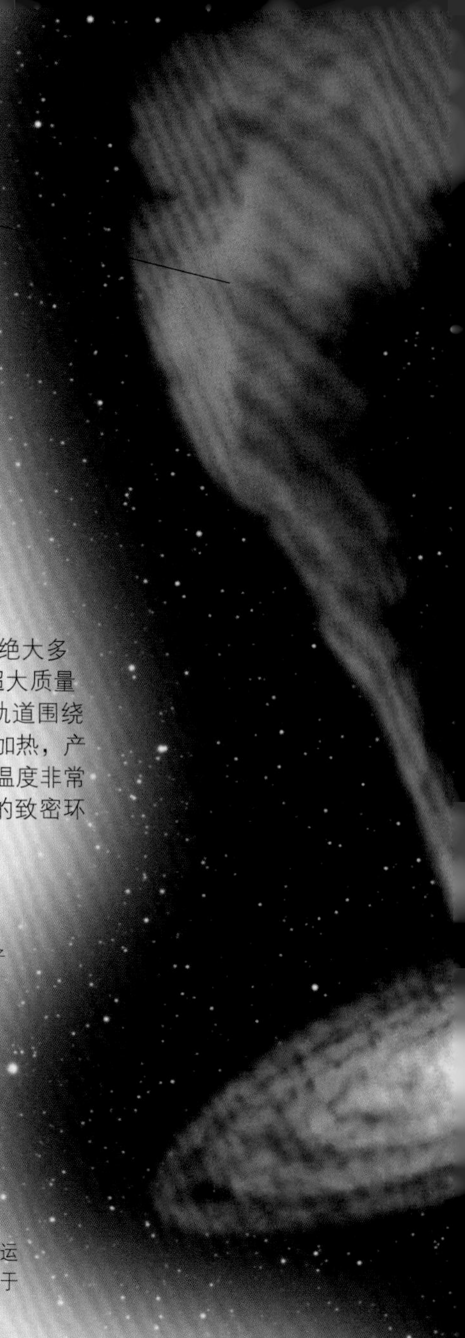

宇宙中许多星系都具有令人惊叹的特征，显得与众不同。尽管存在许多种不同类型的奇怪星系，但其原因往往都可以归结为异常活跃的星系核。它们相互之间似乎存在一些潜在的共同点，因此将它们统一归为"活动星系"来研究。

核心喷出的物质遇到星系之间的介质，速度降低形成瓣状结构

什么是活动星系

天文学家认为活动星系的特征都与中心的巨大黑洞有着千丝万缕的联系。绝大多数星系的核心都存在数百万倍太阳质量的黑洞（见第305页），这种黑洞称为超大质量黑洞。然而，这些黑洞大多都是沉睡着的，星系中所有的物质都按照稳定的轨道围绕着黑洞转动。但在活动星系中，物质持续不断地落入黑洞内，并且由于引力而加热，产生明亮的辐射爆发现象。当物质被黑洞吸入时就会形成螺旋状的吸积盘，它的温度非常高，发出强烈的X射线等高能辐射。在吸积盘的外围是一个由气体和尘埃组成的致密环状结构。中心黑洞周围的强磁场也会束缚住一些下落的物质，形成垂直于吸积盘的两束狭长的物质喷流。由于喷流中同步辐射机制占主导地位（见右图），因此辐射主要集中在射电波段。

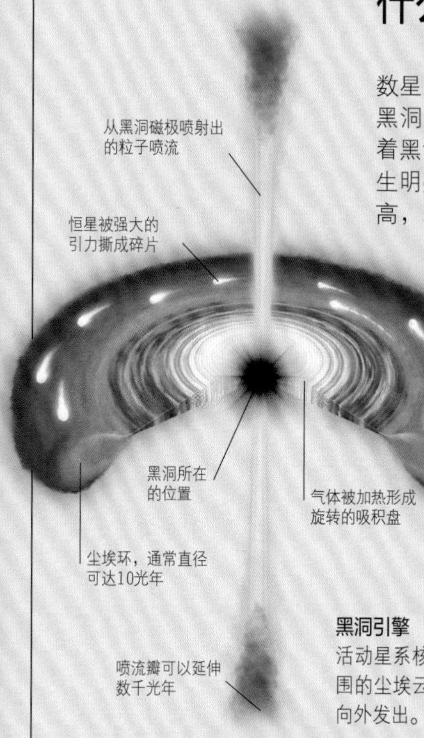

从黑洞磁极喷射出的粒子喷流

恒星被强大的引力撕成碎片

黑洞所在的位置

气体被加热形成旋转的吸积盘

尘埃环，通常直径可达10光年

喷流瓣可以延伸数千光年

电子

磁力线

射电波段的光子

黑洞引擎
活动星系核中心的黑洞被明亮的吸积盘及外围的尘埃云所环绕。物质喷流从黑洞的两极向外发出。

同步加速辐射
黑洞中心喷射出的电子穿过黑洞的磁场时做螺旋状运动，发出同步加速辐射。这种辐射的大部分能量位于波长较长的射电波段。

活动星系的类型

天文学家把活动星系分成4种主要的类型，每种都有自己的特点，这些特点都是核心存在剧烈活动的证据。射电星系是天空中最强烈的天然射电源，它们的辐射来自星系两侧的巨大射电瓣（通常与狭长喷流有关），然而星系本身看上去平淡无奇。赛弗特星系是一类相对正常的旋涡星系，它们核心亮度高，并且很致密，亮度在仅仅几天时间内就可以发生改变。类星体表面上看与恒星类似，都是天空中的光点，但是往往具有极端的亮度变化。它们光谱中的红移表明它们其实是非常遥远的星系，而借助强大的现代望远镜能够分辨出它们是核心极端明亮的星系。类星体是赛弗特星系的远房亲戚，但能量更高、更遥远。最后，耀变体（也称为蝎虎天体）是一种与类星体相似的恒星状天体，区别是它们的光谱中没有明显的谱线。标准中央黑洞引擎（见上）能够解释这几类活动星系的主要特点。这些星系表现出来的样子取决于活动的剧烈程度以及我们的观测角度。

射电星系
在NGC 383这样的射电星系中，星系的核心被侧对我们的尘埃环挡住了，地球上的观测者只能看到射电喷流和瓣状结构。

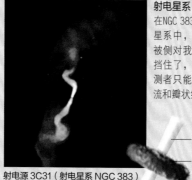

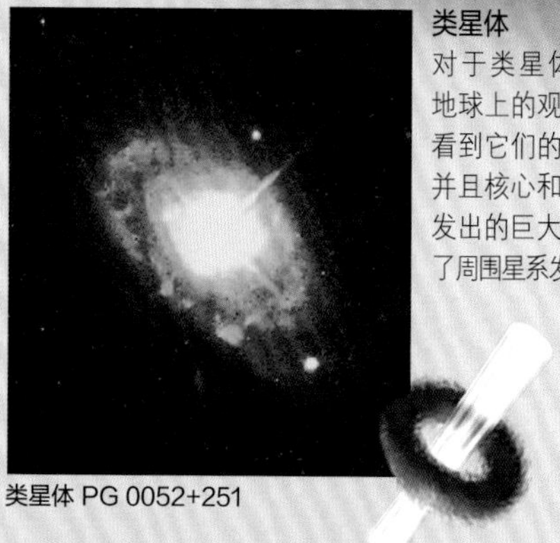

射电喷流

尘埃环

射电源 3C31（射电星系 NGC 383）

类星体
对于类星体来说，地球上的观测者可以看到它们的尘埃环，并且核心和吸积盘上发出的巨大光芒掩盖了周围星系发出的光。

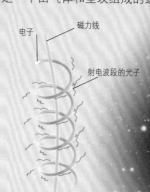

类星体 PG 0052+251

耀变体
耀变体的喷流恰好对准地球，因此观测者可以一直看到活动星系的核心。星系本身通常被巨大的光芒所掩盖，只有少数几个例外，例如马卡良 421。

耀变体马卡良 421

赛弗特星系
在M106等赛弗特星系中，核心和吸积盘均可见。这一点很像类星体，但它的活动性相对较弱。

赛弗特星系 M106

活动星系的历史

　　宇宙中不同类型活动星系的分布提供了研究它们演化的线索。类星体和耀变体从未在地球附近被看到过。它们都遥远暗淡。红移表明它们距地球数十亿光年之遥。我们看到的是它们很久之前的样子。

　　相比之下，射电星系与赛弗特星系就分散在我们周围的宇宙中。射电喷流与旋涡星系和椭圆星系有关。那类星体和耀变体又发生了什么呢？它们似乎代表了星系诞生之后的一个很短的阶段。在此期间，星系中央区域物质的轨道混乱交错，中心黑洞能够从落入的恒星、气体和尘埃中获得持续的能源供应。当黑洞清除了这些物质之后，具有稳定轨道和安全距离的物质保存下来。由于缺乏能源，黑洞逐渐平静下来，停止了活动，类星体就变成了银河这样的正常星系。这些星系如果发生碰撞而有新的物质被送入黑洞，仍会重新活跃起来。许多邻近的射电星系和赛弗特星系都显示出近期发生过碰撞或者密近交会的证据。有些星系离我们很近，可以用红外望远镜直接拍到它们核心周围的尘埃环。不过这些近期活动的程度有限。即使是最剧烈的射电星系所产生的能量也无法和类星体相比。而赛弗特星系则是所有活动星系中活动性最弱的一类。

复苏
半人马A的可见光图像清楚地呈现了与这个椭圆星系缠绕在一起的尘埃带。叠加的射电图像则显示出爆发活动引起的喷流和烟柱。

粒子喷流（假彩色射电图像）

尘埃带（可见光图像）

星系恒星的椭球状分布（可见光图像）

星系射电瓣（假彩色图像）

旋涡星系的盘

粒子喷流发出无线电波

活动星系核，包括一个活跃的黑洞，周围环绕着明亮的吸积盘及一个尘埃环

活动星系
理想的活动星系是核心非常明亮的旋涡星系，其中隐藏着活跃的黑洞。从黑洞两极喷出的粒子速度接近光速，在长达数千光年的瓣中运动，与星系际介质碰撞后速度才慢下来。

超光速喷流

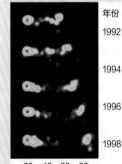

年份	
1992	
1994	
1996	
1998	

　　有的类星体和耀变体似乎有悖物理学定律。几年间拍摄的图像显示，核中喷出的喷流物质运动的视向速度甚至会超过光速。其实这不过是假象，当喷流以接近光速的速度高速运动，并刚好大致正对我们的时候就会出现。

延时序列
这些图像是来自耀变体3C 279的喷流辐射，拍摄间隔为两年，看起来像5倍光速的运动。

　　　20　40　60　80
距离（光年）

银河系是活动星系吗？

　　银河系也是一个具有中心黑洞的星系，同样具备成为活动星系的潜质，并且最近有证据显示，中心黑洞可能已经开始变得活跃。1997年，天文学家在银河系中心发现了一团发出伽马射线辐射的巨大气体云。这种辐射有一个独特的频率，表明它是电子遇到它的反物质（见第31页）——正电子并在能量爆发中湮灭的结果。正电子可能是在银河系核心处物质下落到黑洞的过程中产生的，随后遇到了周围的电子，发生了湮灭，产生了上面观测到的辐射。由于这团气体云距离银河系中心只有3 000光年，因此这次活动必定刚刚发生不久。

反物质喷泉
这是银河系中心周围正电子的射线照片。其中水平方向是银河系平面，反物质喷泉位于它的上方。

银河系中心
这张银河系中心的近红外照片是由位于智利的甚大望远镜拍摄的。天文学家花费了16年时间跟踪了银河系中心附近恒星的运动情况，测定出中心黑洞的质量大约是太阳的400万倍。

活动星系

活动星系的外形不遵循普遍规律，有的结构松散，有的在可见光波段可见，有的在其他波段可见。而有些活动星系乍看上去很正常，但是在某个波段却辐射出极其巨大的能量。事实上，大多数的星系都会表现出这样或那样的活动性，一小部分星系的核心由于有物质螺旋下落到黑洞中而特别活跃。其中包括赛弗特星系、射电星系、类星体和耀变体。绝大部分已知的活动星系都是距离遥远的类星体。而银河系附近的天体虽然不怎么活跃，但距离比较近，天文学家可以详细研究。

活动星系发出的喷流
这是星系M87核心发出的粒子喷流的射电波段假彩色照片。M87是一个典型的活动星系，是由中心的黑洞驱动的。

Ⅱ型赛弗特星系

圆规座星系

星表编号	
	ESO 97-G13
形状	Sb型旋涡星系
距离	1 300万光年
直径	37 000万光年
圆规座	星等 11.0

虽然圆规座星系是距离地球最近的活动星系之一，然而直到几十年前才被发现。它之所以隐藏了这么久，是因为它位于银河系平面下方仅仅4度的位置，被大量的恒星和气体挡住了。直到1999年哈勃空间望远镜对它进行了观测后，人们才发现了这个星系不同寻常的性质。圆规座星系是一个赛弗特星系，即核心明亮且致密的旋涡星系，是物质缓慢向大质量黑洞漂移的结果。哈勃空间望远镜上的红外相机显示，这个星系中的气体在黑洞周围聚集成一个直径只有250光年的中心环，星系平面上还形成了一个松散的外环，直径大约为1 300光年，其中正在形成大量的恒星。哈勃空间望远镜还在星系平面上方发现了一个敞起的锥状气体云，是由黑洞的磁场喷射出来的物质形成的，并且被星系核的紫外辐射加热到了相当高的温度。

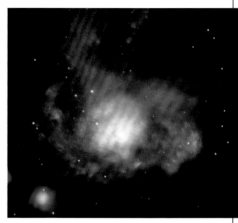

锥状气体云
圆规座星系核心附近的区域呈粉红色，表明从中央黑洞喷出的物质高速冲入星系上方的气体云中，形成了锥形。

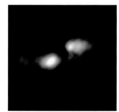

射电连续 **射电21厘米波**

多波段合成照片
左图和下图是不同波段拍摄的半人马座A的照片。最左边是可见光、微波和X射线波段的合成照片。

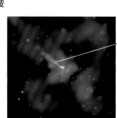

可见光波段 **X射线波段**

喷流

尘埃盘
右图是哈勃空间望远镜拍摄的半人马座A的照片，可以看到黑色的星际气体尘埃、发光的橘黄色气体云，以及星系碰撞时形成的明亮的蓝色星团。

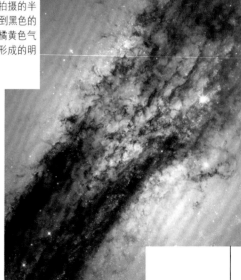

射电星系

半人马座A

星表编号	
	NGC 5128
形状	特殊椭圆星系
距离	1 500万光年
直径	80 000光年
半人马座	星等 7.0

NGC 5128由一团黄色的年老恒星组成，呈现出椭圆星系的一些典型特征，但最令人惊讶的是它中央有一条横贯的黑色尘埃带，将星系匀称的外形一分为二。此外，这个星系两侧还有一对巨大的射电瓣，直径达到100万光年。现在常用该星系的射电源编号——半人马座A来称呼这个星系。天文学家在各个波段对半人马座A进行了细致的研究。哈勃空间望远镜用红外相机观测了尘埃带，在中心发现了一个巨大的吸积盘，而这正是半人马座A核心的活跃黑洞正在吞噬物质的标志。

天文学家已经基本达成共识，认为半人马座A是一个正在吞噬旋涡星系的椭圆星系。旋涡星系可以从尘埃带以及点缀其中的明亮星团里看到些影子。这些星团有可能是在两个星系并合时产生的激波中形成的。

射电星系

M87

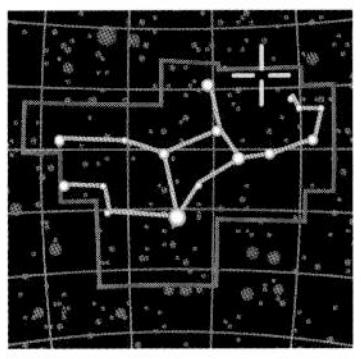

星表编号	
M87, NGC 4486	
形状	E1型巨椭圆星系
距离	
6 000万光年	
直径	
120 000光年	
室女座	**星等** 8.6

　　M87位于室女座星系团（见第329页）的中心，是距离我们最近的巨椭圆星系之一。这种巨椭圆星系通常位于年老的星系团的中心。

星系爆发
斯皮策空间望远镜的照片显示，M87周围的高能喷流附近存在激波。

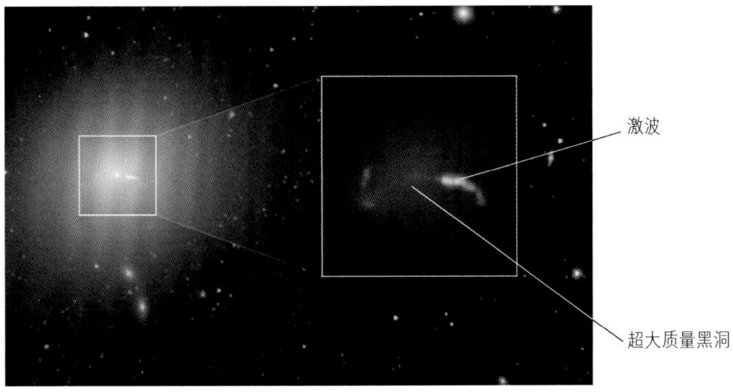

　　激波

　　超大质量黑洞

　　这些星系中，恒星团的直径和银河系大致相当，但是包含的恒星比银河系多得多，可能高达数万亿颗。长时间曝光的照片显示，M87外围有一个由松散的恒星构成的晕，从星系中心延伸出很长一段距离，并且形状细长。该星系的球状星团数目无与伦比，据有些天文学家估计可达1.5万个。2019年，事件视界望远镜成功地拍摄到了M87中心巨大黑洞的照片（见第26页）。

　　此外，M87还是一个活动星系，它的位置恰好与室女座A射电源以及一个强X射线源重合。甚至在可见光波段也能看见星系活动的证据，即从中心喷出的一个狭长的物质喷流。

II型赛弗特星系

煎蛋星系

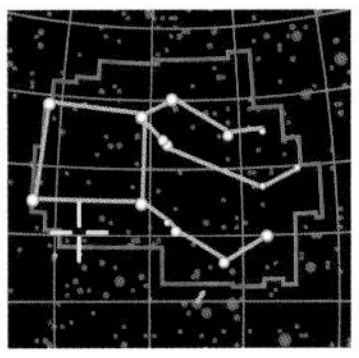

星表编号	
NGC 7742	
形状	Sb型旋涡星系
距离	
7 200万光年	
直径	
36 000万光年	
飞马座	**星等** 11.6

　　这个小型的旋涡星系NGC 7742中心发出黄色的光芒，像一个煎鸡蛋。和同等大小的星系相比，它的核心极其明亮，原因就在于它是一个中等活跃的赛弗特星系。赛弗特星系的辐射波段比较宽，而NGC 7742是一个II型赛弗特星系，在红外波段的辐射最明亮。

天空中的"煎蛋"

卡尔·赛弗特（Carl Seyfert）

　　美国天文学家卡尔·赛弗特（1911—1960）出生于美国俄亥俄州的克利夫兰，父亲是一名药剂师。赛弗特就读于哈佛大学，后来先后任职于麦克唐纳天文台和加州的威尔逊山天文台。赛弗特在威尔逊山天文台首先证认出一类核心异常明亮的星系，并以他的名字命名（见第320页）。他还于1951年发现了赛弗特六重系，这是一个有趣的星系团（见第329页）。

赛弗特的天文台
赛弗特抽出时间在美国田纳西州纳什维尔举办了一系列公众讲座，此外还主持建设了田纳西州的阿瑟·戴尔天文台（见上图）。

射电星系

NGC 4261

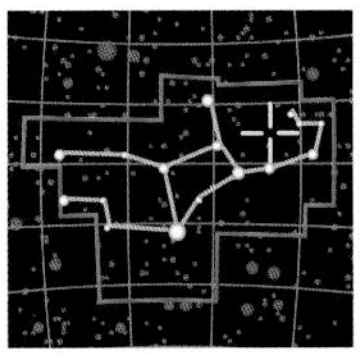

星表编号	
NGC 4261	
形状	E1型椭圆星系
距离	
1亿光年	
直径	
60 000光年	
室女座	**星等** 10.3

　　椭圆星系NGC 4261位于两片巨大的射电瓣中央，这对瓣状结构两端相距15万光年。该星系从许多方面来看都是一个典型的射电星系，同时还是椭圆星系中为数不多的几个具有内部结构的活动星系之一。哈勃空间望远镜的红外照片穿透了前方遮挡视线的星云，揭示出一个异常致密的尘埃盘，其中的物质正在沿螺旋形轨道朝着星系中心的黑洞下落。

　　大多数椭圆星系相对而言尘埃含量都很少，那么NGC 4261中的尘埃是哪里来的呢？最有可能的答案之一是，这个椭圆星系不久以前与一个旋涡星系发生了并合，旋涡星系中的单个恒星现在已经无法和椭圆星系中原有的恒星区分开了，但是旋涡星系中的气体和尘埃却保留了下来。

羽状辐射区
这张射电波段和可见光波段合成的照片显示出NGC 4261的全貌。星系在可见光波段呈现为中央的白色球状物，而橘黄色的羽状物是发出射电辐射的区域。

远古遗迹
这张钱德拉X射线天文台拍摄的星系核心照片显示，在中心超大质量黑洞周围存在几十个黑洞和中子星，它们可能是在前不久的碰撞中形成的。

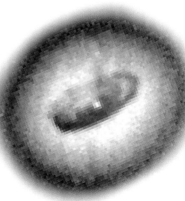

尘埃旋涡
哈勃空间望远镜拍摄的NGC 4261核心的照片显示，在发光的外层气体云之内有一团螺旋状的尘埃物质。在物质从活动星系核喷到射电瓣的区域有一个明显的锥状结构。

I型赛弗特星系

NGC 5548

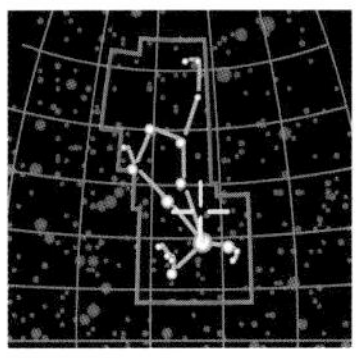

星表编号	
NGC 5548	
形状	Sb型旋涡星系
距离	
2.2亿光年	
直径	
100 000光年	
牧夫座	**星等** 10.5

　　NGC 5548是一个I型赛弗特星系，这种星系的紫外和X射线辐射比可见光辐射还要强。NGC 5548如同所有的赛弗特星系一样，拥有一个明亮而致密的核，但与煎蛋星系（见上）不同的是，它的核心呈现强烈的蓝白色。天文学家通过钱德拉X射线天文台在核心周围发现了一个正在膨胀的炽热气体包层，这些气体形成了星系周围的两个微弱的射电瓣。

哈勃空间望远镜拍摄的NGC 5548的照片

非典型的椭圆星系
NGC 1275的核心不同于一般的椭圆星系，而是比较类似赛弗特星系。黑色尘埃带是一个前方正在瓦解的旋涡星系遗留下来的。

NGC 1275

星表编号	NGC 1275
形状	椭圆形带有扭曲的旋臂
距离	2.35亿光年
直径	70 000光年
英仙座 **星等**	11.6等

尽管NGC 1275已经被卡尔·赛弗特（见第323页）本人归为赛弗特星系，但它仍然是个谜。近期的观测结果表明它其实是两个星系，其中一个在另一个的前面。明亮的蓝色星团表明存在一个旋涡星系的遗迹，正是它形成了横贯中心明亮区域的尘埃带。但这个明亮的中心区域实际上是另一个星系。尽管它的核心类似赛弗特星系，但它实际上不是旋涡星系，而是椭圆星系。这个巨大的椭圆星系位于英仙座星系团的中心，并且前方有一个旋涡星系正在以每小时1 080万千米的速度向它靠拢。这个旋涡星系的结构已经开始被椭圆星系的引力瓦解了。另外这个椭圆星系也是一个射电源，有些天文学家指出它还存在一些类似耀变体的活动（见对页"蝎虎天体"）。无论细节如何，NGC 1275都表现出许多活动星系核的典型特征。

星系核中的星团
NGC 1275的核心提供了一些球状星团起源的线索，因为其中存在大量类似球状星团的团状结构。只不过它们是由年轻的蓝色恒星组成的，并非年老的黄色恒星。

天鹅座A

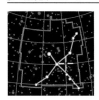

星表编号	3C 405
形状	Pec（特殊）
距离	6亿光年
直径	120 000光年（不包含射电瓣）
天鹅座 **星等**	15.0

我们附近的宇宙空间中最壮观、最强大的射电星系就要数天鹅座A了，它是在20世纪50年代射电望远镜刚刚投入使用时发现的。它最大的特征是有两个巨大的发出射电辐射的瓣状结构，并且可以明显看到射电瓣通过狭长的喷流与中心暗弱的椭圆星系相连。整个星系从一个瓣到另一个瓣延展超过50万光年。

尽管天鹅座A是一个大名鼎鼎的射电星系，但关于它仍然存在大量未解之谜，其中大部分是由于它的距离极端遥远。早期的观测让天文学家相信这个星系的中心实际上是一对正在碰撞的星系。哈勃空间望远镜观测的结果显示它与NGC 5128，也就是半人马座A（见第322页）有相似之处。半人马座A被认

为是一个不久前刚刚吞噬掉一个旋涡星系的椭圆星系。前不久天文学家探测到了一团穿过天鹅座A的红移气体，证实星系碰撞确实是它活动性极高的主要原因。

天文学家也讨论了"热斑"的起源。所谓"热斑"是指两个射电瓣顶端最明亮的区域。钱德拉X射线天文台的研究表明，天鹅座A位

于一团高温且低密度的气体云的中心。它的喷流在这团气体中吹出了一个橄榄球形的巨大空腔，大小远远大于中心星系。卷曲的气体处发出X射线和射电辐射，同时在引力的作用下回落到星系两极。显然，热斑就是在向外的喷流与向内的高温气体相撞的地方产生的。

复杂的射电源
在这张天鹅座A的合成照片上，射电喷流用红色表示，X射线辐射用蓝色表示，可见光图像用黄色表示。中心星系被一团巨大的高温气体泡所包围，射电喷流就是从这个泡中爆发出来的。

耀变体（蝎虎座BL型天体）

蝎虎座BL

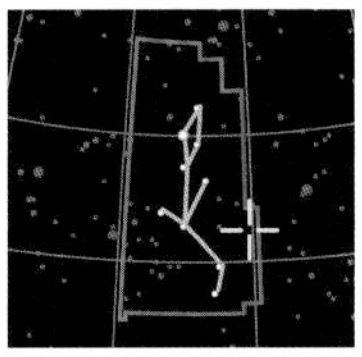

星表编号	BL Lac
形状	椭圆星系
距离	10亿光年
直径	未知
蝎虎座	**星等** 12.4～17.2

20世纪20年代，蝎虎座BL（简写为BL Lac）起初被德国天文学家库诺·霍夫梅斯特（Cuno Hoffmeister）归类为不规则变星。后来，天文学家们对这种天体的认识发生了改变。作为一颗变星，它非常诡异，因为它的变化非常迅速，并且完全无法预知。同时，它的光谱完全没有任何特征，既没有恒星常见的吸收线，也没有星系中常见的发射线（见第35页）。1969年，天文学家发现蝎虎座BL是一个强大的射电源，天文学家才意识到它可能是一种新型的活动星系。如今这个天体被视为一种活动星系的原型，这种活动星系称为耀变体（蝎虎座BL型天体）。耀变体与类星体有许多相似之处，但也有一些不同，尤其是它的光谱几乎没有什么特征。20世纪70年代，两名天文学家设法遮住了蝎虎座BL的明亮核心，研究了它周围的情况，谜团才被解开。研究表明该天体镶嵌在一个暗淡的椭圆星系中，这个椭圆星系的光大部分被蝎虎座BL淹没了。天文学家通过光谱的红移测定了蝎虎座BL的距离，发现它极为遥远。现在，天文学家已经认识到耀变体是喷流方向恰好正对着我们视线而中间没有遮挡的活动星系核。

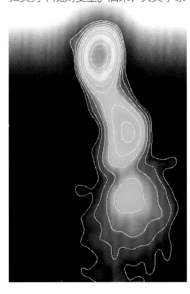

一个耀变体的射电图

这张蝎虎座BL的射电图显示了不同位置的辐射强度（等高线表示）和偏振（颜色表示）。偏振能够反映磁场的强度。上部红色的区域是星系的核心，而下方是它的一部分射电喷流。

类星体

PKS 2349

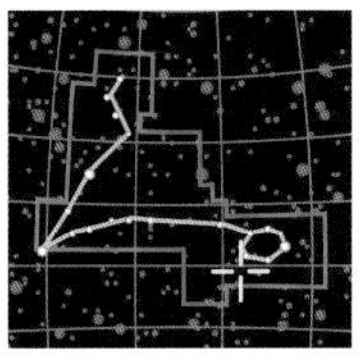

星表编号	PKS 2349
形状	瓦解中
距离	15亿光年
直径	未知
双鱼座	**星等** 15.3

20世纪90年代，哈勃空间望远镜为天文学家提供了一个前所未有的详细研究类星体的机会。这些研究中一个最有趣的课题就是关于一个平淡无奇的类星体PKS 2349（澳大利亚帕克斯射电望远镜星表中的编号）。这是天文学家首次看到类星体周围暗淡的宿主星系。照片显示，在很多情况下，类星体并非位于宿主星系的中心，而是正在与邻近星系和其他类星体发生剧烈的相互作用。PKS 2349正是一个确凿的证据，将这些天体之间的相互作用清晰展现了出来。这个类星体周围包围着一个暗淡的物质环，这个环很可能就是PKS 2349所在的宿主星系的外轮廓。然而果真如此的话，类星体显然"偏离中心"了。它的附近还有一个小的伴星系，和大麦哲伦星系的大小差不多（见第310页），看起来似乎将要与这个类星体发生碰撞。

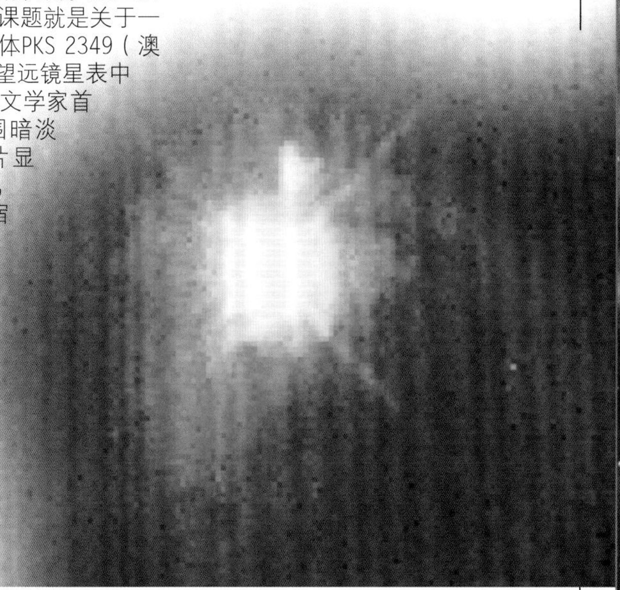

类星体的特写

在这张哈勃空间望远镜拍摄的PKS 2349的照片中，中心明亮的天体就是类星体，而它上方那块明亮的区域就是它的伴星系。而类星体的宿主星系就是那个从类星体中延伸出来的暗淡的环状结构。

类星体

3C 273

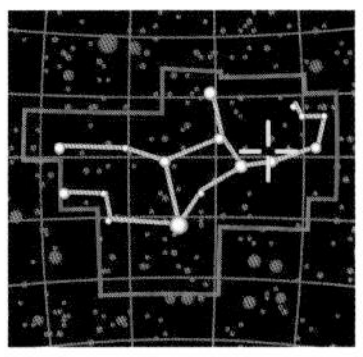

星表编号	3C 273, PKS 1226+02
形状	E4型椭圆星系
距离	21亿光年
直径	160 000光年（包含喷流区在内）
室女座	**星等** 12.8

3C 273是天空中最明亮的类星体，也是第二个被发现的类星体。早在1963年人们就发现了这个射电源，它是由澳大利亚天文学家西里尔·哈泽德（Cyril Hazard）用月亮掩食的方法（见第69页）精确定位的，并认为它似乎是一颗不规则变星，并且这颗星的光谱有一丛无法辨识的模糊的发射线（见第35页）。天文学家后来得知这些谱线是氢、氧和镁3种元素在极高红移下形成的，发光体正在以16%的光速，即每小时1.73亿千米的速度远离我们而去。如今我们已经知道这个天体不是一颗恒星，而是一个遥远的活动星系。

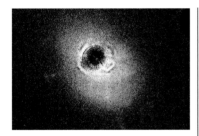

宿主星系

通过挡住3C 273星系核发出的光，哈勃空间望远镜拍摄到了它周围的暗弱星系的细节（见上图），包括一个旋臂结构和一条尘埃带。

射电喷流

3C 273的中心喷出的巨大粒子流长达10万光年。随着这些粒子距离星系核越来越远（白色方框），能量逐渐减少，如图所示，呈现出从蓝（X射线辐射）到红（红外辐射）的变化。

类星体

3C 48

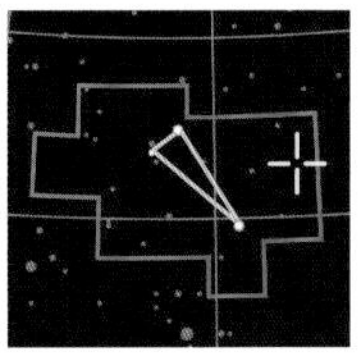

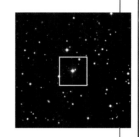

星表编号	3C 48, PKS 0134+029
形状	处于相互作用中的Sb型棒旋星系
距离	28亿光年
直径	100 000光年
三角座	**星等** 16.2

射电源3C 48在活动星系的研究史上具有独一无二的地位。它是在20世纪50年代被探测到的，并在1960年被阿伦·桑德奇（Allan Sandage，见下方边栏）证实是一个暗弱的、蓝色的、类似恒星的天体。这个天体的光谱展示出奇怪的发射线（见第35页），没有任何已知的元素曾发出过这样的谱线。天文学家研究了3C 273（见左侧）的光学对应体中类似的谱线，发现3C 48中的谱线是红移极高的氢发射线，同时也说明它是一个极为遥远并高速退行的天体。3C 48也因此成为第一颗被发现的类星体。

第一颗类星体

起初，3C 48是很难从前景恒星中分辨出来的。正是不可预测的光变以及强烈的射电辐射，表明它是一个极为特殊的天体。

阿伦·桑德奇（Allan Sandage）

阿伦·桑德奇（1926—2010）对于我们理解宇宙的演化产生了重要的影响。他早年曾经师从埃德温·哈勃。桑德奇致力于搜寻遥远星系中的造父变星，以测量宇宙的膨胀。在研究深空天体的同时，他发现了许多类星体。

星系团

星系天生喜欢群居。 在相互之间的巨大引力作用下，星系会紧密聚集在一起，有些相互环绕，并且经常发生碰撞。当星系在星系群中缓慢运动时，星系团的结构就会发生改变。星系团的演化能够告诉天文学家关于暗物质的信息，星系团甚至可以作为"宇宙透镜"，借助它们可以观察宇宙的早期形态。

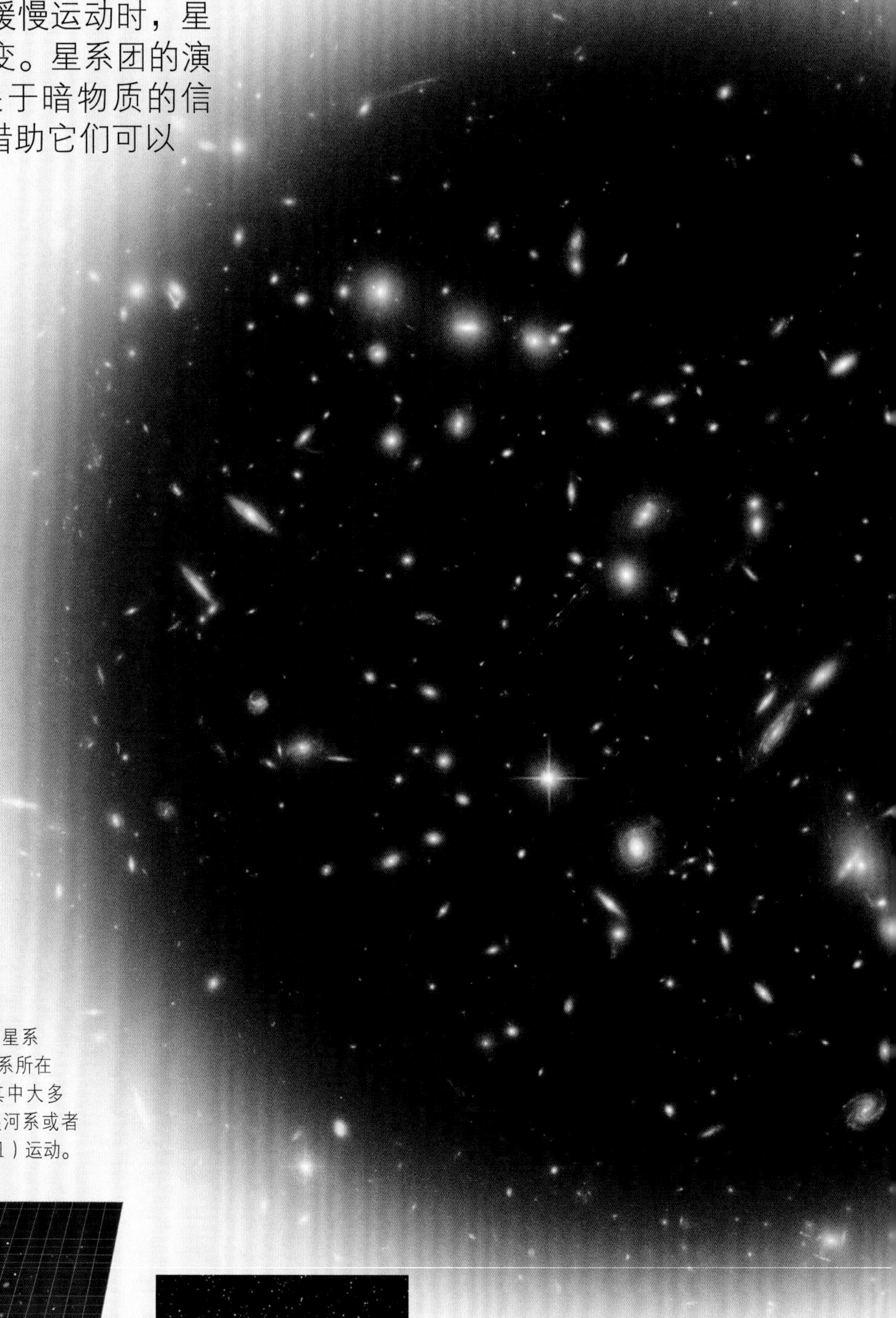

星系团的类型

有些星系团是稀疏、松散的星系集合。小型的星系团通常称为"星系群"。银河系所在的"本星系群"（见第328页）就属于这种小型星系团。此外还有一些星系团，例如距离我们较近的室女座星系团（见第329页）比较致密，其中杂乱无章地包含了数百个星系。而有些星系团，例如后发座星系团（见第332页）更为致密，星系构成了紧密的球形，中心是一些巨型椭圆星系。虽然星系团的密度各不相同，但它们所占据的空间大致是相同的，直径均为数百万光年。不是所有的星系都位于星系团中，所谓的独立"场星系"的数量比星系团中的星系数量还多，但有些种类的星系只有在星系团中才会出现。巨椭圆星系（见第304页）总是位于大型星系团的中心附近，同样巨大的弥散cD星系也是如此（见右下）。数量最多的星系团成员可能是看不见的，包括暗淡、弥散的矮椭圆星系，以及理论预言的"黑暗星系"。黑暗星系可能由氢，以及稀薄得无法凝聚成恒星的物质组成。2005年年初在室女座中发现的一个星系可能就是首个这种类型的星系。

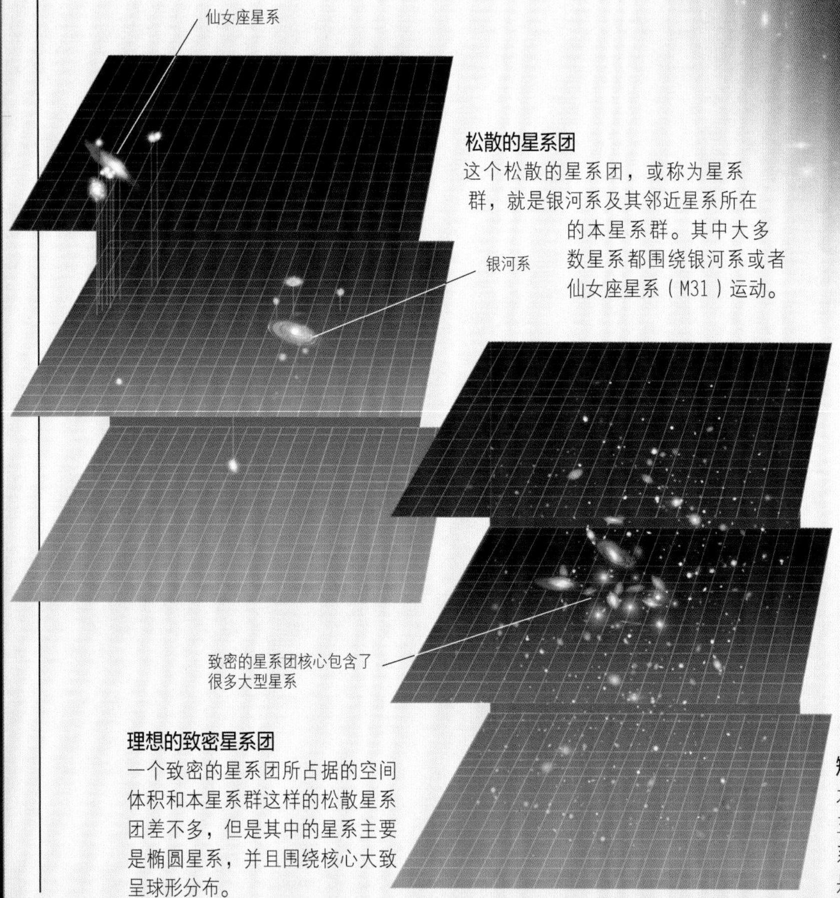

致密的星系团
在这张由哈勃空间望远镜拍摄的星系团RXC J0031.1+1808的照片中可以见到很多蓝白色的旋涡星系和黄色的椭圆星系，这个星系团距离地球大约40亿光年。此外还有很多暗淡的光弧，是由于远方星系发出的光受到这个星系团的引力透镜效应而形成的。

松散的星系团
这个松散的星系团，或称为星系群，就是银河系及其邻近星系所在的本星系群。其中大多数星系都围绕银河系或者仙女座星系（M31）运动。

仙女座星系

银河系

理想的致密星系团
一个致密的星系团所占据的空间体积和本星系群这样的松散星系团差不多，但是其中的星系主要是椭圆星系，并且围绕核心大致呈球形分布。

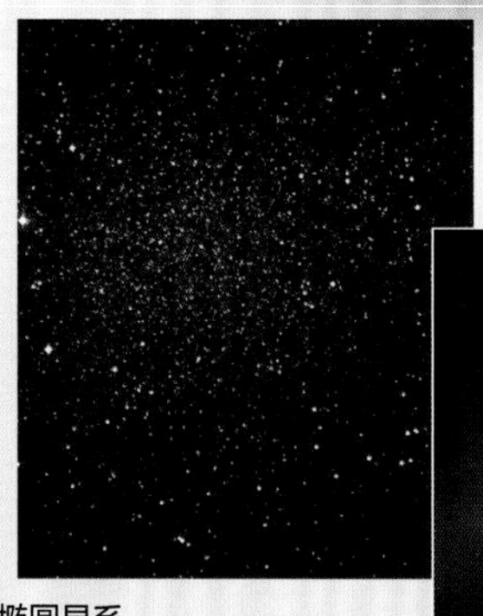

致密的星系团核心包含了很多大型星系

矮椭圆星系
本星系群中的大多数星系，包括玉夫座矮星系，都属于矮椭圆星系。这种星系在遥远的星系团中是看不见的，但是必定存在。

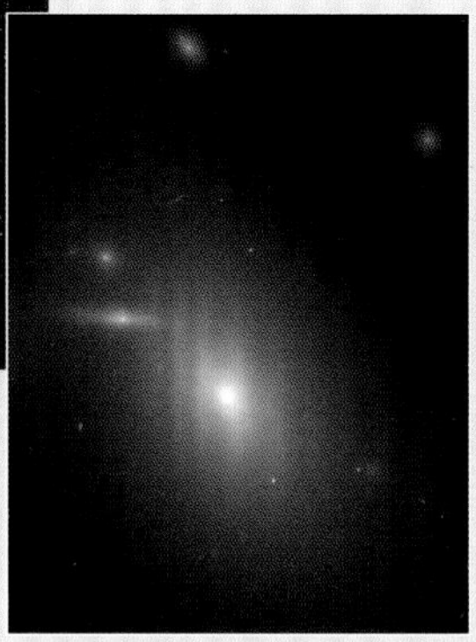

cD星系
cD星系与巨椭圆星系类似，只不过拥有由恒星组成的更大、更松散的外晕。它们有的具有多个核心，表明是多个小型椭圆星系并合的产物。NGC 4889（见左图）是一个位于后发座星系团中央的cD星系。

阿贝尔2029
这张阿贝尔2029的照片显示，它是一个年老的、规则的球状星系团，其中包含了很多椭圆星系。

星系际介质

　　星系团的总质量既可以根据星系如何运动来计算，也可以通过引力透镜效应（一种广义相对论效应，见第42～43页）来估计。当致密的星系团位于遥远星系的正前方时，星系团的质量就会使遥远星系发出的光发生弯曲，形成一个扭曲的像。通过测量引力透镜效应的强度，就可以得到星系团的总质量，以及星系团中的质量分布。星系团包含的质量远远比可见星系的总质量大得多，并且其中绝大部分位于星系之间的空间中。这些所谓的星系际介质围绕整个星系团的核心分布，而并非围绕其中个别的星系分布。钱德拉X射线天文台等空间X射线卫星揭示了这些物质的本质，大型的星系团通常会包含大团松散的高温气体，它们会发出X射线。其中绝大部分是氢，也有更重的元素。它们是在星系团的成员星系中产生的，在星系交会和碰撞时被驱散。然而，星系团总质量中的大部分并非气体，而是暗物质。

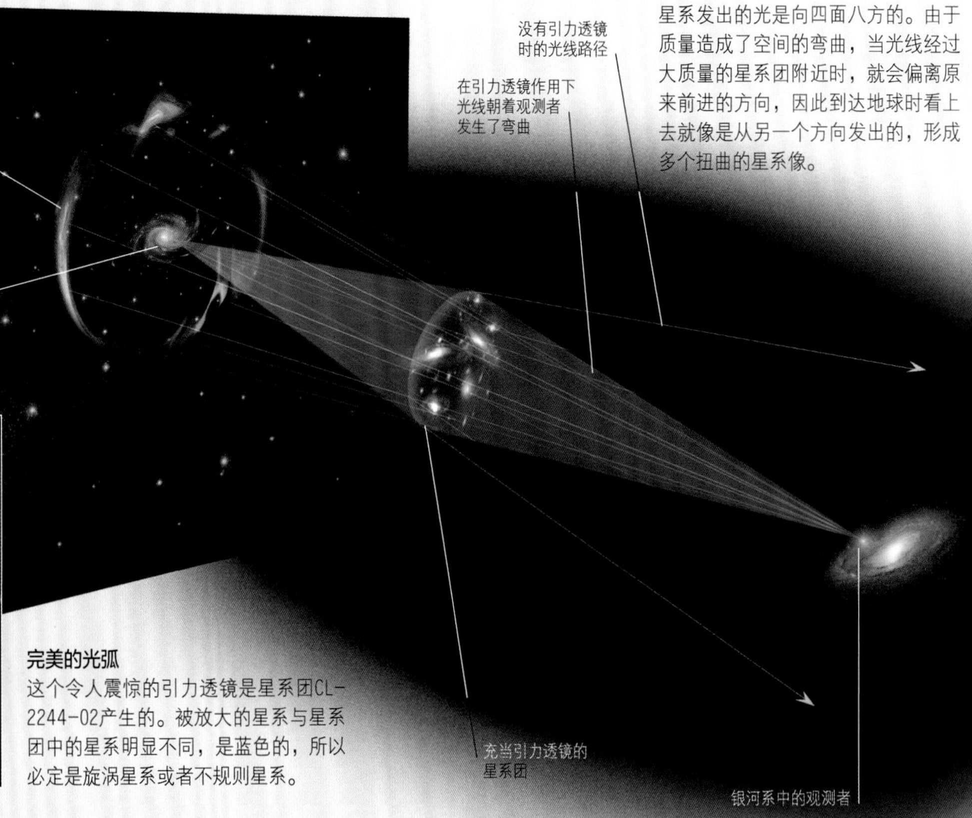

星系际气体
这张阿贝尔2029的X射线照片显示出中心周围的高温气体云。如果没有星系团中暗物质的引力作用，这些气体早就逃逸了。

星系的若干个像所在的位置，形状发生了扭曲

星系真实的形状和实际所在的位置

没有引力透镜时的光线路径

在引力透镜作用下光线朝着观测者发生了弯曲

引力透镜
星系发出的光是向四面八方的。由于质量造成了空间的弯曲，当光线经过大质量的星系团附近时，就会偏离原来前进的方向，因此到达地球时看上去就像是从另一个方向发出的，形成多个扭曲的星系像。

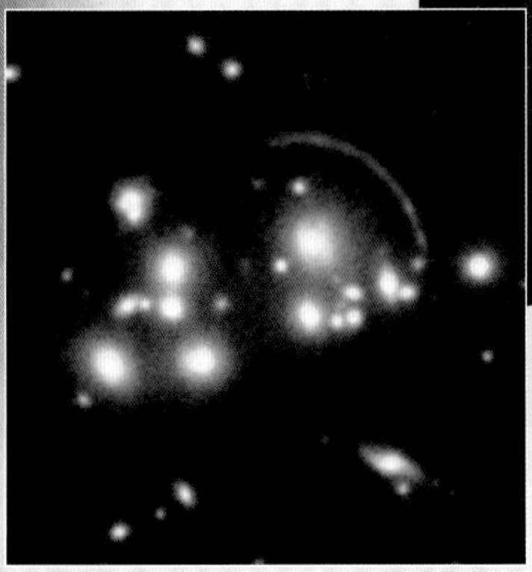

完美的光弧
这个令人震惊的引力透镜是星系团CL-2244-02产生的。被放大的星系与星系团中的星系明显不同，是蓝色的，所以必定是旋涡星系或者不规则星系。

充当引力透镜的星系团

银河系中的观测者

星系团的演化

　　为了补充星系演化模型（见第306～309页），天文学家已经建立了一个星系团演化的图景。根据这个理论，星系团起初比较松散，包含富含气体的旋涡星系、不规则星系，以及小型的椭圆星系。由于它们彼此之间非常接近，在巨大引力作用下，旋涡星系开始并合，形成更大的旋涡星系或椭圆星系，每次都会将星系中更多的自由气体注入星系际介质中去。由于介质的温度和原子运动速度较高，因此无法被星系团中的星系重新俘获。处于这一阶段的星系团是不规则的，处于"未弛豫"状态，星系和星系际气体则是不规则和混沌的。但是，随着星系相互绕转，它们的随机运动逐渐平息，围绕星系团的核心形成稳定的球形分布。最终，大型的椭圆星系也开始并合，形成了巨椭圆星系和cD星系。脱离了单个星系的高温气体沉降到星系团的中心，均匀分布在星系团最大的几个椭圆星系的周围，而星系团成为一个年老的、球形的"弛豫"星系团，其中遍布着椭圆星系。

不规则星系团与松弛星系团
室女座星系团（见上图）和后发座星系团（见下图）的中心区域照片显示出不规则星系团与球形的松弛星系团之间的差别。

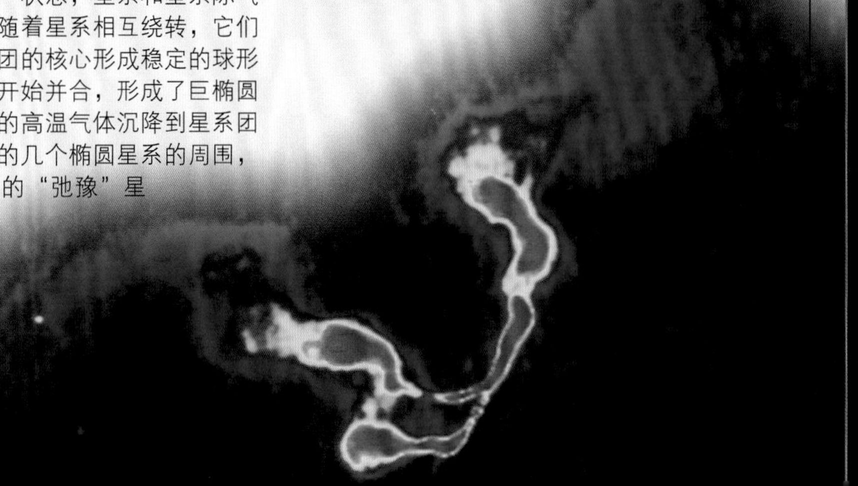

剧烈的星系并合
左图是星系团阿贝尔400的合成照片，中间有两个星系正在并合，将会形成一个巨椭圆星系。下面的合成照片展现的是星系团周围发出的X射线（蓝色）和射电辐射（红色）。正是这样的并合事件塑造了星系团的外形。

星系团

天文学家认为星系团的形状和大小是与它们的演化过程密切相关的。星系团的形态多种多样。其中小星系群主要由不规则星系和旋涡星系组成，它们年轻，富含气体。而一些高度演化了的星系团则大部分是椭圆星系，并且星系团的中心有一大团高温气体，辐射出强烈的X射线。天文学家可以详细研究距离较近但是较暗的星系团，但是如果它们太远，就无法看到了。距离我们较近的星系团在天文爱好者眼中并不算壮观，因为它们过于庞大，成员星系遍布在天空中各个方向。因此要想获得星系团的单一图像，就必须观测数千万光年之外的宇宙深处。

多姿多彩的星系团
这个名为阿贝尔S0740的星系团位于半人马座，距离我们4.5亿光年。这个星系团的中心是一个巨椭圆星系，而外围有一些旋涡星系和较小的椭圆星系。

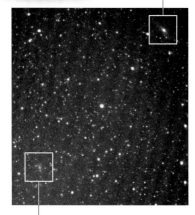

仙女座星系M31

三角座星系M33

本星系群的成员
由于地球位于本星系群的中部，因而本星系群的成员星系遍布整个天空。不过两个主要的成员M31和M33仍然靠得很近，可以在同一张照片上看到这两个星系。

不规则星系团

本星系群

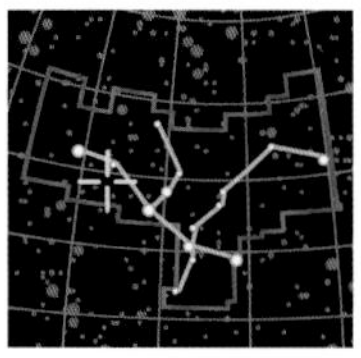

距离	0～500万光年
星系数量	46个
最亮的星系	银河系，M31（3.5等）

仙女座和三角座

本星系群是银河系所在的一个小型星系群，它的成员遍布整个天空，其中有一些星系集中在仙女座和三角座方向。在宇宙空间中，本星系群的中心直径超过300万光年，包含大约30个星系，两个主要成员是仙女座星系（M31，见第312～313页）和银河系。本星系群中大多数小型星系都围绕这两个大型旋涡星系之一运动。本星系群中的第三大旋涡星系是M33（见第311页），可能也位于狭长的轨道上围绕M31运动。

本星系群中矮椭圆星系和不规则星系的数量比旋涡星系还要多。例如人马座矮椭圆星系以及两个麦哲伦星系（见第310～311页），此外M110和M32也是围绕旋涡星系M31运动的椭圆星系。本星系群是一个相对年轻的星系团，它的主要成员都是旋涡星系，并且星系间的宇宙空间中物质含量很少，星系团的绝大部分气体仍然被束缚在旋涡星系中，这属于星系团演化的早期阶段的形态。我们的银河系正在与麦哲伦星系发生碰撞，而且将无可避免地走向与M31的终极并合。

巴纳德星系
右图中这个小的不规则星系在星表中的编号为NGC 6822，位于本星系群中，距离我们170万光年。它富含气体和尘埃，具有很多粉色的恒星形成区。

天炉座矮星系
左图中这个球形的矮星系没有明显的星系核，如此暗淡和弥散的星系如果是在遥远的星系团中是很容易错过的，但它们很有可能是数量最多的星系。

银河系
银河系是本星系群最主要的成员之一。地球位于银河系的盘上，所以我们看到的是横贯整个天空的银河系侧面。

不规则星系团

玉夫座星系群

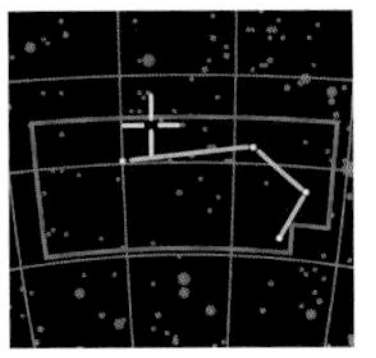

别名	南极星系群
距离	到中心900万光年
星系数量	19个（主要成员6个）
最亮的星系	NGC 253（8.2等）

玉夫座

玉夫座星系群恰好位于本星系群的引力边界之外，大小也和本星系群相当。它是一个由不规则星系

和旋涡星系组成的年轻星系群，没有大的椭圆星系。天文学家认为这个星系群与本星系群，以及另外一个名为马菲1的星系群曾经属于一个更大的星系团。玉夫座星系群中距离地球最近的星系是NGC 55，它是一个类似大麦哲伦星系（见第310页）的不规则星系，其中有一些可辨别的结构，因此有些天文学家认为它是一个具有单一旋臂的旋涡星系。星系群中最大的星系是NGC 253，它是一个大小和银河系类似的大型旋涡星系，大小比其他星系都大了两倍以上。

星系NGC 253

左边这张广角照片中是旋涡星系NGC 253，它是玉夫座星系群中最大的星系。这个星系群中其他星系都比较暗淡，必须用大望远镜才能看到。

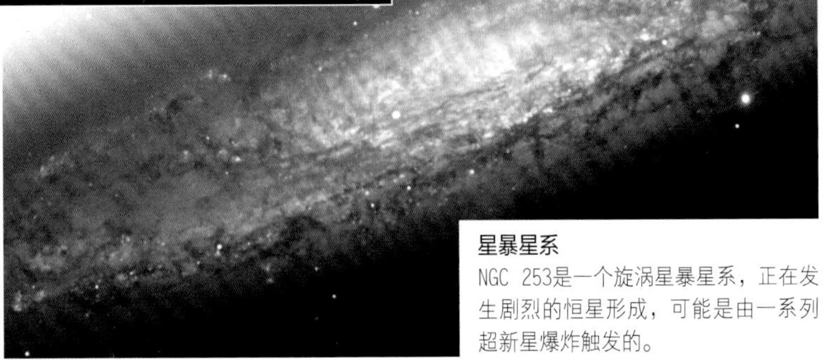

星暴星系

NGC 253是一个旋涡星暴星系，正在发生剧烈的恒星形成，可能是由一系列超新星爆炸触发的。

不规则星系团

室女座星系团

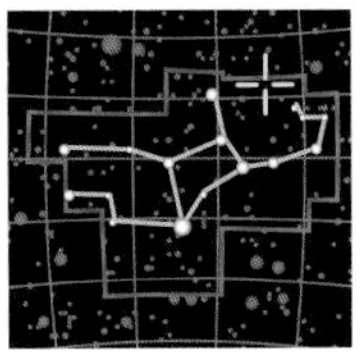

别名	室女座 1 星系团
距离	到中心5 200万光年
星系数量	2000个（主要成员160个）
最亮的星系	M49（9.3等）

室女座

室女座星系团是距离我们最近的配得上"星系团"称号的星系集团。它位于本星系群所属的超星系团中央的位置，是一个致密的星系团。室女座星系团的大小与一些小

型星系群比起来相差十分悬殊——室女座星系团包含了大约160个大型的旋涡星系和椭圆星系，集中在仅比本星系群体积稍大一些的空间中，此外还有2 000多个稍小的星系。它的中心是巨椭圆星系M87（见第323页）、M84及M86，天文学家认为它们可能是在10多亿年的时间里由旋涡星系相互碰撞形成的。室女座星系团中星系的分布并不均匀，每一个巨椭圆星系可能都是一个属于自己的子星系群的中心星系。室女座星系团的引力影响范围极广，本星系群以及更远一些的星系群正在以每小时1 400万千米的速度向室女座星系团会聚。

室女座星系团的中心

在室女座星系团的中心，大型星系的密度极高。图中右侧的两个明亮的星系是椭圆星系M84和M86。

空间探索

X射线成像与星系团中的气体

很多星系团都是强大的X射线源，飞行在太空中的X射线望远镜能够揭示出可见光波段看不到的景象。虽然有些X射线源位于星系的中心，但是大部分X射线辐射还是来自弥散的气体云，而与单个的星系无关。星系团中的星系向外驱散气体的过程（见第327页）也会加热这些气体，产生X射线辐射。这些气体的分布为研究星系团的年龄和演化历史提供了重要的线索。

天炉座星系团的X射线照片

在这张天炉座星系团的X射线照片上，发出X射线的气体云呈蓝色。星系团中心的两个星系都带有羽状的气体尾迹，表明整个星系团都在稀薄的气体云中运动。

规则星系团

天炉座星系团

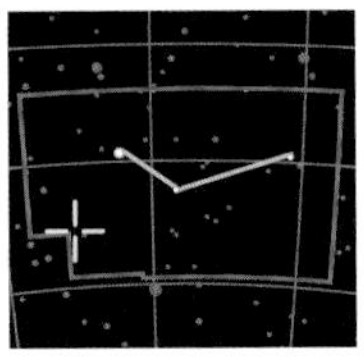

星表编号	阿贝尔S 373
距离	到中心6 500万光年
星系数量	主要成员54个
最亮的星系	NGC 1316（9.8等）

天炉座

天炉座中有一个相对较近的星系团，距离和室女座星系团相当。然而天炉座星系团处于比室女座星系团更晚期的演化阶段。在这个星系团中，旋涡星系的数量较少，主要成员大多数都是椭圆星系，它们围绕巨椭圆星系NGC 1399均匀分布。位于大型星系之间的矮星系也主要是椭圆星系，表明这个星系团是很久

以前形成的，有足够的时间令星系中的气体被星系之间的相互作用驱散到外部（见第327页）。该星系团的演化状态已经得到了钱德拉X射线天文台的观测证实（见左侧边栏）。

星系NGC 1365

NGC 1365是天炉座星系团中为数不多的几个旋涡星系之一。它有一个横跨星系核的尘埃棒。

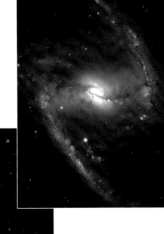

星系团的核心

天炉座星系团的中心区域是NGC 1399（中间偏左）和NGC 1365（右上）。这个星系团中大部分是椭圆星系。

致密星系群

赛弗特六重星系

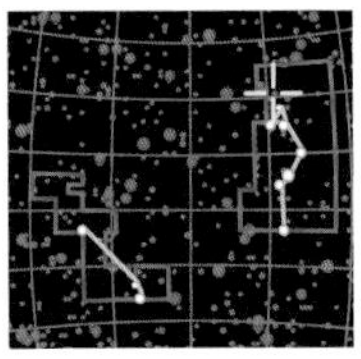

星表编号	NGC 6027, NGC 6027A-C
距离	1.9亿光年
星系数量	4个
最亮的星系	NGC 6027（14.7等）

巨蛇座

赛弗特六重星系实际上只包含4个星系，它们两两之间依靠引力组成相互旋转的"星系华尔兹"，所占据的空间比银河系还小。在地球上看来，背景上恰好有一个面对我们的旋涡星系，以及一个扭曲的恒星云（见下图右下方），因此看起来是六重星系。

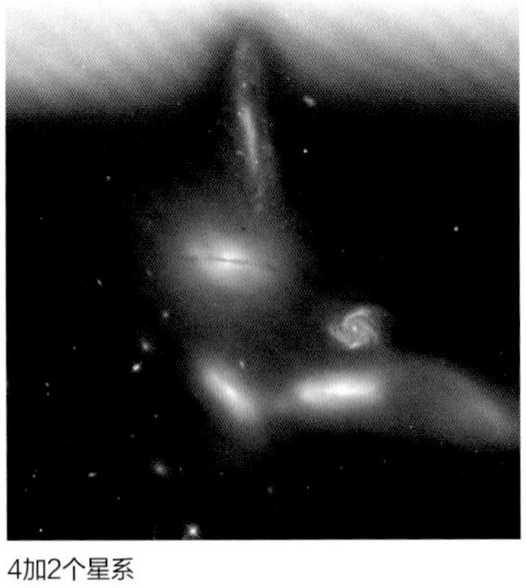

4加2个星系

室女座星系团

室女座星系团是离我们最近的大型星系团，距离大约5 000万光年，其中包含了2 000多个星系（见第329页）。最亮的星系用天文爱好者的望远镜就能看见。图中央偏下的位置是椭圆星系M87（见第320页），即射电源室女座A。M87的质量大约是太阳的2.4万亿倍，是我们所在的区域中最大的星系。

长蛇座星系团

星表编号 阿贝尔1060

距离 1.6亿光年

星系数量 1 000余个

最亮的星系 NGC 3311（11.6等）

长蛇座

　　长蛇座星系团的尺寸与巨大的室女座星系团（见第329页）相当。它是一个典型的"弛豫"星系团（见第327页），主要由椭圆星系构成，形状接近球形。它内部的高温X射线气体也围绕核心呈球状分布。长蛇座星系团的核心是两个巨椭圆星系和一个侧面朝着我们的旋涡星系，每个星系直径都在15万光年左右。这些星系正在发生相互作用——椭圆星系的引力使旋涡星系发生了弯曲，而两个椭圆星系自身的外晕也发生了扭曲。这个星系团是长蛇座超星系团的主要成员，而长蛇座星系团是一个与本超星系团毗邻的超星系团（见第336~339页）。

长蛇座星系团的核心
在这张照片上，长蛇座星系团中心处的两个椭圆星系——NGC 3309和NGC 3311位于蓝色的大型旋涡星系NGC 3312的下方。两侧的明亮天体是前景恒星。

旋涡魅影
旋涡星系NGC 3314恰好位于另一星系前方，这种情况非常罕见。它是长蛇座中最美丽的天体。

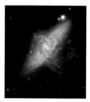

斯蒂芬五重星系

星表编号 希克森92

距离 3.4亿光年（NGC 7320：4 100万光年）

星系数量 4个或5个

最亮的星系 NGC 7320（13.6等）

飞马座

　　斯蒂芬五重星系是由法国马赛大学的斯蒂芬（E. M. Stephan）于1877年首先发现的。它看上去是由5个星系组成的致密星系群。这些星系中既有旋涡星系，也有棒旋星系、椭圆星系，并且表现出因相互作用而趋于瓦解的迹象。其中看起来张角最大的NGC 7320很可能是一个前景星系，位于其他4个相互作用的星系的前方。NGC 7320的谱线红移（见第35页）比另外4个星系小很多，而与天空中离它不远的其他几个星系相一致。并且由于它在物理性质上与其余4个星系都不同，因此NGC 7320很可能与地球的距离近得多，并且它的红移是由普通的宇宙膨胀引起的（见第44页）。尽管如此，少数天文学家依然声称NGC 7320与另外4个星系有物质相连接。如果真是如此的话，那么它的谱线红移就表明这个星系相对于它的近邻正在以非常快的速度朝着地球方向运动，这样一来才能抵消整体的退行速度。但也有可能它的红移根本就不是运动造成的。因此斯蒂芬五重星系成为那些认为红移与空间膨胀无关并且哈勃定律（见第44页）不成立的少数派天文学家争论的话题。

4个还是5个？
斯蒂芬五重星系由4个黄色的星系和一个白色的星系NGC 7320组成。NGC 7320的外观与其余几个星系形成了鲜明的对比，表明它位于其余4个星系前方。

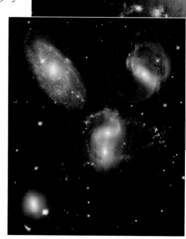

近看五重星系
这张哈勃望远镜拍摄的斯蒂芬五重星系的照片显示出，4个星系之间存在一些由恒星组成的链状结构。

后发座星系团

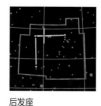

星表编号 阿贝尔1656

距离 3亿光年

星系数量 3 000多个

最亮的星系 NGC 4889（13.2等）

后发座

　　虽然后发座星系团在天空中的位置接近室女座星系团（见第329页），但距离则要远得多。这个星系团首先是由英国天文学家威廉·赫歇尔在1785年发现的，当时它被当成了一个精致的星云。后发座星系团是距离最近的高度演化的"弛豫"星系团（见第327页）。它非常致密，包含了3 000多个星系，其中主要是椭圆星系和透镜状星系。由于它靠近北银极，避开了银河系的密集星场，因此天文学家对它进行了详细的研究。美籍瑞士裔天文学家弗里茨·茨威基（Fritz Zwicky）在20世纪30年代首次测量星系团中星系的运动时就选择了后发座星系团。他发现星系团包含的物质总量比可见星系的总量多得多，这个观点直到20世纪70年代才被广泛接受。后发座星系团正在以每小时2 500万千米的速度离我们远去。这个星系团的核心是巨椭圆星系NGC 4889和透镜状星系NGC 4874。绝大多数旋涡星系和不规则星系都位于星系团的外围。X射线照片显示出两团相距甚远的气体，表明这个星系团正在吸收另一个小星系团。同室女座星系团和长蛇座星系团一样，后发座星系团也是自己所在的超星系团的主要成员。

隐匿的矮星系
这张可见光和红外波段的合成照片上散布着一些绿色的暗淡光点，它们是一些矮星系，因为亮度太弱，在可见光波段是看不到的。

不规则星系团
武仙座星系团

星表编号	阿贝尔2151
距离	5亿光年
星系数量	100多个
最亮的星系	NGC 6041A（14.4等）

武仙座

武仙座星系团比较小，主要由旋涡星系和不规则星系组成，表明

它正处于演化的早期阶段。它几乎没有什么结构，这一点与这种星系团的形成模型相吻合。在武仙座星系团的内部，有几对或几群星系似乎正在并合或者发生相互作用，而近距离交会能够使它们的类型发生改变，并且使随机运动减小，直到它们均匀分布为止。其中最著名的并合星系是NGC 6050，它是一对连锁星系，位于星系团的中心区域，最终可能形成一个巨椭圆星系的核心，而演化得更为充分的星系团中都存在这种巨椭圆星系。

武仙座天区
这张广域照片拍下了大部分武仙座星系团中的星系，显示了它们的分布方式是不规则而紧致的。

规则星系团
阿贝尔1689

星表编号	阿贝尔1689
距离	22亿光年
星系数量	3 000多个
最亮的星系	2MASX J13112952–0120280（16.5等）

室女座

阿贝尔1689是已知的最致密的星系团之一，包含了数以千计的星系，而直径却只有200万光年。它呈球形，因此是一个非常良好的引力透镜，将远方星系的像拉成了弧形。天文学家根据星系团引力透镜的强度得到了星系团中暗物质的分布。

阿贝尔1689中的暗物质分布图

乔治·阿贝尔（George Abell）

乔治·阿贝尔（1927—1983）是一位职业天文学家，同时也是一位科普作家。他进行了首次也是最有影响力的星系团巡天。20世纪40年代到50年代，阿贝尔使用当时最强大的帕洛玛施密特望远镜，开展了一项名为"帕洛玛巡天"的研究。随后，他分析了巡天结果，研究出了从一个个孤立的星系中识别出星系团的方法，并将星系团划分为不同的类型。

规则星系团
阿贝尔2065

星表编号	阿贝尔2065
距离	10亿光年
星系数量	1 000多个
最亮的星系	PGC 54876（16.3等）

北冕

阿贝尔2065又称为北冕座星系团，包含400个甚至更多的星系。它类似于后发座星系团，是一个高度演化了的星系团（见对页），有一团发出强大X射线的高温弥散气体云。然而，X射线观测发现了两个相距遥远的X射线核心，表明阿贝尔2065是很久以前由两个星系团并合在一起形成的。阿贝尔2065位于北冕座超星系团的中心。

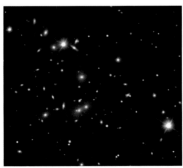

北冕座超星系团

不规则星系团
阿贝尔2125

星表编号	阿贝尔2125
距离	30亿光年
星系数量	1 000多个
最亮的星系	17.0等

小熊座

阿贝尔2125是钱德拉X射线天文台进行详细观测的一个星系团。这个星系团到地球的距离不算太远，能够仔细观测；同时30亿光年的距离又不至于太近，使得我们看到它的样子仍然处于演化早期的活跃阶段。因此阿贝尔2125是检验星系团形成理论的理想场所。X射线照片显示，这个星系团是由几个小的星系团并合形成的，而这是光学观测无能为力的。其中X射线辐射最强的气体云呈现出"团块状"，表明它是前不久才刚刚聚集在一起的。光谱观测表明，这个气体云中铁等重元素丰度较高。而更细致的图像表明，气体正从C153等星系被剥离。气体通过这种方式把超新星爆发所产生的重元素散布到整个星系际介质中去。此外还有一团大小相当但是更加暗弱的气体云，包含

了数百个星系，其中重元素的含量则明显偏低，表明这团气体比周围的气体更加年轻，并且气体剥离过程会变得越来越强、越来越彻底。

X射线观测显示出的很多证据表明这个星系团比较活跃，因此天文学家又在其他波段对它进行了观测。例如红外望远镜显示出远离星系团中心的星系中存在剧烈的恒星形成过程。其中一种可能的解释是：即便是在距离星系团中心100万光年的距离上，潮汐力仍然能够强到使周围星系瓦解并触发星暴过程。

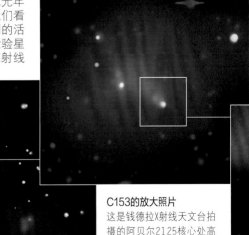

C153的放大照片
这是钱德拉X射线天文台拍摄的阿贝尔2125核心处高温气体云的放大照片。可以看到星系C153中的气体是如何被剥离的（见右图）。

银河系以外的世界

规则星系团

阿贝尔2218

星表编号
阿贝尔2218

距离
20亿光年

星系数量
250个以上

最亮的星系
未命名的星系（17.0等）

天龙座

阿贝尔2218是一个高度演化而且极端致密的壮观的星系团。它的直径为100万光年，包含了250多个星系，大部分是椭圆星系。

天文学家从这个星系团中获得了很多有用的信息。阿贝尔2218非常致密，根据爱因斯坦的广义相对论（见第42页），它周围的空间受到了影响，发生了引力透镜现象（见第327页）。这个星系团的背后很多遥远星系发出的光在经过它附近时，如同被透镜聚焦的太阳光一样朝着地球发生了弯曲，在阿贝尔2218的中心附近形成了很多扭曲的像。如果没有引力透镜作用，这些星系就会因过于遥远而无法探测到。

阿贝尔2218背后的星系非常遥远，因此它们的光是很久以前发出的。这些遥远星系中的大部分是蓝白色的，表明它们是年轻的不规则星系或者旋涡星系，这与阿贝尔2218本身的老年椭圆星系有很大不同。这些遥远星系中有一部分对应X射线源，表明是活动星系。不久前天文学家拍摄到了一个距离远远超过阿贝尔2218的星系的照片，发现它的红移非常高，以至于几乎所有可见光辐射都已经红移到了红外波段。它距离地球130亿光年，在当时是已知的距离最遥远的星系，形成于大爆炸后第一代恒星形成后不久。

宇宙背景上的空洞

在这张阿贝尔2218的多波段合成照片上，黄色和红色是核心周围气体发出的X射线辐射。这些气体散射了宇宙微波背景辐射，产生了一个空洞，在这张图上用等高线表示。

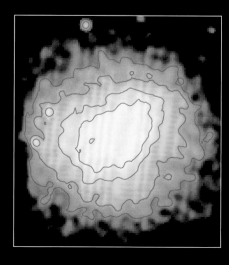

被引力扭曲的光线
这张照片中大部分明亮的天体都是星系团阿贝尔2218中的星系。其中的光弧是距离远得多的星系，它们发出的光在阿贝尔2218的引力作用下发生了扭曲。

引力透镜还能够揭示出阿贝尔2218本身的一些特性。由于引力透镜的强度取决于星系团的密度，借此可以测量星系团中的物质分布，包括暗物质的分布。阿贝尔2218是为数不多的几个可见物质（包括星系和发出X射线辐射的气体）与计算出的暗物质分布不相符的星系团之一，表明星系团的物质分布不像可见光波段看到的那样均匀。天文学家已经开始利用阿贝尔2218来探测宇宙的起源。有一种现象叫作"苏尼阿耶夫−泽尔多维奇效应"（见左图）会使宇宙微波背景辐射在通过星系团时留下一些空洞和波纹，这是由于阿贝尔2218核心周围的高温气体散射了背景辐射的光

子，就像地球大气散射太阳光一样。这些波纹的强度能够用来估算星系团核心的真实大小，因此也提供了一种不依赖于红移的方法来测量星系团到地球的距离。通过比较红移和距离的关系，天文学家能够获知宇宙膨胀的速率(见第44页)。

空间探索
寻找丢失的质量

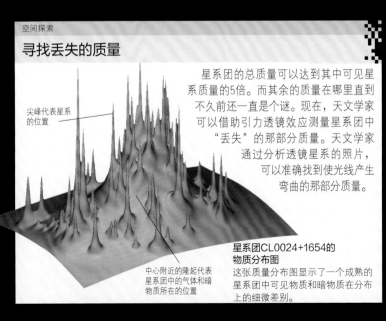

星系团的总质量可以达到其中可见星系质量的5倍。而其余的质量在哪里直到不久前还一直是个谜。现在，天文学家可以借助引力透镜效应测量星系团中"丢失"的那部分质量。天文学家通过分析透镜星系的照片，可以准确找到使光线产生弯曲的那部分质量。

尖峰代表星系的位置

中心附近的隆起代表星系团中的气体和暗物质所在的位置

星系团CL0024+1654的物质分布图
这张质量分布图显示了一个成熟的星系团中可见物质和暗物质在分布上的细微差别。

超星系团

　　宇宙中尺度最大的结构是所谓的超星系团，它们是由互相靠近的星系团聚在一起形成的横贯宇宙的链状或片状结构。这种结构是宇宙大爆炸时物质形成留下的印迹。天文学家通过研究这种极为宏大的结构，可以知道宇宙是如何形成的。以及我们在其中处于什么位置。

超星系团

　　就像星会通过引力聚集在一起形成星系团一样，星系本身也会聚集在一起，形成更大尺度上的结构，称为超星系团。星系团的直径通常大约为1 000万光年（见第326页），而超星系团的直径通常可以达到2亿光年，并且边界往往和其他超星系团融合在一起。在超星系团互相重叠的地方，个别星系的引力行为就决定了它究竟属于哪个超星系团。由于超星系团的尺度极大，包含的星系总质量极高，因此使得它们会对宇宙空间的膨胀（见第44～45页）造成影响，从而可以改变星系在大尺度上的运动。其中最有名的例子就是，在我们所处的宇宙空间附近，大部分星系都朝着一个特定的区域运动，这个区域名为"巨引源"。而真正的运动方向很可能是巨引源背后的一个质量更大的超星系团。

星系图
这张图绘制了天空中的一部分，展现出最大尺度上的星系团的样子，距离最远达10亿光年。

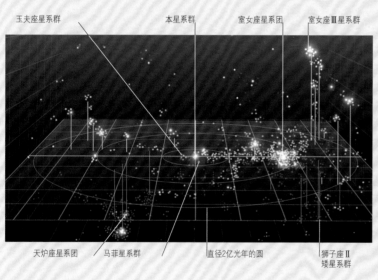

玉夫座星系群　　本星系群　　室女座星系团　　室女座Ⅲ星系群

天炉座星系团　　马菲星系群　　直径2亿光年的圆　　狮子座Ⅱ矮星系群

附近的星系团
这是银河系周围1亿光年的范围内星系团的分布图。每一个点都代表一个巨大的星系，还有数以千计的比较小的星系并没有在这张图上画出来。

巨引源
天空中巨引源的方向主要是矩尺座星系团中的星系，距离约为2.2亿光年。2016年，天文学家发现在它的后面可能还有另一个超星系团，名为船帆座超星系团。

拉尼亚凯亚中的星系分布图
这是一张拉尼亚凯亚超星系团的想象图，图上每一个点都代表一个星系，在直径5.2亿光年的范围内总共有10万多个这样的点。其中明亮的区域代表星系的分布比较集中的地方，例如我们所在的本星系团就是其中之一。图中偏上方的红点代表银河系所在的位置。线条代表星系在宇宙空间中运动的方向，而黄色表示的是拉尼亚凯亚超星系团的引力作用占主导的区域。

拉尼亚凯亚超星系团

　　我们所在的本星系群是一个较小的星系集团，在它的外面还有一长串星系团，一直延伸到距离5 200万光年之外的室女座星系团。直到前不久，天文学家才知道，包含了多达2 000个星系的室女座星系团是一个更大的超星系团的引力中心所在的位置。这个超星系团名为"室女座超星系团"，它的直径约为1.1亿光年，包含了本星系群及至少100个星系团。但是与其他超星系团比起来，室女座超星系团总是显得比较小，质量也比较轻。2014年，天文学家重新研究了紧邻宇宙空间的星系运动，发现它可以归入一个大得多的超星系团里面，名为"拉尼亚凯亚"。拉尼亚凯亚超星系团的直径达到5.2亿光年，包含了过去已知的室女座超星系团、长蛇-半人马座超星系团、孔雀-印第安超星系团，以及南方超星系团，包含了10万个明亮的星系，而巨引源就在它的中心位置。但是，将拉尼亚凯亚束缚在一起的万有引力不足以抵抗暗能量所驱动的宇宙加速膨胀，因此它最终会解体。

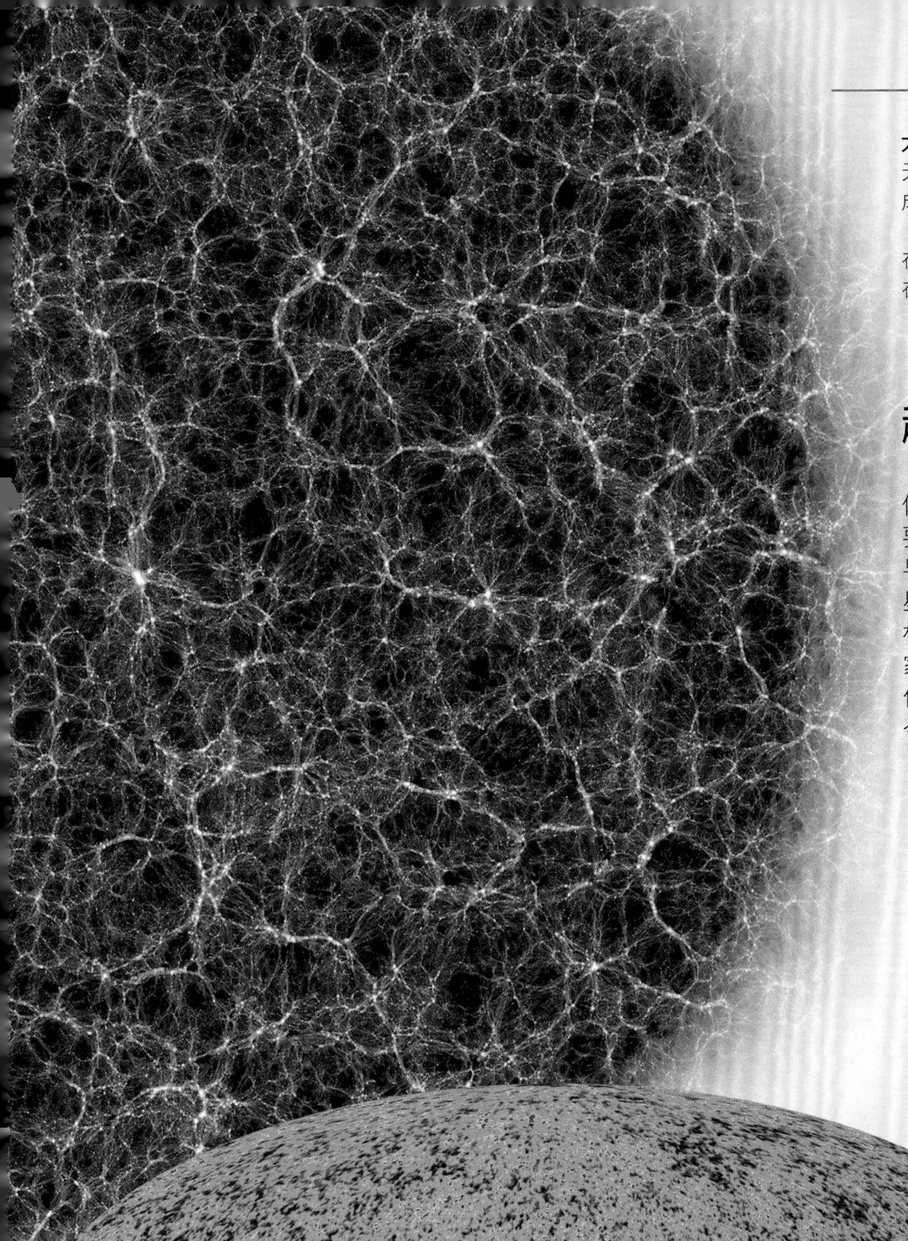

大尺度结构
天文学家用计算机模拟了宇宙的大尺度结构，显示出物质凝聚成直径达10亿光年的纤维状结构。根据宇宙演化模型，暗物质（黄色）在可见物质（浅粉色）聚集的地方凝聚成团。星系团在纤维状结构互相交会的结点上凝聚在一起，而超星系团散布在纤维状结构上。

超星系团的起源

超星系团的规模是如此庞大，使得研究它们的起源对于在整体上研究宇宙的结构和性质显得尤为重要。理论上讲，超星系团要么是物质仅仅通过引力相互凝集在一起构成的，要么是在宇宙早期就已经产生，而后星系和星系团才在其中逐渐形成。COBE卫星1992年详细绘制了第一张宇宙微波背景辐射图，表明大尺度结构在宇宙早期就已经存在了，为第二种理论提供了支持。天文学家认为大尺度结构本身起源于早期宇宙在温度和密度上的微小起伏，而后这种起伏随着宇宙膨胀而被急剧放大，从而形成了宇宙今天这种"瑞士奶酪"一样的物质分布。

来自天空的辐射
这张椭圆天空图显示了全天宇宙微波背景辐射（CMBR）在温度上的微小起伏，是由威尔金森微波各向异性探测器（WMAP）绘制的。不同方向的温度不同（即各向异性），用不同的颜色表示，其大小如下图所示。

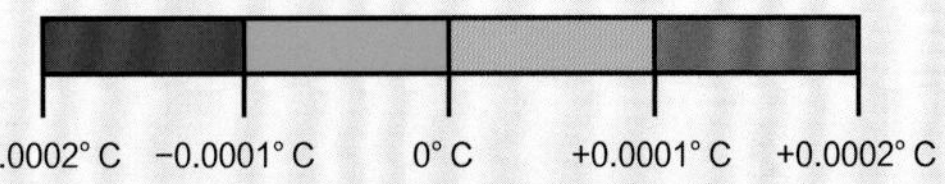

宇宙微波背景辐射的温度起伏

-0.0002° C	-0.0001° C	0° C	+0.0001° C	+0.0002° C

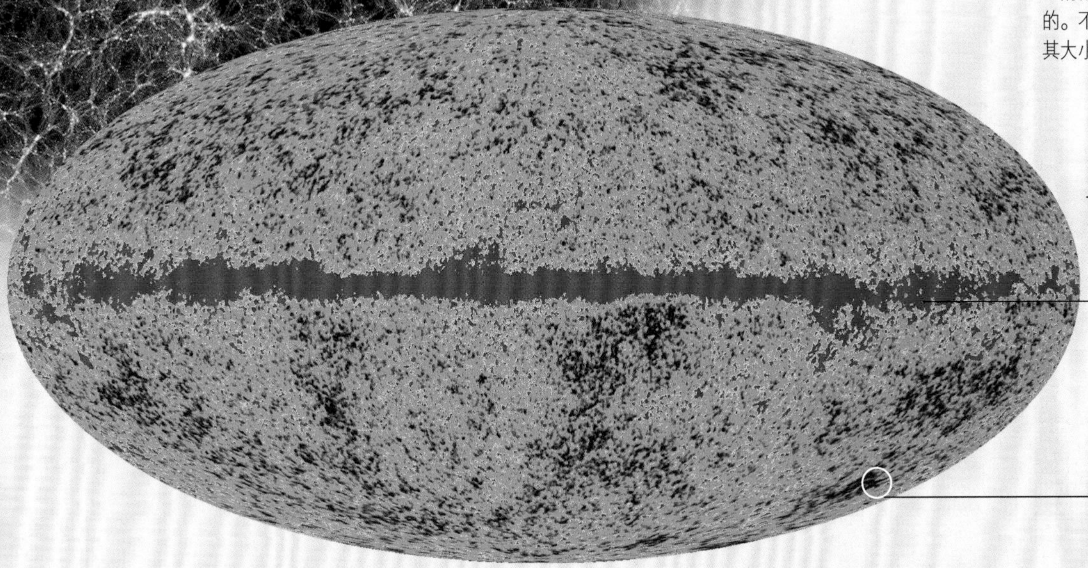

横贯图中央的红色带子是银河系的微波辐射

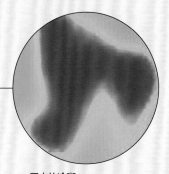

巨大的冷斑
这个宇宙微波背景辐射上的巨大冷斑可能是由60亿光年到100亿光年外的一个巨大空洞造成的。

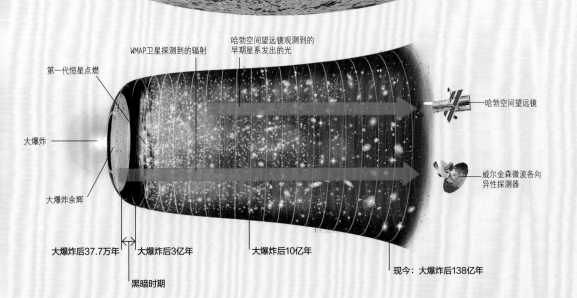

第一代恒星点燃

WMAP卫星探测到的辐射

哈勃空间望远镜观测到的早期星系发出的光

哈勃空间望远镜

大爆炸

威尔金森微波各向异性探测器

大爆炸余辉

大爆炸后37.7万年　　大爆炸后3亿年　　大爆炸后10亿年

黑暗时期

现今：大爆炸后138亿年

观察第一缕光
WMAP探测到的宇宙微波背景辐射是由大爆炸后38万年时从物质中"逃逸"出来的光子所组成的。这段时期位于第一代原子形成之后，但是位于第一代恒星诞生之前，称为"黑暗时期"。而哈勃空间望远镜最早只能观测到大爆炸后4亿年到8亿年以后的时期，此时第一代星系已经形成了。

纤维和空洞结构

　　在能够测量的最大尺度上，宇宙呈现出清晰的总体结构。无数超星系团构成了弦状的纤维结构，或者扁平的片状结构，它们包裹着一个个巨大的、看起来一无所有的区域，称为"空洞"。虽然直到星系团层面上，星系表现出的结构都可以用宇宙大爆炸之后的引力作用来解释，但是宇宙目前的年龄（138亿年）还不足以长到仅凭借引力就可以形成纤维和空洞结构。这表明，宇宙的大尺度结构实际上是一种早期特征的"回响"。第一个发现的纤维状结构是20世纪80年代证认出的星系"长城"。此后，天文学家逐渐认识到这些纤维状结构不仅包含明亮的星系，同时包含称为莱曼 α 团块的大团氢云。与此同时，第一个空洞结构也在1978年的一次星系巡天中被发现。通常空洞中既没有普通物质也没有暗物质，然而后来发现有些空洞也包含数量很少的几个星系。

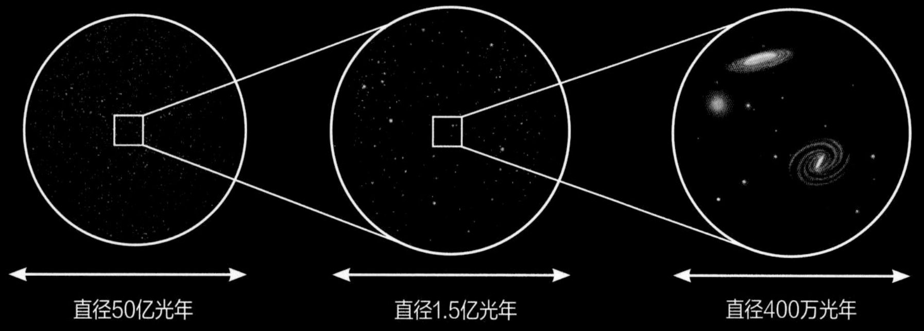

宇宙学原理

宇宙学原理认为，宇宙最大尺度上的各种特性在各个方向上都是均匀一致的，而在小尺度上该原理是否成立还不清楚。这一原理逐渐被观测所证实。例如，星系的分布就是如此，如上图所示。

直径50亿光年　　　　直径1.5亿光年　　　　直径400万光年

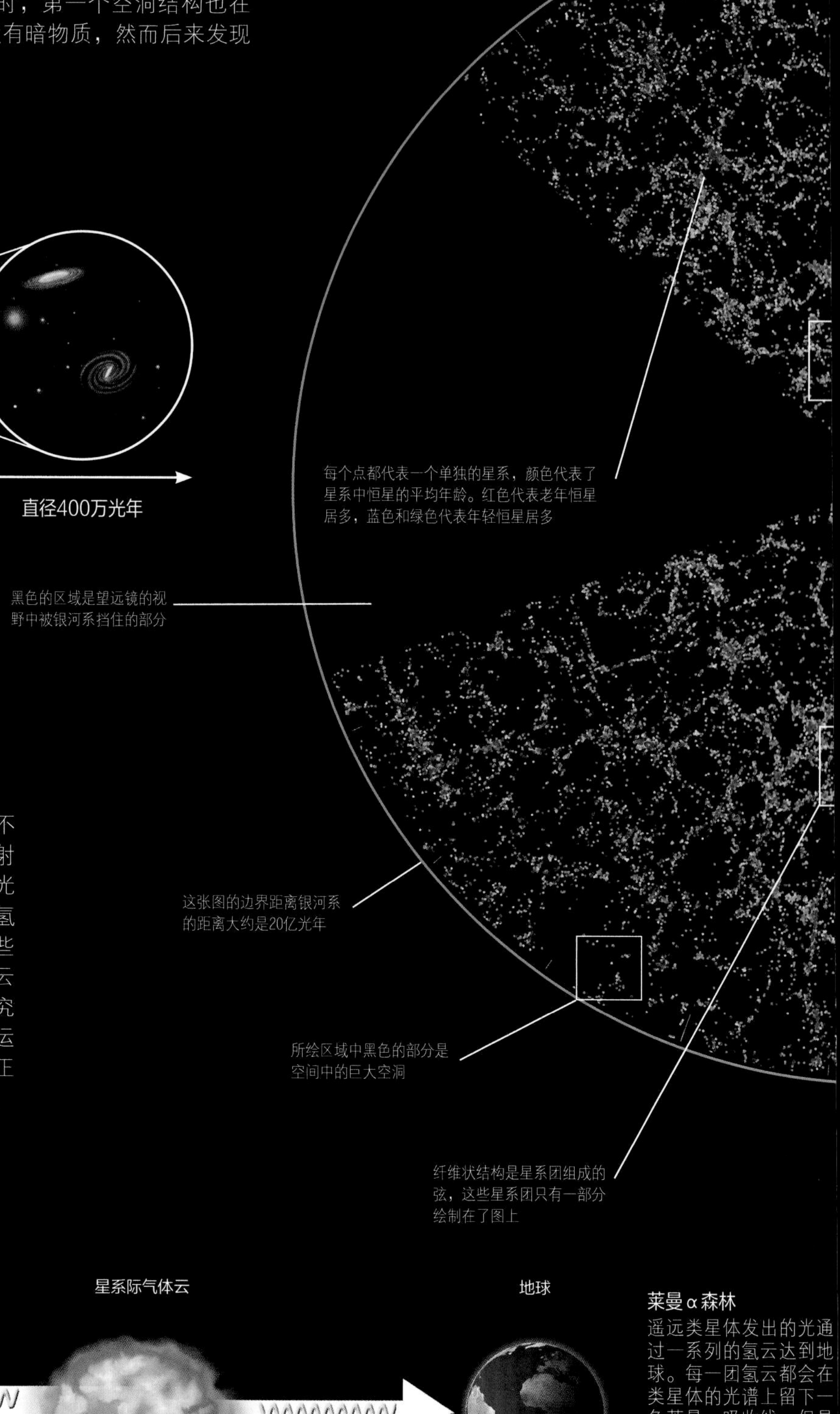

超星系团之间

　　如果只是研究明亮星系，就会对宇宙的认识造成偏见。因为不是所有的正常物质都会发出可探测的辐射，而暗物质既不会发出辐射也不会与辐射发生相互作用。但是，通过分析遥远类星体发出的光（见第320页），天文学家能够测量介于二者之间但是不可见的氢云。当类星体发出的光穿过这团气体云时，氢原子会在光谱中留下一些吸收线，称为"莱曼 α 森林"。这些吸收线的波长揭示出这些气体云的红移，因此也就知道了它们到地球的距离，天文学家可以借此研究氢云的分布情况。此外，天文学家还可以通过分析星系团中的局部运动研究暗物质的分布。两种方法都表明，超星系团之间的空洞是真正的空无一物，大多数正常物质和暗物质都聚集在可见的纤维状结构上。

斯隆数字巡天绘制的星系图

始于2000年的斯隆数字巡天计划是一个大型的红移巡天，目前已经绘制了超过100万个天体，最远达20亿光年。在这张图上，每一个点都代表一个星系，点到中心的距离与其所代表的星系到地球的距离成正比。

每个点都代表一个单独的星系，颜色代表了星系中恒星的平均年龄。红色代表老年恒星居多，蓝色和绿色代表年轻恒星居多

黑色的区域是望远镜的视野中被银河系挡住的部分

这张图的边界距离银河系的距离大约是20亿光年

所绘区域中黑色的部分是空间中的巨大空洞

纤维状结构是星系团组成的弦，这些星系团只有一部分绘制在了图上

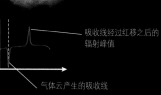
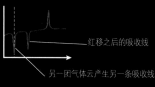

类星体　　　　星系际气体云　　　光子　　　星系际气体云　　　　地球

莱曼 α 森林

遥远类星体发出的光通过一系列的氢云达到地球。每一团氢云都会在类星体的光谱上留下一条莱曼 α 吸收线。但是红移不同意味着这些吸收线不会彼此重合，最终就会形成一系列不同红移的吸收线，称为莱曼 α 森林。

类星体发出的辐射峰值

吸收线经过红移之后的辐射峰值

红移之后的吸收线

强度

波长

气体云产生的吸收线

另一团气体云产生另一条吸收线

不同红移的吸收线形成了一个"森林"

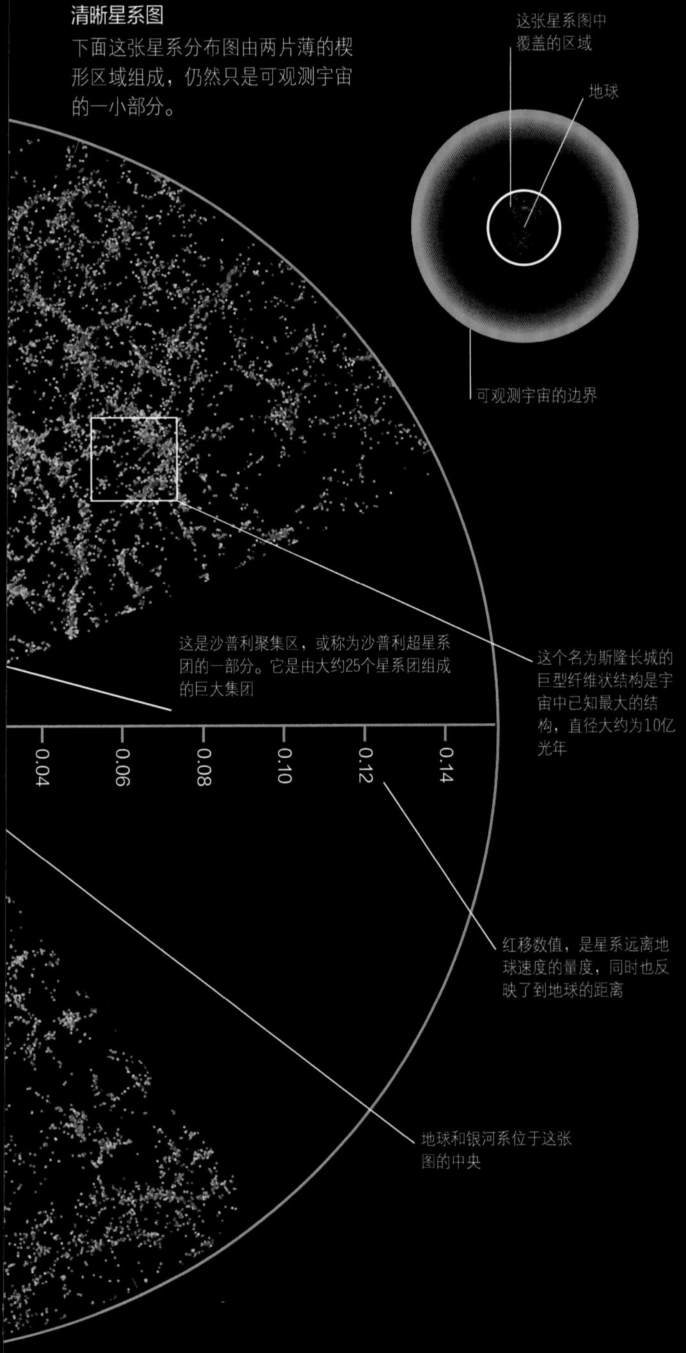

清晰星系图

下面这张星系分布图由两片薄的楔形区域组成，仍然只是可观测宇宙的一小部分。

这张星系图中覆盖的区域

地球

可观测宇宙的边界

这是沙普利聚集区，或称为沙普利超星系团的一部分。它是由大约25个星系团组成的巨大集团

这个名为斯隆长城的巨型纤维状结构是宇宙中已知最大的结构，直径大约为10亿光年

0.04 0.06 0.08 0.10 0.12 0.14

红移数值，是星系远离地球速度的量度，同时也反映了到地球的距离

地球和银河系位于这张图的中央

测绘深空

　　尽管星系的局部运动会受到超星系团等天体的引力影响，但在整个宇宙的尺度上，与大爆炸（见第48～51页）造成的宇宙整体膨胀比起来，这种影响可以忽略不计。根据哈勃定律，遥远的星系远离我们的平均速度与距离成正比，因此测定遥远星系的红移能够知道它们的距离。第一个大型星系红移巡天是哈佛-史密松森天体物理中心（CfA）在1977年开始进行的，他们花了5年时间测量了1.3万个星系。后来，斯隆数字巡天和两度视场星系红移巡天（2dFGRS）测量了更多的星系。这些巡天证实了星系在大尺度上的分布模式在数十亿光年的距离内是均匀的。

观测100万个星系

　　大型星系红移巡天通常使用多目标光谱仪，能够同时记录数百个天体的光谱。例如安装在夏威夷和智利的两台望远镜上的双子多目标光谱仪利用特殊的掩板将不同天体的光线分开，而后导入分光光栅，获得光谱。

双子天文台
双子天文台拥有两台口径8.1米的反射望远镜，一台位于智利（见上图），另一台位于夏威夷，每台都安装了一个多目标光谱仪。

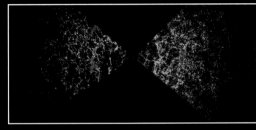

两度视场星系红移巡天得到的星系分布图
这张图显示了23万个星系的位置，中心是地球。图中点代表星系，颜色代表星系的密度，密度高的地方用红色表示，密度低的地方用蓝色表示。

加速膨胀

　　当代天文学最重要的发现之一就是宇宙的膨胀在加速。通过研究Ⅰa型超新星（见第283页），天文学家发现它们在遥远的星系中看起来比预计的更暗淡，也就是说它们的距离比在匀速或减速膨胀的宇宙中远。很多宇宙学家以为宇宙膨胀的速率正在放慢，因为大爆炸的原初推动力已经消失了，所以加速膨胀的发现意味着宇宙学理论中必定漏掉了重要的东西。并且，宇宙的加速膨胀似乎是在50亿年前开始的，在那之前宇宙是按照理论预计的那样减速膨胀的。1998年发现宇宙加速膨胀之后，天文学家又使用其他测量手段证实了这项发现，目前通常认为是暗能量（见第58页）导致了加速膨胀。根据最近的测量结果，暗能量可能是宇宙质能总量中最丰富的成分，占73%。

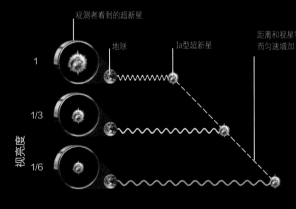

如果宇宙加速膨胀

观测者看到的超新星
地球
Ⅰa型超新星
距离和视星等随着红移的增加而匀速增加

1
1/3
1/6

视亮度

宇宙加速膨胀的证据
Ⅰa型超新星的亮度反映了它们到地球的距离，而红移则反映了它们退行的速度。如果宇宙是匀速膨胀的，超新星的亮度就会与红移成正比（见左上图）。然而，研究表明，遥远的Ⅰa型超新星的亮度比红移所代表的亮度要暗（见左下图），表明宇宙的膨胀正在加速。

如果宇宙匀速膨胀

观测者看到的超新星
地球
Ⅰa型超新星

1
1/6
1/25

视亮度

随着红移的增加，距离增加的比例不断变大，高红移的超新星就会更遥远、更暗淡

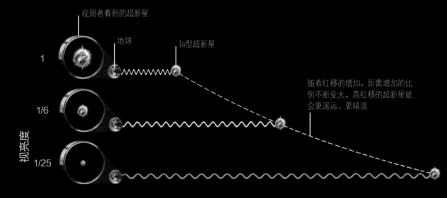

两微米巡天（2MASS）图
这张红外波段的天空全景图绘制了银河系以外的星系分布情况。图像中部是银河系盘面。星系的红移用不同的颜色表示，按照距离从近到远分别为蓝色、绿色和红色。图像中央右上方的紫色区域是室女座星系团。

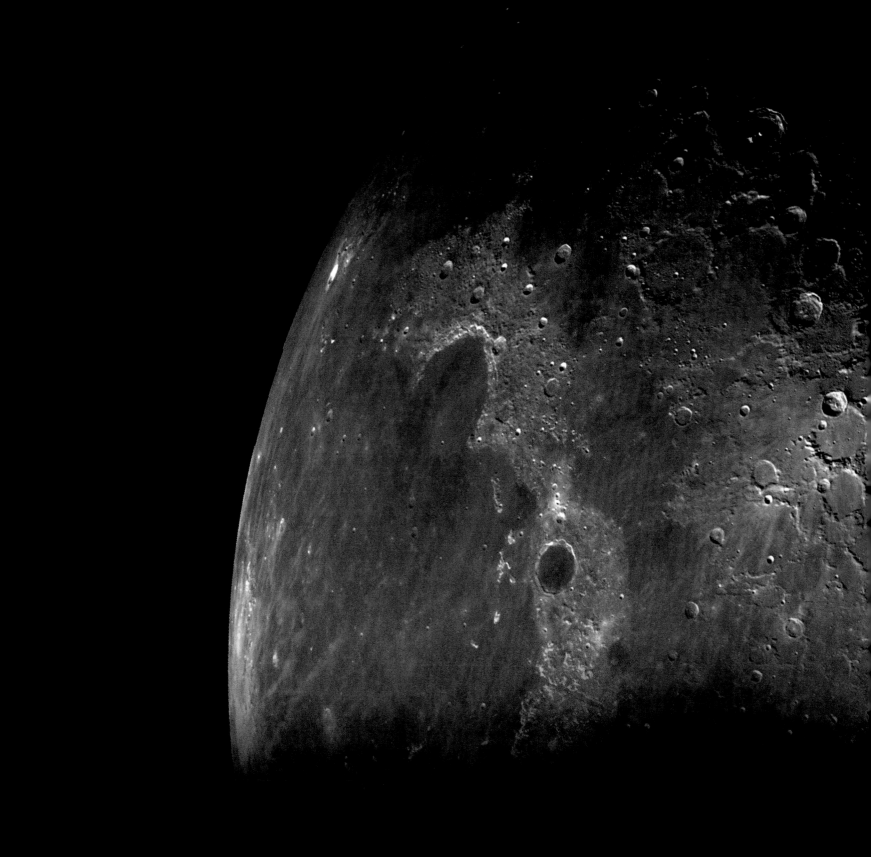

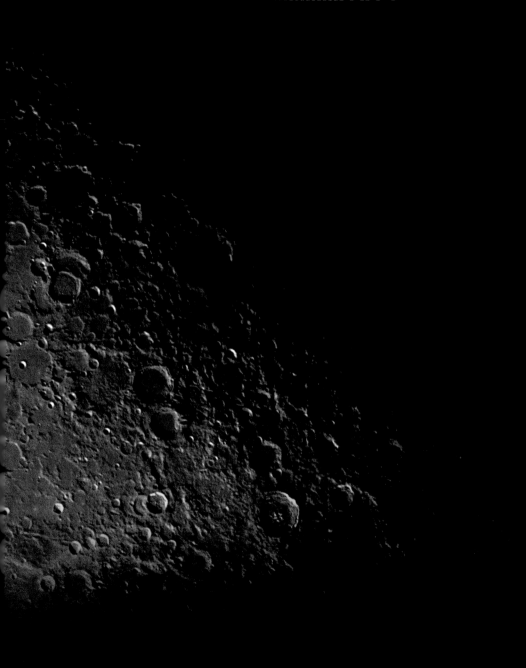

夜晚的天空

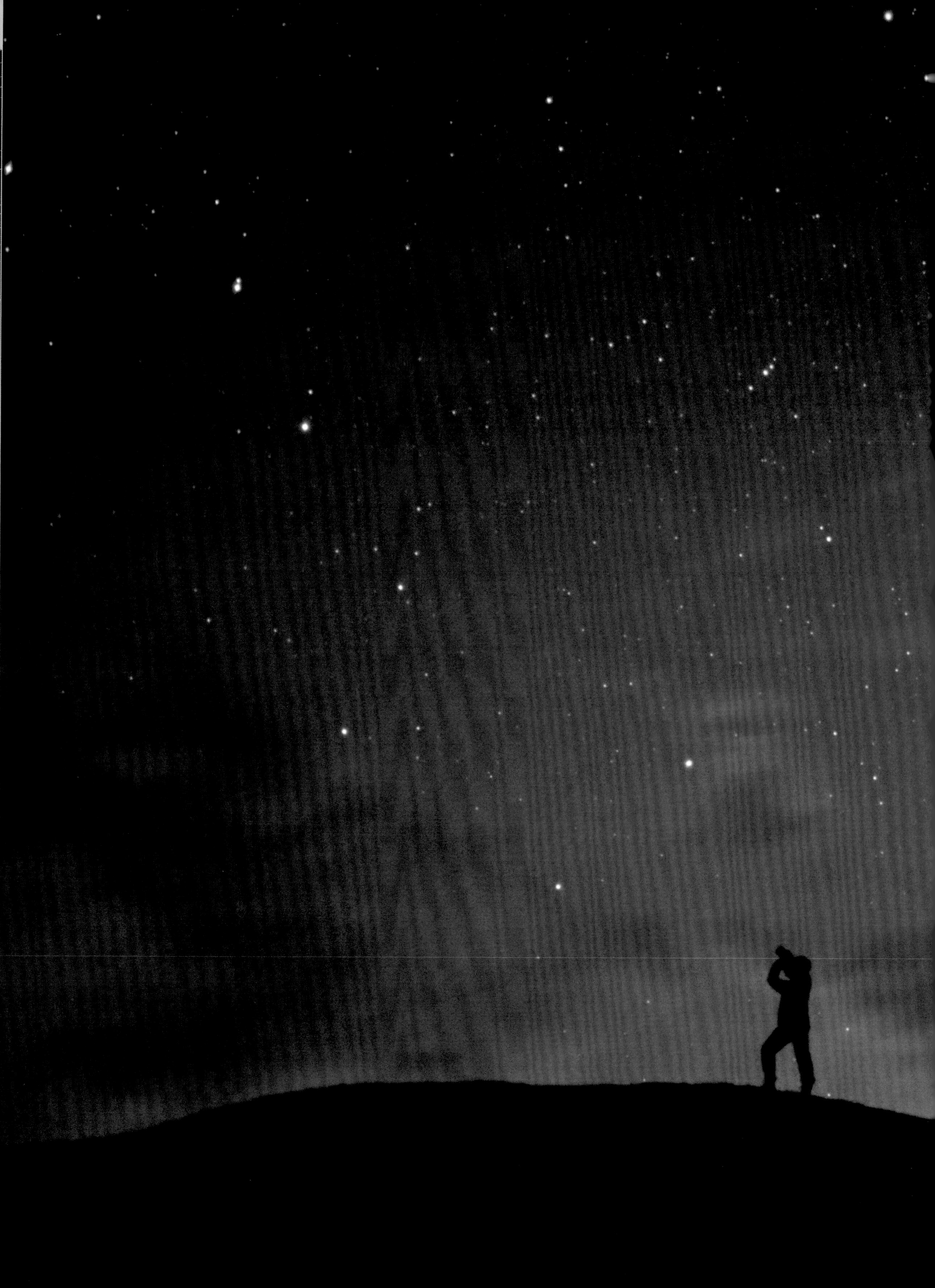

"为什么没人教我认识星座呢？好让我在繁星天堂中找到回家的感觉，让我能够熟悉那总是高悬头顶的星空，那至今我还不曾完全了解的疆域。"

——托马斯·卡莱尔

人类总是能从密布的繁星中看出各种图案。古人把诸神、英雄以及神兽的形象赋予星空，并用这些星座之间的关系阐释神话传说。大多数情况下，同一个星座里的星星，只是在地球上看来碰巧位于天空的同一片区域，实际上它们彼此之间并没有联系。这些星星组成的图案，表面上看起来是经久不变的，但其实不是，因为相对于地球来说所有的恒星都在运动。随着时间的流逝，地球上的人们看到的所有星座形状都会发生变化，成千上万年之后，星座的样子将与现在完全不同。那时，人类的后代需要创造出自己的星座。今天的夜空被划分为88个星座，它们像巨大的七巧板一样拼合在一起。有些星座很大，有些则很小，有些星座里包含各种各样的著名天体，有些则暗弱且近乎荒芜。所有的星座都将在下面的篇幅中一一展开介绍。

星座图案
当夜幕降临，追星者用双筒望远镜扫视着夜空。他头顶上那著名的北斗七星，是大熊座的一部分。北极星位于图片的右上方。

星座

星座的历史

星座的最早由来，是人们把天空中的星星想象成一组组图案，用以导航、计时和讲述故事传说。如今，尽管那些引人入胜的星座神话和传说仍然在流传，但星座的形象已经显得不那么重要了，它们只是描述天空区域的一种方式。

早期星座传说

如今我们使用的星座体系来自古希腊和古罗马文明。现存最早的关于古希腊星座的记载来自诗人阿拉托斯（Aratus，公元前315—公元前245）。他在公元前275年前后写下了诗歌《物象》（*Phaenomena*）讲述天空的故事，我们从中可确认47个星座。这部诗歌的内容基于古希腊天文学家欧多克索斯（Eudoxus，公元前390—公元前340）的一本现已佚失的同名书籍。这些星座最初由苏美尔人在公元前2000年创立，随后被古巴比伦文化所吸纳。欧多克索斯从埃及祭司那里学习了星座，并把它们引入古希腊。不过古希腊人将自己的神话传说附会在欧多克索斯精细划分的那些星座上，阿拉托斯的星座故事书因而非常流行。公元2世纪时，古罗马希吉努斯（Hyginus）写的《诗意的天文学》（*Poetic Astronomy*），对星座传说进行了更加详尽的描述。此后，这两部著作一直被不断地翻译和出版。

小犬座
这页纸来自希吉努斯星座神话在公元9世纪的一个版本，展示的是小犬座，这里叫作Anticanis。希吉努斯的拉丁文句子组成了狗身体的形状。

填满天球

现存最古老的星表可以追溯到公元2世纪，它被收录在一本叫作《天文学大成》（*Almagest*）的书里，书的作者是古希腊天文学家、地理学家托勒玫（Ptolemy，见对页）。这个星表基于尼西亚的依巴谷（公元前190—前120）早期写的一本星表，记录了一千颗恒星的位置和亮度，并把这些恒星划分为48个星座。公元10世纪，阿拉伯天文学家苏菲（见第421页）在他的著作《恒星之书》（*Book of Fixed Stars*）中更新了《天文学大成》，书中还包含了一些恒星的阿拉伯名。这些阿拉伯星名至今仍在使用。很长一段时间里，星座系统中都没有再引入新的星座，直到16世纪末，荷兰探险家航行到东印度群岛。在那里，他们观测到了南天的星空，那些星星从未出现在欧洲的地平线以上。两位航海家柯瑟（Pieter Dirkszoon Keyser）和豪特曼（Frederick de Houtman）（见第416页）把将近200颗新的南天恒星编入星表中，正是根据这些星星，他们和他们的导师——荷兰制图师帕图斯·普兰修斯（Petrus Plancius）（见第358页）创立了12个新的星座。普兰修斯还创立了其他一些北天星座，填补在托勒玫创立的星座之间。将近一个世纪之后，波兰天文学家约翰·赫维留（见第384页）又对北天星空进行了增补。18世纪中叶，法国天文学家尼古拉·路易·德·拉卡伊（见第422页）在南天引入了另外14个星座。

袖珍球盒
这个袖珍球形器来自英国科学博物馆，描绘的是地球上看到的一个代表天球的壳体。盒盖内侧是以镜像形式绘制的星座。

全天覆盖
这个美丽的天球仪是由意大利著名的天球仪制作者文森佐·科罗内利（Vincenzo Coronelli）于1692年制作的。和其他所有的天球仪一样，这些星座形象是从天球仪外部看到的样子，和人们在地球上仰望天空看到的星座形象相反。

星图和图册

最早印刷出版的星图是由伟大的德国艺术家阿尔布雷特·丢勒（Albrecht Dürer）于1515年创作的。像天球仪一样，丢勒绘制的星座形象是假想站在天球外面某一点所看到天球的样子，不久之后，再绘制的星图就是从天球内部看到的景象了。早期星图中最精美的，要数德国天文学家约翰·拜耳（Johann Bayer）于1603年创作的《测天图》（Uranometria）。这个星图至今仍是星图艺术的典范。在它出版之后不久，望远镜的发明使天文学发生了彻底的变革。这一时代最早的星表星图，是由英国首位皇家天文学家约翰·弗拉姆斯蒂德（John Flamsteed，1646—1719）制作的。弗拉姆斯蒂德的《天图》（Atlas Coelestis）基于他自己的艰苦观测，展示了英国格林尼治能够看到的托勒玫星座。星座绘图的巅峰是在1801年德国天文学家约翰·波德出版的《星图》（Uranographia，俗称波德星图）。这个星图涵盖了全天，绘制了超过100个星座，其中有些星座是波德自己创立的。最终，主导天文学界的国际天文学联合会在1922年确定了全天的88个星座和每个星座的边界。在现代星图中，星座中主要恒星之间的连线便是传统星图留下的印记，它们展示了整个星座的大致形态。

全天星图
古人把成组的星星想象成诸神、英雄人物，或者是野兽，这些形象一直到19世纪还被绘制在星图上。这些图来自约翰·弗拉姆斯蒂德出版的《星座图集》（1729），以北半天和南半天各一幅的形式，展示了古希腊人熟知的48星座。

星座形象素描
比较容易辨认的黄道星座——狮子座，在1729年英国天文学家约翰·弗拉姆斯蒂德出版的《星座图集》中的形象。

托勒玫（Ptolemy）

托勒玫（100—170）工作和生活在埃及亚历山大市的大都会，这一地区那时是古希腊王朝的一部分。他是最伟大的古希腊天文学家之一。他在《天文学大成》中阐述的地心说，在天文学理论中占据主导地位达1400年之久。托勒玫还基于依巴谷早期的工作，制作了一个包含48个星座中1022颗恒星的星表。

星空巡礼

在以下这些页中，我们将天球划分为6个部分——两极天区和4个赤道天区，用以呈现88星座的位置。每个星座在后面的篇幅中都有对应的条目。每个条目都会把星座及其主要特点放在整个天空的背景下来介绍。

可见性图示

每个星座条目都包含一幅图，用以展示世界上哪些区域能看到这个星座。黑色区域可以看到整个星座；灰色区域能够看到这个星座的一部分；白色区域则完全看不见这个星座。完全可见区域的精确纬度会在随图的数据中给出。

星座图

88星座中的每个星座都有一幅以星座所在区域为中心的星图。这些星图包括了所有亮至6.5等的恒星。在星座边界内，每个亮于5等的星都有标注，深空天体则以图标表示。

星等标记

−1.5～0　0～0.9　1.0～1.9　2.0～2.9　3.0～3.9　4.0～4.9　5.0～5.9　6.0～6.9

深空天体

星系

球状星团

疏散星团

弥漫星云

行星状星云或超新星遗迹

黑洞或X射线双星

北极天区

这幅图中，北极星几乎位于中心，它属于小熊座，距离北天极不到1度。对于北半球的观测者来说，北极星附近的恒星永不落下，因此被称作拱极星。观测者所在地的纬度，决定了天空中会有多少星星是拱极星。观测者所在地越靠北，拱极星的区域也越大。这个图展示的是赤纬90°～50°的天区。

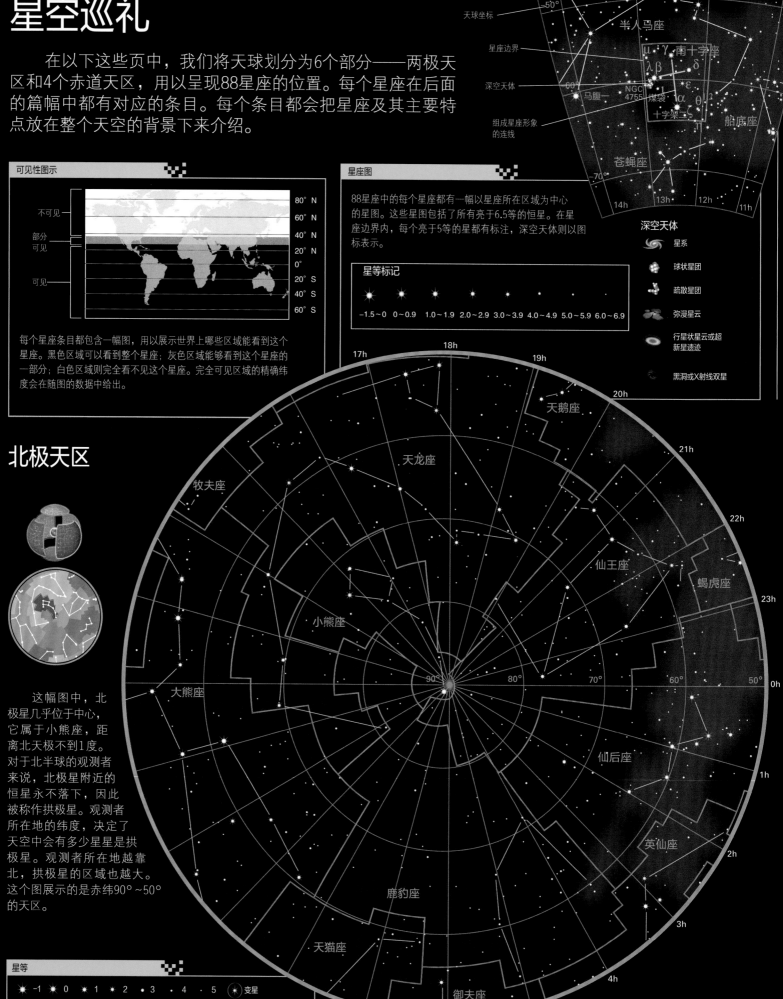

星等

−1　0　1　2　3　4　5　⊕ 变星

赤道以及极区星图的星等图例

希腊字母表

大多数星座图表中，亮星用希腊字母标示，这一系统是由约翰·拜耳创立的（见第347页）。

阿尔法	α	约塔	η	纽	ν	套	τ
贝塔	β	西塔	θ	克西	ξ	宇普西龙	υ
伽马	γ	约塔	ι	奥密克戎	ο	伏艾	φ
德尔塔	δ	卡帕	κ	派	π	卡伊	χ
艾普西龙	ε	兰布达	λ	若	ρ	普赛	ψ
截塔	ζ	缪	μ	西格玛	σ	欧米伽	ω

可见性图标

每幅图片的旁边，都有一个图标来表示用哪种方式能看到图中的景象。有些照片展示的恒星或深空天体可以通过目视、双筒望远镜，或者业余爱好者使用的天文望远镜来观测。其他照片则是CCD摄影或者专业观测设备的结果。

- 👁 目视
- 🔭 双筒望远镜
- 🔭 天文望远镜（爱好者级别）
- □ CCD
- ⬚ 专业设备

88星座字母索引

星座条目按照它们在天球上的位置排序，从北天的小熊座开始，向南方螺旋形顺时针扫尾，最终以南极座作为结尾。这个汉语拼音索引列出了另一种查询每个星座条目页码的方式。

南极天区

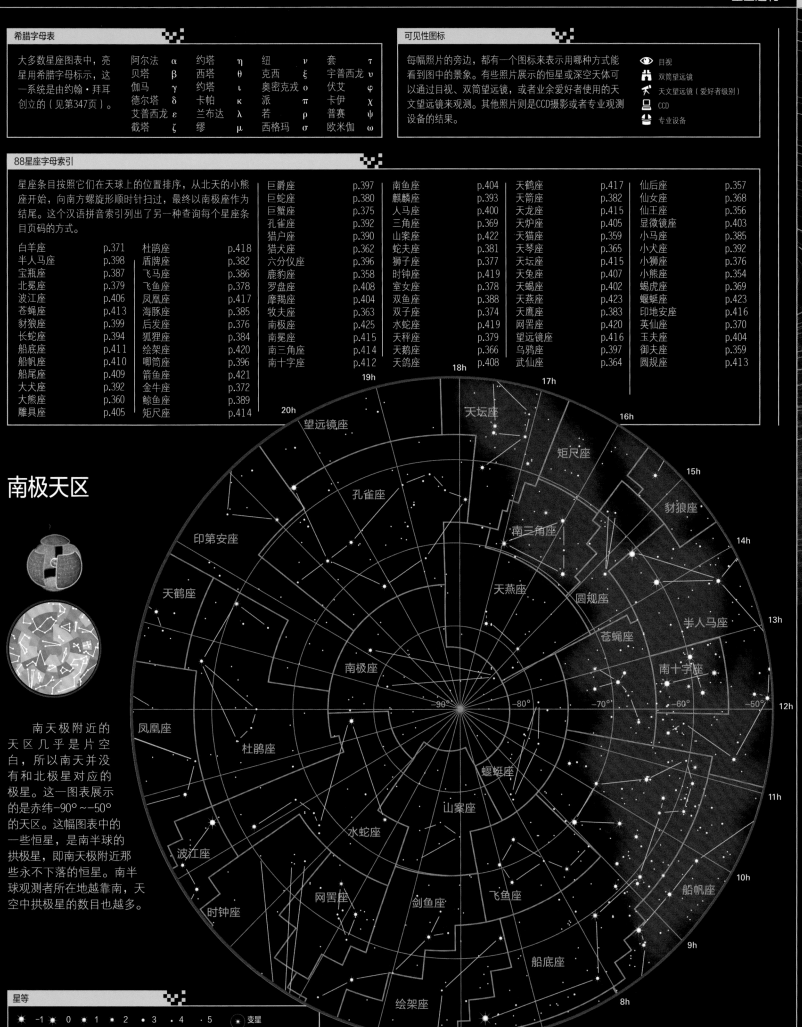

南天极附近的天区几乎是片空白，所以南天并没有和北极星对应的极星。这一图表展示的是赤纬-90°~-50°的天区。这幅图表中的一些恒星，是南半球的拱极星，即南天极附近那些永不下落的恒星。南半球观测者所在地越靠南，天空中拱极星的数目也越多。

星等

✦ -1　✦ 0　✳ 1　∗ 2　· 3　· 4　· 5　⊛ 变星

赤道以及极区星图的星等图例

赤道天区 图1

这片天区在9月、10月、11月的傍晚适合观测。其中包含位于双鱼座的春分点，这是黄道与天赤道的交点之一，太阳经过这点运动到天赤道以北。赤经0°线也经过这一点，它是地球上0°经线（本初子午线）在天球上的对应。太阳在每年3月下旬到达这一点。这一天区最与众不同的特征在于一个大四边形——飞马座大四边形，尽管位于四边形一个角上的亮星实际上属于附近的仙女座。

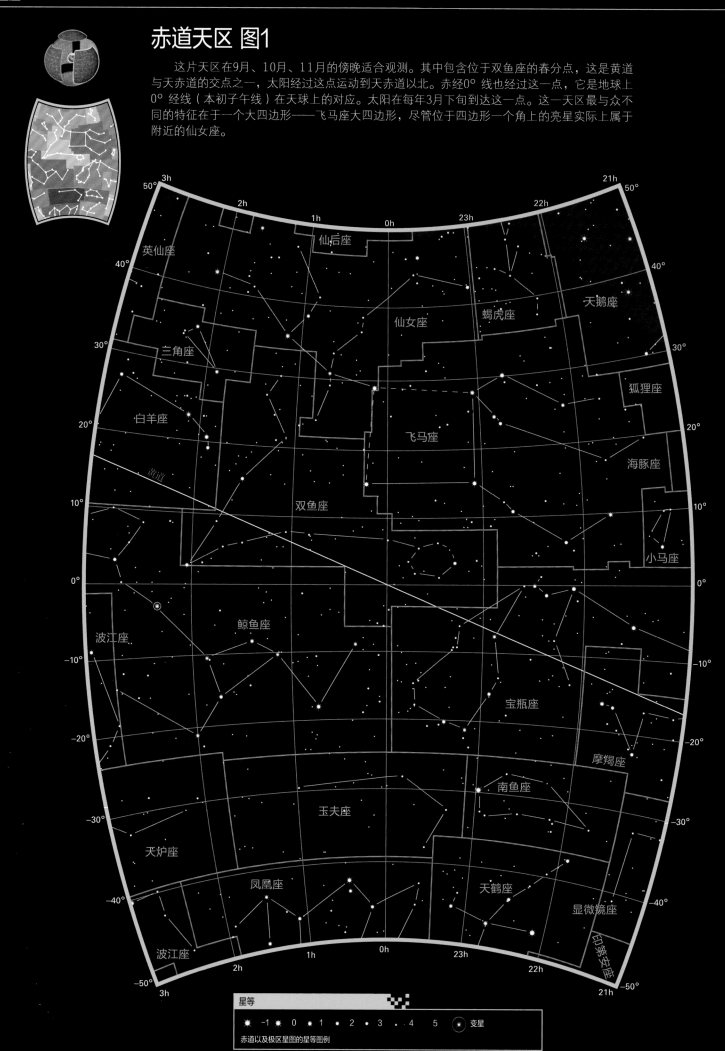

星等

-1 0 1 2 3 4 5 ⊙ 变星

赤道以及极区星图的星等图例

赤道天区 图2

　　这片天区在6月、7月、8月的傍晚适合观测。其中包含太阳每年所能到达的赤纬最南的点，这一点位于人马座。太阳每年12月21日前后到达这一点，这一天是南半球白昼最长而北半球白昼最短的一天。银河中富含恒星的区域横跨整个天空，从北端的天鹅座到人马座再到南边的天蝎座。武仙座和蛇夫座在神话中都是巨人的象征，它们的形象在北天天空中头对头地出现。南方有几个著名的星组：人马座的"茶壶"，以及天蝎座弯曲的尾巴。

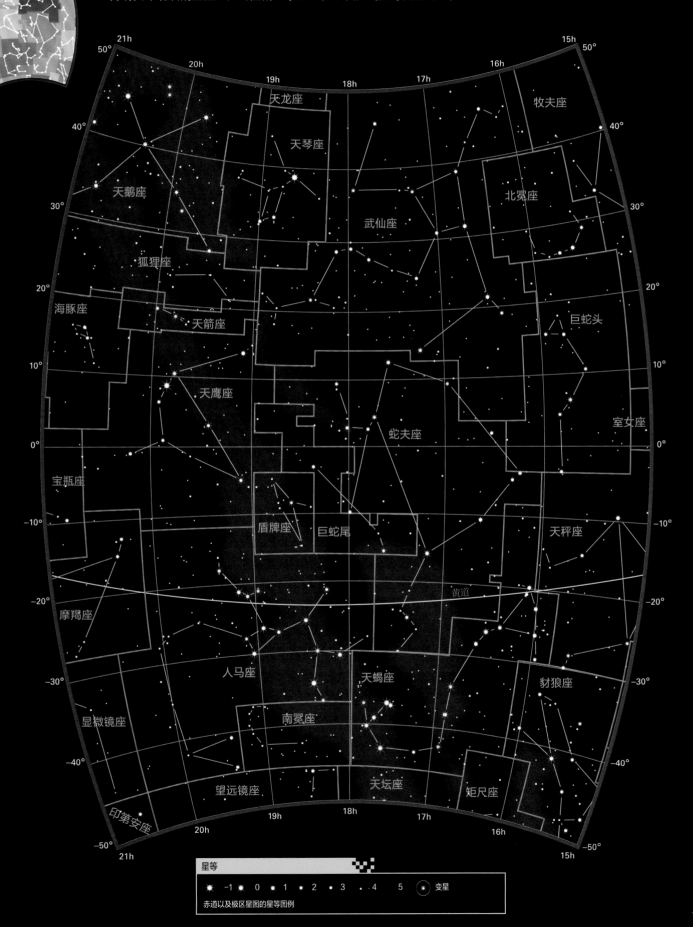

星等
-1　0　1　2　3　4　5　○变星
赤道以及极区星图的星等图例

赤道天区 图3

这片天区在3月、4月、5月的傍晚适合观测。其中包含位于室女座的秋分点，这是黄道与天赤道的另一个交点，太阳经过这点运动到天赤道以南。太阳在每年9月21日前后到达这一点。北天星座牧夫座中有一颗大角星，这是一颗耀眼的橙色恒星，当北半球能够看到它的时候，就意味着春天来临。它的南边是黄道星座室女座，其中最亮的恒星是蓝白色的角宿一。紧邻室女座的是狮子座——为数不多的几个真正像动物的星座之一，这里狮子座的形象是一只蹲伏的狮子。

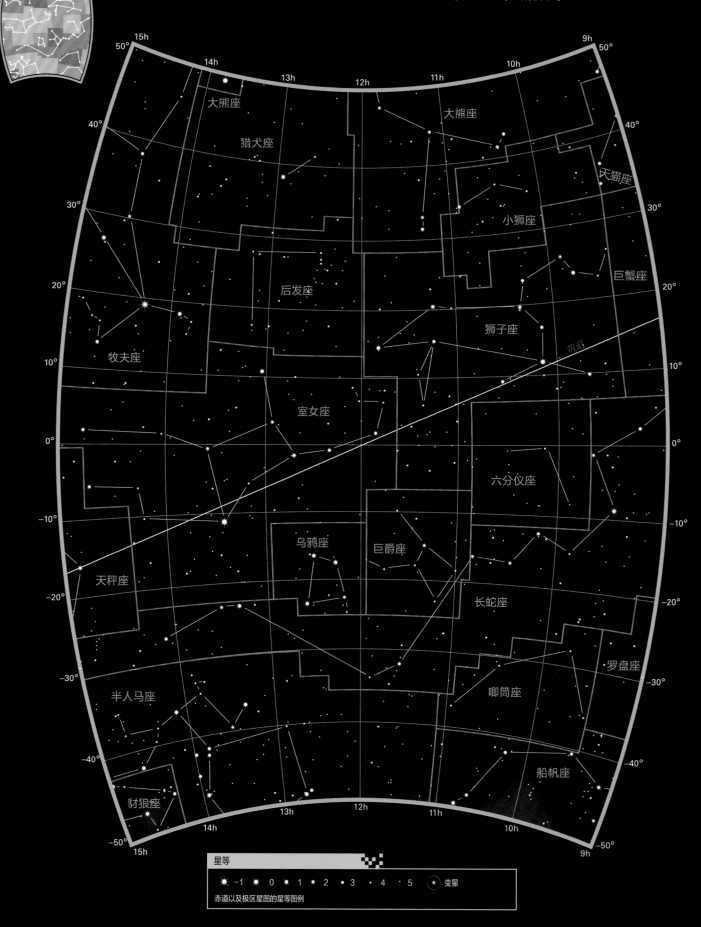

星等								
-1	0	1	2	3	4	5		变星

赤道以及极区星图的星等图例

赤道天区 图4

这片天区在12月、1月、2月的傍晚适合观测。其中包含太阳能够到达的赤纬最北的点，这一点位于金牛座和双子座的边界上。太阳每年6月21日前后到达这一点，这是北半球白昼最长而南半球白昼最短的一天。这片天区中，闪闪发光的恒星和壮丽的星座包括：全天最亮的恒星——大犬座的天狼星；连成一条线的3颗恒星，构成了猎户座的腰带；金牛座最亮的恒星毕宿五闪闪发光，就好似公牛的眼睛；毕宿五的旁边是昴星团和毕星团。

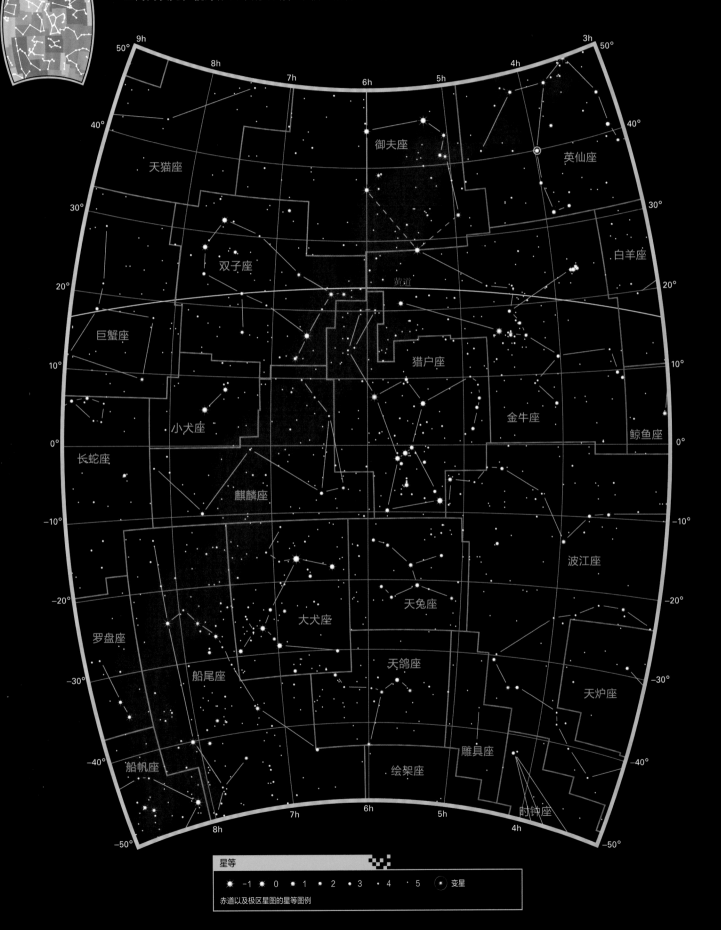

星等

● -1　● 0　● 1　• 2　· 3　· 4　· 5　◎ 变星

赤道以及极区星图的星等图例

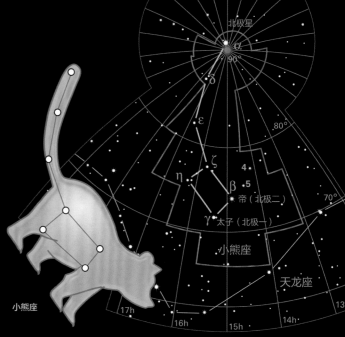

Ursa Minor

小熊座

面积排名：56

最亮的星：北极星
（小熊座 α）2.0等

所有格：Ursae
Minoris

缩写：UMi

晚上10点上中天的
月份：5月—7月

完全可见区域：
90°N～0°S

小熊座是古希腊星座之一，据说它代表艾达——在宙斯婴孩时期哺育他长大的两位女神之一。小熊座包含北极星及其附近一些肉眼可见的恒星。北极星，即小熊座 α，如今距离北天极不到1度。北极星与北天极在天球上的距离由于岁差（见第64页）会逐渐减小，在公元2100年前后达到最近，那时二者相距大约0.5度。

小熊座的主体恒星形成了大家熟知的小斗形状，令人想起更大、更亮的大熊座中的北斗七星，不过，这两个星座的勺子是朝着相反的方向。小熊座勺子上两个最亮的星——小熊座 β 和小熊座 γ，是人们熟知的北极守卫者。

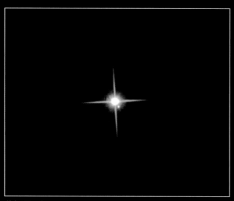

北极星 ↙
这幅北极星的照片是借助望远镜拍摄的，我们用肉眼就能清楚地看到北极星。哈勃空间望远镜拍摄的图像显示，北极星有一颗伴星，只是这颗伴星我们在地球上看不见。

具体特点

北极星是一颗乳白色的超巨星，也是一颗造父变星（见第282页），但它的亮度变化非常微小，用肉眼是观察不到的。用望远镜观看，能够看到它附近有一颗与它没有关联的8等星。

小斗勺头的两颗星——小熊座 γ 和小熊座 η——都是相距较远的双星。小熊座 γ 是两颗星中较亮的一颗，亮度为3.0等，它的伴星是一颗5等星——小熊座11，肉眼或双筒望远镜均可见。小熊座 η 是一颗5等星，肉眼可见。它有一颗5.5等的伴星——小熊座19，用双筒望远镜很容易看见。小熊座 γ 和小熊座 η 的成员星与地球距离各不相同，因此并不相关。

神话故事

哺育女神

根据古希腊神话，婴儿宙斯一出生，就被他残忍的父亲克洛诺斯藏起来了。随后他被带到克里特岛，在那里被两位女神哺育长大。这两位女神的名字，通常的说法是阿德拉斯忒亚（Adrastea）和艾达（Ida）。为了感谢她们的养育之恩，宙斯后来把她们升上天空，成为大熊座和小熊座。

油画：受保护的婴儿
图为法国艺术家尼古拉·普桑（Nicolas Poussin）的作品《喂养朱庇特》，表现的是婴儿宙斯被女神和牧羊人精心照料的场景。

Draco

天龙座

面积排名:	8
最亮的星:	天棓四（天龙座γ）2.2等
所有格:	Draconis
缩写:	Dra
晚上10点上中天的月份:	4月—8月
完全可见区域:	90°N~4°S

天龙座是古希腊星座之一，代表古希腊神话中被大英雄赫拉克勒斯杀死的龙。这个大星座几乎环绕北极180度。虽然从大小上说，天龙座比较大，但是在天空中除了其菱形的脑袋一点也不容易辨认。龙的脑袋由4颗星组成，包括最亮星天龙座γ，也叫天棓四，意思是"蛇"。

具体特点

天龙座的一个独有特征是双星和聚星。组成天龙座头部的4颗星中最暗的那颗——天龙座ν，是易于辨认的双星。它由两颗白色的5等星组成，是用双筒望远镜能看到

的最完美双星。天龙座ψ是一对相距稍微近些的双星，由一颗5等星和一颗6等星组成，用一个小望远镜能够分辨。更不容易辨认的是天龙座μ，它由两颗6等星组成，只有高倍的望远镜才能分辨出它是双星。

相距较远的双星——天龙座16和天龙座17，用双筒望远镜很容易分辨，其中较亮的星——天龙座17，用高倍小望远镜观看会发现也是双星，因而它们实际上是三星。类似的三星是天龙座39，在低倍率的小望远镜中是双星，但用更高倍的望远镜观察那颗较亮的星，会发现它是一对双星，成员星的星等分别为5.0等和8.0等。用小望远镜易于分辨的双星还有：天龙座o，由一颗5等星和一颗8等星组成；天龙座40和天龙座41，是两颗6等的橙色矮星。

天龙座的中心有一个行星状星云，因哈勃空间望远镜拍摄的影像而著名，它就是NGC 6543，也叫猫眼星云（见第258页）。通过伪彩色处理之后的影像中，猫眼星云呈现为红色，但通过小望远镜观看，它和所有的行星状星云一样呈现为蓝绿色。

熊和龙 👁
天龙座长长的身躯环绕着小熊座，龙头很容易辨认出来。

猫眼星云 🔭🖥
从这幅业余爱好者拍摄的NGC 6543的CCD影像中，可以看出哈勃空间望远镜捕捉到的一些色彩和结构。但直接观看时，星云呈现为一个蓝绿色的椭圆。

神话故事

赫拉克勒斯和巨龙

阿特拉斯山上，宙斯妻子赫拉的花园里种着金苹果，巨龙拉冬负责守卫那些金苹果。大英雄赫拉克勒斯的12道考验之一便是偷取金苹果。为了获得金苹果，赫拉克勒斯用毒箭杀死了巨龙。赫拉把巨龙升上天空，成为天龙座。

油画：屠龙者
16世纪意大利艺术家洛伦佐·德罗·斯希奥里纳（Lorenzo dello Sciorina）的这幅画作描绘的是赫拉克勒斯屠龙的景象。

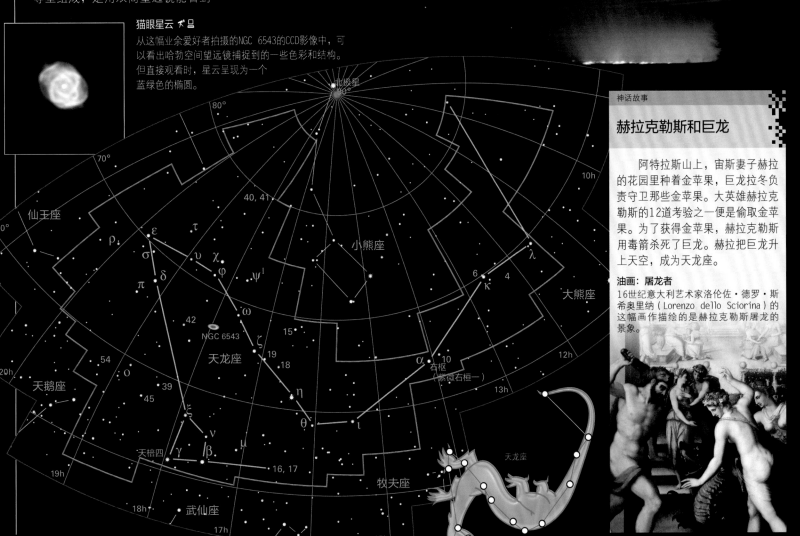

Cepheus

仙王座

面积排名:	27
最亮的星:	仙王座α 2.5等
所有格:	Cephei
缩写:	Cep
晚上10点上中天的月份:	9月—10月
完全可见区域:	90° N~1° S

　　仙王座位于北天较靠近北极处,仙后座和天龙座之间。星座中主要的星星组成了一个扭曲的尖塔形状。这个古老的希腊星座实际上代表神话中埃塞俄比亚的国王克普斯,他是仙后卡西欧佩亚的丈夫,仙女安德洛墨达的父亲。仙王座并不是一个很显眼的星座。

具体特点

　　这个星座最著名的星是仙王座δ(见第286页),也叫造父一,所有的这类变星都被叫作仙王座δ型变星(或造父变星)。这个黄色超巨星距离我们不到1 000光年远,平

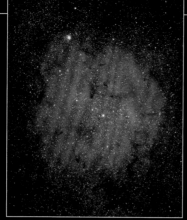

IC 1396 🔲

石榴石星,或者说仙王座μ(图片左上方),位于巨大但暗弱的星云IC 1396的边缘上。星云的中心是6等聚星斯特鲁韦2816。

均每5天9小时的时间里,星等在3.5等到4.4等之间变化。

　　这种变化肉眼是能够辨识的。仙王座δ也是双星,用一个小望远镜能够看到它那颗6等亮的蓝白色伴星。

　　另一类变星中的一颗重要变星——仙王座μ,是一颗红色超巨星,大约平均每两年,星等在3.4等到5.1等之间变化。这颗超巨星也因为特别红而被叫作石榴石星。仙王座δ和仙王座μ附近那些不发生光变的恒星,例如,3.4等的仙王座ζ、4.2等的仙王座ε、5.1等的仙王座λ,都可以被用来估计这两颗变星的星等。

仙王座 👁

仙王座的形状很像主教的冠冕,它在天空中并不容易被认出。他的侧面分别是其耀眼的妻子仙后座及天龙座。

仙王座

亨丽爱塔·勒维特
(Henrietta Leavitt)

　　亨丽爱塔·勒维特(1868—1921)20世纪初就职于哈佛大学天文台。她在研究小麦哲伦星系变星的过程中发现了周光关系。这一定律将造父变星的光变周期和它自身亮度联系在一起,换句话说,可以推知变星的距离。她的这一定律至今仍是了解宇宙大小的重要基础。

定义

通过对照相底片的艰苦测量,亨丽爱塔·勒维特找到了2 400颗各种类型的变星。

仙王座δ 与仙王座μ

星等图例	
✦	0.0~0.9
✦	1.0~1.9
✦	2.0~2.9
✦	3.0~3.9
✦	4.0~4.9
✦	5.0~5.9
·	6.0~6.9

Cassiopeia

仙后座

面积排名:	25
最亮的星:	王良四（仙后座α）2.2等，仙后座γ 2.2等
所有格:	Cassiopeiae
缩写:	Cas
晚上10点上中天的月份:	10月—12月
完全可见区域:	90°N~12°S

北方天空中这个显眼的星座位于银河中，英仙座和仙王座之间，仙女座的北边。星座中主要的5颗星组成巨大的W形，很容易辨认。它是古希腊星座之一，代表神话中埃塞俄比亚的王后卡西欧佩亚。

具体特点

仙后座γ（见第285页）是一颗炽热的、自转很快的恒星，它偶尔会把自身赤道周围气体环中的部分气体抛出，引起自身亮度的突然改变。其星等通常在3.0等到1.6等之间，大多时候为2.2等，这个星等使得它成为仙后座中并列最亮的恒星。

变星仙后座ρ相对来说有着可预测的周期。这是一颗极其明亮的黄白色超巨星，每10个月或11个月，星等在4等到6等之间波动。据估计，它距离我们地球一万多光年远，在肉眼能看到的恒星中是特别远的。

仙后座η是一对引人注目的星，包含一颗黄色恒星和一颗红色恒星。二者星等分别为3.5等和7.5等，用一个小望远镜能够看见。这对星确实是双星，暗弱的那颗以480年为周期围着明亮的那颗旋转。

用小型仪器就能发现，仙后座的区域包含很多疏散星团。其中最主要的有M52（见第290页），位于仙后座与仙王座的交界上。用双筒望远镜观看，它好像一个细长的光斑，用小望远镜则能看见其中的单颗恒星，例如边缘上的那颗明亮的橙巨星。M103是一个细长形的小星团，最好用小望远镜观看。其附近是一个较大的星团NGC 663，它更适于用双筒望远镜进行观测。NGC 457是一个松散的星团，包含5等星仙后座φ。这个星团的形象让人联想到猫头鹰，其中两颗最亮的星构成猫头鹰的眼睛。

M103 🔭

M103的主要特征是3颗星排成链状，好似一个微型的猎户座腰带。其中最北的那颗成员星（图片上方）并不是星团成员，距离我们地球较近。

M52 🔭

通过双筒望远镜看，这个星团好像一个模糊的斑块，大小约为满月直径的三分之一。要想区分出其中的单颗恒星，必须使用天文望远镜。

北极指示器 👁

由仙后座的主要恒星组成的W形在天空中很是显眼，较容易找到。组成W的中心那颗恒星有助于找到北极星。

Camelopardalis

鹿豹座

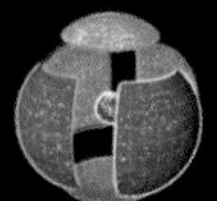

面积排名：18

最亮的星：
鹿豹座 β 4.0等

所有格：
Camelopardalis

缩写：Cam

晚上10点上中天的月
份：12月—5月

完全可见区域：
90°N～3°S

这个位于北天的暗弱星座，代
表一只长颈鹿，它是在17世纪早期
由荷兰天文学家帕图斯·普兰修斯
创立的，他在自己的天球仪上首先
绘制了这个星座。沿着北极向小熊
座和天龙座方向延伸，能够找到长
颈鹿那长长的脖子。

具体特点

这个星座中最亮的星鹿豹座
β是一对双星，用小望远镜或者
高倍双筒望远镜能够看到它那颗暗
弱的伴星。鹿豹座β的南边是鹿豹
座11和鹿豹座12——一对相距较
远的双星，星等分别为5等和6等。

长颈鹿的尾部那里是NGC
1502——一个小的疏散星团，用双
筒望远镜或者小望远镜能够看见。
在双筒望远镜中还能看到一些暗弱
的星星组成一个长链，叫作甘伯串
珠，它由NGC 1502指向仙后座。这
一恒星特征是用加拿大业余天文学
家卢塞恩·甘伯（Lucian Kemble）
的名字命名的，他最早在20世纪70
年代注意到了这一特征。事实上，
组成长链的这些恒星彼此并不相关。

NGC 2403是一个9等旋涡星系，
用小望远镜看，它像是一颗彗星。
它是本星系群之外最亮、距离我们
地球最近的星系之一。

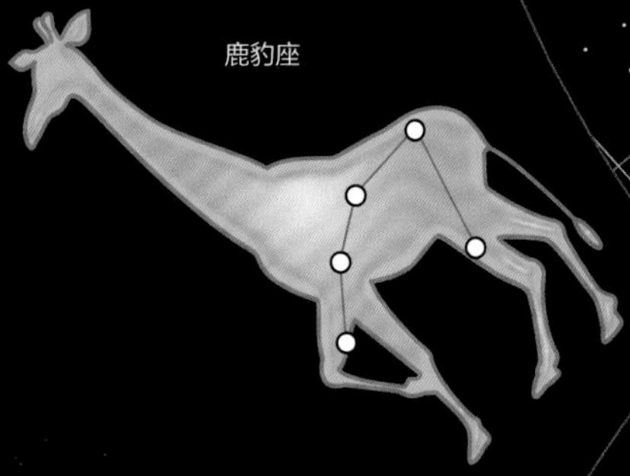

甘伯串珠 ♙

在一片大小约为满月5倍直径的天区，甘伯
串珠的星星似乎要从天空中滚落下来。小星
团NGC 1502在图片左下方可见。

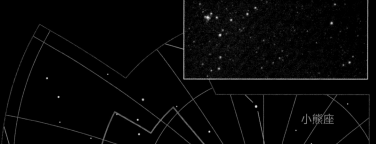

NGC 2403 ♐♊

这个星系的彩色影像显示出它旋臂上巨大
发射星云的粉红色辉光。它距离地球大约
1100万光年。

帕图斯·普兰修斯（PetrusPlancius）

这位荷兰牧师同时也是地理学和
天文学的专家。在荷兰组织前往东印
度群岛的第一次远航时，帕图斯·普
兰修斯（1552—1622）教授航海员们
如何测量恒星的位置。作为回报，航
海员们把南天的星星进行编录，划分
成12个新的星座交给普兰修斯，后来
普兰修斯在他的全天星图上绘制了这
些星座。他还把欧洲能够看到的一些
较暗的星组合在一起，创立了一些星
座，例如天鸽座、鹿豹座、麒麟座。

局部视图 👁

要把长颈鹿的样子和星座鹿豹座关联起
来，还真有点困难。这里展示了组成长
颈鹿腿的星星。长颈鹿那长长的脖子向
上延伸，超出我们这幅图片之外了。

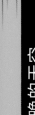

Auriga

御夫座

面积排名：	21
最亮的星：	五车二（御夫座α）0.1等
所有格：	Aurigae
缩写：	Aur
晚上10点上中天的月份：	12月—2月
完全可见区域：	90°N~34°S

御夫座在北天很容易辨认，它有最靠近北极的1等亮星御夫座α。御夫座位于银河中，双子座和英仙座之间，猎户座的北边。这个星座代表一个战车的御者。

具体特点

御夫座最突出的特征是，它里面有3个又大又亮的疏散星团排成一条链状。用广角双筒望远镜观看，这3个星云在视野中的大小一样。三者之中，M38的星星最分散，用小望远镜看，似乎形成链状。中间的星团是M36，是最小也最容易辨认的星团。M37是最大的星团，也包含最多的恒星，但这些恒星比较暗弱。这3个星团都位于距地球4 000光年远的地方。

正在孕育恒星的星云IC 405距离我们较近。其中心附近的6等亮星御夫座AE照亮了周围的气体。

御夫座还包含两个特别的长周期食双星。一个是御夫座ζ，它是一颗橙色巨星，绕着它转的是一颗较小的蓝色恒星，二者每2.7年交食一次。交食会使亮度在6周内降低30%，星等由3.7等变为4.0等。更值得注意的是御夫座ε（见第281页），这颗极其明亮的巨星有一个神秘的黑暗伴星，每27年交食一次，这在所有食双星中是周期最长的。交食时，御夫座ε的亮度减半，星等由3.0等变为3.8等，而且在接下来的一年多中，还会持续变暗。天文学家认为，它的伴星包裹在一个几乎正好侧向我们的尘埃盘中。上次交食发生在2009年到2011年间，下次将会是在2036年。

共享的星星 👁
御夫座的星座连线，实际上连接了御夫座的星星以及邻近的金牛座β。

烽火恒星云 ↗ 🎯
御夫座AE是一颗炽热的大质量恒星，星等为6等。它照亮了周围的气体和尘埃，即烽火恒星云IC 405。

Lynx

天猫座

面积排名：	28
最亮的星：	天猫座α 3.1等
所有格：	Lyncis
缩写：	Lyn
晚上10点上中天的月份：	2月—3月
完全可见区域：	90°N~28°S

天猫座是北天一个中等大小但比较暗弱的星座。它是在17世纪时由约翰·赫维留（见第384页）创立的，当时赫维留为了填补大熊座和御夫座之间的一片空区设立了这个星座。赫维留很得意地把这个星座命名为天猫座，因为确实只有山猫的眼睛才能看到它。事实上，赫维留本人有着极佳的视力。他在自己的星图上绘制的天猫座形象，其实不怎么像山猫。

具体特点

天猫座包含一些有趣的双星和聚星。例如天猫座12，用小型望远镜看，它是一对双星；如果用口径75毫米甚至更大口径的望远镜观看，会发现双星中较亮的那颗星是由两颗星等分别为5等和6等的星组成的，其轨道周期约为900年。

更容易辨认的三星是天猫座19，它包含两颗星等分别为6等和7等的星，以及一个相距较远的8等伴星，这3颗星用小望远镜都很容易看见。更不易分辨的双星是天猫座38，它由一颗4等星和一颗6等星组成，只有口径达到75毫米的望远镜才能区分出其中的单颗恒星。

难以捉摸的猫科动物 👁
天猫座只是由大熊座和御夫座之间几颗暗弱的恒星组成的，除此之外别无其他。为了认出它，需要有极好的视力，或者使用双筒望远镜。

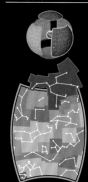

Ursa Major

大熊座

面积排名： 3

最亮的星： 大熊座α，大熊座 ε 1.8等

所有格： Ursae Majoris

缩写： UMa

晚上10点上中天的月份： 2月~5月

完全可见区域： 90°N~16°S

大熊座是最著名的星座之一，也是北天当中非常显眼的一个星座。它的7颗星星构成了我们熟悉的犁形，也就是北斗七星。但实际上，大熊座的整体可比北斗七星大多了，它是全天第三大星座。犁头的两颗星离柄最远，它们是天枢（大熊座α）和天璇（大熊座β），延长它俩的连线可以找到北极星。沿着弯曲的犁柄延伸出去，则可以找到牧夫座的大角星。

具体特点

犁头形的连线，可以说是星座连线中最显著的形状了。组成这个形状的星分别是：天枢（大熊座α）、天璇（大熊座β）、天玑（大熊座γ）、天权（大熊座δ）、玉衡（大熊座ε）、开阳（大熊座ζ）、摇光（大熊座η）。除了天枢和玉衡，其余的恒星都在宇宙中朝着同一个方向运动着，它们组成了我们所熟知的移动星团。

开阳（大熊座ζ）——犁柄的第二颗星，紧邻辅星（见第276页）——犁中亮度排第八的星，视力好的人可以看到它。用小望远镜观察可发现开阳也有一颗亮度为4等的伴星。

大熊座南部还有另一个迷人的双星系统——大熊座ξ，我们通过小型望远镜就可以很容易地区分开其中的两颗成员星。这对双星由一

雪茄星系
M82是一个形状奇特的旋涡星系，侧对我们，它正在经历一场恒星形成的大爆发。之所以有大量新生恒星形成，是因为M82与更大、更亮的旋涡星系M81在大约3亿年前发生了近距离碰撞。

颗4等星和一颗5等星组成，它们确实是双星关系，每60年绕转一周。根据视双星的标准来说，这算是绕转比较快的。

用双筒望远镜最容易辨认的星系是M81，位于大熊座北边，也叫作波德星系（见第314页）。这个星系倾斜地朝向我们，在晴朗的夜晚可以在天空中看到，呈现为一个细长的光斑。要想辨认出更细长、更小、更暗弱的雪茄星系M82（见第314页），则需要使用望远镜。这个星系与波德星系的角距大致相当于满月直径。这个不寻常的天体如今被认为是一个侧对地球的旋涡星系，其中斑驳点缀着尘埃云，在与M81相撞之后，正经历恒星形成爆发期。

这个星座中另一个主要的旋涡星系是风车星系M101（见第316页），位于犁柄末尾处。尽管风车星系比波德星系大，但它更暗弱，

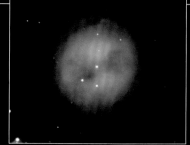

猫头鹰星云
暗弱的、形如猫头鹰的行星状星云M97，其中猫头鹰的眼睛只有通过大望远镜或者CCD摄影才能看到。

因此更难看见。更大的挑战来自M97夜枭星云，它位于犁头的下部。这个行星状星云是梅西叶星表中最暗弱的天体之一，如果想要看到它那比木星还要大3倍的灰绿色盘面，需要使用口径约75毫米的望远镜。用更大口径的望远镜，能够看到两块暗斑，就好似猫头鹰的眼睛，这个星云也因此得名"夜枭星云"。

波德星系
M81这个旋涡星系是由德国天文学家约翰·波德在1774年12月31日发现的。它距离地球大约1100万光年，是夜空中最亮、最容易看见的星系之一。

熟悉的景象 👁

北斗，在天空中是最易于辨识的，但它们只是大熊座的一部分。

神话故事

大熊座的故事

　　组成犁形的星星是夜空中最古老、最容易辨认的星座图案。在古希腊神话中，它代表大熊的臀部和长长的尾巴。关于它的故事，较为人们熟知的有两个不同的版本：一个是说它是卡利斯托，宙斯的情人之一（见第187页）；另一个是说它是阿德拉斯忒亚，哺育了婴儿期的宙斯，后来被宙斯升上天空成为大熊座。

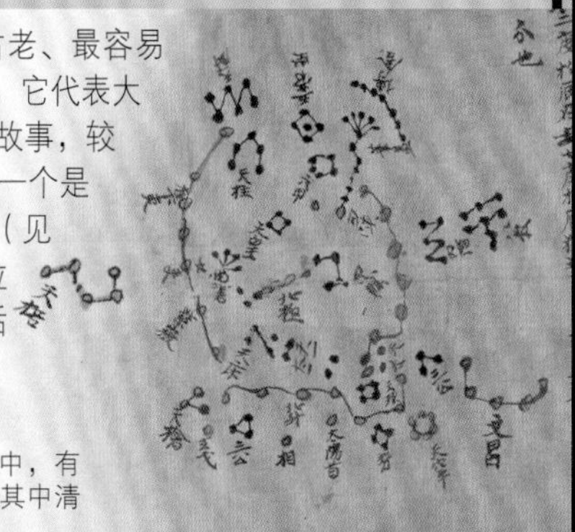

常见的图案

绘制于公元650年前后的中国敦煌壁画中，有一幅描绘的是北天极附近天区的恒星，其中清晰地展示了北斗的图案（图片中下部）。

Canes Venatici

猎犬座

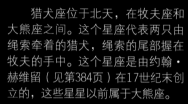

面积排名：38	
最亮的星： 常陈一（猎犬座α） 2.9等	
所有格：Canum Venaticorum	
缩写：CVn	
晚上10点上中天的 月份：4月—5月	
完全可见区域： 90°N~37°S	

猎犬座位于北天，在牧夫座和大熊座之间。这个星座代表两只由绳索牵着的猎犬，绳索的尾部握在牧夫的手中。这个星座是由约翰·赫维留（见第384页）在17世纪末创立的，这些星星以前属于大熊座。

具体特点

这个星座最亮的恒星猎犬座α，也就是我们熟知的常陈一。它的英文名是Cor Caroli，意为查理的心脏，用以纪念英格兰国王查理一世。这对相距较远的双星由一颗2.9等星和一颗5.6等星组成，用小望远镜很容易分辨出来。其中较亮的一颗有轻微的光变，引起的星等变化只有0.1等，对于肉眼来说太难以观察到了。较大的光变发生在猎犬座γ中，这是一颗深红色超巨星。它的星等以160天为周期，在5.0等到6.5等之间变化。

葵花星系

M63是一个有着斑驳旋臂的旋涡星系。它侧对地球的旋臂很像葵花，故而得名。它右边的恒星是一颗9等星。

涡状星系

在小望远镜中，这个美丽的涡状星系M51的核心部分呈现光点状，就好似图中上部M51的一条旋臂末端的伴星系NGC 5195那样。

猎犬座也包含一些好看的星系，例如涡状星系（见第315页）M51，它与大熊座北斗七星勺柄末端星星的距离，大约相当于满月直径的7倍。涡状星系是首个探测到旋涡形态的星系，那次观测是在1845年由爱尔兰的威廉·帕森斯进行的。通过双筒望远镜看，这个星系好像一个圆形的光斑，要想辨识出旋臂结构需要中等口径的望远镜。旋臂末端有一个小星系NGC 5195，正在近距离通过M51。

用小望远镜的话，比较值得看的是两个旋涡星系——葵花星系M63以及星系M94。

猎犬座

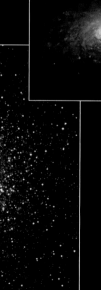

球状星团M3

这是北天最大、最亮的球状星团之一。要想分辨出其中的单颗恒星，需用口径100毫米的望远镜。

两颗亮星

猎犬座代表两只猎犬，但肉眼只能看到这个星座中最亮的两颗星——常陈一和猎犬座β。

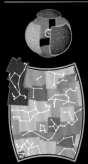

Bootes

牧夫座

面积排名：	13
最亮的星：	大角星（牧夫座α）-0.1等
所有格：	Bootis
缩写：	Boo
晚上10点上中天的月份：	5月—6月
完全可见区域：	90°N～35°S

古希腊星座牧夫座之中，包含天赤道以北最亮的恒星——大角星，即牧夫座α，它的亮度在全天排第四。这个巨大且显眼的星座从天龙座延伸到大熊座的斗柄再到室女座。牧夫座北边的那些暗星，曾经组成了象限仪座。这个星座现在已经被废弃，不过以它命名的流星雨如今依旧使用着。象限仪座流星雨每年1月发生，因为其辐射点在这个区域而得名。

具体特点

大角星是一颗红巨星，正如大多数被推测为"红色"的恒星们一样，用肉眼看去它呈现橙色。在双筒望远镜中大角星的颜色会显得更深一些。数十亿年之后，我们的太阳也会膨胀成一颗红巨星，就好像大角星一样。

牧夫座以它的双星而知名，其中最著名的要数梗河一（见第277页），即牧夫座ε，位于整个星座的中心位置。它的视星等为2.4等，用口径大于75毫米的高倍望远镜观看，会发现它有一颗距离很近的5等伴星，颜色为蓝绿色。成员星颜色对比非常鲜明，可以称得上最美的双星之一。

随便用一个小望远镜就能分辨出的双星，是牧夫座κ和牧夫座ξ。牧夫座κ由一颗5等和一颗7等星组成，彼此并不相关。牧夫座ξ也由一颗5等星和一颗7等星组成，是一对真正的双星，轨道周期150年，颜色呈现为温暖的黄橙色。

最容易辨识的双星，一是牧夫座μ，它由一颗4等星和一颗6等组成；二是牧夫座ν，由两颗5等星组成。它们的子星在双筒望远镜中就能被分辨。

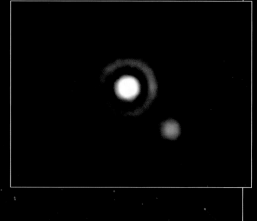

（见第277页）

神话故事

看守熊的人

牧夫座代表一个放牧熊（大熊和小熊）的人。这个星座最亮的恒星大角星，在希腊神话中的意思是"熊的守卫"或者"熊的看护人"，因而神话中关于牧夫究竟是一个猎手还是一个牧人，存在不同的版本。邻近的猎犬座就是他的两条狗。在古希腊神话中，牧夫被认为是阿尔卡斯——宙斯和卡利斯托之子。

邻近的恒星

在18世纪詹姆斯·桑希尔（James Thornhill）爵士的这幅星图上，牧夫被描绘成牵着两条猎犬的形象。

双星梗河一 ↗

牧夫座ε，中文名梗河一，是一对不太容易辨认的双星。它由一颗明亮的橙色恒星和一颗较暗的蓝绿色伴星组成。

风筝形星座 ◉

牧夫座高挂在北半球春季的夜空中，明亮的大角星就在其中。它的左边是北冕座。

武仙座

Hercules

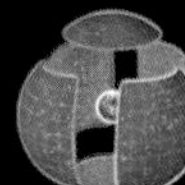

面积排名:	5
最亮的星:	天市右垣一(武仙座β)2.8等
所有格:	Herculis
缩写:	Her
晚上10点上中天的月份:	6月—7月
完全可见区域:	90°N~38°S

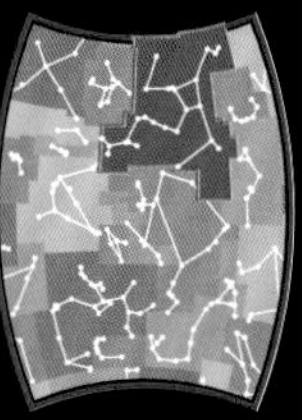

北天中这个很大但并不突出的星座,在古希腊神话中代表大英雄赫拉克勒斯。在天空中,武仙座的形象被描绘为身着狮皮,一手持大棒,一手持地狱犬被割下的头,一只脚跪着,另一只脚踩在天龙座的头部。这些都是他完成12项丰功伟绩所用到的工具以及战利品。

这个星座最显著的特征是其中

武仙座

的4颗星星组成武仙座四边形。这4颗星分别是:武仙座ε、武仙座ζ、武仙座η、武仙座π。

具体特点

武仙座α(见第285页),中文名帝座,是武仙座中的第二亮星。它的星等在3等到4等之间波动。和大多数这类古怪的变星一样,武仙座α是一颗膨胀的红巨星。它体积的脉动会引起亮度的变化。用小望远镜观察它,会发现视野中还有一颗星等为5等的蓝绿色伴星。

武仙座α的一旁是M13——北天最美的球状星团。在理想条件下,用肉眼就能看见M13,在双筒望远镜中,它就好像一颗朦胧的星星,视直径约为满月一半大。离武仙座α略远一点的地方是另一个球状星团——M92。这个星团比M13小得多,也暗弱得多,因而常被人们忽视。通过双筒望远镜观看,它很容易被误认为一颗普通的恒星。

武仙座中还发现了一些很易于辨认的双星,包括:武仙座κ,由一对星等分别为5等和6等的星组成;武仙座100,由两颗星等为6等的星组成。也有的双星由于其中的两颗星距离比较近,因而需要较高倍率的望远镜才能区分开,包括:武仙座95,它由两颗星等均为5等的星组成;武仙座ρ,由一颗5等星和一颗6等星组成。

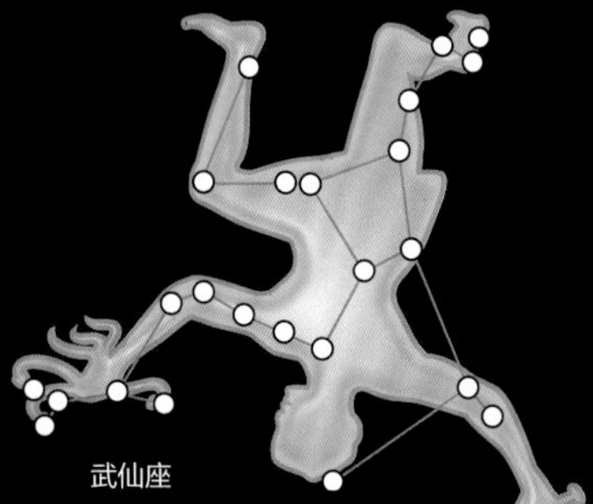

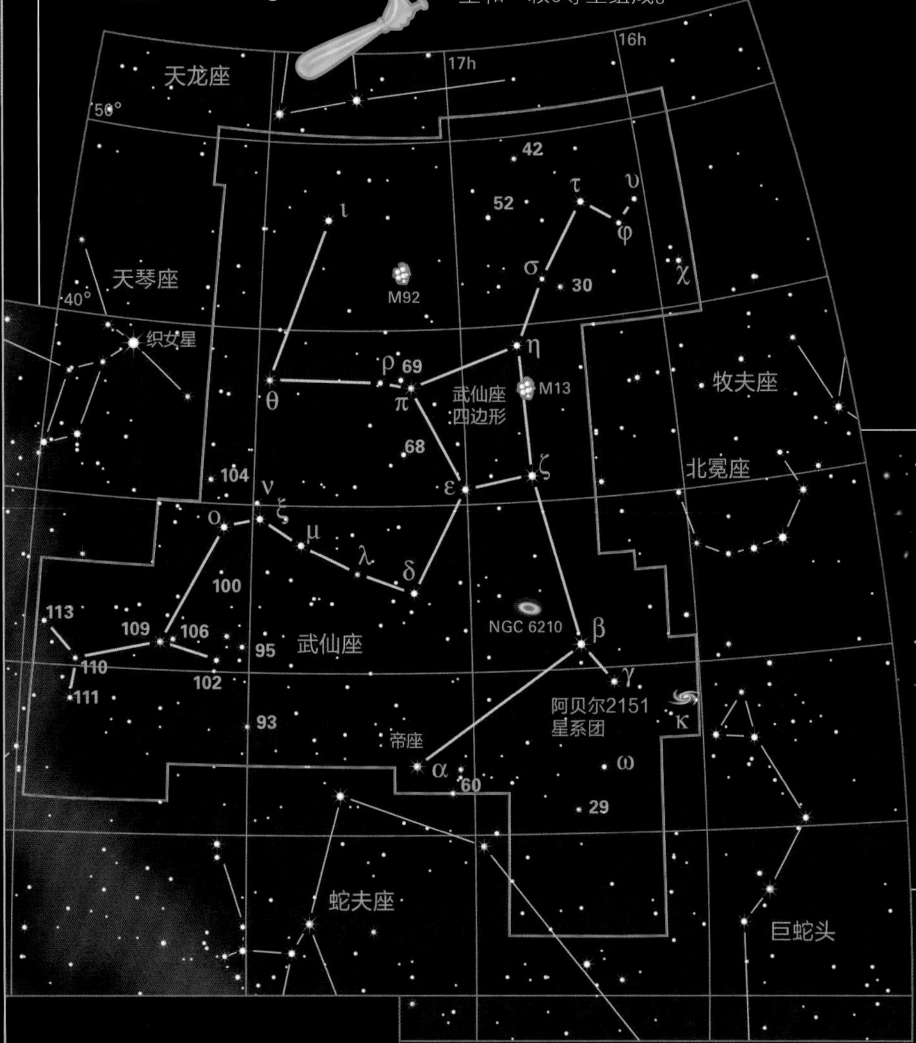

上下颠倒 👁

在天空中,武仙座的脚(图片左上方)朝向北极,而头部则指向南方。

球状星团M13 👀 ✴

通过双筒望远镜观察,这个星团呈现为一个圆形光斑。而用小望远镜观看,会发现这个光斑变成了无数个星点。

武仙座星系团 ⚌

这幅图中每个模糊的天体都是星团阿贝尔2151中的一个暗星系,其中有些距离我们约5亿光年远。

天琴座

Lyra

面积排名：	52
最亮的星：	织女星（天琴座α）0.0等
所有格：	Lyrae
缩写：	Lyr
晚上10点上中天的月份：	7月—8月
完全可见区域：	90°N～42°S

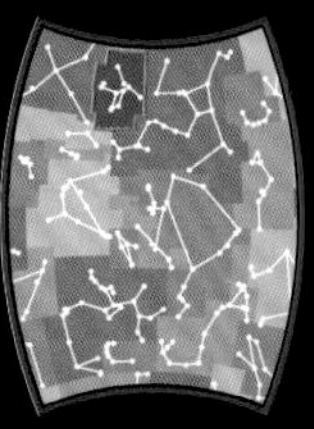

天琴座位于银河边上，紧邻天鹅座，是北天一个紧凑的星座。它包含织女星，即全天第五亮星天琴座α（见第253页），是夏季大三角的一个角。构成夏季大三角的另两颗星为天鹅座中的天津四和天鹰座中的牛郎星。天琴座流星雨每年4月21日到22日前后出现，其辐射点位于织女星附近。天琴座代表古希腊神话中俄耳甫斯（Orpheus）的竖琴。

具体特点

织女星的星等为0.0等，在天空中闪闪发光，肉眼看去有点呈蓝白色。天文学家用它作为标准星，用以比对其他恒星的颜色和亮度。

天空中最美的四重星——天琴座ε（见第276页），与织女星的距离用角距表示约为满月直径3倍大小。用双筒望远镜观看，很容易分辨出其中有两颗白色的5等星，如果用口径60～75毫米的高倍率望远镜观看，会发现这两颗星各自还有一颗伴星。这4颗星在引力作用下聚集在一起，在长期轨道上互相绕转。

织女星附近还有两对用双筒望远镜很容易区分出来的双星，分别是天琴座ζ和天琴座δ，它们的伴星星等分别为4等和6等。天琴座β也是双星，用小望远镜很容易分辨出它那两颗乳白色和蓝色的成员星。其中较亮的那颗星（乳白色）是食双星，星等以12.9天为周期在3.3等和4.4等之间变动。多年来的研究证实，天琴座β的两颗星距离非常近，较大成员星的气体逐渐落向较小的成员星，其中有些气体甚至旋转进入宇宙空间中。人们拍摄天琴座附近天体时

最常拍的环状星云（见第257页）M57，几乎就在天琴座β和天琴座γ的正中间。这个行星状星云的形状好像一个烟圈，在小望远镜中呈现为一个比木星大的圆盘。如果想要看到中心的洞，需要更大口径的望远镜。哈勃空间望远镜的研究揭示了这个环实际上是被中心恒星抛出的气体圆筒，而这个圆筒几乎恰好底端朝向地球。

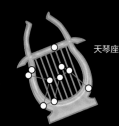
天琴座

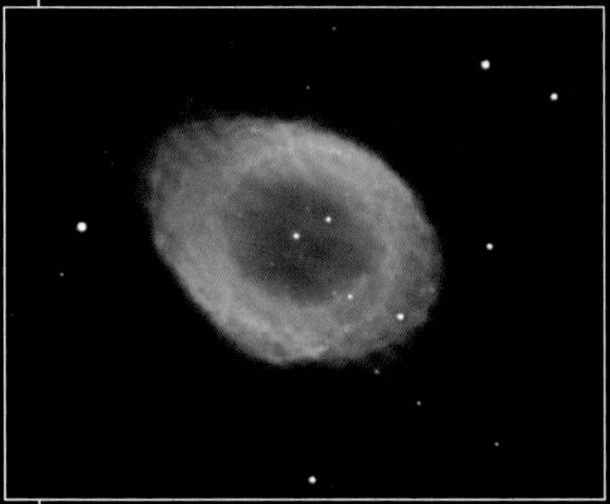

指环星云
全天最著名的行星状星云之一——指环星云M57，由中心恒星抛出的炽热气体组成。图中所示的美丽色彩，只有通过摄影才能看到。

俄耳甫斯

伤心的俄耳甫斯下到地狱去找回他那被毒蛇咬死的妻子欧律狄克（Eurydice）。他的歌声迷住了冥王哈德斯（Hades），冥王同意俄耳甫斯把妻子领回去，但要求他在领着妻子走出地狱之前都不要回头。但在最后一刻，俄耳甫斯回头看了一眼，欧律狄克便消失了。俄耳甫斯只得哀伤地弹奏着他的竖琴，浪迹天涯。

为之着迷
据说俄耳甫斯的音乐非常美妙，连岩石和溪流都为之着迷。这幅19世纪的画作描绘的是他用歌声驯化野生动物的情景。

弦乐器
拥有亮星织女星的天琴座代表古希腊神话中音乐家俄耳甫斯所弹奏的竖琴。阿拉伯天文学家把这个星座的形象看作一只鹰或秃鹫。

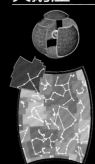

Cygnus
天鹅座

面积排名:	16
最亮的星:	天津四（天鹅座α）1.2等
所有格:	Cygni
缩写:	Cyg
晚上10点上中天的月份:	8月—9月
完全可见区域:	90°N～28°S

坐落于银河密集星区的天鹅座，是北天最显眼的星座之一，其中拥有无数有趣的天体。这是一个相对比较大的星座，其形象是一只飞翔的天鹅，星座当中主要的亮星组成了一个巨大的十字形，因而它有另一个人们熟知的名字——北十字。

具体特点

天鹅座最亮的恒星天津四，即天鹅座α，位于天鹅的尾部，或者说位于十字的顶部，这取决于这个星座被看成什么。天津四是一颗极亮的超巨星，距离我们1400光年，是距离我们最远的1等星。它构成了夏夜大三角的一个角。夏夜大三角是北半球夏夜和南半球冬夜星空中非常显眼的3颗亮星组成的大三角形。组成大三角的另两颗星是天琴座的织女星和天鹰座的牛郎星。

天鹅的喙部（或者说北十字的尾部），是一对双星——天鹅座β，中文名辇道增七。双星的两颗成员星距离很远，用普通望远镜很容易将它们分辨开来。如果安装稳定，小望远镜也很容易定位它们。其中较亮的星，星等为3.1等，颜色为橙色；较暗的星为5.1等，颜色为蓝绿色。

辇道增七

天鹅座β，中文名为辇道增七，位于天鹅的喙部。由于组成这对双星的两个成员星颜色有很大的差异，因而用小望远镜很容易将它们分辨出来。

类似的颜色差异在天鹅座o¹和它的伴星天鹅座30中也有体现。天鹅座o¹是一颗4等橙色星，天鹅座30是一颗5等星，通过双筒望远镜看有着显眼的浅蓝色光。用双筒望远镜或者小望远镜观看，会看到距离天鹅座o¹更近处有一颗7等浅蓝色亮星。另一对用双筒望远镜很容

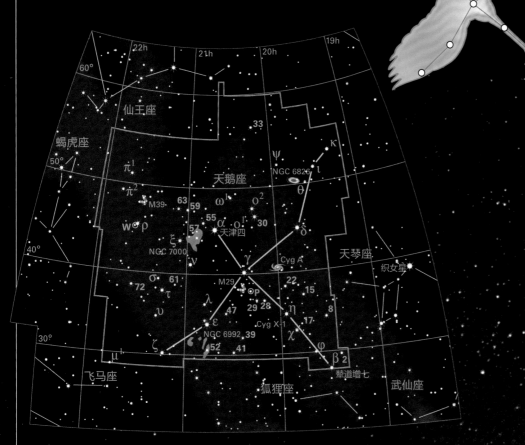

天鹅座

飞翔的姿势

天鹅座的星星组成的形状，比较容易被看作一只伸展着翅膀、沿着银河飞翔的天鹅。

易分辨的双星是天鹅座61（见第252页），两颗成员星是橙色矮星，星等分别为5等和6等，每650年互相绕转一周。在与蝎虎座交界的地方，有一个很大的疏散星团M39，其在天空中的跨度和满月大小差不多。

在天空澄澈的夜晚，银河呈现为一条模糊的光带，穿过天鹅座，这条光带被尘埃云——天鹅座暗分成两段。这条大裂缝经过天鹰座，一直到达蛇夫座。

天鹅座中有两个很著名的大星云，不过都不容易辨认。天津四附近有一片发光的气体云，叫作北美洲星云（NGC 7000），在晴朗黑暗的夜晚通过双筒望远镜能够隐约看

见，只有通过相机长时间曝光或者CCD成像，才能看到它清晰的模样。网状星云是一个弥漫星云，位于天鹅的翅膀上，要想看到它，最好也通过摄影的方法观看，其中最亮的部分NGC 6992用双筒望远镜或者小望远镜即可辨认，在很小的望远镜上加一个附加滤光片就能很清楚地看到。更容易分辨的是闪视行星状星云（NGC 6826），位于天鹅的另一只翅膀上，它有一个尺寸约为木星大小的、蓝绿色的盘。这个

勒达与天鹅

天鹅是宙斯在一次秘密幽会时伪装的形象。他之所以扮成这样的形象，一种说法是为了一种叫涅墨西斯（Nemesis）的女神，广为流传的另一种说法是为了斯巴达王后勒达（Leda）。在不同版本的故事当中，勒达与宙斯结合之后，生下了一个或两个蛋，孵化出了卡斯托尔（Castor）、波吕克斯（Pollux）以及他们的姐姐特洛伊的海伦（Helen）。据说波吕克斯和海伦是宙斯的后代，而卡斯托尔则是勒达和她的丈夫廷达瑞俄斯（Tyndareus）国王的儿子。

家庭齐聚
在这幅模仿列奥纳多·达·芬奇的作品中，王后勒达、双生子卡斯托尔和波吕克斯，以及一只天鹅被画在一起。

疏散星团M39 🔭
M39是位于天鹅座区域的两个梅西叶星团当中较大、较亮的那一个。它包含大约30个成员，排列成一个三角形，中心附近有一对双星。它距离地球900光年远，用双筒望远镜就很容易看到。条件好的情况下，用肉眼就能看到M39。

星云的名字源于一种奇怪的光学效应，当观测者的目光在这个星云附近游移时，有时看得到它，有时又看不到。

天鹅座中最能够引起天文学家兴趣的两个天体，都超出了天文爱好者的观测能力。天鹅座A（见第324页）是一个很强的射电源，这是几百万光年之外的两个星系碰撞的结果。天鹅座X-1（见第272页），位于天鹅座η附近，是一个致密的X射线源，被认为是一个绕着我们银河系中一颗9等蓝超巨星旋转的黑洞。

北美洲星云 🔭
天鹅的尾巴上有一个星云NGC 7000，由于它的形状与北美洲大陆的形态相像，因而这个星云最为人们熟知的名字是北美洲星云。

帷幕星云 🔭
帷幕星云覆盖的天区比较广，角距足有满月视直径的6倍大。这是几千年前一颗超新星爆发后气体遗迹组成的气体环。

Andromeda

仙女座

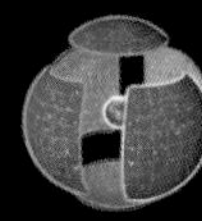

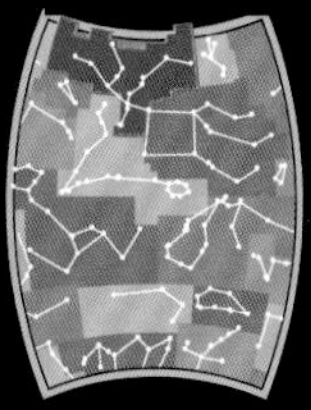

面积排名：	19
最亮的星：	壁宿二 （仙女座α），奎宿九 （仙女座β）2.1等
所有格：	Andromedae
缩写：	And
晚上10点上中天的月 份：	10月—11月
完全可见区域： 90°N～37°S	

北天的这个著名星座纪念的是古代神话中王后卡西欧佩亚的女儿安德洛墨达，王后所代表的星座仙后座紧邻着仙女座。公主头部的亮星壁宿二（仙女座α）也是其邻近星座飞马座大四边形的一颗星。很早以前，人们把壁宿二看作仙女座和飞马座共用的一颗星，在飞马座中它标示的是马的肚脐。这颗星的

官方名称Alpheratz来自阿拉伯语，意思是"马的肚脐"。

具体特点

在晴朗的夜晚，人能用肉眼看到的最远距离约为250万光年——这是仙女座大星系与我们的距离。仙女座大星系和我们银河系一样也有着巨大的旋臂。这个星系也叫M31，它在天空中的跨度是满月直径的几倍，在秋季的夜晚高挂在北天正中。肉眼看去，它好像一块模糊的光斑，而且看上去并非旋涡状，而是细长形的，这是因为它以一定的角度朝向我们。在用望远镜观看M31时，需要使用低倍放大率来汇聚更多的光线并获得大视场。两个小的伴星系M32和M110则很难用小望远镜看到。

仙女座γ，中文名天大将军一（见第277页），是一对颜色为对比色的双星。它包含一颗橙色巨星，星等为2.3等，伴星为蓝色，用小望远镜就能很容易地看到。疏散星团NGC 752，角距比满月直径大，用双筒望远镜能够看到，如果想要分辨出其中单个的9等星甚至更暗弱的成员星，则需要使用小望远镜。

NGC 7662，即人们熟知的蓝雪球星云，是最容易辨认的行星状星云之一，用小望远镜就能找到它。

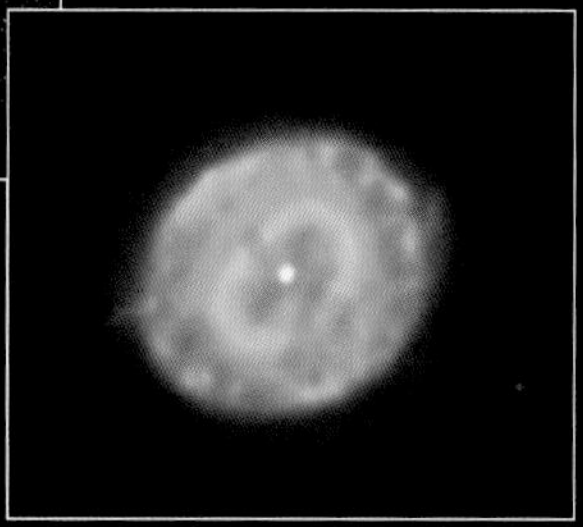

蓝雪球星云 ✦ 🖳

在小望远镜中，NGC 7662呈现为蓝色的盘状。它的具体结构只有通过CCD成像才能呈现，如这幅图中所示。

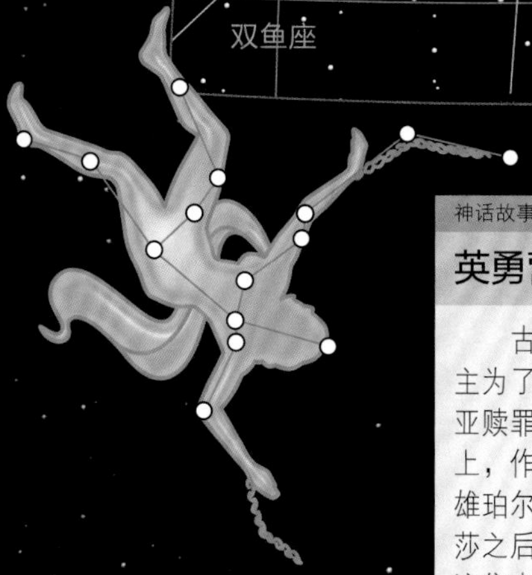

仙女座大星系 🖳

用小型仪器观测M31，只能看到它明亮的内部。CCD成像能够把整个旋臂结构呈现出来。这幅图中，M31的下方是M110，上方边缘处是M32。

从头到脚 👁

仙女座是古希腊星座之一。它最亮的几颗星分别标示公主的头（α）、骨盆（β）和左脚（γ）。

仙女座

英勇营救

古希腊神话中，安德洛墨达公主为了给她那自恋的母亲卡西欧佩亚赎罪，被束缚在海边的一块岩石上，作为祭品献给海怪。古希腊英雄珀尔修斯，在杀死蛇发女妖美杜莎之后飞回家乡的途中，注意到了这位少女的困境。他俯冲而下，杀死了海怪。随后他带着公主飞到安全的地方，并娶了她。

困境中的少女

佛兰德斯艺术家鲁本斯（Rubens）在他17世纪的画作中，描绘了珀尔修斯（英仙座）营救束缚在岩石上的公主（仙女座）的情景，其中加入了飞马（飞马座）的形象。

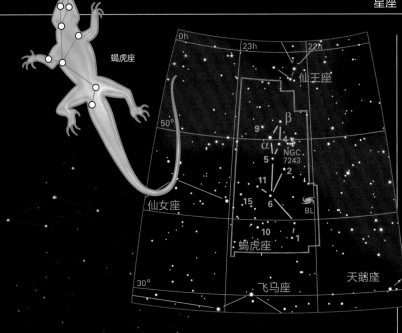

蝎虎座

Lacerta

面积排名：	68
最亮的星：	蝎虎座α 3.8等
所有格：	Lacertae
缩写：	Lac
晚上10点上中天的月份：	9月—10月
完全可见区域：	90°N~33°S

蝎虎座由一组蜿蜒曲折的暗星组成，夹在仙女座和天鹅座之间，就像岩石之间的一条蜥蜴。它是赫维留（见第384页）在17世纪末创立的7个星座之一。

这个星座中没有比较著名的、适宜天文爱好者观测的天体。蝎虎座BL星（见第325页）曾一度被认为是一个特殊的14等变星，后来以它的名字给一类活动星系核命名，即蝎虎座BL型天体，或者叫作"耀变体"。

蝎虎座BL型天体是类星体的一种类型，中心发出的气体喷流正对地球。由于我们是在正前方看到喷流的，因此它们看起来很像恒星。

三角座

Triangulum

面积排名：	78
最亮的星：	三角座β 3.0等
所有格：	Trianguli
缩写：	Tri
晚上10点上中天的月份：	10月—12月
完全可见区域：	90°N~52°S

北天的这个小星座位于仙女座和白羊座之间。它仅仅包含3颗星，组成了一个三角形。三角座是古希腊星座之一，代表尼罗河三角洲或者西西里岛。

具体特点

三角座的区域中，包含着我们本星系群中第三大的成员——M33，也叫三角座星系（见第311页）。用物理学术语说，M33大约为M31的三分之一大，比M31暗弱许多。

旋涡星系M33看上去就像天空中一个灰色大光斑。在晴朗黑暗的夜晚，用双筒望远镜或者小望远镜观看，会发现它的张角和满月差不多。要想看到旋臂，需要使用大的望远镜。在长时间曝光的照片当中，M33看上去像一个海星。

这个星座中除了三角座6星，基本没什么其他著名的天体。三角座6星是一颗黄色的星，星等为5.2等，它有一颗7等伴星，用小望远镜很容易分辨。

三角座和火星 👁

这幅图中除了包含三角座的3颗星，还包含正从邻近的白羊座经过的火星。

M33 ✦ 🖵

通过CCD成像，我们可以看到这个旋涡星系的旋臂里略带粉色的气体云。它几乎刚好面朝着地球。

夜晚的天空

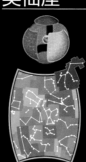

Perseus

英仙座

面积排名:	24
最亮的星:	天船三（英仙座α）1.8等
所有格:	Persei
缩写:	Per
晚上10点上中天的月份:	10月—12月
完全可见区域:	90°N~31°S

英仙座是北天的一个著名星座，躺在银河之中，位于仙后座和御夫座之间。它是古希腊星座之一，在神话中代表被派去杀死蛇发女妖美杜莎的英雄珀尔修斯。天空中英仙座的形象被描绘为左手提着美杜莎的头，美杜莎的头所在的位置是亮星大陵五，即英仙座β。它是一颗著名的变星（见第276页）。珀尔修斯的右手挥舞着利剑，那里有双星团NGC 869和NGC 884。

具体特点

这个星座的最亮星天船三，即英仙座α，星等为1.8等。它位于英仙座α星团的中心。这个星团在天空中的跨度约为满月直径的几倍，用双筒望远镜就能看得清清楚楚。

大陵五是食双星，包含一对轨道距离很近的成员星，其中一个成员星比另一个炽热许多，也明亮许多。它们共同闪耀，星等呈现为2.1等。暗弱的那颗成员星每69小时会交食它的伴星一次。5个小时之后，这对星组合起来的亮度只有正常值的三分之一，这种巨大的变化用肉眼就很容易观察到。再过5个小时之后，大陵五的亮度会恢复到原来的正常值。关于大陵五交食现象的预测，在天文年历或天文杂志上都能找到。

英仙座ρ是另一类变星。它是一颗红巨星，大约每7周的时间，亮度波动50%。

疏散星团NGC 869和NGC 884通常称为双星团，是北天的一组展示品。每个星团包含数百颗7等以及更暗弱的恒星，在天空中的跨度约与满月差不多。它们位于我们银河系的英仙臂上，距离我们7 000多光年远。这两个星团位于英仙座与仙后座交界的附近，用肉眼观看就很明显，用双筒望远镜或者小望远镜会看到更好的效果。

M34是一个松散的疏散星团，拥有几十颗恒星，位于英仙座与仙女座的交界附近。它占据的天区与满月大小相当，用双筒望远镜很容易找到它。

神话故事

美杜莎

宙斯和达纳厄（Danae）的儿子珀尔修斯，被派去带回蛇发女妖美杜莎的头。女妖邪恶的眼神能让与她对视的一切都变成石头。女神雅典娜（Athena）给了珀尔修斯一面古铜盾牌，火神赫菲斯托斯（Hephaestus）给他一把钻石宝剑，赫尔墨斯（Hermes）给他一双会飞的鞋。珀尔修斯利用盾牌的反光避免与女妖直视，最终成功割掉了美杜莎的头。

任务成功
珀尔修斯正在骄傲地展示他砍掉的蛇发女妖美杜莎的头。这是安东尼奥·卡诺瓦（Antonio Canova）的新古典主义雕塑。

英仙α星团 👁
室宿一和它周围的星团位于图片中心上方。右下方是昴星团，左下方是御夫座的五车二。

英仙座

双星团 🔭
这两个星团中，NGC 869（图片左侧）似乎比NGC 884（图片右侧）的更密集。NGC 884包含一些红巨星，NGC 869中则缺乏这类恒星。

Aries

白羊座

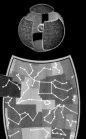

| 面积排名: 39 |
| 最亮的星: 娄宿三
（白羊座α）2.0等 |
| 所有格: Arietis |
| 缩写: Ari |
| 晚上10点上中天的
月份: 10月—12月 |
| 完全可见区域:
90°N~58°S |

它位于双鱼座和金牛座之间，不算是黄道上显眼的星座。它最易于辨认的特征是在与双鱼座的交界处有3颗星: 星等为2等的白羊座α、3等的白羊座β和4等的白羊座γ。

白羊座的形象是古希腊神话中的金毛羊。两千多年前的春分点，即黄道由南向北穿过天赤道形成的交点，位于双鱼座和白羊座交界处。由于岁差效应（见第64页），春分点现在几乎移到了宝瓶座，但春分点仍然被叫作白羊座点。

具体特点

1664年英国科学家罗伯特·胡克（Robert Hooke）发现白羊座γ是双星。当时望远镜还很粗陋，人们也还没有认识到双星的数目很多。它是最早被发现的双星之一。肉眼看它的星等为4等，用小望远镜观看，会发现它由两颗几乎一样的白色恒星组成，星等分别为4.6等和4.7等。

白羊座λ为5等星，它有一颗7等伴星，用大的双筒望远镜可以看见。白羊座π的星等也是5等，它有一颗离它很近的8等伴星。

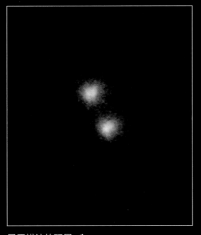

易于辨认的双星 ⚲
白羊座γ是用小望远镜就很容易分辨的双星，由一对白色的恒星组成，星等均为5等。

传说中的羊 👁
由3颗暗星组成的曲线，被古代天文学家看作一只蹲伏的、回头张望的公羊形象。

神话故事

金羊毛

白羊座代表一只公羊，它的金羊毛挂在黑海岸边科尔基斯（Colchis）的一棵树上。伊阿宋（Jason）和阿尔戈英雄们展开了一段史诗般的旅程，为的是把金羊毛带回古希腊。科尔基斯国王之女美狄亚（Medea）拥有金羊毛，她爱上了伊阿宋，在取金羊毛的过程中，伊阿宋得到了美狄亚的帮助。美狄亚蛊惑了守卫金羊毛的蛇，因而伊阿宋才有机会偷到金羊毛。之后，伊阿宋带着金羊毛和美狄亚，乘着阿尔戈号远航离开了。

黄金时刻
在这幅杜·布瓦-雷蒙（L.du Bois-Reymond）的画作中，伊阿宋正从科尔基斯的橡树上取下金羊毛，一旁的美狄亚仰慕地注视着他。

金牛座

Taurus

面积排名：17	
最亮的星：毕宿五（金牛座α）0.85等	
所有格：Tauri	
缩写：Tau	
晚上10点上中天的月份：12月—1月	
完全可见区域：88°N～58°S	

金牛座是黄道上一个比较大且比较显眼的北天星座，其中包含很多有趣的天体，例如昴星团和毕星团（分别见第291页和第290页），以及蟹状星云M1（见第270～271页）。其中的星星组成的图案代表古希腊神话中公牛的头部和身子前侧部。毕星团的中央位于金牛脸部，星座最亮星毕宿五，即金牛座α，是金牛闪闪发光的眼睛。五车五、金牛座β和金牛座ζ则标示了金牛长长的犄角。每年11月有金牛座流星雨，辐射点位于昴星团南侧处某点。

具体特点

毕宿五是一颗红巨星，它那橙红色的颜色用肉眼就很容易看出

蟹状星云

这个超新星遗迹揭示了大质量恒星的壮丽死亡。从超新星爆发处延伸出的复杂的丝状气体，早在1054年就被人们观测到了。

来。和大多数红巨星一样，它的亮度也会发生轻微的变化，不过是在其平均星等0.85等的左右浮动十分之一，几乎让人很难察觉。尽管毕宿五看上去是毕星团的成员之一，但实际上它位于地球67光年之外，而这比起毕星团与我们的距离来说还不到一半，因而它们只不过是视觉上重叠在一起罢了。

毕星团的主要亮星排列成V字形，在天空中的跨度超过满月直径的10倍。用肉眼能够看到其中的10多颗星星，用双筒望远镜观看能看到20多颗。毕星团离我们150光年远，它是距离地球最近的主要星团。位于毕星团V字形一端的金牛座θ是一对相距较远的双星。两个成员星中较亮的那颗金牛座θ¹，星等为3.4等，也是毕星团的所有恒星中最亮的一颗。另一对易于辨认的双星是金牛座σ，位于毕宿五附近，两颗成员星的星等均为5等。毕星团的顶端指向金牛座λ——与英仙座中的大陵五一样是食双星。其星等变化范围为3.4等到3.9等，周期仅仅持续不到4天。

更亮的星团是昴星团，它位于公牛的肩膀上。它较为人们熟知的名字是七姐妹星，在希腊神话中表示的是7个仙女，但实际上昴星团有9颗有名字的恒星——七姐妹星以及她们的父母阿特拉斯（Atlas）和普勒俄涅（Pleione）。其中最亮的是昴宿六（见第277页），星等为2.9等，几乎恰好位于星团的中心。昴星团的角距，是满月直径的3倍。对昴星团进行长时间曝光成像，能够看到环绕在周围的薄雾。

这薄雾曾被认为是恒星形成留下的气体和尘埃，但如今被认为是一团并不相关的气体云，星团不过是恰好飘入其中了。

梅西叶星表中列出的第一个类彗星天体M1（见第73页），实际上是1054年一颗超新星爆发之后留下的遗迹。它最流行的名字叫作蟹状星云，这个名字是爱尔兰天文学家

毕星团和昴星团

在这两个耀眼的星团中，毕星团（图片左下方）是较大的一个。昴星团（图片右上方）是更致密的一团，第一眼看上去有些朦胧，要想用肉眼看到昴星团中的9颗星，需要较好的天气条件。

威廉·帕森斯（见第315页）在1844年起的，因为他觉得这个超新星遗迹的气体细丝看上去像螃蟹腿。蟹状星云位于距离金牛座ζ星两倍满月直径处。用小望远镜看，它好像一团暗弱的椭圆形光晕，尺寸比木星大好几倍。要想看到帕森斯所看到的星云细节，需要更大口径的望远镜。

金牛座

昴星团（昴宿）

毕星团

星等图例

●	0.0～0.9
●	1.0～1.9
●	2.0～2.9
●	3.0～3.9
●	4.0～4.9
●	5.0～5.9
●	6.0～6.9

愤怒的公牛 ◉

金牛座是天上的一头公牛，把它那尖利的犄角刺入夜空中。在古希腊神话中，金牛座代表宙斯伪装成的公牛。这幅图中，在公牛背部、昴星团下方的那颗明亮的红色星，实际上是火星。

神话故事

丢失的昴宿星

　　昴星团更为人们熟知的名字是七姐妹，尽管实际上肉眼容易看清的只有6颗星。有两个版本的神话描述丢失的昴宿星。其中一个神话说的是，丢失的昴宿星是其中不太亮的一颗星墨洛珀（Merope，昴宿五），七姐妹中只有她嫁给了凡人。在另一个神话中，丢失的昴宿星是厄勒克特拉（Electra，昴宿一），她不忍看着他的兄长建立的特洛伊灭亡。星团中的这颗星星，并没有按照这两个版本的神话命名，有名字的成员星中最暗的实际上是昴宿三。

游星

这幅19世纪的画作《迷失的仙女》，描绘了七姐妹中与其他人分开的那一位。

双子座

Gemini

面积排名: 30

最亮的星: 北河三
（双子座β）1.2等

所有格: Geminorum

缩写: Gem

晚上10点上中天的
月份: 1月—2月

完全可见区域:
90°N~55°S

这个显眼的黄道星座代表神话中的双生子卡斯托尔和波吕克斯。他们是斯巴达王后勒达与特洛伊海伦的兄长的儿子（见第367页"勒达与天鹅"）。这个北天星座非常容易辨认，因为它有两颗非常明亮的星星，分别以双生子的名字命名。波吕克斯虽然编号为双子座β（北河三），但它比双子座α（北河二，见第276页）卡斯托尔更明亮。这两颗亮星标示了双生子的头部，他们的脚则浸在银河里。每年12月中旬，会有双子座流星雨，其辐射点位于双子座的北河二附近。

具体特点

北河二是著名的聚星。它在目视时是一个星等为1.6等的单独个体，但通过适当倍率的小望远镜，会看到两颗闪闪发光的蓝白星，星等分别为2等和3等。这两颗星组成一对真正的双星，其轨道周期为450年，它们还有一颗9等红矮星作为伴星。尽管从图像上这3颗星不能再被进一步分解了，实际上它们每一颗都是分光双星。因而北河二共包含6颗星。

尽管北河二和北河三在英文中以双生子的名字命名，这两颗星星却完全不同。北河三是一颗橙色的巨星，比北河二的色调暖得多。它距离地球比北河二近，只有34光年远，而北河二距离地球51光年远。

疏散星团M35位于双生子的脚部。夜空晴朗时，肉眼能够看到这个星团，不过用双筒望远镜会更易于找到它。它呈现为一个细长的椭圆形光斑，在天空中的视直径和满月一样。用小望远镜看，其中的星星似乎形成一条链状或者说像一条曲线。

双子座中有两颗著名的变星，分别为双子座ζ（见第286页）和双子座η（见第284页），双子座ζ是一颗造父变星，星等在10.2天的周期内变化幅度为3.6等到4.2等；双子座η是一颗红巨星，星等变化在3.1等到3.9等之间。这个星座区域内有个行星状星云——爱斯基摩星云，即NGC 2392（见第259页）。通过小望远镜看，这个星云有一个浅蓝色的盘，尺寸和土星一样。要想看到星云周围的气体边缘，需要使用更大口径的望远镜。气体边缘的形态看上去让人想起爱斯基摩人的皮帽，因而NGC 2392得名爱斯基摩星云。这个星云还有一个名字叫作鬼脸星云。

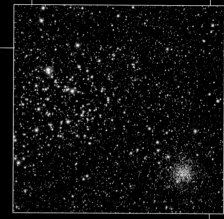

爱斯基摩星云
行星状星云NGC 2392之所以有爱斯基摩星云这个名字，是因为它周围的气体边缘很像爱斯基摩人的毛皮帽子。

一大一小两个星团
星团M35用双筒望远镜就能看见。如果用更大的望远镜观察这一区域，会发现视野中还有一个距离更遥远的暗弱星团NGC 2158（图片右下方）。

天上的双生子
卡斯托尔和波吕克斯是古希腊神话中的双生子，在天空中并肩站在金牛座和巨蟹座之间的区域。这幅图中，双子座中间部位的亮星实际上是土星。

巨蟹座

Cancer

面积排名:	31
最亮的星:	巨蟹座 β 3.5等
所有格:	Cancri
缩写:	Cnc
晚上10点上中天的月份:	2月—3月
完全可见区域:	90°N~57°S

巨蟹座是黄道十二星座当中最暗淡的一个,位于北天双子座和狮子座之间,它代表古希腊神话中的一只螃蟹。巨蟹座天区包含鬼星团M44(见第290页)。因为鬼星团的英文名在拉丁语中有"蜂窝"和"马槽"的意思,因此也叫作"蜂巢星团"或者"马槽星团"。巨蟹座还包含巨蟹座γ和巨蟹座δ,它们代表马槽那里喂养的两只驴子。这两颗星有时也被称作鬼宿三和鬼宿四,分别是北边和南边的驴子。

具体特点

巨蟹座ι是一颗4等黄巨星,有一颗颜色对比鲜明的7等蓝白色伴星。这个伴星只有10×50的双筒望远镜才能分辨出来,用小望远镜则很容易辨认。用小望远镜还能看到的另一对双星是巨蟹座ζ,其成员星的星等分别为5等和6等,轨道周期大于1 000年。

鬼星团M44是一个较大的疏散星团,位于巨蟹的心脏位置处,巨蟹座γ和巨蟹座δ之间。古希腊人用肉眼看,这个星团呈现为一个模糊的光点。在现代的城市星空中,不用双筒望远镜恐怕是看不到它的。这个星团包含少量的6等星及更暗弱的星。看上去这一区域的跨度大于满月直径的3倍。尽管能用双筒望远镜看到它,但对于大多数望远镜来说,它所占区域太宽广,超出了望远镜的视场。

鬼星团的光芒盖过了另一个疏散星团M67。M67是一个更小、更致密的星团,在天空中的跨度约为满月大小。它距离我们2 600光年远,比鬼星团远得多,而鬼星团距离我们不到600光年。M67可以用双筒望远镜找到,但要分辨出其中的单颗恒星,需要一个小望远镜。据估计,它的年龄约为50亿年,是目前已知的疏散星团中最年老的之一,和我们地球的年龄差不多。

鬼星团

M44也叫马槽星团,是一个疏散星团,位于马槽旁边两匹正在吃饲料的驴子(中上方的巨蟹座γ和中下方的巨蟹座δ)之间。

M67

虽然不如M44那么知名,但M67仍值得一提。用双筒望远镜观看,能够在巨蟹座黄道以南的区域中找到它。

小小的胜利

根据古希腊神话,在赫拉克勒斯与九头蛇搏斗的过程中,一只螃蟹袭击了他。后来螃蟹在争斗过程中被赫拉克勒斯踩死。这样的小角色很适合这个暗弱的星座。

慌张遁走

在这幅18世纪的版画中,赫拉克勒斯正与勒纳湖的长蛇搏斗,前景中可以看见一只小螃蟹。

巨蟹座

隐藏的螃蟹

巨蟹座是最暗弱的黄道星座,它包含一个星团M44。在这幅照片中,M44位于星座中心处,呈现为一个模糊的光斑。

夜晚的天空

小狮座
Leo Minor

面积排名：64

最亮的星：
小狮座46 3.8等

所有格：Leonis Minoris

缩写：LMi

晚上10点上中天的
月份：3月—4月

完全可见区域：
90°N~48°S

这个不起眼的小星座紧邻北天的狮子座，代表一个狮子幼崽，尽管其中恒星图案并不像一个小狮子。它是由波兰天文学家约翰·赫维留（见第384页）在17世纪引入的。

具体特点

与其他星座不同的是，这个星座中并没有一颗星被标为小狮座α。这得归咎于19世纪英国天文学家弗朗西斯·贝利（Francis Baily）犯的一个错误。在给小狮座指定希腊字母的过程中，他将星座中的第二亮星标为小狮座β，却忽视了给星座中最亮的星小狮座46指定拜尔字母，正是这颗亮星应被标定为小狮座α。

对于双筒望远镜和小望远镜的使用者们来说，小狮座中没有什么有趣的天体，但小狮座β是双星，用较大口径的望远镜可以分辨。其星等为4.2等，成员星以37年的周期彼此绕转。

狮子幼崽 👁
找到狮子座的镰刀形状之后（图中右上方），向北寻找，能够找到暗弱的小狮座。

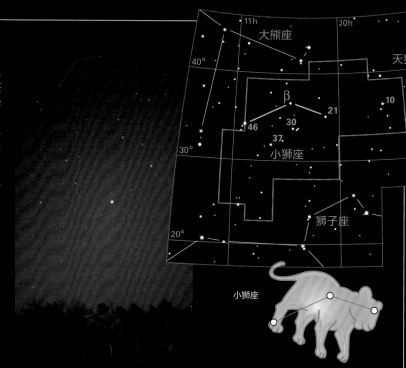

小狮座

后发座
Coma Berenices

面积排名：42

最亮的星：
后发座β 4.2等

所有格：Coma Berenices

缩写：Com

晚上10点上中天的月份：4月—5月

完全可见区域：
90°N~56°S

后发座代表埃及王后贝蕾妮斯（Berenice）那飘逸的长发。公元前3世纪，她的丈夫托勒密三世出征作战，为了让丈夫平安归来，她剪掉自己美丽的长发，供奉给神灵。后发座是一个暗弱但很有趣的北天星座，位于狮子座和牧夫座之间。在16世纪中叶，由德国人卡斯帕·沃佩尔（Caspar Vopel）创立。在那之前，后发座的那些星星原本属于狮子座的尾巴部分。

具体特点

后发座星团，也叫梅洛特111号星团，是这个星座的主要特征。它由好几十颗暗星组成，以后发座γ为中心，呈扇形向南散开，绵延出的跨度有满月直径的几倍大。这个疏散星团用双筒望远镜观看效果最佳，曾被想象为狮子毛茸茸的尾巴尖，以及埃及王后倾泻的长发。

后发座的南半部区域包含很多星系。其中的大多数是室女座星系团的成员，例如M85、M88、M99和M100，但也有两个知名的星系例外，分别是M64（见第314页）和NGC 4565，这两个星系距离地球很近。

后发座

M64更为人们熟知的名字是黑眼睛星系。它是一个旋涡星系，以一定角度向地球倾斜。在小望远镜中，它好像一个椭圆形的光斑，用口径150毫米或者更大的望远镜会更容易观测到它。星系核附近的尘埃云形成了"黑眼睛"的效果。

NGC 4565是另一个旋涡星系，侧向朝着地球，更不容易辨认。用口径100毫米的望远镜观看，它呈现细长形，通过长曝光摄影能够看到一条暗的尘埃。

NGC 4565 🔭
用大口径望远镜观看，由于这个星系侧向地球，在沿着其旋臂的方向呈现为一条暗的尘埃带。

黑眼睛星系 🔭
旋涡星系M64在其核心附近有一个大的暗尘埃云，看上去好像黑眼睛。

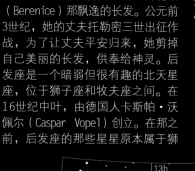

发髻 👁
舒展的后发星团是后发座在夜空中的标志。在接近地平线的地方能够看到狮子座的尾部。

Leo

狮子座

面积排名：12

最亮的星：轩辕十四（狮子座α）1.4等

所有格：Leonis

缩写：Leo

晚上10点上中天的月份：3月—4月

完全可见区域：82°N~57°S

　　狮子座是黄道上的一个大星座，位于天赤道的北边，其星星连线确实很像一只跨伏的狮子。它是最易于辨认的星座之一。6颗星的连线标示了狮子的头部和胸部，很像一个反写的大问号，或者一个钩子，这是人们熟知的狮子座大镰刀。每年11月（见第220~221页）有狮子座流星雨，其辐射点就在狮子座大镰刀的区域。

具体特点

　　轩辕十四，即狮子座α，位于大镰刀的底部。它是1等星中最暗的一颗，星等为1.4等，它有一颗相距较远的伴星，星等为8等。

　　轩辕十二，即狮子座γ，是一对双星，由一颗2.2等星和一颗3.5等星组成。这两颗星都是橙色巨星，每600年相互绕转一次。其附近的恒星狮子座40，与其并不相关。

　　狮子座ζ是彼此相距较远的三星，包含一颗3等星、一南一北各一颗6等伴星，用双筒望远镜能够看到它们。这3颗星与地球的距离各不相同，因而它们是不相关的。

　　用小望远镜观看，在狮子座后部的四分之一处能够看到一对旋涡星系M65和M66。在狮子座身体的下部，有一对暗弱的旋涡星系M95和M96；距离1度处左右，有一个椭圆星系M105。

狮子座

狮子座三重奏 ✴️ 🎵

在狮子座θ星附近有3个星系：M65（图片右下方）、M66（图片左下方）和侧向旋涡星系NGC 3628（图片上方）。尽管NGC 3628在照片上看上去是最大的，实际上它不如另两个星系亮，而且很难用小望远镜观测到。

轩辕十二 ✴️

这一对美丽的橙黄色巨星用小望远镜很容易看见。

大猫 👁️

跨伏的狮子在天空中很显眼。在这幅照片中，其星星组成的图案被狮子身体下方出现的木星给打乱了。

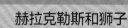

神话故事

赫拉克勒斯和狮子

　　狮子座代表神话中的狮子，它住在希腊尼米亚河谷附近的一个山洞里，袭击并吞食当地的居民，给那一片区域带来很大的威胁。大英雄赫拉克勒斯的12项丰功伟绩中，第一项便是完成他的堂兄弟欧律斯透斯（Eurystheus）派给他的任务——杀死狮子。赫拉克勒斯发现，这只野兽的皮毛刀剑不入，于是他便徒手与狮子搏斗，最终掐死了这只野兽。随后，他用狮子锋利的牙齿作为工具，剥掉狮子的皮，做成一件斗篷后凯旋。

英雄与野兽

在16世纪佛兰德斯艺术家让·德·布洛涅（Jean de Boulogne）的这尊雕塑中，赫拉克勒斯与尼米亚的狮子扭打在一起。

夜晚的天空

室女座
Virgo

面积排名:	2
最亮的星:	角宿一 （室女座α）1.0等
所有格:	Virginis
缩写:	Vir
晚上10点上中天的月 份:	4月—6月
完全可见区域:	67°N～75°S

室女座跨越天赤道，位于狮子座和天秤座之间。它是最大的黄道星座，也是全天第二大星座。这个星座代表的是古希腊的贞洁女神（见右侧）。室女座天区包含室女座星系团（见第329页），这是距离我们地球最近的大星系团，位于5 000万光年远处，其覆盖的区域延伸到室女座的边缘直至后发座处。每年9月份秋分，太阳位于室女座。

具体特点

室女座γ，即太微左垣二（见第253页），是一对双星，其周期相对较短，只有169年。正是由于周期短，这两颗星轨道运动的结果用爱好者级的望远镜就能观察到。从地球上看，这两颗星在2005年时距离最近，用口径250毫米的望远镜能够分辨它们。到了2012年，这两颗星距离足够远，用口径60毫米的望远镜就能分辨。再过些年，用

小口径的望远镜也能分辨这两颗成员星。这两颗星的星等均为3.5等。

室女身体的上部，有室女星系团中的许多星系，但用小型设备都很难看见。最亮的成员是巨椭圆星系，尤其是M49、M60（见第317页）、M84、M86和M87（见第323页）。M87是一个强射电源和X射线源，也叫室女A。长曝光照片显示，它同某些类星体一样，在喷射气体喷流。

草帽星系（见第316页）M104是室女座最著名的星系。这个旋涡星系大约是室女座星系团的三分之二远。它的朝向几乎正好侧向地球，因而看上去星系盘上有一条尘埃带横跨整个星系中间的核球。通过小望远镜恐怕只能看到核球部分，尘埃条的部分只能通过大口径望远镜或者是长时间曝光成像才能看到。

天空中最亮的类星体3C273（见第325页）也位于室女座。然而，它比室女星系团远得多。在大多数望远镜中，它都呈现为一颗13等星。只有专业级的设备才能揭示它的真面目：中心是一个活动星系核，距离地球20亿光年远。

贞洁女神

室女座通常被认为是古希腊的正义女神狄刻（Dike）的化身，当人类的行为堕落时，她抛弃地球飞上天堂。邻近的天秤座代表她用来主持正义的秤。室女座也被认为是丰收女神得墨忒耳（Demeter）的化身，她手持一束麦穗，代表麦穗的星星是室女座最亮的恒星角宿一。

慷慨的馈赠
得墨忒耳送给希腊埃莱夫西斯（Eleusis）的王子特里普托勒摩斯（Triptolemus）一辆飞龙所拉的奥车以及麦穗，这样当他旅行到任何地方都可以播撒种子。

丰收女神 👁
角宿一（左下方）是全天最亮的20颗恒星之一。它的名字（Spica）在拉丁语中是"谷穗"的意思，这颗星代表着女神左手所持的馈赠。

草帽星系 ↗
草帽星系M104是一个旋涡星系，它有一个很大的中心核球，几乎正好侧向朝向地球，看上去像墨西哥人的帽子。它距离地球约为3 000万光年远。

M87 ↗🖳

通过小望远镜，巨椭圆星系M87看上去呈圆形光晕状，但摄影和CCD成像揭示，其高度活跃的内核正在喷发气体喷流。这张照片里，核的右上方附近能够看到喷流。

天秤座

Libra

面积排名:	29
最亮的星:	天秤座β 2.6等
所有格:	Librae
缩写:	Lib
晚上10点上中天的月份:	5月—9月
完全可见区域:	60°N～90°S

这个黄道星座就位于天赤道南侧，室女座和天蝎座之间。最初，古希腊人把这个星座的星星看作其邻近星座天蝎座的螯肢，也正因为如此，天秤座最亮的两颗星的名字的意思分别是北边的螯和南边的螯。天秤座如今被认为是室女座用来主持正义的秤，这一说法早在古罗马时代就很盛行，一直通用至今。

具体特点

氐宿一（Zubenelgenubi，阿拉伯语的意思是"南边的螯"），即天秤座α，是一对双星，其成员星的星等分别为3等和5等，双筒望远镜或者是视力较好的肉眼都很容易分辨出来。这对双星的北边，是天秤座中最亮的氐宿四（Zubeneschamali，意为"北边的螯"），即天秤座β，用双筒望远镜或者望远镜观看时呈绿色。这种极其不常见的颜色大概是由于氐宿四外层的化学成分造成的。

位于星座中心处的天秤座ι是由一颗5等星和一颗6等星组成的双星，用双筒望远镜就可以分辨出来。用小望远镜观看时，会发现较亮的那颗星还有一颗9等伴星。天秤座μ的成员星是一颗6等星和一颗7等星，是一对较难分辨的双星，用口径75毫米以上的望远镜才能分辨。天秤座δ是食变星，每2天零8小时，其星等在5等与6等之间变动。这一星等变化用双筒望远镜就很容易观测到。

天秤座的星星 ◉
天秤座的星星曾经被想象成邻近的天蝎座的螯肢，如今被认为是正义女神的秤。

北冕座

Corona Borealis

面积排名:	73
最亮的星:	北冕座α或北冕座γ 2.2等
所有格:	Coronae Borealis
缩写:	CrB
晚上10点上中天的月份:	6月
完全可见区域:	90°N～50°S

北冕座是北天一个很小但很有特色的星座，位于北天的牧夫座和武仙座之间，由7颗星星组成马蹄形的形状。它是古希腊星座之一，代表公主阿里阿德涅（Ariadne）的冠冕。

具体特点

北冕座的弧线包含著名的变星——北冕座R变星（见第287页），它是一颗黄色的超巨星，星等通常为6等，其亮度会发生突然的下降。这种变化主要是由于其大气中煤烟颗粒的逐渐增加，每几年发生一次，每次持续数月。

对于小型仪器使用者们来说，北冕座中有3对著名的双星，尽管它们都不是特别明亮。北冕座γ由一对5等红巨星组成，用双筒望远镜可以分辨。北冕座ζ是一对蓝白色双星，成员星分别为5等和6等，在小望远镜中很好看。北冕座σ是一对黄色双星，成员星的星等分别为6等和7等，用小望远镜能够分辨。

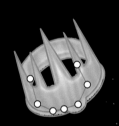

北冕座

群星之冠 ◉
北冕座的7颗主要亮星在牧夫座和武仙座之间形成独特的弧形，好像天上的冠冕。

公主阿里阿德涅

阿里阿德涅是希腊克里特岛国王迈诺斯（Minos）的女儿，她帮助忒修斯（Theseus）杀死了人身牛头怪物弥诺陶洛斯（Minotaur）。忒修斯带着阿里阿德涅起航去往纳克索斯岛，后来他在那里抛弃了她。酒神狄俄尼索斯（Dionysus）看上了公主。在他们的婚礼上，阿里阿德涅戴着一个镶嵌着珠宝的华冠，后来狄俄尼索斯把它扔向天空，华冠上的珠宝变成了星星。

无上的光荣

在法国艺术家厄斯塔什·勒·叙厄尔（Eustache Le Sueur）这幅17世纪的画作中，狄俄尼索斯，即罗马神话中的酒神巴克斯，手里正拿着阿里阿德涅的华冠。

巨蛇座

Serpens

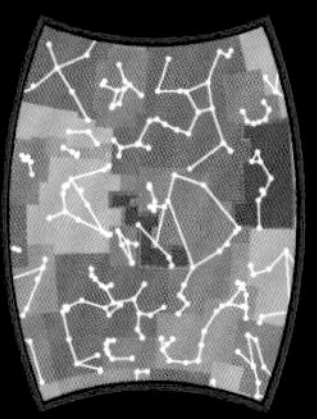

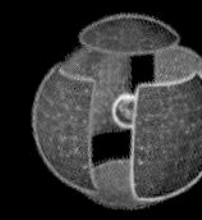

面积排名： 23

最亮的星：
天市右垣七（巨蛇座
α）2.6等

所有格： Serpentis

缩写： Ser

**晚上10点上中天的
月份：** 6月—8月

完全可见区域：
74° N~64° S

尽管巨蛇被算作一个单独的星座，但实际上它被分成了两段，这在星座中是独一无二的。它是古希腊托勒玫48星座之一，跨越天赤道。巨蛇座代表一条盘绕在蛇夫腰间的巨大的蛇，蛇夫左手持巨蛇的头，右手持巨蛇的尾。由于蛇会蜕皮，在古希腊神话中，蛇寓意着新生。蛇夫座代表伟大的医者阿斯克勒庇俄斯（Asclepius），据说他能让死者起死回生（见对页）。

具体特点

巨蛇座尾部的鹰状星云（见第244~245页）众人皆知，这归功于哈勃空间望远镜拍摄的那幅壮丽的照片：发光的气体云中嵌着暗尘埃柱。不过，暗尘埃柱只有通过大口径望远镜或者是长时间曝光成像，才能呈现为哈勃空间望远镜拍到的那种景象。

鹰状星云包含星团M16，这个星团用双筒望远镜或者小望远镜就很容易观测到。它看上去好像一块模糊的光斑，在天空中的大小和满月差不多。用双筒望远镜能够看到的另一个疏散星团是IC 4756，它看上去是M16的两倍大，位于巨蛇尾

部的尖儿上。

在蛇夫座与室女座的交界处附近是M5，它距离地球25 000光年远。用双筒望远镜观看，它那致密的中心呈现为一个模糊的区域，大小约为满月的一半；要想看到它外围恒星形成的弯曲的链状形态，则需要使用口径100毫米甚至更大的望远镜。

巨蛇座δ位于巨蛇的头部附近，是一对双星，成员星的星等分别为4等和5等，用放大倍数高的小望远镜能够分辨出来。

巨蛇座θ位于巨蛇的尾部附近，是一对白色双星，用小望远镜就很容易分辨出来。这对相距较远的双星，星等分别为4.6等和5.0等。

M5 🔭📷✦

这是北天最美丽的球状星团之一。用望远镜观看，M5那椭圆的形态格外引人注目。

鹰状星云 ✦📷🔭

这幅图像是用专业级的4米望远镜拍摄的。只有大口径望远镜才能清楚地看到它。

蜿蜒的星星 👁

蛇的上半部（图片右上）包含巨蛇座α，其名字Unukalhai起源于阿拉伯，意思是"蛇的脖子"。

蛇夫座

Ophiuchus

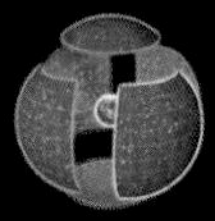

面积排名：	11
最亮的星：	候（蛇夫座α） 2.1等
所有格：	Ophiuchi
缩写：	Oph
晚上10点上中天的月份：	6月—7月
完全可见区域：	59°N~75°S

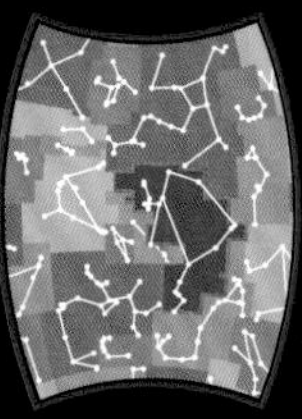

这个星座跨坐在天赤道上，其形象是一个手持蛇的男子。蛇夫的头紧邻北边的武仙座，他的脚踩在南边的天蝎座上。太阳在每年12月上旬穿过蛇夫座，但这个星座却并未被算作黄道星座的一员。

银河系中的上一次超新星爆发就是1604年发生在蛇夫座天区。当时那颗超新星让其他所有恒星都黯然失色。由于约翰尼斯·开普勒（见第68页）在其《新星》（*De stella nova*）一书中的记录，它以"开普勒星"（见第273页）的名称闻名于世。

具体特点

蛇夫座位于银心方向的银河边上，其中有许多著名的星团。梅西叶给其中7个球状星团进行了编号，尽管其中没有特别显眼的。M10和M12（见第295页）都位于星座中心附近，在晴朗的夜晚用双筒望远镜能够观测到。更适于用双筒望远镜观看的是两个大的疏散星团NGC 6633和IC 4665。

著名的聚星——蛇夫座ρ，位于心宿二附近。这颗5等星两侧各有一颗7等伴星，用双筒望远镜能够看得很清楚。用更高倍数的小望远镜观看，会发现中心星附近还有一颗距离更近的伴星，星等为6等。这一区域的星云状物质，包括心宿二附近的那些，只有长曝光摄影才能揭示。

美丽的双星——蛇夫座70，由一颗黄矮星和一颗橙矮星组成，星等分别为4等和6等。双星蛇夫座36由一对5等橙矮星组成。

巴纳德星是蛇夫座最著名的星。它是距离太阳第二近的恒星。虽然这颗红矮星只有5.9光年远，但比较微弱，因而视星等只有9.5等，不用望远镜的话很难看到。巴纳德星相对于恒星背景的运动非常快，它的位置在几年内就会有明显的改变。

蛇夫座

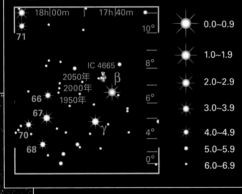

复杂的星云状物质 ⌨

复杂的星云状物质在蛇夫座ρ（下图上方）附近、心宿二南边（下图下方）延展开来。

巴纳德星的运动

			星等图例	
				0.0~0.9
				1.0~1.9
				2.0~2.9
				3.0~3.9
				4.0~4.9
				5.0~5.9
				6.0~6.9

M10 🔭

巨大的球状星团M10距离我们大约14 000光年远。和它的邻居M12一样，可以在晴朗的夜晚用双筒望远镜观测。

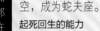

舞蛇人 👁

蛇夫座代表一个被巨蛇（巨蛇座）缠绕的人。黄道穿过蛇夫座，因此在它的天区里能够看到行星。

阿斯克勒庇俄斯

蛇夫座源自古希腊医神——阿斯克勒庇俄斯。他具有起死回生的能力。冥界之神哈德斯害怕他这种能力会威胁到自己对亡灵的统治，请求宙斯杀死阿斯克勒庇俄斯。后来宙斯把这个伟大的医者升上天空，成为蛇夫座。

起死回生的能力

在希腊比雷埃夫斯（Piraeus）发掘出的这块公元前5世纪的大理石上，阿斯克勒庇俄斯正在医治一位女患者，有人在旁边注视着他们。

夜晚的天空

Scutum

盾牌座

面积排名:	84
最亮的星:	盾牌座α 3.8等
所有格:	Scuti
缩写:	Sct
晚上10点上中天的月份:	7月—8月
完全可见区域:	74°N~90°S

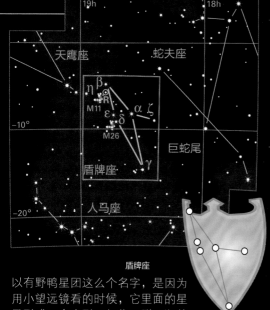

盾牌座

这个小星座位于银河中的富饶区域，天鹰座和天箭座之间，天赤道以南。它是在17世纪末由约翰·赫维留（见第384页）创立的。赫维留为了纪念他的资助人——波兰国王索比爱斯基（Sobieski），而将这一星座命名为索比爱斯基盾牌座。

具体特点

盾牌座δ是一类变星的原型，这类变星的大小每几小时发生一次脉动，亮度变化只是十分之几个星等。盾牌座δ在5小时之内的星等变化范围是4.6等到4.8等，这一变化只有通过灵敏的仪器才能探测到。变化更明显的是盾牌座R，它是一颗橙巨星，在20周的周期内，星等在4.2等到8.6等之间变化。

盾牌座R附近有个美丽的野鸭星团（M11）。在双筒望远镜中，它呈现为一团模糊的光晕，大小约为满月的一半。这个疏散星团之所

以有野鸭星团这么个名字，是因为用小望远镜看的时候，它里面的星星形成一个扇形，好像一群飞翔的野鸭。扇形的顶点附近是一颗8等红巨星。野鸭星团位于盾牌座星云中。这一富含恒星的区域位于盾牌座β的南边。

野鸭星团

用小望远镜观看，M11看上去像一群呈人字形飞翔的野禽。这个形态在照片中并不明显。

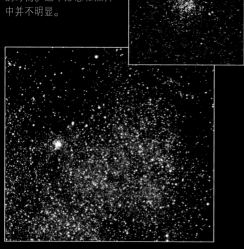

盾牌座星云

银河中最明亮的部分之一，即著名的盾牌座星云，位于盾牌座。图片中央区域左边明亮的斑点是野鸭星团。

索比爱斯基的盾牌

盾牌座自身没有亮星，但它所在的区域在银河当中，天鹰座和天箭座之间，这里正是恒星密布的区域。

Sagitta

天箭座

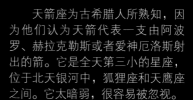

面积排名:	86
最亮的星:	天箭座γ 3.5等
所有格:	Sagittae
缩写:	Sge
晚上10点上中天的月份:	8月
完全可见区域:	90°N~69°S

天箭座为古希腊人所熟知，因为他们认为天箭代表一支由阿波罗、赫拉克勒斯或者爱神厄洛斯射出的箭。它是全天第三小的星座，位于北天银河中，狐狸座和天鹰座之间。它太暗弱，很容易被忽视。

具体特点

对于使用小型仪器的人们来说，天箭座中实在没有什么著名的天体。天箭座ζ是双星，由一颗5等星和一颗9等伴星组成，用小望远镜能够看到，不是能给人留下深刻印象的双星。天箭座S是一颗造父变星，亮度每8.4天变化一半，星等在5.2等到6.0等之间变动。

位于箭杆中部的是M71，是一个较小的球状星团，用双筒望远镜能够看到，用小望远镜观测效果更佳。M71并不像其他大多数球状星团那样中心处恒星比较致密，它看上去更像一个密集的疏散星团。

天箭座WZ是一颗矮新星变星（见第282页"新星"），很少发生爆发。

飞行中的箭

代表小箭的天箭座似乎正越过天鹰座，朝海豚座飞去。

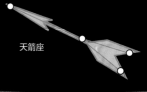

天鹰座

Aquila

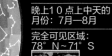

面积排名： 22

最亮的星：
牛郎星（天鹰座α）
0.8等

所有格： Aquilae

缩写： Aql

晚上10点上中天的月份： 7月—8月

完全可见区域：
78°N~71°S

　　天鹰座代表的是一只飞翔中的鹰。它位于天赤道上，其所在区域正是银河中比较富饶的区域，附近有天鹅座、盾牌座和人马座。天鹰座中没有特别著名的深空天体。天鹰座最亮的恒星牛郎星（见第252页），即天鹰座α（河鼓二），是夏夜大三角的一个角，另两个角上的亮星分别是天琴座的织女星和天鹅座的天津四。牛郎星的两侧分别

是：4等星河鼓一，即天鹰座β；3等星河鼓三，即天鹰座γ。它们排列成与众不同的形态。

具体特点

　　天鹰座最有趣的成员是天鹰座η，它是最亮的造父变星之一。天鹰座η的星等变化范围为3.5等到4.4等，周期为7.2天。和这类变星中的其他成员一样，它是一颗明亮的超巨星。据估计，它距离我们1 400光年。

　　这个星座中还有两对暗的双星，用小望远镜能够分辨。它们分别是：天鹰座15，由一颗5等星和一颗7等星组成；天鹰座57，由两颗6等星组成。

鹰使

　　这只鹰在古希腊神话中至少有两个版本。一说它是给宙斯运送重要物品的鸟。在某一版神话中，宙斯看到了一个放羊的男孩该尼墨得斯（Ganymede），并对他着了迷，于是派了一只鹰（也有人说是他自己变成了一只鹰），将他运送到奥林匹斯山去侍奉众神。该尼墨得斯则由邻近的宝瓶座代表。

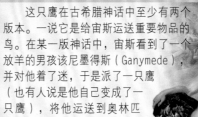

扶摇直上
在17世纪彼得·保罗·鲁本斯（Peter Paul Rubens）的这幅画作《被诱拐的该尼墨得斯》（The Abduction of Ganymede）中，美少年该尼墨得斯被一只鹰带到空中。

三星组 ◉
这个星座中最亮的星是牛郎星，两侧分别是：3等星河鼓三（图片上方），呈引人注目的橙色；4等星河鼓一（图片下方）。它们构成有趣的三星组合。

钩子 ◉🔭
天鹰座南部这一组易于辨认的恒星，包含天鹰座λ（图中最左侧的亮星），延伸到邻近的盾牌座中。

天鹰座

飞越天空 ◉
这只鹰在每年下半年飞翔在天空中。它的主要恒星牛郎星，是构成夏夜大三角的3颗星中最靠南边的一颗。天鹰座朝着摩羯座。

狐狸座
Vulpecula

面积排名：55	
最亮的星：狐狸座α 4.4等	
所有格：Vulpeculae	
缩写：Vul	
晚上10点上中天的月份：8月—9月	
完全可见区域：90°N~61°S	

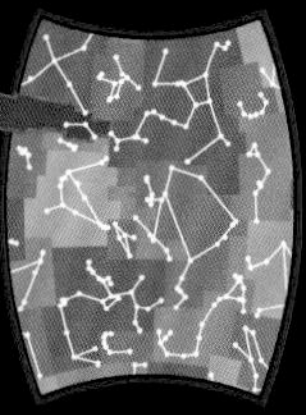

狐狸座

这个银河中的微小暗弱的北天星座位于天鹅座南边。早在17世纪末，波兰天文学家约翰·赫维留创立这个星座的时候，将它命名为"狐狸与鹅座"。后来，星座名简化为狐狸座。尽管这个星座相对较暗，但它包含两个双筒望远镜使用者不可错过的天体。

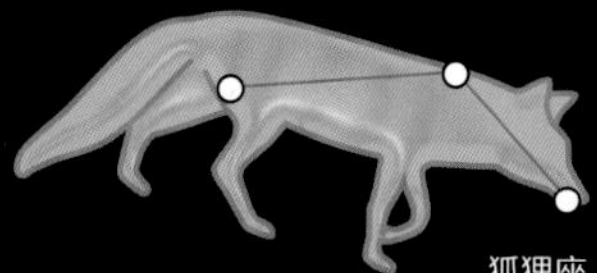

具体特点

这个星座中的最亮星狐狸座α，是一颗4等红巨星，用双筒望远镜看会发现它附近有一个6等橙色星。这两颗星到地球的距离不同，因此是互不相关的。

布罗基星团是双筒望远镜的目标。这个星团由10颗星组成，成员的星等在5等到7等之间。它的别名"衣架星团"更广为人知，这是由它的形状决定的：6颗星排成一条线，构成衣架的横梁部分，剩下4颗星组成挂钩。这些恒星彼此不相关，所以它们并不构成真正意义上的星团。衣架星团仅仅是恒星偶然排列成的有趣形态而已。

M27俗称哑铃星云，是天空中最容易辨认的行星状星云之一。它在双筒望远镜中看起来是一个圆形的光斑，尺寸大约为满月的三分之一。要想看到它的双瓣或者说沙漏形结构，要借助更大型的仪器进行长时间曝光成像。它距离地球约1 000光年远。CCD影像以及照片表明这一星云色彩丰富，但在肉眼中只是灰绿色。

哑铃星云
据说M27是最容易认出的行星状星云，在黑暗的夜晚用一个双筒望远镜就能找到它。要想看到它两端的哑铃形，需要借助天文望远镜。

衣架星团
所有的星团当中，最有趣的当属布罗基星团了，它更为人所知的名称是"衣架星团"。这团恒星通过双筒望远镜很容易看见，其形态很像一支衣架。

银河中的狐狸
狐狸座是一个不太成形的星座，它夹在天箭座和天鹅座头部之间。天箭座的形象是一支箭，天鹅座位于这幅图中的左侧。

约翰·赫维留（Johannes Hevelius）

约翰·赫维留（1611—1687）出生并工作在德国但泽市[Danzig，如今波兰的格丹斯克（Gdansk）]，他在那里建立了一座配备当时最好设备的天文台。他死后留下了一份星表和星图，由他的助手和第二任妻子伊丽莎白出版。其中介绍了他创立的7个新星座，填补了北天的空白处。

共同努力
约翰·赫维留和他的妻子伊丽莎白正用一个巨大的六分仪测量恒星位置。赫维留创立的星座之一——六分仪座，正是为了纪念这一仪器。

Delphinus
海豚座

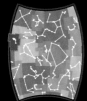

面积排名:	69
最亮的星:	瓠瓜四（海豚座β）3.6等
所有格:	Delphini
缩写:	Del
晚上10点上中天的月份:	8月—9月
完全可见区域:	90° N~69° S

海豚座γ ♐
海豚座γ是一对引人注目的双星。尽管通常来说其两颗成员星都被描述为黄色，但也有些观测者看到较暗的那颗呈浅蓝色。

这4颗星分别是：瓠瓜一（海豚座α），瓠瓜四（海豚座β），海豚座γ，海豚座δ。至于究竟是谁在什么时候将这个形状叫作乔布的棺材，已经无从考证了。

具体特点

海豚座γ通常被描述为一颗引人注目的橙黄色双星。其成员星星等分别为4等和5等，用一个小望远镜就很容易分辨出来。

相对来说较暗弱且距离较近的双星"斯特鲁维2725"，其成员星星等分别为7等和8等，也能用一个小望远镜分辨出来，并且与海豚座γ在同一视场中。

海豚座虽然小，却与众不同，它位于天鹰座和飞马座之间。在古希腊神话中，诗人兼音乐家阿里翁（Arion）为了从海盗那里逃脱，便纵身跳入海中，一只海豚救了他，海豚座所代表的便是这只海豚。另一种说法是，当年海神波塞冬想要让女神安菲特律特（Amphitrite）嫁给自己，便派海豚去将安菲特律特带来，海豚座代表的正是那些海豚之一。海豚座是古希腊托勒玫48星座之一（见第347页）。

这个星座曾经俗称"乔布的棺材"，因为星座连线组成一个盒子形。有时这个名字仅限于描述星座中最亮的4颗星组成的菱形星组，

尼科洛·卡西亚托雷（Niccolò Cacciatore）

海豚座α和海豚座β有着不同寻常的名字，分别是Sualocin和Rotanev。把这两个星名的字母顺序颠倒过来，组成的单词就是尼哥拉·维纳托（Nicolaus Venator），这是尼科洛·卡西亚托雷的拉丁名字。尼科洛·卡西亚托雷（1780—1841）是一位意大利天文学家，西西里巴勒莫天文台台长朱塞佩·皮亚齐的助理。卡西亚托雷违背了惯例，在1814年的巴勒莫星表中悄悄地用自己的名字命名了两颗星。在很长时间内都没有人意识到这一点，被发现时星名已经被确定下来。

顽皮的海豚 👁
风筝形的海豚座，位于银河边缘，天鹅座附近，让人联想到从海中跃出的一只海豚。

海豚座

Equuleus
小马座

面积排名:	87
最亮的星:	小马座α 3.9等
所有格:	Equulei
缩写:	Equ
晚上10点上中天的月份:	9月
完全可见区域:	90° N~77° S

（见第347页）在公元2世纪概述早期希腊星座时将这个小星座加入到天空中的。

具体特点

小马座γ是一对相距较远的双星，其成员星星等分别为5等和6等，很容易用双筒望远镜分辨出来。这两颗星并不相关。5等双星"小马座1"，在有些星图中标示为小马座ε，它有一颗7等伴星，用小望远镜能够分辨出来；它还有一颗更暗的真正的伴星，用更大口径的望远镜才能看到。除了这两对双星，对于双筒望远镜和小望远镜使用者们来说，小马座中再没有任何其他的著名天体。

全天第二小的星座小马座，代表一只小马驹的头，它紧邻一匹更大的马——飞马座。这个星座没有任何与之相关的神话或者故事，通常认为是古希腊天文学家托勒玫

马头 👁
小马座位于飞马座和海豚座之间，它占据的天区很小，其中的恒星也很暗弱，很容易被忽视。

小马座

Pegasus

飞马座

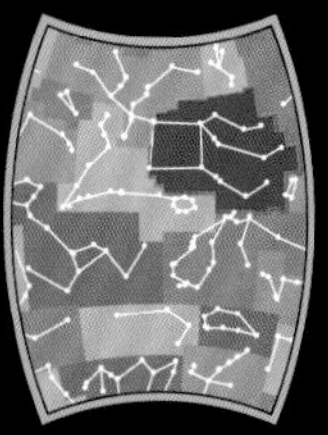

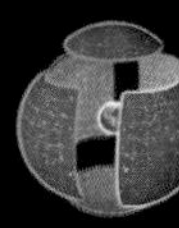

面积排名：7

最亮的星：室宿二（飞马座β），危宿三（飞马座ε）2.4等

所有格：Pegasi

缩写：Peg

晚上10点上中天的月份：9月—10月

完全可见区域：90°N~53°S

飞马座位于黄道星座宝瓶座和双鱼座以北，北天赤纬较低的位置处，紧邻仙女座。它是古希腊48星座之一。飞马座代表一匹飞马，它是柏勒罗丰（Bellerophon）的坐骑，有时候被错当成珀尔修斯的骏马。尽管群星只组成了马的前半部分，但这个星座仍是全天第七大的星座。

具体特点

飞马座大四边形由以下4颗星组成：飞马座α、飞马座β、飞马座γ和仙女座α。四边形的第四颗星一度也被称为飞马座δ，与仙女座共用，如今则是仙女座专属。这

个大四边形可以容纳一排30多个满月，但这一区域内却意外地缺少恒星。其中最亮的飞马座υ星等为4.4等。因此，当天空条件不好时，大四边形这一区域看起来空空如也。

飞马座的两颗最亮星是飞马座β和飞马座ε。飞马座β是一颗红巨星，星等在2.3等到2.7等之间变化。飞马座ε是一颗黄色星，星等为2.4等，它有一颗相距较远的8等伴星，用一个小望远镜就很容易看见。

在距离飞马座ε不远的地方，是球状星团M15（见第295页），它是北天最好看的球状星团之一。在晴朗的夜空，它的亮度刚好是肉眼能够看见的极限。

在大四边形外边，有一颗5等星叫飞马座51，这是除太阳外，首颗被证实有行星绕转的恒星。绕转的行星在1995年被发现，质量约为木星的一半。

大四边形 👁
这个星座最显著的特征就是大四边形，它构成马的身体。

神话故事

柏勒罗丰和飞马

飞马座是在珀尔修斯杀死蛇发女妖美杜莎的时候，从美杜莎的身体里诞生出来的带翅膀的马。它飞往美杜莎的故乡赫利孔山（Helicon），它的蹄子踩在地面上，那里便形成了一眼泉水，叫作灵泉。借助雅典娜的黄金马缰，英雄柏勒罗丰驯服了飞马，并骑着这匹马成功杀死了喷火怪兽喀迈拉（Chimaera）。柏勒罗丰后来骑着飞马前往奥林匹斯山，想加入众神的行列，但途中他却从马上跌落，只有飞马平安抵达。

飞上天空
爱尔兰都柏林鲍尔斯考特花园里的这尊飞马雕塑，拍动着翅膀，仿佛要飞上天空。

M15 🔭
口径150毫米的望远镜能够把这个球状星团中的单颗恒星分辨出来。M15距离地球3万光年远。

宝瓶座

Aquarius

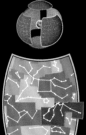

面积排名： 10

最亮的星： 危宿一（宝瓶座α），虚宿一（宝瓶座β）2.9等

所有格： Aquarii

缩写： Aqr

晚上10点上中天的月份： 6月—7月

完全可见区域： 65°N~86°S

　　黄道上的这个大星座，其形象是一个用罐子倒水的年轻人（也有时其形象是一个年长的人）。它位于摩羯座和双鱼座之间，离天赤道很近。宝瓶座γ、宝瓶座ζ、宝瓶座η、宝瓶座π这几颗星形成一个Y字形，构成水罐，从那里起的一连串星星代表流向南鱼座的水。每年5月初，有宝瓶座η流星雨，辐射点位于水罐处附近。

　　古希腊神话故事中，宝瓶座代表该尼墨得斯——宙斯看上的一位貌美牧童。宙斯派他的鹰（有的版本中说是宙斯自己变成一只鹰）带着该尼墨得斯飞到奥林匹斯山，让他在那里为众神倒酒。代表那只鹰的是邻近的天鹰座。

具体特点

　　宝瓶座ζ位于水罐的中心处，是一对密近双星，其成员星是两颗4等星，用口径60毫米的望远镜观看，恰好是能够分辨的极限。用双筒望远镜或者小望远镜观看，位于宝瓶座与小马座交界处的球状星团M2，看上去像一颗模糊的恒星。

　　宝瓶座包含全天最知名的两个行星状星云。一个是螺旋星云（NGC 7293，见第257页），据估计，它是距离地球最近的行星状星云，约650光年远。因而它是行星状星云中视尺寸最大的之一，几乎是满月直径的一半。然而，由于它的光分散在很大的一片区域中，因而只有在晴朗黑暗的夜晚才能够看到。这个行星状星云在肉眼看来就是一个浅灰色的光斑，完全没有照片所捕获到的那种美丽色彩。

　　另一个行星状星云是土星状星云（NGC 7009），它更易于辨认，它在小望远镜中的大小和土星盘面差不多。它的两侧有模糊的延展，看上去很像土星的光环，因而得名土星状星云。

土星状星云
用大望远镜观察，或者通过CCD成像，能够很明显地看出NGC 7009与土星的相似之处。

螺旋星云
在黑暗的夜晚，NGC 7293在双筒望远镜中呈现为一个灰色的圆形光斑。但通过CCD成像，能够看出其中的结构细节和大致色彩，如这幅图所示。

宝瓶座

正在倒出的水
这幅图左侧的那些瀑布般的恒星代表从该尼墨得斯的罐子里倒出的水。中上部是水瓮。

Pisces

双鱼座

面积排名:	14
最亮的星:	双鱼座 η 3.6等
所有格:	Piscium
缩写:	Psc
晚上10点上中天的月份:	10月—11月
完全可见区域:	83°N~56°S

这个黄道星座代表神话中的两条鱼。它之所以出名，是因为它包含春分点——每年3月份太阳由南向北穿越天赤道的交点，这一点在赤经0度、赤纬0度。由于地球的缓慢摆动，即我们所知的岁差（见第64页），春分点正逐渐沿着天赤道移动，公元2600年前后将会移到宝瓶座。

具体特点

双鱼座最显著的特征是位于飞马大四边形南侧的7颗星排成的环状图案。这个环形被称为"双鱼座小环"（Circlet），标示了其中一条鱼的身体。其中包含双鱼座TX（也叫双鱼座19），这是一颗深橙色红巨星，星等在4.8等到5.2等之间不规则波动。外屏七（双鱼座 α）是一对密近双星，成员星的星

等分别为4等和5等，用一个口径100毫米的望远镜能够分辨。这两颗星是一对真实双星，轨道周期为3000多年。双鱼座 ζ 和双鱼座 ψ¹ 是用小望远镜能够分辨出的另外两对双星。在与星座中最亮的双鱼座

η 相距满月直径两倍处，有一个美丽的正向旋涡星系M74。它在小望远镜中呈现为一个圆形的明亮光晕，要想看到它的旋臂，需要借助更大口径的望远镜或者长时间曝光成像。

圆环 ◉◗🔭

南端的那条鱼的身体，由一串叫作"双鱼座小环"的星星组成。其中的双鱼座TX，是一颗亮度变化的红巨星，在双筒望远镜中呈现出引人注目的橙色。

结点 ◉

双鱼座代表一对尾巴用丝带绑在一起的鱼。双鱼座 α 代表着两条丝带绑在一起的结。

神话故事

厄洛斯和阿佛洛狄忒

古希腊神话中关于双鱼的起源是非常模糊的。在其中一个版本的神话中，为了逃离可怕的怪物提丰（Typhon），阿佛洛狄忒（Aphrodite）和她的儿子厄洛斯（Eros）变成鱼跳入幼发拉底河中。在这个故事的另一个版本中，是两条鱼把阿佛洛狄忒和她的儿子驮在背上，送到安全的地方。

海上营救
在17世纪佛兰德斯艺术家雅各布·约尔丹斯（Jacob Jordaens）的这幅油画中，两条鱼正分别驮着阿佛洛狄忒和厄洛斯离开。

双鱼座

M74 🔭📷

旋涡星系M74正好面朝着我们，通过小望远镜看，它呈现为一个圆形的光晕。要看到它的旋臂需要更大口径的望远镜。

Cetus

鲸鱼座

面积排名：4

最亮的星：土司空
（鲸鱼座β）2.0等

所有格：Ceti

缩写：Cet

晚上10点上中天的
月份：10月~12月

完全可见区域：
65°N~79°S

鲸鱼座在古星图中不太好看，是一只有些滑稽的海怪，也有的时候被画成一只鲸鱼。这是托勒玫在他的《天文学大成》中列出的古希腊48星座之一。这个星座很大，但却不太明显，它位于赤道带，黄道星座双鱼座和白羊座的南边。著名变星刍藁增二（鲸鱼座o，见第285页）以及奇特的旋涡星系M77都位于鲸鱼座天区。

具体特点

天囷一（鲸鱼座α）是鲸鱼座中的第二亮星。它所在的一串星构成了海怪头部，有一个相距较远且不相关的6等伴星，用双筒望远镜能够看见。位于海怪脖子附近的鲸鱼座γ星，是一对密近双星，比起天囷一来说更难区分。要想看到它的两颗成员星

（一颗4等星和一颗7等星），需要使用更高倍率的望远镜。

刍藁增二（鲸鱼座o）代表了一类红巨星。它们的尺寸以几个月或者几年为周期发生有规律的脉动。刍藁增二通常的星等是3等，最亮的时候可达2等，最暗的时候则只有10等。因此，随着刍藁增二膨胀或者收缩，它在11个月的周期里有时肉眼可见，有时要通过望远镜才能看到。

鲸鱼座τ距离地球11.9光年。它的温度和亮度使它成为地球附近所有恒星中最像太阳的一颗。然而，鲸鱼座τ周围环绕着一大群小行星和彗星，会和那里的行星发生毁灭性的撞击。因此，在它附近寻找生命希望渺茫。

M77

旋涡星系M77是一个赛弗特星系，用较小的望远镜只能看见明亮的核心，好像一颗模糊的恒星。

M77位于鲸鱼座δ附近。这个旋涡星系是赛弗特星系（见第320页"活动星系核的类型"）中最亮的一个。赛弗特星系和类星体相近，是一类中心极其明亮的星系。M77面朝地球，但通过小望远镜只能看到它的核心，呈现为一个小圆斑。M77距离地球只有5 000万光年。

鲸鱼座

神话故事

海怪

在著名的古希腊神话中（见第368页），鲸鱼座是被派去吞食公主安德洛墨达（仙女座）的海怪。珀尔修斯杀死蛇发女妖美杜莎之后，在返程的途中发现了被困的公主，便俯冲到正在发起攻击的海怪身上用剑猛刺，血沫翻飞。最终，浸在水中的海怪尸体被留在海滩上任人宰割。

神话中的妖怪
古星图中的鲸鱼座，有着非常大的嘴和卷曲的尾巴，它的脚蹼浸在邻近的波江座之中。

倾斜的怪物 ◉
鲸鱼座很大，却并不显眼。它里面最著名的星是光变红巨星刍藁增二（鲸鱼座o），这颗星大多数时候都很暗，用肉眼看不见。

猎户座

Orion

面积排名: 26	
最亮的星: 参宿七(猎户座β)0.2等,参宿四(猎户座α)0.5等	
所有格: Orionis	
缩写: Ori	
晚上10点上中天的月份: 12月—1月	
完全可见区域: 79° N~67° S	

猎户座是夜空中最壮丽的星座之一,代表一位巨大的猎人/勇士,他身后跟着两只狗——大犬和小犬。它最典型的特征是猎户座腰带,由3颗排成一行的2等星组成,这3颗星几乎恰好位于天赤道上。几颗星星以及一团模糊的天体构成猎户腰带上垂下的宝剑,这里包含巨大的恒星形成区M42,即猎户座大星云(见第241页)。每年10月有猎户座流星雨,其辐射点位于猎户座与双子座的交界处附近。

聚星 ⚲

猎户座σ是著名的聚星,它拥有3颗暗弱的成员星。其中两颗星在一边,更暗的一颗在另一边,看上去就好像被卫星绕转的行星似的。

具体特点

代表猎户座一个肩膀的参宿四,即猎户座α,是一颗比太阳大几百倍的红超巨星。参宿四的星等在0.0等到1.3等之间发生不规则变化,平均星等为0.5等。它距离我们约500光年远,比猎户座中的其他亮星距离地球都近。参宿四在颜色上与参宿七构成鲜明对比,参宿七即猎户座β,是一颗更亮的蓝超巨星,标示猎户的一只脚。参宿四只有个别时候的星等处于最大星等,因而猎户座中最亮的星是参宿七。参宿七距离地球860光年远,差不多是参宿四的两倍远。用一个小望远镜,能够分辨出它的7等伴星。猎户座中另外两对易于辨认的双星位于猎户的腰带上。猎户座δ有一颗7等伴星,用小望远镜或双筒望远镜能够看见。要想分辨出猎户座ζ的密近4等伴星,是很有挑战性的,至少需要口径75毫米的望远镜才行。

这个星座中真正的宝藏位于猎户的宝剑周围。例如NGC 1981,在双筒望远镜中它是一个大而分散的星群,其中最亮的星为6等。NGC 1977

神话故事

伟大的猎人

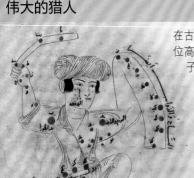

在古希腊神话中,奥利翁(Orion)是一位高大英俊的男子,是海神波塞冬的儿子。希腊诗人荷马在他的《奥德赛》中把奥利翁描写为一个挥舞着青铜棒的伟大猎人。尽管他有非凡的捕猎技巧,却被一只小小的蝎子杀死了。有人说这是他自负的报应。夜空中,猎户座与天蝎座遥遥相对,每当天蝎座升起时,猎户座便从西边落下了。

猎人兼勇士

这幅猎户座的插图来自一份基于《恒星之书》的古老手稿。这本书是阿拉伯天文学家苏菲在公元964年前后完成的。

明亮的猎户 👁

猎户座是全天最壮丽、最容易辨认的星座之一。3颗排成一线的星构成猎户的腰带,下方的星团星云构成猎户的宝剑。

是位于猎户座42和猎户座45附近的细长形模糊光斑。附近是最著名的恒星形成区——猎户座大星云，距离我们1 500光年，其所覆盖的天区比满月直径的两倍还大。在照片或者CCD影像中，它发光的气体呈现出多种颜色，但目视看到的却只是灰绿色，这是因为人眼对暗弱目标的颜色并不敏感。在晴朗的夜晚，肉眼看去，它好像一个模糊的光斑，通过任何光学设备的辅助，都能看得更清楚。猎户座大星云的延伸部分是M43，虽然它有一个单独的编

号，实际上M43和M42属于同一片气体云。M42的中心有一团聚星，即猎户座θ¹，以"猎户四边形"（Trapezium）而闻名。在小望远镜中，这群星看上去由4颗5等到8等的星组成。星云的另一边是猎户座θ²，这是一对双星，成员星的星等分别为5等和6等，用双筒望远镜能够分辨。猎户的剑尖上是猎户座ι，也是一对双星，成员星的星等分别为3等和7等，可以用小望远镜分辨。斯特鲁维747是附近相距较远的一对双星，成员星星等分别为5等和6等。

更让人印象深刻的是聚星猎户座σ。小望远镜的观测显示，它由一颗4等主星和一旁的两颗7等伴星组成，另一旁则有一颗相距较近的9等伴星。

一条明亮的星云状物质IC 434从腰带上的猎户座ζ延伸出去，在它的映照下，马头星云（见第240页）的轮廓显现出来。马头星云可能是全天最著名的暗星云，在照片上可以看得很清楚。要想亲眼看到它，需要大型望远镜和很暗的观测地点。

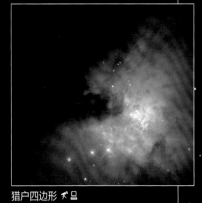

猎户四边形
猎户座大星云的中心有一团聚星，叫作"猎户四边形"（猎户座θ¹，图片中间靠右）。用小望远镜能够看到它的4颗星，用口径更大的望远镜观看，会发现其中还有另外两颗星。

猎户座大星云
猎户座大星云M42位于猎户座腰带的南边，其中心被新生恒星照亮。用肉眼或者是双筒望远镜观看时，它只是一团模糊的光斑。它美丽的形态和粉红的色彩只有用摄影或者是CCD成像才能揭示出来，就像这张照片。

猎户座大星云区域

星等图例	
0.0~0.9	
1.0~1.9	
2.0~2.9	
3.0~3.9	
4.0~4.9	
5.0~5.9	
6.0~6.9	

马头星云
马头星云是一个形状奇特的暗星云，形状像是国际象棋中的马。因为有一团发光的氢云IC 434做背景，它的轮廓才得以显现出来。它位于猎户腰带上猎户座ζ（图片中间偏左）的南边。

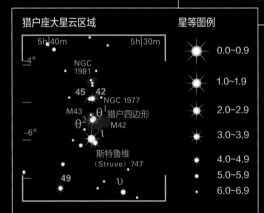

Canis Major

大犬座

面积排名：43	
最亮的星：天狼星（大犬座α）-1.4等，弧矢七（大犬座ε）1.5等	
所有格：CanisMajoris	
缩写：CMa	
晚上10点上中天的月份：1月—2月	
完全可见区域：56°N～90°S	

位于南天的这个星座，包含全天最亮的恒星一天狼星，即大犬座α（见第252页）。它与小犬座的南河三和猎户座的参宿四共同组成冬夜大三角。在古希腊神话中，大犬是跟随猎户的两只猎犬当中的一只。

具体特点

天狼星的能量比太阳大得多，它发出的光要比太阳亮20倍，而且它是距离地球最近的恒星之一，约8.6光年远。这些因素结合在一起，使得它的视亮度比起全天第二亮的恒星——船底座的老人星亮两倍。与天狼星相伴的是一颗暗弱的白矮星——天狼星B（见第268页），每50年绕天狼星一周。

M41是一个大的疏散星团，肉眼看去是一个模糊的光斑。用双筒望远镜看，它里面的恒星分散在一片比满月还大的区域里；用望远镜观看，从中心辐射出几串亮星。

大犬座τ附近是NGC 2362，用望远镜能够看得很清楚。附近还有一对食双星——大犬座UW星。

猎户的猎犬 👁

天空中，大犬位于猎户的脚后跟处，其口部是明亮的天狼星，好像含着一个发光的球。

NGC 2362 ✈
这个小星团中最亮的成员是一颗4等蓝巨星——大犬座τ，它几乎正好位于星团中心。

莱拉普斯

神话中的这只犬非常敏捷，除了那只注定永远抓不到的"透墨索斯的狐狸"（Teumessian Fox），没有猎物能够从它那里逃脱。狐狸在雅典北部的底比斯城镇附近制了浩劫，莱拉普斯（Laelaps）被派去追狐狸，但这是一场永无止境的追逐。直到宙斯把它们都变成了石头，并把这只狗升上天空作为大犬座，狐狸却没有被升上天空。

面朝左边
与所有其他古老的星座形象一样，这里的大犬座是按镜像绘制的。

Canis Minor

小犬座

面积排名：71	
最亮的星：南河三（小犬座α）0.4等	
所有格：Canis Minoris	
缩写：CMi	
晚上10点上中天的月份：2月	
完全可见区域：89°N～77°S	

小犬座是古希腊星座之一，几乎正好位于天赤道上。它通常被认为是追随猎户座的两只猎犬中较小的那只。

这个星座很容易辨认，因为其中有一颗明亮的恒星南河三，即小犬座α（见第284页）。它与其他两颗一等星——猎户座的参宿四和大犬座的天狼星，共同构成冬夜大三角。除此之外，这个星座中几乎没有什么适宜小望远镜使用者们观测的著名天体。

具体特点

南河三是全天第八亮的恒星。比起天狼星来，它温度更低、更暗弱，而且距离更远些，约11.4光年远。它有一颗白矮星伴星——南河三B，只有通过很大的望远镜才能看到。

孤独的星 👁
小犬座不像大犬座那样有特色，除了南河三几乎没有什么亮星。

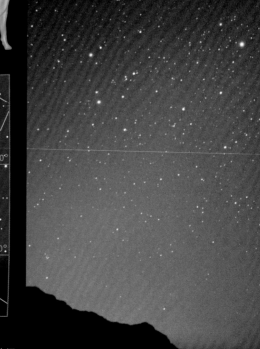

Monoceros

麒麟座

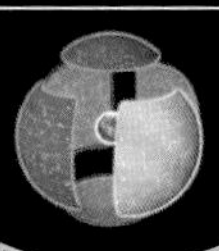

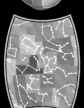

面积排名：35

最亮的星：麒麟座α
3.9等

所有格：Monocerotis

缩写：Mon

晚上10点上中天的
月份：1月—2月

完全可见区域：
78°N~78°S

麒麟座常常被忽视，这是因为邻近的猎户座、双子座和大犬座都非常夺目。然而，它很容易被找到，因为它位于天赤道上，冬夜大三角（猎户座的参宿四、大犬座的天狼星和小犬座的南河三）的正中心。尽管麒麟座中没有一颗亮星，但是银河刚好穿过它，并且它里面有很多有趣的深空天体。

这个星座是在17世纪初由荷兰天文学家、制图师帕图斯·普兰修斯创立的，它的形象被描画为具有宗教意义的独角神兽。

具体特点

对于小型仪器爱好者们来说，麒麟座β是全天最美的三合星。它由3颗5等星连成弧形，很容易被分辨出来。

麒麟座8在有的星图中也被标示为麒麟座ε，是一对双星。其成员星的星等分别为4等和7等，用小望远镜很容易分辨出来。

麒麟座天区的星团和星云中，最著名的是NGC 2244，其星星组成一条细长形，星等为6等甚至更暗。星团的周围是一个发光的星云——玫瑰星云，这个星云比较暗，只有通过CCD成像或者摄影才能够看得很清楚。

NGC 2264是疏散星团与星云组合的另一个例子。通过双筒望远镜或者小望远镜，能够看出其星星组成三角形。它最亮的成员星是一颗5等星麒麟座S，这是一颗非常炽热和明亮的恒星，有轻微的光变。通过CCD成像或者摄影显示，周围的星云状物中有一个暗的楔形，叫作锥状星云（见第242页）。

M50是一个疏散星团，在天空中的跨度约为满月尺寸的一半，用双筒望远镜就能看到它。但若想分辨出其中的成员星，需要借助望远镜。

NGC 2232是一个更大、更疏散的星团，其中最亮的恒星用双筒望远镜就能看见。

锥状星云 ✦🖥👁

这个由暗的气体尘埃构成的锥形区域，从明亮的星云状物NGC 2264的南边楔入。锥状星云只有在大望远镜拍的照片里才可以看到，如上图所示。

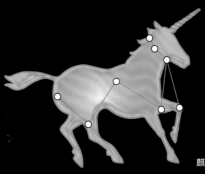

玫瑰星云 ✦🖥

这幅CCD影像中，鲜艳夺目的玫瑰星云好像一朵粉色的康乃馨。星云的中心是星团NGC 2244，用双筒望远镜很容易分辨。

被框住的野兽 👁

麒麟座位于冬夜大三角——天狼星（图片右上）、参宿四（图片左上）和南河三（图片中下）——的中间。

麒麟座

长蛇座
Hydra

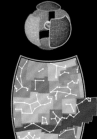

面积排名:	1
最亮的星:	星宿一（长蛇座α）2.0等
所有格:	Hydrae
缩写:	Hya
晚上10点上中天的月份:	2月—6月
完全可见区域:	54°N~83°S

　　长蛇座的形象是一只多头的怪物，它与赫拉克勒斯搏斗并最终被杀死，这是赫拉克勒斯的第二项丰功伟绩。在战斗中，一只螃蟹加入了长蛇的队伍，但最终被赫拉克勒斯用脚踩碎了，天空中的巨蟹座就是为了纪念这只螃蟹而设立的。尽管长蛇有9个头，但它在天空中的形象只有一个头——大概是永生的那个头。

　　这个星座是全天88星座中最大的，其所占的区域，从它的头部——巨蟹座南边、天赤道北边，到它的尾部——南天的天秤座和半人马座之间位置处，几乎是绕天一周尺度的四分之一还多。尽管尺寸很大，除了组成长蛇头部的中等亮度的6颗星，这个星座中却没有什么亮星。

具体特点

　　长蛇座最亮的星是星宿一，即长蛇座α，星等为2等。星宿一的英文名字意思是"孤独的一个"，这个名字反映了它位于天空中一片相对空旷的区域。这颗橙色巨星实际上是长蛇座中唯一亮度大于3.0

神话故事

赫拉克勒斯与长蛇

　　长蛇是一条有着9个头的蛇，其中有一个头是可以永生的。长蛇住在勒纳湖镇附近的一个沼泽里，毁坏庄稼，残害牲畜。在赫拉克勒斯的第二项任务中，他被派去杀死这只怪物。赫拉克勒斯用点着火的箭把长蛇从洞中赶出，依次砍掉了它的8个头，最终用一块岩石砸死了永生的那个头。

致命一击

弗朗索瓦·约瑟夫·博西奥（François-Joseph Bosio，1768—1845）的这座雕塑陈列在巴黎杜勒里宫中，雕刻的是赫拉克勒斯正与长蛇搏斗的情景。

等的恒星。它距离我们约为175光年。长蛇座ε是一对密近双星，其成员星的颜色有着鲜明的对比，用口径75毫米或更高倍率的望远镜能够分辨出来。两颗成员星的颜色分别为黄色和蓝色，星等分别为3.4等和6.7等，轨道周期将近1 000年。

　　M48是一个疏散星团，位于长蛇座与麒麟座的交界处。它距离我们约为2 000光年远。M48比满月大，用双筒望远镜或者小望远镜能够看得很清楚。球状星团M68（见第295页）与之不同，用双筒望远镜或者小望远镜看，它好像一颗模糊的恒星。

　　M83是一个旋涡星系，位于长蛇座的尾部，距离我们约为1 500万光年远。在小望远镜中，它好像一个狭长的光晕；但用大口径望远镜看，会发现它的旋涡结构和中心处明显的棒状结构，这个棒与我们银河系中心的类似。

　　有着"木星之魂"之称的行星状星云NGC 3242，位于长蛇座μ附近，长蛇身体的中心处。

长长的蛇 ◉

长蛇的头部位于这幅图片的右上方、巨蟹座以南，它的尾巴尖则位于左边、天秤座以南。

M83 ☄ 旦

这个壮丽的旋涡星系正面朝向我们，位于长蛇座与半人马座交界处。M83的中心有一个由恒星和气体组成的棒状结构，它有时也被称为"南风车星系"。

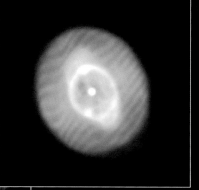

木魂星云 ☄ 旦

行星状星云NGC 3242在小望远镜中呈现为一个云雾般的、蓝绿色椭圆光晕，大小和木星差不多，因而得名木魂星云。

天秤座

巨蟹座

8h

10h.

轩辕十四.

10°

狮子座

ω.
ζ   ε   δ
θ   η   σ

0° 六分仪座

ι τ²
τ¹

M48

11h

-10°

α 星宿一
27

巨爵座

λ
υ²

26

6

⊙U

12

υ¹

ν

9

φ   μ

14h   13h

NGC 3242

长蛇座

乌鸦座

船尾座

R   γ   ψ

χ

π

M68

罗盘座

M83

β   ξ

唧筒座

o

半人马座

长蛇座

夜晚的天空

唧筒座

Antlia

面积排名：62

最亮的星：
唧筒座 α 4.3等

所有格：Antliae

缩写：Ant

晚上10点上中天的月份：3月—4月

完全可见区域：
49° N ~ 90° S

这个星座是18世纪中叶法国天文学家尼古拉·路易·德·拉卡伊为纪念科学技术发明而创立的星座之一。唧筒座是用于纪念法国物理学家丹尼斯·帕潘（Denis Papin）进行气体实验而设计的真空泵。

具体特点

唧筒座 ζ 用双筒望远镜看是一对相距较远的6等双星。其中较亮的那颗还有一颗7等伴星。

NGC 2997是一个美丽的旋涡星系，与我们的视线正好呈45度角。不幸的是，它太暗了，只有摄影和CCD成像才能够捕捉到它的美丽形态，用小望远镜看不到。NGC 2997 距离我们约为3 500万光年远。

NGC 2997

这幅经典的旋涡星系的CCD影像中，粉红色的氢气体云点缀着它的旋臂。

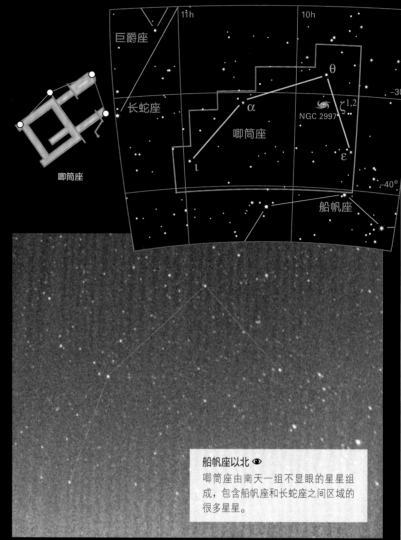

船帆座以北
唧筒座由南天一组不显眼的星星组成，包含船帆座和长蛇座之间区域的很多星星。

六分仪座

Sextans

面积排名：47

最亮的星：六分仪座 α 4.5等

所有格：Sextantis

缩写：Sex

晚上10点上中天的月份：3月—4月

完全可见区域：
78° N ~ 83° S

六分仪座是在17世纪末期由波兰天文学家约翰·赫维留（见第384页）创立的，它代表的是望远镜发明之前用于测定恒星位置的仪器——六分仪，赫维留在编著星表时用到了它。

具体特点

两个不相关的6等星，六分仪座17和六分仪座18，组成视双星，用双筒望远镜能够看到。

在六分仪座天区有俗称"纺锤星系"的NGC 3115，它的形状非常狭长。这个透镜星系用小望远镜能够观测到。

赫维留的六分仪
六分仪座用肉眼很难找到，因为它很暗弱，而且没有显著特征。它位于天赤道附近，狮子座以南。

纺锤星系
NGC 3115是一个透镜星系，侧对地球，所以呈现在望远镜中的形状非常狭长。它到我们的距离超过3千万光年。

Crater

巨爵座

面积排名:	53
最亮的星:	巨爵座 δ 3.6等
所有格:	Crateris
缩写:	Crt
晚上10点上中天的月份:	4月
完全可见区域:	65°N~90°S

巨爵座是一个暗弱的星座，代表一个酒杯。在古希腊神话中，巨爵座与乌鸦座有关，尽管它比乌鸦座大，但其中恐怕没有什么天体能够引起小望远镜使用者们的兴趣。

这个区域中曾包含两个其他的星座，后来被天文学家废弃了。18世纪末，法国天文学家拉朗德（J. J. Lalande）曾在长蛇座和唧筒座之间引入猫座，其他人曾在长蛇的尾巴上引入猫头鹰座。

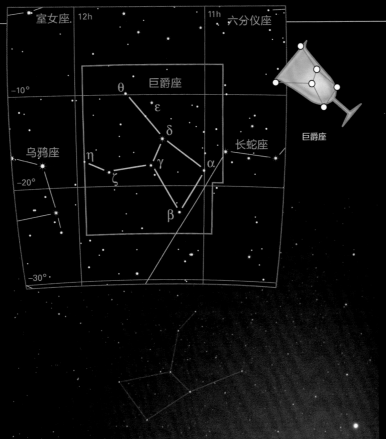

巨爵座

神话故事

乌鸦和酒杯

在古希腊神话中，巨爵座和乌鸦座是联系在一起的。阿波罗派乌鸦（乌鸦座）用一个酒杯（巨爵座）去取水。在路上，贪婪的乌鸦停下来吃无花果，耽搁了取水。为了辩解，它抓了一只水蛇（长蛇座），并责怪水蛇耽搁了自己取水。但是阿波罗看穿了这一骗术，把它们3个升到天空作为惩戒。

历史描述

在19世纪的星图《乌拉妮娅之镜》（*Urania's Mirror*）中（译者注：乌拉妮娅是希腊神话中掌管天文的女神），展示了巨爵座附近的区域。

天上的容器 ◉

巨爵座位于长蛇座背上、乌鸦座旁边。这个不显眼的星座俗称"圣杯"或者"高脚杯"。

Corvus

乌鸦座

面积排名:	70
最亮的星:	乌鸦座 γ 2.6等
所有格:	Corvi
缩写:	Crv
晚上10点上中天的月份:	4月—5月
完全可见区域:	65°N~90°S

在室女座以南的这个小星座中，乌鸦座最亮的4颗星——乌鸦座β、乌鸦座γ、乌鸦座δ、乌鸦座ε——组成了一个显眼的梯形。奇怪的是，本应最亮的乌鸦座α是一颗4等星，比乌鸦座的其他几颗星都要暗。乌鸦座是古希腊48星座之一，代表古希腊之神阿波罗的圣鸟乌鸦。

具体特点

乌鸦座δ是一对双星，其成员星的星等分别为3等和9等，用小望远镜能够分辨出来。

乌鸦座有一对著名的相互作用星系：NGC 4038和NGC 4039。它们的星等为10等，这对于小望远镜来说太暗了，但是通过摄影可以看到这是星系碰撞的一个生动的范例。当星系经过彼此时，引力作用拉出其中的气体和恒星，形成昆虫触须般的形状，因而它们有个更著名的名字，叫作触须星系（见第317页）。

触须星系 ⊞ ⊟

当NGC 4038和NGC 4039掠过彼此时，引力从它们中拉出长长的气体尘埃流。在这幅图中，气体尘埃流从上方贯穿到下方。

乌鸦座

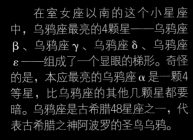

啄食的鸟 ◉

乌鸦座在古希腊神话中与邻近的巨爵座有关。乌鸦座的形象是正站在长蛇背上啄食长蛇的乌鸦。

Centaurus

半人马座

面积排名：	9
最亮的星：	南门二（半人马座α）-0.3等，马腹一（半人马座β）0.6等
所有格：	Centauri
缩写：	Cen
晚上10点上中天的月份：	4月—6月
完全可见区域：	25° N~90° S

半人马座

在南天占据统治地位的这个星座中，包含许多著名的天体，包括距离太阳最近的恒星和一个最不寻常的星系。半人马座代表人首马身的喀戎（Chiron，见右），他拥有人的躯干和马的4只脚。

具体特点

半人马座α（见第252页），即南门二，是颗非常精美的聚星。它是全天第三亮星。它的系统中包含两颗类太阳恒星。因为它们距离地球仅4.3光年，所以看上去非常明亮。比它们离地球更近的只有比邻星（见第252页），它的距离要近0.1光年。然而，比邻星的星等只有11等，和那两颗明亮的伴星的角距有4倍满月直径。这样的位置意味着它位于半人马座α的望远镜视场外，因而辨认起来十分困难。

尽管半人马座ω也占用一个希腊字母，但它实际上并不是一颗恒星，而是一个球状星团——地球夜空中最大、最亮的球状星团。肉眼看去，它好像一颗很大的、模糊的恒星。要想分辨出这个球状星团中最亮的那些单颗恒星，需要借助一个小望远镜。

差不多在半人马座ω的正北方，有一个特殊星系NGC 5128，也被称作射电源半人马座A（见第322页）。人们认为，这个天体是一个巨椭圆星系和一个旋涡星系并合的结果。照片显示，有一条暗的尘埃带横穿星系中心以及旋涡星系的其余部分，但是要想分辨出这个特征，需要借助更大口径的望远镜。NGC 5128是本星系群外最亮的星系，距离我们约1 200万光年，是距离我们最近的特殊星系。

行星状星云NGC 3918，即蓝行星状星云，用一个小望远镜就很容易分辨。它看上去像是放大版的天王星盘面。在半人马座中，还有两个有趣的疏散星团，NGC 3766和NGC 5460。

神话故事

喀戎

智慧博学的半人马喀戎是泰坦巨神克洛诺斯（Cronus）与海神菲吕拉（Philyra）的后代。他住在山洞里，向众神的后代传授捕猎、医术和音乐知识。他最成功的学生，阿波罗的儿子阿斯克勒庇俄斯，成为了古时候最伟大的医者。喀戎在被赫拉克勒斯的毒箭意外射死之后，被升上天空成为一个星座。

众神的老师
这幅罗马壁画展示的是喀戎正在教他收养的儿子阿基里斯（Achilles）弹七弦琴。这是在柏利翁山上喀戎的山洞里。

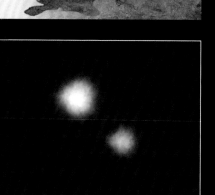

半人马座A ✈
这两颗黄色的恒星，星等分别为0.0等和1.3等，它们组成一对美丽的双星，轨道周期为80年。用一个小望远镜就很容易分辨出它们。

天上的半人马 👁
我们可以根据半人马座α和半人马座β组成的明亮恒星对很容易地找到半人马座。位于半人马座身体下方的是我们十分熟悉的十字形，那是南十字座。

豺狼座

面积排名:	46
最亮的星:	豺狼座α 2.3等
所有格:	Lupi
缩写:	Lup
晚上10点上中天的月份:	5月~6月
完全可见区域:	34°N~90°S

　　豺狼座是一个南天星座,位于银河的边缘上,半人马座和天蝎座之间。对于观测爱好者们来说,豺狼座天区包含许多有趣的双星。

　　它是古希腊48星座之一,古希腊人都很熟悉它,把它描述为一只被半人马的矛刺中的野兽。

具体特点

　　豺狼座κ的成员星星等分别为3.9等和5.7等,豺狼座ξ的成员星星等分别为5.1等和5.6等。这两对双星用小望远镜就能分辨出来。

　　用口径75毫米的望远镜可以分辨出豺狼座π由一对5等星组成。更难分辨的是豺狼座μ,一颗4等星,以及一个相距较远的7等伴星,用小望远镜才能分辨出来。它的主星是一对密近双星,需要口径至少100毫米的望远镜才能分辨出来。

　　3等星豺狼座ε有一颗9等伴星,豺狼座η由一颗3等星和一颗8等伴星组成。

　　NGC 5822是银河中一个丰富的疏散星团,其中最亮的恒星只有9等,所以并不是特别显眼。它距离我们约2 400光年远。

NGC 5822 ✈
位于豺狼座南边的这个大的疏散星团,包含100多颗星,星等为9等甚至更暗。用双筒望远镜或者小望远镜能够看到它。

神话故事

被刺中的野兽

　　对于古希腊人和古罗马人来说,豺狼座代表哪种野兽并不明确,它被旁边的半人马座用一根长长的酒神杖刺中。因此,半人马座和豺狼座常被画在一起。文艺复兴之后,将豺狼座画为一只狼的形象逐渐变得普遍起来。

镜像
这幅中世纪的阿拉伯插画展示了半人马正手持豺狼和酒神杖,这里酒神杖变成了一束叶子或鲜花。

野兽祭品 ◉
豺狼座的一部分被半人马座环绕着。在古希腊神话中,半人马杀死了这只野兽,把它带到了祭坛,即天坛座。

Sagittarius

人马座

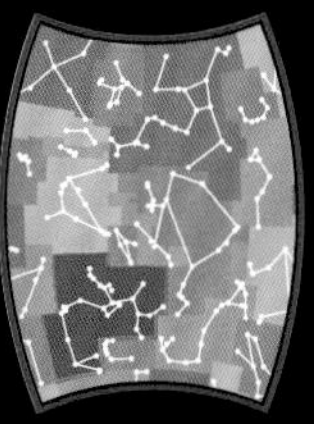

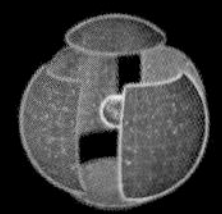

面积排名：	15
最亮的星：	箕宿三（人马座ε）1.8等
所有格：	Sagittarii
缩写：	Sgr
晚上10点上中天的月份：	7月~8月
完全可见区域：	44° N ~ 90° S

黄道上这个显眼的星座，位于南天，天蝎座和座之间。其中的部分星星组成了一个易于辨认的茶壶形。这个茶壶有一个凸起的盖子（人马座λ）和一个大壶嘴（人马座γ、ε和δ），茶壶把在中国古代被称为"南斗"。

在人马座天区，银河特别地宽广并且恒星密集，这是因为我们银河系的中心（人马座A）就位于这个方向。银河系的精确中心，与射电源人马座A*的位置一致，位于人马座、蛇夫座和天蝎座交界的地方。人马座包含的梅西叶天体比任何其他星座中的都多，一共有15

个。尽管古星图中把这个星座描画为半人马的形象，但在古希腊神话中人马座被认为是另一种半人半兽的森林之神。通常说他是潘（Pan）神之子克罗托斯（Crotus），发明了弓箭和骑射。他正用箭瞄准邻近的天蝎座。

具体特点

肉眼看，人马座β是一对4等双星。两颗星中更靠北的那一颗（稍亮的那颗）还有一颗7等伴星。这3颗星与我们的距离各不相同，因而并不相关。

适于用双筒望远镜观看的最精美天体当属M8——礁湖星云（见第243页），其跨度约为满月直径的3倍。它包含星团NGC 6530，由7等以及更暗的星组成，还包含6等蓝超巨星"人马座9"。

三叶星云M20（见第246页）之所以有这么个名字，是因为被尘埃暗带分成三瓣。肉眼看到的三叶星云，远不如它的照片那样令人印象深刻。用小望远镜观测，也仅能看到它中心的暗弱双星。

在人马座与盾牌座交界的北边，有另一个常被拍摄的天体——欧米伽星云M17。其中松散的恒星能够通

过双筒望远镜观测到。

M22是全天最精美的球状星团之一。天气好的情况下肉眼就能看到它。通过小望远镜看，它的轮廓呈椭圆形；用口径75毫米的望远镜看，能够分辨出它里面最亮的那些恒星。

M23是一个大的疏散星团，用双筒望远镜在人马座与蛇夫座的交界附近可以找到它。M25是另一个适于双筒望远镜观测的星团。M24是明亮的银河系恒星区，长度约为满月直径的4倍。

M22

这个著名的球状星团位于茶壶盖附近。通过双筒望远镜，它看上去像一个绒球，大小约为满月直径的三分之二。

礁湖星云

全天最大的星云之一M8，用双筒望远镜看上去是一个呈细长形的、镶嵌着恒星的乳白色光斑。它包含星团NGC 6530，正是这个星团使星云发光。

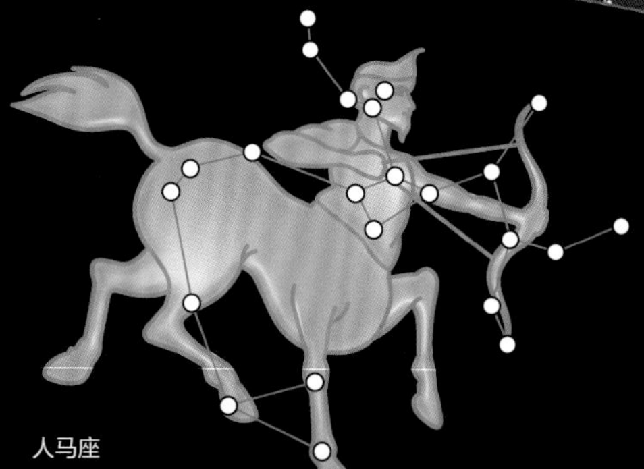

人马座

三叶星云

通过长曝光摄影或者CCD影像可以看出，三叶星云粉红色的发射区域与其北边的蓝色反射星云形成鲜明对比。其中心是一对暗弱的双星，在这幅图中过曝了。

欧米伽星云

M17用双筒望远镜能够看到，用小望远镜看效果更佳。它看上去像古希腊的大写字母Ω。然而，也有人看它像一只天鹅，因此它还有另外一个名字：天鹅星云。

骑马的弓箭手 ◉

构成人马座（射手）轮廓的主要恒星位于我们银河系中心恒星密集区域的前面。这幅图中左边是北。

天蝎座
Scorpius

面积排名:	33
最亮的星:	心宿二（天蝎座α） 1.0等（变星）
所有格:	Scorpii
缩写:	Sco
晚上10点上中天的月份:	6月—7月
完全可见区域:	44°N~90°S

这个美丽的、易于辨认的黄道星座位于南天。其星座形象是一只蝎子，它那翘起的尾巴由弯曲的一串星星组成，延伸到银河系中心恒星密集的区域中。

具体特点

心宿二，即天蝎座α，是一颗比太阳大数百倍的红巨星。每4到5年，它的星等在0.9等到1.2等之间波动。

天蝎座δ通常是2.3等，但在公元2000年时它突然增亮了50%多。将来它会维持新的星等还是会变回原来的亮度，我们还无从知晓。

天蝎座β是个视双星，成员星星等分别为3等和5等。而天蝎座ω是一对相距更远、更不相关的双星，成员星星等均为4等。小望远镜很容易分辨出，天蝎座ν也是一对双星，成员星的星等分别为4等和6等。天蝎座μ是一对肉眼可见的双星，成员星的星等分别为3等和4等。

更复杂的是天蝎座ξ，一对白色和橙色的恒星，星等分别为4等和7等。同一视场内，还可以看到另一对更暗弱、相距更远的双星。这4颗星是引力相关的，是真正意义上的四合星。

疏散星团M7肉眼可见，看起来是个模糊的光斑。它包含数十颗暗于6等的星，散布在一片两倍满月直径大小的区域内。M6与地球的距离是M7与地球距离的两倍，它被称为蝴蝶星团（见第290页），之所以有这个名称是因为用双筒望远镜看它的形状好像蝴蝶。其中一只翅膀上有光变橙色巨星天蝎座BM。心宿二附近的M4（见第294页）是距离我们最近的球状星团之一，约7 000光年远。

疏散星团NGC 6231因为太靠近南天而没有被查尔斯·梅西叶列入其星表（见第73页）当中。它最亮的成员是天蝎座ζ。这也是一颗视双星，主星是5等，有一颗离我们非常近的4等伴星。

银河系中最强的射电源是天蝎座X-1。它由一颗13等蓝色恒星和一颗围绕它转动的中子星组成。

闪闪发光的星团 ◉ ⛏
两个显眼的星团M6和M7点缀了天蝎的尾巴。这幅图中，M6位于中心，M7位于左下。

尾巴上的螯刺 ◉
这幅图中，上方是南，展示的是天蝎座正翘起它的尾巴，好似要发起攻击。它的心脏则是红色的恒星心宿二。

猎户之死

在古希腊神话中，天蝎座即蜇死猎户的那只蝎子。在一个版本的故事中，狩猎之神阿耳忒弥斯（Artemis）受到猎户攻击所以派蝎子去蜇猎户；但在另一个版本中，天蝎是被大地之母派去羞辱猎户的，因为猎户吹嘘自己能杀死任何野兽。

踩错地方的脚
像其他所有的古星图一样，让·弗丁（Jean Fortin）的天图 Atlas Céleste 中，蛇夫的脚糟糕地踩在天蝎身上。

夜晚的天空

摩羯座

面积排名:	40
最亮的星:	垒壁阵四（摩羯座δ）2.9等
所有格:	Capricorni
缩写:	Cap
晚上10点上中天的月份:	8月—9月
完全可见区域:	62°N~90°S

这是最小的黄道星座，一点也不显眼，它位于南天人马座和宝瓶座之间。在古希腊神话中，摩羯来自半人半羊的潘神，在逃离怪物提丰的时候，他跳入河中，身体的一部分变成了鱼。

具体特点

摩羯座α是一对相距较远的不相关双星，其成员星的星等均为4等。用一个双筒望远镜能够分辨出它们，视力好的人甚至能用肉眼分辨。摩羯座α¹是一颗黄色的超巨星，距离我们大约900光年远，摩羯座α²是一颗黄色的巨星，与地球的距离不到α¹与地球距离的八分之一。

摩羯座β是一颗3等黄色巨星，它有一颗6等蓝白色伴星，用小望远镜或者较好的双筒望远镜能够看到。

球状星团M30在小望远镜中是一个模糊的光斑。

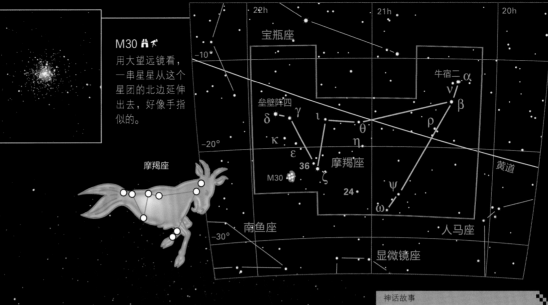

M30
用大望远镜看，一串星星从这个星团的北边延伸出去，好像手指似的。

摩羯和火星 👁
这幅图中，火星位于摩羯座的左边。摩羯座的星星大致组成一个三角形，标示了潘的半羊半鱼形态。

神话故事

牧神潘

希腊的这个乡村之神有着公羊的腿和角以及人的身子。他发明了排箫，也叫潘神箫，用不同长度的芦苇制成。

潘神箫
德国施韦青根（Schwetzingen）的城堡花园中，有这样一尊石雕，刻画的是潘神正在演奏他的排箫。

显微镜座

面积排名:	66
最亮的星:	显微镜座γ，显微镜座ε 4.7等
所有格:	Microscopii
缩写:	Mic
晚上10点上中天的月份:	8月—9月
完全可见区域:	45°N~90°S

显微镜座是一个暗弱且模糊的南天星座，位于人马座和南鱼座之间。它是在18世纪由法国天文学家尼古拉·路易·德·拉卡伊（见第422页）创立的，代表复式显微镜的一款早期设计。

具体特点

显微镜α是一颗橙色巨星，星等为5等。它有一颗10等伴星，用爱好者级的望远镜就能够分辨出来。

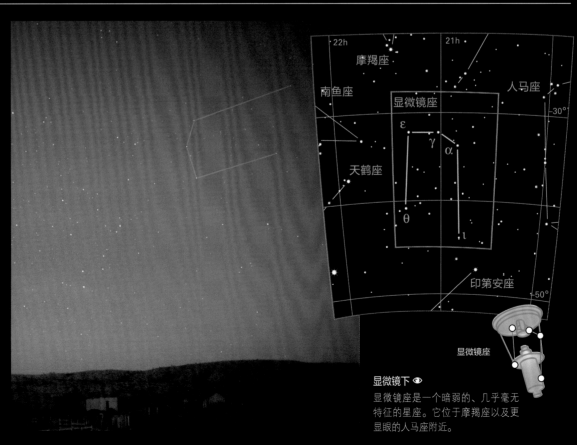

显微镜下 👁
显微镜座是一个暗弱的、几乎毫无特征的星座。它位于摩羯座以及更显眼的人马座附近。

南鱼座
Piscis Austrinus

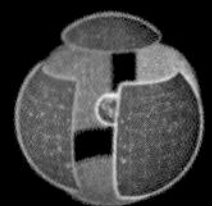

面积排名：60

最亮的星：北落师门（南鱼座α）1.2等

所有格：Piscis Austrini

缩写：PsA

晚上10点上中天的月份：9月—10月

完全可见区域：53°N~90°S

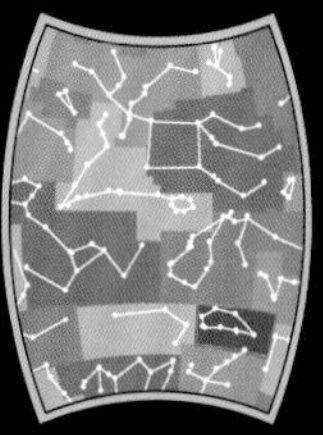

南鱼座为包括公元2世纪的托勒玫在内的古希腊人所熟知。它描画的是一条鱼，据说它是黄道上双鱼座所代表的那两条鱼的父亲或母亲。

这个星座在南天很显眼，因为它包含一颗1等亮星北落师门，即南鱼座α（见第253页）。这颗蓝白色的恒星距离我们大约25光年远。

永远在喝 👁

南鱼座嘴部的恒星是北落师门，附近的宝瓶座罐子里倒出的水直接流向鱼嘴。北落师门的星名（Fomalhaut）在阿拉伯语中意思是"鱼嘴"。

具体特点

南鱼座β是一对相距较远的双星，成员星的星等分别为4等和8等，用一个小望远镜能够分辨。

用小望远镜不太容易分辨的一对双星是南鱼座γ，其成员星相距较近，星等分别为5等和8等。

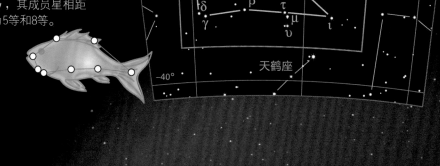

南鱼座

玉夫座
Sculptor

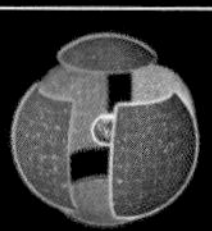

面积排名：36

最亮的星：玉夫座α 4.3等

所有格：Sculptoris

缩写：Scl

晚上10点上中天的月份：10月—11月

完全可见区域：50°N~90°S

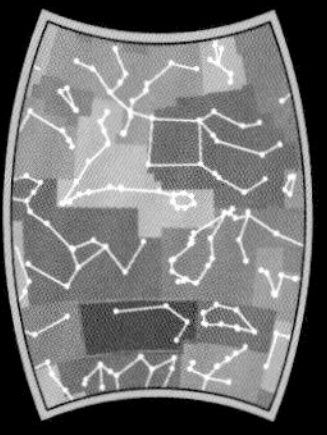

这个不出名的南天星座是在18世纪由法国天文学家尼古拉·路易·德·拉卡伊（见第422页）引入的。他最初把这个星座描述为一个雕刻家的工作室，星座的名字后来被简化了。

玉夫座中包含我们银河系的南极，即银河系盘面以南90度的那一点。所以，我们能够在这个方向上看到许多遥远的星系，它们被内部的恒星或星云照亮了。

具体特点

玉夫座ε是一对双星，用一个小望远镜能够分辨。它的成员星星等分别为5等和9等，轨道周期为1000多年。

旋涡星系NGC 253几乎正好侧向地球，所以它看上去很细长。天气条件好的情况下，用双筒望远镜或者小望远镜能够看见它。附近有一个更暗弱、更小的球状星团NGC 288。还有一个旋涡星系NGC 55，它的尺寸和形状与NGC 253差不多。

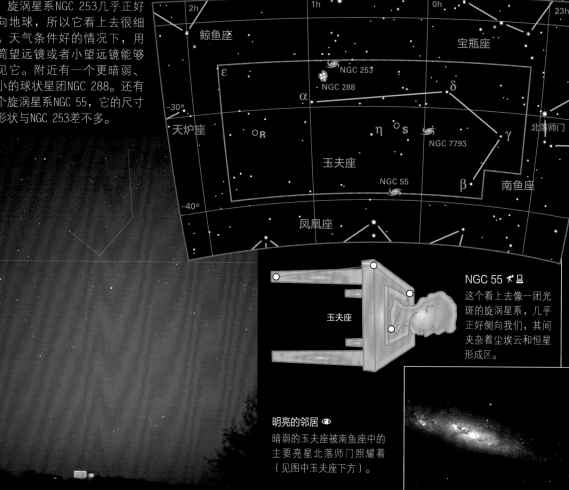

玉夫座

NGC 55 📷 ⊞

这看上去像一团光斑的旋涡星系，几乎正好侧向我们，其间夹杂着尘埃云和恒星形成区。

明亮的邻居 👁

暗弱的玉夫座被南鱼座中的主要亮星北落师门照耀着（见图中玉夫座下方）。

Fornax

天炉座

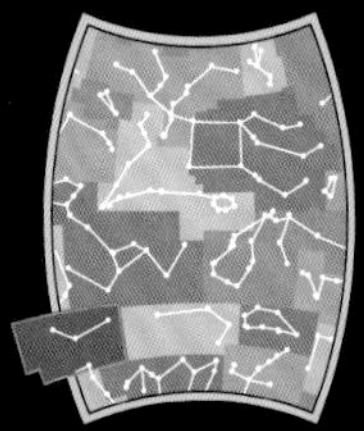

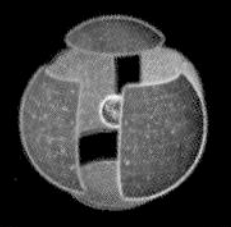

面积排名： 41

最亮的星：
天炉座 α 3.9等

所有格： Fornacis

缩写： For

**晚上10点上中天的
月份：** 10月—12月

完全可见区域：
50°N~90°S

一些暗弱的恒星组成了南天这个不显眼的星座。天炉座位于波江座与鲸鱼座的边缘处，代表化学家用来蒸馏的一个熔炉。它最初的名字是化学熔炉座，后来简化为天炉座。

具体特点

这个星座中最亮的恒星——4等星天炉座 α，有一颗黄色的伴星，以300年的周期绕天炉座 α 转。这颗7等伴星用一个小望远镜能够看到。

在天炉座与波江座的交界处有一个小星系团，名为天炉座星系团（见第329页）。它距离我们约为6 500万光年远，其中最亮的成员特殊旋涡星系NGC 1316是一个射电源，以天炉座A著称。天炉座星系团中另一个主要成员是一个美丽的棒旋星系NGC 1365。

天炉座星系团
这个星系团中的大多数星系都是椭圆星系，包括10等的NGC 1399（图片左中部）。在其间与众不同的是大棒旋星系NGC 1365（图片右下方）。

NGC 1365
这个棒旋星系是天炉座星系团中最大的，与我们的银河系差不多。用中等口径的望远镜能够看到它。

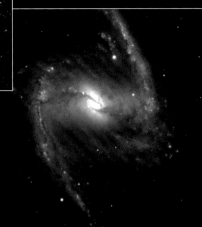

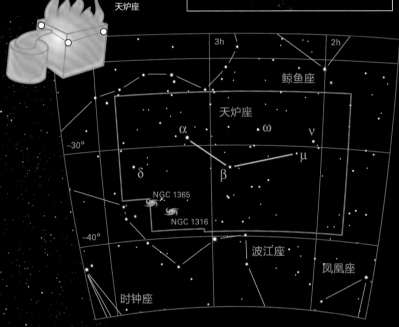

受保护的位置
天炉座被塞在一条弯曲的河流——波江座里。它是在18世纪由法国天文学家尼古拉斯·路易斯·拉卡伊引入的。

Caelum

雕具座

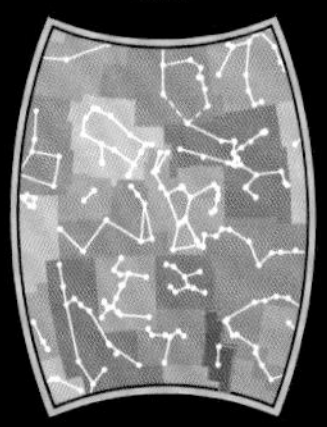

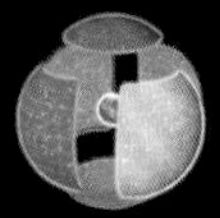

面积排名： 81

最亮的星：
雕具座 α 4.4等

所有格： Caeli

缩写： Cae

**晚上10点上中天的
月份：** 12月—1月

完全可见区域：
41°N~90°S

雕具座这个又小又暗弱的南天星座位于波江座与天鸽座之间，是在18世纪由法国天文学家尼古拉·路易·德·拉卡伊（见第422页）引入的。它代表石匠的凿子。

具体特点

雕具座 γ 是一对双星，包含一颗4.6等的橙巨星和一颗8等伴星。

由于它们位置相距较近，要分辨它们需要使用中等口径的望远镜。

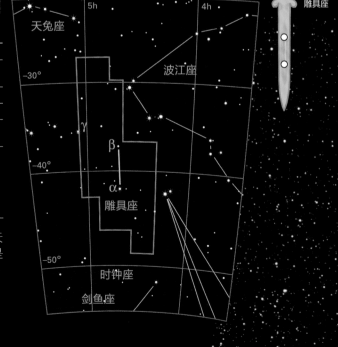

刻在石头上
雕具座 α 和 β 标示了天上这个凿子的轴，指向南边的剑鱼座和网罟座。

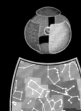

Eridanus

波江座

面积排名： 6

最亮的星： 水委一
（波江座α）0.5等

所有格： Eridani

缩写： Eri

**晚上10点上中天的
月份：** 11月—1月

完全可见区域：
32°N~89°S

这个大星座代表一条河，从金牛座的脚部一直向南延伸到水蛇座。其赤纬的跨度达58度，比任何其他星座都大。

波江座唯一著名的恒星是1等星水委一，即波江座α，位于星座的最南端。水委一的恒星名Achernar源于阿拉伯语，意思是"河的尽头"。

波江座在太阳神赫利俄斯（Helios）的儿子法厄同（Phaethon）的故事中有着重要作用。法厄同想驾驶父亲的战车穿过天空。但后来战车失控了，他掉入了河中。这条河也曾

被与两条真实的河流联系在一起：埃及的尼罗河，以及意大利的波河。

具体特点

波江座虽然尺寸很大，但里面却没多少适合小望远镜观测的有趣天体。其中最适宜观测的是聚星波江座o²（见第276页），也叫波江座40，其中包含一颗红矮星和一颗白矮星。肉眼看，它是一颗4等亮度的橙色星，但小望远镜观测显示，它有一颗10等的白矮星伴星。这是小望远镜最容易辨认的白矮星。它与一颗暗弱的红矮星组成一对双星，要分辨出这颗红矮星需要使用口径稍大一点的望远镜。

波江座中还有两对著名的双星：一对是波江座θ，由两颗星等分别为3等和4等的白色恒星组成，用一个小望远镜能够分辨出来；另一对是波江座32，其成员星的颜色分别为橙色和

蓝色，星等分别为5等和6等，用小望远镜能够分辨。据估计，星系NGC 1300约为7 500万光年远，太暗弱了，以至于用小望远镜根本观测不到。然而照片显示它有着美丽的细节。

聚星

波江座o²的主要恒星位于图片中心处，白矮星和红矮星组成的一对伴星在图片右边位置处相互遮掩。

NGC 1300 ✦♺

这是棒旋星系的一个经典例子。其中心的棒的长度比我们整个银河系的直径还要大，约为15万光年。

天上的河流 👁

波江座的起源处紧邻猎户座的参宿七，一直流向南边的水委一。几乎整个南半球和半个北半球都能看到这个星座。

Lepus

天兔座

面积排名:	51
最亮的星:	厕一（天兔座α）2.6等
所有格:	Leporis
缩写:	Lep
晚上10点上中天的月份:	1月
完全可见区域:	62°N~90°S

　　因为周围有耀眼的猎户座和大犬座，天兔座常常被忽视，然而它还是值得一提的。它是古希腊人熟知的星座之一。

M79 👤🔭

这个有点稀疏的8等球状星团约42 000光年远。它有着长长的臂，使它看上去像个海星。

具体特点

　　天兔座γ是由一颗4等黄色恒星和一颗6等橙色伴星组成的，用双筒望远镜能够看到。天兔座中还有一对双星是天兔座κ，由一颗4等星以及一颗相距较近的7等伴星组成。小口径的望远镜很难分辨它们。

　　NGC 2017是一团紧密的星，看上去排成一列，但实际上并不是一个真正的星团。

　　在天兔座与波江座的交界处附近，有一颗光变剧烈的红色变星天兔座R，它与鲸鱼座中的刍藁增二是同一类变星。它的星等以14个月为周期在6等到12等之间变化。

　　球状星团M79用一个小望远镜就能够看见。在同一视场中，还有赫歇尔3752，这是一组三合星，成员星的星等分别为5等、7等和9等。

天兔座

NGC 2017 🔭

这个疏散星团包含一颗6等星和4颗星等在8等到10之间的伴星，用一个小望远镜够看见。更大口径的望远镜观测显示，其中还有3颗更暗的星。

避风港 👁

天兔座是天上的野兔，蹲伏在猎户座的脚下，就好像一只正在躲避猎人的动物。猎户的猎犬——大犬座和小犬座，位于附近。

神话故事

奔跑的野兔

　　在古希腊神话中，勒罗斯（Leros）岛上没有野兔，后来有人带来一只怀孕的雌兔。很快每个人都开始养兔，但野兔泛滥成灾，毁坏庄稼，造成饥荒。住民们最终把野兔驱逐出岛，并把野兔的形象赋予天空中的恒星，以此提醒自己：再好的东西，如果太多也会适得其反。

猎犬与猎物

在这幅15世纪的佛兰德斯插画中，猎户的一只猎犬正在追逐野兔。这幅插画来自中世纪编著的《兰伯特斯花之书》（*Liber Floridus of Lambertus*）。

Columba

天鸽座

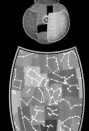

面积排名：54

最亮的星：丈人一
（天鸽座α）2.7等

所有格：Columbae

缩写：Col

晚上10点上中天的
月份：1月

完全可见区域：
46°N～90°S

16世纪，荷兰神学者、天文学家帕图斯·普兰修斯（见第358页）用天兔座和大犬座附近一些未被归入任何星座的星星，创立了这个南天星座。据推测，它代表挪亚的鸽子（见右侧神话故事栏）。

具体特点

天鸽座μ是一颗5等星，它正快速移动着，似乎是在2 500万年前从猎户座大星云中抛出的恒星。天文学家认为，它曾是一个双星系统的成员，这一系统由于与另一颗星的近距离交会而被破坏了。原先组成双星的另一颗成员星——6等星御夫座AE，也在朝相反的方向远离猎户座。

NGC 1851是一个球状星团，它在小望远镜中是一个模糊的光斑。

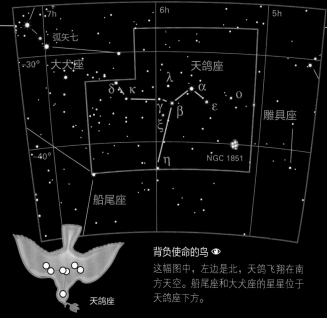

背负使命的鸟 👁

这幅图中，左边是北，天鸽飞翔在南方天空。船尾座和大犬座的星星位于天鸽座下方。

神话故事

挪亚的鸽子

在圣经故事中，洪水到来时，挪亚用一艘方舟装载了地球上的各种动物雌雄各一只。后来，雨接连下了40天40夜，淹没了一切，只有方舟上的动物幸存。雨小了之后，挪亚派一只鸽子去寻找干的陆地。鸽子回来时口衔一根橄榄枝，传递洪水已经彻底退去的信息。

会飞的信使

公元10世纪，加泰罗尼亚僧侣埃梅特里奥（Emeterio）绘制的这幅插画中，鸽子回到挪亚的方舟，带回一根橄榄枝。

Pyxis

罗盘座

面积排名：65

最亮的星：
罗盘座α 3.7等

所有格：Pyxidis

缩写：Pyx

晚上10点上中天的
月份：2月—3月

完全可见区域：
52°N～90°S

罗盘座是一个暗弱不知名的南天星座，位于银河边上船尾座的附近。它代表船用的磁罗盘。这个星座是在18世纪由法国天文学尼古拉·路易·德·拉卡伊（见第422页）创立的。

具体特点

罗盘座T星是一颗再发新星，它曾经历了许多次爆发。从1890年开始曾6次爆发，上一次爆发是在2011年。在这些爆发过程中，它的星等变为6等或7等。它随时可能再次爆发，那样的话用双筒望远镜就能看见。

罗盘轴承 👁

这幅图展示了罗盘座的零零散散的恒星。左边是北，邻近的船尾座的恒星位于罗盘座的上方。

Puppis

船尾座

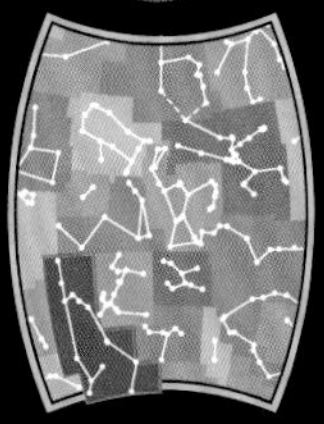

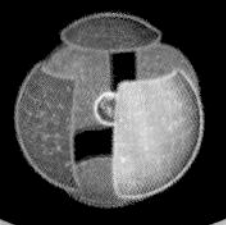

面积排名：	20
最亮的星：	弧矢增二十二（船尾座）2.2等
所有格：	Puppis
缩写：	Pup
晚上10点上中天的月份：	1月—2月
完全可见区域：	39°N~90°S

这个位于银河上恒星密集天区的南天星座，最初是古老的希腊星座南船座（见第410页，伊阿宋和阿尔戈英雄之船）的一部分，直到18世纪南船座被拆分成3部分。船尾座代表南船的船尾，也是其中最大的部分。拆分后星座中的恒星还沿用它们在南船座中的古希腊字母编号，船尾座中的恒星编号如今从ζ开始，船尾座ζ即弧矢增二十二。

具体特点

3等星船尾座ξ有一个相距较远的、不相关的5等伴星，用双筒望远镜能够看见。船尾座k包含一对几乎一样的恒星，成员星星等均为5等，用小望远镜能够分辨。

船尾座L是一对相距较远的双星，用肉眼或者双筒望远镜就能分辨。其中，船尾座L²是一颗光变红巨星，星等每个5个月左右在3等到6等之间变化。

M46和M47是一对疏散星团，一同形成银河中的一个更亮的光斑。两个星团的尺寸都和满月差不多。

NGC 2477

这是最密集的疏散星团之一，据估计其中有2 000颗恒星。它距离我们大约4 000光年。这幅图中，NGC 2477下方的恒星是船尾座b，其星等为4.5等。

M46是两个星团当中恒星较丰富的，而M47是距离我们较近的一个，大约1 500光年远，这个距离还不到它的邻居M46与地球的距离的三分之一。星团M93距离我们约3 500光年远。NGC 2477是一个疏散星团，用双筒望远镜观测，看上去好像一个球状星团。而NGC 2451更松散，在其中心附近有一颗4等橙巨星船尾座c。

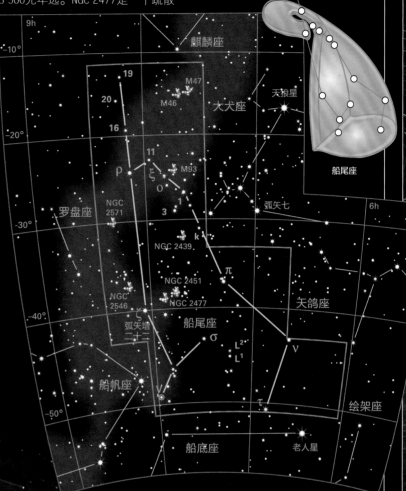

阿尔戈的船尾

船尾座的星星代表阿尔戈号的船尾，这里可以看到它们正从薄云后面升起。天狼星位于图片的左边缘处。

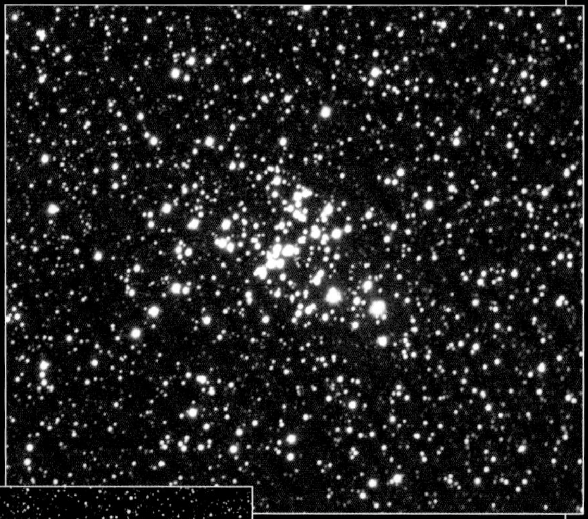

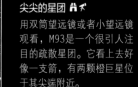

尖尖的星团

用双筒望远镜或者小望远镜观看，M93是一个很引人注目的疏散星团。它看上去好像一支箭，有两颗橙巨星位于其尖端附近。

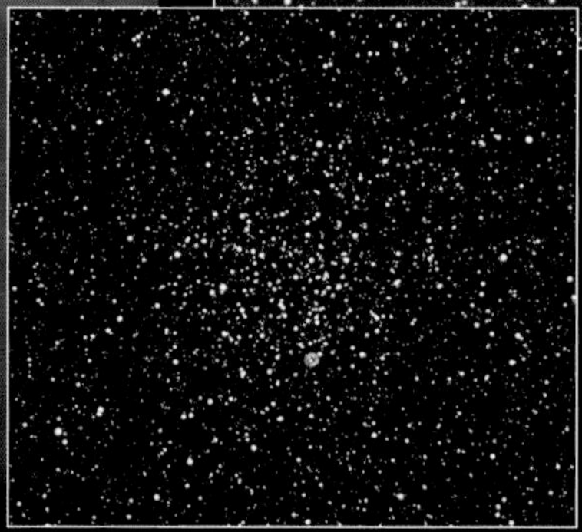

M46和星云

这幅图片的中下方有一个小行星状星云，看上去好像是M46的一部分，但实际上是前景。

船帆座
Vela

面积排名:	32
最亮的星:	船帆座 γ 1.8等
所有格:	Velorum
缩写:	Vel
晚上10点上中天的月份:	2月—4月
完全可见区域:	32° N~90° S

18世纪,古希腊星座南船座被分成了3部分,其中一部分是船帆座,代表南船的船帆。由于之前的南船座 α 和南船座 β 如今位于船底座中,因而船帆座中的星星编号从船帆座 γ 开始(见第253页)。

在船帆座 γ 星和船帆座 λ 之间,能够找到船帆座超新星遗迹(见第269页)的气体带,这次超新星爆发发生在大约11 000年前。船帆座 δ、船帆座 κ 和船底座的两颗恒星一起形成了赝十字(有时容易跟真正的南十字弄混)。

具体特点

船帆座 γ 是沃尔夫-拉叶星中最亮的一颗。这是一种稀有的恒星类型,它们的外层物质流失,露出中心炽热的核。用小型望远镜或者较好的双筒望远镜能够看到它有一颗4等伴星。用望远镜还可以看到两颗相距较远的伴星,星等分别为8等和9等。

阿尔戈英雄

阿尔戈号是一只很大的船,有50支船桨。伊阿宋和50位古希腊勇士即阿尔戈英雄,共同乘坐着它向黑海的东海岸科尔基斯航行,去寻找金羊毛。他们史诗般的航行是古希腊神话中的著名故事之一。

传说中航行的大船
意大利艺术家洛伦佐·科斯塔(Lorenzo Costa,1459—1535)的这幅画,描绘了阿尔戈英雄之船阿尔戈号。

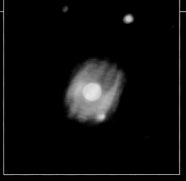

8字星云
行星状星云NGC 3132有着环状的气体,连在一起好像一个"8"字,因而得名8字星云。

IC 2391是船帆座中最适宜用肉眼或者双筒望远镜观看的星团。它由几十颗恒星组成,覆盖一片比满月还大的区域。它的北边是另一个适合双筒望远镜观看的星团IC 2395。

NGC 2547是一个疏散星团,在天空中的尺寸约为满月大小的一半,用双筒望远镜或者小望远镜能够看到。

人们熟知的8字星云NGC 3132有着复杂的环形,这只有通过大望远镜或者长时间曝光摄影才能看到。用小望远镜能够看到星云的盘面和中心恒星。盘面看上去的尺寸和木星差不多,中心恒星的星等为10等。

扬帆起航
船帆座代表阿尔戈号的船帆,阿尔戈号承载着寻找金羊毛的伊阿宋和阿尔戈英雄在南天航行。

IC 2391
IC 2319是一个疏散星团,距离我们大约500光年远,位于船帆座的南边。其中最亮的成员星是船帆座 o,星等为3.6等。

Carina

船底座

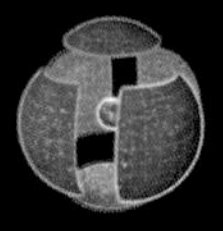

面积排名：34

最亮的星：老人星
（船底座 α）-0.6等

所有格：Carinae

缩写：Car

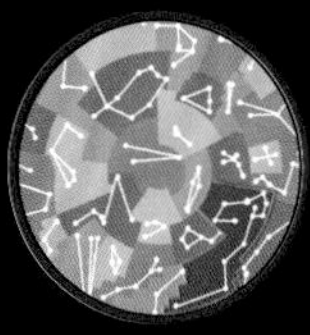

晚上10点上中天的
月份：1月—4月

完全可见区域：
14°N~90°S

船底座是南天的一个主要星座，是古希腊星座南船座的一部分。南船座描绘的是一艘大船，18世纪被拆分成3个星座。船底座代表南船的龙骨。

船底座最著名的恒星老人星，即船底座 α，是一颗白色超巨星，距离我们310光年远，亮度仅次于天狼星，是全天第二亮星。船底座 ε 和船底座 ι，与邻近的船帆座中的两颗星一起，组成一个冒牌的"南十字"，即著名的赝十字。

具体特点

散落在银河中、位于半人马座和船帆座交界处附近的船底座星云，即NGC 3372（见第247页），看上去是一团发光的气体，约为满月直径4倍大。这一星云肉眼可见，用双筒望远镜观看效果更佳。星云中最密集、最明亮的部分在船底座 η 附近（见第262页），这是一颗不寻常的变星，它曾在19世纪时突然闪耀，成为全天第二亮星，如今星等又降回到5等。船底座 η 爆发时抛出的气体壳层，用望远镜还能够看见，紧挨着锁眼星云，船底座星云发光的气体映衬出锁眼星云那幽暗的、圆形的气体尘埃形态。

用双筒望远镜观看，另一个珍宝是IC 2602，这是一个疏散星团，即著名的"南天昴星团"（南天七姐妹星团）。它的视尺寸是满月大小的两倍，包含许多肉眼可见的恒星，其中最亮的是3等星船底座 θ。

船底座中肉眼可见的星团是NGC 3532。这个星团呈狭长形，它最宽的地方约为满月直径的两倍大。NGC 3114与满月大小差不多，其中最亮的单个成员用双筒望远镜能够看见。NGC 2516很稀疏，在双筒望远镜中呈十字形。它最亮的恒星是一颗5等红巨星。

细长的星团

这幅图中的左下方，是NGC 3532中最亮的成员。它实际上是一颗极其明亮的背景恒星，比星团到我们的距离远4倍。

船底座星云

这个巨大的发光气体云中最明亮的部分呈V字形。船底座 η（图片左下方）是一颗特殊变星，呈现为一个朦胧的橙色椭圆形光斑。

平滑的龙骨

船底座代表阿尔戈号的龙骨。舵桨的叶片由船底座中最亮的老人星标示。

夜晚的天空

Crux

南十字座

面积排名：88

最亮的星：十字架二（南十字座α）0.8等，十字架三（南十字座β）1.3等

所有格：Crucis

缩写：Cru

晚上10点上中天的月份：4月—5月

完全可见区域：25°N~90°S

南十字座位于银河中恒星密集的区域。尽管它是全天最小的星座，但它位于半人马座的两条腿之间，很容易辨认。南十字座较长的轴指向南极。其中的恒星为古希腊人们所熟知，它们最初被认为属于半人马座。直到16世纪，这些恒星被单独划分出来形成一个单独的星座。

具体特点

南十字座α，即十字架二，是最靠南的1等星。这是一对闪闪发光的双星，用一个小望远镜就很容易分辨出来。两个成员星的星等分别为1.3和1.8等。用双筒望远镜观看，会发现还有一颗相距较远的5等伴星，不过它与十字架二并不相关。

十字架顶端的恒星是一颗2等红巨星——南十字座γ，即十字架一。用双筒望远镜看，它有一颗不相关的6等伴星。在其附近，南十字座μ是一对相距较远的双星，成员星星等分别为4等和5等，用小望远镜或者是好的双筒望远镜都能很容易分辨出来。

南天的珍宝之一，是宝盒星团（见第294页）NGC 4755，肉眼看去是银河中一个明亮的光斑，位于南十字座β（十字架三）附近。其中的恒星最亮的为6等，占据满月直径三分之一大的区域。它们可以用双筒望远镜或者小望远镜观看。星

云中心是一颗红宝石色的超巨星，与其他那些闪耀着蓝白色光芒的恒星形成鲜明对比，它们看上去就好像一盒珠宝，因而得名宝盒星团。

在宝盒星团的旁边能够找到煤袋星云。这个幽暗的尘埃云，阻挡了其后面银河中恒星的光芒。它跨越满月直径12倍大的区域，一直延伸到邻近的半人马座和苍蝇座中，因此对于肉眼和双筒望远镜来说，它都很突出。

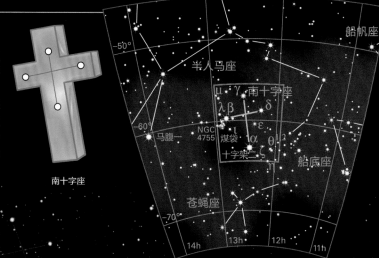

南十字座

十字架的符号 👁

4颗主要的恒星，组成了南十字座，这是全天星座连线中最著名的形态之一。这个图案出现在很多国家的国旗上。

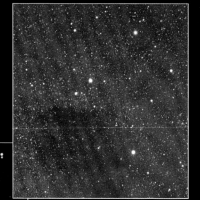

煤袋星云 👁👀

煤袋星云位于南十字座附近，是一团看上去很脏的尘埃云。在其背景——银河的映衬下，它的轮廓才得以显现出来。

天空中的珠宝 👀✦

宝盒星团是一团闪耀的恒星，位于煤袋星云的北边。实际上这个星团比煤袋星云距地球远10倍。

空间探索

再次发现的恒星

当欧洲航海家在15、16世纪从南半球返回时，他们记录下了以前从未看到的那些恒星。这些航海家中，意大利人阿美利哥·韦斯普奇（Amerigo Vespucci，1454—1512）在1501年记录了船底座α、船底座β以及南十字座的恒星。天文学家们后来意识到，这些恒星为古希腊人所熟知，但后来由于岁差（见第64页）的缘故，它们逐渐沉入了欧洲地平线以下，看不见了。

阿美利哥·韦斯普奇

16世纪佛兰德斯艺术家约翰内斯·施特拉丹乌斯（Joannes Stradanus）的这幅画作中，描绘了一幅假想的场景：阿美利哥·韦斯普奇正在用一个星盘观测南十字座。

Musca

苍蝇座

面积排名: 77	
最亮的星: 苍蝇座 α 2.7等	
所有格: Muscae	
缩写: Mus	
晚上10点上中天的 月份: 4月—5月	
完全可见区域: 14° N～90° S	

NGC 4833
这个球状星团用双筒望远镜勉强可见。口径100毫米的望远镜可以分辨出其中的单颗恒星。

这个不显眼的星座在银河中南十字座和半人马座的南边。实际上，煤袋星云的南边部分一直从南十字座延伸到苍蝇座中。

苍蝇座是16世纪末荷兰航海家、天文学家柯瑟和豪特曼设立的星座之一，代表一只苍蝇。

具体特点

苍蝇座 θ 是一对双星，成员星星等分别为6等和8等，用一个小望远镜能够分辨。较暗的成员星是一颗沃尔夫－拉叶星——抛掉了外层气体壳的一种炽热恒星。苍蝇座有一个球状星团NGC 4833（见第295页）。

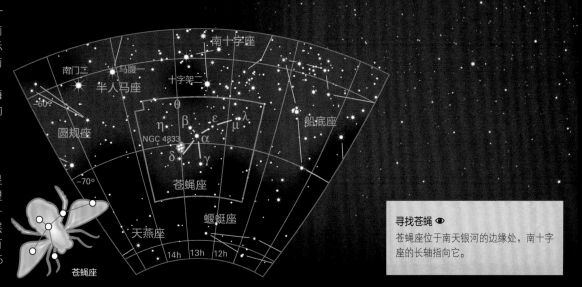

寻找苍蝇
苍蝇座位于南天银河的边缘处，南十字座的长轴指向它。

Circinus

圆规座

面积排名: 85	
最亮的星: 圆规座 α 3.2等	
所有格: Circini	
缩写: Cir	
晚上10点上中天的 月份: 5月—6月	
完全可见区域: 19° N～90° S	

圆规座代表验船师和航海员们所使用的圆规。它是18世纪法国天文学家尼古拉·路易·德·拉卡伊（见第422页）引入的星座之一。

这个小的南天星座可以在半人马座和南三角座的夹缝中找到。它位于半人马座 α 附近，因而不难找到。

具体特点

对于天文爱好者来说，圆规座中几乎没有什么有趣的天体。唯一值得一提的是圆规座 α。它以银河为背景，很容易辨认。它是一对双星，成员星的星等分别为3等和9等，用小望远镜就能够分辨。

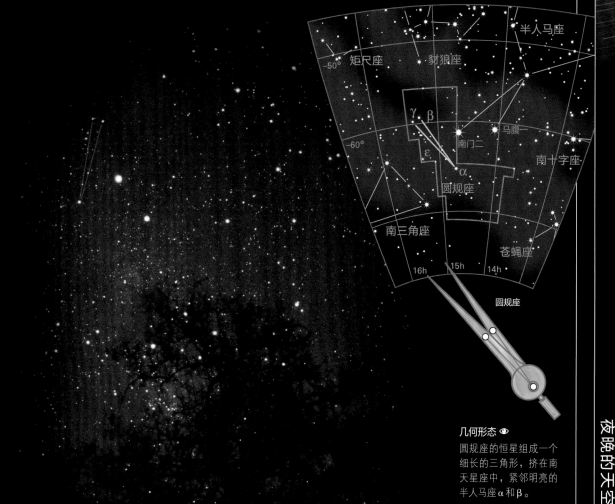

几何形态
圆规座的恒星组成一个细长的三角形，挤在南天星座中，紧邻明亮的半人马座 α 和 β。

Norma

矩尺座

面积排名: 74	
最亮的星: 矩尺座 γ^2 4.0等	
所有格: Normae	
缩写: Nor	

晚上10点上中天的月份: 6月

完全可见区域:
29° N~90° S

矩尺座是18世纪50年代由法国天文学家尼古拉·路易·德·拉卡伊（见第422页）创立的，最初被称为矩尺边条座，表示直角和尺子。这是一个不出名的南天星座，位于银河中，在豺狼座和黄道星座天蝎座之间。

拉卡伊指定为矩尺座 α 和 β 的恒星，后来被归入了天蝎座。

具体特点

矩尺座 γ^2 是一颗4等星，是星座中的最亮星，它与星等为5等的矩尺座 γ^1 组成一对肉眼可见的双星。这两颗星与我们的距离大不相同，因而是不相关的。

这个星座中另外两对很容易用小望远镜辨认的双星分别是：矩尺座 ε 和矩尺座 ι^1。矩尺座 ε 的成员星星等分别为5等和7等，矩尺座 ι^1 的成员星星等分别为5等和8等。

NGC 6087是一个大的疏散星团，其恒星呈链状发射形态，用双筒望远镜能够看见。其中心附近是它最亮的恒星矩尺座S。这是一颗造父变星，星等每9.8天在6.1等到6.8等之间变化。

NGC 6067 👁🔭

这个富星团覆盖的天区约为满月直径的一半大。它在银河背景下可见。

直角 👁

矩尺座最特别的特征是3颗暗星组成了一个直角三角形，这对于银河中富含恒星的区域来说是很难辨认的。

矩尺座

Triangulum Australe

南三角座

面积排名: 83	
最亮的星: 南三角座 α 1.9等	
所有格: Trianguli Australis	
缩写: TrA	

晚上10点上中天的月份: 6月—7月

完全可见区域:
19° N~90° S

南三角座是16世纪末荷兰航海家、天文学家柯瑟和豪特曼设立的南天星座之一。它是他们设立的12个星座当中最小的。尽管它比北天的三角座小，但包含的恒星更亮，所以更显眼些。

具体特点

NGC 6025位于南三角座与矩尺座北边的交界处。它距离地球大约2 700光年远。这个疏散星团的形态呈明显的狭长形，约为满月直径的三分之一大小。用双筒望远镜很容易看见。

南三角座 α 是一颗橙巨星，用双筒望远镜能够更清楚地看到它的颜色。

这个星座中再没有其他什么能够吸引小望远镜使用者们了。

南天的三角形 👁

南三角座的恒星很容易辨认，它位于银河中，在明亮的半人马座 α 和 β 附近。这两颗星在图片右部可见。

南三角座

Ara

天坛座

面积排名：	63
最亮的星：	天坛座α，天坛座β 2.8等
所有格：	Arae
缩写：	Ara
晚上10点上中天的月份：	6月—7月
完全可见区域：	22°N~90°S

古希腊人把天坛座想象为一个祭坛，奥林匹斯山的众神在进行他们与泰坦巨神的战争之前在那里宣誓效忠。这个南天星座位于银河

神话故事

泰坦战争

泰坦战争是一场持续10年的战争，以宙斯为首的奥林匹斯众神和俄特律斯山的泰坦巨人们争夺宇宙的统治权。为了庆祝他们的胜利，宙斯把祭坛升上了天空。

胜利浮雕
公元前180年古希腊雕刻的帕加马宙斯祭坛上，描绘了众神与泰坦巨人之战的部分场景。

天坛座

中，天蝎座以南。

具体特点

引人注目的疏散星团NGC 6193包含大约30颗6等及更暗弱的星。用双筒望远镜能够看到。

NGC 6397是距离我们最近的球状星团之一，约10 000光年远，用双筒望远镜或者小望远镜能够看到。像NGC 6193一样，它显得相对很大，它俩都比满月的一半要大。

天坛座中没有其他什么特殊天体能够引起小望远镜使用者们的兴趣。

NGC 6397
球状星团NGC 6397有一个密集的中心，外围散落着一些恒星，呈链状和发射状。

香炉
天坛座是天上的祭坛，其上部朝南。也许银河就是它焚香时产生的缭绕烟雾。

Corona Australis

南冕座

面积排名：	80
最亮的星：	南冕座α，南冕座β 4.1等
所有格：	Coronae Australis
缩写：	CrA
晚上10点上中天的月份：	7月—8月
完全可见区域：	44°N~90°S

南冕座这个南天小星座位于人马座的脚下。它由4等星以及一些更暗的恒星组成，是古希腊天文学家托勒玫（见第347页）创立的48星座之一。

具体特点

南冕座γ是一对双星，其成员星的星等均为5等。这两颗星以122年的周期绕转，从地球上看它们正在彼此缓慢地远离。这意味着这两颗星正逐渐变得更容易被分辨。要想分辨它们，需要使用口径100毫米的望远镜。

南冕座κ是一对不相关双星，成员星星等均为6等，用小望远镜很容易分辨。

球状星团NGC 6541占据大约满月直径三分之一的区域，用小望远镜或双筒望远镜能看到。

南天之弧
南冕座的恒星组成一个引人注目的弧形，代表一顶皇冠或桂冠。

南冕座

夜晚的天空

望远镜座

Telescopium

面积排名: 57	
最亮的星: 望远镜座 α 3.5等	
所有格: Telescopii	
缩写: Tel	
晚上10点上中天的月份: 7月—8月	
完全可见区域: 33° N～90° S	

望远镜座是南天的一个几乎看不见的星座,位于人马座和南冕座的附近。它是法国天文学家尼古拉·路易·德·拉卡伊(见第422页)为纪念望远镜的发明而创立的。它代表巴黎天文台使用的一台悬空望远镜。那是一架有着很长焦距的折射望远镜,用绳子和滑轮从高杆顶部悬垂下来。其中,长焦距是为了减少色差。

具体特点

望远镜座 δ 是一对不相关双星,成员星星等均为5等。用双筒望远镜或者视力较好的肉眼能够分辨。

远瞩 ◉

望远镜座描绘的是折射望远镜的早期设计,脆弱的支架支撑着一个长管,与如今广泛使用的反射望远镜完全不同。

望远镜座

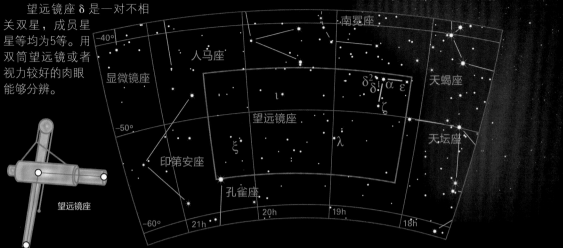

印第安座

Indus

面积排名: 49	
最亮的星: 印第安座 α 3.1等	
所有格: Indi	
缩写: Ind	
晚上10点上中天的月份: 8月—10月	
完全可见区域: 15° N～90° S	

这个南天星座是16世纪末柯瑟和豪特曼引入的。尽管我们并不确定它代表的是东印度群岛的土著(荷兰探险家在远征途中发现的)还是北美洲土著,它的形象是一个手拿长矛和箭的人。

具体特点

印第安座 ε 是一颗5等星,是距离我们最近的恒星之一,约11.8光年远。它比太阳略小也略冷一些,颜色呈现为浅橙色。

印第安座 θ 是一对双星,由一颗4等星和一颗7等伴星组成,用小望远镜能够分辨。

隐蔽的图案 ◉

印第安座由一些暗弱的恒星组成,位于天鹤座和杜鹃座附近。要把这个星座中的星星想象为一个人的模样需要丰富的想象力。

空间探索

荷兰人的发现之旅

荷兰贸易商和航海家在探索南部海洋的同时,也绘制南天的星空。1595年,代表荷兰首次远征东印度群岛的是两位荷兰航海家、天文学家柯瑟(1540—1596)和豪特曼(1571—1627)。柯瑟在航行途中去世了,但他的天文观测结果和豪特曼的一起被带给了荷兰制图师帕图斯·普兰修斯(见第358页)。普兰修斯以此为基础创立了12个新星座,至今仍在使用。

家族探险家

荷兰去往东印度群岛的第一支远征队由4只船组成,由豪特曼领导,他的弟弟弗雷德里克在船上当领航员。

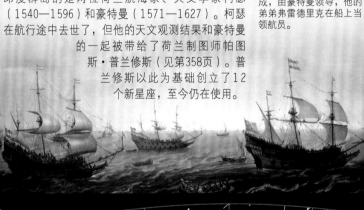

天鹤座

面积排名： 45	
最亮的星：鹤一（天鹤座α）1.7等	
所有格： Gruis	
缩写： Gru	
晚上10点上中天的月份： 9月—10月	
完全可见区域：33°N～90°S	

天鹤座代表一只长脖子的涉禽——鹤，尽管有的时候它也被描述为一只火烈鸟。这是一个南天星座，位于南鱼座和杜鹃座之间。天鹤座是在16世纪末由荷兰航海家、天文学家柯瑟和豪特曼引入的。

具体特点

天鹤座δ是一对4等巨星，一颗为黄色，一颗为红色。而天鹤座μ是一对5等黄巨星。这两对双星用肉眼就能分辨。它们都是视觉上恰好挨在一起，并不是真正的双星。

天鹤座β是一颗红巨星，它的星等在2.0等到2.3等之间变化，没有固定周期。

指引道路 ◉

两对相距较远的双星——天鹤座δ和天鹤座μ，沿着天鹤长长的脖子，在这幅图中指向右下方。

凤凰座

面积排名： 37	
最亮的星：凤凰座α 2.4等	
所有格： Phoenicis	
缩写： Phe	
晚上10点上中天的月份： 10月—11月	
完全可见区域：32°N～90°S	

凤凰座位于波江座的最南端，紧邻波江座中最亮的恒星水委一。它是荷兰航海家、天文学家柯瑟和豪特曼创立的12个星座中最大的一个，代表神话中的一只能够重生的鸟。

具体特点

凤凰座ζ是一对光变双星，由一颗4等星和一颗8等伴星组成。其中较亮的那颗是食双星，其星等每1.7天在3.9等到4.4等之间变化。

神话故事

神话中的鸟

传说凤凰能活500年。在生命的尽头，它会用肉桂皮和熏香搭建一个巢，并在那里死去，也有人说是在火中死去。一个小凤凰会从其祖先的遗骸中诞生。凤凰的死去和新生，被认为是太阳落下和升起的象征。

涅槃

18世纪德国儿童图画书中的铜版画上，刻画了凤凰浴火的场景。

凤凰西沉 ◉

清晨，凤凰座的恒星沉入西方地平线，其下方是天鹤座。在这幅图中，右边是北。

杜鹃座

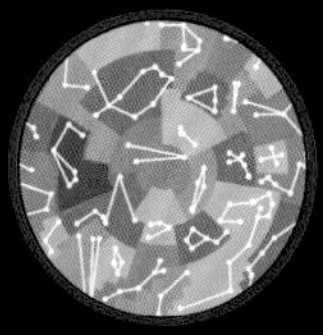

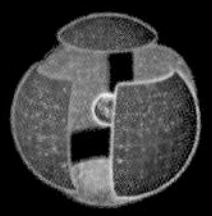

面积排名：48	
最亮的星： 杜鹃座α 2.9等	
所有格：Tucanae	
缩写：Tuc	
晚上10点上中天的 月份：9月—11月	
完全可见区域： 14°N~90°S	

这个很靠南的星座，可以在波江座的末端找到。它代表巨嘴鸟。这是一种有着巨大鸟喙的热带鸟，原产于南美和中美洲。

杜鹃座是16世纪末由荷兰航海家、天文学家柯瑟和豪特曼（见第416页）创立的。

具体特点

杜鹃座包含小麦哲伦星系（见第311页），它是我们银河系的卫星星系中较小的一个。肉眼看去，它好像是与银河分离的一个光斑，比满月视直径大7倍。小麦哲伦星系中的恒星区和星团可以用双筒望远镜或小望远镜观测。它距离我们大约20万光年。

小麦哲伦星系附近有两个球状星团。实际上它俩都是银河系中的前景天体，与小麦哲伦星系无关。这二者中较突出的一个是杜鹃座47（见第294页），肉眼看上去它好像一颗4等恒星。用双筒望远镜或者小望远镜观看，它占据的天区与满月差不多一样大。在全天的球状星团当中，只有半人马座ω比杜鹃座47更令人印象深刻。杜鹃座中

的另一个球状星团NGC 362，较小也较暗弱，需要借助双筒望远镜或者小望远镜才能看见。

杜鹃座β是肉眼或双筒望远镜可见的一对双星，其成员星的星等分别为4等和5等。较亮的那颗成员星通过望远镜观看还能够被细分。位于NGC 362附近的杜鹃座κ是一对双星，由一颗5等星和一颗7等星组成，用小望远镜能够看到。

小麦哲伦星系 ◉☷⌖
我们的邻居小星系——小麦哲伦星系，看上去非常细长。这幅图中，它的右边是银河系中的一个球状星团杜鹃座47，即NGC 104。

杜鹃座47 ◉☷⌖
这个明亮的球状星团在广角摄影中像一颗模糊的恒星，如右上方所示。但是望远镜可以揭示其中密集的恒星。

南天之鸟 ◉
当杜鹃座落向西方地平线时，它那巨大的鸟喙指向下方。图中右侧为北。

杜鹃座

波江座
水委一
凤凰座
天鹤座
印第安座
γ
α
β
ν
ζ η
ε
杜鹃座
δ
孔雀座
κ
-60°
NGC
362
47
NGC 104
水蛇座
小麦哲伦云
-70°
南极座
1h
0h
2h

Hydrus

水蛇座

面积排名：	61
最亮的星：	水蛇座 β 2.8等
所有格：	Hydri
缩写：	Hyi

晚上10点上中天的
月份：10月—12月

完全可见区域：
8° N～90° S

水蛇座是16世纪末由荷兰航海家、天文学家柯瑟和豪特曼（见第416页）引入的。它是一个很靠近南天的星座，位于大麦哲伦星系（见第310页）和小麦哲伦星系（见第311页）之间。

这个星座代表一条小水蛇。别把它和较大的水蛇——长蛇座搞混，长蛇座早在古希腊时期就被人们熟知了。

具体特点

水蛇座 π 是一对相距较远的双星，成员星均为6等红巨星，它们与我们距离不同，因而实际上并不相关。用双筒望远镜很容易分辨它们。

水蛇座 π¹ 星等为5.6等，离我们只有700多光年。水蛇座 π² 距离我们则近得多，只有490光年远，星等为5.7等。

水蛇座和水委一 👁

弯曲的小水蛇蜿蜒穿越在两个麦哲伦星系之间。它附近最亮的那颗星是水委一（图片右上方）。

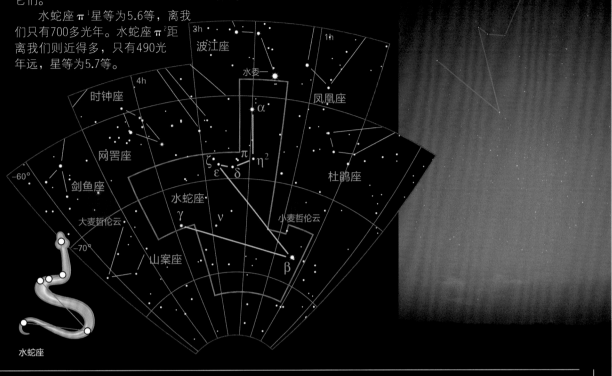

水蛇座

Horologium

时钟座

面积排名：	58
最亮的星：	时钟座 α 3.9等
所有格：	Horologii
缩写：	Hor

晚上10点上中天的
月份：11月—12月

完全可见区域：
23° N～90° S

时钟座代表过去曾在天文台使用的摆钟。在有些描述中，用这个星座最亮的恒星——时钟座 α，标示钟摆（如此处插图所示），也有的描述中说它代表钟锤。

这个暗弱且不显眼的南天星座位于波江座的末端附近，是由法国天文学家尼古拉·路易·德·拉卡伊（见第422页）设立的。

具体特点

时钟座R是一颗光变红巨星，其类型与鲸鱼座的刍藁增二相同。它的星等以13个月为周期在5等到14等之间变化。NGC 1261是一个球状星团，用小望远镜勉强能观测到。

AM1是时钟座中另一个著名的球状星团。它是已知距离太阳最远的球状星团，近40万光年。它的星等为16等，只有大望远镜才能观测到。

NGC 1261 ⚲ 🔭

时钟座中最适宜爱好者观测的深空天体是NGC 1261。这是一个致密的球状星团，星等为8等，距离我们5万多光年。

恒星时钟 👁

不同于拉卡伊创立的其他那些看不出形状的星座，时钟座的形状会令人想到一个有着长长的钟摆的时钟。

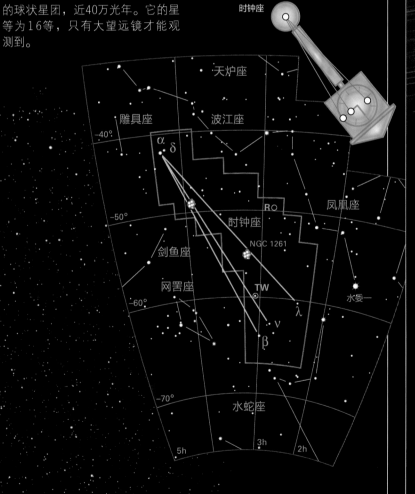

时钟座

Reticulum

网罟座

面积排名：	82
最亮的星：	网罟座 α 3.3等
所有格：	Reticuli
缩写：	Ret
晚上10点上中天的月份：	12月
完全可见区域：	23° N～90° S

网罟座是南天的一个小星座，位于大麦哲伦星系（见第310页）附近。它是由法国天文学家尼古拉·路易·德·拉卡伊（见第422页）创立的，代表拉卡伊来测量恒星位置的目镜的分刻线或栅格。

具体特点

网罟座 ζ 是一对黄色双星。成员星星等均为5等，用双筒望远镜能够分辨。

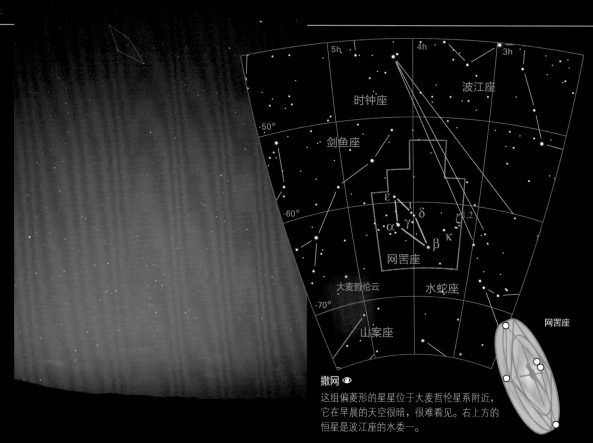

撒网 ◉

这组偏菱形的星星位于大麦哲伦星系附近，它在早晨的天空很暗，很难看见。右上方的恒星是波江座的水委一。

Pictor

绘架座

面积排名：	59
最亮的星：	绘架座 α 3.2等
所有格：	Pictoris
缩写：	Pic
晚上10点上中天的月份：	12月—1月
完全可见区域：	26° N～90° S

绘架座是由法国天文学家尼古拉·路易·德·拉卡伊（见第422页）创立的，他把这个星座想象为一个艺术家的画架和调色板。他最初叫它小马绘架座，后来名字被简化了。这个暗弱的南天星座位于船尾座和天鸽座旁边。

具体特点

绘架座 β 距离地球约63光年远。人们对它很感兴趣，这是因为1984年天文学家发现这颗3.9等的蓝白色恒星周围有一个气体尘埃盘。这个环绕恒星的盘，被认为是一个处于形成过程中的行星系统。人们相信，太阳形成之初也有一个环绕它的盘面，我们太阳系的行星也由一个类似的盘面演化而来。

绘架座 ι 是一对双星，成员星的星等均为6等。用小望远镜很容易分辨。

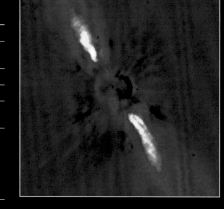

绘架座 β

这幅专业假彩色图像中，明亮的区域代表星周盘。形状的扭曲可能是由于恒星周围的行星系统造成的。

分界线 ◉

绘架座仅仅包含一组排成曲线的恒星，位于船底座明亮的老人星（图片左侧所示）和大麦哲伦星系之间。

Dorado

剑鱼座

面积排名：	72
最亮的星：	剑鱼座 α 3.3等
所有格：	Doradus
缩写：	Dor
晚上10点上中天的月份：	12月—1月
完全可见区域：	20°N~90°S

　　剑鱼座是16世纪荷兰航海家、天文学家柯瑟和豪特曼（见第416页）引入的南天星座之一。剑鱼座也被认为是金鱼，实际上不是普通水族馆和池塘中的鱼，而是代表热带水域中的鲯鳅。这个星座有时也被描绘为箭鱼。

　　大麦哲伦星系（见第310页）的大部分位于剑鱼座中，这个小星系一直延伸到山案座中。关于大麦哲伦星系的记录，最早可追溯到苏菲。

具体特点

　　大麦哲伦星系是我们银河系的卫星星系，距离地球约17.9万光年远，第一眼看去，好像是与银河分离开的一部分。用双筒望远镜或者小望远镜能看到其中的许多星团和星云状斑块。

　　大麦哲伦星系中一个著名的天体是蜘蛛星云，即NGC 2070。它非常明亮，肉眼可见，用双筒望远镜能够看得更清楚。用双筒望远镜或者小望远镜能够发现其中心有新生恒星组成的星团，摄影能够展示它的环状末端，好像蜘蛛的脚，这个由发光气体组成的大星云因此得名蜘蛛星云。

　　1987年2月，大麦哲伦星系中突然出现了一个超新星。它通常被叫作超新星1987A，当年5月时亮度达到3等，这使得它成为地球上自1604年以来看到的最亮的超新星。那之后的10个月里，肉眼一直能看见它。

　　剑鱼座β是最亮的造父变星之一，其星等以9.8天为周期在3.5等到4.1等之间变化。剑鱼座R是一颗不稳定的红巨星，其星等以11个月为周期在5等到6等之间变化。

超新星1987A ⚖

这个超新星自从1987年那次突然变亮之后就暗下来了。图中它的左上方是蜘蛛星云。

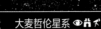

大麦哲伦星系 👁🔭♐

与我们银河系相伴的两个星系当中，较亮的那个是大麦哲伦星系，形态上呈狭长形。它包含蜘蛛星云（它的左上方边缘处）。

朝向南边 👁

剑鱼座在南方的天空中朝着南天极遨游。

剑鱼座

Volans

飞鱼座

面积排名：76
最亮的星： 飞鱼座β，飞鱼座γ 3.8等
所有格：Volantis
缩写：Vol
晚上10点上中天的 月份：1月—3月
完全可见区域： 14°N~90°S

南天这个小而暗弱的星座位于船底座和大麦哲伦星系（见第310页）之间，是在16世纪由荷兰航海家、天文学家柯瑟和豪特曼（见第416页）引入的。它代表一种热带鱼，这种鱼可以用它伸展的鳍当翅膀在空中滑翔。

具体特点

尽管飞鱼座位于银河旁边，里面却没有什么深空天体。但它包含两对很好看的双星，其中之一是4等的飞鱼座γ，它也是这个星座中的最亮星。这颗橙色恒星有一颗6等黄色伴星。在小望远镜中，它们是一对非常美丽的双星。

飞鱼座ε是另一对有趣的双星，尽管不像飞鱼座γ那样颜色鲜艳。它的成员星星等分别为4等和7等，用小望远镜能够很容易分辨出来。

飞翔的鱼 👁
飞翔的鱼从西边的地平线跃入夜晚的天空中。它附近是银河和船底座、船帆座的恒星，左边是赝十字。

Mensa

山案座

面积排名：75
最亮的星： 山案座α 5.1等
所有格：Mensae
缩写：Men
晚上10点上中天的 月份：12月—2月
完全可见区域： 5°N~90°S

法国天文学家尼古拉·路易·德·拉卡伊创立了这个星座。它是为了纪念南非开普敦附近的桌山（Table Mountain），这座山距离拉卡伊建立天文台的地方很近。当观看山案座中的大麦哲伦星系（见第310页）那云雾般的外形时，拉卡伊可能想起了桌山上的云。这是拉卡伊创立的星座中唯一一没有用科学或艺术工具命名的星座。

山案座是全天88个星座中最暗弱的一个，其中最亮的恒星山案座α，星等仅为5等。人们对它的兴趣点主要在于大麦哲伦星系从邻近的剑鱼座中一直延伸到山案座中。除了大麦哲伦星系外，南极天区的这个小星座中再没有其他吸引观测者的天体了。

桌面 👁
这幅图中，山案座这个很靠南的星座位于黎明天空中粉色云的上方。

尼古拉·路易·德·拉卡伊
（Nicolas Louis de Lacaille）

这位法国天文学家1751年到1752年在南非开普敦对南天星空进行了绘制。拉卡伊（1713—1762）对将近1万颗恒星的位置进行了观测，形成一个星图和星表，其中介绍了他创立的14个星座。这些星座大多代表艺术和科学工具。

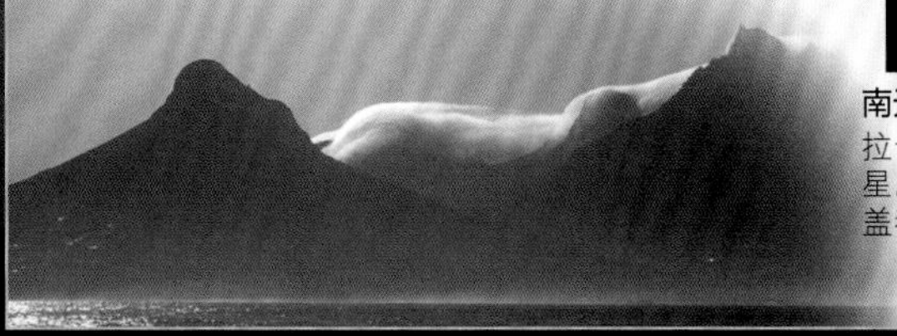

南天视角
拉卡伊在桌山附近观测恒星。这幅图中，山顶上覆盖着一片好似桌布的云。

Chamaeleon

蝘蜓座

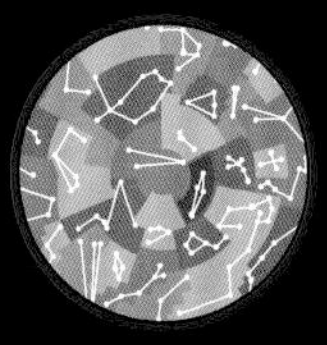

面积排名: 79

最亮的星: 蝘蜓座α,
蝘蜓座γ 4.1等

所有格:
Chamaeleontis

缩写: Cha

晚上10点上中天的
月份: 2月—5月

完全可见区域:
7° N～90° S

蝘蜓座是以一种能够根据外部环境改变自身皮肤颜色的蜥蜴(变色龙)命名的。这是南极天区一个又小又暗的星座。它是在16世纪由荷兰航海家、天文学家柯瑟和豪特曼(见第416页)创立的。

具体特点

蝘蜓座 δ 是一对相距较远的双星,其成员星是不相关的,星等分别为4等和5等。用双筒望远镜很容易看见。

NGC 3195是一个行星状星云,看上去大小和木星差不多,但它相对较暗,需要用中等口径的望远镜才能看见。

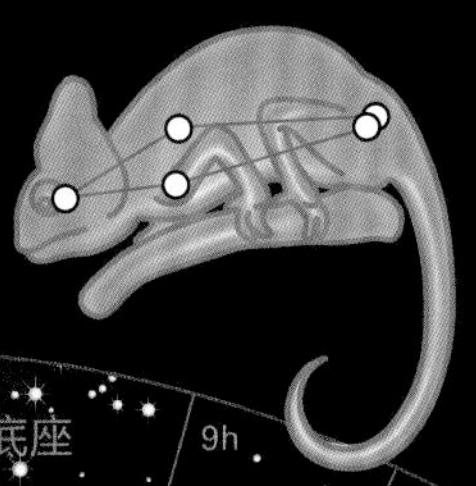

伪装大师 👁
蝘蜓座位于南天极(图片左侧)附近。这个星座的北边是银河富含恒星的船底座天区。

Apus

天燕座

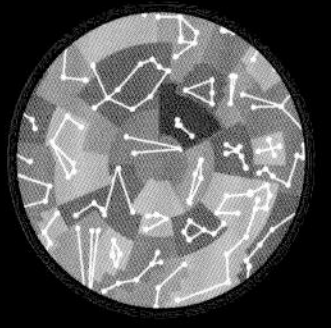

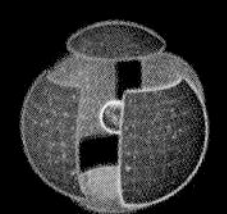

面积排名: 67

最亮的星:
天燕座α 3.8等

所有格: Apodis

缩写: Aps

晚上10点上中天的
月份: 5月—7月

完全可见区域:
7° N～90° S

天燕座位于南天极附近一片几乎毫无特征的天区。它是16世纪末荷兰航海家、天文学家柯瑟和豪特曼(见第416页)创立的。

具体特点

天燕座 δ 是一对相距较远的双星,由一对不相关的红巨星组成,成员星等均为5等。天燕座 θ 是一颗红巨星,光变有些不规律,每4个月左右星等在5等到7等之间变化。

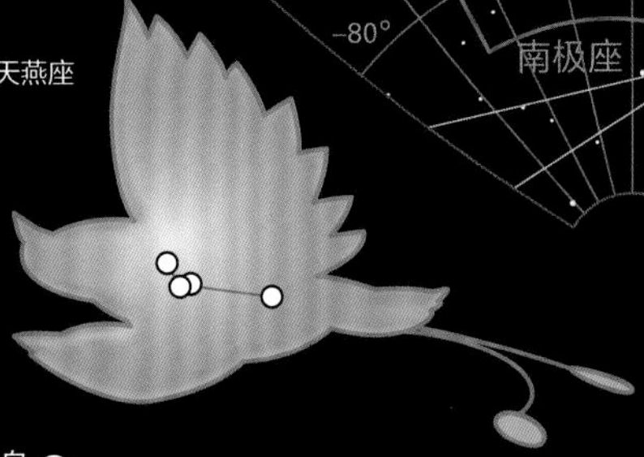

异国的鸟 👁
天燕座位于南三角座的南边,代表一只极乐鸟。但对于这只异国的鸟来说,这个星座恐怕是个令人失望的礼物。

夜晚的天空

Pavo

孔雀座

面积排名:	44
最亮的星:	孔雀座α 1.9等
所有格:	Pavonis
缩写:	Pav
晚上10点上中天的月份:	7月—9月
完全可见区域:	15°-90° S

孔雀座是16世纪末荷兰航海家、天文学家柯瑟和豪特曼（见第416页）创立的星座中最靠南的星座之一。它代表东南亚的孔雀，荷兰探险家在旅行途中见到了这种鸟。如今，其中最亮的恒星——2等星孔雀座α的英文名就是孔雀（中国古星名为孔雀十一）。

古希腊神话中，孔雀座是宙斯妻子赫拉的圣鸟，赫拉乘坐孔雀拉着的舆车在天空中穿行。孔雀尾巴上的斑纹就是赫拉加卜的，起因是宙斯与伊奥（Io）之间的一段私情：尽管宙斯把伊奥伪装成了一头白牛，赫拉还是怀疑其中有诈，于是派百眼巨人一直守着她。作为回敬，她的丈夫便派儿子赫尔墨斯前去释放伊奥。为了战胜百眼巨人，赫尔墨斯给巨人讲故事并吹奏牧笛，直到这个看守者的眼睛一个接一个地闭上。当百眼巨人终于睡着以后，赫尔墨斯砍掉了他的脑袋，使得伊奥重获自由。为了纪念百眼巨人，赫拉便把他的眼睛放在了孔雀的尾巴上。

孔雀座位于银河旁边，人马座南侧。它紧邻另一只异国的鸟——巨嘴鸟（杜鹃座）。

具体特点

孔雀座κ是最亮的造父变星之一。每9.1天，其星等在3.9等到9.1等之间波动，肉眼能够看到这一变化。

孔雀座ξ是一对双星，成员星的星等分别为4等和8等。用小口径的望远镜观看时，较暗的那颗星被较亮星的光芒淹没，很难辨认。

NGC 6752是全天最大、最亮的球状星团之一。它的亮度恰好是人眼能够分辨的极限，用双筒望远镜很容易看清楚。它占据满月一半大小的天区。口径75毫米或更大的望远镜能够分辨出其中最亮的那些单颗恒星。

大旋涡星系NGC 6744几乎正好朝向地球。用小到中等口径的望远镜观看，它好像一团椭圆形的雾。NGC 6744距离我们大约3千万光年远。

NGC 6744 ✵⌕
孔雀座中这个美丽的棒旋星系用小望远镜能够看到。从银河系外面看，我们的银河系大约也是这个样子。

NGC 6752 ✵⌕
NGC 6752这个精美的球状星团不是特别知名，这是因为它的赤纬太靠南。这幅图中，它右上方那颗明亮的恒星是我们银河系中的天体，位于星团的前景上。

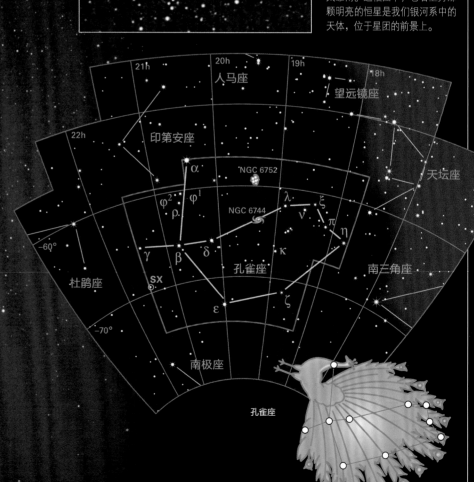

天上的表演 ◉
孔雀座的形象为一只在南天展开尾翼的孔雀。现实生活中，雄孔雀在吸引雌性时会这么做。

南极座

Octans

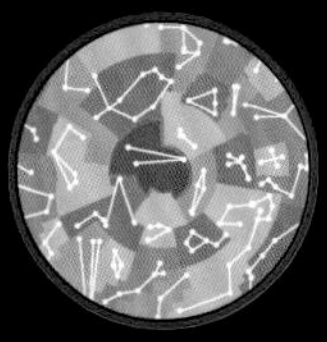

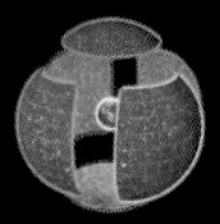

面积排名:	50
最亮的星:	南极座 ν 3.8等
所有格:	Octantis
缩写:	Oct
晚上10点上中天的月份:	10月
完全可见区域:	0°～90°S

南极座最初叫作航海八分仪座（Octans Nautica）或者哈德利八分仪座（Octans Hadleianus），它包含南天极所在的点。它是18世纪由法国天文学家尼古拉·路易·德·拉卡伊（见第422页）创立的。

南极座所在的天区非常贫瘠。肉眼观测，最靠近南天极的恒星是

南极座σ，它只有5.4等，因而很不显眼。

由于岁差效应（见第64页），天极的位置在持续移动。于是南天极会逐渐远离南极座σ朝向蝘蜓座的方向运动。鉴于这一区域本身也没有什么亮星，所以南天极附近在1 500年之后仍然是片空白，南天极将从距离4等星蝘蜓座δ大约1度的位置经过。

南极座代表一种著名的科学仪器八分仪，航海家们用它来确定方位。它是由英国仪器制造者约翰·哈德利（John Hadley，1682—1744）发明的。

具体特点

南极座λ是一对双星，用小望远镜能够分辨。成员星星等分别为5等和7等。

位于极点 ◉
南极座只包含一些零散的暗星。里面没有什么亮星能够标示南天极（如图片中部所示）。

南天星轨 ◉
对着南天极天区进行长时间曝光，由于地球自转，星星拖出了轨迹。从图中可以看出，南天极附近确实贫瘠。

航行

1731年，英国数学家约翰·哈德利制作了一种叫作双反射八分仪的装置。领航员用望远镜观测地平线，调整活动臂，直到太阳或恒星的反射影像与地平线方向重合；然后就可以从刻度上读出太阳或恒星的高度，领航员可由此推断出纬度。

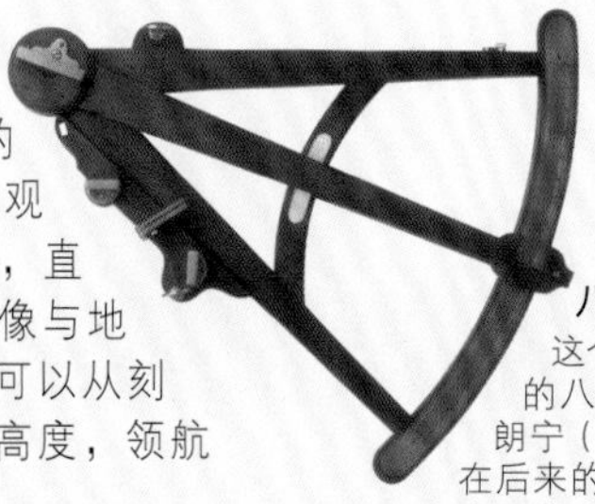

八分仪
这个用木头和黄铜制作的八分仪由波士顿的勃朗宁（Browning）制作。在后来的设计中，弧线部分由八分之一圆弧改成六分之一圆弧，即现在的六分仪。

每月天象

“假如星辰千年一现，人类关于上帝之城的记忆，必将世代相传，为人们长久地信仰，崇拜，珍存。然而，每一晚，这些美的使者都会降临，以它们醒世的微笑，照亮世间。”

——拉尔夫·沃尔多·爱默生

随着地球绕日公转，夜空变换着模样，群星似乎也在自东向西运动。不同地方的观测者看到的星空不尽相同，位于拱极星附近的恒星总是常年可见，而有些星星则只在每年的特定时候才可以看见。比如有些恒星在1月的夜空中位置显眼，但在6个月后的星空中就不复可见了，这是因为地球运行到了太阳的另一侧。接下来的章节将会详细介绍南北半球的星空随季节变化的情况。其中包括恒星和星座每年的常规运动、行星位置的星图，以及对流星雨和日月食等特殊天象的观测指南。

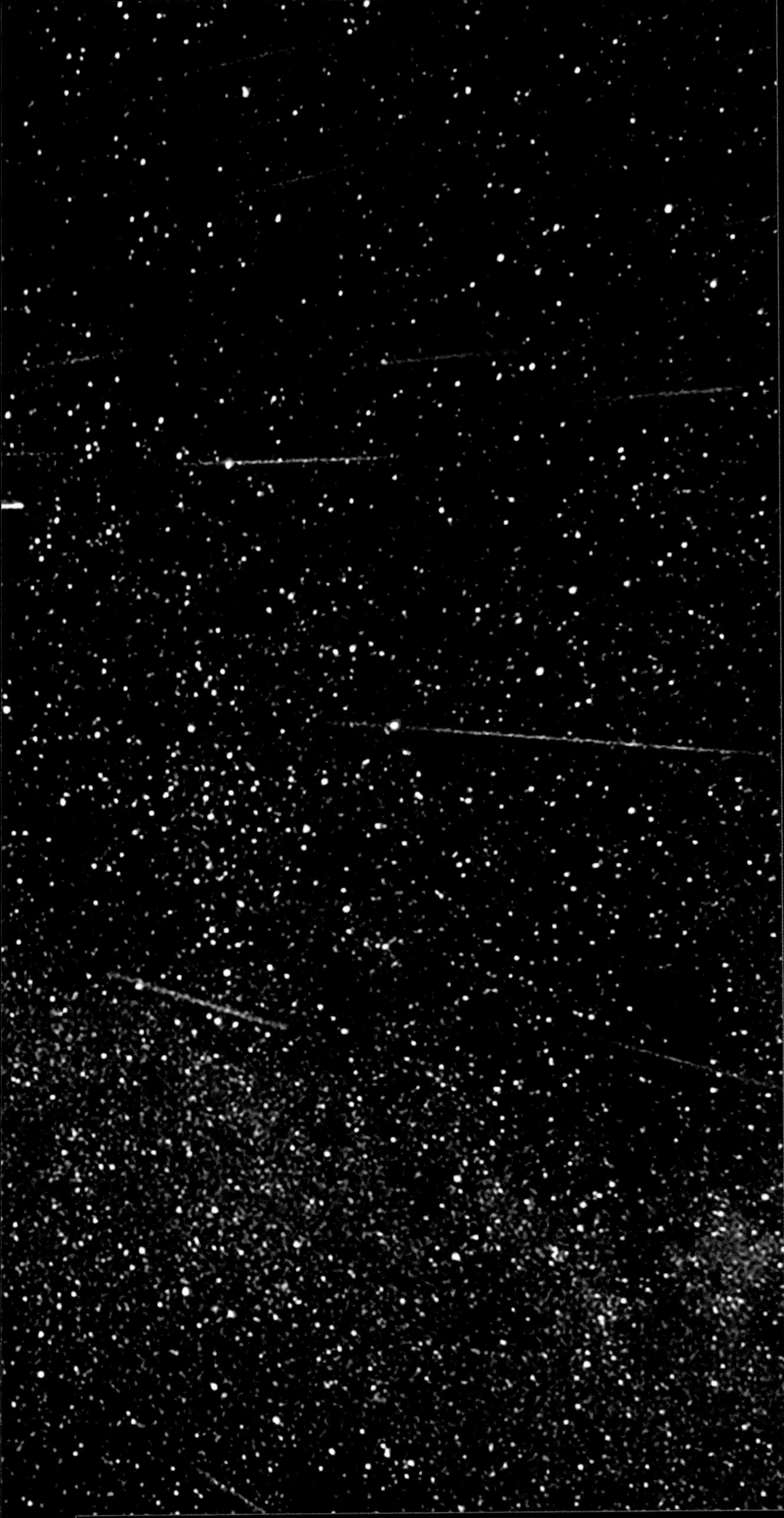

英仙座流星雨
这幅合成影像展示的是发生于每年8月的英仙座流星雨。在画面上还能看到众星云集的带状银河。

星图说明

本章逐月介绍每个月的星空特征，星图展示了地球上大部分地区可以看到的全天景象。这部分是对星座章节的补充和完善，对更小的天区进行了细节展示。每个月的介绍中都包含正文、表格以及标出适宜观测的天体和行星位置的示意图。

每月要点与行星位置

　　每个月份都有一个对页来介绍各类天象。特殊天象（例如月相和日月食）发生的日期用表格的形式逐年列出。正文描述了当月可以看见的亮星、深空天体和流星雨情况，这部分文字对于后面给出的全天星图是很好的补充。这部分介绍当中还包含行星位置图。这幅图展示了黄道两侧天区，无论行星位于哪一侧，都在这里有详细展示。这些图可以和特殊天象表中给出的具体信息结合起来使用，还可以和全天星图以及单个星座条目（见第354~425页）相互参照。

特殊天象

月相	
满月	新月
2020年 1月10日	1月24日
2021年 1月28日	1月13日
2022年 1月17日	1月2日
2023年 1月6日	1月21日
2024年 1月25日	1月11日
2025年 1月13日	1月29日
2026年 1月3日	1月18日

特殊天象表△
每个月的天象介绍中，都包括一个"特殊天象表"，其中列出了满月和新月出现的日期、日月食出现的日期、行星合和凌日（见第69页）的时期，还有水星大距的日期。

一年当中的每个月份都有相应的介绍

这段文字重点介绍了每个月最显眼的恒星、深空天体和流星雨

北半球和南半球可以观测到的星空情况分别用不同的段落进行介绍

一些有意思的观测目标会配有图片

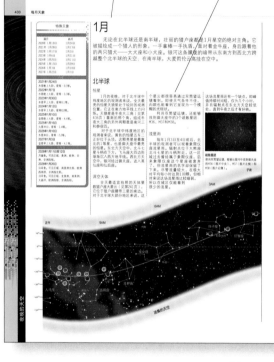

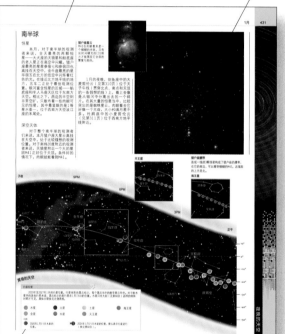

△远日行星
太阳系最外侧的两颗行星——天王星和海王星用放大的局部图来呈现，因为它们在天空中的运动相对较慢。

黄道
地球自转轴
天球
天赤道

彩色圆点标示的行星位置

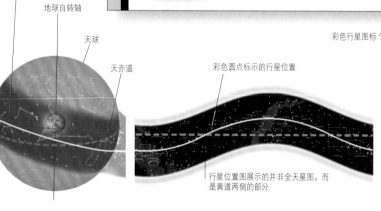

行星位置图展示的并非全天星图，而是黄道两侧的部分

行星位置图△
这些图展示了每月15日当地时间晚上10点的行星位置。每个行星用不同颜色的圆点表示，圆点中的数字表示特定的年份。每幅图都显示出行星的位置与沿黄道（见第65页）分布的13个星座的关系，所有的行星都能在黄道附近的区域里找到。

近日行星▷
图中主体部分显示了离太阳最近的5颗行星（五曜）。上方和下方的两条带表示的是当地时间什么时候那一区域在天空中的位置最高。不过，当地的日出日落时间会影响天空的黑暗程度，从而影响行星的能见度。

彩色行星图标

天空中这一区域位于子午圈上时，对应的当晚时间（当地时间）

箭头表示行星在逆行（见第68页）

赤纬坐标

天赤道

可以看见某一星空区域的时间：晚上（从日落到午夜）或早晨（从午夜到日出）

黄道

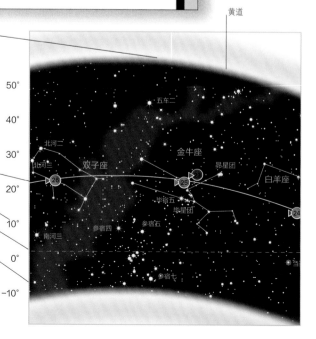

夜晚的天空

全天星图

　　每个月份的观星指南包含两幅全天星图。分别对应的是北半球和南半球当月15号晚上当地时间10时的星空。图片展示的是在较好的条件下观测者能够看到的半个天球（见第62～63页）的投影。所谓较好条件，指的是地平线附近基本没有障碍物。所有恒星每天晚上升起的时间比前一晚提前4分钟。因此，下一晚的夜空与这一晚相比变化很小，但下个月的夜空会和这月的夜空有明显的区别。根据全天星图，定出你所在位置（下图）的地平线和天顶，找到相应的彩色圈，然后转到对应的月份，定位你自己和全天星图（右图）。

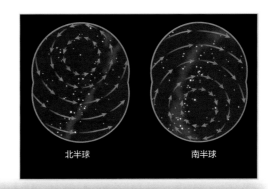

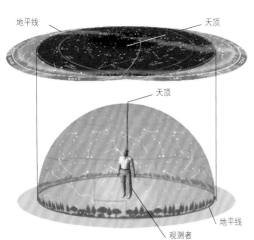

△天球

每个全天星图显示的区域都比半个天球要大一些，这是因为全天星图由地球上3个不同纬度的投影星图组合而成。对于每个月份，北半球全天星图展示北纬60～20度区域的夜空，南半球全天星图展示南纬0～40度区域的夜空。

地平线和天顶▷

每幅星图中心附近的恒星，能在天顶（头顶正上方那一点）附近看到；而星图边缘附近的恒星，能在地平线附近看见。每月的星图中，彩色的弧线和十字线用以标示3个不同地理纬度处的地平线和天顶投影。

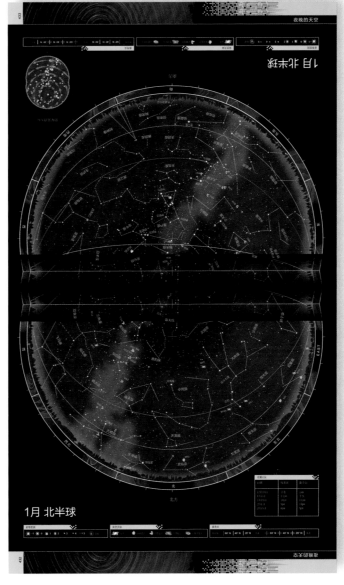

1月 北半球

△纬度线

定出离你所在地理位置最近的纬度线，用全天星图中的彩色标示找到你所在位置能看到的星空。注意，10度的纬度差异对于能看到的星空影响不大。

	60° N
	40° N
	20° N
	0°
	20° S
	40° S

▽星等

亮于6等的星，在全天星图中都有标示。如下图示可用以分辨恒星的具体星等。大约有25颗比较著名的恒星标示了它们的惯用名。

星等图例

◁恒星运动图

这个示意图给出了恒星随时间的运动方向。赤道附近的恒星看上去是自东向西运动的，而拱极星则围绕北极旋转，永不下落。

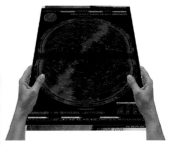

△方向

要想对照星图看北方的星空，你需要面对北方，将星图放平，让星图上标明北的那边离你最近。其中一条彩色的线就表示你前方的地平线。要想看南边的星空，只需转向南方，然后让星图的南端朝着自己即可。

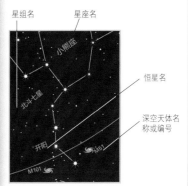

△主要特征

全天星图上展示了全部88个星座，以及相应星座边界内的著名深空天体。那些容易辨认的著名恒星、星团以及星组（见第72页）也都一一进行了标示。

观测时间		
日期	标准时	夏令时
12月15日	子夜	1am
1月1日	11pm	子夜
1月15日	10pm	11pm
2月1日	9pm	10pm
2月15日	8pm	9pm

△观测时间

每幅星图展示的是当月15日晚上当地时间10点时的星空。当然，它同时也是当月其他时间的星空。如果想要看到当晚其他时间的星空，你就需要参考其他月份的星图。

▽深空天体

以下图标分别用来代表天文爱好者们感兴趣的不同类型的深空天体。

深空天体

1月

无论在北半球还是南半球，壮丽的猎户座都是1月星空的绝对主角。它被描绘成一个猎人的形象，一手拿棒一手执盾，面对着金牛座，身后跟着他的两只猎犬——大犬座和小犬座。银河这条朦胧的暗带从东南方到西北方跨越整个北半球的天空；在南半球，大麦哲伦云高挂在空中。

北半球

恒星

1月的夜晚，对于北半球中纬度地区的观测者来说，全天最亮的恒星天狼星处于较好的观测位置，它正在南方地平线上方闪烁。天狼星是冬夜大三角（见第436页）靠南的那个角，组成冬夜大三角的另外两颗星是南河三和参宿四。

对于北半球中纬度地区的观测者来说，黄色的恒星五车二正好位于头顶，这颗亮星是最靠北的1等星，也是御夫座中最亮的恒星。东北方天空中，北斗七星斗柄在下方，飞马座大四边形渐渐沉入西方地平线。西北方天空中，银河经过御夫座，进入英仙座和仙后座。

深空天体

全天最适宜拍照的天体要数猎户座大星云（见第241页），它位于猎户座腰带三星的南边。对于北半球大部分地区来说，这个星云都很容易通过双筒望远镜看到。即使天气条件不佳，肉眼也能看到它呈现为一个模糊的光斑状。

利用双筒望远镜，还能够找到御夫座中的3个疏散星团：M36、M37和M38。

流星雨

每年1月3日至4日前后，北半球的观测者可以观看象限仪座流星雨。辐射点位于大熊座北斗七星的斗柄附近，这一区域过去曾经属于象限仪座，后来象限仪座这个星座被废弃了，但流星雨的名字却保留了下来。尽管流量较大，在极大时平均每小时达到100颗，但相对来说这场流星雨比较暗弱，所以在城区仅能看到很少的流星。

这场流星雨还有一个缺点，即峰值持续时间短，仅为几个小时，并且辐射点在东北方天空较低处，直到午夜之后才有好转。

疏散星团
使用双筒望远镜，能够从银河中找到御夫座的M36（图片中央）、M37（图片左侧）和M38（图片右侧）。

南半球

恒星

本月，对于南半球的观测者来说，全天最亮的两颗恒星——大犬座的天狼星和船底座的老人星正在高空中闪耀。猎户座最亮的星星参宿七和参宿四也高挂在天空中，金牛座最亮的星毕宿五在北方的低空中闪烁着红色的光。在接近北方地平线的地方，五车二正处于最佳观测位置。银河富含恒星的区域——船底座和半人马座天区位于东南方天空。相比之下，西边的半空则非常空旷，只散布着一些肉眼可见的恒星，其中最显眼的是1等星水委一，位于西南方天空波江座的末尾处。

深空天体

对于整个南半球的观测者们来说，本月猎户座大星云高挂在天空中，处于比较理想的观测位置。对于南纬20度附近的观测者来说，天狼星附近一个大的星团M41正好位于天顶。条件好的情况下，肉眼就能看到M41。

猎户座星云
M42在肉眼看来是一个模糊的光斑。只有长时间曝光的CCD照片才能展现它全部的繁复与美丽。

1月的夜晚，剑鱼座中的大麦哲伦云（见第310页）位于天子午线（贯穿北点、南点和天顶的一条假想的线）上，看上去像是从银河中分离出去的一个碎片。在其大量的恒星当中，比较突出的是蜘蛛星云，肉眼看去它好像一个光斑，大小和满月差不多。杜鹃座中的小麦哲伦云（见第311页）位于西南方地平线附近。

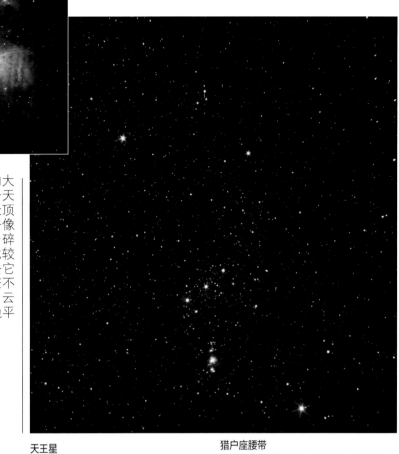

天王星

猎户座腰带
连成一线的3颗恒星构成了猎户座的腰带，在它的南边，可以看到模糊的M42。这幅图的上方是北。

海王星

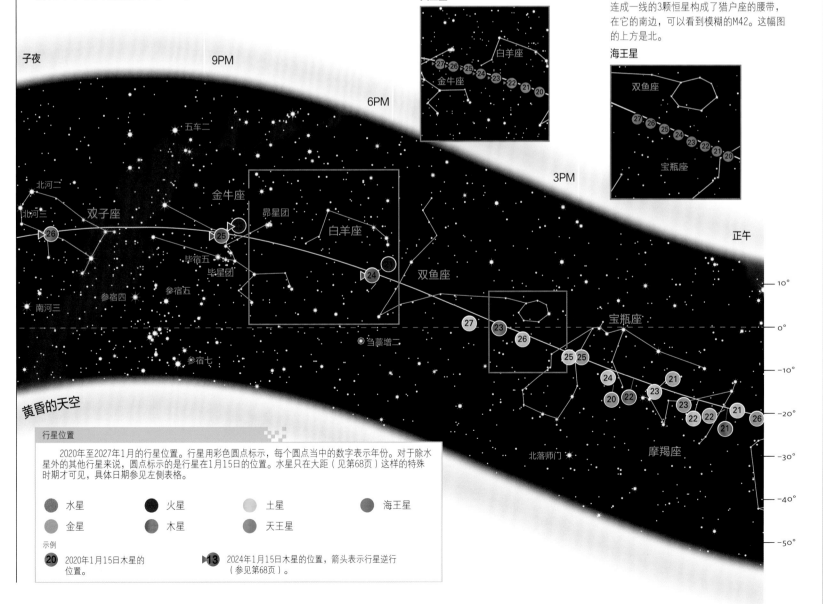

黄昏的天空

子夜　　9PM　　6PM　　3PM　　正午

五车二　北河二　北河三　双子座　金牛座　昴星团　白羊座　双鱼座　宝瓶座　毕宿五　毕星团　参宿四　参宿五　参宿七　南河三　刍藁增二　北落师门　摩羯座

行星位置

2020年至2027年1月的行星位置。行星用彩色圆点标示，每个圆点当中的数字表示年份。对于除水星外的其他行星来说，圆点标示的是行星在1月15日的位置。水星只在大距（见第68页）这样的特殊时期才可见，具体日期参见左侧表格。

- ● 水星
- ● 火星
- ● 土星
- ● 海王星
- ● 金星
- ● 木星
- ● 天王星

示例

⚫20 2020年1月15日木星的位置。

▶13 2024年1月15日木星的位置，箭头表示行星逆行（参见第68页）。

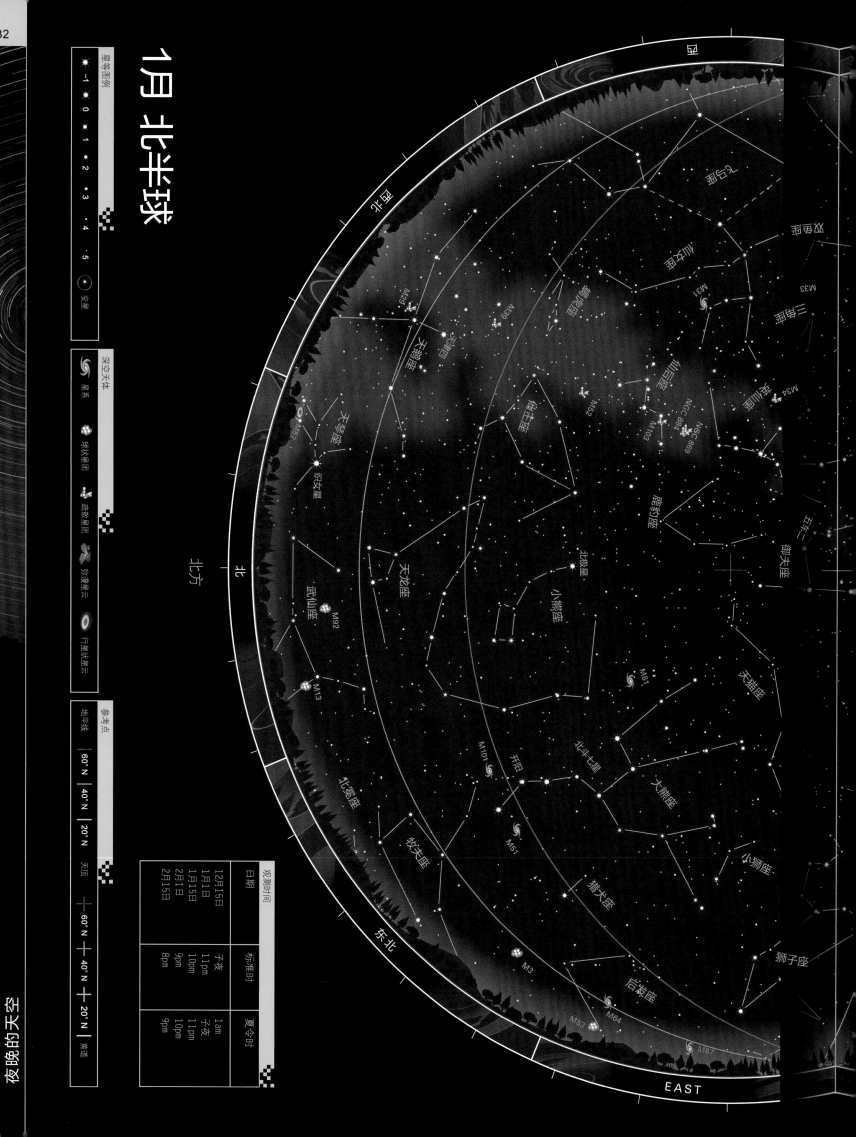

星等图例

★	−1
★	0
✦	1
•	2
•	3
•	4
·	5
⊙	变星

1月 北半球

深空天体

🌀	星系
✺	球状星团
🌟	疏散星团
☁	弥漫星云
◎	行星状星云

参考点

——	地平线	60°N	40°N	20°N
✛	天顶	60°N	40°N	20°N
✛	黄道			

观测时间

日期	标准时	夏令时
12月15日	子夜	1am
1月1日	11pm	子夜
1月15日	10pm	11pm
2月1日	9pm	10pm
2月15日	8pm	9pm

北方

北

西北

东北

EAST

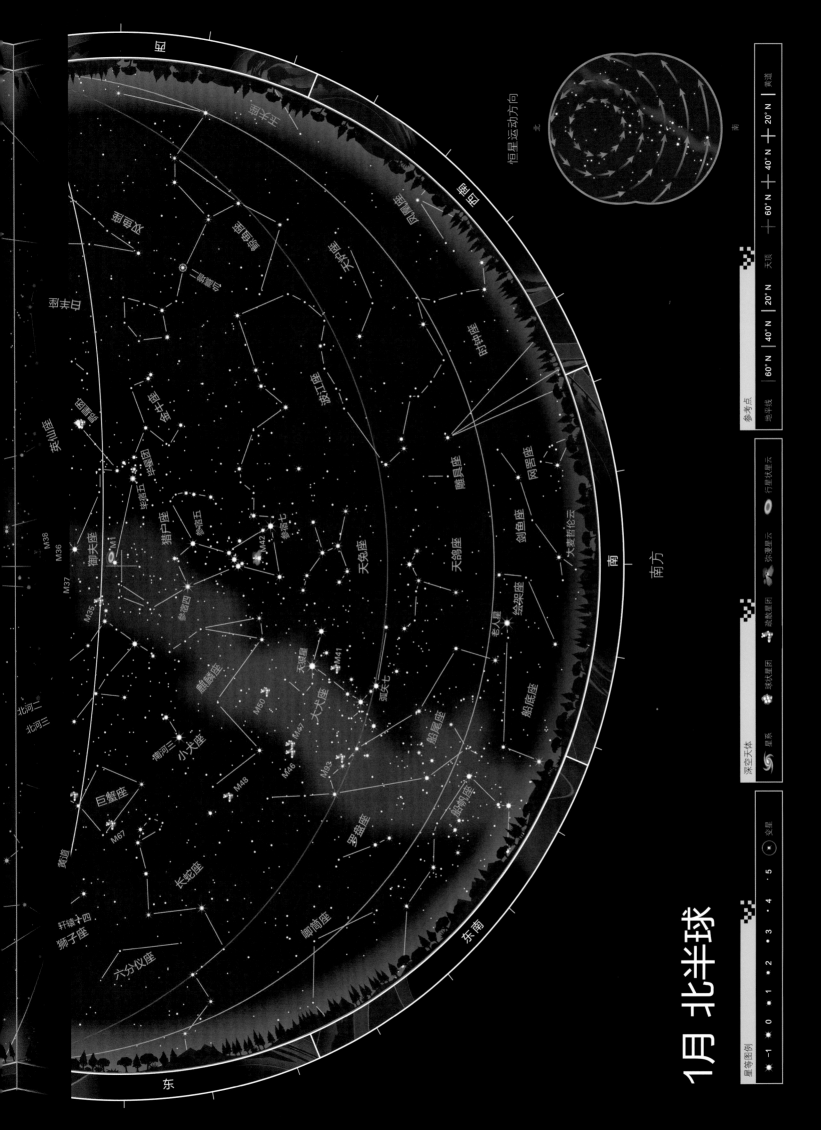

夜晚的天空

1月 北半球

南方

南

恒星运动方向

北

星等图例

参考点
天顶
地平线

深空天体
星系
球状星团
疏散星团
弥漫星云
行星状星云

黄道
20° N 40° N 60° N

20° N 40° N 60° N

东

东南

南

东北

西北

西

御夫座
英仙座
金牛座
毕星团
昴星团
猎户座
双子座
麒麟座
小犬座
巨蟹座
长蛇座
狮子座
六分仪座
罗盘座
船尾座
船帆座
船底座
大犬座
天兔座
天鸽座
绘架座
剑鱼座
网罟座
时钟座
波江座
天炉座
雕具座
凤凰座
大麦哲伦云

参宿四
参宿七
参宿五
参宿三
天狼星
老人星
弧矢七
南河三
北河二
北河三
轩辕十四

M1
M35
M36
M37
M38
M41
M42
M46
M47
M48
M50
M67
M93

−1 0 1 2 3 4 5 变星

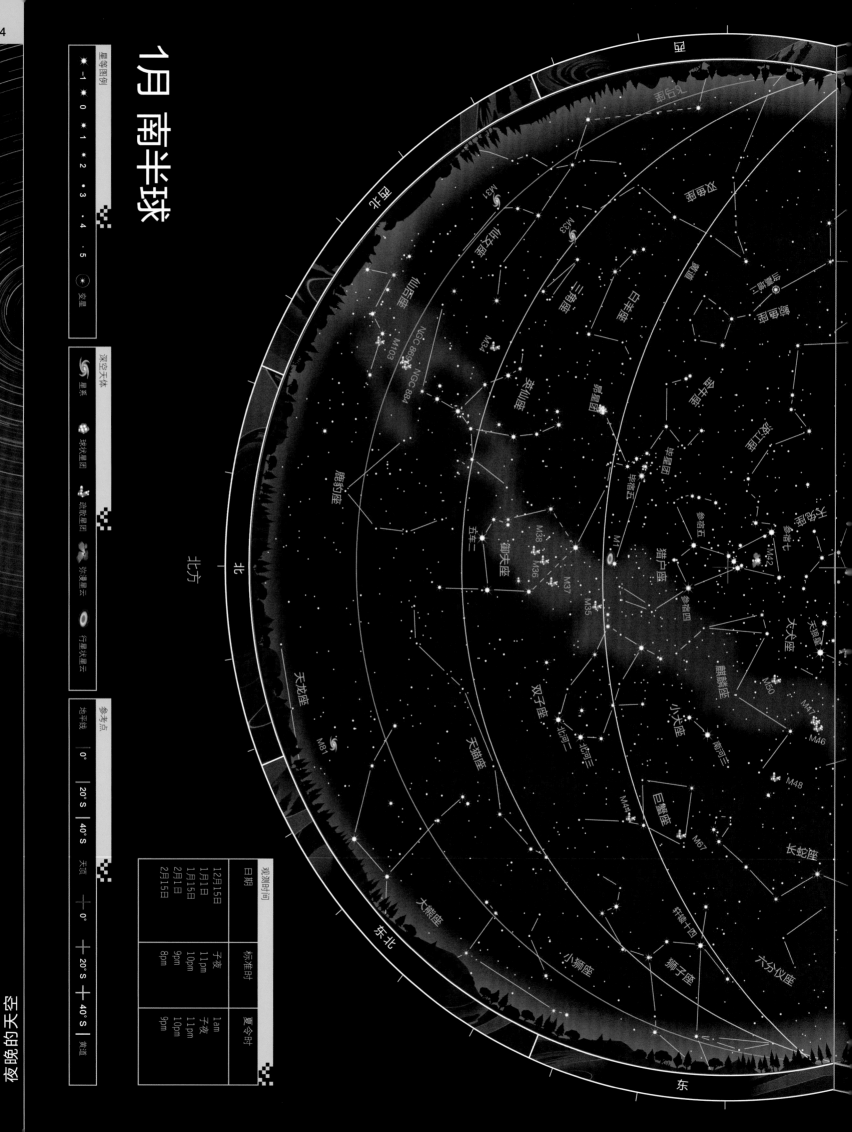

1月 南半球

星等图例

✴	-1
✴	0
✴	1
✳	2
·	3
·	4
·	5
⊛	变星

深空天体

🌀	星系
✺	球状星团
⁙	疏散星团
☁	弥漫星云
◎	行星状星云

观测时间

日期	标准时	夏令时
12月15日	子夜	1am
1月1日	11pm	子夜
1月15日	10pm	11pm
2月1日	9pm	10pm
2月15日	8pm	9pm

参考点

地平线	0°	20°S	40°S	天顶
	+	+	+	
	0°	20°S	40°S	
				黄道

星空图例

恒星运动方向

北

南

恒星等

-1 0 •1 •2 •3 •4 •5

星等图例

变星

深空天体

星系

球状星团

弥漫星云

疏散星团

漫散星云

行星状星云

参考点

地平线 | 0° | 20°S | 40°S

天顶

+ 0°   + 20°S   + 40°S

黄道

南

夜晚的天空

1月 南半球

东

东南

南方

南

巨爵座

乌鸦座

长蛇座

唧筒座

罗盘座

船帆座

M93

M41

大犬座

天兔座

天鸽座

雕具座

船尾座

船底座

绘架座

飞鱼座

剑鱼座

山案座

蝘蜓座

南十字座

半人马座

NGC 5139

豺狼座

圆规座

南三角座

天燕座

天坛座

孔雀座

南极座

网罟座

大麦哲伦云

时钟座

水蛇座

小麦哲伦云

NGC 104

凤凰座

杜鹃座

印第安座

天鹤座

玉夫座

波江座

天炉座

老人星

孤矢七

苍蝇座

2月

2月的夜晚，北半球黄道星座双子座中最亮的两颗星——北河二和北河三，位于天子午圈（一条想象的贯穿南北的线）附近，其南边紧邻的星座小犬座中的南河三也位于天子午圈附近。船底座、船尾座和船帆座这3个星座曾在古希腊神话中同属于一个大星座南船座，代表的是阿尔戈英雄们乘坐的大船，如今它们正高挂在南半球的夜空中。

北半球

恒星

2月，对于北半球中纬度地区的观测者来说，双子座几乎正好位于头顶。巨蟹座紧邻双子座，但在天空中的位置略低。它是最暗的黄道星座。双子座南边，由大犬座的天狼星、猎户座的参宿四和小犬座的南河三组成的冬夜大三角仍在天空中占据主宰地位。金牛座为躲开猎户座而向西方地平线退去，其上方是御夫座和英仙座。在靠近西北地平线的地方是W形的仙后座。狮子座正从东方的天空升起，其上方是我们熟悉的北斗七星，位于东北方的天空中。

深空天体

借助双筒望远镜，能够很容易看到双子座脚部附近有一个大的疏散星团M35。鬼星团（见第290页）M44位于附近的巨蟹座中。在双筒望远镜中，鬼星团看上去像一团松散的恒星，大小约为满月直径的3倍。鬼星团是古希腊人很早就熟知的星团，条件理想的时候，用肉眼就能看见

它，呈现为一个模糊的光斑。

银河穿过麒麟座。这是由于冬夜大三角的存在而时常被忽视的一个星座，其中包含很多疏散星团。这些星团中最著名的一个是NGC 2244，用双筒望远镜能够观测到它。它位于玫瑰星云的中心，而玫瑰星云只有在照片中才能清楚地看到。

冬夜大三角
北半球的冬夜星空中，明亮的天狼星（图片下方）与南河三（图片左上方）、参宿四（图片右上方）组成一个显眼的大三角形。

海王星

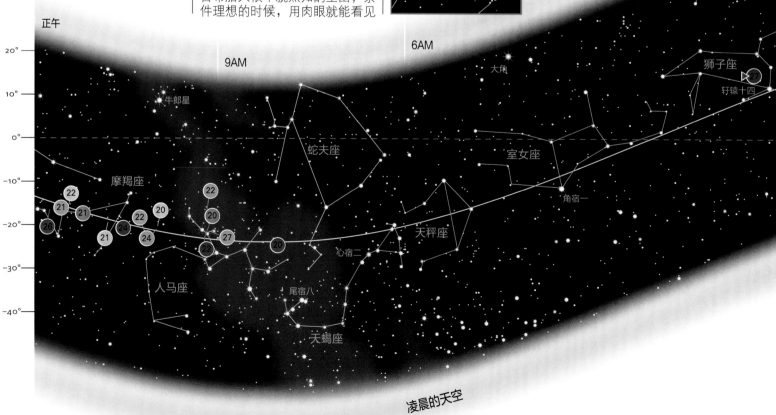

凌晨的天空

南半球

恒星

整个2月，对于南半球的观测者来说，全天最亮的两颗恒星——天狼星（见第252页）和老人星仍高挂在空中，而波江座末尾处的1等亮星水委一，则沉入了西南方地平线下。东南方天空中可以看到南十字座，其后是半人马座的亮星。更高处是假十字，它由船帆座和船底座中的4颗星组成，有时很容易跟真正的南十字搞混。

正北是双子座的北河二（见第276页）和北河三。猎户座仍高挂在天空中，西北方较低处是金牛座。对于南半球大多数地区来说，英仙座已经落下，御夫座紧随其后。同时，向东北方看去，狮子座那特有的形态已经出现在我们的视野中。

深空天体

这个月，银河蜿蜒着从东南方流向西北方，其中包含大量的星团，紧邻船尾座的M46和M47在其中非常显眼。这两个星团都恰好处于人眼能够分辨的极限，用双筒望远镜观看效果极佳。双筒望远镜能够看到的另两个美丽的疏散星团是NGC 2451和NGC 2477，也位于船尾座中。更南边，船帆座中的IC 2391和IC 2395也非常突出。

银河边界之外，疏散星团M41位于天狼星以南，北边是鬼星团（见第290页）M44，2月和3月都处于较好的观测位置。船底座中的疏散星团NGC 2516也非常显眼。剑鱼座中，大麦哲伦云和蜘蛛星云在老人星以南，也位于我们的视野中。

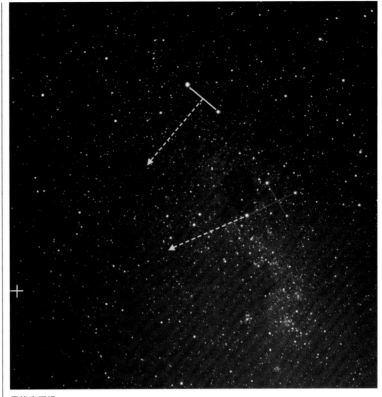

寻找南天极
南天极（图片左侧）处没有什么亮星，但可借助两条辅助线的交点定出它的位置。其中一条线是南十字座长轴的延长线，另一条是与半人马座 α 和 β 连线相垂直的线。

天王星

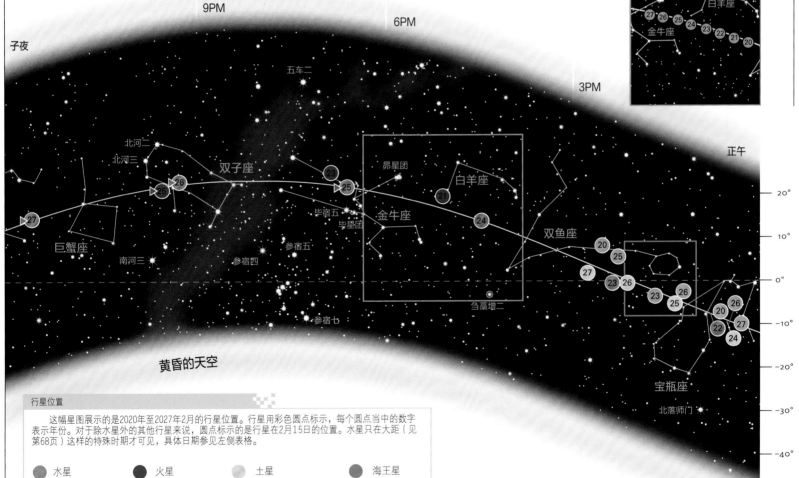

行星位置

这幅星图展示的是2020年至2027年2月的行星位置。行星用彩色圆点标示，每个圆点当中的数字表示年份。对于除水星外的其他行星来说，圆点标示的是行星在2月15日的位置。水星只在大距（见第68页）这样的特殊时期才可见，具体日期参见左侧表格。

⬤ 水星	⬤ 火星	⬤ 土星	⬤ 海王星
⬤ 金星	⬤ 木星	⬤ 天王星	

示例
⓴ 2020年2月15日木星的位置。

▶**25** 2025年2月15日木星的位置，箭头表示行星逆行（参见第68页）。

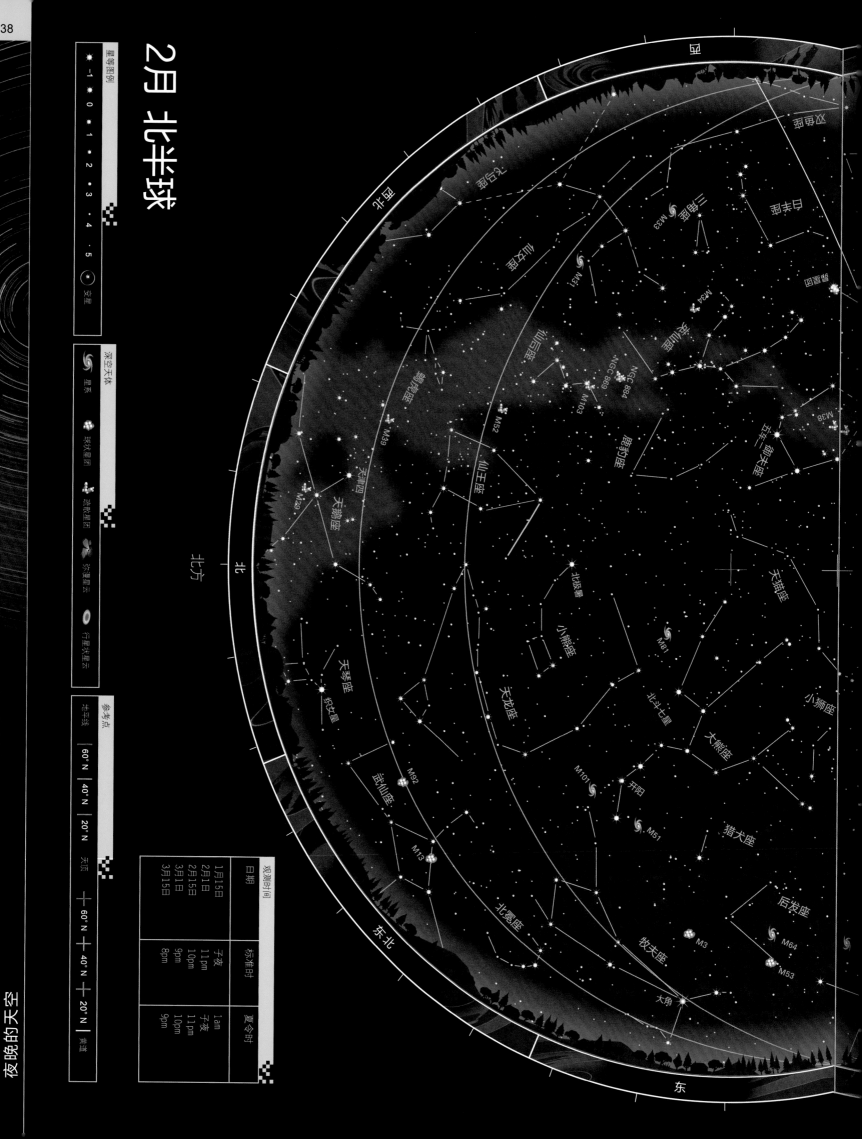

2月 北半球

星等图例

*	−1	
*	0	
•	1	
•	2	
•	3	
•	4	
•	5	
⊛		变星

深空天体

🌀	星系	
✺	球状星团	
✦	疏散星团	
☁	弥漫星云	
⬭	行星状星云	

参考点

──	地平线	
	60° N	40° N	20° N
+	天顶	
	60° N	40° N	20° N
+	黄道	

观测时间

日期	标准时	夏令时
1月15日	午夜	1am
2月1日	11pm	午夜
2月15日	10pm	11pm
3月1日	9pm	10pm
3月15日	8pm	9pm

北方

北

东北

东

夜晚的天空

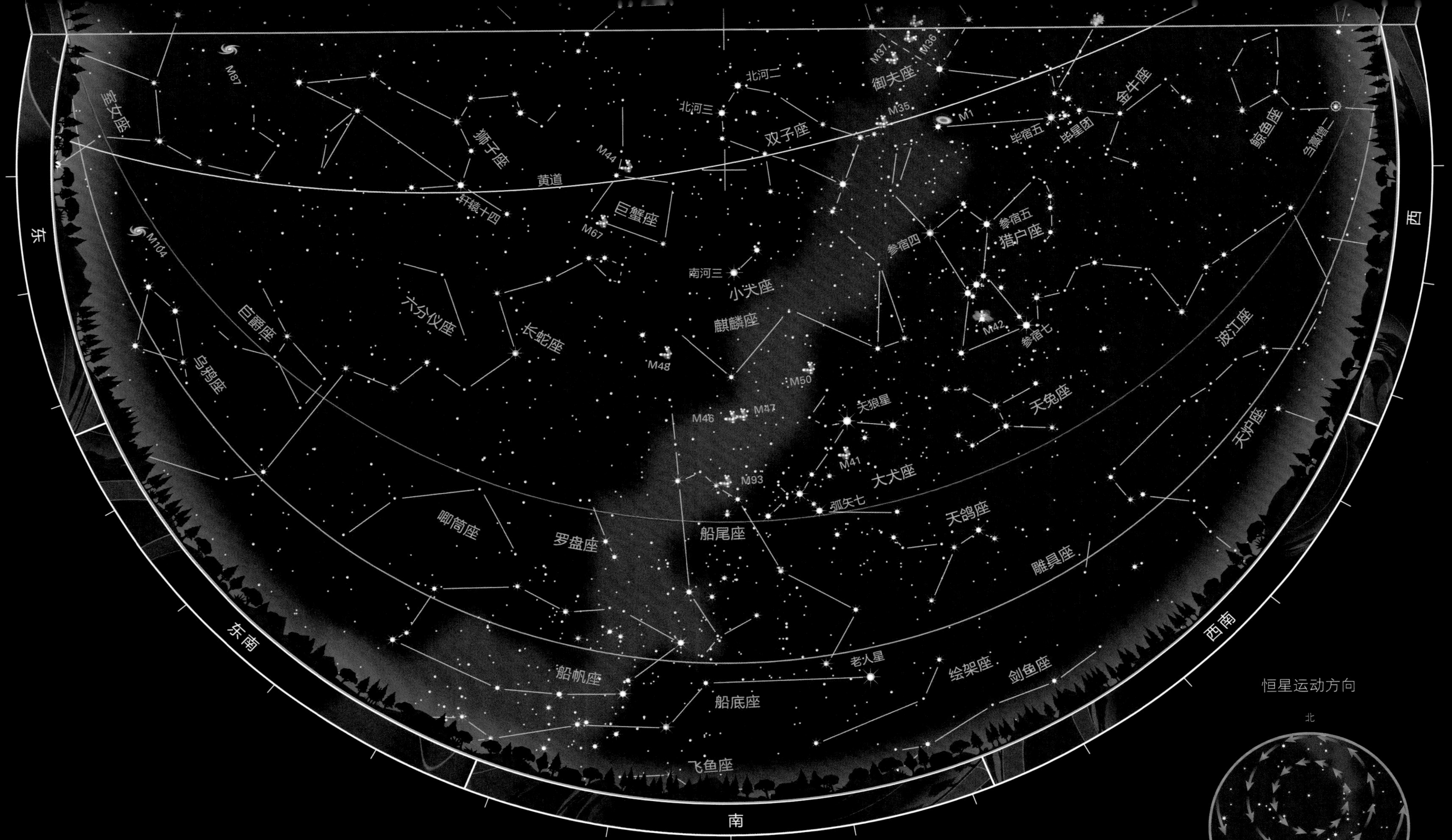

夜晚的天空

2月 北半球

恒星运动方向

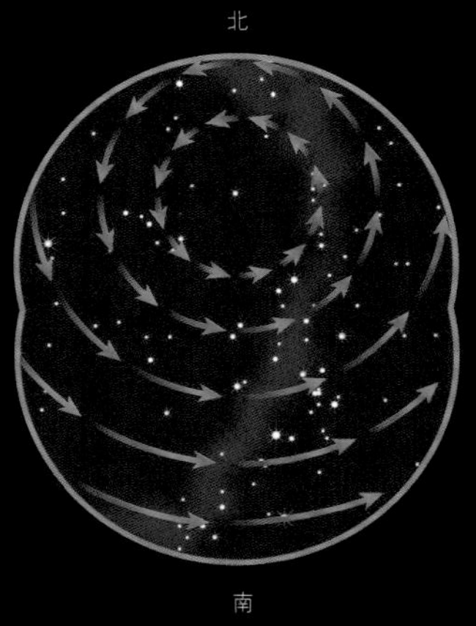

南

北

南

南方

东南

东

参考点
天顶 | 20° N
天顶 | 40° N
60° N | 20° N
地平线 | 40° N | 60° N
地平线

深空天体
星系 | 弥漫星云 | 行星状星云
球状星团 | 疏散星团

星等图例
-1 · 0 · 1 · 2 · 3 · 4 · 5
变星

黄道

星座名称：
室女座、乌鸦座、巨爵座、长蛇座、六分仪座、轩辕十四、狮子座、巨蟹座、双子座、麒麟座、小犬座、船尾座、罗盘座、船帆座、唧筒座、船底座、飞鱼座、剑鱼座、绘架座、天鸽座、天兔座、雕具座、大犬座、天狼星、南河三、北河二、北河三、御夫座、金牛座、猎户座、参宿四、参宿七、毕宿五、昴星团、老人星、弧矢七

M87、M104、M44、M67、M48、M46、M47、M93、M50、M41、M42、M35、M37、M36、M1

天顶

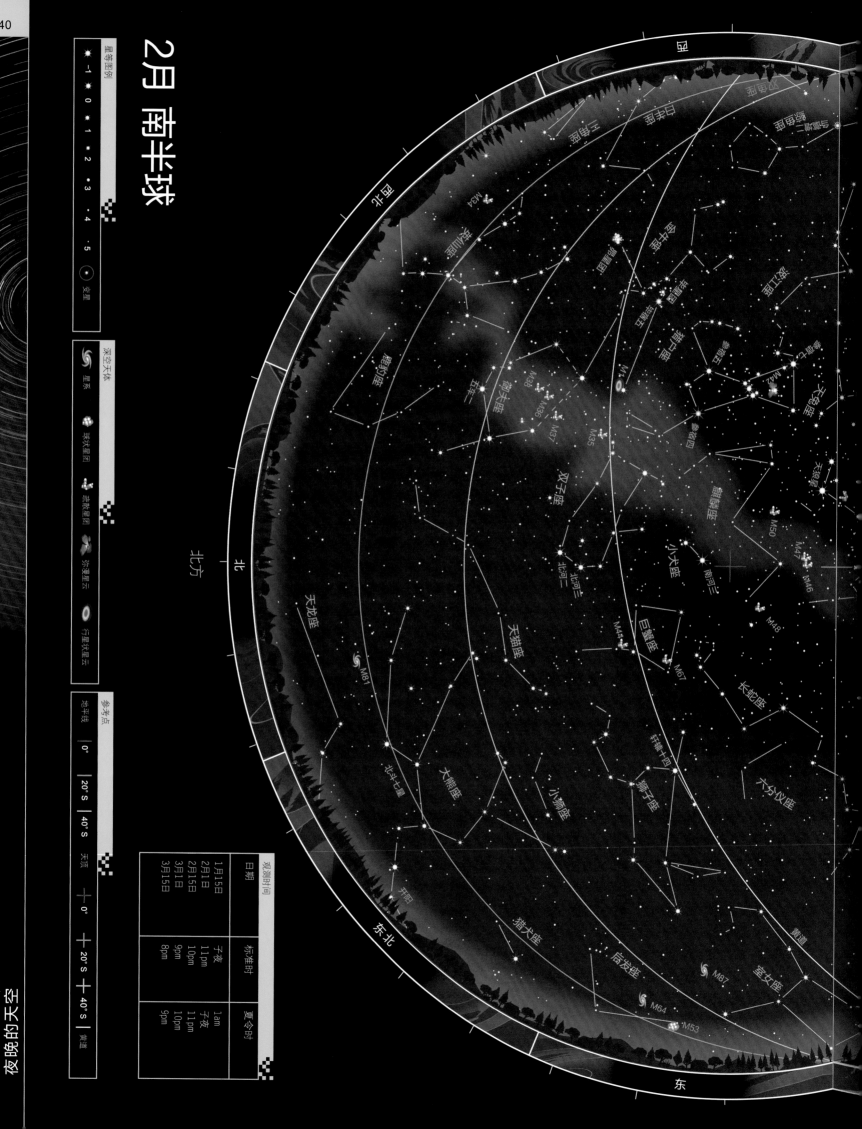

2月 南半球

星等图例

★	-1
★	0
·	1
·	2
·	3
·	4
·	5
⊙	变星

深空天体

🌀	星系
✦	球状星团
✶	疏散星团
☁	弥漫星云
◉	行星状星云

参考点

地平线	0°	20°S	40°S	天顶

观测时间

日期	标准时	夏令时
1月15日	子夜	1am
2月1日	11pm	子夜
2月15日	10pm	11pm
3月1日	9pm	10pm
3月15日	8pm	9pm

北方

北

东北

东

夜晚的天空

2月 南半球

星等图例

深空天体

参考点

恒星运动方向

室女座
角宿一

M104
乌鸦座
M83
巨爵座
天蛇座
长蛇座
唧筒座
船帆座
罗盘座
船底座
飞鱼座
绘架座
剑鱼座
网罟座
大麦哲伦云
山案座
南极座
南三角座
圆规座
矩尺座
豺狼座
十字架二
十字架一
南十字座
十字架三
半人马座
NGC 5139
苍蝇座
蝘蜓座
水蛇座
杜鹃座
小麦哲伦云
NGC 104
印第安座
天鹤座
凤凰座
网罟座
时钟座
雕具座
天炉座
老人星
船尾座
天鸽座
天兔座
M41
弧矢七
天狼座
M93

孔雀座
天燕座
天坛座
蝎虎座
南鱼座
水委一

南方
南
东南
东

特殊天象

月相

满月		新月
2020年	3月9日	3月24日
2021年	3月28日	3月13日
2022年	3月18日	3月2日
2023年	3月7日	3月21日
2024年	3月25日	3月10日
2025年	3月14日	3月29日
2026年	3月3日	3月19日
2027年	3月22日	3月8日

行星

2020年3月31日
火星和土星黎明前在东方低空中可见，相距两个月亮的宽度。

2021年3月6日
水星早上大距，星等0.4等。

2022年3月20日
金星早上大距，星等4.4等。

2023年3月2日
金星和木星黄昏时在西方天空中可见，相距约一个月亮的宽度。

2024年3月24日
水星晚上大距，星等0.1等。

2025年3月20日
金星晚上大距，星等－0.1等。

2027年3月17日
水星早上大距，星等0.4等。

2028年3月12日
木星冲日，星等－2.0等。

日月食

2025年3月14日
月全食。可见区域：太平洋、北美洲、中美洲、南美洲、欧洲西部、非洲西部。

2025年3月19日
日偏食。可见区域：非洲西北部、欧洲、俄罗斯北部。

2026年3月3日
月全食。可见区域：北美洲西北部、太平洋、亚洲东北部、澳大利亚东部、北极地区、南极洲。

3月

　　当太阳逐渐接近春分点时，北半球的夜晚变短，南半球夜晚变长。在3月20日，太阳精确地位于天赤道上，全世界昼夜平分。对于北半球的观测者来说，猎户座及其他一些壮丽的星座逐渐落向西方地平线；对于南半球的观测者来说，船底座和半人马座这些银河中恒星密集的天区开始登上舞台。

北半球

恒星

　　狮子座头部的星星组成显眼的镰刀形，在这个月北半球的夜空中占据着头等重要的位置，它右侧那一组暗弱的星星组成巨蟹座。南方天空中，狮子座的下方，那一片区域看上去有些空旷，那里分布着六分仪座、巨爵座和长蛇座。这一区域唯一比较突出的恒星是长蛇座中的2等星星宿一，其拉丁星名的意思恰好是"孤独的一个"，它位于天子午线上。

　　北斗七星的勺头高挂在东北方的天空中，斗柄指向牧夫座的亮星大角星，当大角星出现在天空中时，意味着北半球的春季到来了。室女座的角宿一距离地平线更近了。双子座和御夫座的亮星仍高挂在西方天空中，金牛座和猎户座则在更低处。天狼星在西南方地平线附近闪耀。

深空天体

　　3月北半球的夜空中，大熊座天区里美丽的旋涡星系M81（见第314页）位于天子午线附近，晴朗的夜晚用双筒望远镜能够找到它。更靠南的地方，巨蟹座中的鬼星团（见第290页）M44处于较佳位置，非常适宜观测。

狮子座大镰刀
标示狮子座头部和脖子的亮星，组成了一个非常明显的镰刀形，或者说是一个反写的大问号。

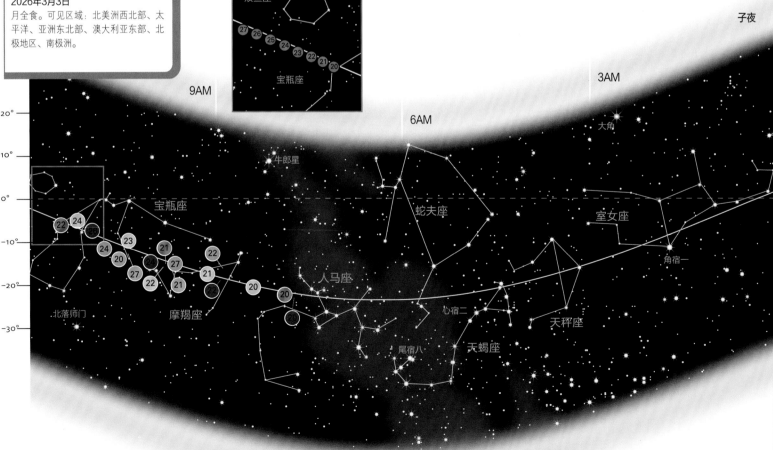

凌晨的天空

赝十字
船帆座中的两颗星（图片左上方和中央右侧），以及船底座中的两颗星（图片中央左侧和右下方），在南天中形成一个赝十字。

南半球

恒星

对于南半球的所有观测者来说，狮子座及其最亮星轩辕十四（见第253页）高挂在北半边天空中，双子座的北河二（见第276页）和北河三位于西北方低空中。天狼星（见第252页）仍在西方的天空中闪闪发光，一旁的猎户座已沉向西方地平线。对于中纬度地区的观测者来说，长蛇座中最亮的恒星星宿一，几乎正好位于头顶，东南方的天空中也正是因为有了长蛇座，那一片区域才不至于显得那么空旷。

室女座中最亮的星是角宿一。它位于东方天空中，较易观测。船底座中的老人星在西南方天空中也格外显眼。然而，我们关注的焦点应该放在东南方天空中的南十字座，它正位于半人马座的亮星α（南门二，见第252页）和β（马腹一）连线延长出去的地方。

深空天体

3月的夜晚，著名的疏散星团——南天昴星团IC 2602，位于天子午线附近。其最亮的成员是3等星船底座θ，用肉眼就能看见，用双筒望远镜观测会发现其中包含至少20多颗成员星。

南天昴星团向北4度的地方，有一片巨大的发光区域，肉眼就能看见，这就是NGC 3372，也叫船底座星云（见第247页），它其中包括奇异的变星船底座η（见第262页）。更靠北的地方，在唧筒座和船帆座之间，用望远镜能够找到行星状星云NGC 3132，也叫8字星云。西南方的天空中，可以看见大麦哲伦云和剑鱼座中的蜘蛛星云。

天王星

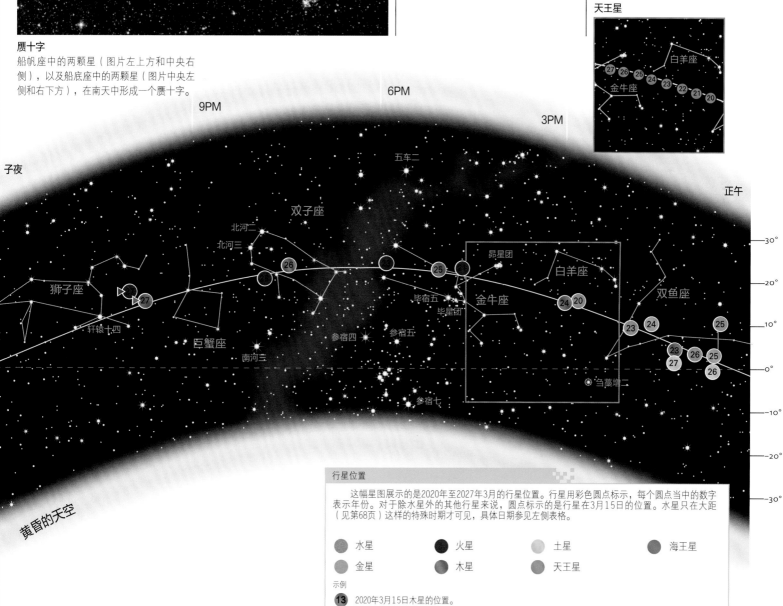

行星位置

这幅星图展示的是2020年至2027年3月的行星位置。行星用彩色圆点标示，每个圆点当中的数字表示年份。对于除水星外的其他行星来说，圆点标示的是行星在3月15日的位置。水星只在大距（见第68页）这样的特殊时期才可见，具体日期参见左侧表格。

| ● 水星 | ● 火星 | ○ 土星 | ● 海王星 |
| ● 金星 | ● 木星 | ● 天王星 | |

示例
⑬ 2020年3月15日木星的位置。

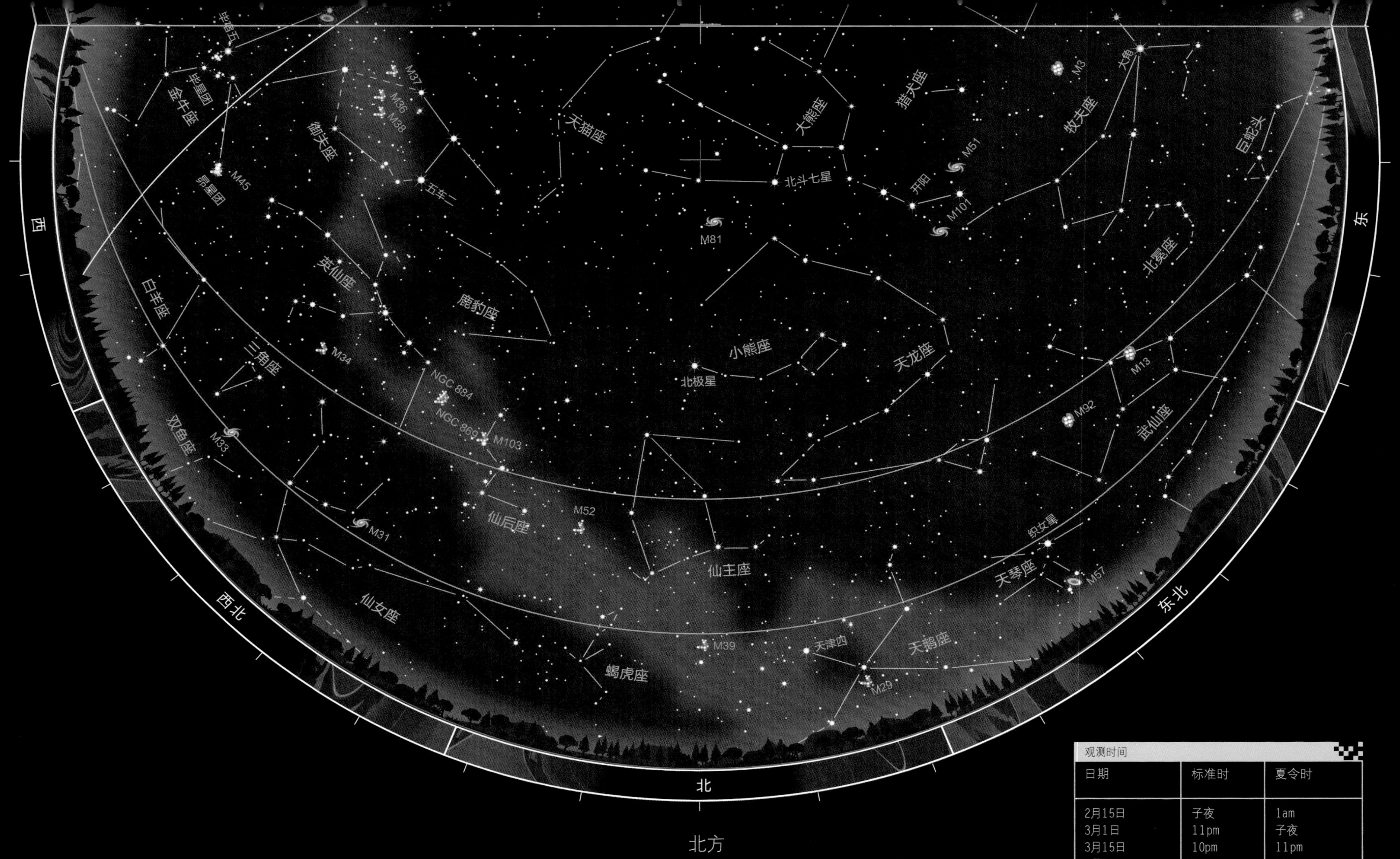

3月 北半球

星等图例

-1	
0	
1	
2	
3	
4	
5	
变星	

深空天体

- 星系
- 球状星团
- 疏散星团
- 弥漫星云
- 行星状星云

参考点

地平线	天顶	黄道
60°N	40°N	20°N
60°N	40°N	20°N

观测时间

日期	标准时	夏令时
2月15日	子夜	1am
3月1日	11pm	子夜
3月15日	10pm	11pm
4月1日	9pm	10pm
4月15日	8pm	9pm

北方

北

西北

东北

东

西

M33 M31 M34 M45 M38 M36 M37 NGC 884 NGC 869 M103 M52 M39 M81 M101 M51 M29 M57 M92 M13 M3

英仙座 仙后座 仙王座 鹿豹座 小熊座 北极星 北斗七星 大熊座 开阳 天龙座 猎犬座 牧夫座 大角 武仙座 天琴座 天鹅座 天津四 蝎虎座 三角座 仙女座

夜晚的天空

3月 北半球

西

北

南

南方

东

东南

大熊座
小狮座
狮子座
轩辕十四
黄道
后发座
M64
M87
M53
M104
室女座
角宿一
乌鸦座
巨爵座
天秤座
M5
六分仪座
长蛇座
巨蟹座
M44
M67
南河三
小犬座
麒麟座
M48
M50
M47
M46
M41
大犬座
天狼星
船尾座
罗盘座
船帆座
唧筒座
半人马座
南十字座
十字架
NGC 5139
M83
飞鱼座
双子座
南河三角
M37
M35

恒星运动方向

北

参考点
地平线 | 60°N | 40°N | 20°N | 天顶

20°N | 40°N | 60°N

深空天体
星系 | 球状星团 | 疏散星团 | 弥漫星云 | 行星状星云

星等图例
-1 | 0 | 1 | 2 | 3 | 4 | 5 | 变星

3月 南半球

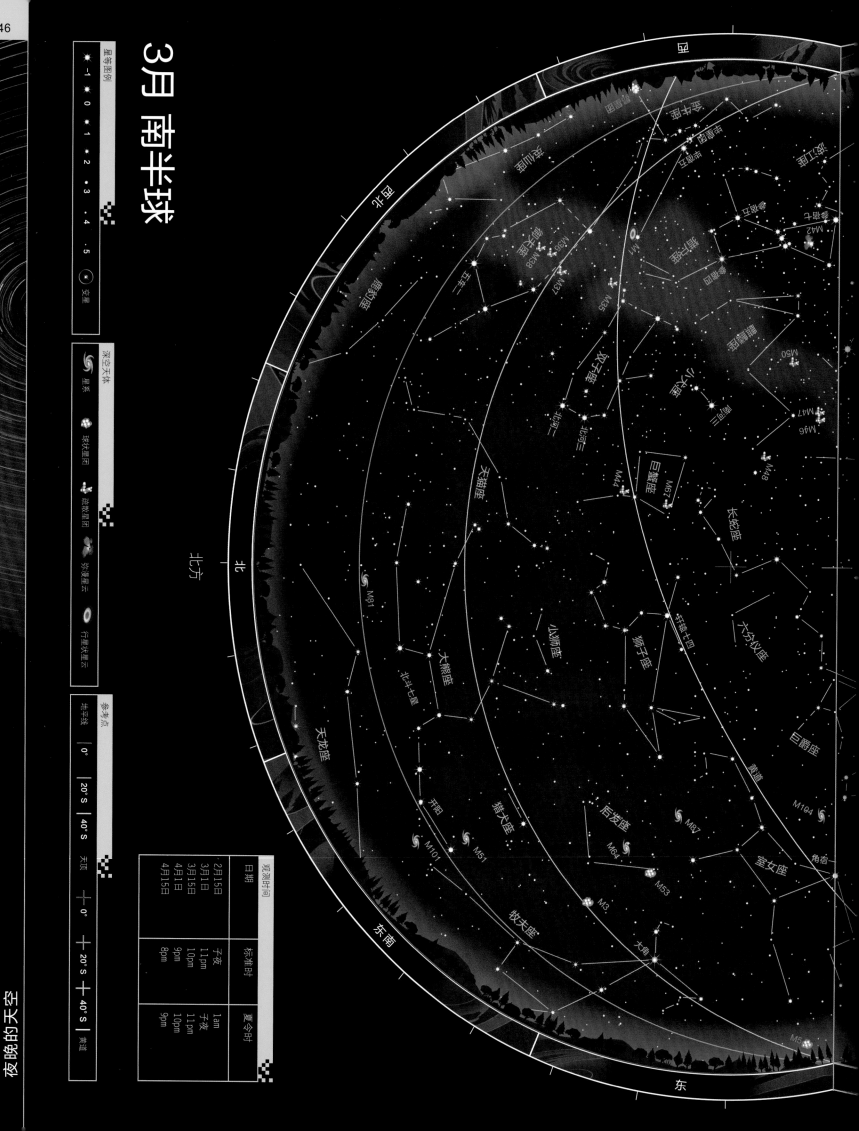

星等图例

★	−1
★	0
★	1
•	2
•	3
•	4
•	5
⊙	变星

深空天体

⟋	星系
❀	球状星团
✿	疏散星团
☁	弥漫星云
◎	行星状星云

参考点

地平线	0°
	20°S
	40°S
天顶	+
	+ 0°
	+ 20°S
	+ 40°S

日期	观测时间		
		标准时	夏令时
2月15日		子夜	1am
3月1日		11pm	子夜
3月15日		10pm	11pm
4月1日		9pm	10pm
4月15日		8pm	9pm

3月 南半球

南方

恒星运动方向

北

南

4月

对于中纬度地区的观测者来说，大家所熟知的北斗七星正位于头顶上方，狮子座占据着更靠南的天空。东方天空中，牧夫座那黄色的大角星宣告着北半球春天的来临。南半球的夜空中，南十字座位于天子午线附近，半人马座α（南门二）和β（马腹一）高挂在东南方天空中。

行星

2022年4月5日
火星和土星黎明前出现在东方低空中，相距约半个月亮的宽度。

2022年4月29日
水星晚上大距，星等0.5等。

2022年4月30日
金星和木星黎明前出现在东方低空中，相距约半个月亮的宽度。

2023年4月11日
水星晚上大距，星等0.3等。

2025年4月21日
水星早上大距，星等0.6等。

2025年4月29日
金星和土星黎明前出现在东方低空中，相距约7个月亮的宽度。

2026年4月3日
水星早上大距，星等0.5等。

日月食

2022年4月30日
日偏食。可见区域：太平洋东南部、南美洲南部。

2023年4月20日
全环食。可见区域：印度尼西亚、澳大利亚、巴布亚新几内亚。环食带上，一开始能看到日环食，中间能看到日全食，最后看到的还是日环食。

2024年4月8日
日全食。可见区域：墨西哥、美国中部、加拿大东部。
日偏食。可见区域：北美洲、中美洲。

北半球

恒星

4月的夜晚，北斗七星高挂在天空中。斗前二星指向北极星（见第278～279页），顺着斗柄的方向延长出去，则能找到牧夫座的大角星，它是位于天赤道以北最亮的恒星。继续沿着这条线延长下去，能够找到室女座中的最亮星角宿一，它位于东南方地平线附近。在室女座和狮子座以南的那片天区，大多比较空旷，好在其中蜿蜒着长蛇座的星星，占据了很大一片区域。到了4月，冬季夜空的大多恒星都已消失在西方天空中，只有双子座仍然可见，还有御夫座的五车二在西北方天空中闪闪发光。

深空天体

这个月，北半球大熊座天区中美丽的旋涡星系M81（见第314页）处于较佳的观测位置。在后发座中，有一个值得注意的大疏散星团。其中包含很多5等以及更暗的恒星，呈扇形散开在一片比满月大几倍的天区内。这就是著名的后发座星团，用广角双筒望远镜观测效果较好。它的南边是室女座星系团（见第329页），要想看到其中那数目众多但很暗的成员星系，需要借助望远镜。

恒星

天琴座流星雨是一年当中相对较弱的流星雨，每年4月21至22日左右达到极大，届时平均每小时可以看到十几颗流星，辐射点位于天琴座的织女星（见第253页）附近。尽管数目并不多，但天琴座流星雨很亮，也很快。黎明时分，织女星在天空中的位置最高，流星出现的频率也最高，在这个峰值之外的其他时间，流星量都少得多。

海王星

北斗七星
人们熟悉的北斗七星高挂在春季的北方夜空中。

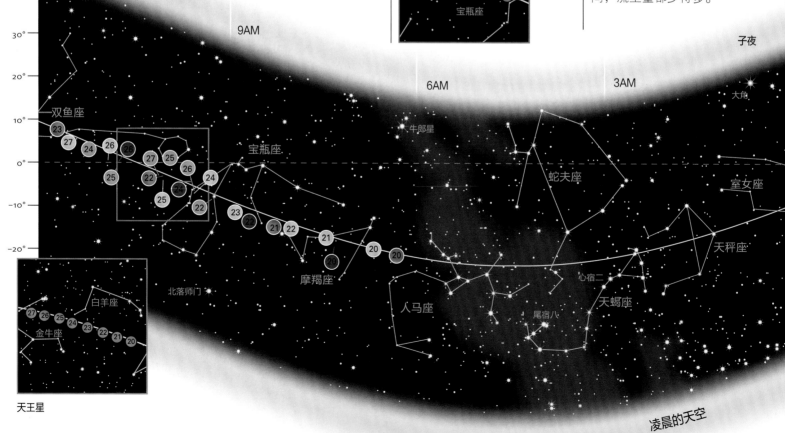

天王星

凌晨的天空

南半球

恒星

在南半球，南十字座几乎正好位于天子午线上，半人马座 α（南门二，见第252页）和 β（马腹一）在它左侧稍低的地方。天蝎座的心宿二正从东南方升起，船底座中的老人星逐渐沉入西南方地平线。长蛇座那长长的身体蜿蜒在我们头顶上方。它的头部紧邻西北方的巨蟹座，尾部则在东南方天空的天秤座和半人马座之间。室女座中的最亮星角宿一高挂在东方天空。东北方天空中，狮子座和牧夫座的大角星位于北边。南纬40度以北地区的观测者可以在北方地平线附近看到北斗七星。

恒星

紧挨着南十字座，银河中有一个肉眼就可看见的明显裂隙。事实上，这是一个暗星云，即著名的煤袋星云，它挡住了后面恒星发出的光。它的边缘处是宝盒星团（见第294页）NGC 4755，肉眼看去它好像一颗模糊的恒星。

船底座可以看到的星团是IC 2602和船底座星云（见第247页）NGC 3372。东边，在半人马座天区银河富含恒星的区域，有球状星团NGC 5139，即半人马座 ω 星团，它看上去像一颗模糊的4等星。北方天空中，对于望远镜观测者们来说，室女星系团的成员这个月正处于较佳的观测位置。

船底座大星云
这个位于银河南边的巨大星云，肉眼就能看见。船底座 η（图片中央左侧）是一颗奇异的变星，它周围环绕着一团发光的气体壳。

煤袋星云
这个暗的尘埃云（图片中央左侧）紧邻南十字座，其轮廓在明亮的银河背景中被映衬出来。

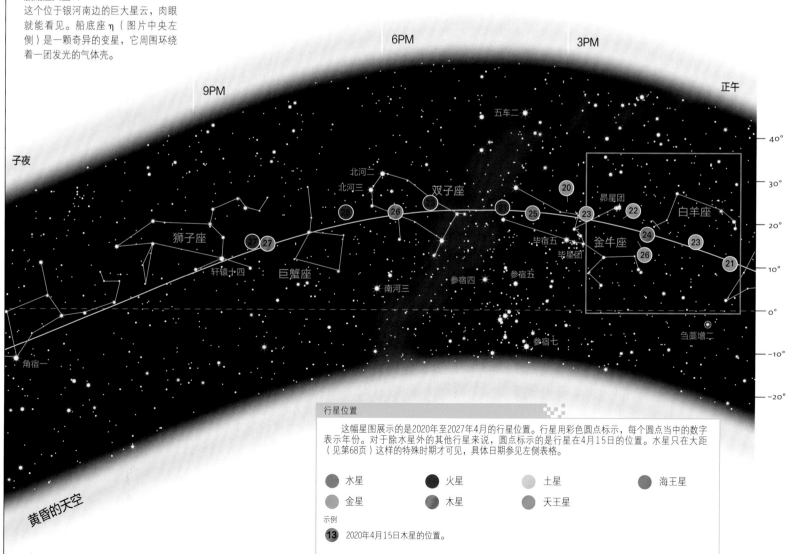

黄昏的天空

行星位置

这幅星图展示的是2020年至2027年4月的行星位置。行星用彩色圆点标示，每个圆点当中的数字表示年份。对于除水星外的其他行星来说，圆点标示的是行星在4月15日的位置。水星只在大距（见第68页）这样的特殊时期才可见，具体日期参见左侧表格。

- 水星
- 火星
- 土星
- 海王星
- 金星
- 木星
- 天王星

示例
(13) 2020年4月15日木星的位置。

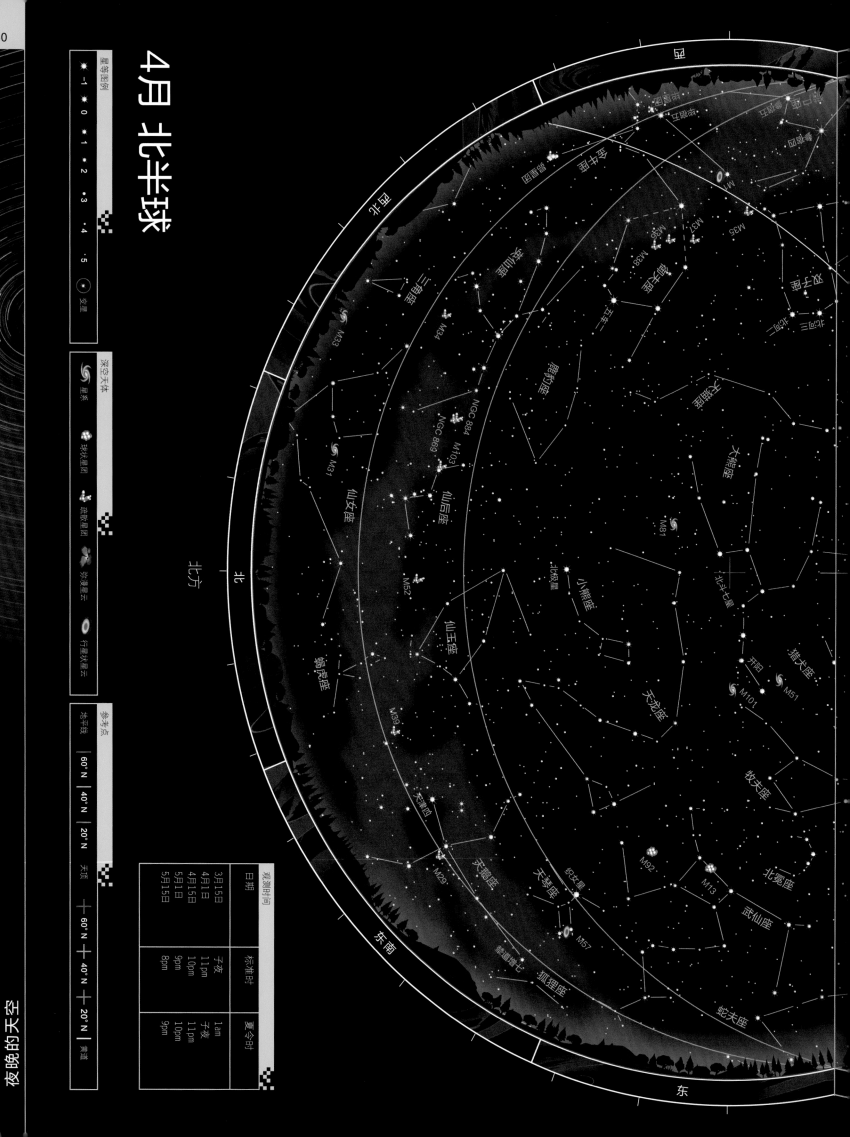

4月 北半球

观测时间

日期	标准时	夏令时
3月15日	1am	子夜
4月1日	子夜	11pm
4月15日	11pm	子夜
5月1日	10pm	11pm
5月15日	9pm	10pm
	8pm	9pm

参考点

地平线	60°N	40°N	20°N	天顶
	60°N	40°N	20°N	黄道

北方

夜晚的天空

4月 北半球

北

南

南方

南

东南

东

恒星运动方向

星等图例
· -1　· 0　· 1　· 2　· 3　· 4　· 5

参考点
十 20° N　十 40° N　十 60° N　黄道
地平线　60° N　40° N　20° N　天顶

深空天体
星系　球状星团　疏散星团　弥漫星云　行星状星云

大熊座
狮子座
巨爵座
乌鸦座
室女座
后发座
牧夫座　大角
巨蛇头
蛇夫座
天秤座
天蝎座
豺狼座
半人马座
南十字座
船底座
船帆座
唧筒座

M3
M53
M64
M87
M104
M83
M15
M80
M4
M12
M10
M5
M44
M67
角宿
NGC 5139
十字架二
十字架三
十字架一
马腹一
M48
M46
M50
M41
M47

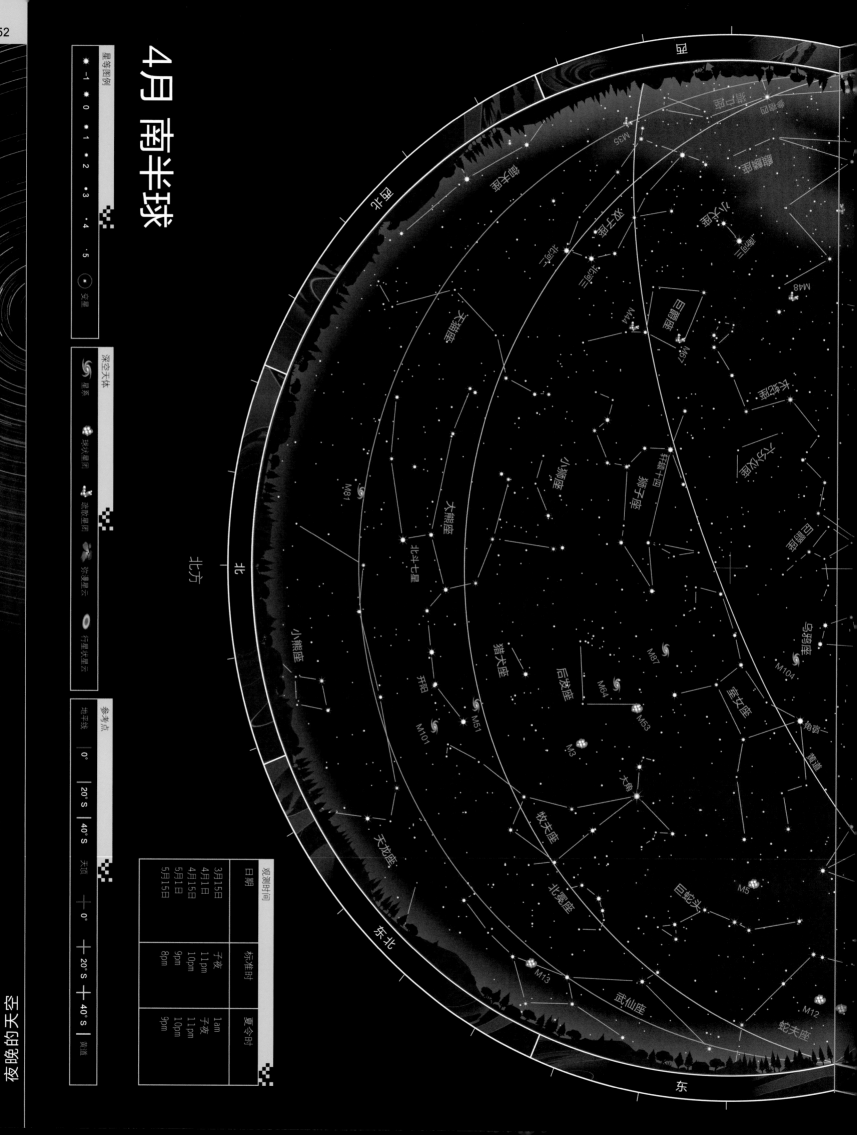

4月 南半球

星等图例

-1
0
1
2
3
4
5
变星

深空天体

星系
球状星团
流散星团
弥漫星云
行星状星云

参考点

地平线 | 0° | 20°S | 40°S | 天顶
0° | 20°S | 40°S
黄道

观测时间		
日期	标准时	夏令时
3月15日	子夜	1am
4月1日	11pm	子夜
4月15日	10pm	11pm
5月1日	9pm	10pm
5月15日	8pm	9pm

北方
北
北

东北
东

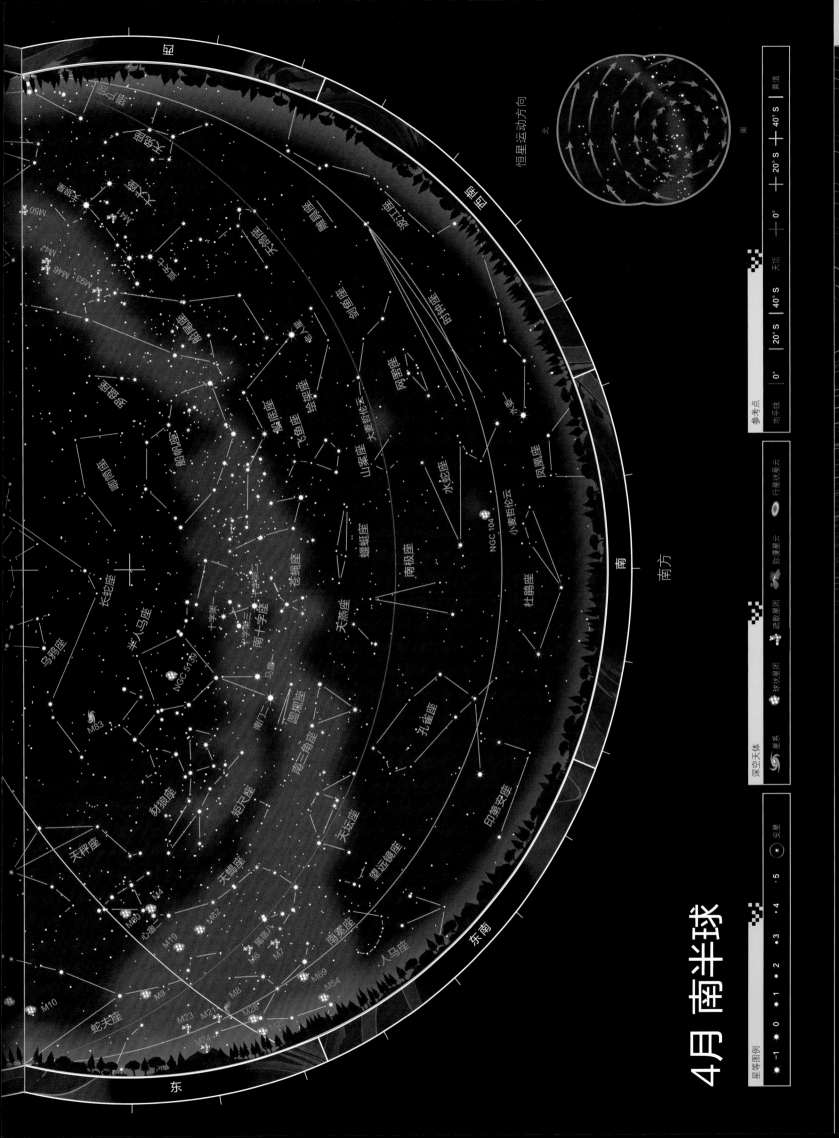

4月 南半球

5月

当夏季到来，北半球的白昼变长，夜晚的观测也因此推迟；南半球则恰恰相反，其白昼变短，夜晚变长，夜间观测可以早些开始。对于北半球的观测者来说，北斗七星高挂在天空中，室女座位于正南。南半球的观测者能够看到人马座和南十字座中的壮丽恒星，此时它们正位于最高的位置。

北半球

恒星

这个月，北斗七星斗柄的顶端位于天子午线上。斗柄的第二颗星开阳，有一个比它暗弱的伴星"辅"，肉眼就能看到（见第276页）。弯曲的斗柄指向牧夫座橙色的大角星，此时大角星也高挂在天空中。几乎位于正南方的是室女座最亮的恒星角宿一。

冬季最后一个星座双子座，开始落向西北方的地平线。当它消失后，夏季的恒星将从东方升起，以天琴座耀眼的蓝白色恒星织女星（见第253页）为代表。对于北半球较低纬度的观测者来说，心宿二和天蝎座中的其他恒星开始出现在东南方的地平线上。

深空天体

5月的夜空，有两个较大且相对比较明亮的星系处于较佳的观测位置。位于北斗七星斗柄南边的是车轮星系（见第315页）M51，位于斗柄北边的是M101，它比M51更大，但不那么显眼。晴朗的夜晚，通过双筒望远镜观看，它们都呈现为模糊的光斑，要想看到其中的旋臂结构，需要借助望远镜。此时，扇形的后发星团和室女座星系团（见第329页）的观测位置也比较好。

流星雨

这个月可以看到宝瓶座 η 流星雨，但由于辐射点几乎位于天赤道上，对于纬度比较靠北的观测者来说，观测效果不佳。

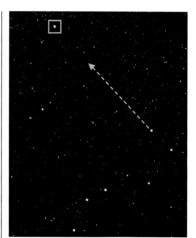

寻找北极星
位于北斗七星勺口处的两颗星——天枢（大熊座 α）和天璇（大熊座 β），连线指向北极星（绿框所示）。

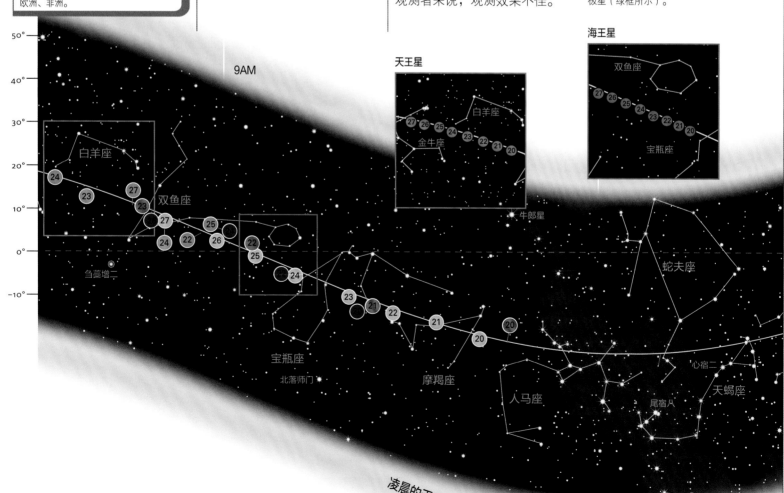

南半球

恒星

5月的夜晚，南十字座以及半人马座中两颗用来指示南十字座的亮星——半人马座α（南门二）和半人马座β（马腹一），正高挂在南半球的夜空中。南十字座位于天子午线以西，南门二和马腹一则位于天子午线东侧。南门二通常被描述为距离太阳最近的、肉眼可见的恒星，实际上它包含两颗黄色的恒星，构成一对双星，用小望远镜就能很容易地分辨。南十字座中最亮的成员十字架二，即南十字座α，也是一对双星，用小望远镜能够分辨，但它的成员星是蓝白色的。室女座中的角宿一高挂在头顶，牧夫座中橙色的大角星位于北边。狮子座沉入西北方地平线，东南方天空中，天蝎座和人马座开始露出地平线，这意味着南半球的冬季到来了。

深空天体

全天最大、最亮的球状星团NGC 5139，即半人马座ω星团，肉眼看上去就好像一颗模糊的4等星，这个月份，它几乎正好位于天子午线上。在它的北边是NGC 5128，一个奇异的射电发射星系，也叫半人马座A（见第322页），这是用双筒望远镜最容易找到的星系之一。位于天子午线附近的另一个明亮的星系是M83，这是一个正好面朝地球的旋涡星系。

南十字座中，暗星云煤袋星云和宝盒星团（见第294页）仍旧非常显眼。

流星雨

宝瓶座η流星雨在5月5日至6日前后达到极大，届时平均每小时将可以看到30颗左右的、速度极快的流星。辐射点位于宝瓶座η附近，此时宝瓶座η几乎正好位于天赤道上。然而，在凌晨3点之前，天空中的这一区域升得并不高。在赤道地区或者更南边的地方，5月份的夜晚比较长，可以较好地观测。宝瓶座η流星雨是由于哈雷彗星（见第217页）的尘埃引起的。

富含恒星的区域
半人马座α和β（图片左侧）指向南十字座（图片右侧）。煤袋星云（图片右下方）大部分位于南十字座中，遮挡住了银河中的一大片区域。

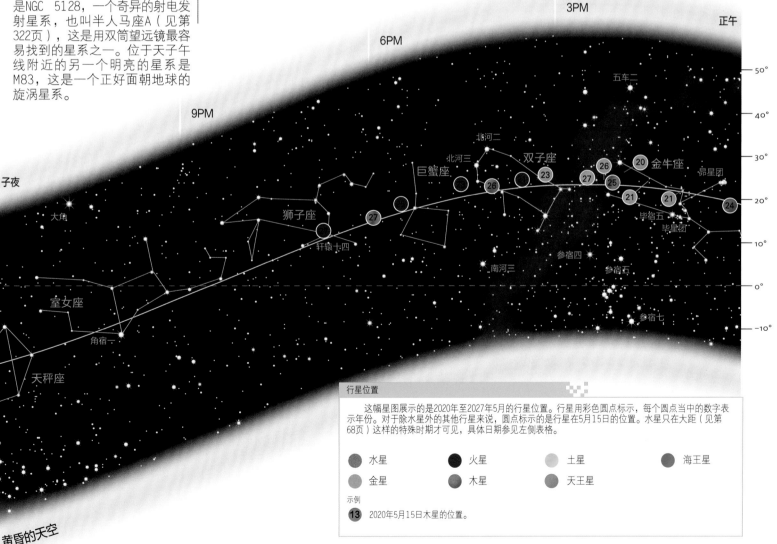

黄昏的天空

行星位置

这幅星图展示的是2020年至2027年5月的行星位置。行星用彩色圆点标示，每个圆点当中的数字表示年份。对于除水星外的其他行星来说，圆点标示的是行星在5月15日的位置。水星只在大距（见第68页）这样的特殊时期才可见，具体日期参见左侧表格。

- 水星
- 火星
- 土星
- 海王星
- 金星
- 木星
- 天王星

示例
13 2020年5月15日木星的位置。

5月 北半球

星等图例

| 深空天体 | 参考点 |

| -1 | 0 | 1 | 2 | 3 | 4 | 5 | 变星 |

星系

球状星团

疏散星团

弥漫星云

行星状星云

地平线

天顶

黄道

观测时间		
日期	标准时	夏令时
4月15日	子夜	1am
5月1日	11pm	子夜
5月15日	10pm	11pm
6月1日	9pm	10pm
6月15日	8pm	9pm

北方

北

北

东北

东

60°N | 40°N | 20°N

60°N | 40°N | 20°N

夜晚的天空

5月 北半球

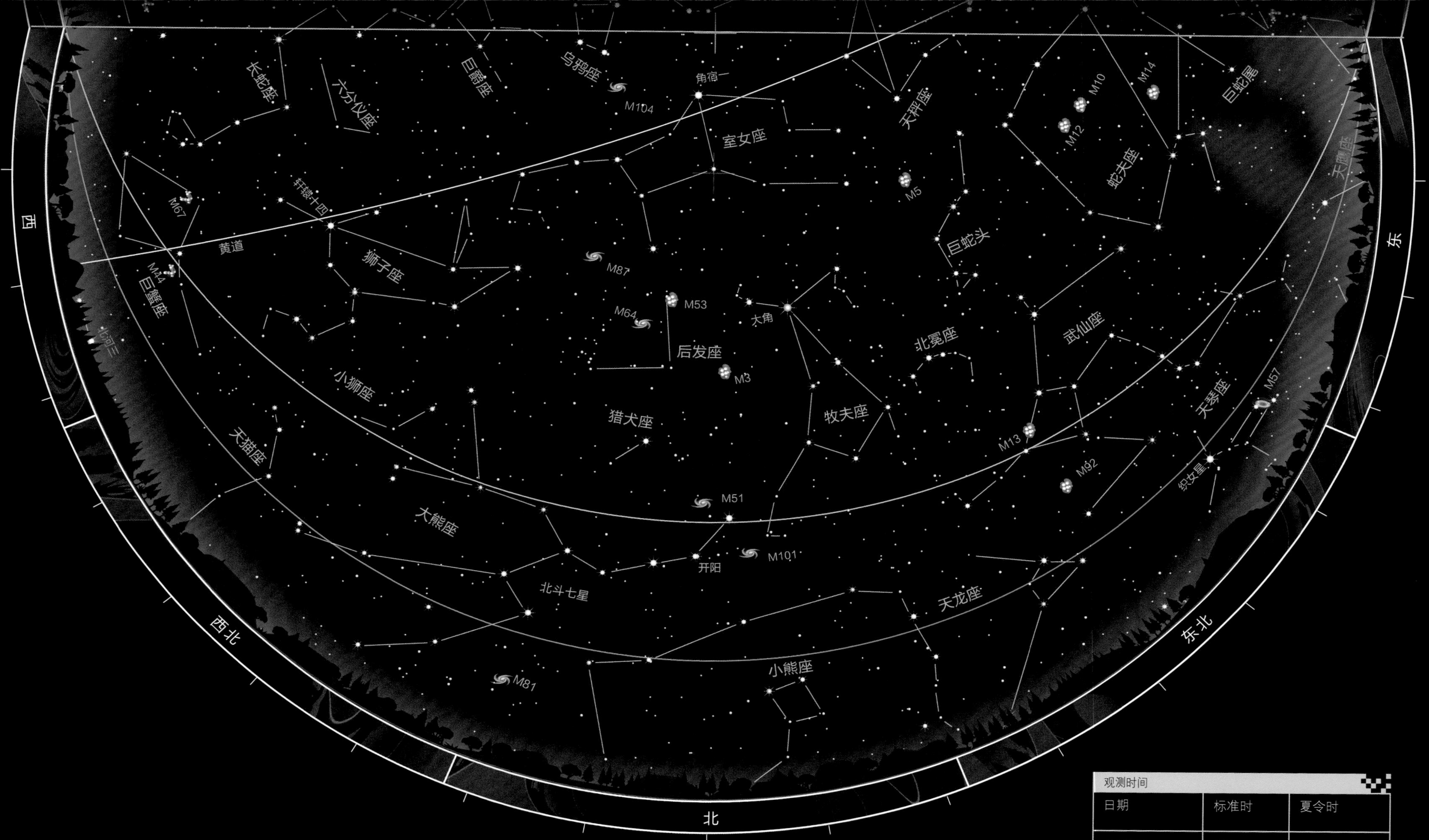

5月 南半球

星等图例

★	−1
★	0
★	1
•	2
·	3
·	4
·	5
◎	空星

深空天体

⟲	星系
✹	球状星团
✺	疏散星团
☁	弥漫星云
◉	行星状星云

参考点

地平线			天顶		
0°	20°	40°S		0°	20°S	40°S

观测时间

日期	标准时	夏令时
4月15日	子夜	1am
5月1日	11pm	子夜
5月15日	10pm	11pm
6月1日	9pm	10pm
6月15日	8pm	9pm

6月

6月21日前后夏至，太阳到达天赤道以北的最远点，北半球夜晚最短，南半球夜晚最长。北半球的夜空中，大角星以及牧夫座中的其他恒星高挂在天空中，由天琴座中的织女星、天鹅座中的天津四和天鹰座中的牛郎星组成的夏夜大三角位于东方的半空中。南半球的观测者可以在漫长的冬夜尽情享受银河那一带的星座。

北半球

恒星

小熊座的小斗高挂在北半球地平线之上，蜿蜒的天龙座环绕着它。马蹄形的北冕座位于天子午线上，巨蛇座的头部位于它的下方，牧夫座的大角星高挂在西方的半空中。在这片天区中，牧夫座 ε（梗河一）、γ（招摇）和北冕座 α（贯索四）组成一个Y字形，其中大角星是Y字的基座。狮子座落向西方，室女座的角宿一位于西南方低空。东边的天空中，明亮的恒星织女星（见第253页）和天津四、牛郎星（见第252页）一起组成夏夜大三角，这个大三角在夏季晚些时候或者秋季观看效果最佳。红色的大火星

和天蝎座的其他恒星在南方地平线附近闪耀，6月和7月是较靠北的观测者观看天蝎座的最好月份。

深空天体

北天最亮的球状星团M13高挂在夏季的夜空中。武仙座中的一部分恒星组成一个四边形（代表赫拉克勒斯的身躯），沿着四边形的一边，可以找到M13。在双筒望远镜中，它就好像一颗模糊的6等星，天气条件较好的时候，肉眼也能看到它。M5是一个与之相当的6等球状星团，用双筒望远镜能够看到。M5位于巨蛇座的

夜光云
在夏季的夜晚可以看见这种高空云。午夜时分，它们被已经落到地平线下的太阳照亮。

头部，通常被认为是北天第二好看的球状星团。在北斗七星的斗柄附近，旋涡星系M51和M101依旧处于较好的观测位置。

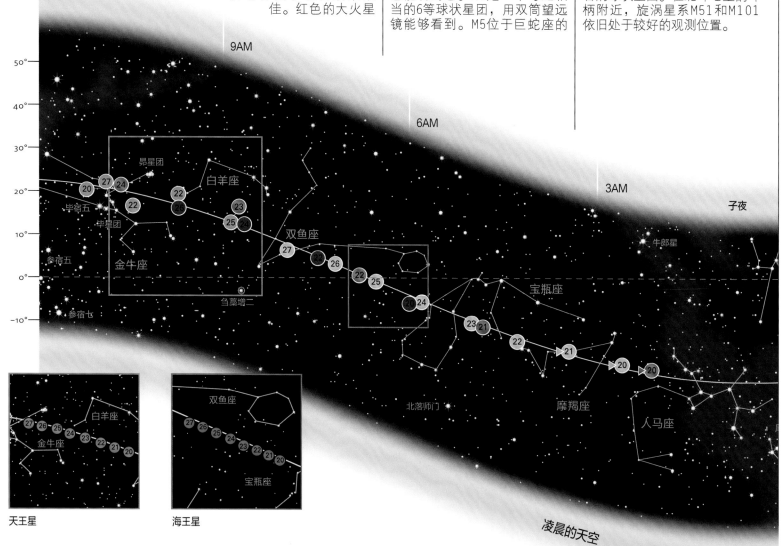

天王星

海王星

凌晨的天空

南半球

恒星

从西南方天空到东北方天空，沿着银河的方向有许多星座。南十字座和半人马座位于西南边，天子午线的右边。大家不太熟知的一些星座，豺狼座、矩尺座、南三角座，位于天子午线上。红色的心宿二（见第256页）位于头顶，天蝎座弯曲的尾巴向东南方向延伸出去。紧邻天蝎尾巴是银河中人马座天区富含恒星的区域。沿着银河向东是牛郎星（见第252页），它位于天鹰座中，织女星（见第253页）此时位于东北方低空中。大角星和角宿一高挂在西北方天空中。

恒星

远离天蝎座、向着银河系中心的方向，有两个著名的疏散星团——M6和M7，它们都位于天蝎的尾巴尖附近。这两个星团肉眼可见，用双筒望远镜观看效果更加壮丽。M7是二者中较大、较亮的一个，约为满月的两倍大。天蝎座中另一个显眼的疏散星团是NGC 6231，位于天蝎座 ζ 附近。

蝎子的巢穴

天蝎座的心脏——橙红色的心宿二，以及代表蝎子尾巴的那一串弯曲的星星，构成6月夜空中非常特别的景致。悬在天蝎尾巴那根刺上的是两个显眼的星团——M6和M7（图片左下方）。

球状星团半人马座 ω 星团，即NGC 5139，以及奇异星系NGC 5128（半人马座A）这个月份仍处于较佳的观测位置，位置较好的还有煤袋星云、南十字座中的宝盒星团（见第294页），以及长蛇座中的旋涡星系M83。

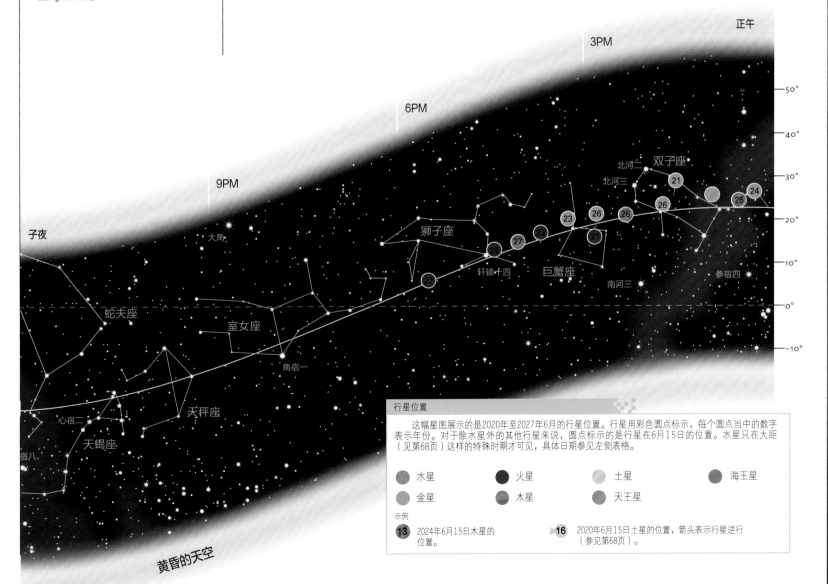

黄昏的天空

行星位置

这幅星图展示的是2020年至2027年6月的行星位置。行星用彩色圆点标示，每个圆点当中的数字表示年份。对于除水星外的其他行星来说，圆点标示的是行星在6月15日的位置。水星只在大距（见第68页）这样的特殊时期才可见，具体日期参见左侧表格。

● 水星	● 火星	● 土星	● 海王星
● 金星	● 木星	● 天王星	

示例

13 2024年6月15日木星的位置。

▶**16** 2020年6月15日土星的位置，箭头表示行星逆行（参见第68页）。

夜晚的天空

星等图例

-1 0 1 2 3 4 5 亮星

深空天体

星系 球状星团 疏散星团 弥漫星云 行星状星云

参考点

地平线 60°N 40°N 20°N 天顶 60°N 40°N 20°N

6月 北半球

观测时间		
日期	标准时	夏令时
5月15日	午夜	1am
6月1日	11pm	午夜
6月15日	10pm	11pm
7月1日	9pm	10pm
7月15日	8pm	9pm

北 北方

西北

东北

东

大熊座
北斗七星
御夫座
M37
M36
M38
金牛座
鹿豹座
英仙座
NGC 884
NGC 869
M103
M34
三角座
仙后座
M52
仙王座
M31
仙女座
天猫座
小狮座
狮子座
M81
M51
M101
牧夫座
小熊座
北极星
天龙座
武仙座
M92
织女星
天琴座
M57
天鹅座
辇道增七
M29
M39
狐狸座
M27
海豚座
小马座
飞马座
蝎虎座
天津四
M15

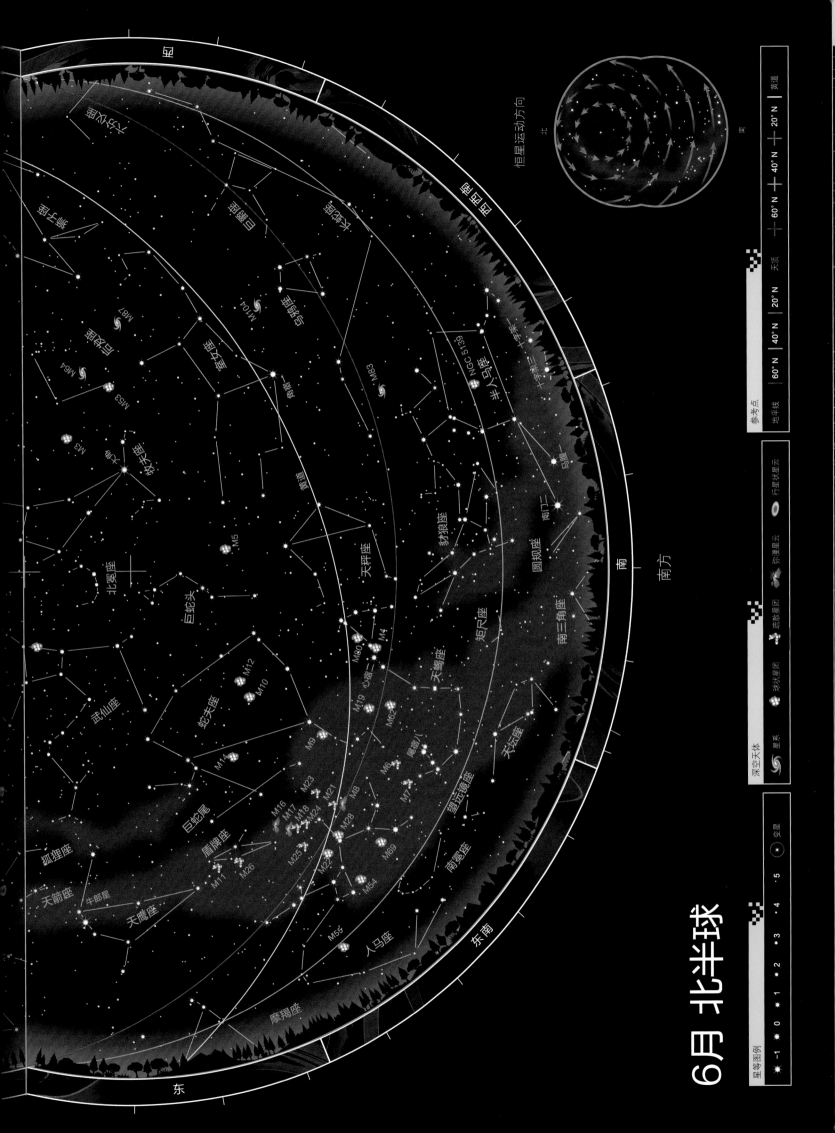

夜晚的天空

6月末北方

夜晚的天空

6月 南半球

星等图例

★	-1
★	0
★	1
·	2
·	3
·	4
·	5
☉	变星

深空天体

🌀	星系
⊛	球状星团
❋	疏散星团
⟋	弥漫星云
◉	行星状星云

参考点

地平线	0°	20°S	40°S
天顶		0°	20°S
黄道			40°S

观测时间		
日期	标准时	夏令时
5月15日	子夜	1am
6月1日	11pm	子夜
6月15日	10pm	11pm
7月1日	9pm	10pm
7月15日	8pm	9pm

北方

北

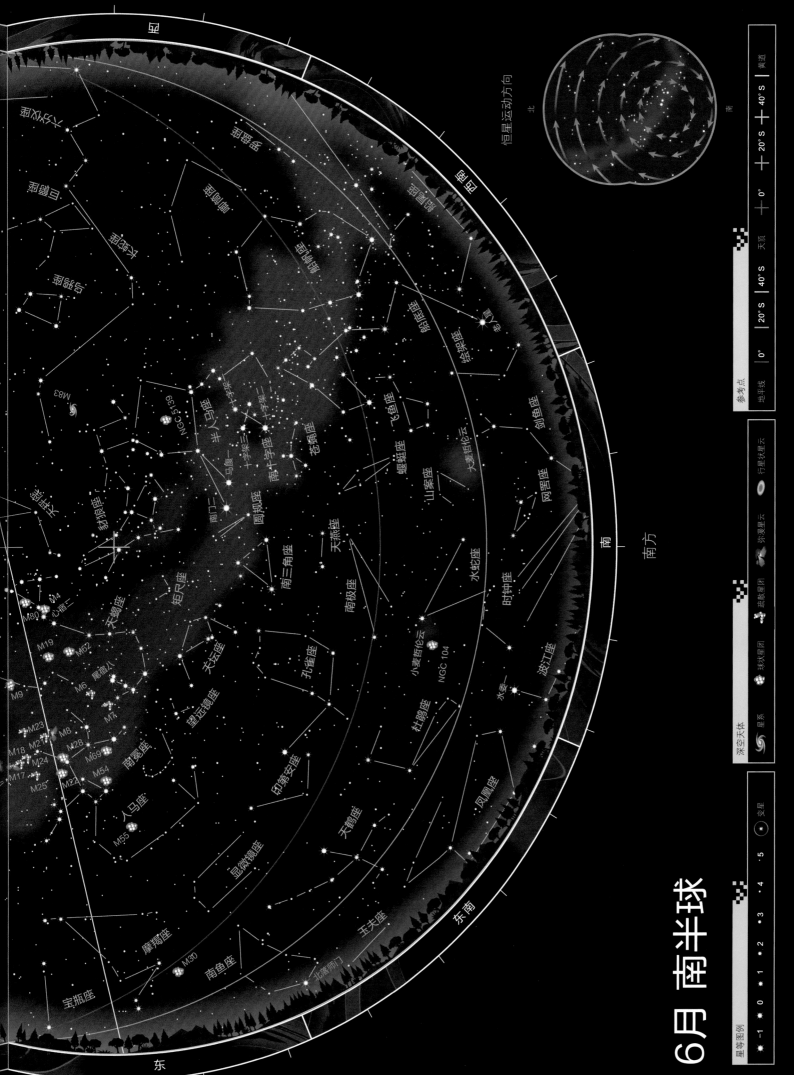

6月南半球

夜晚的天空

恒星运动方向

星等图例

★	✦	•	•	·	·		
-1	0	1	2	3	4	5	变星

深空天体

星系	弥漫星云	黄道
球状星团	行星状星云	
疏散星团		

参考点

天顶	40°S	20°S	0°	20°S	40°S
地平线					

北

南

大麦哲伦云

小麦哲伦云
NGC 104

M83
NGC 5139

M80
M4
心宿二
M19 M62
尾宿八
M6
M9
M23 M8
M18 M21 M28 M69
M24 M54
M17 M7
M25

M55

M30

宝瓶座
南鱼座
北落师门
摩羯座
玉夫座
显微镜座
人马座
印第安座
望远镜座
南冕座
天坛座
矩尺座
天蝎座
豺狼座
圆规座
南三角座
孔雀座
杜鹃座
凤凰座
天鹤座
水委一
波江座
时钟座
网罟座
剑鱼座
水蛇座
南极座
天燕座
苍蝇座
船底座
绘架座
飞鱼座
山案座
蝘蜓座
南十字架座
半人马座
南门二
老人星

东

东南

南

南方

西

西南

西北

7月

从北半球中纬度地区看，古希腊神话中的大英雄赫拉克勒斯（武仙座）正位于头顶，亮星织女星（在天琴座）和大角星（在牧夫座）之间。武仙座南边是另一个大星座蛇夫座，它代表一个手持巨蛇（巨蛇座）的人。南半球的夜空中，银河从西南方到东北方跨过我们头顶。黄道星座天蝎座和人马座高挂在银河恒星最密集的部分。

北半球

恒星

位于我们头顶正上方的是武仙座，这是一个很大但却不是很显眼的星座。它最典型的特征是其中的4颗星组成一个四边形——武仙座四边形。武仙座北边是天龙座菱形的头部。天龙座和北天极之间是小熊座的小斗勺口。

牧夫座的大角星仍在西边天空很显眼的位置处。室女座的角宿一位于西南方低空，北斗七星沉向西北方低空。在东边半空，夏夜大三角仍高挂在天空中，飞马座大四边形渐渐接近东方地平线。

南方低空是两个华丽的星座——天蝎座和人马座。对于北半球的观测者们来说，这是观看这两个最靠南的黄道星座的最佳时间。

深空天体

位于武仙座和天蝎座之间的大星座蛇夫座包含许多球状星团，不过其中只有两个比较著名，分别是M10和M12。蛇夫座中最令人印象深刻的深空天体是疏散星团IC 4665和NGC 6633，这两个星团用双筒望远镜观看效果都很好。这个月武仙座中的球状星团M13和巨蛇座头部的M5，仍旧处于较好的观测位置。

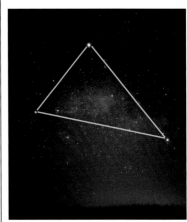

夏夜大三角
天津四（图片左侧）、织女星（图片上方）和牛郎星（图片右侧）这3颗星，在北半球的天空中组成一个显眼的大三角形。这个大三角形一直到秋天都可以看见。

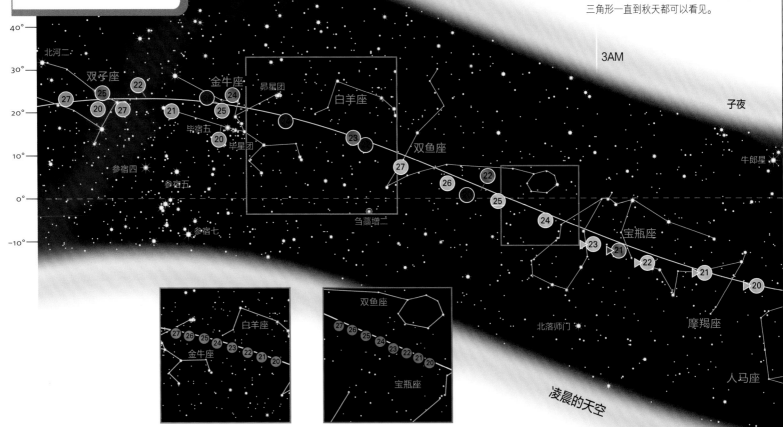

9AM

6AM

3AM

子夜

双子座

金牛座

昴星团

白羊座

双鱼座

宝瓶座

摩羯座

人马座

北河二

毕宿五

毕星团

刍藁增二

参宿四

参宿五

参宿七

北落师门

牛郎星

天王星

白羊座

金牛座

海王星

双鱼座

宝瓶座

凌晨的天空

南半球

恒星

　　对于南半球的观测者来说，天蝎座弯曲的尾巴和人马座中主要亮星组成的茶壶，正好位于头顶。银河在人马座和天蝎座这一段尤其明亮，这是因为这里恰好是银河系的中心方向。

　　半人马座α（南门二）和β（马腹一）位于西南方，向下指向南十字座。室女座中的角宿一位于东方天空，牧夫座中的大角星位于西北边，天琴座中的织女星（见第253页）位于北边。天鹰座中的牛郎星（见第252页）高挂在东北方的天空，南纬30度或者赤道附近的观测者可以看见天鹅座的天津四位于东北方低空中。东南方天空中，南鱼座的1等星北落师门开始进入我们的视野。

深空天体

　　人马座中满是好看的深空天体，其中5等球状星团M22在天气好的情况下用肉眼就能看见。礁湖星云（见第243页）M8是一个细长的气体星云，其中包含星团NGC 6530，用双筒望远镜观看效果较佳。北边的巨蛇座尾部中有星团M16，用双筒望远镜能够看到，它镶嵌在更暗的星云——鹰状星云（见第244~245页）中。

　　人马座中其他的著名深空天体，例如三叶星云M20（见第246页），需要用望远镜才能看到。然而，银河中特别明亮的M24，肉眼看就非常显眼。紧邻天蝎座，明亮的疏散星团M6和M7仍高挂在天空中。

流星雨

　　宝瓶座δ流星雨是南半球最好看的流星雨，7月和8月比较活跃，在7月29日前后达到极大。最好的情况下，平均每小时有20颗流星，辐射点位于宝瓶座的南半部。不过这场流星雨不是很明亮。

朝向银河系中心
我们没法直接看到银河系的中心区域，因为它被人马座和天蝎座天区内致密的恒星遮挡住了。银河系中心有一个致密射电源，叫作人马座A*（方框所示）。

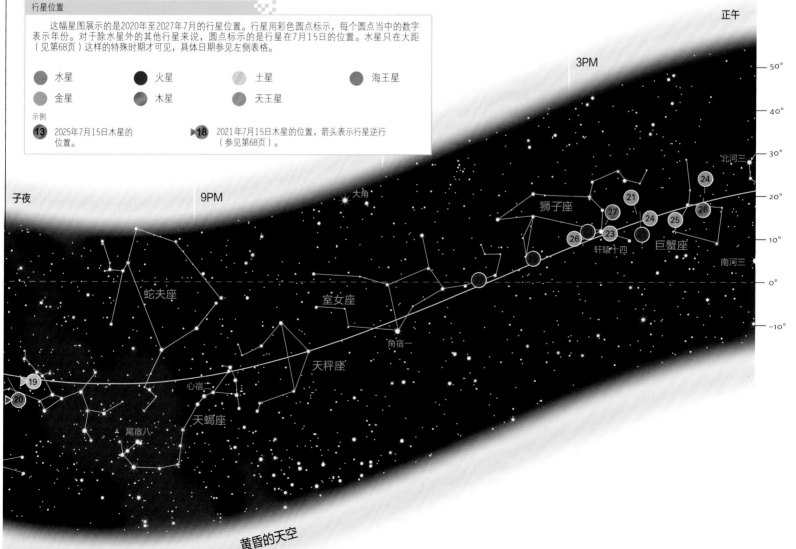

行星位置

　　这幅星图展示的是2020年至2027年7月的行星位置。行星用彩色圆点标示，每个圆点当中的数字表示年份。对于除水星外的其他行星来说，圆点标示的是行星在7月15日的位置。水星只在大距（见第68页）这样的特殊时期才可见，具体日期参见左侧表格。

- 🔴 水星
- 🔴 金星
- ⚫ 火星
- 🔴 木星
- 🟡 土星
- 🔵 天王星
- 🔵 海王星

示例

13 2025年7月15日木星的位置。

▶**18** 2021年7月15日木星的位置，箭头表示行星逆行（参见第68页）。

黄昏的天空

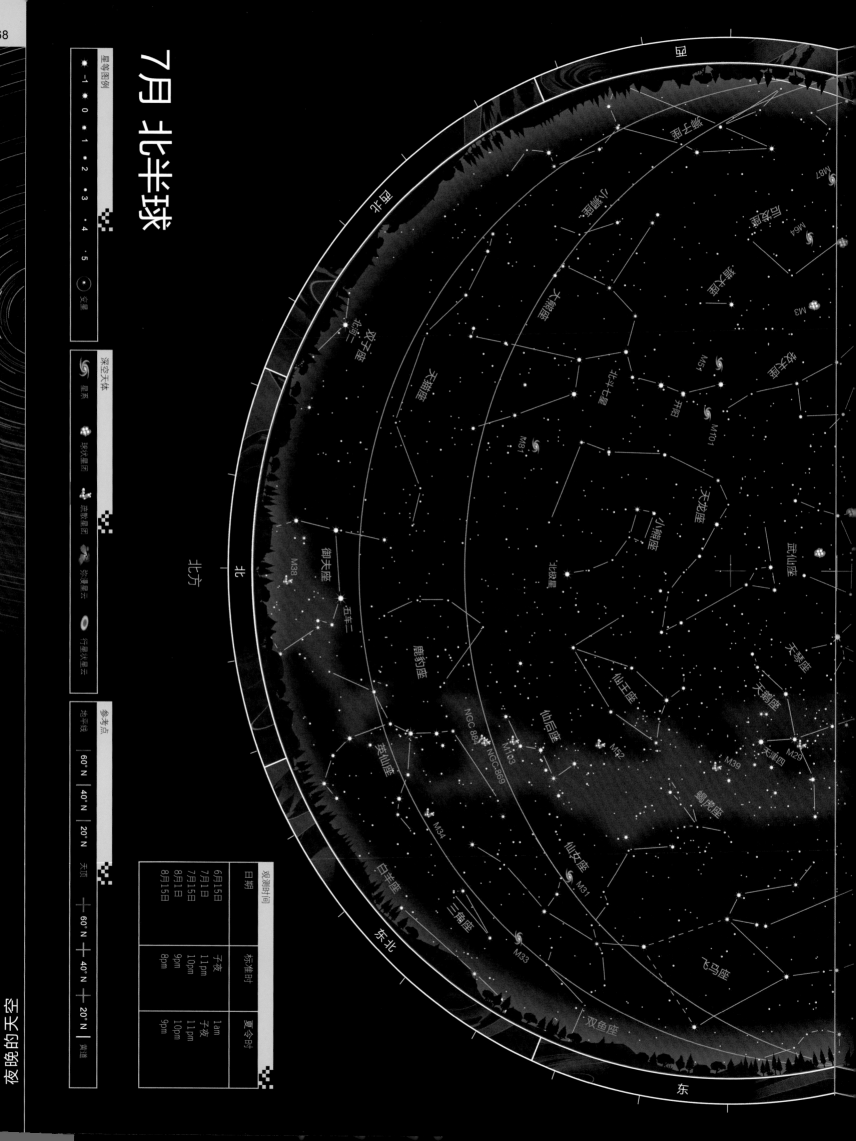

7月 北半球

星等图例

-1	0	1	2	3	4	5	金星

深空天体

星系	深空星团	疏散星团	弥漫星云	行星状星云

观测时间

日期	标准时	夏令时
6月15日	子夜	1am
7月1日	11pm	子夜
7月15日	10pm	11pm
8月1日	9pm	10pm
8月15日	8pm	9pm

参考点

地平线	60°N	40°N	20°N	天顶	60°N	40°N	20°N

北方

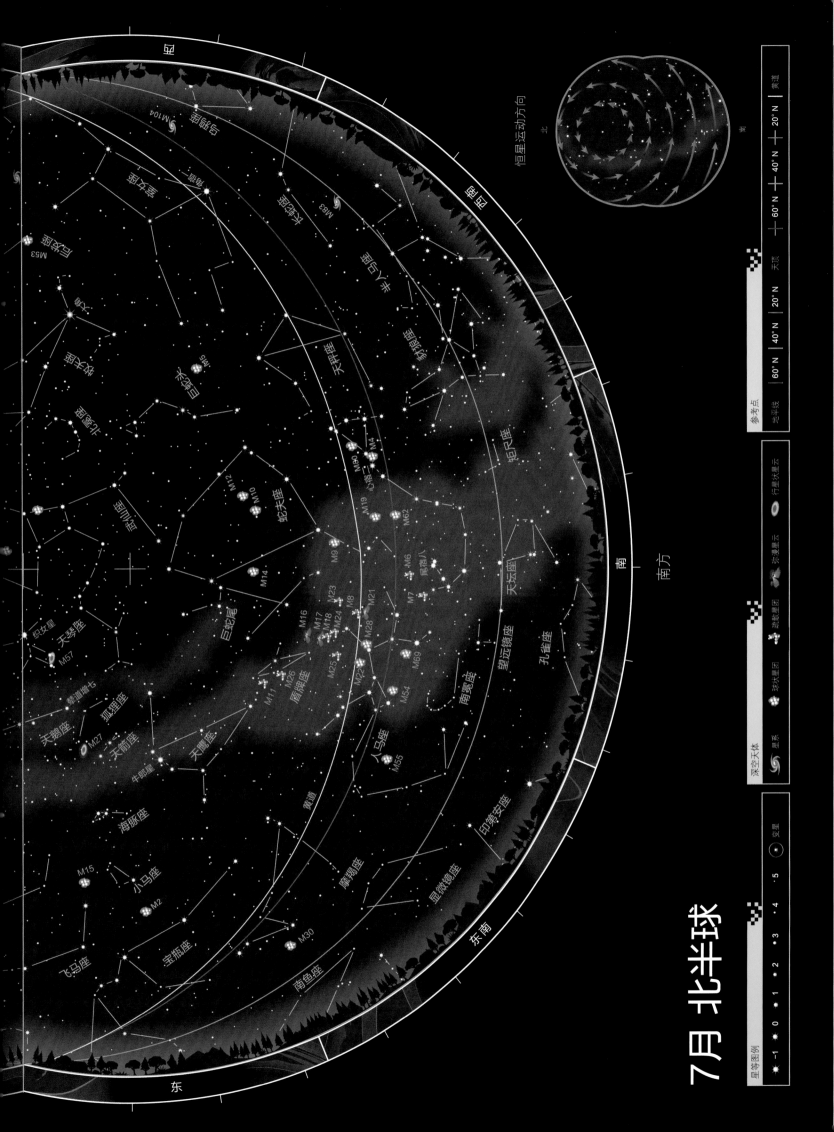

7月 北半球

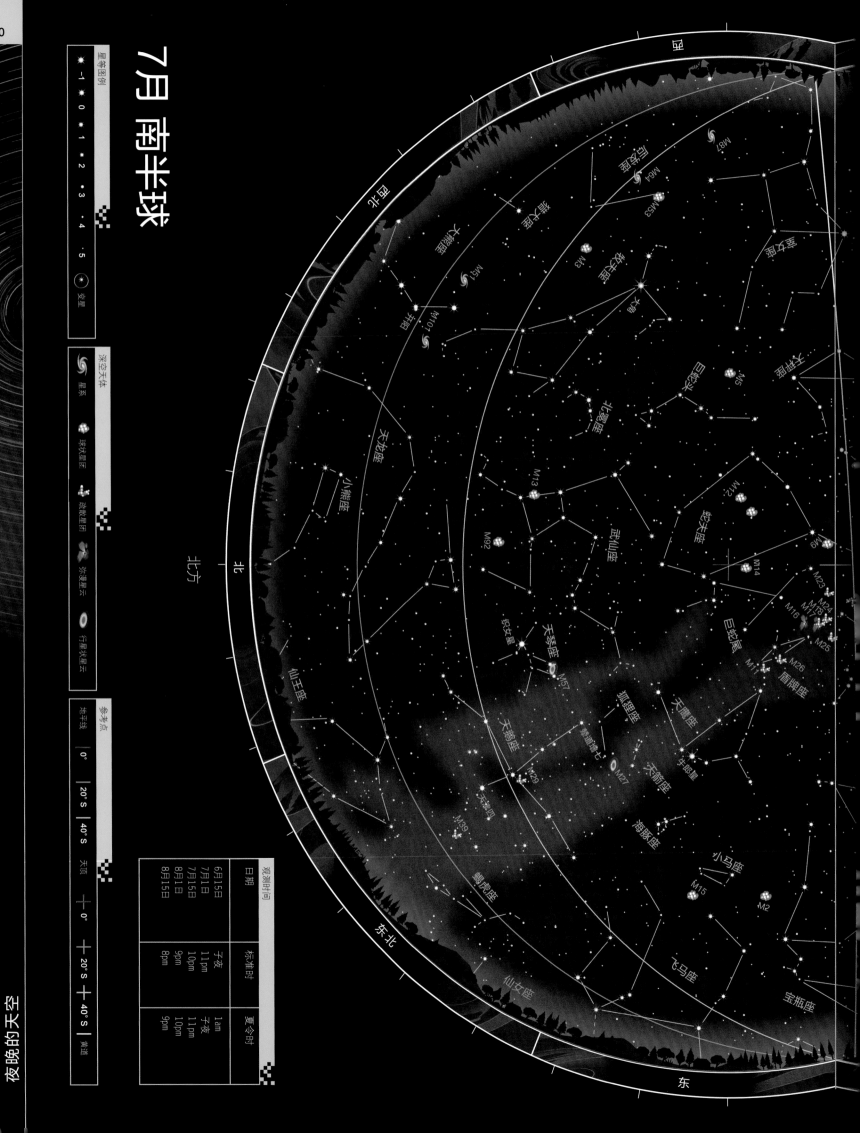

7月 南半球

星等图例

| -1 | 0 | 1 | 2 | 3 | 4 | 5 | 变星 |

深空天体

- 星系
- 球状星团
- 疏散星团
- 弥漫星云
- 行星状星云

参考点

地平线	天顶	黄道
0°	0°	
20°S	20°S	
40°S	40°S	

观测时间

日期	标准时	夏令时
6月15日	午夜	1am
7月1日	11pm	午夜
7月15日	10pm	11pm
8月1日	9pm	10pm
8月15日	8pm	9pm

夜晚的天空

7月 南半球

星等图例

-1　0　1　2　3　4　5

深空天体

星系　球状星团　疏散星团

弥漫星云　行星状星云　变星

参考点

地平线　0°　20°S　40°S　天顶

黄道　0°　20°S　40°S

恒星运动方向

北

南

南方

M104
M83
NGC 5139
M80
M4
M19
M62
M6
M7
M21
M8
M28
M22
M69
M54
M55
M30
NGC 104

唧筒座
罗盘座
长蛇座
巨爵座
乌鸦座
半人马座
豺狼座
矩尺座
圆规座
三角座
天坛座
苍蝇座
南十字座
船帆座
船底座
绘架座
天鸽座
飞鱼座
蝘蜓座
天燕座
山案座
大麦哲伦云
剑鱼座
网罟座
水蛇座
杜鹃座
小麦哲伦云
印第安座
孔雀座
望远镜座
南极座
天鹤座
凤凰座
时钟座
波江座
水委一
显微镜座
天云座
南冕座
人马座
摩羯座
南鱼座
北落师门
玉夫座
宝瓶座
黄道
东南
东
西
老人星

南天极

特殊天象

月相

满月	新月
2020年 8月3日	8月19日
2021年 8月22日	8月8日
2022年 8月12日	8月27日
2023年 8月1日、31日	8月16日
2024年 8月19日	8月4日
2025年 8月9日	8月23日
2026年 8月28日	8月12日
2027年 8月17日	8月2日、31日

行星

2020年8月13日
金星早上大距，星等 - 4.3等。

2021年8月2日
土星冲日，星等0.2等。

2021年8月9日
木星冲日，星等 - 2.9等。

2022年8月14日
土星冲日，星等0.3等。

2022年8月10日
水星晚上大距，星等0.5等。

2023年8月26日
水星晚上大距，星等0.6等。

2023年8月27日
土星冲日，星等0.4等。

2025年8月19日
水星早上大距，星等0.2等。

2026年8月2日
水星早上大距，星等0.5等。

2026年8月15日
金星晚上大距，星等 - 4.0等。

日月食

2026年8月12日
日全食。可见区域：西班牙北部、北大西洋格陵兰岛、冰岛、新西兰。
日偏食。可见区域：北极圈、非洲西北部、欧洲、北美洲北部。

2026年8月27日至28日
月偏食。可见区域：美洲、欧洲、非洲、大西洋、太平洋、南极洲。

8月

　　这个月，由亮星织女星（在天琴座）、天津四（在天鹅座）和牛郎星（在天鹰座）组成的夏夜大三角位于北半球的天子午线上。十字形的天鹅座在银河背景的反衬下显得很醒目，对于北半球中纬度地区的观测者来说，此时它正位于头顶。南半球的天空中，人马座和天蝎座天区正好位于银心方向，有密集的星场，仍然适合观测。

北半球

恒星

　　8月的晚上，当夜幕降临，天琴座中蓝白色的恒星织女星（见第253页）是第一颗出现在头顶的亮星。织女星旁边是天鹅座，也叫北十字。天鹅座头部的亮星辇道增七，是一对色彩好看的双星，用小望远镜就很容易分辨出来。天鹅座南边是天鹰座，从这里开始，银河又显现出来，经过盾牌座，朝向西南边的人马座和天蝎座而去。武仙座和蛇夫座在西南方天空中还处于较好的位置，牧夫座中的大角星位于西方低空。东边的天空中，以飞马座大四边形为首的秋夜星座开始渐渐登上舞台。

深空天体

　　对于北半球的观测者来说，8月的夜空藏有很多深空天体。银河被著名的暗尘埃云天鹅座大暗隙给隔断，这条大暗隙从天鹅座向西南方一直延伸到蛇夫座。天鹅座的南边，晦暗的小星座狐狸座中，有一个行星状星云M27，即著名的哑铃星云，这是最早用双筒望远镜观测到的这类天体。另一个著名的行星状星云——天琴座中的环状星云M57，用望远镜能够找到。盾牌座中的野鸭星团M11，是一个6等疏散星团，用双筒望远镜可以看见。

流星雨

　　最大的年度流星雨——英仙座流星雨，在8月12日前后达到极大，在这一日期之前或之后一周也能看到一些流星。英仙座流星雨很明亮，在最好的情况下，平均每分钟能看到一颗流星从英仙座北部射出。英仙座在午夜之前升得不够高，因而午夜之后能看到更多流星。

英仙座流星雨
8月中旬的夜晚温度宜人，特别适合躺在户外观看英仙座流星雨划过北方夜空。

天王星

海王星

南半球

恒星

人马座和它那密集的银河恒星区仍高挂在头顶，天蝎座位于它的西南边。半人马座 α 和 β（南门二和马腹一）位于西南方地平线附近。北边是牛郎星（在天鹰座）、织女星（在天琴座）和天津四（在天鹅座），它们共同组成夏夜大三角，此时是南半球观看夏夜大三角的最好时机。飞马大四边形正从西北方升起。南鱼座中的北落师门高挂在东方天空，波江座的水委一位于东南方稍低处。在水委一和南天极中间，可以找到小麦哲伦云（见第311页）。

深空天体

南半球8月的夜晚最好看的深空天体，是今年早些时候穿过天子午圈的那些天体，例如礁湖星云（见第243页）、人马座中的M22、巨蛇座尾部的M16，以及天蝎座中的M6和M7。除此之外，这个月南半球的观测者朝赤道以北看，可以看到盾牌座中的野鸭星团M11、狐狸座中的哑铃星云M27，以及天琴座中的环状星云M57（见第257页）。

人马座中的礁湖星云
人马座（图片右侧）中的礁湖星云（图片右下方），即M8，位于银河致密的恒星区中。

人马座
茶壶星组（图片下方）由人马座中的8颗星组成，是夏夜星空中人们非常熟悉的形状。

行星位置

这幅星图展示的是2020年至2027年8月的行星位置。行星用彩色圆点标示，每个圆点当中的数字表示年份。对于除水星外的其他行星来说，圆点标示的是行星在8月15日的位置。水星只在大距（见第68页）这样的特殊时期才可见，具体日期参见左侧表格。

- ⬤ 水星
- ⬤ 金星
- ⬤ 火星
- ⬤ 木星
- ⬤ 土星
- ⬤ 天王星
- ⬤ 海王星

示例
(13) 2023年8月15日木星的位置。
◄18 2020年8月15日木星的位置，箭头表示行星逆行（参见第68页）。

黄昏的天空

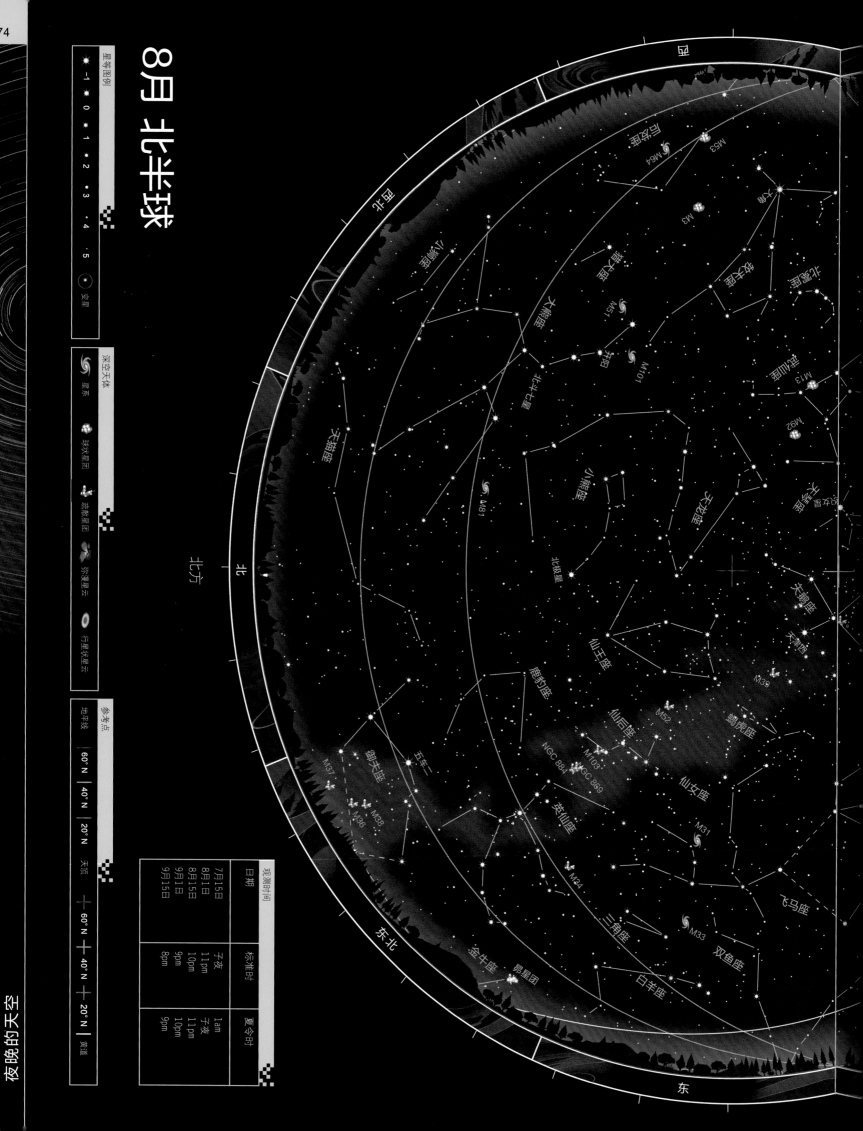

8月 北半球

星等图例

-1	0	1	2	3	4	5	交星

深空天体

星系	球状星团	疏散星团	弥漫星云	行星状星云

参考点

地平线	60°N	40°N	20°N	天顶
	60°N	40°N	20°N	黄道

观测时间

日期	标准时	夏令时
7月15日	子夜	1am
8月1日	11pm	子夜
8月15日	10pm	11pm
9月1日	9pm	10pm
9月15日	8pm	9pm

北方

北

北

北

东北

东

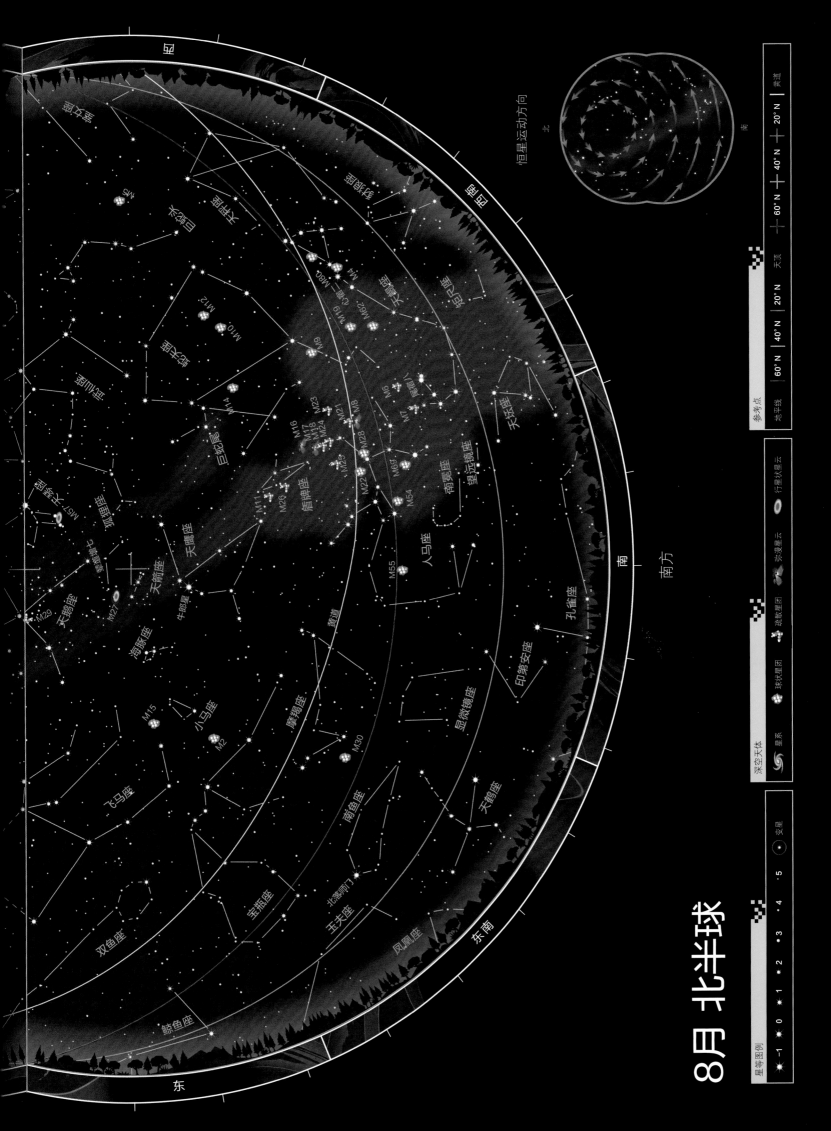

夜晚的天空

8月 北纬

8月 南半球

星等图例

★	-1
★	0
★	1
•	2
•	3
•	4
·	5
⊛	变星

深空天体

🌀	星系
✺	球状星团
✳	疏散星团
☁	弥漫星云
⊙	行星状星云

参考点

地平线	0°
20°S	40°S
天顶	天顶
— 0° —	
20°S	40°S
黄道	

北方

北

观测时间		
日期	标准时	夏令时
7月15日	午夜	1am
8月1日	11pm	午夜
8月15日	10pm	11pm
9月1日	9pm	10pm
9月15日	8pm	9pm

东北

东

9月

当太阳接近天赤道时，北半球的夜晚变长，南半球的夜晚变短。9月22至23日前后，太阳到达天赤道，昼夜平分。沿着银河遍布的那些我们熟悉的星座，从北边的天鹅座到南边的人马座和天蝎座，从这个月开始要给一些暗弱的星座让位，这些星座大多与水有关，例如摩羯座、宝瓶座、双鱼座。

北半球

恒星

高挂在北天的仙王座，这个月和下个月处于最佳观测位置。其中最著名的星是仙王座δ，这是一类脉动变星的原型。天鹅座中的天津四、天琴座中的织女星（见第253页）和天鹰座中的牛郎星（见第252页）组成的夏夜大三角，仍高挂在西方的半空中。飞马座大四边形高挂在东方天空，在它与北天极之间是仙后座。南鱼座中的亮星北落师门（见第253页）位于南方低空，其上方是宝瓶座。从宝瓶座的水罐子中，一串好似水流的暗星一直向南，流向南鱼座。对于北半球高纬度地区的观测者来说，这是一年当中观测黄道星座摩羯座的最好时机，此时摩羯座正位于南方低空中，北落师门的右侧。

深空天体

天鹅座的亮星天津四附近，有全天最著名的星云之一NGC 7000，由于形态像北美洲，通常它也被叫作北美洲星云。在晴朗漆黑的夜晚，用双筒望远镜能够观测到它，长曝光摄影的效果会更佳。天鹅座中的另一个著名天体是疏散星团M39，用双筒望远镜能够观测到它。用双筒望远镜还能够看到6等球状星团M15，它距离危宿三——飞马座ε不远，危宿三这颗星代表了飞马的鼻子。

天王星

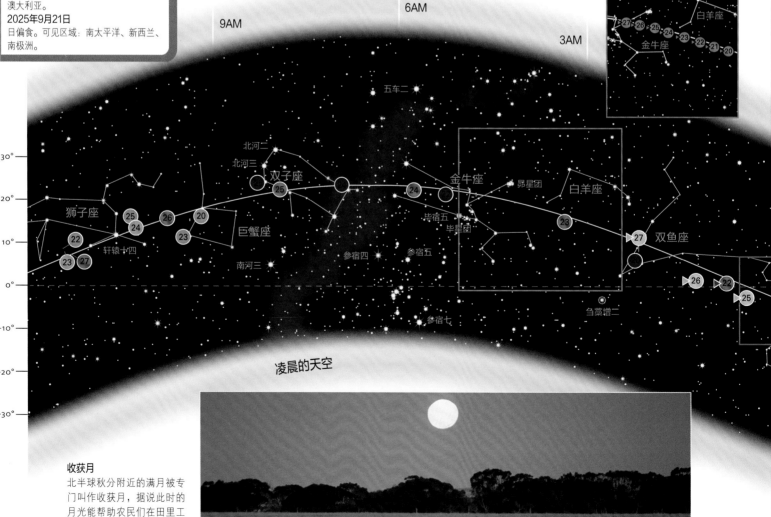

凌晨的天空

收获月
北半球秋分附近的满月被专门叫作收获月，据说此时的月光能帮助农民们在田里工作到很晚。

小麦哲伦云
这个小的卫星星系（图片左侧）位于球状星团
杜鹃座47（图片右侧）的旁边，杜鹃座47位于
我们银河系的前景上。

海王星

南半球

恒星

天蝎座位于西方低空，人马座和银河中最致密的区域位于其上方。北半球的夏夜大三角，即牛郎星、织女星和天津四组成的三角形，如今可以在西北方天空中看见；西南方天空中，半人马座 α 和 β，即南门二和马腹一，在南纬20度以及更南的区域可见。飞马座大四边形主宰着东北方的天空。

南鱼座中的1等亮星北落师门（见第253页）几乎正好位于头顶，它附近是摩羯座和宝瓶座。波江座末尾处的亮星水委一，与小麦哲伦云（见第311页）一同位于东南方高空中。一些有着外来名字的星座，例如凤凰座、杜鹃座、天鹤座、孔雀座，位于南边的半空中。

深空天体

宝瓶座中包含两个著名的行星状星云，尽管这两个星云用小型设备都不太容易观测到。螺旋星云（见第257页），即 NGC 7293，是距离我们最近的行星状星云。它的尺寸表明其发出的光遍布很大一片区域，所以要想看到它，双筒望远镜或者小倍率的望远镜是必不可少的。土星状星云即 NGC 7009。它之所以有这样一个名字，是因为用大望远镜观看时，它好像有土星那样的光环。用小望远镜观看，土星状星云好像一个灰绿色的圆盘。

宝瓶座中还有一个球状星团 M2，用双筒望远镜观看，它好像一颗模糊的恒星。它的北边是另一个球状星团，即飞马座中的 M15，用双筒望远镜能够看到。

行星位置

这幅星图展示的是2020年至2027年9月的行星位置。行星用彩色圆点标示，每个圆点当中的数字表示年份。对于除水星外的其他行星来说，圆点标示的是行星在9月15日的位置。水星只在大距（见第68页）这样的特殊时期才可见，具体日期参见左侧表格。

- 水星
- 金星
- 火星
- 木星
- 土星
- 天王星
- 海王星

示例

- ⑬ 2025年9月15日木星的位置。
- ▶⑱ 2020年9月15日土星的位置，箭头表示行星逆行（参见第68页）。

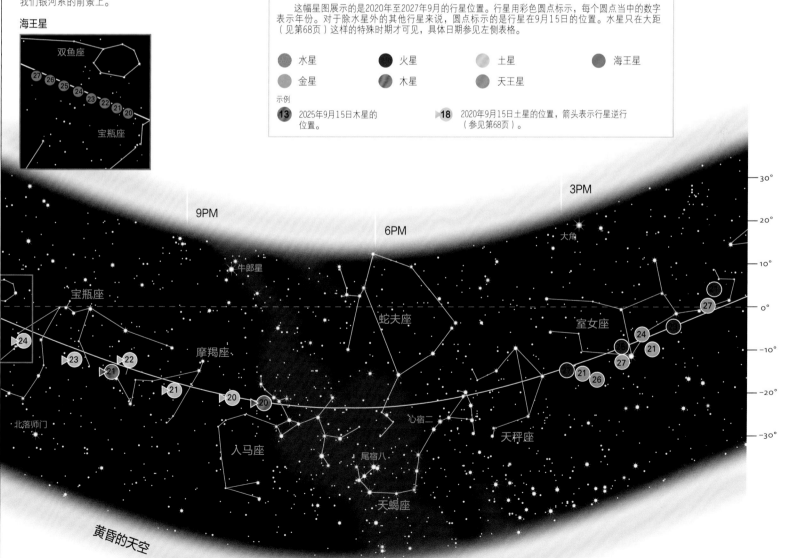

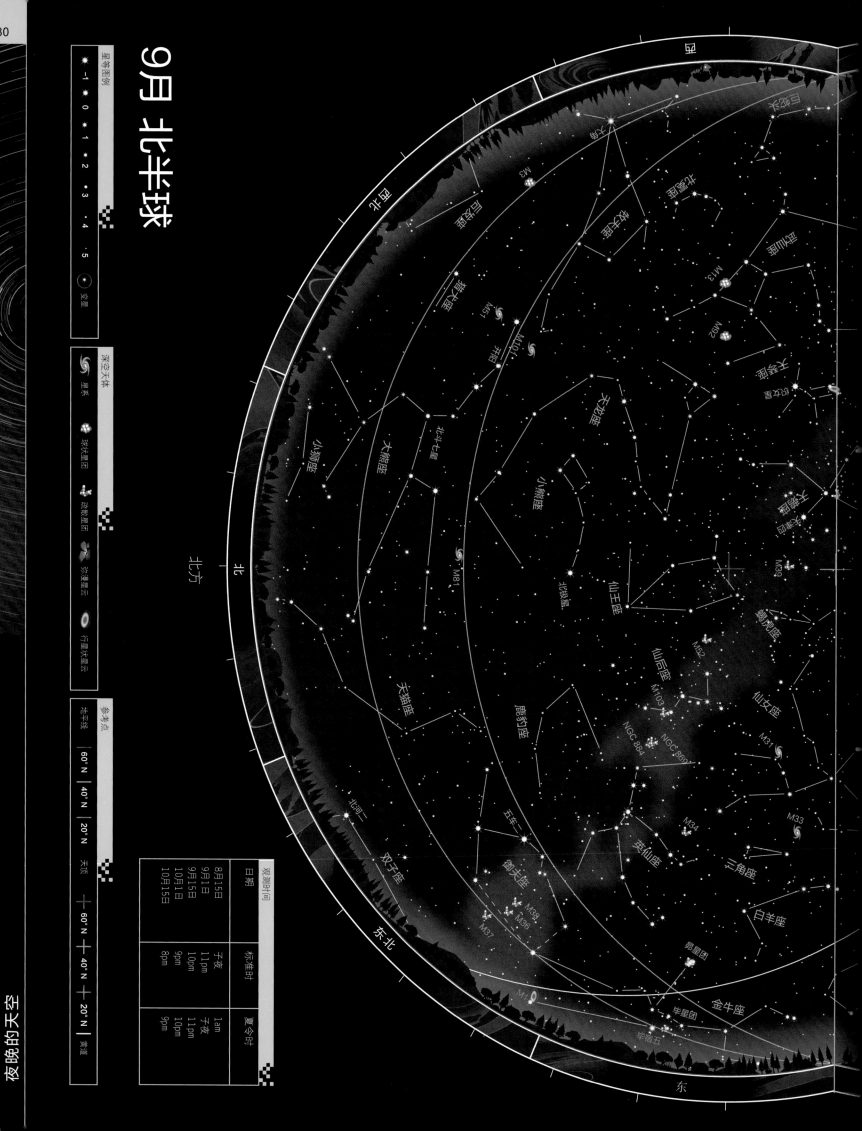

夜晚的天空

9月 北半球

星等图例
-1
0
1
2
3
4
5
变星

深空天体
星系
球状星团
疏散星团
弥漫星云
行星状星云

参考点
地平线
60°N | 40°N | 20°N
天顶
+ 60°N | + 40°N | + 20°N
黄道

观测时间		
日期	标准时	夏令时
8月15日	子夜	1am
9月1日	11pm	子夜
9月15日	10pm	11pm
10月1日	9pm	10pm
10月15日	8pm	9pm

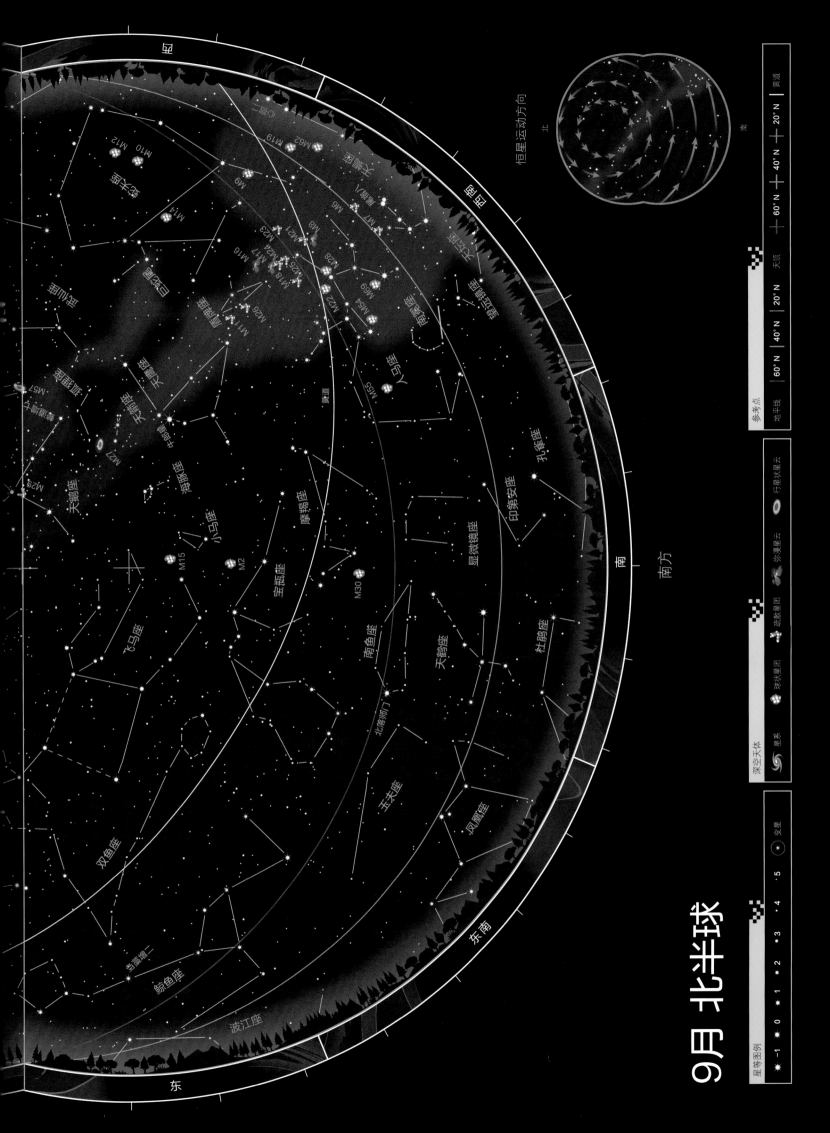

夜晚的天空

9月 北半球

恒星运动方向

北

南

参考点

地平线 | 20°N | 40°N | 60°N | 天顶
+20°N | +40°N | +60°N | 黄道

深空天体

星系 | 球状星团 | 疏散星团 | 弥漫星云 | 行星状星云

星等图例

-1 · 0 · 1 · 2 · 3 · 4 · 5 变星

东

东南

南方

南

M12
M10
M14
M9
M19 M62
银河
M6
M8
M17 M16
M18 M24 M21
M25 M20
M22 M28
M23
M26
M11
M69
M54
M55
M57
M27
M29
M15
M2
M30

天鹰座
盾牌座
人马座
天蝎座
蛇夫座
巨蛇座
武仙座
天琴座
天鹅座
狐狸座
海豚座
天箭座
摩羯座
宝瓶座
小马座
飞马座
双鱼座
鲸鱼座
波江座
南鱼座
玉夫座
凤凰座
杜鹃座
天鹤座
显微镜座
印第安座
孔雀座
望远镜座
南冕座
北落师门
牛郎星
天津四
织女星

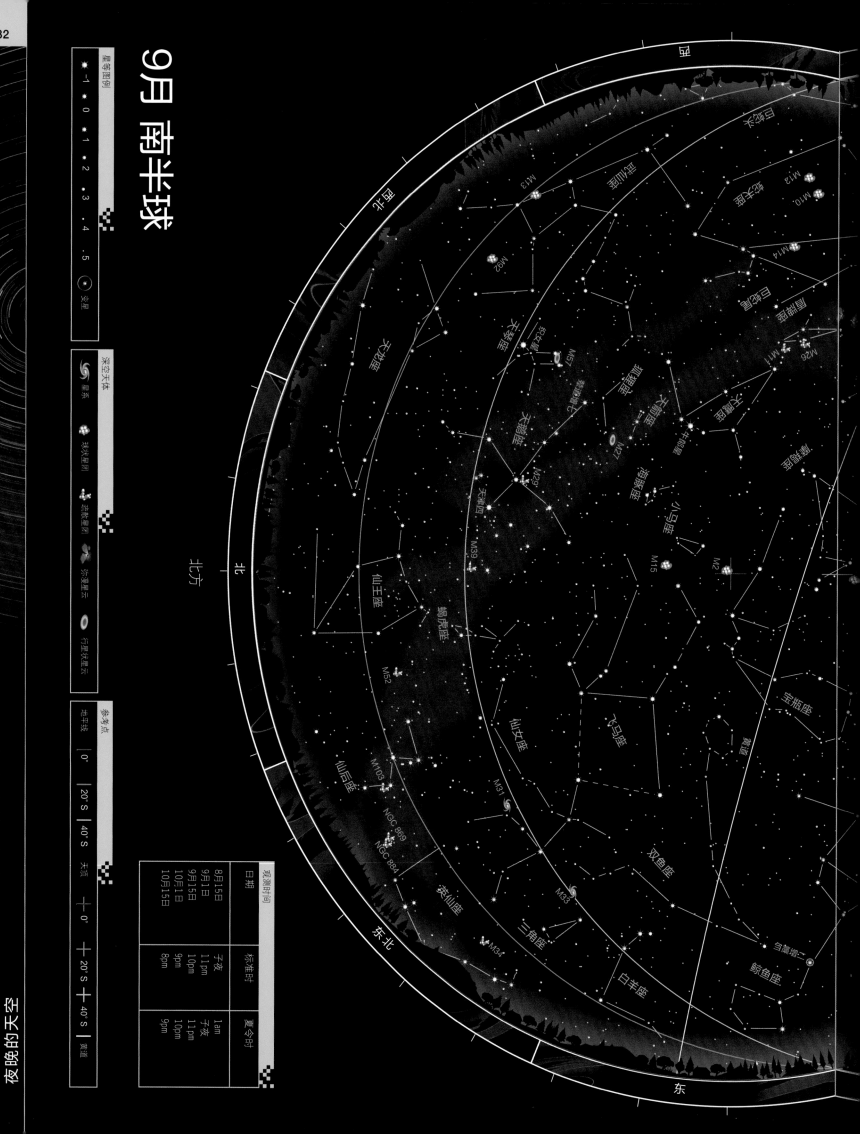

星等图例

| -1 | 0 | 1 | 2 | 3 | 4 | 5 | 变星 |

深空天体

星系
球状星团
流散星团
弥漫星云
行星状星云

参考点

| 地平线 | 0° | 20° S | 40° S | 天顶 | 0° | 20° S | 40° S | 黄道 |

观测时间

日期	标准时		夏令时	
8月15日	子夜	1am		
9月1日	11pm	子夜		
9月15日	10pm	11pm		
10月1日	9pm	10pm		
10月15日	8pm	9pm		

北

北方

东北

东

M13
M10
M92
M14
M57
M11
M26
M27
M29
M39
M15
M2
M52
M103
M31
NGC 869
NGC 884
M33
M34

天龙座
武仙座
牧夫座
北冕座
天琴座
天鹅座
狐狸座
海豚座
小马座
天鹰座
盾牌座
蛇夫座
仙王座
蝎虎座
仙女座
飞马座
宝瓶座
英仙座
双鱼座
三角座
白羊座
金牛座
鲸鱼座
刍藁增二
黄道

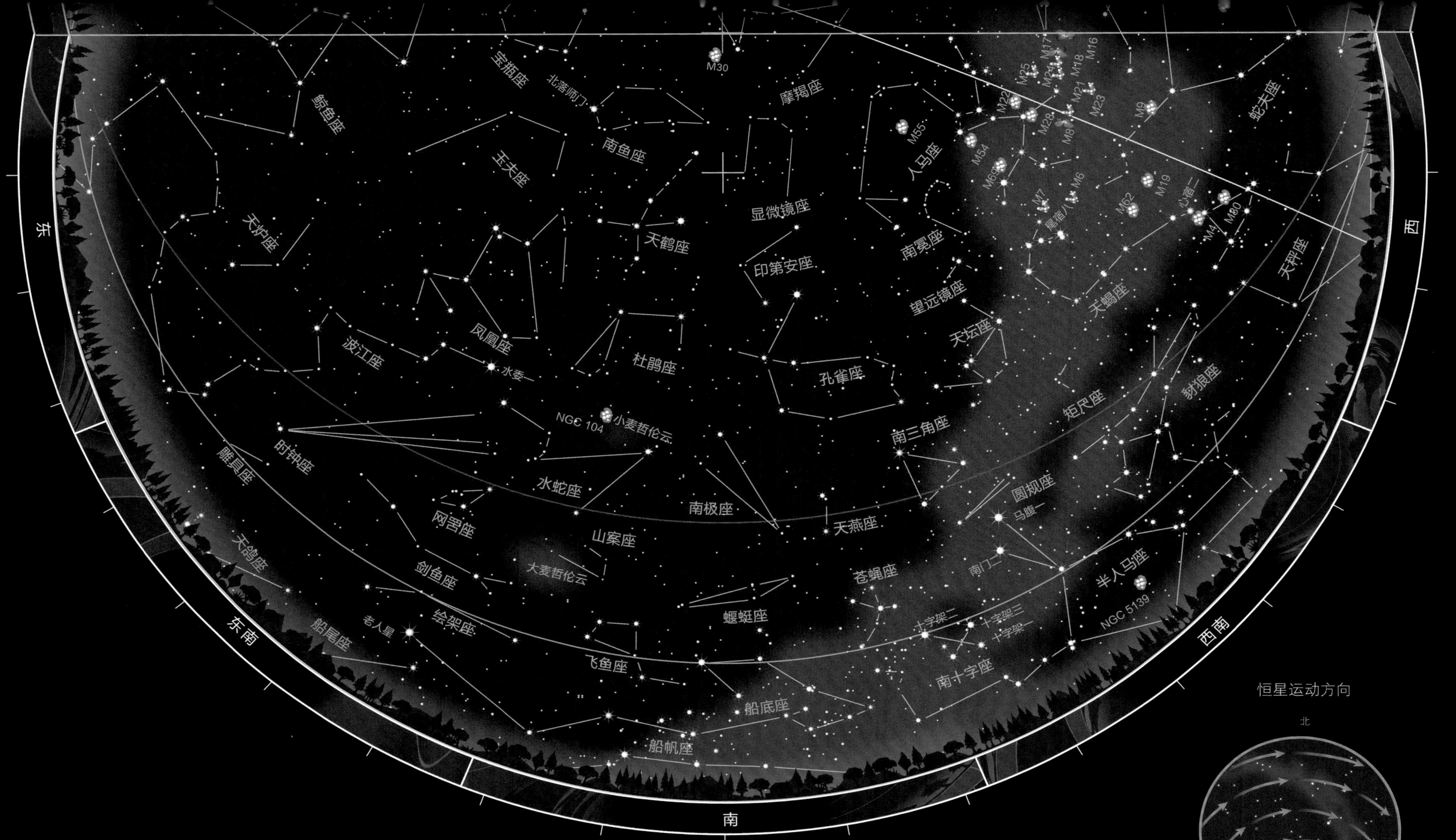

9月 南半球

夜晚的天空

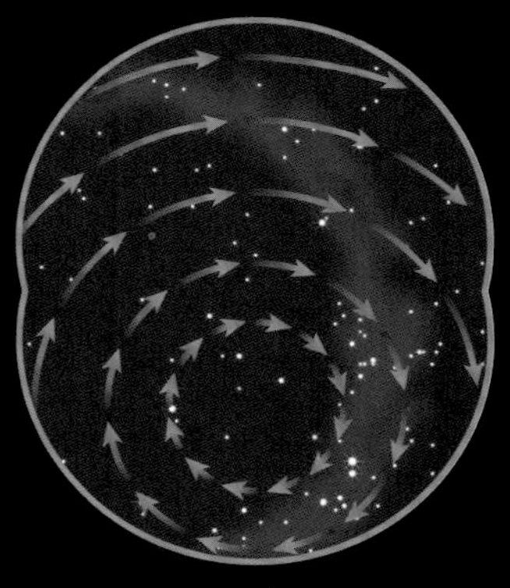

恒星运动方向

北

南

南方

南

东南

东

星等图例
-1 0 1 2 3 4 5

参考点
地平线 0° 20°S 40°S 天顶

深空天体
星系 球状星团 疏散星团 行星状星云 弥漫星云

+ 黄道
40°S 20°S 0°

变星

特殊天象

月相

	满月	新月
2020年	10月1日、31日	10月16日
2021年	10月20日	10月6日
2022年	10月9日	10月25日
2023年	10月28日	10月14日
2024年	10月17日	10月2日
2025年	10月7日	10月21日
2026年	10月26日	10月10日
2027年	10月15日	10月29日

行星

2020年10月1日
水星晚上大距，星等0.3等。

2020年10月13日
火星冲日，星等-2.6等。

2021年10月25日
水星早上大距，星等-0.3等。

2021年10月29日
金星晚上大距，星等-4.4等。

2022年10月8日
水星晚上大距，星等-0.3等。

2023年10月23日
金星早上大距，星等-4.4等。

2025年10月29日
水星晚上大距，星等0.1等。

2026年10月4日
土星冲日，星等0.4等。

日月食

2022年10月25日
日偏食。可见区域：欧洲、非洲东北部、中东、亚洲西部。

2023年10月14日
日环食。可见区域：美国西部、北美洲南部、哥伦比亚、巴西。

2023年10月28日
月偏食。可见区域：北美洲、南美洲、欧洲、非洲、亚洲、澳大利亚东部。

2024年10月2日
日环食。可见区域：智利南部、阿根廷南部。

10月

无论北半球还是南半球，飞马座大四边形都在北边的天空中占据着舞台的中央，对于北半球来说这意味着秋季到来了，而对南半球来说，则是春季到来的标志。飞马座大四边形的东北边是仙女座大星系，这是距离我们地球最近的大星系。大四边形的南边是一串暗弱的黄道星座，东边是白羊座，西南边是摩羯座。

北半球

恒星

北半球中纬度地区，飞马座大四边形高挂在天空中。从飞马座大四边形中属于仙女座的那颗星向东北方延伸出来，是英仙座和仙后座。御夫座中的五车二在东北方低空中闪烁。北方的天空中，北斗七星的位置达到最低，对于北纬30度以南的人们来说，北斗七星位于地平线下。

飞马座大四边形的下方是一串叫作双鱼座小环的恒星，代表黄道星座双鱼座中的一条鱼。南鱼座中的北落师门（见第253页）位于南方地平线附近，紧邻宝瓶座的恒星。西方天空中可以看到夏夜大三角，东方天空中已经可以看到冬季星空的金牛座了。

深空天体

10月的夜晚是观看仙女座大星系M31（见第312~313页）的好时机。如果夜空污染不是太严重，肉眼就能看到它呈现为一个椭圆形的模糊光斑，用双筒望远镜也很容易找到它，比满月略大。北方的高空中，用双筒望远镜能够找到仙后座中的疏散星团M52。在它与飞马座大四边形之间，有一个很容易被忽视的行星状星云NGC 7662，俗称蓝雪球星云。要看到它，需要借助小望远镜。

流星雨

猎户座流星雨是一年当中流量相对较小的流星雨，在10月21日前后达到极大，平均每小时约25颗流星。辐射点位于猎户座北边，靠近与双子座的交界处。由于这一区域升起得较晚，因而这场流星雨在午夜之后观测效果最佳。

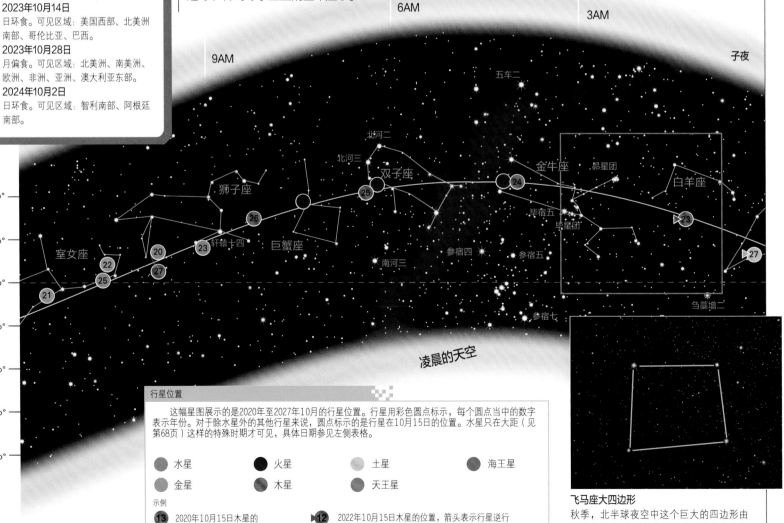

行星位置

这幅星图展示的是2020年至2027年10月的行星位置。行星用彩色圆点标示，每个圆点当中的数字表示年份。对于除水星外的其他行星来说，圆点标示的是行星在10月15日的位置。水星只在大距（见第68页）这样的特殊时期才可见，具体日期参见左侧表格。

🔵 水星	⚫ 火星	⚪ 土星	🔵 海王星
🟤 金星	🔵 木星	🔵 天王星	

示例
13 2020年10月15日木星的位置。

▶**12** 2022年10月15日木星的位置，箭头表示行星逆行（参见第68页）。

飞马座大四边形

秋季，北半球夜空中这个巨大的四边形由飞马座的3颗亮星和仙女座（图片左上方）的一颗亮星组成。

南半球

恒星

与南半球闪耀的冬夜星空相比，10月夜晚的星空是最暗也最不显眼的。比较引人注目的是南鱼座中的1等亮星北落师门（见第253页），几乎正好位于头顶上方。西北方的天空中，有天鹰座的牛郎星（见第252页），以及高挂在北天的飞马座大四边形。飞马座和北落师门之间是宝瓶座——盛水者。东方的天空中有很多与水相关的星座：双鱼座，代表两条鱼；鲸鱼座，代表海怪或者一头鲸；波江座，代表一条河流。波江座的末尾处是亮星水委一，它高挂在南边的天空中。小麦哲伦云（见第311页）位于南方天空较低的位置处，大麦哲伦云（见第310页）在东南方天空可见。对于比南纬20度更靠南的区域来说，能在东南方天空中看见船底座中的老人星。

深空天体

杜鹃座中包含全天第二好看的球状星团杜鹃座47，即NGC 104，肉眼看去它好像一颗模糊的恒星，借助双筒望远镜能够看到它那美丽的模样。它的大小与满月相当，看上去位于小麦哲伦云附近，但实际上它位于银河系中，比小麦哲伦云离我们更近，只有15 000光年远。在小麦哲伦云的边缘处，有另一个较暗的球状星团NG 362，它也位于我们银河系中。

对于南半球的观测者来说，10月和11月是观测仙女座大星系M31（见第312~313页）的最好时机，此时它正位于北方低空中。在它附近是另一个本星系群星系M33，这是一个比M31小的旋涡星系，不太容易看见。在晴朗漆黑的夜晚，用双筒望远镜或者低倍率小望远镜能够看到它，它呈现为一个大圆斑块。

知名星组
双鱼座的小环（图片左侧）以及宝瓶座的Y形水罐（图片右侧）是10月的夜空中两组容易辨认的图案。

天王星

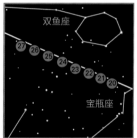

海王星

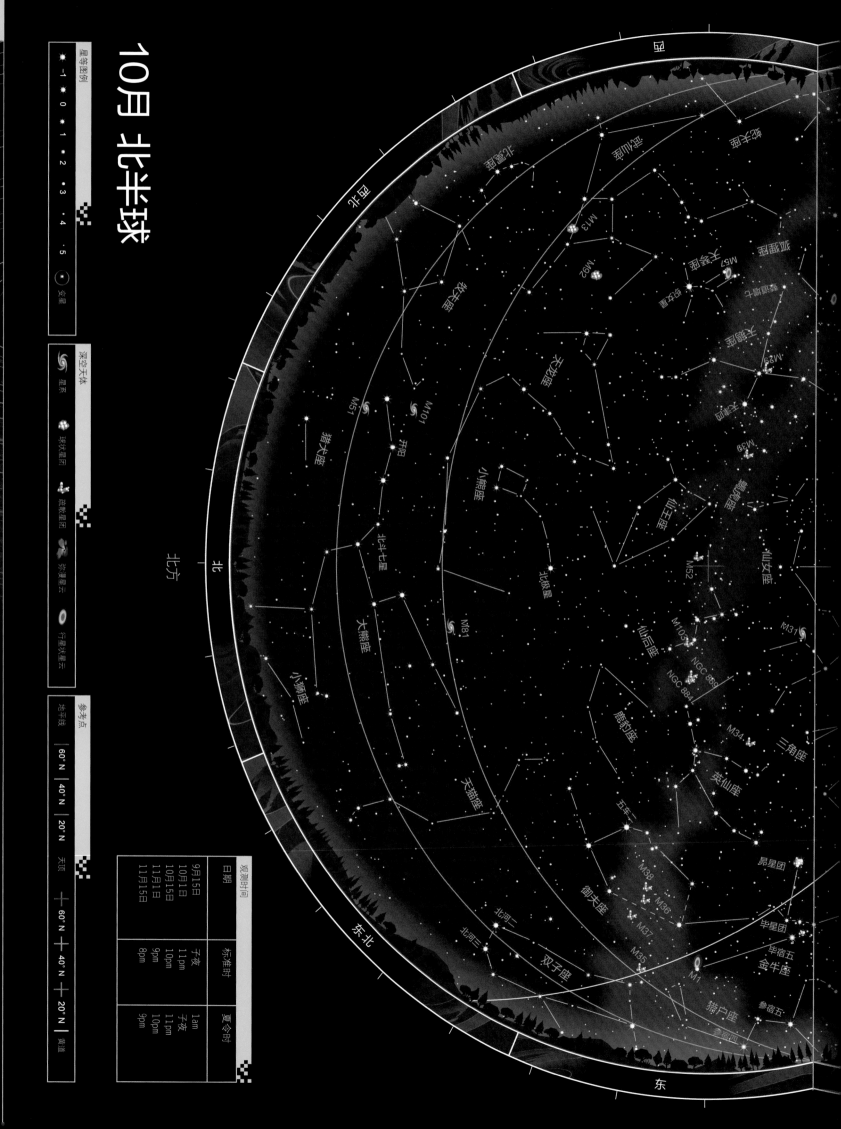

夜晚的天空

10月 北半球

星等图例
- −1
- 0
- 1
- 2
- 3
- 4
- 5
- 金星

深空天体
- 星系
- 球状星团
- 疏散星团
- 弥漫星云
- 行星状星云

参考点

| 地平线 | 60°N | 40°N | 20°N |
| 天顶 | 60°N | 40°N | 20°N | 黄道 |

观测时间		
日期	标准时	夏令时
9月15日	午夜	1am
10月1日	11pm	午夜
10月15日	10pm	11pm
11月1日	9pm	10pm
11月15日	8pm	9pm

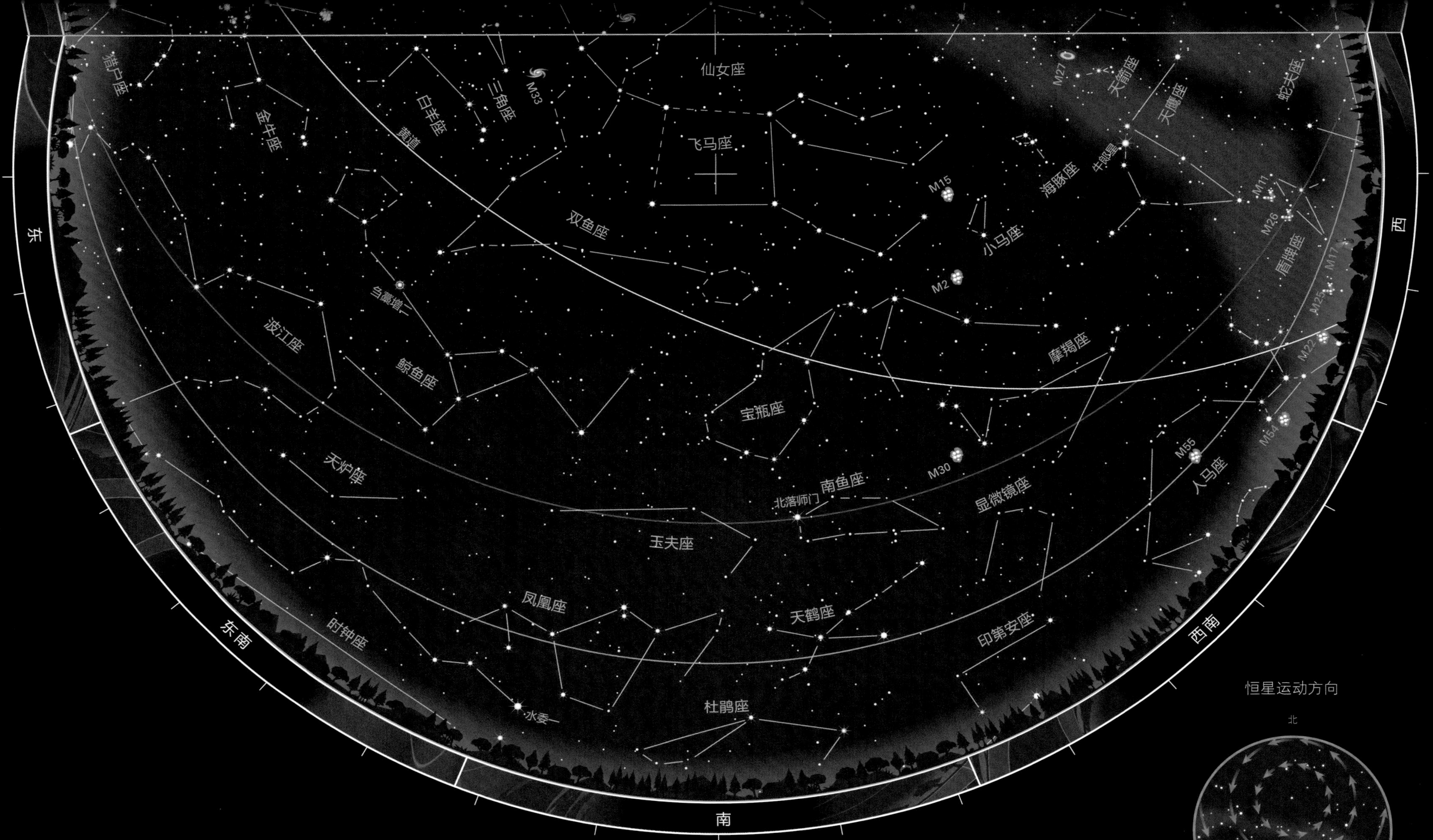
仙女座
猎户座
金牛座
三角座
M33
白羊座
黄道
飞马座
双鱼座
M15
小马座
海豚座
牛郎星
天箭座
M27
天鹰座
蛇夫座
M11
M26
盾牌座
M17
M25
M22
M2
鸟藁增二
波江座
鲸鱼座
宝瓶座
摩羯座
M54
M55
人马座
天炉座
M30
南鱼座
北落师门
显微镜座
玉夫座
凤凰座
天鹤座
时钟座
印第安座
水委一
杜鹃座
东
东南
南
西南
西

南方

10月 北半球

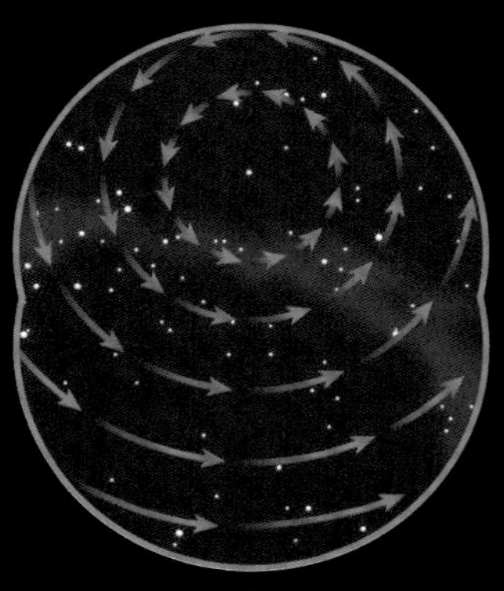
恒星运动方向
北
南

星等图例
−1 0 1 2 3 4 5 变星

深空天体
星系 球状星团 疏散星团 弥漫星云 行星状星云

参考点
地平线 60° N 40° N 20° N 天顶 60° N 40° N 20° N 黄道

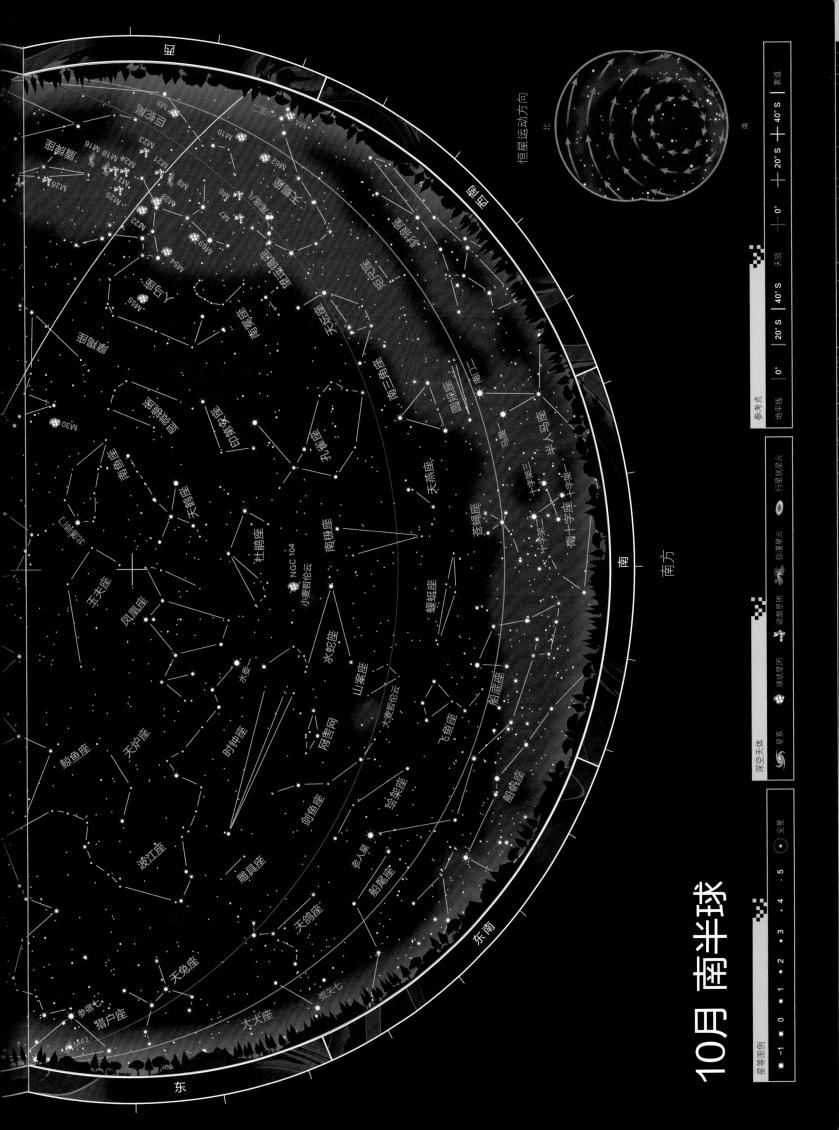

10月南半球

夜晚的天空

东

东南

南

南方

西

北

南

恒星运动方向

星图图例

星等	-1	0	1	2	3	4	5

参考点

地平线	0°	20°S	40°S	天顶

黄道

40°S	20°S	0°

深空天体

星系　球状星团　疏散星团　弥漫星云　行星状星云

变星

猎户座
参宿七
M42
天兔座
天鸽座
波江座
天炉座
剑鱼座
网罟座
时钟座
凤凰座
玉夫座
鲸鱼座
水蛇座
杜鹃座
NGC 104
小麦哲伦云
南极座
山案座
大麦哲伦云
绘架座
飞鱼座
船底座
船尾座
船帆座
苍蝇座
南十字架座
半人马座
圆规座
矩尺座
豺狼座
天蝎座
人马座
蛇夫座
天坛座
孔雀座
天燕座
南三角座
望远镜座
显微镜座
南鱼座
玉夫座
宝瓶座
摩羯座
天鹤座
印第安座
天鹰七
天狼
大犬

M9
M4
M19
M62
M23
M8
M17
M24
M21
M6
M7
M25
M28
M22
M11
M26
M69
M54
M55
M30

11月

对于北半球的观测者来说，仙后座位于头顶正上方，银河从西边的天鹅座流到东边的双子座。形象为两条鱼的双鱼座和形象为海怪或鲸鱼的鲸鱼座覆盖了天赤道区域。南半球的夜空中高挂着大小麦哲伦云。

公主、英雄、国王和王后
11月的夜空，希腊神话中的仙女座（图片右侧）、英仙座（图片下方）、仙王座（图片上方）和仙后座（图片中央），共同出现在北方天空中。

流星数目不超过10颗，但平均每33年左右，会有一个极其活跃的时期出现。下一次极其活跃的时期将会在2032年前后出现。

北半球

恒星

11月的夜空，希腊神话中英仙座和仙女座（见第368页）的主要特征一览无余。鲸鱼座中包含一颗著名的变星——刍藁增二（见第285页）。每年11月前后，它的亮度达到最大，用肉眼就很容易看见，但其他月份很暗，基本看不见。飞马座大四边形高挂在西方天空中，夏季大三角位于西北方的低空中。

深空天体

仙女座中的两个疏散星团NGC 457和NGC 663，用双筒望远镜很容易找到。更容易观测的是NGC 869和NGC 884，这是一对著名的双星团，位于银河

中，在英仙座和仙后座之间。仙女座大星系M31（见第312~313页）仍高挂在本月的星空中。

流星雨

金牛座流星雨在本月第一周达到一个宽峰，届时平均每小时可能看到10颗左右的流星，辐射点位于昴星团南侧区域。尽管流星的流量不算大，但持续时间长，且通常比较明亮。11月第二场流星雨是狮子座流星雨，辐射点位于狮子座的头部附近，在11月17日前后达到峰值。通常来说，平均每小时可以看到的

特殊天象

月相

满月	新月
2020年 11月30日	11月15日
2021年 11月19日	11月4日
2022年 11月8日	11月29日
2023年 11月27日	11月13日
2024年 11月15日	11月1日
2025年 11月5日	11月20日
2026年 11月24日	11月9日
2027年 11月14日	11月28日

行星

2020年11月10日
水星早上大距，星等 - 0.3等。

2023年11月3日
木星冲日，星等 - 2.9等。午夜时分，北纬地区南方天空中可见，南纬地区北方天空中可见。

2024年11月16日
水星晚上大距，星等 - 0.1等。

2026年11月20日
水星早上大距，星等 - 0.3等。

2027年11月4日
水星早上大距，星等 - 0.3等。

日月食

2021年11月19日
月偏食。可见区域：北美洲、南美洲、欧洲北部、亚洲东部、澳大利亚、太平洋地区。

2022年11月8日
月全食。可见区域：亚洲、澳大利亚、太平洋、南美洲、北美洲。

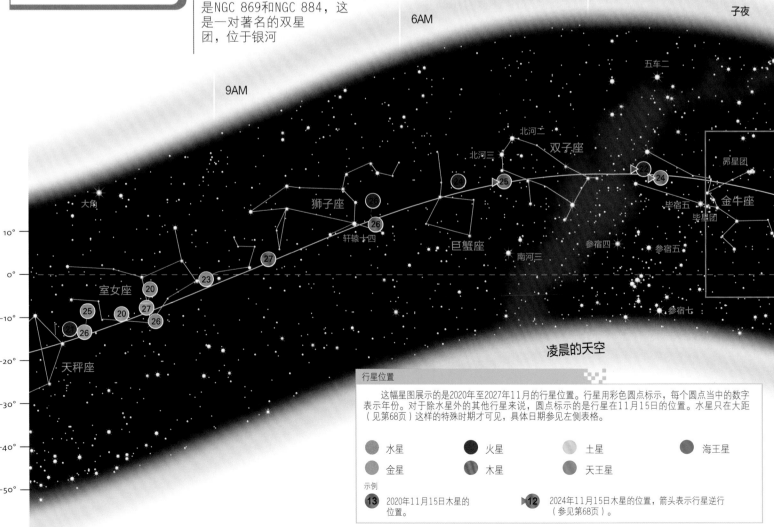

凌晨的天空

行星位置

这幅星图展示的是2020年至2027年11月的行星位置。行星用彩色圆点标示，每个圆点当中的数字表示年份。对于除水星外的其他行星来说，圆点标示的是行星在11月15日的位置。水星只在大距（见第68页）这样的特殊时期才可见，具体日期参见左侧表格。

- 水星
- 金星
- 火星
- 木星
- 土星
- 天王星
- 海王星

示例
- ⑬ 2020年11月15日木星的位置
- ◄⑫ 2024年11月15日木星的位置，箭头表示行星逆行（参见第68页）。

南半球

恒星

11月的夜晚，波江座尽头处的亮星水委一高挂在南方天空。波江座中的其他恒星，一直延伸到刚从东方升起的猎户座中。毕宿五以及金牛座中的其他亮星位于东北方，飞马座大四边形高挂在西北方天空中。宝瓶座位于西方，南鱼座中的北落师门（见第253页）位于西南方。大小麦哲伦云（见第310和311页）高挂在南方天空。船底座中明亮的老人星位于东南方，大犬座中的亮星天狼星（见第252页）则刚从东方升起。天顶处是鲸鱼座，这个星座里包含长周期变星刍藁增二。

深空天体

位于鲸鱼座头部南侧的是M77——最亮的赛弗特星系（见第320页）。赛弗特星系是一种旋涡星系，其中心由于热气体绕着大质量黑洞旋转而变得非常明亮。要想看到M77，需要借助望远镜。

在南方天空中，天子午线附近，可以看到球状星团杜鹃座47。大麦哲伦云以及蜘蛛星云NGC 2070位于东南方，1月份是观看它们的最佳月份。在北方天空中可以看到星系M31和M33，昂星团（见第291页）和毕星团（见第290页）在东方的天空中升得更高了。

天王星

海王星

经典变星

长周期变星刍藁增二（图片中央）在达到最大亮度时显得非常红。其左侧那颗9等星是一颗不相关的星。

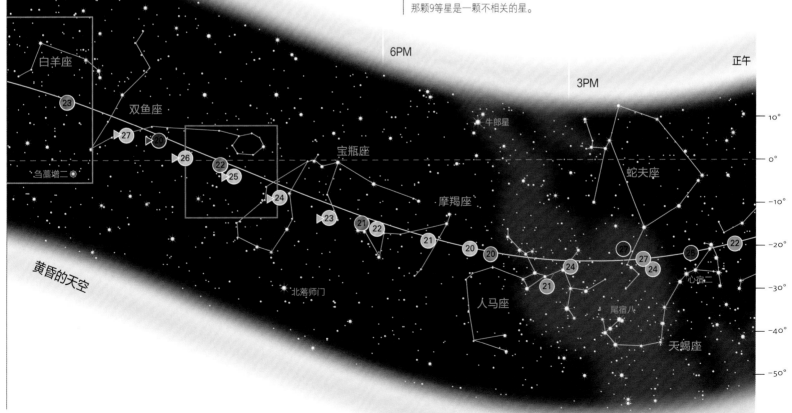

黄昏的天空

9PM

6PM

3PM

正午

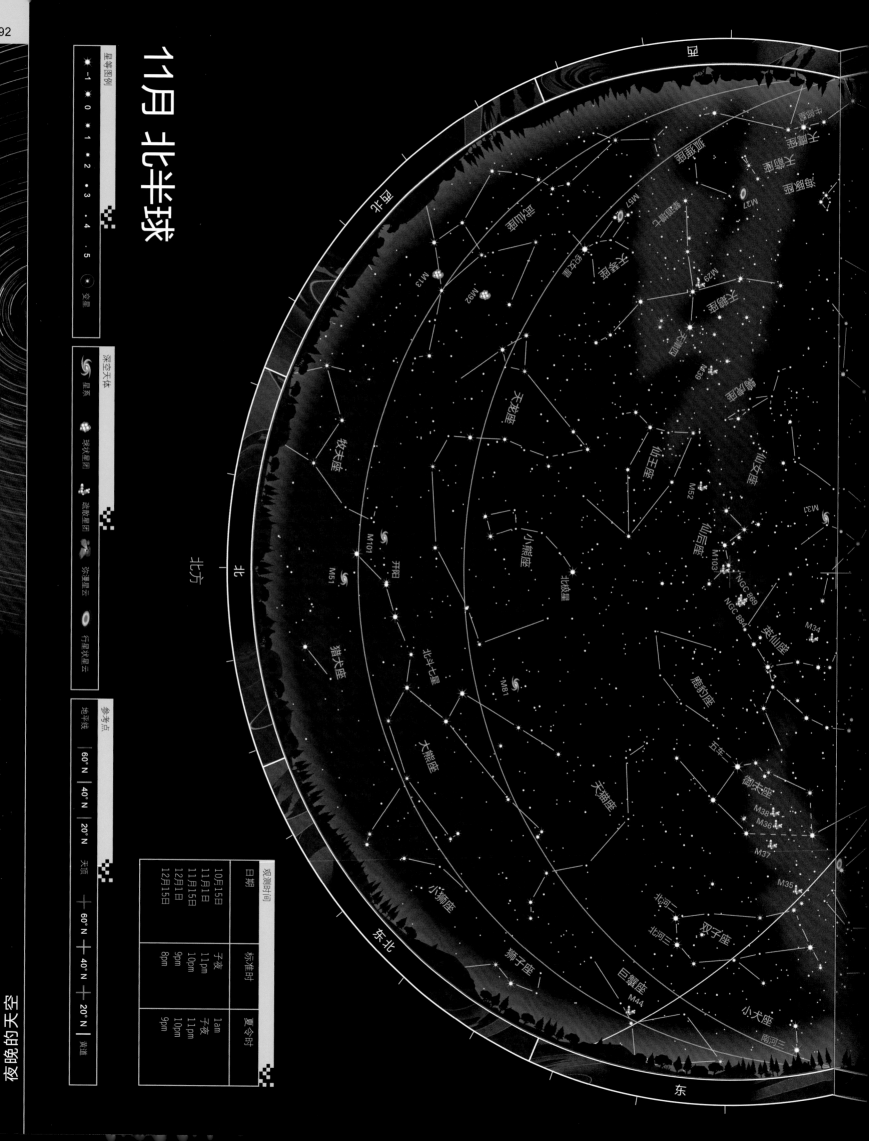

11月 北半球

观测时间		
日期	标准时	夏令时
10月15日	子夜	1am
11月1日	11pm	子夜
11月15日	10pm	11pm
12月1日	9pm	10pm
12月15日	8pm	9pm

参考点				
地平线	60°N	40°N	20°N	天顶
天顶	60°N	40°N	20°N	黄道

星等图例

-1	0	1	2	3	4	5	变星

深空天体

星系　球状星团　疏散星团　弥漫星云　行星状星云

北方

北

东北

东

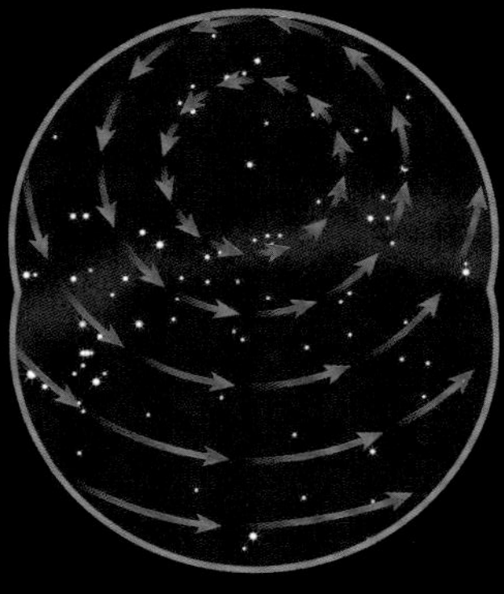

11月 北半球

恒星运动方向

北

南

南方

东南

东

星等图例

-1 · 0 · 1 · 2 · 3 · 4 · 5 变星

深空天体 星系 球状星团 疏散星团 弥漫星云 行星状星云

参考点 地平线 天顶 20°N 40°N 60°N 20°N 40°N 60°N

星座名称：
仙王座 · 仙后座 · 飞马座 · 小马座 · 蝎虎座 · 海豚座 · 天箭座 · 狐狸座
天鹅座 · 天鹰座 · 宝瓶座 · 南鱼座 · 摩羯座 · 天鹤座 · 凤凰座 · 杜鹃座
北落师门 · 玉夫座 · 水委一 · 仙女座 · 双鱼座 · 鲸鱼座 · 天炉座 · 时钟座
网罟座 · 剑鱼座 · 三角座 · 白羊座 · 波江座 · M33 · 金牛座 · 昴星团 M45
毕宿五 · 猎户座 · 参宿五 · 参宿七 · M42 · 参宿四 · 天兔座 · 天鸽座
麒麟座 · 大犬座 · 天狼星 · M50 · M41 · M1 · M15 · M72 · M2 · M30
黄道

M1

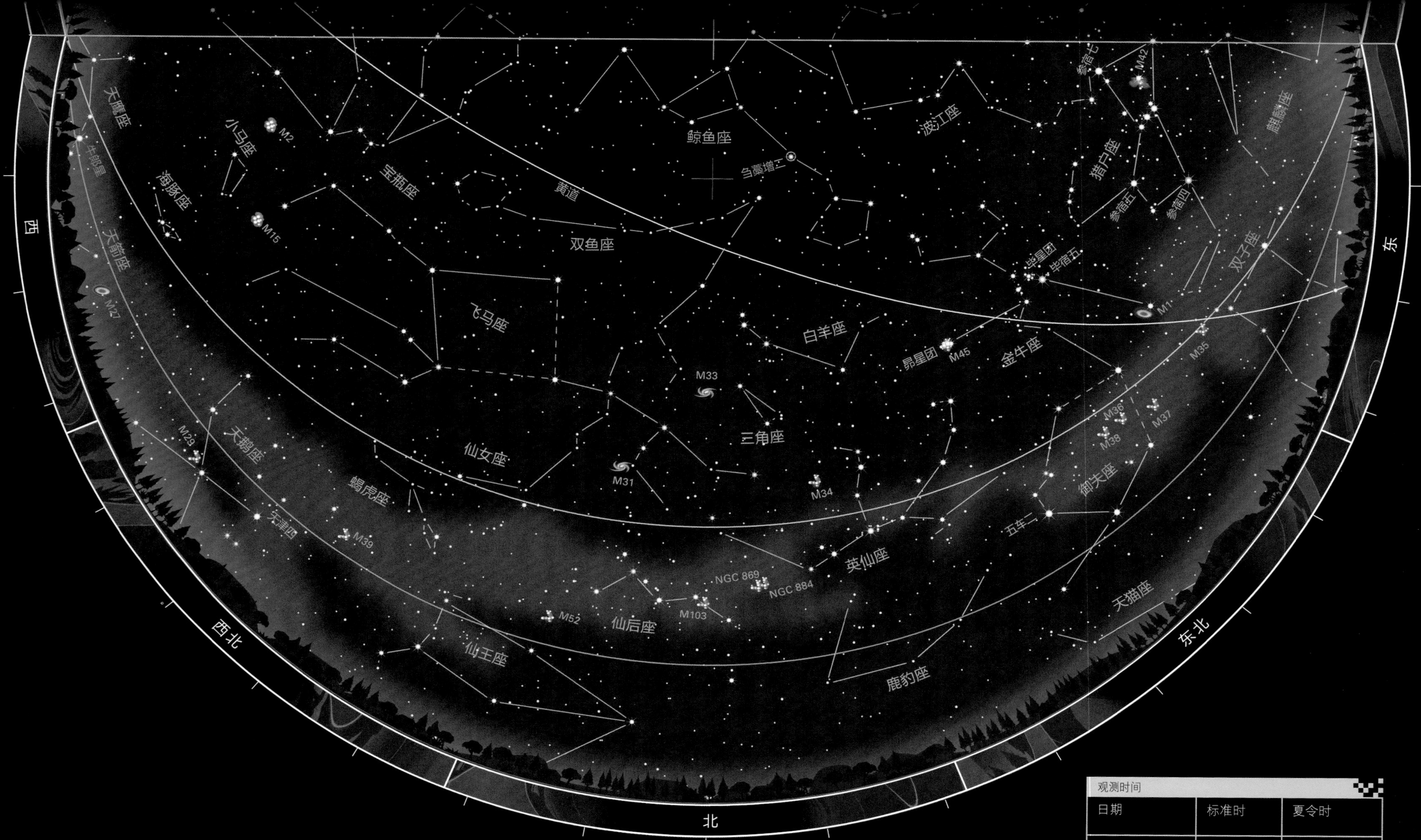

西
东
北
西北
东北
北方
天鹰座
牛郎星
小马座
M2
海豚座
M15
天箭座
M27
宝瓶座
鲸鱼座
黄道
刍藁增二
波江座
参宿七
M42
猎户座
参宿五
参宿四
麒麟座
双子座
双鱼座
飞马座
白羊座
毕星团
毕宿五
M1
金牛座
昴星团
M45
M35
M33
三角座
M36
M37
M38
天鹅座
M29
天津四
仙女座
M31
M34
蝎虎座
M39
御夫座
五车二
英仙座
NGC 869
NGC 884
M103
M52
仙后座
仙王座
天猫座
鹿豹座

11月 南半球

观测时间		
日期	标准时	夏令时
10月15日	子夜	1am
11月1日	11pm	子夜
11月15日	10pm	11pm
12月1日	9pm	10pm
12月15日	8pm	9pm

星等图例

-1 0 1 2 3 4 5 变星

深空天体

星系 球状星团 疏散星团 弥漫星云 行星状星云

参考点

地平线 0° 20° S 40° S 天顶 0° 20° S 40° S 黄道

12月

这个月的21日至22日，太阳到达位于天赤道以南最远的那一点。因此，北半球一年中夜晚最长的时候到来，而对于南半球来说则是夜晚最短的时候。地球已经完成了又一轮的绕日公转，夜晚的星星也开始新一轮的循环，猎户座和金牛座又回到了舞台的中心。

北半球

恒星

位于头顶正上方的是英仙座，其中包含著名的变星大陵五（见第276页）。从英仙座开始，银河向西北方向的仙后座和天鹅座流去，对于北纬20度左右或者更靠近赤道地区的人们来说，这两个星座已经位于视野之外了。向另一边看，银河向东南延伸，经过御夫座和金牛座，一直到双子座和猎户座靠北的那条胳膊上。飞马座大四边形位于西方天空，由猎户座的参宿四（见第256页）、小犬座的南河三（见第284页）和大犬座的天狼星（见第252页）组成的冬夜大三角主宰着东南方的天空。与东南方天空的丰富相比，西南方的天空则显得暗淡而空旷，那里只有几个暗星座：白羊座、双鱼座和鲸鱼座。在一年的年末，天狼星在午夜左右位于正南方的天空。

深空天体

12月的夜空中，富含又大又明亮的星团。在英仙座的中央，英仙座最亮星英仙座α（天船三）附近，有数十个星团。它们被称为英仙座α星团，在天空中的角距约为满月直径的几倍，用双筒望远镜观看效果较佳。

金牛座中拥有全天最美的疏散星团昴星团，也叫M45（见第291页）。正常视力的人用肉眼能够看到其中至少6颗星，用双筒望远镜则能看到其中的好几十颗星。金牛座中还包含一个更大的毕星团（见第290页），其中的星星组成V形，代表公牛的面部。除了这些星团，我们在11月提到的英仙座中的双星团

NGC 869和NGC 884，也处于较好的位置，适宜观测。

流星雨

双子座流星雨是每年第二大流星雨，12月13日至14日前后达到峰值，届时平均1分钟就能看到一颗流星，辐射点位于北河二附近。在高峰到来的前几天，也能看到少量流星；高峰过后，可以看到的流星数目迅速减少。

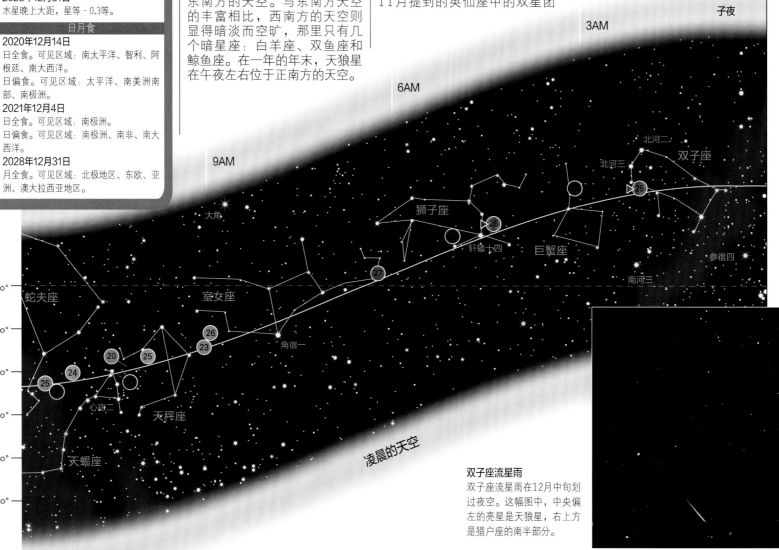

双子座流星雨
双子座流星雨在12月中旬划过夜空。这幅图中，中央偏左的亮星是天狼星，右上方是猎户座的南半部分。

南半球

恒星

显眼的猎户座与金牛座高挂在东北方的天空中，双子座和御夫座位于靠近地平线的地方。英仙座位于北天，飞马座大四边形位于西北方天空，其后是双鱼座。南鱼座的北落师门（见第253页）位于西南方。

波江座从猎户座脚下开始，一直蜿蜒到亮星水委一处。比水委一更亮的恒星——船底座中的老人星，高挂在东南方天空中。大小麦哲伦云（见第310页和第311页）高挂在南方天空，分别位于天子午圈的两侧。东方的天空中，猎户座的参宿四、小犬座的南河三和大犬座的天狼星组成一个巨大的三角形，这标志着南半球的夏季即将到来。

深空天体

对于南半球的观测者们来说，12月和1月是观测昴星团（见第291页）和毕星团（见第290页）的最好时机，这两个又大又显眼的疏散星团位于金牛座中，天赤道以北。大麦哲伦云，包括蜘蛛星云NGC 2070，高挂在东南方天空中，在1月份的夜空中更易于观测。总的来说，这个月份，在天子午圈附近，南半球的夜空缺少显眼的深空天体。

大麦哲伦云
在南半球的星空中，大麦哲伦云（图片下方）位于亮星老人星（图片左侧）和水委一（图片右上方）之间。大麦哲伦云上的那个粉色斑块是蜘蛛星云。

行星位置

这幅星图展示的是2020年至2027年12月的行星位置。行星用彩色圆点标示，每个圆点当中的数字表示年份。对于除水星外的其他行星来说，圆点标示的是行星在12月15日的位置。水星只在大距（见第68页）这样的特殊时期才可见，具体日期参见左侧表格。

- 水星
- 金星
- 火星
- 木星
- 土星
- 天王星
- 海王星

示例

14 2020年12月15日木星的位置。

▶12 2023年12月15日木星的位置，箭头表示行星逆行（参见第68页）。

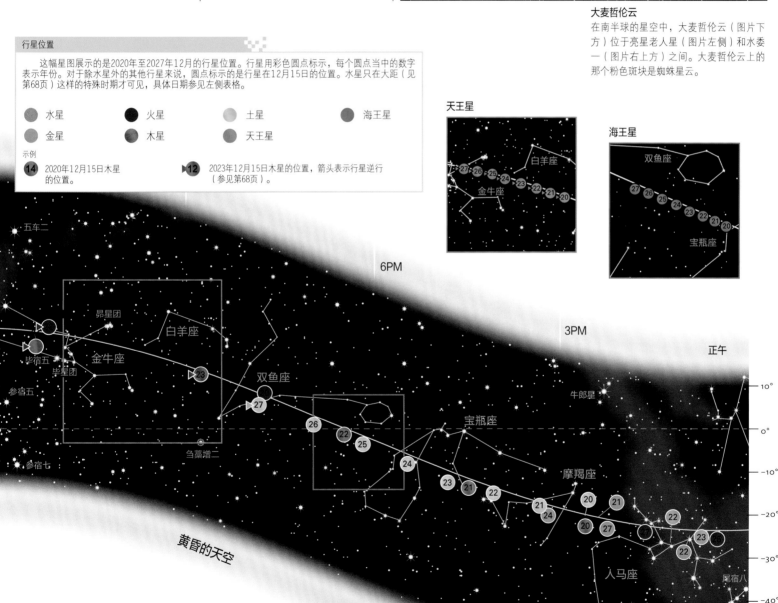

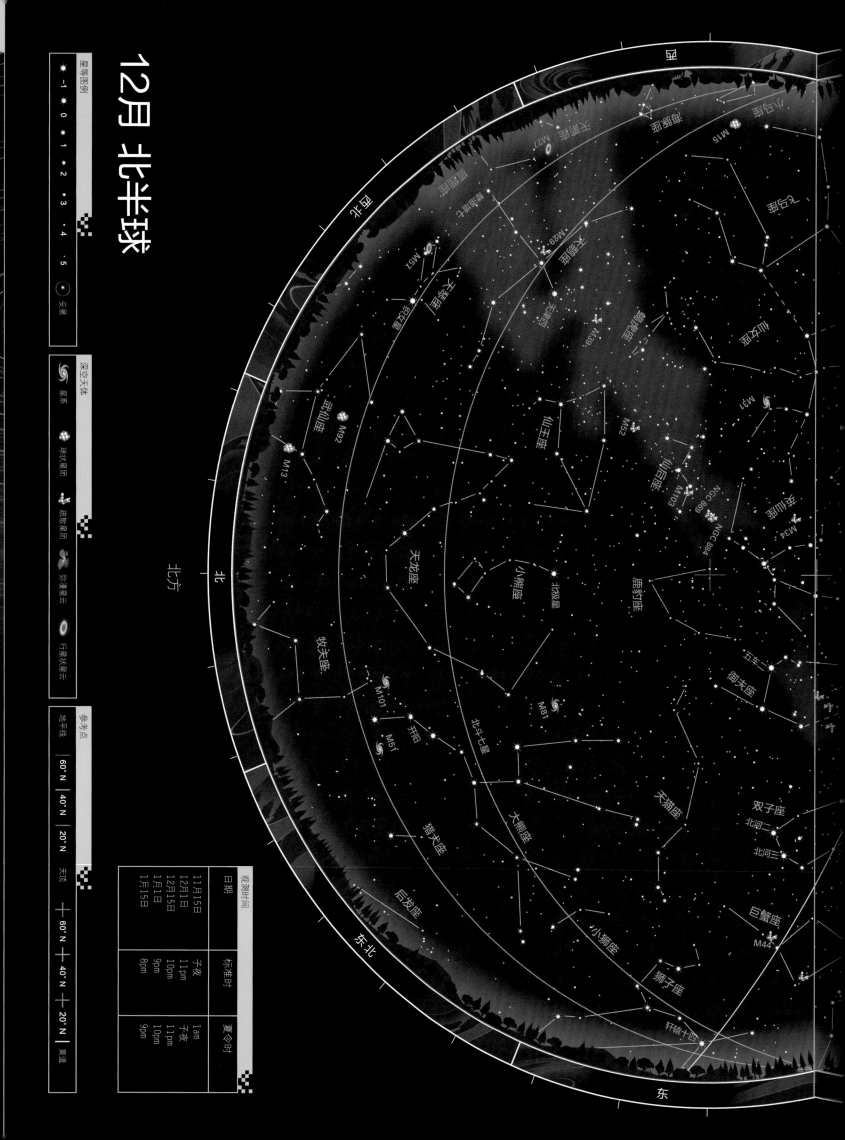

12月 北半球

星等图例

✦	✦	⭐	⭐	⭐	⭐	⭐	⊙
-1	0	1	2	3	4	5	金星

深空天体

🌀	✦	🌟	⊙
星系	球状星团	疏散星团	弥漫星云
			行星状星云

参考点

	地平线				天顶
	60°N	40°N	20°N		黄道
	✛	✛	✛		
	60°N	40°N	20°N		

观测时间

日期	标准时	夏令时
11月15日	子夜	1am
12月1日	11pm	子夜
12月15日	10pm	11pm
1月1日	9pm	10pm
1月15日	8pm	9pm

夜晚的天空

夜晚的天空

星等图例

-1 0 1 2 3 4 5 变星

深空天体

星系 球状星团 疏散星团 弥漫星云 行星状云

参考点

地平线 天顶 20°N 40°N 60°N 20°N 40°N 60°N 黄道

北

恒星运动方向

南

12月北半球

EAST

东南

南方

南

长蛇座 巨蟹座 小犬座 双子座 麒麟座 大犬座 天鸽座 船尾座 绘架座 剑鱼座 网罟座 时钟座 波江座 天炉座 水蛇座 凤凰座 水委一

M67 M48 M47 M46 M93 M50 M41 参宿四 参宿七 天狼星 南河三 老人星 M42 M35 M1 M37 M36 M38 猎户座 毕宿五 金牛座 御夫座 英仙座 三角座 白羊座 双鱼座 天兔座 昴星团 毕星团 黄道 M33

北

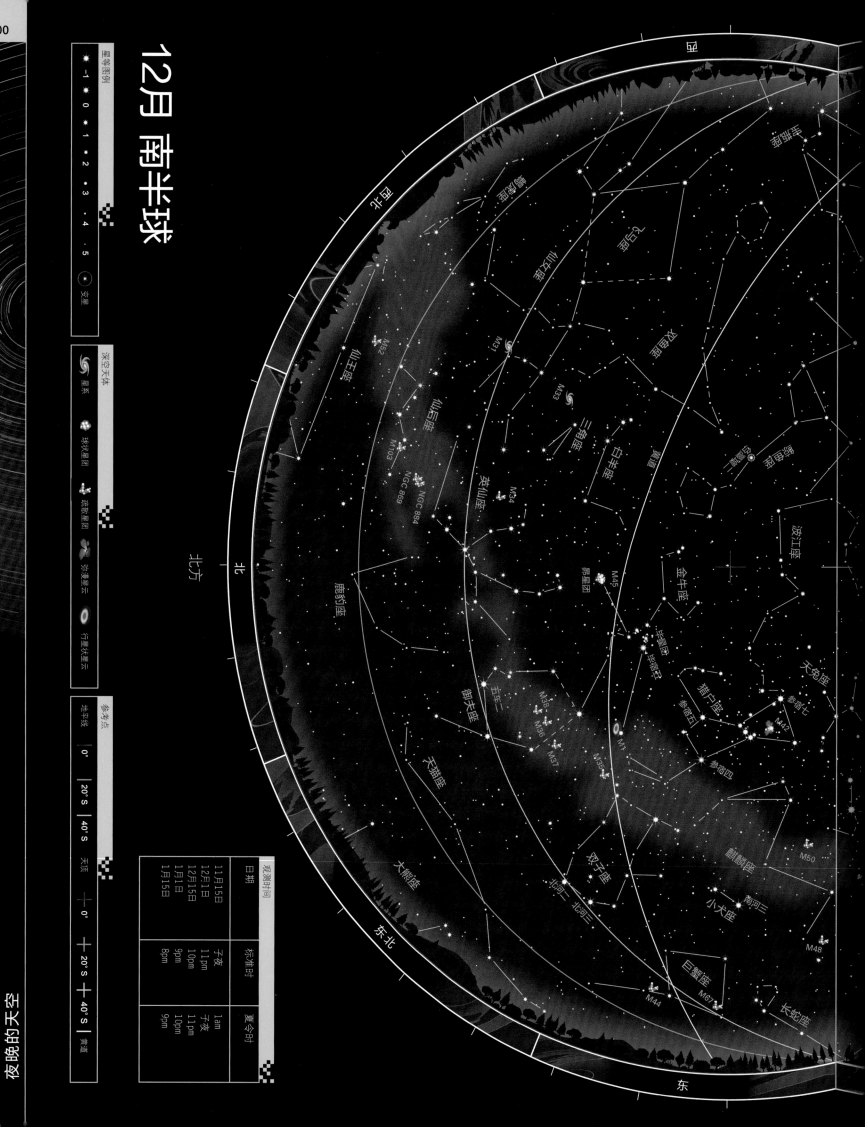

12月 南半球

星等图例

●	-1
●	0
●	1
·	2
·	3
·	4
·	5
☀	变星

深空天体

🌀	星系
✷	球状星团
✺	疏散星团
☁	弥漫星云
⊙	行星状星云

参考点

地平线	0°	20°S	40°S
天顶	0°	0°	20°S
			40°S 黄道

观测时间

日期	标准时		夏令时	
11月15日	子夜		1am	
12月1日	11pm		子夜	
12月15日	10pm		11pm	
1月1日	9pm		10pm	
1月15日	8pm		9pm	

北方

北

东北

东

12月 南半球

夜晚的天空

東

東南

南方

南

西

西北

北

南

恒星运动方向

南门二

半人马座

十字架三

十字架二

南十字座

马腹

苍蝇座

圆规座

蝘蜓座

南三角座

天燕座

孔雀座

南极座

杜鹃座

NGC 104

小麦哲伦云

水蛇座

水委一

天鹤座

凤凰座

玉夫座

天炉座

波江座

时钟座

网罟座

剑鱼座

大麦哲伦云

山案座

飞鱼座

绘架座

船底座

船帆座

罗盘座

矩尺座

豺狼座

天坛座

望远镜座

印第安座

显微镜座

玉夫座

天兔座

天鸽座

大犬座

天狼星 M41

弧矢七

船尾座

M47

M46

M93

长蛇座

天鹤座

M30

杯架

十字架

南鱼座

宝瓶座

双鱼座

鲸鱼座

术语表

X射线暴源（X-ray burster）：发出强烈X射线暴的天体，持续几秒到几分钟。X射线暴据信是伴星的气体在中子星表面积聚并引发核聚变链式反应时造成的。参见聚变（fusion）、中子星（neutron star）。

X射线辐射（X-ray radiation）：波长比紫外线短、比伽马射线长的电磁辐射。X射线来自温度极高的气体云，比如日冕。

A

矮星（dwarf star）：主序星的别名，用来区分主序星（比如太阳）和赫罗图上高度明亮的巨星。参见赫罗图（Hertsprung–Russell diagram）、主序（main sequence）。

矮行星（dwarf planet）：一类围绕太阳转动的天体。它们有足够的引力和质量保持球形；但不能清空所在轨道上的其他天体，同时又不是其他星体的卫星。

暗能量（dark energy）：占据宇宙质能总量70%左右的能量形式。但人们对它了解很少。通常认为这种能量产生斥力的效果，造成宇宙加速膨胀。参见加速的宇宙（accelerating universe）。

暗物质（dark matter）：仅以引力影响周围物质而不发出任何可见辐射的物质。暗物质是星系、星系团乃至整个宇宙质量的主要组成部分。

暗物质晕（dark-matter halo）：参见晕（halo）。

暗星云（dark nebula）：参见星云（nebula）。

奥尔特云（Oort Cloud, Oort–Öpik-Cloud）：在距太阳1.6光年处，有数万亿的冰质星子和彗核在太阳系周围形成球形的分布。那里是"新的"长周期彗星的发源地。荷兰天文学家奥尔特（同时代的爱沙尼亚天文学家欧佩克也提出过类似的想法）于1950年首先提出这个区域存

在的可能。参见彗星（comet）、星子（planetesimal）。

B

白矮星（white-dwarf star）：一类具有低光度和相对较高的表面温度的恒星，核聚变的产能过程已经停止，直径也被引力压缩到与地球相当，逐渐冷却暗淡。参见赫罗图（Hertzsprung–Russell diagram）。

半长轴（semimajor axis）：参见椭圆（ellipse）。

半影（penumbra）：（1）不透明的物体所投下阴影的较亮的外部区域。位于半影区的观测者可以看见部分的发光天体。（2）太阳黑子中较亮、较热的外围区域。参见黑子（sunspot）、本影（umbra）。

棒旋星系（barred spiral galaxy）：旋臂从伸长的棒状核心两端伸出的星系。参见星系（galaxy）、旋涡星系（spiral galaxy）。

暴胀（inflation）：在宇宙历史极早期（宇宙诞生后约10^{-35}秒）发生的一次短暂、突然的加速膨胀。参见大爆炸（Big Bang）。

爆发变星（eruptive variable）：参见变星（variable star）。

爆发日珥（eruptive prominence）：参见日珥（prominence）。

背景辐射（background radiation）：参见宇宙微波背景辐射（cosmic microwave background radiation）。

本星系群（Local Group）：银河系所属的包含40多个成员星系的小星系团。这个团的其他主要成员是旋涡星系M31（仙女星系）和M33。其他大部分成员都是小椭圆星系（矮椭圆星系）或者不规则星系。参见星系团（galaxy cluster）。

本影（umbra）：（1）不透明的物体所投下的黑暗的中央影锥。在本影内的任何地点，光源物体都完全不可见。（2）太阳黑子深色低温

的中央区，其中的温度比日面的平均温度低1 500到2 000摄氏度。参见食（eclipse）、半影（penumbra）、黑子（sunspot）。

闭宇宙（closed universe）：一种包含有限空间但没有确定边界的宇宙（类似于球面）。如果一个宇宙的平均密度超过了一个称作**临界密度**（critical density）的特定值，它将成为一个闭宇宙。如果没有斥力的作用，闭宇宙最终会停止膨胀并坍缩。参见平坦宇宙（flat universe）、开宇宙（open universe）、振荡宇宙（oscillating universe）。

边缘（limb）：太阳、月球或者行星的可见盘面的外围部分。

变星（variable star）：亮度变化的恒星。**脉动变星**（pulsating variable）是周期性地膨胀和收缩的恒星，亮度也随之变化。**爆发变星**（eruptive variable）是一类突然增亮又暗淡的恒星。**灾变变星**（cataclysmic variable）则是经历了一次或多次爆炸的恒星（比如新星）。参见造父变星（Cepheid variable）、新星（nova）。

波长（wavelength）：波动中两个前后相继的波峰或者波谷之间的距离。

玻璃陨体（tektite）：一种较小的圆形玻璃质物体。当较大的陨石或小行星撞击岩质行星时，会将岩石表面融化，熔融的液态岩滴被抛撒到空中，冷却后就形成了玻璃陨体。典型的玻璃陨体尺寸有几厘米，形状由它们在空中飞行的过程决定。在地球上，它们出现在许多被称作"散播场"的特定处所。参见小行星（asteroid）、陨石（meteorite）。

博克球状体（Bok globule）：一类致密的黑暗星云。直径在0.1到几个光年之间，含有1到上千太阳质量的气体和尘埃。这类球状体据信是由气体冷却凝聚而成的，一旦进一步坍缩将形成原恒星。这个名字来自详细研究这类天体的荷兰天文

学家巴特·博克。参见原恒星（protostar）。

不规则星系（irregular galaxy）：没有规则结构和对称性的星系。

不规则星系团（irregular cluster）：参见星系团（galaxy cluster）。

C

长轴（major axis）：参见椭圆（ellipse）。

超大质量黑洞（supermassive black hole）：参见黑洞（black hole）。

超巨星（supergiant）：具有罕见光度和巨大直径的恒星。超巨星位于赫罗图的顶部。参见赫罗图（Hertzsprung–Russell diagram）。

超新星（supernova）：一类摧毁恒星的灾变事件，在此过程中恒星的温度、亮度可增加100万倍。当大质量恒星的核心坍缩，外围物质被吹散时，就变成II**型超新星**（type II supernova），坍缩的核心通常会形成中子星。而**Ia型超新星**（type Ia supernova）则涉及一颗白矮星的完全毁灭。超新星的残骸逐渐向外膨胀就形成了**超新星遗迹**（supernova remnant）。参见中子星（neutrostar）、白矮星（white-dwarf star）。

赤道装置（equatorial mounting）：使望远镜能够分别围绕平行地球自转轴（称为**极轴**，polar axis）和垂直地球自转轴（称为**赤纬轴**，declination axis）的两个方向转动的装置。望远镜由此可以跟踪天体在天空中的运动，抵消地球自转造成的每恒星日一圈的转动。参见赤经（right ascension）、赤纬（declination）、恒星日（sidereal time）。

赤经（right ascension, RA）：从**春分点**（first point of Aries，太阳在天球上自南向北穿过天赤道的位置）向东测量到一个天体的角度。通常用时间单位（某时某分某秒）表示，1小时对应15度。赤经与赤

纬一起决定了物体在天球上的位置。参见天球（celestial sphere）、赤纬（declination）、黄道（ecliptic）、分点（equinox）。

赤纬（declination）：天体距天赤道的角度。在天赤道北侧的天体赤纬为正，在天赤道南侧的天体赤纬为负。位于天赤道上的天体，赤纬为0，北天极赤纬为90度。参见天赤道（celestial equator）、天球（celestial sphere）、赤经（right ascension）。

赤纬轴（declination axis）：参见赤道装置（equatorial mounting）。

冲（opposition）：当行星和太阳处于地球的相对两侧时，距角达到180度。此时行星在子夜的高度角最大。参见合（conjunction）、距角（elongation）。

刍藁变星（Mira variable）：以鲸鱼座o（中文名刍藁增二）命名的一类长周期变星。刍藁变星是低温的巨型脉动变星，光变周期在100到500多天之间。参见变星（variable star）。

春分（vernal equinox）：参见分点（equinox）。

磁层（magnetosphere）：在行星周围的一定区域内，带电粒子的运动由行星磁场而不是太阳风或行星际磁场所主导。行星磁层的形状受到太阳风的影响。在朝向太阳的一面被太阳风所挤压，在反方向上则拉出一条延展的尾巴（称作**磁尾**，magnetotail）。参见太阳风（solar wind）。

磁场（magnetic field）：磁性物体周围的一个区域。带电粒子在其中的运动会受到磁力的影响。

D

大爆炸（Big Bang）：宇宙诞生的事件。根据大爆炸理论，宇宙在一段确定的时间之前诞生于一个极其高温致密的原初状态，自那以后就一直在膨胀。大爆炸是空间、时间和物质的起源。

大挤压（Big Crunch）：宇宙可能的最终状态之一：停止膨胀并坍塌。

大撕裂（Big Rip）：如果暗能量的排斥作用在有限的时间内变得无限强，宇宙中的所有结构——星系团、星系、恒星、行星、原子乃至基本粒子都将被撕碎。参见暗能量（dark energy）。

大圆（great circle）：球体表面的圆，它的平面通过球心，将球体分为两个等大的半球。它是球体表面能画的最大的圆，故名。参见天赤道（celestial equator）、子午线（meridian）。

大质量弱相互作用粒子（Weakly Interacting Massive Particle, WIMP）：一类推测具有很大质量的基本粒子（质子质量的数十或数百倍），由于它们与普通物质的相互作用十分微弱，因此一直没有被直接探测到。人们普遍认为这种粒子构成了宇宙中暗物质的主要部分。参见暗物质（dark matter）。

大质量致密晕天体（MAssive Compact Halo Object, MACHO）：存在于星系晕中的光度极低的天体，比如行星、褐矮星、极暗白矮星或者黑洞。它们因为太暗而无法被直接看到。这类天体据信是星系晕中不可见的暗物质的一小部分。参见暗物质（dark matter）、晕（halo）。

等离子体（plasma）：气体的完全电离态，包含数目相等的正离子和负电子。等离子体通常具有很高的温度。日冕和太阳风都是等离子体，它们主要由质子和电子组成。参见日冕（corona）、太阳风（solar wind）。

地方恒星时（local sidereal time）：参见恒星时（sidereal time）。

地幔（mantle）：位于类似地球的岩质行星或者大行星卫星的内核与地壳之间的岩石层。参见壳（crust）。

地平经度（azimuth）：北极点和天体在观测者当地地平线上的投影沿地平线顺时针方向所成的夹角。约定正北的方位角为0度，正东为90度，正南为180度，正西为270度。参见地平纬度（altitude）。

地平纬度（altitude）：天体和地平线之间的张角。地平纬度取值在0度（地平线上的天体）到90度（头顶正上方的天体）之间。参见地平经度（azimuth）。

地平装置（altazimuth mounting）：允许望远镜沿着地平纬度（绕水平轴）和地平经度（绕竖直轴）转动的装置。许多大型的现代望远镜都采用这种结构，并用计算机控制马达改变望远镜的方位和仰角来跟踪天体。参见地平纬度（altitude）、地平经度（azimuth）、赤道装置（equatorial mounting）。

地心（geocentric）：（1）以地球中心为观察点。（2）将地球作为系统中心。**地心坐标系（geocentric coordinate）**中所有的位置测量都以地心为原点。围绕地球转动的卫星位于**地心轨道（geocentric orbit）**。

地心宇宙学（geocentric cosmology）则是认为太阳、月球、行星和恒星都围绕地球旋转的古代理论。参见日心（heliocentric）。

电磁波谱（electromagnetic spectrum）：电磁辐射从波长最短的伽马射线到波长最长的射电波段的整个范围。

电磁辐射（electromagnetic radiation, EM radiation）：电磁场的扰动振荡，以波（电磁波）的形式在空间中传递能量。光波和射电波都属于电磁辐射。

电荷耦合器件（charge-coupled device, CCD）：一种由微型光敏单元阵列所构成的电子成像设备。它通过读出曝光期间各个单元上所积累的电荷来重建物体图像。

电离氢区（HII region）：围绕在高温明亮的恒星周围的电离氢组成的明亮区域。电离氢通常是更广阔的未被电离发光的气体尘埃云的一部分。参见离子（ion）、星云（nebula）。

电子（electron）：一类带负电荷的小质量基本粒子。原子核周围就绕着电子构成的电子云。中性原子中电子的数目和原子核中质子的数目相同。

对流（convection）：通过上浮的气泡或高温气体、液体柱传播热量的一种方式。在一个**对流单体（convection cell）**中，升起的高温物质流冷却扩散之后重新再下沉并再加热，如此循环往复。

对日照（gegenschein）：在没有月亮的晴朗夜晚，有时能在正对太阳的方向上看到暗淡的光斑。那是位于地球公转轨道外的行星际尘埃反射的太阳光。参见黄道光（zodiacal light）。

多普勒效应（Doppler effect）：由于辐射源靠近或远离观测者所引起的辐射波长和频率的变化。参见蓝移（blue shift）、红移（red shift）。

F

发射线（emission line）：参见谱线（spectral line）。

发射星云（emission nebula）：参见星云（nebula）。

反粒子（antiparticle）：与普通物质粒子具有相同质量、相反自旋和电量的基本粒子。例如电子带负电，它的反粒子是带正电的**正电子（positron）**。如果粒子和反粒子碰撞，它们会发生湮灭并转化为能量。

反射望远镜（reflecting telescope, reflector）：一类使用凹面镜收集遥远物体的光线并聚焦成像的望远镜。

反射星云（reflection nebula）：参见星云（nebula）。

反物质（antimatter）：反粒子构成的物质。参见反粒子（antiparticle）。

反照率（albedo）：行星或者行星表面一部分所反射的太阳辐射和接收到的辐射之比。反照率在0（完全不反光的完美黑体）到1（完美反射体）之间变化。

范艾伦带（Van Allen belts）：两个同心的焦圈形状的区域，含有地球磁场捕获的带电粒子（电子、质子）。1958年由美国空间科学家范·艾伦发现。

放大率（magnification）：当通过望远镜等光学设备来观察物体时，视角的增加程度。望远镜的放大率等于物镜或主镜焦距除以目镜焦距。

分点（equinox）：太阳垂直照射行星赤道的时刻，整个行星昼夜等长。对于地球来说，北半球的**春分点（vernal equinox）**是在每年的3月20日左右，太阳由南向北越过天赤道的一点；北半球的**秋分点**（autumnal equinox）则是9月22日前后太阳由北向南越过天赤道的位置。参见赤经（right ascension）。

分光双星（spectroscopic binary）：参见双星（binary star）。

分子云（molecular cloud）：低温致密的气体尘埃云。温度极低以致原子能够聚合成分子，比如氢分子、碳化合物。其中的条件有利于恒星形成。

夫琅和费谱线（Fraunhofer line）：太阳光谱中的574条暗线之一，由19世纪的德国光学技师和仪器制造者夫琅和费发现。参见谱线（spectral line）。

俘获绕转（captured rotation）：参见同步绕转（synchronous rotation）。

浮土（regolith）：覆盖于行星或卫星表面的松散的岩石、岩屑和尘土。

辐射点（radiant）：流星雨中群内流星在天空中的出射点。参见流星（meteor）。

富星系团（rich cluster）：参见星系团（galaxy cluster）。

G

伽利略卫星（Galilean moon）：木星4颗最大的天然卫星，1610年由意大利天文学家伽利略发现。按照它们到木星的距离远近依次是木卫一、木卫二、木卫三、木卫四。

伽马暴（gamma-ray burst, GRB）：遥远星系中伽马射线的突然爆发。伽马射线暴是当今宇宙中最猛烈的爆炸。它们可能是由中子星或者黑洞的碰撞引发的，也可能来自超新星的极端版本——**巨超新星**（hypernova）。

伽马辐射（gamma radiation）：波长极短（比X射线更短）、频率极高的电磁辐射。伽马辐射占据着光谱中波长最短的区域。参见电磁辐射（electromagnetic radiation）、电磁波谱（electromagnetic spectrum）。

拱极（circumpolar）：用于描述总在地平线以上的恒星或其他天体的一个术语。在地球表面不同纬度所看到的拱极区大小不同。

共振（resonance）：对于两个做轨道运动的天体，如果其中一个的轨道周期是另一个的简单分数（或接近简单分数）倍，它们之间会有引力的相互作用。比如，木星的卫星木卫一同另一颗卫星木卫二构成1:2的共振（木卫一的公转周期是木卫二的一半）。当一个较小的天体和更大的天体发生共振时，每次被另一个天体赶上时都会受到周期性的引力拖拽，累积的效应会逐步改变它的轨道。

构造板块（tectonic plate）：地球岩石圈（包括地壳和地幔的最上层）被分成几个巨大坚硬的区域。它们由缓慢的地幔流承载，在行星表面缓慢漂移。它们之间的相对运动造成了地震、火山活动和造山运动。"构造"这个词有时也用于描述在地球之外的行星上发现的大尺度地质结构，以及它们的运动所产生的特征。参见对流（convection）、地壳（crust）、地幔（mantle）。

光斑（facula）：太阳光球层上局部亮度较强的区域。在太阳的可见光图像中即可看到，通常靠近太阳视面上背景亮度较暗的边缘处。光斑对应的区域温度比周围高。它们与形成黑子的太阳活动区相关，可能出现在黑子之前，也可能在黑子成形后继续存在。参见光球（photosphere）、太阳黑子（sunspot）。

光度（luminosity）：一个辐射源（比如太阳或者恒星）在1秒内发出的总能量。恒星的光度可以用瓦特或者标准太阳光度（3.8×10^{26}瓦）来表示。恒星的光度等级用罗马数字来表示。参见星等（magnitude）。

光年（light-year, ly）：距离单位。1光年等于光在1年内通过的距离，约为9.46万亿千米。

光谱（spectrum）：按波长分散开的一束电磁辐射。**连续谱**（continuous spectrum）是由高温的固体、液体或致密气体发出的不间断的波长分布（日光的连续谱在人眼看来就像虹彩）。而温度高、密度低的气体只在特定波长上辐射，得到的光谱会有明亮的发射线（emission lines），每一条都对应一个辐射波长。如果低密度气体出现在连续谱

源的前方，它会吸收特定波长的光线，产生一系列**吸收线**（absorption lines）。典型的恒星有着**吸收谱**（absorption-line spectrum，连续谱上叠加大气造成的暗线），而发射星云有着**发射谱**（emission-line spectrum）。参见谱线（spectral line）。

光谱型（spectral type）：根据恒星光谱中的谱线特征所划分的类型。按照温度递减的顺序排列的基本光谱型如下：O、B、A、F、G、K、M，并用0到9的数字划分亚型。如太阳的光谱型是G2。参见光度（luminosity）、谱线（spectral line）、光谱（spectrum）。

光谱学（spectroscopy）：获取并研究物体光谱的科学。由于光谱的详细特征受到诸多因素的影响，比如化学组成、密度、温度、自转、速度、湍流和磁场等，光谱学能够揭示大量的物理化学属性和物理过程，可用于研究行星、恒星、气体云、星系等各种类型的天体。参见光谱（spectrum）。

光球层（photosphere）：太阳大气底部一个充满气体的薄层。太阳的可见光都从这里发出。它也对应着太阳的可见视面。

光学双星（optical double star）：参见双星（binary star）。

光子（photon）：电磁波的独立波包或量子，可以被假想为光的粒子。辐射波长越短、频率越高，光子的能量越大。参见电磁辐射（electromagnetic radiation）。

广义相对论（general theory of relativity）：参见相对论（relativity）。

规则星系团（regular cluster）：参见星系团（galaxy cluster）。

轨道（orbit）：一个天体在另一个天体引力场中的运动路径。围绕恒星运动的行星轨道，以及围绕行星运动的卫星轨道，都是椭圆甚至正圆的（正圆可认为是椭圆的特例）。

轨道周期（orbital period）：天体在轨道上的运动周期。**恒星轨道周期**（sidereal orbital period）是相对于恒星背景测量的一个天体围绕另一个天体（比如月球环绕地球）的转动时间。

H

哈勃常数（Hubble constant）：参见哈勃定律（Hubble's law）。

哈勃定律（Hubble's law）：遥远星系的光谱红移和距离之间的相关关系。这个关系指出，星系的退行速度正比于距离。**哈勃常数**（Hubble constant），也称**哈勃参数**（Hubble parameter），用符号H_0表示，是退行速度和距离之间的比例系数。

氦燃烧（helium burning）：以核聚变的形式将氦转变为碳和氧的产能过程。氦燃烧存在于离开主序成为红巨星的恒星核心。在恒星演化的过程中，它可能在包裹核心的壳层中再次发生。参见聚变（fusion）、主序（main sequence）、红巨星（red-giant star）。

合（conjunction）：天空中两个天体从地球上看上去在同一个方向，在天空中的位置对齐的状态。当行星出现在太阳的反方向时称作**上合**（superior conjunction）。当行星通过太阳和地球中间（只有水星和金星会出现这种情况）时称作**下合**（inferior conjunction）。参见冲（opposition）。

核聚变（nuclear fusion）：参见聚变（fusion）。

核球（nuclear bulge）：参见旋涡星系（spiral galaxy）。

褐矮星（brown-dwarf star）：同恒星一样，褐矮星是由收缩的气体云演化而来的，不过因为原初质量太小，无法达到正常恒星的核聚变反应所需要的温度。它们的质量小于太阳的8%，在红外波段有微弱的光芒，并随着星体的冷却逐渐暗淡。

赫罗图（Hertzsprung - Russell diagram, HR diagram）：以恒星表面温度和光度为横纵坐标的图。纵轴为光度（或者绝对星等），横轴为表面温度（有时也用光谱型或颜色）。天体物理学家使用赫罗图来给恒星分类，根据恒星在赫罗图上的位置判断是主序星、巨星或者矮星。

黑矮星（black-dwarf star）：当白矮星冷却到相当低的温度时，它无

法再发出可被探测到的光线，这时就成为黑矮星。但自宇宙诞生以来的时间还不够任何恒星冷却形成黑矮星。参见褐矮星（brown-dwarf star）、白矮星（white-dwarf star）。

黑洞（black hole）：坍缩质量周围的一个空间区域。其中的引力非常强大，包括光子在内的任何物质或者辐射都无法逃逸。黑洞半径称作**施瓦西半径**（Schwarzschild radius），它的边界是**事件视界**（event horizon）。质量越大，它的半径越大。当天体坍缩成黑洞时，它的全部质量都被压缩到中央密度无限大的一点。这个点就称作**奇点**（singularity）。**恒星级黑洞**（stellar-mass black hole）由大质量恒星的核心坍缩而来。它的质量在3到100个太阳质量之间。质量达上百万乃至数十亿太阳质量的**超大质量黑洞**（supermassive black hole）通常位于星系核心，是由更大的质量坍缩产生或者众多黑洞并合而成的。参见活动星系（activegalaxy）、奇点（singularity）。

黑体（black body）：一种理想物体，是能够吸收并重新辐射落在其表面所有辐射的完美辐射体。黑体对外辐射称作**黑体辐射**（black-body radiation）的连续谱，其达到亮度峰值的波长依赖于表面温度。温度越高，该波长越短。参见光谱（spectrum）。

恒星（star）：恒星是能够自己发光的热等离子体天体，能量来自核聚变反应。

恒星轨道周期（sidereal orbital period）：参见轨道周期（orbital period）。

恒星时（sidereal time）：基于天球视旋转的计时系统。**地方恒星时**（local sidereal time）的零点定义为春分点通过观测者子午线的时刻。**恒星日**（sidereal day）对应地球相对于恒星背景的自转周期，等于正常（民用）时间的23时56分4秒。参见分点（equinox）、赤经（right ascension）。

恒星视差（stellar parallax）：参见视差（parallax）。

恒星质量黑洞（stellar-mass black hole）：参见黑洞（black hole）。

红矮星（red-dwarf star）：一类低温、低光度的红色恒星，位于赫罗图上主序的底端。参见赫罗图（Hertzsprung-Russell diagram）、主序（main sequence）。

红超巨星（red supergiant star）：一类具有极高光度和低表面温度的巨大恒星。这类恒星位于赫罗图的右上角。参见赫罗图（Hertzsprung-Russell diagram）。

红巨星（red-giant star）：一类明亮的、低表面温度的巨大红色恒星。它们已经脱离了主序带，燃烧核心的氦而不是氢，走向生命的最后阶段。参见氦燃烧（hydrogen burning）、赫罗图（Hertzsprung-Russell diagram）、主序（main sequence）。

红外辐射（infrared radiation）：波长比可见光长，同时比微波和无线电波短的一种电磁辐射。红外辐射是许多低温天体（比如星际尘埃云）的主要辐射形式。参见电磁辐射（electromagnetic radiation）。

红移（red shift）：当光源向远离观测者的方向运动时，观测到的谱线向长波方向的偏移。波长的偏移量正比于光源的退行速度。**宇宙学红移**（cosmological red shift）是宇宙膨胀引起的波长移动。参见蓝移（blue shift）、多普勒效应（Doppler effect）、谱线（spectral line）。

环（ring）：围绕行星转动的小颗粒和物质团块的扁平分布带，通常位于行星的赤道面上。**光环系统**（ring system）由围绕行星的一系列同心环组成。木星、土星、天王星、海王星都有自己的光环系统。

环形山（crater）：行星或卫星表面碗状或者碟状的凹陷结构，有些火山的顶部也是如此。它们通常有突起的坑壁，有些还有中央峰。**陨击坑**（impact crater）是陨石、彗星或者小行星撞击所造成的凹陷。而**火山口**（volcanic crater）则是火山物质排出之后所形成的空洞，坑壁则是由喷出物堆积造成的。

幻日（sun dog, parhelion, mock sun）：偶尔出现在太阳两侧的一对彩色光斑，与太阳成22度角。幻日是由地球大气中的冰晶折射太阳光线造成的。**幻月**（moon dog, par

selene）是有时出现在月球两侧的光斑，成因与幻日相同。**幻日环**（parhelic circle）是太阳光经大气冰晶折射之后出现的大型白色光环，与太阳十字交叉，并穿过一对幻日向外伸展。尽管有时能看见完整的圆环，但大多数情况下只能看到从幻日延伸出去的光弧。

幻日环（parhelic circle）：参见幻日（sun dog）。

幻月（moon dog, parselene）：参见幻日（sun dog）。

黄道（ecliptic）：太阳在一年中相对于天球上的背景恒星所运行的轨迹。其实它和地球的公转轨道面等价。

黄道带（zodiac）：在黄道两侧9度以内环绕天球的一个带状区域。太阳、月球和肉眼可见的行星都在此范围内运动。黄道带共跨越24个星座的区域。太阳每年都会穿过其中的13个星座。其中的12个对应占星学上的"黄道十二宫"。参见黄道（ecliptic）。

黄道光（zodiacal light）：一种沿着黄道方向延展的锥形暗淡辉光，出现在日落后的西方地平线上或者日出前的东方地平线上，在热带比较容易看见。它是黄道面附近的行星际尘埃所散射的太阳光。

彗发（coma）：围绕在彗核周围的气体尘埃云，构成了彗星发光的"头部"。参见彗星（comet）。

彗尾（tail of a comet）：当彗星接近或者开始远离太阳时从头部拖曳而出的电离气体和尘埃浓流。**I型彗尾**（type I tail，也称气体尾，gastail）由太阳风从彗发吹出的电离气体组成。**II型彗尾**（type II tail，**尘埃尾**，dust tail）则是由太阳的光压从彗发剥离的尘埃粒子形成的。参见彗星（comet）。

彗星（comet）：一类主要由满是尘埃的冰晶构成的小天体。它们通常沿着大椭率的轨道围绕太阳运行。每当它们接近太阳的时候，气体和尘埃便从彗核（彗星固态的核心）蒸发，形成包括彗发和一条甚至多条彗尾在内的大范围云气。参见彗发（coma）、彗尾（tail）。

活动日珥（active prominence）：参

见日珥（prominence）。

活动星系（active galaxy）：在相当宽的波长范围内（从射电到X射线）辐射大量能量的星系。**活动星系核**（active galactic nucleus, AGN）是活动星系明亮致密的核心。它们的亮度通常随时间有明显的变化。一般认为是由超大质量黑洞的气体吸积过程驱动的。参见黑洞（black hole）、星系（galaxy）。

火山口（caldera）：火山物质塌陷到排空的岩浆囊中形成的碗状坑。这种结构通常能够在盾形火山的顶部看到，在金星、地球和火星上都有分布。

火山口（volcanic crater）：参见环形山（crater）。

J

激变变星（cataclysmic variable）：参见变星（variable star）。

极光（aurora）：带电粒子进入行星上层大气时所产生的飘忽不定的辉光，通常出现在磁轴的南北两极，是大气原子被撞击后受到激发而产生的。

极轴（polar axis）：参见赤道装置（equatorial mounting）。

加速宇宙（accelerating universe）：一个加速膨胀的宇宙。现有的证据表明宇宙的膨胀曾在引力的作用下减慢，但在60亿年前又重新开始加速。这次加速被认为是由暗能量的斥力造成的。参见暗能量（dark energy）。

焦距（focal length）：透镜或凹面镜前表面的中心到一个极遥远天体所成的锐利图像的距离。

金牛T型星（T Tauri star）：为气体包裹的年轻恒星，亮度的变化显示出强烈星风（源自恒星的气体流）的证据。通常认为金牛T型星仍在向主序收缩。这个名字来自第一个被证认的此类恒星。参见主序（main sequence）、原恒星（protostar）。

近地点（perigee）：围绕地球转动的天体在轨道上距地球的最近点。参见远地点（apogee）。

近地小行星（near-Earth asteroid）：参见小行星（asteroid）。

近日点（perihelion）：行星或者其他太阳系天体在轨道上距太阳的最近点。

进动（precession）：旋转天体由于受到临近天体的引力作用而发生的自转轴指向的缓慢变化。地球自转轴以25 800年为周期沿着圆锥图样进动。

巨超新星（hypernova）：参见伽马暴（gamma-ray burst）。

巨星（giant star）：比具有相同表面温度的主序星更亮、更大的恒星。参见赫罗图（Hertzsprung-Russel diagram）、主序（main sequence）、红巨星（red giant）。

距角（elongation）：地球上所看见的太阳和太阳系内其他天体相距的角度。当行星位于合日的位置时，距角为0；冲日时，距角为180度。大距（greatest elongation）是指位于地球轨道以内的水星和金星达到它们可能的最大距角。参见合（conjunction）、冲（opposition）。

聚变（fusion）：原子核在高能碰撞过程中形成更重原子核的过程，过程中伴随着大量的能量释放。恒星就是由其核心处的核聚变提供能量的。对于太阳这样的主序星来说，核聚变将氢变为氦。参见主序（main sequence）。

聚星（multiple star）：两颗甚至更多的恒星被引力维系在一起相互绕转而构成的系统。只包含两颗恒星的系统称作双星系统。参见双星（binary star）。

绝对星等（absolute magnitude）：参见星等（magnitude）。

K

开宇宙（open universe）：当宇宙的平均密度小于停止膨胀所需要的临界密度时，它会永远膨胀下去。参见闭宇宙（closed universe）、平坦宇宙（flat universe）、振荡宇宙（oscillating universe）。

开普勒行星运动定律（Kepler's laws of planetary motion）：17世纪初由开普勒所发现的描述行星轨道运动的3个定律。本质上，第一定律是说所有行星的轨道都是椭圆；第二定律说明行星在轨道上的运动速度会变化；第三定律则将轨道周期与它们到太阳的平均距离联系起来。

柯伊伯带（Kuiper Belt, Edgeworth-Kuiper Belt）：在30至100倍日地距离的地方有一个扁平的冰质星子的分布带。那里是许多短周期彗星的发源地。参见奥尔特云（Oort Cloud）、星子（planetesimal）。

科里奥利效应（Coriolis effect）：风和气流在行星自转的影响下由初始方向发生偏转的趋势。在地球上，北半球的运动会向右偏，南半球则向左偏。

壳（crust）：行星或者大行星的卫星最外层单薄的岩基结构。它们大多像地球一样可分为许多层，致密的成分位于底部，密度低的物质位于表面。

孔径（aperture）：望远镜或其他光学设备物镜或主镜的直径。

夸克（quark）：作为原子核主要成分的基本粒子。夸克3个一组形成重子（比如质子和中子），或者结合成称为胶子的夸克-反夸克对。参见反粒子（antiparticle）、重子（baryon）。

L

蓝移（blue shift）：当光源朝着接近观测者的方向运动时，它的谱线会向短波方向偏移。参见多普勒效应（Doppler effect）、红移（red shift）、谱线（spectral line）。

类地行星（terrestrial planet）：参见岩质行星（rocky planet）。

类星体（quasar）：一类非常小但极度强烈的辐射源。看上去与恒星类似，但其实是一类极其明亮的活动星系核。这个名称原本是类恒星射电源的缩写，不过也用于没有强烈射电辐射的类恒星天体。

离子（ion）：带有净电荷的粒子或粒子系统。当原子失去一个或更多电子时就形成常见的正离子，如果电子数超出就形成负离子。原子的化合物也能够形成离子。原子或化合物得到或失去电子的过程叫作电离（ionization）。参见电子（electron）、光子（photon）。

连续谱（continuous spectrum）：参见光谱（spectrum）。

量子（quantum）：参见光子（photon）。

临界密度（critical density）：参见平坦宇宙（flat universe）。

凌（transit）：一个天体出现在另一个较大天体的前方（比如金星经过太阳的视面，或者卫星经过行星的视面）。

流星（meteor）：流星体坠入地球大气后，由于摩擦而被加热到白炽状态时所产生的短时光迹。偶现流星（sporadic meteor）是在随机时间出现在随机方向上的流星。流星雨（meteor shower）是大量的流星从天空中的某一点（辐射点，radiant）射向地球的现象。这是地球穿过流星体的分布带造成的。参见陨石（meteorite）、流星体（meteoroid）。

流星体（meteoroid）：在行星际空间围绕太阳运动的小块岩石、金属或者冰块。流星体的大小从几分之一毫米到几米都有。有些是小行星碰撞的碎片。其他的则是彗星释放的颗粒，这些沿着彗星轨道散布的物质构成了流星体带。参见小行星（asteroid）、彗星（comet）、流星（meteor）、陨石（meteorite）。

M

脉冲变星（pulsating variable）：参见变星（variable star）。

脉冲星（pulsar）：快速自转的中子星。我们能够接收到它在自转过程中以精确时间间隔发出的短促脉冲辐射。

梅西叶星表（Messier catalogue）：一个广泛使用的云雾状天体表，其中大部分是星云、星团和星系，1781年由法国天文学家梅西叶所发表。这个表中的天体都以字母M加编号表示。比如，M31是仙女星系，M42是猎户星云。参见星云星团新总表（New General Catalogue）。

弥漫星云（diffuse nebula）：一类明亮的气体尘埃云。"弥漫"指的是云的轮廓模糊，且无法被分解为点源。参见星云（nebula）。

冕（corona）：太阳或恒星大气最外层的区域。日冕的密度极低，温度极高（100万到500万摄氏度），只有在日全食的时候才能看到。参见日食（eclipse）、太阳风（solar wind）。

秒差距（parsec, pc）：周年视差为1角秒的恒星的距离。1秒差距等于3.26光年，或者30.9万亿千米。参见视差（parallax）。

牧羊犬卫星（shepherd moon）：一类小型的天然卫星，可以通过引力作用将围绕行星转动的颗粒限制在一个有限的环中。如果一对牧羊犬卫星中有一个更靠近行星，它们可以将颗粒挤压到一些非常狭窄的环中。

N

内行星（inferior planet）：公转轨道在地球轨道以内的行星。太阳系的两个内行星是水星和金星。参见巨行星（superior planet）。

逆向自转（retrograde rotation）：天体围绕自转轴转动的方向与地球、太阳以及大多数行星相反。从北极上方观察，地球沿逆时针方向绕轴自转和绕太阳公转（正向自转，direct rotation）。逆向自转的行星则沿相反的方向（顺时针）自转。金星、天王星、冥王星都是逆向自转。

逆行（retrograde motion）：（1）行星视运动相对于恒星背景出现自东向西的倒退。在大部分时间里，火星、木星这样的恒星会相对恒星背景自西向东运动（顺行，direct motion）。但当它被地球追上时（在冲附近）会朝相反的方向运动。参见冲（opposition）。（2）轨道运动方向同地球和太阳系的其他行星相反。（3）卫星的运动方向与它所环绕的行星自转方向相反。

宁静日珥（quiescent prominence）：参见日珥（prominence）。

牛顿引力（Newtonian gravity）：参见引力（gravity）。

牛顿运动定律（Newton's laws of motion）：牛顿于1687年建立的描述运动物体行为的三定律。牛顿第一定律是：物体将一直保持匀速直线运动状态，除非受到力的作用；第二定律是：外力会使物体沿力的方向加速；第三定律是：任何力都有一个等大、反向的反作用力。

P

抛射物（ejecta）：撞击引起的爆炸所喷出的物质，由新暴露的物质构成，通常比临近的表面明亮许多。当陨石撞击到行星或者卫星的表面时，会产生这样的抛射物并形成陨石坑。抛射物有时会形成自撞击点向外的辐射状条纹或者放射线。**抛射覆盖物**（ejecta blanket）是覆盖在环形山表面的一层抛射物。参见环形山（crater）。

频率（frequency）：波动中的一点在1秒内到达波峰的次数。对于电磁波来说（比如光），频率等于光速除以波长。参见电磁辐射（electromagnetic radiation）。

平坦宇宙（flat universe）：整体时空曲率为0的宇宙。在这样一个宇宙中，空间是平坦的。与大质量天体所造成的局部空间扭曲所不同的是，大尺度空间满足欧几里得几何，光线沿直线传播。当宇宙总体的平均密度等于一个称作**临界密度**（critical density）的特殊值时，时空便是平坦的。参见闭宇宙（closed universe）、开宇宙（open universe）、振荡宇宙（oscillating universe）。

谱线（spectral line）：光谱特定波长处的特征。发射线（emission line）是对应特定波长处光线发射的明亮特征，而**吸收线**（absorption line）对应特定波长处光线吸收的变暗特征。参见光谱（spectrum）。

Q

奇点（singularity）：物质被引力压缩为密度无限大的一点，那里所有的物理定律都失效。根据现有理论，黑洞的中心处存在奇点。参见黑洞（black hole）。

气态行星（gas planet, gas giant）：像木星和土星那样主要由氢和氦构成的大型行星。在它的浓厚大气下，高压将氢和氦都变成了液态。参见岩质行星（rocky planet）。

钱德拉塞卡极限（Chandrasekhar limit）：白矮星的质量上限。如果一颗白矮星的质量超过了1.4倍太阳质量的极限，它将由于内部的压力无法支持自身的重力而坍缩。这个极限首先由印度天体物理学家苏布拉马尼扬·钱德拉塞卡于1931年得出。参见白矮星（white-dwarf star）。

峭壁（rupes）：行星或卫星表面的悬崖和陡坡。参见天然卫星（moon）。

氢燃烧（hydrogen burning）：以核聚变的方式将氢转变为氦的产能过程。氢燃烧发生在主序星的核心处。当恒星核心的氢全部被消耗之后，核心将收缩，同时围绕核心的外部壳层中的氢开始燃烧。参见聚变（fusion）、主序（main sequence）、质子-质子反应（proton-proton reaction）。

倾角（inclination）：一个平面与另一个平面所成的夹角。行星轨道的倾角是它的轨道平面同黄道（地球公转轨道面）的夹角。行星赤道的倾角是它的公转轨道面与其赤道面的夹角。参见黄道（ecliptic）、轨道（orbit）。

轻子（lepton）：不受强相互作用力影响的一类基本粒子，比如电子、中微子。

秋分（autumnal equinox）：参见分点（equinox）。

球粒陨石（chondrite）：一类包含许多小型球状颗粒[称作**粒状体**（chondrules）]的石质陨石。其中，富含碳、碳化合物和其他一些挥发性物质的被称作**碳粒陨石**（carbonaceous chondrite）。碳粒陨石被认为来自太阳系形成之初的原行星盘，是受污染最少的原初遗

留物。参见陨石（meteorite）、原行星盘（proto-planetary disc）。

球状星团（globular cluster）：由1万到超过100万颗恒星组成的接近球形的星团。球状星团包含非常年老的恒星，主要位于星系晕中。参见疏散星团（open cluster）。

R

日珥（prominence）：太阳大气上沿着磁力线分布的火焰状气体柱。**活动日珥**（active prominence）和**爆发日珥**（eruptive prominence）的变化剧烈，而**宁静日珥**（quiescent prominence）会在太阳大气中停留相当长的时间。

日冕物质抛射（coronal mass ejection）：等离子体物质泡急剧膨胀，并从日冕中喷射而出的现象。一次典型的日冕物质抛射会将数十亿吨的离子和电子，连同磁场一起以数百千米每秒的速度喷入行星际空间。参见冕（corona）、离子（ion）、等离子体（plasma）。

日球层（heliosphere）：由于受到星际介质的压力限制，太阳风和行星际磁场只存在于围绕太阳的一个有限的区域内。它的边界称为**太阳风层顶**（heliopause，2013年起译为"日球层顶"）。参见星际介质（interstellar medium）、太阳风（solar wind）。

日食（solar eclipse）：参见食（eclipse）。

日心（heliocentric）：（1）以太阳中心为观察点。（2）将太阳作为系统中心。**日心坐标**（heliocentric coordinate）中的天体位置都是以太阳中心为原点得到的。围绕太阳转动的天体位于**日心轨道**（heliocentric orbit）。**日心宇宙学**（heliocentric cosmology）是哥白尼于1543年提出的宇宙模型，认为所有行星都围绕太阳转动。

S

赛弗特星系（Seyfert galaxy）：一类

具有不寻常的高亮度和致密核心的旋涡星系，而且经常表现出亮度起伏。最早由美国天文学家卡尔·赛弗特于1943年证认。赛弗特星系是活动星系的一种类型。参见活动星系（active galaxy）。

色球层（chromosphere）：太阳大气表面位于光球层（可见表面）和日冕之间的薄层。在日全食期间，月球挡住了刺眼的光球层，可以直接看见色球层粉红色的昏暗光线。参见光球层（photosphere）。

上合（superior conjunction）：参见合（conjunction）。

射电望远镜（radio telescope）：探测天体的无线电波的装置。最常见的类型是凹面天线。它能收集射电信号并聚焦到探测器上。

射电星系（radio galaxy）：射电波段极度明亮的星系。典型的射电星系包含一个活动星系核，高能带电粒子喷流从中倾泻而出，进入巨大的射电物质云团。这些云团通常比可见星系要大得多。参见活动星系（active galaxy）。

施密特-卡赛格林望远镜（Schmidt-Cassegrain telescope）：一类折反射望远镜。光线经由一片薄改正镜进入镜筒，由镜筒底部的凹面镜反射到固定在改正镜内表面的一个小凸面镜上，再沿镜筒向下穿过凹面镜上的一个洞到达焦点。这是中小型望远镜普遍采用的一种紧凑的设计。参见折反射望远镜（catadioptric telescope）。

施瓦西半径（Schwarzschild radius）：参见黑洞（black hole）。

时空（space-time）：三维空间（长、宽、高）和时间维度一起构成的四维集合。独立的时间和空间概念最早于1908年由闵可夫斯基（Minkowski）联系在一起，然后又被爱因斯坦的相对论采纳。参见相对论（relativity）。

食（eclipse）：一个天体进入另一个天体投下的影子中的过程。当月球进入地球的影子中就会发生**月食**（lunar eclipse）。当地球上的部分区域进入月球所投下的影子中，就会发生**日食**（solar eclipse）。如果整个月球都进入地球的黑暗的本影

锥中，就会发生**月全食**（total lunar eclipse），如果只有一部分进入，就是**月偏食**（partial lunar eclipse）。在**日全食**（total solar eclipse）的时候，太阳完全被月球黑暗的盘面所挡住。如果只挡住一部分，就是**日偏食**（partial solar eclipse）。如果月球在地球和太阳之间经过时接近远地点，它看上去会比太阳略小，在它的暗面周围仍会有一圈明亮的日光透出来，这种情况叫作**日环食**（annular eclipse）。参见远地点（apogee）。

食双星（eclipsing binary）：参见双星（binary star）。

事件视界（event horizon）：参见黑洞（black hole）。

视差（parallax）：从不同地方观测同一个物体时所看到的位置表观移动。**恒星视差**（stellar parallax）是距离相对较近的恒星在地球轨道的不同位置上所看到的位置变化。**周年视差**（annual parallax）是恒星在视差的影响下偏离平均位置的最大角度。恒星距离越远，视差越小。

视向速度（radial velocity）：天体速度在观测者视线方向的分量。天体的视向速度可根据它们光谱的多普勒效应测量得到。参见多普勒效应（Doppler effect）、红移（red shift）、光谱（spectrum）。

视星等（apparent magnitude）：参见星等（magnitude）。

疏散星团（open cluster）：由多至数千颗恒星组成的松散星团，通常位于银河系盘面附近。星团的成员恒星脱胎于同一个气体尘埃云，有非常接近的年龄和化学组成。这类星团也被称作**银河星团**（galactic cluster）。参见球状星团（globular cluster）。

双星（double star）：天空中看上去很接近的两颗恒星。如果它们彼此相互绕转，则构成双星系统。如果两颗恒星距离相差很远，没有物理联系，仅仅因为恰好出现在天空中的同一个方向上，则叫作**视双星**（optical double star）。参见双星（binary star）。

顺行（direct motion）：参见逆行（retrograde motion）。

T

太阳风（solar wind）：自太阳逃逸的快速运动的带电粒子流（主要是电子和质子），像风一样往外掠过太阳系。

太阳黑子（sunspot）：太阳表面的斑块，由于温度比周边环境低，因此看上去发黑。当局域磁场阻碍了太阳内部的能量外流时黑子就会出现。参见太阳活动周（solar cycle）。

太阳活动周（solar cycle）：太阳活动（黑子、耀斑等）的周期性变化，每隔11年达到峰值。由于太阳上磁区的极性大约每11年反转一次，因此总的太阳周期是22年。黑子周期是黑子数目（以及总面积）的11年规律性变化。参见太阳耀斑（solar flare）、黑子（sunspot）。

太阳系（Solar System）：太阳以及围绕它转动的一切（行星、卫星、小行星、彗星、流星体、气体和尘埃）。

太阳星云（solar nebula）：形成太阳和行星的气体尘埃云。在云团坍缩时，绝大部分质量聚集到中心形成太阳，其余部分分散在盘面上，通过吸积作用凝聚成行星。参见吸积（accretion）、原行星盘（protoplanetary disc）。

太阳耀斑（solar flare）：太阳表面上方以电磁辐射、亚原子粒子、激波等形式进行的巨大的能量释放过程。

太阳质量（solar mass）：在衡量恒星质量时，以太阳质量作为质量单位是一个方便的标准。1太阳质量等于1.989×10^{30}千克。恒星质量通常在约0.08到约100个太阳质量之间。

碳粒陨石（carbonaceous chondrite）：参见球粒陨石（chondrite）。

逃逸速度（escape velocity）：抛射物要永久脱离一个大质量天体而不再落回的最小发射速度。地球表面的逃逸速度为40 320千米/时。

天赤道（celestial equator）：地球赤道在天球上投影的大圆。参见天球（celestial sphere）、大圆（great circle）。

天顶（zenith）：观测者头顶正上方的一点（观测者地平线以上90度）。

天极（celestial poles）：地球自转轴两端向外延伸与天球相交的两点。恒星看上去都围绕这两点旋转。北天极位于地球北极的正上方，南天极则正对地球南极。参见天球（celestial sphere）。

天球（celestial sphere）：一个围绕地球的假想球面。地球自西向东旋转，就好像这个天球在围绕我们自东向西转动。为了便于定义恒星和其他天体的位置，可以认为它们位于天球的表面。参见天赤道（celestial equator）、天极（celestial poles）。

天然卫星（moon）：也称作natural satellite，是围绕行星转动的天体。**月球**（The Moon）是地球的天然卫星，在平均距离384 000千米处以27.3天的周期围绕地球转动。它的直径有3 476千米。参见卫星（satellite）。

天文单位（astronomical unit, au）：以地球椭圆轨道半长轴为标准的天文距离单位，等于日地距离最大值和最小值的平均值。
1 au=149 598 000 km。

同步辐射（synchrotron radiation）：带电粒子（通常是电子）以很高的速度沿磁场中的磁力线做回转运动时所发出的电磁辐射。同步辐射的连续谱与恒星或黑体发出的不同。天文上的同步辐射源包括超新星遗迹和射电星系。参见黑体（black body）、电磁辐射（electromagnetic radiation）、光谱（spectrum）。

同步自转（synchronous rotation）：天体的自转周期与其围绕另一天体公转的周期一致便称作同步自转。同步自转也称作**受俘自转**（captured rotation），是由天体间的潮汐力造成的。由于自转周期和公转周期一致，绕转天体始终以同一表面朝向中心天体。同大部分行星的卫星一样，月球就是同步自转的。

同位素（isotope）：特定化学元素的不同存在形式，拥有相同的质子数和不同的中子数。例如，氦-3和氦-4就都是氦的同位素。氦-4（更重、更常见）的原子核中包含2个质子、2个中子，而氦-3的核中就只有2个质子、1个中子。参见原子

（atom）。

透镜状星系（lenticular galaxy）：一类外形像凸透镜的星系。它们的中央核球嵌在星系盘中，没有旋臂。参见星系（galaxy）、旋涡星系（spiral galaxy）。

椭率（eccentricity, e）：衡量椭圆和正圆差距的一个参数。椭率取值在0到1之间。正圆的椭率为0，最扁的椭圆椭率趋近于1。参见椭圆（ellipse）。

椭圆（ellipse）：一类围绕两个焦点所画的卵形曲线。曲线上的任何一点到两个**焦点**（focus）的距离之和为一常数。椭圆的最大直径称为**长轴**（major axis），该直径的一半称为**半长轴**（semimajor axis）。两个焦点位于长轴上，它们相距越远，椭圆就越扁。参见椭率（eccentricity）、轨道（orbit）。

椭圆星系（elliptical galaxy）：圆形或椭圆形的星系，通常不含气体和尘埃。参见星系（galaxy）。

W

外行星（superior planet）：绕日公转轨道在地球之外的行星。火星、木星、土星、天王星、海王星都是外行星。参见内行星（inferior planet）。

卫星（satellite）：围绕行星转动的天体。**人造卫星**（artificial satellite）是人为放置在环绕地球或者太阳系其他天体轨道上的物体。

温室效应（greenhouse effect）：大气使行星表面比没有大气时更热的过程。入射的阳光被行星表面吸收，再以红外辐射的形式辐射出来，又被诸如二氧化碳、水蒸气、甲烷等**温室气体**（greenhouse gas）吸收。被吸收能量中的一部分又被重新辐射给地面从而使地表温度升高。

沃尔夫-拉叶星（Wolf-Rayet star）：一类气体以罕见的高速率逃逸的高温恒星。它们由膨胀的气体包层所围绕，而且光谱中有发射线。参见发射线（emission line）、光谱（spectrum）。

物理双星（binary star）：在彼此引力作用下相互绕转的两颗恒星。成员恒星围绕系统的质心转动。质心靠近两颗恒星中质量较大的一个。**分光双星（spectroscopic binary）**是两颗靠得很近的恒星，它们无法被分解成单独的像点，只能从光谱上看出是双星系统。两颗恒星的合成光谱中包含两套谱线。我们从频移中可以看出它们在相互绕转。当成员恒星刚好从另一颗的前方经过，遮挡了一部分光线，从而使总光变曲线出现周期性的变化时，就形成了**食双星系统（eclipsing binary）**。参见多普勒效应（Doppler effect）、谱线（spectral line）。

X

吸积（accretion）：（1）较小的固体粒子或天体通过相互粘连或碰撞逐步形成更大结构的过程。（2）一个天体通过积聚周围的物质而增长质量的过程。**吸积盘（accretion disc）**是围绕在恒星或者白矮星、中子星以及黑洞等致密天体周围的气体盘。其中的物质来自伴星或者临近的气体云。

吸收线（absorption line）：参见谱线（spectral line）。

吸收星云（absorption nebula）：参见星云（nebula）。

系外行星（extrasolar planet, exoplanet）：围绕太阳以外恒星转动的行星。

狭义相对论（special theory of relativity）：参见相对论（relativity）。

下合（inferior conjunction）：参见合（conjunction）。

相对论（relativity）：由爱因斯坦在20世纪早期发展的一套描述时空属性以及物质和光线运动的理论。**狭义相对论（special theory of relativity）**描述观测者的相对运动如何影响他们对质量、长度和时间的测量。**广义相对论（general theory of relativity）**将引力视为因物质或能量存在所造成的时空扭曲。结果之一是大质量天体会偏折光线。参见引力透镜（gravitational lensing）、

时空（space-time）。

相位（phase）：月球或者其他被太阳照亮的行星在某时刻可见部分的比例。

小行星（asteroid）：一类沿独立轨道绕太阳运行的小天体。它们数量众多，直径在几米到上千千米之间。小行星最集中的地方是位于火星和木星之间的**主带（Main Belt）**。不过它们在整个太阳系内都有分布。**近地小行星（near-Earth asteroid, NEA）**是一类轨道非常接近甚至穿过地球轨道的小行星。正式的定义是近日距小于1.3倍日地平均距离的小行星。参见柯伊伯带（Kuiper Belt）。

蝎虎座BL型天体（BL Lacertae object）：光谱中没有明显吸收线和发射线的一类活动星系。这类天体据信和类星体类似。因为这个类型中最早的一颗是在蝎虎座发现的，当时被误认为一颗变星，于是有了这个名字。参见类星体（quasar）。

新星（nova）：突然增亮一千倍以上的恒星，随后会在数周或几个月之后恢复到原来的亮度。当白矮星表面的伴星气体开始发生核反应时就会出现这种突然增亮的现象。这个词在拉丁语中是"新"的意思，因为快速增亮让它看上去就像一颗新的恒星一样。参见白矮星（white-dwarf star）、聚变（fusion）。

星暴星系（starburst galaxy）：内部恒星形成速率非常快的一类星系。

星等（magnitude）：**视星等（apparent magnitude）**是对天体在天空中视亮度的量度。天体越暗，星等值越高。裸眼可见的最暗的天体是6等，而最亮的天体视星等为负值。1等星的星等值小于1.49，2等星的亮度在1.50到2.49之间，依次类推。**绝对星等（absolute magnitude）**是假定恒星位于距地球10个秒差距（32.6光年）的标准距离处所具有的视星等。参见光度（luminosity）、秒差距（parsec）。

星风（stellar wind）：源自恒星大气的带电粒子外流。参见太阳风（solar wind）。

星际介质（interstellar medium）：弥漫在星系内的恒星之间的气体和

尘埃。

星团（star cluster）：被引力束缚在一起的一群恒星，数量在数十到上百万之间。所有的成员星据信都从同一个大质量气体尘埃云演化而来。星团主要有两种，即疏散星团和球状星团。参见疏散星团（open cluster）、球状星团（globular cluster）。

星系（galaxy）：大量恒星和气体尘埃云的集合。星系可以是椭圆形、旋涡状或者不规则的形状，包含数百万到数万亿颗恒星，直径从几千光年到数十万光年都有。太阳是**银河系（Milky Way galaxy）**的一员，银河系有时也称作**本星系（the Galaxy）**。参见银河（Milky Way）。

星系超团（galaxy supercluster）：星系团的集合，是由上万个星系构成的松散结构，散布在半径两亿光年的巨大空间内。参见星系团（galaxy cluster）。

星系团（galaxy cluster）：众多星系在引力作用下的聚集体。包含数十个成员星系的星系团称作星系群。更大的星系团可根据其结构分为**规则星系团（regular cluster）**和**不规则星系团（irregular cluster）**。成员数目众多的规则星系团（**富星系团，rich cluster**）可包含多达上千个星系。

星云（nebula）：星际空间中的气体尘埃云。这个名称在拉丁语中是"云"的意思。亮星云（发光的星云）有几种类型。**发射星云（emission nebula）**是一团含有高温高亮年轻恒星的气体尘埃云。恒星辐射的紫外线激发周围气体发光。这类星云因为含有大量电离氢，也被称作电离氢区。**反射星云（reflection nebula）**只有当云团中的尘埃颗粒被周围的明亮恒星照亮时才能看到。其他类型的亮星云还包括行星状星云（死去的恒星所吹出的气体壳层）和超新星遗迹（恒星爆炸后的遗迹）。**暗星云（dark nebula，也叫吸光星云，absorption nebula）**是一类充满尘埃的云团，它们能够完全挡住背景星光，看上去就像天空中的黑色补丁。参见弥漫星云（diffuse nebula）、电离氢区（HII

region）、行星状星云（planetary nebula）、超新星（supernova）。

星云星团新总表（New General Catalogue, NGC）：1888年由丹麦天文学家德雷耶所出版的星云、星团和星系表。这个星表中的天体都以字母NGC加数字编号表示。例如，仙女星系对应NGC 224。参见梅西叶星表（Messier catalogue）。

星周盘（circumstellar disc）：恒星周围一个扁平盘状的气体或尘埃云。这类盘通常和年轻恒星或新生恒星联系在一起。它主要由坍缩形成恒星的原初尘埃气体云构成。参见原行星盘（protoplanetary disc）。

星子（planetesimal）：一类由岩石和冰块组成的数目众多的小天体。它们形成于太阳星云中。行星就是通过吸积这类天体凝聚而成的。

星组（asterism）：由恒星构成的一些星座之外的显著图案。最著名的例子是北斗七星，它本是大熊星座的一部分。参见星座（constellation）。

星座（constellation）：天球上的88个区域之一。每个星座都包括一组由想象中的线串连起来的恒星，代表特定的形象。星座以这些形象的拉丁名作为正式名称。这些名字许多都来源于神话人物和生物（比如猎户奥里翁），也有一些平淡无奇（比如六分仪座）。参见星组（asterism）。

行星（planet）：围绕恒星旋转的一类天体。质量比恒星小很多，而且通过反射恒星光线而发光。一般的准则是，如果围绕恒星转动的天体质量小于木星的13倍，就被认为是行星，而非褐矮星。参见褐矮星（brown-dwarf star）。

行星状星云（planetary nebula）：演化晚期的恒星所抛出的发光气体壳层。

旋臂（spiral arm）：从旋涡星系或者棒旋星系的中央核球伸展出来的旋涡状结构。它主要由气体、尘埃、发射星云和高温的年轻恒星组成。

旋涡星系（spiral galaxy）：旋涡星系具有恒星聚集而成的球状核心（**核球，nuclear bulge**）和由恒星、气体与尘埃构成的扁平圆盘，盘上的主要可见特征结团形成旋臂结构。

参见星系（galaxy）、旋臂（spiral arm）。

Y

岩质行星（rocky planet）：主要由岩石组成的行星，与地球性质相近，因此也称类地行星。太阳系内有4个岩质行星：水星、金星、地球和火星。参见气态行星（gas planet）。

掩食（occultation）：一个天体从另一个天体的前方通过，使较远的一个被完全或部分遮挡。这个术语通常用于描述一个具有较大可视大小的天体从一个可视大小较小的天体前经过的情形。比如当月球从恒星前经过，或者行星从它的卫星前经过。

耀变体（blazar）：活动星系中光变幅度最大的一个类型。包括蝎虎座BL型天体以及其他光变最剧烈的类星体。参见活动星系（active galaxy）、蝎虎座BL型天体（BL Lacertae object）、类星体（quasar）。

耀星（flare star）：暗淡、低温的红矮星在短期内亮度突然增加的现象。这是由表面能量极大的耀斑造成的。参见红矮星（red-dwarf star）、太阳耀斑（solar flare）。

银河（Milky Way）：横跨于夜空中的一条朦胧暗淡的光带，由银河系盘面和旋臂上的无数恒星和星云构成。参见星系（galaxy）。

银河星团（galactic cluster）：参见疏散星团（open cluster）。

引力（gravitation）：参见重力（gravity）。

引力波（gravitational wave）：类似波动的时空扭曲，以光速在空间中传播。尽管这类波至今尚未探测到，不过它们的存在已经得到有力的间接证明。

引力透镜（gravitational lens）：大质量天体或者质量分布所具有的引力势阱能够偏折遥远背景天体的光线，从而像透镜一样产生放大扭曲的像甚至多重像。

宇宙微波背景辐射（cosmic microwave background radiation, CMBR）：大爆炸残余的辐射遗迹，表现为全天区微弱的微波辐射。参见大爆炸（Big Bang）。

宇宙线（cosmic rays）：以接近光速的速度飞越空间的高能亚原子粒子，包括电子、质子、原子核。

宇宙学（cosmology）：研究宇宙结构、性质、起源和演化的学科。

宇宙学常数（cosmological constant）：爱因斯坦相对论方程所包含的一个额外项。如果它是负数，将对应斥力并引起宇宙加速膨胀。现代宇宙学家将这个常数与一个叫作真空能（vacuum energy，根据量子理论，真空中仍有残存的能量）的量联系起来，成为弥漫宇宙中的暗能量的可能形式。参见暗能量（dark energy）。

宇宙学红移（cosmological red shift）：参见红移（red shift）。

原恒星（protostar）：处于形成早期阶段的恒星。由坍缩星云的中央部分组成，逐渐吸积周围物质并升温，不过内部还没有发生核聚变。

原星系（protogalaxy）：正常星系的前身。原星系据信形成于大爆炸后几亿年，由气体云在重力作用下坍缩而来，在经过一系列的碰撞和并合之后，最终聚合形成星系。

原行星盘（protoplanetary disc）：围绕新生恒星的扁平的气体尘埃盘。其中的物质可能会凝聚形成行星的前身星。参见星子（planetesimal）。

原子（atom）：物质的基本构成单位，是具有特定属性化学元素的最小单元。原子包含一个由质子和中子组成的核心，外部围绕着电子云。原子中的绕转电子数目与质子数相等，因此表现出电中性（没有电荷）。原子的化学成分由原子核中的质子数（称作原子序数）决定。氢（最小、最轻的元素）的原子只包含一个质子和一个电子。参见电子（electron）、中子（neutron）、质子（proton）。

远地点（apogee）：月球或者航天器的绕地椭圆轨道上距地球最远的点。

远日点（aphelion）：行星、小行星、彗星等天体的椭圆轨道上距太阳最远的点。

月海（mare）：月球表面相对平缓的深色区域，是被熔岩填平的盆地。这个名字源自拉丁语单词"海"。

月食（lunar eclipse）：参见日食（eclipse）。

陨击坑（impact crater）：参见环形山（crater）。

陨石（meteorite）：石质或铁质的流星体如果在穿过地球大气后能够幸存，落到地球表面的本体或者碎片就称作陨石。参见流星（meteor）、流星体（meteoroid）。

晕（halo）：星系周围的一个球形区域，含有球状星团、稀疏的恒星和气体。**暗物质晕（dark-matter halo）**是星系所在处的暗物质分布。

Z

造父变星（Cepheid variable）：一类亮度有周期性规则变化的变星。造父变星是脉动变星的一种，它们的亮度变化是由星体的收缩膨胀引起的。造父变星光度越亮，光变周期就越长。参见变星（variable star）。

折反射望远镜（catadioptric telescope）：综合运用反射镜面和透镜来聚焦光线的一类望远镜。施密特-卡赛格林望远镜就是常见的一种折反射望远镜。参见反射望远镜（reflecting telescope）、折射望远镜（refracting telescope）。

折射望远镜（refracting telescope, refractor）：一类使用透镜将光线折射（弯折）至焦点，从而使遥远天体成像的望远镜。

真空能（vacuum energy）：参见宇宙学常数（cosmological constant）。

振荡宇宙（oscillating universe）：周期性膨胀收缩的宇宙。这样的宇宙在一个周期结束时的坍缩会导致下一个周期开始的大爆炸。参见闭宇宙（closed universe）、平坦宇宙（flat universe）、开宇宙（open universe）。

正电子（positron）：参见反粒子（antiparticle）。

正向自转（direct rotation）：参见逆向自转（retrograde rotation）。

至点（solstice）：太阳赤纬在天球南北两个方向达到极大时在黄道上的两个对应点。每年6月21日前后，太阳达到北纬最大值，对应北半球的夏至点（summer solstice，对南半球来说是冬至点）。在12月22日前后，太阳到达南纬最大值，对应北半球的冬至点（winter solstice，对南半球来说是夏至点）。参见天赤道（celestial equator）、赤纬（dec-lination）、黄道（ecliptic）。

质心（centre of mass）：孤立系统中物体绕转的中心。对于一个包含两个天体的系统（比如双星），它们的质心位于两天体中心的连线上。如果两个物体质量相等，质心就位于它们连线的中点；如果两者质量不同，质心会靠近其中质量较大的一个。

质子（proton）：由3个夸克组成的基本粒子。带一个单位的正电，存在于所有的原子核中。参见原子（atom）。

质子-质子链（proton-proton chain, pp chain）：氢核（质子）聚变形成氦核的反应序列。这个过程的最终结果是将4个质子转换为包含两个质子和两个中子的氦核。质子-质子链是质量接近或小于太阳的恒星中氢元素燃烧的主要过程。参见聚变（fusion）、氢燃烧（hydrogen burning）、中子（neutron）、质子（proton）。

中天（transit）：某特定天体到达观测者所在地的子午线。

中微子（neutrino）：一类质量极小且不带电的基本粒子，运动速度接近光速。

中子（neutron）：由3个夸克组成的粒子，电荷为零，质量比质子稍大。中子可在原子核中找到。参见原子（atom）。

中子星（neutron star）：一类具有超高密度的致密恒星，几乎完全由中子密集堆积而成。一个典型中子星的直径在10千米左右，质量却和太阳相当。中子星是由大质量恒星核心坍缩而成的，同时伴随超新星爆发。参见脉冲星（pulsar）、超新星（supernova）。

重力（gravity）：作用于物质实体、

粒子以及光子之间的相互吸引力。根据17世纪牛顿所发展的引力理论（**牛顿引力**，Newtonian gravitation），两个物体间的引力正比于它们质量的乘积除以质心距离的平方。因此，如果物体间的距离加倍，吸引力将减为先前值的四分之一。参见相对论（relativity）。

重子（baryon）：由3个夸克组成，受强相互作用力支配的粒子。构成原子核的质子和中子都属于重子。

蛛网状地貌（arachnoid）：金星表面的一种地质结构。由许多同心圆环和呈辐射状的卵形断面或山脊一起构成复杂的网状结构。因其表面与蛛网十分相似，由此得名。这种结构的典型直径在50到175千米之间。

主带（Main Belt）：参见小行星（asteroid）。

主序（main sequence）：赫罗图上从左上方（高温、高光度的区域）到右下方（低温、低光度的区域）的一个倾斜的带状区域。这个区域涵盖了90%的恒星。主序星（比如太阳）都是通过将氢转变为氦而发光的。参见矮星（dwarf star）、赫罗图（Hertzsprung–Russell diagram）。

子午线（meridian）：（1）地球或者其他天体表面穿过南北两极并垂直跨过赤道的大圆。（2）天球上穿过南北天极并垂直越过天赤道的大圆。观测者当地的子午线会通过天极、天顶和地平线上的正南、正北方向。参见天球（celestial sphere）、大圆（great circle）。

紫外辐射（ultraviolet radiation）：波长比可见光短、比X射线长的电磁辐射。温度最高的恒星在紫外波段有强烈的辐射。

自行（proper motion）：恒星在天球上位置变化的角速度。**年自行**（annual proper motion）是恒星在1年中移动的角度（很少大于几分之一角秒）。

致谢

Dorling Kindersley对如下人员在本书筹备过程中所提供的帮助表示感谢：

Anne Brumftt和她欧洲空间局同事提供的编辑意见；Stephen Hawking准许使用第21页的引言；提供内容编排建议的Giles Sparrow；提供桌面排版支持的Gllian Tester和Andrew Pache；美工Dave Ball、Sunita Gahir和Marilou Prokopiou；Moonrunner Design公司的Malcolm Godwin；Combustion Design and Advertising公司的Rajeev Doshi；Planetary Visions公司的Philip Eales和Kevin Tildsley；Pikaia Imaging公司的Tim Brown和Giles Sparrow；Precision Illustration公司的Tim Loughhead；JP Map Graphics公司的John Plumer；Antbits公司的Richard Tibbitts；以及Fanatic Design公司的Greg Whyte。

Dorling Kindersley还要感谢对如下人员对本书修订版的贡献：

策划新版并提供了大部分新内容的Ian Ridpath；协助更新内容的Robin Scagell、Giles Sparrow和Robert Dinwiddie；提供图片选择建议和更新部分内容的Carole Stott；帮助准备了星系演化和超星系团的部分的Derek Ward-Thompson教授，他也对内容提供了意见；提供星系演化模拟图像的Carlos Frenk教授和Rob Crain；提供了UKIDSS项目原始照片的Andy Lawrence；助理编辑Lili Bryant和Laura Wheadon；助理设计Natasha Rees；绘制新插图的Mik Gates；DK印度德里分部的Anita Kakar、Rupa Rao、Priyaneet Singh、Alka Ranjan、Ivy Roy、Bimlesh Tiwary、Tanveer Zaidi、Tarun Sharma、Pushpak Tyagi、Aashirwad Jain、Tina Jindal、Deepak Negi、Surya Sarangi和Arani Sinha；以及Suhita Dharamjit（资深封面设计师）、Rakesh Kumar（DTP设计师）、Priyanka Sharma（护封编辑统筹）和Saloni Singh（护封主任编辑）。

本修订版和美国华盛顿的史密森学会（Smithsonian Institution）联合制作。

它是世界上最大的博物馆和研究所联合体。这所著名的研究中心致力于公共教育、国民服务，并提供人文、科学和历史类的奖学金。

本书中文翻译由余恒、张博、王靓、王燕平共同完成。其中余恒负责第1、2章和前言、术语表、索引以及致谢；张博负责第3、4章，王靓负责第5、6章，王燕平负责第7、8章。最后的统稿和审校由余恒完成。感谢张博、王靓、何婷、冯翀、张超、李颋提供的修改意见和帮助。特别感谢卞毓麟老师细致认真的审阅和订正。由于本书内容丰富，领域广阔，虽经译者和编辑反复核校，仍囿于时间能力，不免有疏漏错讹之处，还望读者不吝赐教。

史密松集团：
Carol LeBlanc，副总裁；Brigid Ferraro，授权总监；Ellen Nanney，授权经理；Kealy Wilson，产品开发协调专员。

图片版权：
Dorling Kindersley感谢以下人员协助提供图片：
Till Credner; Galaxy Picture Library的Robin Scagell; DK Picture Library的Romaine Werblow; Science Photo Library的Anna Bond。

Key：
t=顶部；b=底部下方；c=中部；l=左侧；r=右侧；a=.上方。

缩写：
AAO =英澳天文台(Anglo Australian Observatory)；ASU=亚利桑那州立大学(Arizona State University)；BAL=Bridgeman Art Library (www.bridgeman.co.uk)；Caltech=加州理工学院(Califormia Institute of Technology)；Chandra =钱德拉X射线天文台(Chandra X-Ray Observatory)；Credner = Till Credner www.allthesky.
com；DSS =数字化巡天(Digitized Sky Survey)；ESA = 欧洲空间局(European Space Agency)；ESO = ©欧洲南方天文台(European Southern Observatory)，按知识共享“署名3.0”许可协议授权-http://creativecommons.org/licenses/by/3.0/；GPL = Galaxy Picture Library；GSFC =戈达德航天中心(Goddard Space Flight Center)；HHT =哈勃后续计划(The Hubble Heritage Team)；HST =哈勃空间望远镜(Hubble Space Telescope)；JHU=约翰霍普金斯大学；(John Hopkins University)；JPL=喷气推进实验室(Jet Propulsion Laboratory)；JSC=约翰逊空间中心(Johnson Space Center)；KSC =肯尼迪空
间中心(Kennedy Space Center)；DMI = David Malin Images；MSFC =马歇尔航天中心(Marshall Space Flight Center); NASA =美国国家航空航天局(National Aeronautics and Space Administration); NOAO =美国国家光学天文台(National Optical Astronomy Observatory)/大学天文研究联合组织(Association of Universities for Research in Astronomy)/美国国家科学基金会(National Science Foundation); NRAO =美国国家射电天文台(Image courtesy of National Radio Astronomy Observatory)/AUI；NSF =美国国家科学基金会(National Science Foundation); NSSDC =美国国家空间科学数据中心(National Space Science Data Center)；SPL= Science Photo Library；SOHO = SOHO/EIT联合体; SOHO是美国国家航空航天局和欧洲空间局之间的国际合作项目; STScI =美国空间望远镜研究所(SpaceTelescope Science Institute)；TRACE =美国国家航空航天局TRACE项目，图像由Lockheed Martin团队提供; USGS =美国地质调查局(U.S. Geological Survey)。

侧栏图像：
© CERN Geneva (简介)；SOHO (太阳系)；NASA: HST/ESA，HEIC和HHT (STScI/AURA) (银河系)；HST/HHT (STScI/AURA) (银河系以外的世界)；SPL: Kaj R. Svensson (夜晚的天空)。

1 NASA: JPL-Caltech/K. Su (University of Arizona).
2–3 Processed image © Ted Stryk: Raw data courtesy NASA/JPL.
4 Corbis: Roger Ressmeyer (tc). 5 NASA: JPL (tr); JPL/STScI (cla); ESA, N. Smith (University of California, Berkeley), and HHT (STScI/AURA) (b).
6–7 NOAO: Adam Block (background).
8 Corbis: Digital Image © 1996 Corbis; Original image courtesy of NASA, 9 Corbis: (ca); Landsat 7 satellite image courtesy of NASA Landsat Project Science Office and USGS National Center for Earth Resources Observation Science: (tc); NASA: JSC (bc).
10 Corbis: Roger Ressmeyer (cla); SPL: ESA (tl); Jisas/Lockheed (cl); SOHO: (clb). 11 SPL: Scharmer et al/Royal Swedish Academy of Sciences.
12 GPL: JPL. 13 ESA: DLR/FU Berlin (G. Neukum) (tr); NASA: JPL (cra), (crb); JPL/STScI (trb).
14 Chandra: NASA/CXC/MIT/F.K. Bagano et al. (tl); NOAO: Eric Peng (JHU), Holland Ford (JHU/STScI), Ken Freeman (ANU), Rick White (STScI) (cla); T.A. Rector and Monica Ramirez (clb). 15 © 2005 Russell Cromon (www.rcastro.com).
16 2MASS: T.H. Jarrett, J. Carpenter, & R. Hurt (cla); Chandra: X-Ray: NASA/CXC/ESO/P. Rosati et al; Optical: ESO/VLT/P. Rosati et al. (clb); SPL: Carlos Frenk, Univ. of Durham (tl). 17 NASA: ESA, A. van der Wel (Max Planck Institute for Astronomy, Heidelberg, Germany), H. Ferguson and A. Koekemoer (STScI), and the CANDELS team.
18–19 Corbis: Roger Ressmeyer.
20–21 NASA: HST/HHT (STScI/AURA).
22 NASA: ESA / STScI / B. Salmon (br). 23 NASA: HST/ESA, Richard Ellis (Caltech) and Jean-Paul Kneib (Observatoire Midi-Pyrenees, France) (tc).
24 NASA: HST/ESA and J. Hester (ASU) (b); NOAO: Nathan Smith, Univ. of Minnesota (tr). Tapio Lahtinen: (cla). 25 Alamy Stock Photo: Cristian Cestaro (ca); Corbis: (tcr); ESO: ALMA (NAOJ / NRAO) / E. O’Gorman / P. Kervella (cla); GPL: Nigel Sharp, NSF REU/AURA/NOAO (cr); STScI (tr); NASA: GSFC (bc); HST, HHT (STScI/AURA) (cl); JPL (cb/Europa), (cb/Ganymede), (cb/Io); JPL/DLR (German Aerospace Center) (cb/Callisto); SPL: Pekka Parviainen (br).
26 Alamy Stock Photo: Event Horizon Telescope Collaboration / UPI (br); Chandra: NASA/CXC/U. Amsterdam/S. Migliari et al. (bl); NASA: JPL – Caltech/ASU/Harvard–Smithsonian Center for Astrophysics/NOAO (cl); SPL: NOAO (c); STScI/NASA (tl). 26–27 NASA: HST/H. Ford (JHU), G. Illingworth (UCSC/LO), M. Clampin (STScI), G. Hartig (STScI), the ACS Science Team and ESA (tc). 27 Gemini Observatory/Association of Universities for Research in Astronomy: GMOS–South Commissioning Team (tl); NASA: HST/N. Benitez (JHU),T. Broadhurst (The Hebrew Univ.), H. Ford (JHU), M. Clampin (STScI), G. Hartig (STScI), G. Illingworth (UCO/Lick Obs.), the ACS Science Team and ESA (ca); SPL: Max-Planck-Institut für Astrophysik (crb); XENON Collaboration: (br).
28 Alamy Stock Photo: Andrew Dunn (cl). NOAO: Todd Boroson (ca). 29 DK Images: Andy Crawford (cr); Clive Streeter/Courtesy of the Science Museum, London (crb); Colin Keates/Courtesy of the Natural History Museum, London (cb); Harry Taylor (ca); SPL: Lawrence Berkeley Laboratory (cra).
30 Corbis: Raymond Gehman (cla); SPL: Alfred Pasieka (tr); CERN (br). 31 © CERN: Mc Cauley / Thomas (cl); SOHO: (bc).
32–33 Courtesy of the National Science Foundation: B. Gudbjartsson.
34 DK Images: (clb). 34– 35 NASA: HST/HHT (STScI/AURA) (tc). 35 SPL: (bl).
36 ESA: AOES Medialab (ca); ESO: Steven Beard (UKATC) / ESO (tr); C. Malin (cla); J. Emerson / VISTA. / Cambridge Astronomical Survey Unit (crb); ALMA (ESO / NAOJ / NRAO) (clb); thecmb.org | Damien P. George: (cb).37 Alamy Stock Photo: NG Images (crb); Chandra: NASA/SAO/CXC/G. Fabbiano et al. (cbr); NGST (car); GPL: Robin Scagell (tl); NASA: General Dynamics (cra); JPL-Caltech (cb); JPL-Caltech (ca/Galaxy Evolution Explorer); CXC / ESO / F.Vogt et al); Optical (ESO / VLT / MUSE & NASA / STScI) (tr, tc); CXC / ESO / F.Vogt et al); Optical (ESO / VLT / MUSE & NASA / STScI) (tc/Neutron Star);NOAO: (clb)
38 Corbis: (bl); NASA: JSC (br). 39 Alamy Images: Kolvenbach (br); NASA: JPL (t).
40 Corbis: (bl); Lester Lefkowitz (cl). 41 Corbis: (ca); Dreamstime.com: Andrey Armyagov (bl).
42–43 SPL: W. Couch and R. Ellis/NASA (bc). 43 Laser Interferometer Gravitational Wave Observatory (LIGO): T. Pyle (br).
44 NOAO: Todd Boroson (bc). 45 NASA: HST/ESA, J. Blakeslee and H. Ford (JHU) (tc); SPL: Sanford Roth (cra).
46–47 NASA: HST/H. Ford (JHU), G. llingworth (UCSC/LO), M. Clampin (STScI), G. Hartig (STScI), the ACS Science Team, and ESA.
49 Getty Images: Fabrice Co rini / Afp (ca).
50 Corbis: Bettmann (tr). 51 Corbis: Bettmann (tc); NASA: HST/HHT (STScI/AURA) (tl).
52–53 © CERN: Maximilien Brice.
54 ESA: Planck Collaboration (ca); Image courtesy of Andrey Kravstov: Simulations were performed at the National Center for Supercomputing Applications (Urbana-Champaign, Illinois) by Andrey Kravtsov (The Univ. of Chicago) and Anatoly Klypin (New Mexico State Univ.). Visualizations by Andrey Kravtsov (b). 54–55 NASA: HST/K.L. Luhman (Harvard–Smithsonian Center for Astrophysics, Cambridge, Mass.); and G. Schneider, E. Young, G. Rieke, A.Cotera, H. Chen, M. Rieke, and R. Thompson (Steward Obs., ASU,Tuscon, Ariz.) (c). 55 ESO: Radio: NRAO / AUI / NSF / GBT / VLA / Dyer, Maddalena & Cornwell, X-ray: Chandra X-ray Observatory; NASA / CXC / Rutgers / G. Cassam-Chenaï, J. Hughes et al., Visible light: 0.9-metre Curtis Schmidt optical telescope; NOAO / AURA / NSF / CTIO / Middlebury College / F. Winkler and Digitized Sky Survey. (crb); NASA: ESA, and G. Bacon (STScI); science - ESA, P. Oesch (Yale University),
G. Brammer (STScI), P. van Dokkum (Yale University), and G. Illingworth (University of California, Santa Cruz) (tr); SPL: NASA (c, crb).
56 Corbis: Roger Ressmeyer (br); NASA: Provided by the SeaWiFS Project, NASA/GSFC, and ORBIMAGE (tr); SPL: Dr Linda Stannard, UCT (c); John Reader (bl); MSFC/NASA (clb). 57 Courtesy of the NAIC– Arecibo Observatory, a facility of the NSF: (bl);
NASA: JPL/AUS (cl); SETI League photo, used by permission: (br).
58 courtesy of Saul Perlmutter and The Supernova Cosmology Project: (bl). 59 SPL:
Royal Obs., Edinburgh/AATB (bc).
60–61 Corbis: Roger Ressmeyer.
63 BAL: Bibliothèque des Arts Decoratifs, Paris, France/Archives Charmet (cr); SPL: David Nunuk (tl).
64 British Library, London: shelfmark: Or.5259, folio: f.29 (cr); The Picture Desk: The Art Archive/British Library, London (cl); SPL: Frank Zullo (tr).
64–65 Corbis: Paul A Souders (b).
66 Alamy Images: Robert Harding Picture Library (cl); SPL: John Sanford (b). 67 Corbis: Je Vanuga (tr); Royalty–Free (cb); DMI: Akiri Fujii (cr); The Picture Desk: The Art Archive/Biblioteca d’Ajuda, Lisbon/Dagli Orti (cla).
68 SPL: Pekka Parviainen (tr); Sheila Terry (clb); Tunc Tezel: (br). 69 Corbis: Carl and Ann Purcell (bc); GPL: Jon Harper (cr); The Picture Desk: The Art Archive/British Library, London, UK (br); SPL: Eckhard Slawik (tl, tr); John Sanford (bl).
70 SPL: ESA (cl). 71 AAO: Photograph by David Malin (l); SPL: John Chumack (cr); Rev. Ronald Royer (c).
72 courtesy of the Archives, California Institute of Technology: (bl); Corbis: Stapleton Collection (tl).
73 BAL: Private Collection/Archives Charmet (bl); NOAO: (bcl, br); Je Hageman/Adam Block (cr); Joe Jordan/Adam Block (cbr); N.A. Sharp (cbl); Peter Kukol/Adam Block (tr);Yon Ough/Adam Block (bcr).
74 Corbis: Digital image © 1996 Corbis; original image courtesy of NASA (cla); SPL: Chris Madeley (r); Stephan J Krasemann bl. 75 Credner: (bc, tcl); NAOJ: H. Fukushima, D. Kinoshita, and J. Watanabe (tr); Nature Publishing Group (www.nature.com): Victor Pasko (bcl); Polar Image/Pekka Parviainen: (cr); SPL: Magrath/Folsom br.
76 DK Images: (bl); GPL:Dave Tyler (c, ca); Robin Scagell (r); NASA: C. Mayhew and R. Simmon (NASA/GSFC), NOAA/NGDC, DMSP Digital Archive (cl); SPL: Frank Zullo (clb). 77 DK Images: Andy Crawford (tr).
78-79 Novapix: S. Vetter.
80 DK Images: (cl); courtesy of John W. Griese: (bl); SPL: Frank Zullo (r). 81 Credner: (cbl); DK Images: (tl, tr); GPL: Robin Scagell (cl, cr, bcl, bcr, br).
82 Corbis: Bettmann (cra); DK Images: (bl, bc, crb); courtesy of the Science Museum, London/Dave King (ca); Science and Society Picture Library: Science Museum, London (cl). 83 DK Images: (t, bl); Dreamstime.com: Fotum (crb/Magni cation); GPL: Robin Scagell (cr/Aperture).
84 DK Images: (clb, bl, bcr, br); Dreamstime.com: Vinicius Tupinamba (cbl/ nderscope view, bcl/red dot view); GPL: Celestron International (tr). 85 Corbis: Roger Ressmeyer (cla, cal); DK Images: (tc, trb, clb); GPL: Rudolf Reiser (cbl); Robin Scagell (car, cra); Getty Images: SSPL/Babek Tafreshi (b).
86–87 DK Images.
88 Corbis: Science Faction/Tony Hallas (cl); DK Images: (tr, bl, br); Dreamstime.com: Neutronman (cr); Will Gater: (bc). 89 DK Images: (tl, c, cr); GPL: Philip Perkins (bl); Dave Tyler (br); SPL: J-P Metsavainio (cra).
90 Corbis: Roger Ressmeyer (tr, cl); ESO: (b); Gemini Observatory: Observatory / AURA / Manuel Paredes (cr). 91 Corbis Dusko Despotovic (cla); ESO: G Hüdepohl/www.atacamaphoto.com (tr); Getty Images: Photolibrary/Robert Finken (br); W.M. Keck Observatory: UCLA Galactic Center Group (crb); Photo courtesy of the Large Binocular Telescope Observatory: The LBT is an international collaboration among institutions in the United States, Italy and Germany (clb).
92–93 ALMA Observatory: Babak Tafreshi.
94 ESA: C. Carreau (bl); ESA / Hubble: NASA, ESA, G. Illingworth, D. Magee, and P. Oesch (University of California, Santa Cruz), R. Bouwens (Leiden University), and the HUDF09 Team (cb);NASA: HST (c); ESA (r).
95 ESA: C. Carreau (crb); LFI & HFI Consortia (cla); CNES-Arianespace/Optique Vidéo du CSG - L. Mira (tr); Khosroshani, Maughan, Ponman, Jones (bl).
96–97 NASA: JPL/STScI.
98–99 TRACE.
100 akg-images: (c); NASA: JPL (cb). 101 NASA: JPL (c).
102 SPL: (tr). 103 Corbis: Yann Arthus-Bertrand (ca); NASA: Erich Karkoschka (ASU Lunar and Planetary Lab) and NASA (tcl).
105 NASA: (br); GSFC (crb); SOHO: (l, cr).
106 SPL: John Chumack (cr); NOAO (tr); SOHO: (b, cl). 107 Alamy Images: Steve Bloom Images (bl); Science and Society Picture Library: Science Museum, London (cla); SPL: Chris Butler (cra); Jerry Rodriguess (tr); SOHO: (clb); TRACE: (c); A. Title (Stanford Lockheed Institute) (cr).
108–109 © Alan Friedman/avertedimagination.
com
110 NASA: John Hopkins University Applied Physics Laboratory/Carnegie Institution of Washington (r); University of Colorado/John Hopkins University Applied Physics Laboratory/Carnegie Institution of Washington (ca). 111 NASA: University of Colorado/John Hopkins University Applied Physics Laboratory/Carnegie Institution of Washington (cb); SPL: A.E. Potter and T.H. Morgan (crb).
112 NASA: Johns Hopkins University Applied Physics Laboratory / Carnegie Institution of Washington (clb); Johns Hopkins University Applied Physics Laboratory / Carnegie Institution of Washington (crb); GPL: NASA/JPL/Northwestern Univ. (cl); NSSDC/GSFC/NASA: Mariner 10 (cr). 113 NASA: John Hopkins University Applied Physics Laboratory/Carnegie Institution of Washington (bl, cr, clb, crb).
114 GPL: NASA/JPL/Northwestern Univ. (tr); NASA: JPL/Northwestern Univ. (cl); John Hopkins University Applied Physics Laboratory/ASU/Carnegie Institution of Washington. Image reproduced courtesy of Science/AAAS (c); John Hopkins University Applied Physics Laboratory/Carnegie Institution of Washington (br, cra, bc); SPL: NASA (cr). 115 GPL: NASA/JPL/Northwestern Univ. (bl); NASA: Johns Hopkins University Applied Physics Laboratory / Carnegie Institution of Washington (tr, br).
117 ESA: VIRTIS-Venus Express / INAF-IAPS / LESIA-Obs. Paris / G. Piccioni (bc); SPL: NASA: (l).
118 ESA: (bl); NASA: Ames Research Center (cl); JPL (tr, c, cr); NSSDC/GSFC/NASA: Magellan (cra); Venera 13 (clb); Venera 4 (tl). 119 NASA: JPL (tl, cla); Goddard Space Flight Center Scienti c Visualization Studio. (cr); NSSDC/GSFC/NASA: Magellan (tcr); SPL: NASA (trb).
120 NASA: JPL (bl, cr, tr); Goddard Space Flight Center Scienti c Visualization Studio. (cl); NSSDC/GSFC/NASA: Magellan (c, ca); SPL: David P. Anderson, SMU/NASA (br). 121 NASA: JPL (bc, br, cla, cal, cb); NSSDC/GSFC/NASA: Magellan (car, tr).
122 NASA: JPL (tc, tr); SPL: David P. Anderson, SMU/NASA (b). 123 NASA: JPL (tl, c, crb, bl, bc, br); SPL: David P. Anderson, SMU/NASA (cra).
124 NASA: JPL (tl, cl, cr, br); NSSDC/GSFC/NASA: Magellan (c, bc). 125 NASA: JPL (tr, cl, ca, bl, br); NSSDC/GSFC/NASA: Magellan (cb).
127 NASA: GSFC. Image by Reto Stöckli, enhancements by Robert Simmon (l); SPL: Emilio Segre Visual Archive/

American Institute of Physics (crb).
129 Corbis: Jamie Harron/Papillio (tc); DK Images: (cb/fungi);Andrew Butler (cb/plants); Geo Brightling (cb/animals); M.I.Walker (cb/protists); FLPA – Images of Nature: Frans Lanting (tl); SPL: Scimat (cb/ monerans).
130 Alamy Images: FLPA (crb); Corbis: image by Digital image © 1996 Corbis; original image courtesy of NASA (cra); Lloyd Clu (tl); Robert Gill/Papilio (cl); Sygma/PierreVauthey (bcr); National Geographic Image Collection: Image from Volcanoes of the Deep, a giant screen motion picture, produced for IMAX Theaters by the Stephen Low Company in association with Rutgers Univ. Major funding for the project is provided by the National Science Foundation (bl). 131 Corbis: (br); Jon Sparks (bl); Kevin Schafer (t); Michael S Yamashita (crb); NASA: ASF/JPL (c);
132 Corbis: Craig Lovell (tc, cb); Macdu Everton (bl); Landsat 7 satellite image courtesy of NASA Landsat Project Science Office and USGS National Center for Earth Resources Observation Science: (cla). 133 NASA: JSC – Earth Sciences and Image Analysis.
134 Corbis: Elio Ciol (cal); image by Digital image © 1996 Corbis; original image courtesy of NASA (bl); Layne Kennedy (br); Tom Bean (tl); NASA: GSFC/JPL, MISR Team (crb); JSC – Earth Sciences and Image Analysis (cra).
135 Corbis: (tl); Galen Rowell (cr, b); Marc Garanger (tr); NASA: JPL (cl).
136–137 Michael Light (www.projectfullmoon.com): (c).
138 akg-images: (cla); Corbis: Roger Ressmeyer (cra); NASA: JSC (c); MSFC (b); SPL: ESA, Eurimage (trb).
139 Corbis: Roger Ressmeyer (cr); ESA: Space-X, Space Exploration Institute (bc); Galaxy Contact: NASA (ca) GPL: Thierry Legault (tr); NSSDC/GSFC/NASA: Lunar 3 (crb); Scala Art Resource: Biblioteca Nazionale, Florence, Italy (clb); USGS: (cbr).
140 NASA: LRO/LOLA Science Team (tr).
142–143 NASA.
144 NASA: JSC (bl); JPL (tl); NSSDC/GSFC/NASA: Apollo 11 (br); Galileo (crb); Lunar Orbiter 5 (cl); SPL: John Sanford (cra). 145 GPL: Damian Peach (bl); NASA: (bc); JPL (cla); NSSDC/GSFC/NASA: Apollo 17 (tc); Lunar Orbiter 5 (br); Ranger 9 (cra); USGS/Clementine (crb).
146 NASA: JSC (tc, cra). 146–147 Michael Light (www.projectfullmoon.com): (b). 147 NASA: JSC (tl); NSSDC/GSFC/NASA: Apollo 17 (tr).
148 ESA: Space-X, Space Exploration Institute (cl); GPL: NASA (cr, bc); NSSDC/GSFC/NASA: Apollo 15 (tc); Lunar Orbiter 3 (c); U.S Department of Energy: (br). 149 NASA: GSFC (cbr); GSFC/ASU/Lunar Reconnaissance Orbiter (bl); JPL/USGS (tr); Lunar Prospector (bc); NSSDC/GSFC/NASA: Lunar Orbiter 4 (tc).
151 NASA: JPL (br); JPL-Caltech/University of Arizona (cr); USGS: (l).
152 ESA: DLR/FU Berlin (G. Neukum) (cr); NASA: Cornell University, JPL and M. Di Lorenzo et al. (ca); JPL (tr, cla, cl, bl); JPL/Cornell Univ./Mars Digital (clb). 153 NASA: JPL-Caltech/MSSS (tr); JPL-Caltech/University of Arizona (tl, cla, cra).
154–155 NASA: JPL-Caltech/ASU.
156 ESA: DLR/FU Berlin (G. Neukum) (tr); NASA: JPL/ASU (cl); JPL/MSSS (cal, cra, crb, bl, br). 157 ESA: DLR/FU Berlin (G. Neukum) (bl); NASA: JPL (trb); JPL-Caltech/University of Arizona (br); JPL/MSSS (cal, cla).
158 NASA: JPL/MSSS (tc, ca). 158–159 NASA: JPL/USGS b. 159 ESA: DLR/FU Berlin (G. Neukum) (tc, cla, cra); NASA: JPL/MSSS (tcb).
160 ESA: DLR/FU Berlin (G. Neukum) (tc, tr, ca, cr); NASA: JPL/ASU (tlb); JPL/MSSS (c, bl); JPL-Caltech/University of Arizona (br). 161 ESA: DLR/FU Berlin (G. Neukum) (b); NASA: JPL/MSSS (cl); JPL/USGS (tr); JPL-Caltech/University of Arizona (cra).
162 ESA: DLR/FU Berlin (G. Neukum) (bl); NASA: JPL (cl); JPL/MSSS (tc); JPL-Caltech/University of Arizona (cr); JPL / UArizona (br). 163 ESA: DLR/FU Berlin (G. Neukum) (bl); OMEGA (bc); NASA: JPL/Cornell (tc, ca); JPL-Caltech/University of Arizona (crb).
164 ESA: DLR/FU Berlin (G. Neukum) (tr, br); NASA: JPL/ASU (cbl); JPL/Cornell (cla); JPL/MSSS (cra); JPL-Caltech/University of Arizona (clb); Mars Orbiter Laser Altimeter (MOLA) Science Team (crb).
165 ESA: DLR/FU Berlin (G. Neukum) (cra, bc); NASA: JPL/MSSS (tr, cb, br); JPL/USGS (tl); Mars Global Surveyor/USGS (bl).
166 NASA: JPL/Cornell (tr, cla). 166–167 NASA: JPL/Cornell (b). 167 NASA: JPL (tl); JPL/Cornell (tc, tr).
168–169 NASA: JPL-Caltech / MSSS.
170 NASA: HST/R. Evans and K. Stapelfeldt (JPL) (cl); JPL (bc); JPL-CalTech / UCLA / MPS / DLR / IDA (bc/Occator Crater); JPL-Caltech / UCLA / MPS / DLR / IDA (bc/Vesta). 171 DK Images: (tc).
172 ESA: © 2008 MPS for OSIRIS Team MPS/UPD/LAM/IAA/RSSD/INTA/UPM/DASP/IDA (cbr, bc, bl); NASA: JPL-Caltech (c); JPL/JHU/APL (tr, br); JPL/USGS (cl); NSSDC/GSFC/NASA: Goldstone DSC antenna-radar (cr). 173 GPL: NASA/JPL (b); NASA: JPL (tr).
174 Corbis: R Kempton (tr); NASA: JPL-Caltech/UCLA/MPS/DLR/IDA (ca, b). 175 Japan Aerospace Exploration Agency (JAXA): (crb, bl, br); courtesy of Osservatorio Astronomico di Palermo Giuseppe S.Vaiana: (cra); NASA: JPL-Caltech / UCLA / MPS / DLR / IDA (cla); JPL-Caltech / UCLA / MPS / DLR / IDA (ca).
176 NASA: JPL/JHU/APL (cla, cr, crb); Goddard / University of Arizona (bc); Goddard / University of Arizona (clb); Goddard / University of Arizona / Lockheed Martin (bl); SPL: NASA (tc). 177 GPL: NASA/JPL/JHU/APL (t); Rex by Shutterstock: Uncredited / AP / Shutterstock (br).
179 GPL: NASA/JPL/ASU (l); NASA: HHT (STScI/AURA); NASA/ESA, John Clarke (Univ. of Michigan) (cr).
180 NASA: HST/ESA, and E.Karkoschka (ASU) (cb); JPL/STScI (tl). 181 JPL/Cornell (crb); NASA: JPL-Caltech / SwRI / MSSS / Gerald Eichstadt / Sean Doran © CC NC SA (tr); JPL-Caltech / SwRI / MSSS (clb).
182 Laurie Hatch Photography/Lick Observatory: (cbl); NASA: JPL/Cornell Univ. (cal, car, cl, bl); JPL/Lowell Obs. (cra); JPL/ASU (tl); courtesy of Scott S. Sheppard, University of Hawaii: (bcr).
183 DK Images: Andy Crawford (cra); NASA: JPL/DLR (German Aerospace Center) (tcl, tcr, cla); JPL / University of Arizona (b).
184 GPL: NASA/JPL (tc); NASA: JPL/PIRL/ASU (cl); JPL/ASU (bl); JPL/ASU/LPL (br). 185 GPL: NASA/JPL/USGS.
186 GPL: NASA/JPL/DLR (German Aerospace Center) (t); NASA: JPL (bl); JPL/Brown Univ. (crb, br).
187 BAL: Private Collection (crb); GPL: NASA/JPL (b); NASA: JPL/ASU (tr); JPL/DLR (German Aerospace Center) (tc, cla).
189 NASA: HST/ESA, J. Clarke (Boston Univ.), and Z. Levay (STScI) (bl); JPL/STScI (tl).
190 NASA: JPL (tl); JPL-Caltech/STScI (tr); JPL/STScI (c, cb). 191 NASA: JPL-Caltech/University of Virginia (cra); JPL-Caltech/R. Hurt (SSC) (crb); JPL/STScI (clb, cbl); JPL/Univ. of Colorado (tr).
192 NASA: JPL (tr); JPL/STScI (cra, crb, bl); JPL-Caltech / Space Science Institute (cl, br). 193 NASA: JPL/STScI (cla, clb, r).
194 NASA: JPL (br); JPL/STScI (tr, cl, bl, bc); JPL/STScI/Universities Space Research Association/Lunar & Planetary Institute (c); JPL-Caltech / Space Science Institute (tc). 195 NASA: JPL (tc, tr, cbr); JPL/STScI (cl, bl); JPL/STScI/Universities Space Research Association/Lunar & Planetary Institute (br).
196 NASA: (br); ESA/JPL/University of Arizona (bl); JPL/Cassini is a cooperative project of NASA, the ESA, and the Italian Space Agency.The JPL, a division of Caltech, manages the Cassini mission for NASA' s O ce of Space Science,Washington, D.C. (tr); JPL/STScI (cla, clb); JPL-Caltech/ASI (cra). 197 NASA: JPL/STScI (tl, tr, cbl, cr, br); JPL/ASU (bl).
198–199 NASA: JPL-Caltech / Space Science Institute.
201 Corbis: Roger Ressmeyer (crb); GPL: JPL/STScI (l); W. M. Keck Observatory: Courtesy Lawrence Sromovsky, UW-Madison Space Science and Engineering Center (tr); NASA: JPL (cb).
202 NASA: HST/Erich Karkoschka (ASU) (tl); JPL (cl, c, bl, br); JPL/USGS (cb); NSSDC/GSFC/NASA: (cra). 203 Corbis: Sygma (c); Brett Gladman, Paul Nicholson, Joseph Burns, and JJ Kavelaars, using the 200 inch Hale Telescope: (br); NASA: JPL (tl, tr, bl, bc).
205 GPL: NASA/JPL (l); NASA: JPL (crb); JPL/HST (cra).
206 Corbis: Roger Ressmeyer (bc); NASA: JPL (tl, bl, br); NSSDC/GSFC/NASA: Voyager 2 (cl, c/left); SPL: NASA (c/right). 207 Liverpool Astronomical Society: With thanks to Mike Oates (br); NASA: JPL/USGS (t, clb); courtesy of A.Tayfun Oner: (bc).
208 NASA: JHUAPL / SwRI (tr); JHUAPL / SwRI (clb). 208-209 NASA: JHUAPL / SwRI. 209 ESO: (crb); Lowell Observatory Archives: (br); NASA: JHUAPL / SwRI (cra); Johns Hopkins University Applied Physics Laboratory / Southwest Research Institute / Lunar and Planetary Institute / Paul Schenk (tl).
210 Corbis: Bettmann (br); NASA: ESA and P. Kalas (University of California, Berkeley) (bl); HST/M. Brown (Caltech) (clb); NSSDC/GSFC/NASA: Denis Bergeron, Canada (cl). 211 NASA: (bc, br).
212 W.M. Keck Observatory: Mike Brown (California Institute of Technology) (clb); NASA: ESA and M. Brown (California Institute of Technology) (bc); HST/Mike Brown (California Institute of Technology) (cla). 213 Corbis: Jonathan Blair (cra); GPL: Michael Stecker (c); NASA: JPL-Caltech (cb, cb).
214 SPL: Pekka Parviainen (tr). 215 Corbis: Jonathan Blair (cra); DK Images: (b); NASA: JPL/Brown Univ. (cl); JPL/USGS (ca); SOHO: (clb).
216 akg-images: (c); DK Images: (cr); NOAO: Roger Lynds (bl); SPL: Pekka Parviainen (bc); Detlev van Ravenswaay (tr); Rev. Ronald Royer (crb). 217 Corbis: Gianni Dagli Orti (br); Damian Peach: (bl); DMI: Akira Fujii (cl); ESA: MPAE, 1986, 1996 (cr); SPL: John Thomas (tl); Richard J.Wainscoat, Peter Arnold Inc. (tr).
218 ESA: Rosetta / NAVCAM, CC BY-SA IGO 3.0 (cra); NASA: ESA / H. Weaver and E. Smith (STScI) (br); JPL (ca); JPL-Caltech (clb); JPL-Caltech (bc/left); courtesy of Lowell Observatory: (cbr); SPL: Frank Zullo (cla). 219. NASA: JPL/UMD (ca); JPL-Caltech/UMD (tr, cb); JPL-Caltech/LMSS (cla); Dan Burbank (ISS) (crb); Solar Dynamics Observatory (SDO) (br).
220 © The Natural History Museum, London: (crb, bc, br); SPL: (cr, bl); David McLean (ca); Sputnik (cl).
221 Corbis: Jonathan Blair (bl); DK Images: Harry Taylor (cb, bc); Getty Images: NASA/AFP (t); NASA: Carnegie Mellon Univ./Robotic Antarctic Explorer (LORAX) (br).
222 Corbis: Matthew McKee/Eye Ubiquitous (bl); DK Images: courtesy of the Natural History Museum, London/Colin Keates (c); GPL: UWO/Univ. of Calgary (cl); Muséum National d' Histoire Naturelle, Paris: Département Histoire de la Terre (bc); © The Natural History Museum, London: (br); SPL: D. van Ravenswaay (cbr); Michael Abbey (cr); Pascal Goetgheluck/Francois Robert (tr). 223 Alamy Images: H.R. Bramaz (cla); NASA: JSC (br); KSC (crb); © The Natural History Museum, London: (tr, bl).
224–225 John P. Gleason, Celestial Images
226 SPL: Chris Butler (cra); Tony and Daphne Hallas (tr); Planetary Visions: (b). 227 Corbis: Image by © National Gallery Collection; by kind permission of the Trustees of the National Gallery, London (cr); NASA: JPL-Caltech (tl); Goddard Space Flight Center (cl).
228 NASA: HST/Je Hester (ASU) (tr); NOAO: Adam Block (b). 229 NASA: Goddard / Adler / U. Chicago / Wesleyan (cra); NRAO: (cr, cr/inset); SPL: (bl); B.J. Mochejska (CfA), J. Kaluzny (CAMK), 1m Swope Telescope: (bc).
230–231 NASA: X-Ray: CXC/UMass/D. Wang et al; Optical: ESA/STScI/D. Wang et al; IR: JPL-Caltech/SSC/S. Stolovy.
233 Corbis: Bettmann (br); GPL: Andrea Dupree, Ronald Gilliland (STScI)/NASA/ESA (cra); Robin Scagell (cr); Shutterstock: Sami Ghumman (bl); SOHO: (tl).
234 NASA: HST/Wolfgang Brandner (JPL/IPAC), Eva K. Grebel (Univ. Washington),You-Hua Chu (Univ. Illinois Urbana-Champaign) (tr). 235 NASA: HST/C.A. Grady (NOAO, NASA, GSFC), B.Woodgate (NASA, GSFC), F. Bruhweiler and A. Boggess (Catholic Univ. of America), P. Plait and D. Lindler (ACC, Inc., GSFC), and M. Claupin (STScI) (br).
236 Courtesy of Andy Steere: (bl). 237 Chandra: NASA/STScI/R. Gilliand et al. (tl).
238 AAO: Photograph by David Malin (car); ESO: APEX/DSS2/SuperCosmos/Deharveng (LAM)/Zavagno (LAM) (tr); NASA: HST/J. Hester and P. Scowen (ASU) (cr). 238-239 ESO: VPHAS+ team / N.J. Wright (Keele University) (b). 239 courtesy of Armagh Observatory: (bc/left); ESA / Hubble: NASA, D. Padgett (GSFC), T. Megeath (University of Toledo), and B. Reipurth (University of Hawaii) (crb); NASA: HST/ESA and HHT (STScI/AURA) (cl); HST/J. Hester (ASU) (tr); HST/Kirk Borne (STScI) (tc).
240 ESA / Hubble: NASA, ESA, and the Hubble Heritage Team (AURA / STScI) (cb); ESO: J. Alves (ESO), E.Tolstoy (Groningen), R. Fosbury (ST–ECF), and R. Hook (ST–ECF) (VLT) (cl); Leonardo Testi (Arcetri Astrophysical Obs., Florence, Italy (NTT + SOFI) (tl).
241 ESO: J. Emerson/VISTA/Cambridge Astronomical Survey Unit (l); Mark McCaughrean (Astrophysical Institute, Potsdam, Germany (VLT,ANTU, and ISAAC) (tc); © Smithsonian Institution: (br).
242 NASA: HST/H. Ford (JHU), G. Illingworth (UCSC/LO), M. Clampin (STScI), G. Hartig (STScI), the ACS Science Team and ESA (tc); NOAO: Michael Gariepy/Adam Block (br); T.A. Rector (NRAO/AUI/NSF and NOAO) and B.A. Wolpa (NOAO) (cl). 243 ESA / Hubble: NASA / STScI (bc); ESO: (c); Geert Barentsen & Jorick Vink (Armagh Observatory) & the IPHAS Collaboration: (tr); Richard Crisp (www.narrowbandimaging.com): (tc); NASA: JPL – Caltech/S. Carey (Caltech) (bl).
244 NASA: HST/ESA, STScI, J. Hester, and P. Scowen (ASU) (bl); NOAO: T.A. Rector (NRAO/AUI/NSF and NOAO) and B.A.Wolpa (NOAO) (tc). 245 ESO: (VLT,ANTU + ISAAC).
246 ESO: (cr);NASA: HST/HHT (STScI/AURA) (cla); NOAO: Todd Boroson (bl); SPL: National Optical Astronomy Observatories (br). 247 2MASS: E.Kopan (IPAC)/Univ. of Massachusetts (tc); NASA: ESA and M. Livio and the Hubble 20th Anniversary Team (STScI) (bl); JPL-Caltech/Spitzer Space Telescope (br); JPL-Caltech/Univ. of Wisconsin (tr).
248–249 ESO: T. Preibisch..
250 GPL: Gordon Garradd (cl); SOHO: (b); TRACE: (tr). 251 Corbis: Bettmann (cl); SOHO: (tr).
252 GPL: Duncan Radbourne (bl); DMI: Akira Fujii (tr); ESA / Hubble: NASA (cl); NASA (c); SPL: Dr. Fred Espenak (cr); Eckhard Slawik (br). 253 GPL: Deep Sky Survey (clb); DMI: Akira Fujii (tr, cla); ESO: ALMA (NAOJ / NRAO) / L. Matrà / M. A. MacGregor (tc); courtesy of Joe Orman: (cb); SPL: Eckhard Slawik (bc).
254 ESO: B. Bailleul (tr); Matt BenDaniel (http://starmatt.com): (bl); Credner: (cla). 255 NASA: HST/Bruce Balick (Univ. of Washington), Jason Alexander (Univ. of Washington), Arsen Hajian (U.S. Naval Obs.),Yervant Terzian (Cornell Univ.), Mario Perinotto (Univ. of Florence, Italy), Patrizio Patriarchi (Arcetri Obs. Italy) (bc); HST/Bruce Balick (Univ. of Washington),Vincent Icke (Leiden Univ.,The Netherlands), Garrett Mellema (Stockholm Univ.) (crb); HST/HHT (STScI/AURA) (l); HST/HHT (STScI/AURA) (c); HHT (STScI/AURA); D. Garnett (Univerity of Arizona) (cra).
256 ESO: P. Kervella (cr). Haubois et al., A&A, 508, 2, 923,2009, reproduced with permission © ESO/Observatoire de Paris: (cra); NASA: HST/Jon Morse (Univ. of Colorado) (tl); H. Olofsson (Stockholm Observatory) et al: (br); SPL: Eckhard Slawik(cla); Royal Obs., Edinburgh/AAO (bc). 257 ESA / Hubble: NASA / Judy Schmidt (br);NASA: ESA (bc); HST/NOAO, ESA, the Hubble Helix Nebula Team, M. Meixner (STScI), and T.A. Rector (NRAO) (tr, cr).
258 R. Corradi (Isaac Newton Group), D. Goncalves (Inst. Astrofisica de Canarias): (cb); NASA: HST/ESA/Hans van Winckel (Catholic Univ. of Leuven, Belgium) and Martin Cohen (Univ. of California Berkely) (t); HST/ESA, HEIC, and HHT (STScI/AURA) (bc); HST/HHT (STScI/AURA);W. Sparks (STScI) and R. Sahai (JPL) (br). 259 W. M. Keck Observatory: U.C. Berkeley Space Sciences Laboratory (clb); NASA: HST/Andrew Fruchter and ERO Team (Sylvia Baggett (STScI), Richard Hook (ST–ECF), and Zoltan Levay (STScI) (br); STScI (cla); SPL: NOAO (cra).
260–261 NASA: ESA and the Hubble SM4 ERO Team.
262 ESA / Hubble: NASA / N. Smith (University of Arizona, Tucson), and J. Morse (BoldlyGo Institute, New York) (br); NASA: ESA and Valentin Bujarrabal (Observatorio Astronomico Nacional, Spain) (cla); CXC / GSFC / K.Hamaguchi, et al. (c); ESA / STScI (tr). 263 NASA: HST/Raghvendra Sahai and John Trauger (JPL), the WFPC2 Science Team.
264 ESA / Hubble: NASA (crb); ESO: B. Bailleul (tr); NASA: ESA / Hubble (clb); © Observatoire de Paris: bl); SPL: Celestial Image Co. (tc). 265 ESA / Hubble: NASA, ESA, R. O' Connell (University of Virginia), F. Paresce (National Institute for Astrophysics, Bologna, Italy), E. Young (Universities Space Research Association / Ames Research Center), the WFC3 Science Oversight Committee, and the Hubble Heritage Team (STScI / AURA) (cb);NASA: HST (br); HST/HHT (AURA/STScI) (t).
266 Chandra: NASA/U. Mass/D.Wang et al. (c); ESO: L. Calçada (bl); NASA: ESA and L. Bedin (STScI) (tr).
268 Chandra: NASA/CXC/SAO (tr); NASA/SAO/CXC (cl); ESO: M. van Kerkwijk (Institute of Astronomy, Utrecht), S. Kulkarni (Caltech), VLT Kueyen (cr); NASA: Compton Gamma Ray Obs. (cbl); HST/Fred Walter (State Univ. of New York at Stony Brook) (cra); HST/HHT (AURA/STScI) (crb). 269 NASA: HST/Je Hester (ASU) (cra); William P. Blair and Ravi Sankrit (JHU) (t); CXC / Univ of Toronto / M.Durant et al (bc); ESA / ESO (cb); CXC / Univ of Toronto / M.Durant et al (br); CXC / Univ of Toronto / M.Durant et al (bc/Vela Pulsar Jet); CXC / Univ of Toronto / M.Durant et al (bc/Vela Pulsar Jet 4).
270-271 NASA: ESA, G. Dubner (IAFE, CONICETUniversity of Buenos Aires) et al.; A. Loll et al.; T. Temim et al.; F. Seward et al.; VLA / NRAO / AUI / NSF; Chandra / CXC; Spitzer / JPL-Caltech; XMM-Newton / ESA; and Hubble / STScI (c). 271 NASA: CXC/MSFC/M. Weisskopf et al. (bc); ESA, J. Hester (Arizona State University) (tr); ESA (cr).
272 Corbis: (bl); GPL: Michael Stecker (cra); NASA: HST/ESA, CXO, and P. Ruiz-Lapuente (Univ. of Barcelona) (bc); HST/H. Richer (Univ. of British Columbia) (cla); JPL-Caltech / STScI / CXC / SAO (bl); SPL: Dr S. Gull and Dr J. Fielden (crb); Royal Greenwich Obs. (ca). 273 (bl); NASA: ESA, R.Sankrit, and W. Blair (JHU) (tr); HST/Dave Bennett (Univ. of Notre Dame, Indiana) (cbr); HST/ESA and HHT (STScI/AURA) (tc); HST/NOAO, Cerro Tololo Inter-American Obs. (br); NOAO: Doug Matthews and Charles Betts/Adam Block (c).
274 Science Photo Library: (cra). 275 ESO: Mark McCaughrean (Astrophysical Institute Potsdam, Germany) (VLT ANTU + ISAAC).
276 GPL: Damian Peach (cra, crb); Robin Scagell (bc); courtesy of Padric McGee, University of Adelaide: (cl); NASA: HST/K.L. Luhman (Harvard–Smithsonian Center for Astrophysics, Cambridge, Mass.), G. Schneider, E.Young, G. Rieke, A.Cotera, H. Chen, M. Rieke, and R.Thompson (Steward Obs., ASU) (tl); SPL: Eckhard Slawik (cr, bl). 277 Benjamin Fulton: (cl); GPL: Damian Peach (c); NOAO: (cra); SPL: Dr. Fred Espenak (b); John Sanford (tr).
278 AAO: Photograph by David Malin. 279 GPL: Damian Peach (crb); The Picture Desk: The Art Archive/National Library, Cairo/Dagli Orti (bc); SPL: Tony and Daphne Hallas (cr).
280 SPL: Celestial Image Co. (tc, b). 281 ESO: (bc/left);

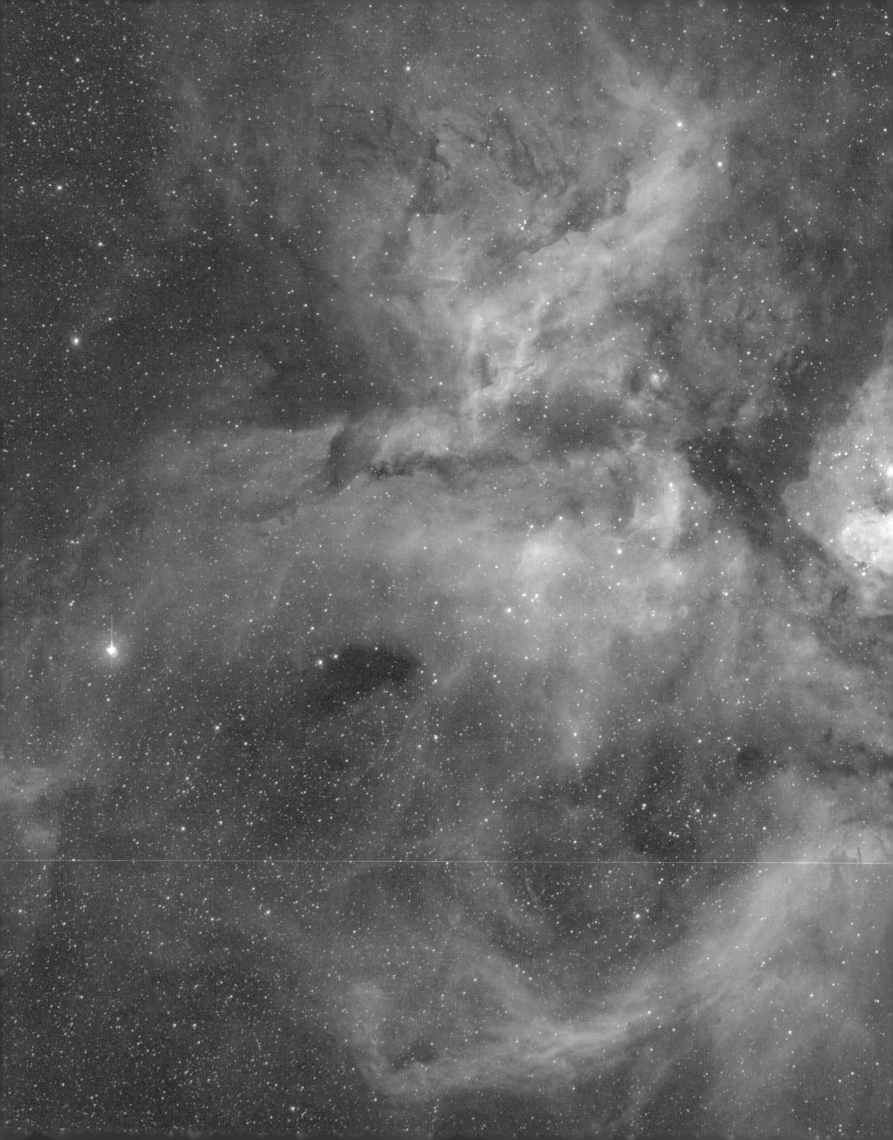